U0283446

一些发现尤其是技术方面的发现，其他国家虽然是独立作出的，但中国却早已有之。这样的例子在中国屡见不鲜。

——瑞尼（Willem Ten Rhijne）《论痛风》（1683 年）

如果我们放眼日出之地，耳闻威尼斯的保罗（Paulus Venetus）报告那极远地方及其岛上的情况，我们将会发现那些国家历来是向西方传送知识而不是从西方接受知识，是向西方提供知识而不是从西方借入知识。因为越往东（至今仍如此）的国家越文明，越往西的国家越野蛮。

——雷利（Sir Walter Raleigh），《世界史》，1614 年（1652 年），Pt. I，Bk. 1，ch. 7，§ 10，sect. 4，p. 98

臣以心为师。

——尼泊尔匠师阿尼哥应对元世祖的话，1263 年（《元史》卷二〇三，第十二页）

耳闻之，不如目见之；
目见之，不如足践之。
百闻不如一见。

——中国谚语

我还没有沉湎于词典编纂而忘记词语是地之女，事物为天之子。

——约翰逊（Samuel Johnson），《英语词典》（约 1755 年）序

愚人以天地文理圣，我以时物文理哲。

——李筌，《阴符经》（约公元 735 年）

Joseph Needham

SCIENCE AND CIVILISATION IN CHINA

Volume 5

CHEMISTRY AND CHEMICAL TECHNOLOGY

Part 5

SPAGYRICAL DISCOVERY AND INVENTION:

PHYSIOLOGICAL ALCHEMY

Cambridge University Press, 1983

李 约 瑟

中国科学技术史

第五卷 化学及相关技术

第五分册 炼丹术的发现和发明：内丹

李约瑟 著

鲁桂珍 协助

科 学 出 版 社

上 海 古 籍 出 版 社

北 京

图字：01-2000-0026

内 容 简 介

著名英籍科学史家李约瑟花费近 50 年心血撰著的多卷本《中国科学技术史》，通过丰富的史料、深入的分析和大量的东西方比较研究，全面、系统地论述了中国古代科学技术的辉煌成就及其对世界文明的伟大贡献，内容涉及哲学、历史、科学思想、数、理、化、天、地、生、农、医及工程技术等诸多领域。本书是这部巨著的第五卷第五分册，为该卷"炼丹术的发现和发明"专题研究的第四部分，内容包括：中国古代的内丹（生理炼丹术）的理论及其历史发展，与印度瑜伽术的比较，外丹（原始化学）、内丹（生理炼丹术）之间的关系等，以及对中国医学理论中原始内分泌学的相关讨论。

图书在版编目(CIP)数据

中国科学技术史 . 第五卷 . 化学及相关技术 . 第五分册 . 炼丹术的发现和发明：内丹/(英)李约瑟著；邹海波译 . —北京：科学出版社，2011

ISBN 978-7-03-023900-6

Ⅰ . 中… Ⅱ . ①李…②邹… Ⅲ . ①自然科学史-中国②化学史-中国③道教-养生（中医） Ⅳ . N092

中国版本图书馆 CIP 数据核字(2009)第 003476 号

责任编辑：孔国平 付 艳 王日臣／责任校对：张怡君
责任印制：吴兆东／封面设计：无极书装

科 学 出 版 社 出版
上 海 古 籍 出 版 社
北京东黄城根北街 16 号
邮政编码：100717
http://www.sciencep.com

北京中科印刷有限公司印刷
科学出版社发行 各地新华书店经销

*

2011 年 5 月第 一 版 开本：787×1092 1/16
2025 年 5 月第九次印刷 印张：37 3/4
字数：900 000

定价：315.00 元
（如有印装质量问题，我社负责调换）

中國科學技術史

李約瑟 著

莫朝鼎

中國針灸學術史

李约瑟《中国科学技术史》翻译出版委员会

主任委员　卢嘉锡

副主任委员　路甬祥　张存浩　汝　信　席泽宗

委　　　员　（以姓氏汉语拼音为序，有*号者为常务委员）

杜石然　傅世垣　何绍庚　侯建勤*　胡维佳

胡祥璧　华觉明*　李国章*　李经纬　李廷杰*

刘　钝*　刘更另　柳椿生　路甬祥*　罗　琳

马堪温*　潘吉星　钱伯城*　汝　信*　苏世生*

谈德颜*　汪继祥*　吴瑰琦*　吴明瑜　谢淑莲*

许　平*　杨德晔　姚平录　叶笃正　余志华

袁运开　张存浩*　张晓敏　周光召

已故委员　曹天钦　袁翰青　张书生　林志群　薄树人

孙增蕃　郭永芳　钱临照　卢嘉锡　胡道静

吴伯泽　刘祖慰　张青莲　席泽宗

第五卷　化学及相关技术

第五分册　炼丹术的发现和发明：内丹

翻　　译　邹海波

校　　订　蔡景峰　何绍庚　胡维佳

校订助理　郑　术　胡晓菁

志　　谢　邹乾达　王焕生　金宜久

谨以本书献给

道学大师
前金陵神学院比较宗教学教授

郭本道

缅怀我们于 1943—1944 年
在成都华西大学高楼上的谈话

并纪念

道学大师
前荷兰驻外全权公使

高罗佩

缅怀我们从巴士拉到重庆的谈话

凡　　例

1. 本书悉按原著逐译，一般不加译注。第一卷卷首有本书翻译出版委员会主任卢嘉锡博士所作中译本序言、李约瑟博士为新中译本所作序言和鲁桂珍博士的一篇短文。

2. 本书各页边白处的数字系原著页码，页码以下为该页译文。正文中在援引（或参见）本书其他地方的内容时，使用的都是原著页码。由于中文版的篇幅与原文不一致，中文版中图表的安排不可能与原书一一对应，因此，在少数地方出现图表的边码与正文的边码颠倒的现象，请读者查阅时注意。

3. 为准确反映作者本意，原著中的中国古籍引文，除简短词语外，一律按作者引用原貌译成语体文，另附古籍原文，以备参阅。所附古籍原文，一般选自通行本，如中华书局出版的校点本《二十四史》、影印本《十三经注疏》等。原著标明的古籍卷次与通行本不同之处，如出于算法不同，本书一般不加改动；如系讹误，则直接予以更正。作者所使用的中文古籍版本情况，依原著附于本书第四卷第三分册。

4. 外国人名，一般依原著取舍按通行译法译出，并在第一次出现时括注原文或拉丁字母对音。日本、朝鲜和越南等国人名，复原为汉字原文；个别取译音者，则在文中注明。有汉名的西方人，一般取其汉名。

5. 外国的地名、民族名称、机构名称、外文书刊名称、名词术语等专名，一般按标准译法或通行译法译出，必要时括注原文。根据内容或行文需要，有些专名采用惯称和音译两种译法，如"Tokharestan"译作"吐火罗"或"托克哈里斯坦"，"Bactria"译作"大夏"或"巴克特里亚"。

6. 原著各卷册所附参考文献分 A（一般为公元1800年以前的中文和日文书籍）、B（一般为公元1800年以后的中文和日文书籍与论文）、C（西文书籍与论文）三部分。对于参考文献 A 和 B，本书分别按书名和作者姓名的汉语拼音字母顺序重排，其中收录的文献均附有原著列出的英文译名，以供参考。参考文献 C 则按原著排印。文献作者姓名后面圆括号内的数字，是该作者论著的序号，在参考文献 B 中为斜体阿拉伯数码，在参考文献 C 中为正体阿拉伯数码。

7. 本书索引系据原著索引译出，按汉语拼音字母顺序重排。条目所列数字为原著页码。如该条目见于脚注，则以页码加 * 号表示。

8. 在本书个别部分中（如某些中国人姓名、中文文献的英文译名和缩略语表等），有些汉字的拉丁拼音，属于原著采用的汉语拼音系统。关于其具体拼写方法，请参阅本册书后所附的拉丁拼音对照表。

9. p. 或 pp. 之后的数字，表示原著或外文文献页码；如再加有 ff. ，则表示指原著或外文文献中可供参考部分的起始页码。

目　　录

插 图 目 录

列 表 目 录

缩 略 语 表

　　以下为正文和脚注中使用的缩略语。参考文献中使用的杂志及类似出版物所用的缩略语见第 305 页起。

B	Bretschneider, E. (1), *Botanicon Sinicum*（贝勒，《中国植物学》）
CC	贾祖璋和贾祖珊 (*1*)，《中国植物图鉴》，1958 年
CCIF	孙思邈，《千金翼方》，公元 660 至 680 年间
CCYF	孙思邈，《千金要方》，公元 650 至 659 年间
CHS	班固（和班昭），《前汉书》，约公元 100 年
CJC	阮元，《畴人传》，1799 年。附罗士琳、诸可宝、黄钟骏续编。收入《皇清经解》卷一五九起
CLPT	唐慎微等撰，《证类本草》，1249 年版
CSHK	严可均辑，《全上古三代秦汉三国六朝文》，1836 年
CTPS	傅金铨辑，《证道秘书十种》，19 世纪初
EB	*Encyclopaedia Britannica*（《不列颠百科全书》）
HCCC	严杰辑，《皇清经解》，1829 年，1860 年续编
HCSS	《修真十书》，约 1250 年
HFT	韩非，《韩非子》，公元前 3 世纪初
HHPT	苏敬等编撰，《新修本草》，公元 659 年
HHS	范晔和司马彪，《后汉书》，公元 450 年
HNT	刘安等，《淮南子》，公元前 120 年
ICK	多纪元胤，《医籍考》，约 1825 年成书，1831 年刊行；1933 年东京影印，1936 年上海影印
ITCM	王肯堂和朱文震辑，《医统正脉全书》，1601 年
K	Karlgren，B. (1)，*Grammata Serica*（高本汉，《汉文典》）
KCCY	陈元龙，《格致镜原》，1735 年的类书
KHTT	张玉书纂，《康熙字典》，1716 年
Kr	Kraus，P.，*Le Corpus des Écrits Jābiriens*（*Mémoires de l'Institut d'Égypte*，1943，vol. 44，pp. 1—214）（克劳斯，《贾比尔文集》）
LPC	龙伯坚 (*1*)，《现存本草书录》
LS	曾慥编，《类说》，1136 年
MCPT	沈括，《梦溪笔谈》，1089 年
N	Nanjio，B.，*A Catalogue of the Chinese Translations of the Buddhist Tripiṭaka*，with index by Ross (3)（南条文雄，《英译大明三藏圣教目录》）
NCCS	徐光启，《农政全书》，1639 年

NCNA	New China News Agency（新华通讯社）
PPT/NP	葛洪，《抱朴子（内篇）》，约公元 320 年
PPT/WP	《抱朴子（外篇）》
PTKM	李时珍，《本草纲目》，1596 年
PWYF	张玉书纂，《佩文韵府》，1711 年
R	Read, Bernard E. *et al.*（1—7），李时珍《本草纲目》某些卷的索引、译文和摘要。如查阅植物类，见 Read（1）；哺乳动物类，见 Read（2）；鸟类，见 Read（3）；爬行动物类，见 Read（4 或 5）；软体动物类，见 Read（5）；鱼类，见 Read（6）；昆虫类，见 Read（7）。
RBS	*Revue Bibliographique de Sinologie*（《汉学书评》）
RP	Read & Pak（1），《本草纲目》中矿物类各卷的索引、译文和摘要
S/	Stein Collection of Tunhuang MSS, British Museum, London, catalogue number（伦敦不列颠博物馆藏斯坦因敦煌写本目录编号）
SC	司马迁，《史记》，约公元前 90 年
SF	陶宗仪辑，《说郛》，约 1368 年
SHC	《山海经》，周和西汉
SIC	冈西为人，《宋以前医籍考》，北京，人民卫生出版社，1958 年
SKCS	《四库全书》，1782 年；这里系指从七部钦定抄本中选定一部印行的"丛书"
SKCS/TMTY	纪昀编，《四库全书总目提要》，1782 年
SNPTC	《神农本草经》，西汉
SSIW	脱脱等、黄虞稷等和徐松等，《宋史艺文志·补·附编》，上海，商务印书馆，1957 年
STTH	王圻，《三才图会》，1609 年
SYEY	梅彪，《石药尔雅》，公元 806 年
TCTC	司马光，《资治通鉴》，1084 年
TFYK	王钦若和杨亿编，《册府元龟》，1013 年
TKKW	宋应星，《天工开物》，1637 年
TMITC	李贤编，《大明一统志》，1461 年
TPHMF	《太平惠民和剂局方》，1151 年
TPKC	李昉纂，《太平广记》，公元 978 年
TPYL	李昉纂，《太平御览》，公元 983 年
TSCC	陈梦雷等编，《图书集成》（1726 年）索引见 Giles, L.（2）参考 1884 年版时，注明卷和页；参考 1934 年影印本时，注明册和页
TSCCIW	刘昫等和欧阳修等，《唐书经籍艺文合志》。刘昫（后晋，公元 945 年）的《旧唐书》和欧阳修与宋祁的《新唐书》（宋，1061 年）中的书目合编。上海，商务印书馆，1956 年
TSFY	顾祖禹，《读史方舆纪要》，1666 年前始编，1692 年前编成，但至 18 世

	纪末（1796—1821 年）才印行
TT	Wieger, L. (6), *Taoïsme*, vol. 1, Bibliographie Générale（戴遂良，《道藏目录》）
TTC	《道德经》
TTCY	贺龙骧和彭瀚然辑，《道藏辑要》，1906 年印行
TW	Takakusu, J. & Watanabe, K., *Tables du Taishō Issaikyō* (nouvelle edition (Japonaise) du Canon bouddhique chinoise)（高楠顺次郎和渡边海旭，《大正一切经目录》）
V	Verhaeren, H. (2) (ed.), *Catalogue de la Bibliothèque du Pé-T'ang* (the Pei Thang Jesuit Library in Peking)（惠泽霖，《北堂书目》）
WCTY/CC	曾公亮撰，《武经总要》（前集），军事百科全书，1044 年
YCCC	张君房编，《云笈七籤》，道教类书，1022 年
YHL	陶弘景（托名），《药性论》
YHSF	马国翰辑，《玉函山房辑佚书》，1853 年

作 者 的 话

自撰写本书第四卷（物理学及相关技术）的"作者的话"至今已约有 18 年了，在此期间为完成后续诸卷做了大量的工作。令人欣慰的是，我们现在能够把第五卷中的又一个部分（炼丹术的发现和发明），即炼丹术和早期化学奉献出来。它们跟和平与战争技艺（包括军事技术和纺织技术）、采矿术、冶金术及陶瓷技术等共同构成第五卷。此项安排的要点在第四卷（如该卷第三分册第 xxxi 页）的"作者的话"中曾作过解释。出于合作方面的迫切需要而不是编排上的逻辑性，这另外几个题目必须放在化学中心主题之后而不是之前撰述，这里将化学中心主题作为第五卷第二、三、四、五分册刊行，留下第一和第六分册日后再出。

我们现在出版的实际卷数（册数），可能给人一种印象，似乎我们的工作正在按某种几何级数或某种指数曲线在扩大，其实这在很大程度上是一种错觉，因为我们是应承许多友人的意见，才努力减少书的厚度，以使其更便于阅读。同时，撰述中国文化各种学科的历史所需之篇幅，这些年来的确已证明是殊难预料的。一开始固然可以（也确实是）按一个合乎逻辑的系列来排列各种学科（数学—天文学—地质学与矿物学—物理学—化学—生物学—心理学—社会学），同时也给与之有关的所有工艺技术留出估计的篇幅。但是要准确地预见每门学科究竟需要多少篇幅，用詹姆士党人祷告（the Jacobite blessing）的话来说，那就"完全是另外一回事"了。我们自己也意识到，有几章大得不相称，可能给迷恋古典派均匀性的人以一种畸形的印象，但我们的材料是不容易"塑造"的，或许根本就无法"塑造"，因此在相当程度上我们只能效仿道家的自然不羁，顺由传奇式花圃的出人意表，而不是试图把繁茂的花木压缩在一个笛卡尔花坛的几何框框之中。道家是会同意巴克斯特（Richard Baxter）观点的，"混乱地进天堂胜过有序地入地狱"。由于某种机遇，我们原来排列的系列意味着（尽管我当时认为数学特别难）先出"较容易的"学科，即那些基本概念和可得到的原始资料都相对清楚和准确的学科。随着工作的进行，出现了两种现象，第一种是工艺技术的成就和扩充的证明远比预想的要棘手得多（就像第四卷第二和第三分册中的情况一样），第二种是我们发现自己在才智上像俗话说的那样越来越捉襟见肘（这将充分表现在本册 和第六卷关于医学的各章中）。

炼丹术和早期化学是本卷的主题，它们为上述第二种困难提供了相当充分的例证，但它们还有其他自身的困难。古代、中古时期及传统中国的炼丹术、化学、冶金术、化学工业等有关的概念还不完备，事实又那样难以确定，作者曾一度对成功几乎丧失了信心。这方面的事实真是比在诸如天文学或土木工程等学科中遇到的任何东西都要难确定得多，也更难解释。必须承认，我们最后可以说是在西方炼金术和早期化学的传统历史那混乱的思想和迷糊的术语中披荆斩棘才闯了过来。这里少不了要把炼丹术同原始化学区别开来，并引入像制作赝金（aurifiction）、点金（aurifaction）和长生术

(macrobiotics) 之类的术语。也可以公允地说，无论是西方人还是中国学者自己，对炼丹术和早期化学的研究与了解都远不及有些领域如天文学和数学充分。在那些领域，早在 18 世纪，一个宋君荣 (Gaubil) 就已经能做出卓越的成绩，而离我们自己的时代更近一点，一个陈遵妫、一个德索绪尔 (de Saussure) 和一个三上义夫即能把天文学和数学方面的脉络基本理清。假如对炼丹术和早期化学的研究有这样发达，今天要清楚地区分我们必须涉及的公元前 3 世纪至公元 17 世纪许多时期众多炼丹家流派，就会比现在容易得多，对于中国"外丹"（无机实验室炼丹术，inorganic laboratory alchemy）与"内丹"（生理炼丹术，physiological alchemy）的关键区别也会了解得更加充分。外丹是关于以矿物为原料的长生不老药制备，而内丹则更注意炼丹者自身的作用，西方人就在十年之前几乎还没有认识到这一区别。正如本册将显示的那样，自宋代以来，在医疗化学中实验室的方法已被应用于生理物质，使这两种古老的倾向综合起来，从而产生了我们只能称之为"原始生物化学"的东西。

　　作为第五分册的序，现在让我们来回顾一下已经做过的事情。首先，我们不得不写了一个非常仔细的开场白［第五卷第二分册 pp. 9 ff. 的第三十三章 (b)］，专门论述概念、术语和定义，因为一旦弄清了制作赝金、点金和长生术的区别，在所有旧大陆文明的原始化学和炼丹术中遇到的一切就都清楚了。这与计时的历史有一点类似，因为漏壶与机械钟之间的鸿沟只是靠了 6 个世纪的中国水力机械时钟机构才被填平。同样，希腊化的制作赝金和点金原始化学与晚期拉丁炼丹术和医疗化学各居一端，两者间的鸿沟也只有靠中国化学长生术知识才能予以解释。

　　在这样开头之后，论述便朝几个方向发展，读者可以从中进行取舍。既然灰吹法试验几乎自那些古代帝国初兴之时起就为人所知了，怎么还会出现相信制作赝金的事呢？请看第三十三章 (b) 的 (1)—(2)，尤其是第二分册 pp. 44 ff. 。中国在这方面的地位如何，古代中国的炼丹家大概在做些什么实验？请看第三十三章 (b) 的 (3)—(5) 及 (c) 的 (1)—(8)（第二分册 pp. 47 ff. ，188 ff. ）。为什么古代中国的炼丹家如此忙于实现世间的永生，甚至是轻灵形式的永生，而不大顾及伪造或制造黄金呢？我们在第三十三章 (b)（第二分册 pp. 71 ff. ）中曾试图加以解释。那样诱导肉体永生确实是中国炼丹术独具的特征，我们的结论是：古代中国的世界观，是能使相信"丹" (elixir) 为化学家最高成就的信念具体化的唯一的环境（尤其是见第二分册 pp. 78，82，114—115）。

　　这是论述的要点，在上一册［第四分册 pp. 323 ff. 的第三十三章 (i) 的 (2)—(3)］中我们还介绍了那个伟大的创造性梦想经由阿拉伯文化和拜占庭而传入培根 (Bacon) 和帕拉塞尔苏斯 (Paracelsus) 的拉丁西方的过程。宗教、神学和宇宙论的不同可使它有所变化，但却未能阻止它的传播。毋庸置疑，它诞生于道教的怀抱中，因此我们曾请读者一起推测，由敬神的香炉演化出来的炼丹炉与冶金炉在起源上是同样重要的［第三十三章 (b) 的 (7)，见第二分册 pp. 128 ff. ，154］。最后，我们谈了一下服食长生不老药的生理学背景［第三十三章 (d) 的 (1)，见第五卷第二分册 p. 291］，为什么长生不老药对服食者起初如此具有吸引力而后来又如此致命呢？这里也包括方士死后遗体的保存，它在道家看来与肉体永生有重要关系［第三十三章 (d)

的（2），见第二分册 pp. 106 ff.，294 ff.，303—304］。

在第三分册对中国炼丹术以"纪事本末"体从头至尾原原本本地进行历史叙述的那一节［第三十三章（e）的（1）—（8）］中，没有哪一部分实际上比任何其他部分更重要。然而，对于（1）节（pp. 12 ff.）阐释的有关制作赝金和长生术最古老的可靠记载，以及（2）和（6，i）节（pp. 50 ff.，167 ff.）对最古老的丹书的研究，还是给予了特别的关注。原先西方没有的资料是这样的多，以致叙述过程不时地被成段的细节介绍所打断，尤其在（1）、（2）、（3，iii）和（6，vii）节中更是如此，并不渴望了解细枝末节的读者可能喜欢略过那些细节。接下去一册中关于化学实验室设备和炼丹术理论的几节［第四分册中的第三十三章（f）、（g）、（h）］从目录看就一清二楚了，也没有一段是至关重要的，不过在叙述过程中出现了许多对化学史来说相当重要的问题。这些问题有最早的管式冷却装置（pp. 26 ff.），中国式、希腊式和印度式各类蒸馏器的 xxvi 基本差别（pp. 80 ff.），"燃液"（烈性酒精）初次问世（不管是靠冻析法制成还是靠蒸馏法制成）的动人经过（pp. 121 ff.），"硝"一词在可溶性盐类识别和分离史上的许多派生词，导致了硝石及绿矾的分离和使用（pp. 167 ff.），还有用铁从铜盐中制取金属铜的工业沉淀法（pp. 201 ff.）等。

在理论上很突出的是中国炼丹家与时间的关系［第三十三章（h）的（3）—（4），第四分册 pp. 221 ff.，242 ff.］。中国炼丹术的确可以说是"专事控制变化和防衰老"（Change and Decay Control Department）的科学（或原始科学），因为中国炼丹家能（像其相信的那样）大大加速由地下其他物质形成黄金的自然变化，而反过来又能渐近地减慢有"七魂三魄"（参见第二分册 p. 91 的图 1306）的人体在正常情况下的衰亡速率（参见第四分册 p. 244 的图 1516）。这样，用古代中国格言式［第三十三章（e）的（1），第三分册 p. 27］的话来说就是"黄金可以制造，救度可以获得"（"金可作，世可度"）。因而长生不老药实质上是控制时间和速率的物质——就两千年前的一门初兴的科学而言那算是一种乐观高尚的概念了。

第三分册中的历史叙述首先是由我们的合作者澳大利亚布里斯班（Brisbane）的何丙郁教授起草的，他在编撰中国化学和炼丹设备的史诗中也起了很大的作用。第四分册对中国炼丹术理论的研究基本上是另外一位合作者席文（Nathan Sivin）教授的成果，他当时在美国麻省理工学院（Massachusetts Institute of Technology）任教，现在费城（Philadelphia）。我们都认为，中国炼丹术，不管是外丹还是内丹，其资料的一个最重要的来源是《道藏》。第二次世界大战期间，我曾帮助剑桥大学图书馆（Cambridge University Library）搞到了《道藏》及四川版的《道藏辑要》。《道藏辑要》从名称上看好像是《道藏》节选集，其实大不尽然。剑桥大学图书馆的这些庞大汇编中的大部分丹书都用缩微胶卷作了复制，供东亚科学史图书馆（East Asian History of Science Library）使用。稍后（1951—1955 年）曹天钦博士对它们作了宝贵的研究，他当时为基兹学院研究员（Fellow of Caius）。在曹博士回到过去几年他一直任副所长的中国科学院上海生物化学研究所后，他的研究笔记对何丙郁博士和我本人有很大的帮助，成为第五卷第四分册中关于水溶性反应一节（g）的基础。再后，曾在四川成都华西大学执教化学多年的（加拿大）艾伯塔省（Alberta）埃德蒙顿（Edmonton）的柯理尔

（H. B. Collier）教授向我们图书馆赠送了他在那里搜集到的《道藏辑要》中的丹书，这些书证明对鲁桂珍博士和我本人非常有用，因为其中许多是讲内丹的，而不是讲外丹的。另外，王铃博士在 1958 年离开剑桥前做了一件好事，为《石药尔雅》里提到的化学物质名称编了一个分析性的索引。《石药尔雅》是《道藏》中最有价值的丹书之一，由唐代梅彪撰写（公元 806 年）。它甚至对鲁博士和我本人撰写本册仍有帮助，因为那么多内丹概念都爱隐藏在化学术语背后。最后，当我们面临研究东西方化学设备的演变 [第三十三章（f）] 这项有趣而又困难的任务时，从事肌肉生物化学史方面研究的李大斐（Dorothy Needham）博士在她自己的工作之余帮我们做了大量的工作，包括一些起草工作。她还一直坚持一页一页地阅读我们的全部书稿——她也许是世界上唯一这样做的人！

　　关于炼丹术和早期化学的第三十三章现在分成这几册奉献给知识界，如果说除了该章提出的所有其他问题外还有一个问题的话，那就是人类的统一性和连续性问题。按照这里的陈述，我们可否设想，不久的某一天我们将能够把人类探索化学现象的历史写成贯穿旧大陆全部文化的一项单一的发展？就算古代冶金术和原始化学工业有几个不同的中心，炼丹术和化学在蔓延似的从一种文明传播到另一种文明的过程中，究竟在多大程度上逐渐成熟为一项单一的有目标的努力（endeavour）呢？

　　认为人类经验的某些形式似乎比另一些形式进步得更显而易见，那是一种陈腐的思想。米开朗琪罗（Michael Angelo）怎么会被认为比菲迪亚斯（Pheidias）技巧更高，或但丁（Dante）怎么会被认为比荷马（Homer）诗艺更精，这也许很难说，但牛顿（Newton）、巴斯德（Pasteur）和爱因斯坦（Einstein）对自然宇宙的了解的确比亚里士多德（Aristotle）或张衡要多得多，则几乎是无可置疑的。这一点一定告诉了我们有关艺术和宗教与科学之间的差别方面的一些情况，尽管对此似乎没有谁能完全解释清楚，但在自然知识的领域中我们无论如何不能不承认随着时代它有一种不断的进化，一种真正的进步。文化可以是多种多样的，语言也可以是五花八门的，但它们都参与了相同的探索。

　　本书各卷始终都是假定只有一种单一的自然科学，它是由人类的各个群体经常在不同程度上接近，并在不同程度上成功地和连续不断地创建形成的。这就意味着，从古巴比伦的天文学和医学的最初起源，到中古时期中国、印度、伊斯兰世界及古典西方世界不断增进的自然知识，再到文艺复兴晚期欧洲在最有效的发现方法本身像已经说过的那样被发现时的突破，可望找出一种绝对的连续性。许多人大概都持这种观点，但还有一种观点，我可以把它与斯宾格勒（Oswald Spengler）的名字联系在一起，这位 20 世纪 30 年代的德国世界史学家的著作，尤其是《西方的没落》（*The Decline of the West*）[Spengler（1）]一书曾风行一时。按照他的观点，不同文明产生的科学像一件件独具一格而不可调和的艺术品，只在自己的参照系内才有效，不能纳入单一的历史和单一而不断扩展的结构中去。

　　任何人，凡是感受到了斯宾格勒影响的，我想都会对他描绘的各种特定文明和文化兴衰的图画存有几分敬意。斯宾格勒认为各种文明和文化的兴衰与人或动物生命周期中个体生物有机体的由生而盛、由盛而衰相像。当然，我对这样一种观点不能完全不予同情，它是如此的像道家哲学家的观点，因为道家哲学家始终强调自然中的生死循环，庄周本人也很可能会持这种观点。然而，尽管不难看出艺术风格及表现形式，宗教仪式及教义或不同种类的音乐往往是不可比的，但对数学、科学和技术来说，情况就不同了——人类总是生活在性质基本恒定的环境中，因此人类关于环境的知识，如果是真实的，就一定趋向于一种恒定的结构。

不过，在向世人奉上第五卷的这一部分时，我们意识到它与先前已出的部分和以后将出的部分都有点不同。要了解中国的内丹，就得进入一个与西方传统世界迥异的自然哲学世界，并使自己适应与"有经人"（the Peoples of the Book）① 共同的预先假定风马牛不相及的一种神学和一个宗教感情领域。中国内丹全然的非欧洲色彩给人以深刻的印象。确实，中国内丹与印度思想及信仰有一些联系，然而它又很清楚地是它自身，而不是别的什么，其性质基本上是唯物的，因为它把令人长生不老的"内丹"（enchymoma）看做一种真正的化学物质，由人体的气液形成，也许是身心上的，但肯定不单单是心理上的。鉴于东西方灵修间的悬殊差别，探讨中国内丹需要有一个同情理解的飞跃、一种准备随时接受"彼"之新经验的态度，就像荣格（C. G. Jung）在我们扉页前一页上所引的那段文字中很清楚地看到的那样。

内丹家认为能用来实现他们目的的各种技巧，包括呼吸控制、掌握神经肌肉协调和特定身体动静形式的效应、承认性活动为圣贤和真人之道的一部分、利用身体光照，还有冥想法和精神集中法中的调心等，这些将在适当的时候加以论述。今天，年青一代即所谓"反主流文化"（counter-culture）中的人正在重新发现和重新探索昔日内丹家寻求的许多改变意识的方法②，所以现在像我们这样在时间和篇幅允许的情况下对其体系作尽量广泛的开拓性综述是相当合适的，即使这方面的内容还远没有尽述无遗，仍然有许多事情要做。

然而，内丹并非像人们有时候认为的那样是与现代科学完全对立的。不言而喻，今天凡是有正负电的地方都有阴阳，也就是说阴阳就存在于物质世界的基础之中，在亚原子的基本带电粒子质子和电子之中。五行完全可以被看做是预示了今天所认识的三种物态（固态、液态和气态），它们充当了表达显示在自然现象中的种种微妙的相互关系的象征语。道家对回复、逆流、再生和返回的强调在现代科学中可能没有完全相对应的东西，但它的确使人想起生长、分化、反分化、再分化的许多迫切需要解开的奥秘。这些现象可见于昆虫的变态中，这在现代生物科学上是众所周知的。有了更多酶学尤其是生理遗传学知识，我们就会希望阻止衰老过程，甚至由老复壮，那并不是不可能的。返老还童已不是一个被人们斥为荒诞不经的词，因为在动植物细胞的组织培养中可以看到它是一个真实的过程。保存分泌物乍一看来似乎让我们觉得奇怪，但我们最终将提示，其所指的是保留从淀粉酶到前列腺素及其他激素等许多可能有益于身体的物质。道教的三"元"（primary vitalities）无法精确地译成现代科学术语——中

① 穆斯林用此语指称自己，也指称犹太教徒和基督教徒，事实上所有这三种宗教都起源于古代希伯来人的一神论。
② 饮食法和精神药物都不是真正属于生理炼丹术的。关于前者，见本卷第三分册 pp. 9 ff. ；关于后者，见本卷第二分册 pp. 116 ff. ，121 ff. ，150 ff. 。

古时期特有的表述都是如此，不过"神"有点类似于人的心理组分（mental compo-nents），而"气"表示溶解于其体液中的气体，"精"则表示那些体液本身，只有固体结构在这里几乎没有表述。"气"也包括所有那些无形的过程，如弥散和神经冲动，因而看到"神"有赖于"气"和"精"是一种敏锐的洞察力。生命力的三分法到帕拉塞尔苏斯和格利森（Glisson）的时代已经进入了西方的生理学思想，它在自然哲学运动中非常突出，甚至晚到贝尔纳（Claude Bernard）的时候仍盛行不衰。我们猜想中国的三元说与之不无关系。另外，在弗洛伊德（Freud）和荣格之前很久，中国的内丹家就懂得了性健康对整合人格的重要性，并使性健康成为其长生方案的一部分。生理学上还有许多其他的东西可以被认为是中国先发现的，本书无法一一尽述，例如正常的和病理的身体机能昼夜节律的发现，又如内脏皮肤反射（viscero-cutaneous reflexes）的发现和整理①。

由于所有这些原因，我们认为内丹大部分堪称原始科学而不是伪科学。这里特别令人感兴趣的是那么多内丹实践者所表达的理论信念，例如深信"人的命运是掌握在人自己的手中，不是掌握在天的手中"（"我命在我不在天"），他们也谈到"夺得天地造化以造福于人类"。这些普罗米修斯（Prometheus）式的话，竟出自这样一种连他自己的一些解释者也受惟有道德自律才要紧的观点约束的文化，真的很奇怪。"中国的哲学家们"，冯友兰在很久以前写道，"不需要科学的肯定，因为他们希望了解的是他们自己；他们同样不需要科学的力量，因为他们希望战胜的是他们自己。"② 诚然，我们将会看到，有些哲学家，如理学家，对炼丹家及其他技术专家大胆的原始科学方案感到不快，但后者想要战胜的是死亡本身，自我只是他们坚定的成仙成圣之路上的一个障碍。

此外，其努力的真正原始科学性，在用尿制备活性激素制剂这一中古时期成就的杰作（tour de force）中，好像达到了极点，活性激素制剂制备过程中加工的尿量之多几乎具备生产的规模③。这里在帕拉塞尔苏斯之前几世纪开始的医疗化学的综合超越了外丹和内丹，将外丹方法应用到内丹材料上。在以后的各卷册中，我们预计还要讲到医疗化学家的类似成就，但此处对于描述一种乍看似乎只不过是痴心妄想的传统来说，是一个恰如其分的具体结论。

虽然第五卷的另外两册还不能付印，但我们想提一下那些与我们合作撰写的人。第五卷第一分册关于军事技术一章的大部分草稿已写好许多年了④，但由于撰写关于人类所知最早的化学爆炸物火药的发明这极重要的一节遇到的耽搁而迟迟未能定稿，尽管有关这一节所需要的笔记、书籍和文章早已搜集齐全了⑤。布里斯班的何丙郁博士最

---

① 关于这些内容，见 Lu Gwei-Djen & Needham (5)，不久以后也可见本书第六卷第三分册。

② 引文见 Needham (47)，p. 301。

③ 第三十三章 (k)，(1—7)。

④ 包括文献介绍、近战武器的研究、论述弓弩和弹道的诸节，对作为军备基础的钢铁技术的详尽叙述等。最后这一项的初稿已作为一篇纽科门学会（Newcomen Society）的专题论文发表；Needham (32)，(60)。

⑤ 11 年前我们在《中国遗产》（Legacy of China）中曾撰文对这个题目作过初步论述，我们认为当时的论述在大体上仍是正确的；Needham (47)。此文最近以平装本形式重新发行。

近曾去东京庆应义塾大学做客座教授，他在堪培拉（Canberra）高级研究所（Institute of Advanced Studies）王铃（王静宁）博士的帮助下终于搞出了一个洋洋洒洒的与此有关的草稿。同时，加利福尼亚大学戴维斯分校（University of California at Davis）的罗荣邦教授在剑桥度过了 1969—1970 年的冬天，不仅完成了关于中国盔甲和马衣历史的一节，而且完成了第三十七章全章的草稿，该章是关于制盐业的，包括对深井钻探法的史诗般发展的论述（第五卷第六分册）。有关军事方面的其他诸节，如关于攻守城技术、骑术、信号等节，我们已交由慕尼黑（München）能干的哈纳（Korinna Hana）博士负责撰写。约在同时，我们说服芝加哥大学（University of Chicago）雷根斯坦（Regenstein）图书馆馆长钱存训博士承担第三十二章的撰写，该章是关于中国的纸和印刷术的伟大发明及其发展的，现已完成。在陶瓷技术（第三十五章）方面，我们得到了香港中文大学（Chinese University of Hongkong）中国文化研究所文物馆（Art Gallery at the Institute of Chinese Studies）馆长屈志仁（James Watt）先生的协助。许多人都会饶有兴趣地期待一闻有关科学的这些奇妙应用的故事。最后还有有色金属冶炼技术和纺织技术，我们为这两项内容已搜集了大量的笔记和文献资料，它们在另两个相隔遥远的地方找到了各自的组织天才。前一项内容由在加拿大多伦多（Toronto）的富兰克林（Ursula Martins Franklin）教授在许进雄博士协助下进行撰述，后一项内容由京都的太田英藏博士和剑桥的库恩（Dieter Kuhn）博士撰述。当他们拿出稿子来时，第五卷实际上就算完成了。上面并没有把我们非常宝贵的合作者全部列出，因为还有许多别的合作者是与我们协作撰写第六卷和第七卷的，不过我们将在适当的时候向读者介绍他们。

　　按照长期以来的惯例，我们向那些尽力使我们在我们自己的知识范围之内"不翻车"的人谨致谢忱，其中有阿拉伯文方面的邓洛普（D. M. Dunlop）教授、古叙利亚文方面的布罗克（Sebastian Brock）博士、希伯来文方面的威森贝格（E. J. Wiesenberg）教授、日文方面的谢尔登（Charles Sheldon）博士、朝鲜文方面的莱迪亚德（G. Ledyard）教授、梵文方面的贝利（Shackleton Bailey）教授等①。

　　三四年前，事情变得很清楚，我们的工作图书馆及其管理业务的规模和复杂性大大增加，需要有一位专职的书记员（"正真书曹"）或图书馆管理员。为此我们先招募了一位物理化学家丁百馥（Christine King）博士，她给了我们很大的帮助。过了一段时间她的职位由一位受敬重的前同事继任，这位前同事是日本学家霍金（Philippa Hawking）小姐，她的组织才能在下面提到的几次图书馆迁移中对我们很有用。最优秀的图书馆管理员是天生的，不是造就的，而她就属于最优秀的图书馆管理员。

　　接下来要提一下我们的高级秘书：一位是莫伊尔（Muriel Moyle）小姐，她继续给我们编制无可挑剔的索引；还有一位是梁钟连杼夫人（基兹学院另一位研究员、物理学家梁维耀的妻子），她插入了许多页写得很好的汉字，填写了许多张人名资料参考卡，并且编辑合作者的打字稿，使之符合全书的规范。正像梁夫人密切注意校样脚注中的中文一样，我们现在也欢迎汤森（Frank Townson）上校的合作，他承担了以前由

xxxi

xxxii

---

① 我们也非常感谢亚希莫维奇（Edith Jachimowicz）博士、萨金特（R. B. Serjeant）教授和克莱因－弗兰克（Felix Klein-Franke）博士在语言文化问题上给予的进一步指导。

安德森夫人（Mrs Margaret Anderson）承担的印刷业务。我们谨此也对我们的秘书布罗迪夫人（Mrs Diana Brodie）和毕比夫人（Mrs Evelyn Beebe）熟练而准确地帮助打字表示感谢。

剑桥大学出版社是我们与世界沟通的宝贵媒介，而冈维尔和基兹学院（Gonville and Caius College）则是我们过去生活起居的环境，先前各卷册（如第四卷第三分册第 xxxvi 页）中所讲的有关这二者的话随着岁月的流逝，却都变得越发正确了——它们的帮助和鼓励一如既往，我们的衷心感谢也一如既往。要不是排印技师和排印鉴定技师们的热心，要不是能仰仗学院同仁的理解、支持和赞赏，就根本不可能有本书各卷册的产生。我们以前曾称颂过我们的朋友，剑桥大学出版社的伯比奇（Peter Burbidge）先生，现在当我们再次称颂他的时候，我们想把那个独一无二的出版社中所有那些如此忠实、准确而又漂亮地担负本书出版工作的人同他的名字联系在一起，我们这部书的出版工作是非常艰巨的。

到 1976 年夏，作为本书编撰工程轮机室的图书馆一直设在基兹学院，但在我退休而不担任院长职务后，馆址即迁到了沙夫茨伯里路（Shaftesbury Road）上的一座临时建筑物，就在（剑桥）大学印刷厂的"院子"（这是照亚洲人的说法）外面。后来我们安顿在布鲁克兰兹大街（Brooklands Avenue）上一所宽敞的房子里。这所房子属于剑桥大学出版社，由东亚科学史基金会（英国）〔East Asian History of Science Trust (U. K.)〕董事临时租赁。我们对不列颠博物馆图书馆辅助图书馆基金（British Museum Library Ancillary Libraries Fund）慷慨地安置拨款和美国斯隆基金会（Sloane Foundation）的专项拨款表示最热诚的感谢。自那时以来我们又进一步获得福特基金会（Ford Foundation）和梅隆基金会（Mellon Foundation）及国家科学基金会（National Science Foundation）的慷慨捐款，捐款之多大概足以保证本书余下八九册所需的经费，这些款项如今部分地由我们的东亚科学史基金会（美国）〔East Asian History of Science Trust (U. S. A.)〕掌握。我们想借此机会向所有担任这些慈善组织董事的人致以最热诚的谢意。

我们应该继续特别感谢伦敦韦尔科姆基金会（Wellcome Trust of London），在编写化学卷这几册期间我们自始至终都是靠其慷慨资助坚持下来的。因为这几册有那么多地方涉及医学史——尤其是现在关于内丹的一册，我们接受他们始终不渝的资助并非没有一点受之无愧的感觉。在中国，原始化学从一开始就是外丹术（在同样古老的其他文明中则不是）；同样，那里的炼丹家往往也是医生（这种倾向比在其他文化中普遍得多），对此几乎无论怎么强调都不算过分。因为即使中国人对战胜死亡的乐观达到了现代医学迄今尚不敢企及的高度，外丹和内丹的一些基本概念也是制药学和治疗学上的概念。

近期我们的编撰工作收到了美国佐治亚州亚特兰大可口可乐公司（the Coca-Cola Company）几笔可观的捐款，其间多承该公司当时的高级副总裁希林洛（Clifford A. Shillinglaw）博士（已故）从中玉成，他是我们在美国的基金董事会的第一任董事长；对此及其他许多帮助，我们都应深表感谢。李励生博士在剑桥从事第三十四章（化学工业）编撰工作的一段时间，其费用是靠该公司捐款资助开支的，第三十四章几年前曾由何丙郁教授起草了一个初稿。我们感谢泰晤士电视有限公司（Thames Television Ltd.）拨给一笔有用的补助金资助我们的书记员，并感谢新加坡李氏基金会［Lee Foundation of Singapore；是为纪念已故的李公健（Dato Lee Kong-Chian）而创立的］提供几笔很受欢迎的拨款作为全书编撰工作的一般费用。美国哲学学会（American Philosophical Society）也一直在随时提供小额资助。某些私人亦不时给我们寄来相当可观的捐款，这里我们不禁要向纽约斯卡斯代尔（Scarsdale，N. Y.）的费里夫人（Mrs Carol BernsteinFerry）和费里（W. H. Ferry）先生以及香港的林炳良、林玛利夫妇（Mr and Mrs P. L. Lam）致以最热诚的谢意。

现在我们这第五分册终于由"外部长生不老药"（"外丹"）讲到了"内在的长生不老药"（"内丹"），由原始化学讲到了原始生物化学，由依靠矿物药和无机药讲到了相信可以用活体的汁液和物质制造长生不老药(macrobiogen)。为这一新的概念，我们不得不又创造了一个新词"enchymoma"（内丹）；其综合意义实际上就是将人体的必死改为永生的训练。这种"生理炼丹术"（内丹）的基本思想可见下列两处：第三十三章（j）的（2）［尤其是（i，ii）］和（4）。尽管它对冥想术用得很多，但却不像西方的"神秘炼金术"以心理为主。在（4）的末尾和（8）中我们的结论是，其多数做法对学道之人的身心健康都大有裨益。

第三十三章 炼丹术和化学

（j）外丹与内丹

（1）欧洲炼金术中的秘密传统

炼金术（*ars alchimica*）［路德（Martin Luther）在 16 世纪中叶说］①，我非常喜欢，它确实堪称是古人的自然哲学。我喜欢炼金术不仅仅是因为它在熔解和熔合各种金属以及在蒸馏和升华各种草木和精汁（*in excoquendis metallis, item herbis et liquoribus distillandis ac sublimandis*）上有着多种用途，而且是为了其中的隐喻和秘义极其巧妙，触及最后审判日死者的复活。正如熔炉中，火从一种物质提取和分离出其他成分，使精神、生命、汁液、力量升腾，而不洁之物、渣滓则留在炉底，就像无生命、无价值的尸骸一样……②，上帝在最后审判日也将通过火分离万物，区分善恶③。

约 1641 年托马斯·布朗爵士（Sir Thomas Browne）记述了一种类似的想法，他在《一个医生的宗教信仰》（*Religio Medici*）④ 中写道：

我对点金石（Philosophers' Stone；不仅仅是金的完全纯化）的肤浅了解教给了我许多神学的道理，而训示我的信仰：我的灵魂那不朽的精神和不可败坏的本体可能隐藏着并暂时寄宿在这肉身之躯中。我在蚕身上所看到的那些奇怪而神秘的转生现象使我的哲学变成了神学。这些造化之作似乎让理性感到困惑，但却包含着某种神圣的东西，其底蕴并非一个普通旁观者的眼光所能发现。

上述两段令人感兴趣的引文可以提醒我们，除了西方原始化学和炼金术中进行实际的实验室实验这股潮流外，也许从一开始就有一股从事神秘、隐喻、象征、伦理甚至心

---

① *Tischreden*, I, 1149, 蒙哥马利［Montgomery（I），p. 79］引用。蒙氏像别人如胡比基［Hubicki（1）］一样，证明了路德主义对炼金术和早期化学发展所起的极为有利的影响。对于其他科学，见 Miall（1），Pelseneer（3，4，5）和 Mason（2，3）。关于新教神学与自然科学的关系这个大题目，可阅读 Dillenberger（1）。我们已经提到（本书第二卷，p. 92），当时多数科学家都站在宗教改革一边。

② 此处路德为进一步加以说明而谈到诸如葡萄酒、肉桂粉、肉豆蔻粉之类的制作。

③ 虽然路德是绝不能与公元初期的诺斯替教徒相比的，但此处还是使人禁不住想起诺斯替教思想与希腊化原始化学思想的密切联系。这一点我们在本书第五卷第四分册 pp. 376 ff.，385 ff. 中作了适当的强调，但我们即使把强调的程度再增加许多也不算过分，如同从当时的巴西利德斯（Basilides）、托勒密（Ptolemaeus）和塞特派（Sethians）等的著作中可以看到的那样，译文见 Foerster（1），vol. 1, pp. 64 ff.，135，304—305。

④ Macmillan ed.，p. 64。

理解经的并行潮流。在前面几册中，读者大概已多处遇见过有点神秘化地提到中国人的"内丹"或者说"精神"炼丹术的叙述，现在我们终于要面对这样一个问题：即中西两种具有非实验特点的不同传统之间是否有相似之处？我们知道，实际的实验室炼丹术在中文文献中往往被说成是修炼"外丹"。除修炼外丹之外，尤其是在唐代和唐代以后，还有一种并行的修炼"内丹"之法，唐代以后此法日益盛行。这一区别究竟有什么意义，在曾经接近过上述领域的少数几位汉学家眼中一直是个捉摸不定的问题①。确实，现在要举出任何哪怕是不够充分地探讨内丹体系的专著或书籍也是不可能的。内丹基本上是属于隐喻性的，是真人在走向完美的艰难道路上的灵魂食粮吗？还是某种与西方的神秘心理学完全不同的东西呢？我们现在确信无疑，内丹是完全不同的，我们必须彻底地区分西方的两种"炼金术"和中国的两种"炼丹术"。由于"内丹"是一种生理上而不是心理上的成就，我们将会感到有必要引入一个全新的词来表示"内丹"。不过，首先必须更加仔细地来看一下欧洲的精神炼金术。

众所周知，杰出的精神分析学家荣格（C. G. Jung）在 1944 年出版了一本叫做《心理学与炼金术》（*Psychologie und Alchemie*）［Jung（1）］的书，这本书产生了很大影响②。紧接着他又出了一些其他的著作，如《炼金术研究》（*Alchemical Studies*）［Jung（3）］和《和合的奥秘》（*Mysterium Conjunctionis*）［Jung（8）］，但所有这些书的大意都是相同的。荣格提出，中古时期和文艺复兴时期欧洲炼金术中的实际化学成分以往被人过高估计了，他认为炼金术著作中的叙述即便不是大部分，也有很多基本上属于神话，其中包含了讽喻、隐喻表述、诗化的类比和象征。炼金术士通过冥想化学变化的现象而实现了荣格所说的心理个体化过程③。他们遵循化学反应或有关化学反应的描述，并将其等同于普遍的"原型"（archetypes）④ 而不仅仅是自己的内心世界，以此摆脱会导致强迫观念、焦虑、神经症和心身疾病的种种内心矛盾、冲突等——达到心理完整（psychological wholeness）、平衡（balance）和整合（integration）。因而，西方心理炼金术所关心的与其说是实际的化学操作（如果有一点关系的话），毋宁说是各种精神状态、发泄、升华、净化以及达到统一和平衡——几乎像精神分析学创立以前的自我精神分析一样。

显然，从东西方炼丹（金）术中都很丰富的形形色色诗化和诡秘的隐名（cover-names）（例如在中国，"河上姹女"表示汞⑤，我们已经见到过许多例子了）到各种各样的隐喻表述和象征⑥，可能只差了一小步。因此，荣格对炼丹（金）术著作的解说让

---

① 例如可参见晚近柳存仁［Liu Tshun-Jen（1）］的那篇古怪而又有见地的论文，其依据的文献与我们这里所用的略有不同。如果在研读了本节内容之后再来看，就比较容易理解了。

② 关于荣格的生平和思想，著述很多。此处我们想只提一下施陶德［Staude（1）］富有洞察力的论文。

③ Jung（1），pp. 3，27。

④ 见本册下文 p. 7。

⑤ 例如在 *TT* 990，卷中，第二十八页；*TT* 993，卷中，第二十五页。

⑥ 对于后来欧洲炼金术士所设想的"大业"（Great Work）不乏描述，无论是以隐喻图解集的形式，如法布里丘斯［Fabricius（1）］、阿洛［Alleau（1）］或普洛斯等人［Ploss et al.（1）］的描述，还是作为原文阐释，如埃沃拉［Evola（4）］的描述，应有尽有。有些描述比另一些更明显地表现出精神分析倾向；有些则与人在致幻药影响下的体验进行比较。例如，法布里丘斯发现上升性和下降性颜色变化的各个阶段间有一种性关系（*conjunctio*），因而大谈乱伦、出生创伤和原初焦虑（primal anxiety）。用心的读者在研究了这些材料之后会明白多少，尚有待分晓。

人觉得简直是个大杂烩，里面意象、平行比较、图式、幻想以及象征表述无所不有，分别来自俄耳甫斯教（Orphism）、诺斯替教（Gnasticism）①、"赫尔墨斯秘义集成"（Hermetic Corpus）②、亚历山大里亚原始化学哲学家③、喀巴拉（Kabbalah）④ 及其他许多来源，并且不排除有伪福音书（apocryphal Gospels）⑤ 和类似的准基督教传说材料，似乎凡是能说的话不管怎样矛盾差不多都说了，甚至有时正因其自相矛盾而受到珍视。这样的方法把各个历史时期的各种各样的话纠缠不清地混杂在一起，所以是佛尔克式（Forkean）或葛兰言式（Granetian）的⑥，令人感到不舒服。对此荣格的辩解是：人性处处相同，人类活动和人类状况不论何时总是类似的，其神经症和精神病内容基本相似⑦。但这恐怕未必能成为可以无视历史时期的理由，因为同样的词几乎不可能总是表示相同的意思。事实上，他的材料主要取自 14 至 18 世纪，取自文艺复兴时期隐喻炼金术那次勃兴的文献，当时原始化学炼金术似乎已经完全陷于停顿⑧。但是，其范围并非全然这样狭窄，因为希腊化时代的点金者们已经够神秘的了，佐西默斯（Zosimus）更

4

---

① 参见本卷第四分册 pp. 376 ff. 。与后来的摩尼教（Manichaeism）也有关系，因为它将物质视为一切精神都试图逃避的某种本质邪恶的东西，1707 年沃尔夫 [J. C. Wolf (1)] 对这种与基督教完全不同，甚至相反的宗教作了经典的介绍。但自他那个时候以来，我们对这两种世界观的认识已经有了很大的增进。从伯基特 [Burkitt (1, 2)] 开始，如今可以在多雷斯 [Doresse (1)]、鲁道夫 [Rudolph (1)] 和弗尔斯特 [Foerster (1)] 的著作中找到可靠的一般性论述。皮埃什 [Puech (5)] 有一篇论诺斯替教时间观念的出色文章，而比安基 [Bianchi (1)] 揭示了诺斯替教思想的其他方面。纳杰哈马迪 [Nag Hammadi；克诺玻斯喀翁（Chenoboskion）] 的科普特文（Coptic）诺斯替教文库已由鲁宾逊 [Robinson (1)] 编纂了英文版。

② 见斯科特 [Scott (1)] 及诺克和费斯蒂吉埃 [Nock & Festugière (1)] 的勘定本，另见克罗尔 [Kroll (1)] 和米德 [Mead (1)] 的阐释。这部集成冠有传说中的埃及哲学家神赫尔墨斯·特里斯美吉斯托斯（Hermes Trismegistus）的名字，汇集了 3 世纪希腊—埃及哲学家们的神学著作。其中一份文献（Asclepius Lat. III）的年代几乎可以准确地推定为公元 270 年。15 世纪意大利哲学家费奇诺（Marsilio Ficino）和皮科·德拉米兰多拉（Pico della Mirandola）将这些著作连同其强调获得救赎后的人支配自然的能力"基督教化"，与文艺复兴时期魔术家（Renaissance magus）的出现和现代科学 [参见 Yates (1)] 的诞生有很大关系，这一点只是现在才变得清楚起来了。

③ 均收录于 Berthelot & Ruelle (1)，参见 Berthelot (1, 2)。征引作 Corpus Alchem. Gr.（《希腊炼金术文集》，公元前 1 世纪—公元 7 世纪）。

④ 另一部文集，内容有关犹太神秘主义和魔法，在 13 世纪第一次形成体系，但其根源则可清楚地追溯到诺斯替教 [见 Blau (1)；Scholem (3, 4)；Yates (1)，pp. 92 ff. ；Waite (12)，(2)，pp. 377 ff.]。我们在本书第二卷 pp. 297 ff. 已经提到过"喀巴拉"（Kabbalah，文艺复兴时期的学者称之为"Cabala"），指出了其体系与中国象征的相互联系体系间的种种对应现象。那里给出的两部主要著作的年代也许定得太早了，因为《创世之书》[Sefer Yesirah；译文见 Stenring (1)] 的年代应在 11 世纪，而《光辉之书》（Zohar）的年代则应在将近 13 世纪末。但是它们从 3 世纪以来在口传框架内已经历了好多世纪的发展。《光辉之书》相传出自 2 世纪的一位巴勒斯坦作者拉比西缅·本·约哈伊（R. Simon ben Yochai）之手，其实这本书的作者几乎肯定是摩西·德莱昂（Moses ben Shem Tob de Leon，卒于 1305 年）。其中心教义也许可称为遥控创世说，十个数（the ten sephiroth，上帝名）或流溢形式作为创造力的独立地位有时使人想起年代早得多的《易经》一书中的八卦。这种对应性早就为人们如韦特 [Waite (12)，p. 68] 隐约地意识到了。"喀巴拉"是文艺复兴时期被"基督教化"的又一古代神秘主义体系，它对科学革命中的一些早期人物产生过深刻的影响。尤其是其"创造性语词"（creative word）说，拉瑟 [Rather (1)] 发现它在现代又有了用处。他把它同有机化学分子中原子排列的无限可能性和遗传密码中 DNA 碱基顺序的带信息分子（semantophore molecules）联系了起来。

⑤ 见詹姆斯 [James (1)] 的集子和亨内克与施内梅尔歇 [Hennecke & Schneemelcher (1)] 更晚近和更详尽的著作，还有各种具体研究和译文，如 Ménard (1)。

⑥ 参见本书第二卷 pp. 216 ff. 。

⑦ 例如 Jung (8)，p. xviii。

⑧ Jung (1)，p. 217。

神秘，亚历山大里亚的斯特法努斯（Stephanus of Alexandria）则完全神秘莫测了①。最初促使荣格走上这条羊肠小道的原因是非常奇怪的，不过我们在本节结束时就会完全明白了。

对于不精通现代内省心理学的人来说，要领会荣格用于解释炼金术隐喻的各种概念是困难的，但我们必须尽力而为②。炼金术士所进行操作中的化学物质的特性，即颜色和物理性质的变化、挥发性、凝固、溶解、沉淀、耐热性等，使他产生了联想，于是在他的个体心灵中就发生了"投射"（projection）③过程。他欣慰地发现，自己的种种情结（我们应该这么说）被反映在这些过程里，因而可以认为是合乎自然的，不再需要抱有罪恶感和负疚感了。

关于心理投射，最好是引用荣格自己的话。

如同我们从心理治疗的经验中得知的那样，［他写道④，］投射是一个无意识的、自动的过程。主体（人）无意识的内容借此转移到客体上，以致其似乎是属于那一客体的。当内容一变为有意识，也就是说当其被看做是属于主体时，投射过程也就停止了。

或者照他的信徒戈尔德布鲁纳（Goldbrunner）的说法⑤：

人们归因于某种外在的东西，其实真正的原因在于主体自己。存在于无意识之中的情结的效应被向外投射。在这种情况下必须使投射脱离客体并向病人说明……想象和恐惧仅仅来自他或她自己心灵中的……力量。

荣格说⑥，我们的任务不是

否认原型，而是解除投射作用，以便把其内容归还给无意中自己向外投射而丧失这些内容的人。

正像戈尔德布鲁纳所说的那样⑦，是投射机制把人类传统的图画书与心灵的内在活动联系了起来。

5 存在于无意识之中的过程或内容可作为客体、他人或环境的一种特性出现在我们面前。无意识的影响似乎与自我不相干，它们好像来自外界，来自客体，它们（总而言之）是被投射了。

---

① 参见 Jung（3），p. 206。

② 心理学的诠释见 Harding（1），pp. 377 ff.，414 ff.；Jacobi（1）；Goldbrunner（1）。还有荣格［Jung（12）］介绍自己心理哲学的书。

③ 应该注意荣格心理学中的这一术语与各种炼丹（金）术和原始化学文献中都有描述的有形的"投射"过程毫无关系。后者是指投入极少量的某种化学物质（点金石）使大量的材料转化为某一种贵重金属，其历史在中国至少和在西方一样悠久，参见本书第五卷第四分册 p. 7 以及第二分册和第三分册各处。

④ Jung（13），pp. 59 ff.。

⑤ Goldbrunner（1），p. 33。

⑥ Jung（13），p. 84。

⑦ Goldbrunner（1），pp. 73 ff.。

　　因而，自然力曾经被人格化为人类无力抗拒其肆虐的妖魔鬼怪、瘟神或者战神或爱神。这就是一直被称为"神秘参与"（participation mystique）［莱维-布吕尔（Lévy-Bruhl）］的古代主客体同一性。古代和原始各民族的巫术礼仪和神话反映的就是这一与外部世界的"心理同一性"（psychological identity）的阶段。但是最后出现了对心灵力量的认识和恢复或者说"心力内投"（introjection）。像人类历史上发生过这种撤回（withdrawal）一样，每当个体生活中发生这样的情况，意识自我就吸收新内容，扩大自己的领地，并能越来越多地区分其自身和环境①。这种撤回可以有很强的治疗作用，因为可怕的象征（例如由于未公开承认的焦虑所致的）被自知、宽慰和镇静所取代——然而此时意识自我又面临新的问题和新的努力②。

　　荣格发现炼金术是一个恰当的例子，因为在古代和中古时期的实验室里，那些方士曾有过某些心理体验，他们认为是化学过程所致，没有认识到这些与我们今天知道的物质元素和化合物无关，而是来自他们自身的投射。荣格③写道，炼金术士"把其投射作为一种物质的性质来体验，而真正体验到的却是自己的无意识"。另外④，

> 为解释物质的奥秘，（炼金术士）把又一个奥秘——其自己的无意识背景——投射到要解释的东西里……这当然不是有意的，而是无意的。投射从来都不是有意进行的，而是自发产生的。

这一过程在此阶段，只要可能也有其自己的治疗作用，因为来自无意识的意象带着当时人无以名状的情调，被移植至炼金术士的器皿的内容物上，事实上它是如此外化以至于达到了可以被人看做是物质世界的一部分，从而觉得并没有什么好惊慌的。这就是自然客体的"替罪羊作用"（scapegoat function）⑤，施之于物在某种情况下是有益的，施之于人则总是有害的。此外，"在实际工作中曾察觉到某些带有幻觉或幻视性的现象，这些现象只能是无意识内容的投射，而不是别的什么东西"⑥。那是不难想象的，因为在经历物理和化学变化的物质特性中，有许多情况现今我们知道该如何作为细枝末节而忽略不计——固体或液体表膜、干扰色、几种不溶混液体汇集而形成的云状物，或者蒸发或蒸馏中蒸气所呈现的不规则形状、奇形怪状的泡沫团等。确实，由炼丹（金）术到现代化学的整个过渡，从心理学观点看可以视为基本上是大量投射的撤回。它们无疑曾使上起佐西默斯和葛洪的最初化学探索者们的精神得到宽慰，不过如果人们真要看清楚自然的面貌的话，就不得不在更高级的疗法中承认它们是人自己造成的一层面纱。

　　精神炼金术著作也总是告诫炼金术士要内视并遵从"灵光"（inner light）的指引，这种光可以说会照亮潜意识心理中通常不为内省所见的阴暗之处。而且那些著作中还有这样一种观念，认为"冥想"（meditation；与无意识自我的一种内部对话）和"想

6

---

① 参见 Goldbrunner（1），p. 127。

② 参见 Jacobi（1），p. 118。

③ Jung（1），p. 234。

④ Jung（1），p. 233。

⑤ Jacobi（1），p. 21。

⑥ Jung（1），p. 239。

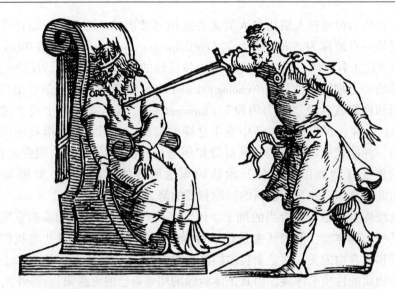

图 1539　西方隐喻炼金术中的心理投射——被具体化为化学反应的弑父观念。采自
佩特汝斯·波努斯（Petrus Bonus）的《新宝珠》（*Margarita Pretiosa Novel-
la*，1546 年）。参见 Silberer（1），pp. 84—85；Jung（1），英文版，p. 210。

象"〔imagination；运用帕拉塞尔苏斯的星辰（*astrum*）或者说照亮一切生在世上的人的光〕实际上会释放可以使从事"大业"（Great Work）的操作者能够将变化强加于物质的力量[1]。首先，炼金术士所进行的是一个"个体化过程"，这个过程就是炼金术士自己从引起神经症、强迫观念和焦虑的内心矛盾和冲突中解放出来的过程[2]。在改变自然中，炼金术士更重要的是在改变自己，无论是在使低贱的物质嬗变成金这种最贵重的物质，还是在遵照那些自认为已这样做了的人的鸿篇巨著行事，他其实是在走使人崇高的自救道路。用心理学的术语说，他真正追求的目标[3]是个体心理健康，即人格的整合，没有恐惧、抑郁、烦闷以及"一切可能会袭击和伤害灵魂的邪念"[4]。

对荣格来说，要达到这一点，不仅有赖于克服青年初期或婴儿期所受到的性或其他方面的创伤，而且有赖于调和共同的无意识的各种"原型"。原型可以说是一切人都自发具有的观念模式，它们以不同形式存在于所有的文明中，并常常被压入无意识中——例如乱伦、阉割、自杀、处女母、父食子、弑父、阳痿、龙或野虫、独角兽、死亡与复活、女与男、黑暗与光明、阴与阳（图 1539 和图 1540）。"只要"，荣格写道，"炼金术士在自己的实验室中工作，从心理学上说，他就处于有利地位，因为他没有机会以出现的原型识别他自己。这些原型一出现就立刻都被投射到化学物质中去了"[5]。问题在于终极的不朽物（the ultimate incorruptible）是一种化学产物，而他们却

---

① 参见下文 p. 16 关于阿特伍德（Mary Atwood）思想的论述。

② "炼金术士把我会称为个体化过程的东西投射到物理变化的现象里了"，Jung（1），p. 462。参见 Jacobi（1），pp. 137 ff.。

③ 当然不是有意识的。

④ *BCP*，Collect for Lent 2。

⑤ Jung（1），p. 37。

图 1540　西方隐喻炼金术中的心理投射——被具体化为化学反应的乱伦观念。《哲学家的玫瑰园》
　　　　［*Rosarium Philosophorum*，1550 年（Anon. 156）］的第三幅木刻。纸卷上标有太阳神和月亮
　　　　神的名字索尔（Sol）和卢娜（Luna），他们俩同意结婚；鸽子上方写着："赋予生命的是
　　　　精神。"参见 Jung（16），pp. 450 ff. 。

根本无法得到，所以炼金术的追求永远不可能完全成功①，尽管从实际意义上说现代化　　8
学和现代心理学都是其真正的继承者②。

　　荣格发现炼金术是一个名副其实的象征宝库，了解这些象征对于理解神经症和精
神病的过程大有帮助③。他的工作有许多就是分析病人的梦，不管对还是错，他总是想
到炼金术的象征性术语，这很可能是因为两者都时常关心"不可调和的"对立面的问
题，自然是原型形式的对立面④。

　　　　由于炼金术士（只有极少数例外）不知道他们是在揭示心灵结构，而以为他
　　　　们是在解释物质的转化，所以并没有什么心理上的顾虑会使他们出于敏感而不肯
　　　　暴露心灵的背景，换一个自觉的人，那样做是会胆怯的。正是因为这样，炼金术
　　　　才令心理学家感到如此的饶有趣味、引人入胜⑤。

---

① 　Jung（3），pp. 90，91. 参见 pp. 223 ff. ，298 ff. 。
② 　若论希腊化的点金著作，可以说化学是继承了"自然事物之学"（*Physica*），而心理学则是继承了"神秘
事物之学"（*Mystica*）（参见 p. 11）。Jung（1），p. 218。
③ 　Jung（8），pp. xviii，xix。
④ 　Jung（1），pp. 41 ff. ，（2），p. xvii。
⑤ 　Jung（8），p. xvii。

无意识的原型意象与民间传说和神话的主题有关，经常出现在梦中，互相置换、互相重叠、互相连接、互相融合，显得扑朔迷离，可是炼金术著作家的意象几乎一样地难以捉摸。

这就是令我们如此难以理解炼金术的原因。在这里，主宰的因素不是逻辑，而是原型主题的运用，虽然这从正规的意义上说是"不合逻辑的"，但它还是服从我们还远未说明的自然法则。只要透彻研究一下《易经》就会清楚，中国人在这方面大大超过了我们。《易经》尽管被目光短浅的西方人称为是一部"古代巫咒集"（一些新派的中国人自己也附和这种看法），但却是一个深奥的心理体系，它力图把原型的作用，即"自然的奇妙运作"，组织成一定的模式，使之可以"看懂"①。

我们对《易经》的看法以前已经谈过②，这里不应该再赘述了，但荣格对那个概念库的评价是很有意思的。他做所有这一切，大概并不希望暗示晚期的欧洲隐喻－神秘炼金术士根本没有从事过任何实验室操作。问题的关键在于，尽管这类实验的原始科学特征在希腊化点金者与贾比尔派（Jābirian, Geberian）炼金术士中十分明显，但后来的炼金术士继续进行实际操作，与其说是为了从任何科学意义上理解物质世界，倒不如说是为了观照天地万物的种种变化机制来净化、整合和完善自己。换言之，他亲眼目睹化学变化中发生了什么样的情况，并将从自己无意识中涌现出的原型投射到这些化学变化上——从而成为一个个体化的、得到充分调整或平衡的整体人（totus homo）。我 9 们不禁马上想到了它与道教"真人"的类似之处，但下面将表明所有这样的等同都是很危险的③。

既然欧洲的隐喻-神秘炼金术是在基督教世界内部发展起来的，人们自然要问，它与那个有组织的宗教的思想有什么关系。炼金术总是被认为是拆拆拼拼的技艺。"溶解与凝结"（solve et coagula）是它的一大口号。先分离和分析［阿瑞斯（Ares）的领域］，后综合和合并［阿佛洛狄忒（Aphrodite）的领域］④。"spagyrical"（意为"炼丹术的"）这个 17 世纪拉丁词即由此而来，因为 σπάω，σπαράτίειν, sparattein，表示"扯裂"、"撕碎"、"分离"或"展开"，而 ἀγείρειν, ageirein 则表示"聚拢"、"联合"或"汇集"⑤。于是冲突就被包含在统一之中，黑化之后便发生黄化，达到了所有梦寐以求的目的——永久、不败朽、雌雄同体、具精神性而又具物质性、神性、至福直观，以及

---

① Jung (8), pp. 293, 294。
② 本书第二卷 pp. 322 ff., 335 ff.。
③ "真人"这个重要而又被广泛使用的术语没有一致的或满意的译法，我们倾向于译作"adept"，而不是译作"realman"，"true man"或"perfected man"，后三种译法别人都用过。《黄帝内经素问·上古天真论》中给出的其基本意义为"懂得宇宙运行中阴阳的相互作用，调养自身的精和气，谨守自身之神的人……"（"有真人者，提挈天地，把握阴阳，呼吸精气，独立守神……"）。换句话说，"真"在这里作"修真"即"恢复元气"（参见本册 p. 46）并由此获得长寿解。而且，如以前（本卷第二分册 p. 109）曾提到的那样，这个术语原来主要用于指上仙，后来才逐渐开始指仍在尘世的方士。这一切读者看下去就会更好理解了。
④ Jung (8), p. xiv.
⑤ 同上。另见 von Lippmann (12)。

（最后但并不是最不重要的一点）中国、阿拉伯的各种长生不死的要素。因而炼金术中"对立面的结合"，即"*coincidentia oppositorum*"，具有很重要的意义，对此我们还要详加说明。既然"统一象征"总是倾向于具有某种超自然性，那么发现基督不断地被等同于点金石也就不足为奇了，不管其是不是在圣餐礼的场合[1]。诚然，那些靠他人代做的工作（*ex opere operato*）获得恩宠之果而需要救赎的人，的确是举行圣餐礼的，而炼金术士则努力救赎沉睡于物质中并渴望救赎的世界圣灵，靠自身的主动（*ex opere operantis*）获得长生不老药[2]。荣格及其阐释者们已经系统地表述了许多类似的对比。"炼金术士与教会背道而驰，宁愿通过知识去寻求，而不愿通过信仰来获取。"[3] 教会使意识脱离其在无意识中的自然之根，切断了通往自然的桥梁，而炼金术隐喻则把它又恢复了，因为炼金术允许对基督教神学无法吻合的原型的认识[4]。炼金术之于基督教犹如潜流之于水面，或犹如梦之于意识，补偿清醒时的种种内心冲突[5]。此外还有一个鲜明的对比：教会是一个集体，而方士的追求则是单独的和个体的，他要自己找出自救之法。不过，炼金术的意象还是为17世纪的一些最优秀的宗教诗提供了创作灵感。英国圣公会教区牧师（The Anglican panish priest）赫伯特（George Herbert）写道[6]：

> 谁都能分享您的一份：
> 一切事物不论多么平凡，
> 只要得此精髓（为了您），
> 都会变得光明洁净。

> 这就是著名的神石，
> 能把一切点化成金；
> 因为上帝触及和占有的
> 不会轻易泄露给人。

那么西方隐喻-神秘炼金术中占支配地位的题目或主题是些什么东西呢？可判别的主要有两个，这两个都是很自然地从冥想正在经历变化的化学物质的行为产生的。一个是死亡与复活而得永生的题目，其相关联的主题有下地狱和解放或救赎禁锢在贱物质中的精神。另一个是关于对立面结合的性的题目[7]。对立面结合产生更高级的产物或者说平衡状态，从而逐步向一种绝对的完美上升[8]。与此相联系的有运用两性人作为象

10

---

① 参见 Jung（1），p. 343。

② Jung（1），p. 457。

③ Jung（1），p. 35 及其后诸页。

④ Jung（1），p. 34。

⑤ Jung（1），p. 23。

⑥ 《圣殿》[The Temple（EH，485）] 中第156首《神丹》（The Elixir）的第4、第6两节。吉布森（Gibson）版还收有沃尔顿（Izaak Walton）的《赫伯特传（1593—1632年）》[Life of Mr G. H.（1593—1632）]。

⑦ 参见我们在本书第五卷第四分册 pp. 363 ff. 的论述。

⑧ 这就是韦特 [Waite（5），p. xxix] 所称的"炼金术的进化论"，即"内在能量的发展过程"。

征①，还有描绘宇宙图形里万物的统一，而对宇宙图形荣格曾经用印藏宗教艺术中的曼荼罗（mandalas）来进行类比②。不难看出，这两个题目都首先是由对各种实验室现象的观察自然产生的，因为炼金术士（从亚历山大里亚时期起）常常不得不破坏一种物质或金属的可人性质，以获得正在制备的另一种物质更加可人的性质，而在每一化学反应中两种反应物质的性质为一种或数种产物的性质所取代而消失。

　　首先，关于死亡与复活，读者大概记得，亚历山大里亚的点金者或原始化学家认为化学和冶金变化是从"类似质料"（matter as such）撤去某些"形式"（forms，在亚里士多德学说意义中的）后强加上某些别的形式③。既然一切类似质料都被认为是相同的和均质的，人们就好比说可望能够将一块类似质料上的一层漆换成一种颜色迥异的漆。由此他们（以及他们之后若干世纪的许多炼金术士）着眼于对原始质料（*materia prima*；ΰλη, *hulē*）"剥夺形式"（deprivation of forms；*solutio*, *separatio*, *divisio*, *putrefactio*）而后渐次"添加形式"（addition of the forms；*ablutio*, *baptisma*）④。最低级的阶段是黑化（图1541），即著名的μελάνωσις, *melanōsis*（*nigredo*），此时触及到了类似物质或某种像类似物质的东西（*mortificatio*, *calcinatio*），但这之后便开始向金色、紫色或

11　完美状态上升，中间经过亚历山大人最初定下的那一系列颜色变化⑤。首先是白化［λεύκωσις, *leucōsis*（*albedo*）］，然后是黄化［ξάνθωσις, *xanthōsis*（*citrinitas*）］，此时产生金子或一种金子般的颜色或物质；末了是一个有点神秘的最后阶段——紫化［ΐωσις, *iōsis*（*rubedo*）］⑥。生命的灵魂的更生正如化学物质经历反应容器中"死亡与地狱的折磨"一样⑦，用它来类比这接连的一系列阶段是信手拈来，毫不费力的。

　　这一思想对亚历山大里亚人来说根本不是外来的，有佐西默斯和斯特法努斯的幻想为证⑧，但在后来的基督教炼金术隐喻中基督石（lapis-Christus）的类比与之不谋而合，因为基督石是一种强效试药，象征着率先战胜死亡和残酷地狱的基督⑨。留给荣格去做的就是指出这些概念对应于或暗示了或事实上代表了落入无意识蛇洞的过程⑩。在深渊里，即在"大海深处"，不仅包藏着邪恶，而且还有一位等待救赎的伟大君王，待

---

　　① 参见 Pagels（1）。

　　② 印度教和佛教传统中的曼荼罗是一种圆盘状的宇宙图形或宇宙意象，但就其可以作为众神或众菩萨自己暂时的或永久的住所而言，也是一种神的显现。它曾经在密教（Tantric）入教仪式和其他礼仪中起重要作用，如今在藏传大乘教派（Mahāyāna）中尤为突出。见 Eliade（6），pp. 223 ff.，392，以及 Tucci（5）。

　　③ 参见 Leicester（1），pp. 27，41，110。

　　④ Jung（1），p. 304。

　　⑤ 参见本卷第二分册 p. 23 和 Jung（1），pp. 218 ff.。参见 Leicester（1），p. 42；Sherwood Taylor（2），p. 135，（3），p. 49；Holmyard（1），p. 25，其说据 Berthelot（1），pp. 242，277，（2）pp. 263，264。*Corpus Alchem. Gr.* IV, xx, 5；III, xxxviii, xl, 分别见 Berthelot & Ruelle（1），vol. 3, pp. 279 ff.，202，204。

　　⑥ 这个词是指"紫化"还是指"除锈"以获得光洁铮亮的表面，始终有疑问。

　　⑦ 如我们知道的那样（本卷第四分册 p. 76），"哈得斯"（Hades）一词经常被希腊化时代原始化学家们用来指升华装置（*kērotakis*）回流冷凝器底部的液体。见 *Corpus Alchem. Gr.* IV. xx. 7 ff.［科马里乌斯和克娄巴特拉之书（the book of Comarius and Cleopatra）］，原文见 Berthelot & Ruelle（1），vol. 2, pp. 292 ff.，法译文见 vol. 3, pp. 281 ff.；英译文见 Sherwood Taylor（3），pp. 58 ff.，参见 p. 47。另参见 Sherwood Taylor（2），p. 133，（7），p. 41。

　　⑧ 参见 Sherwood Taylor（8）和 Scherwood Taylor（9）。

　　⑨ Jung（1），pp. 332 ff.。

　　⑩ Jung（1），p. 322。

图 1541 西方隐喻炼金术中的心理投射——被形象化为拆散两性人君王枯骨的煅
烧。采自《新宝珠》（1546 年）。参见 Jung（1），pp. 506 ff.。

到"大业"告成时他将在无比荣光和已实现了的安宁中出现①。

与这种象征相关联的是使沉睡或被禁锢于质料之中的精神获得解放的思想②。这既
与"救赎者出身微贱"的原型有关系③，又与西方圣餐礼的神学有关系④，尤其是与罗
马天主教的变体论有关系，因为变体论同中世纪关于形式与原始质料的自然哲学有明
显的联系⑤。教会的"小宇宙救主"（*salvator microcosmi*）与炼金术士的"大宇宙救主"
（*salvator macrocosmi*）相应。荣格著作多次提到精神在"最低贱的质料"（vilest matter）
中，甚至"在粪中"（*in stercore*）⑥。荣格说，硫黄由于其化合物气味难闻而常常被当
作基督象征——对应于"肮脏的无意识"（dirty unconscious），但精神也遍布这一领域，
只要深思而剖解之就能理解个中原缘⑦。这一切从某种程度上说是为炼金术的污垢性辩
护，然而又不乏深刻的哲理。人们可能还注意到其带有极强的欧洲色彩，因为中国人
并没有在精神与物质、莲花与污泥之间作过如此鲜明的对照⑧。

---

① Jung（1），p. 313。参见 Sheppard（5）。

② 这部分地是一种以诺斯替教义为基础的摩尼教思想；见沃尔夫［Wolf（1）］的书以及各种晚近的文献。

③ Jung（1），p. 28；（8），pp. 360，366 ff.；"主宰者被转化"。

④ 关系非常密切，以至不止一个虔诚的炼金术士草拟过赫尔墨斯弥撒（Hermetic Mass），包括特祷、使徒书
和福音书、专门的对唱、进台咏、升阶咏等等。赫曼施塔特的梅尔希奥（Nicholas Melchior of Hermannstadt，卒于
1531 年）曾这样做过［Jung（1），pp. 380 ff.］，特普弗尔（Benedict Töpfer）或菲古卢斯（Benedictus Figulus）约
在 1608 年也这样做过［Waite（2），pp. 260，（9），p. 81；参见 Ferguson（1），vol. 1，p. 275］。在一本集子如 1678
年的《恢复和扩大了的赫尔墨斯博物馆》［*Museum Hermeticum Reformatum et Amplificatum*，译文见 Waite（8）］里
还有供炼金术士用的安魂弥撒。

⑤ Jung（1），pp. 222，283 ff.，293 ff.，295。

⑥ Jung（1），p. 300，（8），p. 554；注意其与本书第二卷 p. 47 所引《庄子·知北游》［译文见 Legge（5），
vol. 2，p. 66］的酷似。

⑦ Jung（8），p. 122。

⑧ 荣格［Jung（8），p. 536］以他通常的敏锐议论说："炼金术士的工作使形体上升，接近精神，同时又使
精神下降，进入物质。他通过使物质升华而把精神具体化了"。由此两者综合产生第三者——"我们的非石之石"
（λιθος ου λιθος，lithos ou lithos）。换言之，炼金术士寻求的是某种具有中国特色的东西，因为在中国，"气"的概念
范围很广，从最粗陋的物质到最精细的精神莫不包罗其中。无需花费大工夫就能把它们结合起来。

在颜色序列（常统称或单独称为 *cauda-pavonis*，即"孔雀尾"）的各个阶段，尤其是在黑化（*melanōsis*）深处或极点之前，炼金术士实际上或用隐喻方式使雌雄反应物产生出某种新东西，从而造成了一种对立面融合（*conjunctio*, *conjugio*, *matrimonium*, *coitus*）。整个西方炼金术中在中国人看来是阴和阳的东西及其所涉及的一切都很重要，对此简直无论怎么估计也不会过分①。尽管基督教中包含有视性行为如仇敌的摩尼教成分，炼金术的性象征还是很突出的②，对圣婚（*ἱερὸς γάμος*, *hieros gamos*），常常极坦率地加以描绘（图 1542）。冲突的本质在"和合的奥秘"（*mysterium conjunctionis*）中被超越了③，人格化的对立面［王（*rex*）与后（*regina*）、亚当与夏娃、火与水、铅与汞、上与下］④ 在"化学婚配"（chymical marriage）中被统一了⑤。这一切都是非常自然的，其原因不仅在于化学观察的事实，而且在于总是多少带有点神秘色彩的炼金术士在寻求一种辩证的综合，即常新和更完美平衡的"个体化"（individuation），实际上

13

图 1542　西方隐喻炼金术中的心理投射——作为化学反应象征的性结合。《哲学家的
　　　　　玫瑰园》（1550 年）中的第五幅木刻。参见 Jung (1)，p. 448。

① Jung (1)，pp. 21 ff.，31。他说，善与恶在基督教思想中趋于绝对化，而炼金术则把它们作为相对物来看待（正如中国思想会希望做的那样）。

② 在 Jung (1) 中，见 figs. 72，78，118，159，167，218，225，226，237，268 (2)，fig. 7。详述见 Jung (8)，pp. 3 ff. 和 pp. 6 ff.。

③ Jung (1)，p. 103。

④ Jung (8)，pp. 258 ff.，382 ff.，457 ff.。

⑤ Jung (8)，pp. 39 ff.。令人不禁想起《罗森克罗伊茨的化学婚礼》（*Chymical Wedding, of Christian Rosen-creutz*）1616 年在斯特拉斯堡（Strasbourg）出版，当时正值 17 世纪玫瑰十字（Rosicrucian）热初兴，它成为歌德（Goethe）《浮士德》（*Faust*）第二部的原型。其来龙去脉的充分描述，见 Yates (3)。艾布拉姆斯（S. I. Abrams）先生已计划出一个新的国王学院的福克斯克罗夫特（Ezechiel Foxcroft）的英译本。

就是"一种清除了一切对立、因而不朽的统一"①。此外，性关系不仅存在于炼金术的操作的客体中，也存在于主体本身即操作者中，他们常被告知：如果炼金术士没有一个"神秘姐妹"（soror mystica）与之合作，"大业"就不会有所成就②。一会儿我们将看到这具有多么浓重的中国色彩，不过所处语境完全不同。其效应无疑是相似的，因为在欧洲，就炼金术的工作是灵魂净化或个体化的一种模式而言，矛盾的逐渐调和具有明显的心理学价值。化学反应和心灵顺应是以两性人来象征的③，而最后的综合则是以伯麦（Boehme）和其他许多人的曼荼罗图画为象征的④。

为了在讲述我们要探讨的中国的相应内容之前，清楚地了解荣格对西方炼金术和早期化学史的贡献，有必要既看一看对他的批评，再看一看他之前的先行者。毫无疑问，荣格自己低估了炼金术体现原始化学以及后来产生文艺复兴时期和现代化学的各种技术的程度⑤。伟大的布尔哈维（Hermann Boerhaave）在其1732年的《化学要义》（Elementa Chymiae）中如下写道⑥：

> 恕我直言，我尚未遇见有哪一位自然哲学著作家对形体的性质和改变形体的方式论述得像那些被称为炼金术士的人那样深刻，或解释得像他们那样清楚。谓予不信，仔细阅读 …… 柳利（Raymond Lully）的著作 …… 你就会发现他讲起实验来极其简单明了，这些实验解释了动植物和化石的性质与作用 …… 我们非常感谢那些人煞费苦心地发现并传给我们许多难以发现的自然真理。

1750年哈勒（Albrecht von Haller）在其为布丰（Buffon）著作德译本撰写的《序言》（Vorrede）中谈到假设（即使是错误的）在科学上的价值时说：

> 炼金术士们为自己构想出种种海市蜃楼、金山以及超过奥维德（Ovid）的变形。然而在努力接近这些幻想的过程中，他们发现了许多宝贵的真理，这方面的知识甚至比变铅为金的秘密对人还要有用。因为如果发现了变铅为金的秘密，过不了多久我们大家都会变穷，即使周围堆满了金子也无济于事，为了将经济维持下去，我们就会被迫以钻石或其他任何只要是稀有和足够耐用的东西来取代这种贵金属。

而1600年过后不久，多恩（John Donne）将同样的思想运用在一个尽管有点悔恨情绪却很迷人的类比中⑦：

> 还没有一个化学家能炼出长生不老药，

① Jung（1），pp. 34，37。
② 在Jung（1）中，见figs. 2，124，133，143，462。关于这个问题有一段令人感兴趣的补叙，见Waite（2），pp. 398 ff.。
③ 例如见Jung（1），fig. 125，不过这种象征很常见。
④ 包括荣格自己的病人［Jung（1），pp. 91 ff.］；可是（从东方学的观点来看）必须承认他常常把几乎任何一种象征性的图画都说成是曼荼罗。
⑤ 我们在本卷第二分册 p. 32 已经征引了培根（Francis Bacon）有关这个问题的经典论述。
⑥ 由肖［P. Shaw, vol. 1, pp. 200 ff.］译成英文（1753年）。传记见Lindeboom（1）。
⑦ "Love's Alchymie"，Nonesuch ed.，p. 28。

> 却在大肆吹嘘他的药罐,
> 其实他只不过偶然碰巧
> 炮制出了某种气味刺鼻的药;
> 情人们也是如此, 梦想极乐世界,
> 得到的却只是一个凛冽的夏夜。

帕格尔〔Pagel (11)〕在一篇评论中引了上述第一段文字, 这篇评论仍然是科学史家们对荣格工作所持看法的最好代表。帕格尔同意, 荣格是将炼金术放到了一个与化学、医学、神学以及一般文化的历史相关的全新境地进行考察, 他对炼金术士们复杂的传统象征体系从精神分析角度作了富有启迪性的解释, 而那种象征原先是很令人费解的, 但这只是炼金术的 "阴暗面" (*Nachtseite*), 并不是全部。炼金术所包含的东西比心理学和象征要多得多, 因为从亚历山大里亚人起就一直存在着真正的实用原始化学和实验室技术, 而其在柏拉图 (Plato)、亚里士多德 (Aristotle) 和普罗提诺 (Plotinus) 学说中的哲学基础也不可忽视。帕格尔说, 荣格揭示的东西大大提醒人们非科学动机在科学史上所起的作用, 并有益地告诫人们谨防一种倾向, 不要去构筑 "用不断进步的和 '正确的' 结果搭成的活梯, 那些结果今天被抽离和并列起来了, 而不顾其所由产生的哲学、心理及历史背景"。荣格的思想本身也不是凭空产生的。它们的来源值得一提。

上一世纪 (19 世纪) 四五十年代, 在从马里兰 (Maryland) 到加利福尼亚 (California) 和俄勒冈 (Oregon) 的美国边塞上, 你可能会遇见某一位美军的正规军官, 他正在指挥驻军, 越过西南部的荒漠或保护印第安人的利益免受贪婪商人的侵犯①。他显然是一个非常奇怪的人, 因为他无论走到哪里, 总随身带着成箱成箱的旧书, 有斯宾诺莎 (Spinoza) 的, 也有瓦伦丁 (Basil Valentine)、柏拉图、帕拉塞尔苏斯和伯麦的。这不是别人, 正是希契科克 (Ethan Allen Hitchcock) 少将, 他在 1855 年和 1857 年出了两部值得纪念的关于炼金术与炼金术士的书②。他提出这样的看法, 认为炼金术的真正课题是人自身的改善; 人是真正的 "炼金容器" (*vas philosophorum*), 而 "我们的汞" 就是人的良心。希契科克认为炼金术的象征是为了把具有鲜明道德伦理色彩的教导隐藏起来, 并相信中世纪的炼金术士们之所以采取藏而不露的办法是因为害怕持异端思想会招致迫害。"那些炼金术士们的著作,"他写道, "可看作是有关宗教教育的论文, ……在金、银、铅、盐、硫黄、锑、砷、雌黄、太阳、月亮、酒、酸、碱这些词和其他许多五花八门的词语背后, 可以找到各个作者对于上帝、自然与人之类的重大问题的看法, 这一切都归结于或发展自一个中心点, 那就是作为上帝形象的人"③。*Aurum nostrum non est aurum vulgi*, "我们的金非寻常之金"。

荣格从未提起希契科克, 但西尔贝雷〔Silberer (1)〕熟知后者的著作, 他 1914 年在维也纳出版的那本论述神秘主义象征的书, 是对荣格思想的形成产生了孕育作用

---

① 见克罗富特〔Croffut (1)〕的希契科克传记, 那是依据其一生的日记写成的。
② 这两部书以及他的其余著作在科恩〔Bernard Cohen (1)〕那篇给人以启发的专题文章中有所论述。
③ Hitchcock (1), p. v.

的影响之一①。从希契科克的一些日记中我们了解到，最初激起他兴趣的是罗塞蒂 [Gabriel Rossetti (1)] 写于 1834 年的一本奇怪的书，该书认为但丁（Dante）的《地狱篇》（*Inferno*）是一部为了某一还存在的地下摩尼教派别或教义，而用隐秘的比喻语言写成的，反天主教或至少反罗马的讽喻诗。但丁作品中的赫尔墨斯秘义成分和诺斯替教成分自不必否认，可是罗塞蒂所设想的秘密教派尚未得到证实。不过这只是 19 世纪上半叶一场全面的"神话即历史论"解释运动的一个方面。例如阿鲁 [Aroux (1)] 追寻过但丁与阿尔比派（Albigensians）、圣殿骑士团（Templars）及共济会（Freemasons）的联系，还试图 [Aroux (2)] 证明柏拉图"爱情法庭"（Courts of Love）和圣杯文集（Grail Corpus）②中的摩尼教讽喻象征。希契科克就他那方式而言是这场运动的一部分，不过我们知道他也受到了许多年代更早的著作的影响，特别是 17 世纪沃恩（Thomas Vaughan）、欧根尼乌斯·菲拉勒特斯（Eugenius Philalethes）和斯塔基（George Starkey）、埃瑞奈乌斯·菲拉勒塔（Eirenaeus Philaletha）的神秘主义和炼金术著作③，当然还有伯麦的著作④。希契科克一直默默无闻，直到 20 世纪才开始为人所注意，而即使现在他也并不完全是众所周知的，但 1868 年法国有一位科学记者朗迪尔 [Landur (1)] 提出了一些类似的看法，不过却没有提到他。在评论谢弗勒尔（Chevreul）致法国科学院（Académie des Sciences）的一封谈炼金术的信时，朗迪尔（Landur）写道：

16

　　至于那些老炼金术士们的学说，我想我不应该放过谢弗勒尔先生的话而不表示一点基本看法，即使干涉科学讨论中的个人意见并非《研究院》（*l'Institut*）杂志的习惯。我从一种与谢弗勒尔先生大相径庭的观点出发研究了那些炼金术士，我很快就确信他们不是化学家，而是一些有着某种秘密学说的哲学家，化学只不过是掩盖其学说的面纱而已，就像拿建筑业的行话来掩盖共济会纲领一样。当他们讲到制造黄金、讲到凝固水银等等时，他们是在暗指带有某种纯道德性的修炼；他们修炼的材料，即"哲人金属"（metals of the philosophers），并非（像他们常说的那样）是普通金属，而是"活的金属"（living metals），也就是说人。最著名的炼金术士中有许多人，如那位"世界主义者"埃瑞奈乌斯·菲拉勒塔以及欧根尼乌斯·菲拉勒特斯等，只是为了蒙骗凡夫俗子才充当化学家，在化学方面根本没有什么发现；而另一些人，如瓦伦丁（最具犹太神秘哲学色彩者），则事实上同时又是真正的化学家。就像作为其渊源的犹太神秘哲学家一样，真正的炼金术士赋予他们的词语以多重含义；常常显得无足轻重，有时还很不得体的本文虽然有时也有化学上的含义，但真正的意思则是藏而不露的。

---

①　1910 年克雷文 [Craven (1)] 也曾对此作过讨论，他采取的是与韦特（参见本册 p. 17）同样的明智立场，反对希契科克的夸大其词。实用炼金术始终起着很大的作用，然而希契科克认为也有一种"秘传教导"则是正确的。在后来的工作中 [Hitchcock (3)]，希契科克研究了斯维登堡（Emanuel Swedenborg）的思想，并试图使其宗教神秘主义与赫尔墨斯哲学家为伍。

②　为这部圣杯文集，韦特 [Waite (3)] 专门写了一本有意思但却是冗长和宣扬神秘信条的书。

③　Cohen (1), pp. 74, 108。

④　同上，p. 99。见下文 p. 18。

迄今为止我们涉及的都是历史学者①，不过还有一种导致荣格思想形成的倾向是通过某些作者传下来的，他们认为某种形式经典炼金术的金属嬗变是可能的或曾经是可能的。1850 年，一个年轻女子阿特伍德（Mary Anne Atwood）出版了一本非常独特的书，题为《赫尔墨斯神秘主义探究……》(*A Suggestive Enquiry into the Hermetic Mystery...*)。这本书是文献中的奇作之一，有学问倒是够有学问，但却非常晦涩难懂和扑朔迷离。她一口承认早期炼金术士们做过实际的实验②，并断言用他们的方法是有可能制成金子的③，然而她还是坚持认为他们著作中最宝贵的东西莫过于那些宗教神秘主义论著。她写道，"自然中有一普遍的主体，该主体可以在人身上得到营养，这就是堂堂的赫尔墨斯的奥秘。而人竟然不但能找到神性，还能实现神性，这是最大的神秘——是一切神秘中最奇妙的"④。如果人们能从关于"通磁术"（mesmerism，当时是一项新发现）的种种推测⑤和她一心想阐明埃勒夫西斯秘义（Eleusinian Mysteries）的念头中分辨出她的意思，那么似乎阿特伍德是比希契科克更多地从宗教意义上去解释炼金术的隐喻，当然还没有像荣格一样从心理学角度去解释。

接着是韦特的工作，他也是个怪人，但却是一个从事科学水平较高的工作的怪人。韦特［Waite (6)］翻译过帕拉塞尔苏斯的著作，是位博学之士，然而因为他自己承认相信神智学、巫术、法术和"神秘之事"（the occult），所以容易被小看。如果他的读者不像他应有的那么多，则部分地要归咎于他那虽说不上啰嗦，却也算相当冗长的文体，这种文体常常显得故弄玄虚，存心让人摸不着头脑。他今天之所以特别令人感兴趣，是因为他对阿特伍德和希契科克的批评基本上与帕格尔对荣格的批评相同，即他们过分地相信隐喻炼金术而未能给寻求点金石与长生不老药——"金属与人皆宜之药"的实际实验室方面以正确评价。1888 年，他［Waite (1)］出版了一部著名炼金术士传记，此书作为历史现在固然已完全过时了，但其中对阿特伍德和希契科克的批评至今仍有价值。在这部书里他赞成动手实干的做法。

> 我出版此书的目的，［他写道，］是介绍那些从事过赫尔墨斯实验而又为其本人历史的普通事实证明是在寻求金属嬗变的人，以此来确立赫尔墨斯实验的真正性质。这里无需论证，事实本身就足以说明问题。化学的创立不应该归功于炼金术士的盲目追随者，而应该归功于那些方士自己，归功于杰出的贾比尔，归功于那位大师瓦伦丁，归功于最高圣师柳利。他们的发现在下文中将会讲到⑥。

不过韦特丝毫也没有摈弃隐喻——神秘炼金术在某些时期和某些作者中曾占据首要地

---

① 关于这方面情况的简单叙述，见 Martin (1)。

② Atwood (1), pp. 62, 136。

③ 就透过其晦涩笔法的层层迷雾所能了解的而言，她是猜想他们运用了对化学物质的某种精神控制或操纵，即一种由催眠现象提示的超常影响。见 Waite (2), pp. 17 ff., 30, 395 ff., 397；这也许是分析她思想的最彻底的尝试。

④ Atwood (1), p. 516。

⑤ 例如 Atwood (1), p. 175。

⑥ Waite (1), p. 26。

位的观点。1926 年，也就是荣格开始其与卫礼贤（Wilhelm）的合作之前两年①，荣格
第一次发表这方面论著之前十年②，以及帕格尔发表相应的评论之前二十二年，韦特便
着手研究，试图发现"整个（炼金术）文献是否从一开始就有任何精神意图的存在"。
这就是他的《炼金术的秘密传统》（*Secret Tradition in Alchemy*）[Waite（2）]。他先是
对阿特伍德和希契科克作了非常充分的评述，指出后者故意忽视当时一些值得尊敬的
化学史学家，如菲吉耶[Figuier（1）]，然后一一回顾了亚历山大里亚人[那时通过贝
特洛（Berthelot 1，2）的著作已为人所熟知]、阿拉伯人（当时人们的了解还很不完
善）、早期拉丁技师、拉丁化的贾比尔及其传人，还有 16 世纪及其以后的许多其他炼
金术士③。在所有这些情况下，他都得出了赞成实用化学意义说，而不是隐喻 – 神秘意
义说的结论。在希腊的著作中无一"是可以单从精神的和高度神秘的意义上去理解的，　18
其物质的炼金术的象征语从未被转用来掩盖一种灵魂的科学。"④ "叙利亚和阿拉伯炼金
术并不是一种罩着层层面纱的灵魂的科学"⑤。"早期拉丁文献都是些纯自然科学家的著
作，阐释一种纯物质的工作原理和实践。"⑥

　　然而有过一个转折点，韦特发现这一转折点是在宗教改革运动时期，将近 16 世纪
末的时候。他以 1608 年作为界限⑦，那一年是迪伊（John Dee）⑧ 去世之年，因为差不
多就是在这个时候被韦特视为第一位真正神秘炼金术士的人昆拉特（Heinrich Khun-
rath，1560—1605 年）出版了他的《无穷智慧的竞技场》（*Amphitheatrum Sapientiae
Aeternae*，1602 年及后来的许多版本）。这本书，他说，"确实无疑地显露出昆拉特单单
只关心一种走向上帝的心路历程（*itinerarium mentis in Deum*），而因为昆拉特是炼金术
士，所以他用在点金石作用过程中看见、想象或报告的东西——照他的理解——来说
明灵魂上升的状态和阶段"⑨。这样从昆拉特的时代起炼金术就具有两个方面⑩。接着

---

　　①　Wilhelm & Jung（1），关于这见下文 p. 243。

　　②　Jung（9），相关的可见 Bernoulli（1）。

　　③　韦特[Waite（2），pp. 55ff.]还曾试图论述中国的炼丹术传统，但他几乎只能凭借丁韪良[Martin（8）]
发表于 1868 年而于 1879 年和 1880 年重印的那篇开拓性文章，故其结果不可能给人以很多启示。

　　④　Waite（2），pp. 85，86。在这点上，韦特无疑是错了，因为希腊语的文集从头至尾浸透了俄耳甫斯教、诺
斯替教、赫尔墨斯秘义，也许甚至还有摩尼教的、神秘主义的和宗教的影响[参见 Festugière（1），以及旁征博引
的 Sheppard（1，2，4，5）]。

　　⑤　Waite（2），p. 102。

　　⑥　Waite（2），p. 119。

　　⑦　Waite（2），p. 236。

　　⑧　生于 1527 年；见弗伦奇[French（1）]撰写的传记和 Holmyard（1），pp. 200 ff.。迪伊是最早的剑桥大学
三一学院研究员（Fellows of Trinity College，Cambridge）之一，以善魔术著称，虽然其魔术像波尔塔（da Porta）的
一样是自然魔术。他与凯利（Edward Kelly）合作的故事因关系到性意象和实践，在西方炼金术中的作用而包含有
令人感兴趣的成分。不过他还是真正的数学家和天文学家，一个多才多艺的人，几乎是文艺复兴时期魔术家的典
范，关于这一点，见 Yates（2）。

　　⑨　Waite（2），p. 257。长篇叙述可另见 Waite（9），pp. 61ff.。参见本书上文 p. 10 提到的韦特著作[Waite
（5），p. xxix]的表述。

　　⑩　Waite（2），p. 287。

在下一代中出现了伯麦（1575—1624 年）[1] 和弗拉德（Robert Fludd，1574—1637 年）这两个对比鲜明的人，一个是好空想的德国鞋匠，另一个则是博学的英国肯特郡（Kent）绅士[2]。弗拉德此类的主要著作《神学哲学论》（*Tractatus Theologo-Philosophicus*）出版于 1617 年，而伯麦的《书信集》（Epistles）到 1649 年已有了英文版。这种新的倾向被人们清楚地认识到了。例如 1785 年有一本佚名的《论高等化学史》（*Beytrag zur Geschichte der höhern Chemie*），其作者说：

> 伯麦先生被变成了一个探金者，这不可能符合他的本愿。他是个空想家和能见鬼神者，但肯定不是个制造黄金的人。他那些隐晦的著作像犹太神秘哲学家和神智学家的著作一样，搞得炼金术士们晕头转向，使他们在理解中把自己的那一套东西臆想进去了[3]。

这个一般的发现与本节开头所引的那段路德的话紧密相连。具有神秘主义和个人主义色彩的宗教属于宗教改革运动的一部分，此种情况表现得非常明显而深刻，它大量地渗透到当时的炼金术文献中是不足为奇的。那里面很可能还有一些辅助因素，如对宗教改革者们曾令人遗憾地自认为有责任抛弃的礼仪美的向往。现在这种向往也许不仅表现在炼金术图解之精美上，而且后来还表现在玫瑰十字会和共济会的实际仪式和典礼中[4]。然而今天我们知道，不能把"精神"传统看成只是从昆拉特才开始的。荣格本人在研究了范围广泛的西方炼金术手稿和论文的基础上进行的有大量文献依据的工作中发现，把点金石等同于基督的年代比昆拉特和伯麦早得多。神秘倾向无疑始于佐西默斯（3 世纪）的灵知救赎幻想，继续于斯特法努斯（7 世纪）的基督救赎幻想[5]。在费拉拉的佩特汝斯·波努斯（Petrus Bonus of Ferrara）写于约 1330 年的论著《新宝珠》[6] 中和在 14 世纪上半叶的《曙光乍现》（*Aurora Consurgens*）[7] 中就已经有这种等同了。

因而西方炼金术可以说从亚历山大里亚原始化学家的时代起便具有两个方面，虽则在文艺复兴和宗教改革运动之中以及之后[8]，其隐喻表现才有巨大发展并产生一种通俗文学。尽管像我们到时候将会看到的那样，中国文化中的两种炼丹术截然不同，但颇令人注目的是，中国炼丹术恰好以同样的方式几乎从一开始就存在了这两个方面，

---

① 弗格森［Ferguson (1)，vol. 1，p. 111］说，条顿哲学家（Teutonicus Philosophus）伯麦并不是炼金术士，但他为了阐明自己的宗教观点运用了炼金术的语汇和意象。关于伯麦与炼金术士的关系，哈勒斯［von Harless (1)］有一篇专论。

② 参见 Waite (2)，pp. 5 ff.，10 ff.；Partington (7)，vol. 2，pp. 324 ff.。

③ Anon. (84)，pp. 522，642，670。

④ 这一点见韦特［Waite (9, 10)］的书及阿诺尔德［Arnold (1)］和琼斯［B. E. Jones (1)］的书。18 世纪以前在多大程度上真有一个玫瑰十字秘密会社仍有疑问，它可能是由布鲁诺（Giordano Bruno）的追随者们在维滕贝格（Wittenberg）创立的——不管怎么样，那些不鄙弃这一称号的人像博学的弗拉德一样，信奉新教和帕拉塞尔苏斯，致力赫尔墨斯秘义和医疗化学，崇尚神秘主义和命理学。论述见 Yates (1)，pp. 312 ff.，407 ff.，446 ff.。早期的玫瑰十字会宣言还有一股阿拉伯味道，对此迄今尚未作过解释；参见 Waite (9)，p. 127。

⑤ 分别参见 Sherwood Taylor (8) 和 (9)。

⑥ 参见 Leicester (1)，p. 86 和 Waite(7)，及 Crisciani (1, 2)。

⑦ Anon. (85)，收入 Anon. (86) 和 Morgenstern (1)；尤其是见 Codex Paris Lat. 14，006 和 Rhenanus (1)。

⑧ 特别是在利巴维乌斯（Libavius）和普里斯特利（Priestley）之间的一个半世纪中，那时经典的炼金术的希望正在被抛弃，而现代化学却还没有诞生（1600—1750 年）。

而非实验室方面的勃发和兴盛也较晚而不是较早。

这里只需再补充说明一下，韦特并没有在科学上正统到全然不信中世纪冶金嬗变可能成功的地步。到他那个时候，原子核物理学已经快诞生了，他可以求助于化学元素的相互转化，虽然只是为了取得修辞上的效果。他断定[①]，"如果可以认为累积证据在这样一个问题上有什么价值的话，那么人们就会觉得过去是发生过金属转化……"，又说"整个炼金术证明：所谓的点金石是由那些堪称行家的人用某些物质实体构成的一种物体，并为曾经目睹和摆弄过的人证明是这样一种物体"[②]。因而在某种程度上韦特和帕格尔是一致的，正确地反对荣格式的过分强调，虽然准备相信没有一位同时代的科学家或学者会承认的东西。不过讲到这里，我们必须撇下西方隐喻和心理炼金术的奇怪故事，转而来考察一下中国文化中与之相应的东西。"内丹"实际上是怎么回事情呢？

对这个问题本册的其余部分将试图加以解释，同时可以公允地说"内丹术"传统至今仍令科学哲学家感兴趣。例如它给了古德温［Goodwin（1）］灵感，写出了一篇引人注目的文章，论述为现代科学提供一种具有当代效用的伦理问题。知识的拓展应该联系普遍的宇宙意义，而不应该单单为了支配和控制自然。知识和力量与意义和道德已经脱离得太远了。不过现在把人当作完美的观察者并由此当作全能的控制者的观念已经崩溃了，因为我们知道观察就会引起紊乱，必要的范式往往根本不相容，而不讲伦理的科学显然会导致出现自我毁灭的情况。古德温说，内丹术传统"试图融合知识和意义，使科学（scientia）即对自然过程的研究同道德结合起来，它是人试图实现自己的可完善性和达到自我实现的尝试，其本身就是一个连续的过程。"这一炼丹过程的实质是"方士与自然间的一种双向关系，两者共同经受变化，就像在一场真正的对话中那样"。这种看待事物的观点假如能变为一种适合于现代科学的伦理，也许会导致某种"负责的创造性"，把寻求意义放在首位，而让应用——或不应用——可靠的知识服从于真正的人类利益，而不是个人私利或者支配众人的目的。如何把智慧同力量结合起来是现今摆在人类面前的最大问题。中古时期的"内丹家"没有像我们一样面临这个问题，但是他们的精神气质也许对我们仍有一定的启示。

（2）中国的内丹；内丹理论与三种原始生命力（三元）

在中国的炼丹术中存在两种平行的传统，欧洲人知道或隐约感觉到这一点现在已有一个多世纪了。艾约瑟［Edkins（17）］在他 1855 年那篇论述道教的开拓性文章中，也许是第一个提到了这一点。

> 道士［他写道］把操纵物质以获得仙丹的过程称为"炼外丹"，"通过纯化外在丹药获得"。而把相应的正心过程称为"炼内丹"，"通过纯化内在丹药获得"。外丹炼就成地仙，而内丹炼就则成天仙[③]。成天仙的人不是在某座传说中的山岳洞

---

① Waite（2），p. 318；参见 Waite（1），pp. 33 ff.，36。他们"自认为成功了，虽然其秘密现已失传"。
② Waite（2），p. 332。
③ 这一区别在本卷第二分册 pp. 106 ff. 已经研究过了。参见图 1308。

府里享受长生不死，而是飞升到玉帝所居住的玉京，或飞升到玉帝的下层寓所紫微宫①。

可是艾约瑟没有能非常清楚地解释第二个过程的要素是什么。他固然知道道士有一种"称为'炼养'的自我修炼方式"，是由赤松子和魏伯阳创立的，但却以为它的"内容就是过隐居生活和在山洞里盘腿打坐"，压抑情欲。不过，他认识到"使气循环"与这一过程有些关系。他也注意到了另一个用语，即"养性"，但却只把它同深受儒家学说影响的晚期伦理道教联系在一起。丁韪良［Martin（8）］在其 1868 年向美国东方学会（American Oriental Society）发表的演说中也清楚地阐明了这样的双重模式。丁氏的这篇演说以后曾频频重印，其引人注目之处在于他大力支持艾约瑟的观点，相信中国文明中的炼丹术比其他文明中的（参见本卷第四分册 pp. 491，504）更古老。虽然丁韪良对于内丹传统像艾约瑟一样未能作出精确的说明，但是他的表述略有不同：

> 在中国的体系中［他写道］有两个过程，一个是内在的和精神的，另一个是外在的和物质的。大丹可以令人长生不死，必须将两个过程结合起来才能获得，而小丹相当于点金石，或者说是一种对自然力的神奇控制，得来比较容易一点。两个过程都在隐居中进行，通常是在深山里——用以表示方士的那个词意思即为"山人"（仙）②。

从下文中将出现的内容来看，显然丁韪良一直在研究一些内丹著作，因为他引了（没有注明精确的出处）吕祖（8 世纪末的吕祖师，吕嵒，吕洞宾）的一句话："须点燃水中所生之火，运化阳中所含之阴。"读到这句话的人，如韦特③，自然大惑不解，韦特写道："关于中国曾以炼丹术名义出现的种种精神过程的情况，我们需要了解的，比丁韪良博士告诉我们的多得多，之后才能加以考虑，探索其与各组欧洲文献的（可能的）相应之处。"他这样说是完全可以理解的。

在 20 世纪初叶有两本论述中国炼丹术的西文书。近重真澄［Chikashige（1）］是一位欠敏感的普通冶金学家，他的书全然无视内丹传统，而约翰生［Johnson（1）］的书则专门用了一章来讨论内丹传统，在理解上稍稍前进了一点。他将"内丹"译成"esoteric drug"，并且将"外丹"译成"exoteric drug"，把前者纯粹同获得长生不死联系起来，而把后者纯粹同金属嬗变联系起来。不过他知道，内丹程序涉及"身心并修的综合摄生法"、导引术、有节制和有选择的饮食④，以及包括长时间闭气在内的行气术。可是他也认为，"外丹"是一种源自矿物和金属的化合物⑤。

约翰生的这本书问世才两年，韦利［Waley（14）］就有了学术性更强的贡献。在讨论了汉代的材料、《参同契》和《抱朴子》——这些我们已经讲到过了（本卷第三分册 pp. 50 ff.，75 ff.）——之后，他将注意力转向彭晓的两部著述，一部是其为《参

---

① 读者可能记得，这是拱极星座的天文学名称（参见本书第三卷 pp. 259 ff.）。
② 在 Martin（3），vol. 1，p. 246。
③ Waite（2），pp. 57，58，61。
④ 包括忌食，如辟谷，也包括服食一些不寻常的植物类物质。
⑤ Johnson（1），p. 64。

同契》所作的注，撰于947年，题为《周易参同契分章通真义》（*TT* 993），另一部是《还丹内象金钥匙》，现仅有半卷存于《云笈七籤》①。韦利写道，这里我们遇到了

> 外丹与内丹的区别，外丹用汞、铅、朱砂等有形物作成分，而内丹只用这些物质的"灵魂"②。这些"灵魂"叫做"真"汞或"纯"汞等，它们与普通金属的关系和真人（Taoist Illuminate）与俗人的关系相同。旋即又跨进一步。这些超验的金属被等同于人体的各个部分，炼丹术在中国就不是指一种使用化学药品、吹管、炉子等的实验法了（当然这些东西在江湖骗子的民间炼丹术里并没有消失），而是指一套身心再教育法。

他接着引用了苏东坡一篇题为《龙虎铅汞说》的作品（约1100年）中的文字③：

> 龙就是汞，就是精和血。它从肾④出来而藏在肝里。它的征象是坎卦。虎就是铅，就是气息和体力。它从心里出来而由肺产生。它的征象是离卦。心一活动，则气息和体力就随之而动作。肾一充溢，则精和血就随之而流动。
>
> 〈龙者汞也，精也，血也，出于肾而肝藏之，坎之物也；虎者铅也，气也，力也，出于心而肺生之，离之物也。心动，则气力随之而作；肾溢，则精血随之而流。〉

然后，韦利指出了后世道士的内丹术如何受到佛教，尤其是禅宗思想的很大影响，这在葛长庚身上表现得很清楚。葛长庚又叫白玉蟾，其《修仙辩惑论》约作于1218年。这样韦利就触及了问题的实质，证明炼丹术语已从特定的化学冶金学语境转到了心理生理学语境，因为内丹及其成分不是在坩埚和曲颈瓶中，而是在实际的人体器官和脉管中。可是接着他又回复到纯神秘的解释，把这一番努力全毁了。

> 中国炼丹术这一纯神秘方面的［他写道］有趣之处在于，阅读西方炼金术士的著作总是让人觉得它们讲的是一种纯精神性的探求——它们使用浪漫的炼金术语汇仅仅是为了使宗教体验诗化，而在中国则没有丝毫的伪装。炼丹术在那里堂而皇之地成为在伯麦或沃恩的著作中几乎是隐约显出的那个样子。

23

---

① 《云笈七籤》卷七十，第一页起。

② 这是韦利的表述，我们在中国内丹著作中简直从未见到过"真汞"和"真铅"是普通汞和铅的"灵魂"这种说法。也许他在这方面受了西方炼金术思想的影响。

③ 这是苏东坡写给他弟弟苏子由的（参见本卷第三分册 pp. 193—194），载于《图书集成·神异典》卷三〇〇，静功部艺文一，第六页。这段文字我们本不应该完全像韦利那样译出，但是作为最早以西文出现的有关内丹的见解之一，让其维持原样是值得的。

④ 这里韦利将"肾"字译作"kidneys"，我们第一次在这样的语境遇见一个在下文中将是十分重要的、难以掌握的解剖学术语。这个字可译作"urino-genital system"（泌尿生殖系统）（如果引入一个比较准确的现代概念不会引起反对的话），因为在医学文献中，"内肾"是指"肾脏"，而"外肾"或"肾子"是指"睾丸"，但对于本书讨论的中古时期的内容来说，用一个含糊点的说法可能更好些。我们手头就有一个，即古老的《圣经》用词"reins"。各种词典［如韦伯斯特（Webster）的词典，1832年］给这个词下的定义是：kidneys（肾脏），lower part of the back（背的下部），waist（腰部），loins（腰）。最后这"loins"是又一个古老而又含糊的词，包含着特有的性意味，因为除了"girding up one's loins"（束腰）的说法外，还有"kings shall come out of thy loins"（君王出自您身上；*Gen.* 35. 11）和"he was yet in the loins of his father"（他已经在他的先祖的身中；*Heb.* 7. 10）的说法。因此我们一般将用"reins"一词来译"肾"字，牢记其含义涉及性机能的程度至少与涉及排泄机能的程度相同。

韦利肯定知道韦特的那些书，但有意思的是，他写此书是在荣格开始发表其对西方炼金术的心理隐喻解释之前六年。紧跟韦利之后的一些作者，特别是埃利亚德［Eliade（5）］，得以从我们常常利用而且仍将利用的马伯乐［Maspero（7）］那篇十分重要的专论中获益；所以，他们虽然总是在兼顾冥想等精神－心理（psycho-mental）技术的同时，为用来在人体本身的器官内制取长生"丹"的更重要的生理锻炼留有充分的余地，却没有陷入韦利的"不合理的推论"（non sequitur）。当埃利亚德指出瑜伽与密教的联系时，他算是真正走对了路径——但这留待以后再谈。

因而如果说冶金化学炼金术的西方伙伴是心理性的，那么其中国伙伴（内丹）就基本上是生理性的。中国从事"内丹"的方士并不直接寻求精神分析上的安宁和整合，他相信用自己的身体进行修炼可以在体内制取一种长生甚至不死（肉体的不死，因为别的都是不可想象的）的生理药①。这样道教生理学就整个地展现在我们面前，它是一种与古往今来医家的生理学不完全相同而又相差不太远的原始科学。如果用西方的"精神炼金术"来类比内丹，那就大错特错了。内丹完完全全是生理性的，虽然与印度的瑜伽肯定不无对应甚或联系，但它一般比较和缓，更强调卫生，总是充满具有中国特色的明智、清醒、经验主义和理性。

正如已经约略说过的那样，中国外丹术和内丹术的基本特征之一是其许多原则和术语是共有的和通用的。因此，虽然可以毫不犹豫地将某些特定的著作归入外丹类，而将另一些归入内丹类，但有很多著作有时非常难确定其作者是在讲实验室操作还是在讲生理学技术。有些著作甚至给人以这样的印象，好像是故意写得模棱两可，让持两种信念的读者都可以按自己的选择去理解。在本册的较后面部分（下文 p. 218）我们再来仔细看看这一饶有趣味的情况。现在只要明白诸如"鼎"（reaction-vessel）或"蒸馏"（distillation）或"金液"（potable gold）之类的化学术语曾被随意地应用于生理过程，同样也应记住脏腑和金属在"五行"象征的相互联系的系统中被严格地联系在一起②，就会知道解释可能并不总是容易的。这里，研究者开始认识到，要应付中国内丹术提出的难题，非采用双重译法不可。在外丹语境中，"金液"（直译为"gold juice"）常译作"potable gold"（参见本书第五卷第三分册；pp. 40，82—83，178—179），但研究显示，在内丹语境中，这两个字必须采用完全不同的英译法，甚至要创造一个新词或使用一个陌生的词；所以这里我们应该说"metallous fluid"，因为它是指

---

① 近年我们对人衰老的生理学和生物化学机制的了解取得了很大的进展，探讨道士的长生术时脑子里有一点这方面的知识作背景是有好处的。一些很好的概述可见 Rosenfeld（1），Thorbecke（1）和 Rockstein, Sussman & Chesky（1）。两部集体著作汇编对细胞损伤的开始和持续作了讨论，见 Cristofalo & Holečková（1）和 Goldman, Rockstein & Sussman（1）。分子遗传机制的逐渐崩溃的探索，见 Rockstein & Baker（1）。神经生理学和神经化学的论述，见 Ordy & Brizzee（1）和 Rockstein & Sussman（2）。内分泌学变化的讨论，见 Cristofalo, Roberts & Adelman（1），长寿与营养因素的关系的论述，见 Rockstein & Sussman（1）。除此之外，还可以再看看本书第五卷第四册中讲老年学的那一页（p. 507）给出的参考书目。

② 见本书第二卷 p. 263 的表 12。该表所示的对应关系与道教内丹家使用的不同，因为在不同的时期存在不止一套对应关系。他们遵循的是《黄帝内经素问》的系统，即医学上的一套对应关系，而不是古代哲学家们的一套对应关系。关于这一问题，见谢观《中国医学源流论》第 1 册，第 15 页。此处肝属木，心属火，脾属土，肺属金，肾（即泌尿生殖系统）属水。

唾液①，而唾液据认为是由肺制备的②，肺属"金"。这样我们就需要一些特殊的形容词，而不是那些通用的词来描述五行，我们必须准备用"aquescent"或某个这样的杜撰词来表达某物属"水"的概念。至于术语的重叠，几乎可以说内丹家们专喜欢用双关语，这些双关语能使未获真传的人完全迷失方向③。

当然，内丹著作常常可以辨认出来，因为它们没有清楚地讲授手工化学操作法。于是读者就明白它们是在使用大量具有纯生理学含义的化学术语。这里与西方的著作有一个有趣的不同之处。当一位欧洲炼金术士讲到"真汞"或"我们的汞"或"哲学汞"（philosophical mercury）时，我们知道他是在指某种据信是无形地存在于他在实验室里摆弄的普通无机物背后的假设实体或未分离的成分。"三基"（tria prima），即波意耳（Boyle）在其《怀疑的化学家》（Sceptical Chymist）中反对的"实在三要素"（three hypostatical principles）汞、硫、盐，还有亚里士多德的四元素④，就属于这一类。可是当一位中国作者讲到"真汞"或"真铅"时，他很可能是在讲某些生理器官或组织的分泌物、气或射气⑤。究竟是讲什么，我们看下去便会明白的。

就以回复、再生、返回的基本概念为例。对于原始化学炼丹家来说，"还丹"这个术语是指一种通过循环转化制备的某种长生不老药或某种长生不老药的一部分，如通过可以借反复分离和升华复合汞和硫、还原朱砂并重新形成硫化汞来实现的那种循环转化。若转化完成了九次，此丹即可成为许多书中描述的"九转还丹"。另一方面，"还丹"一语被"内丹家"（我们以后可以这样称呼他们）应用于一种通过诸技术有目的地在人体内产生的气或物质，这种气或物质会使组织由衰老状态回复到婴儿状态。一会儿考察这些概念的历史时，我们将看到，它们一直可以追溯到中国古代。这里只需回想一下公元前4世纪的《道德经》中那句意味深长的话："返回到婴儿期的状态……"（"复归于婴儿……"）⑥它确实是道教最古老的口号之一，虽然千百年来，其方法变得越来越复杂了，但基本思想大概变化很少，即认为可以返还青春，也就是说可以因依靠保健技术和其他生理学技术不断恢复青春活力——成语叫"返老还童"——而获得长寿⑦。

没有一条了解内丹的线索比使身体由衰复壮的思想更重要了。阅读内丹著作老是让人想起"紧缩和改革"（retrenchment and reform）这一英国旧时的政治口号，那些术语就像信号一样特别显眼。"还"和"返"，我们刚才已经遇到过了，但是还有（而且很突出）"修"或者"修补"以及"复"等好几个术语。这一概念又进而逐渐产生另

---

① 作为身体分泌物即诸液之一，唾中据信含有先天之阳气。像我们将会看到的那样，先天之阳气是以乾兑二卦中的阳爻来象征的，乾兑二卦都与金相联系（参见图1550）。

② 或者更正确地说是在手太阴肺经上的某一点（参见本书第六卷）制备的。

③ 确实他们的知识除了向发誓保密的弟子传授之外是不能轻传的［参见本册 p.39，并参见本卷第三分册 p.74 和 Ware（5），pp.75，302］。

④ 参见 Leicester（1），pp.97 ff.，110 ff.。

⑤ 但这两个术语也不时出现在外丹的理论探讨中。那时其最通常的含义分别是用硫化汞制备的水银和从铅中提取的银。参见本卷第四分册 pp.254，257—258。

⑥ 参见本书第二卷 p.58，以及 Waley（1），p.178。

⑦ 又见本书第二卷 p.140。

外两个几乎同样重要的概念，第一个是一些最重要的体液与其正常流向相反的逆流，第二个是设想坦率地颠倒五行标准关系的思想体系。第一个概念，即朝与通常相反的方向流动，以"逆流"或"逆行"之类的术语表示，像我们将会看到的那样，它特别适用于唾液腺和睾丸腺的产物。第二个概念涉及对五行相生和相胜（或相克）① 的自然过程的控制力，内丹家相信他们的技术可以获得这种力量。他们大胆地认为凭他们的努力可以阻止事物发展的正常进程并使之倒转，这样做叫做"颠倒"（turning nature upside down）②。因而"变成小孩子一般"就是内丹的理想，虽然不应小看这里面潜藏着凡是真正的道教徒都希望恢复圣洁的意思，但在我们看来，中古时期中国的内丹家与今天试图凭借生化手段③、内分泌学疗法和保健操阻止组织和身体衰老的人的共同之处，远比与考虑纯心理性"返回子宫"④ 的人要多得多。

内丹家是怎样谈论他们希望返回的活力状态的呢？人们只要知道这一线索就行了，因为那些术语都是用以掩盖某种特殊意义的普通词语。遇到"三元"或"三真"，门外汉就会不假思索地写下"三种原物"或"三种真物"，其实这里"元"和"真"同义，均指"原始生命力"（primary vitalities），是人的幼体像一切动物的幼体一样具有的原始生命力。这种禀赋按许多医学著作家的通例被称作"先天"，这一词语我们以前讲到古代的两种八卦方位排列法之一时就曾遇见过⑤，但是此处其意义大不相同，即表示生物胚胎在未出生或孵化前所禀受的东西。凡人体都有三大生命力，首先是"元精"，后变为"交感精"；其次是"元气"⑥，后变为"呼吸气"；最后是"元神"，后变为"思虑神"。这三大生命力中的第一种与全身的周围部分相关联；第二种与心或者以胸前为中心的部位相关联；第三种与意相关联。三者合一统称"一灵真性"，或称"天真"，或简单地称为"禀"。要想为"精"和"神"找到意义完全相当的英文对应语是徒劳的，只能像"气"一样将这两个词保留不译，但考虑到"精"具有奇妙的生殖性质（这在现代之前是无人了解的），"类似精"（semen-as-such）被抬高到与"生命之气"（breath of life）和普遍的智力平起平坐的地位似乎一点也不令人惊奇。而要想将"神"同亚里士多德的生长灵魂、感性灵魂和理性灵魂及其中国对应概念挂起钩来也无多大用处，对于这个问题我们早就有所注意了⑦。我们只能说"神"包括了所有那

---

① 见本书二卷 pp. 255 ff. 。

② 这在西方炼金术中也有反映，不过那些反映的产生是完全独立的。例如中世纪末期的作者特里斯莫辛（Salomon Trismosin）谈到"大业"（the Great Work）中有一个阶段正常的自然过程逆转而朝相反的方向流动。他1598 年的《太阳的光辉》（Splendor Solis）已由伦敦［London（1）］重译，关于此书见 Ferguson（1），vol. 2, pp. 469 ff. 。也许值得注意的是，特里斯莫辛是一个特别讲究延年之道的帕拉塞尔苏斯信奉者，相信延年益寿，也相信返老还童，而且相信男女都能做到。

③ 就以最先想到的老年学例子来说吧。钱币状湿疹往往出现在老年人中，因为皮肤衰老时会失去脂肪和类脂，这种情况只要涂擦油膏就能纠正。

④ 在荣格等人的著作中有许多关于心理上"返回子宫"（regressus ad utero）的内容，但它与中国人企图使衰老过程逆转的尝试毫无关系或关系不大。

⑤ 见本书第四卷第一分册 p. 296。

⑥ 这个难译的词与"pneuma"一词最为相近，我们在前几卷中（可看看该词）已经讲了不少。平冈桢吉（1, 2）对其意义的分析值得仔细研究。另可参见黑田源次（1）。

⑦ 本书第二卷 p. 22。参见图 1306。

些概念。魂上升，无疑为神中之阳；魄下降，无疑为神中之阴①。这就是道教内丹家刻意追求的令人眼花缭乱的青春生命力的补充。

因此，我们面对的是一种生理的（甚至从根本上说是一种生物化学的）长生不老药，它要靠生理的而不是化学的方法，用体内已经存在的生理成分来制备。意识到这一点后我们就清楚了，要充分地表达中国的"内丹"概念，最好引入一个全新的词来译述"内在的长生不老药"。为此我们选定了"enchymoma"一词。这个词有许多令人满意的地方：其词头让人一望即知所指的东西是在体内，而其第二和第三个音节来自希腊文"$\chi \nu \mu \grave{o}\varsigma$"（chumos；液）——它不仅与现代生理学上仍通用的"chyme"（食糜）一词有明显联系，而且还与 chemistry（化学）这一名称本身的可能来源之一有明显联系（参见本卷第四分册 pp. 349ff.）②。"enchymoma"（= egchymōma，$\dot\epsilon\gamma\chi\acute\nu\mu\omega\mu\alpha$）就是一种注入，实际上名词"enchymōsis"（= egchymōsis，$\dot\epsilon\gamma\chi\acute\nu\mu\omega\sigma\iota\varsigma$）在希波克拉底（Hippocrates）著作中便已出现③，其定义为"固体部分注入生命之液，如愤怒、羞愧、快乐等时的情形，也指皮肤血管突然注入血液，如脸红时的情形"。注入生命之液，使衰老中的肌肉、关节和器官恢复婴儿的原始生命力，这正是道教内丹家的目标所在，因此这个词似乎非常适合于同"elixir"（长生不老药）相并列，后者我们可以留给外丹，不管是用金属物质和矿物质制备的，还是用植物制备的④。而且有趣的是，有一个与之关系密切的词"enchyloma"，在旧药学中指"一种浓缩液"［源自 chulos，$\chi\nu\lambda\acute o\varsigma$；也表示"液"，现代生理学上的 chyle（乳糜）一词即由此而来］，实际上被伟大的医疗化学家莱默里（Nicholas Lemery，1644—1715 年）用作长生不老药解⑤。他的《化学教程》（Cours de Chymie）初版于 1675 年，也许是那个时代——一个过渡时期——最负盛名的化学论著，因为虽然莱默里仍从"三基"加两种钝态的要素（黏液和残渣、水和土）着眼，但是他追随笛卡尔（Descartes）和伽桑狄（Gassendi），运用了一种早期的原子论。所以我们选用"enchymoma"一词将是对他的永久纪念。在有关外丹的著作中，令人感兴趣的是，清楚地说明返老还童主题的场合相对较少，当然这个主题在那些著作中也确实出现过，但在生理性的内丹叙述中，这个主题似乎总是问题的实质，无时不在，所以在需要特别强调再生性质时，手头最好再有一个术语。因而，"anablastemic"一词作为恢复青春的代名词将是很有用的。"anablastanein"

28

------

① 见本书第二卷 p. 490。荣格［Jung (3)，pp. 38 ff.］从阿尼姆斯（animus）和阿尼玛（anima）、意识的合理性和情感的偏见出发，对魂魄有一番非常独特的论述。我无权对如此伟大的一位哲学心理学家妄加批评，但我确实觉得这似乎是试图建立中国与欧洲的对应概念，而又丝毫不能令人信服的一个很好例子。诚然我们自己在译文中常常使用这两个词，不过对其进一步的含义是完全持保留态度的（参见本卷第四分册 pp. 228，238，260）。

② "enchyma"是 1837 年普尔基涅［J. E. Purkinje (Purkyně)］用来指活细胞的材料或内容的词，两年后才造出了今天还在使用的"protoplasma"（原生质）一词，回想起来也很有意思。见 Teich (1)，pp. 109 ff.，115 (2)。

③ Epid. 2. 1037F.。

④ 要小心，在脑子里不要把"enchymoma"一词同旧的医学用语"ecchymosis"（瘀斑）搞混，后者是我父辈的医生们用以称擦伤、体液渗出脉管、青肿、或溢血的，因为它来源于"ecchymōma"（$\dot\epsilon\kappa\chi\acute\nu\mu\omega\mu\alpha$；流出）。这也有希波克拉底的用法作为依据，"-ōma"和"-ōsis"两种形式都有（Fract.，759，760）。同样，"ecchymoma arteriosum"（动脉瘀血肿）原是假动脉瘤的旧名，而"ecchyloma"在药学上则是指一种浸膏。

⑤ 见 Partington (7)，vol. 3，pp. 28 ff.。

（ἀναβλαστάνειν）意思为"重新发芽"、"重新萌发"、"重新生长"，如果这使我们非常生动地想到植物细胞奇异的全能性的话，道家又会是多么希望动物机体能够逃脱其规定性而获得同样的自由啊！那么，"anablastemic"与再生和胚胎生长的胚基有明显的联系，在内丹和外丹语境中如有这样的观念，都可以用这个词来表示。最后，我们将如何看待内外丹之类的东西呢？我们不由得想起第四卷"作者的话"中所引的希波克拉底的格言——"艺无涯而生有涯"①，这句格言即是答案。如果我们时代有不那么可爱的致癌物和致幻剂的话，那古时的道家就为什么不能有他们的长生药呢？但愿有朝一日在理性和正确判断指引下，我们可以捕捉到其影子的实质。

（i）对肉体长生不死的追求

在我们根据文献考察内丹体系的主要组成部分时，我们看到，它实质上是由古代道家获得个人肉体不死或至少长生久视的经典技术，向某些特定方向的发展。一些传统的实践被排除了，但又引进了另一些新的实践，而在某些特定的时期一些实践占支配地位，接着便衰落，为另一些实践所代替②。早在本书第十章讨论那些经典的道家技术之前，我们曾列了一个表③，但这里需要列一个新表④，部分是因为技术的类型到中世纪初期已有了很大的变化，部分是因为现在对其看法有一点新的细微差别，即认为这些实践的作用可以说是在实践者的体内产生一种拯救人的物质内丹。由此我们可以将用来产生某种形式还丹的技术列举如下⑤：

（1）从各方面讲都可称为"救赎性"身心保健的技术（"居处法"）。这里主旨是凡事避免过度，过一种最有益于健康的生活，培养不动心的处事态度，驱除心中的一切情欲（"养生"、"养性"、"摄生"、"摄养"）。有"μηδὲν ἄγαν"⑥的希波克拉底传统的古希腊医生是会完全理解这种摄生法的，但必须懂得，它包括了许多我们现在会视为具有鲜明卫生学特点的内容，如清洁卫生⑦。同时它要从事旨在"保养精、气、神"的特殊实践。这样的生活从理论上讲是哪里都可以过的，但在僻远山间的道观里出家要方便得多，而山间道观正是我们的多数方士喜欢的环境。人们也只能想象他们在那种环境里。

（2）行气术（"调气"）。这些像我们在第十章中看到的那样⑧，是很古老的，且搞

---

① 本书第四卷第一分册，p. xxxi；第四卷第二分册，p. li。

② 经典的描述见 Maspero（7），转载于 Maspero（32）。简短的概述见 Kaltenmark（5），但其中令人不可思议地唯独略去了房中术。

③ 见本书第二卷 pp. 143 ff. 。许多详细出处，如古代文献的出处，请读者参见此讨论，这里不能一一重复了。

④ 于阿尔和黄光明［Huard & Huang Kuang-Ming（7）］的书对其中一些作了相当详细的讨论，但增加了各种各样有关针灸、脉学、人体卫生、沐浴和浴疗学、捽跤、各种运动的医疗方面，甚至"整容术"的知识。此外它还试图不仅包罗中国文明，而且包罗欧洲、日本和印度文明。内丹的概念只是被一笔带过。这部令人感兴趣的著作本来可以更有用些，遗憾的是，因为本文与译文（好像常常是节译或意译）区分不清和除插图（其来源并不总是有清楚的说明）外未注汉字而使参考价值打了折扣。

⑤ 参见图 1552、图 1553、图 1591。

⑥ Mēden agan，即"行事勿过度"。

⑦ 参见本书下文第四十四章，同时参见 Needham & Lu Gwei-Djen（1）。

⑧ 本书第二卷，pp. 143 ff. 。

得很复杂。以各种有节奏的方式呼吸（"吞气"），尽量减少呼气和吸气（"呼吸"）；或者长时间屏息（"闭气"），同时数心搏，甚至一直到缺氧血症产生反常的心理状态为止；或者驱使与呼吸之气不同的一种理论上的内气，环绕其据信在体内的循环路线运行——对这些方法我们到时候可能还要稍稍仔细地来看一下①。

（3）与行气术相联系的是另一些旨在积极帮助体内气液循环的功法（"搬运"）。这些功法用以导致"由内部嬗变而再生"（"还丹内炼"）。

（4）转到需要肌肉费更大劲的功法，就接触到了范围很广的医疗体操（"导引"），中国人是这方面伟大的先驱者。与此紧密相连的是可称为一个方士在另一个方士身上进行的体操，即按摩。所有这些促进内丹制备的方法连同行气术一起，在后世被统称为"功夫"和"内功"。

（5）起特别重要作用的是保存某些分泌物，如唾液。"吞唾"（或"吞潪"）还有一套仪式化的方式，包括叩齿。内丹家显然认为吐唾沫（大概在古代和中古时期的中国是习以为常的，就像那里直到最近的情况一样）会危险地损耗身体的生命力，因此他们非常强调保存唾液的必要性——确实如同我们将看到的那样，唾液中的阳气是体内合成内丹必不可少的成分之一②。而且，保存唾液与长时间闭留吸入肺里的空气之间，还有着某种平行性。

（6）房中术（"房中补益"）。在某种程度上说，这些技术涉及保存分泌物的另一个方面，即闭精，但其一般意义要比闭精广泛得多。性活动在道教的世界观中很重要③，因而在内丹家的世界观中也是很重要的，对此无论强调多少次也不会过分。自然界中的阴性成分构成两种基本力量之一，即作为阳对等而又对立的搭档的阴，其地位是道家自然主义的基础④。自然宇宙本身最深层的内部结构里也发现有性的成分，既然男男女女在寻求通过内丹返老还童时必须最严格地按照真实的本性行事，性交技术就成了道士修为系统合乎逻辑而又合乎情理的一部分⑤。这便是阴阳相补，但此外还有一

———————

① 本册下文 p. 142。

② 泪液、耳垢、鼻涕和汗液从理论上讲本来也可视为加以保存就会对机体有益的产物，但在文献中很少见到有关它们的论述，大概是因为它们采集起来要难得多吧［参见陈国符（1），下册，第451页］。至少流泪和流汗会被认为是悲喜过度和劳作过度引起的不良损耗。例如常常告诫一开始出汗就应停止体育运动。鼻涕作为一味治病的药出现在《苏沈良方》（卷六，第十三页）上，但《本草纲目》卷五十二没有这一条目。

③ 参见本书第二卷 pp. 150—151。

④ 进一步见本书第二卷 pp. 273ff.。参见下文图 1545、1572—1574、1579。

⑤ 这与牺牲性的宗教禁欲主义或反对性交的行动、超凡的独身生活、生殖器崇拜、寺庙卖淫或社会性乱交毫无关系，只不过是不承认与儒学、佛教和基督教的各种（常为占支配地位的）形式相联系的道德评价罢了。这也并不是说所有道教内丹家都非得从事性活动，通过内丹而得救有许多可行的方法，其中一些方法要戒绝一切性活动，就像另一些方法要辟谷或忌食其他食物一样。可能值得再补充的一点是，在中古时期，或至少在中古前期佛教影响还不太强时，凡道士都可以结婚（一些派别至今仍然是这样），而同时则总是既有一些道教"修士"，也有一些道教"修女"，即女方士。这两个称呼很不贴切，绝不应该用，而应该说男道士和女道士，不过称男祭司和女祭司倒常常并非不恰当。要紧的是别通过传统的西方人眼光来看所有这些现象，实际上在获取长寿的手段中有房中术存在几乎大不可能会受到当代生理科学和心理科学的责难。

种可供男性用的技术，即"还精补脑"①。它作为强调回复、恢复、再生、逆行和循环
转化的又一例子是完全可以理解的②。

（7）冥想、入定和超脱的技术（"坐忘"）。这里有许多东西仍有待研究。可以肯
定的是，后世道教受到佛教的很大影响，到宋代就已接过了源于印度的冥想术，不过
类似的方法原先一直存在，虽然也许不如后来那么突出。也有理由认为，古人利用致
幻的真菌及其他植物来诱导神秘的或宗教的体验③。表明使用催眠术的迹象也需要进行
专门的研究。可是即便按照最简单的估计，经常的静思冥想和精神集中也会有助于心
身平静、健康和平衡。

所有这些都是内丹法。现在得说一下本书第十章提到而本来不能算作内丹法的另
外一些延年法。

（1）首先要数饮食法（"服食"）了，这种方法古老而又经久不衰④。其中包括长
期服用各种不寻常的植物、矿物、甚至动物物质，从松叶到桃胶或杜仲（*Eucommia*）
树脂，从云母粉到鸟血，无所不有⑤，但也包括长期具体地忌食某些食物，特别是忌食
谷（"辟谷"），或忌食葱（*Allium*）属植物。方士也许会觉得有裨益的古怪饮食门类繁
多，数不胜数（图 1543 和图 1544），我们这里不能深入探讨了⑥，但饮食从来都不是
内丹的一部分。

（2）外丹法是随着时间的推移由饮食法逐渐产生的，显然也不是内丹的一部分⑦。
内丹家对因使用金属物质和矿物质作为长生药而随之出现的所有药学上的复杂情况从
来是不关心的。

（3）最后是可称之为光线疗法的技术，即将身体暴露在日月光照下。这在早期是一
种重要方法，但以后逐渐衰落了。例如在《太平经》⑧ 列举的长生术中就可以找到表明
其存在的迹象。《太平经》虽不完整，却是一部道教很重要的圣书，约著于公元 150
年。此书中吸收日光被称为"吞日精"，而吸收月光则被称为"服月华"⑨。有可能在
一些著作里光线疗法被包括在内丹法之中了，因为毕竟没有从外部将任何明显的物质
实体引入体内。男方士"吸收"日光，而女方士则"吸收"月光。

饶有趣味的是前几段中给出的基本术语来源于中国道教史和医学史上年代相去甚

---

① 见本书第二卷 p. 149。在射精之时，压迫阴囊与肛门之间的尿道，从而使精液转送到膀胱，以后排尿时又
从膀胱随尿液排泄掉了。这一点道教内丹家当然不知道，他们还以为是把精积极地循脊柱提升上去滋补大脑，并
在腹中某处与唾液一起产生内丹。

② 假如分泌物要这样保存的话，那排泄物的情况又怎么样呢？对于排泄物的看法独成一章，但劝人饮尿自
古就有，事实上它导致了有关激素的重大发现；见 Lu Gwei-Djen & Needham (3)，Needham & Lu (3)，另见本册下
文 pp. 308 ff. 。

③ 这在本书第四十五章还要讲到。同时见本卷第二分册 pp. 116，121，150。

④ 经典的论述有 Maspero (7)，转载于 Maspero (32)，pp. 365 ff. 。

⑤ 见本书第三十三章有关炼丹术发展历史的叙述的开头几节，尤其是第五卷第三分册 p. 11。

⑥ 在专门讲这个问题的本书第四十章中将进一步谈谈其营养方面的内容。

⑦ 又见于本书第三十三章中有关寻求"不死之药"怎样渐渐变成金丹的经过，尤其是本卷第三分册 pp. 19，
29 ff. ，45 ff. ，48 ff. 。

⑧ 这部著作的历史相当复杂，我们在参考文献中有专条介绍，其背景情况见熊德基 (1)，王明 (5)。

⑨ 第八页。

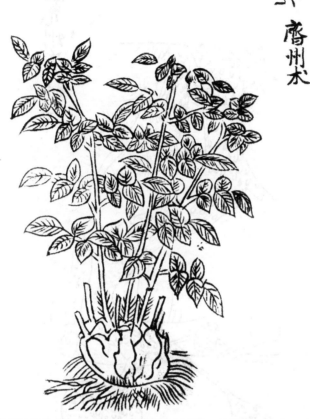

图1543　寻求延年益寿或肉体不死的方士常常食用的一种植物——术（这里是齐州出产
的）。原图载于观祐和尚于1156年之前不久撰写的《香药抄》卷二，第七十四
页；参见本书第五卷第二分册 p. 330。这是一种菊科植物，白术 ［Atractylodes
（Atractylis） ovata］。

远的资料中。为了证明这一传统的连续性，也许只要说一句就够了，即在孙思邈撰于
约公元652年的《千金要方》中和在朝鲜医生许浚撰集于约1600年的《东医宝鉴》①
中可以找到基本相同的题目②。

　　然而，只凭这句话也许会给人以一种错觉，以为它是统一的和简单的。其实内丹
是一座楼宇众多的宫殿，在其存在的两千年间产生了许多导师和门派，他们体现了若
干道教中心的传统。每一道教中心各有自己偏爱的一套术语，专攻某些特定的技术。
在下面的所有论述中，读者都应明白，我们作为例证引用的著作分别出自许多不同派
别的作者，他们有些人假如真的碰了面，彼此无疑是会发生激烈争辩的。这类矛盾事
实上就是在一部内丹文集之内也可以见到③。即便如此，他们对时空方面一些基本信念

34

　　① 我们所引用的此书及其他由朝鲜作者撰写的书总是采用按朝鲜语发音拼写的书名，不过要明白，朝鲜作
者的这些书都是用古汉语写成的。
　　② 甚至在日本医学和卫生学上也是如此，有撰写于约1700年的《养生训》为证，其作者为著名的贝原益
轩。
　　③ 例如《修真十书》，关于此书见下文 pp. 79 ff. 。

图 1544　寻求延年益寿或肉体不死的方士们常常食用的一种真菌——茯苓（这里是兖州出产的）。原图载于观祐和尚于 1156 年之前不久撰写的《药种抄》第六页，参见本书第五卷第二分册 p. 361。菌类，茯苓［*Polyporus*（ = *Poria*，*Pachyma*）*cocos*］，寄生在松树根上。此处称为茯神。参见 Burkill (1)，vol. 2，p. 1618。

的看法还是一致的，而这正是我们在本章中想要叙述的。

（ii）　由对立面结合而返老还童；一种活体内反应

　　为了让读者对内丹有一个完整的了解，我们将不得不征引许多有意思的著作作为例子，其中有些令人惊奇、有些富有诗意，有些则颇具科学史价值。让我们先从给内丹和外丹下定义的著作中引用三段很短的文字吧。《道藏》中有唐代的一部题为《通幽诀》① 的著作，这部著作说："（元）气能保存（无形的）生命，因而称为内丹（'气能存生，内丹也'）。药物能增强有形的身体，因而（它们的组合）称为外丹（'药能

---

① 　*TT* 906，第十八页。参见陈国符（*1*），下册，第 370 页。

图 1545 作为一种拯救之道的自然知识：一尊罗汉 (arhat)，四川新都宝光寺五百
罗汉之一 (原照，摄于 1972 年)，他手拿一轴画卷，卷上绘有一种阴阳象
征图案。关于此类图案的历史，见 Needham (76)。

固形，外丹也'）"。几世纪以后，一位宋代方士吴悞撰写了另一部同类型的书，书名为《指归集》①，也收录在《道藏》中。其作于约 1165 年的序说：

> 内丹理论只不过就是心肾交会、精气搬运、存神闭气、吐故纳新这些内容而已。除此之外，可以修习专门的房中术，可以吸收日月的光线和射气，可以服食特定的植物质，也许还可以忌食谷物或实行独身②。

35

> 〈内丹之说，不过心肾交会，精气搬运，存神闭息，吐故纳新，或专房中之术，或采日月精华，或服饵草木，或辟谷休妻。〉

这里附加的几种方法有些严格地说并不属于内丹，但被包括在里面作为可供选择的内丹修炼辅助手段③。此段文字中的表述在内丹著作中一再出现，所以要辨认那些方士是在推荐什么方法变得比较容易了。

当然必须懂得，炼制外丹和炼制内丹的活动一般是平行的。中国炼丹家，至少在元代以前，多半都是内外兼修，认为两者互不可缺。一会儿（下文 p. 209）我们将引用《抱朴子》一书中几段表明这种相互依赖性的文字。内丹法可以使人长寿到足以掌握非常复杂而又非常耗时的外丹炼制法，在这个意义上内丹法有时被认为是辅助性的。这一观点颇具早期即汉、晋、六朝和唐代的特点，后来由于对原始化学结果的幻灭才使生理炼丹术取得了某种优越和独立的地位，就像我们将看到的那样。广义地讲，可以说早期是以寻求外丹为主，这种局面也许一直延续到公元 800 年之前实验室炼丹术在唐代的黄金时代结束为止，而后期如以后的宋元两代，寻求内丹占了上风，一直延续到明清，至今依然未被人们完全遗忘④。当然始终也还有一些传统的外丹家（根本不是仅限于韦利所说的"江湖骗子"，有时还是有学问的学者呢）。现在我们开始看出从宋代起出现了第三个时期或第三股潮流，即医疗化学的发展，它在某种意义上说是综合了以前的一切，但我们得暂时将外丹技术应用于内丹材料的这种情况搁置一下，过一会儿再来讨论。

除了用"外丹"一词表示实验室炼丹术和用"内丹"一词表示生理炼丹术的普通用法之外，还兴起了一种在内丹范围内再区分外丹和内丹的复杂用法，此种用法到唐末肯定已逐渐形成，它比前面的用法甚至更奥秘，更让人迷惑。对比我们可以从一部叫做《修真秘诀》的书中引一段文字来加以说明。此书作者不详，但其写作年代当在 1136 年以前是不会有什么差错的，因为它有部分被收入了那一年编集的《类说》。这部分文字如下⑤：

37

----

① *TT* 914。此书我们已经出于需要而在本卷第四分册 p. 233 谈到过了。

② 由作者译成英文。

③ 参见陈国符（*1*），下册，第 389、390 页的评论。

④ 参见本册下文 p. 179。"内丹"这一说法自然并不总是指完全相同的一组实践。在隋代它主要是指行气和导引，在唐宋年间"胎息"取代了行气；到了南宋，内丹法的范围更广，包括吞唾和闭精。参见陈国符（*1*），下册，第 389 页。

⑤《类说》卷四十九，第五、第六页（第五册第 3212 页），由作者译成英文。同一段文字也出现在《体壳歌》中，收录于《修真十书》（*TT* 260）卷十八第七页，稍有节略。

内外丹。

老君（老子）说，天地水气学领域的变化非常难推测。气有两种，一种为阳气，用龙、木行和分泌物（"龙、木、液"）来代表；另一种为阴气，用虎、金行和精粹（"虎、金、精"）来代表①。使这两种气②会合而发生转化反应——那么所生成的产物就叫外长生药（"外丹"）③。

但保存和调和（分泌物），引起内脏中的炼丹术变化（含和谦藏），吐故纳新，向上传送到脑（"泥丸"），然后向下倾注到丹田，周而复始地恢复和转化，中间经过心脏（"绛宫"），在那里采集五（脏之）气，以滋养身体的各种生命力（字面为"百神"）④——这就叫内长生药（"内丹"）。

对于那些学道的人来说，内丹能延长人的寿命，但外丹能使人上升成为仙人。如果内丹炼成的话，外丹就必定会炼成（字面为"必应"），而外丹炼成了，内丹就必定会得到加强。可是尽管如此，光凭内丹是永远无法上升成为仙人的。

〈老君曰：气象天地，变通莫测。阳龙阴虎，木液金精，二气交会，炼而成者，谓之外丹。含和炼藏，吐故纳新，上入泥丸，下注丹田，修炼不息，朝于绛宫，采于五气，以哺百神，此内丹也。修道之士，内丹可以延年，外丹可以升仙。内丹成而外丹必应，外丹应而内丹必充，皆未至于升举。〉

内丹的思想体系是一个复杂的体系，必须让它逐渐地自行展开，对此我们讲下去就会办到。不过刚才所给的引文中有几点是值得牢记的。第一节是说外丹源自行气术的两种原初之气，是由金（"乾金"）和木的化学婚配形成的。另一方面，内丹则是由体内的气、液和分泌物的结合与转变而产生的⑤。"上入"（transmitting upwards）和"下注"（showering downwards）这两个词语是指内丹家重要的"逆流"（counter-current）法和循环法，我们经常遇到。另外在《修真秘诀》这段文字中还有其他两个术语，各需一段解释。

"泥丸"即人脑，我们在目前的语境中是第一次遇到这个术语，它在道教的解剖学和生理学上十分重要，这里既然遇到了，就得讲几句。像马伯乐指出的那样⑥，所有道教的著作中这两个字都是如上的写法，而佛教徒著译者的著译中则写作"泥洹"，它与"nirvāna"（涅槃）一词的标准音译相同⑦。佛家在反道教的著作中引用道书，总是改动"泥丸"，以"泥洹"作为正体。马伯乐提出，此道教的名称出现的年代不早于3世纪

38

---

　　① 这是指文王八卦方位中五行与八卦的联系（参见本书第四卷第一分册 p.296）。金与乾相应，木与巽相应（参见图1550）。此二卦没有或几乎没有阳中之阴，故而这里外丹被描述成使方士升天方面有这么大的效力。

　　② 参见图1574。

　　③ 龙虎意象在此充分显示，整段文字讲的是两类内丹而并非是一种外丹和一种内丹。这一主题在《抱朴子》一书中完全没有，但却是早期内丹著作的特征。当然，将其归在老子名下纯属假托。

　　④ 在下文 p.79 还要详细讲这些体内的神，即身神。

　　⑤ 这里不仅包括气，而且包括唾液、精液及其他分泌物。所涉及的化学婚配是水火相交，因为水火为坎离，关于坎离见下文 pp.42，60。我们在本卷第四分册 p.271 已经遇见过此二卦在其他炼丹术语境中的重要性。

　　⑥ Maspero（7），p.194。

　　⑦ 不过后来佛家也有用"泥丸"来表示这个意思的，"泥丸"的"丸"可以读作"洹"（huan）。"泥丸"也是脑神的号。

或 4 世纪，原是采自佛教的概念，并进而提出"泥丸"这一书写形式也许只是在 7 世纪和 7 世纪之后才被道教徒固定了下来，以区别佛道两家的思想。我们对这些结论的说服力感到怀疑。为什么这个道教术语不会一开始就是个描述性的词语呢？脑组织事实上是灰白色的，而在别的地方我们将会遇到若干与"父种白，母种红"这一古老的希腊观念相类似的中国观念①。不管怎么样，脑始终是道教解剖学和生理学上一个至关重要的器官②。

所谓的"cinnabar fields"（这一译法我们自己是避而不用的）或生命热力的部位，即丹田，是道教生理学的另一个要素。丹田一般公认有三个：上丹田在头部，中丹田在胸部，下丹田在腹部。这里"丹"字应从其"红"的意思上去理解，表示火和生命的内热③。由此可以将丹田看做是产生"动物热量"（animal heat）的中心。它们被认为是气出发和返回的区域：气从丹田出发，循环全身，然后又回到丹田④，这一过程本身后来渐渐开始称"还丹"——它与从事外丹者所指的化学变化的循环重复大不相同。而且如同马伯乐清楚阐明的那样⑤，道教徒把这三个产热源的解剖结构设想得相当复杂。每一丹田都有九个腔或空间，分列两排，每排各为四腔和五腔，头部九腔是横排，胸部九腔和腹部九腔是竖排。在一部叫《大有妙经》⑥的 4 世纪著作中有头部九腔的详细名称，它的作者为晋代的一位无名氏，陶弘景在 5 世纪末或 6 世纪初的《登真隐诀》⑦中亲自对那些名称作了解释。但另两组腔，即胸部九腔和腹部九腔，其详细名称和描述没有流传下来⑧。总的来说，这一系统绝不是没有客观的解剖学基础的，因为横排的头部九腔几乎肯定是以脑室为基础的，而竖排的胸部九腔则源于心房和心室（也许还有心包腔和胸膜腔）；最后竖排的腹部九腔大概是产生于对脏腑中间许多明显空腔的早期观察⑨。

丹田系统无疑是在后汉和三国时期逐渐形成的，因为在约公元 300 年的《抱朴子》中可以见到有关这方面的一段最有权威性的文字。葛洪在书中说⑩：

仙经上是这样写的：
　　"希望获得长生不死的人
　　　必须牢牢地守持（太）一⑪。

---

① 参见下文 p. 207。
② 究竟认为其功能是什么，不大好说。我们在本书第六卷中讲生理学的第四十三章里还要来谈谈所有这些问题，这里不能过早地把属于那里讨论的内容挪到前面来。
③ 但在内丹中这个词又恢复了其长生不老药的意思，因为内丹形成时会在（下）丹田附近放射出给人活力的热量。这肯定跟方士体验到的主观感觉有关。
④ 关于外丹术中的小宇宙循环，见本卷第四分册 pp. 281 ff.。
⑤ Maspero（7），pp. 192 ff.，（13），pp. 92 ff.。
⑥ TT 1295。
⑦ TT 418。
⑧ 只有胸部九腔的一部分见于《云笈七籤》卷十二，第十八页。
⑨ 欲进一步了解这一问题，可查阅下文有关解剖学的第四十三章，该章在本书第六卷中。
⑩ 《抱朴子内篇·地真》，第一页，由作者译成英文，借助于 Ware（5），p. 302；Schipper（5）。另一处提到是在《抱朴子内篇·至理》第二页，仅一笔带过，参见 Ware（5），p. 100。
⑪ 此处为道教徒所设想的人体产热中心的统称。

冥想一而达到对一的理解，

它就会成为足以解除一切饥饿的食粮，

它就会成为足以解除一切干渴的饮料。"

这个（太）一有物质表现（字面为"姓字服色"）。它在男性身上长十分之九寸，在女性身上长十分之六寸。它的位置一个在肚脐下二又十分之四寸处，这是下丹田。另一个在心脏下的绛宫①或金阙处，这是中丹田。第三个在两眉之间，其后一寸是明堂，其后二寸是洞房，其后三寸则是上丹田。这类东西是道教徒世世代代都非常强调的，那些术语（字面为"姓名"）只口头相传，传给歃血为盟，保证严守秘密的弟子。

〈故仙经曰：子欲长生，守一当明，思一至饥，一与之粮；思一至渴，一与之浆。一有姓字服色，男长九分，女长六分，或在脐下二寸四分下丹田中，或在心下绛宫金阙中丹田也，或在人两眉间，却行一寸为明堂，二寸为洞房，三寸为上丹田也。此乃是道家所重，世世歃血口传其姓名耳。〉

这里所给的术语和我们在后来的《大有妙经》中看到的完全相同。

当然，以上的简短论述远没有将丹田问题论述得详尽无遗，例如丹田在后来的医学文献中出现得相当多，部分是因为它们有时被等同于"三焦"了②。但这一概念很可能一直可追溯到战国时期，因为在出自云南石寨山文化及其汉代派生文化的青铜舞俑身上可非常显眼地看到佩于胸部的圆盘形"胸铠"③。考古学家称之为"护心镜"，但它们就不会跟下丹田有什么关系吗？

现在让我们来看看对内外长生药论的另一番陈述吧，这里讲的内外长生药完全属于内丹范围。这番陈述见于1331年陈致虚的《金丹大要》④。

上阳子说，自古以来，各位大圣人和仙人在他们的丹经里就连一件药物（究竟是什么东西）也不肯指明。其中提到的金、木、水、火、土五行连同铅、水银、朱砂和银都是用作隐喻（"譬喻"）。然而凡夫俗子以为他们是在直接指煅造转变，加工提炼（"煅炼"）的操作，就用普通的水银、朱砂和硫黄作为药物。这样做甚至比盲人给盲人领路还要糟糕。但是现在我要来澄清真相，向世人泄露其秘密。

（真正的）药物是什么？首先应该明白，这里的药物都出自无形之物（"无中"），它们不是金石草木之类普通的有形物，也没有形式（"形"）和实体（"质"）的范畴，但却是从有形物中得到的，既像金而又不是普通的金，既像水而又不是普通的水。而且（其中）有内药，也有外药。

就外药而言，就是从坎卦中寻求先天真一之水，由这水中获取先天未变之铅，再由这铅中采得先天太一之气（原始生命力）。因而这气就是黑中之白，阴中之

---

① 这个术语通常为内丹文献中表示心脏本身的最突出的名称之一。

② 参见本书第四十三、四十四两章。

③ 1972年夏天，我们在昆明曾有机会到博物馆中仔细地察看了许多件这样的"胸铠"，那些跟实物一般大小的"胸铠"直径不超过一英尺。承蒙两位馆长张增祺先生和胡振东先生的多方关照，谨此致以最深切的谢意。

④ 《金丹大要》上，第三十一页起，由作者译成英文。

阳。《悟真篇》说要取坎卦中的实（线）便是这个意思，因为真一之水是原始生命力的精和气。这气就是天地之母、阴阳之根、水火之本、日月之宗、万物之祖。《契秘图》① 说，坎卦代表水和月亮。在人身上它是指肾，而肾脏产生精。在这精中有正阳之气，它上升并加热上面的东西②。这就是在积阴中产生的阳气。因此铅柔软而银坚硬。虎生性属金，而金能产生水③。但在颠倒④过程中，母把子隐藏起来了，所以（我们说）虎是从水里生出来的。这样虎就等同于铅，被称为阴中之阳。上述这一切都是讲外药。

41 　　至于内药，则是在离卦中寻求先天之液。液中运行（或循环）着先天久积之朱砂（"砂"），而朱砂中又运载着先天至真之汞。这汞就是白中之黑，阳中之阴。此种情况即相当于《悟真篇》所谓的点化离卦腹中的阴。《契秘图》说离卦代表火和太阳。在人身上它是指心，心脏产生血，血中有真一之液。这液向下流动。现在血是阳物，液是阴物。因而朱砂属阳，汞属阴。龙生性属木，而木产生火⑤。但在颠倒过程中，母把子隐藏起来了，所以（我们说）龙是从火里生出来的。这样龙就等同于汞，被称为阳中之阴。上述这一切都是讲内药。

　　莹蟾子说⑥："凡是学道的人必须先从外药开始，然后再进入到内药。高级的方士由于具有天生的德行，是了解（道）的，所以不必炼制外药，光用内药就能使自己恢复元气。内药是不活跃的（'无为'），因为它没有东西可用来起作用⑦；外药是活跃的（'有为'），因为它有东西可用来起作用。内药没有形式（'形'）和实体（'质'），但却充分存在。外药有物质（'体'）和功能（'用'），但却充满了不存在。外药关系到肉体之身（'色身'）的事情，而内药则关系到轻灵之身（'法身'）的事情。外药是地仙之道，内药是天仙之道。外药改善机体之阴的生命（'命'），内药促进机体之阳的活力（'性'）"。正因为道包含了阴、阳两部分，所以药物有内、外两种。

〈上阳子曰：从古到今，上圣列仙留下丹经，不肯明示药物一件。其间所指金、木、水、火、土、铅、汞、砂、银，此皆譬喻，而凡俗直以煅炼为事，却将凡铅、水银、砂硫为其药物，以盲引盲，可胜怜悯！吾今分明与世泄露：夫药物者，须知此药从无中来，非出凡世金石草木之类，亦非有形有质之类，却又在有形之中得；似金非世金，似水非凡水，亦有内药，亦有外药。夫外药者，坎中求先天真一之水，水中取先天未扰之铅，铅中采先天太乙之气，此气即黑中之白，阴中之阳也，《悟真篇》云"取将坎位中心实"者是也。盖真一之水即真一之精气，

① 《云笈七籤》卷七十二有一《大还丹契秘图》，但里面没有这两段文字。
② 这明显地与从下面加热反应物的实验室炼丹术相类似。"正阳"当然是"真阳"的同义词。
③ 参见本书第二卷 p. 257。
④ 颠倒五行间正常关系的内丹理论。见下文 p. 60。
⑤ 另参见本书第二卷 p. 257。
⑥ 莹蟾子即为《全真集玄秘要》（TT 248）和《莹蟾子语录》（TT 1047）的作者李道纯（鼎盛于 1290—1320 年）。
⑦ 为了与他的另外一些话尤其是（《金丹大要》上）第十七页上的话相一致，此处将"无不为"更正为"无以为"。由于这是颠倒地仿效《道德经》第三十七章的话，所以抄写者很容易抄错。

此气为天地之母，阴阳之根，水火之本，日月之宗，万物之祖。《契秘图》曰：坎为水，为月，在人为肾，肾藏生精，精中有正阳之气，炎升于上，积阴气阳，故铅柔而银刚。虎性属金，而金能生水，颠倒取之，母隐子胎，故虎向水中生，虎乃配铅，是谓阴中之阳也。此上言外药者也。夫内药者，离中求先天之液，液中行先天久积之砂，砂中运先天至真之汞，此汞即白中之黑，阳中之阴也，《悟真篇》云"点化离宫腹内阴"是也。《契秘图》曰：离为火，为日，在人为心，心藏生血，血中有真一之液，流降于下，血阳液阴，故砂阳而汞阴。龙性属木，而木能生火，颠倒取之，母隐子胎，故龙从火里出，龙乃配汞，是谓阳中之阴也。此上言内药者也。莹蟾子曰："大凡学道，必先从外药起，然后及内药。高上之士，夙植德本，生而知之，故不炼外药便修内药也。内药者，无为而无不为也；外药者，有为而有以为也。内药则无形无质而实有，外药则有体有用而实无。外药者，色身上事；内药者，法身上事。外药是地仙之道，内药是天仙之道。外药了命，内药了性"。夫惟道属阴阳，所以药有内外。〉

前面引述的几段文字包含了 10 至 15 世纪上下约五百年间流行的各派学说，两种内丹的复杂性从中足可略见一斑。这些文字只能按照本章稍后将要进行的解释去理解；此处想必暂时只消说各位作者是在讲以《易经》中卦与卦之间的换爻为象征的过程①，此类过程的目的是使阳从阴中解脱出来，使阴从阳中解脱出来。这确实是一种微妙的分析性分离。总的思想是要再造原初先天之纯阳，即收复在生活的折磨中逃到坤位而形成其他（混合）卦的阳爻，重建乾卦。同样，坤卦也会恢复其原来的纯正②。

但可以看到，各派的解说彼此有点不大一致。《修真秘诀》那段文字把变易学的重点放在木液即属木（和巽卦）的分泌物之气③与金精即属金（和乾卦）的精粹之气的结合上；参见图 1550。结合的结果称作外长生药（"外丹"），为气或阳物。它所谓的内长生药（"内丹"）是一种由内部体液形成的长生药，因此为阴物。另一方面，《金丹大要》中的"外药"从变易上说是坎卦（与水相应）的阳爻，即一种"气"，而其中的"内药"则是离卦（与火相应）的阴爻，即一种"液"。这样，前者就是阴中之阳，后者就是阳中之阴。同时，《契秘图》把坎卦与肾联系起来，把离卦与心联系起来，强调颠倒原则（关于这个见本册 pp. 60 ff.）。而莹蟾子讲了同样的问题，其所用术语少了点道教的色彩，多了点佛教的和理学的色彩。

陈致虚原文中的最后一句出色地说明了为什么在内丹本身之中还要有内丹和外丹之分（参见图 1546）。但对它们的描述各不相同。在《修真秘诀》那段文字里是内丹和外丹，内丹只能使人成为地仙，而外丹则能使人上升到天仙的地位④。可在《金丹大要》中是两种药物，一为内药，一为外药（在紧接着的一段文字中分别被称作"阴丹"

① 见本书第二卷中的第十三章。

② 时机的成熟使我们大大加深了对真正的生物化学过程的认识，但最新的衰老概念有时奇怪地使人想起这些中世纪的直觉表述。例如根据奥格尔（Orgel）理论，衰老是细胞核系统遗传密码机制形成蛋白质的精确性出现不可逆转的破坏。蛋白质合成代谢继续进行，但随着机体的衰老，其效率逐渐降低，从而使制造出的蛋白质类型发生差错。如果情况是这样，而这一"差错灾变"模式又真能逆转，那就会像是恢复乾坤的原始完美和取消象征着退化低效的混合卦一样。道士相信这实际上是能办到的，而我们却不敢抱有希望。

③ "木液"在内丹著作中也常与震卦联系在一起。这样做的原因看下文图 1551 就清楚了，该图显示了内丹著作自己联系八卦与五行的独特系统。

④ 参见本书第五卷第二分册 pp. 106 ff.

43

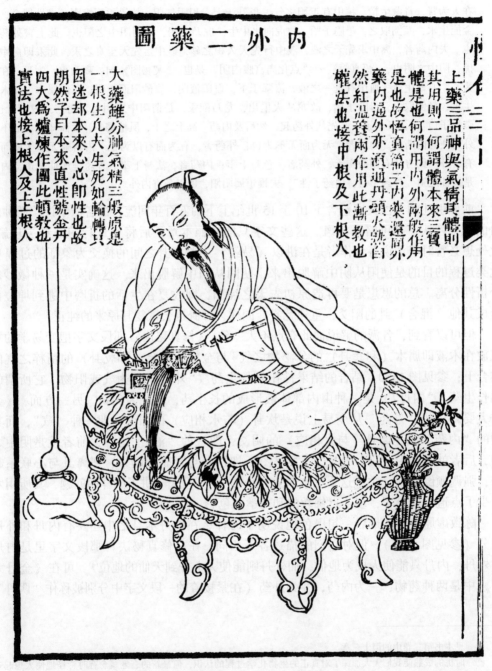

图 1546　一位儒雅的方士在冥想内丹和外丹。采自《性命圭旨》（1615 年）元集，第二十八页。在上面的说明中提到了神、气、精三元（见正文）。

和"阳丹"）①，按照莹蟾子的说法，只有内药能使人升仙，而外药只能保存肉身。对这表面上的不一致应如何理解呢？《修真秘诀》作者心里想的是普遍公认的阳与外的关联，确实在乾—巽卦对中，外面的阴爻得去掉。陈致虚在《金丹大要》中遵循的是完全相同的思想，只是卦不同，为坎、离二卦，它们两条关键的爻都是在"内"，然而一条为阳爻，就基本的关联意义上说属"外"，另一条为阴爻，就基本的关联意义上说属"内"。第三，莹蟾子心里想到的也主要是坎卦中的阳爻，但对他来说，其最重要的特征是位于卦"内"，由此他强调在两种药物中"内药"更为重要，能使人升仙。三位作者都一心想恢复机体的阳性力量，但他们说法各不相同。当然，莹蟾子具有浓厚的佛教思想，所以主张以内为先，如在冥想（"内观"）上，因而他才那样说。

　　在宋代一位佚名注释者的《周易参同契注》里有一段附和刚才所引《契秘图》中话的文字。这段文字说②：

　　　　至于"上德"和"下德"二词的意义③，（我们知道）离卦代表心，（在身体中）占据上位，里面有"玉液"，可以制成有益于人的还丹，因而称为"上德"。另一方面，坎卦代表肾，（在身体中）占据下位，里面有"金液"④，也能用于制造有益于人的还丹，因而名叫"下德"。

　　　　〈上德、下德者，谓离为心而居上，其中有玉液，可为还丹而有益于人，故曰上德；坎为肾而居下，其中有金液，亦为还丹而有益于人，故曰下德。〉

这里"上德"和"下德"二词都是讲有关器官在身体中的解剖学位置，并且分别指陈致虚所说的内药和外药⑤。

　　从《修真秘诀》再引一段话。这段话采取的是典型的中国式复合三段论的形式⑥。

　　　　凡是想要养神的人首先必须养气，而要养气首先必须养脑，要养脑首先必须养精，要养精首先必须养血，要养血首先必须养唾，要养唾首先必须养水⑦。这就是所谓的九还。不过要说起七返，最大的以一年为一循环，最小的以一昼夜为一循环。在昼夜循环中，天地旋转，从寅时⑧到申时⑨，这就是七返。可是如果倒退到子时⑩，那就是九还了⑪。

---

①　《金丹大要》，第三十三页。
②　《周易参同契注》，*TT* 991，卷上，第十四、十五页，由作者译成英文。
③　参见《道德经》第三十八章。
④　这里我们不译"metallous fluid"（属金之液），此义更多地应用于唾液，因为在道教生理学中它是与属金的器官肺相联系的。
⑤　对"上德"和"下德"带有较多佛教色彩的解释见《金丹大要》卷中，第三十一页。
⑥　《清微丹诀·清微隐真合道章》（*TT* 275）卷上（第三页）有一条连接精、气、神的类似连锁。这部丹诀可能是唐代的著作。对此主题的不同表述在这类著作中自然是很常见的。
⑦　即提供精液的肾或泌尿生殖系统。
⑧　起点为凌晨3点。
⑨　终点为下午5点。
⑩　中点为半夜12点。
⑪　载于《类说》卷四十九，第六页，由作者译成数。

45

图 1547 医生孙一奎肖像，附于其 1596 年的《赤水玄珠》一书前。

〈夫欲养神先须养气，养气先须养脑，养脑先须养精，养精先须养血，养血先须养唾，养唾先须养水。而九还七返者，大而论之，一年一周天；小而论之，一日一夜一周天。天降地腾，从寅至申为七返，却到子为九还。〉

由此可见，道士很重视在昼夜的各个特定时辰进行其生理锻炼。这种常备不懈不禁使人想起在外丹中如此重要的复杂的加热循环（"火候"）①。确实，我们可以看出，内丹家事实上是用这样的说法进行比喻，他们甚至用对各种成分斤两的说明作为其隐语的一部分（下文 p. 58）。"修真"这一概念有多重要，这从以此词作为书名的一部分的书籍数目之多即可判断出来。关于这些书及其内容有好多话需要说，但首先我们想译出16 世纪末一位医学著作家有关内丹的一段十分重要的文字来结束上述介绍。最初使我们明白复真的基本意义的正是这段文字。

这段文字出现在一部叫做《赤水玄珠》的著作中，它是明代名医孙一奎（图1547）编撰的一个医药和医疗化学大系，成书于 1596 年，与本书各卷中经常引用的李时珍巨著《本草纲目》的出版同年。孙一奎此书卷十将近末尾有一个重要章节，题为《方外还丹》，他告诉我们前五十年他一直在寻求方外还丹。我们这里将译出的一段是文字较长、讲房中术及有关医疗化学制剂那一节的开场白，这段文字之前有一长段关于救赎性卫生（"养生"）原则的话。在那段话里，孙一奎对比了佛道两教的态度，而他本人倾向于道教的态度。佛教接受命运（"天命"），认为决定死亡来得早一点还是晚一点的只有运气和祈祷；道家则认为人们对于自身的寿命是能够有所作为的，只是人们通常注意得不够早罢了。"不能将事情完全归之于命运，"孙一奎写道，"恰恰相反，人可以能动地去战胜自然"②。因而他劝人凡事都要适度，并对饮食和摄生法详加指导。只有做到凡事适度之后，植物药才能发挥作用，更不用说丹药了，甚至连最宝贵的东西也是如此。下面这段文字题为《还丹秘要论》③。

还丹秘要论

关于还丹能说些什么呢？还丹就是回复原状之道，就是再生原始生命力之道（"返本还原"）④。凡是人都有来自父精和母血的禀赋⑤。小孩出生时（拥有）元精、元气和元神——都处于完全纯洁（"纯全"）状态。但随着小孩的逐渐长大，色、声、香、味不断起作用，日复一日，年复一年，导致四种感官的诱惑，使这三位一体的神圣的自然生命禀赋（"一灵真性"）受到侵袭和腐蚀。元精化为"交感精"，元气变为"呼吸气"，而元神被"蒙上了惨白的一层思虑的病容"（"思虑神"）。这三种原始禀赋被这样渐渐地消磨掉，极难再恢复原来的纯真（"天真"）⑥。因此从前的老师用系统阐述的学说把他们的话传下来，在各种丹经里解释修补（这种损害）的方法。哪里精不足，哪里就得用（元）精来修补；哪里气不足，

---

① 参见本书第五卷第四分册 pp. 266 ff. 。
② "不可尽委之天命，盖人定亦可以胜天也"。
③ 《赤水玄珠》卷十，第二十、二十一页，由作者译成英文。
④ 参见本书第二卷 p. 76。
⑤ 也是一种亚里士多德的学说；见 Needham (2)，pp. 42 ff. 。
⑥ "真"和"元"在这几个领域里又总是相同的。

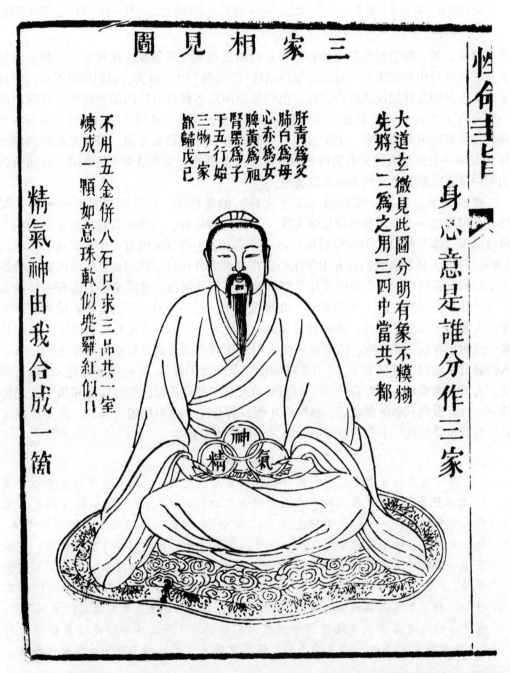

图 1548 一位修真之人手捧神、气、精三元连环（见正文）的寓意图。采自《性命圭旨》（1615年）元集，第三十六页。左边的诗句力劝炼丹家不要与五金八石有什么关系，而要使自身内部发生转变，从而产生长生之丹，这内丹将像一团柳絮或木棉一样柔软，像太阳一样火红耀眼。

哪里就得用（元）气来修补；哪里神不足，哪里就得用（元）神来修补。这是应用"返本还元"的原则。"复"就是这样，但什么才是真正的"复"呢？使精恢复完美犹如给（植物）以深深的根，使气恢复完美犹如给以牢固的蒂，使神恢复完美犹如给以一种奇妙的和谐。能（再次）完善（"全"）此三种（禀赋），这确实就是（使用）存在于身体之中的原始药物（即内丹）。例如，有许多人曾经把天地说成"炉鼎"，把日月说成"水火"，把乌兔说成"药物"①，把阴阳说成"化机"，把龙虎说成"妙用"，把子午说成"二至"②，把卯酉说成"二分"③，这一切都是象征和比喻，但它事实上并没有超出身、心、意的范围。在此三者中，身与精相关，心与气相关，意与神相关。那么这"反"是什么呢？"反"就是使这三者恢复而与正常的（衰老）进程背道而驰（"逆行"）。"还"又是什么呢？"还"就是使这三种原始禀赋复足。使这三种生命力变得（像生命之初始一样）完美和原始——那就是还丹的意思。

〈夫还丹者，乃返本还原之道。人禀父精母血而生，初为赤子时，元精、元气、元神，无不纯全，及其年渐长成，盖因眼耳口鼻门所诱，一灵真性被色、声、香、味所触，习染深固，以是日复日，岁复岁，元精化为交感精，元气化为呼吸气，元神化为思虑神，此三元分泄，难复天真。故祖师垂言立教，载诸丹经，示人以修补之法。精损则以精补，气损则以气补，神损则以神补，是用返本还元之道以之。且复者何也？以全精为深根，以全气为固蒂，以全神为妙合。能全此三者，实为身中之真药物也。诸如以天地为炉鼎，以日月为水火，以乌兔为药物，以阴阳为化机，以龙虎为妙用，以子午为二至，以卯酉为二分。此皆法象譬喻，其实无过身、心、意三者。身系乎精，心系乎气，意系乎神。返者，返此三者而逆行。还者，还此三者而复真也。三全合真，乃曰还丹也。〉

因而，内丹家所讲的基本上就是返老还童，他们相信凭他们的技法能"使万物更新"（图1548）。不管我们现在如何评判他们的生理学理论，都没有理由怀疑他们在适当的条件下能够创造恢复身心健康的奇迹。

在全面考察修真类书籍及其他部分内丹文献之前，如果我们用列表形式对其中的基本概念加以解释，可能会使这些概念变得容易理解一些。表121A、B、C所列为内丹的主要试药，包括人体的气和分泌物（"液"），如唾液和精液。真阳和真阴就要从上述所有东西中再生出来，而此二者便是内丹家称作"真汞"和"真铅"的实体④。这两种实体的结合会产生长生之丹。

在各种表述中有许多同义现象，因此每一个术语另一位内丹家可以在相同的或不同的分析层次上来解释，但是除非在口授的过程中做弟子的事先充分了解不同层次的存在，否则就很容易被完全搞糊涂。内丹家肯定有着一套微妙而又精致的自然哲学体

49

---

① 指传说中分别在日月之中的动物，因此是指阳和阴以及与阴阳相应的体内器官，但尤其是指阴中之阳和阳中之阴（参见下文 p.40 和图1574）。

② 即中点为半夜12点和正午12点的两个时辰。

③ 即中点为早上6点和下午6点的两个时辰。

④ 饶有趣味的是，内丹的基本意象取自铅汞齐的制造，而不是取自汞和硫的化合或分解。这一点我们以后可能还要讲到。

系，但那时候科学技术体系还没有跟美学宗教体系完全区分开来，所以产生了大量常常是很富有诗意的术语和隐名。这就意味着，他们似乎可以大讲其道，而不会有过分的重复，但那样就使得整个体系有时显得好像比实际更复杂①。

表格是根据我们在本节中列举的许多著作里的陈述编制的，但某些书特别值得一提，例如崔希范撰写于公元 940 年的《天元入药镜》。这是一篇散文体著作，无注②，与崔氏那篇更为有名和注释众多的诗体著作完全不同，后者只以末了的"入药镜"三个字为题③。另一部解释比较清楚的书是宋元时期某一不知名的作者所著的《橐籥子》，看书名很容易让人误以为它是有关化学的④。其卷尾有一个有用的附录，题为《阴丹内篇》。还有，我们不能忘了《金丹大成》中那些教义问答式的提问和回答⑤，其编撰者为萧廷芝，成书就在 1250 年之前。最后，至上阳子陈致虚而达到顶点的传统能使人获益匪浅，因为陈致虚 1333 年的《金丹大要图》⑥ 中汇集的许多图和简明的解释源自一系列前人的著作，其历史可以从张伯端⑦和林神凤⑧一直追溯到 10 世纪中叶的彭晓。彭晓在这方面最重要的著作是他的《周易参同契鼎器歌明镜图》⑨，成书于公元 947 年，对鼎器歌作了广泛详尽的注释，而鼎器歌的写作年代也许可推定为约公元 140 年。陈致虚的《金丹大要》⑩ 本身也是必不可少的。

关于内丹术的基本概念必须说的第一点是，不认真注意《易经》⑪ 的思想，就没有希望理解这些概念。因而需要相应地将表 121 分成三个单独的部分。在表 121A 里我们列出了按伏羲八卦排列的八卦通常的自然象征的相互联系。

我们记得伏羲八卦是两种依照四个空间方向安排八卦位置的经典模式之一，具有由此给象征的相互联系⑫带来的一切影响。我们在图 1549 中所示为一典型的伏羲八卦方位图⑬。为了说清楚这两种模式，我们还复制了本书第四卷第一分册 p. 296 已给出过的两个简图。在与图 1549 和图 1550⑭ 比较时只要记住，在中文图解中，南方总是位于上方，而我们在简图中则按现代通例将它置于下方。概括我们在有关自然哲学和磁学的两章（本书第十三章和第二十六章）中得出的结论，可以说尽管八卦本身产生的年代即使不早于孔子的时代（公元前 6 世纪），也很可能与其一样早，它们无疑是从古代占卜用的长短草茎衍生而来的，但两种八卦方位模式的定型几乎不可能大大早于汉代，

① 这与一会儿将讲到的一点相联系；参见下文 pp. 228、291。
② 收录于《修真十书》（TT 260）卷二十一，第六页起。
③ TT 132 和《道藏辑要》虚集五。另收录于《修真十书》卷十三第一页起和《道海津梁》第三十五页起。
④ TT 1174 和《道藏辑要》下昴集五。它特别以变易学的术语描述了内丹。
⑤ 收录于《修真十书》（TT 260）卷九至卷十三；《道藏辑要》昴集四，第十页起。
⑥ TT 1054，并收录于《道藏辑要》本《金丹大要》下，第二十六页起。参见图 1581、图 1582。
⑦ 参见下文 pp. 89，92。
⑧ 参见图 1582。
⑨ TT 994，参见图 1551。
⑩ TT 1053，并收录于《道藏辑要》昴集一至集三。
⑪ 见本书第二卷 pp. 304 ff. 。
⑫ 本书第二卷 pp. 261 ff. 。
⑬ 很方便地采自张介宾撰于 1624 年的《类经附翼》。
⑭ 也采自《类经附翼》。

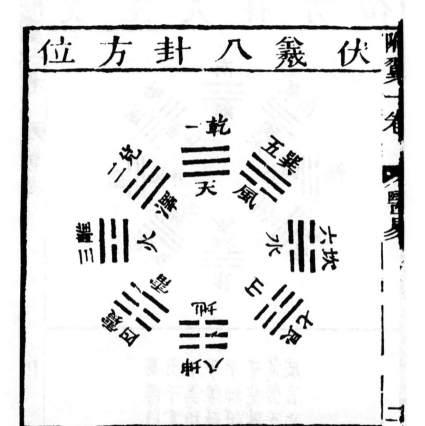

图 1549　伏羲八卦方位，采自张介宾《类经附翼》（1624 年）卷一，第
　　　　二页。底部的附文引自《易传》。

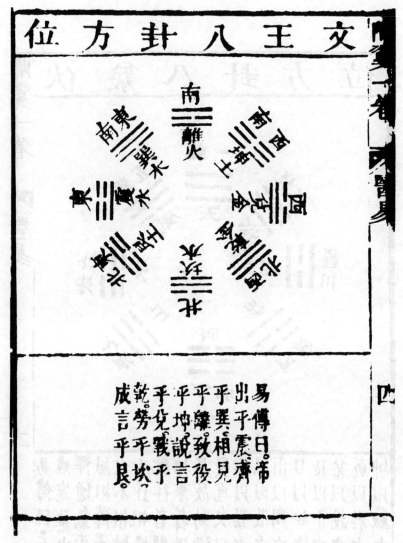

图 1550 文王八卦方位，采自《类经附翼》（1624 年）卷一，第四页。这是后天八卦，前一图中为先天八卦（见正文）。

也许不会早于公元前 1 世纪，即占卜家焦赣和京房的时代，因为《易经》中叫做《说卦》的有关部分是在那个时候写成的。把图 1549 中的八卦方位说成是传说中的圣人伏羲所作，而把图 1550 中的八卦方位说成是半传说的帝王文王所作，这样做坦率地说要晚得多，大概与 10 世纪的陈抟和 11 世纪的邵雍这两位儒道合一的哲学家有关。伏羲模式按照传统的观点是两种模式中产生年代较早的一种，其实很可能是产生年代较晚的一种（尽管在某种程度上更有逻辑性），因为占卜盘（"式"、"栻"）① ——所有磁罗盘的祖先，是根据文王模式标记的②，而早期的堪舆论述表明文王模式后来被认为是不能令人满意的③。两种模式都同古代的幻方有联系④：伏羲八卦同"河图"有联系，文王八卦同"洛书"有联系。但这里对我们来说要意味深长得多的是，伏羲八卦总是称为"先天"，而文王八卦总是称为"后天"。这两个词语一般译作"Former Heaven"或"prior to heaven"和"Latter Heaven"或"posterior to heaven"，这样的译法实际上毫无意义，它们是从西方汉学开创时期或不露声色时期流传下来的。现在重要的是，在医学和内丹上，前者总是指"先天禀赋"即健全的遗传素质，而后者总是指衰老中和衰老后的心身机体。

讲到这里我们已经接近了表 121A 和图 1549、图 1550 对于内丹家的意义。内丹家的基本目标是以在南北轴上重建乾坤二卦（纯阳和纯阴）来象征或者说表达的，但把两者的位置分别颠倒过来，使乾在北而坤在南；这一目标可以像上文（pp. 22，41）已经概略说过的一样，通过坎（此处在西）、离（此处在东）间互换阴阳爻来实现。内丹家有可能就是这样谈论分离与恢复纯阳和纯阴——那好比说是把老翁变为合子。

明白了上面这些，值得再去重读一下本书第二卷 pp. 332—333 那段引自陈显微1254 年为《关尹子》中"釜"（锅或鼎）篇⑤所作的注文，《关尹子》的作者是唐代某个不知名的道士。那段文字里有坎离交遇、坎中婴儿、离中姹女、水火相射、化腹中之龙虎，以及其他类似的意象，但（像许多炼丹家习惯的那样）与会使人想起在原始化学实验室中可见到的种种现象的描述混杂在一起⑥。

对于道士来说，一切自然物体归根结底都是阴阳的混合。所有性质和形状不同的表现都是存在于其中的这两种"成分"定量比例不同的结果⑦，例如日中阳多于阴（像离卦），而月中则恰好相反（像坎卦）。此定量说丰富了内丹理论领域，它的一种更加精确或精致的表达方式是将上述考虑推而广之，不仅包括八卦，而且也包括整个

53

54

---

① 见本书第四卷第一分册 pp. 262 ff. 。

② 同上，图 326。

③ 最后的堪舆罗盘上一般两种方位排列并用，文字书写的卦名保留文王（后天）八卦，而以长短道画成的卦符则采用伏羲（先天）八卦。但本书第四卷第一分册中的图 333 所示为一个带文王模式卦符的航海罗盘。

④ 见本书第三卷 pp. 56 ff. 。

⑤ 《文始真经》卷下，第一页（第七篇）。

⑥ 我们当时说那段文字至少是内丹与外丹并重，但那时候我们认为内丹是神秘的、精神的或心理的，而不是生理的。

⑦ 这不禁使人联想起 9 世纪贾比尔派的《平衡之书》（Books of the Balances），此书我们在本卷第四分册 pp. 393，459 ff. 已经讨论过了。同时它又提出了中国对阿拉伯炼丹术的影响问题。

六十四卦系统[①]。这我们一会儿还会见到。

表 121A　按照伏羲（先天）八卦模式的自然象征的相互联系

现在我们来看看第二种经典的八卦方位（图 1550），即文王（后天）八卦，这里离卦在南而坎卦居北。内丹主要是试图将人自己的身体改造成"先天真一之水"那样的一种状态。内丹修炼目的也在于将循环于全身五脏六腑的后天"凡"气转变为精华的"先天真一之气"[②]。文王八卦方位对于内丹之所以如此重要，原因在于它把五行编排了进去（图 1551），而五行的参与显然是任何自然（或逆自然）过程的一个绝对必要的条件（*sine qua non*）。在表 121B 中，我们列出了按文王八卦排列的八卦通常的自然象征的相互联系。此外，彭晓在公元 947 年绘制了一幅专门的图，用以阐明内丹理论，图的标题为《明镜图》[③]。对于此表和那个圆盘形的图，我们现在必须来仔细考察一番。

---

①　读者大概还记得（参见本书第二卷中与 p.276 相对的图41），这六十四卦中的每一卦不是阴为主，就是阳为主。凡物必有正反两个方面，二者是不可分割的，即使是最小的自然物也不例外，变易学家设想阴阳组合的无限回归，其洞察力深刻到了何等程度，甚至在现代原子核物理学产生之前几乎不可能为人所充分了解。当然他们知道磁铁有两极。

②　这是受孕之时胚胎享有父精母血中纯阳和纯阴的状况。就此而言其思想是真正的道家思想。但除此之外，在后来的诸说混合论的表述中，人还可以回到阴阳未分之前的太极真一境界并被同化到道里，而道乃万物之母，参见本书第二卷 pp.460 ff.。这一思想也许看上去像理学思想，但显然还受到了佛教涅槃所含寂灭观念的影响。

至于父精母血，如果这样想的话，医疗化学家们后来致力于从精液和月经血开始的各种过程就不足为奇了。参见下文 pp.301 ff.。

③　*TT* 994，第八页；摹本见《道藏辑要》本《金丹大要》卷下，第三十三、三十四页。

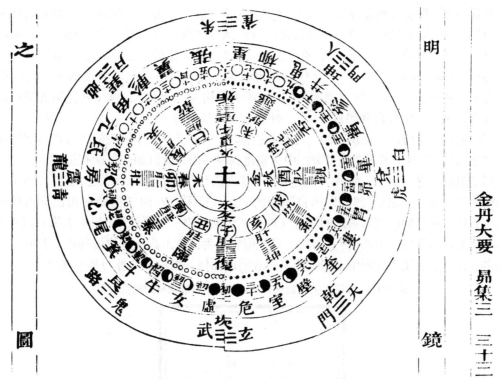

图1551　彭晓绘制于公元947年的《明镜图》。采自陈致虚在1333年编成的《金丹大要图》。载
　　　于《道藏辑要》昴集三，第三十三页（*TT* 1054）。

　　五行配八卦必然有三个要配双卦。其相配情况如下：金配乾兑二卦，水配坎震二　　56
卦，土配艮坤二卦。这样就剩下离卦与火相配、巽卦与木相配了。读者大概记得，在
上文 p.37 所引的那段《修真秘诀》文字里，我们曾遇到"木液金精"的说法。此二
者之气产生"外丹"，外丹要胜过与之相对的"内丹"，因为只有外丹能影响升仙。现
在图1551对此作了说明。"木液"以巽卦中的阴爻表示，"金精"以乾卦中相应的阳爻
表示。两爻互换生成一个新的乾卦，使身体分泌物中充满仙人升天所需的阳性力量。

　　但《明镜图》中五行方位的数目被减至四个。图1551最里面一圈（即第一圈）是
水在下而火在上，木在东而金在西，土则居于正中央①。土的职能就是促进对立面——
火与水或木与金的相互作用和结合②。五行和八卦的新关系现在可以从第一圈与第八圈　　57
的比较中看出。东南的巽木（按文王模式）移到了东方的震卦下，而西北的乾金与兑
金合并而居于西。同样，东方的震水与坎水合并而居于正北③。从核心圈进一步往外的
几圈是关于时间推移的。第二圈所示为周年循环的四季，第三圈为周日循环的十二时
辰④。接下去第四圈为月份的循环，每个月都有其相应的重卦，卦符和卦名俱全。仔细

────────

　　①　这是一种极经典的相互联系，与本书第二卷 p.262 表12 中的相同。

　　②　此中央圣婚场的其他名称参见本册 pp.82，92。

　　③　我们在图1552中复制了1615年的《性命圭旨》（关于此书见下文 p.224）里的一幅插图，图中所示为一
只正在炼丹的鼎，周围环绕着龙、虎、龟和雀四种象征方位的动物。

　　④　见 Needham，Wang & Price（1）中各处。

地察看一下，即会发现北方（子位）是首卦——"复"（第二十四卦）①，沿顺时针方向阳气渐盛，至其后第六位（包括首尾两位）到达"乾"卦（第一卦）而盛极。随后是只有一条阴爻的"姤"卦（第四十四卦），如此下去直至到达纯阴之"坤"卦（第二卦），又是往前数的第六位。这样，换句话说，就勾画出了阴阳消长的正弦曲线②，阳进叫"进阳火"，阳退叫"退阴符"。循环一周喻为"火候"。再往外，第五圈所示为昼夜百刻（分别以白和黑区分）③，而第六圈为月亮盈亏的图示，太阴月每日一图，与阳的进退完全协调。从新月起，月渐盈期称为"上弦"，而望后朔前的月渐亏期则称为"下弦"，这两个术语在内丹著作中常常碰到——而之所以如此是颇有道理的，因为一面是阳胜渐自阴中出，而另一面则是阴旺犹含满月阳。故此说"虎之弦气"，即出自阴中的阳，和"龙之弦气"，即出自阳中的阴。"铅汞二八两"的隐秘用法即由此而来，它是一种暗指已经提到过的弦月（两个八天的间隔）的说法④。接下去第七圈所示为环绕天球赤道的二十八宿⑤。最后，第八圈所示为按文王八卦方位排列的八卦卦符和卦名。这样，彭晓在此图中正如其图名所表明的那样，揭示了内丹的基本理论。

59

表 121B　按照文王（后天）八卦模式的自然象征的相互联系

阳	阴
离	坎
汞	铅
上	下
日	月
南	北
火	水
乾	坤
男	女
心	肾
气	唾
血	精
红	黑
上德	下德
浮	沉
主	宾
我	彼
升	降
青龙	白虎

① 参见本书第二卷中的表 14。
② 参见本书第四卷第一分册 p. 9 的图 277。
③ 见 Needham，Wang & Price（1）。
④ 也请注意第四圈中的二和八。
⑤ 见本书第三卷 pp. 231 ff.。大熊星座（"北斗"）虽然在这里没有画出，但在许多内丹图中都有，因为其周日视运行和周年视运动的规律性而常常居于中央。这一双重运动与行气相应，被看做是预示着有可能将一年的生理工作压缩在一昼夜的十二个时辰里。关于外丹中的这类加速，参见本卷第四分册 pp. 242 ff.。

图 1552 《性命圭旨》里的一幅插图（元集，第三十七页），图中所示为象征四方的动物环绕和
影响着正在炼丹的人体之鼎。北方玄龟在底下，南方朱雀在上面；东方青龙和西方白虎
两者位置颠倒——如同内丹中许多别的东西一样。这四兽反映人体的四个器官，即肝、
肾、心、肺，它们参与炼就内丹的过程。关于图右题词上端"无漏"一语的来历，见下
文 p. 252。

　　至于表 121B，头八项多数已在表 121A 中出现过了，但现在出现了汞和铅，同时出现了若干生理器官、液体和过程。内丹家是如何论述这些东西的，则要看表 121C 了。

60

表 121C　内丹逆自然颠倒的相互联系

真阳	真阴
䷜ 坎	䷝ 离
阴中之阳	阳中之阴
真铅	真汞
上	下
坎男	离女
婴儿	姹女
南	北
水	火
金精	木液
金液	玉液
西山白虎	东海青龙
虎之弦气	龙之弦气
沉	浮
主	宾
彼	我
降	升
金炉	玉鼎
上弦金八两	下弦银八两
地魄	天魄
戊土	巳土
外丹	内丹
阳丹	阴丹
河车	牛车

　　迄今讨论的所有关联都与假定各种过程是遵循（"顺"）普通自然进程的设想相一致，而在外丹中几乎总是盛行这一想法。但在内丹中，方士立誓要行"颠倒之法"。无论在实践上还是在理论上，他都运用了一种生理学方面的逆自然或倒行原则，试图逆正常的自然进程而行。阻止和扭转最终归结为死亡的衰老过程毕竟是件明显地违反自然的事情。所以他以逆流的方式，不仅闭留和保存通常从身体中流失的各种分泌物，而且还迫使唾铅的阴中之阳下降①，并使精汞的阳中之阴上升②。这只是"下注"中、下丹田和上"补"上丹田之类说法的两个例子。在脾附近对应于土的身体中央（"中

_____

①　阳通常是不该这样做的。
②　阴通常是不该这样做的。

土"），真阴和真阳（真汞和真铅）①相会并发生反应，就会形成"还丹"（图1553）②。颠倒会带来回复——回复到永恒的青春。

在表121C中，我们汇集了逆自然颠倒相互联系体系的主要术语和象征。读者大概会注意到，表中两栏的栏首不再是"阳"和"阴"，而是"真阳"和"真阴"。现在重要的是，"坎"、"离"二卦已经交换了位置。这是因为它们的中爻分别代表真阳和真阴，假如能使此二者复归原家（可以说是通过"坎"、"离"间的交换）的话，那么就能像先天禀赋一样重建原始纯正之"乾"、"坤"二卦。用变易学的话来表达这个过程，则颠倒系统的第一项操作是使"坎"卦移居南方，并使"离"卦移居北方（参见图1551）③。接着是移动中央的阳爻和阴爻，使"离"中阴爻沿下弦的半圈，经由西方，逆时针方向向上逆行；使"坎"中阳爻沿上弦的半圈，经由东方，以同样方式向下逆行。这样，"乾"卦最后得以重建，但位于北，而"坤"卦也得以重建，但位于南。正如陈致虚所说的那样："顺则凡，逆则仙"④——这真乃是一句精辟的警句。像这般将女性品德升高到最高地位，也许堪称是整个人类社会演化使种内侵犯性升华的关键。如果我们把"坤"卦登上最高地位看做是《尊主颂》（Magnificat）——"他叫有权柄的失位，叫卑贱的升高"的回声，就能了解其中隐藏着一个多么深刻的真理。而在个体寿命方面，这样做即使达不到道士设想的长生不死，也肯定会对安康长寿有所助益。

至于内丹的特定的炼丹方面，我们知道必须从阳中提取"真阴"和从阴中提取"真阳"⑤。对于内丹家来说，"离"中阴爻代表"真汞"，"坎"中阳爻代表"真铅"。因而"我们的"汞和"我们的"铅就是靠内炼从相反卦象的体液、气或分泌物中提取的真气和真精。真汞和真铅是还丹的两种前体或近似组分。

像我们已经看到的那样，这就意味着好比说得为"坎"、"离"二卦动手术，抽出它们的中爻，送往与其自然倾向相反的方向。"坎"中阳爻会自动倾向于上升，而"离"中阴爻会自动倾向于下降，但这里要实现的目标恰好相反。再看一下图1551的《明镜图》。假如"坎"、"离"二卦的位置不发生颠倒，那么在"乾"卦的自然位置即南方便会重新形成"乾"卦，就像伏羲模式（图1549）一样。但"自然"并非是想要达到的目标。"乾"卦须受压制并处于从属的地位，使"坤"卦能扩大它的有益影响。再看看"坎"、"离"、"乾"、"坤"组合形成的重卦，它们的情况也完全相同。"坎"

① 在《金丹大要》下，第三十六、三十七页，分别列有此二者的许多异名和富有诗意的隐名，均据《悟真篇》［收录于《修真十书》（TT 260）卷二十六，第五、第六页］。

② 这也有大量的异名；见《金丹大要》下，第三十六页，均据《悟真篇》［收录于《修真十书》（TT 260）卷二十六，第六页］。有些还特别难以把握。"婴儿"和"河车"二词既用以指真铅，又用以指内丹本身。还有一个内丹异名是"秋石"，关于这一问题到时候（下文 pp. 311 ff.）还得详细地谈一谈。

③ 这跟文王八卦方位正好相反。

④ 《金丹大要》上，第四十七页。

⑤ 它令人不禁感到，这整个想法是从一种正确的直觉产生的，即在貌似为阳的东西里存在着阴，而在貌似为阴的东西里存在着阳。不仅现代心理学已经认识到了这一点的正确性，而且在人体解剖学上我们也知道，每个人的身体里都存在着异性的性器官和结构，尽管已经萎缩和退化了。而性激素分子本身在很大程度上也是如此，有时甚至达到了反常的程度，虽然身体对性激素分子的反应能力未必如此。

62

图 1553　四川新都宝光寺五百罗汉之一的旃檀藏王像（原照，摄于 1972 年）。
内丹被人格化为"圣胎"或"婴儿"（即"赤子"），形成于下丹田或
中"黄庭"。

下"离"上形成重卦"未济"（第六十四卦）。假如让离卦的中爻下降，而让"坎"卦的中爻上升，就像它们按照"自然"会做的那样，结果就会形成"否"（第十二卦），即"坤"下"乾"上：

$$\text{离} \atop \text{坎} \Big\} \text{未济} \longrightarrow {\text{乾} \atop \text{坤}} \Big\} \text{否}$$

这一卦象中男性如此占上风，不吉利，因为"否"代表邪恶与衰败、立秋、停滞、甚至倒退，即"入土的道路"。试一下另一种组合方式。"离"下"坎"上形成重卦"既济"（第六十三卦）。现在如让"离"卦的中爻上升，而让"坎"卦的中爻下降（按照逆自然之道），结果就会形成"泰"（第十一卦），即"乾"下"坤"上：

$$\text{坎} \atop \text{离} \Big\} \text{既济} \longrightarrow {\text{坤} \atop \text{乾}} \Big\} \text{泰}$$

这个重卦充满了内丹家所要的那种希望。女性此时占据上风，就像在道家思想中它本应该的那样。"泰"卦表示兴旺与青天、和平与上进、生长与年轻，甚至其字形结构上也有甘活泉水从圣岳泰山流下的迹象（图1554）。剩下来要提的只是，"既济"和"未济"分别可定义为圆满或井然有序和有可能达到圆满、完美及有序的无序。它们本身像我们在别处（本卷第四分册 pp. 70 ff.）可以见到的那样，是完全不同而又有联系的炼丹术部门中两个很重要的术语。

内丹家究竟是怎样设想利用体现在卦里的力量和变易来进行内炼，现在很难说。卦及其爻的移动被用作谈论那些内部化学操作的语言，通过那些操作能使上文表121C中以两组实体的名称出现的真阳和真阴发生反应而导致新生，就像它们在受孕和发育中以曾做过的那样。此外，了解如下这一点也是很重要的，即无论一位作者讲的是"真"化学物质、卦、表象动物，还是象征的相互联系之一[1]，他心里想的都是从貌似为阴的事物中提取真阳，从貌似为阳的事物中提取真阴，尤其是从人自身体液中提取真阳和真阴，那时，也只有那时，两者才会发生反应，形成内丹，即长生不死的真一。这样就会扭转死亡最后降临的命运，恢复先天[2]的完美。最后还应该注意的是这一切导致了试图用化学炼丹术的方法从人体分泌物、体液和组织中提取生命物质的医疗化学运动（见下文 pp. 301 ff.）。

其坚持以女性特征为上和调节男性特征（因为内炼本身就表明是如此），似乎也确实有些令人感兴趣的地方。也许我们这里只需请读者再看一下本书第十章中的有关论述就行了，在该章中曾讲到道家反对男性的支配、理性、不宽容和侵犯性，而赞成女性的接受性、温柔、多情和直觉[3]。因而他们最喜欢的象征是水和女性，"谷神不死"。那么如果他们支持温顺，反对愤怒，即支持阿佛洛狄忒，反对阿瑞斯，这本身不就是一个长寿之方吗？难道不会是他们伴随生理实践而进行的冥想，以某种方式牵涉女性

65

①　参见本书第二卷 pp. 261 ff. 。
②　关于这个重要术语和与其相对的那个术语在本书第六卷中还要详细论述；同时可参见本书第四卷第一分册 p. 296。
③　本书第二卷 pp. 57 ff. 。

64

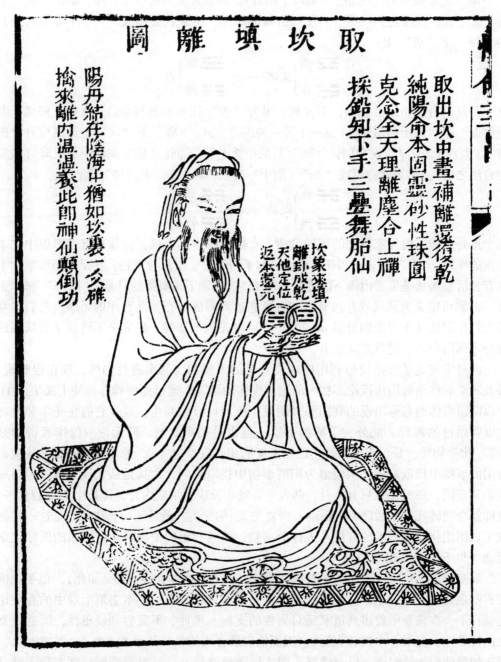

图1554 一位方士在冥想颠倒坎离二卦（见正文）。采自《性命圭旨》（元集，第三十八
页）。图题为《取坎填离图》。上面的诗句优美地描述了"乾"卦（和"坤"卦）
的重新形成，就像炼内丹要再生那种在婴儿期占支配地位的原始生命力一样。

肉体与灵魂（因为他们是不会加以区别的）中的宁静的喜悦？

> 人啊，回头吧，断然抛弃你的蠢行，
> 大地已老，谁也算不清她的寿命，
> 而你，大地之子，头顶上烈焰腾腾，
> 却仍不愿倾听心灵宣告——
> "人啊，回头吧，断然抛弃你的蠢行。"①

也许在其他场合，这既是适合他们时代的方案，也是适合我们时代的方案。

根据前面的解释，许多本来或许会显得难懂甚至矛盾的话，现在变得较易理解了。例如，约1140年石泰在《还源篇》（参见下文 p. 102）②中以"真铅"为"白虎脂"，称"真汞"作"青龙髓"。这从表121C来看显然是合理的，脂和髓是比喻中爻。所以约1250年萧廷芝在《金丹大成》（见下文 p. 120）③的《橐籥歌》中也说，这铅龙必须上升，这汞虎必须下降（"铅龙升兮汞虎降"）④。他又说："铅浮而（水）银沈也"⑤。这是指上文（表121C）解释过的逆自然（"颠倒"）过程。同样的联系在14世纪的《金丹大要》中也很清楚⑥，这从已经引用过（上文 p. 40）的那段很长的引文中可以看出。在《还丹内象金钥匙》（参见上文 p. 22）里还能找到更早的陈述，因为此书的年代可追溯到公元950年，它已经把"真"铅同"精"⑦联系起来了。而正如我们到时候（下文 p. 225）将会注意到的那样，《参同契》的各位注释者都指出，须沿脊椎轴上送到身体头端的是"我们的铅"。

两种必不可少的内丹成分之间的"生物化学"反应被认为是一种"对立面的和合"（conjunctio oppositorum），并直言不讳地以性意象来表达。例如，《天元入药镜》里有一个图包括了"坎"、"离"二卦，题为《坎离交媾之图》，并录有两句诗，这两句诗是⑧：

> 阴虎要回复其在"坎"之前⑨的旧位，
> 阳龙应索还其在"离"⑩中央的原家。

〈阴虎还从坎位生，阳龙元向离中出。〉

①　克利福德·巴克斯（Clifford Bax）词，霍尔斯特（Gustav Holst）谱曲，见《颂歌》（Songs of Praise），第197首。

②　收录于 *TT* 260，卷二，第一、第二页。

③　收录于 *TT* 260，卷九，第七页。

④　这是常见的双关说法的一个很好的例子。萧廷芝这里是在讲位置颠倒前的"坎"、"离"二卦和其中爻的取出及调遣。

⑤　*TT* 260，卷十，第七页。

⑥　《金丹大要》上，第三十一页起。

⑦　表121C 中的"金精"。也作"真一之精"，此语常相当于"先天真一之水"和"先天真一之气"（参见上文 p. 54）。这一个"精"字当然也指实际的精液本身，就像在"还精补脑"一语（上文 p. 30）中那样。但假如把"精"理解为总是仅指这种物质性分泌液本身，那就大错特错了。

⑧　*TT* 260，卷二十一，第九页。

⑨　即在"坎"卦从"坤"卦中生出之前。

⑩　"离"卦，由此恢复"乾"卦。

而《入药镜》在一处说①：

> 如果水是真水而火是真火，
> 如果你能使它们同床共寝，
> 那么你就永远也不会衰老。

　〈水真水，火真火，水火交，永不老。〉

这是指两大成分的"真汞"和"真铅"以及产生内丹的反应②。在另一处又说③。

> 产子是在"坤"的卦象里，
> 播种是在"乾"的卦象里，
> 如果你能以至诚来修炼，
> 你就是在效法自然本身④。

　〈产在坤，种在乾，但至诚，法自然。〉

两个过程总是这样并提的，就如同在另一部唐代或宋代的书《上洞心丹经诀》⑤ 中一
样。此书有一个重要的篇章，题为《修内丹法秘诀》。在描述了胎息（见下文 p. 145）、
叩齿和行气练习之后，它又接着说"人感到肌肉系统有一种愉快协调，身体柔软，脚
步轻快，像性满足后的那种肉体的惬意感一样——这就是证明（内丹修炼得法）"
（"自觉身孔毛间，跃然如快，又如淫欲交感之美，以此验之"）。

（iii）修真类书籍与黄庭诸经

　　"修真"表示"再生、恢复或修补原始生命力"，这个概念的重要程度从下面这样
一个事实即可窥知：《道藏》中不下 19 种书的书名有（或曾有）"修真"字样，多数
是作为书名的头两个字。其中 8 种在今本《道藏》中已失传，但剩下那些有好几种绘
有有趣而精致的内丹图，表明内丹在脏腑和腺体交感的相互影响中的作用。奇怪的是，
书名与我们一直在引用的那部书最相近的《修真内炼秘妙诸诀》一书在《道藏》中没
有，但却著录在《宋史·艺文志》里。它还出现在《通志略》⑥ 中，而《通志略》约
编撰于 1150 年，从而证实了我们以前对其年代的推断。所以总的看来，此书的年代不
见得会比五代时期或宋初即约公元 960 年早出许多。《宋史·艺文志》和《通志略》中
有类似书名的书似乎大都属于五代或宋代之作，但有（或曾有）一种书，即《修真君

---

① 《入药镜》第十六页。
② 在第八页上，作者说内丹家将自己的身体视为鼎，而把精和气比作铅和汞，把"坎"卦和"离"卦比作
水和火。
③ 《入药镜》第十二页。
④ 在下文 p. 203 我们还将从此书进一步引一些诗句。
⑤ *TT* 943，卷中，第八页，陈国符（*1*），下册，第 435 页引。
⑥ 《通志略》卷四十三，第二十一、二十二页；"内丹"部分。有意思的是"内丹"部分只著录 40 种书，而
"外丹"部分（第二十二页起）则著录了 203 种书。

五精论》，据认为是东汉时期的著作，而且相传为已经提到过的阴长生所撰①。不管我们是否愿意接受这一点，都没有理由认为修真概念在那个时候还未开始形成。

要熟悉内丹家们的思想，最好的方法莫过于浏览《道藏》中的修真类书籍，其中一些书有丰富的插图。一旦弄懂了基本术语，这些书的意思是很清楚的。就以萧道存撰于约1100年的《修真太极混元图》②为例。顾名思义，此书显然受到了兴起于前一个世纪的理学哲学的影响③。序中有一句激动人心的话，即萧道存所说的，内丹修炼，"能夺天地造化"④。书的开首部分是关于大小宇宙说的宇宙形式⑤，将"三天"和"三清"比附甚至等同于人体中的三丹田，而把"五太"比附甚至等同于作用在人体脏腑之中的五行⑥。接着是一幅令人感兴趣的图，以节气⑦和分至⑧的周年循环来类比人体中的气循环及其他循环（图1555）。此图题为《天地阴阳升降之图》，图中上为"天"，代表心；下为"地"，代表肾；左有一条阳气上升的白色通路；右有一条阴气下降的黑色通路。那段附文值得译出⑨。

68

69

　　《灵宝真一经》说⑩："天像一只个倒扣的脸盆，阳难以进一步上升，于是它就积聚起来而产生阴。怎么会产生阴呢？因为地中的阳负载着隐藏（在其中）的真阴，这就是（阴）为什么能上升的缘故⑪。地像一块平坦的岩基，阴难以降到地中，于是它就积聚起来而产生阳。怎么会产生阳呢？因为天里的阴隐藏并包裹着真阳，这就是（阳）为什么能下降的缘故⑫。当阴到达极点时，阳便诞生了；当阳到达极点时，阴便诞生了——不过阴阳产生的方式可以与正常的自然相违逆；这就是为什么能反转（'反'）天地之道（即阻止和扭转衰老过程）的缘故。如果一个人懂得阴阳升降之理，知道能在（自身的）天地中实行反转之道，那么自己就可以修炼（气）。炼气则能形成元精，精中产生气，是人自己的（元）气，而气中产生神，是人自己的（元）神。"

　　刘议⑬说：心相当于天，而肾相当于地；气如同于阳，而液如同于阴。若气和

---

① 参见本卷第三分册 p.77。此书也见于《通志略》，并被姚振宗（1）著录在其所撰《后汉艺文志》中（《二十五史补编》第二册，第2443页）。

② *TT* 146。作者的道号为混一子。

③ 参见本书第二卷 pp.460 ff.。

④ 《修真太极混元图》第二页。即"能像自然塑造力本身一样起作用"。参见本卷第四分册 p.234。

⑤ 参见本书第二卷 pp.294 ff.。

⑥ 《修真太极混元图》第一页。在这一部分里我们发现有几处提到古代离心的宇宙生成论（第二页），关于此论见本书第二卷 pp.371 ff.。但此时可能是受了佛教的影响，已经以九泉与九霄相对了。

⑦ 参见本书第三卷 pp.405 的表35。

⑧ 参见本卷第四分册 pp.264 ff. 有关外丹中一些时间对应关系的论述。

⑨ 《修真太极混元图》第三、第四页，由作者译成英文。

⑩ 此《灵宝真一经》是哪部经不易鉴别。在《太上三十六部尊经》（*TT* 8）的一部分有一部《真一经》，但这《真一经》可能并不属于《灵宝真一经》。以前还曾有过一部《洞玄灵宝真一报恩经》，但该经在《道藏》中已失传。现存一部《太上真一报父母恩重经》，但更不可能是引文的出处了。

⑪ 阴本当从最高天降到与其相称的阴间。

⑫ 阳本当升到与其相称的天界。但这两个奥秘都已从卦爻上作了解释（上文 p.61）。

⑬ 稍后（第五页）这位真人被称为西山派第十二代祖师。

图1555　萧道存撰于约1100年的《修真太极混元图》（*TT* 146）第三页的一幅插图。此图以分至的周年循环来类比人体内气的循环（见正文）。

液不交会，就不可能有结合。当精进入女子的子宫时，就出现所谓生育人的情况。但当精进入男子的黄庭（脾附近的一个部位）[①] 时，就出现所谓产生（元）神的情况。当这神被集中，（元）气被聚集，而胎气被从壳（体壳）中释放出来时，（人就能）升（天）成仙。

　　《灵宝真一经》云：天如覆盆，阳到难升，积阳生阴。所以生阴者，以阳自地中暗负真阴而上升故也。地如盘石，阴到难入，积阴生阳。所以生阳者，以阴自天暗包真阳而下降故也。阴极阳生，阳极阴生，阴阳逆生而天地之道反立故也。若人识阴阳升降之理，悟天地反立之道，自可修炼。炼气而结真精，精中生气，我气也；气中生神，我神也。

　　刘议曰：心如天而肾如地，气如阳而液如阴。气不相交而不合。精在妇人之子宫，即曰生

[①]　关于黄庭，进一步见下文 pp. 82 ff.。

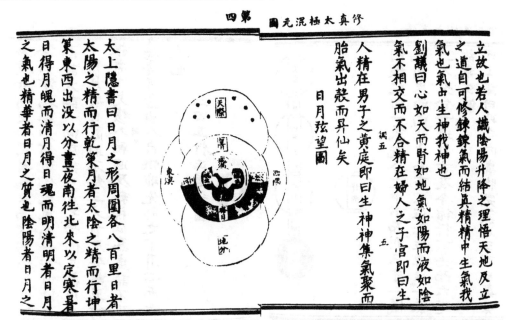

图 1556　同书中的另一幅图（第四页）。图中气的运行周期与每日的昼夜及太阴月相对应。中央是乌，代表日；上部为北斗，代表夜。下方标明晨昏的魂生和魄生，同样也在左边标明上弦，在右边标明下弦侧（参见图 1551 和在上文 p.57 的解释）。

人；精在男子之黄庭，即曰生神。神集气聚而胎气出壳而升仙矣。〉

这是 11 世纪理论化的一个很好的例子。它强调当阳和阴达到极点时，阴阳就要易象，阳开始生阴，而阴开始生阳。这在图 1551 中已经看到了，子位和午位就标志着这两个不稳和转变的契机①。只有认识到这两大力量各自包藏着对方和记住颠倒原则，反转之道才有可能。

萧道存接下去又提供了一幅大小宇宙图（图 1556），以周日循环及太阴月的月盈月亏来类比气循环，这使人联想起图 1551 中的《明镜图》。另一幅图试图描绘元气即原始生命力的退化及相反的"扫清"七情和六欲（参照"眼目的情欲并今生的骄傲"）关②。然后是一幅讲解此种道家生理学的有用的图（图 1557），列器官之间，但上丹田之上则是头颅（"天宫"），和五行不相关③。在阅读自汉代起的任何有关内丹的论述时记住此图是值得的。

此书中的最后一幅图（图 1558）也特别有意思④。该图初看像是描绘天文学上的

---

① 比较本书第四卷第一分册 p.9 上的图 277。严格地按照波动观点来说，当一种影响达到极点时，它就必然要开始衰退，而同时它的对立面则开始增长。这在别处被席文称之为"中国自然哲学的第一定律"，参见本书第五卷第四分册，p.225 ff.。

② 说到这里（第七页），出现了一幅已复制在本书第三卷图 84 中的图，当时是和数学联系在一起的，而实际上它是讲道教地狱和天堂的层次，无疑受到了佛教的很大影响，所以与现在所讲的问题几乎毫不相干。

③ 为说明这种生理学而援引的权威是一部《洞微经》和西山刘义（参见上文 p.69），两者在《道藏》索引中都不易查检。

④ 《修真太极混元图》第十五、十六页。在宋末或者元代的《规中指南》（第三页）可以见到一幅类似的图。也参见 12 世纪的《悟玄篇》。

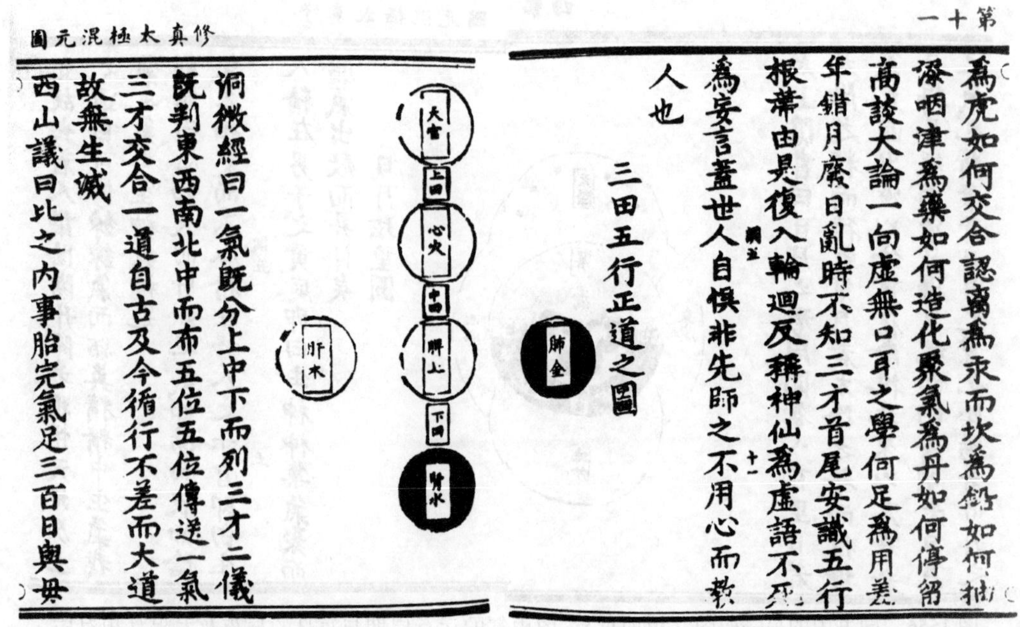

圖元混極太真修　　　　　　　　　　　　　　　　　　一十第

洞微經曰一氣既分上中下而列三才二儀
既判東西南北中而布五位五位傳送一氣
三才交合一道自古及今循行不差而大道
故無生滅
西山議曰此之內事胎完氣足三百日與毋

天宫 上田　心火 中田　脾土 下田　腎水　肝木

人也
三田五行正道之圖
肺金

為虎如何交合認離為汞而坎為鉛如何抽
添咽津為藥如何造化聚氣為丹如何傳留
高談大論一向虛無口耳之學何足為用差
年錯月廢日亂時不知三才首尾安識五行
振蕩由是復入輪迴反辭神仙為虛語不□
為妄言蓋世人自懼非先師之不用心而教

图1557　萧道存的又一幅图（第十一、十二页），图中所示为六个与内丹有关的器官（脑、心、肝、脾、肺、肾）的相对位置和三个丹田的部位。

交食现象，而实际上它是我们在上文 p. 59 看到的"上入泥丸，下注丹田"一语的完美图解。肺、胃、脾列于右，而肝位于左。肾呈黑色，正在向上射出像是白色光芒的东西，这白色表示真阳的上升。同样，心呈白色，也正在向下放出像是黑色光芒的东西，这黑色表示真阴的下降①。中央两道"光芒"相会处（与脾齐高）有一白色的菱形，代表内丹本身，这个菱形的画法非常清楚地体现了阴中藏阳（和阳中藏阴）的原理。心的上方有题字，说明头顶叫"天宫"，其中的脑叫"髓海"。正下方，在肾的右面是"内丹"二字，这里一定是指"内长生药"。图的题名为《匹配阴阳胎息诀图》②。因而它是对几大内丹系统之一的"胎息"（有关论述，见下文 pp. 145 ff.）系统的图解，但其"心肾交会"说则被另外一些学派应用于房中术（参见下文 p. 184）和主要是冥想的技术上③。

73

　　环列标绘的脏腑，包括胆、小肠和三焦，都与前面同一书中及下一篇论著中所描述的更为复杂的身体器官和通路的气液循环系统有关。图的左端指出了脊柱行气的三大关，上关称为"玉京山"，中关称为"夹脊"，下关称为"尾闾"，尾闾在尾骨附近④。此三关在本方法中并不涉及，但我们马上又会碰到：在图1563中我们可以看见

74

---

① 参见上文对图1551的说明和 p. 69。
② 令人遗憾的是此图的解释似乎失传了（也许是故意不收）。此图之所以说简单，是因为它不涉及气在脏腑或脊柱的循环。
③ 参见下文 pp. 116 和 179。最后提到的这种"道"的阐述者往往以"神"字来代替"肾"。
④ 读者大概记得，在本书第四卷第三分册 pp. 548 ff.，此词还具有一种宇宙论的，差不多是地理的含义，即作为东大洋中的"世界暗渠"（world cloaca）。另两个词英文可分别译作"jade mountain-height（pass）"和"verte-bral strait-gate"。

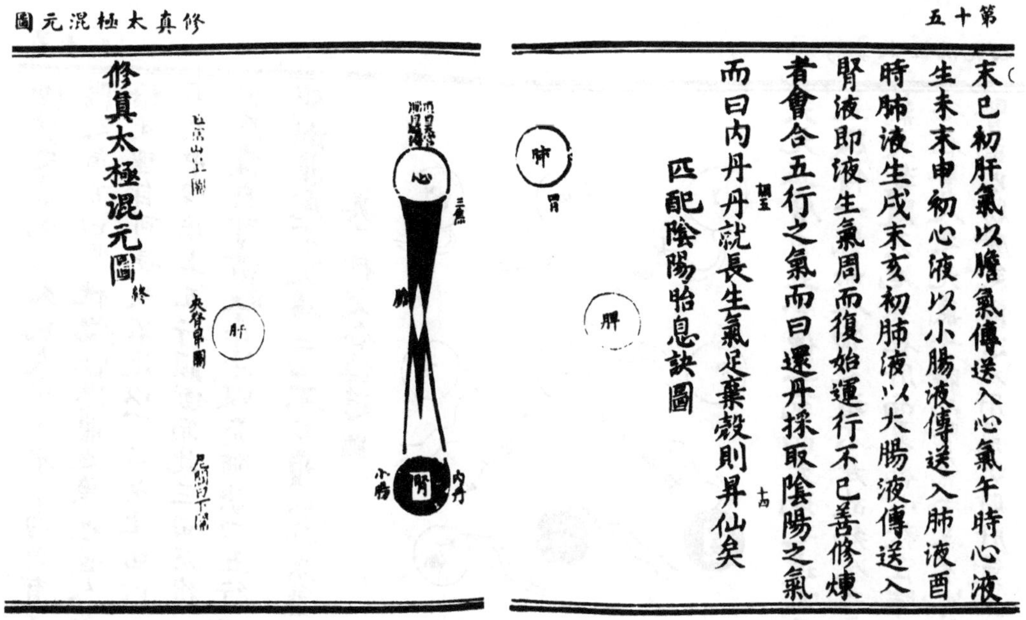

圖元混極太真修　　　　　　　　五十第

修真太極混元圖

末巳初肝氣以膽氣傳送入心氣午時心液
生未末申初心液以小腸液傳送入肺液酉
時肺液生戌末亥初肺液以大腸液傳送入
腎液即液生氣周而復始運行不已善修煉
者會合五行之氣而曰還丹採取陰陽之氣
而曰內丹丹就長生氣足棄穀則昇仙矣

匹配陰陽胎息訣圖

心
三焦
脾
陽
小腸　肉丹

肺胃

肝

图 1558　《修真太极混元图》中的"交食"图（第十五、十六页），说明 11 世纪内丹的关键过程：由肾"上入"，由脑和心"下注"。精须向上传送，唾须向下传送，两者相会于黄庭而——与其他成分一起形成内丹。图的左端标有三"关"，图中环列的是各参与器官——肺、肝、脾、胆等。

更加生动形象的三关。

此图前的一段文字题目为《真五行交合传送图》。图 1559 的这段附文是讨论器官气液的循环不已和说明与昼夜每一时辰相应的情况。标准的循环被看做是一个小宇宙钟面（参见图 1551），肾对应于子位，心对应于午位，即对应于转变的契机，如气与液即阳与阴之间的转变契机。"元气"从肾出发，经过膀胱、肝和胆而到达心。在这里"元气"转变成"元液"，经过小肠、肺和大肠而回到肾。在每一个中间阶段，有关各脏腑都产生而且为整个循环贡献各自的"气"或"液"，并全部传送给循环中的下一个脏腑。从图 1557 至图 1564 始终可见到这些脏腑，或是绘出象征符号，或是只标出名称。这段文字最后说①：

　　取得"修炼"（"气"，以再造原始生命力）成功的方法在于把五行（相当于五脏）之气结合起来（以返老还童）——这就是所谓的"还丹"。选择和采集阴阳之（元）"气"——这就是所谓的"内丹"。当丹炼成时，就可达到长生。当（先天元）"气"采足时，就能抛弃躯壳，升天成仙。

　　〈善修炼者，会合五行之气而曰还丹，采取阴阳之气而曰内丹。丹就长生；气足弃壳，则升仙矣。〉

显示内丹在人体当中形成的图有许多。一篇极相似的论著叫《修真太极混元指玄

---

① 《修真太极混元图》第十五页，由作者译成英文。

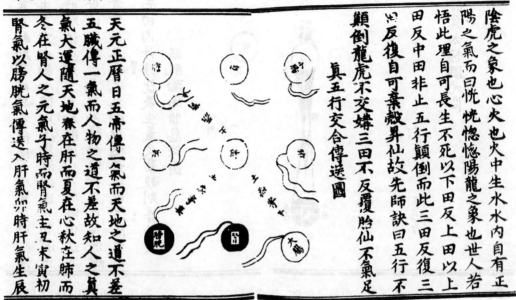

图 1559　气与液在九个器官（左上起：胆、心、小肠、肝、脾、肺、膀胱、肾、大肠）的循环。
　　　　有趣的是炼丹家并不拘泥于自然哲学家的十脏说和医家正统的十二脏说。第十四、十
　　　　五页。

图》（*TT* 147），其中就有好几幅这样的图①。例如图 1560 令人感兴趣地显示了腹部中
央的"黄庭"②，"黄庭"两侧是小肠和大肠。图的标题为《真龙虎交媾内丹诀图》③，
附文描述了从这个或那个脏腑及其液中选择和提取阴阳真气，而制成七种不同的长生
药。图左有两句题词，上句为"心液之上暗抱正阳之气，曰阳龙"，下句为"肾气之中
暗负真一之水，曰阴虎"。在心右边的"头"部有一句题词说，龙虎结合就产生"金
丹"。心的下方注有"心液曰'姹女'"，肾的旁边注有"肾气曰'婴儿'"④。这两个
名称只不过分别是真阴和真阳的同义词而已（参见表 121C）。由此可见，正如肾是一
个泌尿生殖器官和结构的复合体一样，产生唾液及其他液体的胸部群也是复合体，包
括心、肺和唾液腺。正是出于这样的背景，也因为确信每个器官对整个循环都有宝贵
的贡献，后来的医疗化学家才如此起劲地加工尿液、精液、血液、胎盘及其他分泌物
和产物。对此我们还要在后面讲到（下文 pp. 301 ff.）。

76

---

①　关于这类图，参见陈国符（*1*），下册，第 447 页起的论述。

②　见下文 pp. 82 ff. 。

③　《修真太极混元指玄图》第一页。

④　此二者属于一套经常出现的隐名，全套共四个，即"四象"，与应用于五脏的五行平行（参见图 1552）。
"金翁"代表肺中之"精气"（因而也与唾有关）；"姹女"象征心中之穴和气或液；"婴儿"是指肾（或者应该说
睾丸）中之"精气"；"黄婆"则喻最中央的器官——脾中之"精气"。进一步的讨论见下文 p. 219 提到的 12 世纪
周无所的《金丹直指》（*TT* 1058），以及陈国符（*1*），下册，第 451 页。

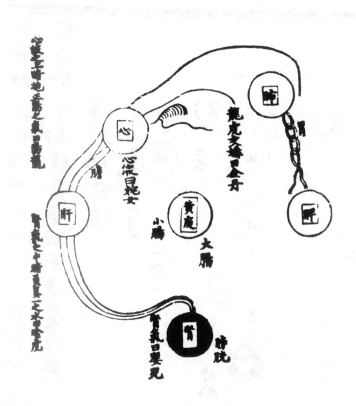

图 1560　金全子撰写于公元 830 年前后的《修真太极混元指玄图》（*TT* 147）中的一幅图（第一页）。
　　　　它显示的仿佛是人体头部和躯干的矢状切面，描绘了和内丹形成中有关的各个器官。解释见
　　　　正文。

　　别的图同样有意思。图 1561 所示为《炼形秘诀图》。附文描述了能够增进健康和
完善形体的四种不同的长生药。右上方的题词实际上是说："让玉液中的（肾之真阳）
行经各脏上升至肺后继续向上（和向外，到达四肢，变血以滋养身体等），而不是向下
去兜完一圈以形成还丹，如此即为炼形。"图的中央和右面显示了这一过程。同样，在
图的左面，肾之真阳被驱使上闯脊柱三关，但入脑便停止不前了。

　　与此形成对照，图 1562 所示为大小还丹的炼成过程。图名叫《还丹诀图》。这里像前
一种情况一样使肾"气"经过各脏（肝、心、肺）上升，只是现在肾"气"被断然下送到
齐脐高的中丹田去形成长生药[1]，这就叫小还丹。同样，在一个更大的环路中使肾之真阳循

77

---

　　[1]　脾并非脏腑气液通常循环必经的器官之一；我们知道（参见图 1557），它相当于五行中的土，在内丹的形成中起
着至关重要的作用，有许多异名（"中土"、"黄庭"等等；参见上文 p. 59）。古代中国的解剖学家把脾同其他的胸腹部器
官分开，不就是因为它既无管也无腔吗？

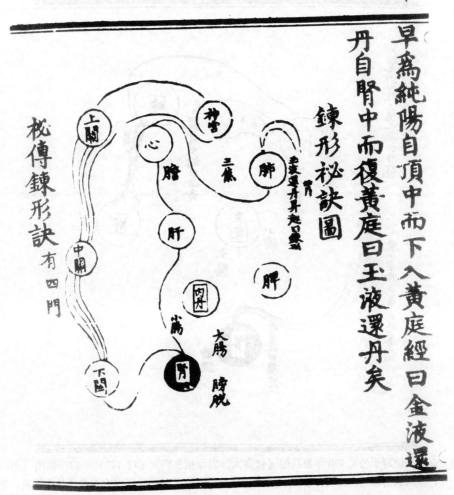

图 1561 一幅类似的返老还童，即 "炼形" 图（第五页）。解释见正文。

78 脊柱上升，经过三关而到达脑，与 "神水" 结合，再同样下降到中丹田，这就叫大还丹。那外环路上端增粗的黑线表示阳达到午位时，随着阴的出现而发生的由 "气" 到 "液" 的转变①。

图 1563 题为《三田既济诀图》，由此图我们又得到了另一种成丹的表达方式，这里成丹纯粹靠冥想来实现。我们又见到脊柱中的三关、脏腑中央的内丹，还有上面的一

79 种 "相照" 模式。这种模式有点像我们在图 1558 中看到过的模式，但不同之处有三：一是它连结脑与中丹田（不是心与肾）；二是它的阴阳特征颠倒（白色朝下，黑色朝上）；三是它和经由脊柱的上升相联系。脏腑之 "气" 照例从肾（子位）出发沿着自身的路

① 参见陈国符（1），下册，第450页。

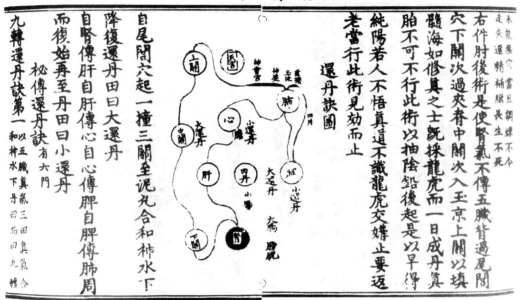

图 1562　另一幅显示大小还丹炼成过程的图（第四页）。解释见正文。

线循环，但现在冥想的功夫是花在肺（以器官象征符号标于右面）之真气的特殊运用上。肺之"真气"要与肾气一道向下（以意念）[①] 传送到肾，再由肾沿脊柱上行，经过三关而到达脑，与"神水"结合产生纯阳之"气"，而"下注"中丹田的正是这纯阳之气。同时，这"气"——按照现在应该是很明显的一个原理已突然转变为阴——又"上升"。在两股气相会处，紧靠右边有一句题词是："上水下火曰'既济'。"[②] 这里"水"代表"神水"，"火"代表中丹田旁的心区之热。

　　最后，在图 1564 中，我们看到金光万道的内丹，周围环列着代表五脏之"神"的小人，这些小人名字俱全[③]。一旦形成了一些内丹，修真之人就能用丹中真（阳）"气"将五脏之"气"炼成完全有升举之力的"神"。五脏之"神"将与"元气"相会于脑中，好像是朝见皇帝，然后又下降而制成更大部分的"还丹"。通常五脏之"气"是在其环路中循环不息（参见图 1559 和 p. 73），但在这里五脏之"气"各化为一个"神"，因此脱离循环，转而上升入脑——可以说是被解放了，"如同火花飞溅"一般确实无疑——升到

---

　　① 值得注意的是，这些内丹活动有一些是可以设想为单凭精神集中来实现的。虽然催眠现象总是能导致这种想法，但这也许表明佛教的影响正在增长。

　　② 当然这是六十四卦之一，为第六十三卦，见本书第二卷 p. 320。它也是表示某些类型的炼丹实验室设备（尤其是那些蒸馏和升华设备）的一个重要术语。参见本卷第四册 pp. 70—71，284。

　　③ 《修真太极混元指玄图》第七页。现有霍曼 ［Homann (1)］对《黄庭经》（下文 P. 86）中这些"身神"的一篇专题研究。关于"道体"（Taoist body）的论述，见 Schipper (5)。不仅修真之人在梦幻或冥想中能见到这些"精神主宰"（spiritus rectores），而且小宇宙也拥有信仰的心灵眼睛所能见到的星光和星座。这些在席文 ［Sivin (16)］新译的《天老神光经》（TT 859）中作了描述，由此构成一门真正的生理星占学。这部论著相传为唐代的道教徒将军李靖（鼎盛于 618—649 年）所撰。

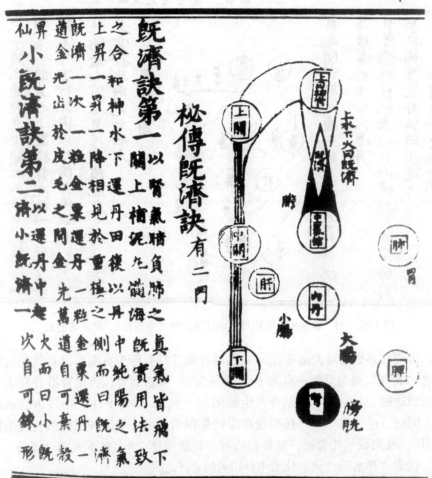

图 1563　同一篇论著中的一幅"交食"图（第六页），阐释的是成丹中的既济诀。解释见正文。

那个天宫，与"神水"会合而得到加强，又由此回到脾或中丹田去完成其使命。

《道藏》中有一大批内丹著作，统称《修真十书》[1]。《修真十书》本身在重要性上堪与《云笈七籤》相比，是由一位佚名的编者于约 1250 年编集而成的。它包括了上起隋代，下至南宋的一些很有价值的材料，其中有许多急需作更加仔细的研究，所以这里按大致的时间顺序对其内容作一简述将是值得的。

《修真十书》中年代最早的著述之一是一部由《黄庭经》传统派生的著作，关于此部著作马上就会讲到，而这将方便地提供一个解释《黄庭经》传统的机会。在《修真十书》中，我们可以见到一部《黄庭内景五脏六腑图》，它撰于唐代（公元 848年）[2]，作者是道教解剖学家兼生理学家胡愔，以曾在太白山上或在京城长安附近渭水流

---

① TT 260。参见 Maspero (7)，pp. 239, 357。其实际包含的书大大超过了十种。

② 关于年代的推断，见渡边幸三 (1)，第 112 页起。

80

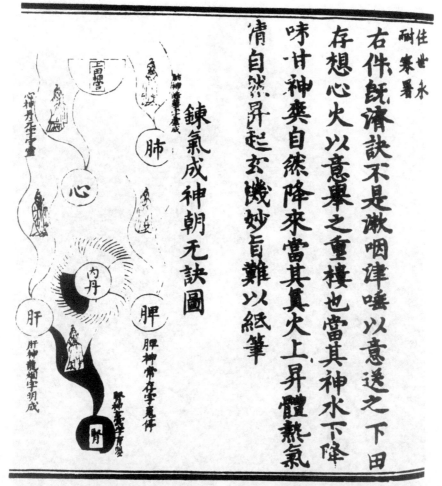

图 1564　金光万道的内丹（第七页），周围环列着五脏之神。解释见正文。

域某处受教于素女而闻名[1]。令人遗憾的是，其中的插图已失传[2]，但书中包含了丰富 82
的疗法和药学内容，为认识医学与道教内丹之间的关系提供了宝贵的启示。胡愔讲到
了"吐纳"除疾、"通药理"、"导引屈伸"、"察色寻证"以及"食忌"。

　　顾名思义，书中原来应该是对五脏（"藏"）和六腑（"府"）[3] 中的每一脏腑都有
图示和论述的。今本五脏部分的文字尚全，但六腑部分仅存胆腑的文字，我们不知道

---

　　① 根据本书第二卷 p. 147，胡愔名字前冠有"太白山见素女"字样的意义是不会不引起我们注意的。参见下
文 pp. 187 ff. 。

　　② 只有一些以抄本形式保存在日本的一所寺院里；参见渡边幸三（1）。这些保存下来的图一定是在 985 年
之前抄录的。

　　③ 这些我们将在本书第四十三章（第六卷）中进一步讨论。在医学传统中，脏包括心、肝、脾、肺、肾，
还有已接近于心包的第六个实体，对此实体我们在这里将不再赘述。在道教生理学中，我们已经注意到，脾独自
占有一个特殊的位置。在医学传统中，腑包括大肠、小肠、胃、膀胱和胆，而三焦为第六个腑。这里经典的五个
腑都有大而明显的内部空间，使人联想到储藏的概念。在道教生理学中最不重要的似乎要算胃了。

81

图1565　四川新都宝光寺五百罗汉之一（原照，摄于1972年）。他一手指着腹
　　　　部黄庭中正在形成的还丹，其象征为袍服上的一个圆形物；一手按着
　　　　膝头的一只蟾蜍，蟾蜍是月亮的象征（它与捣药的玉兔同居月宫），因
　　　　此也是阴性力量的象征，而阴性力量对炼丹是至关重要的。此外蟾蜍
　　　　肉还被一些古代的道士视为一种有助于延年益寿和长生不死的珍品，
　　　　且能使人隐形遁身（R78，"蟾蜍"条）。

图 1566　山西五台山佛光寺的一幅罗汉壁画（原照，摄于 1964 年）。该寺大殿为中国现
存最古老的木结构建筑之一，建于公元 857 年。壁画在供奉文殊菩萨的北配殿（文
殊殿），上面这幅壁画画的是三百或更多罗汉中的十四位。其中有一位，即下排右
起第三位，两手掰开肚皮，露出里面代表长生不死之丹的一张再生脸，他正按着
"一境性"（ekāgratā）精神集中法（参见下文 p. 269）之一也斜着眼。此殿属金代的
建筑，建于 1113 年，但殿中壁画的年代要晚得多。

其余五腑的文字是被故意排除在外还是偶然亡佚了。书中讲了许多脏腑解剖学的内容，
包括斤两和尺寸①。现存的脏腑描述之后各有一段文字讲述内丹实践（"修行"、"修
养"）与那个特定脏腑的联系，讲述该脏腑疾病的病理学与病因学（"病源"），然后在
多数情况下讲行气功法、治病良方、适当按摩、饮食摄生法等的治疗作用。此书清楚
地显示了内丹与临床医学的密切联系，它不仅仅阐述了各个脏腑对内丹的意义，也阐
述了它们对医学生理学的意义②。这一点迄今尚未受到应有的重视③。

但"黄庭"是什么呢？现在应该是很明显了，"黄庭"一词常被抽象地用来泛指
中央成丹之所（图 1560、图 1565、图 1567、图 1571）④。但是从生理学上看，"黄庭"
的数目肯定有三个，头、胸、腹三个解剖部位各一个，由于其颜色显然被视为中央之
色，因而下黄庭无疑在脾的部位，上黄庭无疑在两眼的部位⑤。这种视觉上的联系和古
代道教中的某种光神秘主义成分有关⑥，而古代道教中的光神秘主义成分又反过来说明

83

---

① 这是中国解剖学的一个非常古老的特征。又见本书第四十三章。

② 《道藏》中还有一部胡愔的书，题为《黄庭内景五脏六腑补泻图》（TT 429）。这部书我们预计将在第四十
三和第四十四章中还要讲到。

③ 任何有关胡愔生平和背景的情况都会是很令人感兴趣的。

④ 《黄庭内景玉经》，见《修真十书》（TT 260）卷五十五，第一页，强调黄庭的小宇宙性，其外景代表宇
宙，内景代表人体。

⑤ 从《云笈七籤》卷十一（第九页）判断，中黄庭是在心脏部位。

⑥ 参见下文 pp. 181ff.，249。

84

图 1567　在四川新都宝光寺五百罗汉之一的像中又见到的"圣胎"或内丹（原照，摄于 1972 年）。这位罗汉的名号为"大相"，一个标签上写着"开心见佛"。

"景"字为什么如此重要。"景"字被所有这些著作视为相当于光辉、光明的"光"字，故在下文中译作英文的"radiance"①。现存有关这一问题的最早著作是《黄庭外景玉经》②。此书为诗体著作，其年代应追溯到东汉、三国或晋朝时期，即 2 或 3 世纪③。它在公元 300 年前就流行了，因为葛洪在其炼丹术书目中著录了此书④，还有《列仙传》里的朱璜传也提到了此书⑤，但作者的名字没有流传下来。不管作者为谁，他的著作现在是详细描述内丹派各种实践的最早著作，这些实践是从更古老的道家长生术发展起来的，有行气、吞唾、"还精"法、补气益精法、服食药饵和结"圣胎"（图 1567），一句话，就是制备还丹⑥。但是那些七言诗句故意写得晦涩难解，因而后来的注释者就特别重要，其中主要有两位，一位是隋代或唐初（7 世纪）的人，化名务成子，另一位是唐代晚些时候（8 或 9 世纪）的人，也用了化名，叫梁丘子。遗憾的是，他们两位的解释常不一致。经中诗句的一些例子不仅古雅，而且诗意盎然、隐奥蕴藉、典故众多，几乎每个词语都需要注解。马伯乐已经翻译了几章⑦，我们无法再比他译得更好一点，所以这里我们将仅参考马伯乐的译文。大概正是有感于《外景》文字的晦涩难解，5 或 6 世纪的某个不知名的道士又撰写了一种新的《黄庭经》，也是采用七言诗体，题名叫做《黄庭内景玉经》⑧。刚刚提到的两位道士也为此经作了注解（图 1568），但务成子的注解大多未能留存下来⑨。可是，对出现在这部著作中的一整套新的诗意隐名，我们还是有一些解释的⑩。下面我们可能不时需要在特定的语境中引用这两部经⑪。

85

88

---

① 这"景"有八种，但各家注释者的列举不尽相同；参见 Maspero (7)，pp. 195 ff.，428 ff.。

② *TT* 329。

③ 这有诗韵和风格的内在证据为证。

④ 《抱朴子内篇》卷十九，第五页 [Ware (5)，p. 380]。葛洪用的是一个简称。

⑤ 《列仙传》卷二，第八页 [Kaltenmark (2)，p. 177]。这里在其书名前冠有"老君"二字。

⑥ 讲到这里，我们可能会回想起本卷第三分册 p. 167 曾讲到朝鲜人偏好内丹，而越南人（p. 75）和日本人（pp. 174ff.）则相反，他们似乎倒喜爱外丹化学及其药。例如尹君平在 16 世纪成为一个著名的《黄庭经》传统专家 [Chŏn Sangŭn (1)，p. 264]。早在唐代，金可纪（鼎盛于约 850 年）和学者兼天文学家崔致远（858－910 年）就在中国成为名重一时的道教真人（同上，p. 258），而 982 年的《医心方》把两种内丹的药饵兼向中补益秘术说成是朝鲜新罗国的法师所创；卷二十八（第 655 页）。到《东医宝鉴》1610 年成书之时，我们发现许浚书中的卷一已充满了对内丹，包括三元及恢复三元之法的解释。

⑦ Maspero (7)，pp. 240 ff.，388 ff.。

⑧ *TT* 328。这是为人们普遍接受的观点，但王明 (4) 试图证明《内景》成书年代较早，而《外景》只是在约 335 年才问世的。此事尚无最后定论。《内景》中年代最早的部分似乎可以追溯到道教的茅山派，即追溯到约 365 年。参见渡边幸三 (*1*)，第 114 页；Strickmann (6)，p. 333。

⑨ 参见 Maspero (7)，p. 239。《修真十书》卷五十五（第四至五页）上的梁丘子注里有一些奇怪的象征性小图，文中未加说明。详见下文 p. 126。

⑩ 施舟人 [Schipper (6)] 已经为这两种《黄庭经》编了一个有价值的语词索引。这里需要提到的是黄庭传统与道教礼仪、尤其是灵宝仪式之间的密切联系。例如苏海涵 [Saso (5)] 将"醮"（或救度）仪的第四阶段描述成这样一个阶段，在这个阶段中，主醮者进行一种炼丹术冥想，把五行炼成神、气、精三元。同时，另四名执事则从事各种活动，上章飞召、诵读祷文或向三清及诸神献食、献酒、献花和上香；参见本书第五卷第二分册 pp. 129 ff.。正统道教与异端道教的不同正是在于作为内丹冥想的一种表达方式的礼仪与作为驱邪、治病、诅咒及祈福的一种手段的仪式之间的区别。如今在阐释道教礼仪学方面正在取得很大的进展，例如施舟人 [Schipper (7，8)] 令人感兴趣的工作和苏海涵 [Saso (6, 7, 8, 10)] 的其他研究。

⑪ 这组经还包括一部隋代的著作，即李千乘的《黄庭中景经》(*TT* 1382)。迄今对它的研究比另两部少，因此需要进一步研究。

86

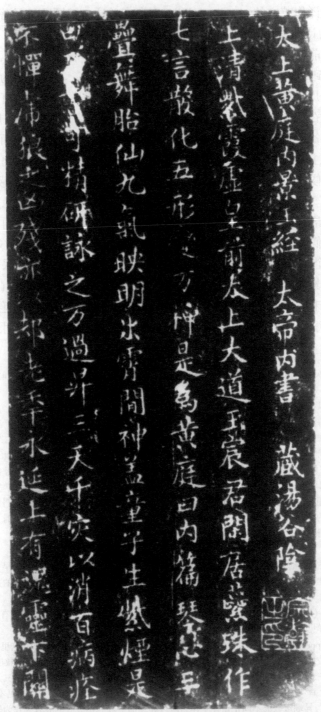

图 1568 《黄庭内景玉经》碑文拓片。此碑文刻于 1591 年，所据范本年代更早，其书法之精湛
使宋元的行家以为是出于 4 世纪王羲之或杨羲的手笔。尽管由此二位所书几乎是不可
能的，但它由 5 或 6 世纪的某个书法家所书倒是很有可能的。

图 1569　山西道观永乐宫壁画之一，画的是钟离权正与吕洞宾论道。邓白（ *1* ），图版一七。

89

图 1570 张伯端画像。采自《列仙全传》卷七，第二十三页。

图 1571　浙江杭州附近南高峰一山洞中的罗汉雕像（原照，摄于 1964 年）。内丹又被
　　　　刻画成一张从罗汉袍服中露出来的再生脸。

　　《修真十书》中年代第二早的部分也许要数有关吕喦（吕洞宾）和相传为其老师的钟离权的材料，他们是属于 8 世纪下半叶和 9 世纪初年的人（图 1569）。例如有一部内容充实的著作叫《钟吕传道集》，是这两人关于传道和返老还童长生术的对话①。这部著作对外丹与内丹之间的区别论述得很透彻，因此是查找唐代外丹术语之内丹含义的一个好地方②。《修真十书》中还有一篇关于道教引导术的经典著作，与钟离权的名字联系在一起，叫《钟离八段锦法》（参见下文 p. 158）。这可能也是 8 世纪后期之作。接着是一篇五代时期的重要著作《天元入药镜》，为崔希范所撰，成书时间在公元 940 年，我们将在以后结合房中术（下文 p. 196）作更加充分的讨论。它是一篇散文体著作，无注，与崔希范另一篇更加有名的著作《入药镜》不同，《入药镜》用的是押韵诗体，有好几家注③。

　　《修真十书》中的其余材料，从 11 世纪的某些著名诗文开始，都属于宋代之作。首先是《金丹四百字》④，全篇共二十首诗，均出自著名真人张伯端（图 1570）的手笔，关于张伯端的情况在以前一些章节（本卷第三分册各处）已经讲得很多了。这篇著作的年代据认为当在 1065 年前后。《修真十书》中还收有他那篇要长得多的著作《悟真篇》，共有九十九首诗，写作年代比前一篇著作晚约十年⑤。这两篇主要是讲内丹，现在是毫无疑问的了。它们在约 30 年前就都有了译本，是戴维斯和赵云从 [分别见 Davis & Chao Yün-Tshung（2），（7）] 翻译的，但因为他们坚信张伯端是在讲实用的实验室炼丹术，所以其译文现在成了典型的例子，说明译者与原作者"不相谐调"而几乎不知道原作者真正想要讲的是什么时会发生怎样的情形⑥。如果拿我们现在将要给的引文同戴维斯和赵云从的译本中相应的几段译文比较一下，就可以清楚地看出其差别。我们随意从《金丹四百字》中选取了六首诗。

第一首

　　　　真土（之"气"）能俘获真铅，而真铅能控制真汞。当（真）铅和（真）汞回到真土里去时，身心就获得休息而不再（向着衰亡）运动⑦。

　　　　〈真土擒真铅，真铅制真汞。铅汞归真土，身心寂不动。〉

------

　　① 此书是在唐末之前由施肩吾编成的。对话的另一文本《百问篇》见于曾慥在 1145 年前编集的《道枢》（*TT* 1005）卷五。霍曼 [Homann（2）] 已试着将对话译成德文，还加了一个十分有用的内丹术语的词汇表。

　　② 性成分在此书中似乎有点轻描淡写，究其原因或是由于后人的删削（随着元、明、清佛教影响的增长，肯定会发生这样的情况），或是由于性术从很早的时候起就是靠口授的，后一种可能性也许更大。

　　③ *TT* 132。不要将这位内丹家与属于 12 世纪后期的另一位同名姓的道士搞混，那位道士是一个医生，著有一部重要的脉学书。我们这位崔希范的别号为"至一真人"，而另外的那位崔希范别号为"紫虚真人"。

　　④ *TT* 1067。

　　⑤ *TT* 138，有许多注释在其后的几种书里。西方的禅学家可能不需要提醒就知道，这里的"悟"字跟日文"悟り"（さとり）相同。

　　⑥ 鉴于当时对中国炼丹术的了解还很粗浅，这绝非是对戴维斯和赵云从什么了不起的批评。况且我们都非常感激他们提供了有用的传记和书目材料。

　　⑦ 换句话说，在"中土"，即脾脏附近的黄庭部位，形成不朽的内丹。

第六首

　　"药物"（器官的"气"和液）出自"玄窍"①，"火候"（气液循环的周期）点燃（纯）阳炉②。当龙虎完成了相互结合时，宝鼎就产生出玄妙的黑珠（内丹）。

　　〈药物生玄窍，火候发阳炉。龙虎交会时，宝鼎产玄珠。〉

第七首

　　这个窍决非普通的窍，它由"乾"、"坤"二卦结合形成。它的名称为"神气"穴，里面藏有"坎"、"离"之"精"（即内部的阴阳）。

　　〈此窍非凡窍，乾坤共合成，名为神气穴，内有坎离精。〉

第八首

　　木汞一滴（产生）红色之物③，而金铅四斤都是黑色④。这铅和这汞结合成一颗珠，光灿灿闪耀着紫金色⑤。

　　〈木汞一点红，金铅四斤黑。铅汞结成珠，耿耿紫金色。〉

第十六首

　　天地把真"液"结合在一起，日月包含着真"精"。当"坎"、"离"这两种基本力量相会时，"三界"⑥就回归于一身（而使身体返老还童）。

　　〈天地交真液，日月含真精。会得坎离基，三界归一身。〉

第二十首

　　当一男一女交合，作房中云雨之事时，每一年都会生一个孩子，他们将个个能够骑鹤飞升上天⑦。

　　〈夫妇交会时，洞房云雨作。一载生个儿，个个会骑鹤。〉

一旦找到了内丹家思想体系的线索，一切就都清楚易懂了，即使还有各种变动和分歧　　92也没关系（毕竟，这一传统经历了一千五百年的演变）。但这里丝毫没有涉及实用外丹家的矿物、金属和植物。

---

　　①　注释者认为此词取意于《道德经》第六章中的"玄牝之门"。
　　②　参见本册 p. 221 和图 1551。
　　③　木汞内有先天真一之精，"一"滴中的数字"一"即由此而来。它产生红色之物是因为在五行系统中木能生火，因而提到红色。这红色与朱砂毫无关系，但它很可能会使那些熟知外丹的人迷失方向，更不用说从仙丹着眼的现代历史学家了。况且"朱砂"在别的诗中确实出现了，虽然并非表示其普通的意思。这整首诗是说明内丹思想包藏在外丹术语中的一个相当好的例子。
　　④　之所以说"四"斤，是因为四是象征的相互联系系统中分配给金的数字，而之所以说"黑"则是因为水与黑色相配，在五行系统中金能生水。
　　⑤　当然是指内丹。关于"紫金"，参见本卷第二册 pp. 257 ff.。欲了解此诗背后的基本理论，可重读上文 p. 40 那段引自《契秘图》的文字。
　　⑥　即"精"、"气"、"神"（参见上文 p. 46）三元。这里大概隐含有与每个活人身上的三种死亡因素（"三尸"）相对的意思。
　　⑦　这首诗基本上是喻指阴阳"和合的奥秘"（*mysterium conjunctionis*）。"云雨"是人们熟知的表示性交的诗歌用语。自然也间接地提到了"婴儿"，即内丹，它被看做是可通过内丹程序在身体中产生的"圣胎"。不过对于阐述性术的人来说，也可以更多地从字面上去理解这首诗，把它看做是说道家男女方士的性交不会生出现世的孩子，但双方都将获得长生不死。常言道，顺生子，逆成仙；参见本册 pp. 59, 118, 247。

93

图1572　新都宝光寺五百罗汉之一，正伸出一只手臂去摘取天上之阳（或者更确切
地说，阳中之阴）。一个标签上写着："只手擎天。"原照，摄于1972年。

图 1573 新都宝光寺五百罗汉之一，正伸出一只手臂去捞取海底之阴（或者更
确切地说，阴中之阳）。一个标签上写着："海底捞月。"原照，摄于
1972 年。

这个一般性的结论同样适用于《悟真篇》，它以前曾使我们像许多别的人一样感到困惑。我们下面的引文一开始就响亮地呼吁放弃外丹，改而从事内丹。

第八首

不要再调合和转变"三黄"①及"四神"②！源自植物的普通（药物）甚至更不同于真正的原始（生命力）。阴和阳在属于同一类③时会彼此响应而和合。"二"和"八"（即在适当条件下相会的阴和阳）会自发地结成眷属而相亲相爱。正当阴奇怪地（和表面上似乎）被消灭时，湖底会出现一轮红日④，而新药（内丹）之苗会显得像山头上升起的洁白月亮一样。人们必须认识什么是真铅和真汞，它们与普通朱砂和普通水银毫不相干。

〈休炼三黄及四神，若寻众草便非真。阴阳得类方交感，二八相当自合亲。潭底日红阴怪灭，山头月白药苗新。时人要识真铅汞，不是凡砂及水银。〉

第十三首

那些不懂神秘的"颠倒"原则的人否认火海里能栽种莲花。如把白虎（"真阳"）牵回家来（到身体中央），那么就会产生一颗像月亮一样圆的明珠（内丹）。如一丝不苟地看守"药炉"（身体⑤），严格地把握"火候"（"气"的运行周期）⑥，平心静气地注意保持呼吸节律，（摒除世俗的烦恼）——这样就能让事情自然地发展。当所有的阴都被除尽（而形成纯阳）时，内丹就会炼就，使人能逃出凡俗的牢笼，长寿万年。

〈不识玄中颠倒颠，争知火里好栽莲。牵将白虎归家养，产个明珠是月圆。谩守药炉看火候，但安神息任天然。群阴剥尽丹成熟，跳出樊笼寿万年。〉

第十八首

首先要把"乾坤"树立为鼎器，然后将（日中）乌和（月中的）兔当作药物放到里面一起加热。当这两种东西被驱赶到"黄道"⑦里时，就会形成金丹，你再也用不着害怕死亡了。

吞唾和吸气是人们熟知的做法，但没有（适当的）试药，就不能形成真正有生命力的东西。鼎里如果不放入真种子，那么操作就像水火齐备而加热的却是一只空水壶一样徒劳无益⑧。

〈先把乾坤为鼎器，次将乌兔药来烹。既驱二物归黄道，争得金丹不解生。
咽津纳气是人行，有药方能造化生。鼎内若无真种子，犹将水火煮空铛。〉

---

① 硫黄、雌黄和雄黄（据上阳子和 *TT* 911，卷六，第十三页）。

② 朱砂、水银、铅和明矾（据上阳子）。但是《太清石壁记》（*TT* 874）列了两个表，各包括曾青、磁石、钟乳石和石英，外加雌黄和雄黄。《诸家神品丹法》（*TT* 911）在"三黄"之外又加了朱砂和再升华的硫化汞。正如席文［Sivin（1），p. 152］所说，这只不过表明，即使在同一部书里数字范畴的内容也是变化不定的。"三黄"和"四神"这两个词语的出现年代比孙思邈要早，但葛洪没有用过它们。

③ 关于"类"的概念，参见本卷第四分册 pp. 305 ff.。

④ 这里当然是指露出阴中之阳（参见上文 p. 69）。

⑤ 这一生动的词语是阴阳学说悖论的又一个例子，相当于说男真人能在自身之中生出一个婴儿来（图1567）。

⑥ 参见上文 p. 46。

⑦ 这里当然并不是指天文学上的黄道（参见本书第三卷 p. 179），而是指脾附近的中央部位。

⑧ 这是指坎、离二卦中爻的阳和阴（参见上文 pp. 61 ff.）。

96

图1574　右手托月（阴）、左手托日（阳）的真人。《性命圭旨》（1615年）中的一幅插图，
　　　　题为《普照图》。注意下腹部的丹鼎。元集，第二十页。

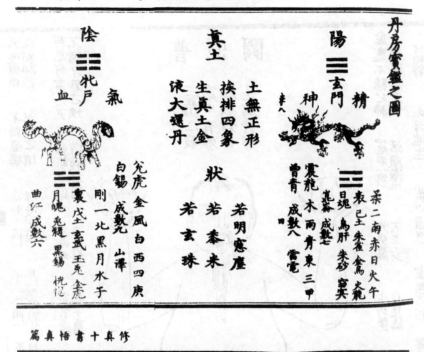

图 1575　张伯端撰于约 1075 年的《悟真篇》中所列著名的内丹试药图表（*TT* 260，卷二十六，第五页）。解释见表 122。图表题为《丹房宝鉴之图》。下边为其后的几个页面：右侧、左侧和中间分别是（真）汞、（真）铅和内丹的异名或隐名表。

第三十首

"坎"电（强烈地闪光）①，（北面的和西面的）金（肺）水（肾）方②沸腾翻滚，隆隆作响；（"离"）火从昆仑（头）山顶喷发出来③，使阴和阳相对。当这两种东西实现了其颠倒再生的结合时，内丹就自然会成熟，使全身充满芳香④。

〈坎电烹轰金水方，火发昆仑阴与阳。二物若还和合了，自然丹熟遍身香。〉

第三十二首

日在"离"卦位置（南方）翻转为女性，月（字面为"蟾宫"）与"坎"卦相配变成为男性。谁不懂得"颠倒"原则，谁就像（通过一个窄细的）窥管⑤瞭望（广阔天空）的人一样，应该停止高谈阔论（内丹）⑥。

〈日居离位翻为女，坎配蟾宫却是男。不会个中颠倒意，休将管见事高谈。〉

一旦弄懂了上述这番言语，就可清楚地看出，这部关于使男男女女认识到必须炼养身体和在身体中合成可以说是无限推迟老年甚至战胜死亡的药物的《悟真篇》，无论它多么隐晦，也绝不可能是打算用来指导实验室炼丹家的⑦。

表 122　张伯端的《丹房（即人体）宝鉴之图》　　98

阴						阳					
		坤卦						乾卦			
		牝户						玄门			
	血		气				神		精		
		坎卦						离卦			
刚	里	月魄	曲江	兑虎	白锡	曾青	震龙	昆仑	日魂	表	柔
一	戊土	兔髓	成数六	金	成数九	成数八	木	成数七	乌肝	己土	二
北	玄武	黑锡		风	山泽	雷电	雨		朱砂	朱雀	南
黑	玉兔	恍惚		白		青			窈冥	金乌	赤
月	金虎			西		东			火龙		日
水				四		三					火
子			庚			甲					午

注意：阳侧的各栏交换了位置以显示出原本想要显示的镜像模式，在中文里其先后顺序为 4，3，2，1，6，5。

---

① 即阴中之阳，水中之火。其一种说法是"阴符"，另一种说法是"虎之弦气"（参见上文 p. 57）。

② 参见上文图 1551。

③ 这与前者明显相反，是阳中之阴，因前一活动而被解放。

④ 如上阳子注所显示的那样，这是道教真人实行各种心理生理锻炼、保健操及摄生法而获得的安康惬意感的一种诗歌表达法。他还说明，水火关系进一步表示"彼"与"我"（参见表 121C）的对立，尤其是"她"与"我"的对立。当"她"的真气产生时，"我"的真阳就迅速获得解放而形成内丹。

⑤ 参见本书第三卷 pp. 332 ff.。这一类比是文学上以一项有用的天文技术为基础形成的常见说法。

⑥ 在这里我们复制了两幅引人注目的寺院雕像图（图 1572、图 1573），图中描绘的是摘取天上之阳和捞取海底之阴。还有（图 1574）那幅《性命圭旨》（1615 年）中的图，画的是一个得意的真人一手托日，另一手托月，阴阳被统一在内丹里。

⑦ 我们对《悟真篇》的解释同其另一些现代研究者如今井宇三郎（1）的解释非常相似。

在《悟真篇》篇首的序及其他正文前的材料当中，我们见到一套图表，题为《丹房宝鉴之图》。从图 1575 中复制的第一幅图可以看到，阳龙与阴虎①相对，"离"卦与"坎"卦相对，各有一个相应的异名表②。其排列的原则与我们上文表 121A、B、C 完全相同。表 122 翻译了张伯端的术语③。从这个表一眼就能看出，其中有些术语可能会被误认为外丹术语，然而毫无疑问整个图表基本上是心理生理性的。在阴阳二侧之间有一首关于"真土"即处于中央成丹之所的内丹的精辟短诗："（这）土没有固定的形式，但如果你正确地排列四象④，就会产生真土，即金液和大还丹。"（"土无正形，挨排四象生真土，金液大还丹。"）诗的下面描述了它的表现形式（"状"）："若明窗尘⑤，若黍米，若玄珠⑥。

这之后又是三个图（图 1576），第一个解释"悬胎鼎"，有精确尺寸的详细说明，第三个则描述"偃月炉"，也有大小和形状的详细说明⑦。这两个图的解说文字在本卷第四分册 pp. 17，12 已联系丹房设备作了翻译，但现在可以清楚地看出，它们具有完全双重的含义，正如朱砂和铅汞可以用于指生理实体的名称，这里所给出的尺寸和形状在内丹上也有意义——但却是完全不同的意义。炉代表阳，鼎代表阴（参见表 121A、C）。"悬胎"使人想起结圣胎，"偃月"使人想起气的循环（参见图 1577）。当然外丹家没有理由不能制作和使用所给尺寸的设备，而现存最古老的描述，即 2 世纪魏伯阳《参同契》（参见本卷第四分册 p. 16）中的《鼎器歌》，无疑也具有双重意义。夹在上述两图之间的是一头"铁牛"，它在民间佛教中象征抑制邪欲，但它也象征道教所说身体气液循环中涉及的"河车"和"牛车"（参见表 121C 和 pp. 115—116）。

尽管这图像部分主要应按照内丹来理解，但表中的一些术语，尤其是"龙"和"虎"，在后来的原始化学著作中却也可以见到。这种借用过程是双向的，因为我们已经看到了一些原始化学术语是如何为内丹家所采用的，而且内丹家已经提到了"白锡"、"曾青"等等，它们被引入作为与方位、五行、器官等相联系的颜色的隐名。

在那些年代里，围绕着张伯端这组约 1070 年的原图又增添了一些其他的图。人们在其阴阳图前加了"紫阳"二字，以表示此图原出自"紫阳真人"（张伯端的别号）之手，它被收入陈致虚（上阳子）1333 年为其 1331 年所撰《金丹大要》⑧而编集的一

---

① 龙虎象征像一条线一样贯穿于本册之中，不过还必须在什么地方留出余地来提一下以前流行于中国的许多绘有这两种阴阳象征的护身符。例如见《古泉汇》第十五册，第四十页。现在有一篇侯锦郎［Hou Chin-Lang (1)］撰写的关于道教纸币和金属币的专论，插图精美。

② 《悟真篇》，TT 260，卷二十六，第五页。这些图只在《修真十书》本的《悟真篇》中才流传下来。

③ 戴维斯和陈国符［Davis & Chhen Kuo-Fu (2)］也曾研究和翻译过这一系列术语，但是他们原先的解释有许多现在已不再适用。《金丹大要图》（1333 年，TT 1054）里翻刻的此表，其中的名称和术语稍稍作了重新排列，亦见于 Ho Ping-Yü & Needham (2)，但他们也只是联系外丹和类型的理论来讨论此表。

④ 参见上文 p. 58。但此处它们是指四个方位以及这四个方位所蕴含的全部象征的相互联系。

⑤ 参见本书第五卷第三分册，pp. 73，149 ff.。

⑥ 在此之后（《悟真篇》卷二十六，第五、第六页）是上文 p. 97 讲到的三个异名表，即先是真汞的异名表，然后（中间）是内丹的异名表，最后（左侧）是真铅的异名表。

⑦ 《悟真篇》卷二十六，第六、第七页。

⑧ TT 1053。

修真十書悟真篇
卷二十六第六

懸胎鼎
鼎周圍一尺五寸中虛五寸長一尺二寸狀似蓬壺亦如人之身形分三層應三才鼎身腹通直令上中下等均勻入鑪八寸懸於竈中不著地懸胎是也又謂之朱砂鼎張隨注云又名太一神鑪

鐵牛
滿庭芳
眞鐵牛兒形容醜惡性剛偏好爭馳人人皆有那箇解牽騎種就黃芽滿院更須用神水澆之中宮裏若無此獸安得似嬰兒 乾坤真動靜生成家活總賴於伊
虎隨渴飲水銀池夜半牽車進火霞光迸滿底騰獰牧童笑華池宴罷乘箇月明歸

偃月鑪
鑪面周圍約一尺二寸明心横有一尺立唇環匝二寸唇厚二寸鑪口偃開鍋釜又如仰月狀故名偃月鑪也張隨注云又名威光鼎也

挨排四象生真土詩
東方青龍西白虎南面朱雀北玄武四獸猙獰不可當定計將軍能作主兩手擒來合戰時正見中秋月當午殺氣驚天動鬼神用盡周星震區宇須臾戰罷兵器收產顆明珠號

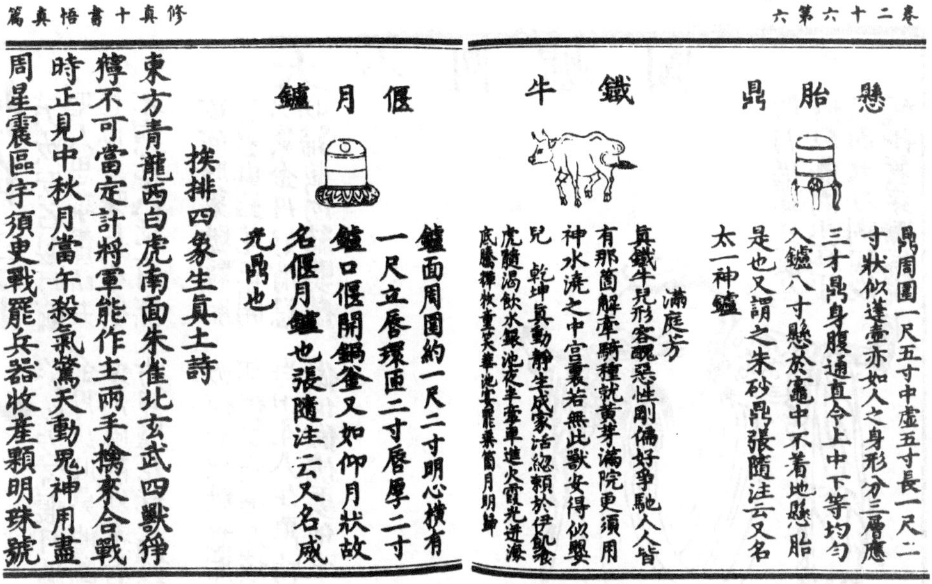

图 1576 《悟真篇》中的三个解释（*TT* 260，卷二十六，第六、第七页）。右边为“悬胎鼎”，中间为“铁牛”，左边为“偃月炉”。左右二图的说明文字在本书第五卷第四分册 pp. 17，12 已联系实际丹房设备作了翻译，那时译的是其表面意义；但它们还含有与《易经》的卦及行气术、导引术、日疗术、房中术等种技术有关的各种秘义（参见本卷第三分册 p. 201）。中间一图的说明文字在外，将铁牛按佛教上的意义看做是邪欲之兽，人人皆须牵骑和控制；只有做到这一点，才会出现炼丹术上的“黄芽”和形成“婴儿”。这与东西方都强调要求炼丹家品德高尚（参见本卷第三分册 p. 101 及其他各处，还有上文 p. 15）是平行的。在内，铁牛是体内气液循环的动力，它使阴虎得以饮用“真”汞池水和接近火霞中的阳龙。于是牧童高兴得喜笑颜开，长生不死丹告成。所有这一切中都隐藏着深刻的心理学真理，用今天的话来表达也许要说，由本我产生的力量可以作为性爱本能（libido）出现，否则就作为死亡本能（mortido）出现，视超我指导下的自我在组织方面的成功程度而定。上述三个解释也见于 1333 年的《金丹大要图》（*TT* 1054），《道藏辑要》昴集三，卷下，第三十四至三十五页。

组叫作《金丹大要图》（*TT* 1054）的插图里。在这组图里面还有许多别的材料（包括经过改编的理学《太极图》①），其中就有著名的《形物相感之图》，此图复制在图 1579，图中男性的阳龙在红色南方的烈火与黑色北方的“玄武”（龟蛇）之间钟情地面对女性的阴虎）。石泰的诗说得很恰当： 102

姹女骑着铅虎， 103
金公跨着汞龙②。

〈姹女骑铅虎，金公跨汞龙。〉

① 《道藏辑要》本，图 1580 给出了此图后来的一种表现形式。
② 《还源篇》，收录于 *TT* 260，卷二，第二页。参见上文 p. 65。

101

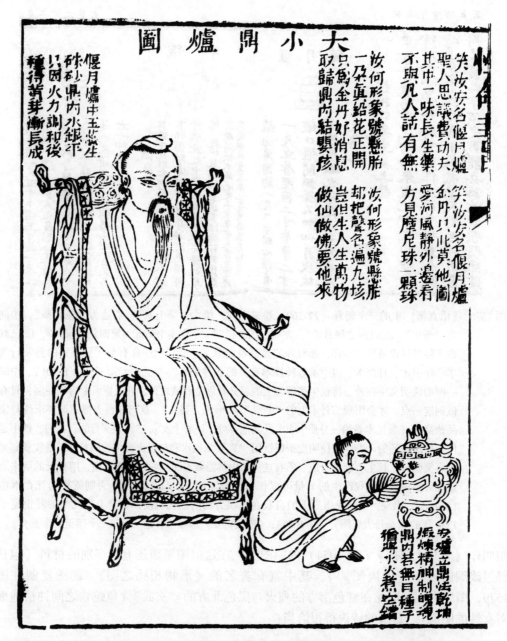

图 1577 《性命圭旨》（1615 年）元集，第二十七页的"偃月炉"。图题称鼎炉为"大"、
"小"鼎炉，即人体本身和童子拿扇子在扇的真鼎炉。那些诗讲的是锻炼原始生
命力。

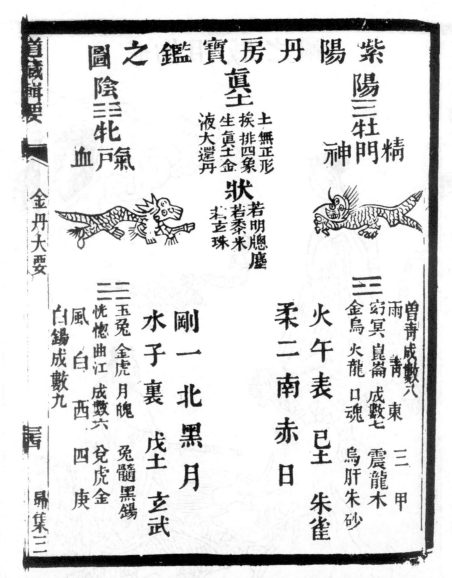

图 1578 《金丹大要图》(下,第三十四页)中另一种形式的张伯端《丹房宝鉴之图》。解释见
表 122。此时(1333 年)题目前被冠以"紫阳"二字,以表明图原来确系紫阳真人所
作。采自《道藏辑要》昂集三。

与此图相伴的还有另一些引人注目的插图,例如有一幅描绘内丹的体像图(图 1581),
图中把人体看做是一座有气上下循行的山(《元气体象图》)①。"坎"坐镇山脚,山顶
是"太玄",在那儿我们看到头为"昆仑",内有"泥丸"——脑。接近下部可见到重要
的"黄庭",一条条路显然像预料中那样在此会合。我们也不难认出行"气"中的一些

104

———————————

① 《金丹大要图》下,第二十八页。

图 1579 《金丹大要图》（下，第三十二页）中的《形物相感之图》（《道藏辑要》昴集三）。在这对立面的和合（*conjunctio oppositorum*）或炼丹术婚配（*matrimonium alchymicum*）中，跨龙的男子在南方烈火与北方龟蛇之间面对骑虎的女子，表示阳与阴相恋。右上角的云雨增加了其象征意义。

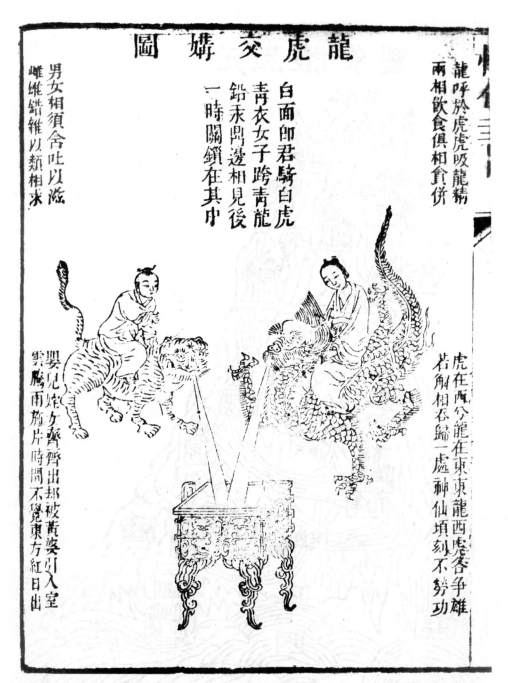

龍虎交媾圖

龍呼於虎虎吸龍精
兩相飲食俱相貪併

白面即君騎白虎
青衣女子跨青龍
鉛汞門邊相見後
一時關鎖在其中

男女相須舍吐以滋
雌雄錯雜以類相求

嬰兒姹女齊齊出郤被黃婆引入室
雲騰雨施片時間不覺東方紅日出

虎在西兮龍在東東龍西虎各爭雄
若軻相吞歸一處神仙頃刻不勞功

图 1580　后来的一种表现同样模式的图。采自《性命圭旨》（1615 年）亨集，第三十三页。
　　　　但此图表现形式更为精致，因为跨龙（阳中之阴）的是少女，而少男则骑在虎
　　　　（阴中之阳）上。龙、虎都对鼎中正在形成的内丹施加影响。图的题目为《龙虎
　　　　交媾图》；周围的诗是对主题作进一步发挥。

105

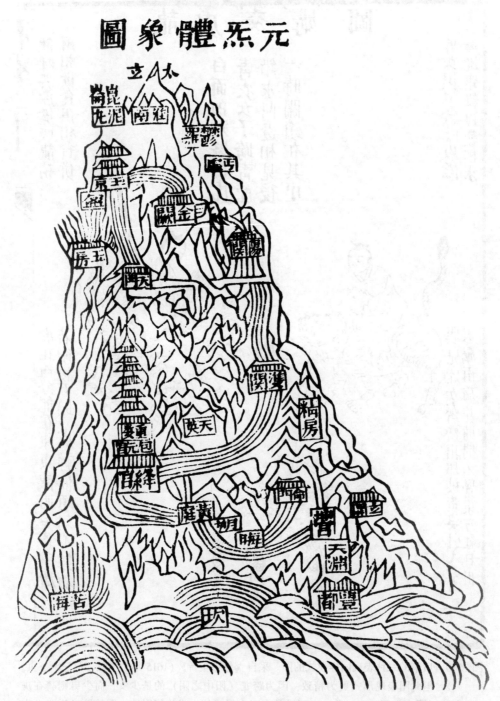

图 1581   被描绘成一座山的人体，气上下循行于山峦间；采自《金丹大要图》（TT 1054，
         《道藏辑要》，昴集三，第二十八页）。低处中央是"黄庭"，条条路都在此会合。

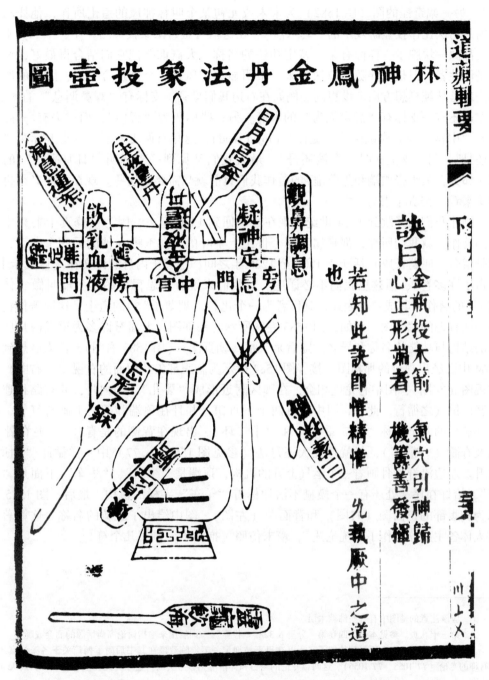

图 1582　林神凤所作的一幅幻想图，以投壶游戏中使用的一套木箭来类比内丹功法。这种游戏有点像投镖游戏，但所有的箭都得投入一个大花瓶的瓶颈里。进一步的解释见正文。采自《金丹大要图》（TT 1054，《道藏辑要》昴集三，第三十八页）。

107　关①。另一幅奇怪的图（图1582）为宋末或元初某个叫林神凤的道士所作，他凭幻想把内丹功法比作投壶游戏中的一套木箭②。在这幅《金丹法象投壶图》中，十二支木箭每支都像一块牌子一样标有某一特定功法的名称，大概谁能把它们结合得最好，谁就算是优胜者。但是从伴随的口诀看来，很明显林神凤是一个佛道合一者，图中的所有功法都是从纯冥想方面来设想的。例如在右边我们见到一支标有"观鼻调息"的木箭。在左边还有一支标有"静定无为"的木箭。另一些标明为"旁门"，而中央有一标签，标着"中宫"或者应该说是"捷径"（royal road）。这里有两支木箭，一支上标明"玉液还丹"，另一支上标明"金液还丹"。最后我们又见到一支标明"日月高奔"的木箭。那么，关于张伯端和陈致虚③的著作我们目前就只需要讲这些。现在我们必须再回过头来看《修真十书》。

　　刚才我们已经跳到了14世纪，现在必须回到13世纪去，因为《修真十书》中其余的著作，就我们所知，都是属于那个世纪上半叶的。白玉蟾（他的另一个名字，大概是俗名，叫葛长庚）活跃于1205至1226年之间，他关于内丹的诗文在《修真十书》中占了许多卷④，但这里我们不必详述。对我们来说有意思得多的是一篇叫做《体壳歌》⑤的著作及其成熟的表述，其作者为一个化名"烟萝子"⑥的道士。这篇著作包含有一些有趣的解剖图。例如，图1583左图所示为头部图，上面有许多为道教内丹所公
108　认的结构与功能的名称和异名。随后是一幅《朝真图》（图1583右图），使人联想到图1564中已经出现过的那幅图。接着图1584所示为胸腹部矢状切面的右视图（右图）和左视图（左图），图中有龙虎相会，在脾区附近形成"婴儿"，即内丹，并有路径连接心肾以供气之循行。此外，图中还有两个下丹田，并且在顶端肺部之上画有气管，标着其著名的两个名称"十二重楼"和"十二环"。出现在背侧的是脊柱（"夹脊骨"）以及脊髓（"髓道"），气就像在大还丹法（参见图1562，p.77）中一样循此"髓道"上升。左边沿脊椎骨画着三个运气上升的机构，顶端是"牛车"，"牛车"下面是"鹿车"，恰好在尾端处还有一个模糊不清地标着"羊车"字样的机构。最后，图1585所
109　示为胸腹部的正面图（右图）和背面图（左图），图中给出了脏腑的名称。这篇著作对人体各主要器官作了系统论述⑦，篇末仿照《抱朴子》画了几个符⑦。

---

①　应该注意的是图中有一些佛教术语。

②　第三十八页。参见本书第四卷第一分册p.328。"投壶"一词后用来喻指讨论高尚话题的酒会或晚宴。

③　我们可能没有机会再提到他们了，所以这里不妨加记一笔：陈致虚在其书后附了两篇关于各派仙真历史的有趣的专论（*TT* 1055，*TT* 1056）。这两篇专论的题目和详情可见参考文献。迄今对此礼仪和圣录材料尚无充分的研究。

④　尤其是《上清集》和《武夷集》（见参考文献）。

⑤　《修真十书》卷十八。

⑥　一开始我们想到用"Burning-Bush Master"来译"烟萝子"，但意思不确切。"萝"字可以指萝藦（*Metaplexis*）之类蔓草，但也可以指藤萝（*Wistaria*），藤萝的花有时候远看就像一片青紫色的云烟。清初一位叫高树程的哲学家或画家也有同样的别号，但对于此人我们还了解得不多。

⑦　像通常在中古时期的中国解剖学著作中一样，正文的科学水平比插图的要高，而这我们在本书第四十三章中将会看到。

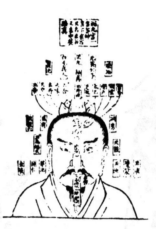

圖真朝子蘿煙　圖部首子蘿煙

养生息命詩

把得金精養命基　日華東畔月華西
壺中自有長生藥　返老還童天地齊
勤君勤學守三一　中有長生不死術
能存玄真萬事畢　一身精神不妄失

图 1583　烟萝子的头部图。右图给出了内丹中上承认的名称和异名，左图画出了有关的吉凶诸神和诸动物。采自《体壳歌》，收录于《修真十书》（*TT* 260）卷十八，第二页。

　　这些解剖图与解剖学论述远不像看起来那样简单。它们可以说是处在一个中间位置上，一方面与当时的科学解剖学，甚至与宋代①人体解剖的复兴相联系，另一方面则与一种神秘的小宇宙结构学相联系，此种小宇宙结构学对道教内丹家非常有用，一直 110 以传统形式流传到当代。让我们先来看前一个方面，它可以附带地帮助我们确定烟萝子著作的成书年代。

　　本书第四十三章必定要对中国的解剖学解剖和图解进行历史的叙述，这里就不过早地来讲了，但可以说10 至 13 世纪是上述两个领域非常活跃的时期。这方面的情况现在了解得很多，由此看来烟萝子作胸腹部图的年代显然为五代或宋代（如果的确不可能更早的话）。《事林广记》中有一幅非常相似的图，似乎是把图 1583 的头部与图 1584 的躯干衔接了起来。这幅图见图 1586，我们是采自剑桥大学图书馆所藏的 1478 年版孤本。从图本身几乎了解不到更多的东西，因为此图并无任何解释性的附文，我们也无法断定其是何时被收入《事林广记》的，因为约 1130 年起的早期版本极为罕见，也许现在世已无存了。但是，此图与李駉《黄帝八十一难经纂图句解》② 中的一幅图相同。 111

① 汉代和宋代是古代和中古时期中国解剖学的两大鼎盛时代。
② *TT* 1012。图见于一篇题为《黄帝八十一难经注义图》的引言性短文，第四页。

图 1584　烟萝子的胸腹部矢状切面图，图中给出了内丹上公认的许多结构的名称。右图在黄庭附近有龙、虎，而左图在那里有诞生出的"婴儿"（内丹）。采自《体壳歌》，收录于《修真十书》（TT 260）卷十八，第二、第三页。

这本书的序撰于 1270 年，所以不是后来《事林广记》的一位编者抄袭他，就是他抄袭同一资料来源。很可能他的图是根据烟萝子的图而作的，因为他的脏腑腹面图和背面图实际上与《体壳歌》中的图完全相同。宋末李駉的这本书是一部具有明显价值的医学著作，我们在本书第六卷中要进一步讲到。同时，关于把当时已有的科学解剖学知识与道教内丹思想掺合在一起的中间传统，我们在此只能说这么多。

　　宋代出现这一解剖学运动或高潮的背景究竟是什么？其详细情况必须留到专门讨论解剖学的那一章去讲①，现在也许只要说说下面这件事就够了：在 1041 至 1048 年间，一位叫吴简的文官下令解剖著名起义领袖欧希范以及其许多同伴的尸体，委托画

---

① 同时有侯宝璋（1）、马继兴（2）、渡边幸三（1）及宫下三郎［Miyashita Saburō（1）］的优秀论文。

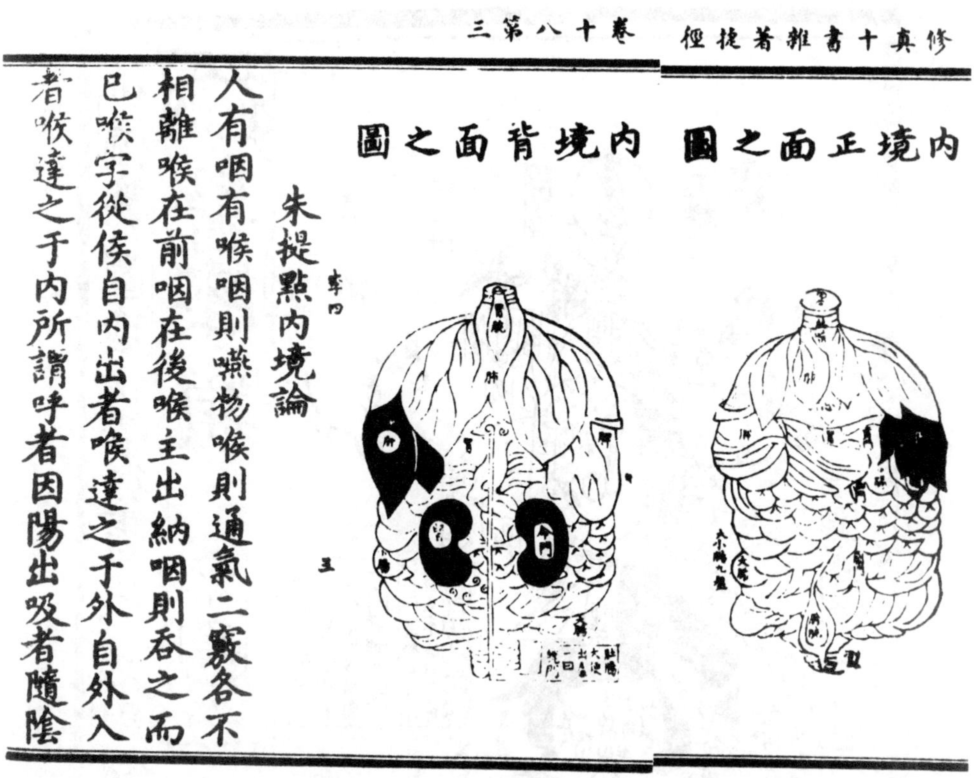

图 1585　烟萝子的胸腹部脏腑正面图（右）以及背面图（左），作于约 1000 年前后或更早。
　　　　图中各器官的名称俱全。采自《体壳歌》，收录于《修真十书》（*TT* 260）卷十八，
　　　　第三页。

工将各脏腑和其他部位都绘制成图①。正是在这时产生了一种错误的信念，认为喉底有
三个通道，一个是气道（气管和支气管），一个是适用于固体食物的食道（食管），还
有一个是水道。在此之前的中国解剖学家并没有陷入这种错误。

　　然后在 1102 至 1106 年间，正值道君皇帝徽宗的黄金时代，也是他那班博学的才子
朝臣的黄金时代②，一位名叫李夷行的郡守又安排了一些尸体解剖。大概部分是由于这
样做的结果，不久以后在 1113 年，医生杨介写出了现存最古老的中文解剖学图解论文
《存真环中图》。我们现有的文本不是原版，而只是收入其他书籍和抄本中，尤其是收
入僧医梶原性全编集的日本著作，1304 年的《顿医抄》和 1315 年的《万安方》③ 中
的。但是，像我们将会看到的那样，其插图也出现在一些中国书籍中。而据贾伟节为杨
介论文撰写的序说，杨介仔细研究了以前的所有解剖学著作和图解，包括烟萝子的图
文④。他在脏腑图之外又加了气循行的十二经脉图，因而题目中有"环中"二字。由此

① 尸体解剖者的名字没有保存下来，但主绘为宋景。
② 参见本书第四卷第二分册 pp. 501—502。
③ 参见 Sugimoto & Swain（1），pp. 143 ff.，379。
④ 《医籍考》，第 235 页。

112

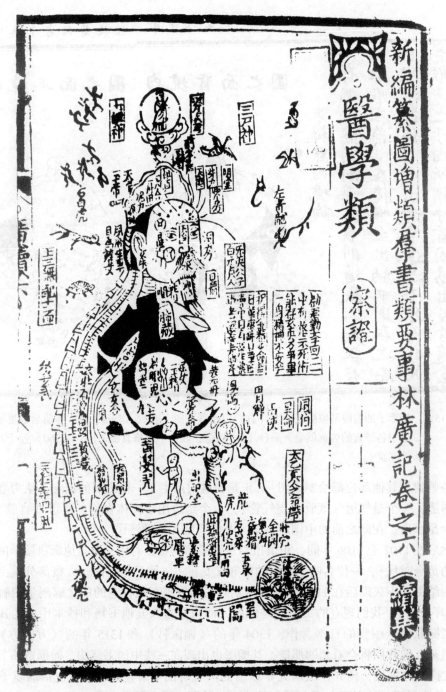

图 1586 《事林广记》中的道教解剖学和生理学图。采自 1478 年版。此图大概属
　　　　13 世纪初之作。图中有好几个使气循环的水车轮子，阳龙与阴虎合作产
　　　　生"婴儿"，即内丹。向上的还精补脑通道按惯例画成铁路线形状，右
　　　　上方我们看到代表衰亡的"三尸（或三虫）"正在离开再生的人体。

而言，烟萝子显然是年代较早的作者，他从事这方面工作一定在 11 世纪中叶解剖欧希范尸体之前，因为今本烟萝子书中有一处说[1]：

> 近来对一些罪犯作了解剖，解剖报告上声称咽喉有三个通道，这是非常错误的。……因而人们就说《烟萝子朝真图》[2] 弄错了——其实并非如此。

> 〈近世刑人于市，剖而见之，乃云喉中有三窍，一水一食一气，其诬甚矣。……乃以《烟萝子朝真图》为非；岂知……。〉

这番话出现在一篇《朱提点内境论》[3] 中。此论也许是名医朱肱撰写的，他的《内外二景图》[4] 问世于 1118 年，当时杨介的论著才成书不久。

关于同科学解剖学的接壤就讲到这里。它告诉我们那些内丹家并非完全（像人们有时会禁不住要认为的那样）一门心思地从事奇怪仪式和巫术礼仪，运用特殊生理锻炼和专注于冥想静止状态——他们对当时最先进的解剖学极感兴趣。但我们最后不能不尽量简略地提一下这与欧洲解剖学史可能具有的关系。在第七章（本书第一卷）中，我们曾讲到过《伊利汗的中国科学宝藏》（*Tanksuq-nāmah-i Īlkhān dar funūn-iʻulūm-i Khiṭāi*）[5] 这部约 1313 年在波斯的大不里士（Tabriz）由拉施特（Rashīd al-Dīn al-Hamdanī）主持编写的卓越的百科全书，我们甚至复制了一幅非常明显地具有中国性质的脏腑图[6]。近人宫下三郎［Miyashita Saburo（1）］将这部百科全书中的所有胸腹部解剖图与可能为其来源的中国文献中的图作了比较，令人信服地断定它们是在《存真环中图》中杨介那些图的基础上绘制的，虽然很可能并不是直接照抄原书。除了上文提到的日本著作保存了杨介的图文之外，那些图不仅被收在朱肱的《内外二景图》（我们也已讲到过）中，而且被收在孙焕编辑的元版（1273 年）《玄门脉诀内照图》（有时称作《华佗内照图》）[7] 中，还被收在 1294 年由名医王好古汇编的《伊尹汤液仲景广为大法》（有时称作《医家大法》）[8] 中。这些书，也许尤其是孙焕的书，大概为这部波斯百科全书的材料来源。

宫下三郎并没忽略欧洲解剖学的复兴始于蒙迪诺（Mondino de Luzzi）和他成书于 1316 年的《解剖学》（*Anothomia*），蒙迪诺在此之前曾作过几次尸体解剖，例如 1286 年在克雷莫纳（Cremona）的那一次。辛格（Singer）[9] 说，蒙迪诺博览阿拉伯解剖学家的著作，自然有所借鉴。在估量这样的刺激和传播时，人们不会不对如下事实留下深刻的印象：在欧洲解剖学复兴的 14 世纪开始之前，中国已进行了至少 3 个世纪深入细

---

[1]　《体壳歌》，第五页。

[2]　参见上文图 1583（左图）。

[3]　《体壳歌》，第四页起。

[4]　《医籍考》，第 236、497 页。后来如有人编辑烟萝子的《体壳歌》是会插入这篇东西的。

[5]　参见本书第一卷 pp. 218—219。另见 Adnan Adivar（1）；Süheyl Ünver（1，2）。

[6]　图 34（b）。

[7]　此书原作者为沈铢，撰于 1095 年，即第一次解剖浪潮之后和第二次解剖浪潮之前。它与 3 世纪的那位名医毫无关系，虽然某些文本原题有他的名字。

[8]　《医籍考》，第 863 页。取这个书名是为了纪念传说中的大臣伊尹——汤液之神——和历史上的汉代医生张仲景。

[9]　Singer（25），pp. 74 ff. 。参见 Choulant（1），pp. 79 ff. 。

115

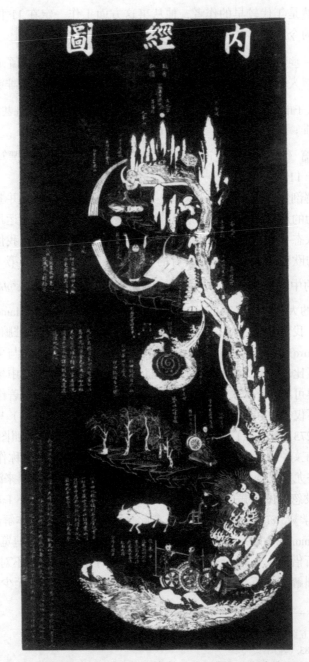

图1587　从保存在北京白云观的一块石碑上拓下来的《内经图》。此碑是1886年按照在高松山一
座宫观发现的一个旧帛卷刻成的。它代表了达到顶点的道教解剖学和生理学传统，展示
了从左侧所见的头、胸、腹部矢状切面的一幅富有想象力和诗意的图画。对细节的简短
解释见正文。我们这个拓片是艾黎先生赠送的一件珍贵礼物。

致的解剖学工作；而就在这个关键性时期，有明显的迹象表明中国人的解剖学工作对波斯和阿拉伯的医学文化产生了深刻的影响。虽然还不曾有过中国的盖仑，而且王莽时期的解剖学就我们所知也无法跟希腊化时代的解剖学相比，但是宋代所做的事情则又另当别论了，其时间关系耐人寻味。不过我们还得继续讲我们的内丹。

现在我们来看看小宇宙结构学。长期以来，到北京白云观参观的人常常对一块叫做《内经图》的雕刻石碑赞叹不已，我们在图 1587 中翻印了此碑的一个拓片[①]。该《内经图》据碑文上所说，是 1886 年由一位名字叫刘成印（素云道人）的道士所造，他在高松山一座宫观的藏经楼里发现了画在一个漂亮的旧帛卷上的《内经图》，同时还有对各关节、经络、脏腑等的解剖学名称的解释。他意识到该图对内丹（他称为"金丹大道"）的重要性，便请人将图刻在石上。

这个图的总格局显然很容易使人联想起我们已经研讨过的一些图（图 1584 和图 1586），图上画的是从左侧看到的人体矢状切面，但它比前面任何一幅图都要更富有想象力和诗意。人体在图中又被描绘成一座山，有山岩从脊柱和头颅伸出。我们不用细说就能轻易地区分形成还丹的"真气"大小循环。脏腑多数只作为铭文出现在心的下面和周围，心被画作一圈沸腾的血，在平静的圈中央是"牛郎"；下方偏右为"织女"[②]，象征肾，正在摇纺车，将气上送至咽喉和气管（"十二楼台"）以及脑（"泥丸宫"），加"神水"后再下注中丹田。这就相当于上文 p. 73 所讨论的"心肾交会"。

116

另一方面，大循环涉及脊柱。图 1587 中在脊柱底部我们看见"阴阳玄踏车"，它要发挥作用使"精气"上行——照邻近的铭文说是"坎水逆流"。这时画面上正从一个"鼎"中喷出的火焰象征着精液和精气的阴中之阳被显露出来。就在与踏车并排的地方，我们看见脊髓或脊柱"三关"中最下面的一关，它比另两关画得更突出，那两关一个见于齐心高的地方，另一个见于正好在气管十二楼台之上的地方。一旦使"精气"这样上行，它就又与"神水"会合，下注到黄庭，形成内丹，内丹用四个阴阳象征凑在一起射出的光环来表示，这四个象征图案与中央的"真土"（"中土"）一起代表五行和四方（参见图 1552）。附近有一个农家孩子赶着一头牛在耕种坚硬的土地，象征着进行炼功和选择炼功时间所需要的技巧和力量。其说明中有一句是"铁牛耕地种金钱"，又一次提到了不死"金"丹，这个"金"严格地说是指五行之一的"金"。

假如篇幅容许的话，还可以阐释构图中的其他许多隐喻。例如，头部坐着老子，老子下面站着"碧眼胡僧"，据推测是菩提达摩（Bodhidharma）[③]。对我们来说更有意思的是图中画出了两条经络这个事实。此处我们不能对"督脉"和"任脉"这两条属于医学生理学上很重要的奇经八脉的经络展开讨论，因为必须把它们放到第四十四章讲针灸的适当地方去讲。但这二条经络作为"面"部的两条曲线非常清楚地出现在图中，督脉

---

① 我们非常感激北京的艾黎（Rewi Alley）先生向我们提供这个红黄两色的拓片。此图连同一个非常相似的彩色画卷曾被鲁雅文［Rousselle（1, 4a, b, 5）］翻印在好几种书刊上加以讨论。他的论述很值得一读，但受佛教和印度瑜伽的影响颇大，所以他按照（20 世纪）20 年代在北京接纳他入门的一个诸说混合论团体的教义，几乎完全是从冥想方面的术语来进行解释的。这根本没有充分反映出整个内丹传统。

② 关于织女和牛郎这两颗星，即织女一（Vega）和河鼓二（Altair），参见本书第三卷 p. 282 及其他各处。

③ 关于所有这些问题，我们只能参考鲁雅文的著作，见前引书。评论参见 Schipper（5）。

117

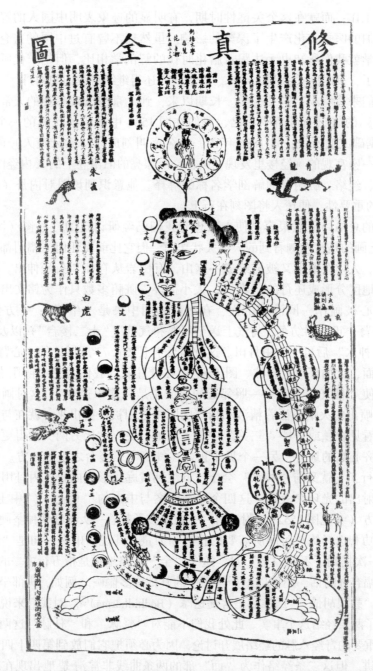

图 1588　20 世纪 20 年代成都的一张大幅版画《修真全图》。它将 10 世纪《明镜图》（图 1551）中的大宇宙成分同《内经图》（图 1587）中的道教生理学结合了起来。对细节的简短解释见正文。我们的这张版画是 35 年前范午先生赠送的一件珍贵礼物。

越过头顶而下行，止于上颌牙齿之上的上颌骨接合处正中点，任脉上行，止于颏部①，其起端绘有一气海②。

作为上述话题的结束，我们出示一张 1922 年由一个叫端甫的人在四川成都印制的大幅版画③。在这张版画中我们再次见到了人体小宇宙，但现在不完全是矢状切面或正面，而是呈莲花坐④，却又可以称为侧面向右回顾（passant regardant）的姿势。版画（图1588）的图名在目前这个上下文中具有特别重要的意义——《修真全图》。此图总的思想与《内经图》差不多，但比《内经图》原始，而且受佛教的影响甚至更大。一眼就能看出，肺叶气管叠环，被佛教化为一朵覆在心脏之上的莲花，而两只肾脏在右下方底部。可是此图最有趣的地方是它把《内经图》体系同《明镜图》（图1551）中的大宇宙成分，尤其是代表人体阴阳气液不断循环变化的一连串月相结合了起来，甚至在脊柱上标明全年所有二十四节气的名称⑤。出现"精气"提升机构（参见本册 p. 108）是一个非常古老的特征，"鹿车"、"羊车"和"牛车"约位于"三关"处。象征四个方位的动物（"四象"），按照道教内丹术，显眼地列于上部两侧。但在别的地方有许多带有某种佛教性质的意象。例如身体底部被描绘成一柄利刃，利刃附近是一匹马及骑马的人，我们被告知愚人骑上这匹马奔向死亡，而圣人骑上这匹马则变成神仙——这反映在利刃正上方标注的那句名言中，即："顺则死，逆则仙。"⑥ 就在此名言旁边有一把展开着的扇子，上书九个佛教地狱的名称。再往上是肾和心，以两个男孩表示，各标有一个合适的卦，自然是把"乾"卦放在黄庭；但是两侧（还有图中别的地方）都有一些复杂而又怪僻的字，这些字就是印刷体的驱邪符。最后，一个不同于《内经图》的特征是医学术语用得多，不仅指出了督脉和任脉，还指出了一些穴位。而且在周边的说明文字中还有遗存的更早的解剖学描述，从中甚至可以发现提到了各器官的标准重量。虽然内丹小宇宙带上了如此浓重的佛教色彩，但这些说明文字仍包含并阐释了《黄庭经》中的若干经文。

为了显示古往今来大小宇宙模式的连续性并作为上面对《修真全图》讨论的一个补充，我们在图 1589 中翻印了《内金丹》⑦ 里的一页，该书部分完成于 1615 年，刊行于1622 年。这里人体又被描绘成由四周月相环绕，参与永无止息的阴阳循环。它也许可以在年代上把《金丹大要图》和《修真全图》联系起来。

另一位我们可以认为属于 13 世纪初的作者是西岳（华山）窦先生，他写了一篇对话体的短文，题为《西岳窦先生修真指南》⑧。这篇短文特别有趣的是其中包含着种种

---

① 这两条经络详见朱琏的著作 [（1），第 339 页对面]，其中有抄自明代一本书的图；又见 Soulié de Morant（2），pp. 185 ff. 。

② 这两条经络在鲁雅文的解说中作为"光循环"（circulation of the light）的路线很突出。这是晚出的冥想术语。经典学说见 Lu Gwei-Djin & Needham（5），pp. 48 ff. 。

③ 这是我友人范午先生于 1943 年赠送给我们的。对于今天依旧在为人们所阐释的这种活传统的解说，见陆宽昱 [Lu Khuan-Yü（4）] 翻译的赵避尘《性命法诀明指》（1963 年台北刊印）。

④ 参见下文 p. 266。

⑤ 见本书第三卷中的表 35 和 pp. 404—405。

⑥ 这让人一见就会联想起古老的"还精补脑"法（参见 pp. 30，197 ff. ），或至少使人认真想一想就会想到此法，它完全是从气的方面设想的，属于佛教戒律（vinaya）独身的范围。

⑦ 我们马上（下文 p. 124）又要讲到此书。

⑧ TT 260，卷二十一，第一页起。

119

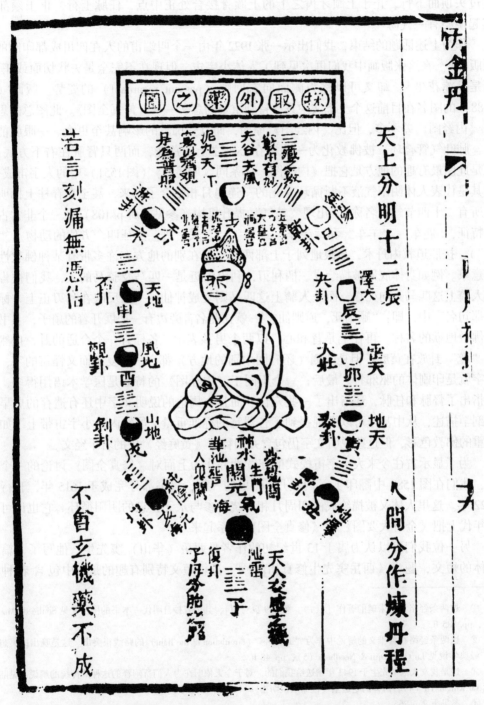

图1589　刊行于1622年的《内金丹》里的一幅小宇宙图。图名为《采取外药之图》，参见图1546。真人四周环列着十二月相，各配有一个《易经》中适当的重卦。列出这些月相是为了指导丹法实践。《内金丹》第十九页。

生殖理论①，使人联想起亚里士多德的精液和月经血作用的概念，不过没有与之相关的形式与物质的哲学②。窦先生说，此二者为造化之物，如果父精先进到母血，那么父精就会被母血包裹而生成男孩，但是如果母血先进到父精，那么就会出现相反的情况而生成女孩。然后他详细叙述了身体各器官结构在男女胚胎十个月发育期间形成的先后顺序，每一先成的器官结构各负责下一器官结构的形成。接着他又列举了"七返"所必需的"七宝"，即"神"、"气"、"脉"（脉管和神经）、"精"、"血"（血液）、"唾"（唾液）、"水"（器官之液）。他说："水盛能生唾，唾盛能变血，血盛能炼精，精盛能补脑，脑盛能壮气，气盛则神全矣"。最后他加了一些生理空间和时间的计量单位，并在结尾处对内丹行气术作了概括。

　　《修真十书》的组成部分还有两个，但并非是最不重要的。在我们认为是1250年之前不久的某个时间，萧廷芝编撰成一部有价值的著作，题为《金丹大成》。这部著作在《修真十书》中占了五卷③，所以猜测他本人就是整个《修真十书》的编辑者恐怕并不为过④。这部书一开首是一幅太极图、一些图谶结构和一个幻方。接着是一首《橐籥歌》，有一幅令人感兴趣的寓意画加以说明，此画翻印在图1590中。这里我们见到人体被表现为一个鼓风皮囊，真汞之龙升于左，真铅之虎降于右⑤。日月标注清楚，但位置颠倒了。内丹处于中央，上有两个拟人化的图形，一男一女⑥。不过萧廷芝书中也 **121** 许最有用的部分是下面的内容：一个采取问答形式的系统术语汇编，汇集了内丹中使用的主要术语和隐名，它确实使人联想起梅彪主要是为外丹而编集的《石药尔雅》（本卷第三分册 p. 152）。其余大多为诗歌，是阐释内丹理论与实践，尤其是内丹技术中"火候"的重要性。《金丹大成》里还有一篇令人感兴趣的论文，是谈阅读《参同契》的，而书尾则是对10世纪崔希范《入药镜》的注解。最后为了使我们对《修真十书》的介绍趋于完整，我们可以提一下元代论志焕撰写的一部著作来作为结束，它是论志焕按照王志谨的教导而写成的，主要是讲道教志士的心理。这部著作 **122** 就是《盘山语录》⑦。它虽然带着一点佛教的特征，但对于了解后期内丹冥想修炼法，包括成就测验的例子，还是有所帮助的，其心理理解的程度也是相当透彻的。

　　这样我们现在已经纵观了大量修真类文献，从中寻找能帮助说明内丹体系的线索。只要再作几点补充，我们就可以开始讲其历史起源的问题了，然后再更加仔细地对各种特定的实践依次作一简短的审视。

---

　　① 本书在第六卷关于胚胎学的那一章里，我们可能会有机会再谈到这篇短文。该文开篇先说明脏腑与五行的关系和进行详细的大小宇宙对比。

　　② 见 Needham（2）。

　　③ *TT* 260，卷九至卷十三。

　　④ 萧廷芝的地位特别有意思，因为虽然他本人很明显是一位内丹家，但却直接师承1225年一部关于丹房装置的杰出书籍的作者之一彭耜［参见陈国符（1），下册，第441页］。而彭耜则出自白玉蟾门下，白玉蟾又是一位内丹家。这个情况我们已经指出过了（本卷第三分册 p. 203，第四分册 p. 275），它肯定意味着这几位道士是内外丹同时兼修或至少是在其一生的不同阶段中修炼内外丹的。

　　⑤ 参见上文 pp. 29, 30, 66。

　　⑥ 整个画颇似图1579中复制的那幅张伯端的图，两者都包括有龟蛇，在这里龟蛇为阴阳的象征。

　　⑦ *TT* 260，卷五十三。

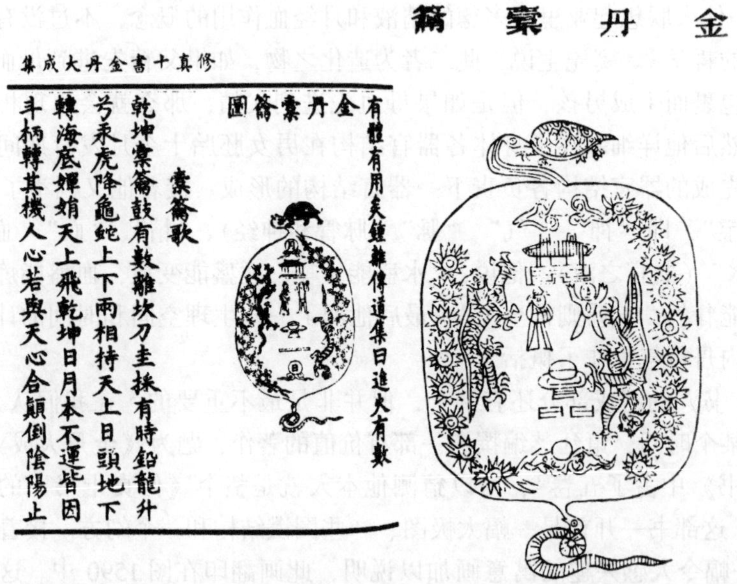

图 1590 《金丹大成》中的一页，13 世纪初萧廷芝撰，并在不久之后被收录于《修真十书》（*TT* 260）卷九，第七页。这一页上有《橐籥歌》，并排的是一幅将人体描绘成一个鼓风皮囊的寓意画。对其象征意义的简短解释见正文。左图：采自《道藏》；右图：采自《道藏辑要》昂集四，第八页。

读者将会明白，这一切并不是没有大量的古典哲学作为后盾的，因为一些方面如宇宙生成论和大小宇宙说[1]方面的进一步发展，就是以古典哲学为起点的。在《云笈七籤》中有这样一篇对于内丹体系十分重要的论著，虽然它作为一个独立的实体已从《道藏》本身佚失了。这篇论著即是 8 世纪下半叶一位佚名的作者撰写的《元气论》[2]。马伯乐曾从中提取出一些关于宇宙卵和人之元气与形成世界之宇宙元气的平行关系的有趣命题[3]，所以此处只要再进一步加引几段引文就够了。下面这段文字显示了原文的风格：

> "元气"没有称号，但当变化生出万物时就有了"名"。"元气"包含着变化和生成"异类"（事物）的双重过程。这种双重包含没有征象，因为"气"是一元的，然而它可以被视为一切原始差异的居所。当"形"产生时，就树立了万名，认识了其外在特征，所以可以说"无名"为天地之始[4]，而"有名"则是万物之母。永远没有欲望的人能看透个中的奥妙，但抱有先入之见的人只能看到一些浮面的东西。这些东西仅仅是外表，而奥妙存于内里，内里是一切事物的基础。外表相当于开始，开始可以称为"父"，而奥妙可以称为"母"[5]。这就是"道"。[6]

① 我们所知从内丹角度对此说最详尽的阐发，是在王惟一撰于 1294 年的《道法心传》中。它包括了许多阴、阳、气方面的气象学思辨和解释（*TT* 1235 和《道藏辑要》）。不要将这位道士和更有名的那位 11 世纪的同名医生搞错。

② 《云笈七籤》卷五十六。

③ Maspero (7)，p. 207。

④ 使人联想起一些佛教哲学学派所讲的"无"，因为"无"中充满了一切潜在之物。

⑤ 注意典型的道家女性优先观。

⑥ 《云笈七籤》卷五十六，第三页，由作者译成英文。

〈元气无号，化生有名，元气同包，化生异类。同包无象，乃一气而称元，异居有形，立万名而认表。故无名天地之始，有名万物之母。常无欲以观其妙，常有欲以观其徼。徼为表，妙为里。里乃基也，表乃始也。始可名父，妙可名母，此则道也。〉

作者旋即描述了每个人天赋的纯宇宙之气几乎像"照亮一切生在世上的人的光"一样，是如何因时间和衰老这开始笼罩的"牢狱之阴暗"而变得黯然失色的①。

《上清洞真品》说②："人出生时，他的精神和肉体（'神形'）禀承了天地的元气，他的阴液和阳精（'液精'）接受了'元一之气'。当天'气'消耗和败坏时，'神'就会分散。当'地'气亏缺和衰落时，'形'就会害病。当元'气'减损和退化时，寿命就会穷尽。因而（聪明的）皇帝使用'回风之道'③，反对身体中的自然流向，他们向上补脑（'补泥丸'），向下增强元'气'。脑充实了，'神'就完善；'神'完善了，'气'就圆满；'气'圆满了，'形'就完整；'形'完整了，百'关'就调和于内，八'邪'就消退于外。'元气'充实（于身体），那么髓就凝固成骨骼，肠就（提供）转化为肌肉和神经（的手段）。这样一切都被纯化（和恢复），真'精'、元'神'和元'气'没有从精神和肉体中丧失，所以（那些聪明的皇帝）能获得长生（不死）。"④

〈《上清洞真品》云：人之生也，禀天地之元气为神、为形，受元一之气为液、为精。天气减耗，神将散也；地气减耗，形将病也；元气减耗，命将竭也。故帝一回风之道，溯流百脉，上补泥丸，下壮元气。脑实则神全，神全则气全，气全则形全，形全则百关调于内，八邪消于外；元气实则髓凝为骨，肠化为筋，其由纯粹真精、元神、元气不离身形，故能长生矣。〉

再往下，作者更加确切地讲到了其中的一些技术。

仙经上说："人的寿命取决于人自己。一个人如果能保存'精'和获得'气'，寿命就可以永无穷尽。"仙经上还说："保养'形'，不要进行（有害的）劳作，保存'精'，不要进行（有害的）摇动，恢复'心'的恬静和安宁。那样就可以获得长生。"生命力和寿命的根本就在于此道。虽然一个人能做呼吸训练（"呼吸"）、习练体操（"导引"）、从事慈善活动（"修福"）、倡导或帮助公益事业（"修业"）及习练千万种其他的经验知识技术，甚至于得以服食高贵的药（长生不老药），但是如果他不知道元一之道（"元气之道"），那对他也毫无益处。他就会像一棵树只有繁枝茂叶，却没有适当的根柢，因而不能持久。难道他不像一个通宵享受音乐舞女之乐而又尝尽一切口腹之欢的人吗？那些东西对他毫无益处⑤。

〈仙经云：我命在我，保精受气，寿无极也。又云：无劳尔形，无摇尔精，归心静默，可以长生。生命之根决在此道。虽能呼吸导引、修福修业、习学万法、得服大药，而不知元气之

---

① 像我们已经看到过（上文 p. 47）的那样，这一自然禀赋被认为是由三部分组成的。
② 现在的《道藏》中没有一部正好叫《上清洞真品》的著作，不过有八种书的书名是以"上清洞真"这四个字开头的。
③ 还丹的另一种说法。参见陈国符（1），下册，第436页。
④ 《云笈七籤》卷五十六，第八页，由作者译成英文。
⑤ 《云笈七籤》卷五十六，第十一页，由作者译成英文。

道者，如树但有繁枝茂叶而无根亥，岂能久活耶？若以长夜声色之乐，嗜欲之欢非不厚矣，卒逢夭逝之悲，永捐泉垅之痛，是则为薄亦已甚矣。〉

这显然是在批评那些修习许多旁门小道而忽视逆流原则的人，因为内丹是使分泌物逆行而产生的。稍后我们又读到了这方面的内容。

124

　　"元气"是生死（的主要因素），而生死取决于房中之术。人必须效法保存之道，这样就能将"精"变成某种奇妙的东西；人必须使这"气"流动并循行不息，毫无障碍和阻塞。俗话说："流动的水不会发生腐臭，常用的门不会被虫蛀蚀。"① 那些懂得玄妙中之玄妙的人知道，一男一女可以共同恢复（他们的生命力），两者都能成为仙人。这真可以称之为道的奇迹。仙经上说："一阴和一阳构成道，三元和这两种成分的结合就是内丹（'三元二合谓之丹'）。逆流而上以补脑，这叫做"还精"。"精"变化为元"气"，这叫做"转"（循环转化中的一次转变），一"转"就等于一"易"和一"益"②。每一"转"意味着延长寿命一"纪"③。每九"转"意味着延长寿命一百零八岁④。

　　〈元气者，命卒也；命卒者，帷中之术也。以存道为法，化精为妙，使气流行，运无阻滞，是故"流水不腐，户枢不蠹"。若知玄之又玄，男女同修，夫妇俱仙，斯谓妙道。仙经云：一阴一阳谓之道，三元二合谓之丹，溯流补脑谓之还，精化为气谓之转。一转一易一益，每转延一纪之寿，九转延一百八岁。〉

　　因而仙经上说："阴阳之道就是珍视阳'精'（如精液的精）和阴'液'（如唾液的液）。如果将这两样东西谨慎地守护好，那么就可以获得长寿"。仙经上还说："如果你要想获得长寿，你就应当注意生命之门，凡是漫游和居处，前进和后退，运动和静止，离去和留下，这一切分寸适度便可延长生命，并治愈所有的疾病。"⑤

　　〈仙经云：阴阳之道，精液为宝，谨而守之，后天而老。又云：子欲长生，当由所生之门，游处得中，进退得所，动静以法，去留以度，可延命而愈疾矣。〉

对此我们可以用《性命圭旨》中一幅内丹家的画像（图1591）来说明。

　　在这里，在我们介绍的末尾，我们可以指出一个奇怪的情况，即在其著作中逐渐形成一种象征表示法的是内丹传统而不是外丹传统⑥。上文 p.85 曾提到过出现在 8 世纪后期梁丘子注《黄庭内景玉经》中的某些奇怪的小图形。这些图形没有解释，但我

---

① 这句话早期出现于《吕氏春秋·尽数》（约公元前 240 年）（上册，第 25 页）。
② 这两个术语在紧接着的一段文字中被解释为是指呼吸训练的好处。
③ 即一个木星周期；见本书第三卷 p.402。
④ 《云笈七籤》卷五十六，第十二页，由作者译成英文
⑤ 《云笈七籤》卷五十六，第十三页，由作者译成英文。
⑥ 关于从希腊化时代起西方原始化学、炼金术以及化学中象征的发展，见 Berthelot (2), pp. 104 ff. ; Zuretti (1) ; Partington (7), vol. 2, p. 769, (6) ; Sherwood Taylor (11) ; McKie (2) ; Walden (2) ; Gessman (1) ; Cordier (1) ; Ruska (11), pts. 2, 3, 4 ; Poisson (1) ; Lüdy-Tenger (1).

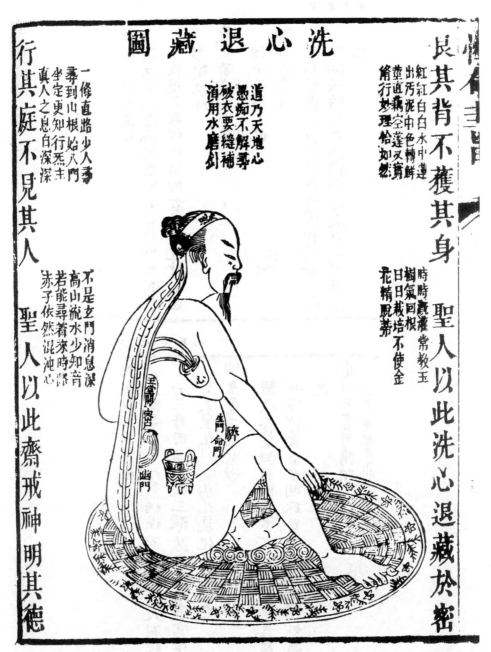

图1591　《性命圭旨》（1615年）第十四页的一位内丹家。那五首诗是讲道教解剖学和生
　　　　理学的一般原理的。注意精上升经由的脊柱通道和炼制长生不老内丹的腹中之
　　　　鼎。图题为《洗心退藏图》。

書十真修

散化五形變萬神
謂能變化黙聰明離形去智同於大道先
本後迹故假神托用神者隨應也散有五
形變萬神
是為黃庭曰內篇
因中而得名也
琴心三疊舞胎仙
琴和也三疊積也存三丹田使和積如一則
胎仙猶胎息之仙猶胎在腹有氣但無息
也

四第五十五卷

九氣映明出霄間
三田之中有九氣炳煥而無不燭大洞經
云三丹田三元及三洞房合為九宮宮中
有天皇九□變□為九氣化為九神也
神蓋童子生紫煙
觀照存思假目為事下文云眉號華蓋覆
明珠神蓋眉也明珠目瞳也紫煙精妙氣
也
是曰五書可精研
文因迹始專則之通

图1592 内丹中象征符号的可能起源；《黄庭内景玉经注》（梁丘
子注）第四、五页上的小图形。原经系5或6世纪之作，
注释是8或9世纪的。这个注本被收入《修真十书》（*TT*
260）。正文中没有提供关于这些小图形意义的线索。

五第五十五卷

上魂天分也下關地分也魂靈無形關元

有質人法天地形象

左為少陽右太陰

左東右西卯生酉殺

後有密戶前生門

前南後北密戶後二竅言隱密也生門前

七竅言藉以生也為九竅

出日入月呼吸存

日月者陰陽之精也左出右入身有陰陽

之氣法象天地之氣出為呼氣入為吸氣

書十真修

詠之萬遍昇三天

精備神充名上三清

千災以消百病痊

精神俱故也

不憚虎狼之凶殘

無餘傷也　菜十一

亦以却老年永延

唯此一章都説黃庭之道也

上有章第二

上有魂靈下關元

四

图1592（续）

图 1593　内丹中的象征符号；1622 年的《内金丹》中的两页（第五、六页）。这一章讨论了先天禀赋与后天影响心身统一体的各种变化及偶然性之间的不同之处。全段文字的措词与上文 p. 46 所译孙一奎的那段文字非常相似，讲述了"元气"如何变成普通的呼吸气，"元精"如何变成交感精，以及元神如何"蒙上了惨白的一层思虑的病容"。其中的象征并非点缀物，因为它们不是总出现在用标点点开的地方。右面一页上端的第一个象征似乎是表示"元神"和"元精"，因为它是在提到此二者之后随即就出现的，但我们未发现原文有哪一部分对这些象征的意义作了解释。在左面一页上，先天始气被叫做"金丹之祖"，它是真人必须设法重新获得的。在下一行中，不让精液和唾液泄漏的"未漏"原则（参见下文 p. 252）被称为"金丹之母"，但那时，即 17 世纪初，"未漏"很可能已经是指陷入冥想或禁欲中，而对现世之事不闻不问的"密封人格"（hermetically sealed personality）了。

们在图 1592 中对其作了说明。接着过了很久以后，陈泥丸①在他 1622 年的《内金丹》（部分撰于 1615 年）中使用了另一个象征体系，我们在图 1593 中翻印了其书中的两页。

　　此书为后来之作，属于一个深受佛教影响的学派，因而其实践大概仅限于冥想和一些行气术。不过它的用语仍然极具道教色彩。书的作者（或作者们）利用编在正文里的一套象征，约二三十个，将它们用作一种使信徒想起基本概念的符号。它们之所以为符号是因为它们重复出现了多次。图 1593 中的这段原文是第一章，章名为《先后二天论》。总的看来，似乎这些符号中的白色小圆点代表阳，而黑色小圆点代表阴。

128

————————————

① 也叫伍冲虚，两个名字显然都是化名。

从右面一页章名后第二行顶端开始，我们看到一个符号，据说是表示"先天元气"，而其底部的小圆点，左边一个表示"元神"（阳），右边一个表示"元精"（阴）。倒数第二行较低的地方有一个符号，只表示"先天元气"。而在最后一行我们见到两个象征符号，顶端那个被解释为表示"后天呼吸之气"，有阴阳两种成分，下端的那个则表示独自不能上升形成内丹，而需行气术之气"以成其能"的"元气"。在相邻（左面）一页上，我们首先（在第三行）又看到一个象征——样子有点像 £ 形，这个象征被说成是用以表示练功中能带来成功的先天、后天二气的结合，象征中的辐射线也许是指器官的"气液"（参见上文 p. 49），或是指"返"的次数（参见上文 p. 124）。第五行中间有一个符号，在某种程度上象征着业已作了这么多讨论的那些循环，事实上就是修炼者采集"元气"以构成内丹的基础（"金丹之祖"）——使"肾气"上升以便到时候能下降到黄庭，等等（参见上文 pp. 72，82）。最后在末了一行中有一个螺旋形象征，表示还未开始败坏的先天禀赋（"先天真一之气"）。像这类符号的使用普遍到了何种程度，倒是一个饶有趣味的问题，整个题目值得作更加仔细的研究，迄今为止的研究是不够的。

（3） 内丹的历史发展

内丹体系，即修炼内丹，始于什么？对于这个问题无法作出明确的回答，因为正如常说的那样，内丹体系的根源在于汉代以前道家的各种各样长生不死术。以前在我们的综述中[1]曾提到过卫德明〔Wilhelm (6)〕关于一篇周代铭文的著作。这篇铭文也许是公元前 6 世纪中叶的，刻写在玉片上，那些玉片原来可能是杖头饰物，铭文的内容是讲行气术和行气的[2]。因此证明内丹技术是在还未有任何明确的外丹或内丹概念之前很久就开始出现的。

又，在约公元前 290 年的《庄子·应帝王》中，有讲"凿破浑沌"（boring holes in Primitivity）的致命结果的寓言。我们先前曾对此提出一种解释，将其看做是对阶级分化过程和形成私有财产的社会批判[3]，不过"元块"（uncarved block）显然也可以指隐居的方士习练不动心[4]和保养生命力，实际上多数注译者就是这样理解的[5]。"浑沌"一词写法很不固定，"Primitivity"是它的英译，我们在《庄子》书中另一个有趣的地方（《天地》）也碰到这个词。孔子的弟子子贡到南方楚国游历，遇见一位老农拒绝使用桔槔来灌溉作物，一定要费力地从井里一桶桶地提水。这种道家的反技术情结我们在较早的时候[6]曾作过相当充分的探讨，但此处让人感兴趣的是子贡回去时他老师所发的议论。

回到鲁（国），他把这次会见和谈话的经过告诉了孔子。孔子说："啊，那个

---

① 本书第二卷 p. 143。

② 这我们在下文 p. 142 马上又要提到。

③ 本书第二卷 p. 112。

④ 参见本书第二卷 pp. 63 ff. 。

⑤ 例如 Legge (5)，vol. 1，pp. 266—267；Waley (4)，pp. 43 ff. ，116 ff. ；Fêng Yu-Lan (5)，p. 141；Watson (4)，p. 95。

⑥ 本书第二卷 pp. 124 ff. 。

人是假装修炼'浑沌氏之术'的！他知道一，但不知道多。他能控制内心世界，但不能控制外部世界。他（只）懂得什么是简单朴素和如何避免违反自然，他能返回到原始混一状态——肉体和精神不受扰乱地漫游普通人的世界。你很可能对他的异端邪说感到吃惊吧！不管怎样，在浑沌氏之术中你或我还能找到什么值得了解的东西呢?"①

〈（子贡）反于鲁，以告孔子。孔子曰："彼假修浑沌氏之术者也。识其一，不识其二；治其内，而不治其外。夫明白入素，无为复朴，体性抱神，以游世俗之间者，汝将固惊邪？且浑沌氏之术，予与汝何足以识之哉!"〉

这就是孔子的社会学行政观，但我们也完全可以把"浑沌氏之术"看做内丹的起源②。因为它们只能是那些构成本节主要内容的返本"还元"措施的雏形。一会儿（本册下文 p. 154）我们将再次引用庄周的著述，以证明他很了解行气术和导引术。

道家的主要宗祖当然是老子，关于老子我们早就作过很多介绍③，他是哲学家们的集合点，在后来的道教中又名列三清的第二位（图1594）。所以看看从所有道家经典中最伟大的一部——属于公元前 4 世纪的《道德经》中能汲取些什么，是很有意思的。看一下对于《道德经》的最早注释者④河上公来说此经的某些部分意味着什么，可以使我们了解到许多东西。河上公当是活动在约公元 150 年的一位作者，这样的推断还是相当可靠的，例如《淮南子》一书的注释大家高诱就知道河上公的注了。我们已经（上文 p. 25）自然地引用过"返回到婴儿期的状态"（"复归于婴儿"）一语，而下面的摘录确实将毫无疑问地证明，恢复和返老还童的思想，"元气"和"精"重要的思想在那些古代道家的头脑（和实践）中是很突出的。本书第十章中引了一些章句，但某些用语的意思，从我们在目前的上下文中正在了解的东西来看，会有一点细微的差别。让我们把《道德经》章句与注释交织在一起，这些注释大多是河上公的⑤。

132　　第二十八章

　　　知道雄，却固守雌的人

　　　会变得像溪谷一样，接纳天下万物。

　　　〈知其雄，守其雌，为天下溪。〉

　　　　　河：男性被认为是尊贵的，而女性被认为是卑下的。男人虽然可以达到尊贵，但只能靠卑下来保有尊贵。要避开男性的强健，采取女性的柔弱，谁能这样做，整个帝国就会自动地投入到谁的怀抱里来，好像水滔滔不绝地流入深深的溪谷一样。

---

① 由作者译成英文，借助于 Legge（5），vol. 1，p. 322；Elorduy（1），p. 86；Jabloński, Chmielewski *et al.*（1），pp. 149—150。本书第二卷 p. 114 对此段文字有较充分的解说。

② 古拉多特［Girardot（1）］对此进行了一番精细而有趣的考察。

③ 见本书第二卷 pp. 35 ff.。

④ 指其注文流传下来的最早注释者。

⑤ 我们的译文是以何可思［Erkes（4）］的译本为基础的，其中的"河"指河上公，"弼"指王弼（公元226—249 年）。参见本书第二卷 p. 432。《道德经》正文就所引用的而言是完整的，但注文有时作了节略。

图1594 自题雕于公元719年的老子造像，现存太原的山西省博物馆内（原照，摄于1964年）。该处原为道观，观名纯阳宫，始建于唐代，是供奉吕洞宾的，因而又名吕祖庙。造像底座背后有道教四大弟子和九位施主的姓名和画像。

〈雄以喻尊，雌以喻卑。人虽自知尊显，当复守之以卑微。去雄之强梁，就雌之柔和，如是则天下归之，如水流入深溪也。〉

弼：所以圣人不出头露面，但却总是被推举到前面。

〈是以圣人后其身而身先也。〉

（由此）永恒的德从不漏失[1]。
这就是返回到婴儿期的状态。……

〈常德不离，复归于婴儿。……〉

河：人必须始终有意于变得像个小孩一样，（貌似）[2] 非常愚蠢，毫无（处世）知识。

〈复当归志于婴儿，蠢然而无所知也。〉

第五十五章

具有厚德的人可以比作婴儿。

〈含德之厚，比于赤子。〉

河：一个人含怀深厚的道德，神明便会保佑他，就好像是在保护孩子似的[3]。

〈谓含怀道德之厚者。神明保佑含德之人，若父母之于赤子也。〉

毒虫不会叮咬他，
猛兽不会抓扑他，
鸷鸟不会搏击他。

〈毒虫不螫，猛兽不据，攫鸟不搏。〉

河：婴儿不会伤害任何生物，任何生物也不会伤害他。在太平无事的世代，人们既不受尊敬，也不受鄙视，人人都有仁慈之心。有刺的生物于是就把它们的本性倒反过来[4]，有毒的蛇也不伤害人。

〈赤子不害于物，物亦不害之，故太平之世，人无贵贱，皆有仁心，有刺之物，还反其本，有毒之虫，不伤于人。〉

弼：婴儿毫无追求，毫无欲望，对其他生物毫无侵犯，因此危险的动物对他也毫无侵犯[5]。

〈赤子，无求无欲，不犯众物，故毒螫之物无犯于人也。〉

---

[1] 这个常满的储蓄器的意象肯定跟后来关于最大限度地保存生命之液的内丹固定观念有联系。

[2] Waley (4)，p. 178；Erkes (4)，pp. 57 ff.。参见本书第二卷 p. 58，那里有整章的引文。

[3] 这也与早期道教中非常突出的准巫术性刀枪不入的主题有关。参见本书第二卷 p. 140。

[4] 也许我们这里看到的是内丹中可逆和颠倒主题的起源之一。

[5] 这使人想起《以赛亚书》(Isaiah) 的伟大幻想："豺狼必与绵羊羔同居，豹子与山羊羔同居……在我圣山的遍处，这一切都不伤人，不害物……" (11.6)。

他的骨头屏弱，
他的筋肉柔软，
然而他握物却很牢固。
他对男女结合还一无所知，
然而他的阴茎有时却会勃起，
表明他的生命力已完善①。

〈骨弱筋柔而握固。未知牝牡之合而朘作，精之至也。〉

　　河：婴儿握物握得牢是因为他的（无意识）意向专注于物上，他拿定主
　　　　意不改变。其生殖器的兴奋是由精充足引起的②。

　　　　〈赤子筋骨柔弱，而持物坚固，以其意心不移也。赤子未知男女之合会，而阴作
　　　　怒者，由精气多之所致也。〉

　　弼：就像具有厚德的人一样，没有任何东西能减损这种德或改变其原始
　　　　的柔弱（"渝其真柔弱"）。他不争强好胜，因而没有东西能摧折他。

　　　　〈言含德之厚者，无物可以损其德、渝其真。柔弱不争而不摧折，皆若此也。〉

他可以整天啼号而声音不会嘶哑，表明他的和谐已达到。

〈终日号而不嗄，和之至也。〉

　　河：这是和气充足引起的③。

　　　　〈和气多之所致。〉

　　弼：他心中没有争强好胜的欲望，所以他能够大叫大嚷而不会疲劳。

　　　　〈无争欲之心，故终日出声而不嗄也。〉

懂得这种和谐就是（懂得）经久不衰的（生命力），懂得经久不衰就是明白事理。

〈知和曰常，知常曰明，〉

　　河：如果一个人能知道和气的柔弱，这和气就会对他有用③。如果一个人
　　　　能知道道的经久不衰的循环，那他就会日益明白事理而通达玄妙④。

　　　　〈人能知和气之柔弱有益于人者，则为知道之常也。人能知道之常行，则曰以明
　　　　达于玄妙也〉

　　弼：既不洁白，也不乌黑，既不太凉，也不太热，这就是经久不衰⑤。无

133

————————

① "精之至也。"当然，此处韦利译作生命力即"vitality"的这个字就是我们熟悉的"精"字。
② 注意已经坚决主张珍惜宝贵的体液了。
③ 这是很清楚地指"气"的重要性和指行气术。
④ 大概是指身体中的"气"循环，这一思想后来得到高度发展和系统化。
⑤ 我们也许可以把这看做是对现代生理学已经揭示的内环境稳定情况和恒温情况（参见本书第四卷第二分册 p.301）的一种出自直觉的高明欣赏。

形的东西是抓不住的，而能够看出它来就是明白事理①。

〈不皦不昧，不温不凉，此常也。无形不可得而见，曰明也。〉

扶助生命力，人就（能）变得日益快乐。

〈益生曰祥，〉

　　河：指持久的快乐。扶助生命力就是日益增强长寿的意愿②。

　　〈祥，长也。言益生，欲自生日以长大。〉

心（能）使气变得一天强似一天。

〈心使气曰强。〉

　　河：心尤其应当调和柔弱，那么气才会真正地留居在它里面，而身体也
　　　　会变得日益温柔。相反，如果做出错误而暴烈的事情，那么和气就
　　　　会从内部消失，而身体也会变得日益冷酷。

　　〈心当专一和柔，而气实内，故形柔。而反使妄有所为，和气去于中，故形体自
　　　以刚强也。〉

万物都是先变得强壮，然后才逐渐衰败，
这叫做"无道"，
凡是无道的东西都很快就会完结③。

〈物壮则老，谓之不道，不道早已。〉

　　河：生物达到生长的顶点后就开始枯萎和衰老。枯萎和衰老了的东西是
　　　　还没有得道。凡是没有得道的东西都很快就会死亡④。

　　〈万物壮极，则枯老也。老不得道。不得道者，早已死也。〉

第十章
你能维持魂和魄⑤，
紧抱住统一而永不分离吗⑥？

〈载营魄抱一，能无离乎？〉

　　河：人通过维持魂魄得以生存。喜悦和愤怒会驱走魂，突然受惊会损伤

---

① 从此处起译文开始背离本书第二卷 p. 140，因为河上公注释的文本与韦利及其他现代学者所用的略有不同。

② 这又是内丹的根源之一。

③ 这句话清楚地说明战胜老年和死亡的道家技术是有的或可以有的。

④ Waley（4），p. 209；Erkes（4），pp. 97 ff. 。参见本书第二卷 p. 140。

⑤ "魄"原来是指"精"。"魂"更多地与"气"相关。这样，我们此处就有了内丹三元中两元的最古老的形式。

⑥ 关于古代中国思想中"魂魄"和身体各部分的分离及其与肉体不死观念的关系，见本书第二卷 p. 153 的论述，更详细的见第五卷第二分册 pp. 85 ff. 。

魄。魂居住在肝里，魄居住在肺里①。所以过多地享用美酒佳肴是危
险的，因为它会损害这两个器官。为了使魂平静，必须保持镇定，134
努力求道，让魄安宁就是延年益寿。抱住统一并能使其保存在身体
之中的人将会永远存在。

〈人载魂魄之上得以生，当爱养之。喜怒亡魂，卒惊伤魄。魂在肝，魄在肺，美
酒甘肴伤人肝肺，故魂静志道不乱，魄安得寿延年也。言人能抱一，使不离于
身，则长存。〉

在集中气时你能使之柔和，
如同小孩的气一样吗②？

〈专气致柔，能婴儿乎？〉

河：如果能闭住气息而又不让自己变得迷乱，那么身体就会跟着变得柔
顺。如果能像一个小孩一样，内心天真无畏，外面没有暴力行动，
那么精神就不会逃离。

〈专守精气，使不乱，则形体能应之而柔顺。能如婴儿，内无思虑，外无政事，
则精神不去也。〉

你能净化（心灵）并减少心中的杂念，
（坐着面带）阴沉的神色③而毫无瑕疵吗？
你能爱民治国而又仍然不为人知吗？

〈涤除玄览，能无疵乎？爱民治国，能无知乎？〉

河：主张实行这类技术的人应该保存自己的气，那么身体就会得到完善。
他应该吸入和呼出气而让耳无所闻。治理国家的人应该热爱人民，
使国泰民安。他应该传布德行并广施怜悯而不让任何人知道。

〈治身者爱气则身全，治国者爱民则国安。治身者，呼吸精气，无令耳闻也。治
国者，布施惠德，无令下知也。〉

你能在开启和关闭天门中，
始终扮演女性角色吗？

〈天门开阖，能为雌乎？〉

河：在这类技术中，天门是指鼻孔，开启是指使劲呼吸，关闭是指呼吸。
在这类技术中，人必须像一只雌鸟一样，安静柔弱。

〈治身，天门谓鼻孔，开谓喘息，阖谓呼吸也。治身当如雌牝安静柔弱。〉

你能以思维通达全国各地，

---

① 注意这早期出现的道家解剖学和生理学内容。
② 原文所用的词语是“婴儿”，它后来成为最典型的内丹术语之一。
③ “玄览”，是一个术语，表示冥想入静中脸上那种出神的样子。

而又决不采取违反自然的行动吗？

〈明白四达，能无为乎？〉

> 河：道像日月一样辉煌，它通达四方，布满于世界八极之外①。所以说："你要是举目寻找它，什么也看不见，你要是侧耳倾听它，什么也听不到"②。

〈言道明白如日月四通，满于天下八极之外，故曰视之不见，听之不闻。〉

（所以）关于万物我说：
要培育它们和饲养它们，
养育它们而不是据为己有，
管理它们而不依赖它们，
做它们的首长而不统驭它们，
这就叫做不可见的德③。

〈生之、畜之，生而不有，为而不恃，长而不宰，是谓玄德。〉

> 河：道产生万物并养育它们，即使有所施与，道也不期望回报。道使万物生长，但不统治它们，所以它们成为其手中的工具。道和德玄妙而不可见。努力求德的人，他的心就像道的心。

〈道生万物而畜养之。道所施为，不恃望其报也。道长养万物，不宰割以为器用。言道行德，玄冥不可得见，欲使人如道也。〉

135　　第五十九章
统治人民，利用自然，
没有什么能比得上节俭。

〈治人、事天莫若啬。〉

> 河：人必须利用天道并顺应四时。以仁爱治国的人必须爱惜人民的财富，不能奢侈挥霍。实践这类技术的人必须爱惜精气，不能让它们漏逸出去。

〈当用天道，顺四时。治国者，当爱民财，不为奢泰。治身者，当爱精气，不放逸。〉

而节俭就意味着及早获得，
及早获得就意味着加倍积德，
加倍积德就意味着变得无往不胜，
变得无往不胜就意味着不知道穷极，
只有不知道穷极的人才能掌管整个王国 ——

---

① 这里让人觉得是含蓄地指大小宇宙。

② 这是引自第十四章的话。

③ 按第五十一章引用了这段精彩的文字，本书第二卷 p. 37 的引文就是来自该章。这段文字肯定是罗素（Bertrand Russell）对道教所作概括的来源："生产而不占有，行动而不逞强，发展而不支配，"（本书第二卷 p. 164）。

即便那样，除非他敬①母，否则也不能长久。

〈夫唯啬，是谓早服。早服谓之重积德。重积德则无不克。无不克则莫知其极。莫知其极，可以有国。有国之母，可以长久。〉

　　河：爱惜人民的财富，那么人们就爱好和平。爱惜精气，那么就可以及早获得天道。……国家和身体完全相同，而母就是道。一个人能够保护自己身体中的道，就可以使气保持轻松，五（脏之）神不受烦扰。那么他就能够长久。

〈夫独爱民财、爱精气，则能先得天道也。……国、身同也。母，道也。人能保身中之道，使精气不劳，五神不苦，则可以长久。〉

这就叫做树根深而树干固。
它是长生和永久感知②之道。

〈是谓深根、固蒂，长生、久视之道。〉

　　河：人可以把气看做树根，把精看做树干。树根如果扎得不深，树就会被连根拔起；树干如果不牢固，树就会倾倒。这就是说人应当把气深深地藏起来，把精牢牢地保存好，不让两者泄漏出去③。

〈人能以气为根，以精为蒂。如树根不深，则枝蒂不坚则落。言当深藏其气，固守其精，使无漏泄。〉

　　上述引文无疑本身就能说明问题。它们清楚地表明，到 2 世纪，对《道德经》中许多内容的解释已经预示了后来内丹体系的形成，而内丹之始大概年代还要早④。有些说法反复出现，我们现在能确定无误地辨认出来。其中当然有在第十章讲得很多的对女性承受性和顺从性的颂扬，还有一些关于没有权力欲和支配欲、没有占有欲、也不逞强的人力量巨大的难忘的话。但对我们来说，此处最引人注目的东西是对返回（returning）的强调，即婴儿期、儿童期甚至胎儿期身体清新和完美生命力的复归，复归到完完全全的婴儿期天真无邪的状态。在这方面，《道德经》并不是没有隐含的宗教信仰成分：神明的庇护，野兽的响应，魂魄的来去；但它对生理学领域里构成身体健康与和谐的要素也表示出相当大的直觉的欣赏。经中已有许多关于"气"和"精"的内容，但关于"三元"中位居第三的"神"的内容则少一点——不算第十章中讲到的"魂"。　136
对于个体悉心保存这气和液的重要性深信不疑是很清楚的，并且开始提到脏腑的生理学。此外还可见到对"老年病学上"实现真正返老还童的可能性所流露出的明显的信念，因

---

① 字面为"有"。
② 原文这两个字是"久视"。何可思不加解释地直译作"the permanen tview"，而韦利则译作"fixed staring"（凝视），因为他有一些证据表明这是一个术语，指一种诱导冥想入定的方法。我们宁愿把它看做是指"仙"的世间肉体不死中所蕴含的永久知觉。
③ 何可思［Erkes（4），pp. 220 ff.］与韦利［Waley（4），p. 213］的论述相去甚远。
④ 更早的汉代著述中偶尔提到这方面内容的地方一点也不难找。例如，在本卷第二分册 p. 111 所讨论的桓谭《望仙赋》（公元前 13 年）中就清楚地提到了行气术和导引术。见鲍格洛［Pokora（3）］的译文和论述。

为经中坦率地讲到了各种技术，而且充满乐观，信心十足。最后是许多关于大小宇宙对
应的内容，《道德经》本文一般倾向于（或声称是在）谈论人类社会的统治和国家的管
理，而河上公则冷静地将其解释为与个人身体有关——它至少是其中的一种意思。这在
最后引的那一章即第五十九章中尤为引人注目。根据这一切，回想起如下一点是很有意
思，也是很重要的，即魏伯阳很可能跟河上公正好是同时代人，所以从历史发展中找不
出任何理由来说明，为什么《参同契》（参见本卷第三分册 pp. 50 ff.）不该为第一部既是
关于原始化学的又是关于内丹的书。而实际上这已经是我们对此所下的结论了。

　　河上公约公元 150 年在世，但在介于他那个时代与《道德经》本身时代之间的好
几个世纪中，如果我们留心的话，还能够找到内丹起源的进一步证据。例如，在过去 7
年中长沙马王堆汉墓因为保存完好的软侯夫人尸体而闻名世界，这软侯夫人卒于约公
元前 166 年，葬在一号墓内，有丰富的随葬①。再晚近一点，软侯夫人一个儿子（卒于
公元前 168 年）的墓几乎变得同样著名，因为在他的墓（三号墓）里有大量的写本②。
这些写本包括《战国策》，其内容三倍于原先流传下来的文本，同时还包括许多迄今完
全不为人知的技术著作。一些写本是写在简牍上，包括一篇长生专论中的几段文字，
这些文字原先没有记载③，但是大部分写本是以卷轴形式写在帛绢上，并装在一个漆盒
内④。其中有两篇关于阴阳五行自然哲学的无题佚文，另外一篇关于相马的佚文、一篇
关于天文星占的佚文⑤，好几种《道德经》写本和道家、法家著作，以及一些内容与
《易经》完全相同的书。还有一些地图提供了汉代高超的制图技术的证据，使中国地理
学的历史为之彻底改观⑥。

137　　　这里对我们来说最有趣的佚书是医书⑦。有三种医书是关于气血管道（"脉"）的，
代表了后来《黄帝内经灵枢》中阐述的生理病理系统的一个较早阶段⑧。还有三种医书
是关于各种症候群和创伤的诊治的，有些内容非常广泛⑨。但是除了这些书以外，还有
一种关于长生饮食学的书和一种关于医疗保健柔软体操的书⑩。后者我们得推迟到内丹
导引史中的适当地方（下文 p. 156—157）再来描述，但由于饮食严格地说从来都不是
内丹的一部分⑪，所以我们在此可以将关于长生饮食学的书一笔带过⑫。该书尽管也没
有题目，可讲的内容是"却谷食气"⑬，从而属于我们以前详细谈到过的道士炼丹术的

---

① 见本书第五卷第二分册 pp. 303—304。
② 见 Riegel（1）。鲁惟一［Loewe（10）］评论了同一批写本，但也包括从别处获得的汉代写本。
③ Anon.（204）；Riegel（1）。
④ 除了关于宇宙论和宗教的著名彩饰楚帛书之外，它们是迄今在中国发现的最古老的帛书。
⑤ 主要讲行星的周期（讲得相当准确）和行星的影响。它给出了公元前 246 至前 177 年间的行星位置。
⑥ 见 Anon.（205）；Hsü Mei-Ling（1）；Riegel（2）；Bulling（16）。
⑦ 有夏德安［Harper（1）］所作的很好的综述。
⑧ 释文见 Anon.（196，197）。
⑨ 释文见 Anon.（199），说明见钟依研和凌襄（1）。
⑩ 复制于 Anon.（198，204）和王嘉芙（1），均有附图；参见下文图 1596、1597。
⑪ 参见上文 p. 31。
⑫ 释文和讨论见 Anon.（197）和唐兰（3）。
⑬ 当然"谷"即"穀"。

禁欲①。这样，内丹的根源在这批公元前 2 世纪的惊人写本中显得很明确。

接着在公元 1 世纪出现了王充（公元 27—97 年）这位中国的塞克斯都·恩披里柯（Sextus Empiricus）。虽然王充在多数问题上是一个十足的怀疑论者②，但他认为人的正常寿命是一百岁，并在其《论衡》中这样说了好几次③。《论衡》撰于约公元 82 年。而后来在公元 91 年 60 多岁时，他写了一部专论，题名为《养性书》，遗憾的是这部专论没有留存下来④。他作此书并不是因为他相信寿命可以延长到超过命中注定的期限，而是因为他承认合理服药和一些内丹技术有减轻老年病痛折磨和改善晚景的效力。因而：

> 他养气以自我保护（"养气自守"），为增进食欲而饮酒（"适食则酒"），闭目并塞耳（以杜绝一切外来的搅扰；"闭明塞聪"），爱惜精以守护自己的生命力（"爱精自保"），服药以佐使身体不离正道（"适辅服药引导"）⑤，希望借此得以尽享天年⑥。

〈养气自守，适食则酒，闭明塞聪，爱精自保，适辅服药引导，庶冀性命可延。〉

这样在东汉的此段文字里直接提到了三元中的二元 —— "气" 和 "精"，而 "神" 则隐含在第三句话里。显然当时已经在酝酿着几百年后成为权威性内丹表述的各种学说。　138

想想在老年 "因胃口不清而稍微用点酒" 的那位反对崇拜圣像的大哲学家是很有意思的 ——

> 葡萄酒啊，你是以绝对的逻辑
> 说破七十二宗的纷纭：
> 你是崇高的炼金术士
> 瞬时间把生之铅矿点化成金⑦。

方才我们曾又一次提到 142 年的《参同契》。约同期的另一部书是那部奇怪的道教经典《太平经》，此经已提到过⑧，因为在里面不仅可以发现早期外丹的痕迹，还可以清楚地发现一些内丹修炼的痕迹。同样，在仲长统撰于约 200 年的《昌言》一残篇中我们也发现有热情宣称相信行气对于免饥却病和延年益寿的价值的话⑨。不久以后，大概还远远未到公元 300 年，出现了论道教生理学和返老还童的诗体杰作《黄庭外景玉经》，对此在上文 p. 83 已作过讨论，其姊妹篇《黄庭内景玉经》后出，产生于 5 或 6 世纪。

---

① 本书第五卷第三分册 pp. 9 ff. 及其他各处。

② 本书第二卷 pp. 368 ff. 已作过详述。

③ 例如《气寿篇》和《齐世篇》，译文见 Forke（4），vol. 1，pp. 314，472。

④ 我们是从王充的《论衡·自纪篇》[译文见 Forke（4），vol. 1，pp. 63，82] 中得知有这部专论的。

⑤ 这里让人真想把 "引导" 二字调换一下位置而看做是指有益于健康的体育运动，但是除非原文有讹误，否则语法上是不允许的。

⑥ 由作者译成英文，借助于 Forke（4），vol. 1，p. 82。

⑦ 菲茨杰拉德 [Fitzgerald（1）] 译的数学家兼天文学家欧玛尔·海亚姆（'Umar ibn Ibrāhīm al-Khayyāmī，1040—1131 年）的《鲁拜集》（Rubaiyāt），第一版，第 43 首。

⑧ 参见本卷第四分册 p. 558 和第二分册该书相关部分。

⑨ 收录于《全上古三代秦汉三国六朝文》（全后汉文）卷八十九，第八页，辑自《抱朴子内篇》卷五，第六、第七页，译文见 Ware（5），p. 107。

139

图1595 在寇谦之活动之后一个世纪所立的石碑，碑文自题立于公元517年。此碑已经
具有诸说混合论色彩，因为正面是留着胡须的庄重的老子像，背面则是一个
放着一尊佛陀雕像的壁龛。出自富平东塬（原照，摄于1964年），现存西安
碑林。碑下部有道士和供养人的小雕像，其中许多人的名字尚依稀可辨，包
括一位道士李丑奴和一位太守李元安的名字。每一位都注有籍贯，而常见的
姓氏不仅有李姓，也有张、吕、刘三姓。

但在此之前有一个不应忽视的转折点，即公元415年第一位"道教教皇"① 寇谦之遇到的天神显圣。据《魏书》上说②，它标志着内丹修炼非性化③和更加强调其呼吸饮食之法过程中的一个阶段。在一次天神显圣中，太上老君（图1595）说（除了别的话以外）：

> "你必须宣布我的新戒律，以纯洁和改革道教。你必须除去'三张'④ 的假制度。租米⑤钱税以及'男女合气'之术——这样的事与不可言喻而又无形体的'大道'能有什么关系呢？首先你必须把社会中的个人行为准则作为（信仰的）基石（'以礼度为首'），再加上私下的服气调养和闭气炼气之术（'服食闭练'）。"⑥

然后太上老君命玉女（一位女神）与九疑山的长客之及另外十一位（真人）亲自教授（寇）谦之"服气"和"导引"之术。这样他就得以不食谷物（"辟谷"）、增强生命之气（"气盛"）、使身体轻灵（"体轻"）并达到身体健康状况和肤色的完美（"颜色殊丽"）。他的十来个弟子同时学到了这些技术。

〈"汝宣吾新科，清整道教，除去三张伪法，租米钱税，及男女合气之术。大道清虚，岂有斯事。专以礼度为首，而加之以服食闭练。"使王九疑人长客之等十二人，授谦之服气导引口诀之法。遂得辟谷，气盛体轻，颜色殊丽。弟子十余人，皆得其术。〉

因而，我们在这里同时看到三种情况，一是古代道教的儒家化；二是把道教组织作为一个传道的教会而不是一个革命运动的倾向；三是向反性行为势力的投降⑦。然而我们也看到了对正在产生内丹的传统长生不死术的再肯定。于是在6世纪第一次出现了实际上的"内丹"一词。

是韦利在一个有些出人意料的地方——佛教的《大藏经》中见到了这个词⑧。他在通读《南岳思大禅师立誓愿文》⑨ 时碰到了下面这段文字：

> 我现在要进山去沉思默念和实践苦行，忏悔给"道"造成重重障碍的众多罪过和违背戒律的行为，不管是今身的还是前身的都要忏悔。我是为了捍卫信仰才追求长寿，不是为了享受世间的快乐。祈请各位圣贤都来帮助我，让我得到一些好的灵芝（"芝"）和神奇的长生不老药（"神丹"），使我能治疗所有疾病和解除饥渴。这样我就能够不断地修习诸经之道，从事各种形式的冥想。我将希望在深山里找到一个宁静的住所，有足够的神丹妙药来实行我的计划。从而借助于"外

①　参见本书第二卷 p. 158。
②　《魏书·释老志》，第三十五页，由作者译成英文，借助于 Ware（1），pp. 229 ff.。
③　但也许与其说是与真人的私下修炼有关，倒不如说与参加者的礼仪性圣婚和结合（见本书第二卷 p. 150）关系更大一些。
④　神权统治者张道陵、张衡和张鲁。见本书第二卷 pp. 155 ff.。
⑤　像我们现在知道的那样，这至少既是财政性的，也是礼仪性的。
⑥　参见 Maspero（7），p. 232。
⑦　对从这时候起在佛教支配下的独身倾向，艾士宏［Eichhorn（6）］作了探索。关于寇谦之"改革"道教的一般意义，见汤用彤和汤一介（1）。
⑧　Waley（14），p. 14。
⑨　《大正新修大藏经》卷四十六，第791.3页。TW 1933；N 1576。

丹"，我就能够修炼"内丹"。因为我要给别人带来安宁，首先得给自己带来安宁；要为他人解除束缚，首先得解除自己身上的束缚。

〈我今入山修习苦行，忏悔破戒障道重罪，今身及先身是罪悉忏悔，为护法故求长寿命，不愿生天及余趣，愿诸贤圣佐助我，得好芝草及神丹，疗治众病除饥渴，常得经行修诸禅，愿得深山寂静处，足神丹药修此愿，藉外丹力修内丹，欲安众生先自安，己身有缚能解他缚，无有是处。〉

这段文字令人很感兴趣的原因有好几个。虽然是最早（约公元 565 年）有"内丹"出现的文字，但它读起来几乎让人感到仿佛这个词语只是一个文学上的比喻。如果是这样，那么正如我们已经看到的，它很快就受到了认真对待。另一点值得注意的是其与许多道教炼丹家的说法有着对应之处，道教炼丹家们说生理学技术只不过是延长寿命的一种手段，让他们能够在有生之年掌握制造原始化学仙丹这长生不死首要工具的复杂性和反复性①。只是慧思的目的不同。慧思（公元 517—577 年）是陈德安的老师，陈德安法名智颢（公元 538—597 年），为佛教天台宗的实际创始人。

141　　　另一种观点认为，表示生理炼丹术的"内丹"一词，第一次出现是在相传为苏元明（朗）所撰的《旨道篇》中。该书今已亡佚，仅存一些其他书引录的文字。如果这个难以捉摸的人物（参见本卷第二分册 p. 273，第三分册 p. 130）的鼎盛期真的如陈国符倾向于相信的那样②，是公元 570—600 年间的几十年，那么他使用"内丹"一词说不定甚至比慧思和尚还要早呢③。不管怎样，大致的年代看来似乎是隋代或就在隋之前的时期。

作为此番简短历史叙述的补充，我们可以提一下同期或稍晚的两部书。《汉武帝内传》④ 是一部道教传奇小说，撰于公元 300—600 年间的某个时候，描写了女神西王母降临那位伟大的统治者兼道教庇护人（公元前 140—前 87 年在位）的宫廷的情景。书中列有一些药物和仙丹的名称，人们通常是从药学和原始化学的意义上来理解这些名称的⑤，但是有些名称很容易成为内丹名称。如"九丹金液"可以不是指"九倍的朱砂和金液"而是指"九倍的金液（唾液）之丹"。"太清九转"绝不可能是指"九次蒸馏的太清朱砂"，但可以是指"九次循环的内丹"，而"太虚还丹"则可以很容易地用来指一种恢复青春活力的还丹。当然这类怪诞的术语意义是很不明确的。后来，大概在 7 世纪初，又添了一部《汉武帝外传》，作为《汉武帝内传》的一种附录，书中主要是些汉武帝宫廷中方术之士的传记，有点像中世纪西方的"圣徒传"（lives of the saints）。这些"圣徒"之一是一个名字叫王真的怪人。人们听到他边拾木柴边唱这样一首歌：

裹上金头巾，
使（"气"）入天门，

① 参见下文 pp. 209, 218。
② 陈国符（1），下册，第 389、435 页。
③ 如果按照较为传统的年代推断法，那就更是如此了，因为这样的话，他便成了大约公元 250 - 500 年间的人。
④ TT 289。
⑤ 《汉武帝外传》第六页起，参见 Schipper（1），pp. 87, 88。

　　　　呼气慢而轻，

　　　　吸收玄泉水，

　　　　咚咚敲天鼓，

　　　　在上养泥丸。

〈巾金巾，入天门，呼长精，吸玄泉，鸣天鼓，养泥丸。〉

这里清楚地提到了用肺气和从肾上升的精补脑（第一、第四和最后一行），提到了行气术（第二和第三行），还提到了导引术（第五行）[①]。"没有人能听懂他的话，只有一位宫廷小官说：'这是一个来自活国的人，他的话确实深奥难懂啊！'"（"时人莫能知，唯柱下史曰：'此是活国中人，其语秘矣！'"）

（4）长　生　术

142

（i）呼吸控制、吞气、吞唾和行气

　　我们现在要来更加仔细地看看迄今还只是提一下的一些主要的内丹过程。关于行气术之古老，无需再赘述了，因为已经给过一些细节，证明行气术，至少是其雏形，必须追溯到公元前6世纪[②]。卫德明［Wilhelm（6）］译的玉佩铭全文如下：

　　　　呼吸必须（如下）进行。闭住（气）并使之聚集。气聚集了就会扩张，扩张了就会下行，下行了就会安定，安定了就会凝固，凝固了就会开始萌发，萌发了就会生长，生长了就会重新被推回（至上部），被推回了就会到达头顶。在上面它将压向头顶，在下面它将向下冲压。

　　　　遵行此法者则生，违反此法者则死。

〈行气，深则蓄，蓄则伸，伸则下，下则定，定则固，固则萌，萌则长，长则退，退则天。天其春在上，地其春在下。顺则生，逆则死。〉

也有人猜测行气术与采集珍珠、海绵及其他海产品的潜水员行业培训有关系，后者本身就源远流长[③]。行气术无疑始于对周围空气是生命所必需的这一点的原始观察，也许还始于这样一种观念，即认为人越能紧抱空气，空气对生命的助益就会越大 —— 从我们的角度来看，就好像是长时间闭住吸入的空气能使人储存无限丰富的氧气似的。空气对于凡夫之体显然具有高度活化作用 ——因此（按照古代的逻辑）只要知

---

　　　① 关于此书，进一步见马伯乐［Maspero（7），pp. 234 ff.］的著作，其中还有另外一些翻译材料。

　　　② 本书第二卷 p. 143。

　　　③ 本书第四卷第三分册 p. 674。葛洪曾描述其从祖葛玄遇上炎热的夏天喝醉了酒，便钻到一个深潭的潭底去度过整个下午。在他的描述中出现了很可能是对此猜测的一种很有趣的附和。"我的从祖（葛玄），每当盛夏酷暑喝醉了酒，便立刻钻到一个深潭的潭底去，在那里一直呆到傍晚才出来——这是因为他能够闭气并像子宫中的胎儿一样呼吸"（"予从祖仙公，每大醉及夏天盛热，辄入深渊之底，一日许乃出者，正以能闭气胎息故耳"）［《抱朴子内篇》卷八，第三页，由作者译成英文，借助于 Ware（5），p. 140］。

道怎么运用空气，就能使人体长生不死。毕竟在现代生理学诞生之前，这样的推论并非那么不合逻辑。我们可以从 2 世纪中叶再接着讲下去，当时一个初入道门的人问：

"上、中、下三品已得道和超脱尘世的那些（仙）人，他们以什么为食呢？"

[回答说] "最上品的以空气（'风气'）为食，中品的以药味为食，最下品的就什么都很少食用，尽量减少通过肠胃的东西"①。

〈"上中下得道度世者，何食之乎？"答曰："上第一者食风气，第二者食药味，第三者少食，裁通其肠胃。"〉

在山里可以见到真人在尽量严格地照此行事。公元 4 世纪或略早，有一部名叫周义山的道教真人的传记，其中写道：

143

每天早上破晓之后，当太阳正在升起的时候，他面朝正东直立，漱完口，把（许多）唾液吞咽下去，然后"服气"② 一百多次。服气已毕，他就转身向着太阳行两个礼。每天早上他都要重复一遍这些程序③。

〈常以平旦之后，日出之初，正东向立，漱口咽液，服气百数，向日再拜，旦旦如此。〉

道书上一再说，一次吸入（"吸"）和一次呼出（"呼"）构成一个呼吸周期（"息"）④，但问题不仅是这吸入和呼出究竟该如何进行⑤，而且是吸入与呼出之间应当间隔多少时间。一般说，空气要经由鼻子吸入，尽可能久地闭住，然后从口中吐出⑥。这就是已经提到过好几次的"闭气"技术，它无疑明显地对应于那样一种信念，即深信身体的某些分泌物中包含着生命力，所以应绝对避免其损失。中古时期的道教真人测定其闭气时间长短的方法是具有一定科学意义的。在公元 9 或 10 世纪，黄元君推荐说，最好的尺度为坐在习练者旁边的一名同修或弟子的正常呼吸率⑦，即一特定的标准"息"数，但也有一些方法单独一个人就可以用。最明显的大概莫过于数心搏了，可是其独立性也许并不像所认为的那样大，实际上将近 3 世纪末的时候葛洪自己就对数心搏作过描述⑧。在《抱朴子》中我们读到⑨：

习练"行气"可以医治百病，可以走到瘟疫当中去，可以不让蛇虎近身，可

---

① 《太平经》，王明合校本，第716页，为卷一四五的一个片断，存于《三洞珠囊》卷四，第三页。由作者译成英文，借助于 Maspero (7)，p. 201。

② 该词意义不明确，有关情况见下文 p. 149，但这里我们可以姑且假定其意义为吸气入肺。

③ 《紫阳真人内传》，作者不详。周义山的这个别号后来也为张伯端所采用，但不要将他们混为一谈。由作者译成英文，借助于 Maspero (7)，p. 203。

④ 例如 *TT* 260，卷二十一，第六页（13 世纪窦先生撰的《修真指南》）。

⑤ 参见下文 pp. 146 - 147 关于六种吐气方式的叙述。

⑥ 这方面的依据很多。例如属于 7 世纪初而相传为孙思邈所撰的《摄养枕中记》（*TT* 830），第十页，另见《云笈七籖》卷三十三，第十页。又例如属于 9 或 10 世纪之作的《太清调气经》（*TT* 813），第十二页起。

⑦ 见于他对《中山玉柜服气经》的注释中，《云笈七籖》卷六十，第九页。

⑧ 大概是通过坐着按脉搏。

⑨ 《抱朴子内篇》卷八，第二、第三页，由作者译成英文，借助于 Ware (5)，pp. 138，139；Maspero (7)，pp. 235，236。

以止住伤口出血，可以呆在水下①或在水上行走，可以使自己免除饥饿和干渴，还可以延长自己的寿命。最重要的事情只不过是要（知道如何）像胎儿一样呼吸。能像胎儿一样呼吸（"嘘吸"）的人可以不用鼻子和口呼吸，宛如还在子宫里一般。这样便可以得道。

最初开始学行气时，必须通过鼻子吸气，然后把那气闭住。当气被这样藏在里面的时候，数心搏至一百二十次②，然后通过口将气（缓缓）吐出。在吐气和吸气时，都不应该用自己的耳朵听呼吸的声音，而且应该确保入多于出。可以在鼻子和口的前面放一根雁毛，吐气时这根雁毛应纹丝不动。经不断习练之后，可以逐渐增加（持续闭气的）心搏次数，直至一千次之多。而当达到这种熟练程度时③，老人就能够变得日益年轻起来，每天向青春返回（"还"）一天。

〈故行气或可以治百病，或可以入瘟疫，或可以禁蛇虎，或可以止疮血，或可以居水中，或可以行水上，或可以辟饥渴，或可以延年命。其大要者，胎息而已。得胎息者，能不以鼻口嘘吸，如在胎胞之中，则道成矣。初学行气，鼻中引气而闭之，阴以心数至一百二十，乃以口微吐之，及引之，皆不欲令己耳闻其气出入之声，常令人多出少，以鸿毛著鼻口之上，吐气而鸿毛不动为候也。渐习转增其心数，久久可以至千，至千则老者更少，日还一日矣。〉

这一定是通行了好几个世纪的做法。另一部著作建议使用算筹，每隔一小会儿扔一根，然后检点堆积起来的算筹数，以推算被抑制的呼吸周期数④。还有一部著作提到像米粒一样的白色小气点⑤。修习者必须学会在脐下形成这样的气点并使之循环周身。但是由于其节律被用来计时，一定有计数，所以这种做法很可能是受了水日晷（anaphoric water-clock）和水力机械时钟装置的报时机构靠珠丸落入承接器里发出铿锵之声来报时的启发⑥。甚至还有第三部著作⑦描述了用带一根标有时刻刻度的指示杆的沉碗式漏壶来为冥想（及其他功法）计时的方法⑧。不同的"周期数"有专门的术语表示，抑制十二个呼吸周期⑨的叫"小通"，一百二十个的叫"大通"⑩。可以想象这需要作出认真和艰苦的努力。"到三百个呼吸周期结束时"⑪，孙思邈写道，"耳朵不再有听觉，眼睛不

---

① 这突出了关于海洋潜水员的寓意。

② 也许约一分半钟。

③ 约十二分半钟，令人难以相信能做到这一步。持续的缺氧血症会抑制心脏的活动。

④ *TT* 830，第十页；《云笈七籤》卷三十三，第十页。关于算筹，见本书第三卷 pp. 70 ff.。此法很可能使用了"停表漏壶"（stopwatch clepsydra）（本书第三卷 pp. 316，318，326）。

⑤ 古书残篇，收录于《云笈七籤》卷三十五，第四页。

⑥ 参见本书第四卷第二分册 p. 499。

⑦ 《全真坐钵捷法》（*TT* 1212），系宋末或元代的一位佚名作者所撰。另一处提到此法的地方参见陈国符（*1*），下册，第444页。

⑧ 见本书第三卷 p. 315。在此书中，沉碗式漏壶被认为在计时性能上优于火钟（线香或盘香），一半是因为湿度会影响香火的燃烧速度，一半是因为碗的下沉速度可以很容易地用人工方法来调整。奇妙的是，书中描述说这种漏壶的碗（小盂）每天恰好在日落和日出时分沉没，考虑到一年不同时节的昼夜长短不等而采取了加金属小重物（硬币）的办法。这非常不合中国习惯，因为中国通常总是盛行长短相等的时辰［更点除外，参见 Needham, Wang & Price（1）］，所以也许可以由此看出这较晚时期的印度（佛教）影响。

⑨ 约三十六秒钟。

⑩ 约六分钟。

⑪ 约十五分钟。

再看见东西，脑子也不再能思考，那么就必须停止闭气了"。（"经三百息，耳无所闻，目无所见，心无所思。"）① 一位茅山贤者说，有时候在长时间闭气之后会出现大汗淋漓和头脚灼热的情况，因为气正在经过头脚②。也可能会出现腹痛③。

145　　　　出现上述情况是完全有可能的，因为毋庸置疑，此术会产生相当严重的缺氧血症及其各种奇怪的效应——耳鸣、眩晕、出汗、肢体温热感和蚁走感、昏厥、头痛等④。我们禁不住想知道是否这一点与古代使用植物和真菌致幻剂有些联系，而行气术只不过是以一种更为简单的方式再现它们的一些效应⑤。进而又出现了一种可能性，即在高山上的宫观里做功有时会产生强化效应，因为在那种地方可能名副其实地诱发了部分"高山病"⑥。这样就会出现进一步的窒息性症状：嘴唇和脸发绀、恶心呕吐、肠功能紊乱、用力辄大喘气、精神集中困难以及像酗酒者一样的心理失常，最后欣快地麻木并丧失意识，这种意识的丧失（像早期的乘气球者发现的那样）可能是不可逆的。如果道家的闭气是在高空低气压条件下进行的，就可能掺入了上述进一步效应中的一些。不论怎样，在诱发的缺氧血症中会遇到相当多颇为引人注目的现象，尽管初看似乎很奇怪，它们竟然会被认为有助于长生不死。但是长期的缺氧血症，如在高山上，会随之带来食欲不振，这样的话就会使那些隐士们的节食变得更易于忍受，而节食反过来又有助于减去全部超额的体重，从而减轻心脏负担，提高机敏度，增进身体健康。

　　　伴随这有目的的呼吸暂停的是一种令人感兴趣的理论，即"胎息"论。在刚才所给的那段引文中，葛洪曾讲到过胎息。但最完备的叙述之一是《胎息口诀》序中的叙述，该文大概属唐代之作。它说⑦：

　　　　在子宫里的称为胎儿，已出生的称为孩儿。胎儿只要在母亲的腹中，口里就含满了一种泥土（"口含泥土"）⑧，呼吸（"喘息"）不通。他是经由脐（和脐带）接受（字面为"咽下"）气和身形营养的。就这样他的发育得以完成。由此我们知道脐是"命运之门"（"命门"）⑨。多数婴儿如果生下来还活着，都会有一小段时间不能吸入（外部空气），但将脐带靠近腹部的一截放到温水里浸上三至五次，婴儿就"复苏"（和呼吸）了。所以我们知道脐是"命运之门"，的确没错。

　　　　凡是希望修炼回复之道（"修道"）并求得胎息的人都必须首先知道胎息的根
146　　源，然后方"返本还元"，才能驱除老年，才能返回到胎儿状态。这种（功法）确实是很有道理的。轻轻地，缓缓地，不闭气，这就是造成不死之道萌生的方法。

　　　　〈在胎为婴，初生曰孩。婴儿在腹中，口含泥土，喘息不通，以脐咽气，养育形兆，故得成

---

① 《千金要方》（《道藏》本）卷八十二，第五页。参见 Maspero（7），pp. 204—205。
② 《茅山贤者服内气诀》，收录于《云笈七籤》卷五十八，第四页。
③ 《太清调气经》（TT 813），第十三页。
④ 可以参考任何生理学教科书，如 Bayliss（1），p. 634。
⑤ 参见本书第五卷第二分册 pp. 116 ff. 和第六卷中的第四十五章。
⑥ 这我们以前在第一卷 p. 195 遇见过。
⑦ 《云笈七籤》卷五十八，第十二页，由作者译成英文，借助于 Maspero（7），p. 198。
⑧ 指胎粪等。
⑨ 这个词语此处用于非专门性意义，因为严格地说它属于肾系统中的两肾之一。

全，则知脐为命门。凡婴孩或有初生尚活，少顷辄不收者，但以暖水浸脐带，向腹将三五过即
苏，乃知脐为命门，信然不谬。修道者欲求胎息，须先知胎息之根源，按而行之，喘息如婴儿
在腹中，故名胎息矣。乃知返本还元，却老归婴，良有由矣。绵绵不闲，胎仙之道成焉。〉

这一切相互配合得非常合理。了解哺乳动物的胚胎不仅通过胎盘和母体循环获得营养，
即食料，而且还通过同一途径进行"呼吸"，这是一项杰出的早期生物学观察，认识到
胎儿肠道被胎粪闭塞也一样①。因此说，人要在自身再创造胚胎组织朝气蓬勃的完美状
态，也就必须停止以口呼吸②。后来的坚决主张吞唾也是合情合理的，因为吞唾能帮助
再造哺乳动物胎儿的水生环境。然而，"胎息"论包含了一个与"还精补脑"说有点
类似的生理谬说。正如精液后来从膀胱排出而并无早期道教生理学家想象的那种上升
入脑的通路一样，闭气也无法补偿成人没有胎盘的缺陷。但是这种理论在当时还是牢
不可破的。早期的《道德经》注释者就已经谈到要使呼吸变得极其柔和细微，他们的
几乎是以经典为依据的权威性在许多世纪里为人们所尊崇。

在闭气时，据认为气是在全身反复循环——这当然一点不错，尽管古时的道士们
根本不知道有氧合血红蛋白。《元阳经》为 6 世纪上半叶之作，现仅见于后来一些书中
的引录，③ 它说："其气云行体中，起于口鼻，下达十指末，然后返回"。传统中国生理
学思想中的循环意识大大地领先于世界各国，无论其形式多么古旧，总是值得强调的。
差不多同时代的《黄庭内景玉经》将气说成是从"长谷"（鼻）出发，向下流注到
"幽乡"（肾），然后流经"郊"（五或六个阴性脏器）和"邑"（五或六个阳性腑
器）④。更为奇特的事实是，这些器官各与闭气后一种特定的吐气方式相联系。这就是
"六气"⑤。除了标准的"呼"，还有"呬"、"呵"（＝"煦"、"响"）、"嘘"、"吹"、
"嘻"（"嚏"、"嘿"）。六者中第四字的意思是咧嘴缓缓地吐气，而第五字的意思当然是
合拢嘴唇用力出气，两者的解释与气息冷暖有点关系⑥。第三字的意思大概是开口有力
地呼气。但这一切是怎样进行的无法断定。可以肯定的是"六气"被认为有很大的治
疗价值，每一个字都与身体某一特定器官有特殊关系⑦。

现在我们来到了一个重要的转折点。在对所有这些文献所做的深入而杰出的研究
中，马伯乐描述了在将近唐代中期时呼吸技术（如果我们可以这样叫的话）发生的一
个巨大变化。方士不是服食空气中的外气并使之循环，而是要循环和操纵自身器官的
"内气"，由此改造内气，即炼气，以便再造婴儿期以后失去的"元气"。约公元 770
年，李奉时在其《嵩山太无先生气经》中对此作了如下概括⑧：

147

---

① 与其他文化中胚胎学知识增长的比较，见 Needham（2）和本书第六卷中的第四十三章。
② "呼吸"要集中在脐区。到开始出汗为止的那段时间称为一通（见前引书第十三页）。
③ 此处是 1013 至 1061 年间的《养生延命录》（TT 831），第一页引。关于《养生延命录》，以后再谈。
④ 《黄庭内景玉经》第七页（《琼室章》）。梁丘子注，见《修真十书》（TT 260）卷五十六，第十二页。
⑤ 参见《养生导引法》，第二十一页。
⑥ 像我们所熟悉的那样，有"把粥吹凉"和"把手指呵暖"的说法为证。
⑦ 更详尽的论述见 Maspero（7），pp. 248 ff. 。
⑧ 《云笈七籤》卷五十九，第七、第八页，由作者译成英文，借助于 Maspero（7），pp. 200，211。李奉时
是否为原作者并不十分肯定。

　　道教最重要的技术不见于书本，而见于口传。两部《黄庭经》中描述的各种服气法，包括那些称为"五牙"①和"六戊"②的服气法，都只与（空气中的）外气有关。但是外界的气硬而有力，它并不是从（身体）内部来的东西，所以服了毫无益处。至于内气，那就是可称为"胎息"（之气）的气，它是（身体）内部自然存在的，而不是要到外面去求借的东西。但是一个人如果不获得明师的亲自解说，那么他的一切努力都将不过是劳苦愁烦，永远也达不到目的。

　　　　〈道之要法不在经书，悉传口诀。其二景五牙六戊诸服气，皆为外气。外气刚劲，非从中之事，未宜服也。至如内气已正，是曰胎息，身中自有，非假外求。不得明师口诀，徒为劳苦，终无所成。〉

　　也许所发生的情况是，唐代以前的行气思想逐渐地得到更多的强调，而闭气却受到了冷落——就像金丹那样，闭气可能确实导致了某些意外事故，因而呼吸法退居第二位，居第一位的是一种随意运行内部器官之气的存想行气法，人们认为越是存想行气，重新形成的元气就越多。这是一个意味深长的概念扩展，因为现在强调所有器官的"精"都是宝贵的，而不单单是（来自肺中的）唾液和（来自肾中的）精液。它的确包含了所有器官都为血流贡献其产物的真理。据认为这一内部循环虽然并不属于呼吸周期，但与呼吸周期却是一致的；当外气上升以吐出时，内气也从下丹田升上来，而当空气**148**向下吸入肺中时，内气也同样下行。"服气"一词现在越来越多地以"咽气"这个词来补充，后者是个更明确地表示吞咽的词。咽气是一个过程，行气则是另一个过程。

　　有两种"运气"方法。集中意念将气引到某一特定的部位，如脑，或引到某种局部疾病的位置，称为"行气"。以意观想气的流动是"内视"（"内观"），（对我们来说不是很令人信服）有别于普通的想象。"闭上眼睛可以内视五脏，能清楚地辨认它们，知道各脏的位置……"（"闭目内视五藏，历历分明，知其处所……"）③ 此类文字给人的印象是，在道观中可能不时地进行过解剖学示范④，当然那些驯养的哺乳动物身上凡是能吃的部分道士们都吃，这样就可以非常熟悉其脏腑和脉管系统⑤。还有一种比较被动的方法是让气正常地循环，它叫做"炼气"。这里用原始化学和冶金炼丹术来类比是很贴切的，就像每当出现"炼"字时一样，丹田无疑代表火对金属和矿物的作用。前面（p. 73）我们曾提到气必须通过的"关"，以及这一概念如何被进一步发挥，成为一个方士必须凭意志和想象去打破的阻隔系统（"隔结"）⑥。此外，古老的闭气法并未

---

　　① 面朝不同方向做的行气术，将五行之气分别吸入适当的脏器，参见 Maspero (7)，pp. 364 ff. 。
　　② 做法相似，也注意特殊的时间。在有些《黄庭经》文本中，"六戊"作"六丁"。
　　③ 唐代或五代时期的《太清王老服气口诀》（*TT* 815），此处引自《云笈七籤》卷六十二，第十五页。
　　④ 进一步见第本书六卷中的第四十三章。
　　⑤ 当然除了这方面的正确知识之外，还有相当多的关于人体诸器官之神（参见上文 pp. 80, 108）的学问，其他一些著作建议设想一个"小矮人"（"影人"）并令他将气送到所要求的各个部位（参见《云笈七籤》卷三十五，第五页）。
　　⑥ 参见《太清王老服气口诀》，《云笈七籤》卷六十二，第一页。这整个思想传统一定与古老的医学概念"郁"，即毛孔阻塞，有点联系；参见本书第一卷 p. 219；第二卷 p. 370；第四卷第三分册 p. 268。

被完全放弃，而是被归并到了整个“用气”系统中，也许其形式和缓了一些①。

我们的叙述几乎没有必要超出这一范围。关于做行气术的时间、地点及其他条件，有详尽的宜忌规定，这里只是略沾一点边②。还有一个更加重要的问题是，后来的道教真人在多大程度上将他们的气描绘成是沿针灸医生所说的经络运行的；这个问题我们在本书第四十四章中讲经络时可以再来看一看。现在只剩下一个问题，一个相当奇特的问题。

在其论文中的某一处，马伯乐曾有意无意地提出过一种见解，但后来没有再说起，即一些道士的技术确是进行名副其实的吞气 ——将空气有意地吞入肠道③。起初我们对此嗤之以鼻，认为这些实践总是仅限于某些特定形式的呼吸，但现在我们却不那么有把握了，说不定他是对的④。乳儿存在无意的吞气现象是一件众所周知的事情，尤其在抽噎时空气与液体一起被吞下，要排出空气得靠“打嗝”。但是氮和氧为人及其他哺乳动物肠道气体的正常组成部分，而它们的唯一来源是大气，不管是经由食管还是通过胃壁和肠壁的扩散⑤。许多食物是富含空气的，例如各种面包和蛋奶酥，而一个苹果的空气含量占体积的20%，除此之外，有意的吞咽也可能使肠道中的空气大大增加，就像马让迪（Magendie）于1813年首次报道的那样。意味深长的是，除了在麻醉状态下会出现这种吞气，神志清醒的人唾液分泌过多和频繁地空口吞咽也会伴有这种吞气，而在某些创伤、疼痛和焦虑的状态下，这种吞气大大增加。再者，吞气之术据说还很容易学。一开始抬起下巴，伸长脖子，引喉向前，闭合声门吸气，可将通常在咽中的空气逼入食管。然后放松或自然吞咽，就可将气团推入胃中。这一程序在横卧体位时比直立时更容易做⑥。其基本原理是：在声门闭合的情况下吸气时，上食管括约肌就出现一个小孔。技巧娴熟者一举能吸入多达170毫升的气，而道士们没有理由不会获得这种技巧。空气咽下以后，有三种方法予以消除：一是吸收到血流里；二是嗳气；三是最常见的即沿肠道进一步下行，空气经过幽门，从小肠和大肠下去，出直肠而成为屁。通过肠道所用的时间相当短 ——当在人的胃中加1升空气时，30分钟后胃就排空了，约20分钟后开始放屁，而整个肠道在约45分钟后全部排空。

如果我们要设想那些道士是作严格意义上的吞气，而不是简单地将气吸入肺中，我们就会用一种新的眼光来看待前面遇到过的各种表示“服气”的术语，但是最明显的变化（如果真有的话）契机，无疑是唐代运行内气的理论开始取代在长时间闭气中紧抱外气的旧理论的那个时候。从8世纪中叶起，开始出现一些更引人注目的说法，

---

① 这从《延陵先生集新旧服气经》（*TT* 818）中的好几段文字来看是很清楚的，这部著作可以推定成书于大约745年。见下列长段文字：《云笈七签》卷五十九，第十八至二十页；卷六十一，第十四至十九页和第十九至二十页，译文分别见 Maspero（7），pp. 222，225 和220。但是仍有这样的话：“闭气候极”。

② 进一步见 Maspero（7），pp. 353 ff. 。

③ Maspero（7），p. 212。

④ 所幸的是现在有一篇关于消化道气体的优秀文章，本段的许多资料都是来自卡洛韦［Calloway（1）］的这篇文章。

⑤ 占支配地位的气体不是氮，也不是氧，而是二氧化碳，它是由分泌的碳酸氢盐和一些细菌发酵生成的。但是肠道菌丛的作用除去产生挥发性胺和硫醇外，主要产生氢和甲烷。

⑥ 这事实上与一些古代的训示是相符的，如见《云笈七签》卷五十九，第十六页；卷六十二，第三页。

如"空饭",即"虚空的饭"①。这一解释有下面一类话为证。下面的话引自《服内元气经》,此经系幻真先生所撰,其写作年代约为公元755年。

> 内气与外气自然地发生呼应。在吐出(空气即外气)后,气海(在下丹田)中的自然之气上升到咽喉里,但在咽喉吐尽空气的最后一刻,要猛地闭上口,连敲数下(天)鼓②,然后吞咽(内气和唾液),发出像汩汩流水一般的响声。男的是从左面的管道咽下去,而女的则是从右面的管道咽下去,经过二十四个结节(椎骨)就如同水一滴一滴地落下——你能清楚地听到。由此可以肯定内气和外气是不同的……③

> 〈内气与外气相应。自然气海中气随吐而上,直至喉中。但喉吐极之际,则辄闭口连鼓而咽之,令郁然有声汩汩然。从男左女右而下,纳二十四节,如水沥沥,分明间之也。如此则内气与外气相顾,皎然而别也。……〉

因而在这一概念中,外气出入于肺,可以说是恰好在口咽部与更重要的内气相遇,内气实际上是从那里被下咽到胃里,从而返回到其在脏腑间的循环路线④。此外,考虑到在肠壁蠕动驱动下气体经过肠道的速度,道士对肠胃内的气体的日益关切可能是有意义的。我们被告知,气可能偶尔会从身体下部泄出("下泄"),这不妨事⑤,但咽气不能太急,否则气会积聚在下面,引起直肠脱垂("脱肛")⑥。最后这篇著作接下去又说,在运用上述技术时不应当躺下,因为躺下会导致心胸疼痛,并进而说在各器官之气发生呼应时,腹中会有声响。愚昧的人说这是有害的,但是延陵先生对他们的说法加以反驳,把腹中有声比作山间的雷鸣电闪,熔炼阴气⑦。这样提到肠鸣加深了如下的印象:即那些吞咽术语在唐代中期以后就根本不是隐喻了,吞气法成为后来道教"气功"(pneuma technology)一个标准的组成部分。但是这个问题需要进一步研究。

例如可以想象,对吞唾(玉液,"玉浆",参见上文 pp.30,85)的高度强调始于唐代,151 那时候在闭气之外又加上了吞气。两者在生理上密切相关,因为唾液分泌过多会使吞气更加容易,而这很可能证明道书中提到的一些植物药对唾液腺有刺激作用。不管怎样,幻真先生的话在撰写于北宋某个时候(11世纪)的黄休复《茅亭客话》中有所反映⑧。

> 杜鼎升⑨的吞咽"玉泉"(唾液)水法是一种赶走三种寄生虫("三尸")、坚固牙齿和头发、驱除百病的方法,具体做法如下。玉泉水是舌下两条"脉"管的分泌物。每天早上坐起来,闭上眼睛,清除心中的一切焦虑,叩齿二十七遍,直到满口玉泉为止,然后用以漱牙,吞咽下去,牢记你是要将它送到脐下(的下丹

---

① 见延陵先生的一部著作,《云笈七籤》卷五十九,第十九页,Maspero (7),p. 224。
② 这一说法的意思在下文 p. 158 上有解释。
③ 《云笈七籤》卷六十,第十二页,由作者译成英文,借助于 Maspero (7),p. 213。
④ 想必是认为吐气将尽时内气尾随外气而上,但可以及时截住,把它送回循环。
⑤ 《太清调气经》(TT 813),第十三页;此经接着又解释说(第十四页),避免食用"荤辛"和谷类的原因之一是,这样气即便下泄也不会是臭的。当然,通常"泄"字只指液体而言。
⑥ 《云笈七籤》卷六十一,第十五页;Maspero (7),p. 226;《中国医学大辞典》,第 2723.2 页。
⑦ 参见 Maspero (7),p. 227。
⑧ 收录于《类说》卷五十四,第二十三页,由作者译成英文。
⑨ 11世纪的一位著名书法家。

田）去通过气海。在相当长的时间里，它会发出如同瀑布流入很深的洞穴一般的响声。这样所有脉管和经络中的循环就得到了调和。因而《黄庭（经）》说：

　　"'玉池'（口）中的清水灌溉'灵根'（也就是原始生命力）。"①

　　又说：

　　"漱咽'灵液'（唾液）使灾祸不能害人"②。

〈杜鼎升服玉泉法，去三尸、坚齿发、除百病。玉泉者，舌下两脉津液也。每旦起坐，瞑目绝虑，叩齿二七通，漱令满口乃吞之，以意送至脐下气海一遍。久之，自然如流水沥沥下坎渊之声。如此则百脉和。故《黄庭》云："玉池清水灌灵根"，又曰："漱咽灵液灾不干"是也。〉

从这些描述看来，好像必须用唾液作某种含漱。引自《黄庭经》的话表明，吞唾的起源无论如何也不迟于东汉或三国时期（3 世纪），但它很可能等到唐代才得以充分发展。到了宋代，就像此处一样，可以征引学者的书，那些思想已不再局限在道教真人的圈子里。

　　那么它们最终是否就只局限于中国文化呢？在读到北美的共产主义合作移民区时谁又料想到会遇见行气？但是实际上却遇见了。1861 年哈里斯（Thomas Lake Harris）在伊利湖畔的布罗克顿（Brocton on Lake Erie）创立了一个新生活弟兄会（Brotherhood of the New Life），这个弟兄会一直维持到 1906 年。像许多类似的合作社团一样，这个弟兄会是从新教福音运动或奋兴运动的背景中应运而生的，不同之处在于这个弟兄会信奉斯韦登堡学说。引人注目的是，哈里斯当时常常制作一种"充满了灵气的特殊的酒"，他还教授"一种行之保证长生不死的新呼吸法"，但是会员即使结了婚也不进行性交③。该弟兄会有一些日裔会员，这初看好像是一条寻找这些思想来源的线索，其实这些思想可以在斯韦登堡（1688—1772 年）本人的著作中找到。 152

　　我看到［他写道］（在亚当的后裔堕落之前）内呼吸由脐移向胸内，然后又退往背部和腹部，从而外移和下移。在临发洪水之前，内呼吸几乎已荡然无存。终于，胸中的内呼吸被消灭了，使内呼吸者透不过气来或窒息。那些幸存下来的人开始了外呼吸。随着内呼吸的停止，跟天使的直接交往和对真理与谬误的即时本能的知觉就丧失了④。

又：

　　上帝造就了我的呼吸方式，使我能长时间地内呼吸，而不必借助于外气，因为我的呼吸是向内的，但我的外部感官以及行动却仍然充满活力，这只有上帝如此造就的人才能做到。我还获悉，我的呼吸之所以不知不觉地向内，是为了使我能够与神灵沟通，和他们说话①。

---

① 这句引文出自《外景》（TT 329）卷上，第十一页，文字略有出入。参见《内景·上有章》（TT 328），第二页。

② 引自《内景·口为章》（TT 328），第二页，文字完全相同。

③ 见 Holloway (1), pp. 215 ff.；Noyes (1), pp. 577 ff., 581—582。

④ 引文见 Noyes (1), pp. 590—591。

如果这不是道士习练的行气和闭气①，那就只能像很久以前有人在王后学院（Queens' College）的礼堂里曾经讲过的一样："真的，你必得成为伊拉斯谟（Erasmus），否则就得成为魔鬼本身！"但现在如果要研究斯韦登堡在精心构筑这些学说和实践中所受到的影响，不管是中国的还是印度的②，都会使我们离题太远。

这里只要说一句就足够了，即马西尼翁（Massignon）描述了从 13 世纪起在穆斯林苏非派（sufis）像连祷一样的齐克尔（*dhikr*）仪式中使用呼吸功的情况③。他猜测唯心主义形而上学的视觉统一（*waḥdat al-shuhūd*）派创始人④苏非派哲学家西姆纳尼（'Alā' al-Daula al-Simnānī，1259—1336 年）是有可能成为道教技术西传的一个重要中介的，因为西姆纳尼年轻时曾服务于波斯的蒙古伊利汗阿鲁浑（Mongol Ilkhan of Persia, Arghun），对中国思想是会很熟悉的⑤。拜占庭教会的静修（hesychasm）大概是下一站。这一神秘主义运动在 14 世纪后期达到了高潮，它部分地是矛头针对拉丁经院哲学家的唯理智论的，部分地也是派生自在其先的印度和中国修炼法。它一直被称为"瑜伽寂静主义"（yogistic quietism）⑥，并似乎将呼吸锻炼与某种缺氧血症、姿势控制、自我催眠和光幻视牵扯在一起⑦。其最大的倡导者帕拉马斯（Gregory Palamas）⑧ 在目睹了 1341 年他的对手被击败并被咒逐之后，于 1357 年去世。但静修是怎么传到斯韦登堡那儿和美洲大陆去的呢？

不管这中间环节是什么，有一件事是肯定的。研究中国早期道教社团的人在晚期基督教徒的共产主义合作实验中可以找到宝贵的比较材料⑨。两者有着许多奇怪的类似之处⑩。例如荒野女子公社（Woman-in-the-Wilderness Community）具有显著的玫瑰十字会和喀巴拉派成分（参见 pp. 3，18—199），它是 1694 年由克尔皮乌斯（Johannes Kelpius）领导下的虔敬主义者和千禧年主义者在费城（Philadelphia）附近建立的，一直维持到 1748 年。克尔皮乌斯本人曾经做过化学和占星学实验，他的追随者相信他们不会死，而只会经历一次肉身升天⑪。另外还有拜塞尔（J. K. Beissel）领导下的科卡利科河（Cocalico River）畔的埃弗拉塔公社（Ephrata Community，1735—1786 年），它把炼金术士马丁（Jacob Martin）也算作社员之一。该公社原则上是实行独身的，但拜

---

① 甚至存在着一种胎息论，认为在人类堕落之前，处于至善状态的人曾由一种精神的脐带与上帝相连，这种脐带使他浑身充满了天国之气，始终保持圣洁和天真状态。习练这些技术会恢复与上帝的呼吸联系。

② 再翻过几页（p. 173）我们将碰到 18 世纪瑞典受中国明显影响的另一个例子。

③ Massignon（5），pp. 320 ff.。参见埃利亚德［Eliade（6），pp. 220 ff.］著作的附录。

④ Nasr（1），p. 338。

⑤ 关于中国对阿拉伯科学思想与实践的影响，在本卷第四分册 pp. 388 ff. 已经讲了很多。

⑥ *Hésychia (ἡσυχία)* 就是"寂静"的意思。

⑦ Sarton（1），vol. 3，pp. 95—96，584—585。

⑧ 前引书，vol. 3，p. 588。

⑨ 例如见 Gide（1）；诺德霍夫［Nordhoff（1）］——其本人 1874 年曾参观过许多社团；诺伊斯［Noyes（1）］——其本人是奥奈达公社的"方丈"；还有现在的霍洛韦［Holloway（1）］。

⑩ 读者大概记得马伯乐［例如 Maspero（7）］总是将表示古代道教庙宇的"观"译作"法伦斯泰尔"（phalansteries），而"法伦斯泰尔"一词原是傅立叶（Charles Fourier，1772—1837 年）用来指他设计供所有体力劳动者和脑力劳动者与他们的家属一起居住的巨大社团建筑物。参见 Holloway（1），pp. 103，139。

⑪ 见 Holloway（1），pp. 38 ff.。

塞尔花费了大量时间与他的灵女（*agapetae*）或者说精神处女（Spiritual Virgins）相伴①。这就是有幸为伏尔泰（Voltaire）②所提到的社团。在所有其他的社团中，最著名、人数最多而又最富有的为震颤派（Shakers，约1785年至今，但现在已是奄奄一息了）和奥奈达公社（Oneida Community，1844—1880年）。震颤派为安·李（Ann Lee）所创，是从贵格会（Quaker）分出的，有独创的信仰，如相信上帝是男女两性体等③。该派以其宗教舞蹈著称④，徒众虽然亲密无间地聚居在一起，却严格地保持独身⑤。奥奈达公社也起源于福音运动，其实践更是别出心裁。他们在诺伊斯（J. H. Noyes）的领导下倾向于从事工业生产，而不是从事农业；在两性关系上既不实行独身，也不依从俗例，因为公社在很长一段时间里成功地采用了一种群婚或集体婚形式，包括实行保留式性交（*coitus reservatus*）和根据优生学原则安排怀孕⑥。公元第1千纪中一些道士的生活和观点的成分，在第2千纪临近结束时又一个挨一个地出现在西方世界里。

当然这些成分至今犹存，在东亚依旧具有生命力。它们是经历了18世纪而流传下来的，在许多原始资料中都可以找到，包括一些日本的原始资料，如著名学者贝原益轩撰于约1700年的《养生训》⑦。目前很可能不止一个国家有偏僻的道教宫观在完整地习练和教授所有内丹技术，但可以肯定的是，一些形式比较和缓的呼吸功法在中国的医院里被作为一种理疗方法而广泛使用。医院还为许多病人系统地教授冥想术（参见下文 p. 179），从而构成一种有效的放松疗法，借以影响多种身体因素，使得血压降低、肾上腺素含量减少，等等。关于这些问题的中文文献相当多⑧，西文的也有一些⑨。

在《庄子》一书中，我们发现了一段有趣的文字⑩。庄周批评儒家试图将他们的伦理学强加于人类社会，批评法家追求政治权力，批评隐士完全脱离俗世，批评道家相信长寿之术。庄周自己的理想，像他接下去解释的那样，是一种我们可以称之为更像斯多葛派（Stoic）的理想，它是获得解放而又扮演着人生舞台上该他扮演之角色的道家哲学家的理想。庄周猛烈抨击上述一切别的目标、抱负、强迫观念和固定观念（*idées fixes*），在篇名中给它们起了一个名称叫《刻意》。他接着说：

> 至于开口吹气和嘘气（"吹呴"），呼气和吸气（"呼吸"），吐出旧的（气）

---

① Holloway（1），pp. 44 ff.，49。

② *Dictionaire Philosophique*，1789ed.，vol. 4，p. 81。

③ Holloway（1），pp. 53 ff.；Nordhoff（1），pp. 117 ff.。

④ 这与道家的柔软体操（下文 pp. 161 ff.）可能有点类似。并且与现今日本天理教（Tenri）的仪式肯定非常相像。

⑤ 奇怪的是他们大概都对中世纪东英格兰（East Anglia）森普林厄姆的圣吉尔伯特（St. Gilbert of Sempringham）的修士和修女一无所知。

⑥ 见 Holloway（1），pp. 183 ff.；Nordhoff（1），pp. 259 ff.；当然还有 Noyes（1）。

⑦ 关于呼吸功法见《养生训》第五十五页。

⑧ 例如下列著作：蒋维乔（*1, 2, 3, 4, 5*）；蒋维乔和刘贵珍（*1*）；刘贵珍（*1*）；Anon.（77）；陈涛（*1*）；周潜川（*1*）以及胡耀贞（*1*）。

⑨ 最重要的是匈牙利医生帕洛什［Pálos（2）］的书；但也有一些令人感兴趣的文章，例如 Anon.（148）。有些文献没有直接讲到医疗上的用途，如：Lu Khuan-Yü（1，4）和 Chang Chung-Yuan（2），pp. 130 ff.，146 ff；在某种程度上也是如此的还有：Stiefvater & Stiefvater（1）。

⑩ 《庄子·刻意》，由作者译成英文，借助于 Legge（s），vol. 1，p. 364。

和纳入新的（"吐故纳新"）①，模仿熊的动作，并像鸟一样伸长和扭动（脖子）——这一切只不过是表明长寿的愿望而已。这是那些习练体操和按摩（"导引"）的学者、那些（相信）滋养身形的人以及那些一心想探寻彭祖长寿之道的人的夙愿。

〈吹呴呼吸，吐故纳新，熊经鸟申，为寿而已矣。此道引之士，养形之人，彭祖寿考者之所好也。〉

由此我们再一次看到，内丹技术的根源至少可以追溯到公元前 4 世纪。这段文字把我们一直在探讨的呼吸实践同那些目的在于更广泛地锻炼全身所有肌肉的实践极好地联系了起来。

（ii）体操、按摩和理疗运动

在前文中已有多处提到行气和有关身体中的关、阻隔以及毛孔阻塞的学说，这关、阻隔以及毛孔阻塞是气环流的障碍。出于方便行气的需要，体操和按摩才在内丹技术中起了那么大的作用。如果通道被堵塞，气就不能循环，长生不死的反应物就不能相会。这里我们不必把第十章②中已作过的简洁叙述再重复一遍，也不必去抢占将在第四十四章③中讨论的理疗与医疗体操这一关系密切的重要话题，但有一个清晰可辨的领域现在就需要加以注意，即专门为帮助形成长生（不死）内丹而习练的导引术之历史及其与三元理论的关系④。唐代和宋初的导引养生指南上说，导引术应该与闭气和房中术交替进行，既是为了使身体更加柔软，也是为了使身体得到休息，而且导引术可保证气血畅通，帮助去除一切邪气和治愈形形色色的疾病⑤。

"导引"一词常常被汉学家看做是指所有延年体操⑥，其实这是相当不严格和相当不准确的，因为导引真正所指的是延年体操中涉及自我按摩的那一部分⑦，而由他人进行的按摩一直被称为"按摩"⑧。导引毕竟是一种"导和引"，事实上就是气的导和引，因此宁先生可以说"行气是从内部调节（循环），导引是从外部调节"⑨。（"行气者，治内者也；导引者，治外者也。"）表示导引和身体操练的更包罗万象、更口语化的词是"功夫（工夫）"，或者说"内功"。像我们将看到的那样，18 世纪这方面的知识就

155

---

① 这一词组变成了成语，经常出现在一般文献中，其范围远远超出了道家著作。因而 1969 年张贤凤［译音，Chang Hsien-Fêng（1）］记述："毛主席最近说：人体活动要靠吐故纳新。'一个无产阶级的党也要吐故纳新，才能朝气蓬勃。'"

② 本书第二卷 pp. 145 ff. 。

③ 在本书第六卷中。

④ 最详尽的叙述有 Maspero（7），（32），pp. 578 ff. 。

⑤ 见《云笈七籤》卷三十四，第一、第二、第十三页。

⑥ 甚至马伯乐［Maspero（7）］也这样看。

⑦ 参见 Anon.（75），第 4 页，一个采自玄应《一切经音义》这部 7 世纪词典的定义。另参见 Anon.（76），第 12 章，第 133 页。诚然"引"可以解释"伸展"或"拉长"，但把"导"与它配对作"收缩"解却是不妥帖的。

⑧ 这是个古老的词。《前汉书·艺文志》（第五十二页）在道书类中列有《黄帝岐伯按摩》十卷。岐伯是黄帝的主要医学对话者之一。对中医按摩原理与实践的最新叙述，见 Anon.（73）。

⑨ 引文见曾慥在 12 世纪的著作《道枢》（TT 1005）卷二十八，第一页。参见《云笈七籤》卷三十四，第二页。

图1596　长沙马王堆三号墓出土、属于公元前168年的道家导引术帛书中两幅图的照片。Anon.（202）。

是以"功夫"的名称传到欧洲的。19世纪将近结束时，德贞［Dudgeon（1）］曾对此作过专题论述，他的论述就那个时候来说是颇值得注意的①，而且令人感兴趣的是当时已经认识到了与炼丹术的联系。

　　在欧洲人知道炼丹术之前很久［他写道］，中国就有道士从事炼丹术了。在公元前两个世纪和公元后四个或四个以上的世纪里，将贱金属嬗变为金和合成长生不老药是道家满怀热情研究的问题。阿拉伯人在与中国早期交往中就这样把炼丹术借用过来，成了其西传的工具②。功夫的起源要归功于上述这些研究者，它很早就被采用来（作为）防病治病和强身延年（的手段），因为它已被宣布为是（实现这一目的的）一套广泛而有效的方法③。

我们最初起草本节时，还不知道有汉代那么早的文献，但后来马王堆三号墓（公元前168年）的发现揭示了一份基本文献④。该文献为一篇无标题的帛书，内容是关于医疗柔软体操（"导引"）。它原来一定有至少40幅彩色图，每幅各有一个简短的说明，但由于受潮损坏，现在只有28幅图了（参见图1596、图1597）。我们可以见到《庄子》中提及的"熊经"和"鸟伸"二式⑤，但也有许多令人感兴趣的其他程式，如

156

----

①　德贞（John Dudgeon）是中国海关的医官之一。其同事玛高温［D. J. McGowan（2）］有一篇更早的论文，虽然不容易找到，却也很值得一读。

②　这些见解的准科学性（prescience）参见本卷第四分册 pp. 388 ff. , 491。

③　Dudgeon（1），p. 349。

④　描述和讨论见 Anon.（198）和王嘉芙（1）；图版见 Anon.（204）。

⑤　《庄子·刻意》，译文见 Legge（5），vol. 1, p. 364；上文 p. 154 已给出了整段文字。这里所讲的二式为第17式和第28式。

图 1597 马王堆道家导引术（"气功强身"）帛书中余下二十八式的略图。Anon.（*198*）。

"以杖通阴阳"①。图中做操的人男女老少都有。因而这篇帛书清楚地表明，在《庄子》一书中微露端倪而在后世得到那么大发展的卫生理疗法，在公元前 2 世纪轪侯夫人及其儿子的时代已是众所周知的了。

157　古代道教导引术文献的焦点是《太清导引养生经》，此书的编集年代不是唐末，就是宋初②。书中有好几套功法，有些冠以传说人物如彭祖 ［中国的玛土撒拉（Methuselah）］③、赤松子④和宁先生（宁封子，铸工、金属制造工和陶工的守护神）⑤ 的名字，有些则被说成是由周代的历史人物，如王子乔这位公元前 6 世纪的王子所创⑥。

　　这些功法虽然有几种是站着做的，但大多是躺着做的或者结跏趺坐，采取莲
158　花坐姿势（*padmāsana*）。可是其中一些动作需要精力，故书上令习练者一开始出汗就马上停止做功。所有功法都有关于适当呼吸类型的说明。它们不使用任何器械，但宁先生的"龟鳖"行气法是在一根吊着的绳下做功，做功者要抓住绳子，以各种方式悬在绳上。阅读这些描述时我们面对着的无疑是至少得一直追溯到东汉的古老材料。葛洪对此一定很熟悉，他在《抱朴子》一书中多处提到"道引"。因为龟鹤长寿，所以方士模仿龟和鹤的动作⑦，结果对健康和听觉有好处⑧，但是

① 　联系图 1572 和 1573 "伸手摘取天上之阳，捞取海底之阴"来看是很有意思的。此式在帛卷上为第 1 式。

② 　*TT* 811，并收录于《云笈七籤》卷三十四。作者的姓名没有流传下来。

③ 　参见 Kaltenmark（2），p. 82。一套共十节，译文见 Maspero（7），p. 415。

④ 　参见本卷第三分册 pp. 9—10 和 Kaltenmark（2），p. 35。也是十节，译文见 Maspero（7），p. 415。

⑤ 　参见 Kaltenmark（2），pp. 43, 168。四套，每套各以一动物命名：蛤蟆、龟鳖、雁、龙。第二套和第四套，译文见 Maspero（7），pp. 425 ff.。

⑥ 　见 Kaltenmark（2），p. 109；Pokora（3），p. 363；Hughes（9），p. 33。三十四节，概括的描述见 Maspero（7），p. 422。关于王子乔其人，见本卷第二分册 pp. 98—99。

⑦ 　《抱朴子内篇》卷三，第一、四页，译文见 Ware（5），pp. 53, 58。

⑧ 　《抱朴子内篇》卷十五，第九页，译文见 Ware（5），p. 257。

导引只是长生术之一①，不应偏修一术而不问他术②，导引的效力终究不能与化学长生药相比③。

《导引养生经》现无插图，但《道藏》中有一组有趣的插图随《钟离八段锦法》④一文流传下来。其作者当属 8 世纪后期的人，据认为是吕嵒（吕洞宾，图 1569、图 1598）的老师兼对话者。图 1599 中所示各图伴有下列说明：

（1）叩齿三十六下，以集合和提醒诸（器官之）神。两手抱头（"昆仑"），敲"天鼓"二十四下⑤。

（2）左右转动脊柱（"天柱"），眼观肩头（以及上臂），各二十四次。

（3）舌头贴着上腭左右搅动（唾液）三十六次。用它漱口并含漱三十六下。将它如同硬东西似地分成三口吞咽下去。这之后就能在火里行走了。

［图中所示动作为两臂垂直上举。无疑这一动作是在三十六下漱口动作中的每一下之后做的，但文中漏了说明。］

（4）双手按摩"肾堂"（背面骨盆之上的腰）三十六次。按摩次数越多（效果就）越好。

（5）左右单（臂）像"辘轳"旋转一样转动（扫过侧面的肋部），各连续三十六次。

（6）双臂同时并用，重复这一动作三十六次。

（7）两手相合（于身前）"呵"五次气⑥，然后两手交错于头顶之上，成"托天"之势（掌心向上），接着再按摩头顶。重复这一循环三或九次。

（8）使两手如同钩子，向前探双臂抓住脚底。这一动作（各交替）做十二次，然后收回脚，按正确姿势（即盘腿）重新坐好⑦。

〈第一段：叩齿集神三十六，两手抱昆仑，双手击天鼓二十四。

第二段：左右摇天柱各二十四。

第三段：左右舌搅上腭三十六，漱三十六，分作三口如硬物咽之，然后方得行火。

第四段：两手磨肾堂三十六，以数多更妙。

第五段：左右单关辘轳各三十六。

第六段：双关辘轳三十六。

第七段：两手相搓当呵五，呵后叉手托天，按顶各三或九次。

第八段：以两手如钩，向前攀双脚心十二，再收足端坐。〉

159

---

① 《抱朴子内篇》卷五，第四页，译文见 Ware（5），p. 103。其中提到华佗的方法，关于这些方法见下文 p. 161。

② 《抱朴子内篇》卷六，第三页，译文见 Ware（5），p. 113。

③ 《抱朴子内篇》卷四，第八页，译文见 Ware（5），p. 81。这里葛洪是在引用《太清神丹经》中的一节诗。

④ 收录于《修真十书》（TT 260）卷十九。同书卷二十三第一、第二页的曾慥《临江仙》在记于 1151 年的一番话中说，此文由吕洞宾亲手题写在石壁上，因而流传了下来。

⑤ 做法是将两手的手心掩在耳朵上，然后用食指和中指同时叩击头的枕部。

⑥ 参见上文 p. 146。

⑦ 由作者译成英文，借助于 Maspero（7），pp. 419 ff.，Dudgeon（1），pp. 375 ff.。后者对序作了译述，包括大概是得之于口授的一些解释，例如用左脚跟压迫会阴的正确部位以防止泄精，从而"还精补脑"。原文本身有好些地方暗用典故，晦涩难解。

图 1598 与湖南长沙一江之隔的岳麓山顶云麓宫吕洞宾神龛（原照，摄于 1964 年）。上首
的题词是"吕祖仙师真像"，但神龛的年代要比唐晚得多。

这八段锦通常点缀着闭气并以不同的排列组合循环重复。

除了钟离权和假托传说中仙人之名的佚名古人之外，其他某些延年健身法创编者
161 也显得相当突出。一个是东汉魏国的著名内外科医生华佗（约公元 190—265 年）。在
《三国志》的华佗传中我们读到①：

广陵的吴普和彭城的樊阿都是华佗的学生。吴普准确地依照华佗的医术治病，
结果他的病人一般都得以痊愈。华佗教导吴普，身体各部分都要运动，但决不应当
做过头。"运动，"他说，"会带来良好的消化（字面为'谷气得消'）和血液的流动畅
通（'血脉流通'）。这就好像门上的转轴决不会腐烂②一样。所以古代的圣贤从事导
引运动，（例如）仿效熊的摇头摆脑，向后顾盼而不转动脖子。舒展腰身，左右转动
各个关节能使人难以(变)老。我有一种方法，叫做'五禽之戏'：一是虎戏，二是鹿
戏，三是熊戏，四是猿戏，五是鸟戏。它能用来去除疾病，并且有利于治疗一切
关节或脚踝僵硬。当身体感到不舒服时，就应该选做其中的一禽之戏。出汗以后，
人会觉得身体轻便起来，腹中会出现饥饿感。"吴普自己按着这一劝告去做，活到

---

① 《三国志》卷二十九，第六页起，译文见 Needham & Lu Gwei-Djen（1）。在《后汉书·方术列传下》第
九、十页有一段类似的文字。
② 关于这一成语的古老，参见上文 p. 124。

四第九十卷　　　　　　　　　　修真十書雜著捷徑

第三段
左右舌攪上腭
三十六漱三十
六分作三口如
硬物嚥之然後
方得行火

妙

第四段
兩手磨腎
堂三十六
以數多更

第一段
叩齒集神三
十六兩手抱
崑崙雙手擊
天鼓二十四

第二段
左右搖
天柱各
二十四

五第九十卷　　　　　　　　　　修真十書雜著捷徑

第七段
兩手相搓富
阿五阿後又
手托天按頂
各三或九次

第八段
以兩手如鉤
向前攀雙腳
心十二再收
足端坐

第五段
左右單
關轆轤
各三十
六

第六段
雙關轆
轤三十
六

图1599　《钟离八段锦法》功法图，采自《修真十书》(TT260) 卷十九（第四、五页）。正文中有说明文字的译文。

了 90 多岁的高龄，还耳聪目明，牙齿完好。

〈广陵吴普、彭城樊阿皆从佗学。普依准佗治，多所全济。佗语普曰："人体欲得劳动，但不当使极尔。动摇则谷气得消，血脉流通，病不得生，譬犹户枢不朽是也。是以古之仙者为导引之事，熊颈鸱顾，引挽腰体，动诸关节，以求难老。吾有一术，名五禽之戏，一曰虎，二曰鹿，三曰熊，四曰猿，五曰鸟，亦以除疾，并利蹄足，以当导引。体中不快，起作一禽之戏，沾濡汗出，因上著粉，身体轻便，腹中欲食。"普施行之，年九十余，耳目聪明，齿牙完坚。〉

我们没听说过有任何从那么早的时候流传下来的一套详细的"五禽之戏"诀法[①]，但到了明代，五禽戏诀法已经非常标准化了。因为变动的可能性毕竟相当有限，所以大概传统的动作事实上与华佗本人发明的动作非常相似。德贞的那套五禽戏诀法[②]译自 1621 年的《福寿丹书》，但在 1506 年的《养生导引法》[③] 中有比那更早的五禽戏诀法，该书马上还要提到。五禽戏当然是站着做的，有大量的肢体动作和头颈动作[④]。

另一个创编者似乎是陈抟（陈希夷），他是唐宋之间五代时期的道教真人兼变易学家（公元 895—989 年），他也许还是《太极图》[⑤] 的创作者，至少有两位皇帝曾向他请教过外丹[⑥]。到 15 世纪，一套强劲有力的功法——一年二十四节气[⑦]各配一势——已经成为传统功法。1506 年的《保生心鉴》称这套功法[⑧]为《太清二十四气水火聚散图》，但是在 1591 年的《四时调摄笺》中其题名为《陈希夷导引坐功图》，这样就揭示了原作者的姓名[⑨]。《保生心鉴》是一位道士的著作，我们只知道他的别号为铁峰居士，而《四时调摄笺》只是一部大型文集的一部分，那部大型文集叫《遵生八笺》，编撰者为杰出的学者高濂，他曾退隐林下，潜心研究能促进身心健康的一切办法[⑩]。这里我们从《保生心鉴》翻印了三势[⑪]。

适合于五月初（图1600）。每天在寅卯时分（凌晨 3 点至 7 点），笔直站立，身子后仰，手臂上伸，如托重物。左右两手用力托举，交替三十次。稳定呼吸，叩齿，柔和而缓慢地吐气，平静而连续地吸气，并吞咽唾液。

〈芒种五月节……每日寅卯时，正立仰身，两手上托，左右力举各五六度。定息，叩齿，吐纳，咽液。〉

---

① 马王堆帛书中的图（上文 p. 156）除外。

② Dudgeon（1），pp. 386 ff.

③ 《养生导引法》第二十页起。

④ 六朝和唐代的一些道士也研习和模仿鸟兽的叫声；参见 Belpaire（3）。尽管这样做是为了念咒，或者说是为了与神仙沟通，但它却导致了一些令人感兴趣的语音学发展，如腭音、爆破音和唇音的鉴别等。

⑤ 见本书第二卷 p. 467。

⑥ 见本书第五卷第三分册 p. 194。

⑦ 见本书第三卷 p. 405 的表 35。

⑧ 《保生心鉴》第七页起。

⑨ 《遵生八笺》卷三，第二十四页起。在其中名为《延年却病笺》的部分（卷十，第二十三页）还有一幅陈抟躺卧着，腹部标着坎、离二卦的图；这幅图讲的是睡眠时应采取的正确姿势（《陈希夷左右睡功图》）。参见 Dudgeon（1），pp. 448 ff.

⑩ 我们在本书第三十八章还要更多地讲到他与植物学及园艺学的关系。

⑪ 由作者译成英文，借助于 Dudgeon（1），pp. 393 ff.

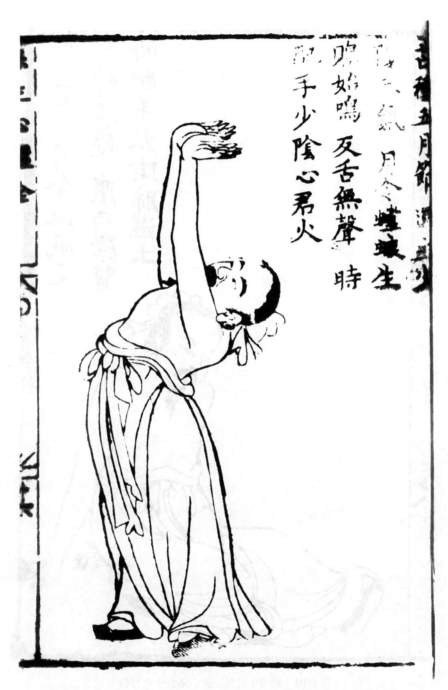

图 1600　《保生心鉴》（1506 年）中的一势，适合于五月份。

164

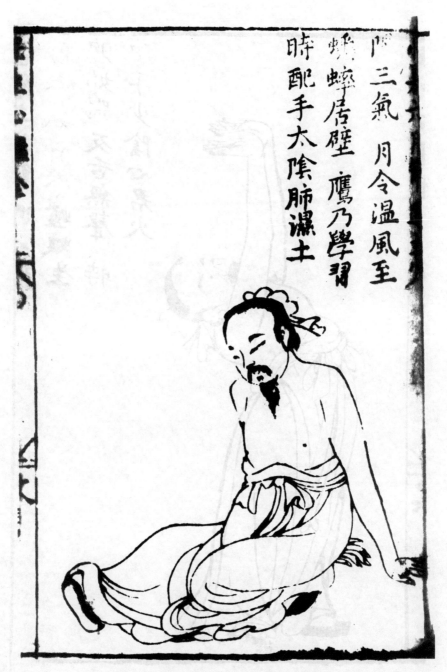

图 1601 同书中的另一势，适合于六月份。

165

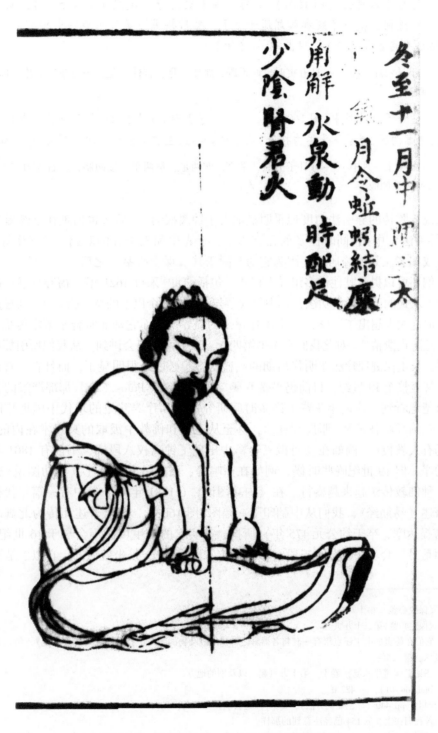

冬至十一月中卯二太

月令蚯蚓結廁

廁解 水泉動 時配足

少陰腎君火

图 1602　该书中的又一势，适合于十一月份。

　　适合于六月初（图1601）①。每天在丑寅时分（凌晨1点至5点），双手按住身后的地面，把一条腿和脚屈压于身下，然后将另一条腿用力踢出和缩回十五次。（反过来再重复一遍）。叩齿……（如前）。

　　〈小暑六月节……每日丑寅时，两手踞，屈压一足，直伸一足，用力掣三五度。叩齿，吐纳，咽液。〉

　　适合于十一月中（图1602）②。每天在子丑时分（半夜11点至凌晨3点），平稳端坐，伸直两腿，握紧拳头尽力按压（或按摩）双膝，左右交替十五次。叩齿……（如前）。

　　〈冬至十一月中……每日子丑时，平坐，伸两足，拳两手，按两膝，左右极力三五度。吐纳，叩齿，咽液。〉

　　总的来说，陈抟的导引法力度似乎明显地大于钟离权的③。后者也出现在已经提到过的《养生导引法》中④，同时提及的还有彭祖、宁先生和王子乔的套路。《养生导引法》的作者或编者又是铁峰居士，因为它通常附于其《保生心鉴》之后。

166　　我们还可以提及其他许多组导引程式，包括德贞⑤采自1621年《福寿丹书》的一组共有四十八式的著名导引功法，其中每式各与一个或一个以上的特定药方（"功药"）相联系，但这大大超出了医学，甚至医疗化学的疆界。然而它却非常合乎道家传统，因为它很注意防止泄精⑥。对此我们在本书第四十五章中可能还会讲到。从我们所引那些书的年代看，长生保健理疗法在明代后期的兴盛状态想必已经很明显了，而且它一直延续到清代，甚至整个19世纪，目前仍兴盛不衰。这从帕洛什［Pálos（2）］那部严肃的著作中可以清楚地看到，他近年花费了许多时间研究医院和疗养院里的现代中国理疗医师的方法。包括呼吸技术⑦、叩齿和吞唾，甚至从道教和佛教中汲取的冥想术在内的一切，至今仍有人教授⑧。例如在《丹拟三卷》中出现了钟离权八段锦，书前有1801年巴子园作的序，但19世纪晚些时候，例如在徐鸣峰、潘霨和王祖源（《内功图说》）的书中，一种佛教传统越来越盛行。在《内功图说》（1881年）一书中有一篇年代很不确定的著述《易筋经》，我们从中翻印了一幅图（图1603）。这篇著述相传为北魏时期达摩（菩提达摩，卒于约公元475年）所撰，其实它的产生可能不会早于16世纪⑨。它的前面是另一套功法，共十二段，称为《十二段锦图》，是坐着做的，它似乎是钟离权

---

　　① 《保生心鉴》第十八页。

　　② 《保生心鉴》第二十九页。

　　③ 它们在德贞的书中还点缀有一套将各器官之神描绘成动物的图。这套图来自《遵生八笺》，例如卷三，第四页；卷六，第二页。

　　④ 还见于《遵生八笺》卷十，第十九页起，以及别的地方。

　　⑤ Dudgeon（1），pp. 427 ff.。

　　⑥ 同上，pp. 440（李栖蟾的方法），454（压迫会阴），477 等。

　　⑦ 像我们在上文 p. 154 已经注意到的那样。

　　⑧ 见下列诸书：Anon.（77），陈涛（1），蒋维乔（1，2，3，4），蒋维乔和刘贵珍（1），刘贵珍（1），长谷川卯三郎（1）。除帕洛什的著作之外，还可加上 Hsiao & Stiefvater（1）和 Stiefvater & Stiefvater（1）。

　　⑨ 它有时有628年和1143年（大概是伪作）的序，而且它似乎与著名的少林寺有密切的联系，关于该寺稍后再讲。经文译文见 Dudgeon（1），pp. 529 ff.；Pálos（2），pp. 179 ff.。其各种动作是站着做的。

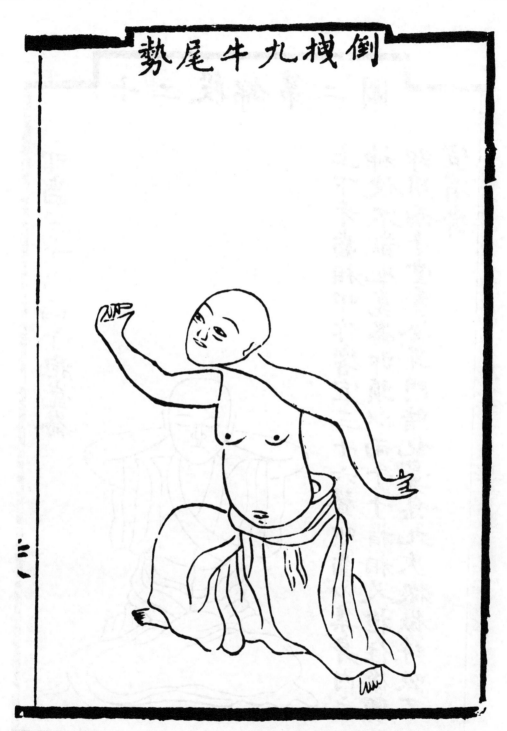

图 1603 《易筋经》中的一势，该书传为 5 世纪之作，但现存版式大概不会早于 16 世纪。
标题是："倒拽九牛尾势。"此势为全套功法中的第五势。

168

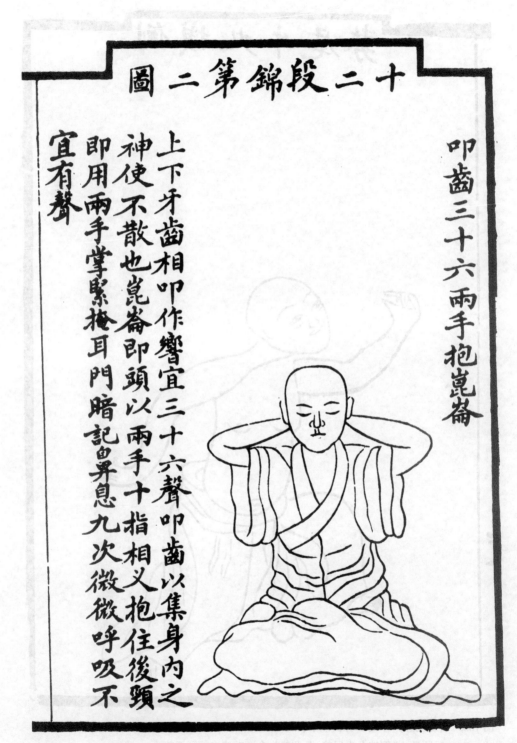

十二段錦第二圖

叩齒三十六兩手抱崑崙

宜有聲即用兩手掌緊掩耳門暗記自鼻息九次微微呼吸不神使不散也崑崙即頭以兩手十指相义抱住後頸上下牙齒相叩作響宜三十六聲叩齒以集身內之

图 1604 《十二段锦图》中的一段，该书可能系明代作品，而且是钟离权套路的一种佛教化的版本。此段为全套功法中的第二段。

八段锦的一种扩展的和佛教化的版本（图1604）①。

　　中国佛教有它自己强大的身体操练传统是很自然的，因为它继承了许多印度瑜伽术的内容。中国内丹与瑜伽的关系，如有的话，也是我们要等到本小节结尾时才能简短地加以讨论的一个题目。这里我们只需概略地叙述一下佛教修行寓于中国体操中的另一种奇怪的方式，即中国拳术（"拳搏"）的发展。这是一组值得注意的身体操练，体现了仪式舞的某些方面，并为人人所熟悉，因为其至今它仍然在中国广为传习②。那些勾勒出其历史轮廓的人③通常认为其始于"角抵"戏，最初听说此戏是出现在秦代（公元前3世纪）。这种"角抵"即"相扑"，就是两个人各披牛皮，头戴牛角，徒手相搏。据说秦二世特别爱好此戏④，公元前108年汉武帝举行了一次著名的比赛，人们从离京城三百里之远的地方赶来观看⑤。比赛有音乐伴奏的事实表明"角抵"肯定已经具有仪式舞蹈的这个方面的内容。5世纪末王俭的《汉武（帝）故事》提到了"角抵"⑥，后唐和辽两朝还有人习练此戏⑦。但是，这时它开始逐渐让位于"拳搏"这种更加微妙和有节奏的拳术。虽然"拳搏"的起源不能确定，但有一种形式的"拳搏"早期与河南登封⑧西北约25里的嵩山北坡少林寺有联系，少林寺僧是非常著名的"拳搏"倡导者。这个寺院创建于约公元494年，传说中把菩提达摩的名字与它联系在一起⑨，那里一定始终在培植身体操练，因为晚至16世纪，少林寺僧还在东部诸省展示少林拳术⑩。约在这个时候，日本海盗频频袭扰那几个省份，一位叫戚继光的中国将军在其有关陆海军效率的论著《纪效新书》（1575年）卷十四中，对作为一种身体锻炼形式的拳术进行了简短却有系统的介绍。他使用了"柔"字——"灵巧地把对手仰面朝天地摁住称为它的柔"（"活捉朝天而其柔也"），这个事实使得翟理斯（Giles）似乎很有道理地提出，现在举世闻名的日本"柔术"，其起源可追溯到此时中日两种文化的接触。最后中国拳术得到了其权威性指南——张孔昭的《拳经》，但是此书尽管年代

169

170

_____

①　译文见 Pálos（2），p.197。潘霜对这些功法的介绍，德贞［Dudgeon（1），pp.558 ff.］或多或少地作了翻译。有许多这类著述的集子流传于世，例如把《易筋经》和《八段锦》及其他材料结合起来的 Anon.（206）。这些集子名目众多，如类似的《炼道长生法》，它里面包括钟离权和陈抟二人的套路，现已有人翻译，译文见 Lê Hu'o'ng & Baruch（1）。另外一些书，如倪清和（1）中的那些论著，大体上把对姿势和功法的叙述同内丹的现代形式结合起来。他在书后附有与一位真一道人的一番问答，这位道人简要地讲到了为使三种原始生命力（三元）再造和永存的所有技术——炼气术、导引术和房中术。还有一些书，如谷正华（1）的小册子，将八段锦扩大，加上其他几套功法，如六段功。这六段功又出现在诸如《保健按摩》［Anon.（207）］之类的书中，那些书自称是关于医疗保健自我按摩（"保健按摩"）的。

②　常常是以太极拳的形式出现的。权威性的叙述有 Anon.（74），张文元（1），徐致一（1），蔡龙云（1）。西文书可参考 Cheng Man-Chhing & Smith（1）或 Delza（1）。太极拳可能与内丹家张三峰（卒于1420年）有一些关系。

③　例如 Giles（5），pp.132 ff.，其说据《图书集成·艺术典》卷八一〇，拳搏部杂录，第三页起。

④　朱绘在他的《事原》一书中是这样说的。《事原》为宋代一部关于事物与风俗起源的书。

⑤　《前汉书》卷六，第二十四页。

⑥　《汉武（帝）故事》第三十七节，译文见 d'Hormon（1），p.77。

⑦　年代为公元925年和公元928年；后者见《文献通考》卷一一九（第3867.3页），参见卷一四七（第1288.2页）。

⑧　其地在中国古代中央天文台所在地阳城（今告成镇）西北数里；参见本书第三卷 p.291。

⑨　见 Pelliot（3），pp.248 ff.，252 ff.。

⑩　关于今日少林拳，见 R. W. Smith（1）；而关于少林功法，见 Pálos（2），p.168。

不易确定，却很可能是 18 世纪之作。

如果说我们上述关于中国导引术的讨论有点离题，那么这番题外话现在将我们带到了耶稣会士韩国英 [P. M. Cibot (3)] 的时代，他曾写了一篇关于内丹家严格的长生术体操的文章献给欧洲人，文章虽不长，但却很著名①。他 1779 年的《论道士的功夫》(Notice du Cong-fou des Bonzes Tao-sée) 是打算向欧洲的物理学家和医生简略地介绍一种医疗体操系统，他们也许会愿意采用这种系统——或者如果他们发现这种系统有毛病，也可以激发他们发明出一种更好的东西来。此项工作很久以来一直被看作在理疗史②上是至关重要的，因为瑞典现代理疗法创始人林格 (Per Hendrik Ling) 几乎肯定受到了它的影响。韩国英至少研究过一本中国书，但也从一位新入教的基督徒那里了解到许多东西，这位基督徒在皈依基督教之前已经成为功夫的行家。韩国英不太喜欢道教哲学，但却相信功夫及其医学理论是一个 "有一定价值的系统"，它真的治愈过许多疾病，也缓解过许多病症。至于前者，他写道：

> Les nuages épais de la superstition et les affreuses ténebres de l'idolâtrie ont tellement caché la vraie théorie du Cong-tou à la multitude qu'elle est persuadée, d'après les récits des Bonzes, que c'est un vrai exercise dereligion qui en guérissant le corps de ses infirmités, affranchit l'âme de la servitude des sens, la prépare à entrer en commerce avec les Esprits, et lui ouvrela porte de je ne sais quelle immortalité, où l'on arrive sans passer par le tombeau. On composerait de très-amples volumes, des fables, contes, rêves, chimères et extravagances qu'on débite ici sur le Cong-fou... Les Tao-sée qui ont le secret du Cong-fou se sont fait une langue à part pour l'enseigner, et en parlent en des termes aussi éloignés des idées communes que nos Alchymistes du grand-oeuvre.

> (迷信的浓云密雾和偶像崇拜的可怕黑暗把真正的功夫理论掩盖了起来，使大众无法看到，以至于按照道士的说法，他们相信这是一种名副其实的宗教活动。它在治好身体疾病的同时使灵魂摆脱感官的奴役，让其准备与神明交往，并为其打开我也说不清是什么样的不死之门，此门不经过坟墓就可以到达。关于功夫人们会洋洋洒洒地编出许多寓言、故事、梦想、幻想和怪想在这里传播……掌握功夫秘密的道士专门形成了一种教授功夫的独特语言，其讲到功夫时的用语与普通观念离得跟我们从事大业的炼丹家一样远。)

上述几行文字颇有趣；很清楚这位耶稣会士不能理解中国肉体不死的概念，而且有人显然是在用 "真铅" 和 "真汞" 的话对他故弄玄虚。不过，道教的体操大师发明的各种动作和姿势 (参见图 1605、图 1606) 还是给了他深刻的印象。"我们敢于这样说" (Nous ne craignons pas de le dire)，他写道，"即使把演员、舞蹈家、跳高跳远运动员以及裸体模特儿的姿势和姿态全都汇集起来也不及道士们设想出来的一半"。(en réunissant toutes les postures et attitudes des comédiens, des danseurs, des sauteurs et desfigures académiques,

---

① 在本书第二卷 p. 146，我们曾认为此篇报告像许多没有署名的报告一样，是钱德明 (J. J. M. Amiot) 所写 (许多作者，包括德贞，也这样认为)，但是后来终于发现了真正的写作人，在参考文献中及时将其归于韩国英名下。费赖之 [Pfister (1)，p. 896] 对这个问题讲得很明确，而且报告的风格也是韩国英的。

② 这个题目我们留给本书第六卷中的第四十四章去讲，同时只提及有关的历史叙述见 McAuliffe (1)，Joseph (1)，Licht (1)，Saurbier (1) 等。

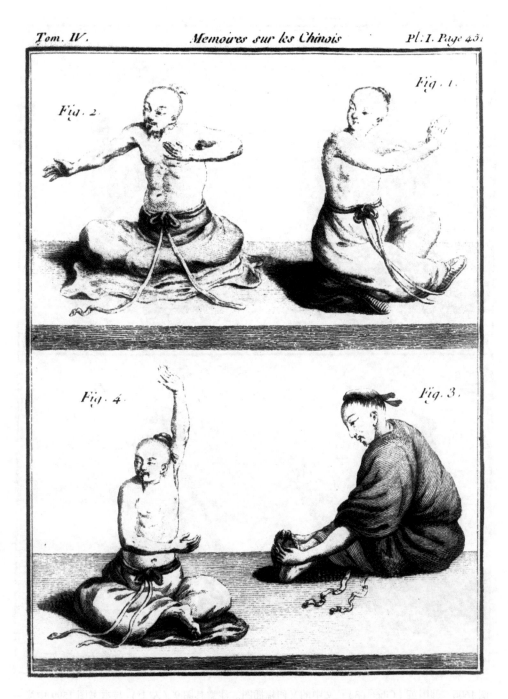

图 1605　韩国英（1779 年）文中的四幅道教导引图，该文是第一篇使西方世界注意到中国长生导
引术的文章。注意其图 3 与本书图 1599 中第八段的相似。

172

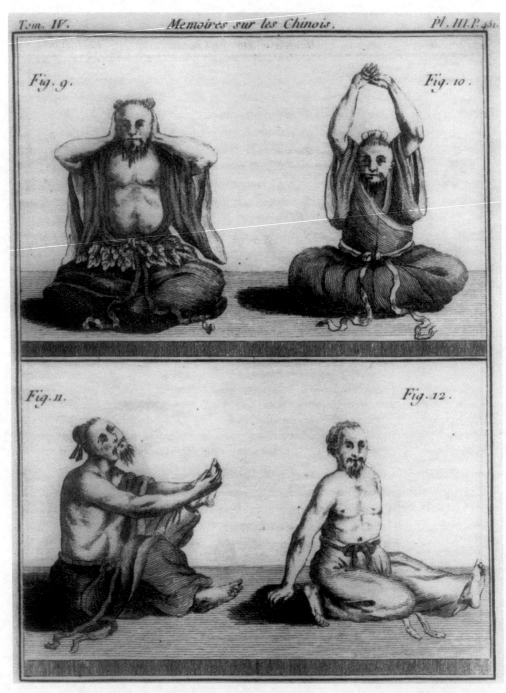

图1606 韩国英［Cibot（3）］文中的又四幅插图。注意其图9（左上）与本书图1599中第一
段以及图1604中那一段的相似。其图10（右上）与本书图1599中的第七段相同。
其图11（左下）类似本书图1599中的最后一段，而图12则与本书图1601中所示的
相同。从唐代甚至从汉代起（参见图1597）各种中国导引功法之间存在着重叠的现
象，这表明了一种紧密合一的传统，尽管这一传统有许多变化。

on n'auroit pas la moitié de celles qu'ont imaginées les Tao-sée.）韩国英对行气术，包括六气，或某种与之十分类似的实践，也给予了应有的重视。而且他还大胆地对其医学理论作了叙述，说道士认为人体的机制实质上是水力机制，即最重要的是神、血、液的循环，它们的流动性受到吸入空气的减弱，因此凡是能减少重量和摩擦的阻碍，从而将其环流调节得尽善尽美的东西都是有用的。从18世纪末中国和欧洲医学哲学比较①的观点看，听听韩国英说的下面一番话是会对人有所启发的：

> 因此，如妥善加以指导，功夫的各种姿势在治疗所有那些由循环障碍、阻滞甚或中断所产生的疾病中，是应该会起到有益健康的廓清作用的。但又有多少疾病的病因不是出在循环上的呢？我们完全可以提问：除了骨折和损害人体构架的诸创伤之外，是否还有任何这样的疾病②？

对于"三元"（或"三真"，参见上文 p. 47），韩国英只字未提。不过有关这一概念的知识似乎在差不多同一时候通过别的中介③传到了欧洲，因为其后的作者在林格的系统中认识它们，尽管是披着19世纪初自然哲学运动（Naturphilosophie）的外衣的。

　　林格（1776—1839年）开始是一位击剑师，但后来研究出一套精致的保健和治病两用的身体操练④。1813年他在斯德哥尔摩（Stockholm）创办了一所学校，之后35年中他一直继续教授和发展这些身体操练，从而对现代西方体操起了十分重要的促进作用。然而其著作［Ling（1）］中理论部分的构筑正如麦肯齐（McKenzie）不以为然地说的那样，是"按照他那个时代的生理学，而那个时代的生理学在现代发现面前常显得异想天开。林格关于生命性质、有机统一法则、各部分关系的想法，在现代思想家看来似乎很古怪，不易化为今日的科学术语"⑤。确实，杜布瓦—雷蒙（du Bois Reymond）及其他一些人曾激烈攻击那些想法⑥，但它们并未因此而使科学思想史家的兴趣有所减少。

　　同19世纪上半叶的其他生物学思想家一样，林格接受了生命力作用的三分法。他谈到了动力、机械和化学三种因素，动力因素具有某种精神性、道德性和理智性，机械因素与肌肉、循环和呼吸有关，化学因素则涉及营养、血液生成、分泌、生殖和繁衍。第一种因素，即"理智性"（intellectuality），大概相当于中国的"神"；第二种因素，即"动物元气"（animal spirits），大概相当于"气"；第三种因素，即"生命元气或有机力"（vital spirits or organic forces），大概相当于"精"（参见上文 p. 46）⑦。达利［Dally（1）］在1857年考虑了这个问题，相信这样一种学说与道士的学说并无不同⑧。

173

174

---

① 参见 Needham（59）。

② Cibot（3），p. 450，由作者译成英文。

③ 例如郎喀（Lawrence Lange）这位18世纪曾任俄国驻北京领事的瑞典人［Dudgeon（1），p. 356］。

④ 可以阅读麦肯齐［Tait McKenzie（1）］著作中有关其生平的那一章。韦斯特布拉德［Westerblad（1，2）］那精心写成的传记著作大部分只有瑞典文。参见 Cyriax（1）；Georgii（1）。

⑤ McKenzie（1），p. 112。

⑥ 参见 Licht（1），p. 403。

⑦ 德贞［Dudgeon（1），pp. 354，555］也如此说。达利和德贞对术语并不总是很清楚的。在一个地方，德贞［Dudgeon（1），p. 370］称"动物性的、肌肉的、运动的"成分为阳，称"植物性的、分泌的、化学的"成分为阴，而称精神的、"物理的"成分为"太极"。

⑧ Dally（1），见 Dudgeon（1），p. 356。

"必须承认"，他写道，"林格手里有钱德明［韩国英］的《论道士的功夫》或别的什么中国论著原作，（或者有一篇）可能是其他传教士或一些欧洲派往中国的使团随员所撰（的论著）。"又写道："林格的学说作为一个整体，包括理论和实践两个方面，只是道士功夫的一种翻版。它好像是德累斯顿（Dresden）的大花瓶，那种富丽堂皇的中国式花瓶，画的是中国图案，而上的却是欧洲油彩。这就是林格的真正功绩。"德贞本人写道：

> 按照钱德明［韩国英］的说法，道士们认为人体是一个纯水力机构，因此他根据这一基本思想来解释道士们的物理原则及其生理学理论。这样，道士学说与医疗机械论者的学说就会非常相似或相近，使人能相信它们属于同一学派。然而钱德明［韩国英］清楚地表明，功夫仍然要依靠其他原则①。那些原始的祭司认为人体不仅是一个物理机械机构，而且是一个化学机构。他们认识到人体的物理和化学法则要受一更高原则的影响，该原则在人体统一中支配并调和这些法则。此中国观念恰恰使人想起林格的理论——关于机械因素、化学因素和动力因素的理论，这三种因素会自行平衡并在一中心点上保持平衡，该中心点就是生命，这三大因素即由此而产生。布赖顿（Brighton）的贝斯（Bayes）博士在研究报告《慢性病之三面观》（Triple Aspect of Chronic Disease）中……也以中国三种生命力平衡的理论作为观察的基础，该理论很可能是他从林格的学说中借用来的。

贝斯［Bayes（1）］1854 年的那本书事实上的确采用了这一系统，在术语上稍有不同——心灵因素（the Psychical）、肌肉生命因素（the Musculo-vital）（或运动因素，locomotive）和化学生命因素（the Chemico-vital）。在当时的许多其他著作中都可以见到类似的东西，这些东西不仅在小人物的著作②当中有，而且在一些大人物的思想中也有。例如贝尔纳（Claude Bernard）于 1857 年初在他的"红色笔记本"（Red Notebook）③ 中随手记下了下面一番话：

> 生物中有一种发育力在无生命物中是见不到的。生物要发育，要完成一项特定的使命。这种发育不能由外部世界提供，虽然完成发育需要外部世界。我们不能不看到，生物的命运就是自我复制，使其种族世代相传，繁衍不息，这样生命和物质就变成永恒的了。
>
> 因而必须承认生物还有发育（也就是说创造），而不仅仅有吸引力和亲和力④。第一个是生命力。

175

---

① 在关于功夫的《论道士的功夫》中并没有这样说。但在另一些耶稣会士的长篇著作中很可能讨论过"三元"。

② 例如 Blundell（2）；Roth（1）。达利［Dally（1）］把这种分类法同《帖撒罗尼迦书》（*Ep. Thess.*）5.23 中的保罗式三分法（the Pauline tripartite division）联系了起来（参见卷第二分册 p.72）。保罗式三分法通过景教（Nestorian）著作，如一篇 641 年的现存文献［Saeki（2），p.171］，已为中国人所知，但它几乎不可能在中国有过很大的影响。因为保罗的三分法与中国的"三元"系统根本不是非常相似的，后者在汉代（参见上文 p.137）就已经逐渐定形了。

③ 新近由霍夫等［Hoff, Guillemin & Guillemin（1），p.30］翻译和编辑（贝尔纳原著 pp.52, 53）。

④ 这句句子中的括号和句末最后一个词的着重号系我们所加，目的是使贝尔纳的意思更加清楚。

第二个是物理力。

第三个是化学力。

但很清楚的是三者都是未知的。

第一个表达生物的有机运动法则①。第二个表达非生物的一般运动法则。第三个表达组成与分解的分子运动法则。

这里要进一步循着 19 世纪上半叶的生物哲学发展进程往下讲，显然是不可能的。很明显，贝尔纳的"自言自语"可以设想是由亚里士多德的"三灵魂"说②而来的，而不是由任何中国的观念而来的。或者说不定他当时正在阅读格利森（Francis Glisson）发表于 1672 年的那本书，《论物质的能量属性……》（*Tractatus de Natura Substantiae Energetica ...*），即《论物质的能量属性；或者自然的生命及其三种原始机能，自然知觉机能，自然意欲机能和自然运动机能》（The Energetic Nature of Substances; or the Life of Nature, and its Three Primary Faculties, the Natural Perceptive, the Natural Appetitive, and the Natural Motive）③。格利森在书中和哈维（Harvey）一样，将知觉、分化、吸收、应激性等等视为生活物的本质特性，而不是由于任何阿尼玛（anima）或生基（archaeus）的存在和指导。对格利森这种三分法的起源作进一步研究是会有收获的，但其与孙一奎似乎比与塔尔苏斯的保罗（Paul of Tarsus）要接近得多。所有这些表述尽管是生理性的，却可能与帕拉塞尔苏斯学说中的三基（*tria prima*）即盐、硫、汞④有些关系。总之，有理由认为，专门就道教对自然哲学运动发展的影响可以写一篇重要的论文，该运动是欧洲科学思想一个常常为史学家大加贬斥的阶段，然而却是现代科学演变发展的一个真正的组成部分。

我们可能得设想在 18 世纪下半叶和 19 世纪上半叶曾有过一种中国对欧洲影响的第二次浪潮。这一浪潮迄今为止被从约 1675 年起的儒家观念（如没有神启的道德）的巨大冲击完全盖过了。当时以非常喜爱中国文化的人如莱布尼茨（Leibniz）、伏尔泰（Voltaire）、狄德罗（Diderot）、爱尔维修（Helvetius）、魁奈（Quesnay）和阿尔让斯（d'Argens）为一方，反对卢梭（Rousseau）、德波夫（de Pauw）、勒诺多（Renaudot）、孟德斯鸠（Montesquieu）和费奈隆（Fénelon）领导的对儒家观念的抵制⑤。1721 年著名哲学家沃尔夫（Christian Wolff）因为在一次演讲中坚持认为儒学显示了高尚的道德行为与天启教无关⑥，而被哈雷大学（Halle）开除并被解除了他在该校担任的教授职位，

---

① 在原文中，"有机"（organic）一词是用斜体的，但其他几个解释性的词都没有用斜体。

② 见本书第二卷 pp. 21 ff. 。

③ 对这部重要的著作帕格尔［Pagel（16, 17）］和特姆金［Temkin（4）］已作了分析和讨论。

④ 我们要感谢胡德（Richard Hood）先生使我们想起了这一点。中国对帕拉塞尔苏斯思想的影响，我们在本卷第四分册 pp. 502 ff. 已经作过相当详细的讨论。参见 Hartmann（1），p. 148。

⑤ 关于这一问题的介绍尚无比皮诺［Pinot（1）］的专著更好的书。

⑥ 这就是他的《关于中国实践哲学的演讲》（*Oratio de Sinarum Philosophia Practica*），刊印于 1726 年，后又于 1740 年印行德文版。沃尔夫很快在马堡（Marburg）大学又谋得了一个教授职位，差不多二十年后才被腓特烈大帝（Frederick the Great）召回普鲁士（Prussia）。在此期间他的学生们继续坚持这场激烈的斗争，尤其是比尔芬格尔（G. B. Bülffinger）于 1724 年发表了《古代中国伦理与政治学说的典型》（*Specimen Doctrinae Veterum Sinarum Moralis et Politicae*）。沃尔夫本人曾经是莱布尼茨的学生。关于事情的全部经过，见 Reichwein（1），pp. 83 ff. ，尤其见 Lach（6）。

176　校方限他二十四小时内离开。事情是由卫方济（Francis Noel）扩充《中国哲学家孔子》（*Confucius Sinarum Philosophus*，1687 年）引起的，卫方济在 1711 年推出了六种经书的拉丁文译本①。但不久一定有人进一步带来了有关更加发达的道家观念和医学观念，如"三元"观念的知识。前面我们曾谈到过《道德经》的最早译本的问题，在 1720 年之前有两种译本，第三种译本大概译于约 1760 年，现收藏于英国皇家学会（Royal Society）图书馆②。从我们在上文 p. 132 中给出的那几部分河上公《道德经》注文可以清楚地看到，后来任何更加广泛详尽的注释，假如有译本，甚至只有手抄本流传，都会对内丹观念有所说明。我们知道当时人们还在寻找这些注释。1735 年弗雷例（Fréret）写信给冯秉正（de Mailla）：

> Les traditions des Tao-sse me semblent une chose qu'il seroit important d'examiner, cette secte ayant quelque antiquité à la Chine, et ces traditions ayant esté écrites dez le temps des premiers Hanes, peut estre sur des livres plus anciens. Elles doivent faire une partie considérable de l'histoire des sciences et des opinions chinoises. Le détail de ces opinions opposées à celles des sectateurs de Confucius servira à faire mieux connoistre le système de ces derniers. Une notice des anciens livres des Tao-sse et de ceux qui ont le plus d'authorité parmi eux nous mettroit en estat de connoistre au moins les fondements de leur doctrine. Un semblable travail ne doit pas même beaucoup couster à une personne aussi habile que vous l'estes dans toutes les parties de l'Erudition chinoise. ③

> （道士的传统我觉得是个应当好好研究的问题，因为道教在中国是比较古老的，道士的传统从前汉时起就已成文，也许是写在更古老的书上。那些传统一定是科学史和中国式观点的一个重要部分。这些观点与儒家观点相反，其细节可以使人更好地了解后者的体系。对道士的古籍和在道士中最有权威的书籍作一简介会使我们能够至少了解其学说的基础。一个像您一样熟谙中国学各方面的人干这样的工作甚至不必花费很大的力气。）

这是很有先见之明的话。另一个暗示来自贝克莱（Berkeley）主教关于"焦油冷浸剂"（tar-water）的书，书中的叙述从化学和卫生出发，通过哲学而上升到了神学。在 1744 年的这部题为《西利斯》（Siris）的书中，贝克莱写道：

> 认为火有神性，使整个世界生气勃勃并使世界各个部分井然有序，这是一种非常普遍的信条，即使在最遥远的时代和最遥远的地方，甚至在中国人当中也信奉这样的信条；中国人以"天"为最高原则，或者说万物之因，并宣扬他们称为"理"的天德与物质实体结合时会形成、区分和规定各种自然存在物。中国人的这

---

① 他在以前由殷铎泽、柏应理等人［Intorcetta，Couplet *et al.*（1）］译的三种经书（《大学》、《论语》和《中庸》）之外又加了《孟子》、《孝经》和《三字经》。

② 本书第二卷 p. 163。一种是卫方济本人译的，另一种是傅圣泽（J. F. Foucquet）译的，第三种是由一位佚名译者译的，这位译者大概是葡萄牙人。

③ 信刊印在 Pinot（2），p. 103。

个"理"似乎相当于逍遥学派的形式①。两者都与上述火的哲学有某种相似之处 ……"天"被有学问的中国人尊奉为活生生的和有智慧的以太，即迦勒底人（Chaldaeans）和斯多葛派（Stoics）的"πῦρ νοερόν"（pyr noeron）……②

这当然是在汲取理学思想，但是在贝克莱的资料来源中难道就不会有一些关于"真火"和"真水"的谈论吗？贝克莱写此番话正好是在以对中国思想感兴趣而更加闻名的歌德诞生之前③，而歌德是处在自然哲学运动的初期④。这一学派与奥肯（Oken）、基尔迈尔（von Kielmayer）、梅克尔（Meckel）、卡鲁斯（Carus）以及其他许多人的名字联系在一起，探索支配动植物界的非纯经验性科学定律，因此他们常被称为先验论者⑤。尽管他们的影响主要涉及比较形态学（这个词实际上是由歌德发明的），但在生理学上他们的影响也很大，就像18世纪最后十年在赖尔（J. C. Reil）的工作中那样⑥。例如在那些忙于对生命力（Lebenskraft）性质进行自然哲学式深思的人当中有瓦尔特（P. F. von Walther, 1781—1849年），在他的著作里我们又见到了"三一式"——感受性（Sensibilität）、应激性（Irritabilität）和复制力（Reproduktionskraft）⑦。

19世纪初为现代实验生理学打基础时期，这个时候发现好像是中古时期道教的三元说痕迹的东西，确实是研究世界另一端旨在获得长寿和肉体不死的各种导引功法所带来的一个意想不到的结果。看来东亚的炼丹家们与我们在理智上的距离又一次并不像我们常常倾向于认为的那么远。中国对身体操练和导引术的健身作用的了解，也并不像一些天真的读者读了某些理疗史学家的著作后所以为的那样，是受惠于欧洲的⑧。

所有这一切肯定就是胡费兰〔Christopher Hufeland（1）〕那本影响很大的长生术著作产生的背景，此书初版于1796年，之后又多次再版⑨。胡费兰在《长生之术》（Art of Prolonging Life）的序中说，生命"这种独特的化学动物作用(chemico-animal operation) ……可以促进，也可以阻碍，可以加速，也可以延缓"⑩。他提倡"饮食规则和一种保存生命的医疗方式，由此产生一门特殊的学科，即长生术(Macrobiotic)，或者说延长生命之术"。这是为了培养"生活力"（vital power）。尽管胡费兰认为帕拉塞尔苏斯的外丹式长生药可能会有暂时的效验，但他对这类长生药总的来说是持谴责态度的。"这类

177

---

① 关于这个问题，见本书第二卷 p. 475。

② Berkeley（1），pp. 180, 182。

③ 1749—1832年。如参见 Eckermann（1），pp. 164 ff.，1827年1月31日；Düntzer（1），vol. 2，pp. 300, 386；R. M. Meyer（1）各处。

④ 见 E. S. Russell（1），pp. 89 ff.；Singer（1），pp. 212 ff.；Merz（1）各处。

⑤ 奥肯（Lorenz Oken，1779—1851年），基尔迈尔（C. F. von Kielmayer，1765—1844年），梅克尔（J. F. Meckel，1761—1833年），卡鲁斯（K. G. Carus，1789—1869年）。这些人及其同事中有许多人对生物学知识作出了重大贡献。

⑥ 见 Rothschuh（1），pp. 164 ff.，191 ff.，204 ff.。关于赖尔（Johann Christian Reil，1759—1813年），参见 Needham（13），pp. 207 ff.。

⑦ 关于我们对于肌肉收缩的性质，包括应激性概念认识的历史，见 D. M. Needham（1）。

⑧ "1908年，埃克斯纳（Max Exner）博士在上海引入体育教学，并开始在政府鼓励下系统地培养师资"〔McKenzie（1），p. 168〕。

⑨ 这我们在本卷第四册 p. 502 已经讲到过了。

⑩ 1797年第一个英文版，p. viii。

178

图 1607 《坐忘论》（约公元 715 年）作者司马承贞的画像，采自《列仙全传》
卷五，第三十三页。

药都是辛辣和刺激性的，使用它们"，他写道，"自然会增加活力感，而（使用它们的）那种人认为活力感的增加就是生活力的真正增加，没有想到活力感的不断增加是一种刺激，反而肯定会缩短寿命"①。那么，这里生活力包含的是一种改头换面的内丹，钟离权和张伯端在自然哲学运动时期的欧洲，在柯尔律治（Coleridge）和弗兰肯斯坦（Frankenstein）的世界里又复活了。

（iii）冥想与精神集中

现在只剩下三个问题尚待讨论，一是冥想术，二是日疗术，三是房中术。在这三个问题中，第一、第二个问题要讲的内容比较少，一半是因为冥想实践我们在有关生理学与心理学的第四十三章中可能还要讲到，一半也是因为让身体暴露于日光照射是一门较次要的修炼术，我们知道的情况不多；但房中术则确实关系重大，不仅对方士，就是对普通人也是如此，而且所涉及的观念对我们的主题很重要，甚至（在不止一种意义上说）是内丹必不可少的。

冥想术与我们刚才在讲的身体姿势和操练有密切的联系②。要明白，道教的冥想并不一定是有训练地固守某些特定的思绪（就像历来许多基督教的冥想一样)③，相反也许是有训练地消除一切思绪，目的在于清除头脑中自然流动的闪念和意象④。遗憾的是，就我们所知，对冥想术的这种情况，在汉学和心理学两方面都还没有作过充分的研究⑤。要进行正经的研究就得把中心放在下面这样的著作上，如《坐忘论》⑥，约715年由著名方士、占卜家和炼丹家司马承祯⑦所撰，还有道书收藏家曾慥编撰于约1145年的《道枢》⑧中有关各篇（《坐忘篇上》至《坐忘篇下》）。另一方面则必须研究诸如蒋维乔（1—4）和陆宽昱［Lu Khuan-Yu（1）］的著作⑨中迄今仍然活跃着的传统，最好是亲自拜当代的习练者为师⑩。

迄今这方面做得还不充分，尚需做更多工作，然后我们才可望知道道教内丹究竟在

179

180

---

① Hufeland（1），pp. 237 ff. 。我们要感谢哈勒姆（David Hallam）先生对于胡费兰的论述。

② 我们在这里不讨论神秘主义和神秘体验本身这个相关的大题目，关于这个题目相当公允的论述可以参见Staal（1）。

③ 参见 Knox（1）。

④ 这有时是否依靠把意念集中在冥想者并不懂其含义的某一特定的词［即真言（mantram）］上，我们不知道。这种在心理上具有很大效力的技术显然与长时间连续重复冥想者懂得的某一短语，如东正教（Orthodox Christian）灵修中的"默念耶稣圣名"（Jesus prayer），大不相同，后者与静修派（Hesychasts，参见本册 pp. 152 ff. ）有密切的关系。关于这一点，见 Maloney（1）和 Neyt（1）。但那种方法可能也用过。

⑤ 释梦可惜也是这样，关于释梦有大量中古时期的和传统的中国文献。对此我们也希望在本书第四十三章中再讲。

⑥ TT 1204，并收入《道藏辑要》。

⑦ 藤吉慈海（1）的分析。参见图1607。

⑧ TT 1005。

⑨ 里面有许多我们现在熟悉的东西，如冥想姿势（pp. 167 ff. ）、胎息（p. 175）、六气（p. 208）、行气（pp. 176，186，191，205 ff. ）、叩齿（p. 206）、吞唾（pp. 184，206）、"返老还童"（rejuvenation）和水火相交（p. 212）。

⑩ 这就是帕洛什［Pálos（2）］的价值，但他提供的有关体育运动的情况远比有关冥想的情况要多，尽管他的书名中有冥想这个词。他也描述了继续存在的六气（p. 82）实践。参见长谷川卯三郎（1）关于禅在医学上的用途的论述。

多大程度上运用了催眠[①]、自我催眠[②]或产生各种入定状态的类似方法[③]。其冥想方面似乎真的与其他宗教中见到的冥想有点不同。马伯乐［Maspero (7)］在他对道教"养生法"那出色的研究中对此讲得很少，但在他死后发表的论文中讲得就比较多[④]。道家的冥想一般叫"守一"或"得一"，它是一种宇宙沉思，显然是从对自然统一的深信不疑而来的，自公元前 5 世纪起的所有早期道家哲学家都持有这样一种共同的信念——如《管子》一书所说[⑤]，"君子固守'一'的观念"（"执一之君子"）。但后来，在精心构筑成道教万神殿，还有茅山启示[⑥]后，它又产生了形象化的三位一体（"三清"）和三位一体之下的最高神明、权力、职掌和品级，这就是"存思"。在纪元初期，即《太平经》的时代，曾使用过一个类似的词语"想存"[⑦]。当然沉思者忘却了外部世界，就像"坐忘"一语清楚地表示的那样[⑧]，但后世还有"修心"这个词语，不过这个词语意义比较广泛，它不仅包括了那些礼仪本身，而且包括了大部分内丹的修炼。要是我们对各个世纪中道教大师所用的心理学技术了解得更多一些就好了。毫无疑问，今后要获得有任何意义的结果都将少不了汉学家与临床及实验心理学家的通力合作。

那也将涉及生物化学和生理学，因为现在正在对冥想中的可测性伴发现象进行大量的研究。有趣的报告有笠松章和平井富雄［Kasamatsu & Hirai (1)］关于坐禅脑电图研究的报告[⑨]，还有达斯和加斯托［Das & Gastaut (1)］关于印度等持（*samādhi*）中类似测量的报告[⑩]。新近的研究已经显示，在深度冥想中，耗氧量和二氧化碳排出量大大减少，呼吸率减慢，皮肤电阻显著增大（比睡眠中要大得多），缓慢的 α 波（脑电图，EEG）大大增加，血乳酸盐水平持续下降[⑪]。这最后一项特别有趣，因为焦虑性神经症状

181

---

① 于阿尔、索诺莱和黄光明［Huard, Sonolet & Huang Kuang-Ming (1)］为耶稣会士钱德明的三封以前未发表过的信专门撰写了一篇引人注目的论文，那三封信写于 1783 年和 1790 年之间，是写给在巴黎的牧师贝尔坦（J. B. Bertin, 1719—1792 年）的兄弟的。他说他起初并不怎么看重那篇介绍功夫的文章（参见上文 p. 170），但后来为贝尔坦神父写信告诉他的有关梅斯梅尔（F. A. Mesmer, 1734—1815 年）成功的情况所打动。钱德明相信道士使用催眠术治病，他并且运用中国的自然哲学来解释"动物磁性说"（animal magnetism）。

② 见弗罗姆和肖尔［Fromm & Shor (1)］的书，该书中收有一些令人感兴趣的文章，如 Bowers & Bowers (1)。

③ 这里我们把古代和中古时期道士可能使用精神药物与冥想过程一起诱导意识状态改变的问题撇在一边。它与炼丹术的关系在本书第五卷第二分册 pp. 121 ff.，150 ff.，154 已作过相当详细的讨论。关于这些药理效应的文献浩如烟海，我们只能提一下其中的 Aldous Huxley (1), Solomon (2), Hyde (1) 以及 Longo (1)。关于致幻剂的植物学和化学方面的问题，权威著作为 Schultes & Hofmann (1)。

④ Maspero (32), pp. 397 ff.。

⑤ 参见本书第二卷 pp. 46 ff.。

⑥ 本书第五卷第四册 pp. 213 ff.。

⑦ 饶宗颐 (3)。《想尔》是汉代一部注释《道德经》的书，因而早期道家哲学家和后来的道教神学家之间的联系显得特别清楚。

⑧ 参照禅宗的"坐禅"（sitting in *dhyāna*），藤吉慈海 (1) 及其他许多人都曾作过研究。

⑨ 半通俗的书，参见 Hirai (1)。

⑩ 综述可参见 Fenwick & Hebden (1)，评论可参见 Gellhorn & Kiely (1)。

⑪ 见 Henrotte (1)；Anand, Chhina & Baldev Singh (1)；还有华莱士（R. K. Wallace）及其协作者的论文——Wallace (1)；Wallace & Benson (1)；Wallace, Benson & Wilson (1)。文献目录见 Timmons & Kamiya (1)，评论见 Staal (1), pp. 106 ff.。

态是与血乳酸盐水平高相联系的①。但血压变化不大②。接下去的一件事情是要搞清神经介质与这种情况的关系。冥想是一种特殊的低代谢生理状况，完全不同于正常醒觉状态，不同于睡眠③或昏迷，也不同于催眠，对此今天是毫无疑问的了。它在人格整合中一定始终起着相当大的作用④，西方人现在也许已折服到足以步古时候佛道两家的后尘了吧。

李光玄关于内丹尤其是炼气的问答《金液还丹百问诀》撰于宋代，其中有些内容从侧面反映了古时候那些大道观里的令人愉快的宽松气氛⑤。在这篇问答中，道人对求道者说："如果你不为是否会变成仙人而犯愁，而只是一心修习诸术来完善自己，那么你就肯定会得道成真。"⑥（"莫愁仙兮，只要自修，必得其真耳。"）没有什么能比这更符合我们在第十章中阐述的一些《道德经》中的大悖论。得到的方法是不要。"圣人不抱有个人的目的，所以他的愿望都得以实现。"（"圣人……非以其无私耶？故能成其私。"）

（iv）光线疗法

现在得来讲一讲下面一套方法，这套方法因缺少一个更好的名称，可称之为"日光疗法"（heliotherapy）或"光线疗法"（phototherapy），它在某种程度上是各种类型人体照射法的先驱。我们已经附带提到过（上文 p.143）一种"服星气"或服北斗气法，而在《老子说五厨经》（"五厨"即五脏）⑦中还可以找到另一个例子，它解释了应如何纳食四方及中央之气以加强身体中各个相应的器官。这些都是呼吸吞气（参见上文 pp.149 ff.）总门类中的特定技术，而该门类有众多的技术⑧，但正是由这些捕捉远物和远方之气的尝试产生了日光照射法和月光照射法。日月星辰无疑是非常遥远的，然而它们的有益影响可以捕捉并予以保留。这一点也不像乍看起来那么荒唐，因为古代中国物理学深信存在着真实和自然的超距作用。这靠的是固守一种与不连续原子脉冲相对之连续宇宙媒质中的波动的观念⑨。中国对磁性现象的探索比任何别的文明要早几个世纪就是它的重大胜利⑩。

182

---

① Pitt（1）。

② 但是瑜伽的心率和呼吸率随意减慢已在一些人 ［Anand & Chhina（1）；Wenger & Bagchi（1）；Wenger, Bagchi & Anand（1）］ 所作的定量实验中得到证明。然而较早的研究工作者如布罗斯 ［Brosse（1）］，自认为证实了的心搏完全停止的现象现在并未被人们所接受。不过她对一般冥想的生理学方面的长期研究今天仍然很有价值。

③ 不管是诱导醒觉期还是缓慢醒觉期，也不管是无梦睡眠还是快速眼动（REM）睡眠。

④ 有些研究声称习惯性冥想能减轻或治愈药瘾，如 Otis（1）；Benson, Wallace, Dahl & Cooke（1）。

⑤ 在别的地方，我们已联系针灸就谢耶 ［Selye（1—4）］ 对生理应激的研究和"一般性适应综合征"（general adaptation syndrom）讲了许多（Lu Gwei-Djen & Needham, 5）。那方面的内容与本册关于旧时中国内丹家的目标的论述都有很大的关系。索伦森 ［Sorenson（1）］ 根据应激现象从神经生理学观点出发评价了瑜伽修炼法。柯蒂斯 ［Curtis（1）］ 和泰里吉 ［Terigi（1）］ 关于应激的老年病学方面的书已经非常接近道士对于延缓衰老的兴趣。蒂米拉斯 ［Timiras（1）］ 研究了衰老中体内平衡调节的下降与抗应激性的关系。还有恩格尔和平卡斯 ［Engle & Pincus（1）］ 关于激素与衰老过程的论述仍值得一读。

⑥ TT 263，《金液还丹百问诀》，第二页。

⑦ 《云笈七籤》卷六十一，第五页起。

⑧ 例如，我们曾经多处见到一种服食山雾之气（"服雾"）法。一处是在《登真隐诀》（TT 418）卷中，第十九页起，另一处在《道枢·服雾篇》（TT 1005，卷八）。

⑨ 关于这一切，见本书第四卷第一分册 pp.8 ff.，12 ff.，28 ff.，32 ff.，60。

⑩ 关于这方面的情况在第二十六章（i）（本书第四卷第一分册 pp.229 ff.）已原原本本地讲过了。

所以道士把目光集中在太阳这个巨大的发光体上。他们认为太阳中射出的气，在早上的东方、正午的南方和傍晚的西方，其质是不同的，这从象征的相互联系系统中基本方位的重要性来看是理所当然的①。而且他们还用"神"、"气"、"精"（参见上文pp.46—47）"三元"来类比要服食的三种气或光线。有一部叫《华阳诸洞记》的佚书对服食破晓后旭日光气的程序有所描述，它是根据东汉道士范幼冲的方法写成的。但其中的服气诀法幸存了下来，部分见于约公元489年的陶弘景《真诰》②，部分见于后来一部主要讲这类事情的唐代或唐代前的书《上清握中诀》，该书是由某个佚名作者撰写的③。做法是面朝太阳，或取站势，或取莲花坐势④。像在大多数其他的类似描述中那样，它有许多关于感觉青、白、赤等"三色光气""如蜒"（like ribbons）源源流出的内容。马伯乐很有见识地猜测，这些色觉效应是对着旭日凝视一会儿之后紧闭双眼造成的⑤。其他各种方法的描述讲到五色光环绕身，表明道士在某种程度上观察到了干扰色；同时也讲到了日出时分召"日魂"入于身中⑥。最古怪的实践之一是陶弘景5世纪的《登真隐诀》中描述的"服日象"⑦。做法是方士左手持一片绿纸，纸上有一框格，内用红色写着"日"字，如日，在早晨的阳光下站一会儿。当日照中的所有祈祷和默想完毕，想象纸片仿佛由于某种变体作用而变得如同太阳本身一样光辉灿烂；然后方士将纸化解在水里，全部服下。这一方法常用于使用此类符咒的其他场合，尤其是驱邪治病仪式，葛洪在《抱朴子》一书中就给了许多符⑧。当然有人会说像这样的方法与巫术没有什么区别，那话固然不错，但在控制实验法、科学宇宙论和统计分析法未出现之前的年代里，谁又能说得清服食太阳圣餐是虚妄的，而用天然磁石和磁针寻找磁北是正确的呢？

同样很有意思的是，女道士并没有被遗忘。她们也一样需要站在月光下，手持一片黄纸，纸上有一框格，内用黑色写着"月"字，如月，服食其监护星球的光芒。这黄纸片是拿在右手的，当吸饱了月亮的光气之后，它也被化掉并被服下。还有一种存想发光天体之气或像环绕周身⑨的方法也是男女都可采用的。对男方士来说，这就是"服日芒之法"，一天冥想三次，或站或坐，按太阳在空中位置的推移，依次面向东方、

---

① 参见本书第二卷表12，p.262。

② *TT* 1004。

③ 《真诰》卷十，第一页；《上清握中诀》（*TT* 137）卷中，第十四、十五页，因此见于《云笈七籤》卷六十一，第十四页。

④ 按照一处诀法，人服食了随日（月）初照之光而来的气后，可招来日中五帝及其月中夫人，然后和他们一同升天［《上清太上帝君九真中经》（*TT* 1357）卷下］。因为此番叙述就在《太上八景四蕊紫浆五珠降生神丹方》（参见本卷第四分册p.216）的一种文本之前，所以其历史大概可追溯到茅山派的初创期。

⑤ Maspero (7)，p.375。这些做法一定对眼睛有些威胁，尤其是在太阳升上天空之后，除非道士使用薄薄的玉片或云母片，中国古代的天文学家肯定是那样做的（参见本书第三卷pp.420，436）。

⑥ 《上清握中诀》卷上，第五、六页。

⑦ 《登真隐诀》（*TT* 418）卷中，第十五页起，也见于《上清握中诀》卷中，第十四页起。

⑧ 《抱朴子内篇》卷十七。

⑨ 或者纳入口中含之。这见于《上清明堂元真经诀》（*TT* 421）和《上清三真旨要玉诀》（*TT* 419），分别为第一页起和第九页起。这两篇著作都出自5世纪末或6世纪初的陶弘景派。鉴于那时候谁都不知道日月的实质，认为可以将日月光华吸收到人体中的想法本身并不算荒唐。

南方和西方①。对于女子来说，有平行的"服月芒之法"，是夜间借着月光做的。虽无 184
确实证据证明任何这类活动是裸体进行的②，但至少在早期很可能是那样做的③；在幸存
下来的诀法中总少不了包括以通常的叩齿和吞唾配合光线疗法的准则。总之，内丹家是
所有像芬森（Finsen）一样探索光及其他形式辐射能对人体影响的那些人的先驱。

（v）性行为与生殖理论的作用

我们现在来讲房中术在制备内丹的大业中所起的作用。内丹是"水术"（per
aquam）哲学家而不是"火术"（per ignem）哲学家（即生理实验主义者而非原始化学
实验主义者）寻求长寿或不死的保证。在考虑这些问题时，我们想重复一遍我们的告
诫：必须使头脑摆脱西方文明的一切传统观念和偏见，尽力去理解认为性活动是天经
地义之事的人们对事情的看法。在他们看来，性活动就是天地本身运行的模式，当然
性活动充满了社会学含义，但并没有特别沉重的负罪或负疚的精神包袱。自然这并不
是说中国文化里没有反性行为的成分，正相反，与宗法制财产关系相联系的儒家的拘
谨，甚至在孔圣人本人的时代之前就有很大的影响，后来佛教的出世思想又从另一侧
面猛烈攻击道士的性行为④。但是许多世纪里，道教把适当的性活动与健康长寿和肉体
不死联系起来的思想为千百万人所接受，甚至今天也并没有绝迹⑤。对于中国的性观念 185
和性关系史，高罗佩［van Gulik（3，8）］已经作出了卓越的贡献，但我们不能简单地
叫读者去查阅他的著作，因为性作为炼丹术的一部分是这个问题的一个相当特殊的方

---

① 另一种存想日在身体中周流的形式出现在《传西王母握固法》这一残篇中，见《修真十书》（TT 260）卷
二十四，第一页起。"握固"是冥想中一种握紧双手的特殊方法，就像印度的手印（mudrā，下文 p. 261）一样。
拇指要置于亥、子二道线之间，其余四指握住拇指。这从《东医宝鉴》卷九（《杂病篇》卷一）（第 333 页）的图
文看就容易理解了。

② 尽管阳光照射会有助于皮肤中维生素 D 的合成，从而起到增进健康的作用，但从月光中却不会得到类似
的好处，细想起来是很奇怪的。

③ 巫教仪式中尤其是遇有旱灾和水灾而求神时的礼仪性裸体，如薛爱华［Schafer（1）］的一篇卓越的专题论
著所证明的那样，在中国文化中具有悠久的历史，至少一直延续到唐代。面对日月两大光源，赤身裸体是顺乎自然而
又合乎逻辑的。

④ 艾士宏［Eichhorn（6）］专门研究过对道士性行为的种种攻击和强迫道教"修士"独身的做法。这一运动可
以说是始于寇谦之和他在 5 世纪初遇到的天神显圣（参见上文 p. 138）。为了维持甚至扩大道教教会组织，有必要减
弱一点佛教徒的势头，这样做有一条就是要至少一部分道士和术士不过性生活。对早已死去的张氏道教三师的敌意即
由此而来，因为从 2 到 5 世纪，在他们的影响下，性关系甚至是礼仪形式的性关系，始终占有非常重要的地位。唐代
有"改革的"和"未改革的"两种道观，前一种道观里的道士是独身的，而后一种道观里的道士是已婚的（或者至
少男女都有）。可是国家一直不加干涉，直到宋初颁布于 972 年的一道旨意才第一次明令禁止后一种道观，这道旨
意被王林记载在其《燕翼诒谋录》中。于是，后一种道观就成了非法的，旧的正统观念被说成是异端邪说；虽然如
此，它们很可能在边远地区仍继续存在了很长一段时间才消失。后来这类道观有时与造反有联系，就像方腊起义那
样。方腊是一个小实业家，在 1120 年领导了一场轰轰烈烈的起义，这场起义部分是出于民族主义目的（要求加强抗
金），部分则是为了反对朝廷的所作所为；进一步见 Shih Yu-Chhung（1）。而且，像 972 年这道旨意那样的圣旨，从
来都不适用于在道观之外与家人同住、在乡村寺庙中主持季节性节日和定期集体净化礼的那许多道士。

⑤ 村上嘉实［Murakami Yoshimi（1）］关于道教"对欲望的肯定"有一番令人感兴趣的论述。他认为，经常
使用的"无欲"一语是指净化欲望，即战胜卑鄙残忍的欲望，而不是指禁欲。内丹诸术全都属于追求包括使欲望
超俗在内的完美的一种永无止境的探索，但这一过程根本不是精神分析意义上的升华。诚然，中古时期道士那种
神圣的甚至礼仪性的性行为是受关于日子、时辰、地点等等的吉凶详尽规则所限制的，但是自发、自然和自由
无疑是道士的理想。

面，有不同的技术文献，其动机既不是享乐主义的，也不是爱子女的①。另一方面高罗佩所讲的主要是通俗的一般文献与性在家庭生活和宫廷生活中的地位及其公开表现②。第十章（本书第二卷 pp. 146 ff.）对性行为在古代道教中所占的重要地位已经作了描述；此处我们得再换一个角度，即讲一讲性行为在内丹上起什么作用③。这两个方面从唐代起都越来越多地受到佛教禁欲主义的影响，但前一个方面受影响的程度要比后一个方面大得多，因为长生术是一件属于修真之人的深奥的事，而不是一件全体寺庙礼拜者所关心的事情④。在下文中，我们必须始终保持那著名的冷静超然的态度，满足于让中国人是什么就说什么，即使说得有点不合情理也没关系。

为了节省篇幅，最简单的方法莫过于不加区别地援引各种年代很不相同的著作来说明原则。最好也让那些著作本身来说话，尽量少加评注；而那些著作的数目简直少不了，因为整个话题对头脑中自然地背着相反的先入之见包袱的西方人来说很是稀奇。非说不可的话按照下列这组观念展开最容易。男子的"精"相当女子的"血"，尤其是月经血（"月血"）；此处我们得将"精"译作"semen"（精液），而把"seminal essence"（精粹）专门留供译解作为"三元"（参见上文 pp. 46, 47）之一的"精"字。

186 两性结合好比阴阳、天地的结合，其互利性是必不可少的和不容否认的，而独身则是危险的和不能允许的⑤。既然阴阳二气存在着相互补益的关系，配偶就多多益善；但同时"精"（精液）在生理上又是天下最宝贵的东西，因而绝不应让其泄出——除非想要孩子。可是，除此以外还有一种方法（参见上文 p. 30 和下文 p. 197），修真之人可借以进入到性高潮，而又一点也不让宝贵的精射出；据信是使精"改道"，沿脊柱而上，入补于脑和参与内丹的形成。人们在经典（如《道德经》）中为这些方法找到了根据。他们认为这些方法行之不当会招致对健康和对寻求长生不死的严重威胁，有好几种著作显示了当一个男人与女性修真之人在一起性交时要做的事情是非常严肃的，几乎是礼仪性的⑥。性交技术的秘密传授和盛行口授的重要性常常被强调。最后，与炼丹术的联系在于这样一个事实，即从事原始化学的外丹家推荐并习练房中术，与其说是把它们本身作为目的的，倒不如说是把它们作为获得足够长寿的一种手段，以便使自

---

① 另一部有相当大价值的著作是石原明和李豪伟 [Ishihara & Levy (1)]。虽然我们感到其译文不雅，且对其观点也不总是表示赞同，但它提供了一个极好的文献目录，内有许多鲜为人知的书名。

② 这方面有大量的肖像研究，我们可以提一下下面的几个文集：Shêng Wu-Shan (1)，Beurdeley (1) 和 Gichner (2)；但肖像研究很少明确涉及道士。伊藤坚吉 (1) 以及里奇和伊藤坚吉 [Ritchie & Ito (1)] 已经著述过的男性生殖器意象，在日本非常突出，但在中国却一点也不突出。寺庙"卖淫"[参见 Penzer, (2)] 在中日两种文化中都未发现。

③ 这方面最好的指南是 Maspero (7)，重刊于 Maspero (32)，pp. 553 ff. 。

④ 同时我们又不应该将房中术设想成只存在于道教社团之中，它们很可能首先是在那儿发展起来的，但在信仰道教的一般人家中也肯定被广泛采用。我们不妨回想一下郭本道博士 1942 年在成都对我（李约瑟）说的那番话（见本书第二卷 p. 147），可能会有所得。房中术现在也未绝迹，因为 1958 年《道藏精华》（内有例如张三峰的书，参见下文 p. 240）在台湾重印，肯定不仅仅是为了学术上的目的。关于张三峰，见 Seidel (1)。最近张仲澜 [Chang Chung-Lan (1)] 的书已被译成好几种西方文字。

⑤ 印度的类似观念将在下文 p. 275 进行讨论，但这里不能不提一下密教的妇女崇拜 (stripuja) 仪式，因为它们似乎有着明显的相似之处，尽管涉及的理论不同。

⑥ 直到今天，结婚对于未出家的道士也是很平常的。

已能了解化学的全部奥秘和制取真正的长生金丹。而且还出现了化学类比的繁荣，女子的身体被看做是"鼎"，男子的身体则被看做是"炉"。

"精"在哪里，"精"又是什么？这在唐或宋代的一篇无名氏著作《胎息根旨要诀》中可以找到一个答案①。它在对胎儿在子宫中的发育作了一番有趣的叙述之后，又接着说道：

> 因此那些试图恢复和滋养（其原始生命力）的人都仿效它，说"复其根本"是"胎息"的要事。从前总是说"气海"（在下丹田）是气的根本，而其实并非如此②。如果不知道它止于何处，"复"也没有益处。古时的仙人总是口头传授（真正的学说），从不形诸文字，但我非常希望把它泄露给我志趣相投的同道们——所以我说所谓"根本"正好与脐相对，跟（从上数起）第十九节椎骨齐高，在脊柱（前）空隙处由下面接近膀胱的地方。其名称叫"命蒂"，或者叫"命门"、"命根"、"精室"。男子在那里储藏精液，女子在那里储藏月经血（"月水"）。这就是长生不死之气的根本。……③

> 〈故修养者效之。夫云复其根本，此胎息之要也。古皆云气海者为气之根本，此说非也。为不知其所止，是以复之无益。古仙皆口口相授，非著于文字之中，盖欲贻其同志。所谓根本者，正对脐第十九椎，两脊相夹，脊中空处，膀胱下近脊是也；名曰命蒂，亦曰命门，亦曰命根，亦曰精室。男子以藏精，女子以月水。此则长生气之根本也。……〉

这看来是由于进行了一些解剖而试图描述精囊，但同样令人感兴趣的是对精液与月经血的相提并论，在希腊理论中，此二者也是构成胎体的基本成分④。另一番叙述出现在一篇稍晚的著作中，该著作大概撰于13世纪初，叫《体壳歌》，作者是一位道士，我们只知其化名为"烟萝子"。在这篇著作中我们读到⑤：

肾脏总论

"精"在肾中。肾又叫"玄英"，属水，冬天旺盛，其色为黑，其方位为壬癸，其征象为（北方）玄武，其道名为"智"，其卦名为"坎"。肾有两个部门，左边一个叫"烈女"，右边一个叫"命门"。

（"精"的）形成与（生育）孩子相联系，（但"精"也能）上入于脑（"泥丸"）⑥，（在那里其效应）见于内部的是骨骼（之增强），见于外部的是头发（颜色由白复变为黑）。耳朵是门户，膀胱是仓库（"府"）⑦。如果"精"接受脾的控制，它就被制伏并被驱逐；如果"精"用于心并得以到达肺，它（的效能）就达到极盛；如果它转到肝，它（在效应方面）就被减弱。吃甜食太多就会有损于（"精"的长生的效果）⑧。

---

① 收录于《云笈七籤》卷五十八，第四页起，此处为第五、第六页，由作者译成英文，部分借助于 Maspero（7），p. 380。我们在本书关于胚胎学的第四十三章可能还要讲到这篇著作。

② "气海"是一个穴位（JM 6），在脐下中线一英寸半处 [参见 Anon.（135），pp. 198—199；Lu & Needham（5），pp. 50，56]。

③ 参见 Schipper（5），p. 370，译自相同的来源。

④ 论述见 Needham（2）。

⑤ 见于《修真十书》（TT 260）卷十八，第八、第九页，由作者译成英文。

⑥ 这就是下文 p. 197 描述的方法。

⑦ 这种说法的正确性超出了道士们自己意识到的程度。

⑧ 因为肥胖症肯定会妨碍健康长寿。

188

图 1608　彭祖——中国的玛土撒拉——画像，据信他将其长寿归于掌握了房中术。
采自《列仙全传》卷一，第十九页。

〈精在肾又号玄英。属水，冬旺，其色黑。在方为壬癸，在象为玄武，在道为智，在卦为坎。有二只，在左为烈女，右为命门。生带子透入泥丸宫，见于内者为骨，见于外者为发。以耳为户，膀胱为府。受脾之制伏，而驱用于心，得肺则盛，见肝则减。食甘多则有伤矣。〉

这里我们又一次更接近了内丹的象征的相互联系。

阴阳、男女结合的互利性在流传下来的一些最古老的著作中得到了肯定。与这些著作相联系的有彭祖这位传说中的玛土撒拉式人物（图1608），他得以长寿是多亏掌握了房中术；还有五位女神或女智者的名字，"起初"是她们向男子教授房中术的[①]。在这五女中最重要的是素女和玄女，两者的名字都出现在有关这一问题的古书书名中，那些古书有些幸存了下来；但另一位采女常常作为黄帝或彭祖的对话者出现在此类著作中[②]。严可均收集并保存的《彭祖经》片断很可能为周末或汉初之作，因为其风格古朴。而且《彭祖经》一书本身列于《抱朴子》的书目[③]中，虽然并未收录入《前汉书·艺文志》[④] 中。《彭祖经》的作者说：

> 伤害人的事情很多：过分野心勃勃、悲痛忧郁、欣喜欢乐、愤怒失意、欲求无度、焦虑担心、冷热反常、戒绝性交——这类事情真是多得很，而房中之事（的影响）要负主要责任。人们受此迷惑有多大呀！男女自然相成，就像天地相生一样，所以道滋养"神"和"气"，使人不失去其和谐。天地始终有（真正的）结合之道，因而它们的存在永无穷尽，但男人和女人已经丧失了此道，因而他们的寿期为必死性所打断和损害。这样，获得阴阳之术就是避开一切有害的危险，踏上永生的道路[⑤]。

> 〈凡远思强健伤人，忧愁悲哀伤人，喜乐过量伤人，忿怒不解伤人，汲汲所愿伤人，戚戚所患伤人，寒暖失节伤人，阴阳不交伤人。人所伤者甚众，而独责房室，不亦惑哉？男女相成，犹天地相生也，所以道养神气，使人不失其和。天地得交接之道，故无终竟之限；人失交接之道，故有残折之期。能避众伤之事，得阴阳之术，则不死之道也。〉

这肯定是把性行为有益健康的效应放在了最突出的地位。而《前汉书》中的编者评注也显出一种多少有点相似的精神[⑥]：

> 房中术构成人类感情的极点并触及道本身的边缘。因此圣王控制人的外部享乐，以便约束人的内心情欲，并将（两性结合的）规则制订成文。……如果这类乐事是适度的而又安排得很好的，就会由此带来和平和长寿，但是如果人们为这类乐事所迷惑而不加注意，就会由此生病，严重损害天性和寿命。

---

① 也许是一帮迷人的女巫。

② 傅海波（H. Franke）在对高罗佩 [van Gulik（3）] 著作的评论中指出了这样一个有趣的事实，即在古代西方，关于性技巧的最古老的书也是或相传是女人写的。菲拉伊尼斯（Philainis）写了一本《关于交欢的姿势》[*Peri Schē matōn Synosias*（περι σχηματων σννονσιας）]，其他还有萨摩斯的尼科（Niko of Samos）、阿斯堤阿那萨（Astyanassa）、卡利斯特拉特（Kallistrate）等人。

③ 《抱朴子内篇》卷十九，第三页。

④ 《前汉书》卷三十，第五十一、五十二页，那里列有这方面的书八种。参见本书第二卷 p. 148。

⑤ 《全上古三代秦汉三国六朝文》（全上古三代文）卷十六，第七页，由作者译成英文，借助于 van Gulik（8），p. 96。

⑥ 《前汉书》卷三十，第五十二页，由作者译成英文，借助于 van Gulik（8），p. 70。

189

〈房中者，性情之极，至道之际，是以圣王制外乐以禁内情，而为之节文。……乐而有节，则和平寿考。及迷者弗顾，以生疾而陨性命。〉

看看葛洪在《抱朴子》一书中是怎么说彭祖的倒饶有意思。当然葛洪的叙述是传说性的，但却给人以启示①。

按《彭祖经》说，彭祖在帝喾和尧②的统治时期一直担任顾问，后继续作为国家高级官员直到夏（朝）末。接着殷（商）王派采女到他那儿学习房中术。殷王在试行了房中术并发现它们有效之后，想把彭祖（召来）杀掉，以断绝这些秘密的传播，但彭祖察觉了他的图谋，逃走了，从此杳无踪影。这时他的年纪已经约七八百岁了，但并没有记载说他死了。实际上《黄石公记》记载，约七十年后，一个门徒在流沙以西遇见过他，所以很明显他仍然还活着。③……还有刘向在《列仙传》中把他看做是一位仙人④。

〈按《彭祖经》云，其自帝喾佐尧，历夏至殷为大夫，殷王遣彩女从受房中之术，行之有效，欲杀彭祖，以绝其道，彭祖觉焉而逃去。去时年七八百余，非为死也。《黄石公记》云：彭祖去后七十余年，门人于流沙之西见之，非死明矣。……又刘向所记《列仙传》亦言彭祖是仙人也。〉

就这样，人的性行为如果安排得明智，便是健康长寿的第一需要，这一观念被奉为神圣。

190

此外，独身和贞洁被认为是有害的和不合自然的。在《素女经》（一部汉代的著作）的开头，我们见到如下的文字⑤：

黄帝对素女说道："现在假如我希望长久地不交合，怎样才能做到这一点呢？"

素女回答："你不能。天地有其（相继）开合（的时刻)⑥，阴阳有其（相继的如精液般）涌现（的时刻），以使（万物如同在生殖中一样）转化。人是效法阴阳的，（其生命周期）体现了四季⑦。现在如果你不交合，'神'和'气'就会被关闭和阻隔（在你的体内），那你怎么能修补自己的躯体呢？炼'气'多次，吐故纳新，这实际上就是为了给予它一些帮助。但如果'玉茎'⑧不继续能动（地自发勃起），你就是在使('精'）坏死在其本身之中……"

〈黄帝问素女曰：今欲长不交接，为之奈何？素女曰：不可。天地有开阖，阴阳有施化；人法阴阳，随四时，今欲不交接，神气不宣布，阴阳闭隔，何以自补？练气数行，去故纳新，以自助也。玉茎不动，则辟死其舍。……〉

---

① 《抱朴子内篇》卷十三，第四页，由作者译成英文，借助于 Ware (5)，p. 217；van Gulik (8)，p. 96。

② 传说中的帝王。

③ 戈壁滩。

④ 参见 Kaltenmark (2)，pp. 82 ff.，no. 17，"彭祖"一条的译文，有注。

⑤ 《素女经》第一页，由作者译成英文，借助于 Maspero (7)，pp. 381—382；van Gulik (8)，p. 137。这段文字的后续部分，见下文 p. 201。

⑥ 这样的语言使人联想起公元前 4 世纪的《鬼谷子》一书的风格；参见本书第二卷 p. 206。

⑦ 关于道家对自然循环的强调，参见 Needham (56)。

⑧ 其解剖学术语是"䐚"或"尿"，但在此类文献中从来没有遇见过。佛教术语是"生支"（life-limb），而其对应的是"女根"（yoni）。另一字"屌"，现在用作"男性生殖器"解，而在传统上是骂人的粗话，它与"㑇"字有关系，后者根据发音的不同而作"交合"或"进行交合"，也是粗话。

这样，性活动在此处被认为比其他任何有助于健康长寿的锻炼都重要。

剥夺所致的各种神经症（neuroses of deprivation）也为人们所认识。在 1013 年与 1161 年之间的某个时候，一位不知名的道士编集了一部相当有价值的书，题为《养性（生）延命录》①，其中的《御女损益篇》专门讲性学。下面是该篇的对话之一②：

> 采女问彭祖说："一个人年纪六十岁了，是不是应该把'精'完全闭住并悉心守护它？这样做可以吗？"
>
> 彭祖回答道："不可以。男人不想没有女人；如果一定要叫他没有女人，他的心绪就会骚动；如果他的心绪骚动了，他的精神（'神'）就会疲劳；如果他的精神疲劳了，他的寿命就会缩短。假如他可以使自己的心绪始终保持宁静，不受性念头的扰乱，这是再好不过的了，但能做到的人一万个当中也没有一个。如果他使劲地想要（把'精'）闭住并堵起来（'郁闭之'），那'精'事实上会难以保持而易于失去，结果'精'就会（在睡眠时）泄漏，尿就会变得混浊，人就会患上男女梦淫妖作祟的毛病（'鬼交之病'）。"

〈采女问彭祖曰：人年六十，当闭精守一，为可尔否？彭祖曰：不然。男不欲无女，无女则意动，意动则神劳，神劳则损寿。若念真正无可思而大佳，然而万无一焉。有强郁闭之，难持易失，使人漏精尿浊，以致鬼交之病。〉

而汉代的《素女经》早就讲到了性剥夺和性爱本能受挫引起的魔鬼幻觉，接着又生动地描述了"圣安东尼的诱惑"（temptations of St Anthony）一样的种种幻象，那些幻象折磨着到山泽僻静之所独居的隐士，最后使之得病而亡③。在另外一个地方，采女说④：

> 一个人不能违抗人的天性和感情。而且凭借（性行为，只要运用得明智）他还能延长寿命。更何况那本身不也是一件乐事吗？

〈不逆人情而可益寿，不亦乐哉？〉

《抱朴子》中也有一段关于同一题目的文字，把不进行性交（"阴阳不交"）列为诸"伤"之一⑤。

> 有人说："你难道不认为伤害是来自好色放荡吗？"
>
> 抱朴子答道："为什么只来自这个呢？长生术的要点是使人的年岁倒转（'还年'）。……如果一个人年轻力壮时就知道如何（靠房中术）使年岁倒转，服食阴丹以修补脑，并且从长谷（鼻子）之下采集玉液（唾液），那他就是根本不服食任何（长生）药物，也不会不活三百岁，尽管他可能不会成为仙人"。

191

---

① *TT* 831。此书在《道藏》中既有归于陶弘景名下的，又有归于孙思邈名下的，这也许是对此书在医学上颇有见地的一种称颂，但事实上其成书年代不可能早于宋代，当然书中的某些段落和词句很可能在宋代以前就出现了。

② 《养性（生）延命录》卷下，第九页（《御女损益篇》），由作者译成英文，借助于 Maspero（7），p. 382，以及 van Gulik（8），p. 196，后者的译文译自《千金要方》中的一段相应的文字。

③ 《素女经》第十一页，译文见 Maspero（7），p. 382，以及 van Gulik（8），p. 152，后者译出了这段文字的全文。

④ 《玉房指要》（也许是 4 世纪之作），第一页，由作者译成英文，借助于 Maspero（7），p. 382。

⑤ 《抱朴子内篇》卷十三，第七页，由作者译成英文，借助于 Ware（5），p. 223。

〈或问曰："所谓伤之者，岂非淫欲之间乎？"抱朴子曰："亦何独斯哉？然长生之要，在乎还年之道。……若年尚少壮而知还年，服阴丹以补脑，采玉液于长谷者，不服药物，亦不失三百岁也，但不得仙耳。"〉

那么古典中国性学关于长生术的基调是：①只要性交运用得巧妙，阴阳就能相互补益；②为此最好经常调换伙伴；③这类结合应该使女方而不是男方达到性高潮，男方要把精液尽可能保留在身体中①。这些观念中的第一种按照现代知识来说足够合理，不过它倾向于导致如下的结论：性伙伴的一方在某种程度上可以为了他或她自己的长生目的而引流另一方的生命力。"放任"社会对偏离传统一夫一妻制的行为极端宽容，是当代许多改革者（绝非不合理地）试图推广的一种社会，第二个原则与那种社会的理想毫无关系；恰恰相反，它直接产生于纳妾制，在那些帝王缙绅的大家庭中，娶了正妻之后还要配以若干甚至很多为辅的妃子、小妾和婢女②。这时为了社会和谐的利益，男方就绝对必须分散宠幸。实际上，这样做甚至可能会有重要的政治意义，因为如果一个配偶被冷落，其亲属就可能给皇帝或地方长官带来严重的麻烦。第三种闭精术③即由此而来，但如果这些是其社会学的起源的话，它一定很早就具有长生意义，那是很自然的，因为否则男方就会被向他提出的众多性要求搞得精疲力尽④。

《玉房指要》中有一段把上述原则奉为神圣的妙文。其内容如下⑤：

> 道士刘京描述了与女子交媾的正确方法。他说必须首先不慌不忙，和缓放松地互相拥抱着嬉戏，以便使精神（"神"）和合一致，让心意协调共鸣（"感"），只有当达到这种境界很长时间了，才可以交接。玉茎在还仅仅是部分勃起时就应该刺入，完全勃起时则应该迅速退出。其间的动作应该是有节制的和缓慢的，并有适当的间隔。男子不应该把身子猛扑上去，因为那会将五脏弄颠倒了，对经络和脉管⑥造成永久性伤害，并招致百病。但交接不应该伴有射精。能在一天一夜里

① 对此需要说几句。第一，这些方法都完全属于性学上正常行为的范围。高罗佩〔van Gulik（3，8）〕的精心研究业已显示，性反常行为在中国社会中只是很晚才出现的，即使到那时也很少有施虐狂或受虐狂性质。古代和中古时期的文献对于这些较小的心理失常几乎毫无记述。第二，调换性伙伴只适合于一个在发现美洲大陆和随即传入严重性病之前的社会。同时，调换性伙伴会帮助传播一些小的寄生虫病，如念珠菌病。第三，对女方性满足的高度尊重是真正文明开化的一个特点，欧洲直到很久以后才令人怀疑地达到这种文明程度。

② 关于这种做法对钟表科学发展具有的非常出人意料的重要性，见 Needham，Wang & Price（1）。

③ 古时的道士对于他们认为是危险或过多地失精的情况非常紧张，乍看之下也许难以理解其根据的是什么样的生理学原理。不过很可能从内分泌学上找到解释，尤其是考虑到现代关于前列腺素的知识（参见下文 p. 323），因为精液含有非常丰富的前列腺素。在这一点上又一次显示出哺乳动物和人那种奇怪的雌雄不对称现象，因为女性排卵时似乎并不失去什么（对母体）生命攸关的东西。这是进化创造出子宫内受精的直接结果。但闭留精液则意味着闭留激素。无疑男性克制也会增强性活动本身，推荐这种方法的不仅有古代的道书，而且有一些现代的书，如张仲澜〔Chang Chung-Lan（1）〕的著作。看来实行保守式性交（coitus conservatus，参见下文 p. 199）就是要让女方多一点性高潮，而男方少一点性高潮，但我们遇见过一些性学家，他们向我们保证，可以训练男人，使其达到性高潮而不射精，这一点目前我们尚无佐证。可以设想，一些道家著作所指的也许就是这个意思，尽管就我们所知，它们都没有明确地那么说。

④ 第三个原则另一明显的社会性方面是它的避孕作用，但我们认为这并非其本意。

⑤ 《玉房指要》第一页，由作者译成英文，借助于 Maspero（7），pp. 384—385，以及 van Gulik（8），p. 139，后者采用的是《医心方》卷二十八（第637.2页）中的文本。该文本缺最后一句。

⑥ 气血的管道。

进行好几十次交媾而没有一次射精的人，他的各种疾病都会被治愈，他自己还能获得延年益寿的好处。如果能调换几次性伙伴，其好处便会增多，例如他要是一夜跟十个不同的女子交接的话，那就最好不过了。

〈道人刘京言：凡御女之道，务欲先徐徐嬉戏，使神和意感，良久乃可交接。弱而内之，坚强急退，进退之间欲令疏迟。亦勿高自投掷，颠倒五藏，伤绝络脉，致生百病也。但接而勿施，能一日一夕数十交而不失精者，诸病甚愈，年寿自益。数数易女则益多，一夕易十人以上尤佳。〉

这段文字的背景出现在《素女经》的开头几段中①。

黄帝对素女说道："我的气衰弱而不和谐。我感到内心抑郁，总是充满恐惧。对此我应该怎么办呢？"

素女答道："人的衰弱总是可以归因于性活动失当。而女胜过男，就如同水胜过火一样②。那些能熟练地运用性术的人就好像高明的厨师知道如何调合五味以做成可口的菜肴。那些知道阴阳之道的人能充分实现五种快乐。那些不知此道的人会过早死亡，根本来不及体验性快乐。这不是应该加以警惕的事情吗？"

接着她又继续说道："采女具有奇妙的道术知识，所以君王就派她到彭祖那里去询问延年益寿的方法。彭祖告诉她，一个人保存自身的'精'并滋养自身的'神'，还有按规定饮食和服用各种药物，就能获得长生不死；但如果他不知道性交之术，饮食和药物就会毫无作用。男女的交合，他说，好比天地的交接。天地是因为有此术才得以永存，而人则是因为失去了此术才寿命短促。假如一个人能学会如何阻止这种衰退，并能用阴阳之术驱除各种病害，他也能永远存在。

采女鞠了两个躬，问是否可以让她学习此术的精髓。彭祖回答说知道此术很容易，不过很少有人会相信和实行此术。……其基本原则是要与年轻小妾频繁交合，但只偶尔泄精。这样做使人身体轻盈，驱除百病。"③

〈黄帝问素女曰：吾气衰而不和，心内不乐，身常恐危，将如之何？素女曰：凡人之所以衰微者，皆伤于阴阳交接之道尔。夫女之胜男，犹水之胜火。知行之如釜鼎，能和五味，以成羹臛。能知阴阳之道，悉成五乐；不知之者，身命将夭，何得欢乐？可不慎哉！

素女曰：有采女者，妙得道术。王使采女问彭祖延年益寿之法。彭祖曰：爱精养神，服食众药，可得长生，然不知交接之道，虽服药无益也。男女相成，犹天地相生也。天地得交会之道，故无终竟之限；人失交接之道，故有夭折之渐。能避渐伤之事而得阴阳之术，则不死之道

193

---

① 《素女经》第一页，由作者译成英文，借助于 van Gulik (8), pp. 135—136。

② 指五行的"相胜之序"；参见本书第二卷 p. 257。水胜火，就像火胜金一样。

③ 这些古代道家思想怎么会在培根（Francis Bacon）的著作中再现呢？在他1623年的《生死考》（*Historia Vitae et Mortis*）中有一个部分题为"驾驭精神，使青春长驻并恢复强健"（Operatio super Spiritus, ut maneant juveniles et revirescant）。这一部分里有如下的话："Etiam ad calorem robustum spirituum facit venus saepe excitata, raro peracta; atque nonnulli exaffectibus de quibus postea dicetur. Atque de calore spirituum, analogo ad prolongationem vitae, jam inquisitum est" (i, 67, Montagu ed. vol. 10, p. 197)（"性欲也会使精神高度亢奋，它就像其他一些情感一样，常被激发，但很少得到满足，关于那些情感后面将要谈到。有关精神亢奋业已说明，它关系到生命的延长"）。从他前面关于长生药的论述来看，他显然知道与他同姓的罗杰·培根（Roger Bacon）的那些更早的著作（参见本书第五卷第四分册 p. 496）。大概这种性处方在伊丽莎白一世的圈子里是众所周知的，但对此的进一步探索我们得留给那个时期的文学专家们去做。

也。采女再拜曰：愿闻要教。彭祖曰：道甚易知，人不能信而行之耳。……法之要者在于多御少女而莫数泻精，使人身轻，百病消除也。〉

对此，《养生延命录》（11 世纪）作了解释，在该书中有如下的叙述①：

> 调换性伙伴可以导致长生不死。如果一个男子只与一个女子交合，阴气就微弱，获益也小。因为阳道是效法火的，阴道是效法水的，而水能制服火。阴能消散阳，如果不停地使用它……使阳被耗尽，那么非但对（身体的）修补和再生没有帮助，反而有损失。可是如果一个男子能与二十个女子交合而又不泄精，他老年时就会身体健康，肤色完美。……当精的储备下降时，各种疾病就纷至沓来；当精完全耗尽时，死亡也就随之降临②。

〈易人可长生。若御一女，阴气既微，为益亦少。又阳道法火，阴道法水，水能制火；阴亦消阳，久用不止，……阳则转损，所得不补所失。但能御十二女子而复不泄者，令人老有美色。……凡精少则病，精尽则死。〉

为古代道家和内丹思想中的闭精所作的生理学方面的辩护，出现在《素女经》中一番引人注目的谈话里③。

> 采女说："在性交中泄精是一件乐事，而现在你却说应该闭精。那怎么会成为一件乐事呢？"
>
> 彭祖回答说："精泄出后，身体疲倦，耳朵不灵，昏昏欲睡，喉咙发干，筋骨感到力竭崩溃。虽然一个人可以暂时恢复行乐，但最终他并不感到快乐（因为身体疲惫不堪了）。但是如果玉茎勃起而不泄精，气力就绰绰有余，身体就舒适自在，耳目就敏锐明亮。虽然他这样抑制和平息自己的情欲和感情，但他（对性伙伴）的爱意反而益发增强，获得了加倍的持久性，似乎永远不会消退。这难道不是一件（更大的）乐事吗？"④

194

① 《养性（生）延命录》卷下，第九页（《御女损益篇》），由作者译成英文。马伯乐［Maspero (7)，p. 380］使人注意到了这段文字的重要性。

② 这里的想法显然是：虽然双方都能有益于对方，但女性的力量超过男性，所以后者行动更要有所节制。如果做到了极端有节制，就会获得肉体不死。

③ 《素女经》第九页，由作者译成英文，借助于 van Gulik (8)，p. 145，后者译自《医心方》卷二十八（第 643. 1 页）。

④ 这提出了一个技术问题：修真之人怎么可能使阴茎头的敏感性降低到足以允许做他们应该做的事，并延长阈下兴奋，推迟神经肌肉高潮呢？必须记住，中国人直到中古时期初与各闪米特人（Semitic）文化发生接触才知道割礼，但即使在那时中国人也从不实行割礼。他们的技术看来既是心理性的又是生理性的。第一，似乎有一种意在贬低女性身体的冥想术，其方式几乎具有 11 世纪克吕尼的奥多（Odo of Cluny）之风格［"quomodo ipsum stercoris saccum amplecti desideramus"，参见 Havelock Ellis (2)，p. 208］。《素女经》（第一页）说："在对付敌人时，男方需视女人如瓦石（之无价值），而视他自己如金玉（之珍贵）"（"御敌家，当视敌如瓦石，自视如金玉"）。这是一个经常出现的主题［参见 van Gulik (3)，vol. 2，p. 103，(8)，pp. 157，282］。第二，很可能有抑制男性敏感性的药理学方法，不过尚未在文献所载的众多药方中充分地查找过这类方法。第三，无疑使用了机械手段，一来为了阻止阴茎软缩，二来也许是为了增加对女性敏感性的刺激。关于前一个目的，明代的技术书和小说中常常谈到用扎带或者套象牙环或玉环来束箍阴茎根的做法，尤其是邓希贤的性学著作《修真演义》（约 1560 年）对此作了详细的描述［见 van Gulik (3) 和 (8)，p. 281］。用于这一目的的玉管在古希纳［Gichner (2)］的书中有图示。相反，所谓的"阴茎刺"（penis-spurs）是用骨头、竹子、象牙、木头、金属等制成的装饰物，穿在阴茎末端一个像耳垂上的耳环孔一样的永久性孔道里，会起到促进女性性高潮的作用。这就是东南亚的"帕朗"（palang），关于此物哈里森［Harrisson (8)］已有著述。它在中国的使用历史无法确定，显然并不古老，不过它可能从 14 世纪起就在那里起作用了。

〈采女问曰：交接以泻精为乐，今闭而不泻，将何以为乐乎？彭祖答曰：夫精出则身体怠倦，耳苦嘈嘈，目苦欲眠，喉咽干枯，骨节解堕，虽复暂快，终于不乐也。若乃动不泻，气力有余，身体能便，耳目聪明，虽自抑静，意爱更重，恒若不足，何以不乐耶？〉

这种水火交争提醒了我们，上述古代思想与后来内丹的统一及合成的观念是多么接近。同类相补无疑会得到许多早期思想家的肯定，但一些陈述无法确定，在为了自己的目的而引流生命力的过程中，究竟男女的哪一方能从另一方借得最多的赋予生命的长生之精。它们甚至于想象双方中施与的一方会生病。这些思想以有点古朴的形式出现在《玉房秘诀》开篇冲和子的命题中①，该书作于 4 世纪，如果不是更早的话。高罗佩把冲和子视为某本关于"性炼丹术"的佚书的作者。

冲和子说："那些补养（身中之）阳的行家不应该让女人偷偷地窥知此术。（让她们了解这一点）对男人不会有益处，还可能导致疾病。俗话说'不要把危险的武器借给别人'就是这个意思。因为别人可能会用它们来对付你，到那时你的一切努力都将无济于事。"

〈冲和子曰：养阳之家，不可令女人窃窥此术，非但阳无益，乃至损病。所谓利器假人，则攘袂莫拟也。〉

他还说："不仅仅是阳可以得到补益，阴也可以获得补益。西王母就是一个靠补养（身中之）阴而获得（不死之）道的女人。每当她与男人交合，男人就会立刻病倒，而她自己却肤色白皙，形体姣好，焕发着美丽的光彩，不需要涂脂抹粉。她平日只以牛奶为食，常弹拨五弦琴，所以她的内心总是和谐的，她的思绪总是安定的，没有其他的欲望困扰她。她没有丈夫，喜欢与童男交合。但这样的秘密不可传扬开去，免得别的女人照搬西王母的方法②。"

"女子与男子交合时，应该内心平静，思绪安定。当男子快要达到性高潮，而她也感觉有同样的冲动、以和他相似的肌肉运动作出响应时，她应该自持和克制，因为不然的话她的'阴精'就会枯竭。而她的'阴精'如果枯竭了，她的身体就会出现空虚，使'风'（神经性疾病）和'寒'（热病）得以乘虚而入③。当她看见男子与另一女人交合时，她也不应变得妒忌和抑郁，因为那样她的'阴气'就会过分激动。这甚至在静坐或站立时也会引起疼痛，并且她的'精液'会自动地损失。这些就是令一个女人憔悴和早衰的祸害，所以她对这一切应当加以警惕。"④

冲和子又说："如果女子知道如何养阴和如何使阴阳二气调和，她就能转化为男

---

① 《玉房秘诀》第一至第二页，由作者译成英文，借助于 van Gulik（8），p. 158。

② 这一定与古老的世界性主题"毒女"（poison-damsels）有些关系，但彭泽［Penzer（2）］在他对此问题的著名研究中并未提到冲和子。

③ 在这里，要女方抑制性高潮与常常要男性做的完全相同。但必须说，这样的指导属于例外，只出现在这种讲女性修真之人的场合。

④ 对谨防妒忌的告诫在整个中国文献中反复出现，形式千变万化，它们显然是纳妾制的另一必然的结果。虽然这种双重的性道德系统是站不住脚的，但中国传统社会中，妇女间的关系在相处得好时，还是有某种让人感到非常愉快和亲切的东西。

子①。如果（在交合时）她能阻止男子吸取她的'精液'，它们就会流入（她身体的）百脉，男子的阳就会补养她的阴。这样将祛除除百病，使她的颜面和形体光滑而又丰满。她将延年益寿，永不变老，而始终跟一名少女一样标致。学会了此道的女子将能够以与男子的交合为食，以至于可以九天不吃东西而不会感到饥饿。……"

〈冲和子曰：非徒阳可养也，阴亦宜然；西王母是养阴得道之者也。一与男交，而男立损病，女颜色光泽，不着脂粉。常食乳酪，而弹五弦，所以和心系意，使无他欲。

又云：王母无夫，好与童男交，是以不可为世教。何必王母然哉？

又云：与男交，当安心定意，有如男子之未成，须气至，乃小收情志，与之相应，皆勿振摇踊跃，使阴精先竭也。阴精先竭，其处空虚，以受风寒之疾。或闻男子与他人交接，嫉妒烦闷，阴气鼓动，坐起悄恚，精液独出，憔悴暴老，皆此也，将宜抑慎之。

又云：若知养阴之道，使二气和合，则化为男子。若不为子，转成津液，流入百脉，以阳养阴，百病消除，颜色悦泽，肌好，延年不老，常如少童。审得其道，常与男子交，可以绝谷九日而不知饥也。……〉

此处承认既有一种男性分泌物又有一种女性分泌物，那是饶有趣味的②，因为它使人想起希腊古代的希波克拉底－伊壁鸠鲁（Hippocratic-Epicurean）"双种子"说③，直到哈维时代，海默尔（Nathaniel Highmore，1651 年）和基佩尔（A. Kyper，1655 年）仍坚持此说。这种观念的历史跟中国传统生理学本身一样长，因为在明末的本草著作中有看上去像"女人精"的东西（具有某些医疗效能)④。如同古希腊人一样，这种东西肯定始终是指前庭腺的润滑分泌物，它相当于男性尿道球腺分泌物，而并非相当于睾丸分泌物。亚里士多德认为男精和月经血是构成胚胎的基本成分⑤，与这种理论相似的古代中国理论我们已经遇见过了（本卷第四分册 p. 229），而我们马上（下文 pp. 207，222，225）还会发现更多此类中国理论。这无疑直到近代一直是普遍的观点。但我们感到奇怪，在古代中国是否能有一场类似的争论⑥，而且对于某些原始内丹学派来说，这是一个男女双方中哪一方能窃取对方的大部分真阳和真阴之"精"或"气"而又不形

196

---

① 人和动物的性别变易在古代中国已是众所周知，并记载于历代正史中。见本书第六卷中的第四十五章和 Needham & Lu （3）。

② 必须始终牢记，当使用"精"字时，它可能是指"精气"，也可能是指"精液"（参见上文 pp. 75，78，116，123），而这是两种相当不同的体内之物。

③ 见 Needham （2），pp. 16，42，62，108，129，193。希波克拉底关于精液和胚胎发育的论著现在有埃林杰 [Ellinger （1）] 的英译。希波克拉底 [或者更确切地说，这些论著的作者，此位作者可能属于尼多斯学派（the Cnidian school）] 认为男女都有男人精和女人精（应该说是阳和阴），两种精按照性别的不同在量上各有偏重，但在不同的时间和不同的条件下其数量也有不同，而孩子的性别就取决于这两种精特定的混合。

④ 《本草纲目》卷五十二（第 101 页）。参见 R 425 和 Cooper & Sivin （1）。我们在本书第四十五章考虑准经验内分泌制剂时还要讲到这个问题。但是一般继续涉及到血，因为李时珍参考孙思邈的著作，只提到了一种"女人精汁"。实际上《千金翼方》说这是由洗月布获取的月经血汁；《本草纲目》卷二十四（第 283.1 页）。

⑤ 见 Needham （2），pp. 24 ff.。那位希波克拉底作者并未否认血在很大程度上是胎儿身体之源，而只否认它是由母方贡献的唯一东西。精液与形式及月经血与物质（完全意义上的）进一步等同当然是一种纯亚里士多德式的复杂化。

⑥ 我们希望在本书第四十三章中再来讲讲这方面的问题。

成现实的肉体胚胎的问题①；不过内丹可能会被认为是一种复萌的胚胎——后来十分常见的"婴儿"一词也许就源出于此。这样就会有一场不只是隐喻意义上的男女之"战"。如果说利益均等论（可以设想是与精血派联系在一起的）最后获胜了——鉴于中国人特有的良知这是很自然的，那么生命力引流论在某些方面盛行的时间是相当长的，大概是从汉代一直到唐代。

我们可以联系已经提到过的崔希范撰于约 940 年的《入药镜》来进一步领会这些思想。此书现在的文本里关于房中术的内容较少，但我们知道它在未经后世删削前是含有这方面内容的，因为曾慥约 1145 年在我们上文提到过的另一部著作《道枢》中对它作了强烈批评。《道枢》的《容成篇》里有一段很能说明问题的文字②。

　　我曾经得到过崔公的《（入）药镜》，它解释了性交之"战"。"客"或"主"（，他说）③，可能糊涂冷淡或感情不协调（en rapport）；双方可能知道他们在干什么，但却不是一条心；双方可能在一起作出猥亵的行为而并不积累共同的好处；双方也可能进行交合而并不真正成为一体，或他们的身体可能交接而并不发生真正的结合——这一切就叫做"彼此相对而没有（真正的）性高潮"。但是如果有内在的和外在的思想与行动的和谐，而双方身体又几乎不动，那就是获得真正生命本性的方法。如果双方能保持镇静而不失去自制力，那么他们的原始生命力（"元物"）就得以保留而不丧失，"气"和"神"就会安定，二者就会在身体中央结合在一起而形成（内丹），保存经提炼而清除了阴的纯阳。

　　红雪（崔公说）是指（女）血的真正物质，就是这种物质（在子宫中）形成胚胎④。它居于子宫之中作为一种阳气，而当它出来时就是（月经）血。在"龟（头）"（即玉茎）进入时，必须等待其运动造成女方性高潮的那一刻，然后只要男方闭住气，龟（头）就必然会转过去，汲取（真阳之气）并抽搐着吸收和引导它。当（双方的）气几乎安定了，而神也和合了，（女方之）气就会进入（男方脊柱的）（下）"关"中并被"辘轳"和"河车"牵引上去，直至上升到"昆仑"（头和脑）⑤。然后它出现在"金阙"并进入到"丹田"中央去形成内丹。

　　当读到这一切时，我就破口大骂，嚷道："崔公果真说过这类话吗？我从未听说古时候的修真之人实行过这样的修炼。从前张道陵教授'黄赤之道'和（礼仪性）性交中的'混气'之法，这些只是泄出和转化以获得（更多）孩子的一种方法。它跟道教真人并无关系。而在张道陵死后，这些实践就消失了。清灵真人说，他见到过人们习练这类东西而至死没有孩子，但从未见到过任何人由此而获得长生。"

　　〈吾常得崔公《药镜》之书。言御女之战，客主恍惚，则同识不同意，同邪不同积，同交

197

---

①　中国历史记载了一些有关的故事。冲和子谈论西王母的那番话，说明了为什么会出现诸如唐代一名"女巫"的情况，此巫"盛年而美"，受唐代一位皇帝的差遣到四处去祈祭各地方神祇，"以恶少年数十自随"［《旧唐书》卷一三〇，第一页；参见 de Groot（2），vol. 6，p. 1235］。

②　《道枢》卷三，第四至五页（《容成篇》），由作者译成英文，借助于 van Gulik（8），p. 225。

③　这样的意象常见于此类著作，是取喻于如下的事实，即主人为客人斟酒，而客人并不为主人斟酒。忍而不泄的男子就是"客"，试图吸收对方阳气的女修真之人也一样。

④　这又完全是亚里士多德的生殖理论。

⑤　参见上文 pp. 60，99，112，115—116，117—118，同样的词语。

不同体，同体不同交，是为对境不动者也。夫能内外神交而体不动，得性之道也。动，则神去性衰矣。不染不著，则留其元物，使气定神住，和合成形，入于中宫，煅去其阴，而存其阳焉。红雪者，血海之真物，本所以成人者也。在于子宫，其为阳气，出则为血。若龟人时，俟其运出而情动，则龟转其颈，闭气饮之，而用搐引焉，气定神合，则气入于关，以辘轳、河车挽之，升于昆仑，朝于金阙，入于丹田，而复成丹矣。至游子闻而大吒曰：崔公果为是言哉？吾闻之，古先至人，盖未尝有也。昔张道陵黄ء之道，混气之法，盖为施化种子之一术尔，非真人之事也。然及陵之变举，则亦不复为此矣。清灵真人曰：吾见行此绝种而死，未见其生者也。〉

这里我们面对的显然是内丹的一个要高级得多的阶段，有表示解剖学和生理学路线及结构的发达术语。曾慥的儒释合一的反应相对来说不大令人感兴趣[1]，而更有意义的是，崔希范对道教男女以长生为目的而从事性活动的那种严肃理性而近乎神圣的性质，描写得那样精细，而且他对男子身体借以收受真阳之气而形成内丹的过程，叙述得如此详尽[2]。此处女方也受益。很快我们将会读到另一番叙述，它更加清楚地说明了男女双方是怎样获得各自长生方面的好处的。使尿道里的东西（或者说它的真阳之气）上升到身体最高部位并在中央产生长生丹，据称可通过一套生理系统实现，但是不更仔细地考察一下这个系统，就连前引的那段文字也无法正确理解。这一系统的核心是那个经典用语"还精补脑"。

在很早的时候，无疑是周代，人们就发现压迫会阴部某一适当的点能闭塞尿道，这样在性高潮到来之时就可以使精不射出而排入体内[3]。当然，事实上它是进入了膀胱，后又由膀胱通过排尿而排出，但道士们始终未注意到这一点，在两千多年间形成了一个理论大构架，勾画出这种宝贵的分泌液（或它的气）上达头部并最终被搬运到身体中央去炼制内丹的方式。从下文可以看到[4]，这些信念的痕迹一直存留至现代。上述做法意味着既然认为保存了"精"，男修真之人就不必抑制性高潮了，这大概也使女修真之人摆脱了冲和子及其朋友们那令人遗憾的学说。关于此法的经典章句（*locus classicus*）见于在《玉房指要》[5]。

> 《仙经》描述了还精补脑的方法。在性交中，当"精"变得非常不安定而将要泄出时，必须用左手的中间两个手指有力地压迫阴囊后肛门前的一点[6]，同时应

---

① 他提到张道陵和 2 和 3 世纪道教的地方，当然是指那些或者涉及圣婚，或者涉及男女徒众杂合，或者很可能两者都兼有的集体仪式。它们与我们目前的题目无关，但我们在本书第二卷 pp. 150 ff. 曾作过简短的讨论，进一步的细节见Maspero (7)。参见下文 p. 205。

② 这一过程事实上可能并不像表面上看来那样简单，但我们要等到对中国技术和印度瑜伽术进行比较时才能加以解释。参见下文 p. 270。

③ 并非人人都知道，一些个体大概由于一种先天性神经方面的异常，会自然和自发地出现医学上所说的"逆射精"（retrograde ejaculation）现象。在某些药物的影响下，尤其是在三环类抗抑郁药（resperene），一般还包括具有抗胆碱能作用的药物的影响下也会发生这样的情况；参见 Goodman (1)；Anon. (155)。另外，在施行前列腺切除术之后，这样的情况也很常见，因为正常人身上的前列腺功能之一就是使精液通过尿道。如同在古代道士的方法中一样，精液后来随尿排出了，但假如他们知道现在可以从排出的精液中获得具有活力的精子，用于人工授精（Heslinga, Schellen & Verkuyl, 1），是会惊讶不已的。关于本节医学方面的一些讨论，我们得多谢特里默（Eric Trimmer）博士。

④ 下文 p. 243。

⑤ 《玉房指要》第一页，由作者译成英文，借助于 Maspero (7)，p. 385，van Gulik (8)，p. 145。

⑥ 它事实上就等于会阴穴（JM 1）；参见 Anon. (135)，pp. 198—199；Lu & Needham (5)，pp. 50, 56。

该把气完全吐出，一点也不闭留（在肺里），并叩齿数十下①。这样即便泄"精"也不会泄到外界去了，因为它会从玉茎回来，上升入脑。这种方法一向是由仙人互相传授的，但受传者要庄重地歃血盟誓，不将此法轻易传人，违者自身遭殃。

〈仙经云：还精补脑之道，交接精大动欲出者，急以左手中央两指抑阴囊后大孔前，壮事抑之，长吐气，并喙齿数十过，勿闭气也。便施其精，精亦不得出，但从玉茎复还，上入脑中也。此法仙人以相授，皆饮血为盟，不得妄传，身受其殃。〉

就我们所知，没有别的著作有如此清楚的解释。也许最早提到此法的是《后汉书》，因其注释引了《列仙传》中一段后来被删削的文字②。这段文字出现在冷寿光传里。冷寿光是一位房中术大家，据认为他在华佗的时候（3 世纪初）年已一百六十岁了。传记的正文说冷寿光是容成之术的一个杰出的实践者。注文接着说：

《列仙传》说，容成公擅长于"修复"（"补"）和"引导"（"导"）的事情。他能从"玄妙的女性"那里采集"精"③。此术的要点就是（依靠）"永远不死的山谷精神"来守护生命力和滋养"气"④。做到了这一点，白了的头发又变黑，掉了的牙齿又重生。与女人性交之术是握紧双手，忍而不射，使精返回去补脑⑤。

〈《列仙传》曰："容成公者，能善补导之事，取精于玄牝。其要谷神不死，守生养气者也。发白复黑，齿落复生。"御妇人之术，谓握固不泻，还精补脑也。〉

虽然这段文字的最后部分被从《列仙传》中删除了，但提到《道德经》的地方却保留　199下来了⑥：

虚谷之神（"谷神"）永远不死⑦，
它名叫玄妙的女性（"玄牝"）。……

〈谷神不死，是谓玄牝。……〉

至于容成公，他是中国性学那些亦真亦幻的缔造者之一，也是佚书《容成阴道》的作者，该书

---

①　该书实际上指出应当在压迫之前开始吐气。人们也许会注意到把肺排空会使横膈膜升高而有助于在膀胱中造成一个部分真空。

②　《后汉书·方术列传下》，第十、第十一页，由作者译成英文，借助于 van Gulik（8），p. 71。

③　可以设想，这也许又是指希波克拉底－伊壁鸠鲁式的"女人精"。

④　关于和阳性的凸状形成对照的阴性的凹状，见本书第二卷 pp. 58 ff.。"永恒的女性"（ewig weibliche）被认为是生命之门，"天地由来的门户"，而正如我们从本书第十章得知的那样，女性的所有优秀品质都被看做是一种和谐合作的社会秩序所必不可少的基础。肉体的性结合及其可以导致的长生不死，只是一种远要广泛得多的哲学的一个方面。

⑤　"御妇人之术，谓握固不泻，还精补脑"。"握固"是一个特殊的道教术语，专指一种把拇指置于掌心而握紧双手的方法。它常与身体操练和冥想姿势联系在一起。难道这里它就不能指"握紧（尿道）"吗？

⑥　《仙女传》第六章，参见本书第二卷 p. 58。无疑这几句从一开始就也可以从性方面去解释。《云笈七籤》卷一〇八第二页只保存了删节后的文本，如同在康德谟［Kaltenmark（2），p. 55］著作中所说的一样，后者的注解很值得一读，它仍保留了如下一句意味深长的话："善补导之事"。

⑦　这里我们采用的是一种已经成为经典的解释，但还有另一种解释，其依据是河上公的注［参见 Erkes（4），p. 21］，它把"谷"看做相当于"养"，因而是指培养五脏之神。见 Conrady（3）；Neef（1）。

著录在《前汉书·艺文志》中的相应部分①。因此，我们肯定可以认为讨论中的这种技术②早在公元前 2 世纪就流行了③。

200　　　在其他提到珍藏式性交（*coitus thesauratus*）的古书中当然有《黄庭外景玉经》（参见上文 p. 83），至少照其唐代注释者务成子，尤其是梁丘子④的解释是这样；他们知道自己在说些什么，而此经可能早在公元 1 世纪就有了，其年代肯定不晚于 4 世纪。但一来因为它晦涩难懂，典故众多，二来因为它关心的主要是关于男子身体中精路的道教生理学，所以我们这里就不复述了，只提一下马伯乐的出色翻译和注释⑤。对于我们的目的来说更为重要的是引用大炼丹家葛洪的著作，尤其是稍后充分地看看房中术是如何与制备药物仙丹的大业相适应，它们只是后者的一个从属部分。在公元 300 年时已经很古老，因而可与上述古书相比的，是葛洪在《抱朴子》中所引的那首歌诀⑥：

> 《仙经》说：
> "服食炼制之丹，

---

① 《前汉书》卷三十，第三十三页。

② 术语和比较分布的问题都是饶有趣味的。1935 年，格里菲思［Griffith (1)，p. 95］写道："男子偶尔实行的另一种（避孕）方法值得考虑，哪怕只是为了指出其有害性。有些人似乎能够完全正常地进行整个性活动，但在最后一刻当射精即将来临时，他们不是让射精正常地发生，而是设法在经历一次性高潮的同时又让（精）液倒流到膀胱里。我也遇见过使用这种方法自慰的例子。假如我不是发现上述情况出现在一些名声显赫、思想高尚的人中，我就不会认为它值得一提了。他们是从哪里学会这种方法的，我无法想象；他们如何设法实行这种方法则是一个更大的谜。这种方法的有害性几乎无需强调。且不说它是极不自然的，它还需要精神高度集中和运用很强的意志力才能做好，并需要阻碍伴随射精的自然肌肉活动。"但是格里菲思并未提供表明有害性的证据，其他的医学专家如希尔顿（F. Hilton）博士（在私人通信中）也丝毫未发现这方面的证据，唯一可能发生的后果是随后略有尿潴留。我们要感谢科茨（P. Coates）先生使我们注意到了格里菲思的著作。

在较早的时候（本书第二卷 p. 149），我们曾记述了土耳其人（Turks）、亚美尼亚人（Armenians）和马克萨斯群岛人（Marquesan Islanders）中实行这种方法的普通习俗；随后我们又了解到它也存在于印度［皮肯（L. Picken）博士的私人信件］。这种方法不能称作"间断式性交"（*coitus interruptus*）（高罗佩有时是那样叫的），因为这个术语必须留给突然退出阴茎而在外部射精的避孕方法，那是医学心理学家普遍不赞成的一种方法，认为会导致焦虑性神经症。但是正如皮肯博士指出的那样，我们自己使用的"保留式性交"（*coitus reservatus*）一语也不合适，因为它通常是指让兴奋状态逐渐消失而不退出阴茎。中国的方法需要两个新术语，一个表示闭精和在女性性高潮之后退出阴茎，另一个表示使精液"改道"转入膀胱。第一个我们想采用他提出的"保守式性交"（*coitus conservatus*）一语，第二个可以提议采用"珍藏式性交"（*coitus thesauratus*）一语。后者事实上已经有了一个名称，即"撒克逊式性交"（*coitus saxonicus*），是由费尔迪［Ferdy (1)］引入的，他发现它在施蒂里亚（Styria）的乡村人当中流传很广。要是可以更多地了解这类方法在旧大陆和新大陆的比较出现率，倒是非常有意思的，但我们迄今尚未能对这个问题作进一步的探讨。我们要感谢希尔顿博士告知我们费尔迪的书。

③ 因此，5 世纪末《汉武帝故事》的作者将知其"道"归于汉武帝在位期间（公元前 140—前 87 年）是颇合情理的。在《汉武帝故事》第十二、第二十五和第四十节中我们可以读到当时有许多熟谙此道的专家，例如有一位名叫徐仪君的女方士，她可能向汉武帝传授过此道，而许多别的人，如道家才子东方朔和朝臣陈盛父子都与她实践行道。她虽然年纪一百三十七岁了，可看上去却像一个小姑娘一样。但是最后在公元前 80 年她被流放至敦煌，去到胡人中间，从此就无影无踪了。该书也有许多关于妃嫔侍寝名册［参见本书第四卷第二分册 pp. 477—478；Needham，Wang & Price (1)，pp. 171—172］的介绍，据说各级宫女都按宇宙自然哲学严格规定的顺序依次与皇帝同寝。至于整个叙述究竟可以被认为具有多大的历史真实性，那完全是另外一回事；其中的许多内容也见于正史，但王俭对它们大加渲染。译文见 d'Hormon (1)，pp. 43，61—62，80—81。

④ 《修真十书》（*TT* 260）卷五十八，第四页。

⑤ Maspero (7)，pp. 388 ff.。

⑥ 《抱朴子内篇》卷三，第一页，由作者译成英文，借助于 Ware (5)，p. 54。

　　　　守护原始统一①，
　　　　便可与天本身，
　　　　生死存亡相齐；
　　　　使精液返回去②，
　　　　像胎儿般呼吸，
　　　　寿命即会延长，
　　　　安乐永无终极"。

　　〈仙经曰，服丹守一，与天相毕，还精胎息，延寿无极。〉

除去附带提到"珍藏式性交"的各处③，还有一长段令人感兴趣的文字不可忽略④。

　　写过房中术的作者［葛洪写道］不下十位⑤，有些说明它怎样才能弥补和修复伤害与损失，有些讲述如何借助它治疗众多的疾病，有些描写采集阴性力量来补益阳，有些则显示它怎样才能增加人的年岁和延长人的寿命。但其中大的要点是"还精补脑"一法，这一方法真人们历来都是口口相传，从不写下来。如果一个人不懂此术，他尽可以服食最有名的（长生）药，却他却永远也不会获得长生不死。

　　还有，不应该完全放弃性生活中的阴阳结合，因为如果一个人不进行交合，他就会由于懒散地坐着而得壅塞淤阻的疾病，最后以独身抑郁和怨愤闭积引起的疾病而告终——这对他的长寿有什么好处呢？另一方面，过分的放纵又会折损寿命，只有安排好交合，使精液耗散受到节制，才能避免那种损害。如果没有（正确的）口诀，几乎一万个人里也没有一个会由于实行此术而不伤害和毁灭自己的。

　　玄女和素女的弟子以及容成公和彭祖都粗通此术，但他们最终根本没有把其中最重要的部分写在纸上⑥。可是那些一心想长生不死的人殷勤地访求这一部分内容⑦。至于我自己，我曾受过我老师郑（隐）的指教，所以我把它记录在这里，为的是帮助将来的信道者，而并非兜售我自己的想法。同时我必须如实地说，我感到还没有掌握从他的指教中所能获得的一切东西。（最后，）一些一知半解的道士传授和奉行性技巧，以效法神仙，而不为制备金丹大药做任何事情。这真是愚蠢透顶啊！

　　〈房中之法十余家，或以补救伤损，或以攻治众病，或以采阴益阳，或以增年延寿，其大要在于还精补脑之一事耳。此法乃真人口口相传，本不书也，虽服名药，而复不知此要，亦不得长生也。人复不可都绝阴阳，阴阳不交，则坐致壅阏之病；故幽闭怨旷，多病而不寿也。任情

201

----

① 生命力的原始统一。
② 补脑（结丹）。
③ 例如《抱朴子内篇》卷五，第二、四页［译文见 Ware（s），pp. 100, 103］。
④ 《抱朴子内篇》卷八，第三页，由作者译成英文，借助于 Ware（5），p. 140，第一段也见于 Maspero（7），
pp. 410, 411。
⑤ 大概是指《前汉书·艺文志》（卷三十，第三十三页）。
⑥ 显然是指"珍藏式性交"的细节。
⑦ 办法大概是到偏远的道观中去敲真人的门，在那儿干一些下等的差使，直到能说服这位或那位真人收你做他的弟子。当然，除了房中术之外还有许多技术可学。

肆意，又损年命。唯有得其节宣之和，可以不损。若不得口诀之术，万无一人为之而不以此自伤煞者也。玄、素、子都、容成公、彭祖之属，盖载其粗事，终不以至要者著于纸上者也。志求不死者，宜勤行求之。余承师郑君之言，故记以示将来之信道者，非臆断之谈也。余实复未尽其诀矣。一涂之道士，或欲专守交接之术，以规神仙，而不作金丹之大药，此愚之甚矣。〉

此处这位忠实的外丹家最后发出的感叹特别有趣。

关于最早提到此术的书就讲到这里；往后（图 1609）在后世的著作中我们还会遇见更多（表明运用此术）的迹象。不过在撇下汉代之前，我们得注意到一点，因为一千年以后当儒释两家的拘谨和反性行为成功地冲淡了道教信条的纯乳时，这一点注定要发挥相当大的作用。那就是"珍藏式性交"的基本方法通过自慰就能实行，根本用不着有任何女人的存在。此话紧承上文 p. 190 已经引用过的《素女经》中的一段文字，接在说独身者是"在使（'精'）坏死在其本身之中"（"辟死其舍"）的话后面。素女于是又继续说道①：

> 所以（如果你坚持要不近女色），你应该经常地通过自慰来锻炼它（玉茎）②。如果你能（在性高潮中）使它勃起而又不射精，那就叫"还精"，还精有很大的补益作用，充分显示了生命（力）之道。

〈所以常行以当导引也。能动而不施者，所谓还精。还精补益，生道乃著。〉

这样，早在公元 1 世纪就已经认识到，尽管独身是一种不好的状态，但假如采用此术的话则可以把它同寻求长生不死结合起来。仔细地考察过去，探寻其社会学背景，就会觉察到"黄帝"的退缩是因一大家子的女人当中不可调和的争吵——但道家认为这是一种逃避真正人道责任的退缩。他们那样认为是对的，在很大程度上，素女仅仅把她这套古怪的方法当作一种居于第二位的方法来推荐。

为了结束这几段叙述，我们可以引《入药镜》中的两三首诗来看看 10 世纪的情况。这是在已经提到过（上文 p. 196）的删节后幸存下来的几首诗。它们是：

> 还归到根柢的孔窍③，
> 回复到生命的关口④，
> 让它穿过尾骨通道⑤，
> 向上一直通达入脑⑥。

〈归根窍，复命关，贯尾间，通泥丸。〉

---

① 《素女经》，第一、二页，由作者译成英文。
② 原文所用的说法是"导引"。
③ 尿道或阴道。
④ 阴道，或者更可能是精液上升必经的脊柱三"关"中的最下面一关。
⑤ "尾闾"严格地说是指人和动物的肛门，也有宇宙方面的意义（关于这个词，见本书第四卷第三册 p. 549）；不过这里它被引申为臀部，尤其是尾骨，想象中精液向上逆流经过此处。参见 Liu Tshun-Jen（1），p. 71。
⑥ 《入药镜》第二十一页，由作者译成英文。

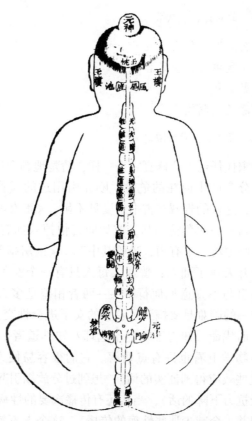

图1609　《性命圭旨》（1615 年）元集第二十一页的一幅说明"还精补脑"论的图，
　　　　关于此论见正文。据认为"精"是循脊椎轴上升的［参照印度的中脉
　　　　（suṣumṇā）］，脊椎轴上标有辅助经脉督脉穴位的名称，第一个是位于尾骨
　　　　和肛门当中的长强（TM 1）。压迫点为位于肛门和阴囊当中会阴部正中央的
　　　　会阴（TM 1），即正面沿正中线循行的辅助经脉任脉的第一个穴位。督脉共
　　　　二十八个穴位，图中标明了十四个，第二个是腰俞（TM 2）；但第三个，腰
　　　　阳关，只作为两个肾形物间中央的一点出现。接着是又一些穴位名称，如督
　　　　脉第四个穴位命门（TM 4）、第五个穴位玄枢（TM 5）、第六个穴位脊中
　　　　（TM 6）等，最后是第十五个穴位风府（TM 15）。图中画出了二十四"节"
　　　　椎骨，三"关"之一的"双关"标在脊柱的左边，而三元之一的"元神"
　　　　则出现在头顶。图上方所列词语看起来像是穴位名称，其实是道教解剖学上
　　　　的术语，例如当中的"泥丸"表示脑。此图题为《反照图》，但必须认识到，
　　　　这时即 17 世纪初，经典的生理学技术已经开始被委婉的隐喻或神秘解释法所
　　　　取代。

　　　　　聘请黄婆①从中玉成，
　　　　　来为姹女②充当媒人，
　　　　　柔和轻巧地让它下降③，
　　　　　黯然无声地让它上升④。

　　　　〈托黄婆，媒姹女，轻轻地，默默举。〉

　　　　　如果你知道什么上浮和什么下沉⑤，
　　　　　如果你明白谁应是主而谁应是客⑥，
　　　　　你就能召集大聚会⑦，
　　　　　使它们既无间隙又无隔阂⑧。

　　　　〈识浮沉，明主客，要聚会，莫间隔。〉

　　到现在，读者几乎能像宋代任何一位修真之人一样，清楚地领会这些隐藏的思想了。

　　　对房中术了解不充分会产生内在的危险，刚才引用过的《抱朴子》那段文字中，有对此提出的严重警告，这样的告诫在古书中屡见不鲜。《素女经》说："与女子交合就如同想用腐烂的缰绳驾驭一匹奔驰的马，或如同害怕掉入插有利刃的陷坑"⑨（"御女当如朽索御奔马，如临深坑，下有刃，恐堕其中"）。《玉房指要》说："黄帝与一千二百个女子性交，但却升天成了仙人；普通人每人只有一个女子，但他们的寿命却由此而折损。知道如何行事与不知道如何行事——两者相差是多么的远啊！对于那些知道此术的人来说，其唯一的困难是要搞到足够多的女子进行性交。"⑩（"黄帝御千二百女而登仙，俗人以一女而伐命，知与不知岂不远耶？知其道者，御女苦不多耳。"）这些常常提到的危险从生物学上看也许有点费解。它们很容易使人想到"间断式性交"的心理学效应（如果这些效应得到证实的话），想到过分放纵引起的衰竭（如果它事实上的确使得对疾病的抵抗力下降的话），当然还有传播次要的性病的可能性增加（但修真之人对其精液的节制并不会减少那些性病的传播）。这令人不禁觉得，提出警告的目的无意之中是要使平民百姓或多或少地安分守己，把建立更广泛的性关系的机会留给达官贵人——还有道教真人，因为只有他们知道该如何做。

　　　其次，性活动是有"经籍根据"的。我们在《列仙传》那段引文中刚见到过，再

204

----

①　四象之一（参见上文 p. 58），代表中央因而是黄色的部位，即黄庭、中丹田等，相当于五行中的土，这是将形成内丹的部位。参见《金丹大成》，第十二页。
②　即"真"汞，参见上文 p. 62 和表 121C。
③　指唾液。一说这首诗是指行气。
④　指精液。《入药镜》第二十五页，由作者译成英文。
⑤　刚才提到的两种试药。
⑥　参见上文 p. 196。男修真之人与在一起的女修真之人一样也是客，因为他也不"斟酒"。
⑦　还丹的两种反应物的大聚会，因为在这里它们被看做情侣。
⑧　《入药镜》第三十一页，由作者译成英文。
⑨　《素女经》第一页，由作者译成英文，借助于 Maspero（7），p. 380；van Gulik（8），p. 157。
⑩　《玉房指要》第一页，由作者译成英文，宁取高罗佩［van Gulik（8），p. 137］的解释，而不取马伯乐［Maspero（7），p. 381］的解释。

前面（p. 132）在考虑河上公对《道德经》的注释时也曾见到过。我们可以从公元765年前后大概是由刘守所撰的著作《王屋真人口授阴丹秘诀灵篇》① 中引一段文字来最后一次加以说明。这段文字内容如下②：

阳丹可以使人上升（到天上）；阴丹可以使人长寿。阳丹是"还返"（即再生）之药，阴丹是还"精"之（再生）术。

黄帝向广成子询问（这些事物的）道，他回答说："不要劳累你的身形，不要浪费你的精粹（'精'）。如果你谨守这些技术，就可以长生不死"——讲的就是这个意思。

混元皇帝（＝老子）在《道德经》中说："使树根强壮，使树干牢固——这就是长生久知之道。"③ 河上公在他的注释中说"人的'精'是树根，人的'气'是树干"④ ——讲的就是这个意思。（老子）又说："使他们心中空虚（无野心），使他们腹中充实；使他们私欲减弱，使他们骨骼强壮。"⑤ 这种强壮骨骼的方法讲的就是这个意思⑥。

又，《黄庭经》说⑦："日月光华能把人从老年的病残中挽救出来。"阴阳相互结合就是日月光华之所指。《黄庭经》在另一个地方还说⑧："不断地滋养神灵的苗芽，它就不会干枯⑨；关闭并闩住'命门'，保护好那'玉都'。"所谓命门就在"精室"的下面，而玉都就是五脏。

如果你抛弃欲求，四肢就会没有疾病，正如（植物的）根茂盛时枝叶就会繁茂一样。大自然赋予人们愚蠢或聪明，但从不决定人们个体寿命的长短。就像树木的果实和种子，可能是甜的，也可能是酸的。如果落到肥沃的地里，树木就欣欣向荣；但是如果落到多石的地上，它们就生长迟缓，很快便枯萎了。人的寿命长短就跟这一样。因而所有的道家传统都说人的命运取决于人自己，而不取决于天——讲的就是这个意思。……

〈夫阳丹可以上升，阴丹可以驻寿。阳丹者，还丹也；阴丹者，还精之术也。黄帝问道于广成子，曰："无劳尔形，无摇尔精，守此之道，可以长生。"此之谓也。混元皇帝《道德经》云："深根固蒂，长生久视之道也。"河上公注云："人以精为根，以气为蒂。"亦此之谓也。又曰："虚其心，实其腹，弱其志，强其骨。"强骨之道，亦此之谓也。《黄庭经》云："日月之华救老残"。阴阳相合，故谓日月之华。亦此之谓也。《黄庭经》云："耽养灵柯不复枯，闭绝命门保玉都。"命门即精室之下是也，玉都即五藏是也。无欲即四肢无病，根叶俱茂，方可长生。

205

① 即"王屋（山）修真得道（或成真）的仙人"。
② 《云笈七籤》卷六十四，第十三、十四页，由作者译成英文。
③ 《道德经》第五十九章，参见上文 p. 135。
④ 实际上他说的正好相反，但没有关系。
⑤ 《道德经》第三章，参见本书第二卷 p. 86。
⑥ 河上公说："保存精并阻止它耗散，那么髓腔就会充实，骨骼就会强壮。"（"爱精重施，髓满骨坚。"）Erkes（4），p. 18。
⑦ 《黄庭内景玉经·肝气章》，第十一页，是讲肝的。
⑧ 同上书《隐藏章》，第十一页，是讲脾的。
⑨ 这是指唾液。

又天之为道，盖付人愚智之性，不付短长之命。夫愚智之性者，犹木实甘酸也，至如润沃则荣，干涸则悴，荣则长活，悴则速颠，人之夭寿亦犹此也。故道者相传皆曰：我命在我，不在乎天。亦此之谓也。……〉

也许此处令人感兴趣的新东西主要是，深信一个人寿命的长短取决于人自己的行动，而不取决于命运。这一点在所有内丹文献中是作为一种诫止出现的①。

在这方面不能不略为介绍一下中古时期道教真人所进行的非常严肃的、宗教性的、近乎礼仪性的性结合仪式②。最有意思的叙述之一，是马伯乐在一部题为《清灵真人裴君（内）传》的论著中发现的，这部论著为一个叫邓云子的人所撰，内容是有关一位年代不确定的导师裴玄仁的，据称他生于公元前 178 年③。马伯乐把它视为 5 世纪的一部"圣录式传奇"，尽管其中也许有一些唐初的增益，但它非常清楚地介绍了两性结合的做法。那段叙述如下④：

> 在以甲子日开头的那一旬中的"开"日或"除"日，其午夜之后（阳气）初增之时，便是第二种程序⑤应该开始时。（男女双方）不应当醉酒或饱食，而应当身体洁净，因为不然的话就会患上疾病。首先必须依靠冥想摒除一切俗念，然后男女才可以实行长生之道。这一程序是绝对保密的，只可传给贤人，因为在这一程序中，男女共同获取生命之气，分别珍惜和滋养精和血。［这并不是异端邪说。］⑥ 在这一程序中，采集阴是为了补益阳。如果按照规则进行，气液就会像云一样运行，纯酒般的精就会和谐地凝结，不管是老是少，都会回复到年轻状态。
>
> 男女双方应该先行冥想，以忘却自身和一切世间之物，然后反复叩齿七下，作如下祈祷：
>
> "愿白元金精⑦使我们的五华⑧恢复生机。"
>
> "愿中央黄老君⑨使我们的魂和谐，使我们的精增强。"
>
> "愿皇上太精使我们的液凝固，使我们的灵坚固。"
>
> "愿无上太真使我们的六气结合在一起。"

206

---

① 参见本册 pp. 46，123，292。

② 对本书第二卷 pp. 150—151 已经描述过的集体礼拜式性交仪式我们这里讲得不多，因为那些仪式是道教教区的全部成年教民都要习练的（约在 2 至 7 世纪之间），而不仅仅限于通过内丹寻求拯救和长生不死的男女。但补充一点仍鲜为人知的东西还是值得的，即其礼拜仪式书或礼仪书（rituale）在《道藏》，即在《上清黄书过度仪》（TT 1276）中留存至今，不为人所识。同样，参与者收到的符箓见于《正一法文外箓仪》（TT 1225）。我们得感谢施舟人（Kristofer Schipper）博士提供这一令人感兴趣的情况。

③ 此说是按照该书中引言部分的生平介绍，但是在今本《列仙传》中他和被称为他老师的方士都没有出现。这位清灵真人很可能与上文 p. 197 曾恺那段文字中提到的同一托名真人是同一个人。

④ 《云笈七籤》卷一〇五，第三页，由作者译成英文，借助于 Maspero（7），pp. 386—387；van Gulik（8），p. 199。

⑤ 它是五种程序之一。另几种涉及不同的技术，例如在夜间用行气术来服食五星之气，还有各种其他的道教仪式、祈祷和符咒。

⑥ 高罗佩怀疑这句是明代窜入的，因而我们加了方括号。

⑦ 金、北方和白色之神。

⑧ 五脏。

⑨ 大概既是小宇宙的，也是宇宙论上的。

"愿上精玄老使我们的神再生，使我们的脑得到修补。"

"愿他使我们俩结合融会成一体，以便再造胚胎，共守珍宝。"

祈祷完毕（，男女开始性交）。男的守住（控制）肾（即他的性爱本能），牢牢掌握精并提炼精气，（直到最后）精气沿脊柱逆（正常）流（向）上升入脑。这叫"重获原初（生命力；'还元'）"。女的守住（控制）心（即她的情绪）并滋养"神"，不让炼火运动（"炼火不动"，即忍住不产生性高潮），而让两个乳房的"气"下降到肾里，然后也从那里（沿脊柱）上升到脑。这叫"把（生命）转化成原初（生命力；'化真'）"。

如果（这样）滋养（他们的身体），一百天以后形成灵验的内丹之门（就被打开了）。如果长期按这一程序做，它就会习惯成自然，并随着世易时移而导致真正的长生不死。这（确实）是不死之道。

〈第二，初以甲子上旬，直开除之日为始，以生气之时，夜半之后。勿以大醉大饱，身体不精，皆生疾病也。当精思远念，于是男女可行长生之道。其法要秘，非贤勿传，使男女并取生气，含养精血，此非外法，专采阴益阳也。若行之如法，则气液云行，精醴凝和，不期老少之皆返童矣。凡入靖，先须忘形忘物，然后叩齿七通而咒曰：

"白元金精，五华敷生；中央黄老君，和魂摄精；皇上太精，凝液骨灵；无上太真，六气内缠；上精玄老，还神补脑，使我合会，炼胎守宝。"祝毕，男子守肾固精，炼气从夹脊溯上泥丸，号曰"还元"；女子守心养神，炼火不动，以两乳气下肾，夹肾上行亦到泥丸，号曰"化真"。养之丹扃，百日通灵。若久久行之，自然成真，长生住世。不死之道也。〉

此段叙述非常珍贵，因为它使人得以洞悉中古时期男女道士在山间道观里实行的这些仪式，无疑其中并非没有先弹琴奏曲和燃烧适当的线香或盘香那一套①。它之所以重要，还因为它强调了把男女双方都视为习练受益者的程度，二者都出现了气液的向上逆流。很清楚，男真人是使用"珍藏式性交"术保存他的"精"，而女真人不让性高潮到来（按照这种古老的道家观点）是保存她的阴血力量②。高罗佩觉得这种利益均等说比认为房中术的最大受益者是男方的表述要罕见，但我们在别处发现了非常相似的说法，例如在《太玄宝典》③ 这部宋元时期的书中。《太玄宝典》成书于 13 或 14 世纪，作者不详。书里有一段与刚才所给的那段叙述非常相似而又平行的文字④。它使用了同样的炼丹术语，但略去了祈祷，并说明在生殖中父亲的贡献形成肾，而母亲的贡献形成心和血。这使人们联想起希腊化和塔木德式（Talmudic）"父种白，母种红"的

207

―――――――――

① 参见本书第三卷 p. 330 和后来贝迪尼［Bedini（5，6）］的专题文章。烧香计时法在中国很常用，本程序的各个阶段完全可以利用这种方法帮助计时。行气术和导引术的计时也很可能涉及了烧香（参见上文 pp. 142，154）。

② 从关于公开仪式的一种说法中，也许可以获得一点有关所用姿势的提示。"他们四目、四鼻孔、两口、两舌、四手相接，使阴阳正好相对"（"四目、四鼻孔、两口、两舌、两手，令心正对阴阳"）［《笑道论》和《辩正论》，见 Maspero（7），pp. 404—405］。这方面可以回想一下扎尔莫尼［Salmony（2）］描述的盒盖铜像，那铜像一男一女，赤身裸体，相对而跪。

③ TT 1022，也收入《道藏辑要》。

④ 《道藏辑要》本，第十八页，由作者译成英文。

古老学说[1]。

因此，正如男女的生殖功能不同，他们在长生结合中要做的事情也不一样。更多的实践是需要的。

> 当这进行了一百天，男子（保证）"精"不射，他的气就会成为长生不死之气，他就会返回到像婴儿期和年少时一样的状态——这是一件神奇和灵异的事情。（同样）如果女子（保证）血不动，她的"神"就会由此而安定，她就会返回到少女状态，（又）收到两条脉管，一条形成乳，另一条形成（月经）血——这是奇妙无穷的。那些不断习练的人会发现他们的头发（又）生长（出黑色），他们的乳房平复，他们的肾转化，他们的身体变形。

> 〈行之百日，男子精不泄，气长生，返婴童，神灵矣。女子血不动，神自定，返处子，而收二脉，一化乳、二化血，其妙万端，久久行之，生发、平乳、移肾、变形焉。〉

像我们业已看到的那样，道书上反复告诫通晓道士性行为的明道者决不要将其知识，不管是理论的还是实践的，传给那些不配受传的人[2]。在这一方面，通常的同乡或同窗后裔的私人关系以及实际的血缘关系都自然地起着作用。这从如下的文字可略见一斑。下面一段文字是引自撰于公元 780 年后不久的《王屋真人刘守依真人口诀进上》。它说[3]：

> 代宗在位时期（公元 763—780 年）有一位真人姓王，名长生[4]，他云游诸多名山，居无定所。臣（刘守）游览王屋山时在那里见到了他，实际上他就叫王屋真人。他自己说他是东晋王朝（317—420 年）的人。

> 他有一个妻子，姓刘，自己说生于太宗时期（627—649 年）。从外表上看，夫妇俩的关系形同冰雪，然而他们到山中去探寻适合修道的地方却总是相伴而行。

> 臣的亲伯父名叫（刘）登，在北岳恒山学道，师从张果先生五十多年，一直活到一百十六岁。天宝十四年（755 年）春天的第三个月，他对所有的弟子说道："我的原始生命力（'元气'）出了毛病，因此我不可能在此地长久住下去了。我将旅行到三山并渡越大湖以访求名药。如果我回来的时间迟了，你们不要焦急。"就这样他走了，再也没有回来。那年十一月爆发了安禄山叛乱。

> 臣出身于一个有学问的道士家庭，曾在王屋（山）学习十多年。臣在那里常常见到一位老人在拾柴火；臣知道他从未停止过行道，但并没有完全意识到相遇的是一位非凡的人，此人不是别人，就是王屋真人自己。他问臣是哪里人，还询问臣家庭情况，然后他告诉臣他曾与臣的伯父同时师从张果先生。这样我们两人的友谊就大大加深了。当时臣已年迈，耳目不灵，所以真人怜悯臣，传授给臣这一口诀。从那时以来臣虽然未返老还童，但身上的各种疾病都已大大减轻。

208

---

① Needham（2），p. 60。

② 关于一般的口传可以查阅旺西纳［Vansina（1）］的著作。他主要讲编史工作，但不时提到秘传口诀（pp. 31, 67, 146—147）。

③ 《云笈七籤》卷六十四，第十四页起，由作者译成英文。

④ 王长生肯定是号，不是名。

〈代宗其真人姓王，名长生，游诸名山，不常厥所。臣于王屋山获见，故为之王屋真人。真人自言东晋朝人也。一妻姓刘，自言太宗朝人也。夫妇之颜俱若冰雪，探幽索隐每亦相随。臣亲伯父名登，常学道于北岳恒山，事张果先生五十余载，凡寿命年一百一十六岁。天宝十四载春三月，告诸子曰："元气错谬，不可久俱。我行三山海上以求名药，若来期稍迟，汝等勿怪。"遂去而不返。其年十一月，果有禄山之叛。臣家本儒，业于道术，顷者隐居王屋十有余年，每见樵翁，未常不敬，修行不辍，果遇异人，即王屋真人是也。固问臣出处亲族，乃自言曾与臣伯父同事张果先生，见爱之情更加数等。当时臣已朽迈，耳目不聪，真人见哀，授以此诀。迩来诸疾减退，虽未返童，颜渐觉似于少者。〉

上面是开场白。真人的口诀就不必详细引述了，因为其要点我们已经知道了。但诀中有几句话是值得录下的①。

　　　　人不应该敢于充当主，而应该扮演客的角色。我们可以借用道经来说这些事情。（在一个宴会上）先举杯的人是主，随之举杯的人是客。主是先为别人慷慨奉献好处的，而客则是接受好处的。如果一个人像这样为别人奉献，他的精就耗散，他的情就枯竭。但如果一个人接受别人的奉献，他的精就增强，他的情就集中。这是因为吸收结合之气有助于人自身之（元）阳——那样的话还有什么可担忧的呢？

　　　　〈不敢为主而为客，此一句借道经以说其事也。夫先举者为主，后举者为客。主者，先施惠于人也；客者，受施于人也。若施于人者，则情散精竭；受施于人者，精固而情专，以其纳和气以助阳，夫何患焉？〉

口诀接着又解释了一种在"珍藏式性交"中用脚跟而不是用手压迫会阴的技术，这种技术叫做"乘壶"②。接下去是详细描述阴阳互相结合，互相渗透，互相融合，调和男女双方"精"和"气"的性交。它引用古代道家的话说：

　　　　想要获得长生不老，
　　　　必须使精上升补脑③。

　　　　〈欲得不老，运精补脑。〉

它还引用了彭祖的话，大意是阴能养阳，然后又意味深长地说，我们知道相应地阳也能养阴④。"精逆流上升，男女双方都能成仙和得道。"⑤（"故精却上而逆流也，夫妇俱仙，此得道者。"）最后说："因而所有古老的道家传统都说，（精）射出就会生成他人，即生子，但闭留就会生成自己，即生（不死之）身——讲的就是这个意思。"⑥（"然自古道者相传，皆言施之于人则生子，存之于己则生身。此之谓矣。"）这样的说

---

① 《云笈七籤》卷六十四，第十五页，由作者译成英文。
② 《云笈七籤》卷六十四，第十五页。这暗示采用莲花座姿势，但真人要身体瘦削，关节灵活才行。
③ 《云笈七籤》卷六十四，第十六页。
④ 《云笈七籤》卷六十四，第十六页。
⑤ 《云笈七籤》卷六十四，第十七页。它接着又继续说道："男方可以阳为主，阴为客；女方可以阴为主，阳为客。这样客帮助主，主就得到了安宁。"（"夫以阳为主，阴为客；妇以阴为主，阳为客。以客助主，主当安矣。"）这大概是讲他们各自气的外流。
⑥ 《云笈七籤》卷六十四，第十八页。

法在后来的书中被一再重复，甚至直到19世纪两性结合在儒释两家的压力下已普遍让位于单独修习时仍是如此。

我们现在要讲到一个重要的问题——房中术与外丹究竟是什么关系？从约公元300年的《抱朴子》一书中葛洪的话来看，很清楚在较早的时候性修习只被看做是一种达到目的的手段，仅仅是让人能延长寿命数百年的诸多有用的方法之一。而延长寿命数百年是完全了解大业即制成金丹所需要的，因为惟独金丹能使人长生不死。今天的许多现代科学家为了增进他在正常寿命下毕生所致力的那门特定学科对自然的了解，无疑也会希望多活上几百年。当然，对于葛洪来讲，问题大多不在现代意义上的理论认识，而在于搜集书本和寻访那些知道炼丹术秘密的人不容易，而采办到必要配料和试药的机会又难得。内丹只是在较晚的时候才开始位居外丹之上——于是性学（假如我们可以这么叫的话）跟其他的心理生理学技术如呼吸、冥想、体操等一起本身就成了一种目的。葛洪认为它不是，并且说得斩钉截铁。但他是一个并不反对在炉灶间弄脏手或与南方的采砂工谈话的人，而后世从唐至宋鄙视"摆弄"矿物、药草和金属的原始化学家行业的君子占了上风——生理"炼丹术"这种行业要干净得多。当然其预言性并不因此而稍减，但这我们一会儿将予以考虑。现在我们必须听听葛洪关于性可以起到什么作用和不能起到什么作用的见解，那是一位伟大的原始化学炼丹家的见解。他无疑把性看做是一个不可缺少的必要条件（*sine qua non*），又看做是一个辅助因素，而不是一个决定因素。在《抱朴子》中我们读到[1]：

> 即使不能获得药物（长生丹），而只能习练行气，如果彻底地领会了原理，也可以获得好几百年的寿命，当然为此必须知道房中术。任何人不理解这些阴阳之术便会因为屡屡（失精）而疲劳不堪，受到损伤，结果行气术就不能奏效。

> 〈若不能得药，但行气而尽其理者，亦得数百岁。然又宜知房中之术，所以尔者，不知阴阳之术，屡为劳损，则行气难得力也。〉

这样，性学在此被看做是辅助气学的，而气学反过来又被看做是辅助化学或药学的。葛洪对一个询问者有一番很长而又富有灵感的回答，进行了详尽阐述，值得全文译出[2]：

210

> 有人说："我听说完全掌握了房中术的人可以（安然地在荒野中）单独行走，并能召请神仙，还可以转移灾难和解脱罪责，把祸事转变成福分，做官飞黄腾达，经商加倍赢利。你认为这是真的吗？"

> 抱朴子回答说："这都是胡说八道，是出自巫觋术士书中的蛊惑人心的夸大之言，经过了好事之人的添枝加叶和润色修饰；实际上它已经丧失了与事实的一切关系。其中有些甚至是放荡的骗子编造的，他们以荒唐空洞的大话欺骗群众，阴谋取得尊贵显赫，招集弟子以追逐名利。

> 实际上阴阳之术中最好的可以治愈小病，最差的能防止虚弱和衰竭，但其全部作用仅此而已。这些原理（'理'）有着明显的自然限制。它们怎么能够使人召

---

① 《抱朴子内篇》卷五，第五页，由作者译成英文，借助于 Ware (5), p. 105。
② 《抱朴子内篇》卷六，第八页起，由作者译成英文，借助于 Ware (5), pp. 122 ff.; van Gulik (8), p. 95。

请神仙或把祸事转变成福分呢？

当然，不可以让人因不从事性交而坐致疾病和忧患。另一方面，如果人无限度地一味放纵情欲，不能节制精的耗散，那就无异于是拿斧子砍伐自己的寿命之树。……但那些懂得此术的人能勒住脱缰之马并修补脑，他们能把阴丹引到朱肠（心），他们还能把玉液（唾液）导入金池，……这样，老人就可以看上去像年轻人一样，得以尽享天年。

普通人听说黄帝有一千二百名妃嫔，却升了天，就以为那是黄帝能这样做的唯一原因。他们不了解的是黄帝只是在荆山脚下鼎湖岸边成功地升华了九（转朱砂）丹之后才乘龙飞升上天的。黄帝自然可以有一千二百名妃嫔，但升天并不是单单由于这个原因。

事实上，只要不懂性爱之术，服食成千种药是不会有更多好处的，以三牲为主食①也不会有更多的好处。因此古人怕人们太轻率地看待性爱和性放纵，就把性爱之术赞美和强调得也许过了头，所以对他们说的话不必全都相信。然而性交被玄女和素女（恰当地）比作水火，这两种东西都能救活人，也能杀死人，全取决于人会不会正确使用。广义地说，一旦知道了必要的规则，交合次数越多，好处就越大；但是如果不透彻了解此道便做爱，就像在一两例中看到的那样，甚至足以招致迅速猝死的危险。

在古老的彭祖之法中包含了全部的要点。其他有关这方面的书只教授许多麻烦而难以实行的方法，而所产生的好处又并不总是像书上声称的那样大。甚至年轻人也能实行（彭祖的诀法）以及（按习惯）口头传下来的有几千字的诀法。不知道房中术，无论成功地服食几百种（长生）药也决不会获得长生不死。"

〈或曰："闻房中之事，能尽其道者，可单行致神仙，并可以移灾解罪，转祸为福，居官高迁，商贾倍利，信乎？"抱朴子曰："此皆巫书妖妄过差之言，由于好事增加润色，至令失实。或亦奸伪造作虚妄，以欺诳世人，隐藏端绪，以求奉事，招集弟子，以规世利耳。夫阴阳之术，高可以治小疾，次可以免虚耗而已。其理自有极，安能致神仙而却祸致福乎？人不可以阴阳不交，坐致疾患。若欲纵情恣欲，不能节宣，则伐年命。善其术者，则能却走马以补脑，还阴丹以朱肠，采玉液于金池，……令人老有美色，终其所禀之天年。而俗人闻黄帝以千二百女升天，便谓黄帝单以此事致长生，而不知黄帝于荆山之下，鼎湖之上，飞九丹成，乃乘龙登天也。黄帝自可有千二百女耳，而非单行之所由也。凡服药千种，三牲之养，而不知房中之术，亦无所益也。是以古人恐人轻恣情性，故美为之说，亦不可尽信。玄素谕之水火，水火煞人，而又生人，在于能用与不能耳。大都知其要法，御女多多益善，如不知其道而用之，一两人足以速死耳。彭祖之法，最其要者。其他经多烦劳难行，而其为益不必如其书。人少有能为之者。口诀亦有数千言耳。不知之者，虽服百药，犹不能得长生也。"〉

因而性学本身是不够的，但却是其他一切的必要条件。葛洪当然是相信各种神灵的，更不必说护符、巫术和咒语了，但他在性问题上头脑非常冷静。他那番回答的第三段话表明，在他那个时候已经设想出唾与精的双重内丹，而第四段的论点虽颇有王充的

211

---

① 不食谷物。

怀疑论之风，但却表明他认为黄帝的成功其实是由于外丹[1]。

葛洪在另外好几处又讲到了这个题目。其中有一处他强调深刻领会的必要性，说不仅行气术和服食长生药，而且性活动也有多种做法，所以必须知道哪些是有效的而哪些是无效的[2]。在另一处他讲了一个名叫古强的方士的故事，这个方士专门研究草药并且非常嗜好房中术[3]。古强年纪到了八十岁还没有一点老态龙钟的样子，被时人称为"仙人"或"千载翁"；他讲起自称经历过的古老时代来煞有介事，但最后他死了，而他的尸体并没有从棺材中消失的事实，表明他从未成过仙。不过葛洪最重要的话暗示，外丹对他来说是达到长生不死的特效方法，而在掌握其有困难时生理学技术可以大大帮助获得长寿。这也许是外丹－内丹关系第一阶段的基调。《抱朴子》一书中说[4]：

> （九转朱砂）丹和金液是掌握仙人（之术）中最重要的产物，但是它们的制作程序很复杂，而费用又很大，几乎不可能一直进行到完成。因此保存精和爱惜气是绝对必要的；此外加服某些小药和学习某些小术以避开有害的影响及其他邪恶，也能延年益寿。这样就可以逐步上升到对最微妙的事情的领会。

> 〈九丹金液，最是仙主。然事大费重，不可卒办也。宝精爱气，最其急也，并将服小药以延年命，学近术以辟邪恶，乃可渐阶精微矣。〉

现在剩下来要做的只是讲一讲房中术被掩盖在外丹象征体系下的情况。这可以拿《金液还丹印证图》[5] 作为一个很好的例子。该书系一位叫龙眉子的人所撰，成书年代也许可以确定在 12 世纪。书的开头画有两个穿着袍服的人物（如同上文图 1579 中那样），男的身边有一只炉，面对一个女的，其身边有一只鼎；当然，他们是乾、坤二卦的化身，但对于那些知道的人来说，女子的身体是鼎，男子的身体是炉（见图 1610）。旁边的正文说[6]：

> 关于转化仙丹的全部文献都是讲鼎和炉的，但这两样东西实质上只是坤、乾二卦而已。鼎圆如丧服上的麻布片，圆周和直径 3—5，唇缘（在黑暗中）周围 1，腹部和脐部 4—8。至于揭示鼎中铅（的性质），如果果你希望作出评判的话，就必须固定阳火，使它在下面窜动，但不能让它蔓延以至于达到人类激情的强度。这是为了向接受指教的修炼者指出他必须在什么地方停下来。这一决定就叫做"玄枢"。

> 〈炼丹全藉鼎和炉，炉鼎乾坤要正模，圆绕五三围径一，唇周四八腹脐敷。鼎铅欲审须中定，阳火将奔在下铺，不遇至人亲指授，教君何处决玄枢？〉

这些数字看似一件有形设备的尺寸，实际上却是由《易经》引出的术数学数字[7]。火当

---

① 黄帝与普通人的对照在此类文献中反复出现。例如见约公元 985 年林大古（谷神子）所撰的《龙虎还丹诀颂》（*TT* 1068），第十八页。

② 《抱朴子内篇》卷八，第二页，译文见 Ware（5），p. 138。

③ 《抱朴子内篇》卷二十，第二页，译文见 Ware（5），p. 321。

④ 《抱朴子内篇》卷六，第三页，由作者译成英文，借助于 Ware（5），p. 112。

⑤ *TT* 148。

⑥ 《金液还丹印证图》第三页，由作者译成英文。

⑦ 有本卷第四分册 pp. 16 ff. 所引那几段外丹文字的明显反响。

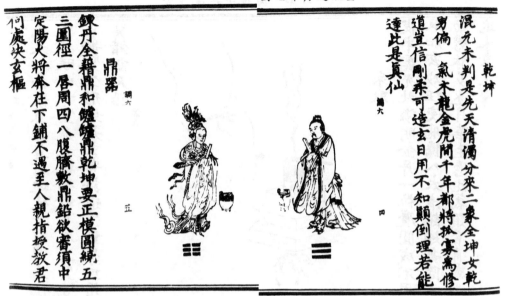

图1610　龙眉子《金液还丹印证图》（第三页）中的炼丹术婚配（*matrimonium alchymicum*），大概作于12世纪。身边有炉的乾男面对身边有鼎的坤女。题为"鼎器"的那段文字提供的似乎是鼎的尺寸，但其实是与《易经》和长生功法计时有联系的术数学神秘数字。

然是指男性热情，而"知道在什么地方停下来"表示"珍藏式性交法"的熟练运用。再往下，正文在某种意义上说变得更加具有炼丹术色彩①。

铅［它说］来自白色金属，汞来自朱砂。（普通的）炼丹家觉得这些东西很容易搞到，就像将军一样来回夸耀说这些炼制的物质是真药。然而还是必须簸扬小麦和大麦以提防长麻（草）。在坎卦内有红黄男儿名叫汞祖。在离卦内有玄妙女子属于铅家。能辨别真假的人会知道"真铅"的产物看上去像"马牙"一样。

〈铅出白金汞产砂，丹家便把此来夸。若将金石为真药，犹播禾辨望长麻。坎内黄男名汞祖，离中玄女是铅家。分明辨取真和伪，产出真铅似马牙。〉

这里明显地提到了精和唾的生理学铅汞，同样也提到了卦内的中爻，"马牙"是"黄芽"的隐名，即氧化层中发亮的金属铅，为阴中之阳。附近有一幅图（图1611），画的是在祭坛上不住地冒烟的鼎，鼎上搁着通常的道家剑，阴阳化形为蟾蜍和凤凰。对于内丹中各类功法的背景来说特别有趣的是另一幅图（图1612），图中可以见到一个供修炼者使用的小厅堂或楼阁，堂阁前有一个带两柄剑的祭坛和一个为功法计时的多壶式

---

① 《金液还丹印证图》第四页，由作者译成英文。

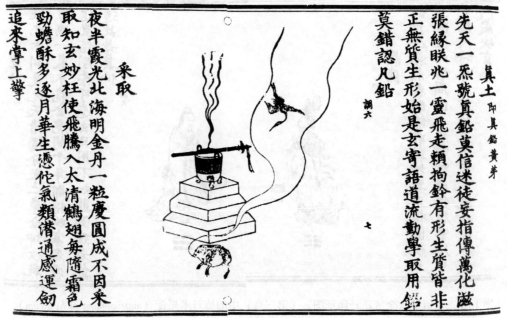

六第　圖證印丹還液金

真土　印具　鉛黃芽

先天一炁號真鉛莫信迷徒妄指傳萬化滋
張緣眹兆一靈飛走頼拘鈴有形生質皆非
正無質生形始是玄寄語道流勤學取用鉛
莫錯認凡鉛

調六

七

採取
夜半霞光北海明金丹一粒慶圓成不因採
取知玄妙枉使飛騰入太清鶴翅每隨霜色
勁蟾酥多逐月華生憑佗氣類潛通感運劍
追來掌上擎

图 1611　同书中的另一幅图（第六页）。冒烟的炉鼎伴以剑、坛象征活人身体中内丹的制备；
仙鹤作为玉蟾（参见图 1565）的射气而飞走。左边的那段文字与这幅图有关。

刻漏①。正文说②：

制　　度

祭坛建造三个台阶，与天、地、人相应。（身体的）九宫和八卦发布命令。镜子悬挂在上面和下面，以驱除邪恶的影响。剑陈列于角落以压制一切鬼神。你迈禹步在适当的时候登上三个圈定的地界③。北斗的征象给所有的妖魔指出（离开的）道路。（你必须注意）刻漏的滴水没有丝毫差错。那么不久你做的功就会战胜一万个春（秋）天（流逝的影响）。

〈坛筑三层天地人，九宫八卦布令匀。镜悬上下祛精怪，剑列方隅镇鬼神。禹步登时三界肃，罡星指处百魔宾。叮咛刻漏无差误，片饷功夫万劫春。〉

于是，在这样的环境中就可以从事冥想、行气术、导引术、性结合、祈祷和祝告④。

从一篇题为《金华玉女说丹经》⑤ 的著作中可以看出性学与外丹的另一个联系。这

① 《金液还丹印证图》第七页。关于这种刻漏，见本书第三卷，图 140。多壶制在 7 世纪就已完全确立，但这里的多壶形式很像 12 世纪中叶的其他多壶式刻漏，这可能表明了书的撰写年代。

② 《金液还丹印证图》第七页，由作者译成英文。

③ 这是一种特殊的舞步；见 Granet (1)，vol. 2, pp. 549ff.。

④ 甚至为此还可以进行丹房炼丹的各项操作。比较那幅描绘葛洪在炼丹的画卷（图 1613），它采自宋大仁(6)。

⑤ 收录于《云笈七籖》卷六十四，第一页起。

篇著作的年代很不确定，但必定不是五代就是宋代。它有趣之处在于采取了一位道教巨匠造物主太极元真帝和我们那位老朋友玄女对话的形式。其内容是关于内丹的，但是有许多外丹意象，提及铅汞、朱砂和炉鼎；文字后来大概经过删节，因为现在里面很少有或根本没有关于"还精"法的介绍。 214

最后我们可以从孙汝忠撰于 1615 年的《金丹真传》中引一小段文字。此段文字似乎表明，到明末以铅汞齐为基础的这种古代理论不仅被应用于唾液和精液，而且被一方面应用于男性的精液，另一方面又应用于女性的真阳之气液。其序说①：

> 作为男人，我的禀赋阳中有阴，这就是离卦和汞。除非我能获得别人的真铅并（引导它）逆流加入（真）汞，否则怎么能生成圣胎而产生仙人和菩萨呢？同样别人的禀赋阴中有阳，这就是坎卦和铅。除非她能获得我顺流的真汞并把它投入她的（真）铅，否则怎么能形成普通的胎儿而产生男孩和女孩呢？因而顺流产生更多的人，但逆流却产生内丹——那是应该牢记的教导。丹经上常常讲到这内 215
> 丹②靠房中术得到，它并非是一个过普通性生活、选择（花）"战"（姿势）等等的问题；那是家家都在发生的。但它只在人自己身体中找是找不到的；此方法得益于鼎（女子的身体）……③这是正统的教导，而不仅仅是我自己的老师对我的教导。

> 〈我本外阳而内阴，为离为汞，非得彼之真铅逆来归汞，何以结圣胎而生佛生仙？彼本外阴而内阳，为坎为铅，非得我之真汞顺去投铅，何以结凡胎而生男生女？故顺则人，逆则丹，有旨哉！丹经中每每言此丹房中得之，非御女采战之事，家家自有，非自身所有。法财鼎器，……而父师犹未豁然也。〉

这半是纯理论，半是一种每对男女都能奉行的实践④，不过它没有讲清楚对女方有什么 216
好处⑤。说到这里，我们可以暂时结束对内丹中性成分的揭示。

在撇下这个题目之前，必须对它作出某种实事求是的评价。所有其他依靠心理炼丹术诱导长寿和肉体不死的道教方法都可以由与世隔绝的隐士独自继续实行，但一旦把性关系牵扯了进来，整个人类也就跟着被带进来了。修真之人再也不能自成一统了。 217
此外，在道教的鼎盛时期曾将性的各种肉体现象纳入神圣的群体发泄中，一律摆脱了禁欲主义和阶级区分⑥。古往今来，男女合作在自身之中（像他们认为的那样）形成"永生的圣胎"，而不是"照凡俗"生殖孩子，那意味着探索人类之爱中这样一个方面，这个方面对于像西方人一样在名为信仰基督教而实则深受摩尼教影响的社会中长大的人来说，是不易理解的。单单回想起道士的性结合伴有烧香和祈祷神仙本身，就足以表明道士之性行为与欧洲人之性行为的巨大差别，这件事现在永远也无法完全逃

---

① 《金丹真传》第一页，由作者译成英文。
② 表明看起来似乎为外丹的东西常常是指内丹。
③ 参照内丹理论中"我"和"彼"的作用（上文 pp. 60、95，还有表 121C）。
④ 在明代，性炼丹术不再仅限于山雾笼罩的偏僻宫观。它已平民化，流传到了民间。参见作者记录在本书第二卷 p. 147 的郭本道博士的话。
⑤ 只要稍曲解，这番叙述就可以应用于自慰。
⑥ 见本书第二卷 p. 150 和前面几页。

金液還丹印證圖

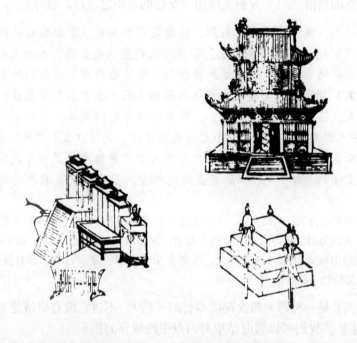

图1612 同书中的又一幅图（第七页）——从事内丹修炼的场面。后面是一个适合
从事内丹修炼的楼阁；前面则是一个炼丹的坛，坛两侧放着道家剑；左边是
一个多壶式刻漏（参见本书第三卷 p. 323），有一道士模样的人物拿着指示
杆，用来为功法计时。

脱数个世纪理想的"贞洁"和禁欲主义强加给它的不虔诚感。道士性行为既不耽于肉
欲也不受负疚感纠缠，既不唯信仰论也不违反宗教原则；像密教（Tantrism）一样，道
教认为性爱的操作是对神秘地领悟宇宙间的神力的有力帮助——"一阴一阳之谓道"①。
它们是冥想及其他功法的一种自然扩充，而且可以说是沉思生活的一种进一步的形式，
不过在中国它们也是制备"内丹"即还丹的一种其他过程无法代替的技术程序。对获
得健康长寿需要男女合作的深信不疑是一种值得赞赏的主义。但沃茨（Watts）说得

---

① 《易经·系辞（大传）上》第五章（卷中，第三十五页）；卫礼贤－贝恩斯（Wilhelm-Baynes）译本，
vol. 1，p. 319。

图 1613　一幅描绘葛洪山洞丹房的画卷，与刊印在宋大仁［(6)，第 8 页］书中的那幅类似，为的是显示外丹操作和内丹操作之间的相似性。书童（*famulus*）照看着坛式火炉，炉上一只鼎在不住地冒烟，剑和镜子很显眼，洞壁上挂着符，右下方是一个与本书第五卷第四分册图 1388 所示相似的蒸煮器。左面有一个蒸馏器，一头驯服的鹿从洞口向里张望。宋大仁博士摄。

好①："像（现代的）'性卫生'指南中那样，把这样一种关系当作一个技术问题来讨论，是讨论不充分的。诚然，在道教和佛教密宗中是有一些看似性关系技术或'修习'的东西，但这些东西像圣事一样，是'内在灵性恩宠的外在可见表象'。"假如以为中

---

① Watts (2), p. 174。沃茨的整部书，尤其是试图以一种对目前西方男女有价值的方式，解释道教的和密教的性行为的那一部分，很值得一读。

古时期道教的男女修炼者从事的性活动是冷漠机械的，毫无爱情，那就大错特错了——像我们已经看到的那样，他们是千方百计地"抑制感情"，但却有"暗火蕴藏在下面"。另一方面，讨论这种关系也不能不考虑到整个道家哲学的背景①，即承认女性在事物体系中的重要性②，接受阴阳、男女的平等，慎重地赞赏某些女性的心理特征③，颂扬与分裂和阶级分化相对的共同和群集④。我们必须重申以前曾说过的话⑤：尽管道家的生理学可能是原始的和幻想的，但他们对男女和宇宙背景的态度比传统儒学的父道尊严（这是封建财产所有制的特点），或古典佛教的冷漠出世远要恰当得多，对于古典佛教来说性绝非是一件自然和美好的事情，而只是诱惑者魔罗（Māra the Tempter）的一种诱惑手段。

（5）外丹（原始化学炼丹术）与内丹（生理炼丹术）的接壤

　　我们对内丹体系的研究现在快接近尾声了。但还有四个问题要加以考虑：一是内丹与外丹的接壤；二是内丹在现代甚至当代的继续存在；三是内丹与印度瑜伽的关系问题；最后是整个事情对于总的科学思想史的意义。那么让我们先来看看内丹活动与外丹活动的重叠、区分内丹著作与外丹著作的问题、用化学意象对生理现实的解释、有意识的故意使用比喻和隐喻以及原始化学操作随着时间的推移被更为流行的生理学实践取代的情况。

　　毫无疑问，在许多世纪中，也许可以说是从公元前 3 世纪至公元 13 世纪，大多数炼丹家都是同时从事两个领域的工作，既注重实验室实验，也注重祈祷室祈祷——尽管其祈祷和实践与基督徒的大不相同。从葛洪那里我们了解到（上文 p. 209），在他那个时候，生理学技术是辅助原始化学技术的，只是让方士得到非同一般的长寿，使他们能掌握大业，并由此达到长生不死。而对于各个时代的其他炼丹家来说，内和外一定被看做是相辅相成的，两者均为达到肉体不死所需要。这我们在本册所给的引文中已略见端倪。中国炼丹术和西方炼金术有着奇怪的类似，因为道教修炼者⑥和基督教修炼者都常被告诫要达到道德和宗教上的完美⑦。约公元 715 年在世写作的拜占庭炼金术士阿克拉俄斯（Archelaos）就在他的《咏圣术》（On the Sacred Art）⑧ 一诗中说：

---

①　见本书第二卷中的第十章。

②　也许最早是出自远古的女祭司"巫"以及古代社会的母权制背景。

③　参见本书第二卷 pp. 57 ff. , 61 ff. 。

④　参见本书第二卷 pp. 86 ff. , 100 ff. 。这在尚未现代化的中国乡村的道教礼仪中至今仍可见到。

⑤　本书第二卷 p. 152。

⑥　见本册 pp. 29, 61, 65, 100, 130 ff. , 135, 189, 205。

⑦　也许欧洲最古老的这类文献是基督教以前的，原文载 *Corpus Alchem. Gr*（《希腊炼金术文集》），I, xiv；克德瑞努斯（Cedrenus）认为是伪德谟克利特（Pseudo-Democritus）所撰（参见本卷第四分册 p. 325）。但是其语言又似乎更多地具有拜占庭特征，表明为 5 世纪之作。在贾比尔文集（参见本卷第四分册 pp. 396—397, 477—478）中有几段类似的文字。另见 Berthelot (1), pp. 119, 160, 206。

⑧　译文见 Browne (1), 引自 Holmyard (1), p. 153。

> 你期望进行的这项工作
> 很容易为你带来大喜和大益，
> 只要你以贞洁、斋戒和纯洁的心地
> 美化灵魂和肉体，
> 避开生活中的分心事，独自
> 祈祷礼拜，赞美上帝，
> 伸出乞求的双手恳请他
> 从天上赐予你恩宠和知识，
> 让你，神秘主义者啊，能更快地知道
> 如何从一个物种去完成这项工作……

同样，15 世纪的一名初学者不得不起誓，像中国的真人一样，他绝不把传授给他的秘密写下来，也不把此秘密传授给任何人，除非知道对方是一个正人君子。

219

> 也不要传授给任何人，除非你确认
> 他对于上帝是一个完全的人，又满怀仁爱，
> 常行善举，并且充满了谦卑的精神……

同一时期还有一篇著作，说术士应充分相信上帝，过正当的生活，克服谬误，富有耐心而不野心勃勃，不参加任何罪恶的纷争①。以前我们也曾经引用过琼森（Ben Jonson）的《炼金术士》（*The Alchemist*），大意是说，虽然点金仙丹的购买者可以指望获得无限的性快乐，但操作者自己必须禁欲守贞，否则化学实验就会在混乱中爆炸（事实上在剧中它们确实是发生了爆炸，即使只是属于假装相信这类事情的一种策略）②。当然，不能把这种类似说得太过分了，因为基督教炼金术士立誓要实行宗教节欲，而道教炼丹家则带宗教生理色彩③，同时又属于一种完全浸透了神圣的非超自然伦理的文明，那样的伦理对他肯定有影响，尽管道教的"内光"自生系统与盛行的儒学道德准则有点不同。很明显，道教和西欧人的道德观截然相反，然而两者就实验室操作而言都确实相信"执事者的卑劣"会"妨碍圣事的效果"，在这点上是相似的。古语道，"内丹不成，外丹不就"④。

　　现在看比喻和隐喻⑤。在古代中国文献中有许多陈述说得很清楚，化学意象被用来指生理现实。化学术语被用于明喻、比喻或例证（"譬喻"，今作"比语"），用于隐

---

① 这些例子为霍姆亚德［Holmyard（1），p. 154］所列举。

② 本卷第三分册 pp. 214-215。

③ 虽然我们一直没有机会详细说，但必须记住，所有的道士修炼都要遵守一套烦琐得让人如入迷宫的禁律和仪规，它们同一种复杂的择日历（hemerological calendar）甚至天气情况相联系。天气情况之所以有关系是因为与自然协调很重要。关于仪式的洁净也有详细的规定。所有的宫观都有重要的行善职能，尤其是有那么多道士行医。

④ 《三峰真人玄谭全集》（参见下文 p. 240），第九页。如原文不是伪托，则系 15 世纪初之作。诚然，这里作者是在一种相当特殊的意义上，即在上文 p. 42 所讲的意义上使用"内"、"外"二字，但类似的语句是常常见到的。

⑤ 《路加福音》（Luke）viii，4——很具有道教色彩。"上帝国的奥秘只叫你们知道；至于别人，就用比喻，叫他们看也看不见，听也听不明。"

喻、讽喻和寓言①。就以《金丹直指》为例，这是一部宋代的书，大概成书于 12 世纪，作者为周无所，我们只知道他是一位内丹家，别的情况就几乎一无所知了②。"'炉'、'鼎'仅仅是人体的隐喻"（"炉鼎以身譬者"）。而"'药物'不过是人体各器官（字面为'心'）中宝贵物质的比喻"（药物以心中宝喻之）。这宝贵物质共七种：津、水、唾、血，当然还有神、气、精三大生命力。周无所接着又告诉我们："至于'火候'技术（'火候法'）和强度（'度'）及诸如此类的术语，这一切都是指（内丹功法中的）'动静'周期，但人们不懂得这类概念的内在性质，所以有这隐语（'喻'）。"（'火候法度等说，皆为偏于动静不得其中，故有此喻。'）又："'制造胚胎'（'结胎'）和'丢弃形体'（'脱体'），这是隐喻（'譬'）远远超越如何成为圣贤的凡俗观念的境界。"（"结胎脱体，譬超凡入圣之意。"）

内丹论著中甚至会有外丹插图，例如炉图。《修真历验钞图》③ 就是一个例子。《道藏》中这篇著作未题作者姓名，《云笈七籖》版题目稍有不同，传为洞真子所述，他从事写作的时间应当是在 1020 年以前，大概为唐代、五代或宋初④。在这篇著作中有一幅二炉图（图1614），图上有一段题词。炉身上各标有一个重卦，还有两个重卦置于题词旁。二炉之间是三只碗，左边一只标明"汞"（当然是真汞）；右边一只标明真"铅"，当中一只标明内丹。将要完成的反应的意义是显而易见的。左炉上的卦为卦十二"否"，表示秋天和倒退；右炉上的卦为卦十一"泰"，表示上进，因而此二卦代表操作的失败或成功⑤。上方题词旁的两卦，左边那个为卦十三"同人"，即在一起的人，表示结合和共同状态；右边那个为卦四十一"损"，表示损坏、减损、减少，由此表示离散⑥。因而此二卦代表在两性结合中必须分别加以利用和克服的力量。题词的内容如下：

> 两只鼎为一样浅的粉红，
> 通红的火炉门颜色相同；
> （真）铅汞丹的形成
> 须依靠染色式的过程⑦。

〈二鼎并浅红，火门皆□色，铅汞丹，依式染。〉

---

① 关于一般的象征及其种类，见谢泼德 [Sheppard (3)] 那篇虽属初步性质，但却是令人感兴趣的论文。

② *TT* 1058，较长的引述，见陈国符 (*1*)，下册，第447页起。不要将周无所的这部书与另一部年代相近的同名书混为一谈，那部书的书名前冠有"纸舟先生"四个字，为《纸舟先生金丹直指》（*TT* 239），作者是金月岩。

③ *TT* 149。

④ 《云笈七籖》卷七十二，第十七页起。《云笈七籖》卷七十二（第一页起）有一篇类似的著作《大还丹契秘图》，系某个不知名的作者所撰，其中也有几幅炉鼎图，不过显然是内丹性质的，实际上该卷卷首就是那样标明的。

⑤ 关于这方面的解释，见本册上文 p. 63。

⑥ 关于这些，详见本书第二卷中的表14。在《云笈七籖》本中，炉上的二卦为（左）表示像婚姻一样结合的卦五十四"归妹"和（右）表示圆满或井然有序的卦六十三"既济"所取代。此后一卦与性学文献有密切的联系，因为它出现在性学文献的一些书名中，参见 van Gulik (8)，pp. 36，277 ff.。此处两者显然都是指内丹。但是像我们在本卷第四分册 pp. 70 ff. 所看到的那样，"既济"与各种形式的外丹化学设备也有重要的联系。

⑦ 《云笈七籖》本（第二十一页）的题词要长得多，但并没有告诉我们什么新的东西。

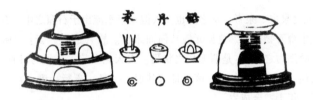

图 1614　《修真历验钞图》中的炉和重卦，传为洞真子所述，大概撰于 10 世纪，即
　　　　唐末、五代或宋初。解释见正文。

最后整个图的标题为《采真铅汞图》。这里全都是交媾和结合的象征，然而所设想的相互作用却是生物化学的而不是神秘主义的。附文很古怪，其内容如下①：

　　铅是（原始生命力的）玄妙起源之泉。这泉是五行之水的源。人们只看见泉水从石头洞穴中间奔流而出②，却没有人知道它的泉源，也没有人知道它流到哪里去。就像元气生成和培育万物，使它们完善和成熟，却没有人能看出元气的道路，也没有人能看出它从哪里来一样。因此，《道经》说，它细微玄妙，深不可测，不可知晓。但虽然它是不可察觉的，却有办法迫使它露面，这就是它被称为无状之状的原因。

　　天轮向左旋转，而太阳、月亮和五颗行星总是向右运行。火铅（真阳）象征太阳的红，汞（真阴）象征月亮。月亮运行速度很快，一天一夜运行十三度；太阳运行速度较慢，一天一夜运行一度。月亮一个太阴月运行一周，太阳一年运行

222

① 《采真铅汞图》第四页，由作者译成英文。
② 大概是指吞唾。

一周。一年十二个月合成一岁。同样，万物的生成和转化也必然以十二卦为一个循环，周而复始。当气的九重再生（或循环）已经足够（完善）时，那么"铅"、"汞"、神三者就全都齐备，从而生成内丹。因此《道经》上说，正像太阳和月亮有迟慢与迅疾之分，药物性质也有苛性与平和之分。一首歌（诀）说得好："太阳慢，月亮快，为什么要对这些区别大惊小怪，唠叨个没完？"

真铅来源于火，是精的祖宗。真汞好往上飞（即升华或蒸馏），却又逗留在红色的血液中。男人的精和女人的血相互拥抱（和混合）；血产生（红色的）肉，而精产生（白色的）骨①。所有这些事全都是由良媒和结婚引起的，结果导致生养孩子的喜悦。

（真）汞是什么？它是无限起源的光辉和万物的祖宗。汞的祖宗是红色的龙（"赤龙"）。红色的龙是朱砂（"丹砂"），但这朱砂不是普通的朱砂，而是太玄流液，由元气在二千一百六十年的时间中制备而成②，因此号称虚无③真丹。

〈夫铅者，玄元之泉也。泉者，水之源也。人但见泉水流出于石窟之中，奔腾莫知泉源自何而至也。亦如元气生育万物，成熟莫见元气从何而来也。故《道经》云："微妙玄通，深不可识。夫唯不可识，故强为之容"。是谓无状之状焉。夫天轮左旋，五星与日月右转。火铅象日，朱汞象月。月行其疾，一日一夜行十三度；日行其迟，一日一夜行一度。月一月一周天，日一年一周天。凡日月一年十二合成岁。

生化万物，要在十二卦周而复始，而九还气足，铅汞神具而成金丹矣。故《经》云：日月有迟疾，药性有燥缦。此之是也。歌曰："迟为日，疾为月，何用多啰乱分别？真铅本是火宗精，真汞好飞含赤血。男精女血既相包，血生肉兮精产骨。全藉良媒与结婚，养成赤子方堪悦。"

汞者，洪元之光，万物之宗也。汞宗者，赤龙也。赤龙者，即丹砂也，非凡丹砂，乃太玄流液，二千一百六十年元气所成，号曰虚无真丹也。〉

这里扯到了天文学，以说明在卦支配下周而复始的自然循环，而且还不同寻常地与药性相比。言外之意是，男女不按繁衍子孙的正常生殖程序行事，就能把他们的身体变成炼丹炉而制备内丹，借以摆脱生死循环自然规律的束缚④。

223　　所有这类文献中有许多地方可见到相当清楚的解释，说明原始化学的象征体系在内丹的用法中表示什么意思。例如，我们可以从《道藏》中的一组论著获得帮助。首先是《金丹赋》⑤，大概撰于13世纪，有马莅昭的注。同一世纪将近宋末时由陶植撰写的《内丹赋》⑥是个类似的"采石场"，与之相伴的无名氏的《擒玄赋》⑦也一样。另

---

① 又是亚里士多德的胚胎发生理论。

② 是仿效《淮南子》中那段著名文字的说法；见本书第三卷 pp. 640—641，第五卷第四分册 pp. 224—225。这使人想起西方的"三基"（tria prima）说，它认为汞是组成万物的要素之一。

③ 即一切潜在（in potentia）之物。关于佛道二教中作为无穷的内在潜力的"无"这个基本概念，见 Link（1）；Holmes Welch（3）。

④ 这当然与古时提倡静心和顺从自然循环的道家哲学大不相同；参见本书第二卷 pp. 63 ff.，75 ff.。

⑤ TT 258，尤其是第十七页起，第二十三页。

⑥ TT 256。

⑦ TT 257。

外从已经提到过的《钟吕传道集》① 这部由施肩吾所编的 8 或 9 世纪之作中可以获得进一步的启示；还有切不可把就撰于 1250 年之前的萧廷芝《金丹大成》中那精彩的问答给忘了。关于这一方面，1332 年的陈致虚《金丹大要》中有一段有趣的文字。他在书中写道②：

> 我的老师说："圣人担心泄漏自然机制的秘密。道家意识到事物的玄妙，把原始（生命力）之空（即包罗一切的全能性）（"真空"）当作他们的基本原则，但是借用了许多下面这一类的比喻和隐喻（'借喻'）：

> 朱砂

> 水银

> 红铅　　　　　（一种用血制备的激素制剂）③

> 黑汞

> 姹女　　　　　（汞——真汞，精）

> 婴儿　　　　　（内丹）

> 丁公　　　　　（天干之象）

> 黄婆　　　　　（中央成丹之所——四象之一）

> 黄芽　　　　　（未氧化的亮铅或锡——刚出现的中央之丹）

> 白雪　　　　　（白粉——内丹的光华）

这些喻词近乎于表示事实，然而足可以迷惑（普通）人，把他们完全搞糊涂，让他们胡乱地猜测。甚至连学者也只看表面而不懂得真意，还以为自己已经明白了。因而他们认为金丹是某种普通的外药，被形式、渣滓和粗质所阻碍，靠着在肮脏的（烟灰）中搜寻和奋战而获得。最终他们根本领悟不到原始（生命力）之空的玄妙（效应）——（一种在人体本身中制备的金丹）"。

〈我师曰：圣人恐泄天机。道家以妙有真空为宗，多借喻曰：朱砂、水银、红铅、黑汞、姹女、婴儿、丁公、黄婆、黄芽、白雪等类，近于着实，致令迷人妄乱猜度。学人将似是而非者执以为有，却谓金丹是凡外药，滞于有形滓质，采战秽行，而终莫悟真空之妙。〉

接着他又按照合乎他那个时代的做法与佛教术语作了一组类似的比较。在这段文字中，当时内丹修炼者对外丹实验室中那些"烟灰满身的实验家"开始感到的轻蔑也已有所流露，这种调子我们马上又会听到。在约公元 950 年出自彭晓之手的《还丹内象金钥匙》④ 中可以发现类似的用语。有人问了一个关于金属铅的问题。　　　224

> 回答说："这黑铅跟普通的（铅）毫无关系，它是天之玄妙的神水⑤，产生于天地出现（即它们被人的个体所认识）之前，为（体内）众物之母和原始一元（生命力）之精"⑥。

---

① 在《修真十书》（*TT* 260），包括卷十四至十六。

② 《道藏辑要》本，卷上，第二十八页。

③ 见本书第六卷中的第四十三章。

④ 收录于《云笈七籤》卷七十，第一页起。

⑤ 即"先天真一之水"，参见本书第四卷第一册，p. 296。

⑥ 《还丹内象金钥匙》第二页，由作者译成英文。

〈答曰：黑铅者非是常物，是玄天神水，生于天地之先，作众物之母。此真一之精 ……〉

换句话说，它是胚胎的原始禀赋中固有的体内之物，是能够帮助人通过返老还童恢复那种禀赋的东西。

在解释林林总总的内丹术语方面，从年代较晚的书中也可以获得很大帮助，只要始终牢记其作者实际使用和推荐的实践技术因时世的推移而不同，也因其本身所属学派的不同而不同。在明末和清代的这类论著当中我们可以提一下《寥阳殿问答编》，该书相传为尹真人所撰，大概始成于 17 世纪初，后由闵一得在 1830 年前后作了校订。这位尹真人相传也是一部要大得多的书《性命圭旨》的作者，前面已经给出了此书中的好几幅插图（图 1546、图 1548、图 1554、图 1574 和图 1609），一会儿我们将再次谈到此书。该书初刊于 1615 年，重刊于 1670 年。

讲到这里，我们不能不停下来提出如下的问题：出现这种单方面情况的原因是什么呢？为什么生理学技术倾向于掩盖在原始化学术语之下，而不是原始化学技术倾向于掩盖在生理学术语之下呢？固然可以想象，也许是先形成一套生理学、解剖学和医学术语，然后把它们应用到了炼丹家在寻求长生丹过程中制备的金属和矿物化合物上；但我们认为，唯一可能的答案是原始化学炼丹术事实上为两种前科学中较早的一种，直接产生于最古老的冶金术及其他一些技术，正如植物名称源出于最古老的草药医士的药草知识一样。虽然医学传统与炼丹家的传统始终有着十分密切的关系[1]，但是中国人日益确信有一种特定的人体化学，就是在人体中从事的炼丹术，而医学传统也许并没有为此提供足够的术语，所以必定要发生借用的情况（就像陈致虚所说的那样），常常在取自原始化学用法的名称前加一个形容词"真"[2]。这当然并不妨碍逐渐地精心创造许多专门的内丹术语，其实使读者能看出一篇内丹著作并把它同外丹著作区别开来的，也许与其说是别的什么，倒不如说正是这些专门的内丹术语。

接下去要说明另外一点——随着世易时移而日益增长的以内丹方式而不是外丹方式解释模棱两可的古代著作的倾向。在公元 713 至 755 年间，刘知古第一次将《周易参同契》（参见本卷第三分册 pp. 50 ff.）明确地解释为内丹著作，并就此撰写了一篇《日月玄枢论》[3]。我们刚引用过的彭晓那部书属于完全相同的传统。到了 11 世纪下半叶，由于出现了《悟真篇》（上文 pp. 88 ff. 已作过分析）之类的著作，炼丹术文献中就有了一些并不假装成外丹性质的不朽之作[4]。从我们所说的有关这方面的情况看，其意义是不可能被误解的，但那些较早的著作还是可以作双重解释的。例如，就拿《参同契》中"五金之主，北方河车"一句[5]来说吧。按外丹解释是，"五种金属中为首的

---

[1] 在这方面中国的炼丹家与希腊化欧洲的原始化学家形成了对照。特姆金［Temkin（3）］写了一篇深入透彻的文章，关于这篇文章我们在别处（本卷第四分册 p. 475）也有谈论，文中说希腊原始化学家与冶金术的关系比与医学的关系要密切得多；而另一方面，像我们始终看到的那样，在中国炼丹术与医学间的关系是非常密切的。这一点为阿拉伯文化所继承。

[2] 读者当然会想起（例如上文 pp. 26，46 曾经讲过），"真"在这些领域也被普遍认为是表示人的遗传禀赋的原始生命力。

[3] 此论今已亡佚，不过在《道枢》中有一些引录。

[4] 尽管译者们当然会粗心大意地把它们照此翻译。

[5] 《参同契》第七章，第十六页。

是北方的'河车'，即铅"，"河车"是这种金属的一个熟悉的隐名①。但一位无名氏内丹注释者是这样解说的②：

> 在子宫里发育时，父亲的精（和母亲的血）形成五脏。在五脏当中，（与）肾（相应的）金是为首的。储存在那里的是金（精），要使其精粹在循环中上升（"飞"）必须运用"河车"。什么是"河车"呢？"河车"就是（像水车汲水一样）从北方（即下身）一直搬运到脑（"泥丸"）的气③。

> 〈人之受胎也，本于父精，遂化而生五藏。故五藏之金以肾为主，存于肾则为金，飞金晶则用河车以运之也。河车即气自北方而直至泥丸也。〉

有意思的是，在这里又发现了那种常见的模棱两可，"车"可作为运载工具解，也可以作为机器解④。为了使组成内丹的成分之一沿脊柱上升，必须有一些生理机器，而这里的类比对象是翻车。在外丹术语中，铅常常被称为贵重金属之"祖"，那当然部分是按照它们在地下由贱金属逐渐形成这一东西方共同的理论，部分则无疑是因为灰吹法和汞齐化现象⑤。

有时候在文献中会发现一些混杂不清的著作。《太清金液神丹经》⑥ 就是一个很好的例子。其英文题目只能模棱两可地译作 "Manual of the Potable Gold or Metallous Fluid and the Magical Elixir or Enchymoma; a Thai-Chhing Scripture"，因为它既是内丹性的又是外丹性的。序和上卷的一部分主要是内丹性的，有大量关于行气术的论述；但紧接着就有一节显然是外丹性的文字⑦，提到了明矾、岩盐、砷华和作"六一泥"法。中间插入一种献祭仪式⑧，然后又是化学程序，而中卷则为韵体文，再一次涉及生理学方面的内容。这是一部古书，谅必至少部分是梁以前的，因为书中有公元320至330年间的日期，但散文体部分多半很可能是5世纪初的；各卷所题作者不一，但真实作者不详。下卷可能是6世纪上半叶的，专门介绍出产朱砂及其他化学物质的外国⑨。一部有点类似的著作是《丹论诀旨心鉴》⑩，撰于9世纪，作者为张玄德，他批评了司马希夷的教导。但此书肯定是内丹性甚于外丹性。在区别两类著作时，看提到的化学物质多少常常不失为一种简便的方法，因为生理性的著作总是大谈（真）铅汞，对其他金属和矿物则较少提及。这样，程了一撰于1020年左右的《丹房奥论》⑪ 就可以被视为外丹性

226

---

① 《石药尔雅》卷上，第一页。这部伟大的术语汇编本身就是一部混合性的著作，它把内丹术语同外丹术语收编在了一起。

② *TT* 991，卷上，第十五页。

③ 在这里，与肾和精联系在一起的是金而不是水，因为按五行相生的顺序，金为水之母。该书中接下去的一章就是这么说的。金精就是"真铅"；参见《金丹大要》卷下，第十二页。铅汞二者在功能上都可以与水相应。

④ 在本书第四卷第二分册 p. 267 曾提到，其他提及处见该条下。

⑤ 如《金丹大要》卷上，第三十页。

⑥ *TT* 873，并收入《云笈七籤》卷六十五，第一页起，但为删节本，无下卷。

⑦ 《云笈七籤》本，第六页起。何丙郁［Ho Ping-Yü（10）］已经搞出了一个译文。

⑧ 《云笈七籤》本，第十页。

⑨ 见 Maspero（14），pp. 95 ff.，（22）；Stein（5）。其资料大部分是取自编集于3世纪的万震《南州异物志》，但马伯乐全文译出的有关大秦［东罗马（Roman Orient）］的那一部分则不是。

⑩ *TT* 928，并收录于《云笈七籤》卷六十六，第一页起。

⑪ *TT* 913，并收录于《道藏辑要》。

甚于内丹性，因为它提到了生理学家们不常讲的东西，如硫黄、雄黄、雌黄、磁石、赭石、阳起石（石棉透闪石）、琥珀、朱砂等。这是一篇属性两可的著作，迄今为止我们还未能给予它应有的重视；但它肯定具有强烈的内丹倾向，因为它讲了许多"手法"和"火候"，断言"后世学丹之士"不了解这类事情；虽然它列举了许多原始化学试药，但只是为了说那些试药无效而将其撇开。于是就需要有一个进一步的标准，我们可以下这样的结论：除非一篇著作有具体的实验室操作指导，否则就不能认为它是真正属于外丹传统的。当然，像我们已经看到过的那样（本卷第三分册 pp. 199，203），不少著作是有具体的实验室操作指导的。程了一的丹房肯定是人体，而他的"丹"则是内丹。不过他也表明曾从事过实际操作，因为他说[1]：

> 制备宝贵（外丹或内丹）的大事是对汞的处理。为此，必须利用母子之爱和夫妇结合的欲望。如果忽略了这一点，就什么事都办不成。例如硫为汞之夫，金银为汞之母。当与硫结合时，汞就变硬（为硫化汞）；当与金银相遇时，汞就凝固（成汞齐）。这是遵守夫妇母子的原则。
>
> 〈大凡制汞成宝，须要子母留恋，夫妇欢合，方能成丹。舍此而求，不可。汞以硫为夫，金银为母，得硫则坚，得金银则实。夫妇子母之道存焉。〉

这番话接近于人类感情与化学亲和力及化学反应的基本类比[2]。假如篇幅允许的话，还可以从明清文献中进一步举出许多看似化学性的著作却包藏着生理学思想的例子，如撰于 1598 年的李文烛的《黄白镜》，或撰于 1420 年后不久的《雷震金丹》，或名称浪漫的《火莲经》，该书的年代很难确定[3]。

现在，让我们从储泳撰于约 1230 年的书《祛疑说纂》中引一段文字，来说明内丹家对外丹家不断增加的敌意。这种敌意是完全可以理解的。外丹家好多世纪以来一直在令人厌倦地兜着同一个圈子，很少作出新的重大发现，因为还没有革命性的科学思想体系来帮助他们由经验观察建立起一门现代科学。他们炼成的仙丹一次又一次地被证明是致命的毒药[4]；而另一方面，不管对详细的内丹理论抱有什么看法，与内丹理论相伴的种种实践却从未有过害处，无疑还常常大大地有助于增进健康和延长寿命。此外，内丹实践比较斯文，较少工匠气。而冶金操作，即便是受到皇帝赞助的，也总是招致诈骗行为。所以像储泳这样一位正经的学者对他自己的立场是毫无疑问的。以前有一次我们曾读到他对冶金炼丹家的一番抨击[5]，使抨击程度有所减轻的只是他对从某些植物能获得少量金属的自然奇迹感到的兴趣。接下去，他继续写道[6]：

烧金炼银

道士常常谈论"金丹"（字面意思是：金与红，或金色的仙丹，或属金的内丹），

---

① 《丹房奥论》，《道藏辑要》本，第三页，由作者译成英文。
② 参见本卷第四分册 p. 321。
③ 其书名是模仿早些时候的一句话（上文 p. 92）。
④ 见 Ho Ping-Yü & Needham (4)。
⑤ 本卷第三分册 pp. 206—207。
⑥ 《祛疑说纂》，第十二、十三页，由作者译成英文。

所以研究这些事情的人多数都进行"黄白之术"（冶金炼丹术和原始化学炼丹术）的实验，辛勤地锻造、熔冶和转化。但他们不了解"金丹"是指人身体中的原始（生命力）之阳，它遵循上升的玄妙原则①。道士把"金"字用作隐喻（"借谕"），就像佛教禅宗使用的"金刚不坏身"（金子般宝贵的刚强不败之身）一语中的"金"一样，指人没有诞生，也没有死灭，具有永世长存和不会液化的身体②。又，"丹"字（只是喻）指乾卦，而乾卦象征（太阳的）大红和纯阳。为此，卦与五行的组合乾金③被称作"丹"（内丹）。这样看来，"金丹"一语绝不仅仅是指黄白之术。

黄白之术（是）神仙精心搞出来的、用以帮助甘愿受穷和以（自然之）道为乐的学者（的制丹术之一），但现今那些习练此术的人目的是为了借点金以满足其贪得无厌的欲望。道士怎么会愿意把自己的技术传授给这样的人呢？即使那些人能设法获得点金技术而制成一万两（金子），在生与死的真正大事上对他们又会有什么益处呢？况且，真正的（点金）方法又很难求得，以致热衷于此术的人被行骗谋利的骗子所愚弄，甚至搞得倾家荡产。他们也不停下来想一想，如果那些人确实有真正的技术，自己就能发财致富，其心里只会害怕让别人发现自己的技术，又何必去教别人点金来谋生呢？所以，大体上没有一位思想纯洁高尚的学者会致力于黄白之术。它怎么能满足学道的需要呢？

〈道家有金丹之说，故学者多以煅炼黄白为事，不知金丹者人之真阳，乃向上妙道。借谕为金，即禅宗之所谓金刚不坏身，取其不生不灭，永劫长存，具不漏之体也。丹者，乾为大赤纯阳，乾金故号为丹，岂徒以黄白为事？况黄白之术，神仙用以助安贫乐道之士，今志求黄白者心已贪甚，岂肯授此以遂其贪哉？借使得之，日成万两，何救于生死大事？况复不易可得，遂使设欺规利之徒投其所好，多致败家。不思彼有是术自能致富，惟恐人知，又何待以传授资身也？大抵志于黄白者已非清高之士，岂足以学道哉？〉

这就又一次肯定了丹经中的许多内容具有秘密的生理学意义。炼丹家最好不要一味在实验室里埋头傻干，而要领会真意，不为象征所惑，转而习练生理长寿术。只有那样才会得到真正的富足和安宁。

随着对内丹文献的熟悉，其中的某种浪漫性越来越引人注目。内丹文献的基本思想似乎自然地适宜于以诗歌来表达。我们已经遇到过几个例子，现在可以再举一两个，储泳见了它们的说法是会热烈赞同的。约一个世纪以后，陈致虚在他的《金丹大要》中写道：

这不是铜或铁的事，也不是任何金属的事，

不需要借用炉子来把日常的火生；

有自身禀赋之剑和天赋之骨肉，

必须确切知道什么能杀人而什么能活人。④

〈非铜非铁亦非金，不假凡间炉火成。我剑本来天地骨，要知能杀又能生。〉

---

① 无疑是指精气上升形成内丹。

② 如金刚幢（Vajraketu），四大护世天王（lokapala）即守护神之一。

③ 见上文 p. 56 和图 1551。

④ 《金丹大要》上，第七十一页，由作者译成英文。

230

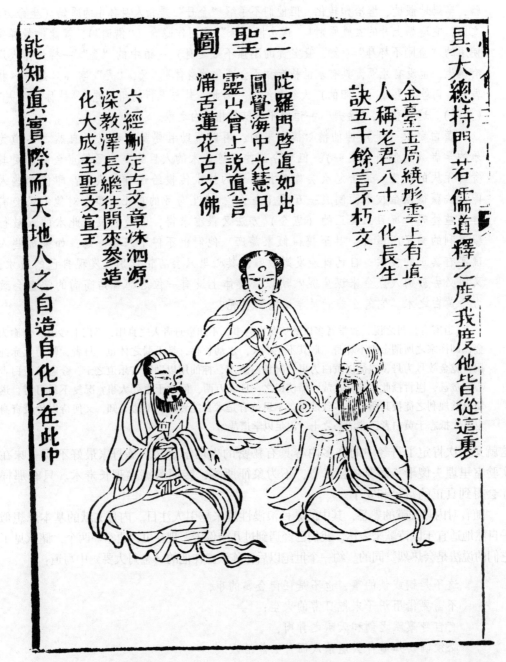

能知真實際而天地人之自造自化只在此中

六經刪定古文章洙泗源
深教澤長繼往開來參造
化大成至聖文宣王

三聖圖

陀羅門啓真如出
圓覺海中光慧日
靈山會上說真言
蒲舌蓮花古文佛

其大總持門若儒道釋之度我度他皆從這裏

金臺玉局繞形雲上有真
人稱老君八十一化長生
訣五千餘言不朽文

图1615　在《性命圭旨》（1615年）元集第一页所见到的道、儒、释三教合一。标题是《三圣图》；左为孔子，右为手持阴阳象征符号的老子，后面为一佛教人物。意味深长的是，这一佛教人物似乎为陀罗尼菩萨（Dharanī-bodhisattva），密教女神度母（Tārā，参见本册 p. 260）的一种化身，而度母是真言乘（Mantrayāna）、金刚乘（Vajrayāna）、瑜伽行派（Yogācārya）、真言宗（Shingon）等秘密教派的圣母。

229

又：

> 降服龙和制伏虎并不难，
>
> 下降和隐藏的（上升）相会于玉锁关，
>
> 日月的光明从煮沸的鼎中倾泻而出——
>
> 为什么要担心制不成永葆青春的药物？①

〈降龙伏虎也无难，降伏归来玉锁关。日月分明烹鼎内，何忧不作大还丹。〉

我另加一首采自某一庙碑或某一唐代学者著作的诗，那是逾二十五年前在中国有人给我的②：

> 遣使渡越茫茫空海去寻觅那五色芝草，
>
> 但最后却随风飘来阵阵腐贝的臭味，
>
> 这实在激起对于人类状况的哀怜。
>
> 然而经由桃源确有一条通仙之路③，
>
> 尽管秦始皇帝始终都未能发现。

（6）明清的晚期内丹文献

这一切一直继续到什么时候呢？我们已经提到过，治疗用的长生术姿势和导引术，包括诸如叩齿以增加唾液分泌之类的实践在中国的疗养院中至今犹存④。但是，内丹传统最后阶段的确切性质仍有待于历史学家去研究，我们在这里是无法完成他的工作的⑤。我们唯一能做的事情，是引起对可以用来编写这样一部历史的某些最重要的原始资料的注意。

也许我们可以从《至游子》开始。该书前有 1566 年一个名叫姚汝循的道士所作的序，全书大概撰于 15 世纪初，就像冠有张三峰名字的书（上文 p. 240）一样，而其作者⑥相传为张商英。书里二十四篇显然是讲内丹的，包括冥想、行气、坎离二卦和在黄庭形成内丹；作者只是在性学部分才谴责了较早的长生不死术。其中有一篇（《至游子》第十六篇）是我们已经讲过的《百问篇》（上文 p. 88）的再现。

将近 16 世纪末，产生了一部可以被视为内丹"大全"（Summa）的大部头论著。这就是《性命圭旨》⑦，该书初刊于 1615 年，以后在清代又刊印了数次，如在 1670 年就有一次（刊印）。它是根据尹真人广泛的教导，由他的弟子高第笔录而成的。我们已经

231

---

① 同前，第七十二页，由作者译成英文。

② 如果我没有弄错的话，它是我的老朋友张资珙博士书赠的。

③ 桃源是秦代社会动乱期间某些乡间村民的一个半传说性的避难所。人们在那里可以平安无事，但在那里很容易迷路。这里是指在某座山间宫观或别的僻静之所习练内丹。

④ 参见上文 p. 179。

⑤ 柳存仁［Liu Tshun-Jen（3）］那篇令人感兴趣的文章尽管出现得太晚而不能对我们有所帮助，但它已经开了一个头。读者将会发现它很值得与我们对内丹思想体系的描述作平行研究。

⑥ 《四库全书总目提要》卷一四七，第九页。

⑦ 这个书名中的"圭"字一语双关，因为其字形是两个土，土指形成内丹的中央部位，黄庭。我们也不会不注意到"性命"二字的理学外衣。

232

图1616 云南昆明筇竹寺五百罗汉之一；他骑着阴虎，安然通过波涛翻滚的轮回（*sam-sara*）之海。右手的拇指和食指捏着"丹丸"，即内丹（参见图1548）。原照，摄于1972年。

图 1617　筇竹寺的另一尊罗汉（原照，摄于 1972 年）。虽然出现在掰开的腹部里的是一
　　　　个凝神冥想的佛陀，但与道教内丹的"婴儿"或者说内丹的类比近乎相同。

在讲各种问题时提到过该书，并利用书中的插图来说明若干论点（图1546、图1554、图1574和图1609）。该书被德贞［Dudgeon（1）］错当作一部导引术指南，并被卫礼贤和荣格［Wilhelm & Jung（1）］不甚了了地用于肖像学上。历来的中西汉学家都未曾对其作过恰当的研究，然而它却涵盖了我们在本节已勾勒出的主题的所有方面。例如书中非常好地列举了男女修炼内丹的"三千六百门"技术的主要种类①，不过称它们中的多数为"邪道"。当然，不能忘记《性命圭旨》是它那个时代的产物，它对这些技术的评价很可能与一千来年前曾经盛行的评价大不相同。而且此时自然有相当大的佛教影响和坚决的混合道、释、儒三教的企图（图1615）②。

如果我们看一看约1770至1830年间的情况，我们就会发现两部可以从中了解到许多东西的道书汇集③。一部是龙门派祖师之一闵一得编于1820至1830年间的《道藏续编初集》④，另一部是傅金铨（济一子）编印于1825年的《证道秘书十种》。这两部集子里都收有起自元代的各个时期的种种内丹杂著，甚至有几种著作声称年代比那还要早，不过因此也产生了真伪的问题。尽管有一些著作可能是个别道观中流传下来而先前未刊行过的真作，但另一些著作则可能是撰于18世纪后期而假托昔日著名真人的伪作。孰真孰伪，要等到对这些文献的语言文字作更多的研究之后，我们才能指望搞清楚。此外，要确定那些作者尤其是闵一得和傅金铨本人及其同时代人究竟信奉和教授什么技术也绝非易事，所以，描述其工作的唯一切实可行的办法，是举出几个这两部集子中所收的著作的例子。

234　　　其中一篇著作我们已经提到过了，那就是《寥阳殿问答编》，它肯定是明清之作，相传为尹真人（尹蓬头）所撰。该篇著作是由成都青羊宫所藏抄本校订而成的⑤，很有用，因为它解释了许多内丹术语以及道教解剖学和生理学上所使用的其他术语。尽管它仍然奉行内丹形成中的双重升降说，并继续采用我们已经研讨过（上文pp. 35 ff.）的内丹中再分内丹和外丹的体系，但它把所用的方法掩盖在一层晦涩的面纱之下，宁愿大谈《易经》中的卦。

另一篇论著题为《泄天机》，撰于约1795年，传授者是李翁（泥丸氏）⑥，而实际作者为闵小艮，也许是闵一得的叔叔。它有三"道"之说。三道一为"赤道"，相当于奇经八脉之一的任脉，循人体正面下行，据认为是唾液（或其气）下降的途径；二为"黑道"，相当于另一条经络督脉，循人体背面上行，据认为是精（或其气）上升的途径。采自新近伊藤光远（1）书中的图1620说明了这一行气系统，此系统无疑植根于过去，但在所讨论的时代之前并不突出。李翁又加了第三条道，即"黄道"，它似乎是具有种种益处的内丹本身的某个中央巡行区⑦。李翁在论述中也使用了大量的化学隐喻。

---

① 《性命圭旨》元集，第十八页起。这些技术不仅包括了由各种原始房中术派生的方法，而且还包括了医疗化学时期（见第四十五章）的许多激素制备法。

② 这从中国佛寺中现存的大多数五百罗汉（arhats）像中可以看出（参见图1616、图1617、图1618、图1619）。

③ 有一部更早的同类道书汇集，据认为是约1440年由涵蟾子所辑，题为《金丹正理大全》。这部集子我们没有见过，但戴维斯和赵云从［Davis & Chao Yün-Tshung（6）］对其内容作了详细的分析。

④ 其初次刊行似乎是在1834年。

⑤ 参见本书第二卷p. 160，第四卷第三分册p. 62，图743。

⑥ 据目幸默仙［Miyuki（1）］的研究，他是16世纪末的一位道教祖师或观主。

⑦ 这里与天文学家使用的赤道和黄道二词（参见本书第三卷p. 179）在术语上的平行引人注目，但这大概是偶然的。

图 1618　筇竹寺的第三尊罗汉，像道士一样蓄着胡须，骑着鹤，也被"渡到彼岸"。原
　　　　照，摄于 1972 年。

236

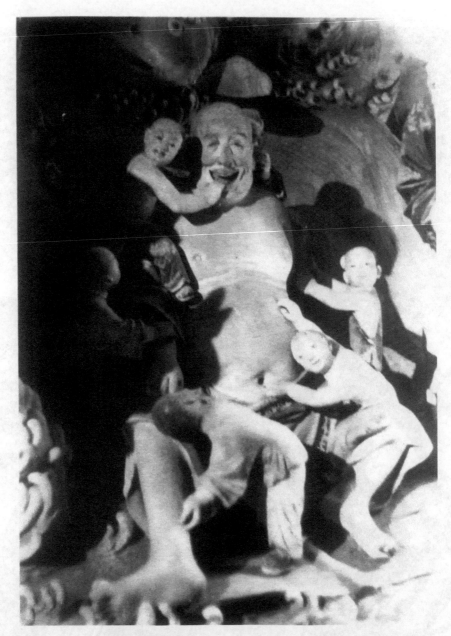

图 1619 筇竹寺的第四尊罗汉通过孩子而得到拯救（原照，摄于 1972 年）。这
令人想起对回复到婴儿期而再生原始生命力的强调，但也令人想起青
春之气（fumus juventutis；参见本卷第四分册 pp. 496—497 和下文
p. 297）的价值。上述四幅图生动地说明了较晚期时中国"三教"合
一的过程，并加强了从图 1545、图 1553、图 1565 至图 1567 和图 1571
至图 1573 来看已经很明显的证据。

图丹金成精炼药调

索阘闢籥

午 宫 乾
退符 呼接天根

绛宫 酉 银河 卯

任脉 督脉
穴宫 吸接地根 进火 子 精道 炁坤

图1620　当代内丹家伊藤光远（1）出版于 1966 年的《养生内功秘诀》一书中的理论图。这里背面正中的督脉被视为精气上升的通道，而前面正中的任脉又使别的气下降，形成一种循环。"子"字使人联想起子夜、北方、黑暗和水，它与坤卦一起表示臀部；而"午"字使人联想起正午、南方、光明和火，它与乾卦一起表示头脑。整个系统标以"橐籥"二字，注解为"阖辟"，即交替性开和关。图的标题是《调药炼精成金丹图》。

其他的书，如李德洽的《上品丹法节次》和闵一得自己的《管窥编》，涉及的内容差不多没有什么两样，但却从不明言其作者在实践中究竟是怎么做的。另一由陆世忱所撰的短篇著作叫《就正录》，其题写的年代（1678 年）是可以接受的。还有一本道、释、儒三教合一的书，此书别的内容从内丹观点来看都属于陈词滥调，其书名为《吕祖师三尼医世说述》①，尽管极有可能与真正的吕嵒（吕洞宾）毫无关系，但对于我们正在讲的时代来说却是重要的。

237　　《道藏续编初集》中还有几种令人非常感兴趣的关于道教"修女"②的书。例如有《西王母女修正途十则》，相传又是出自 8 世纪的吕嵒（吕洞宾），其实肯定是一千年后由沈一炳等人所撰，并于约 1830 年由闵一得注。这几种书相当奇怪，因为在古代内丹术中，性起着那么重要的理论和实践作用，但现在不得不、而且也确实与一种浸透了儒、释二教思想的社会道德准则结合在一起了。道姑们必须温顺、勤勉、文静、恭敬（还有也许意味深长的是必须像所有儒家女子一样不妒忌），她们必须不食肉，从不饮酒，她们应当保持独身，尽可能地保护好处女膜（"扉"）。她们应当衣着朴素，不杀生害命，善待奴仆和陌生人。她们要（像古时一样）从事获得肉体不死的拯救之术，包括冥想、行气调气、"运液"（如吞唾）、一些行气术和一些导引术，尤其是自我按摩。如果所有的技术都实行得很好，她们就会返老还童，但不是成为少女而是成为少男③。凡是涉及有关性的问题，书中的措词就模棱两可，所以并不绝对排除自慰（就像男道士一样）——不过其间又出现一项进一步的发展，这项发展似乎代表了明清时期的特点，即凭"意志力"将精和（月）血变成相应的气，然后运用精神力量分别意想二者在全身上下循环的观念。因此这是又一种方法，无需要压迫身体的会阴部位或做与之相当的动作（不管那动作是什么）④。这样，"还精补脑"在理论上就被完全保留了下来，此处称男子之法为"玉液之还丹"，而给相应的女子之法起了一个新的名称叫"醍醐灌顶"，即"用甘露灌脑"或者说（因为这是一个佛教用语）"用欢喜佛的油涂头"。正如道教真人现在得把他的"精"先变成"气"之后再使其循环一样，道教"修女"

239　也得把她的血"赤龙液"变成"白凤髓"，然后照样使之上升。"化赤成白"是这在炼丹术上的口号和平行现象。书中十分强调按摩乳房，此法可能产生过种种生理效应；并且还有迹象表明大量地使用了药物，有些是抑制月经的，有些则是作为催乳剂；而我们必须记住，此时已完全可以得到分离但未纯化的类固醇性激素，所以有一点技巧的话，要诱导某些诸如男性化之类的内分泌现象也许是可能的⑤。损失月经血在当时似乎被认为是要损失"元气"或

---

① 一是青尼，代表道教；二是牟尼（释迦牟尼；Sakyamuni），代表佛教；三是仲尼（孔子的字），代表儒教。

② 这些女子的实际生活倒是令人很感兴趣的。她们与世俗修真之人可能并无多大区别，两者大概都在道教催眠式和扶乩式降神会中充当"灵媒"。

③ 这里不仅令人想起诺斯替教中的一种奇怪的共鸣。在《多马福音》（Gospel of Thomas，耶稣语录第 114 条）中我们读到："耶稣说：'我将亲自引导马利亚（Mary），以便使她女化为男，让她可以变像你们男子一样生龙活虎的人。凡是女子使自己女化为男的都将进入天国'。"这句话收录在纳杰哈马迪古卷（Nag Hammadi Scrolls）的一个卷子上［Robinson（1）（ed.），p. 130，tr. Lambdin］。对此固然可以有开导人的比喻解释，但我们很可能得把它看做父权制的又一种表现，就像《俄瑞斯忒斯三部曲》（Oresteia）第三部中阿波罗（Apollo）和雅典娜（Athene）的演说一样。不过这些话在年代上是属于公元 2 世纪的。

④ 与"珍藏式性交"中的男性技术对应的女性技术究竟是什么，要搞清这个问题总是很困难，但我们在上文（p. 206）至少已提供了一段译自一部中世纪著作的文字，它对弄懂这个问题有所帮助。

⑤ 参见本书第四十五章和下文 pp. 301 ff.。

"真气"即原始生命力的，就像对通过尿道（"玄关"）损失精液的经典看法一样，因此减少二者的损失都是很重要的。《西王母女修正途十则》的最后几章涉及对三教尊神的礼拜，所以可以有把握地设想，道姑即使不在礼拜仪式中充当穿法衣的参与者或有灵感的女先知，作为圣器看管人在祭坛和器物的准备中事务也是很多的。此外，各个道观都坚持行善，因此她们肯定要访贫问苦；而多数道观中还有生产各种商品的作坊①，所以她们很可能还要做大量的缝纫、刺绣和烹饪活计。这样，她们的时间就会被占得满满的，假如我们能到一座约1800年时的大道观亲临其境地看一看，那会是一个非常有趣的地方。当然，事情还有另外一个方面，不可能完全忽视小说和民间文学的传说②，小说和民间文学的传说认为一些道教"修女"在贩卖媚药、春药、避孕药和堕胎药，为不正当的风流韵事牵线搭桥等等上有时跟尼姑一样坏或者比尼姑更坏。这有许多可以简单地归因于儒家的偏见，但并非全都如此，我们只好等到证据充足了再引出任何一般性的结论。

在《西王母女修正途十则》一书之后，是另一本有关同一内容的书，题为《女宗双修宝筏》，显然是出自李翁（泥丸氏）口述而于1795年左右由沈一炳观主以诗歌形式写下来的。"双修"③暗示需要两性合作的古代方法，由于其具有典型的模棱两可的性质，这一意义作为一种合理的解释大概从未被绝对排除过。但是当时已成为正统的解释是"双"表示阳和阴、天性和寿命、真铅和真汞，事实上就是一个人可以在自己身体中进行的两种操作。1798年刘一明撰的《修真辩难》又根据刚刚提到过的晚期理论对此作了进一步的解释。男子必须"炼气"而"不让退化之精泄漏，那么他就能使内丹凝结并能延长寿命"④。女子必须"炼形"而"不让重浊之血漏出，那么她就能逃脱死亡并能进入新生"⑤。这样，精液与月经血就完全平行了，因为两者都含有或都是内丹原料，在巧炼之下都能转变成不死之身中的内丹⑥。

说到相传为明初真人张三峰（图1621）⑦所撰的那些书，晚期道士承认为合法的实践究竟是什么，这个问题之复杂达到了令人困惑不解的程度。闵一得的集子里有一本《三峰真人玄谭全集》，而傅金铨的集子里则有一本《三峰丹诀》，其中包含一些题目相似的较小论著和一组叫做《无根树》的精美诗作。这两本书中凡是真作，就必定是15世纪头几十年的，但其真实性只能被认为是靠不住的。两书的区别在于：前者对肉体的性活动表示强烈的反感，隐喻堆砌，头绪纷繁；而后者则有许多直言不讳的描述，很难当作意象和比喻打发过去。其中还有多处提到用尿、月血和初乳制得的内分泌制剂，它们表明后一本书与医疗化学传统有多么密切的关系⑧。在这方面大有进一步研究的余地。

240

---

① 有一个第二次世界大战期间我所熟悉的道观，位于川陕之间秦岭深处的庙台子，它从事炊事用薄壁铸铁锅的大规模制造。那里的道士有许多时间是充当金属制造工的。

② 为我们之中的一个人（鲁桂珍）所直接接受。

③ 我们在本卷第四分册 p. 212 已经知道了这个术语。

④ "后天之精自不泄漏，可以结丹，可以延年"。

⑤ "阴浊之血自不下行，可以出死，可以入生"。

⑥ 这岂不非常合乎逻辑地是亚里士多德生殖理论的又一反映吗？详见本书第四十三章。

⑦ 见上文 p. 169。传记见 Seidel（1）。

⑧ 见本书第四十三章。它作为在内丹意义上使用"火药"一词的著作之一也是令人感兴趣的，因为这个词在所有其他的场合总是指黑色火药，而此处当然是指制丹中属火或属阳的试药。

241

图 1621 明初内丹家张三峰（鼎盛于约 1400 年）的画像；采自《列仙全传》卷八，第二十四页。在标题中，画家将"峰"字误写成了"手"字。

　　傅金铨的集子里有好几种书［傅金铨（1—5）］是他本人自撰的。其中之一是《赤水吟》，在此书中我们遇见了一些道教文献中少有的暗示，从这些暗示透露出某些术士曾训练自己完成与印度瑜伽术有关的绝技，获得对括约肌及其他不随意肌的随意控制力（见下文 pp. 269 ff.）。在傅金铨书中一个名叫"醉花道人"的真人的传记里，我们读到：他能通过鼻子饮酒，会作"河水逆流"和"小往大来之戏"。醉花的"花"具有多少隐喻意义则不得而知。傅金铨也编辑了一大批短篇著作，有些较老而有些较新，归并成一书，题为《外金丹》，将它收入他的总集里。这本书特别收录了一篇很难懂的著作，题为《火莲经》，它冠有刘安（淮南子）的名字，尽管看上去似乎比其余各篇著作更接近于外丹，但简直难以想象会是汉代之作①。靠近此篇著作有一篇《黄白镜》，显然是 1598 年一个名叫李文烛的人所撰，它具有相反的倾向，否认除了作为掩盖内丹的面纱之外曾经存在过原始的外丹；这篇著作也重复了在内丹中再区分内丹和外丹的做法（参见本册上文 p. 35）②。在《外金丹》收录的三十篇著作中，有好几篇内容近似于外丹过程和外丹解释③，以明显为隐喻的方式使用精确的尺寸和斤两④，或根据《易经》中的卦进行详尽的阐述⑤。一些著作里包括诗歌，如这里译出的一首出自《雷震金丹》，其年代很不确定，但大概晚于约 1420 年。

> 神仙们的炉中产生白色的朱砂，
> 他们乃是天地间真正的炼丹家。
> 办法只不过是使真铅制服真汞⑥，
> 以便能够嬗变白玉和长出黄芽⑦。
> 五金八石属于很不相同的物类，
> 万草万方又是另外一类的东西；
> 如果你要问仙家使用什么物品，
> 唯有无根树上生长的金花⑧而已⑨。

> 〈神仙炉养白朱砂，天下烧丹第一家。
> 只是真铅制真汞，炼成白玉长黄芽。
> 五金八石非同类，万草千方总是差。
> 试问仙家用何物，无根树上产金花。〉

傅金铨的另一本书中有一段关于内丹家"隐语"的宝贵论述。此书就是《丹经示读》，年代在 1825 年左右。书中说⑩：

---

① 《外金丹》卷一，第二十六页。参见上文 p. 227。
② 《外金丹》卷二，第六十九页。
③ 例如相传为上阳子所作的《火龙诀》。
④ 参见《外金丹》卷三，第三十八、六十二、六十三页；卷四，第三十九页；卷五，第十四页。
⑤ 如董重理的《竹泉集》（1465 年）。
⑥ 参见上文 pp. 49 ff.。
⑦ 内丹，在身体的中黄宫。
⑧ 或者更恰当地说是"金华"；参见下文 p. 250 和本卷第四分册 p. 229。
⑨ 当然是指张三峰的诗。由作者译成英文。
⑩ 《丹经示读》第一页，由作者译成英文。

后世的丹经在谈论子的时候，实际上是指母①。这就好像四支箭会聚于同一个靶子，可以说明玄妙智慧的是那靶心。有时候有简单明了的文字，但常常是以镜像来表示事物，有时候有直截了当的陈述，但常有似乎晦涩难解和令人生疑的词语；还有种种（需要弄懂的）隐喻和寓言（"比喻"）；有尚待（从象征背后的象征）作出的正确推断；有成双的对立面，有原理的解释，有口传的诀法。口诀中的真理虽然从不写下来，但你不能说就不存在。神龙藏而不露，它的出没是无法预测的；在东方你也许会瞥见一只龙爪，在西方你可能会看到几片龙鳞，但没有一位真正的老师，你怎么能了解全貌呢？假如要我用一句话来挑明，（我会说）有一种利用普通人状况再生（原始生命力），从而逃脱普通人状况的方法。可以简括地说：顺流生殖孩子，逆流生成（永生的）内丹。在这两个短句中，我已经向你泄露了（人能借以发现永恒青春之源泉的）整个自然机制。

　　〈后世丹经，秘母言子，四面射来，锋攒一的。于中有微言，有显言，有反言，有正言，有疑似之言，有比喻之言，有敲击之言，有对射之言，有理解，有口诀。真诀虽不在纸，而亦何尝不在。神龙隐显，出没不测，东露一爪，西露一甲，非得真师，安能睹其全相？一言指破，在依世法而修出世法。顺则生人，逆则生丹。只此二句，便泄尽天机。〉

这肯定是关于内丹传统曾经写过的最好论述之一。同书中另一处②说得相当清楚，所有三种做法（上文 p. 234）都是可以采纳的，但无论如何必须避免激情③，应当充分培养运用冥想和意志力的能力。傅金铨的集子中最后一本书我们已经提到过了，即陈泥丸或伍冲虚④的《内金丹》，部分撰于 1615 年，部分撰于 1622 年。该书就是那通篇都使用一种奇怪的象征符号系统来解释内丹（图 1593）的著作。

　　在诸如赵避尘（生于 1860 年）这样的名师教授下，所有这些传统一直延续至今，赵氏撰写的《性命法诀明指》已由陆宽昱 [Lu Khuan-Yu (4)] 译成英文。

（i）揭开《金花的秘密》

　　我们承认，前面这番补叙的目的，部分是为了有机会谈论到《太一金华宗旨》，它的一个本子刊印在《道藏续编》中。此书篇幅短小，卫礼贤曾翻译了头八章，并于 1929 年和大心理学家荣格 [C. G. Jung (1)] 合作出版，译名为《金花的秘密；一部中

---

① "母"在传统上为金（少阴），"子"为阳水；参见本卷第四分册中的图 1515 和 p. 250。
② 《丹经示读》第四页。
③ 我们又一次可以发现一种奇怪的与诺斯替教类似的说法。伊里奈乌（Irenaeus，公元 130—约 200 年）告诉我们，所谓"放荡的"诺斯替教派有一句话大意是说，"凡是在世而未以占有为目的爱过一个女人的人并不属于真理，因而不会获得真理；但是出世而为一个女人所占有的人，并不会因为被对于（或发自）一个女人的情欲迷住而获得真理" [Adv. Haer. I, 6, 3 ff.，参见 Foerster (1)，vol. 2，pp. 314 ff.]。这听起来像是赞美无占有欲的爱，并且似乎也附和两性结合而不射精的道教思想。值得注意的是，这种宗教性性行为竟然存在于跟中国的三张和孙恩的教导（参见本书第二卷 p. 150）差不多同时即 2 至 5 世纪的地中海地区。
④ 据目幸默仙 [Miyuki (1)] 的研究，伍冲虚鼎盛于约 1550 至约 1635 年。

图1622　8世纪著名真人吕洞宾的画像；他手里拿着装有长生不死仙丹的葫芦，背上
　　　　背着道家剑，正庄严地驾云渡越轮回之海。采自《列仙全传》卷六，第十
　　　　八页。

国的生命和生活之书》(The Secret of the Golden Flower; a Chinese Book of Life)①,非常有名。因为这个译本(附荣格的评注)在过去四十年中已广为人知,影响很大,所以需要按照我们本节通篇都在阐述的传统对它加以考虑。《太一金华宗旨》事实上是一种晚期型的内丹书,深受佛教影响,但显然仍与道家"亘久常青的哲学"(*philosophia perennis*)一脉相承。

像《太一金华宗旨》这样的书只有非常大胆的人才敢翻译——拙译拟为"Principles of the (Inner) Radiance of the Metallous (Enchymoma) (explained in terms of the) Undifferentiated Universe②",所谓"太一"即原初大小宇宙的清新完美状态③。显然这个译名跟卫礼贤和荣格采用的译名一点也不像,但它与前面所讲内容的关系大概也是显而易见的。闵一得集子中的本子④将书名扩增为:《吕祖师先天虚无太一金华宗旨》,若叫我们译成英文就是"Principles of the (Inner) Radiance of the Metallous (Enchymoma) (explained in terms of the) Undifferentiated Universe and of the All-Embracing Potentiality of the Endowment of Primary Vitality, taught by the (Taoist) Patriarch Lu (Yen)",所谓"吕祖师"即吕洞宾(8世纪,图1622)。正文尤其是第一章也与卫礼贤所用的本子有所不同⑤。此书曾有过若干别名⑥,它的历史源流不清。对于它是否真的跟吕嵒本人有任何关系,我们是非常怀疑的,我们觉得澹然慧刊印的那些序有许多应该视为伪作,尽管一篇约1410年的张三峰的序也许可以算是真作。但是,此书具有非常鲜明的晚清佛教化的特征,所以它一定至少经过了改写,即使张三峰能了解一些什么内容,现在也已经是面目全非了⑦。就连澹然慧在他的历史叙述中都承认此书直至1663年才最后定稿,现名《太一金华宗旨》只是到1668年才出现。看来初次刊行似乎是在17世纪末以前⑧。

总的来说,卫礼贤尽管是位大汉学家,但好像并不熟悉作为《太一金华宗旨》真正背景的内丹传统。他无法从我们常谈到的马伯乐 [Maspero (7)] 那篇十分重要的著作中获得帮助,因为那篇著作直到八年后才问世,而卫礼贤在1931年前就已去世了。

---

① 其版本情况很复杂。由贝恩斯(C. F. Baynes)转译自德文的第一个英译本出版于1931年,后又继续出版德英两种文字的修订本,1957年版从卫礼贤的遗作中收录了一本佛教色彩更浓的论著《慧命经》(见下文 p. 252)的译文。再往后自1965年以来每隔一年都需要进一步重印。1969年出版了一个由刘子华 [Liu Tsê-Hua (1)] 翻译的这两本中国著作的法译本。此译本我们还没有机会细加研究,但其中似乎根本没有提到卫礼贤和荣格的工作。

② 或"a Thai-I Scripture"。

③ 读者不会不想到古代道家的"朴"和"纯朴"的象征(参见本书第二卷 pp. 59, 112 等)。

④ 在那部集子中,此书之后是一种补充性的论著,题为《皇极阖辟仙经》,相传为那无处不在的尹真人所撰,得自成都青羊宫所藏的一个抄本。

⑤ 卫礼贤的译本是据澹然慧 (1) 刊行于1921年的一个版本译出的,那个版本用《长生术》一名代替《太一金华宗旨》,而用《续命方》一名代替《慧命经》。我们非常感激卫德明教授在1968年贝拉焦道教会议(Bellagio Conference on Taoism)之际通过目幸默仙(Miyuki Mokusen)博士将其父所用澹然慧本子的一个复印件交给我们使用。

⑥ 例如《吕祖传授宗旨》。

⑦ 卫礼贤本人同意此书真正出自吕洞宾的说法,但怀疑它与景教有点关系。的确,吕洞宾是用了一些基督教聂斯脱利派(Nestorian Christian)的祷告和喊叫作为有魔力的咒语 [参见 Saeki (2), pp. 400 ff.],可他大概对这些祷告和喊叫懂得很少,反正我们在所讨论的书中是找不出一点基督教思想的痕迹。石秀娜 [Seidel (1)] 提出此书源出于一个自称为吕祖传人并在1700年之后流行于湖北的通灵道派。

⑧ 另一个非常含混的问题,是这类著作与叫做金丹教的秘密宗教会社究竟有什么关系。

虽然他的《慧命经》译本在他身后于 1957 年刊印，但荣格及其他有关编译者都没有办
法阅读原始的中文文献，显然也不知道《太一金华宗旨》并不像粗看那样简单，其中
大有深意。因而，最新的一版同第一版一样不懂原著的底蕴。事实上，此书中清楚地
存在着体内精、唾（或二者之"气"）双重升降以制成肉体不死之丹的学说，尽管书中
的肉体修炼似乎完全被清除掉了，而"精"（或"血"）得先转变成"气"，然后再循环，
完全是已经讲到过的那种明清"修正主义"风格（上文 p. 237）。没有这背景知识，没有
任何关于提到"（真）铅"①、"（真）汞"、"黄庭"②、"圣胎"③、"日月合璧"④ 等究竟是
什么意思的线索，译文就不可避免地会具有某种隐秘甚至"神秘"性，而这又为荣格高
度自由地建立种种心理学推测提供了基础。我们绝不会说这些推测现在就一点也没有了，
因为荣格的洞察力确实深刻而又敏锐，但它们与中文原著想要表达的意思到底具有什么
关系（如果真有关系的话），是个值得进一步研究的问题，而那在这里是办不到的。人们
现在可能会觉得卫礼贤和荣格在使用具有欧洲特色的概念方面特别轻率——他们用"log-
os"（逻各斯）译"心"⑤，用"eros"（厄洛斯）译"肾"⑥，把"逆流"译作"met-
anoia"（脱胎换骨）⑦，"婴儿"译作"puer aeternus"（永生的儿童），"the Christ who
must be born in us"（必定在我们身上诞生的基督）⑧，"魄"译作"anima"（阿尼玛），
"魂"译作"animus"（阿尼姆斯）⑨，等等⑩。这种做法确实是不足取的。对于卫礼贤
和荣格的品格之高尚，对于他们让"东西方不再分离"的决心，谁都不会有一时一刻
的怀疑；但毕竟应该允许每一种文明有其自己与众不同的概念，对这些概念可以解释
和理解，但不能认同，尤其是两种文化对彼此的文献和彼此思想行为的演化还了解得
如此不充分，更不能这样做了。在让中国和基督教世界的概念都有一个充分的机会说
明自己的意思之前，将两者随便画上等号并建立对应关系是毫无用处的。

　　我们从卫礼贤序中的一个解释可以看出把《太一金华宗旨》"神秘化"的倾向。当然，
他是在评论正文和注文中遵循"顺则生人，逆则生丹"这一古代口号的说法。他写道⑪：

　　　　通常的、不受抑制的"顺流"，即生命过程的向下运动，是把两种灵魂
　　["魂""魄"]⑫ 作为理智因素和动物因素联系起来的运动。一般总是阿尼玛即
　　（盲目的意志）在情欲的驱使下强迫阿尼姆斯（即理智）为它效劳。至少阿尼玛

①　Pp. 23，59，99。我们指的是 1931 年版（1947 年第七次重印本），除非另有说明。
②　如 p. 24。卫礼贤采用了一个非常不合中国习惯的词语"Yellow Castle"（黄色的城堡）。
③　P. 33。
④　P. 65。
⑤　P. 71。
⑥　P. 71。
⑦　P. 9。
⑧　P. 9。
⑨　P. 14。
⑩　我们以前曾猛烈地抨击过这种做法，如把"理"与"气"解释为亚里士多德的形式与质料的做法（本书
第二卷 p. 475）和把"理"及其他一些术语坚持译作"自然法则"中的法则的做法（本书第二卷 p. 557）。
⑪　Pp. 16，17。在 p. 73 有一段类似的陈述，还加了一句精辟的话，说是人达到"金花阶段"就使自我摆脱了对立面
的冲突。
⑫　他应该说"两组灵魂"。

会做到使理智外向的地步，这样阿尼姆斯和阿尼玛二者的力量都不断漏失，生命自己消耗自己。一个积极的结果是创造让生命延续下去的新存在体，而原存在体"自行外化"并"最终被物化为物"。最后结果是死亡。阿尼玛下沉，阿尼姆斯上升，自我丧失了力量，被撇下，吉凶未卜……

另一方面，如果在一生中能实行"逆流"，即生命力的上升运动，如果阿尼玛的力量为阿尼姆斯所征向往服，那么就会超脱外物，虽认识外物但却并不想望外物。这样幻觉就丧失了力量，从而发生一种力的内部上升循环。自我脱离了世事的纷扰，死后犹存，因为"内化"阻止了生命力在外部世界的浪费。这些生命力没有耗散，而是在单子内旋中形成了一个独立于肉体存在的生命中心……

内旋继续多久，这样的存在体就存在多久。它还能无形中激发人们的伟大思想和高尚行为。古代的圣贤就是这样的存在体，他们数千年来一直激励和教育着人类。

英译者贝恩斯就两种流向加了一个脚注。这个脚注尽管明显地是以昆达利尼瑜伽（*kuṇḍalinī-yoga*）的思想（见下文 p. 274）为基础的，但也表明研究分析心理学的人不难看出它们与外倾和内倾概念的联系。这跟内丹术相去甚远，但她又明智地说"中国的概念似乎既包括物理过程也包括生理过程"。

闵一得在他那部集子的目录中对《太一金华宗旨》的介绍如下："此书论述用坎卦之阳爻填补离卦的生命赋予法，谈到了坎离二卦的'结合'或'交合'（即交换阳爻和阴爻），（由此形成内丹，）都讲得非常精细详尽。"（"取坎填离活法，此书坎离交媾章言之最精。"）对比，我们可以按照前面的叙述尤其是表 121C 来理解。但为了举例说明卫礼贤在不知不觉中偏离内丹和修真传统的道路有多远，我们应该比较一小段译文。这里有一段关于"水火相交"的话，很清楚是讲原始生命力的。下面先看卫礼贤的译文，然后再看我们的译文。

通向长生丹的道路承认精水、神火和意土这三者为最高魔力。精水是什么？它就是先天真正的、唯一的力量（厄洛斯）。神火就是灵光（逻各斯）。意土就是中官的天心（直觉）。神火用于产生作用，意土用于实体，精水用于基础。

但我们会这样译①：

内丹之道涉及"精"（精液或精粹，相当于五行之）水、"神"（心理或精神，相当于五行之）火和"意"（目的或意图，相当于五行之）土这三者。任何口诀都无法提供比这更高的见识。那么"精"水（Aquose）是什么？它就是原始禀赋（"先天"，人之初）的原始生命力之"气"。"神"火（Pyrial）是（能在人身中照耀的）灵光②。"意"土（Terrene）就是（形成内丹的）中央部位（"中官"）和自然禀赋的焦点（"天心"）③。所以这里"神"火是（卦的）活动（"用"），"意"土是它们的表现（"体"），而"精"水就是一切的基础（"基"）。

---

① 《太一金华宗旨》第二章，第五页（第三页上），由作者译成英文，借助于 Wilhelm & Jung（1），p. 28。
② 也许就是书名中所说的"华"。
③ 这个词语在原书第三页有解释。

〈丹道以精水、神火、意土三者为无上之诀。精水云何？乃先天真一之气。神火即光也。意
土即中宫天心也。以神火为用，意土为体，精水为基。〉

要懂得最后这一区别，就必须知道每一卦（单卦或重卦）除了象征之外还有其表现
（"体"）和活动（"用"）。对于我们来说，显然原文是从所有那些认为有两种试药相会于
黄庭①的著作派生的。但同样明显的是，根据卫礼贤的译文几乎可以构筑任何神秘主义体
系或心理学体系，而不管构筑起什么体系都不会与中国原作者的思想有多大的关系。

从下面这段文字看，很可能原作者是奉行不借助任何生理操作而炼精化气的意志
力法②：

在一切变化的中心，阳的辐射是主宰。在物质世界中它是太阳，在人身上它
是眼睛。"神"（生命力）通过"识"（世俗的情操和感情）而流出和耗散是事情
最自然和正常的发展趋势。因此引发金华之道完全取决于逆流之法（"逆法"）。

〈夫元化之中，有阳光为主宰，有形者为日，在人为目。走漏神识，莫此甚顺也。故金华之
道，全用逆法。〉

［注］人心属火，火光上逼两眼。眼观世间之物，可以称之为顺视。而合上两
眼（"闭目"），使目光反转向内凝视"原初之窍"（"祖窍"）③，可以称之为"逆"
法。（就像）肾气属水。当本能被触动时，它就下行，自然外流而生男育女。但如
果在释放之时不让它自然外流，而强行助其返回，并使之上升进入乾（卦；创造
者，即头部）鼎，滋养身心，那也是一种"逆"法。因此说（制造）金丹之道完
全取决于逆流之法。

〈人心属火，而火之光华上通二目。眼观万物，谓之顺视，今使之闭目反观，内视祖窍，则
谓之逆法。肾气属水，情动下流，顺生男女。若机发时，不令其顺出，用意摄回而使之上升乾
鼎，滋养身心，亦谓之逆法。故曰金丹之道全用逆法。〉

在这里，古代的生殖逆流被用来比喻内视的逆流。由此可见，后世将真人看做一个"密
封有机体"（这个词语用在这里出奇的恰当）的观念是怎样开始完全形成的。不仅必须保
存各种分泌物④，尽可能久地闭住气息，而且还必须使感官内向而不是外向，把取决于
外部世界刺激的自发思想活动减少到绝对的最小限度。对于最后这一佛教化阶段的肉
体不死信仰尽可以赞同，也可以不赞同，但它大概产生了一些具有超凡魅力的人物。

当然，《太一金华宗旨》中有许多内容是关于冥想、行气术⑤、运气和一种肯定与古
代光线疗法有点联系的光神秘主义的；但是很少有关于导引术和身体保持特殊姿势的内
容。从第八章的一段有趣的注文可以进一步了解对它是如何解释的，那段注文如下⑥：

----

① 原书第二页令人感兴趣地列有它的各种晚期异名。
② 《太一金华宗旨》第三章，第八页（第四页下），由作者译成英文，借助于 Wilhelm & Jung (1)，pp. 34, 35。
③ 显然，这只是黄庭的一种新说法。《慧命经》（见下文 p. 252）中更加强调这个形成内丹的"窍"，称"玄
窍"或"真窍"或者就称"窍"。
④ 精液、唾液和月经血已经很熟悉了。让人可能产生疑问的是，一些热衷于此道者是否也想要保存排泄物。他们
大概的确想那样做，从而招致了病理上的危险，但是极端禁食的做法会减少排泄物，在一定范围内有助于延年益寿。
⑤ 卫礼贤和荣格的译本，pp. 44 ff.，54。
⑥ 《太一金华宗旨》第八章，第三十二页，由作者译成英文，借助于 Wilhelm & Jung (1)，pp. 68 ff.。

弟子的功夫（"工夫"）已深入玄妙的境地，但如果他不知道"煅炼"（炼精化气?）的方法，恐怕还是难以产生金丹的。所以祖师才泄露了神仙和菩萨绝不肯传授的秘诀。如果弟子将注意力始终集中在"气穴"① 上，同时保持极度的静止，那么冥冥之中就会从无生出一个有来。这就是混沌未分的宇宙（清新质朴的）（生命力）之金华。

这时候（就看出）情操之光（"识光"）与本性之光（"性光"）② 不同。因此说，受外部事物刺激而被触动会导致向下和向外的自然流动，使更多的人降生。这就是情操之光。但是如果在积聚了大量元"气"的时候弟子令它不外流，便可能使之逆流（向上和向内返回）③。这就是本性之光。必须采用"河车"之法④。如果"河车"不停地转动，（就会感到）元"气"好像一点一滴地"复归根本"。于是当"河车"停下时，人就会身净"气"清。河车一转相当于天行一周，即邱祖所谓的一个小周天。如果等候的时间不够长，"气"未积足（和成熟）便想采集，那么"气"就太柔弱了，不会形成内丹。另一方面，如果"气"充沛了而不采集，"气"就会因为陈腐而失去功效，内丹也难以成就。果决地用"气"结丹的恰当时机是在"气"既不太腐也不太弱的时候。

这个恰当的时机就是佛教祖师说性（"色"）⑤ 即等于"空"的意思；这跟炼"精"化（元）"气"是同样的道理。如果弟子不懂此原理（"理"）而让"气"源源下行和外流，那么"气"就会形成"精"；这就是他们"说"空即等于"色"⑥ 的意思。

每一个与女子肉体结合的普通人都是先感到快乐，然后感到疲劳，因为在"精"流出后，身体疲乏，精神倦怠。仙人和菩萨使自己的"神"与自己的"气"结合，情况就大不相同了，因为那样带来的先是纯洁，然后是清新；在"精"转化以后，身体有一种惬意感。

相传彭祖因为利用众妾来滋养生命力而活到了八百八十岁，其实那是一种误会。人们不了解他真正利用的是锻炼"神气"的方法。丹书上常常使用象征（"比喻"），其中离（卦）火以"姹女"⑦ 表示，坎（卦）水以"婴儿"⑧ 表示。由此人们认为彭祖有依靠性交再生和恢复元气的方法。这完全是后人的误会。

但真人（"仙家"）使用颠倒坎离之术，把坎离引向真正的中央部位（"真意"），不这样做他们就无法和合坎离。这真正的中央部位属土，而土对应的颜色是黄色，所以丹书上象征性地称之为"黄芽"。当坎离结合时，就出现金华，而金对应的颜色是白色，所以它被象征性地称为"白雪"。可是世俗之人不懂内丹派的

---

① 即两眼，就像《太一金华宗旨》第三十页解释的那样。

② 或许说成"识别力"更好。

③ 这里是认为随精流出成为所生孩子禀赋的是元气。

④ 作者脑子里想到的意象一定是翻车（参见本书第四卷第二分册 pp. 339 ff.）。参见本书第四十三章。

⑤ 或者更普通的说法是"性吸引"。

⑥ 这大概属于密教的说法（参见下文 p. 275）。与"空"（śūnyatā）更常见的对照是"悲"（karuṇā，对芸芸众生的怜悯），参见 van Gulik (7), p. 48。

⑦ 汞的一个通常的隐名。这里当然是指离中的阴爻。

⑧ 这里指坎中的阳爻。

隐语，误以为"黄"和"白"是指操作金石之术。那不是很愚蠢吗？

一位古代贤者说："此宝从一开始就家家都有，唯独蠢人不懂"。我们细想一下这话就能看出，古人真正获得长寿靠的是知道什么时候采集（和转化）自身存在的"精气"，而不是企图以吞服这样或那样的仙丹来延长寿命。但世俗之人总是见树不见林。

丹经中也说，当正统的人（"正人"）利用非正统的方法（"邪道"）时，这些不正确的方法就会起正确的作用。这跟炼精化气是同样的道理。相反，当非正统的人（"邪人"）利用正统的方法（"正道"）时，这些正确的方法就会起不正确的作用。这相当于通过男女肉体结合而生男育女。蠢人在毫无节制的寻欢作乐中浪费身体最珍贵的宝贝，而不知道如何保存自己的精气。当精气耗尽时，身体就会消亡。圣贤没有别的养生之道，只有灭欲保精，把精积聚起来，以便将它变成充足的气。气足了会再造乾（卦；创造者）而产生不死的强健圣洁之身。与普通人的不同仅取决于：是实行向下的顺法还是实行向上的逆法。

〈因学者工夫至此已造入玄奥之境，第恐不知锻炼之法，而金丹难以成就，故祖师将仙佛不传之秘点揭破。原学者凝神住于气穴之时，静极则杳冥之中由无生有，即太乙之金华发现矣。斯时则有识光、性光之分。故曰感于物而动，以之顺出而生人，谓之识光。学者当真气充足之时，若不令其顺出而逆之，则谓之性光。须假河车轮转之法，轮转不已，则真气滴滴归根，而车住轮停，身清气爽矣。然轮转一次则谓之一周天，即邱祖所谓之小周天也。倘不俟气足而采之，则时尚嫩而药物不洁。若气充而不采，则失之老而金丹难成。不老不嫩，用意摄取，斯其时矣。然斯时佛祖谓之色即是空，即炼精化气之义也。学者若不明此理，以之顺出，则气化为精，是谓空即是色矣。但凡夫以形骸交合，先乐而后苦，精泄则体倦而神怠，非若仙佛以神气交合，先清而后爽，精化则体畅而身舒矣。乃世传彭祖寿，活八百八，系御女以养生，斯言误矣，不知实乃用神气锻炼之法也。因丹书之比喻，喻离火为姹女，以坎水喻婴儿，故疑彭祖用男女采补之法，以讹传讹，误却后生矣。然仙家取坎填离之术非真意不能调和，因真意属土，土色黄，故丹书喻为黄芽；因坎离交则金华现，金色白，故以白雪为喻。乃世人不明丹家隐语，误以黄白为金石之术，岂不谬哉？古德云：从来此宝家家有，只是愚人识不全。审此则知古人实系采取自身之精气而得长生，非由吞服药物而能延年也。奈何世人舍本而求末哉！丹经又曰：正人行邪道，邪道悉归正，此即炼精化气之义也。邪人行正道，正道悉归邪，此即男女交合生男育女之谓也。盖愚夫以人身至宝恣欲放荡，不知保守精气，耗尽则身体危亡。圣贤养生之法并无别方，不过竭欲保精，积精累气，气足则造成乾健之躯矣。其与凡夫不同者，因由顺逆之用耳。〉

这段注文无疑是有趣的。其中有关于闭精的旧的固定观念（*idée fixe*），不过现在又精心地加以发挥，说精应先变成气后再循环[①]。作者让某些佛教思想适应他的目的，相当糟糕地歪曲了涅槃（*nirvāṇa*）和轮回（*saṃsāra*）同一的大概念。注文中还有对古代传统的典型的再解释，以及对原始化学及医疗化学实践者的姗姗来迟的讽刺性批评（*coup de patte*）。

卫礼贤和荣格两人自己对双重内丹论领会了多少，可以从前者在他这一部分译文的结尾所加的一个注[②]来评估。其注说：

这里将心灵的两极互相对照，分别表示为属火的逻各斯（心，意识）和属水的

---

① 这些后期的道士们在多大程度上排除自慰，而不把它作为调动精后又储存精的一种合法手段，谁也说不准。

② 见 Wilhelm & Jung (1)，p. 71。它是对我们在上文 p. 249（他的译本 p. 35）所引那段文字开头部分的一个脚注。

厄洛斯（肾，性欲）。"自然的"人让这两种力量都向外起作用（理智和生殖过程），这样它们就"源源流出"而被消耗掉。真人则使这两种力量转而向内，并且把它们汇集到一起，让它们互相"授精"，从而产生充满心灵活力因而是强健的精神生命。

对此，我们想到的唯一评语是中国朋友常说的那句话——肯定"不完全"错，也肯定"不完全"对。至于是否有任何内丹道士会在这面镜子中认出自己来，我们将永远不得而知。

252　　　《慧命经》一书甚至更加难懂①。此书撰于 1794 年，作者柳华阳在入道之前曾当过和尚。它大大促进了与佛教甚至禅宗的混合，所以要对此书进行充分的解释就需要一位有经验的佛学家。目幸默仙 ［Miyuki Mokusen (1)］ 在一篇有趣的文章中已经作了这方面的尝试，但遗憾的是他也不大了解流传在先的道教内丹传统②。此书的术语与我们讲到的所有其他的著作都有点不同。书中对"窍"或"玄窍"谈论得很多，这个词被卫礼贤糟糕地（尽管是独出心裁地）译作"germinal vesicle"（胚泡），其实也许只是身体中央部位黄庭的又一个名称，或者更确切地说是曾经在身体中央部位而现在得重新合成的天然内丹的又一个名称。这从书中的描述看是很清楚，书中说，此窍很大，是先天禀赋的一部分，包含着肉体与灵魂的一切自然完美。它们融合在一起，像精炼炉的炉火里闪闪发光的贵金属，原始的谐和（"太和"）与天的纹理（"天理"）结合成一体。但是当胎儿出生时，就像一个人在高山上失足踩空，惊叫一声坠落下去一样；从那一刻起便开始了衰老，"性命"被一分为二，听凭命运自然摆布：由少年走向壮年，由壮年走向老年，由老年走向死亡之苦。但有一种修补和重新整合"玄窍"并再生胚胎期及婴儿期德性和完美的方法，可以供人使用。这种方法能让人好比说重新腾空而起，安然无恙地登上山顶③。道士以前一直这么说，现在重申则带上了佛教的味道，说是如来（Tathāgata）自己大发慈悲的启示④。

　　　另一关键词是"漏尽"（卫礼贤译作"外流停止"），目幸默仙说它表示"烦恼（kleśas；污点或情欲）除尽"，即通常经由感官及身体其他部分"漏泄"的一切被止住。尽管这无疑是打算用来指我们刚刚讲到过的那种"密封人格"的各个方面，但图（图 1623）上还明明白白地显示了精囊、肾、膀胱和尿道⑤。此图一定是由道教一方

255　贡献的，此图之后的一幅插图（图 1624）也一样，它与我们在图 1620 复制过的那幅有关行气的图非常相似。另一种对我们来说似乎是新的学说为"三火"说。所谓"三火"即君火、相火、民火，分别与心、心包、肾联系在一起。《慧命经》说⑥：

---

① 第一个译本见 L. C. Lo (1)。该译本后来又经卫礼贤重译，收入 1957 年版的 Wilhelm & Jung (1)。

② 目幸默仙 ［Miyuki (2)］ 对《太一金华宗旨》的重新研讨也是同样的情况。

③ 这里让人必然会想到的意象是影片的倒放，在科克托（Jean Cocteau）的一部影片中就运用了这一特技手法，一个人从海中蹦出，顺着原来跳水的轨线倒跳回悬崖上。此外，高山的隐喻是令任何胚胎学家都感兴趣的，因为胚胎学上常用热力面模型来说明相继的胚胎决定阶段，每一阶段都是不可逆的，总起来就完全或几乎完全决定了各部分的命运 ［参见 Needham (67)，pp. 58 ff. 和 figs. 8，10，11，33］。

④ 这一段是对卫礼贤和荣格 ［Wilhelm & Jung (1)，1969 ed.，p. 70］、目幸默仙 ［Miyuki (1)，pp. 11 ff.］ 所译文字的释义。

⑤ 我们怀疑"无漏"的双重意义在《悟真篇》中就已经存在了；参见 Davis & Chao (7)，p. 114。

⑥ 《慧命经》第五页，由作者译成英文，借助于 Wilhelm & Jung (1)，1969 ed.，p. 71，Miyuki (1)，pp. 12，13。参见 Lu & Needham (5)，p. 39。

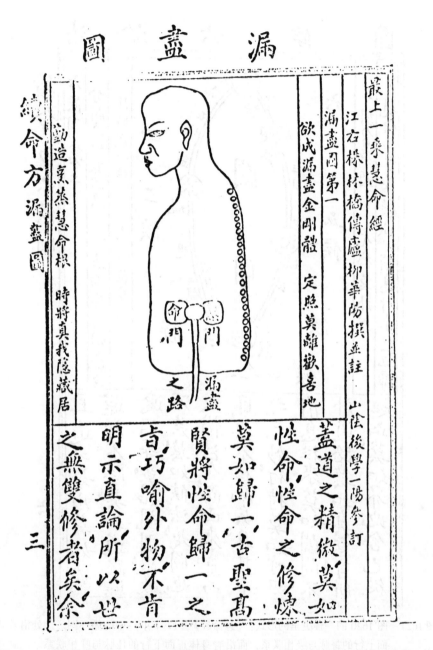

图1623　柳华阳撰于1794年的《慧命经》中的一页。这一页图的标题是《漏尽图》，画面上试图显示肾、精囊、膀胱和尿道以及据认为是精液上升通道的脊椎轴。其中一个器官标着"慧门"，另一个器官标着"命门"。但这时此项古老的道教技术已属于一种。描述旨在将感官分心作用减至最少的佛教内向集中法的比喻意象。正如托马斯·布朗爵士关于睡眠所说的那样："现在该关上五个知识之门了……"（Quincunx，V）。

254

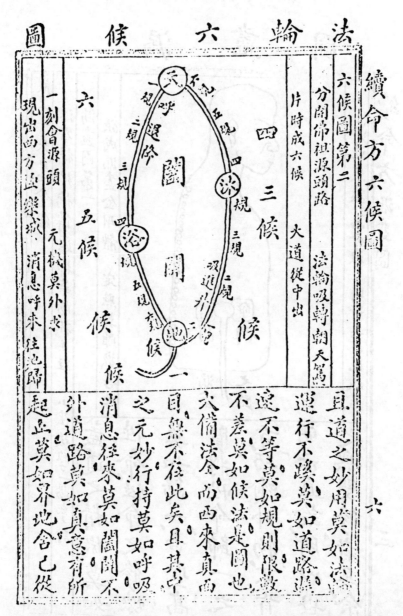

图 1624　图 1620 的一种更早的形式:《慧命经》(1794 年) 中的循环图。此处沿着背
　　　　面上行的督脉与吸相联系, 而沿着身体正面下行的任脉与呼相联系。二脉各
　　　　标有六个刻度 ("规"), 而以天象征脑部, 以地象征臀部, 地之下画出了尿
　　　　道。整个循环标以 "阖辟" 二字, 而上行的督脉和下行的任脉分别以另一对
　　　　炼丹术语 "沐浴" 标示。

窍里有"君火"，窍口有"相火"，全身有"民火"。当"君火"奋起时，"相火"就响应；当"相火"行动时，"民火"就跟随。当三火顺流而出时就产生新的人，但当三火逆流而还时则形成道（即内丹）。因此圣人能利用"漏尽"（之身）的"玄窍"而上升成仙。

〈夫窍内有君火，门首有相火，周身为民火。君火发而相火承之，相火动而民火从之。三火顺去则成人，三火逆来则成道。故漏尽之窍，凡圣由此而起。〉

由此让人不能不怀疑这里也是"长老仅仅为大写的祭司而已"，而三火只不过又是三丹田披上了佛教外衣的新化身。当然有趣的东西还要多得多，必须去查阅目幸默仙的阐述。另一幅图（图 1625）显示了气沿背面督脉上升和沿腹面任脉下降的循环，此图之后跟着是一幅"圣胎"即人格化的内丹图，书中其余部分则是有关冥想和等持超脱带来的精神解放。对此，我们无需再讲下去了。

最后我们讲一件奇特的怪事。荣格反反复复地告诉我们，只是当他的朋友卫礼贤将《太一金华宗旨》的译本放在他面前时，他才决定发表他关于西方隐喻炼金术的一些初步想法（见上文 pp. 2 ff.）并继续从事那方面的研究①。他说，此书的译本是在一个对他自己的工作来说至关紧要的时候到来的②。荣格后来写道："我只是在阅读了卫礼贤于 1928 年寄给我的那中国炼丹术之样本《金花》一书之后才开始对炼丹术的性质有所领悟，从而萌生了进一步熟悉（西方）炼金术著作的愿望。"③ 因此便出现了这样一种奇怪的情况：有关欧洲炼金术心理的或隐喻神秘的解释的研究，其整个大厦的构筑是受到了一部佛教化的（实际上作了删节的）晚期内丹著作的激发的。《太一金华宗旨》的背景并不完全是卫礼贤和荣格所认为的那样，这当然并不影响荣格在许多西方炼金术士著作中作出的卓越发现的价值或有效性，但是它确实突出地显示了如下的事实：欧洲（也许还有阿拉伯）炼金术如果不是原始化学性的，就是隐喻神秘性的，而中国炼丹术则如果不是原始化学性的，就是生理性的、医疗化学性的和准瑜伽性的。 257
很可能这并非是第一次从根本上曲解另一种文明扩散过来的刺激④。但现在我们可以纠正错误的解释，按照理解中国内丹的应有方式，从实践角度，而不仅仅是从神秘角度去理解，把它看做本身就够得上是一门实实在在的和实验性的原始科学（绝非毫无根据）。所有这些思考本来是可以充当本章的结尾了，只是我们面前还有两项任务，一是要必不可少地粗略讲一下中国内丹与印度瑜伽的关系⑤，二是要从科学史的观点对中国内丹相当于什么作出最终的判断。

---

① Jung (1), p. 95, (3), pp. v. 4, 5, 11。

② Jung (3), p. 3。

③ Jung (7), ch. 7。

④ 这又使胚胎学家想起诱导体和感受态组织的种间作用。同样的诱导体在不同的动物中会带来不同的分化，如果是异种移植（如从蛙移植到蟾蜍）的话，它会诱导具有反映组织特征的结构，而不是诱导它那正常发展的结构。反应组织会"以礼相迎"，就像施佩曼（Spemann）通常所说的那样，"但却是依照其自己的方式"。也许不同文化对外界刺激的反应也是这样，往往会发展它们自身中已经潜在的思想，而并不真正理解施与体文化的思想。

⑤ 卫礼贤和荣格［Wilhelm & Jung (1), pp. 7, 87, 99, 131］的著作中有一些附带的暗示，表明他们猜想他们是在跟一种具有瑜伽性质的体系打交道——但仅此而已。

256

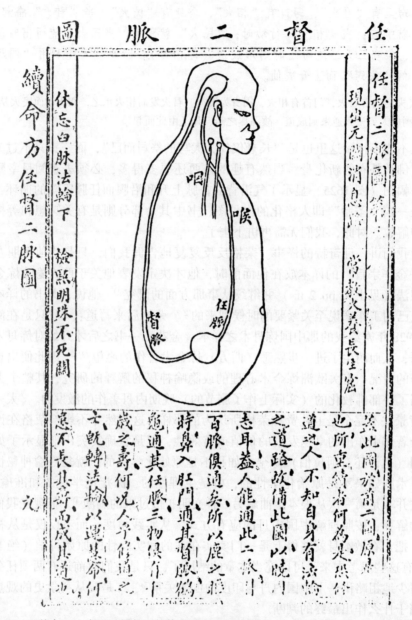

圖 脈 二 督 任

續命方任督二脉圖

休忘白脉法輪下　驗點明珠不死關

任督二脉圖第三

現出元關消息路　常教火養長生窟

蓋此圖與前二圖原是一道，進人不知自身有此路也，所以緒為何為是照徹之道路。故備此圖以曉人，志耳益人能通此二脉者，百脉俱通矣。所以鹿之睡，時鼻入肛門通其督脉，鶴題通其任脉。三物俱有千歲之壽，何況人乎。修之之文，既轉法輪以選基命，志不長此矣，而成其道也。

图 1625　《慧命经》中显示循行于躯体背面的督脉由肾上行至脑和循行于躯体腹面的任
脉由脑下行至肾的解剖图。图中也标明了喉与咽。

（7）中国的内丹与印度的瑜伽、密教和哈达瑜伽体系

这里我们又陷入那种尴尬的境地，为了目前的综述，必须将一些非常复杂的问题压缩在很少的篇幅里进行讨论，这样的讨论在所有真正了解的人看来一定显得不够充分。但中国和印度从很早的时候起就有了相互交流，所以已经读到此处的读者绝不能不概略地了解一下瑜伽体系［瑜伽行派（yogācāra）、瑜伽哲学（yoga-darśana）］实际上是怎么一回事。限于篇幅，我们不能对性在印度宗教中的作用之类的问题作任何范围广泛的和旁征博引的论述，也无法像我们希望的那样对瑜伽的发展作历史的叙述，我们只能粗略地介绍一些年代的推断，尽管它们对于同中国文化的关系是重要的。瑜伽一词和表示"轭"的拉丁文"jugum"及英文"yoke"有联系，既是指自律又是指结合，是使个体志士脱离人间世俗喧嚣之"红尘"（这是中国的说法）并导致个体与宇宙神秘结合的修行，而个体与宇宙神秘结合会把他或她从事件和历史的支配下解放出来，也就是说获得"在时间中的永生"。这样，瑜伽便成了六个"正统的"印度教体系之一，但是它也从一开始就跟佛教结下了不解之缘，甚至影响了耆那教徒（Jains）；并且无论它渗透到哪里，无论是西藏雪域还是印度尼西亚的丛林，在各种形式的印度文化中都起了一份作用①。

我们讨论的第一个聚焦点是公元前 2 世纪（中国的汉初时期）。迄今尚存的《瑜伽经》（Yoga Sūtra），其头三篇据认为就撰于那个时候，作者为钵颠阇利（Patañjali），他就是那位著名文法家②，这种观点虽非普遍地但却是常常地为人们所接受③。传统上把瑜伽体系同数论（Sāmkhya）的哲学体系联系在一起，该哲学体系包含于自在黑（Īśvarakrṣṇa）的《数论颂》（Sāmkhya Kārikā）中，此颂的撰写年代肯定是早于 6 世纪的（因为它在这时被译成了中文），也许早在公元 200 年它就写成了；但原则上该哲学体系的历史可以追溯到更早，一直追溯到传说中的创始人迦毗罗（Kapila）④。虽然从奥义书（Upanishads）起，印度总的倾向一直是排斥现象世界，认为它是短暂的、痛苦的和虚幻的，但瑜伽和数论都认为世界是实在的，并非幻觉。二者的区别在于，后者在原则上是无神论的，而前者则承认存在着一位能帮助瑜伽行者（yogin）修行的至高的上帝［自在天（Īśvara）］。这两者形成了贯穿于整个印度文化中的一种直接对照的一部分，此对照就是拯救之道始终有两种，一种为禁欲［苦行（tapas）］⑤，另一种则为灵知

258

---

① 一般的叙述见 S. N. Dasgupta（4）；Eliade（6）；Masson-Oursel（4）；Choisy（1）；Jaggi（1），vol. 5。

② 参见 Renou & Filliozat（1），vol. 2，pp. 90 ff.。

③ 最后一篇的年代一般认为要晚得多，也许为 5 世纪，也许为 7 世纪和 8 世纪。见 Eliade（6），pp. 21，363；J. H. Woods（1）；Dasgupta（3）。一些著名的权威，如伍兹（Woods），认定《瑜伽经》晚至 4 或 5 世纪才问世，那样的话它就与早期密教著作属于同一时代了。但是勒努和菲利奥扎［Renou & Filliozat（1），vol. 2，p. 45］尽管对公元前 2 世纪这一年代推断有疑问，却似乎觉得其问世年代几乎不会晚于公元 1 世纪。

④ 这方面的阐述有许多，如 Sengupta（1）；P. N. Mukerji（1）；Suryanavayana Sastri（1）；Behanan（1）。虽然我们这里不需要作进一步探讨，但它对于任何科学哲学家来说都是饶有趣味的，哪怕只凭其中彻底糅合了原子论这一点。

⑤ 字面为"热"，"炽热"，参见 Eliade（6），pp. 52，116，121。

[明（*vidyā*）、智（*jñāna*）、般若（*prajñā*）]——有时候这两种道互相抵触，甚至在佛教中也是如此①。但其救世学目的是相同的，即解脱（*mukti*），从人的状况下解放出来，"绝对自由"；生前解脱（*jīvan-mukti*），个体在今生中的解脱②。

当然，不能认为瑜伽行派只是在那位钵颠阇利的时候才开始的。这一倾向在印度是很古老的；莫亨朱达罗（Mohenjo-Daro）文明（公元前25—前20世纪）就已经为后世留下了一尊尊成莲花坐姿的"瑜伽师"（yogis）小雕像和裸体女神或"瑜伽母"（yoginīs）小雕像，瑜伽母是后来成性力（*śakti*）配偶化身即女性创造力化身的那些妇女的前辈。《梨俱吠陀》（*Ṛg Veda*）的成书年代可推定为公元前10世纪，此书已经知道有禁欲者和超脱者（牟尼；*muni*）；《阿闼婆吠陀》（*Atharva Veda*）中有一批叫"弗拉提耶"（*vrātya*）的奇怪祭司，他们做呼吸功，能一次直立一年，并在领唱者（*māgadha*）和也许就是原来的庙妓（*devādasīs*）的"妓女"（*pumścalī*）伴随下主持"弗拉提耶斯多摩"（*vrātyastoma*）和"摩诃弗拉多"（*mahāvrāta*）献祭，领唱者和妓女在这些为促进丰收和繁殖而举行的仪式中进行交合。在公元前6世纪至前4世纪间第一次出现了一些后来很重要的瑜伽术语，如"制感"（*prātyāhara*），从现象世界撤回感官；这个术语出现在《唱赞奥义书》（*Chāndogya Upanishad*）和《泰迪黎耶奥义书》（*Taittirīya Upanishad*）二书中。稍晚，在《白净识者奥义书》（*Śvetāśvatara Upanishad*）中我们见到"坐法"（*āsana*）和"调息"（*prāṇāyāma*）二词，它们对于我们的论题很重要，而且不难解释。在高级瑜伽中，实践者一定要习练八"支"（*aṅga*），而上述这三个术语所指的是其中的三支。第一支和第二支为"禁制"（*yama*）和"劝制"（*niyama*），是一种伦理准则的正反两面，包括不伤害或杀害任何生物（不害；*ahiṃsā*）、摒弃贪婪["不贪"（*aparigraha*）]和戒绝生殖性性行为（不淫；*brahmācarya*）③，还包括在所有情况下都保持内心平静，即不动心④，以及避免任何特殊的依恋（离欲；*vairāgya*）。接着是"坐法"，即具有某种体操（实际上常常是柔体杂技）性的特定姿势，用来帮助集中精神和强壮身体。同样重要的是"调息"，即用特定的呼吸技巧，包括长时间的呼吸暂停来控制呼吸；"息"[*prāṇa*；像希腊的"*pneuma*"（气息）一样]是一个与中文的"气"也许非常接近的概念⑤。剩下的四支都是精神撤回的阶段或类型，即："制感"，使感觉活动从外部客体的支配中解脱出来；"执持"（*dhāraṇā*），冥想或集中；"禅定"（*dhyāna*），一种较高的沉思状态；还有最后的"等持"（*samādhi*），最高的隔离、专注或入定阶段。末三支常并称为"三乘"（*saṃyana*）。关于这八支中的大多数，我们将根据它们涉及的具体问题作更多的介绍，以

259

---

① "修禅者"（*jhāyin*）或者说实验派僧人有时与"法瑜伽"（*dharmayoga*）或者说哲学派僧人有争执，那些"阿毗达磨"（*abhidharma*）集论都出自后者之手，第三批人为礼仪派或者说"虔敬"（*bhakti*）派，但这一派几乎不可能是另两派的综合[参见 Eliade（6），pp. 180，196]。基督教世界在神秘神学与理性神学的紧张关系方面可能存在着某些类似的情况。

② 见 Eliade（6），pp. 49，107，152。

③ "劝制"包括了某些奇怪的净化["清净"（*śauca*）]和清洗，对此我们关于"坐法"姿势和神经肌肉训练时还要讲到。

④ 参见本书第二卷 pp. 63 ff.。

⑤ 参见本书第二卷 pp. 472 ff.；本书第四卷第一分册 pp. 32 ff. 及其他各处；本书第五卷第二分册 pp. 27，86ff.，92—93，第三分册 pp. 149—150。参见 Ewing（1）。

便与相应的中国功法进行比较。

印度文化中具有瑜伽性质的第二大运动是密教（Tantrism），它从4至6世纪开始兴盛，以后仍广泛流传，根深蒂固①。"tan"字义为延伸、继续或增殖，表明它与中文的"经"字有点相似，具有纺织背景，是指一个连续过程中的承继、延伸或展开。因此，它的出现也许不是为了破坏瑜伽，而是为了实现瑜伽。如果我们撇开公元2世纪那位朦朦胧胧、难以捉摸的炼金哲学家龙树（Nāgārjuna，参见本书第五卷第三分册 pp. 161 ff.），则与密教有联系的第一个伟大的名字是无著（Asaṅga），他似乎鼎盛于约公元400年。《金光明最胜王经》（Suvarṇa-prabhāsa Sūtra）等在5世纪初就被译成了中文，但现存最古老的印度密教著作多数是7至9世纪的。最古老的金刚乘著作②为《一切如来金刚三业最上秘密大教王经》（Guhya-samāja Tantra），相传成书于3世纪，常常被认为是无著本人所撰③；还有另外一些著作，如《大乘庄严经论》（Mahāyāna-sūtrālaṃkāra Śāstra），肯定是属于5世纪或更早。密教所特有的重点可概括如下。第一，非常强调性在事物体系中的重要性，真正的宇宙能量是女性的（像生育孩子和激励男人那样具有创造力），体现在性力或每一位神的配偶身上④。独立的新女神也开始显露头角，尤其是度母⑤，而圆满智慧（the Perfection of Wisdom）般若波罗蜜多（Prajñā-pāramitā），一种圣智（Hagia Sophia；ἁγία σοφία），则被人格化为神性的存在。照埃利亚德的说法，它是"对女人之奥秘的宗

260

---

① 参见 Eliade（6），pp. 205 ff.，386。这我们在本书第二卷 pp. 425 ff. 已经从佛教的角度作了讨论，但在目前的上下文中还要再讲一些，不过涉及面将有所不同。自从伍德罗夫 ［Woodroffe（1，2，3）］的开拓性著作以来，文献的数量已变得非常之多。我们并不自称对这方面的文献有全面的了解，而是想要学波洛涅斯（Polonius）的样子 ［《哈姆莱特》（Hamlet），II，ii，401］来描述我们见到过的一些著作。其中有具学术性而给人以启发的，如 S. B. Dasgupta（1）；Eliade（6）；Bharati（1）；Bhattacharya（2，3）；Evola（2）；Zimmer（4）——有具学术性而让人迷惑的，如 Chakravarty（1）和 S. Chattopadhyaya（1）——有具哲理性而不可理解的，如 Guenther（1）——有肖像学兼说明性的，如 Rawson（1，2）和 Mookerji & Khanna（1）等书——最后还有社会学兼医学性的，如 Bose（1）；D. Chattopadhyaya（4）；Jaggi（1），vol. 5，pp. 107 ff. 及 Kanesar（1）。

最有趣的区别之一是达斯古普塔 ［S. B. Dasgupta（1），pp. 3—4，100］阐明的那一点，即在佛教密宗里活动属于男性的神或菩萨（bodhisattva），女性的性力（śakti）是作为寂静中心；而在印度教密宗里所有的能量和活动都是从性力流出，男性的神则更像是工具，没有性力就会陷于被动。有意思的是，达斯古普塔将这第二种神学也归之于道家，把阴看做是动的，把阳看做是静的。他没有提供证据，但在丰富的道家文献中研究一下这个问题倒是饶有趣味的。经典的做法是把动与阳联系在一起，静与阴联系在一起 ［参见 Forke（9），pp. 93，492，497 和本书第四卷第一分册 p. 61］，当然它们总是在自身之中又各包含着对方的萌芽，假如把这种关联颠倒过来并宣布在它们的世界里阳为静止而阴为创造性运动，那就像是内丹道士的作为了。

② 金刚乘就是"金刚雷电乘"，为大乘教概念（参见本书第二卷 p. 426）。在密教中，金刚（vajra）等于男性外生殖器林伽（lingam）。关于佛教密宗的一般论述，见 S. B. Dasgupta（1）。

③ 巴塔恰里亚 ［B. Bhattacharya（1）］编。

④ 神佛与其性力进行性结合的画像即由此而来，它是西藏喇嘛教的特征，但在中国决非没有 ［参见吴世昌（1）］。关于这一问题的一般论述见 Wayman（1）。

⑤ 关于她，见 Beyer（1）和 Eracle（1）。前书有对西藏炼丹术重要情况的介绍。度母的梵文"Tārā"意为"星"，对她的崇拜始于7世纪，大概发源于尼泊尔，尔后广泛地传播到亚洲各地。印度人称她为摩诃支那度母（Mahācina-Tārā），在两部年代不确定的著作《摩诃支那功修法》（Mahācina-Kramacārā Tantra）和《迦摩佉耶经》［Kāmākhyā Tantra；S. Chattopadhyaya（1）］中描述了对她的礼拜，这里的"摩诃支那"（Great China；大支那）非常引人注目，但它似乎是指喜马拉雅山以北和以东的大部分地方。在这方面可以回想一下我们关于密教的重要根源在于道教的论点（本书第二卷 pp. 427 ff.）。

教再发现"（redécouverte religieuse de la mystère de la Femme）①，使每一个女人都能成为性力的化身和男性活力与青春的恢复者（这个词难道不会是意味深长的吗?）。第二，此运动既反对禁欲（指反对极端意义上的禁欲）② 又反对思辨。在《时轮经》（*Kālacakra Tantra*）中，一位佛陀透露了人的自身是真正的宇宙（因而当然也是真正的实验室），并且不仅强调了"调息"的重要性，也强调了性行为的重要性。由此必须引导身体走向完美的健康，然后把这种状况保持下去，切不可实行禁欲，因为正如《大悲空智金刚大教王仪轨经》（*Hevajra Tantra*）③ 所说，小宇宙就好比是"供奉主的"圣殿。《俱罗那婆密经》（*Kulārṇava Tantra*）甚至于说，只有通过性（不过是非生殖的）结合才可能与上帝结合。但是这一目的是极端神秘的而不是理智的，需要走过一条漫长而又艰难的道路才能够得到实现（亲证；*sādhana*）；它实际上与炼丹术工作有一点类似，因为必须使身体本身嬗变成"金刚身"（*vajra-deha*；此语我们已经在上文 p. 228 遇见过了）。而且它还把我们带回到非常熟悉的话题上来了，"这种'亲证'的目的是两种极性要素——日与月、火与水、湿婆（Śiva）与性力在实践者肉体与灵魂之中的结合"④。第三，在密教中肖像学起了特别重要的作用，还有以曼陀罗形式来表现宇宙（参见上文 p. 13）⑤。"系缚"（*bandha*）和"手印"（*mudrā*）在仪式上用于对所绘诸神的礼拜，"门限"（*nyāsa*）仪式招请每一位神各到身体的一个特定部位，使个体本身就成为一座正规的万神殿⑥。第四，此运动涉及非常精制的"真言"（*mantra*）和"陀罗尼"（*dhāraṇī*），也就是说各种各样的符咒⑦。

具有瑜伽性质的第三大运动是诃陀瑜伽（Haṭhayoga），它兴起于 9 至 12 世纪间⑧，最终大大加强了以各种信仰形式而流传至今的密教，如孟加拉（Bengal）的自然宗（Sahajiyā）⑨。虽然"诃陀"（*haṭha*）意思是极端努力，但据说这个词是由表示"日"的"诃"（*ha*）和表示"月"的"陀"（*ṭha*）构成的。这样，我们面对的又是"和合的奥秘"（*mysterium conjunctionis*）。人体作为神真正之所在的重要性在诃陀瑜伽中得到了有力的强调，"净化"法（清净；*śauca*）大概在它的影响下发展成了现在的形式。圣洁只有神秘方法和物理方法并用才能够实现，于是第一次出现了由此时此地从时空中的生命解脱出来（生前解脱；*jīvan-mukti*）的经典观念，向从身体死亡解脱出来的观念的转变。这一点很重要，我们还会讲到。半传说的诃陀瑜伽发展者兼乾婆陀瑜伽师（*kānphaṭa-yogis*）中一派的创始人乔罗迦陀（Goraknāth），一定是与中国五代和宋代真人同时代的人。据说他撰写了《乔罗迦陀百论》（*Gorakṣa-śataka*），这篇著作至今犹存，不过此类文献大部分的

---

① Eliade（6），p. 207。
② 远古仙人（*ṛṣis*）的极端苦行或自我折磨是为了获得支配诸神的神通。瑜伽的苦行则总是因为有助于将人格从事物的支配下解放出来，而并不赞成极端的禁欲。所以瑜伽像佛教一样是一种"中道"。
③ 见 Snellgrove（2）。
④ Eliade（6），p. 211。
⑤ 1971 年在伦敦举办了一个值得注意的密教艺术展（展品目录见 Rawson，1）。
⑥ 这使人想起许多有关寓居并控制身体各器官的诸神的中国著作和图解。
⑦ 博莱［Bolle（1）］向我们饶有趣味地介绍了密教在整个印度宗教中的永久地位。
⑧ 参见 Eliade（6），pp. 231 ff. 。
⑨ 见 M. M. Bose（1）。

年代却要晚得多，如 15 世纪的《诃陀瑜伽灯论》(*Haṭhayoga-Pradīpikā*)①，还有更晚的《俱兰陀本集》(*Gheraṇḍa Saṃhita*) 以及《湿婆本集》(*Śiva Saṃhita*)。乔罗迦陀及八十四魔法师 (悉陀; *siddha*) 的其他成员，如摩阇衍陀罗那陀 (Matsyendranāth)，都继续非常强调性修习的价值，这一点我们不仅从该派的著作中，而且从有关该派的大量民间传说中也可以看到②。

现在让我们简短地看一下这几种瑜伽体系的某些一般特征，尤其是想一想与中国及中国内丹家的关系。第一是"逆反"本身。解放 (解脱; *mukti*) 在印度思想中总是带有一种"违反一切人之常情"的味道③。眼睛必须内视，耳朵必须倾听没有音调的永恒之曲，身体必须高度静止而不是运动不息，消磨脑力的意象流转必须停止，唾液 (称为生命之水; 甘露, *amṛta*) 和精液 (明点, *bindhu*; 不净, *śukra*) 之类的分泌物必须内流而不是外流。而且瑜伽师必须在时间上回溯自己的一切前世，一直倒退 (*pratiloman*) 到"起初"的大门口，因为通过这扇大门他将获得拯救④。《大涅槃密典》(*Mahā-nirvāṇa Tantra*) 称此为"逆行"⑤。精子的"内还" (in-mission) 只不过是同样学说 (*ujāna-sādhana*, 逆流; *ulṭā-sādhana*, 回归; 还有也许是最古老的词语, *parāvṛtti*, 回返) 的一种应用⑥。瑜伽师并不消极地顺从生老病死的自然安排，而是稳步走向相反的方向⑦。

第二是神通的问题。我们已经提到过古时的神圣受虐狂由苦行而获得的对诸神的支配，但后来的瑜伽行者和诃陀瑜伽行者据信都具有即便小一点也相当可观的神通 (悉地; *siddhi*)⑧。隐形、不觉饥渴冷热、刀枪不入、不可抗拒的意志力和催眠、穿越水火、飞行虚空、大小任变、轻重随意、顿悟自然之机——还有用贱金属生产黄金: 人们相信悉陀具备所有这些神通⑨。从《抱朴子》一书可以充分看出，4 世纪的中国人也显然相信这些神通。但是，正统的密教和佛教一律禁止运用它们。在这些神通的运用上，可能有古代

262

---

① 见 H. Walter (1)。

② 关于这一切的西藏方面，参见 Snellgrove (1)。

③ 另可参见下文 p. 279。

④ Eliade (6), pp. 98, 187 ff., 尤其是 Mus (1)。

⑤ Eliade (6), p. 208; 译文见 Woodroffe (3)。

⑥ Eliade (6), pp. 270, 315。像我们在本书第二卷 pp. 428—429 所看到的那样，有一个在《摩诃婆罗多》(*Mahābhārata*) 和《罗摩衍那》(*Rāmāyṇa*) 两大史诗中很常见的词 "ūrdhvaretas"，通常被译作 "贞洁的" 或 "节欲的"; 但是，由于其字面意思为 "向上流的 (精液)"，所以一定是指还精。我们固然必须防止情不自禁地把什么都认为是指秘传实践，但逆流象征在亚洲是很普遍的。日本家庭逢男孩子的生日要在旗杆上挂一鲤鱼形风向袋，据认为是因为男孩子在以后的生活中必须经得起磨难，但这里不知是否会隐含有英勇的年青禁欲者的行动的意味。至少一些真言宗神学家是能意识到这一点的。关于还未作过充分探索的这种风向袋本身非常古怪的历史，参见本书第四卷第二分册 pp. 597—598。

⑦ 这显然就是我们说过的 "逆行"。

⑧ 西欧圣徒传记中的类似事例，见瑟斯顿 [Thurston (1)] 的书，该书讲的是飞升、圣痕、心灵致动、不败朽、耐火耐热、发光现象、长期禁食而无伤、死而不僵等等。身为耶稣会士的作者，他的书公开宣称的科学怀疑论尽管有其学术性，却留给人一种略微不安的感觉。显而易见，现代在实验上运用暗示甚至产生了圣痕。"滴血圣饼" (bleeding hosts) 的奇迹业已证明是由灵杆菌 (*B. prodigiosus*) 产生的红色素所致; 参见 F. C. Harrison (1)。"海水成血" 也一样，是由红藻 (*Gymnodinium veneficum*) 所致; 参见 Abbott & Ballentine (1)。

⑨ Eliade (6), pp. 97, 101, 143, 152, 186 等。

萨满教体系的残余，因为萨满教相信超脱飞行、伏火和动物形状的化入化出①。

第三是对立双方的调和，"水火相交"，从一切对立面中解放出来（脱离双昧；*nirdvandva*）。虽然它的一些印度表现形式已经被注意到了，但它还是让人想起整个炼丹术，尤其是中国的阴阳内丹。等持（*samādhi*）就其方式而言是达到对立双方的调和，因为它恢复了整体（All），统一（Unity）、对立性的并发（*coincidentia oppositorum*），克服了一切对立。密教和诃陀瑜伽中的性结合为这种神圣的合一的最高象征，这就是荣格的人格整合和马克思主义的对立面同一都在寻求的一种统一。达到自然宗团体的纯自发性（自然；*sahaja*）的方法是超越一切二重性［不二（*a-dvaya*）法门］：般若（*prajnā*）智慧与方便（*upāya*）手段、空（*śūnya*；虚空、幻灭）与悲（*karuṇā*；怜悯众生）、湿婆与性力，等等②。

最后，可以再补充说一下作为小宇宙的人体。就像在中国的一些说法（参见上文 p. 122）中一样，关于"气"在创世和人个体发育中的平行作用的观念印度也有。风（*vāyu*）和息（*praāna*）的三种吠陀形式（上气，*prāna*；周气，*vyāna*；下气，*apāna*）在每个人的形成中，把它们的宇宙生成工作又全部重新做了一遍③。

现在我们可以更加仔细地来看看各"支"（*anga*）行法，同时心中想着平行的中国功法④。首先是在内丹领域里非常突出的行气术——调息。贝哈南［Behanan（1）］描述了九种调息法，但都涉及三个阶段，即先吸气（入息；*pūraka*），后呼气（出息；*recaka*），中间为或长或短的呼吸暂停（悬息，*kumbhaka*）（参见上文 p. 143）。三者传统的时间比例有好几种，最通常的比例是 1:4:2。在一些与中国长时间闭气平行的功法中，可以发生呼吸完全停止（*viccheda*）的现象，有意思的是公元 2 世纪的《瑜伽真性奥义书》（*Yogatattva Upanishad*）就已经提到了这些功法的一种计量单位——节拍（*mātrā*）。在较著名的调息方式中有纯胸式的喉呼吸（*ujjayi*）调息；迅速而突然地吸气之后又同样突然地呼气的风箱式（*bhastrika*）调息；缺少呼吸暂停阶段的圣光（*kapālabhatī*）调息；只用右鼻孔的太阳管（*sūrya-bhedana*）调息等。这种种调息方式过去是（现在仍然是）与各种姿势排列组合在一起习练的，关于姿势我们过一会儿将要讲到。

虽然我们尚未发现与"胎息"（参见上文 p. 145）概念相同的印度概念，但肯定有一批约略相当于中国行气观念的学说，而因为有关的生理学体系颇为相似，这一点就更加有趣了。道教有道教的生理学，密教也有密教的生理学⑤。一个叫"气脉"（*nadī*）的脉管或"渠道"（我们不敢把它们看做血管、淋巴管或神经）的网络，是将五种息

① 不过，一些学者一直很关心强调萨满教与瑜伽的区别。如同菲利奥扎［Filliozat（2）］指出的那样，瑜伽中没有神灵附体，也没有萨满教意义上的超脱。参见 Eliade（6），pp. 317 ff. 。
② Eliade（6），p. 269。
③ 参见 Eliade（6），p. 238。
④ 我们的顺序将与上文 p. 142 起所论述的道教内丹的顺序相同。
⑤ 见 Eliade（6），pp. 237，239，394 和 Evola（2）。

（*prāna*）遍布全身的运输工具①，在这个网络各个结上有一系列"中心"（脉轮；
cakra）②。关于气脉的数目，文献上一直众说不一，有些文献认为它们数以十万计，　264
另外一些则认为最重要的有 72 条；《湿婆本集》讲到了 14 条，公认的数目为 10 条。
但不管怎么样，大的气脉有三条：一条是中脉（*suṣumnā*），倒流的精液通过此脉从
背部上来；另两条是左脉（*idā*）和右脉（*pingalā*），明显地使人联想起中国奇经八脉
中的任脉和督脉。事实上，整个系统与中国的经络粗略（但却是不可思议）的相似，
几乎好像是中国经络的一种有点失真的回声，脉轮（*cakra*）代表较大的实体
（"田"、"池"），而不是代表个别的穴位（"穴"）③。一些印度学家试图把气脉和脉
轮等同于现代解剖学上的各种结构，如颈动脉或自主神经系统的神经丛，但这样做
肯定不对路。梵窍（*brāh-marandhra*）可能就是头颅的前囟点④，但是位于肛门与睾
丸之间的根持轮（*mulādhārā cakra*）与其说是骶丛，倒不如说更可能是"珍藏式性
交"中压迫会阴的部位。道士大概会称此轮为"尾闾"。此轮也是昆达利尼（*kuṇḍ-
alinī*）的居所，这昆达利尼为蛇、女神、生基或生理能量，或许就是返还之精的化
身，因为她或它也循中脉上升⑤。上腹部的圣居轮（*manipūra cakra*）似乎使人联想起
下"丹田"，胸部的无触轮（*anāhata cakra*）似乎使人联想起中"丹田"，而两眼之
间的"海绵体丛"神命轮（*ajñā cakra*）占据的至少是上"丹田"的位置。

　　我们倒很想把这样的比较进一步进行下去，但它们必须留待将来我们对中印两
种原始生理学体系都了解得比现在要多得多时去研究。像通常一样，这些比较提出
的问题是：谁在什么时候从谁那里借鉴了什么，人们必须始终牢记，一个共同的而
又较隐晦的来源可能会产生两种事物。不过我们有几个相当可靠的标识点。《弥勒奥
义书》（*Maitrāyaṇī Upanishad*）是可能成书于公元前 2 世纪至公元 2 世纪之间的著作，
其中首次提到了作为气息上行脉管的中脉；到 2 世纪末，三大气脉（中脉、左脉和
右脉）都出现在密教色彩很浓的《禅定点奥义书》（*Dhyānabindu Upanishad*）中，同
时出现的还有"蛇力"昆达利尼。同样，中国的经络甚至奇经八脉系统在形成于公

---

　　①　Eliade（6），p. 373；Jaggi（1），vol. 5，pp. 61 ff. 等。

　　②　在欧洲，对这些的了解不仅是通过印度学家，而且是通过伯麦的一些门徒，尤其是吉希特尔
（J. G. Gichtel）［参见专著 Leadbeater（1）］。关于这方面的资料及讨论中用到的其他资料，我们得感谢霍利韦尔
（Holywell）的亚当森（John Adamson）先生。当然亦可见伍德罗夫［即阿瓦隆（Avalon）］的书。

　　③　普瓦［Poix（1）］和芬克［Finckh（1）］已对印度脉轮系统与中国经络循环系统的平行性做了初步研
究。前者有点出人意外地说，尚松［Chanson（1）］那"外号叫东方人的方法"（méthode dite Orientale），即
"保留但不间断的性交"（*coitus reservatus sed non interruptus*）而不是"珍藏式性交"（上文 p. 199），一直"在我
们天主教徒中间流行"（àla mode parmi nous catholiques），并作为一种避孕法而受到拉丁神学家们的欢迎。这也
是张仲澜［Chang Chung-Lan（1）］书中的一个话题。据皮尔和波茨［Peel & Potts（1），pp. 47，50，150］的观
点，从统计学上说，它比除子宫内避孕器（IUD）和口服避孕药之外的所有其他方法都更有效。讲到两种生理
学体系间的关系，芬克（Finckh）怀疑印度借鉴了中国。

　　④　这是表示额骨与顶骨接合点即（横向）冠状缝与矢状缝交接点的解剖学术语。此处的骨头直到出生后
一年半左右才闭合，在未闭合前有一道膜性缝隙叫前囟。因此，在古代印度和中国，此处可能被认为是小宇宙
与上天大宇宙影响之间的一个沟通渠道。不管怎么样，头颅骨（"天灵盖"），即泥丸宫之盖，相当早就成了一
味中药［参见《本草纲目》卷五十二（第 105 页），R 435］。在陆宽昱［Lu Khuan-Yü（4），pp. 160 ff.］描述
的道教内丹术中，前囟点（"妙门"）作为仙胎的"出入点"起着突出的作用。

　　⑤　见 Woodroffe（1，2）。

265　元前 2 世纪和前 1 世纪的《黄帝内经灵枢》中就已确立。因为这部原始医学典籍是
　　　以前几百年临床经验的产物，所以经络的历史在中国一定是古老悠久的；但有证据
　　　表明单个穴位的发现先于经络，因为不仅公元前 2 世纪的著作，而且公元前 6 世纪
　　　的著作也给出了一些具体的穴名，这些穴名在后世始终没有更改①。正如别处已经说
　　　过的那样②，中国的行气系统效法水利工程的交通网络，有"闸门"，也有"蓄水
　　　池"，所以它是那种"水利官僚"文明中一项很自然的发展。

　　　　对吞唾的强调在印度文献中似乎不像在中国文献中那么引人注目，但是它的确
　　　存在。密教诃陀瑜伽的空动身印（*khecari-mudrā*）目的在于使气息、思维和精液三者
　　　不动，做起来要将舌头向后翻卷以堵塞喉咙，从而产生长时间的悬息性（*kumbhaka*）
　　　呼吸暂停，同时大量集聚唾液，到适当的时候将它作为甘露或"不死的琼浆"（atha-
　　　nasian nectar）恭恭敬敬地吞咽下去。另一方面，印度更强调姿势（"坐法"）锻炼。

　　　　要对这些姿势有所了解，最好的办法莫过于看看几位作者提供的照片（图
　　　1626—图 1629）③。也许最具特色的是莲花坐（*padmāsana*），即"盘腿"或"盘膝"
　　　而坐，瑜伽行者坐在地上，两腿屈膝，两脚各放在另一面的腹股沟上，脚底朝天，
　　　脚跟紧抵腹部下侧。脊柱必须挺直，双手得搁在膝上或脚跟上，手心朝天。贝哈南
　　　（Behanan）描述了另外十四种姿势。一种（全身式；*sarvāṅgāsana*）做法是，瑜伽
　　　行者仰卧，向上抬举两腿和躯干，直到只剩头、双肩、双肘三者着地为止，然后把
　　　双手放在后肋上托住身体④。另外一种（鱼式；*matsyāsana*）做法是，瑜伽行者由莲
　　　花坐姿势拱背后仰，直至头顶触地。第三种（犁式；*halāsana*）做法是，瑜伽行者俯
　　　卧将两腿和身子弯过头顶，直到在头顶后相当一段距离处脚趾触地为止。第四种
　　　（弓式；*dhanurāsana*）做法是，瑜伽行者"脸朝下"躺着，用双手抓住脚踝抬起胸
　　　部和两腿。这自然被称为"弓式"，而中国有与之非常类似的功法，那从几本体操书
　　　中可以看出，我们从韩国英所提供的几套图之一（他的图 15）也能看到。其他姿势
　　　锻炼要使双腿保持伸直，其中一种（前屈式；*paścimottānāsana*）做法是，瑜伽行者
266　用手指钩住脚趾，引体向前，直到头搁在两膝之间为止。很显然，为了做好一些坐
　　　法必须一点多余的脂肪组织都没有。在大多数姿势中，脊柱不是向后弯曲就是向前
　　　弯曲，但在以摩阇衍陀罗那陀的名字命名的一种姿势中，脊柱被用力地扭动。按贝哈
　　　南（他亲身习练过这其中的许多姿势）的描述，瑜伽行者两腿伸直，坐在地上，先
　　　屈右腿，脚跟抵会阴⑤，脚底顶住左大腿；然后屈左腿，将脚放在右大腿右侧；伸右
　　　手绕过左膝去抓左边的脚趾，使肩膀始终紧贴膝盖，让身体可以向左扭动；将左手
267　伸到背后去抓右大腿腹股沟下面，促使身体的扭转幅度尽可能达到最大。还有一种

---

　　　① 参见 Lu Gwei-Djen & Needham (5)。

　　　② Needham (64), pp. 289 ff. 。

　　　③ 例如 Behanan (1)；Bernard (1)；Woodroffe (1)；Abegg, Jenny & Bing (1)；Kerneiz (1, 2)；Iyengar
　　　(1)。

　　　④ 但是，做头倒立式（*śirṣāsana*）的目的是让头盖承受全身重量，不用肘和手帮忙，或者说在一些学校
　　　中是这么教的。

　　　⑤ 记住上文 p. 208，还有"珍藏式性交"中使用一种类似的脚跟姿势的情况。用脚跟压迫会阴在伍德罗夫
　　　[Woodroffe (2)，p. 211] 译的著作中也曾提到。

图 1626　一些瑜伽姿势，采自 Behanan（1）。此处为莲花坐（*padmāsana*）。参见图 1599 中钟
　　　　离权八段锦法的第二段。但像大多数道家技术一样，钟离权八段锦法的第二段涉及
　　　　运动，而莲花坐则是静坐默想的姿势。

姿势是以孔雀命名的（孔雀式；*mayūrāsana*），瑜伽行者用双手和前臂支撑全身，保
持水平平衡。这很费力气；相反，"尸体式"则是为了尽量放松全身所有肌肉。此式
是仰面平躺着做的，它是那些在"活埋"情况下，表现出长期呆在狭小封闭空间中
仍能生存的本领的瑜伽行者通常采用的姿势。每一坐法（*āsana*）姿势都有各种调息　268
（*prāṇāyāma*）的可能性，而一些姿势被认为比另一些姿势更适合于希望从事的某种特
定的冥想。

　　我们已经提到过莫亨朱达罗的小雕像，也提到过在大概属于公元前 4 世纪或稍
早的《白净识者奥义书》中出现了"坐法"。当然，坐法姿势的数目随着时间的推
移而增加，那些不妨称之为瑜伽理疗家的人，在设计各种姿势上发挥了越来越大的

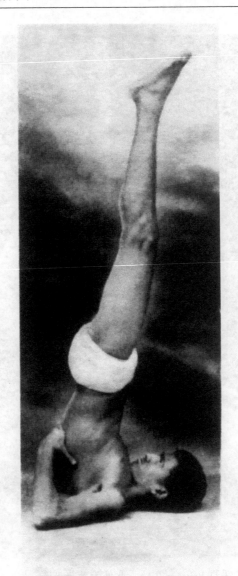

图 1627   "全身"式（sarvāṅgāsana）。

创造性。这样，15 世纪初的《诃陀瑜伽灯论》中描述的有十五种；一个世纪以后的《俱兰陀本集》中就有三十二种；而更晚的《湿婆本集》中则有八十四种之多，尽管该书认为只有四种是重要的。

图 1628　"犁"式（halāsana）。

图 1629　"弓"式（dhanurāsana）。在道士当中几乎肯定曾使用过此式，因为我们
发现韩国英（Cibot）的图 15 试图描绘这样一种姿势。

不过，姿势仅仅是瑜伽行派身体锻炼的一部分。有关的技术相当多，分为修习（系 269
缚；bandha）、手势（手印；mudrā）和净化（清净；śauca）。这些技术大都需要长期的
神经肌肉锻炼，或是为了获得对某些随意肌更加完全的控制，或是为了获得常人根本没
有的对某些不随意肌的控制。眼肌被训练来帮助在冥想中保持精神集中（一境性；
ekāgratā），凝视（trātaka）鼻尖（观鼻），或交叉注视两眉间的一点（观额）。中古时期
的中国肯定有人知道和习练过这些技术，因为在道书中可以找到许多蛛丝马迹。然而我
们在道书中并未发现过使用"收颔法"（jālandhara），即垂下头使下巴扣在胸骨顶端的颈
切迹上。在闭气时头常常保持这种姿势，对脊柱施加一股向上的拉力。中国似乎也没有
人像印度瑜伽行者曾经做过（现在仍然在做）的那样竟然会去割舌系带。在"卷舌法"
中，舌头向后和向上翻卷，以堵塞通到咽部的后鼻腔，然而，通常舌尖是够不着这个位
置的，所以要连续施行多次外科小手术把舌系带逐渐割断。对舌头的这种控制被认为是

对呼吸功，尤其是对涉及长时间闭气的呼吸功的一个有用的帮助。

"清净"（śauca）的肌肉控制主要与膈肌、腹壁的两大直肌以及肛门和膀胱括约肌有关。先提膈将气完全呼出，随后作"强有力的模拟吸入"，使肋骨升高，造成腹部深陷。这样有可能大大增加胸内压。同样，瑜伽信徒习练使两大腹直肌共同和单独猛烈而极端地收缩（瑙力法；nauli）；那么他就可以迅速和交替地收缩与放松腹直肌了。贝哈南和伯纳德（Bernard）复制了所有这些操作的一些引人注目的照片。不过，也许最奇怪的生理功夫要算对括约肌的高度控制了，获得这种控制的办法是：先练习反复收缩和扩张括约肌，每次几分钟，然后与呼吸节律协调进行。当控制建立后，提膈或收缩腹直肌可以系统地排出结肠下段的气体，而放松腹肌则可以通过肛门吸入外气。

但就好像那只是一个人类技术问题似的，瑜伽行者并不满足于抽吸气体，他们对抽吸液体也感兴趣，而对腔壁和括约肌的肌肉控制给了他们在大"清净"中真的这样去做的机会。道理很简单，即如果能随意收缩和放松必要的肌肉，便可在各个体腔内产生一个部分真空，腔壁就相当于"活塞"，而括约肌口就相当于"阀门"。这样，就可以进行结肠和直肠冲洗（basti），先吸入约一升水或奶，接着用腹直肌搅动后排出体外①。同样，控制横膈膜就能控制胸廓，借助于腹肌可以随意地把胃中的东西呕吐出来，通常做前先喝一升左右的水②。这叫做道悌法（dhāutī），但曾经有（现在仍然有）人习练一种甚至更加不寻常的技术（道悌业；dhāutī-karma），取一根牢而厚的布条，长约 22 英尺，宽约 3 英寸，吞入胃中搅动，过二十分钟左右后，用手拉出。道悌法也包括洁齿功；而净鼻则有涅悌法（neti），其法用线穿过鼻腔来回地拉；还有一种鼻子吸水术③，与被称为圣光调息（kapālabhatī）的呼吸形式相联系。但就本节关于性技巧的所有论述而言，也许最令我们感兴趣的是在膀胱中也能形成一个部分真空；由于膀胱括约肌也处于意识控制之下，所以可以通过尿道吸入液体，产生又一种更深意义上的"黄河水逆流"。这样能吸取多达约三百毫升的水液，传统上习惯用银导管或铅导管帮忙。

现代已有人做了非常重要的尝试，力图运用现代生理学方法研究瑜伽行派的各种实践④。这里可把洛布里和布罗斯（Laubry & Brosse）的经典论文作为一个开始。两人最初发生兴趣是因为他们［Laubry & Brosse（2）］发现，某些正常人能够随意加快或减慢心率，并发现经常的冥想或精神集中对某些病理性心律失常具有治疗作用。而且，探索通常不随意的功能受意识控制的可能性，还有着明显的心身方面的意义⑤。从科学观点看来，瑜伽行者能够做到的事情中并没有什么令人难以置信的东西，因为医学文献中有从某种意义上可以被认为是与之相类似的特异例子的报道。

---

① 贝哈南［Behanan（1）］、伯纳德［Bernard（1）］及其他许多观察者都曾见别人做过或自己本身就做过。假如括约肌尚未处于充分的控制之下，可以用一根竹管导入液体。

② 学过随意食道回流瑜伽术的印度路边马戏团表演者能就着大量的水吞下十到十五条活蛇，每条长二至三英尺，然后稍过一会儿再把它们吐出来。两位约翰逊［Johnson & Johnson（1）］最近曾用完备的生理学和放射学技术对此做了研究。

③ 参见上文 p. 240 醉花道人的故事。

④ 这方面内容与冥想中出现的生理变化有些重叠，后者我们在上文 p. 180 已经讨论过了。除了下面各段中叙述的报道之外，还有几篇令人感兴趣的论文：Henrotte（1），de Meuron（1）和 du Puy-Sanieres（1）。

⑤ 参见 Ramamurthi（1）。

例如阿布拉米、瓦利什和贝尔纳尔［Abrami, Wallich & Bernal（1）］曾经研究过一例随意可逆性动脉高血压；麦克卢尔［McClure（1）］后来记载了一个完全非瑜伽主义的例子：有一位飞机机械师，他能故意使脉搏变慢，直到出现心搏停止；而正当快要失去知觉的时候，他深吸一口气，心脏就会重新开始搏动。这些事从来都不是自发的，它们产生的现象得到了心电图仪的证实。接着，1936 年布罗斯在印度作了扩大的实地研究，研究结果报道在洛布里和布罗斯［Laubry & Brosse（1）］的论文中①。她发现在调息法中可以充满肺或排空肺作呼吸暂停，毫不费力地持续 5 分钟之久，还有凭意志力使呼吸率发生各种改变，在闭息时使心率加快到每分钟 150 次，以及在心电图上见到奇异现象。与可察觉脉波的变化相应，心电图波形出现大的反常：有时几乎完全消失，有时酷似通常只见于心脏病晚期的波形，有时又使观察者想起毛地黄及其他强心药的作用。然而，血压似乎总是正常的，而种种迹象显示深度冥想中基础代谢降低了。有一些表明对肠道蠕动的随意控制的证据。洛布里和布罗斯说，细致而又坚持不懈的身体健康教育，在此瑜伽体系中可导致"对纯植物性功能的随意控制"。"瑜伽行者对不随意肌同样可获得通常对随意肌所拥有的那种意志力的绝对权威。"他们接着又说："尽管瑜伽行者的解剖学观念即便不是错误的，也是初步的，但其所获得的生理性效果的重要性几乎是不可否认的。如果说即使他们不懂自身器官的结构，他们是自身各种功能的主人是无可争辩的。……严格的训练导致了对（某些）植物性活动的完全控制。"②

洛布里和布罗斯［Laubry & Brosse（1）］怀疑瑜伽行者也许能使其身体进入一种类似冬眠动物的生命停滞状态。较晚近的研究没有完全证实这一点，但它们证明了瑜伽术能引起基础代谢的降低。这是在对瑜伽行者被"活埋"后能生存很长时间的说法进行调查中发现的。一般来说，在这样的情况下，即使被试者采取"尸体式"来完全放松，从周围的土中也会透入一些空气，就像赫尼希［Hoenig（1）］和 G. 拉奥等［G. Rao et al.（1）］业已证明的那样；但当用一个密封实验箱在令人满意的情况下进行实验时，阿南德、奇纳和巴尔德夫·辛格［Anand, Chhina & Baldev Singh（1）］发现一个瑜伽行者的基础代谢从 19.5 升/小时降低到 13.3 升/小时，甚至有一个阶段达到了低于正常标准约 45% 的值（参见图 1630）。另一方面，随意停止心搏的说法未能得到证实。所有观察者，如阿南德和奇纳［Anand & Chhina（1）］、萨蒂亚纳拉亚纳穆尔蒂和夏斯特里［Satyanarayanamurthi & Shastry（1）］及温格和巴格奇［Wenger & Bagchi（1）］，都发现瑜伽行者产生的胸内压极高，使心音和动脉脉搏都消失了，但心电图记录显示收缩在继续。贝哈南［Behanan（1）］发现，在某些种类的呼吸功如喉呼吸调息、风箱式调息和圣光调息中耗氧量增加达 24.5%，这常常得到证实，如被迈尔斯［Miles（1）］和 S. 拉奥［S. Rao（1）］所证实。另一方面，贝哈南观察到在喉呼吸和冥想之后进行的心理测验③中成绩下降达 10%。因此他断定瑜伽术倾向于降低智能的

271

272

① 更晚近的工作的描述见 Brosse（1）。
② 关于这个问题详见 Filliozat（13）。
③ 这些测验具体如下：加法测验、密码测验、颜色命名测验、协调测验和七巧板测验，它们都是实验心理学上熟知的。

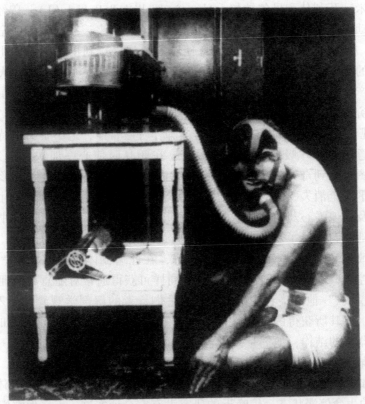

图 1630　配合耗氧实验的一位瑜伽行者 ［采自 Behanan (1)］。

敏锐度，同时可能加强其他一些较难测量的官能，帮助超脱现象世界。S. 拉奥 ［S. Rao (2)］ 在不同的海拔高度进行喉呼吸试验，观察到耗氧量在海拔 1800 英尺处增加 7.7％，在海拔 12 000 英尺处增加 9.9％；这一情况令人感兴趣的是（像我们在前面联系道士所说的那样，上文 p. 145），瑜伽呼吸功和道教行气术在某种程度上模仿了高空缺氧血症，尤其在做长时间闭气时更是如此。拉奥认为它们对于适应过程也许是有益的。至于其他，人们业已用现代生理学方法研究了与密典和道书中常常描述的主观热觉一样的感觉，就像里克特 ［Rieckert (1)］ 的著作那样，该著作揭示了周围循环发生的一些变化。温格、巴格奇和阿南德 ［Wenger, Bagchi & Anand (1)］ 认为有目的地诱发的出汗是对强大的内心观想作出的自主反应。在巴格奇和温格 ［Bagchi & Wenger (1)］ 的另一项有趣的实验中，脑电图记录显示，冥想中的瑜伽行者能完全忽视轻微和持续的疼痛。这样，就没有理由怀疑瑜伽生理实践产生的许多效应的真实性[1]。至于它

273

① 现已发现动物实验中也可以对通常不随意的肌肉增强控制。迪卡拉 ［di Cara (1)］ 描述了 "试误"（trial-and-error）学习法，按这样的学习法，可以依靠中脑愉快中枢刺激和轻微电休克法回避来训练大鼠加快或减慢心率，升高或降低血压，加剧或缓和蠕动性肠收缩以及加速或延缓尿液分泌。这样甚至能习得脑电图仪的特征，并且可以证明心脏反应伴有儿茶酚胺和去甲肾上腺素代谢变化。动物也能习得使内环境稳定偏差迅速恢复的腺体和内脏反应。事实上，在用箭毒造成的实验性宁静状态下，动物的表现比人好得多；但人也能做出这类表面上异乎寻常的事情，这在现在并不那么令人惊奇了。所有这一切自主神经系统方面的动物学习，很可能与各种在内分泌控制下会自动实现学习的现象如冬眠是平行的。

们有多大价值，则完全是另外一个问题。

体操、"坐法"、净化功等等我们现在已经讨论完了。在进一步讲其他内容之前，必须就日光疗法和冥想这两个话题说上几句——因为我们是在按着与上文 pp. 179 ff. 大致相同的顺序探讨各种瑜伽术。无疑，由于印度阳光强烈，就我们所知，那里没有或几乎没有与中国人在高山上进行的光感受实践相应的东西；但另一方面，冥想术则比中国还要发达，不过因为其意义主要是在心理学甚至精神病学上，所以我们用不着多费笔墨。"瑜伽息心"（*yoga cittavṛttinirodha*），即为沉思一切事物的实质（真性；*tattva*）——事实上就是它们的"真如性"——而压制意识状态，是基本的和最古老的瑜伽目的之一。"制感"、"执持"、"禅定"和"等持"这几种有着微妙区别的状态我们已经提到过了，这里不打算进一步探讨；我们也许只能指出一件有待于完成的十分重要的工作，即对印中两国有关各种沉思心态的概念和定义进行精确的比较研究，尽管此项工作应当结合现代心理学、心理病理学和实验心理学的成果①，也包括与催眠、自我催眠、僵住状入定（*turiya*）以及安定药或致幻药的可能联系。像我们业已看到的那样，脑电图仪已经被应用到正在习练瑜伽术的瑜伽行者身上，所有这样的研究都有着广阔的天地。人们曾区分了两种"等持"，一种是佛教中常行的"有依等持"（*samprajñāta samādhi*），把精神集中于某一观想物（*kasiṇa*）上，另外一种是"无依等持"（*asaṃprajñāta samādhi*），不用这种观想对象②。有时非常突出色觉，就像在某些道书中见到的那样。因为在中国代表颜色和性的是同一个字（"色"），所以这将是探讨我们最后一部分内容——性行为部分的一个很方便的出发点。

这个我们已经谈到过好几次了，例如联系印度河流域（Indus Valley）文明的女神，和从一开始就是一切瑜伽特征的"逆反原则"。"瑜伽"，埃利亚德③写道，"把'生殖官能的秘密力量'放在头等重要的位置，耗费那秘密力量就会分散最宝贵的能量，削弱脑力，使人精神难以集中；相反，掌握和控制住那秘密力量就会便于上升到沉思状态"。因此，这是最早阶段的一个基调；但（我们也看到）密教，还有诃陀瑜伽，使对下文男女肉体结合之精神意义的强调大大增加了。到了公元 2 世纪，性瑜伽已盛极一时，因为《弥勒奥义书》已经提到了中脉（*suṣumnā*），《瑜伽真性奥义书》令人满意地告诉我们"瑜伽行者闭精不泄会遍体生香"。昆达利尼也出现在此书中，同时还有关于空动身印和金刚力身印（*vajrolī-mudrā*）的最早叙述。这两种身印究竟是什么，我们是从后来的著作中得知的。空动身印试图使气息、思维和精液三者同时不动，用舌头堵塞喉咙，形成悬息性呼吸暂停，分泌大量的唾液，并且［像《禅定点奥义书》所说的那样——后来《乔罗迦陀本集》（*Gorakṣa Saṃhita*）也那样说］即便在女人的怀抱中也决不泄精④。如果说在此处性伙伴是可有可无的，那么金刚力身印的情况就不是这样了：瑜伽行者应该射精，

274

---

① 参见马尔霍特拉［Malhotra（1）］的回顾。对密教瑜伽的某些现代心理学解释是趣味盎然的，引人入胜的，例如齐默［Zimmer（3）］证明它与人的状况继续相关。齐默描述了施陶登迈尔［Staudenmeier（1）］这一值得注意的例子，施氏独自设计出一种瑜伽体系，并由此成功地克服了他那难以克服的心理困难。

② Eliade（6），pp. 92，103。

③ Eliade（6），p. 63。

④ Eliade（6），pp. 249 ff. 。

但射精后他应该积极地收回这已射之精（*medhra*；泄出的"明点"或精液），"在靠抽吸过程收回后，瑜伽行者必须保存好它，因为丧失'明点'则死，闭留'明点'则生"①。这样我们在此面对的似乎是一种真正的吸精，腹肌在膀胱中制造一个部分真空，从而可以至少汲取一部分阴道里的东西。我们禁不住想到，根据例如上文 p. 196 那段译文，在中古时期的中国可能也有人利用过这一程序。《禅定点奥义书》说"明点"万一漏失，胎息手印（*yoni-mudrā*；阴道手势）可以把它带回或者送回，那一定是在讲同样的实践。有意思的是这部公元 2 世纪的著作也说"明点"分两种，一种色红（大阴血；*mahārajas*），是女性产生的；另一种色白（不净；*śukra*），是男性产生的——这又是亚里士多德的生殖理论（不一定是派生的）②，受到性力和湿婆的庇护③。

从诸如《大乘庄严经论》所用的词句看来，似乎印度很可能也有人使用过"珍藏式性交"中的会阴压迫法，因为《大乘庄严经论》讲到的"*maithunasya parāvṛttau*"，使精"回返"或"改道"，与中国的观念（"还精"）非常相似。"*Maithuna*"这个词是表示被当作一种宗教仪式进行的性交④，有关它的各种密教说法具有引人注目的道教气氛。瑜伽曾把它用于自己的目的，密教把它变成了一种"拯救手段"。当然，它伴有祈祷和献祭，很像我们在上文 pp. 205—206 所讲的道教仪式。对于宗教精神来说，每一女子都是自性（*prakṛti*；自然）的化身，瑜伽母的仪式裸体是宇宙奥秘的重要显示。正如埃利亚德所写⑤：

> Si, devant la femme nue, on ne dé couvre pas dans son être le plus profond la même émotion terrifiante qu'on ressent devant la révelation du Mystère cosmique — il n'y a pas de rite, il n'y a qu'un acte profane, avec toutes les consé quences que l'on sait（renforcement de la chaîne karmique, etc.)⑥.

（如果在裸体的女人面前，内心最深处不出现在宇宙奥秘的显示面前感到的同样可怕的感情，就没有仪式，只有渎神的行为及其人所共知的一切后果（加固业报之链等等）。）

仪式的女伴成为女神，性力的化身，她——那逸迦（*nāyikā*）首先通过"门限"之类的请神礼（参见上文 p. 261）被加持（*adhiṣṭhitā*）。这一行为象征一切对立面"和合的奥秘"（*mysterium conjunctionis*），当"不净"和"阴血"（*rajas*）都不动时，在其高潮就

---

① 同上，pp. 250 ff. 。

② 参见 Needham (2)，pp. 24—25, 60。"白—红"相对一定是世界性的。特纳［Turner (1)，p. 42］说，在阿散蒂人（Ashanti）当中，白象征水、精和唾；又说（p. 61），恩登布人（Ndembu）在仪式上利用白色黏土和红色黏土分别代表精液和月经血。

③ 瑜伽母究竟如何受益，这在密教中同在道教中一样依然是个谜，但可以看出它与保存月经血的思想相差并不很远，瑜伽母在交合时也要做某种平行的抽吸动作［Eliade (6)，p. 250］。

④ 某些大寺庙，如科纳拉克神庙（Konarak）和克久拉霍神庙（Khajuraho），其庙壁上的精彩壁雕即由此而来。这些壁雕独自拥有相当多的文献，我们将只是随便地提到下列诸书和画册：Anand (1)；Anand & Kramrisch (1)；Kramrisch (1)；Gichner (1)；Mitter (1)。

⑤ Eliade (6)，p. 260。

⑥ 关于一般的印度性学，有丰富的文献。许多经典著作已有学者译出；例如见 Basu (1)；R. Schmidt (1, 2, 3)；T. Ray (1)；Tatojaya (1)。

出现一种叫做"等味"（*samarasa*）的状况，即圆满统一（*yuga-natha*）中的感情同一。随之是与中国模式相似的进一步的繁文缛节。例如正像黄帝和彭祖凭着使普通人丧命的同样行为而能升天成仙或永留世间一样，印度人也认为"瑜伽行者凭着使某些人堕入地狱受永世火烧的同样行为而获得永恒的拯救"①。但这是因为瑜伽行者是在遵行"不失菩提心"（*bodhicittaṃ notsṛjet*）②之道，即，绝不泄精；必须使精液消极倒行（*ujāna-sādhana*；*ulṭa-sādhana*, *pāravṛtti*）。强调在性结合中所有男女不分阶级界限和社会地位一律平等，又是我们在早期道教礼仪性集会中清楚听到过的调子③。因此一句话，密教、诃陀瑜伽和道教显然都非常相似，剩下来的事情（而那并不是一件容易的事）是要弄清谁对谁的影响最大④。

既然我们对中国内丹和印度瑜伽术的主要组成部分都已回顾完毕，现在就可以转而考虑若干更一般的概念来帮助做好这件事。首先，"三元"在印度有颇为相似的对应概念，这是相当引人注目的。"气"（或多或少）指"息"（*prāṇa*）是很明显的，但是同样明显的是"精"对应于"明点"（*bindu*），"神"对应于"心"（*citta*）。同时，就我们所知，没有任何印度著作对这三者有在"修真"文献中遇见的那种说法，在印度著作中可能暗含有某种原始青春完美说，但并不完全像中国一样清楚表达出来。《时轮经》之类的著作，把呼吸功时和将时间分成特定块块的循环历回归之间建立起关系，这与中国的操作循环"七返"、"九还"或"火候"存在着进一步的相似⑤。"超越昼夜"在印度思想中表示重获天地万物产生之前的圆满，换句话说就是恢复"太一"或"虚无"，即时间未开始之前一切潜在性的母胎。

接下去的一点可能特别意味深长。在印度，操作的基本目的似乎在中古时期初期就改变了。"古典瑜伽"，埃利亚德写道⑥，"和一般其他任何印度思想主流都不追求'不死'；印度更喜欢解脱和自由，而不大喜欢任何无限延长的生存"。这就是"生前解脱"（*jīvan-mukti*），即个体还在今生的时候就从时、空、物三者的支配下解放出来。然而在某一点之后，密教尤其是诃陀瑜伽中各种著作开始宣布"消灭老年和死亡"并说那些技术能"战胜死亡"（*mṛtyuṃ-jayati*）⑦。诃陀瑜伽开始努力实现锻造和重铸"金刚不坏身"（我们应该说"金刚身"）的炼丹术目标。这里在印度概念这一主流中似乎流入了另外某一河流的水。如果说小宇宙神殿的健康和力量毫不犹豫地显示在密教中，

276

---

①　引自因陀罗菩提（Indrabhūti）的《智慧成就法》（*Jñānasiddhi*），但相同的观念有许多其他的说法［参见 Eliade（6），pp. 264，395］。

②　此语见于《善言集》［*Subhāṣita-saṃgraha*；见 Bendall（1）］及其他许多著作［参见 Eliade（6），p. 268］。

③　本书第二卷 p. 151。瑜伽行者要尊崇卑微的洗衣女（*dombī*）和妓女（*lulī*；也许还有庙妓）。这可能有不止一种经济上的解释，不过它的确涉及对种姓等级隔阂的蔑视，种姓等级隔阂虽然在中国没有发现，但在印度却总是很重要的。对于超结构平均主义社团的社会学，特纳［Turner（1）］和迪莫克［Dimock（1, 2）］曾作了讨论。一项妙趣横生的比较把方济各会灵修派（Spiritual Franciscans）同孟加拉的毗湿奴自然宗（Sahajīyā Vaishnavas）联系了起来。

④　就恰托巴底亚耶［Chattopadhyaya（1）］而言，说印度性力密教和中国道教与原始农业母权制社会有着深刻的联系确实是可以接受的，但其相互关系仍然令人很感兴趣。

⑤　参见 Eliade（6），p. 271。

⑥　Eliade（6），p. 337。

⑦　同上，pp. 233 ff.，271，301，336，359。

那么长寿和（也许是肉体？）不死的目的则明明白白地表述在诃陀瑜伽中。这就是 4 至 14 世纪的一种稳定的倾向，它自始至终牵涉到炼丹术。

所有印度炼丹术和化学史家都一致认为原始化学炼丹术（*rasayana*）与密教运动有密切的联系，尽管它的诞生和起源比密教运动要早些。瑜伽和炼丹术虽然也许从未被罗致在像中国的外丹和内丹那样近似的旗帜下，但两者的关系一点也不远。密教和诃陀瑜伽旨在变"生身"（*apakva*）为"熟身"（*pakva*）①，即不坏的"金刚身"（*vajra-deha*）、成就身（*siddha-deha*）或智身（*jñāna-deha*），就像炼丹家试图用其他较不贵重的物质制取黄金、金液和外丹一样②。而且点金本身也是诸神通（悉地）③ 之一，几乎使人联想起"内丹不成，外丹不就"的话。拉伊（Ray）认为"印度炼丹术的色彩、风味，事实上还有营养，主要来自密教崇拜"④。埃利亚德写道："在印度，瑜伽吸收各种具体技术的倾向几乎不可能忽视一个像炼丹术那样精确的实验体系。这两门精神科学间的渗透有时是很完全的；两者都反对纯思辨和纯形而上学的东西，都在'活的'物质上下工夫，以便使其发生转化，即改变其本体状况；都追求解脱时间律，即摆脱存在制约、获得自由和达到有福的目标，一句话，就是追求不死的目标。"⑤

与密教的联系在 6 世纪的炼丹术论著如《仙赐传》（*Vāsavadatta*）和《十公子传》（*Daśakumāra-carita*）中已经一清二楚了，它们像印度传统的所有其他论著一样，中心话题是汞的制备和性质。约此时的《俱婆耆迦经》（*Kubjika Tantra*）把汞（*parada*）说成是湿婆本身的生殖要素（"明点"）。《丹宝集论》（*Rasaratna-samuccaya*）有一种崇拜呈一个金汞齐制男性生殖器（林伽）形象的湿婆的仪式，此书可能实质上属于 8 世纪，但形成今本形式则是在 13 世纪。10 世纪的书，如弗林达（Vrnda）的《悉达瑜伽》（*Siddhayoga*；一个意味深长的书名）和遮迦罗婆尼（Cakrapāni）的《遮加罗达多医论》（*Cakradatta*），或 12 世纪的书，如无名氏的《丹海》（*Rasārṇava Tantra*），都继承了同样的传统。"死亡与复活"的主题也存在，如在各种"杀死"汞及其他金属的方法中⑥。印度炼丹术的一大中心在泰米尔纳德（Tamilnad），那是南方的非梵语大区，在那里有叫做"悉达"（sittars；siddhas）的方士从事炼丹术，关于他们的情况我们过一会儿还要讲到。

印中两国情况间另一引人注目的平行现象在于密教像道教的内丹派一样，有所谓

---

① Eliade（6），p. 315。

② 参见 Chattopadhyaya（4），pp. 356 ff. 。

③ 《瑜伽真性奥义书》（公元 2 世纪）就已经说有一种悉地（*siddhi*）可以用粪秽点铁成金 ［Eliade（6），p. 138］。

④ Ray（1），rev. ed. ，p. 113。

⑤ Eliade（6），p. 291。这最后一种表述似乎会混淆"生前解脱"和"战胜死亡"的理想（上文 pp. 261，276），但可以看出要把两者结合起来是多么的容易，因为在解脱之外若不能加上不死，修炼家享受超然物外的福祉就不会很长。当然，从某种意义上说，一个神秘主义者假如能免受时间支配，哪怕是（客观的）几分钟，就可以认为自己是不死的了。人们不会忘记基督教的表述："在时间中的永生。"

⑥ 参见本书第一卷 p. 212 和本卷第三分册 pp. 7—8，第四分册 pp. 4，5，7。但值得注意的是，"死亡与复活"的主题在中国的"死"汞观念里并不存在。"死"通常是指"死毒"，"杀死"金属的毒性（即生"气"）最终产生的生命是修真之人的，而不是汞的。

的 "隐语"，不过它在炼丹实验室语言中对其意义的掩盖没有那么系统和坚持不懈。这种 "意有所指" 或 "转弯抹角" 的术语（sandhāya-bhāṣā）肯定是为了把秘传学说隐藏起来，不让外人知道；埃利亚德有点厌倦地发表下面的议论时，可能心中在想着中国的内丹家，他说，"在密教中，我们面对的是整整一个密码系统，编制得非常精细……"（dans le Tantrisme nous somme en présence de tout un systéme de chiffrage, fortement é laboré...）①。一部密教著作好比说可以用几种不同的调子来读，瑜伽的，礼仪的，性的，炼丹术的，视读者本人具有什么样的知识和兴趣而定。这正是在讲中国炼丹术著作时已经遇到过的问题：是外丹还是内丹？抑或两者兼及？此处也是那样，例如 "菩提心"（bodhi-citta）可以指 "觉心"，也可以指精液（不净；śukra）；莲花（padma）可以指子宫薄伽（bhaga），也可以指阴道约尼（yoni）；金刚雷电（vajra）可以代表阴茎林伽（linga），也可以代表（一切事物的）空（śūnyatā）。在这一点上它们又完美地实现了两个期望：第一，就像在中国一样，生理或性爱意象与诸术的实际修习常常是极难区分的。要想不走入歧途，法师（guru）的亲自指导（guruvaktrataḥ；相当于 "诀"）是绝对必要的。第二，模棱两可的意旨非常适合诗歌表达，所以像内丹道士一样，大多数密教徒都是诗人。例如，有一个故事讲述了俱俱利波陀（Kukkurīpāda）在一千个人面前吟诵一首诗，但听懂的人只有一个②。

很快我们就要接近我们的倒数第二项概括，综述中印两国交流和影响的复杂（而目前大概是无法解决的）问题，然后是我们关于瑜伽与内丹之间异同的结论。最后，我们将考虑可以认为内丹在世界科学和原始科学史上占据什么地位。但首先有一个更为一般的方面要看一下，即因找不到一个更好的词不妨姑且称为 "唯信仰主义"（anti-nomianism）的方面。在印度，这表现得非常极端，几乎具有偏执狂性质，其中心思想也许可以说是深信为了获得圆满道行，就必须灭绝一切自然的爱憎、一切正常的好恶。这种思潮有一些理性的表达方式——《庄子》认识到道在粪秽中就像在宇宙间别的地方一样③，基督教断言 "上帝所造的，你不可当作俗物和不洁之物"④，那是现代科学头脑的态度，能消除反感，对天底下任何东西都安之若素，不管其外表多么恐怖或讨厌。但在印度有一批叫 "左道"（女行；vāmācarī）的人，他们有系统地企图消灭正常的情感，以此作为一种神秘主义拯救之道的一部分⑤。奥义书时代已经有一些被称作骷髅外道（kāpālika）的恐怖禁欲者团体，后世婉称 "无怖"（aghorī，a-ghori），这就等于是称复仇三女神（Furies）为欧墨尼得斯（Eumenides；善心的女神）。他们恋尸和食尸，常去墓地（śmaśāna），以髑髅为饮器，吃粪秽，例如像 17 世纪麻培特沙阿（Mobed Shah）的《宗教学派》（Dabistan）⑥ 中描述的那样。玄奘在一千年前已经碰到过一些这样的人，他及时地记录了自己对他们的看法。刚刚提到过的《十公子传》中也有

---

① Eliade（6），p. 252。
② 一些上了年纪的人可能觉得从这个意义上说所有的现代诗人都变成了密教徒。
③ 本书第二卷 p. 47。
④ Acts, 10, 9—16。
⑤ 参见 Eliade（6），pp. 293 ff. 。
⑥ 译文见 Shea & Frazer（1）。

提及。除了这种"对污泥的怀念"（nostalgie de la boue）之外，还有一些更糟的事情，当然我们不是指"无怖"托钵僧从事的性"纵欲"和乱交，而是指像当今大众庸俗文学中性与施虐狂那种奇怪联系一样的事情。例如有各种仪式性残酷行为，不惜举行人祭、毁残身体等，因此，早期的英国殖民统治者下定决心试图肃清这些唯信仰论派别。我们不习惯于运用夸张的语言，但拉伊所说的密教这一边缘方面的"严重迷信和可怕咒语"① 当时肯定在继续流传。其唯一讨人喜欢的方面也许是它对种姓等级制度所有社会和营养禁律的完全摒弃——"左道"（vāmācarī）一定是彻底"出世"的。

中国是否有这类情况呢？就我们所知没有，大概是因为本能的体面感和传统的入世伦理大大阻抑了宗教狂热的产生。不过，鲍格洛［Pokora（4）］在一篇令人感兴趣的论文里，举出了若干中国文献中的例子，那些例子表明，与试图消灭自然人类情感的做法相似的事偶尔有之。由于我们并不觉得他的例子足以证明这一点，所以对它们值得作一简短考察。桓谭在其约公元 20 年的《新论》中讲述了他与朋友郎冷喜外出，看见一个样子可怕的老翁，冷喜认为他可能是仙人，但桓谭肯定不以为然②。"粪上拾食"四字意思一定是说那个老翁大概出于贫困而在粪堆上拾取食物，而根本不是说他在吃粪。又，王充在约公元 83 年的《论衡》中讲到佛教庇护人楚王刘英的宫廷中，有一个名叫刘春的道士"把楚王引入歧途，使他吃不洁之物"（"荧惑楚王英，使食不清"）③。但并没有证据证明这是"无怖"唯信仰主义，至少同样有可能是推荐某种"污秽药箱"（Dreck-apotheke），很可能为出于药理学（性激素）目的而饮尿或服食胎盘，那是汉代的一项相当有名的技术（参见下文 p. 308）④。诚然，不管它是什么，王充并不赞成，因为他说"刘春并没有被雷电击倒"（"春死，未必遇雷也"）。马伯乐也谈到刘春，并且未提供任何证据地说，道家师父常常把"无怖"（aghorī）类的严峻考验强加于他们的弟子⑤，还举了费长房为例，费长房的法术师父确实曾叫他吃一些粪便（"使食粪"）⑥，但费长房不肯吃，而师父却让他通过了。马伯乐又举了甘始及那段关于饮尿和倒悬的著名文字为例。饮尿无疑与内分泌药理学有联系（参见下文 p. 308），而倒悬也许是一种"还精"的努力⑦。如此看来，密教次要方面在中国的任何实际存在的证据似乎是非常不充分的，而且像"无怖"这样的活动假如曾经进行过的话，在正史和稗史小说中是完全不可能没有记载的。

---

① Ray（1），rev. ed.，p. 114。
② 《太平御览》卷三八二，第六页；《全上古三代秦汉三国六朝文》（全后汉文）卷十五，第六页。
③ 《论衡·雷虚篇第二十三》，译文见 Forke（4），vol. 1，p. 290。
④ 甚至可能仅仅是吃虔诚的佛教庇护人们不能吃的各种食物——肉、洋葱等。
⑤ Maspero（20），p. 90。
⑥ 《后汉书》卷一一二（方术列传）下，第十三页。
⑦ 《后汉书》卷一一二（方术列传）下，第十八页。

（i）独创与影响；类似与差异

现在我们可以尝试采取一幅全景画的形式来估量整个情形①。是否能发现中印两国在这类事情上彼此都有哪些方面的影响？而对于中国内丹和印度密教瑜伽的主要差异又能说些什么呢？

首先，要认清的是宗教性性行为和呼吸冥想术不仅在印度，而且在中国也都是极其古老的。中国在纪元初会需要许多关于调息的知识似乎是完全不可能的，因为有来自考古铭文的证据 [H. Wilhelm（6）] 表明，早在公元前 6 世纪调气甚至闭气就已经受到了非常认真的对待②。公元前 4 世纪的庄周十分熟悉这样的实践③，而差不多在公元前 300 年出现了孟轲与公孙丑关于激发、积聚和保存充足的气的那番著名谈话④。孟轲说 "我善养吾浩然之气"，从上下文看，很清楚他们谈论的是一个卫生保健与心理卫生的问题，这是很清楚的；因为它的基础为不动心、心平气和以及沉着冷静，而其中隐含着这种或那种呼吸功。谁要是对周末和战国时期 "气" 在中国医学和生理学思想中的极端重要性感到怀疑，只需要看一下《左传》中的临床会诊记录⑤，和《黄帝内经素问》的开首几篇，这部伟大的 "希波克拉底式" 文集，在公元前 2 世纪和公元前 1 世纪总结了先前四五百年间医家思想与经验。《黄帝内经素问》第一篇题为《上古天真论》。在此篇中主讲的是对话者岐伯。他说⑥：

> 远古的圣人教导弟子，都说有时必须回避有害空气影响（"贼风"）和恶性虚弱（"虚邪"）。如果习练寂静、不动心和超凡脱俗的冥想，原始生命力之气（"真气"）就会对此作出响应，同时 "精" 和 "神"（原始生命力）就会得到保存。那样疾病怎么能产生呢？

> 〈夫上古圣人之教下也，皆谓之虚邪贼风，避之有时，恬淡虚无，真气从之，精神内守，病安从来？〉

281

这一定是道家整体观的旁根之一，把自然看做整体并坚定地避免情绪的过分激动和身体的过度行为。在另一处，黄帝自己说⑦：

> 自古以来，能与自然沟通的人知道阴阳是一切生命的基础。这个道理在天地之间，六合之内，到处适用。原始生命力之气（"真气"）（循环于）身体的九个

---

① 我们承认我们无力完全澄清这一切。我们不能直接利用印度的原始资料。我们知道精确推断印度著作年代的重重困难。但这里我们不得不作某种试验性的和临时性的概述。

② 见本书第二卷 p. 143 和上文 p. 142。

③ 参见上文 p. 154。

④ 《孟子·公孙丑章句上》第二章，译文见 Legge（3），pp. 64 ff. 。

⑤ 见本书第六卷中的第四十四章，同时见 Needham（64），pp. 265, 267。

⑥ 《黄帝内经素问·上古天真论篇第一》（第 3 页），由作者译成英文。

⑦ 《黄帝内经素问·生气通天论篇第三》（第 20、21 页），由作者译成英文。

区划（"九州"）、九个孔窍（"九窍"）、五脏和十二经脉。它们都是与自然之气相通的。……所以古时的圣人教弟子（保存）"精"和"神"，同时吸入和运行原始生命力之气（"真气"）。这样他们就会获得一种（对道的）神秘理解。

〈夫自古通天者，生之本，本于阴阳。天地之间，六合之内，其气九州九窍、五藏、十二节，皆通乎天气。……故圣人传精神，服天气而通神明。〉

这番话在题为《生气通天论》的那一篇中。虽然关于气的种种学说在中国之古老实在不需什么辩护，但我们还是很高兴把这两段话放在这里，因为它们给这一整节的结尾增添了一个意味深长的成分。这部最古老的医学著作中出现了恰好是我们在较前面的一些段落（上文 pp. 26，46—47）里讲了那么多的"三元"，一定会给读者以深刻的印象。

性在宗教中的地位及其为肉体不死带来的希望也完全如此。公元前 4 世纪的《道德经》所作的关于性的早期解释已经讨论过了（上文 pp. 132 ff.）；但是，有理由认为，性在中国宗教中地位之突出还可追溯到更早。受对《楚辞》中一些公元前 3 世纪初诗歌注解的启示，业已有人如韦利［Waley（23）］和霍克斯［Hawkes（1，2）］[1]指出，这部著名南方诗集中的某些诗歌是关于男女萨满祭司分别与女神或男神的礼仪式幽会的，其优美至今仍能感受到。在早期，配偶神无疑是要由作为祭司长的人来扮演的，就像葬礼中一直有活"尸"，直到很晚的丧葬仪式中才消失那样。另外，我们不能忘记《前汉书·艺文志》中关于房中书籍的那部分；尽管我们可以把那些书看做肯定流行于公元前 2 世纪，但它们不大可能只是在那时才开始形成的，所以认定最初阶段的那些书如果不是形成于公元前 6 世纪的周王朝宫廷，也是形成于公元前 4 世纪的战国诸子当中，一定更为合理。

282　　　这种情形是我们以前曾经碰到过的：在中印两国的起源都非常早，使人不得不去探寻它们用以创建各自颇不相同的智力建筑的最初那些砖石的某一共同来源。即便亚述学家迄今为止常常找不到我们所需要的起源，我们也会立刻想到巴比伦王国（Babylonia）和肥沃新月地带（Fertile Crescent）。这方面的一个典型例子是二十八宿，它们在整个古代东亚天文学上都很重要[2]。不过，还有许多其他的例子，如十二进位制，它改变了中国土生土长的十进制倾向[3]；又如国家占星术的某些方面，我们早就指明过它的相应出处[4]，甚至指明过整个"气"的概念本身的相应出处[5]。

确定谁先谁后和文化传播情况的最大困难是中印两种文化间的密切关系似乎开始得不够早，还不足以使人认为两者中的任何一方从另一方那里获得了这些基本观念。我们在本书很早的一个阶段曾概略地介绍过中印间的交通路线和文化接触，自那以后，

---

① 尤其是 Hawkes（1），pp. 35 ff. 。
② 参见本书第三卷 pp. 242 ff. ，252 ff. 。这个问题仍然在讨论中［参见 Filliozat（7，8）］。
③ 本书第四卷第二分册 p. 440，更充分的讨论见 Needham，Wang & Price（1）。
④ 本书第二卷 p. 353，其中描述了贝措尔德（Bezold）在 1919 年的工作。
⑤ 本书第一卷 p. 239。

足以改变我们所作介绍的文献资料增加得并不多①。公元前 2 世纪末存在着经由云南和缅甸的陆上贸易，尽管贸易规模很小，其证据是有一些的②，但公元前 1 世纪中国人进行广泛的海上航行的证据更多一点，当时官商的足迹肯定到过印度支那，可能也到过印度的东南海岸③。那些地区在公元 2 年、84 年和 94 年向中国朝廷纳过厚贡（如犀牛），这一事实使我们对从事贸易的船只的载重量有所了解。那么，佛教在中国的出现毋庸置疑地就是在公元 70 至 160 年间，大概由海陆两路传入，陆路通过喜马拉雅山脉和新疆。在公元 1 世纪，和田、库车一带肯定为印度、波斯、希腊、中国四种文化的一个大会合处④。然而在公元 3 世纪以后好几百年间，中印关系加强了，尤其是印度神学家和语言学家不断地"人才外流"；与此不相上下的，是中国僧侣纷纷虔诚地到印度去求法和朝圣。通常中国僧侣又返回国内，而很多印度人却并不回国，由此产生的一个附带结果是：到了 7 世纪和 8 世纪，有印度裔天文学家家族在唐朝京城的政府太史部门中供职⑤。从 4 至 14 世纪，就宗教、炼丹术和生理学来说，我们要应付的情况与数学方面的情况差不多；对此，我们可以证明，在同一时期存在着始终不断的交流，中国在这种交流中贡献很大⑥。但在公元 1 世纪前双方的接触一定是非常有限的。这样总的说来，恰托巴底亚耶 [Debiprasad Chattopadhyaya（1）] 认为道家综合体系和瑜伽–密教–诃陀瑜伽综合体系都独立地起源于原始农业母权制社会和公社制社会可能是对的。但如果中印两国不是都受到过来自更古老的西亚文化的强烈影响，两个综合体系的实践方面之发展何以如此相似，却是让人费解的。

　　我们现在面对的问题是：内丹与印度瑜伽运动的关系，就在这个问题上过去曾有过好几种推测。六十多年前孔好古 [Conrady（1）] 试图证明在公元前 4 世纪中国受到过瑜伽的影响，但他的论证现在毫无说服力⑦。然而一直有一种难以消除的印象，觉得"从公元 1 世纪起两个体系间的相似点太多、太惊人了，不会是仅仅属于偶然性质的"⑧。菲利奥扎 [Filliozat（3）] 在一篇重要的论文中考察了这个问题，认为瑜伽一定是与佛教差不多同时（公元 1 世纪和 2 世纪）被全盘输入到中国，但这一观点主要是基于那样一种不完善的论据，即原先中国医学中关于"气"的理论并不发达。我们则认为它事实上是很发达的。因为正相反，在以后各个时期菲利奥扎看到了一种朝另一方向发展的倾向，密教深受中国的影响。对此我们表示同意。这方面的情况一会儿还

283

---

　　① 本书第一卷 pp. 206 ff.。我们也必须提一下师觉月 [Bagchi（1）] 的有用的书，他主要是讲佛教在中国的弘法活动，还必须提一下查特杰 [S. K. Chatterji（1）] 的卓越综述。

　　② 参见本书第一卷 p. 174。

　　③ 本书第四卷第三分册 pp. 442 ff.，有几段关键性文字的译文。

　　④ 参见 Lévi（4）和 Cammann（4），后一篇论文认识到了在锡尔开普（Sirkap）出土而现藏于塔克西拉考古博物馆（Archaeological Museum at Taxila）的一个中国青铜弓弩扳机的性质，这个扳机一定是来自中亚的某一中国前哨的。

　　⑤ 见本书第三卷 pp. 202 ff.。我们也记得隋唐时期从 6 世纪末起流传的许多书名中有婆罗门（Brahmin）字样的天文学、数学、历法学、医学和药学方面的书（本书第一卷 p. 128）。可惜这些梵文著作的中译本均失传已久，为同样被译成中文的大量佛经（sūtra）所湮没。

　　⑥ 本书第三卷 pp. 146 ff.。

　　⑦ 鲍格洛 [Pokora（4）] 同意他的论证。另可参见 Creel（7）和 Chang Chung-Yuan（1）。

　　⑧ Pokora（4），p. 71。

必须作更加详尽的介绍，但是最大的困难仍在早期阶段。马伯乐深思熟虑的意见是：不应该向南去寻找道家技术的起源。"在我看来"，他写道①，"到印度去寻找古代道家神秘主义的起源是完全错误的。神秘主义的事实就是心理学的事实，这些事实可能并不是频频出现的，但却是一种普遍现象，不管达到什么样的文化和文明阶段。老子、庄子和列子魂游象外的恍惚状态肯定是与古代中国巫觋的神灵附体状态相同的入定状态，不过形式雅致并提出了哲学解释"。当然，瑜伽一定是随佛教一起传入中国的，但问题在于，与它很相像的东西在中国已经存在了。

可是，大家都一致认为从 4 世纪起情况改变了。如果说，瑜伽可以被视为纯印度的东西，那么密教则几乎不能，诃陀瑜伽甚至更不能了②。把性作为一种拯救之道好像带有点中国色彩。当然，到 8 世纪印度的各种密教形式又像潮水般地倒流入中国，就像周一良 [Chou I-Liang (1)] 那篇宝贵的论文中所指出的那样，但密教原先来自什么地方呢？人们常说，密教最初出现在印度文明的几个边界上——东北是在阿萨姆 [Assam；迦摩缕波（Kāmarūpa）] 和东孟加拉（East Bengal），即"密教色彩特别浓厚的地区"（les pays Tantriques par excellence）③；西北是在犍陀罗（Gandhāra）和今阿富汗边境地区，靠近往返新疆的各关隘；东南是在泰米尔纳德，即马德拉斯（Madras）地区，该地语言为泰米尔语，其各港市为最早见到摩诃支那（Mahācīna）——伟大的中国人的国度——来客的城市④。这里一个意味深长的迹象是迦摩缕波国王婆什迦罗·鸠摩罗（Bhāskara Kumāra）在公元 644 年曾请求将《道德经》译成梵文⑤。伯希和 [Pelliot (8)] 讲述过这件事，从中我们了解到（奉敕进行的）翻译按时完成，但作为梵语学者的翻译委员会主席不是别人，正是玄奘本人。他在术语的梵文对应词上与道教的主要代表蔡晃和成英发生了很大的争论⑥。这件事无疑显示了此时阿萨姆人对于阅读道教经典和技术手册有着多么大的兴趣。渐渐地，一整套佛教密典应运而生，描述和推荐支那功（cīnācāra），即流行于大支那（摩诃支那）的宗教性性行为实践⑦，而这大支那只能是指在道教徒和道教化佛教徒的混合环境中。度母是他们崇拜的最大女神之一，摩诃支那度母观世音母好像是观世音（Avalokiteśvara）菩萨的性力女神⑧。《摩诃支那功修法》[也叫《支那功无上密法》（Cīnācāra Sāratantra）] 是这一阶段密教的一个独特的产物，它叙述了半传说的圣贤婆私吒仙人（Vaśiṣṭha）如何到中国去向毗湿奴（Vishnu）或某一佛陀化身学习度母礼拜仪式。他非常吃惊地发现一佛陀被成千个处在性爱狂喜中的情人所包围，但他接受了性结合是达到与上帝、道或宇宙结

左侧页码：284

---

①　Maspero (14)，p. 46。

②　我们在本书第二卷 p. 427 已经表达了这一观点。

③　Eliade (6)，pp. 207，303。

④　参见本书第一卷 pp. 176 ff.，本书第四卷第三分册 pp. 442 ff.。

⑤　这一请求是由中国使节李义表和王玄策转达的（参见本书第一卷 pp. 211 ff.）。

⑥　玄奘坚持要把"道"译作表示"道"（the way）的梵文 *mārga*，但道士想要用表示"觉"（illumination）的梵文 *bodhi*。意味深长的是玄奘拒不让人翻译河上公（参见上文 p. 130）的"序"。

⑦　Chatterji (1)；Bhattacharya (2)；Eliade (6)，p. 264；Bagchi (1)，p. 199；Woodroffe (1)，pp. 179 ff.。关于"摩诃支那"一词见 Lévi (9)。

⑧　参见上文 p. 260。

合的最完美方法的说教，并对下列要求耿耿于怀："女人是诸神、生命本原和装点世界之美的化身；一个真正的修炼家必须始终在精神上处于它们当中"①。还有一点能从中窥知当时动向的情况来自嘉门［Cammann（10）］的著作，他在考察西藏曼荼罗画时发现了表明起源于汉代中国规矩镜的提示性证据②。图奇［Tucci（5）］虽然起初不愿意接受这一点，但在他关于曼荼罗的那部权威著作的后来各版中已承认它大概是有充分根据的。整个问题与一个叫乌仗那（Oḍḍiyāna）的国家所处位置的确定密切相关，这个国家据推测是密典的发源地；尽管还有许多工作要做，但道教对密教的支配性影响似乎已清楚地得到了确认。

迄今为止我们一直在考虑 4 至 8 世纪那段时间，现在我们也必须考虑 9 至 13 世纪这段时间，它是诃陀瑜伽的发展时期，又是一个印度炼丹术非常活跃的时代。这与南印度的泰米尔文文献有特别大的关系。虽然在印度的各个图书馆中收藏有大量关于炼丹术、瑜伽和密教的泰米尔文手写本，但人们几乎还没有采取过任何行动来出版那些手写本和澄清错综复杂的情况③。然而我们知道，泰米尔密教徒崇奉十八位魔法师炼丹家［悉达（sittars）；相当于悉陀（siddhas）和丹悉陀（rasasiddhas）］，其中有两位被承认是来自中国的④。年代最早的那位阿竭多仙（Agastya）可能是传说中的或虚构的⑤，但其余各位被认为是历史上实有的。他们当中的一位，博迦尔（Bogar），显然是 3 世纪来到印度，在巴特那（Patna）和菩提伽耶（Bodh-gaya）学习后居住于马德拉斯的中国人。有意思的是，和大多数西游印度的其他中国知识分子不同，博迦尔不是佛教徒（因此大概是道教徒），在他名下的著作中很少提到佛教。还有一部分传说（假如是传说的话），是博迦尔带一批泰米尔弟子回到中国学习一段时间后才到泰米尔纳德最后定居下来。还有一位悉达也是中国人，不过我们只知道他的泰米尔语名字叫布利巴尼（Pulipani）；他的年代无法确定，但很可能稍晚于博迦尔。据传说，其他的悉达都是泰米尔人，但整个格局证明 3 世纪和 10 世纪之间道教与南印度密教的关系之密切。3 世纪是悉达开始产生的时候，而 10 世纪则是他们达到最多的时候。令人感兴趣的是，在后来的著作中有对 8 世纪大哲学家商羯罗（Samkara）唯心主义一元论（不二论吠檀多；advaita vedānta）的驳斥。至于炼丹术，那些泰米尔文文献像梵文文献一样使用一系列与中国人颇为相似的试药。但它们也含有其他文献所没有的东西——一种将金属和数字分成阴阳两类的非常中国式的分类法⑥。这是沿着中印间海上商路的原始化学和原始

---

① Levi（6），vol.1，pp. 346 ff.；S. Chattopadhyaya（1），p. 11 及其他各处。

② 参见本书第三卷 pp. 303 ff. 。

③ Subbarayappa（2），（3），pp. 315，335 ff.，345—346 提供了一些有价值的情况。

④ Ray（1），rev. ed. pp. 125 ff.；D. Chattopadhyaya（4），pp. 353 ff. 。关于这一问题的少数几篇有独到见解的论文之一是耶尔［Iyer（1）］的论文。《丹宝集论》中列有二十七位悉达。

⑤ 还有甚至更具传说色彩的蒂鲁穆拉尔（Thirumūlar）。

⑥ Filliozat（3）。

生理学接触与交流的一些非常吸引人的方面①。

286　　8 世纪初中国与印度尤其是南印度政治、文化关系密切得出奇②的证据，大大增强了这种接触的可能性，那些证据在本书第七章中还没有提到过。在约公元 680 年至 730 年的几十年间，帷幕拉开，我们可以看到一些值得注意的来往。单单公元 692 年一年就有来自五个印度国家（天竺）及中亚库车（龟兹）的使团携带贡品齐集于中国的京城；它们派出的代表据说是"国王"，不过这些使节很可能是王公③。在公元 710 年，一位南印度的使节又来表示敬意和交换礼物，同来的有一位西藏（吐蕃）的使节、一位来自谢䫻（Zābulistān）④ 的使节，还有一位来自罽宾（Kāpiśa）⑤ 的使节⑥。公元 719 年又一个南印度使团到来⑦。接着我们读到在公元 720 年与另一位统治建支国（State of Kāñci）［今马德拉斯西南的甘吉布勒姆（Conjeeveram）］的南印度国王尸利那罗僧伽宝多拔摩（Srī Narasiṃha Potavarman）有过接触⑧。这位国王"请求中国皇帝准许用他的战象和兵马去征讨阿拉伯人、西藏人等。他还请求给他的军队起一个名称。皇帝热情地赞扬了他，并授予他的军队'怀德军'的称号。"（"请以战象及兵马讨大食及吐蕃等，仍求有以名其军，帝甚嘉之，名军为'怀德军'。"）更稀奇的是这位国王为向中国表示敬意或为崇拜某一中国神祇而建造了一座专门的寺庙——那中国神祇难道不会是度母本身吗？《旧唐书》上说⑨，建支国王在 720 年"建造了一座敬奉中国的寺庙，并请求皇帝题写寺名。皇帝随即下诏赐予一块题有'归化寺'字样的匾额。国王就把这块匾额悬挂在庙门之上"（"为国造寺，上表乞寺额，敕以归化为名赐之"）。同年，

---

①　另可参见本书第一卷 pp. 176 ff.，206 ff.，本书第四卷第三分册 pp. 442 ff.。在本书第五卷第四分册 pp. 388 ff.，我们详尽地综述了中国外丹对阿拉伯文化的影响。印度、中国和伊斯兰国家在内丹上的关系探讨起来也是一个吸引人的问题。例如，有一篇也许属于 12 世纪的梵文著作，题为《甘露瓶》（Amritkunda），在 13 世纪被译成阿拉伯文（后又译成波斯文），译名是"Bahr al-Hayat"（或 Haud al-Hayat；生命之海或生命之水），已由侯赛因［Yusuf Husain (1)］出版，附有法文摘要。原译者为阿萨姆的一名瑜伽行者，本是乔罗迦陀的追随者，后成为穆斯林。西班牙的伊本·阿拉比（Ibn 'Arabī，1165—1240 年）这位伟大的神秘主义者似乎知道此篇著作并曾习练其中的功法，那些功法成了苏非派的一个永久的部分。我们感谢达卡大学（Dacca University）的哈比布拉（Habibullah）教授告知我们这些事情。

在前面的一页（p. 152）上，我们曾想起过苏非派在其齐克尔礼仪中采用了东亚的一些呼吸功法，不管是受自中国还是受自印度。我们也想起过拜占庭基督教灵修派别静修派，它兴盛于 14 世纪并受到印度教和佛教瑜伽的影响，如果不是也受到中国自我修养实践影响的话。但专属炼丹术的思想在多大程度上成为上述任何传递和接受的一部分，则仍有待研究。

②　若干时期的大量资料收录于 Majumdar (3)，尤其是 vol. 2，3 和 4。

③　《册府元龟》卷九七〇，第十七页，译文见 Chavannes (17)，p. 24，参见 Mahler (1)，p. 90。东印度是摩罗拔摩（所指不明），西印度是尸罗逸多（肯定是指 Sīlāditya），北印度是那那（所指不明），中印度是地摩西那（所指不明），南印度是遮娄其拔罗婆［肯定是指 Calukya Vallabha，德干高原上的一个王朝，都城在迈索尔（Mysore）附近］。

④　古代的阿拉霍西亚（Arachosia），其中心为伽色尼（Ghazna），今阿富汗的一部分。

⑤　犍陀罗或犍陀罗以北；参见本书第一卷 pp. 191ff.。

⑥　《册府元龟》卷九七〇，第十九页，译文见 Chavannes (17)，p. 28，参见 Mahler (1)，p. 90。

⑦　《册府元龟》卷九七一，第三、四页，译文见 Chavannes (17)，p. 41。

⑧　《册府元龟》卷九七三，第十三、十四页，由作者译成英文，借助于 Chavannes (17)，p. 44，参见 Mahler (1)，p. 90。

⑨　《旧唐书》卷一九八，第十三页，由作者译成英文，借助于 Chavannes (17)，p. 44；Mahler (1)，p. 90。

长安又来了一位南印度（建支）的使节，其名字显然叫"米准那"，在他进献了贡物之后，"皇帝命令非常周到地安排他的回国事宜，并满足他的最大愿望。因此赐给他一件锦袍、一条金带、一只盛鱼形（官）符的小袋①以及（通常的）七样物品，于是他就起程回国了。"②（"并须周旋发遣，令满望。乃以锦袍、金带、鱼袋、七事赐其使，遣之。"）最后将近那年年底，中国派出一名使节步他的后尘去册封尸利那罗僧伽宝多拔摩为国王③。在一定的时期里，中国与南印度关系之深由此可见一斑。其进一步证据为米准那一行有著名的大乘派僧人金刚智（Vajrabodhi）陪同——而如果佛教术士能来的话，道教炼丹家和内丹家也就能去④。

　　除去这一切，在我们上面详述的印度情形中，还有另外两个一般特征似乎清楚地表明曾接受过中国传播来的思想或至少受到过中国的刺激。第一是印度之气脉及脉轮系统与古代中国医学之经络、穴位及较大的空间实体（"池"、"田"、宫、庭等）那不可思议的相似性。这为将来某一能运用汉、梵两种文字材料的比较医学研究者提供了一个很好的机会。第二是从"生前解脱"即精神解放或"在时间中的永生"到战胜死亡那非常引人注目的转变，大概是为了某种肉体不死。如果4至14世纪间在印度这后一个目标真的倾向于取代前一个目标，或至少与其平起平坐，那就很难避免这是受那些信奉"神仙"者影响的印象⑤。

　　现在让我们来讨论已经提出过的另一个大问题。中国内丹与印度密教瑜伽的显著差异是什么？两者有着非常相似的地方现在想必已经很明显了——然而这两个体系又都明白无误地是它们自己。我们觉得，中国体系的特点可以说是表现得更加冷静和具有浓重得多的唯物主义倾向。例如，虽然中国内丹家不断地做他们的导引术，但几乎没有任何证据表明他们实行了他们的瑜伽同行那种更为极端的柔体杂技性坐法（āsana），而在中国按摩和自我按摩相对来说起了较为重要的作用似乎也是很清楚的。就我们所知，中国人也没有进行过印度人为了高级诃陀瑜伽的"净化"目的所做的、控制不随意肌的坚决而又成功的尝试。至于像已经说过的那样，为了破除自然欲望而把精神集中于一切讨厌之物，甚至于不惜进行人祭的唯信仰论左道（vāmācāri）倾向⑥，这是非常不合中国习惯的；如果有任何与性联系在一起的施虐狂的话，那也是发生在受儒家伦理纲常保护的家庭中而不是在道观中。对于我们来说，比别的东西远要重要得多的，是这样一种唯物主义，即深信就在这地上或这天上可以获得肉体（即使轻灵化的）不死。与此相应，"内丹"的形成是从某种纯属物质性的意义上来考虑的；

---

　　① 参见 Ho Ping-Yü & Needham (2)。

　　②《册府元龟》卷九七四，第二十一页，由作者译成英文，借助于 Chavannes (17)，p. 45；Mahler (1)，p. 90。

　　③《册府元龟》卷九六四，第十五页，译文见 Chavannes (17)，p. 45，参见 Mahler (1)，p. 90。

　　④ 见 Lévi (1, 2, 10)；Bagchi (1)，p. 219。金刚智出身于中印度王室，在那烂陀（Nālanda）学习过，前往锡兰（Ceylon）和中国之前曾为建支国王唤雨（他的专长之一）。他卒于732年。

　　⑤ 参见拉伊［Ray (1)，rev. ed.，p. 116］和恰托巴底亚耶［D. Chattopadhyaya (4)，pp. 356－357］对如下问题的答案：密典是怎样变成化学知识库的？其原因恰恰是在于密教徒（像道教徒一样）相信肉体不死或至少极端长寿是真的可以达到的。

　　⑥ 上文 p. 278。

它事实上是我们禁不住称之为原始生物化学的那个方面的一种练习——而这是（就我们所知）没有一组印度经籍曾经勾画过的东西。"逆反原则"（"逆"；倒退）在中国思想中的表现形式是一种伟大的准科学冒险，试图完成完全扭转衰老过程，返回到婴儿的完美，返回到生长还未停止的时期、（如同我们现在所知）伴随衰老的生物化学变化几乎尚未开始发生的时期。不管神秘主义、巫术、宗教和诗歌与道教修真之人的活动有多么密切的关系，他们其实是在从事一种基本属于科学性质的探索，寻求使生长率曲线回升，重建机体生命之始的酶和激素状况，重获、恢复和保持每个儿童都有的那种完美无缺的化学和生理素质。我们曾经听到孙一奎说①，"元精（在感情的折磨下）化为交感精，元气变为呼吸气，而元神被'蒙上了惨白的一层思虑的病容'"（"元精化为交感精，元气化为呼吸气，元神化为思虑神"）。埃利亚德已有几分意识到我们所作的这一区分。"所以（中国人的）胎息"，他写道②，"不像调息（*prāṇayāma*）那样是一种冥想前的预备功，也不是一种辅助技术，而是本身就足以……调动和完成一种导致肉体生命无限延长的'神秘生理学'过程。"道士无法真正做到他们声称用他们的方法所能做到的事，这并不意味着就永远没有人能做到了。可以说一句有利于他们的话：道教修真之人在追求其目标的途中，从促进健康的生活里获益匪浅。关于中国内丹与印度密教瑜伽的异同就讲这些。

（8）结论：作为原始生物化学的内丹

在结束对内丹的此番长篇阐释时，我们自然想到那样一个问题：这一切用科学史家能理解的话来说相当于什么呢？只是"中古时期的迷信"呢，还是变态的原始科学探索，即是假如在他们那个时代有可能的话，能够从事真正自然科学的人们的工作？我们认为，提出这些问题是有道理的。我们还认为，内丹思想的价值比有些人在读到吞唾、闭气和闭精、神祇、神仙以及身体各器官之神时可能会倾向于断定的要大一点。原因有待解释。

作为概括，让我们引用陈国符的一段关于道士技术兴衰的话吧③。

289

晋代金丹、仙药、黄白、玄素④、吐纳、导引、禁咒、符箓之术，悉谓之道术。道士者，研习此诸道术者也。

"迨及宋元，乃缘参同炉火而言内丹，炼养阴阳，混合元气；斥服食胎息为小道，金石符咒为旁门，黄白玄素为邪术；惟以性命交修，为谷神不死⑤，羽化登真之诀。其说旁涉禅宗，兼附易理，袭微重妙；且欲并儒释而一之。自是而汉晋相传神仙之说，尽变无余。"（见方维甸《校刊抱朴子内篇序》）故治黄白等术者，

---

① 上文 pp. 46—47。
② Eliade（6），p. 71。
③ 陈国符（1），第一版，第280页，由作者译成英文。参见第二版，下册，第386、438、444—445页。
④ 即玄女和素女之术，参见上文 p. 187。
⑤ 参见上文 pp. 132, 199 关于《道德经》的讨论。

乃称为术士。今世俗则仅知念经拜忏者为道士矣。

这足以使我们想起已经叙述过的内容，并提出了几个要点，每一点都需要讲上一两句。像我们在前文中所说的那样，内丹体系的兴起一定是与外丹术的双重失败有关。第一，外丹术炼制的仙丹证明对于许多皇帝、大臣，还有炼丹家自己都是危险的，甚至是致命的[①]，所以对金属和矿物制剂产生普遍的怀疑是很自然的。第二，汉代和六朝时期的经验化学在唐末之后很少再有进展，而现代化学即使是在条件更为有利的欧洲，也还要再过一千年才能产生，所以人们试图摆脱一条显然在原地兜圈子的道路是很自然的，因为走这条路不会再有什么进展。由此出现了如下的重大断言，宣称真正的实验室是人体，不是使用杵和臼、釜罐和坩埚、蒸馏器和升华器的丹房，这种丹房曾是自李少君以后那么多代炼丹家的工作场所。此外，新的倾向还有一种明显的阶级性。许多著作显示（参见本卷第三分册 pp. 200—201），丹房的手工操作总是为"君子"所厌恶，尽管在较早的时期像葛洪之类献身宗教的道士克服了这种特殊的心理障碍。不过，坐在席上冥想或习练导引术和房中术，显然比在烟雾弥漫的丹房中受烟熏火烤和弄得满身污垢要文雅得多。去寻找唐、宋、元、明四代出现这种变化的特定社会原因大概是无益的，我们怀疑儒家士大夫向来就是如此；而唯一令人惊奇的事情是，道教的实用外丹术取得了那么大的进展才在某种意义上停顿了下来。但是，值得注意的是外丹与内丹在某些方面的连续性，如在两者所共有的性行为方面。对立面的匹配，"和合的奥秘"，在丹房中就像在人体中一样重要，因为性结合正如阴阳结合的概念，在所有原始化学家和原始生理学家关于物质反应的最早思想中，肯定已经十分重要了，不管反应是发生在坩埚中的还是发生在人体中的[②]。这里牵涉到最古老的化学亲和力概念（参见本卷第四分册 pp. 305 ff., 363 ff.），还牵涉到化学反应概念本身，化学反应的产物像孩子一样，或者与母亲不同，或者与父亲不同。

所以说，外丹与内丹在各自的方法上有着相似甚至近乎相同的地方，但也有不同之处。在仔细考虑这两种炼丹术时引人注目的一点，是它们各以一种不同的化学过程为中心，因为汞与硫的反应是外丹的突出特征，而汞与铅形成铅汞齐则是内丹中占支配地位的概念[③]。对此，我们无法解释，但此种关联似乎适用范围非常广。在内丹著作中几乎从不出现硫；而如果提到种种金属和矿物，那就很可能是外丹著作，或至少是介于内、外丹之间的著作。另外，我们还感觉到它们规定的目标有所不同。外丹是把着重点主要放在通过轻灵化而达到长生久视和肉体不死上；而在内丹中，返老还童，恢复三元的主题要突出得多，因为那样就可以通过永葆青春获得不死。这两种方法不能说没有丝毫重叠，它们可能代表了不同的历史时期，但它们的确好像分别与外丹学

290

---

① 参见 Ho Ping-Yü & Needham (4)。

② 当然，这在埃利亚德［Eliade (5)］关于古往今来各种文化中的金属工匠和炼金术士的那本论述透彻的书中是大主题之一。

③ 同时，令人感兴趣的是，某些或多或少带有外丹性质的书把铅汞指定为基本的丹药成分，说"四黄"［硫黄、雌黄、雄黄、砒黄（亚砷酸）］都有毒，"八石"（"四黄"加上金、银、铜、铁）也一样。此说见于《指归集》（参见上文 p. 34）和《丹论诀旨心鉴》（参见上文 p. 226），它们分别为 12 世纪中叶和 9 世纪之作。

说和内丹学说有明显的联系。第三，虽然外丹术与道教在其活跃的各大时期一直关系密切，但是内丹著作的宗教性要强得多，尽管其"科学性"不一定就少。这无疑部分地是因为它们所说的东西更适合于诗歌表达，但我自己曾生动地体验过道教的象征如"黄庭"、"白雪"、"金华"等等的神圣性。这种感觉逐渐增长，如果想到情感的加深一定是出于这些事情直接关乎生命、健康、疾病和死亡的事实，那就不足为奇了。我们丝毫不难想象道教内丹家对其求道的同伴（"侣"）和其所爱的人所抱有的希望和恐惧——认为道士丧失了人的情感而只想到拯救他自己的想法，是完全站不住脚的。我们用不着再强调性爱在道教世界中的地位，连邱长春那样严肃的独身者，对他周围那帮弟子和朋友也很热心。

本节开头对心理学上的"个体化"或自我实现作了一些讨论（上文 pp. 2, 6, 13），在本节将近结束时应当再提一下这个问题。尽管西方的隐喻神秘做法与中国的心理生理体系不同，道士不是也以自己的方式达到了某种人格整合吗？他们肯定达到了。中国的寻求肉体不死之法当然就跟欧洲的点金一样是水中捞月，但问题是它至少有一种修行方法，如净化。这意味着就像古时候道家哲学家那样"出世"和在避离世事中寻求超越一切对立面，不管那是一些时候的退隐山间僻静之所，还是另一些时候的到偏僻宫观中去追求一种被社会承认为合法的生活方式。冥想使心绪平静而有条理，饮食和运动使身体恢复健康。内丹也许不会有所成就，但是，道士在求索的途中找到了甚至更为宝贵的东西①。当然，像通常一样，每一种运动都会转化为自己的对立面，正如阳必定要让位于阴；但矛盾的是，开始为一个在简直漫无止境的自然观照中使感官知觉永远继续下去的计划，在佛教影响下，最终却成了企图把自己完全与外部世界隔离开来的尝试。同样矛盾的是，印度似乎走的正好是另一条路，以"生前解脱"开始而以"战胜死亡"（上文 p. 276）告终。可是，熟悉了许多道书还是会产生这样一种难以消除的印象：假如现代心理学家能与一些中古时期的道教真人本人相见，他们就会承认那些真人是实现了人格整合的"秘密大教王"，是宁静安详、内心明净、智慧善良的男女②，是曾面对原型意象而征服之、撤回其投射、同化其情结、扩大其意识并发展其真正自我的人。

接下去一点很重要。人们对于中国人对自然界的反应的性质所持的整个态度，可能会受到对中国文明中所设想的"逆反原则"的理解的影响。"逆"③ 行的观念不仅反映在使精液或唾液改道上，而且反映在"返回到婴儿期的状态"（"复归于婴儿"），重获带来青春之完美的原始生命力的整个堂吉诃德式做法上，所有这一切（在某种程度上）是违反自然，而不是简单地听任自然。因此，它与现代科技是完全一致的，近几个世纪以来的科学技术在那么多的方面不得不使人相信，不一定样样都要"按上帝的安排"行事——不管是在火药与弓弩方面，在分娩麻醉方面，在食品卫生与包装方面，

---

① 无疑包括长寿，就像李新华（*1*）那篇富有思想内容的论文中指出的那样。

② Goldbrunner（1），pp. 132 ff. 。

③ 这个字在自古以来的中国法律中一直是具有高度贬义的，所以它在我们探索的整个领域里的褒义就越发引人注目了。犯罪在汉代叫"逆恶"，阴谋煽动叫"逆谋"。这些行为都被认为是违反天道的（参见本书第二卷 p. 571）。不过，"逆"在天文学上还有一个中性的词义，表示行星的逆行（本书第三卷 p. 398）。

在器官移植方面，还是在乘坐航空器飞行方面。这一观察与历来受到许多流行作家[①]百般鼓励的一种关于中国思想的概念，即认为中国人总是消极地接受自然、顺从自然和适应自然的概念不一致。人们常说，中国人听天由命、随遇而安，希望控制的不是自然，而是他们自己。然而，内丹家的许多陈述驳斥了这种说法[②]，他们一再重申："人的寿命长短不是掌握在天的手中，而是掌握在人自己的手中。"（"我命在我，不在于天"。）[③] 在上文 p. 46 我们曾注意到医生孙一奎的话："不能将事情完全归之于命运；恰恰相反，人可以能动地去战胜自然。"（"不可尽委之天命，盖人定亦可以胜天也。"）真正的侵犯性是与整个道家哲学背道而驰的。但正如公元前 4 世纪末的《管子》一书中所说："圣人顺从事物——为的是能控制它们。"（"圣人因之，故能掌之。"）[④] 接受性的观察是为人类的利益科学地驾驭自然的必要准备。瑜伽也是完全违反常情的，它以神秘的解放告终；但当中国人运用同样的思想时，结果却形成一种跟现代科学的洞察力及成就惊人相似的理论与实践，即使他们无法获得以我们现有的生物化学知识仍不能获得的成功。照我们看来，中国人在寻求返老还童中表现出来的决心是内分泌生理学之先声；虽然我们跟他们一样说不清老年病学还能做些什么，但我们知道的情况足以肯定：存在着一种衰老的生物化学过程，对这一过程已经有了部分的了解，未来将出现各种前所未闻的长寿可能性，人类社会为了所有人的最大利益将不得不找到某种对付的办法。内丹家是从最基本的工作做起的。

　　非常有意思的是，在整个中国历史上，对于为了人类的利益而驾驭自然，一直存在着一组矛盾的态度。这样做被坦率地认为是盗，就像普罗米修斯（Prometheus）从奥林波斯（Olympus）盗来火种送给人类一样。援引这个神话中的类似事例，在不止一个方面是恰当的，因为普罗米修斯（"先知"）实质上是一个好用诈术的人物[⑤]，本身即为次要的诸神之一；他从天上窃取了生火术[⑥]，所以被宙斯（Zeus）判处永受折磨，但是赫拉克勒斯（Heracles）把他解救了出来。埃斯库罗斯（Aeschylus）赋予他崇高的道德尊严，把他描写成人类反抗天神暴虐的朋友。但更重要的是，按照希腊传说，普罗米修斯手艺高超，还是一位善塑造者，能使泥塑像活起来[⑦]，所以他也懂得生命——那种道士一直试图延长或甚至无限延长的生命——的奥秘[⑧]。在我们遇到的中国著作中，有一些对这样的宇宙盗贼行为感到高兴，而另一些则对此感到痛惜；炼丹家、实用植

293

---

① 而绝不仅仅是西方人；参见 Needham (47)，p. 301。

② 参见第五卷第二分册 pp. 83—84。

③ 例如《养生延命录》引"仙经"语（《云笈七籤》卷三十二，第九页）。也见于《真气还元铭》，第三页。但这句话的产生要早得多，而且作为谚语流传一定已有好几个世纪了。约公元 300 年葛洪在《抱朴子内篇》[卷十六，第五页；参见 Ware (5)，p. 269] 引了这句话，是引自一部叫《龟甲文》的道书，此书与他的书目（《抱朴子内篇》卷十九，第三页）中所举之《龟文经》可能相同，也可能不同。它（或它们）的其他情况不详。

④ 参见本书第二卷 p. 60。

⑤ 参见本书第五卷第四分册 pp. 413—414。

⑥ 赫西奥德（Hesiod，约公元前 700 年）：*Theog.*，562 ff.。

⑦ 阿波罗多洛斯（Apollodorus，约公元前 115 年），*Bib.* 1 和 2；贺拉斯（Horace，公元前 65—前 8 年），*Carm.*，1.16.13 ff.；奥维德（公元前 43—公元 17 年），*Metamorph.*，1.81；保萨尼阿斯（Pausanias，约公元 150 年），*Descr. Gr.*，10.4.4。

⑧ 关于古代世界中有关使无生命之物有生命的观念，参见本书第五卷第四分册 pp. 488—489。

物学家以及其他原始科学家为此洋洋自得，而理学哲学家则觉得这是坏事。看看不同的作者所说的一些话是很值得的。

我们在目前讨论的炼丹术和早期化学领域中已经遇到过一个很好的例子。首先，我们读到一篇公元 945 年的著作，它说[1]"制备仙丹之道与自然塑造力[2]之道相同"（"修丹与天地造化同途"）。然后在另一页上，我们从一篇 1163 年的著作中发现了下面的话：

> 圣人效法阴阳之气的运作模式，使水火循环，以完善（仙丹的）功效。这就是所谓"夺取自然塑造力的机制（而使之为人类的利益服务）"[3]。

> 〈圣人运水火，法阴阳之气而毕其功，所谓夺得造化机者也。〉

但是，炼丹家绝非是唯一这样说的人，园艺家也使用了同样的措词。1630 年，王象晋写了一部植物学和园艺大全，叫《群芳谱》，其中有关于嫁接技术和人工培育新品种的内容。在谈到牡丹（*Paeonia suffruticosa*）时，他讲述了一种重瓣的牡丹品种，花面直径将近一英尺，花瓣多达七百瓣，还有其他奇异的形状和颜色组合，他最后说[4]：

> 这一现象确实是由于人的努力，（为他自己的目的而）夺得自然的力量。

> 〈此则以人力夺天工者也。〉

但不要以为这样的说法只是在 17 世纪才出现的，因为在一部 1075 年的著作《扬州芍药谱》中，我们发现了完全相同的用语，王观在此部著作中讨论了一些奇妙的芍药（*Paeonia lactiflora*）新品种。另外还可以举出许多例子，所以即使说这一类陈述是平常之言（*loci communes*），甚至是陈词滥调，也不会太过分，至少从唐初起是如此。

可是，曾经有一个时期那些哲学家仔细地考察了这类陈述，对他们所看到的东西非常厌恶。在 1175 年由朱熹和吕祖谦合编的《近思录》中，有一段具有启发性的文字，它讲的是较早的理学家之一程颐（程伊川，1033—1108 年）与另几位先生间的一场讨论。其内容如下[5]：

> 有人问：（道士）关于神仙的说法有没有一点真实性？他回答说像在大白天飞升上天之类的事情显然是不可能有的。"但如果说方士居住在僻远的高山和森林之中保养形体并注意炼气能延年益寿，那么这里面的确是有一点真实性的。就好像一个火炉，如果放在空气对流强的风口上，其燃料会迅速烧光；但如果放在密不

---

① 本书第五卷第四分册 p. 249。

② 这个词组是"造化者"或"造物者"的意译，直译为"变化的缔造者"或"事物的缔造者"。既然从无中（*ex nihilo*）创世从来都不是中国宇宙生成论和神学的一部分，就必须避免这方面的人格意味。见我们以前在本书第二卷 p. 564、第三卷 p. 599、第五卷第二分册 pp. 93、208、第三分册 p. 210 对此的讨论。

③ 本书第五卷第四分册 p. 234。内丹家爱用模棱两可的悖论，尤其倾向于这样说。例如在上文 p. 68，我们曾读到约 1100 年萧道存所说的话：内丹修炼"能夺天地造化"并使之变得对修炼者有利。

④ 《群芳谱·花谱》卷二，第一页起。

⑤ 《近思录》卷十三，第二页（第 10 节），由作者译成英文，借助于 Graf（2），pp. 716—717；Chhen Jung-Chieh（11），p. 285。《河南程氏遗书》卷十八（第十页）中有一段字句完全相同的文字。

透风的房间里，其燃料烧光和炉火熄灭就会慢得多。同样的原理（'理'）在此也适用。"

又有人说："扬子说圣人从不以仙人为师，因为他们的（长生）术是异端（'异'）。圣人避开这样的信仰和技术对吗？"他回答："做方士就是做自然（工场）中的一个盗贼（'天地间一贼'）。如果方士不是窃取世间塑造力的秘密机制（'非窃造化之机'），那怎么能长生不死呢？假使圣人认为做这样的事是对的，周（公）和孔子一定早就做了"。

〈问："神仙之说有诸？"曰："若说白日飞升之类，则无。若言居山林间，保形炼气，以延年益寿，则有之。譬如一炉火，置之风中则易过，置之密室则难过，有此理也。"又问："扬子言：'圣人不师仙，厥术异也。'圣人能为此等事否？"曰："此是天地间一贼，若非窃造化之机，安能延年？使圣人肯为，周孔为之矣"。〉

此处提到的扬子是扬雄，他在公元 5 年撰写了《法言》，这段话在那本书中很容易找到①。它又是一场讨论的一部分。

有人说："圣人不跟仙人学，因为他们的术是异端。圣人只要发现世界上有一件自己不明白的事情，就感到羞耻；仙人则只要丧失一天的生命，就感到羞耻。""生命，生命！"哲学家说，"生命不过是个虚名，死亡才是事实"。

〈或曰："圣人不师仙，厥术异也。圣人之于天下，耻一物之不知；仙人之于天下，耻一日之不生。"曰："生乎！生乎！名生而实死也。"〉

与程伊川的讨论大概是发生在 11 世纪末。叶采的注撰于约一百五十年以后，其态度就稍稍不那么武断了。他说人体是由精微成分构成的，精微成分一散，人就死了。可是一些道教方士也许偶然窥见了造化者工场的内幕，偷偷地运用这种知识来使自身的有机成分更加牢固地结合在一起，所以能获得长寿或不死②。如果是这样的话，那是由于懂得了结合力，而不是由于任何神丹。不过这样做是冒犯天意，因此是一种为智者所不取的小技。其他的注释者在这个地方引了朱熹一首很值得翻译的诗，题为《感兴》：

> 他们随风飘荡着试图作仙之侣伴，
> 他们舍弃世俗去漫游在山间云端，
> 像偷偷摸摸的盗贼撬开神秘命运的封铅③，
> 夺走生死之门的把关钥匙一串。
> 在龙蟠虎踞④的金鼎里面
> 他们培养了整整三年神丹；

---

① 《法言》卷九，第九、十页，由作者译成英文。

② 参见我们在本书第二卷 pp.153—154 的论证。在古典的中国思想中，灵魂在身体这根线上是像项链一样串在一起的。

③ 参照欧玛尔·海亚姆那首带有诸斯替教色彩的四行诗中的怀疑主义，他卒于朱熹出生后次年："从地心上升到第七天门，升到土星座上高坐，沿途解释得无数的哑谜；人生的大哑谜却可猜推不破。"[Fitzgerald（1），1st ed.，no.31]

④ 指炼丹所用的化学物质。

> 最后他们借助口服一刀尖剂量
> 终于大白天生翅飞升上天——
> 我也曾有点想学他们的榜样，
> 脱掉鞋子大概并不困难①；
> 但使我害怕的是违反自然之道，
> 即便我苟且多活几年也怎能心安？

〈飘飘学仙侣，遗世在云山，盗启玄命秘，窃当生死关。金鼎蟠龙虎，三年养神丹，刀圭一入口，白日生羽翰。我欲往从之，脱屣谅非难，但恐逆天道，偷生讵能安？〉

别的宋代哲学家态度也完全相同。在 1060 年，张载撰写了《正蒙》，约 1650 年王船山在《正蒙注》中对此书作了评注。下面这段文字值得译出②。

296

年老而不死可以称为盗窃（自然之"贼"），年幼而拒绝受教育，以至于长大后不赏识或理解传统文化价值观，临了不能安宁地死去——这是三种盗窃自然生命的方法（"皆贼生之道也"）。

〈"老而不死，是为贼。"幼不率教，长无循述，老不安死。三者皆贼生之道也。〉

［注］接受教育并知道自己的义务是按照人生充实的原理（"全生理"）。安宁地死去是按照生命之气的本性。但年老而不安宁地死去，试图使神安定（"宁神"）和使气平静（"静气"），希望根本不死去和离开这个世界（不是一件合乎自然的事情）。至于老子的（道教）门徒们，他们修习把死亡远远甩在后面的技术，弯曲和伸展自然的原理（"屈伸自然之理"），即生命周期本身之道。希望干预天的（自然）变化（"欲干天地化"），就是当生命的窃贼（"偷生"）（，毫无意义或目的地继续活着）。他们若不使事物弯曲，就不能使事物伸展。因此这一切就叫做"偷窃生命"（"贼生"）。

〈率教、循述，以全生理；安死，以顺生气，老不安死，欲宁神静气以几幸不死。原壤盖老氏之徒，修久视之术者。屈伸，自然之理，天地生化之道也。欲干天化以偷生，不屈则不伸，故曰贼生。〉

这里，又一次对为了获得自然知识及由此带来的力量而企图冲破人类蒙昧之幕墙的一切尝试表现出特有的极端厌恶。在非有神论的中国传统中，居然发现与西方神学上的犹豫不决如此相近的情况，确实出人意料。如同我们以前看到的那样③，道教自身之中就存在着某种矛盾，哲学家的不动心与教士及炼丹家的能动主义形成了对照。

有时候"有经人"（the People of the Book）的一神论似乎做得要好一点，跟朱

---

① 即抛弃尘世间的欲望。在我们已经译出过的那段文字之前仅三段，有人问朱熹是否习练任何像道士"行气"（"导气"）一样的方法。他回答说他夏天穿葛而冬天穿裘，饿了吃饭而渴了喝水，抑制欲望并平定心绪和生命力——如此而已。换句话说，理学哲学家们鄙视复杂的内丹技术。Graf（2），p. 714；Chhen Jung-Chieh（11），p. 284。

② 《正蒙注》卷六，第十四页，由作者译成英文。该书收在《船山遗书》中。

③ 本书第五卷第二分册 p. 83。

熹几乎完全同时代的迈蒙尼德（Moshe ben Maimōn）断言医家的长寿术绝不是侵犯神的权威，因为上帝是无所不知的，对其意图和行动大概早已预见到了①。但广义地说，西方世界的整个科学技术史概括起来就是"窥探还是不窥探"的问题。不虔诚地窃取上帝本不打算让人知道的自然奥秘，对"卑鄙下流的好奇心"（*turpis curiositas*）即文艺复兴时期人的大胆与决心感到生气——凡此种种，举不胜举②。让我们来读一段文字，这段文字还沾着生气勃勃的科学革命的露珠。爱德华兹（John Edwards）在 1699 年写道③：

> 化学是全新的，古人根本不知道这样的科学。这门由帕拉塞尔苏斯和海尔蒙特（Helmont）及其他一些好探索之人创立的炼丹术（Spagyrick Art），最近内容大为增加④。炼金术士的曲颈瓶和蒸馏釜中从未有过像现在这样难得和出色的秘密，炼金术士的实验室和炉子里也从未产生过像现在这样的发明。它确实是一种粗暴的推究哲理之法，似乎是威吓自然，对自然残酷折磨，使受火的考验，逼她招供以前从未招供过的东西。而她真的作了非常充分的招供和泄露，由此而使自然哲学知识大为增加和生色，产生了非常宝贵的药物（由油类、醑剂、酊剂、盐类组成），并促使人身体健康和长寿，从而给全能的造物主带来尊显和荣耀。

这样，弯曲和伸展、巧取和豪夺，终于带来了实际结果。然而，只要人类还不能在伦理和社会两方面有效地控制其知识的应用，许多人就会说我们知道得太多了，对我们自己没有好处。我们仍未能求得肉体不死，也许这样也无妨，因为我们还没有消灭战争、饥饿和社会不平等现象，还没有掌握核动力的管理，还没有调节好遗传操纵，还没有解决生态污染和资源枯竭的问题。人工智能和宇宙飞行才刚刚兴起，人类也必须获得支配它们的权力。人类将做到所有这一切事情，那仍是我们的一条信念。

说到这里不禁要产生一种奇怪的想法。为什么在基督教世界中没有与印度瑜伽和中国内丹相应的东西？对这个问题也许可以作广泛的解释，但一个明显的因素是不死观念的大不相同。就它被单单看做是死"后"在某个完全不同的"地方"生活而言，使今世的肉体作好无限存续的准备是不可想象的，不管形态如何轻灵。而且肉体往往受到超验神学的鄙视、低估并同"罪恶"的引人堕落联系在一起。同样，摩尼教反对性行为，而

295

---

① 此话见于迈蒙尼德的《长寿答问》[*Responsum de Longaevitate*, ed. Weil（1）]。这我们在本书第五卷第四分册 p. 478 已经提到过了。

② 这方面的一个非常引人注目的例子是以《以诺书》（*Book of Enoch*）为中心的犹太教和基督教传说文集；参见本书第五卷第四分册 pp. 341 ff. 。

③ Edwards（1），vol. 2，p. 631。

④ 站在这些增加背后的是谁，我们在本书第五卷第四分册中已经充分地看到了，尤其参见 p. 491。

基督教又太摩尼教化，从保罗的禁欲主义一直发展到维多利亚女王时代的拘谨①。只是在东正教的静修派（Hesychast）圣徒当中才有一点具有某种瑜伽性质的东西渗透到西方世界，即使那样也仅限于作为一种祈祷手段的冥想术和"调息"式呼吸功法②。

298　　　我们想到的一个平行的问题是，外丹或内丹对西方科学技术的发展有过什么影响。如果只注意化学设备和化学操作的具体细节，那么就外丹来说，答案大概是影响较小，因为西方和阿拉伯的炼金术以及后来的化学跟希腊化时期的原始化学一脉相承，其发展多少与中国平行。但是，如果我们注意到更广泛的目标，则影响是巨大的，因为像我们在别处（本卷第二分册 pp. 9 ff.；第四分册 pp. 490 ff.）论证的那样，任何体系只有包含了长生仙丹的观念之后才有权叫做炼丹术；在此之前都是制作赝金或点金——而阿拉伯人在长生仙丹方面深受中国影响，是他们把这种仙丹的观念传到了欧洲。由于欧洲不接受任何一种瑜伽技术，第二股思潮即内丹思潮直到很久以后才西传，作为其一部分的理疗技术对现代医疗体操的创始人如林格（参见上文 p. 173）产生了影响。但这只是细枝末节，长生术内丹的主线在欧洲人的头脑中仍然相当陌生；要不然，我们就用不着在本节中如此详细地加以阐释了。

　　　不过，它还是应该得到几分赏识的。我们觉得之所以要这样做的最大理由，似乎在于它无异于是生物化学诞生前史中的一个篇章。"内丹"（enchymoma）的内丹理论就是承认，也许是几乎出自本能地承认，作用极大的生物活性物质确实是由生物体内的代谢过程制备的。虽然它本身带有卫生学的性质，并且与颇为不同的印度瑜伽传统有着我们探索过的密切联系，但它具有的生物化学色彩要基本得多，也要鲜明得多，因为它生动地设想了各器官和分泌物的相互作用，还有人体中央附近，我们应称之为生化因子的东西，发生反应合成一种实际的使人生存和延年的物质即"内丹"的过程。化学与生物化学功效对比的问题在约公元 300 年就已经提出来了，这是一种惊人的思想。当时这个问题表现的形式为，是同类的还是异类的东西对反应的身体作用更大③。在本书第十六章中我们已经看到了一个很好的例子，这就是《抱朴子·对俗》中葛洪

---

① 不过仔细查阅一下冷门的欧洲文献还是有可能发现一些意想不到的东西的。例如在 1742 年，明斯特（Münster）的一位著名医生科豪森（J. H. Cohausen）发表了一篇论著，宣称常吸少女的气息（"气"）可使人的生命至少延长到 115 岁。这是跟罗杰·培根的"青春之气"（fumus juventutis）一脉相承的，后者在本卷第四分册 pp. 496—497 已经讨论过了。像我们看到的那样，这位 13 世纪的修士兼炼金术幻想家是第一个说话口气像道士一样的欧洲人。体察字里行间的意思，看来科豪森技术中牵涉到的东西可能比"气"还要多一点，尽管还不清楚他的话究竟有几分当真。内在的证据表明受到了土耳其人的影响，因此也许有从更东面的地方来的东西。帕尔［Paal（1）］有一篇关于他的传记。

　　充分地探讨欧洲文化区内存在的亚洲人对待性的各种态度的痕迹倒是十分重要的，但它可能是一件令人不喜欢的工作，因为那得援引宗教裁判所（"Holy" Inquisition）的案卷，以及自由精神兄弟姐妹会（Brethren and Sisters of the Free Spirit）不那么阴森可怕的活动［参见 Fränger，（1）］。像我们已经讲过的那样（上文 pp. 3，15，237，243），在诺斯替教中也可以找到某些类似道士的例子，其实践之相似和年代之完全相同（2—5 世纪）都是引人注目的。关于这，又可参考 Foerster（1），vol. 1，pp. 313 ff.。

　　过了很久，在 15 世纪以后，欧洲人对印度艺术，尤其是色情宗教性寺庙雕刻的评价变化又提出了另一个有关的问题。这个问题详见米特［Mitter（1）］新近那本有趣的书。

② 这是在 13 和 14 世纪，代表人物有隐居者尼塞福拉斯（Nicephoras the Solitary）、新神学家西面（Simeon the New Theologian）、帕拉马斯等。相关研究可以参考 Hausherr（1）和 Bloom（1，2），提要见 Eliade（6），pp. 75 ff.。

③ 对中国的类和化学亲和力理论的详述，见本书第五卷第四分册 pp. 305 ff.。

与其对话者间的部分精彩的讨论①。

有人说："生和死是由命运预先决定的，寿命的长短通常是固定的。生命并不是任何外部的药物所能缩短或延长的。……假如药物与人自己的身体是属于同一类，也许会有效验，但我决不会相信完全不同类（'异类'）的东西如松柏籽的价值。"

抱朴子答道："按照你的论点，一种东西只有与要治疗的东西属于同一类（'同类'）才能产生益处。假如情况是这样，为什么掉了的手指不能再接上？为什么从伤口流失的血就不该服用？毕竟，它们原本是属于同一身体的，而不是属于某个不同种类的。……但是不同类的东西产生的益处（'异物之益'）是不可否认的。假如我们听从你的意见，不相信性质不同的东西，我们就要被迫把肉捣成粉，把骨熔化或液化，以制备治疗创伤的药，或者被迫喝皮肤或头发的煎取汁，以医治秃发。水土与众多的草木根本不属于同一实体（'同体'），然而草木却都要仰仗它们来种植。五谷与活人不属于同一类，然而人却需要它们来活命。油与火不属于相同的种类（'种'），水与鱼不属于相同的类属（'属'），然而没有油火就会熄灭；没有水鱼就会死去。把树砍倒，附生植物就会干枯；把草割除，菟丝子就会枯萎，……可以举几百个例子来使这一点变得一清二楚。……所以，当我们服食能有益于我们身体和有助于长寿的（各种不同的）东西时，如果有些东西可以使我们长生不死的话，我们为什么要感到惊奇呢？"②。

〈或曰："生死有命，修短素定，非彼药物，所能损益。夫指既斩而连之，不可续也；血既洒而吞之，无所益也。岂况服彼异类之松柏，以延短促之年命，甚不然也。"抱朴子曰："若夫此论，必须同类，乃能为益，则既斩之指，已洒之血，本自一体，非为殊族，何以既斩之而不可续，已洒之而不中服乎！……异物之益，不可诬也。若子言不恃他物，则宜捣肉冶骨，以为金疮之药，煎皮熬发，以治秃鬓之疾邪？夫水土不与百卉同体，而百卉仰之以植焉。五谷非生人之类，而生人须之以命焉。脂非火种，水非鱼属，然脂竭则火灭，水竭则鱼死，伐木而寄生枯，刈草而兔丝萎，……触类而长之，斯可悟矣。……况于以宜身益命之物，纳之于己，何怪其令人长生乎？"〉

这里葛洪是在为外丹申辩，而批评他的人代表了最后导致内丹的那种倾向。

当然，两者都是完全正确的。今天的制药业既有"化学制品"又有"生物制品"。更惊人的是，对这种二重性的认识也是在现代科学尚未兴起之前在中国完成的。因为在中国文化中出现了几乎可以称之为外丹与内丹两种传统综合的东西，即从约11世纪起开始的医疗化学运动。这我们在别处有详细论述③，但在这里我们必须指出，它确实把两种古老的传统结合起来了，因为它将外丹实验室的方法应用于内丹物质——身体本身的分泌物、排泄物、体液和组织。像我们在下文中将发现的那样④，这导致了中古时期和前近代科学技术在任何文明中的最大成就之一，即虽未分离但却纯化了的准经

---

① 本书第二卷 p. 439。这段讨论在那里作了节略，此处我们给出的是节略较少的形式。
② 《抱朴子内篇》卷三，第六页，由作者译成英文，借助于 Ware (5), pp. 61 ff.。
③ 本书第五卷第三分册 pp. 219—220，还有第六卷中第四十四、第四十五两章。
④ 在本书后面第四十五章中还会更进一步地发现。

验类固醇性激素制剂①。这些性激素被积极而又成功地用于医疗实践中，它们绝非是中国医疗化学产生的唯一内分泌制剂②。因而，在对内丹传统的准瑜伽内容所作的一切离题之谈中，我们离通常所理解的科学史，比我们自己有时候禁不住设想的，反而要更近一点。作为生物化学诞生的史前里程碑之一，应该受到与为化学技术和化学科学本身的发展作出了贡献的所有仙丹完全一样的称颂。

300　　　但是，在着手介绍可以称之为"试管内丹"的东西之前，我们不妨简短地来看一看葛洪关于"同类"与"异类"药物的论点的一种晚期表现。19 世纪初，回荡着这一争论的遥远回声，当时哈内曼（Samuel Hahnemann, 1755—1843 年）创立了叫做"顺势疗法"（homoeopathy）的医学体系③。在植根于希腊之"混合"（*krasis*）观或者说身体诸成分间平衡观④的盖仑"体液病理"（peccant humours）说消失以后，尤其是在细菌学的那些重大发现以后，西方医学越来越多地把注意力集中在治疗特定疾病的特效药上，并且随意地向整个自然界索取。正统医学不顾种种副作用和不良反应、医原性疾病、安慰剂效应⑤、资本主义制度下制药业对新药毫无节制的推销，以及对自然平衡危险的扰乱，包括耐抗菌素菌株的产生，直到今天仍然忠实于这一观念。

　　　但是像葛洪的对话者一样，哈内曼的顺势疗法的信徒认为应该让身体自己照看自己；他们称主流医学为"对抗疗法"（allopathy），因为它企图用非身体成分——不管是植物体成分、动物体成分，还是人体成分——的东西来治愈疾病。他们同意西德纳姆（Thomas Sydenham, 1666 年）的话："无论一种疾病的病因对身体有多大损害，都只不过是自然为摆脱致病物质从而使病人康复所作的一种强劲的努力。"⑥ 换言之，他们相信"自然治愈力"（*vis medicatrix naturae*）。而且，与使用对抗药或反作用药治病这一公认的医疗原则相反，他们相信"以毒攻毒"（*similia similibus curantur*）的古老格言⑦；例如他们认为发热是身体与疟疾作斗争的方式，所以应该用发热药，不应该用退热药。但同时他们又只使用极度稀释的单味药剂，而且由于这一理论基础的正确性始终无法用实验药理学来证明，所以顺势疗法体系从未得到过科学的支持⑧。然而，它的注重身体自然治愈力和它的具有强烈心身色彩的诊断法使它在医学史上获得了一个并

---

①　同时见 Lu Gwei-Djen & Needham（3）。

②　下列各段文字在以后将作详细讨论：《万病回春》（1615 年）卷四，第七页起；《赤水玄珠》（1596 年）卷十，第二十页起；《医学入门》（1575 年）卷二，第一〇一页起；《本草求真》（1773 年）卷六，第三十页起。我们在这里不再多说，预先记载只是为了方便起见。

③　参见 Inglis（1），pp. 74 ff.。

④　参见 Needham（64），p. 412；Lu Gwei-Djen & Needham（5），p. 8。我们也看到过（本书第五卷第四分册，pp. 477，481），阿拉伯炼丹家相信完美的"混合"（*krasis*）意味着不死，而仙丹带来的就是这种混合。可惜对于布鲁图（Brutus）来说却并非如此，在《尤利乌斯·恺撒》（*Julius Ceasar*, Act V, sc. 5）结尾部分的台词中安东尼（Mark Antony）评论他：他一生善良，交织在他身上的各种美德，可以使造物主肃然起立，向全世界宣告："这是一个汉子！"

⑤　参见 Lu Gwei-Djen & Needham（5），pp. 239 ff.。

⑥　"Methodus curandi Febres，propriis Observationibus superstructa"（Works，Syd. Soc.，i，29）。

⑦　参见本书第五卷第四分册 pp. 321 ff.，在那里，我们考虑了哲学家和原始化学家在"同类"是与"同类"反应还是只与"异类"反应的问题上的长期犹豫不决。

⑧　微动作用当然已为人们所知，但这只是就为数比较有限的化学物质而言的——例如铜和植物生长物，或微量元素，或某些毒物如肉毒毒素或蓖麻蛋白，或各种致幻剂。

非不光彩的地位；如果说这一运动今天已经是强弩之末了，那么它与一千五百年前在晋代的中国提出的问题肯定是有一些理论上的关联的。

301

（k）试管内丹：中古时期的尿类固醇激素和尿蛋白激素制剂

在本卷中，我们一直在拿外丹实践与内丹实践进行对比，同时描述关于金属、氧化物、硫化物及其他盐类的外丹是怎样平行于内丹，并最终几乎为内丹所取代的；而内丹涉及的对象是人体本身的体液和组织，试图由它们的相互作用来制造不死之药。仙丹越来越多地让位于内丹。如果仙丹与内丹是对立的，那怎么会发生综合呢？原因很简单，只不过是因为至少从宋代开始，医疗化学家或药学家就把外丹实验室技术应用于具有内丹性质的有机混合物，尤其是尿液，但也包括胎盘、月经血、精液，甚至内分泌腺。这后来导致他们获得了今天仍令人十分感兴趣的新发现和新发明。

我们有关人和哺乳动物性器官内分泌机能的知识是在较晚近才获得的。整个内分泌学的产生也不早于本世纪初。到 20 世纪 20 年代末，已经获得了大量有关睾丸与卵巢、胎盘和肾上腺的内分泌的重要知识，这在 1932 年由艾伦（Edgar Allen）编辑的集体著作《性与内分泌》（Sex and Internal Secretions）中可以看到。同一时期，维兰德（Wieland）、温道斯（Windaus）、狄尔斯（Diels）、贝尔纳（Bernal）、罗森海姆（Rosenheim）和金（King）建立了正确的类固醇环系化学式，这为此后雄激素和雌激素领域的突飞猛进开辟了道路[①]。现在，我们对很多人体天然的雄激素和雌激素活性物质是熟悉的，我们也能利用这些物质的衍生物，它们在自然界中并不是天然存在的，但对我们的目的却可能具有非常有用的性质。

既然类固醇性激素知识是这样一项现代科学所特有的成就，那么，在古代或中古时期科学的任何阶段竟然能制成具有这种活性的纯化制剂，就似乎令人难以置信了[②]。不过，有一批材料表明，在 10 至 16 世纪间，中国医疗化学家办成的正是这件事[③]。在传统的中国式理论——当然与现代科学理论不同——指导下，他们用尿液作为起点，成功地制备了相对纯化的雄激素和雌激素混合物，并将它们运用于医学上。这样，中国人的这些准经验制剂，比 1927 年阿施海姆和宗代克（Aschheim & Zondek）所获得的孕尿中含有丰富类固醇性激素的经典发现[④]，和随后发现的一些由其他来源获得的存在于尿中的类似物质，早了许多世纪。在本节中我们将提出我们业已发现的证据[⑤]。

302

---

① 关于雄激素，尤其见 Dorfman & Shipley（1）。

② 对这里所介绍之材料的更早和更简短的介绍，见 Lu Gwei-Djen & Needham（3）。

③ 制取较原始的制剂还要早得多。

④ 这种尿很快成了生物化学家主要的材料供应源；参见 Veler & Doisy（1）和 Allen（1），pp. 440，483；另见 Brooks *et al.*（1），p. 111。

⑤ 我们非常感激剑桥大学兽医学系肖特（Roger Short）博士和生物化学系狄克逊（Hal Dixon）博士的许多热情帮助和宝贵意见。

（1） 中国医学中的性器官

在进一步往下叙述之前，最好先说一下中国医学思想和实践中的性器官。在很古的时候，中国人就认识到第二性征是与睾丸有联系的。像在一切其他文明中一样，阉割术很早就有了，对人进行阉割是出于社会原因（宦官制），而对动物进行阉割则是出于两个原因，一是为了药用目的，二是为了美食，因为人们发现去势的动物长得更肥、肉质更嫩。这样，阉割术的简单生理学实验使中国人很早就懂得了胡须及其他男性特征与睾丸的存在有某种联系。间性也引起了很大的兴趣，并在 1247 年法医学奠基人宋慈的《洗冤录》中被编入目录。这部题为《洗冤录》的书是所有文明中最古老的法医学论著，书中注意到各种形式的两性畸形是很自然的[①]。到 16 世纪，李时珍在他的本草学巨著《本草纲目》（1596 年）中，对这种状况的十种主要形式作了详尽阐述[②]。中国人对性反转也很早就产生了兴趣。从西汉初期（公元前 3 世纪）起，便有一些这方面例子的报道，如在著名怀疑论者王充撰于约公元 80 年的《论衡》[③] 中。性反转是本来以男性特征为主的人变成了以女性特征为主的人或反之，如同其他一些天地异象一样，出于预卜吉凶的目的，这些现象自然受到了注意。为此，历代正史在"灾异"项下既记载了人也记载了动物许多类似变化的例子[④]；另外，在私人修撰的纪事中也有大量这类事例的报道[⑤]。

就我们所知，中国人使用睾丸组织作为治疗剂医治性腺机能减退、性功能虚弱、阳痿、遗精和妇女病如痛经、白带等病例并不特别早。最先强调这种疗法的是一部题为《类证普济本事方》的书，此书刊印于 1253 年，被认为是名医许叔微所撰，他鼎盛于 1132 年。当时使用诸如羊、猪、狗之类动物的睾丸，或干用或生用或捣碎用热酒送服。另外一些 13 世纪的书也描述了这种疗法，例如严用和撰于约 1267 年的《济生方》；此后它就成了中国治疗学上的一种通用的方法[⑥]。使用睾丸组织作为药物在医学史上源远流长；它出现于希波克拉底文集中，迪奥斯科里德斯（Dioscorides，约公元 60 年）著作中[⑦]，以及印度著作尤其是 2 至 5 世纪间的《妙闻集》（*Suśruta-samhita*）中[⑧]。早在公元前 135 年，尼坎德（Nicander）就推荐使用河马的睾丸[⑨]。没有理由认为用这样的药物治疗会毫无价值。虽然睾酮进入肝脏会失去活性，但假如给病人服用足够剂量的话，口服（*per os*）法是可能有适当效果的。

中国医学在使用人的胎盘进行治疗方面也许更富有独创性，人的胎盘毕竟是最丰富

303

---

① 《洗冤录》卷一，第三十二页起。部分材料更加古老，因为宋慈的著作是以现已失传的三部更早的书为基础写成的。

② 《本草纲目》卷五十二，第四十三页起。今天中国仍在用现代方法继续进行研究；参见 Liu Pên-Li *et al.* （1）。

③ 《论衡·无形篇第七》 ［译文见 Forke （4）, vol. 1, p. 327］。

④ 例如《前汉书》卷二十七中之上，第二十页起；卷二十七下之上，第十八页；《后汉书》卷二十七，第八页；《新唐书》卷三十四至三十六各处。

⑤ 参见 Laufer （40）。本书第六卷中将提供进一步的参考书目。

⑥ 见《本草纲目》卷五十上，第十三、二十一、三十、四十三页。

⑦ Gunthered. （1）, p. 102; Berendes （3）, vol. 1, pp. 194, 294; Brooks *et al.* （1）, p. 23。

⑧ Bhishagratnaed. , vol. 2, pp. 512 ff. 。

⑨ Berendes （1）, vol. 1, p. 274。

的雌激素来源①。这种做法有多长的历史，我们没有十分的把握，但李时珍告诉我们②，最先提到使用人的胎盘的是陈藏器撰于约公元725年的《本草拾遗》中。起初，胎盘使用得并不多，但在明代（14世纪起）它开始盛行，成为治疗所有当前认为使用雌激素可以收效的那些病的习惯用药。将近15世纪末的时候，吴球在他的《诸证辨疑》中对胎盘作了许多研究；他像元明两代的其他医生一样，总是开胎盘组织的处方，焙干或酒煮③，加上种种植物药。今天已经知道其中一些植物药对平滑肌、血压等具有相当大的作用④。人们常常认为雌激素口服效果不好，但毋庸置疑，假如服用剂量足够的话，是会产生真正效果的⑤。像利用睾丸的情况一样，动物尤其是马和猫的胎盘也被用来治病⑥。

这里有一个小小的迹象把胎盘的使用与本节中我们所关心的尿的医疗化学研究联 304 系了起来。在讨论胎盘时，李时珍先引了一本"丹书"中关于胎盘使用之理论和最佳胎盘样本之选择的话。此处的"丹书"可能是泛指有关医疗化学药物的书⑦，而不是某一具体著作的名称，因为在李时珍自己提供的书目中找不到这样的书名⑧。倘果真如此，那么胎盘的使用就与医疗化学家有令人感兴趣的联系，他们是发展了现在将要讨论的尿分馏法的唐宋炼丹家的传人。

（2）　医学理论中的原始内分泌学

对整个上古时期和中古时期的中国生理学、病理学和医学的理论，我们在别处有详尽的研究⑨。这些理论至今仍是传统中国医学特有概念的基础。我们深信，扩展的研究将证明中国医学的理论构架与内分泌学的基本观念即人体各器官互相施加重要影响的观念是多么的一致⑩。

首先是用五行来类比人体的主要脏腑。如现在众所周知的，自公元前4世纪起的中国自然哲学就是按照五行（与希腊的四元素不同）进行思考的，这五行是：金、水、木、火、土⑪。整个自然被看做是五行一连串变化的场所，而五行的变化是按照某些相

---

① Allen（1），p.456。最新知识的有用的摘要见 Groöschel-Stewart（1）。

② 《本草纲目》卷五十二，第三十六、三十七页。

③ 这样的处理就像用含水酒精进行分馏一样，会把游离的和结合的类固醇激素都从细胞中释出。

④ 例如杜仲（Eucommia ulmoides）和当归（Angelica polymorpha）。

⑤ 雌激素成分在某些情况下口服可以被人很好地吸收［参见 Allen（1），pp.908，910］，而黄体酮则不能。常常被视为内分泌学基础的1889年布朗-塞卡尔（Brown-Séquard）的那些著名实验，试图以注射睾丸组织甘油提取液来克服口服的困难，因而明显地不如古代中国分馏尿的方法微妙，甚至令人信服的程度也不如后者，因为"结果的有效性未得到证实"［Allen（1），p.881］，而中国的制剂曾被普遍地使用。

⑥ 《本草纲目》卷五十下，第二十页；卷五十一上，第三十六页。

⑦ 当然也可以是泛指任何有关一般外丹或内丹方法的论著。

⑧ 《道藏》中有那么多炼丹术的书，但翻检《道藏》目录只发现一种在书名中同时含有这两个字的书，即《丹道秘书》，可是两个主要的《道藏》本子里都没有此书，所以我们未能见到。我们怀疑此书无论如何也是一部晚期的著作，而不是李时珍所说的丹书。

⑨ 本书第六卷第四十三和四十四两章。

⑩ 冯思林［Fêng Lu-Chuan（1）］对中古时期尿衍生物制剂的理论基础也作过讨论。

⑪ 见本书第二卷 pp.232 ff.、253 ff.。我们深知，用英文"elements"（元素）一词译"五行"的"行"并不很贴切，但我们还是按照惯例继续使用这个词。参见 Major（2）；Kunst（1）；Needham & Lu Gwei-Djen（9）。

互关联的系统进行的。一个这样的系统是相生之序，即五行按一定的排列依次相生的特定次序。同样，另一个循环次序是叫做相克之序的系统，在这个系统中五行改换一种排列，各依照一特定次序战胜或破坏其相邻的行。既然用五行来类比脏腑，那么它们之间不断相互作用的观念就非常接近于古人的生理学思想了。

305　　但是，除了五行之外，还有宇宙间的两大基本力量阴和阳，阴阳原本相当于明暗、男女等。不过，这在这里特别重要，因为生理学思想家使用阴阳之意义，常常与我们谈及刺激和抑制时想到的意义十分相似。这样，中古时期的中国医生们就毫不费力地设想出一个器官对另一个器官的刺激作用，还有抑制作用。

　　此外，经典的中国生理学思想还有一个特征帮助形成了整个身体内相互作用的观念。这个特征不妨称为循环意识。虽然中古时期中国生理学对血液循环时间的估计不如哈维时代以来所作出的估计精确①，但是它从未设想过动脉中含有空气和静脉中有潮汐振荡。中国思想设想的是一种在全身周流不息的"气"（pneuma）血循环②。甚至早在西汉时期就已经在某种程度上意识到了动脉血与静脉血之间的区别，最早的医学典籍《黄帝内经》即编成于那个时期③。其结果是，不仅根据一般的五行说想象一个器官对另一个器官的作用是合理的，而且不难看出，之所以会发生这样的作用是因为体内进行着不断的循环。

　　1849年，贝特尔德（A. A. Berthold）④ 作了一个经典实验，把公鸡的睾丸移植到腹腔；他发现睾丸在其新位置上有血管生长了，但却没有形成支配的神经，这样，他就证明了当睾丸只能向血流提供某种东西时，阉割过的公鸡仍然是公鸡，一只完完全全的公鸡。贝特霍尔德实验——现代内分泌学的基础，尽管在以后的六十年内没有人继续做这方面的实验⑤——背后的思想福布斯［Forbes（1）］已作过研究，但仍有点模糊不清。它大概来源于古老的希腊泛生论，这种理论认为，来自身体各器官的粒子都在胚胎中形成其相应的器官⑥。按照18世纪的人们如莫佩尔蒂（Maupertuis）、布丰、德博尔德（de Bordeu）等的解释⑦，这种理论假定每一器官（即使它也有明显的外分泌）对血流都有专门和独特的贡献，不仅仅是为了形成性产物，而且也是为了各种各样的目的。那么，这大概就是贝特霍尔德实验的主要动力。他知道睾丸与第二性征的关系，认为要证明其作用的媒介仅仅是通过血流也许是可能的。而事实上那的确是可306　能的。从上面所说的人们可以清楚地看到，中古时期中国医学概念的隐含内容颇为相

---

① 实际估计只慢了六十倍。关于整个题目见 Lu Gwei-Djen & Needham（5）。

② 迄今对这个问题尚无适当的西文论述，但我们打算在本书第六卷中进行这样的论述；同时，读者可以去查阅下列诸文：Liang Po-Chhiang（1）；Kapferer（1）；还有 Huard & Huang Kuang-Ming（1）。

③ "经典章节"（locus classicus）是《黄帝内经灵枢·血络论第三十九》；另可参见《黄帝内经素问·离合真邪论篇第二十七》和《黄帝内经素问·举痛论篇第三十九》。

④ 传记见 Rush（1）。

⑤ 用卵巢逆证是由于克瑙尔［Knauer（1）］和哈尔班［Halban（1）］两人的研究——但此法直到1900年才出现。

⑥ 参见 Needham（2），pp. 39 ff.；A. W. Meyer（1），pp. 86 ff.；E. S. Russell（2）。这种代表希波克拉底学派和德谟克利特学派的理论遭到亚里士多德的反对。

⑦ 见 Neuburger（1）；Rolleston（1）。

似，因为五脏通过身体的循环系统互相保持着经常的联系①。

从10世纪开始，中国人的实践特别值得注意的，是它们都基于这样的信念，即血液贡献来的这些"效能"被部分地传给了尿液。因此，尿液可以被视为其中一些效能的一个宝贵来源。李时珍在他的《本草纲目》（1596年）中概括了这一中国医学的传统学说，他说循环于人体内的生命力之营养要素（"人之精气"）②可分为两部分，轻清的部分（"清者"）形成血，重的浊的部分（"浊者"）形成气；然后，轻清部分中的较重浊的部分形成尿液，而重浊部分中的较轻清的部分形成分泌物。为此，必须将尿液看做是与血"属于同一类"（"同类"）的③。这是一种基本学说，因为类的概念在中国中古时期的自然哲学中含义很广。对此，我们已经联系更古老的外丹作过一些介绍，因为它在外丹中也是很重要的④。实质上，它在把世间一切事物都分成阴阳两类的基本分法之外，又提供了一种进一步的交叉分类法。大量的著作证明，只有反应物质或是属于同一类，或是属于不同类时，才会发生特定的过程，但人们必须具有类这种知识。

因此，绝不能把使用尿液作为药用制剂的起点说成仅仅是迷信的"污秽药箱"（Dreck-apotheke）⑤而不屑一顾。恰恰相反，它在中古时期的中国人眼里是有充分的理论根据的；这种直觉已得到了现代生化科学可靠发现的多大程度的证实，是值得注意考虑的。而且很清楚，中国人在尿液中寻找的是一种或一些会产生今天服用雄激素和雌激素所产生的那种结果的物质。雄激素用于男性是治疗性腺机能减退症（不管是全身性的还是局部的）、垂体性侏儒症、前列腺肥大、阳痿、男子女性型乳房以及衰老性神经症或精神病；用于女性则是治疗痛经、子宫出血、性感缺失、绝经期神经症或精神病以及某些肿瘤，如乳癌。雌激素用以治疗经闭、痛经、子宫肥大、外阴干皱等。虽然那些中国书上提到使用尿制剂治疗完全不同的病，但人们还是常常能辨认出在传统术语掩盖下的这类疾病。

307

（3）经验的背景

使用尿液作为药物，尤其是作为治疗性功能虚弱及其相关疾病的药物，在中国历史上由来已久。《后汉书》中有三位生活在将近公元2世纪末的道家方士的一小段传记。还

---

① 关于中古时期中国原始内分泌学更广泛的方面，见本书第六卷第四十五章；同时见 Needham & Lu Gwei-Djen（3）。

② 参见上文 pp.46 ff.。读者将会注意到，"精气"并不总是指精液之"气"。

③ 《本草纲目》卷五十二，第十六页（第91页）。

④ 参见本书第五卷第四分册 pp.307 ff.，那里的介绍是依据 Ho Ping-Yü & Needham（2）；另可参见上文 pp.92，298—299。

⑤ 表示粪秽药用的经典术语，粪秽药用是一种在许多古代文化中和当代原始民族中都可见到的做法。关于人尿作为药物，克雷布斯［Krebs（1）］有一册专著。

308

图 1631 容成的画像，采自《列仙全传》卷一，第九页；他是传说中以懂得房中术而闻
　　　　名的周代贤人。

必须记住，古代道教对性的态度是哲学的和医学科学的，而不是普通禁欲主义的。在获得肉体不死的诸多途径当中，房中术像我们已经看到的那样，是与饮食、导引术、呼吸控制、日光疗法以及西方所理解的禁欲并列的。那段传记内容如下①：

甘始和东郭延年［注：《汉武内传》说他（东郭延年）号称公游。］，还有封君达，这三人都是方士（或魔法师）。他们都擅长实行容成与女人性交的技术②。他们也能饮尿，有时候还倒悬身子。他们爱护和吝惜自己的精粹和（遗传的）气，而不用大话夸耀自己的能力。甘始、（左）元放③和（东郭）延年的本事被（曹）操记录了下来，他向三人询问他们的道术并试图实行之④。［注：曹植⑤的《辨道论》⑥说：“甘始虽然老了，看上去却很年轻。所有的魔法师和方士都蜂拥到他那里，但他讲得很多，而实际的示范却很少。他的话不合正统，并且很奇怪。我自己曾经屏退随从人员，单独与他交谈，和颜悦色，彬彬有礼地问他实行的究竟是什么。他说：‘我老师的名字叫韩雅。我曾经跟这位老师一起在南方制造黄金；我们先后四次把几万斤黄金扔到了海里。’他还说：‘在（沈）诸梁⑦那个时候（即公元前500年），西域有胡人来进贡香、克什米尔腰带和割玉刀；我常常后悔没有搞一些。’他又说：‘在车师国以西诸国，人们割开新生婴儿的背部，取出他们的脾，希望他们食量会少一点而冲劲会足一点。’⑧他又说：‘如果你拿五英寸长的鲤（鱼）一对，将其中一条塞上一些药，扔到滚油中，药就会使它猛烈地摆尾鼓鳃，上下乱蹦乱跳，好像是在深渊中戏耍似的。但这时另一条已经煮熟，可以吃了。’我常常问他（这些事）能不能试验。他说此药出产于万里之外，必须越过边境才能得到。‘如果你不是亲自去的话，’他说，‘你就得不到’⑨。（甘始）还说了许多别的事情，但我无法全都回想起来；我只提一下最奇怪的。假如他生活在秦始皇或汉武帝的时代，他就会被看做徐市（徐福）和栾大（之类的大方士之一）。”］⑩封（君达）号称青牛师。［注：《汉武内传》说封君达是甘肃人。他开始时吃黄

309

---

① 《后汉书》卷一一二（方术列传）下，第十八页，由作者译成英文。范晔撰于约450年。

② 一个与性生理学和历法学都有联系的半传奇人物。参见 van Gulik（8）和图1631。

③ 炼丹家和方术士，公元155—220年或稍晚。像另三位一样时常出入于（三国）魏国缔造者的宫廷。

④ （三国）魏国的缔造者，谥太祖武皇帝，以军事领袖著称于世，并对技术的许多方面都感兴趣。

⑤ 曹操第三子，著名作家和诗人，非常倾向于道教，并对博物学感兴趣。参见本书第四卷第三分册 p. 649。

⑥ 在《三国志》（卷二十九，第七页）华佗传末也引有这段注文。

⑦ 一个富有同情心的封建主，孔子在周游列国时曾与之交谈，是中国最古老的灌溉水蓄水坝之一的兴建者。参见本书第四卷第三分册 p. 271。

⑧ 汉代史书上描述了两个车师国，一为车师前国，一为车师后国（所谓前后是从中国的观点来看的），前国以吐鲁番为中心，后国以古城子为中心，但两者都在今新疆境内。见 Teggart（1），p. 212；McGovern（1），"Gūshǐ" 条下。

⑨ 难道这不会是南海的樟脑？

⑩ 秦始皇帝是中国第一个统一王朝——秦朝的第一位皇帝（公元前221—前210年在位），他曾派徐福到东海中寻找仙岛（参见本书第四卷第三分册 pp. 551 ff.）。汉武帝是汉朝诸帝中最伟大的一位（公元前141—前87年在位），曾有许多道家方士为他服务，其中栾大因与磁学史的联系而为世人所铭记。参见本书第四卷第一分册 pp. 315 ff.。

连①，五十多年以后进入鸟举山并服食金属汞。一百多年以后，他返回故乡，看上去就像一个二十岁的小伙子。他总是骑着一头青牛，因此被称为"青牛道士"。要是听说谁有病或快死了，不管认识不认识，他都急忙拿出拴在腰间的一个竹管里所备的药给谁服用。有时候他给病人施行针刺，病人即刻就痊愈了，但他从不泄露自己的姓名。他听说鲁女生得到了《五岳图》，便年复一年地去求要，但他始终未能得到②。（鲁女生）③ 只是劝告他凡事要有节制。在二百多岁时，他（封君达）就进玄丘山去了。]

〈甘始、东郭延年、[《汉武内传》曰："延年字公游。"] 封君达三人者，皆方士也。率能行容成御妇人术，或饮小便，或自倒悬，爱啬精气，不极视大言。甘始、元放、延年皆为操所录，问其术而行之。[曹植《辩道论》曰："甘始者，老而有少容，自诸术士咸共归之。然始辞繁寡实，颇切怪言。余尝辟左右独与之言，问其所行。温颜以诱之，美辞以导之。始语余：'吾本师姓韩字雅。尝与师于南海作金，前后数四，投数万斤金于海。'又言：'诸梁时，西域胡来献香罽腰带割玉刀，时悔不取也。'又言：'车师之西国，儿生劈背出脾，欲其食少而怒行也。'又言：'取鲤鱼五寸一双，令其一著药投沸膏中，有药奋尾鼓鳃，游行沈浮，有若处渊，其一者已熟而可啖。'余时问言：'宁可试不？'言：'是药去此逾万里，当出塞，始不自行不能得也。'言不尽于此，颇难悉载，故粗举其巨怪者。始若遭秦始皇、汉武帝，则复徐市、栾大之徒也。"] 君达号"青牛师"。[《汉武帝内传》曰："封君达，陇西人。初服黄连五十余年，入鸟举山，服水银百余年，还乡里，如二十者。常乘青牛，故号'青牛道士'。闻有病死者，识与不识，便以要间竹管中药与服，或下针，应手皆愈。不以姓名语人。闻鲁女生得《五岳图》，连年请求，女生未见授。并告节度。二百余岁乃入玄丘山去。"]〉

所以，把尿与性活动联系起来在中国的历史上可以追溯到很早的时候，如果此处我们在将近公元 2 世纪末发现了这种做法，那它很可能是一种在公元前 2 世纪也能见到的道术。半传奇的长寿房中术及卫生术大师容成被认为是这个时候的人，不然的话他就是战国时期（公元前 5—前 3 世纪）的人。这里与点金术的联系当然是显而易见和给人深刻印象的。对内分泌学操作的奇怪的传奇式勾画，以贝特霍尔德的发现为背景来看是饶有趣味的，但除非就它可能表明汉代道家的生理学实验而言，几乎跟我们讨论的问题无关。封君达的例子也再次说明了道教与医学的密切关系。

一千年以后又发现了同样的信念和实践。朱震亨在其撰于约 1350 年的《本草衍义补遗》中说④：

310

我曾照看过一位老妇人，她年过八十，外貌却显得只有四十来岁的光景。为了回答我的询问，她说明了她为什么自以为健康状况这么好。她曾经身患重病，有人教她服用人尿，她这样做已经四十多年了。因此谁还能坚持旧的信念，认为尿的性能寒凉，不可长期服用呢？诸种阴虚病证（阳痿、性功能虚弱、虚亏、灼

---

① 黄连（Coptis teeta），一种味道很苦的药草。R 534；CC 1413；Burkill（1），vol.1，p. 654。
② 关于这一宗教宇宙志和制图学，见本书第三卷 pp. 546，566。
③ 曹操手下的另一方术专家。
④ 朱震亨（1281—1358 年）为"金元四家"之一。

热型阳亢等），凡药物不能奏效的，如果服用尿的话都会好转①。

〈常见一老妇，年逾八十，貌似四十。询其故。常有恶病，人教服人尿，四十余年矣，且老健无他病，而何谓之性寒不宜多服耶？凡阴虚火动，热蒸如燎，服药无益者，非小便不能除。〉

代表一个中间年代的是卒于公元 501 年的医生褚澄。在他的遗书②中，我们读到尿很宝贵，因为尿具有止血性能。

咽喉有损害时，病人会咳出血来，而这可能导致死亡。喉壁上容不得一点东西，所以像毛发一样细小的物体也会引起剧烈的咳嗽。咳嗽持续得越久，呼吸就会越困难，所以必须止住咳嗽。如果服用尿的话，这种病几乎总是得到治愈；但如果服用寒凉药的话，就没有一个病人会好转③。

〈人喉有窍，则咳血杀人。喉不停物，毫发必咳。血既渗入，愈渗愈咳，愈咳愈渗。惟饮溲溺，则百不一死；若服寒凉，则百不一生。〉

我们不知道这样的镇咳作用会是由尿液的什么性能所致④，但毋庸置疑，在甘始到朱震亨的千百年间，尿液始终被作为药用。李时珍说尿具有从人体内引出病邪的性能。

人尿温热而不寒凉。进入胃的尿被吸收，随同脾脏的气（"脾之气"）一起被向上送至肺，向下运到"水道"而进入膀胱⑤。这就是它以前曾经通过的那条路。因此，它能引导（过度之）热（"引火"），病因，向下排出⑥。

〈小便性温不寒，饮之入胃，随脾之气上归于肺，下通水道而入膀胱，乃其旧路也。故能治肺病，引火下行。〉

根据这一切，尿的沉积物和自然沉淀物很早就在中国的医药博物学家们当中引起极大的兴趣，这是理所当然的。尽管在诊断上对尿的外观似乎从未像西方那样重视⑦，但还是认为尿的沉积物可能含有非常重要的物质。自然出现的沉积物叫"溺白垽"或"人中白"，而医药文献中这种沉积物的最早证据是在唐代。李时珍说《唐本草》首次

311

---

①　《本草纲目》卷五十二，第十五页引。这一段文字（以及后面各段文字）中的术语有一些是我们为帮助翻译中古时期中国医学著作而自拟的，在本书第六卷里将作充分的解释。

②　现在认为这遗书如果不是经过完全改写的话，也是经过了宋代一位或一位以上医生的大量改编［参见 Chang Hsin-Chhêng（1），vol. 2，p. 997；谢诵穆（1），第 55 页］。

③　《本草纲目》卷五十二，第十六页引《褚澄遗书》。

④　但见下文 p. 324 关于前列腺素的论述。

⑤　（《本草纲目》卷五十二）第十五页上把"水道"等同于"阑门"，阑门这一结构我们认出是回肠与盲肠及结肠接合处的结肠瓣。据认为，肠中之物在这里分离成两部分，水液部分转入肾和膀胱，而固体残渣则继续朝肛门运动。肠中之物的浓缩工作就这样象征性地被置于一个特定的地方。

⑥　引文出处同上。

⑦　对古代和中古时期尿检查的简述见 Mettler（1），pp. 293 ff. 。这方面现存最早的西方论著是约 1160 年由两位萨莱诺（Salerno）的医生毛汝斯（Maurus）和乌尔索（Urso）撰写的，对他们的著作的讨论见 Meyer-Steineg & Sudhoff（1），pp. 103，129，138 和 figs. 72，79。但是不应该认为中国中古时期的医生就丝毫不注意尿液。正如赖斗岩（1）指出的那样，752 年的《外台秘要》引了更早的《古今录验方》中关于糖尿病患者小便的一段重要论述。它说，"凡小便有甜味而无脂肪薄片（漂浮在上面）的人，都是患了糖尿病（'消渴'）"（"小便数，无脂，似麸片甜者，皆是消渴病也"）；《外台秘要》卷十一（第 310.1 页）。

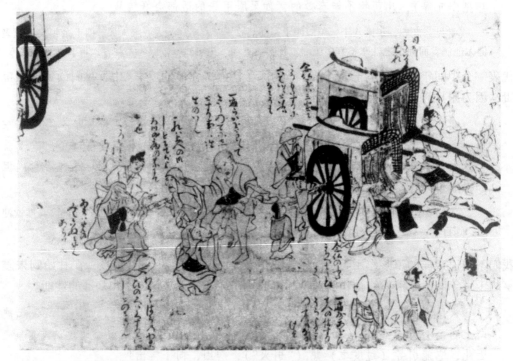

图 1632 用尿作为药物；一幅 13 世纪日本绘卷画的部分画面，图示尼姑们正在向跪着的信徒
们分发一遍和尚的尿液，认为它可治愈失明和胃肠道疾病。一名跪着的尼姑正在用
一根竹管承接新尿。采自梅津次郎（1）复制的《魔佛一如绘词》。

提到了"溺白垽"，尽管此书全本今已不存，但我们可以通过日本保存的《新修本草》①（公元 659 年）写本来证实他的话。那里面非常清楚地提到了"溺白垽"。关于其用法——这里是用于治疗婴儿严重腹泻——的最早介绍可能出现在隋唐医家巨擘孙思邈撰于约公元 650 年的《千金要方》中。14 世纪朱震亨说：

> 尿沉淀物具有经由尿引出影响肝、三焦和膀胱的（过度之）热的性能。这是因为其本身原来就是通过膀胱和泌尿生殖道排泄出来的②。

〈人中白，能泻肝火、三焦火并膀胱火，从小便中出，盖膀胱乃此物之故道也。〉

李时珍在 16 世纪重复了这句话③。他说：

> 人中白使相火（主要的热）④ 下降，使凝滞的血消散。这是因为它具有咸的性能，能有益于下（焦），并带动血一起运行。

〈人中白，降相火，消瘀血，盖咸能润下走血故也。〉

---

① 《新修本草》卷十五，第 189 页。

② 《本草纲目》卷五十二，第十九页引。

③ 引文出处同上。

④ 这个术语通常指心区的热，但也用以指泌尿生殖系统的热（参见本书第四卷第一分册 p. 65）。在中国的医学文献中，热、火、阳三字可以通用。

这样，我们又有了另一个原则，"引导"（由旧路引出）的原则。于是我们就要来看看尿沉淀物的提纯。谁会猜想到尿沉淀物要到中国本草学中"秋石"和"秋冰"（即结晶）名下去查找呢[①]？

　　然而，在探讨这个问题之前，我们必须暂停一下，以认清像1942年克雷布斯证明的那样，使用尿液作为药物在西方各国的文化中源远流长，从未间断。迄今为止尚未做过的是系统地探索亚洲使用尿作为药物的历史，不过这方面的例子时有所见。例如，在一幅题为《魔佛一如绘词》的13世纪日本绘卷画[②]上，尼姑正用一根竹管向跪着的信徒们分发时宗创立者——著名佛僧一遍上人（1239—1289年）的尿，相信他的尿会治愈胃肠道疾病和失明[③]（图1632）。印度人至今仍在把尿液当作防治疾病的药饮用[④]。在西方，这种做法作为较古怪的边缘医学迷信之一继续存在着。阿姆斯特朗［Armstrong（1）］到1949年还在推荐这种做法，而他只是在继承一种起源于中世纪时期的传统，该传统布满了一个个里程碑，如萨蒙（William Salmon）的《英格兰医生》（English Physician）（1695年）[⑤] 和1579至1815年间曾出过许多版的无名氏《千异录》（Thousand Notable Things）[⑥]。

（4）　主要的医疗化学制剂

李时珍在约1586年撰书告诉我们[⑦]：

　　　人尿沉淀物能活血、大大改善性功能虚弱、退热、杀死寄生虫、解毒等，但王公和富有的权贵们不喜欢使用尿沉淀物，认为它不卫生。于是医疗化学家们（"方士"）开始提纯这种沉积物，先制造秋石（后又制造秋冰）……为此他们使用了阳炼和阴炼两种方法[⑧]。

　　　〈古人惟取人中白、人尿治病，取其散血、滋阴降火、杀虫解毒之功也。王公贵人恶其不洁，方士遂以人中白设法煅炼，治为秋石。……极称阴阳二炼之妙。〉

据李时珍说，首次提到秋石一词的是1565年由陈嘉谟编撰的《本草蒙筌》[⑨]。陈嘉谟强调了该产物在许多性疾病和全身性疾病中的价值。但是，李时珍接着又说：

---

　　① 几乎毋庸置疑，这个名称是源于如下的事实：一个很长的过程可产生一种白色的产物，因为秋季是年生命周期的高潮，而白色在象征的相互联系系统中为秋季的颜色（参见本书第二卷 pp. 262, 263 和第四卷第一分册 p. 11）。关于这个奇怪名称的由来我们稍后（下文 p. 328）还要讲到。

　　② 我们在这里禁不住要有所保留地（*arrière-pensée*）回想起本书第五卷第二分册 p. 116 提到的事实，即某些精神药物会原封不动地随尿排出。但是，在这里其意图大概是纯粹为了药用。

　　③ 此绘卷画发现于1941年，已由梅津次郎（1）刊印。我们多亏鲁赫（Barbara Ruch）博士和波特（John M. Potter）博士的热情指点才知道此画。

　　④ 如据最近一篇采访记（*New Statesman*, 27 Oct 1978, p. 546），印度总理德赛（Morarji Desai）先生就是这么做的。

　　⑤ 见 Ferguson（1），vol. 2, pp. 318 ff.。萨蒙的生卒年为1644—1713年。

　　⑥ 原辑者为伊丽莎白一世时代的作者勒普顿（Thomas Lupton）。

　　⑦ 《本草纲目》卷五十二，第二十页（第94页）。

　　⑧ 像我们马上就会看到的那样，阳炼涉及升华或至少是加热蒸发，阴炼则只涉及冷沉淀。

　　⑨ 此话就本草著作来说似乎一点不假，但医学及其他著作中的描述都要早得多。

真正最早使用这个词的是淮南王①。（刘安）给他的一种"丹"（仙丹）取名为"秋石"，以表示它的白色和坚硬。近来，人们将尿沉淀物（"人中白"）提纯为一种白色物质，名称也叫"秋石"，以表示它像尿本身一样是来源于生命力之营养要素（"精气"）②的过剩。医疗化学家重复升华过程（"升打"），其最佳产物称作"秋冰"。这个（初始浓缩的）主意是从蒸发海水制盐获得的。确实，有一些方士把（某些）盐放入反应容器中加热，以得到一种代用品或仿制品。所以知道真假产物的区别是很重要的③。

〈淮南子丹成，号曰秋石，言其色白质坚也。近人以人中白炼成白质，亦名秋石，言其亦出于精气之余也。再加升打，其精致者，谓之秋冰，此盖仿海水煎盐之义。方士亦以盐入炉火煅成伪者，宜辨之。〉

在相对纯化的各种激素的制备方面，我们最重要的资料来源之一是著名学者叶梦得（1077—1148 年）的一部叫《水云录》的书。约同时的另一部著作，即《琐碎录》，作者不详，大概撰于 11 世纪末，提到了此类制剂。这部著作说：

秋石的性味是咸的，它可带动血（在身体中）一起运行，服食以后具有削弱水火（正常）均衡的作用（即削弱肾脏—泌尿生殖系统，使之不能平衡心脏—呼吸系统）。所以，经常使用这种物质会引起病理性口渴。

〈秋石味咸走血，使水不制火，久服令人成渴疾。〉

在引用了此段文字④之后，李时珍又继续说道：

这是因为它是一种经过加工的产物，性能近于温热。服食它的常常是一些淫荡的人，他们用它来促进自己毫无节制的欲望，结果是使虚热（"虚阳"）肆意妄为，肾脏—泌尿生殖系统和精液分泌（"真水"）完全枯竭⑤。在这样的情况下怎么能不渴呢？况且，人们有时候还加阳（温热）药，以强化激发性欲的效应（"邪火"）。因此，只有那些患有下丹田⑥内部虚寒和阳痿（"丹田虚冷"）的人才应服用。看看患有尿砂和尿石的人吧；在这种病人身上，水虚弱而火极盛，所以自然出现蒸发和沉淀，形成结石。产生这一情况的原理和由尿制取秋石中所应用的完全相同。

〈盖此物既经煅炼，其气近温。服者多是淫欲之人，借此放肆，虚阳妄作，真水愈涸，安得不渴耶？况甚则加以阳药，助其邪火乎？惟丹田虚冷者，服之可耳。观病淋者水虚火极，则煎熬成沙成石；小便之炼成秋石，与此一理也。〉

---

① 以他的名义流行于世的著作《淮南子》，是中国科学史上的古典名著之一，它是由淮南王刘安聚集一批自然主义者（阴阳家）于约公元前 125 年编撰而成的。今本中并没有提到秋石，只在卷十九第十四页上提到一次"秋药"，但它是指别的东西。进一步见下文 p. 333。

② 参见上文 pp. 248，281。

③ 在下文 p. 331 考虑到清代那种无耻的伪造行为时，我们就会理解这句话的全部意义了。

④ 《本草纲目》卷五十二，第二十、二十一页引；参见下文 p. 314。

⑤ 参见图 1558 及上文 p. 73。

⑥ 参见上文 pp. 38 ff.。

这里强烈地表明，李时珍时代可以得到而宋代显然也可以得到的产物具有相当大的激素活性，即使这种活性也许是难以控制的。他对尿结石形成的敏锐叙述值得顺便加以注意①。《水云录》说：

　　　　最好的制剂是一阴一阳两种不同的提纯过程的产物。阳炼②过程是为了获得隐藏在阳中的阴，因为加热（蒸发）时它会凝结。在水（一种属阴的实体）里它会溶解，返回到无形体状态（"无体"），然而它却会保留它的特殊性能（"味"）③。它就像离卦中的虚线一样④。

　　　　〈此药须兼阴阳二炼，方为至药。火炼乃阳中之阴，得火而凝，入水则释，归于无体，盖质去味存，此离中之虚也。〉

阴炼⑤过程是为了获得隐藏在阴中的阳，因为：

　　　　加水时它会沉淀。晒干时它会变得光滑，并且不会再改变。在这种情况下，（原来的）特殊性能（"味"）丧失了，而本体（"质"）依然存在。它就像坎卦中的实线一样⑥。

　　　　这两种物质原先都来自心和肾脏—泌尿生殖系统（包括性器官），而又曾经在小肠中流动，……服用这两种物质可以有益于那两个系统（或器官）；它们确实是维持健康生命所必需的要素。……⑦

　　　　〈得水而凝，遇曝而润，千岁不变，味去质留，此坎中之实也。二物皆出于心肾二脏，而流于小肠，……服之还补太阳、相火二脏，实为养命之本。……〉

我们现在来介绍《本草纲目》中提供的六种主要的制备方法⑧。

方　法　一

这一方法最古老，也最简单。它是李时珍引自《经验良方》的。元代和明初（14和15世纪）叫这个名称的书有好几种，其中一种为吕上清所撰，我们不知道李时珍的叙述是引自哪一种。但是可以证明这一方法的出现要比此书早得多，因为1249年的

315

---

　　①　宋代的理学哲学家们在讨论"魂魄"的聚散，时曾举胆石和牛黄作为自然界凝结力或聚集力的例子；参见 Wieger（2），p. 215。李时珍的话表明，他很清楚尿中的溶解物。这样，难道不可以把他算作是尿分析法的一位杰出先驱吗？那些 1860 年由诺伊鲍尔和福格尔［Neubauer & Vogel（1）］整理的尿分析法在现代诊断医学的发展中起了十分重要的作用。

　　②　原文为"火炼"，但意思是相同的。

　　③　字面意思是"味道"。

　　④　见上文 pp. 61ff. 和本书第二卷 p. 313。

　　⑤　原文为"水炼"，但意思是相同的。

　　⑥　见上文 pp. 61ff. 和本书第二卷 p. 313。

　　⑦　《本草纲目》卷五十二，第二十一页引。

　　⑧　也许值得注意的是，《图书集成·人事典》卷二十二（第三页起、第九页起）中翻印了这个材料。

《重修政和经史证类备用本草》从一部年代更早的《经验方》中引了这一方法①。虽然这部书已亡佚，可它出版的详情我们是知道的②。它的序表明其成书年代为 1025 年，它的作者是张声道。《洗冤录》的各种版本都引有这位医生的另外一些救死方。因为张声道鼎盛于 11 世纪初，所以由唐慎微刊行于 1083 年的《证类本草》初版本中很可能已经引述了他的制秋石法。

这一方法的名称叫"秋石还元丹"。关于它的描述如下：

> ……采集 10 石或 10 石以上（150 多加仑）③ 的男性尿液，并且在一间空室之中支起一只大蒸发盆（"锅"）。盆上装一个很深的陶制蒸馏器（"深瓦甑"），用纸浆和石灰封固接口，使干燥后蒸气无法逸出。往蒸发盆里注入七八成满的尿液，从下面高温加热［令一人看守］④。如盆中冒泡了，就加少量的冷尿液。［切勿让尿溢出。］干（渣）即是人中白。把这［研成细末］放一些到一个好的陶制罐子里并按密封升华法行事（"如法固济"），将整个罐子放进火炉中，用木炭加热。结果会得到约二三两（升华物）。把这二三两再研成粉末，与枣肉掺和，制成绿豆⑤大小的药丸。每次服五至七丸，早餐前用温酒或温汤送服。……⑥

> 〈……以男子小便十石，更多尤妙。先支大锅一口于空室内，上用深瓦甑接锅口，以纸筋杵石灰泥甑缝并锅口，勿令通风。候干，下小便约锅中七八分以来，灶下用焰火煮［，专令人看］之。若涌出，即少少添冷小便［，勿令涌出］。候煎干，即人中白也。［细研，］入好罐子内，如法固济，入炭炉中煅之。旋取二三两，再研如粉，煮枣瓢和，丸如绿豆大。每服五七丸，渐加之十五丸，空心温酒或盐汤下。……〉

那么，这里使用了尿液的全部干燥物。其中除了显而易见的尿酸盐、尿酸、磷酸盐、硫酸盐及其他无机盐之外⑦，还会有类固醇葡萄糖醛酸苷和类固醇硫酸盐。在简单的蒸发程序⑧之后，这种全脂粉末被放到升华器中，对活性类因醇进行细致的升华。类固醇激素保持原样而升华的温度在其熔点以下，即在 130—210℃不等⑨，这现在已是一个众所周知的事实了；毋庸置疑，当时所用的就是此项技术，因为在炼丹术和工艺学著作

316

---

① 《重修政和经史证类备用本草》卷十五（第365.2页）。

② 见冈西为人（2），第972、1138页。

③ 度量衡在中国朝代史上变化相当大，但对它们的变化有很清楚的图表说明。容量单位"斗"，英文有时译作"配克"（peck），但常常被不严格地译作"加仑"（gallon，如在翟理斯的字典上），因为每斗有 10 升或 10 "品脱"（pints），其实每"品脱"的绝对值在不同的世纪大不相同［见吴承洛（1），表13，第58页］。这里我们涉及的是宋、明两代，在宋代，每石 10 斗相当于英制的 14.5 加仑，在明代则相当于 23.6 加仑。

④ 加方括号表示仅仅是《证类本草》一书中的话。

⑤ 绿豆（*Phaseolus mungo*；mung bean 或 gram）。R 400；CC 1029。

⑥ 《本草纲目》卷五十二，第二十一页（第95页）引。

⑦ 关于小宇宙盐，见下文 p. 328。

⑧ 在一个蒸馏器中进行，也许是为了使蒸气少惹四邻生厌。没有提到蒸馏水的任何用途。

⑨ 见 Kassau（1）；Breuer & Kassau（1）；Breuer & Nocke（1）。在 260℃以内根本不会发生分解作用，而且许多化合物在高达 300℃下，仍然会几乎毫无损失地升华。

中有"固济"一词，意为密封升华①。

　　既然拿尿液蒸发后的全部干燥物进行升华，其过程一定是相当脏的，难怪在随后的几个世纪中，人们研究出各种制备方法，在试图升华之前先去掉许多尿液中的成分。这我们在下面的例子中将会看到。

方 法 二

　　这一方法连同下一方法都出自叶梦得的《水云录》。此书显然是一部宋代的著作，因为李时珍提到②了它的作者，既直呼其名，又尊称其号叶石林。鉴于这位学者一生历经北宋末期和宋都开封1126年为金人攻陷后在南方重建宋王朝的岁月，将其方子的成方年代确定在约1110年也许比较接近实际情况。他一定是北宋最后一位实际上的皇帝徽宗左右那班才子中较年轻的成员之一，徽宗朝中的情形在许多方面与后来布拉格（Prague）的鲁道夫二世（Rudolf Ⅱ）的宫廷或13世纪末卡斯蒂利亚（Castile）的阿方索十世（Alfonso el Sabio）的宫廷非常相似③。叶氏的这第一种方法的名称叫"阳炼法"。

　　用10多石尿液（150多加仑），盛在一只只木桶里。每石（14.5加仑）尿液加一碗皂荚汁。用竹棒使劲地搅拌几百下。待沉淀物沉降后，滗去澄清的液体，留下沉淀物（"溺白垽"）。把所有沉淀物（带一些液体）合并成一桶，如前搅拌并让其沉降。取一二斗浓缩的混合物进行过滤。将沉淀物放进一口锅（大蒸发盆）里蒸干。把它刮出来，研细，然后用水煮沸，使之尽可能多地溶解。在竹筛上铺纸进行过滤。再蒸干，重复这些过程若干次，直到沉淀物变得像雪一样白为止。接着把它放入一个陶制容器（"沙盒"）里密封升华（"固济"），一直加热到升华物凝结为止。将凝结的物质取出来（察看）。如果加热起初并没有完成升华，就再重复此过程一两次，直到产物的颜色像光洁的玉一样。把这个研成细末，重新放入一个类似的容器里密封升华，文火加热七天七夜。然后取出来，摊放于铺在地上（的纸上），以去掉加热所致的有毒效应。最后将粉末与枣肉掺和，制成梧

317

────────────────

　　① 关于这个词，我们在别处（本书第五卷第四分册，pp.5—6）说得更为详细。"固"的基本含义是"牢靠"，有紧固、封固和粘固，使蒸气和液体无法逸出的意思；"济"（与六十四卦中的既济有关，关于此卦见本卷第四分册 pp.70 ff.）有在一个封闭空间中升降而导致平衡或完美的意味。在宋应星的《天工开物》（1637年）中，"固济"一词被用来（卷十六，第二页）描述制取银朱用的升华器，不过它并没有作为说明出现在附图中（第六页）。另一方面，在汞蒸馏器的图解中有这个词语（卷十六，第五页，见本卷第四分册 p.78 的图1453），但在描述汞蒸馏器的正文中却没有使用这个词语，只是说"盐泥紧固"——"用盐泥非常紧密地封固"（盐泥即通常的六一泥，关于这种泥见本卷第四分册 pp.79，219）。由此可以说，"固济"一词一般表示在容器中进行的升华过程，即"密封升华"。把"固济"仅仅译作"封固"是不恰当的。也许，它在汞蒸馏器上的出现是为了说明那炉子也用于升华罐——或者升华和蒸馏可能被不严格等同起来了。

　　② 《本草纲目》卷五十二，第二十、二十二页。中国文献中还有另一部同名的书，系明代药学家杨溥所撰，但这样的事情李时珍几乎是不会搞错的。

　　③ 见本书第四卷第二分册，pp.501 ff.，或 Needham, Wang & Price (1), pp.124 ff.。

（桐）子①大小的（小）药丸。每日应在早餐以前用温酒送服三十丸②。

〈用人尿十余石，各用桶盛。每石入皂荚汁一碗，竹杖急搅百千下，候澄去清留滓。并作一桶，如前搅澄，取浓汁一二斗滤净，入锅熬干，刮下捣细。再以清汤煮化，筲箕铺纸淋过，再熬。如此数次，直待色白如雪方止。用沙盒固济，火煅成质，倾出。如药未成，更煅一二次，候色如莹玉，细研。入砂盒内固济，顶火养七昼夜，取出摊土上，去火毒，为末，枣膏丸梧桐子大。每空心温酒下三十丸。〉

这里有一个非常有趣的步骤。一种含皂苷的植物浸出液"皂荚汁"被用作沉淀剂。难以置信的是，使用皂苷制备类固醇会比温道斯的经典发现早那么多世纪，而不是仅仅早了几十年，温道斯在 1909 年发现毛地黄皂苷能使许多固醇发生定量沉淀③。如此沉淀的固醇之一实际上是一种雄激素，即脱氢表雄酮，今天我们知道皂苷会使所有 3β-羟类固醇发生沉淀。毛地黄皂苷的确切作用是众所周知的，但对皂荚树（*Gleditschia sinensis*）的皂荚中所含各种皂苷的作用就不那么明确了，皂荚是整个中古时期在中国一直被用于卫生目的的特有植物洗涤剂④。现在所能肯定的，只是它们会使某几种类固醇发生沉淀。

这些话是在我们原来关于这个问题的论文中说过的，此处我们未加改动，因为还有大量的实验室研究工作要做。当这一中古时期的技术第一次引起现代注意的时候，时人对于皂荚属（*Gleditschia*）⑤ 的皂苷几乎一无所知。但阮登心［译音，Nguyen Dang Tâm (1)］的论文业已证明，现在所称的波酮甙（boketonosides）就是拥有三萜配基（糖苷配基）组分和糖类部分包括葡萄糖、木糖、鼠李糖及阿拉伯糖的典型皂苷。配基部分是由五环烃合欢酸，或一种与之关系非常密切的酸——齐墩果醇酸形成的。这些皂苷具有催嚏性能，泡沫丰富，并且显示出很强的溶血力⑥。对本题目来说，最重要的是它们会与胆固醇发生结合，就像毛地黄皂苷的情况一样，尽管并不是那么容易结合的。

叶梦得此法除了加皂苷之外，还有在皂荚汁中加蛋白质的方法。这一点之所以重要，是因为我们知道，如果存在着一种蛋白质的话，所有的尿类固醇都会随蛋白沉淀物一起沉淀。这就提出了中古时期中国人群中肾损害频率的问题。当每次这些制剂像所描述的那样，在大量采集尿液时，同一批供尿者中，至少有一位大概会排泄出一些蛋白质，而少量的蛋白质就足以产生使类固醇沉淀的效应，这似乎是很可能的。我们怀疑，血吸虫病在中古时期的中国流布很广，那本身就有可能引起蛋白尿。接着是用沸水提取全沉淀物。一个可能的解释为所有的结合类固醇都被沉淀在沉淀物中了，但当沸水使存在的蛋白质变性时，除了已经与皂苷牢固结合的 3β-类固醇之外，又都会析

318

---

① 梧桐（*Sterculia platanifolia*；R 272；CC 724），不要与桐油树（*Aleurites fordii*）相混淆。

② 《本草纲目》卷五十二，第二十一页。

③ 这样就解释了胆固醇在皂苷溶血中的保护作用，于是，毛地黄皂苷沉淀法立即被应用［Windaus (2)］于生物学实体如正常肾或有病肾中的游离和酯化胆固醇的测定。

④ 见 Needham & Lu (1)，pp. 458 ff.；以及本书后面的第六卷。

⑤ 种名现在用 "*fera*"（= *sinensis*，= *australis*，= *thorelii*）显然更为恰当。

⑥ 就像原先吉夏尔［Guichard (1)］已经证明的那样。

出到溶液中。这里我们面对的可能是一种部分分离雄激素与雌激素的古代经验法[1]。

这一方法的另一个特征，当然是只使用第一次沉淀物来完全除去尿中的可溶性固体物，如尿素。大量的可溶性盐类在这个阶段也将被抛弃。我们还注意到尿色素的逐渐清除。最后，把升华物说成像光洁的玉，如已经提到过的那样，是强烈地表明当时观察到结晶类固醇珍珠般闪闪发光的外表。

方 法 三

这是约 1110 年的叶梦得《水云录》中的第二种方法，名称叫"阴炼法"。它像前一种方法一样，是指前面提到过的两种分离，关于那两种分离的理论在同书中有所讨论（上文 p. 314）。

　　用 4 或 5 石尿（58—72.5 加仑），盛在大缸里，加尿量一半的雨水，搅拌一千下[2]。让其澄清。抛弃清澈的溶液，留下沉淀物（"溺白垽"）。反复地用雨水冲洗、搅拌并让其澄清，直到不留任何讨厌的气味，而沉淀物又像腻子或粉霜（"腻粉"）[3]为止。让它晒干，刮起来研碎。然后与一男婴母亲的乳汁掺和成一种软膏或油膏（"膏"），放在炎热的阳光下晒干。通过这一步骤可以获得太阳赋予生命的要素（"太阳真气"）。如此重复九次，然后与枣肉掺和，制成药丸。这药应在正午用温酒送服三十丸[4]。

　　〈用人尿四五石，以大缸盛。入新水一半，搅千回，澄定，去清留垽。又入新水搅澄，直候无臭气，澄下如腻粉，方以曝干。刮下再研，以男儿乳和如膏，烈日晒干，盖假太阳真气也。如此九度，为末，枣膏和，丸梧子大。每午后温酒下三十丸。〉

这是两种方法中以稀释尿开始的一种。乍一看，也许会认为稀释可能会帮助沉淀脂类或类固醇成分，但由于类固醇均呈可溶性结合物形式，似乎不见得会发生这样的情况。稀释的目的我们不清楚，反正不会有什么害处，因为它会帮助除去可溶性物质，如尿素和盐类。这一方法是怎样把结合物弄进沉淀物中去的不明显，但也可能在描述中偶然漏掉了某种蛋白质沉淀剂[5]。总之，重要的事情是，这里没有涉及升华。如果存在游离类固醇的话，沉淀物具有脂肪稠度并溶于乳脂的事实也是很恰当的；但除非尿源中包含了脂肪尿，如糖尿病中可能出现的那种情况，否则就不容易理解为什么最后沉淀物竟会具有那么浓的脂肪性。无论如何，有一点是很可能的，即用叶梦得的这两种方法会产生不同的活性尿类固醇基团，也许会又一次使雄激素与雌激素分离。他的两种方法一种被认为是阳炼，另一种被认为是阴炼，这个事实给了我们相当强烈的暗示，即恰好这种性

319

---

[1] 关于类固醇激素结合物的现代知识，见 Hadd & Blickenstaff (1)。

[2] 这里对依我们看来是蒸馏水的使用值得注意。参见下文 p. 329。

[3] 这是甘汞——"轻粉"（参见本卷第三分册，p. 125）的标准异名之一。

[4] 《本草纲目》卷五十二，第二十一页引。

[5] 宫下三郎博士（在 1964 年 10 月的通信中）和我们一致认为这种可能性极大，因为以后各个世纪中对冷（阴）法的描述（下文 pp. 325 ff.）常常提到这样的沉淀剂，无机的和有机的都有。

别特征的差别实际上已被使用这些制剂的医生们观察到。加热沉淀法与冷沉淀法的这一对照贯穿于所有从尿中获取有效成分的大规模程序中。

方 法 四

以下两段描述系取自明代初期（15 世纪）的两本方书。它们都源于地方诊所或药房，究竟在中国什么地方，我们并不知道。第一段描述题为"秋冰乳粉丸"，取自一本叫《颐真堂经验方》的书，我们只知道作者的姓——杨氏。其文如下：

> 使用从男孩和女孩（"童男童女"）的尿采集的沉积物（"溺白垽"）各一桶[①]。用桑树柴火加热盛有尿沉积物的蒸发盆，蒸发到干燥为止。刮下干渣，把它放进一桶河水里。充分搅拌，直至尽可能多地被溶解。过滤并使滤液蒸发。重复同一步骤七次。到那时干渣的颜色就和霜一样白。接下去通常是采集一斤霜状的干渣，放在一个陶制的罐中。盖上一个油灯形的铁盖，用盐泥封固，然后升华（"盐泥固济"）。用烧三束香时间加热罐子以完成此物质的升华（"升打"）。在这一阶段，你会看到秋石已经变得和玉一样白了。将产物研碎并重复上述步骤。渐渐地往盖上擦拭冷水，擦拭过程中要留神，因为冷却太多了，产物就不会挥发，而冷却太少了，产物就不会凝结[②]。把这一过程从辰时（上午 7—9 点）一直进行到未时（下午 1—3 点）。然后撤去柴火，让罐子冷却。聚集在盖下的物质就是"秋冰"，像冰一样（光滑），淡而无味并有愉快的气味。这种物质是秋石的（最佳）纯精[③]，服用后对与肾脏—泌尿生殖系统相应的水有益处，可恢复尿常态和性常态；它能增强原始阳性生命力（"元阳"），降低（胸部）产生痰的邪热（"痰火"）。剩余的干渣即为普通的秋石，味道咸而苦。把这与肉一起煮着吃，也有一些微小的补益作用[④]。

〈用童男、童女尿垽各一桶，入大锅内，桑柴火熬干。刮下，入河水一桶搅化，隔纸淋过。复熬刮下，再以水淋炼之。如此七次，其色如霜，或有一斤。入罐内，上用铁灯盏盖定，盐泥固济，升打三炷香。看秋石色白如玉，再研，如前打。灯盏上用水徐徐擦之，不可多，多则不结；不可少，少则不升。自辰至未，退火冷定。其盏上升起者，为秋冰，味淡而香，乃秋石之精英也，服之滋肾水，固元阳，降痰火。其不升者，即寻常秋石也，味咸苦，蘸肉食之，亦有小补。〉

这里我们又看到进行提纯的过程，使可溶性很大的物质如尿素和一些盐类连同色素首先被抛弃，然后使结合物与可溶性比它们本身小的尿酸盐、无机盐、变性蛋白等渐次

[①] 这一定是指初始量，至少有 400 加仑。按原文最自然的意义看，这里暗指的年龄是在约十五岁以下，因为《内经》给婚龄下的定义是：男子十六岁，女子十四岁。不过按作者自己那个时候的惯例来理解，也可能是指未婚或童贞男女，即约十八岁以下。

[②] 这里纠正了原文中两个词的颠倒。注意译文中的"留神"。

[③] 读者将会注意到，"秋冰"一词似乎专指经过反复升华的制剂。

[④] 《本草纲目》卷五十二，第二十二页引。注意最后一句暗示了被吸附在各种尿沉淀物上的类固醇激素的价值。

分离。对升华过程的描述更加清楚，并且指出了升华应反复进行。显而易见，在干渣中还留下一些没有升华的活性物质。看来，活性类固醇结合物在操作之初被少量的蛋白质带下，以后进入到逐次干渣的提取物中直至升华。

方　法　五

这一方法来自一本年代与前一本方书相仿的书。此书题为《保寿堂经验方》，作者是刘松石。所制备的药物名叫"秋石五精丸"。其文如下：

> 选用无任何疾病的男孩和女孩①（作为供尿者）。应该为他们洗澡换衣，供给他们无害的食物和汤，但要避免给他们吃各种气味难闻和刺鼻的食品，如韭葱、洋葱、大蒜、生姜等，或其他具有辛辣性能的东西。当从每个组各用缸采集了足够的尿约 1 石（23.6 加仑）时，加（尿自身量一半的）水搅拌，采集沉淀物（"人中白"）。把这放在一个来自阳城的陶制反应容器（"瓦罐"）里，用封泥（一种盐泥混合物）将容器口密封，并用铁丝捆扎，然后加以升华。用一束香的时间加热，并重复加热七次，每次换用新铁丝捆扎。然后，从经过这样处理的男女尿沉淀物中称取相等份额（的升华物），掺和在一起研碎。将碎料溶解在河水里，用七层纸过滤。蒸干而获得秋石，其颜色雪白。给这加上优良香甜的浓乳汁进行掺和。让它放在户外，白天吸收阳光，夜里吸收露水，为的是获取太阳的精粹和月亮的光华②。在干燥之后，再进一步添加乳汁达 49 天。把它保存起来，作为配药的成分③。

> 〈用童男、童女洁净无体气、疾病者，沐浴更衣，各聚一石。用洁净饮食及盐汤与之，忌葱、蒜、韭、姜、辛辣、膻腥之物。待尿满缸，以水搅澄，取人中白，各用阳城瓦罐、盐泥固济，铁线扎定，打火一炷香。连换铁线，打七火。然后以男、女者秤匀，和作一处，研开，以河水化之，隔纸七层滤过，仍熬成秋石，其色雪白。用洁净香浓乳汁和成，日晒夜露。但干即添乳汁，取日精月华，四十九日数足，收贮配药。〉

这里关于供尿者待遇的说明是令人感兴趣的，而升华的细节跟以前差不多。文中竟然讲到用水溶解升华物，乍看起来好像出人意料，因为如果升华物是由游离类固醇组成的，它就不可能溶解。但似乎很可能的是，加热虽会破坏硫酸盐结合，却不会破坏葡萄糖醛酸苷结合，所以升华物就会由两个部分组成，一部分是水溶性的，而一部分是不溶性的。如果以不同方式结合的激素间存在着特异性差异的话，这个步骤就可能是又一种准经验分馏，产生具有高度特异性能的终产物④。

321

---

① 见前面关于这个问题的注。

② 这使人想起非常古老的阳燧方诸；本书第四卷第一册，p. 89。

③ 《本草纲目》卷五十二，第二十二、二十三页引。看来这里好像也偶然漏提某种蛋白质沉淀剂了。相对不溶的尿酸盐几乎不会伴有可溶性的类固醇结合物。

④ 参见 Hadd & Blickenstaff（1）。

方 法 六

下面的描述是我们这里要引述的最后一段，来自已经提到过的（上文 p. 313）陈嘉谟撰于 1565 年的《本草蒙筌》。陈氏的描述说：

> 要制得秋石应当在秋天采集男孩①的尿样。每缸加 0.7 两硫酸钙粉（石膏；"石膏末"）。用桑树枝条充分搅拌，并让沉淀物沉降。抛弃清澈的上清液。再次搅拌，并让其澄清。这样重复两三次。然后给沉淀物加一桶秋露水，搅拌后让其澄清。这样再重复几次，直到杂质被去掉，沉淀物完全没有咸味为止。把重纸铺在灰上过滤沉淀物，并把它晒干。把沉淀物上层质轻透明的结晶收集起来，这就是秋石，而下面重浊的那层则被抛弃②。

> 〈秋石须秋月取童子溺，每缸入石膏末七钱，桑条搅，澄定倾去清液。如此二三次，乃入秋露水一桶，搅澄。如此数次，滓秽涤净，咸味减除。以重纸铺灰上晒干，完全取起，轻清在上者为秋石，重浊在下者刮去。〉

这似乎是又回到叶梦得的第二种方法即冷沉淀（阴炼）法（上文方法三）去了。此处没有使用升华过程，但有意思的是首先加硫酸钙，它的作用大概会帮助沉淀蛋白质和被吸附在蛋白质上的类固醇结合物。整个程序似乎是以手工分离最后沉淀物的较轻部分与较重部分而结束。陈嘉谟有两句奇怪的话。他说男病人应当用女性尿样，而女病人应当用男性尿样。他还批评他自己那个时候（和更早）的行医者（"世医"）不分时节地把各种尿的混合物收集起来，用皂荚汁沉淀，然后使产物干燥而称之为"秋石"。
322 他把这看做是一种可能会产生危险后果的赚钱之道。但令我们感兴趣的是，它表明在叶梦得与陈嘉谟二人相隔的那段时间里，一定大量使用了 11 世纪已经采用的皂苷法。事实上，皂苷的使用，还有对皂苷使用的偏见，至少一直延续到 18 世纪末③。

（5） 制备方法的分类

从前面的所有材料可以相当清楚地看到，从 11 世纪开始，中国的炼丹家、医生和医疗化学家就在尿中认真寻找各种具有雄激素和雌激素性能的物质。他们已经认识到了尿与血的联系，因而以为在尿中可以找到各器官贡献给血液循环的一些效能。按照我们的看法，他们在中古时期成功地制成了具有雄激素和雌激素性能的活性物质的准经验制剂。这样，内丹术中古老的内丹说便得到了一定显得非同寻常的实践验证。

在迄今所描述的六种方法中，有四种涉及精心控制的升华，其使用的温度很可能

① 见前面关于这一问题的注。
② 《本草纲目》卷五十二，第二十页引。
③ 应该懂得，对皂苷沉淀的批评矛头从来都不是指向它在升华（阳炼，表 123 中的方法二）方面的使用，而只指向它在阴炼即冷沉淀法方面的使用。这也许是因为在受教育较少的人中间口头流传而产生了混乱。

在 120—300℃不等；换句话说，正是会带来类固醇激素升华的温度。当然，其他一些物质也会升华，例如从仍然存在的任何尿素衍生的氰尿酸。氰尿酸尽管业已证明对鸟类具有抗疟效应，但对人无已知的效应。尿酸本身会分解，产生氨和二氧化碳。升华之前先进行提纯，清除了尿色素；但另一些以少量存在的物质，如吲哚、粪臭素、硫醇、挥发性脂肪酸和非类固醇酚类，或者会被洗去，或者可能随类固醇升华。因为它们都毫无毒性，所以即使一起升华了也没有关系。

所描述的两种方法在把原料放到升华器去之前有一长串的沉淀和蒸发。在两种情况中都提到了特异性沉淀剂皂荚皂苷和硫酸钙粉。这二者的意义已经指出过了，尤其是皂苷的使用了不起地开了现代实践之先河。但是除此之外，尿中很可能存在少量的蛋白质，而这些蛋白质的沉淀，不管是加热沉淀还是加石膏沉淀，无疑都会带下结合类固醇化合物。皂荚汁中的脂蛋白也会有类似的功能。在某些情况下推荐的最初稀释的目的何在，我们并不知道，但它不会有什么害处。最后的终产物无疑是很杂的，由来自睾丸、卵巢、肾上腺皮质和胎盘的类固醇组成；它一定随所用分馏法的不同而有很大的不同。

因而，我们面对的就是两种主要的方法类型——阳炼和阴炼，所有的方法都可以划分成这两种类型。阳炼涉及加热蒸发和升华，阴炼只涉及冷沉淀，有时还涉及在低温下和缓地减少液量，常常是利用太阳光的热。正如我们已经提到过（上文 p. 314）的那样，阳炼旨在提取阳中之阴物；相反，阴炼则是为了提取阴中之阳物。这恰恰是内丹理论那么多内容所依据的原则，认清此点是很重要的，因为它相当于取出离中阴爻和取出坎中阳爻（参见上文 pp. 61,63）。这样，中古时期的医疗化学家就会期望由上述两种类型的方法获得两种截然不同的活性物质。从阴炼不涉及蛋白质变性这一简单的事实，就可以看出他们有多么正确。所以他们是作出了两项卓越的发现，而不只是一项。如果说，用皂苷沉淀和精心控制的升华来分离各种纯化雄激素和雌激素类固醇的混合物是非常聪明的，那么，浓缩垂体前叶的蛋白激素——促性腺激素，并把这些激素也用于性腺和腺体机能不全或失调的治疗，肯定是几乎同样聪明的。众所周知，这些蛋白激素共有三种，对人体中的许多组织，包括本身就会产生强效类固醇激素的组织，具有非常普遍和复杂的刺激效应[1]。促性腺激素像类固醇一样，确实可以从尿中获取——如果你知道获取的方法而又使用足够尿量的话[2]。这样，这一整套方法就令人

323

---

[1]　三种主要的促性腺激素为：①促间质细胞激素 ICSH = 黄体化激素 LH（因为它使成熟卵泡转化为黄体）= 绒毛膜促性腺激素 = 促黄体生成激素；②促卵泡成熟激素 FSH，也是一种刺激精子发生的强效刺激素 = 促卵泡激素；③促黄体分泌激素或催乳激素 LTH = 促乳素，它可促使生乳。见 Li Cho-Hao & Evans（1），p. 633；Li Cho-Hao（1）；Selye（1），p. 209。

关于垂体前叶促性腺激素的生理学，见 Austin & Short（1）；Corner（1）；Selye（1）；Cowie & Folley（1）；Maudgal（1）；Young（1）；Rosenberg（1），尤其是 Pharriss, Wyngarden & Gutknecht（1）。

关于这些激素的化学，见 Li & Evans（1）；LiCho-Hao（1）；Hays & Steelman（1）；Dixon（1）；McKerns（1）。

关于临床应用，见贝滕多夫和因斯勒尔［Bettendorf & Insler（1）］编辑的专题论丛。

[2]　此段中所包含的思想部分来自与查德（Timothy Chard）教授和贝瑟（G. M. Besser）博士在通信中和在伦敦圣巴多罗买医院医学院内分泌小组（Endocrinological Club of St Bartholomew's Hospital Medical School in London）进行的一些激发性的讨论。

印象深刻地证明了具有中古时期性质的理论也能导致在实践上"正中目标"的成功的方式。这类例子并非仅此一个①。

　　诚然，要给中国医疗化学家可能使其尿制剂具备的生理活性限定范围，那是相当困难的。在过去四十年中，关于一个既非类固醇又非蛋白质的物质家族的知识，一直在稳步增长，这一族物质叫前列腺素②，是五环不饱和氧合 20-碳脂肪酸，许多都具有强大的内分泌作用。它们最丰富的来源是精液和精囊，但人体的许多组织中都存在并且大概也产生这样的物质③。它们肯定卷入了生殖机能的众多方面④，但它们也影响循环系统⑤和其他一些重要机能⑥。不过，它们代谢相当快，所以通常出现于尿中的数量较少。然而，现在好像是另一种结局似的，我们也许可以意外地看出古老的道教闭精说在生理学上的理由，它可能是对如果不实行闭精就会使前列腺素受到显著损失这个内分泌学事实的一种经验认识。当然，那些不赞成任何性活动的社会有另一种在一无所知的情况下对付前列腺素损失的方法，但道士对人心理健康和心理正常的估计要有道理得多，所以需要一些不同的保护，而闭精可能就是这种保护。

　　关于供尿者年龄和性别的精确说明值得注意。今天，我们知道，男子的雄激素排泄约在 25 岁达到最高点，在女子也是如此，不过女子排泄的量较少。相反，雌激素的最高排泄在女子是出现于 20 岁之前，在男子则出现于约 18 岁，可是男子的排泄量只有女子的一半左右⑦。那些描述中的"童"字虽然原意是指年纪相当小的男孩和女孩，但这里很可能只是指约 18 岁左右的未婚男女。假如追求最高的类固醇性激素产量，那么硬要从青春期前的男孩和女孩的尿着手就有点不切实际了⑧。

　　特别引人注目的是，其中至少有一种方法实际上是对男女两种尿源的尿分开进行加工，过后再把加工的产物按均等的比例合并。由此可以认为，中国医生至少在后期

---

　　①　在本书第五卷第四分册 p. 156 上可以看到另一个例子，在那里，我们猜测：关于由冻析法获得的烈性酒精的最早知识促使隋唐炼丹家走向了相反的极端，对含酒精饮料进行高温加热，以属阳的条件取代属阴的条件。

　　②　误名，因为它们与前列腺毫无关系或关系不大。1930 年有报道说，新鲜的人精液可刺激离体人子宫肌层的能动性，五年后戈德布拉特 [Goldblatt (1)] 和冯·奥伊勒 [von Euler (1)] 朝提纯和鉴定这一引起子宫平滑肌收缩和降低血压的因子迈出了最初的几步。

　　③　一般性的述评有 Bergström, Carlson & Weeks (1)；Ramwell & Pharriss (1)；Kottegoda (1)；Pickles (1)；Kadowitz (1)；Hedqvist (1)。

　　④　例如，除去已经提到的催产作用外，它们还有引产作用；参见 Smith & Shearman (1)；Batra & Bengtsson (1)。因而非洲有摄入精液引产的传统习惯；参见 Harley (1)。但在中国这种做法可以得到自 970 年起的文献佐证，因为《日华诸家本草》中就推荐用它催生下胞；《本草纲目》卷五十二（第 91、93 页）。

　　前列腺素似乎也卷入了分娩时脐血管的自发收缩和闭合，它们对生育力有某种促进作用，也许是便利精子的运输，帮助植入或影响输卵管能动性；从子宫流出时，它们也破坏黄体。

　　⑤　其作用是扩张冠状血管，降低血压。

　　⑥　它们可以造成支气管扩张，减少胃分泌。为此，精液在中国曾被用作镇咳药，并且至少从 660 年起也被用来控制胃肠道疾病，其中大概包括了消化性溃疡和十二指肠溃疡，因为那个时候的《唐本草》中提到了这种做法；《本草纲目》卷五十二（第 91 页）。李时珍中的这两点库珀和席文 [Cooper & Sivin (1)] 都未发现，所以他们没有考虑到前列腺素，尽管前列腺素的效力在 1973 年已经是众所周知的了。

　　⑦　Dorfman & Shipley (1)，pp. 259，396 ff.，400 ff.。

　　⑧　虽然常常提到供尿者的年轻，但有些操作者可能是加工老年人的尿，而可以导致这种做法的推理是不难想象的。要是果真如此，他们便会发现一个异常丰富的促性腺激素来源，绝经后的尿今天实际上就被用于这一目的。

发现使用不同比例甚至全男性或全女性的升华物能够产生大不相同的效应。人们几乎预料会发现对母马尿这一惊人的性激素来源有所提及①。甚至母马尿也许曾被用以制备经过升华的秋冰，因为它事实上被列为具有药用价值的马产物之一，不过其药用价值是在治疗其他各种疾病方面的②。

　　到现在为止，在我们开头的综述之后，我们已经考虑了取自五种书的六种方法。不过，在医药学文献中还可以找到许多进一步的叙述，所以我们现在能在表123中列出取自28种书的一套共十种方法，书的年代范围在1025—1833年之间③。头五种书我们多少是按年代先后援引的，另外23种书在表中的位置以同样的方式确定，但全套制备方法也可以按一种更合乎逻辑的方式来排列。然而，在这样列表之前，必须说一说那组主要方法里未包括进去的四种方法。方法七在升华前先用石膏（硫酸钙）沉淀蛋白质、结合物及其他一些成分④，而方法十则用各种沉淀分开加工男女供者的尿，然后将两种尿粉隔层交替摊放在一个有盖的银质坩埚中一起升华。这显然会给通过调整男女尿粉的用量改变终产物提供很大的余地。《物理小识》中所给的这种方法的名称叫"既济玄黍秘法"⑤。这两种方法都是阳炼法，因为它们进行蒸发和升华时都采用加热；但是另两种方法却是阴炼法，只采用沉淀、过滤或缓慢的不加热蒸发⑥。在所有这些文献中，我们都发现这样的一般性术语，分别用来表示冷热两种类型的方法。方法八采用皂苷沉淀，再用或不再用明矾沉淀，沉淀后不进行升华；但方法九真是很奇怪，它利用阳光的热使尿液蒸发，以干燥的新砖吸收（或吸附）浓缩物，然后把这些砖铺在空气潮湿的地上，并从这些砖采集一批批的风化结晶。《赤水玄珠》中的叙述值得全文引录⑦。

　　　选择一个僻静的地方，筑起一座平台，高约3.5尺，上有安放五口缸的位置，每口缸容量约7担，各与五行之一相对应。采集男孩和女孩的尿液把缸装满，然后于三伏天⑧让尿液在夏日的阳光下曝晒，作好万一下雨就加盖的准备。随着缸中的尿量下降，将五缸尿液合并成三缸，三种力量⑨各一缸。最后，当缸中的尿液只剩三分之一时，再将三缸的尿液合并成一缸，以反映太极的意象⑩。

325

328

---

①　Brooks *et al.*（1），p. 111；经典论文为1934年的Häussler（1）。

②　《本草纲目》卷五十下，第二十三页。在别处也提到羊尿和牛尿的药用。

③　宫下三郎（*1*）又考虑了十一种书，全都是1500年之后的，但它们的内容与表123中的那些书并没有显著的差异。

④　这可能是受了豆腐制造业那古老实践的启发；参见Li Chhiao Phing（1），p. 180和本书第四十章。

⑤　"玄黍"（代表"珠"）是内丹诸名称之一。关于既济卦对外丹和内丹两种炼丹术的意义，参见上文pp. 63，220。

⑥　在后期采用的新沉淀剂当中，不仅有明矾，而且还有植物提取物，特别是菊科植物白术（*Atractylis ovata*或*Atractylodes spp.*）的提取物，白术根中含有丰富的有效化学成分，包括树脂色素和苦味芳香物质，也许还包括皂苷。关于这些植物，见上文p. 32。松柏叶也有提及，大概是作为水提取物。凡此种种都出现在《赤水玄珠》的阴炼法中。

⑦　《赤水玄珠》卷十，第二十四页，由作者译成英文。制剂的名称叫"晒甜秋石"。此书对内丹原则的重要性在别处（上文p. 46）我们已经强调过了。

⑧　约7月中至8月中。

⑨　天、地、人（"三才"）。

⑩　见本书第二卷pp. 460 ff.。

326

表 123　尿类固醇性激素制备方法

	来源	年代	方法一	方法二	方法三	方法四	方法五	方法六	方法七	方法八	方法九	方法十
			升华全部干燥物	提纯,用皂甙沉淀后升华	沉淀但不升华	通过溶解来萃取,然后升华	升华并分馏升华物	用石膏沉淀,但不升华	用石膏沉淀后升华	用皂甙沉淀,再用或不用明矾沉淀,之后进行升华	用阳光蒸发全部尿液,以干燥的新砖吸收浓缩物,在潮湿的空气中砖表面形成的结晶	男女尿液分别提纯和沉淀,然后把两种尿粉隔层交替摊放在一个有盖的银质坩埚中一起升华
A	《经验方》(《证类本草》中引用,1249 或 1083 年)	1025 年	*									
B	《水云录》约 1110 年（约 1130 年）			*	*							
C	《颐真堂经验方》约 1450 年											
D	《保寿堂经验方》约 1450 年					*						
E	《本草蒙筌》1565 年						*	*				
F	《苏沈良方》1061 年（约 1120 年）			6/14 ff.（65.2）	6/14 ff.（65.2）							
G	《圣济总录》约 1115 年			185/18 ff.	185/18 ff.							
H	《十便良方》1196 年		36/–									
I	《世医得效方》1337 年			8/–	8/–							
J	《普济方》约 1418 年			222/–	222/–							
K	《奇效良方》约 1436 年（1470 年）			21/–	21/–							
L	《古今医统》约 1556 年		97/–						97/–			
M	《医门秘旨》1578 年			15/–						15/–		
N	《万病回春》1587 年（1615 年）				4/7 ff.		4/7 ff.			17/20 ff.		
O	《遵生八笺》1591 年		17/20 ff.								10/24	
P	《赤水玄珠》1596 年		10/24		10/23		10/23				10/24	

			方法一	方法二	方法三	方法四	方法五	方法六	方法七	方法八	方法九	方法十
			升华全部干燥物	提纯、用皂苷沉淀后升华	沉淀但不升华	通过溶解萃取来升华然后升华	升华并分馏升华物	用石膏沉淀，但不升华	用石膏沉淀后升华	用皂苷沉淀，再用或矾不再用明矾沉淀之后进行升华	用阳光蒸发全部尿液，以干燥的新药吸收浓缩物，采集的潮湿的空气中砖面形成的结晶	男女尿液分别提纯沉淀和沉淀，然后把两种尿粉隔层交替摊放在一个有盖的银质坩埚中一起升华
Ψ	《东医宝鉴》	1596年（1610年）		9/（600）	9/（600）							
Q	《本草原始》	1578年（1612年）	12/-							12/-		
R	《物理小识》	1636年（1664年）	5/16	5/16	5/16						5/16	5/16
S	《本草汇笺》	1660年（1666年）		*				8/-				
T	《本草通玄》	1655年（1667年）										
Θ	《本草汇》	1666年（1668年）		18/-	18/-			18/-				
U	《本草备要》	1690年						8/19（317）	8/19（317）			
V	《本经逢原》	1695年	4/-		4/-							
W	《本草述》	1665年（1700年）	*	*								
X	《本草从新》	1757年						18/3	18/3，注			
Y	《本草求真》	1773年							6/30，31			
Z	《本草述钩元》	1833年	32/（657）									32/（658）

注：

（1）方法一、二、四、七、十涉及一个或一个以上的升华过程，称为阳炼（见正文）。方法三、六、八、九只涉及沉淀和过滤，称为阴炼（见正文）。

（2）头五种书的出处在正文中给出，因此这里用星号表示。

（3）其他书的出处在表本身中给出，尽可能做到精确。它们当中带星号的表示有对某一方法的描述，但无法给出具体卷次和页码，因为该书我们尚未得到了。

（4）加括号的年代表示版刻或出版的年代，因为有证据表明书中材料非在给出的那个较早的年代就已经存在了。

（5）加括号的页码像通常一样，表示现代本版中连续计页的页码。

继续使这缸大大浓缩了的尿蒸发，直到只留下 2 或 3 "斗" 为止。然后，在缸中放入 12 块原先还没有接触过水的新砖，砖数 12 反映 12 小时的夜间浸泡和日间曝晒。当尿液一点不剩时，就停止这一程序。准备好一间安静整洁的空房间，房间的地上要洒过水，铺有竹片。然后，把砖侧着竖放在这些竹片上，上面用竹筐覆盖。于是砖上会形成白色的霜状物质，用一根鹅毛将其刷下来，逐渐收集在一个银质容器里，一直收集到不再产生此物为止。这种矿物性产物（"石"）具有的功效甚至（比普通秋石）更大，因为原尿液并没有接触过水火，这样它就未丧失原（或原始）生命力，而且还吸收了太阳和月亮的精华。

〈择僻处筑一台，高三尺五寸，上置缸五口，按五行，积龙虎水五满缸，于三伏天晒露，遇雨盖之，晒至半缸，并作三缸，以按三才。仍晒至三中之一，并一缸，以象太极。又晒至二三斗，方入不见水新砖十二块，以合十二时，夜浸日晒，水尽为度。先扫净阴静空房一间，喷水湿地，竹片铺地，侧竖砖于竹片上，上用筐盖，待生白霜，鹅毛扫下，贮银器内，又生又扫，尽而止。此石不经水火，不泄元气，又受日月精华，较之火煅，功效尤大。〉

这里显然是与从地上采集硝或硝石类比，而不是与蒸发盐水取盐类比。虽然这一方法似乎奇怪地预示了现代层析法的吸附和洗脱技术，但我们对其可能会产生什么不能妄加推测[1]。也许以这种方式在砖面上结晶的盐是小宇宙盐，而与结晶过程相联系的可能是结合类固醇，或更可能是促性腺激素，结果就获得一种相当干净的混合物[2]，这又是急需重复实验和研究的那些撩人的技术之一——当然其产物可能毫无活性、毫无价值，但作者孙一奎是一位博学卓识的医生。小宇宙盐为磷酸氢铵钠（$NaNH_4HPO_4 \cdot 4H_2O$），当然它是因最初用人尿制备而得名的[3]。如果最初用人尿制备小宇宙盐的工作不是由范·海尔蒙特（J. B. van Helmont）在约 1644 年进行的[4]，那么此项工作可能在 1583 年就已经由图尔奈塞尔（L. Thurneisser）完成了[5]，而朔克维茨（Schockwitz）1699 年的那篇论文使这种盐变得众所周知了[6]。这些年代与《赤水玄珠》的出版时间 1596 年非常地接近。

现在可以将各种制备方法按操作复杂性的大致顺序列表了。由表 124 可以看到，一组方法完全依靠冷沉淀、冷过滤和冷洗，在室温下或日晒下自然蒸发；另一组方法则以热蒸发浓缩开始，有时候包括沉淀，至升华而达到高潮，升华之后，还可能对升华物或未升华的余渣进行进一步的分馏。也许一个值得记住的突出之点是，我们现有关于这些过程的最古老的记载是 11 世纪上半叶的，当时已经包括了升华；而避免升华的冷法开始出现的时间相当晚，是在 12 世纪上半叶。一会儿我们将设法尽可能地追溯"秋石"的历史，但这些方法的起源和发明我们是无法准确指出的。我们只知道其最早

---

① 考虑一下今天皂土（Bentonite）在促性腺激素分离和提纯中的使用。

② 当然，激素效力越大，与风化盐的混合物需要量就会越少。

③ 见 Partington（10），p. 312。

④ Partington（4），p. 53，（7），vol. 2，p. 234。

⑤ 他出版于那年的《大炼丹术》（*Magna Alchymia*）中的尿盐（sal urinae）[Partington（7），vol. 2，p. 155]。

⑥ Partington（7），vol. 2，p. 698。18 世纪马格拉夫（Marggraf）和普鲁斯特（Proust）研究并逐渐鉴定了这种盐。

表 124　按复杂性排列的尿类固醇性激素制备方法分析

	表 123 中的方法
阴炼法	
浓缩全部干燥物	一
以干燥的砖吸收全部固体的浓缩物，收集由此得到的风化结晶	九
通过沉淀和萃取提纯固体	三
用石膏来沉淀提纯	六
用明矾来沉淀提纯	八
用皂苷来沉淀分离不同类固醇以提纯	八
阳炼法	
升华全部干燥物	一
通过沉淀和萃取来提纯，然后升华	四
用石膏沉淀后升华	七
通过用皂苷沉淀来提纯和分离类固醇，用开水萃取，再升华	二
男女尿液分开提纯和沉淀，然后两种尿粉隔层交替升华（提供了调整	
它们不同用量的机会）	十
升华，然后萃取升华物（以及/或者未升华的残留物）	五

的记述，不能肯定它们在 1020 年以前究竟存在了多久，但要说 10 世纪五代时期的医药化学家不知道这些方法，那就难以置信了，把它们的起源归之于晚唐也许错不了。7 世纪的医家一定对尿液的沉积物和沉淀物（参见上文 p. 311）很感兴趣，所以，虽然"冷"法在文献中明确出现的时间比"热"法晚一点，但这可能是一件由文献保存的偶然性所致的怪事，因为按一般的情理肯定会以为"冷"法的出现先于"热"法。真正伟大的发现是那个在当代才重新获得的发现，即尿类固醇在升华温度（参见上文 p. 315）下是稳定的，因而可以与伴随的无活性物质分离。

我们现在不妨最后看一下表 123，讲讲关于个别著作的若干特别重要的情况。1061 年沈括的制剂很值得注意[①]，因为沈括在那么多其他的方面都表现了卓越的科学造诣[②]。不过这些方法并非仅限于很小的明道者圈子，许多顺便提及的出处表明，存在着比我们所引诸书要多得多的文献。例如，1418 年的《普济方》说包含有升华的方法二是一个叫危氏的人所创，此人的其他情况不详；而两个世纪以后的《物理小识》说方法一是一个名叫方断的医疗化学家所创。在这里，像在其他许多情况下那样提到了在秋月采尿或用秋露洗涤或者分解沉淀物，但这些大概是从一个起源实在大不相同的名称（上文 p. 311）衍生出来的后期发展。然而，雨水、露水或雪水等"蒸馏水"的使用是一种很好的化学实践，16 世纪对此非常强调，如在《万病回春》中就是这样，该书推

---

① 最先报道它们的是宫下三郎（2）。
② 参见本书第三卷和第四卷第一、二分册各处。

330 荐了许多已经提到过（上文 p. 317）的沉淀剂；并且像同时期的其他书一样，它特别注意供尿者的年龄、性别和饮食。这个时候，例如在《遵生八笺》中，"龙虎石" 一名比 "秋石" 用得更多，其原因也许部分地是因为当时医家更加意识到改变男女尿液中类固醇的比例能产生什么效果。我们还发现一个具有当时特点的细节，如《赤水玄珠》（对诸多方法的最完整的描述之一）中劝人在升华器盖上留一小孔，待水蒸气一出尽就用封泥把孔堵塞。这一时期的书还谈到反复升华，采取反复升华，尤其是温度稍有不同的反复升华，会使中国医疗化学家能够非凡地控制该产物的性质，从而至少可以跟用皂苷沉淀法一样多地分离活性类固醇。孙一奎还讨论了①他自己对没有升华的物质的分馏法。使用这种分馏法在方法四（上文 p. 319）中已经提到了，但他是用沸水提取的，过滤、蒸干、再提取，这样总共进行九次，此过程很可能会提纯类固醇结合物，去掉其他物质。虽然他接着将产物放在一个蜡封的瓷容器里，沉入井中三天，以去掉 "火毒"，但这一毫无意义的步骤不应减损前一步骤（也存在于其他许多描述中）即几

331 乎定量地重复提取和蒸发的高度科学性。他的话表明他最后获得的是一种活性物质，因为他说此物能促进精液的产生和恢复人的原始生命力（"元气"），或（就阳炼法而言）使人体貌年轻（"肌体润泽"）。到 18 世纪初，已出现在阴炼法中禁用皂荚树皂苷浸出液的告诫②，"秋石" 一词的意义固定了下来，专指阴炼产物，而 "秋冰" 则专指升华的类固醇混合物③。

（6）制备方法的历史

结束这一综述的最好办法可能是对制备尿类固醇激素的一般历史作一概略的介绍——以高潮突降开始而以臆测告终。我们特别要考虑的是晚清时期和宋初关于那些过程的最早详细记载之前的时期。首先，清代是一个科学衰落的时代，一些不讲道德的开业医生以各种无机盐（氯化钠、硫酸钠、硝酸钾、硫酸钙和硫酸铝）混合物冒充秋石④。对这样的 "赝造品"，张璐在他 1695 年的《本经逢原》中已有描述⑤，我们自己在上文（如 p. 313）也顺便（en passant）讲到过各种要人提防这些假冒行为的警告。实际上，"咸秋石" 和 "盆秋石" 成了烤盐的名称，而 "淡秋石" 则指洗去了尿素的全尿干物（"人中白"）⑥。很可能其他制剂主要是由尿素和尿酸盐组成的。研究中国药物学的现代西方学者一向有把 "秋石" 简单地译作 "尿素" 的传统，不过我们的深入研究表明，对文献中描述的许多老方法来说，把 "秋石" 译作 "尿素"（urea）是完全站不住脚的。1871 年施维善（Smith）的解释清楚地说明，他所知道的产物只是全尿干

---

① 《赤水玄珠》卷十，第二十四页。
② 《本草备要》和《本草从新》。
③ 《本草求真》。
④ 宫下三郎 [（1），第 5、42 页] 引述了现代对这类混合物的分析。
⑤ 参见宫下三郎（1），第 31、38 页。
⑥ Anon.（57），第四册，第 261 页（第 28 条）。

物①，但翟理斯在其字典中采取的做法是不加掩饰地等同②，伊博恩（Read）在译释《本草纲目》时也一样③。奇怪的是，施维善又加了一句，说这种物质"常备于厨房之中，为的是使马上要用的鲜肉变软"，因为强尿素溶液的确真能使蛋白质变性和溶解。

其次，有意思的是我们有一篇耶稣会士对"秋石"的叙述，叙述的作者是殷弘绪［d'Entrecolles（2）］，撰于1736年。他拿"秋石"与日夫鲁瓦（Geoffroy）的"简单疗伤石"（pierre vulnéraire simple；大概是某种诸如明矾或氯化铁之类的止血药）相比④，虽然他对制法的描述似乎有点混淆不清，但从某些迹象还是能够猜测出其依据的资料来源大概是什么。他描述的制法是：从一个健康的年轻男性供尿者采集大量的尿，在火炉上进行蒸发，加菜油作为抗起沫剂。用一个"瓦"盒进行升华，并提到留一个孔放水蒸气出来⑤。然后，通过沸水提取来分馏升华物⑥。殷弘绪知道秋石的名称是来自秋、白、金、西的象征的相互联系，而并非因为秋石是或应该是在秋天或者用秋露制成；他也知道其与肺的象征的相互联系，这使他明白了为什么医生们要给肺痨病人服用秋石，但他没有注意到医家们对秋石一种更加重要的用法——用它治疗性腺机能不全。

再往前推，就必须著录"秋石"在正史中的一次出现。明世宗（1522—1566年在位）对长生术非常感兴趣（参见本卷第三分册 p. 212），他在位期间，顾可学和方柄国向朝廷引荐了一个叫严嵩的人，此人知道如何用男孩和女孩的尿炼制秋石以延长青春和生命。顾可学是一名因部属盗用公款而长期去职闲居的官员，闲居生活也许使他有时间研究较为秘密的制药术；不过后来他平步青云，于1545年当上了工部尚书，也许那是作为对他能妙手回春的一种奖赏⑦。有那么多16世纪的医学论著中所描述的方法得到这一历史的证实，这是很有意思的。

当我们回溯到宋代时，情况又发生了根本的变化。因为，这尽管当时肯定像别的时候一样在用真尿制取秋石，但秋石的名称也出现在内丹术语中。李光玄《金液还丹百问诀》中有一个迹象表明了前一事实，因为书中提到使用大量年轻人的尿液制备有益的粉剂⑧。至于后一用法，看看几篇著作就清楚了，这些著作大多可以确定为13世纪之作，即使不十分有把握。例如《擒玄赋》，作者不详，内有一节题为《秋石》，其中解释说"秋石"是用作金的喻称，因此比喻金液（参见上文 p. 141），即为内丹本身

---

① Smith（1），p. 224。

② Giles（2），no. 2302。

③ Read（2），nos. 418，419。有李时珍讲得很明确的原文摆在面前，他本不应该这样糊涂的。但一些现代的中国权威性著作仍支持他所下的定义，例如 Anon.（57），第四册，第261页（第28条）；这种做法一定是起源于19世纪，因为当时已经忘记了沉淀和升华。

④ 参见 Partington（7），vol. 3，pp. 49 ff. 。

⑤ 这使人想起《万病回春》和《赤水玄珠》。

⑥ 这使人想起出自《保寿堂经验方》的方法五，不过方法五是使用冷河水；这甚至更使人想起出自《水云录》的方法二，它是在升华前用沸水提取尿液的沉淀物。

⑦ 《明史》卷三〇七，第二十九页。（顾可学传载：可学见"世宗好长生，而同年生严嵩方柄国，乃厚赂嵩，自言能炼童男女溲为秋石，服之延年。嵩为言于帝，……"此处，"方柄国"是指"正好执掌国政"，并非人名——译者）

⑧ TT 263，尤其是第二十页。李光玄的传道之师玄寿是一位十足的内丹家，自己肯定不赞成这一制备过程。

333　两种成分之一的唾液（因为它与肺有联系）[①]。另一例子为《大丹记》[②]，也未署撰人姓名。此篇著作尽管被题作魏伯阳口诀，但其年代几乎不可能是在宋以前。它肯定是一篇内丹著作，而作为使用外丹色彩很浓的术语来表述的内丹著作之一[③]值得全文加以翻译。虽然它最后是谈论"真汞"和"真铅"，但它一开首却是汞与银的对照。汞是隐藏在朱砂中的龙，而银则是隐藏在铅中的虎；阴中有阳，阳中有阴，——它们受气鼓动即出。有关制造"龙虎丹"[④] 的描述如下：

> 必须使朱砂复原为汞，使铅复原为银[⑤]。所以说（我们的）铅不是铅，而是汞。黄帝见它具有光芒四射的金黄色，就称之为"美金华"。同样，淮南王在八月里成功地制备了"秋石"；由于那个时节与金和西相应，所以见它具有白色，他就称之为秋石。见到这黄、白二色，他们认为二者看上去像万物的新芽，因此取名叫"黄芽"……

> "龙虎"、"美金华"、"秋石"、"黄芽"这四个名称都很不相同，然而它们基本上只是一种物质（即内丹，或内丹成分）。歌诀说得好："由铅制取银是一件神秘的工作，又是一件自然的工作；在熊熊燃烧的熔融灰浴中，铅下沉而银上浮"[⑥]。

> 〈须反砂为汞，反银为金。故云铅非铅也，汞也。黄帝见其色如金之华，故曰美金华也。淮王炼秋石者，八月之节，金之正位也，缘其色白，故曰秋石。见其色黄白如万物之初芽，故曰黄芽。四名各异，原同一体。歌曰：炼银于铅，神功自然。灰池炎铄，铅沉银浮。〉

那么，这是一种内丹与灰吹法的类比，灰吹法这项对炼丹术如此重要的基本而且非常古老的技术，在以前（本卷第二分册 pp. 55 ff.）曾作过详细讨论。第一句话表明，像在其他一些文化中一样，曾经有人相信所产生的银实际上是由铅转变而来的[⑦]。这种灰吹法类比也出现于相传为陶植所撰的《陶真人内丹赋》[⑧] 中，此赋有一不知名作者的注。我们被告知，在内丹用语中，"银"意指"白金"，即"真一"——原始生命力（"元气"）的统一，换句话说，又是指内丹。关于作为内丹术语的"秋石"就讲到这里，但我们暂时还不能忘记淮南王的典故。

334　　现在我们回到唐代，当时尚未出现秋石制法的任何文献，而医家们对尿液的成分

---

① TT 257，第三页、第五至六页。

② TT 892。

③ 这也许就是为什么《道藏》中将其与 1163 年的吴惧《丹房须知》（参见本卷第三分册 p. 198，第四分册各处）同收在一本里的原因。

④ 注意"龙虎石"的回声（上文 p. 330）。

⑤ 原文实际上是"反银为金"，但我们作了修正。

⑥ 《大丹记》第一、第二页，由作者译成英文；参见第四页起、第六页。最后一句的生理学味道是很明显的。

⑦ 这在塔斯利米 [Taslimi (1)，pp. 6—7] 的论文里可以找到一个很好的例子，那里面译有约 1342 年的吉勒达基（Ibn Aidamur al-Jildakī）《调查的结局》（Nihāyat al-Ṭalab），它是对约 1270 年的伊拉基（Abū'l-Qāsim al-Sīmawī al-'Iraqī）《培殖黄金认知手册》（Kitāb al-'Ilm al-Muktasab ...）的注解。"铅可以转化为银"，这位教长（Sheikh）说，"因为如果你将一磅铅置于火中，火就会净化它，使它成熟，把它的大部分烧掉，只剩下一小部分成为银……"

⑧ TT 256，第二、第三页。又出现于《金丹金碧潜通诀》（《云笈七籤》卷七十三，第十页）。

却非常好奇。鉴于秋石后来沦落为普通的无机盐，在梅彪的术语汇编《石药尔雅》（参见上文 p. 121）中读到"秋石"为砷华（"礜石"）的异名之一，这就有点令人吃惊了[1]。806 年的这一资料是我们已发现的与氧化砷的唯一联系，最可能的解释是，"秋石"因为它的白颜色而成了砒霜的隐名[2]。另一部著作提出"秋石"为硝石的异名，解释说其风化的白色类似秋霜[3]。同时，有证据表明当时一些名人在制备由尿液产生的"秋石"。大诗人白居易（772—846 年）有一首《思旧诗》[4]，诗中说：

> 退之服食硫黄，
> 却一旦得病就始终不愈；
> 微之制备"秋石"，
> 却尚未衰老便突然死去[5]。

〈退之服硫黄，一病讫不痊。微之炼秋石，未老身溘然。〉

这"退之"是伟大的儒家学者韩愈的名字之一[6]，而"微之"则是另一位著名诗人元稹（779—831 年）的字。因此，看来尿液的类固醇制剂的历史至少可以追溯到 8 世纪下半叶，不过我们无法说出当时制备步骤的复杂程度。

8 世纪下半叶这个年代是很早的，但我们必须面对一件更奇怪的事情，即 2 世纪中期的《参同契》（参见本卷第三分册 pp. 50 ff.）提到了"秋石"。魏伯阳只是像上文刚刚讲过的《大丹记》那样将它与黄帝制造某种黄色产物（可能是人造金）并举提及一次。那句话是"黄帝（赞赏）美丽的金华，淮南（王）制备秋石"[7]（"黄帝美金华，淮南炼秋石"）。当然，许多文本都有不赞成秋石是由尿产生的真东西这种想法的内丹注释。例如，陈致虚在约 1330 年写道[8]：

> 听说"秋石"的人总以为它是由尿液制成的。其实，这里他[9]讲的不过是还丹、自然禀赋的元气和有同一类东西（在一起发生反应）的必要性。普通人听说"金华"时，就猜想它一定是与五金有关的东西；而听说"黄芽"时又自然地设想它与八种矿石有点关系……
>
> 他们不了解古时的圣贤只是为方便起见，才设立了这些名称。

〈开丹冲举，各立一名，无非是此还丹也，无非是失天一气也，无非同类之物也。后人闻"金华"即猜为五金，闻"黄芽"即猜为八石，闻"秋石"即猜为便溺。岂知古圣先贤方便立名……〉

---

[1] *TT* 894，卷上，第三页。

[2] 同书中另一处提到一种"秋石芽法"，但我们不知道这种物质和方法是什么。

[3] 《阴真君金石五相类》（*TT* 899），也许与梅彪同时代，也许稍早。参见本卷第四分册，p. 309。

[4] 《类说》卷五十（第九页）引自约 1082 年的孔平仲《孔氏杂说》。

[5] 由作者译成英文。

[6] 《类说》卷四十一（第十一页）又进一步提到韩愈服食的硫黄及其他药物。

[7] 《参同契》第十五章，第三十四页；《汉魏丛书》本第十四章，第三页；Wu & Davis (1)，p. 244。二人的翻译是站不住脚的：淮南子化验"秋石"；他们自然不知道这个词语的内在含义。

[8] 《悟真篇四注》本，第十页，由作者译成英文。

[9] 张伯端。

但这仅仅是一种后期的解释，没有理由认为魏伯阳使用的只是"秋石"一词的隐喻——生理学意义。更可能的是，他心里想到的至少部分地是：方士早在公元 2 世纪就已经进行的一种名副其实而又有点令人惊奇的尿产物制备。

某种形式的尿产物制备会不会在公元前 1 世纪就已开始了呢？《前汉书》中有大臣谷永①约公元前 25 年攻击所有术士和炼丹家的一番陈词。这番陈词我们在本章开头已经引述过了，但其中有一段用语是那样地特别，我们现在必须在准确地修正后，还其原貌再来看一看。此段内容如下②：

> （他们说 …… 他们精通）化为黄色的嬗变过程（"黄冶变化"）
>
> ［注］晋灼说："这里的黄色当然是指熔化黄金"。道家说他们能通过熔化朱砂使之转变而制成黄金。
>
> 他们能用色黑而状如泥浆的（即浓缩的）尿液，制成一种坚硬的白色冰状（即结晶的）物质（"坚冰淖溺"）。
>
> ［注］晋灼说："魔法师（'方士'）骗人说他们能制备像扔到冰上会使冰消融而化为水的'陷冰丸'一样的'药石'（即化学制品）。而且他们还假装这是由神仙之道造成的。"③
>
> 其他的人说这是为了使金子可供饮食之用。但（颜）师古说后一种看法是无稽之谈。
>
> 至于"淖"（泥浆或烂泥），它含有"非常湿润和光泽"的意思。读音为 nao。
>
> 〈（及言 ……）黄冶变化，［晋灼曰："黄者，铸黄金也。道家言冶丹沙令变化，可铸作黄金也。"］坚冰淖溺，［晋灼曰："方士诈以药石若陷冰丸投之冰上，冰即消液，因假为神仙道使然也。或曰，谓冶金令可饵也。"师古曰："或说非也。淖，濡甚也，音女教反。"］〉

在上面的文字中有几点显得很清楚。谷永谈到的一定是将恶臭的浓缩尿液转化为一种有益健康的粉末，它是与将贱金属转变为金子并提的④。可是，虽然当时的方士在用"色黑而状如泥浆的尿"（"淖溺"）制备白色结晶物，但注释者包括 4 世纪的晋灼和 7 世纪初的颜师古，都不知道它实际上是什么东西。然而，如果我们准备设想道家的秘密千百年来都保守得很严密，那就难以相信这里除了指"秋石"之外还能与别的什么有关⑤；问题是：其所使用的措词如此简练，却又如此奇怪地暗示了一种类胆固醇结晶升华物，而不是一种无定形粉末，即使这种粉末是白色的，代表尿液浓缩物的全部干燥物（或差不多为不溶性的固体物）。汉代道家从事的究竟是什么，也许我们永远也不会知道，但我们最

336

---

① 鼎盛于公元前 36 年，卒于公元前 9 年。在公元前 29 至前 12 年间，他开展了一场反原始科学和伪科学方士的运动。

② 《前汉书》卷二十五下，第十五页，由作者译成英文。

③ 这里依靠的一定是古代对我们应该称作溶质所引起的冰点降低现象的观察。几乎任何盐都会产生冰点降低，但有一些物质，如樟脑，其分子冰点降低很大。

④ 如同在上文 pp. 334, 333 引自《参同契》和《大丹记》的那两段文字中一样。

⑤ 人们马上就可以看出，在一部正史中的这一引人注目的资料大大地有助于反驳任何认为古人只是在使用内丹上的一个隐名的想法。如果这么早就已经在使用性激素治疗性腺机能减退的话，是很容易将它们滥用作常人催欲剂的，而那就恰好成为谷永猛烈抨击的那种东西。

后必须作出的臆测是：基本的发明可能多少可以追溯到同一朝代的更早期，约公元前125年，那时淮南王刘安——相传为后世一切"秋石"（不管这"秋石"是什么东西）之父——正在与他的八公（参见本卷第三分册 p. 23，第四分册 p. 168）商议和进行实验①。

他们究竟达到了什么地步？这是我们很想知道的。总的说来，整个中古时期中国都在从事类固醇性激素混合物的实验性制备，并从 11 世纪起通过升华提纯类固醇性激素。这肯定是对近世才获得的知识的准经验预见的一个非凡的例子。考虑到当时的医疗化学家们完全没有今天要靠使用多种不同有机溶剂的高效分离法，他们解决问题的巧妙让人感到惊奇。鉴于他们的理论预想，我们也许会认为使用血液而不是尿液作为起点，会更合乎逻辑；但是血液中有那么多的蛋白质，使用起来会造成严重的困难。因此，我们可以有理由地认为：血液的处理是中古时期医疗化学家们力所不及的，而用尿液作为起点要好办得多。于是，他们就起劲地炼制尿液，炼制时采用二三百加仑尿液，几乎达到了制药规模，还使用蒸发盆和精巧的升华器——高明而勇敢地开了现代自觉的生物化学之先河。

所有这一切又是从何产生的呢？是从一个理论根源和两个实践根源产生的。没有深信（只要知道诀窍）今生在身体（即使是变得轻灵的身体）中可以无限地延长的古老信念，任何地方的炼丹家们都不会着手去探索。没有外丹家"外"炼金属和矿物，必需的设备和技术就不会发明。没有内丹家从事"内"炼，相信活体的气和液都比那些无机物重要，用它们进行化学操作的想法就不会产生。中国医疗化学是这两种不同传统的综合，它在内分泌学领域的成就只是预示了现代生物化学注定要供人类使用的那数千种高效生物活性物质。所以，无论内丹观念和为合成内丹而采取的手段在我们今天回过头去看时显得多么奇怪，它们最终不仅有卫生学、医学和心理学上的根据，而且从最严格的化学观点来看也是有道理的。

我们现在已经讲了不少内容，然而我们对化学的发现和发明的综述还没有结束。在中国文化中达到如此登峰造极地步的制陶术、采矿术和冶金术上化学用得很多，想要了解那些方面的情况，可以阅读本卷的另外两分册，即第一分册和最后一分册。

337

---

① 在考虑这么早就使用升华过程的可能性时，可以回想一下别处（本卷第四分册 pp. 44 ff.）关于其古老性的论述。

参 考 文 献

缩略语表

A 1800 年以前的中文和日文书籍

B 1800 年以后的中文和日文书籍与论文

C 西文书籍与论文

说明

1. 参考文献 A，现以书名的汉语拼音为序排列。

2. 参考文献 B，现以作者姓名的汉语拼音为序排列。

3. A 和 B 收录的文献，均附有原著列出的英文译名。其中出现的汉字拼音，属本书作者所采用的拼音系统。其具体拼写方法，请参阅本册书末所附的拉丁拼音对照表。

4. 参考文献 C，系按原著排印。

5. 在 B 中，作者姓名后面的该作者论著序号，均为斜体阿拉伯数码；在 C 中，作者姓名后面的该作者论著序号，均为正体阿拉伯数码。由于本卷未引用有关作者的全部论著，因此，这些序号不一定从（*1*）或（1）开始，也不一定是连续的。

6. 在缩略语表中，对于用缩略语表示的中日文书刊等，尽可能附列其中日文原名，以供参阅。

7. 关于参考文献的详细说明，见于本书第一卷第二章（pp. 20 ff.）。

缩 略 语 表

另见第 xi 页

A	*Archeion*		*di Ottica* (Arcetri)
AA	*Artibus Asiae*	AFP	*Archivum Fratrum Praedicatorum*
AAA	*Archaeologia*	AFRA	*Afrasian* (student journal of London
AAAA	*Archaeology*		Inst. Oriental & African Studies)
A/AIHS	*Archives Internationales d'Histoire des*	AGMN	*Archiv. f. d. Gesch. d. Medizin u.*
	Sciences (continuation of *Archeion*)		*d. Naturwissenschaften* (Sudhoff's)
AAN	*American Anthropologist*	AGMNT	*Archiv f. d. Geschichte d. Mathem-*
AAPWM	*Archiv. f. Anat., Physiol., and Wiss.*		*atik, d. Naturwiss. u. d. Technik*
	Med. (Joh. Müller's)	AGMW	*Abhandlungen z. Geschichte d. Math.*
AAS	*Arts Asiatiques*		*Wissenschaft*
ABAW/PH	*Abhandlung. d. bayr. Akad. Wiss.*	AGNT	*Archiv. f. d. Gesch. d. Naturwiss. u. d.*
	München (Phil.-Hist. Klasse)		*Technik* (cont. as *AGMNT*)
ACASA	*Archives of the Chinese Art Soc.*	AGP	*Archiv. f. d. Gesch. d. Philosophie*
	of America	AGR	*Asahigraph*
ACF	*Annuaire du Collège de France*	AGWG/PH	*Abhdl. d. Gesell. d. Wiss. Z. Göttingen*
ACTAS	*Acta Asiatica* (Bull. of Eastern Culture,		(Phil.-Hist. Kl.)
	Toho Gakkai, Tokyo)	AHES/AHS	*Annales d'Hist. Sociale*
ADR	*American Dyestuff Reporter*	AHOR	*Antiquarian Horology*
ADVC	*Advances in Chemistry*	AIENZ	*Advances in Enzymology*
ADVS	*Advancement of Science* (British Assoc.,	AIND	*Ancient India* (Bull. Archaeol. Survey
	London)		of India)
AEM	*An uario de Estudios Medievales* (Bar-	AIP	*Archives Internationales de Physiologie*
	celona)	AJA	*American Journ. Archaeology*
AEPHE/SHP	*Annuaire de l'Ecole Pratique des*	AJOP	*Amer. Journ. Physiol.*
	Hautes Études (Sect. Sci. Hist. et	AJPA	*Amer. Journ. Physical Anthropology*
	Philol.)	AJSC	*American Journ. Science and Arts*
AEPHE/SSR	*Annuaire de l'Ecole Pratique des*		(Silliman's)
	Hautes Études (Sect. des Sci.	AM	*Asia Major*
	Religieuses)	AMA	*American Antiquity*
AESC	*Aesculape* (Paris)	AMH	*Annals of Medical History*
AEST	*Annales de l'Est* (Fac. des Lettres,	AMS	*American Scholar*
	Univ. Nancy)	AMY	*Archaeometry* (Oxford)
AF	*Ärztliche Forschung*	AN	*Anthropos*
AFG	*Archiv. f. Gynäkologie*	ANATS	*Anatolian Studies* (British School of
AFGR/CINO	*Atti della Fondazione Giorgio Ronchi*		Archaeol. Ankara)
	e Contributi dell'Istituto Nazionale	ANS	*Annals of Science*

ANT	Antaios (Stuttgart)	BCGS	Bull. Chinese Geological Sac. 《中国地质学会志》
ANTJ	Antiquaries Journal		
AOAW/PH	Anzeiger d. Österr. Aka d. d. Wiss. (Vienna, Phil.-Hist. Klasse)	BCP	Bulletin Catholique de Pekin
		BCS	Bulletin of Chinese Studies(Chhêngtu) 《中国文化研究汇刊》（成都）
AP	Aryan Path.		
APAW/PH	Abhandlungen d. preuss. Akad. Wiss. Berlin (Phil.-Hist. Klasse)	BDCG	Ber. d. deutsch. chem. Gesellschaft.
		BDP	Blatter f. deutschen Philosophie
APH	Actualités Pharmacologiques	BE/AMG	Bibliographie d'Études (Annales du Musee Guimet)
AP/HJ	Historical Journal, National Peiping Academy 《北平研究院史学集刊》		
		BEC	Bulletin de l'École des Chartes (Paris)
APHL	Acta Pharmaceutica Helvetica	BEFED	Bulletin de l'Ecole Frarfaise de l'Extrême Orient (Hanoi)
APNP	Archives de Physiol. normale et pathologique		
		BGSC	Bulletin of the Chinese Geological Survey
AQ	Antiquity	BGTI	Be iträge z. Gesch. d. Technik u. Industrie (continued as Technik Geschichte— see BGTI/TG)
AR	Archiv. f. Religionswissenschaft		
ARB	Annual Review of Biochemistry		
ARLC/DO	Annual Reports of the Librarian of Congress (Division of Orientalia)	BGTI/TG	Technik Geschichte
		BHMZ	Berg und Hüttenmännische Zeitung
ARMC	Ann. Reports in Medicinal Chemistry	BIHMB	Bulletin of the (Johns Hopkins) Institute of the History of Medicine (cont. as Bulletin of the History of Medicine)
ARO	Archiv Orientalni (Prague)		
ARQ	Art Quarterly		
ARSI	Annual Reports of the Smithsonian Institution (Washington, D. C.)		
		BILCA	Boletim do Instituto Luis de Camoes (Macao)
AS/BIHP	Bulletin of the Institute of History and Philology, Academia Sinica 《中央研究院历史语言研究所集刊》		
		BIOL	The Biologist
		BJ	Biochemical Journal
		BJHOS	Brit. Journ. History of Science
AS/CJA	Chinese Journal of Archaeology, Academia Sinica 《中国考古学报》（中央研究院）	BJRL	Bull. John Rylands Library (Manchester)
		BK	Bunka (Culture), Sendai 《文化》（仙台）
ASEA	Asiatische Studien; Études Asiatiques		
ASN/Z	Annales des Sciences Naturelles; Zoologie (Paris)	BLSOAS	Bulletin of the London School of Oriental and African Studies
ASSF	Acta Societatis Scientiarum Fennicae (Helsingfors)	BM	Bibliotheca Mathematica
		BMFEA	Bulletin of the Museum of Far Eastern Antiquities (Stockholm)
AT	Atlantis		
ATOM	Atomes (Paris)	BMFJ	Bulletin de la Maison Franco-Japonaise (Tokyo)
AX	Ambix		
BABEL	Babel; Revue Internationale de la Traduction	BMJ	British Medical Journal
		BNJ	British Numismatic Journ.
BCED	Biochemical Education	BOE	Boethius; Texte und Abhandlungen d.

	exakte Naturwissenschaften (Frankfurt)
BR	*Biological Reviews*
BS	*Behavioural Science*
BSAA	*Bull. Soc. Archéologique d'Alexandrie*
BSAB	*Bull. Soc. d'Anthropologie de Bruxelles*
BSAC	*Bull. de la Soc. d'Acupuncture*
BSCF	*Bull. de la Société Chimique de France*
BSGF	*Bull. de la Société Géologique de France*
BSJR	*Bureau of Standards Journ. of Research*
BSPB	*Bull. Soc. Pharm. Bordeaux*
BUA	*Bulletin de l'Université de l'Aurore* (Shanghai)
BV	*Bharatiya Vidya* (Bombay)
CA	*Chemical Abstracts*
CALM	*California Medicine*
CBH	*Chūgoku Bungaku-hō* (*Journ. Chinese Literature*)《中国文学报》
CCJ	*Chung-Chi Jousnal* (Chhung-Chi Univ. Coll. Hongkong)《崇基学报》（香港）
CDA	*Chinesisch-Deutschen Almanach* (Frankfort a/M)
CEM	*Chinese Economic Monthly*(Shanghai)《中国经济月刊》（上海）
CEN	*Centaurus*
CFC	*Cahiers Franco-Chinois* (Paris)
CHA	*Chemische Apparatur*
CHEM	*Chemistry* (Easton, Pa.)
CHEMC	*Chemistry in Canada*
CHI	*Cambridge History of India*
CHIM	*Chimica* (Italy)
CHIND	*Chemistry and Industry* (Joum. Soc. Chem. Ind. London)
CHJ	*Chhing-Hua Hsüeh Pao* (*Chhing-Hua* (*Ts'ing-Hua*) *University Journal of Chinese Studies*)《清华学报》;《清华大学学报》
CHJ/T	*Chhing-Hua* (*Ts'ing-Hua*) *Journal of Chinese Studies* (New Series, publ. Thaiwan)

	《清华学报》（台湾）
CHWSLT	*Chung-Hua Wên-Shih Lun Tshung* (*Collected Studies in the History of Chinese Literature*)《中华文史论丛》
CHYM	*Chymia*
CHZ	*Chemiker Zeitung*
CIBA/M	*Ciba Review* (Medical History)
CIBA/S	*Ciba Symposia*
CIBA/T	*Ciba Review* (Textile Technology)
CIBA/MZ	*Ciba Zeitschrift* (Medical History)
CIMC/MR	*Chinese Imperial Maritime Customs* (*Medical Report Series*)
CIT	*Chemie Ingenieur Technik*
CJ	*China Journal of Science and Arts*
CJFC	*Chin Jih Fo Chiao* (Buddhism Today), Thaiwan 《今日佛教》（台湾）
CLINK	*Clinical Radiology*
CLMED	*Classica et Mediaevalia*
CLR	*Classical Review*
CMJ	*Chinese Medical Journal*
CN	*Chemical News*
CNRS	Centre National de la Recherche Scientifique
COCJ	*Coin Collectors' Journal*
COMP	*Comprendre* (Soc. Eu. de Culture, Venice)
COPS	*Confines of Psychiatry*
CP	*Classical Philology*
CPR	*Chinese Recorder*
CQ	*Classical Quarterly*
CR	*China Review* (Hongkong and Shanghai)
CRAS	*Comptes Rendus hebdomadaires de l'Acad. des Sciences* (Paris)
CREC	*China Reconstructs*
CRESC	*Crescent* (Surat)
CR/MSU	*Centennial Review of Arts and Science* (Michigan State University)
CRRR	*Chinese Repository*
CS	*Current Science*

CUNOB	Cunobelin; Yearbook of the British Association of Numismatic Societies
CUP	Cambridge University Press
CUQ	Columbia University Quarterly
CURRA	Current Anthropology
CVS	Christiania Videnskabsselskabet Skrifter
CW	Chemische Weekblad
CWR	China Weekly Review
DAZ	Deutscher Apotheke Zeitung
DB	The Double Bond
DI	Die Islam
DK	Dōkyō Kenkyū (Researches in the Taoist Religion)《道教研究》
DMAB	Abhandlungen u. Berichte d. Deutsches Museum (München)
DS	Desalination (International Journ. Water Desalting) (Amsterdam and Jerusalem, Israel)
DV	Deutsche Vierteljahrschrift
DVN	Dan Viet Nam
DZA	Deutsche Zeitschr. f. Akupunktur
DZZ	Deutsche Zahnärztlichen Zeit.
EARLH	Earlham Review
EB	Encyclopaedia Britannica
ECB	Economic Botany
EECN	Electroencephalography and Clinical Ne-urophysiology
EG	Economic Geology
EHOR	Eastern Horizon (Hongkong)
EHR	Economic History Review
EI	Encyclopaedia of Islam
EMJ	Engineering and Mining Journal
END	Endeavour
ENZ	Enzymologia
EPI	Episteme
EPJ	Edinburgh Philosophical Journal (continued as ENPJ)
ERE	Encyclopaedia of Religion and Ethics
ERJB	Eranos Jahrbuch
ERYB	Eranos Yearbook
ESSOM	Esso Magazine
ETH	Ethnos
EURR	Europaĭsche Revue (Berlin)
EXPED	Expedition (Magazine of Archaeology and Anthropology), Philadelphia
FCON	Fortschritte d. chemie d. organischen Naturstoffe
FER	Far Eastern Review (London)
FF	Forschungen und Fortschritte
FMNHP/AS	Field Museum of Natural History (Chicago) Publications; Anthropological Series
FP	Federation Proceedings (USA)
FPNJ	Folia Psychologica et Neurologica Japonica
FRS	Franziskanischen Studien
GBA	Gazette des Beaux-Arts
GBT	Global Technology
GER1	Geriatrics
GESN	Gesnerus
GEW	Geloof en Wetenschap
GJ	Geographical Journal
GR	Geographical Review
GRM	Germanisch-Romanische Monatsschrift
GUJ	Gutenberg Jahrbuch
HAHR	Hispanic American Historical Review
HAM	Hamdard Voice of Eastern Medicine (Organ of the Inst. of Health and Tibbi Research, Karachi)
HCA	Helvetica Chimica Acta
HE	Hesperia (Journ. Amer. Sch. Class. Stud. Athens)
HEJ	Health Education Journal
HERM	Hermes; Zeitschr. f. Klass. Philol.
HF	Med Hammare och Fackla (Sweden)
HHS	Hua Hsüeh (Chemistry), Ch. Chem. Soc.《化学》（中国化学学会）
HHSTH	Hua Hsüeh Thung Hsün (Chemical Correspondent), Chekiang Univ.《化学通讯》（浙江大学）
HITC	Hsüeh I Tsa Chih (Wissen und Wissenschaft), Shanghai

《学艺杂志》（上海）

HJAS	Harvard Journal of Asiatic Studies		
HMSO	Her Majesty's Stationery Office		
HOR	History of Religion（Chicago）		
HOSC	History of Science（annual）		
HRASP	Histoire de l'Acad. Roy. des Sciences, Paris		
HSS	Hsüeh Ssu（Thought and Learning）, Chhêngtu		
	《学思》（成都）		
HU/BML	Harvard University Botanical Museum Leaflets		
HUM	Humanist（RPA, London）		
IA	Iron Age		
IBK	Indogaku Bukkyōgaku Kenkyū（Indian and Buddhist Studies）		
	《印度学仏教学研究》		
IC	Islamic Culture（Hyderabad）		
ID	Idan（Medical Discussions）, Japan		
	《医譚》（日本）		
IEC/AE	Industrial and Engineering Chemistry; Analytical Edition		
IEC/I	Industrial and Engineering Chemistry; Industrial Edition		
IHQ	Indian Historical Quarterly		
IJE	Indian Journ. Entomol.		
IJHM	Indian Journ. History of Medicine		
IJHS	Indian Journ. History of Science		
IJMR	Indian Journ. Med. Research		
IMIN	Industria Mineraria		
IMW	India Medical World		
INDQ	Industriay Quimica（Buenos Aires）		
INM	International Nickel Magazine		
IPEK	Ipek; Jahrb. f. prähistorische u. ethnographische Kunst（Leipzig）		
IQB	Iqbal（Lahore）, later Iqbal Review（Journ. of the Iqbal Academy or Bazm-i Iqbal）		
IRAQ	Iraq（British Sch. Archaeol. in Iraq）		
ISIS	Isis		
ISTC	I Shih Tsa Chih（Chinese Journal of the History of Medicine）		

《医史杂志》；《医学史与保健组织》；《中华医史杂志》

IVS	Ingeniörvidenskabelje Skrifter（Copenhagen）
JA	Journal Asiatique
JAC	Jahrb. f. Antike u. Christentum
JACS	Journ. Amer. Chem. Soc.
JAHIST	Journ. Asian History（International）
JAIMH	Pratibha; Journ. All-India Instit. of Mental Health
JALCHS	Journal of the Alchemical Society（London）
JAN	Janus
JAOS	Journal of the American Oriental Society
JAP	Journ. Applied Physiol.
JARCHS	Journ. Archaeol. Science
JAS	Journal of Asian Studies（continuation of Far Eastern Quarterly, FEQ）
JATBA	Journal d'Agriculture tropicale et de Botanique appliqué
JBC	Journ. Biol. Chem.
JBFIGN	Jahresber. d. Forschungsinstitut f. Gesch. d. Naturwiss.（Berlin）
JC	Jimnin Chūgoku（People's China）, Tokyo
	《人民中国》（东京）
JCE	Journal of Chemical Education
JCP	Yahrb. f. class. Philologie
JCS	Journal of the Chemical Society
JEA	Journal of Egyptian Archaeology
JEGP	Journal of English and Germanic Philology
JEH	Journal of Economic History
JEM	Journ. Exper. Med.
JFI	Journ. Franklin Institute
JGGBB	Jahrbuch d. Gesellschaft f. d. Gesch. u. Bibliographie des Brauwesens
JGMB	Journ. Gen. Microbiol.
JHI	Journal of the History of Ideas
JHMAS	Journal of the History of Medicine and Allied Sciences
JHS	Journal of Hellenic Studies

JI	*Jissen Igaku*（*Practical Medicine*）《实践医学》
JIM	*Journ. Institute of Metals*（*UK*）
JIMA	*Journ. Indian Med. Assoc.*
JJHS	*Japanese Journ. History of Science*
JKHRS	*Journ. Kalinga Historical Research Soc.*（*Orissa*）
JMBA	*Journ. of the Marine Biological Association*（*Plymouth*）
JMS	*Journ. Mental Science*
JNMD	*Journ. Nervous & Mental Diseases*
JNPS	*Journ. Neuropsychiatr.*
JOP	*Journ. Physiol.*
JOSHK	*Journal of Oriental Studies*（*Hongkong Univ.*）《东方文化》（香港大学）
JP	*Journal of Philology*
JPB	*Journ. Pathol. and Bacteriol.*
JPC	*Journ. f. prakt. Chem.*
JPCH	*Journ. Physical Chem.*
JPH	*Journal de Physique*
JPHS	*Journ. Pakistan Historical Society*
JPHST	*Journ. Philos. Studies*
JPMA	*Journ. Pakistan Med. Assoc.*
JPOS	*Journal of the Peking Oriental Society*
JRAI	*Jo urnal of the Royal Anthropological Institute*
JRAS	*Journal of the Royal Asiatic Society*
JRAS/B	*Journal of the*（*Royal*）*Asiatic Society of Bengal*
JRAS/BOM	*Journ. Roy. Asiatic Soc.*，*Bombay Branch*
JRAS/KB	*Journal*（*or Transactions*）*of the Korea Branch of the Royal Asiatic Society*
JRAS/M	*Journal of the Malayan Branch of the Royal Asiatic Society*
JRAS/NCB	*Journal*（*or Transactions*）*of the Royal Asiatic Society*（*North China Branch*）
JRAS/P	*Journ. of the*（*Royal*）*Asiatic Soc. of Pakistan*
JRIBA	*Journ. Royal Institute of British Arcehitcts*
JRSA	*Journal of the Royal Society of Arts*
JS	*Journal des Scavans*（1665—1778）*and Journal des Savants*（1816—）
JSA	*Journal de la Société des Americanistes*
JSCI	*Journ. Soc. Chem. Industry*
JSHS	*Japanese Studies in the History of Science*（*Tokyo*）
JUB	*Journ. Univ. Bombay*
JUS	*Journ. Unified Science*（*continuation of Erkenntnis*）
JWCBRS	*Journal of the West China Border Research Society*
JWCI	*Journal of the Warburg and Courtauld Institutes*
JWH	*Journal of World History*（*UNESCO*）
KHS	*Kho Hsüeh*（*Science*）《科学》
KHSC	*Kho-Hsüeh Shih Chi-Khan*（*Ch. Journ. Hist. of Sci.*）《科学史集刊》
KHTP	*Kho Hsüeh Thung Pao*（*Science Correspondent*）《科学通报》
KHVL	*Kungliga Humanistiska Vetenskapsamfundet i Lund Arskerättelse*（*Bull. de la Soc. Roy. de Lettres Éde Lund*）
KKD	*Kiuki Daigaku Sekai Keizai Kenkyūjo Hōkoku*（*Reports of the Institute of World Economics at Kiuki Univ.*）《近畿大学世界经济研究所報告》
KKTH	*Khao Ku Thung Hsün*（*Archaeological Correspondent*），*cont. as Khao Ku*《考古通讯》（后改为《考古》）
KKTS	*KuKung Thu Shu Chi Khan*（*Journal of the Imperial Palace Museum and Library*），*Thaiwan*《故宫图书季刊》（台湾）
KSVA/H	*Kungl. Svenske Vetenskapsakad. Handlingar*

KVSUA	Kungl. Vetenskaps Soc. i Uppsala Arsbok (Mem. Roy. Acad. Sci. Uppsala)		sionnaires de Pékin (Paris 1776—)
KW	Klinische Wochenschrift	MDGNVO	Mitteilungen d. deutsch. Gesellsch. f. Natur. u. Volkskunde Ostasiens
LA	Annalen d. Chemie (Liebig's)	MDP	Mémoires de la Délégation en Perse
LCHIND	La Chimica e l'Industria (Milan)	MED	Medicus (Karachi)
LEC	Lettres Édifiantes et Curieusesécrites des Missions Étrangères (Paris, 1702—1776)	MEDA	Medica (Paris)
		METL	Metallen (Sweden)
		MGG	Monatsschrift f. Geburtshilfe u. Gynä kologie
LH	l' Homrne; Revue Francaise d'Anthropologie		
LIN	L'Institut (Journal Universel des Sciences et des Sociétés Savantes en France et à l'Étranger)	MGGW	Mitteilungen d. geographische Gese- llschaft Wien
		MGSC	Memoirs of the Chinese Geological Survey
LN	La Nature		《地质专报》
LP	La Pensée		
LSYC	Li Shih Yen Chiu (Journal of Historical Research), Peking 《历史研究》（北京）	MH	Medical History
		MI	Metal Industry
		MIE	Mémoires de l'Institut d'Egypte (Cairo)
LSYKK	Li Shih yü Khao Ku (History and Archaeology; Bulletin of the Shen- yang Museum), Shenyang 《历史与考古》（沈阳）	MIFC	Mémoires de l'Institut Français d'Ar- chéol. Orientale (Cairo)
		MIK	Mikrochemie
		MIMG	Mining Magazine
LT	Lancet	MIT	Massachusetts Institute of Technology
LYCH	Lychnos (Annual of the Swedish Hist. of Sci. Society)	MJ	Mining Journal, Railway and Com- mercial Gazette
MAAA	Memoirs Amer. Anthropological Asso- ciation	MJA	Med. Journ. Australia
		MJPGA	Mitteilungen aus Justus Perthes Geogr. Anstalt (Petermann's)
MAGW	Mitt. d. Anthropol. Gesellschaft in Wien		
MAI/NEM	Mbnoires de l'Académie des In- scriptions et Belles-Lettres, Paris (Notices et Extraits des MSS)	MKDUS/HF	Meddelelser d. Kgl. Danske Viden- skabernes Selskab (Hilt. -Filol.)
		MLJ	Mittel-Lateinisches Jahrbuch
MAIS/SP	Mémoires de l'Acad. Impériale des Sciences, St Pétersbourg	MM	Mining and Metallurgy (New York, contd. as Mining Engineering)
MARCH	Mediaeval Archaeology	MMLPS	Memoirs of the Manchester Literary and Philosophical Soc.
MAS/B	Memoirs of the Asiatic Society of Bengal		
MB	Monographiae Biologicae	MMN	Materia Medica Nordmark
MBLB	May and Baker Laboratory Bulletin	MMVKH	Mitteilungen d. Museum f. Völker- kunde (Hamburg)
MBPB	May and Baker Pharmaceutical Bulletin		
MCB	Melunges Chinois et Bouddhiques	MMW	Münchener Medizinische Wochenschrift
MCE	Metallurgical and Chemical Engineering	MOULA	Memoirs of the Osaka University of Liberal Arts and Education 《大阪学芸大学紀要》
MCHSAMUC	Mémoires concernant l'Histoire, les Sciences, les Arts, les Moeurset les Usages, des Chinois, par les Mis-		
		MP	Il Marco Polo

MPMH	*Memoirs of the Peabody Museumof American Archaeology and Ethnology*, *Harvard University*	*NGM*	*National Geographic Magazine*
		NHK	Nihon Heibon Keisha（publisher） 日本放送出版協会
MRASP	*Mémoires de l'Acad. Royale des Sciences*（Paris）	*NIZ*	*Nihon Ishigaku Zasshi*（*Jap. Journ. Hist. Med.*）
MRDTB	*Memoirs of the Research Dept. of Tōyō Bunko*（Tokyo） 《東洋文化研究所紀要》（東京）		《日本医史学雑誌》
		NN	*Nation*
		NQ	*Notes and Queries*
MRS	*Mediaeval and Renaissance Studies*	*NR*	*Numismatic Review*
MS	*Monumenta Serica*	*NRRS*	*Notes and Records of the Royal Society*
MSAF	*Mémoires de la Société*（*Nat.*）*des Antiquaires de France*	*NS*	*New Scientist*
		NSN	*New Statesman and Nation*（London）
MSGVK	*Mitt. d. Schlesische Gesellschaft f. Volkskunde*	*NT*	*Novum Testamentum*
MSIV/MF	*Memoire di Mat. e. Fis dells Soc. Ital.*（Verona）	*NTS*	*New Testament Studies*
		NU	*The Nucleus*
MSOS	*Mitteilungen d. Seminar f. orientalischen Sprachen*（Berlin）	*NUM/SHR*	*Studies in the History of Religions*（Supplements to Numen）
MSP	*Mining and Scientific Press*	*NW*	*Naturwissenschaften*
MUl	*Museum Journal*（Philadelphia）	*OAZ*	*Ostasiatische Zeitschrift*
MUSEON	*Le Muséon*（Louvain）	*ODVS*	*Oversigt over det k. Danske Videnskabernes Selskabs Forhandlinger*
N	*Nature*		
NAGS	*New Age*（New Delhi）	*OE*	*Oriens Extremus*（Hamburg）
NAMSL	*Nouvelles Archives des Missions Scientifiques et Littéraires*	*OLZ*	*Orientalische Literatur-Zeitung*
		ORA	*Oriental Art*
NAR	*Nutrition Abstracts and Reviews*	*ORCH*	*Orientalia Christiana*
NARSU	*Nova Acta Reg. Soc. Sci. Upsaliensis*	*ORD*	*Ordnance*
NC	*Numismatic Chronicle*（*and Journ. Roy. Numismatic Soc.*）	*ORG*	*Organon*（Warsaw）
		ORR	*Orientalia*（Rome）
NCDN	*North China Daily News*	*ORS*	*Orientalia Suecana*
NCGH	*Nihon Chūgoku Gakkai-hō*（*Bulletin of the Japanese Sinological Society*） 《日本中国学会報》	*OSIS*	*Osiris*
		OUP	Oxford University Press
		OUSS	*Ochanomizu University Studies* 《ぉ茶の水女子大学人文科学紀要》
NCH	*North China Herald*		
NCR	*New China Review*	*OX*	*Oxoniensia*
NDI	*Niigata Daigaku Igakubu Gakushikai Kaihō*（*Bulletin of the Medical Graduate Society of Niigata University*） 《新潟大学医学部学士会会報》	*PAAAS*	*Proceeding of the British Academy*
		PAAQS	*Proceedings of the American Antiquarian Society*
		PAI	*Paideuma*
		PAKARCH	*Pakistan Archaeology*
NFR	*Nat. Fireworks Review*	*PAKJS*	*Pakistan Journ. Sci.*

PAKPJ　　　Pakistan Philos. Journ.

PAPS　　　Proc. Amer. Philos. Soc.

PAR　　　Parabola

PBM　　　Perspectives in Biol. and Med.

PCASC　　　Proc. Cambridge Antiquarian Soc.

PEW　　　Philosophy East and West（Univ. Hawaii）

PF　　　Psychologische Forschung

PHI　　　Die Pharmazeutische Industrie

PHREV　　　Pharmacological Reviews

PHY　　　Physis（Florence）

PHYR　　　Physical Review

PIH　　　Pharmacy in History

PJ　　　Pharmaceut. Journal（and Trans. Pharmaceut. Soc.）

PKAWA　　　Proc. Kon. Akad. Wetensch. Amsterdam

PKR　　　Peking Review

PM　　　Presse Medicale

PMG　　　Philosophical Magazine

PMLA　　　Publications of the Modern Language Association of America

PNHB　　　Peking Natural History Bulletin

POLREC　　　Polar Record

POLYJ　　　Polytechnisches Journal（Dingler's）

POPST　　　Population Studies

PPHS　　　Proceedings of the Prehistoric Society

PRGS　　　Proceedings of the Royal Geographical Society

PRIA　　　Proceedings of the Royal Irish Academy

PRPH　　　Produits Pharmaceutiques

PRPSG　　　Proc. Roy. Philos. Soc. Glasgow

PRSA　　　Proceedings of the Royal Society（Series A）

PRSB　　　Proceedings of the Royal Society（Series B）

PRSM　　　Proceedings of the Royal Society of Medicine

PSEBM　　　Proc. Soc. Exp. Biol. and Med.

PTRS　　　Philosophical Transactions of the Royal Society

PV　　　Pacific Viewpoint（New Zealand）

QSGNM　　　Quellen u. Studien z. Gesch. d. Natu-rwiss. u. d. Medizin（continuation of Archiv. f. Gesch. d. Math., d. Naturwiss. u. d. Technik, AGMNT, formerly Archiv. f. d. Gesch. d. Natur-wiss. u. d. Technik, AGNT）

QSKMR　　　Quellenschriften f. Kunstgeschichte und Kunsttechnik des Mittelalters u. d. Renaissance（Vienna）

RA　　　Revue Archeologique

RAA/AMG　　　Revue des Arts Asiatiques（Annales du Musée Guimet）

RAAAS　　　Reports, Australasian Assoc. Adv. of Sci.

RAAO　　　Revue d'Assyriologie et d'Archéolo-gie Orientale

RALUM　　　Revue de l'Aluminium

RB　　　Revue Biblique

RBPH　　　Revue Belge de Philol. et d'Histoire

RDM　　　Revue des Mines（later Revue Universelle des Mines）

RGVV　　　Religionsgeschichtliche Versuche und Vorarbeiten

RHR/AMG　　　Revue de l'Histoire des Religions（Annales du Musée Guimet, Paris）

RHS　　　Revue d'Histoire des Sciences

RHSID　　　Revue d'Histoire de la Sidérurgie（Nancy）

RIAC　　　Revue Internationale d'Acupuncture

RIBS　　　Revue Bibliographique de Sinologie

RIN　　　Rivista Italiana di Numismatica

RKW　　　Repertorium f. Kunst. wissenschaft

RMY　　　Revue de Mycologie

ROC　　　Revue de l'Orient Chrétien

RP　　　Revue Philosophique

RPA　　　Rationalist Press Association（London）

RPCHG　　　Revue de Pathologie comparée et d'Hygiène générale（Paris）

RPLHA　　　Revue de Philol., Litt. et Hist. Ancienne

RR　　　Review of Religion

RSCI　　　Revue Scientifique（Paris）

RSH　　　Revue de Synthèse Historique

RSI　　　Reviews of Scientific Instruments

RSO　　　Rivista di Studi Orientali

RTS Religious Tract Society

RUB *Revue de l'Univ. de Bruxelles*

S *Sinologica* (Basel)

SA *Sinica* (originally *Chinesische Blätter f. Wissenschaft u. Kunst*)

SAEC *Supplemento Annuale all'Enciclopedia di Chimica*

SAEP Soc. Anonyme desÉtudes et Pub. (publisher)

SAM *Scientific American*

SB *Shizen to Bunka* (*Nature and Culture*) 《自然と文化》

SBE *Sacred Books of the East series*

SBK *Seikatsu Bunka Kenkyū* (*Journ. Econ. Cult.*) 《生活文化研究》

SBM *Svenska Bryggareföreningens Månadsblad*

SC *Science*

SCI *Scientia*

SCIS *Sciences; Revue de la Civilisation Scientifique* (Paris)

SCISA *Scientia Sinica* (Peking)

SCK *Smithsonian Contributions to Knowledge*

SCM Student Christian Movement (Press)

SCON *Studies in Conservation* (*Journ. Internat. Instit. for the Conservation of Museum objects*)

SCRM *Scriptorium*

SET *Structure et Evolution des Techniques*

SGZ *Shigaku Zasshi* (*Historical Journ. of Japan*) 《史学雑誌》

SHA *Shukan Asahi* 《週刊朝日》

SHAW/PH *Sitzungsber. d. Heidelberg. Akad. d. Wissensch.* (Phil. - Hist. Kl.)

SHM *Studies in the History of Medicine*

SHST/T *Studies in the History of Science and Technol.* (Tokyo Univ. Inst. Technol.)

SI *Studio Islamica* (Paris)

SIB *Sibrium* (*Collana di Studi a Documentazioni, Centro di Studi Preistorici e Archeologici Varese*)

SILL *Sweden Illustrated*

SK *Seminarium Kondakovianum* (*Recueil d'Études de l'Institut Kondakov*)

SM *Scientific Monthly* (formerly *Popu. lar Science Monthly*)

SN *Shirin* (*Journal of History*), Kyoto 《史林》 (京都)

SNM *Sbornik Nauknych Materialov* (Erivan, Armenia)

SOB *Sobornost*

SOS *Semitic and Oriental Studies* (Univ. of Calif. Publ. in Semitic Philol.)

SP *Speculum*

SPAW/PH *Sitzungsber. d. preuss. Akad. d. Wissenschaften* (Phil. - Hist. Kl.)

SPCK Society for the Promotion of Christian Knowledge

SPMSE *Sitzungsberichte d. physik. med. Soc. Erlangen*

SPR *Science Progress*

SSIP *Shanghai Science Institute Publications* 《上海自然科学研究所汇报》

STM *Studi Medievali*

SWAW/PH *Sitzungsberichte d. k. Akad. d. Wissenschaften Wien* (Phil. Hist. Klasse) Vienna

TAFA *Transactions of the American Foundrymen's Association*

TAIME *Trans. Amer. Inst. Mining Engineers* (continued as *TAIMME*)

TAIMME *Transactions of the American Institute of Mining and Metallurgical Engineers*

TAPS *Transactions of the American Philosophical Society* (cf. *MAPS*)

TAS/J *Transactions of the Asiatic Society of Japan*

TBKK *Tohoku Bunka Kenkyūshitsu Kiyō* (*Record of the North-Eastern Research Institute of Humanistic*

Studies)，Sendai
《東北文化研究室紀要》(仙台)

TCPP Transactions and Studies of the College of Physicians of Philadelphia

TCS Trans. Ceramic Society (formerly Tans. Engl. Cer. Soc., contd as Trans. Brit. Cer. Soc.)

TCULT Technology and Culture

TFTC Tung Fang Tsa Chih (Eastern Miscellany)
《东方杂志》

TGAS Transactions of the Glasgow Archaeological Society

TG/T Tōhō Gakuhō, Tōkyō (Tokyo Journal of Oriental Studies)
《東方学報》(東京)

TH Thien Hsia Monthly (Shanghai)
《天下》(上海)

THG Tōhōgaku (Eastern Studies), Tokyo
《東方学》(东京)

TICE Transactions of the Institute of Chemical Engineers

TIMM Transactions of the Institution of Mining and Metallurgy

TJSL Transactions (and Proceedings) of the Japan Society of London

TLTC Ta Lu Tsa Chih (Continent Magazine), Thaipei
《大陆杂志》(台北)

TMIE Travaux et Mémoires de l'Inst. d'Ethnologie (Paris)

TNS Transactions of the Newcomen Society

TOCS Tr ansactions of the Oriental Ceramic Society

TP T'oung Pao (Archives concernant l'Histoire, les Langues, la Geographie, l'E- thnographie et les Arts de l'Asie Orientale), Leiden
《通报》(莱顿)

TQ Tel Quel (Paris)

TR Technology Review

TRAD Tradition (Zeitschr. f. Firmengeschichte und Unternehmerbiographie)

TRSC Trans. Roy. Soc. Canada

TS Tōhō Shūkyō (Journal of East Asian Religions)
《東方宗教》

TSFFA Techn. Studies in the Field of the Fine Arts

TTT Theoria to Theory (Cambridge)

TYG Tōyō Gakuhō (Reports of the Oriental Society of Tokyo)
《東洋学報》(東京)

TYGK Tōyōgaku (Oriental Studies), Sendai
《東洋学》(仙台)

TYKK Thien Yeh Khao Ku Pao Kao (Archaeological Reports)
《田野考古报告》

UCC University of California Chronicle

UCR University of Ceylon Review

UNASIA United Asia (India)

UNESC Unesco Courier

UNESCO United Nations Educational, Scientific and Cultural Organisation

UUA Uppsala Univ. Arsskrift(Acta Umv. Upsaliensis)

VBA Visva- Bharati Annals

VBW Vorträge d. Bibliothek Warburg

VK Vijnan Karmee

VKAWA/L Verhandelingen d. Koninklijke Akad. v. Wetenschappen te Amsterdam(Afd. Letterkunde)

VMAWA Verslagen en Meded. d. Koninklijke Akad. v. Wetenschappen te Amsterdam

VVBGP Verhandhingen d. Verein z. Beförderung des Gewerbefleisses in Preussen

WA Wissenschaftliche Annalen

WKW Wiener klinische Wochenschrift

WS Wê n Shih (History of Literature), Peking
《文史》(北京)

WWTK Wên Wu (formerly Wên Wu Tshan Khao Tzu Liao, Reference Materials

	for History and Archaeology）		*Altertumskunde*
	《文物》（原名为《文物参考资料》）	ZASS	*Zeitschr. f. Assyriologie*
		ZDMG	*Zeitschrift d. deutsch. Morgen ländischen Gesellschaft*
WZNHK	*Wiener Zeitschr. f. Nervenheilkunde*		
YCHP	*Yenching Hsüeh Pao （Yenching University Journal of Chinese Studies）*	ZGEB	*Zeitschr. d. Gesellsch. f. Erdkunde （Berlin）*
	《燕京学报》	ZGNTM	*Zeitschr. f. Gesch. d. Naturwiss., Technik u. Med.*
YJBM	*Yale Journal of Biology and Medicine*		
YJSS	*Yenching Journal of Social Studies*	ZMP	*Zeitschrift f. Math. u. Physik*
Z	*Za lmoxis；Revue des Études Religieuses*	ZPC	*Zeitschr. f. physiologischen Chemie*
ZAC	*Zeitschr. f. angewandte chemie*	ZS	*Zeitschr. f. Semitistik*
ZAC/AC	*Angewandte Chemie*	ZVSF	*Zeitschr. f. vergl. Sprachforschung*
ZAES	*Zeitschrift f. Aegyptische Sprache u.*		

A　1800 年以前的中文和日文书籍

《阿难四事经》

　　Sūtra on the Four Practices spoken to Ānanda

　　印度

　　汉译，三国，公元 222—230 年，支谦译

　　N/696；TW/493

《阿毗昙毗婆沙论》

　　Abhidharma Mahāvibhāsha

　　印度（此修订本在公元 600 年前不久）

　　玄奘译，公元 659 年

　　N/1263；TW/1546

《白先生金丹火候图》

　　Master Pai's Illustrated Tractate on the 'Fire-
　　　　Times' of the Metallous Enchymoma

　　宋，约 1210 年

　　白玉蟾

　　收录于《修真十书》（TT/260）卷一

《百问篇》

　　The Hundred Questions ［dialogue between
　　　　Chungli Chhüan and Lü Tung-Pin］

　　《道枢》（参见该条）卷五

　　参见《钟吕传道集》

　　译本：Homann (2)

《宝藏论》

　　［=《轩辕宝藏论》］

　　(The Yellow Emperor's) Discourse on the
　　　　(Contents of the) Precious Treasury (of the
　　　　Earth)，［mineralogy and metallurgy］

　　可能部分为唐或唐以前；完成于五代（南
　　　　汉）。曾远荣（1）提到晁公武在其《郡
　　　　斋读书志》中将它的年代定在公元 918
　　　　年，张子高［(2)，第 118 页］也认为它
　　　　大体上是一部五代时期的作品

　　传为青霞子撰

　　如果苏元明不是化名的话，最早的部分可能
　　　　属于晋代（3 或 4 世纪）；参见杨烈宇
　　　　(1)

　　现仅存于引文中

　　参见《罗浮山志》卷四，第十三页

《宝颜堂秘笈》

　　Private Collection of the Pao-Yen Library

　　明，六集刊行于 1606 至 1620 年之间

　　陈继儒编

《保生心鉴》

　　Mental Mirror of the Preservation of Mite
　　　　［gymnastics and other longevity techniques］

　　明，1506

　　铁峰居士

　　胡文焕编，约 1596 年

《保寿堂经验方》

　　Tried and Tested Prescriptions of the Protection-
　　　　of-Longevity Hall (a surgery or pharmacy)

　　明，约 1450 年

　　刘松石

《抱朴子》

　　Book of the Preservation-of-Solidarity Master

　　晋，4 世纪前期，可能约在公元 320 年

　　葛洪

　　部分译文：Feifel (1, 2)；Wu & Davis (2)

　　全译本：Ware (5)，仅《内篇》各卷

　　TT/1171—1173

《抱朴子神仙金汋经》

　　The Preservation-of-Solidarity Master's Manual
　　　　of the Bubbling Gold (Potion) of the
　　　　Holy Immortals

　　归于晋，约公元 320 年。或为唐以前，更可
　　　　能是唐

　　传为葛洪撰

　　TT/910

　　参见 Ho Ping-Yü (11)

《抱朴子养生论》

　　The Preservation-of-Solidarity Master's Essay
　　　　on Hygiene

　　归于晋，约公元 320 年

　　传为葛洪撰

TT/835

《北虏风俗》

　　［＝《夷俗记》］

　　Customs of the Northern Barbarians（i. e. the Mongols）

　　明，1594 年

　　萧大亨

《北梦琐言》

　　Fragmentary Notes Indited North of（Lake）Mêng

　　五代（南平），约公元 950 年

　　孙光宪

　　见 des Rotours（4），p. 38

《北山酒经》

　　Northern Mountain Wine Manual

　　宋，1117 年

　　朱肱

《北史》

　　History of the Northern Dynasties［Nan Pei Chhao period，+386 to +581］

　　唐，约公元 670 年

　　李延寿

　　节译索引：Frankel（1）

《本草备要》

　　Practical Aspects of Materia Medica

　　清，约 1690 年，1694 年第 2 版

　　汪昂

　　《现存本草书录》，第 90 种；《医籍考》，第 215 页起

　　参见 Swingle（4）

《本草从新》

　　New Additions to Pharmaceutical Natural History

　　清，1757 年

　　吴仪洛

　　《现存本草书录》，第 99 种

《本草纲目》

　　The Great Pharmacopoeia；or，The Pandects of Natural History（Mineralogy，Metallurgy，Botany，Zoology etc.），Arrayed in their Headings and Subheadings

　　明，1596 年

　　李时珍

　　节译和释义：Read 及其合作者（2-7）；Read

& Pak 附索引。植物列表见 Read（1）（with Liu Ju-Chhiang）

　　参见 Swingle（7）

《本草纲目拾遗》

　　Supplementary Amplifications for the *Pandects of Natural History*（of Li Shih Chen）

　　清，约始于 1760 年，1765 年撰序，1780 年增卷首绪论，1803 年定稿

　　清，初刊于 1871 年

　　赵学敏

　　《现存本草书录》，第 101 种

　　参见 Swingle（11）

《本草和名》

　　Synonymic Materia Medica with Japanese Equivalents

　　日本，公元 918 年

　　深根辅仁

　　参见 Karow（1）

《本草汇》

　　Needles from the Haystack；Selected Essentials of Materia Medica

　　清，1666 年，刊行于 1668 年

　　郭佩兰

　　《现存本草书录》，第 84 种

　　参见 Swingle（4）

《本草汇笺》

　　Classified Notes on Pharmaceutical Natural History

　　清，始于 1660 年，刊行于 1666 年

　　顾元交

　　《现存本草书录》，第 83 种

　　参见 Swingle（8）

《本草经集注》

　　Collected Commentaries on the *Classical Pharmacopoeia*（*of the Heavenly Husbandman*）

　　南齐，公元 492 年

　　陶弘景

　　目前归于陶弘景名义之下的，除本草著作中众多引文外，仅存敦煌或吐鲁番的抄本残篇

《本草蒙荃》

　　Enlightenment on Pharmaceutical Natural History

　　明，1565 年

陈嘉谟

《本草品汇精要》

Essentials of the Pharmacopoeia Ranked according to Nature and Efficacity (Imperially Commissioned)

明，1505 年

刘文泰、王槃和高廷和

《本草求真》

Truth Searched out in Pharmaceutical Natural History

清，1773 年

黄宫绣

《本草拾遗》

A Supplement for the Pharmaceutical Natural Histories

唐，约 725 年

陈藏器

现仅存于大量的引文中

《本草述》

Explanations of Materia Medica

清，1665 年以前，1700 年初刊

刘若金

《现存本草书录》，第 79 种

参见 Swingle (6)

《本草述钩元》

Essentials Extracted from the Explanations of Materia Medica

见杨时泰 (1)

《本草通玄》

The Mysteries of Materia Medica Unveiled

清，始于 1655 年前，刊行于 1667 年前

李中梓

《现存本草书录》，第 75 种

参见 Swingle (4)

《本草图经》

Illustrated Pharmacopoeia; or, Illustrated Treatise of Pharmaceutical Natural History

宋，1061 年

苏颂等

现仅存于后来的本草著作的众多引文中

《本草衍义》

Dilations upon Pharmaceutical Natural History

宋，1116 年作序，1119 年刊行，1185 年、1195 年重刊

寇宗奭

另见《图经衍义本草》（TT/761）

《本草衍义补遗》

Revision and Amplification of the Dilations upon Pharmaceutical Natural History

元，约 1330 年

朱震亨

《现存本草书录》，第 47 种

参见 Swingle (12)

《本草药性》

The Natures of the Vegetable and Other Drugs in the Pharmaceutical Treatises

唐，约公元 620 年

甄立言和甄权

现仅存于引文中

《本草原始》

Objective Natural History of Materia Medica; a True-to-Life Study

清，始于 1578 年，刊行于 1612 年

李中立

《现存本草书录》，第 60 种

《本经逢原》

(Additions to Natural History) aiming at the Original Perfection of the Classical Pharmacopoeia (of the Heavenly Husbandman)

清，1695 年，刊行于 1705 年

张璐

《现存本草书录》，第 93 种

《碧玉朱砂寒林玉树匮》

On the Caerulean Jade and Cinnabar Jade-Tree-in-a-Cold-Forest Casing Process

宋，11 世纪前期

陈景元

TT/891

《辨道论》

On Taoism, True and False

三国（魏），约公元 230 年

曹植（魏王子）

现仅存于引文中

《辩惑编》

Disputations on Doubtful Matters

元，1348 年

谢应芳

《博物记》

Notes on the Investigation of Things

东汉，约公元 190 年

唐蒙

《博物要览》

The Principal Points about Objects of Art and Nature

明，约 1560 年

谷泰

《博物志》

Records of the Investigation of Things（参见《续博物志》）

晋，约公元 290 年（始于公元 270 年前后）

张华

《采真机要》

Important（Information on the）Means（by which one can）Attain（the Regeneration of the）Primary（Vitalities）[physiological alchemy, poems and commentary]

《三峰丹诀》（参见该条）的一部分

《参同契》

The Kinship of the Three; or, The Accordance（of the Book of Changes）with the Phenomena of Composite Things [alchemy]

东汉，公元 142 年

魏伯阳

《参同契》

另见《周易参同契》

《参同契阐幽》

Explanation of the Obscurities in the Kinship of the Three

清，1729 年撰序，1735 年刊行

朱元育编辑与注释

《道藏辑要》

《参同契考异》

[=《周易参同契注》]

A Study of the Kinship of the Three

宋，1197 年

朱熹（原托名为邹訢）

TT/992

《参同契五相类秘要》

Arcane Essentials of the Similarities and Categories of the Five（Substances）in the Kinship of the Three（sulphur, realgar, orpiment, mercury and lead）

六朝，可能为唐代；虽然归于公元 2 世纪，但可能在 3 至 7 世纪间，必定是在 9 世纪初以前

作者不详（传为魏伯阳撰）

卢天骥注，宋，1111 至 1117 年，可能在 1114 年

TT/898

译本：Ho Ping-Yü & Needham（2）

《参同契章句》

The Kinship of the Three（arranged in）Chapters and Sections

清，1717 年

李光地编

《草木子》

The Book of the Fading-like-Grass Master

明，1378 年

叶子奇

《册府元龟》

Collection of Material on the Lives of Emperors and Ministers,（lit.（Lessons of）the Archives,（the True）Scapulimancy）; [a governmental ethical and political encyclopaedia.]

宋，1005 年敕令修纂，1013 年刊行

王钦若和杨亿编

参见 des Rotours（2），p. 91

《长春子磻溪集》

Chhiu Chhang-Chhun's Collected（Poems）at Phan-Hsi

宋，约 1200 年

邱处机

TT/1145

《长生术》

The Art and Mystery of Longevity and Immortality

《金华宗旨》（参见该条）的别名

《尘外遐举笺》

Examples of Men who Renounced Official Careers and Shook off the Dust of the World

[《遵生八笺》(参见该条)的第八笺(卷十九)]

明，1591 年

高濂

《赤水玄珠》

The Mysterious Pearl of the Red River [a system of medicine and iatro-chemistry]

明，1596 年

孙一奎

《赤水玄珠全集》

The Mysterious Pearl of the Red River; a Complete (Medical) Collection

见《赤水玄珠》

《赤水吟》

Chants of the Red River

见傅金铨 (1)

《赤松子玄记》

Arcane Memorandum of the Red-Pine Master

唐或更早，9 世纪以前

作者不详

被引用于 TT/928 和别处

《赤松子肘后药诀》

Oral Instructions of the Red-Pine Master on Handy (Macrobiotic) Prescriptions

唐以前

作者不详

《太清经天师口诀》的一部分

TT/876

《重修政和经史证类备用本草》

New Revision of the Pharmacopoeia of the Chêng-Ho reign-period; the Classified and Consolidated Armamentarium

(《政和新修经史证类备用本草》和《本草衍义》的合编本)

元，1249 年；此后多次重刊，特别是明代 (1468 年)，至少有七种明刊本，最后一种刊于 1624 或 1625 年

唐慎微

寇宗奭

张存惠刊 (或辑)

《重阳分梨十化集》

Writings of (Wang) Chhung-Yang [Wang Chê] (to commemorate the time when he received a daily) Ration of Pears, and the Ten Precepts of his Teacher

宋，12 世纪中期

王嚞

TT/1141

《重阳教化集》

Memorials of (Wang) Chhung-Yang's [Wang Chê's] Preaching

宋，12 世纪中期

王嚞

TT/1140

《重阳金关玉锁诀》

(Wang) Chhung-Yang's [Wang's Chê's] Instructions on the Golden Gate and the Lock of Jade

宋，12 世纪中期

王嚞

TT/1142

《重阳立教十五论》

Fifteen Discourses of (Wang) Chhung-Yang [Wang Chê] on the Establishment of his School

宋，12 世纪中期

王嚞

TT/1216

《重阳全真集》

(Wang) Chhung-Yang's [Wang Chê's] Records of the Perfect Truth (School)

宋，12 世纪中期

王嚞

TT/1139

《初学记》

Entry into Learning [encyclopaedia]

唐，公元 700 年

徐坚

《褚澄遗书》

Remaining Writings of Chhu Chhêng

晋，约公元 500 年，可能宋代做了大修改

褚澄

《传西王母握固法》

[=《太上传西王母握固法》]

A Recording of the Method of Grasping the

Firmness (taught by) the Mother Goddess of the West

［道士的日光疗法与冥想。"握固法"是一个术语，指一种在冥想过程中紧握双手的功法。］

唐或更早

作者不详

片段存于《修真十书》（*TT*/260）卷二十四，第一页起

参见 Maspero（7），p. 376

《船山遗书》

Collected Writings of Wang Fu Chih (Chhuan-Shan)

清，17 世纪下半叶

王船山

［初版于 1840 年；采用 1933 年版］

《春秋繁露》

String of Pearls on the *Spring and Autumn Annals*

西汉，约公元前 135 年

董仲舒

见 Wu Khang（1）

部分译文：Wieger（2）；Hughes（1）；d'Hormon（1）

《通检丛刊》之四

《春秋纬元命苞》

Apocryphal Treatise on the *Spring and Autumn Annals*; the Mystical Diagrams of Cosmic Destiny ［astrological-astronomical］

西汉，约公元前 1 世纪

作者不详

辑录于《古微书》卷七

《春秋纬运斗枢》

Apocryphal Treatise on the *Spring and Autumn Annals*; the Axis of the Turning of the Ladle (i. e. the Great Bear)

西汉，公元 1 世纪或之后

作者不详

辑录于《古微书》卷九，第四页起；《玉函山房辑佚书》卷五十五，第二十二页起

《春渚纪闻》

Record of Things Heard at Spring Island

宋，约 1095 年

何薳

《纯阳吕真人药石制》

The Adept Lü Shun-Yang's (i. c. Lü Tung-Pin's) Book on Preparations of Drugs and Minerals ［in verses］

唐后期

传为吕洞宾撰

TT/896

译本：Ho Ping-Yü, Lim & Morsingh（1）

《辍耕录》

［有时也作《南村辍耕录》］

Talks (at South Village) while the Plough is Resting

元，1366 年

陶宗仪

《崔公入药镜注（合）解》

见《入药镜》和《天元入药镜》

《翠虚篇》

Book of the Emerald Heaven

宋，约 1200 年

陈楠

TT/1076

《存复斋文集》

Literary Collection of the Preservation-and-Return Studio

元，1349 年

朱德润

《存真环中图》

Illustrations of the True Form (of the Body) and of the (Tracts of) Circulation (of the Chhi)

宋，1113 年

杨介

现仅部分存于《顿医抄》和《万安方》（参见此二条）。一些绘图收入朱肱的《内外二景图》，也收入《华佗内照图》和《广为大法》（参见此三条）

《大戴礼记》

Record of Rites ［compiled by Tai the Elder］

（参见《小戴礼记》、《礼记》）

归于西汉，公元前 70—前 50 年，但实际为东汉，公元 80—105 年之间

传为戴德编，但实际可能为曹褒编

见 Legge（7）

译本：Douglas（1）；R. Wilhelm（6）

《大丹记》

Record of the Great Enchymoma

归于公元 2 世纪，但可能为宋，13 世纪

传为魏伯阳撰

TT/892

《大丹铅汞论》

Discourse on the Great Elixir [or Enchymoma]
of Lead and Mercury

但愿是唐，9 世纪，更可能是宋

金竹坡

TT/916

参见吉田光邦（5），第 230—232 页

《大丹问答》

Questions and Answers on the Great Elixir（or
Enchymoma）[dialogues between Chêng Yin
and Ko Hung]

年代不详，可能为宋或元

作者不详

TT/932

《大丹药诀本草》

Pharmaceutical Natural History in the form of
Instructions about Medicines of the Great
Elixir（Type），[iatro-chemical]

可能是《外丹本草》（参见该条）的别名

《大丹直指》

Direct Hints on the Great Elixir

宋，约 1200 年

邱处机

TT/241

《大洞炼真宝经九还金丹妙诀》

Mysterious Teachings on the Ninefold Cyclically
Transformed Gold Elixir, supplementary to
the Manual of the Making of the Perfected
Treasure; a Ta Tung Scripture

唐，8 世纪，或约 712 年

陈少微

TT/884。TT/883 的续篇，并收录于《云笈
七籤》卷六十八，第八页起

译本：Sivin（4）

《大洞炼真宝经修伏灵砂妙诀》

Mysterious Teachings on the Alchemical Prepa-
ration of Nummous Cinnabar, supplementary
to the Manual of the Making of the Perfected
Treasure; a Ta-Tung Scripture

唐，8 世纪，或约 712 年

陈少微

TT/883。《七返灵砂论》的别名，该篇收录
于《云笈七籤》卷六十九，第一页起

译本：Sivin（4）

《大方广佛华严经》

Avatamsaka Sūtra

印度

实叉难陀汉译，公元 699 年

N/88；TW/279

《大观经史证类备急本草》

The Classified and Consolidated Armamentarium;
Pharmacopoeia of the Ta Kuan reign-period

宋，1108 年；1211、1214 年（金），1302 年
（元）重刊

唐慎微

艾晟编

《大还丹契祕图》

Esoteric Illustrations of the Concordance of the
Great Regenerative Enchymoma

唐或宋

作者不详

收录于《云笈七籤》卷七十二，第一页起

参见《修真历验钞图》和《金液还丹印证
图》

《大还丹照鉴》

An Elucidation of the Great Cyclically Tran-
sformed Elixir [in verses]

五代（蜀），公元 962 年

作者不详

TT/919

《大钧鼓铜》

（Illustrated Account of the Mining），Smelting
and Refining of Copper [and other Non-
Ferrous Metals], according to the Principles
of Nature（lit. the Great Potter's Wheel）

见增田纲谨（1）

《大明一统志》

Comprehensive Geography of the（Chinese）Empire（under the Ming dynasty）

明，1450 年敕令编修，1461 年完成

李贤编

《大有妙经》

［＝《洞真太上素灵洞元大有妙经》］

Book of the Great Mystery of Existence［Taoist anatomy and physiology；describes the shang tan thien，upper region of vital heat，in the brain］

晋，4 世纪

作者不详

TT/1295

参见 Maspero（7），p. 192

《大越史记全书》

The Complete Book of the History of Great Annam

越南，约 1479 年

吴士连

《大招》

The Great Summons（of the Soul），［ode］

楚（秦汉之间），公元前 206 或前 205 年

作者不详

译本：Hawkes（1），p. 109

《大智度论》

Mahā-prajñāpāramito-padeśa Śāstra（Commentary on the Great Sūtra of the Perfection of Wisdom）

印度

传为龙树撰，公元 2 世纪

很可能出于中亚地区

鸠摩罗什汉译，公元 406 年

N/1169；TW/1509

《代疑篇》

On Replacing Doubts by Certainties

明，1621 年

杨廷筠

王徵序

《丹方鉴源》

The Mirror of Alchemical Processes（and Reagents）；a Source-book

五代（后蜀），约 938—965 年

独孤滔

对此书的描述，见 Fêng Chia-Lo & Collier（1）

见何炳郁和苏莹辉（1）

TT/918

《丹房奥论》

Subtle Discourse on the（Alchemical）Elaboratory（of the Human Body，for making the Enchymoma）

宋，1020 年

程了一

TT/913，并收录于《道藏辑要》（昴集第五册）

《丹房宝鉴之图》

［＝《紫阳丹房宝鉴之图》］

Precious Mirror of the Elixir and Enchymoma Laboratory；Tables and Pictures（to illustrate the Principles）

宋，约 1075 年

张伯端（紫阳子或紫阳真人）

后编入《金丹大要图》（参见该条）

收录于《金丹大要》（《道藏辑要》本）卷三，第三十四页起。也收录于《悟真篇》（《修真十书》，TT/260，卷二十六，第五页起）

参见 Ho Ping-Yü & Needham（2）

《丹房镜源》

The Mirror of the Alchemical Elaboratory；a Source-book

唐前期，但不晚于公元 800 年

作者不详

仅存编入 TT/912 的部分和《证类本草》中的引文

见何丙郁和苏莹辉（*1*）

《丹房须知》

Indispensable Knowledge for the Chymical Elaboratory［with illustrations of apparatus］

宋，1163 年

吴悞

TT/893

《丹经示读》

A Guide to the Reading of the Enchymoma Manuals

见 傅金铨 (3)

《丹经要诀》

见《太清丹经要诀》

《丹论诀旨心镜》 （在某些版本的标题中因避"镜"讳，而用"鉴"或"照"）

Mental Mirror Reflecting the Essentials of Oral Instruction about the Discourses on the Elixir and the Enchymoma

唐，可能在 9 世纪

张玄德，批评司马希夷的学说

TT /928，并收录于《云笈七籤》卷六十六，第一页起

译本：Sivin (5)

《丹拟三卷》

见 巴子园 (1)

《丹台新录》

New Discourse on the Alchemical Laboratory

宋前期或宋以前

传为青霞子或夏有章撰

现仅存于引文中

《丹阳神光灿》

Tan Yang (Tzu's Book) on the Resplendent Glow of the Numinous Light

宋，12 世纪中期

马钰

TT /1136

《丹阳真人玉录》

Precious Records of the Adept Tan-Yang

宋，12 世纪中期

马钰

TT /1044

《丹药秘诀》

Confidential Oral Instructions on Elixirs and Drugs

可能在元或明早期

胡演

现仅作为引文存于本草著作中

《导引养生经》

[=《太清导引养生经》]

Manual of Nourishing the Life-Force (or,

Attaining Longevity and Immortality) by Gymnastics

唐后期，五代，或宋前期

作者不详

TT /811，并收录于《云笈七籤》卷三十四

参见 Maspero (7)，pp. 415 ff.

《捣素赋》

Ode on a Girl of Matchless Beauty [Chao Nü, probably Chao Fei-Yen]；or, of What does Spotless Beauty Consist?

西汉，约公元前 20 年

班婕妤

收录于《全上古三代秦汉三国六朝文》（全汉文）卷十一，第七页起

《道藏》

The Taoist Patrology [containing 1464 Taoist works]

历代作品，但最初汇辑于唐，约在公元 730 年；后于 870 年重辑并于 1019 年编定。初刊于宋（1110—1117 年）。金（1186—1191 年）、元（1244 年）、明（1445 年、1598 年和 1607 年）也曾刊印

作者众多

索引：Wieger (6)，见 伯希和 [Pelliot (58)] 对其的评述；翁独健所编索引（《引得》第 25 号）

《道藏辑要》

Essentials of the Taoist Patrology [containing 287 books, 173 works from the Taoist Patrology and 114 Taoist works from other sources]

历代作品，1906 年刊刻于成都二仙庵

作者众多

贺龙骧和彭瀚然（清）编辑

《道藏精华》

Intrinsic Glories of the Taoist Patrology

台湾重印，1958 年

编者不详

《道藏续编初集》

First Series of a Supplement to the Taoist Patrology

清，19 世纪前期

闵一得编

《道德经》
Canon of the Tao and its Virtue
周，公元前 300 年以前
传为李耳（老子）撰
译本：Waley（4）；Chhu Ta-Kao（2）；Lin Yü-Thang（1）；Wieger（7）；Duyvendak（18）；以及其他很多种

《道法会元》
Liturgical and Apotropaic Encyclopaedia of Taoism
唐和宋
作者和编者不详
TT/1203

《道法心传》
Transmission of（a Lifetime of）Thought on Taoist Techniques〔physiological alchemy with special reference to microcosin and macrocosm：many poems and a long exposition〕
元，1294 年
王惟一
TT/1235，并收录于《道藏辑要》（昴集第五册）

《道海津梁》
A Catena（of Words）to Bridge the Ocean of the Tao
见傅金铨（4）

《道枢》
Axial Principles of the Tao〔doctrinal treatise，mainly on the techniques of physiological alchemy〕
宋，12 世纪前期；1145 年时完成
曾慥
TT/1005

《登真隐诀》
Confidential Instructions for the Ascent to Perfected（Immortality）
晋和南齐。原始材料来源于公元 365—366 年前后；陶弘景（公元 456—536 年）的注释（即标题中的"隐诀"）撰于公元 493—498 年之间
原作者不详
陶弘景编

TT/418，但保存不完整
参见 Maspero（7），pp. 192，374

《滇海虞衡志》
A Guide to the Region of the Kunming Lake（Yunnan）
清，约 1770 年，刊行于 1799 年
檀萃

《典术》
Book of Arts
刘宋
王建平

《调气经》
见《太极调气经》

《鼎器歌》
Song（or，Mnemonic Rhymes）on the（Alchemical）Reaction-Vessel
汉，如果原初的确像它现在这样，是《周易参同契》（参见该条）中的一部分的话
有时为单行本
收录于《周易参同契分章注解》卷三十三（卷三，第七页起）
参见《周易参同契鼎器歌明镜图》（TT/994）

《东坡诗集注》
〔=《梅溪诗注》〕
Collected Commentaries on the Poems of（Su）Tung-Pho
宋，约 1140 年
王十朋（王梅溪）

《东轩笔录》
Jottings from the Eastern Side-Hall
宋，11 世纪末
魏泰

《东医宝鉴》
Precious Mirror of Eastern Medicine〔system of medicine〕
朝鲜，1596 年敕令修纂，1610 年进呈，1613 年刊行
许浚

《洞神八帝妙精经》
Mysterious Canon of Revelation of the Eight（Celestial）Emperors；a Tung-Shen Scripture

《洞神八帝元（玄）变经》年代未定，可能为唐但更可能较早

年代未定，可能为唐但更可能较早

作者不详

TT/635

《洞神八帝元（玄）变经》

Manual of the Mysterious Transformations of the Eight （Celestial） Emperors；a Tung-Shen Scripture［nomenclature of spiritual beings, invocations, exorcisms, techniques of rapport］

年代不详，可能为唐但更可能较早

作者不详

TT/1187

《洞神经》

见《洞神八帝妙精经》和《洞神八帝元（玄）变经》

《洞玄金玉集》

Collections of Gold and Jade；a Tung Hsüan Scripture

宋，12 世纪中期

马钰

TT/1135

《洞玄灵宝真灵位业图》

Charts of the Ranks，Positions and Attributes of the Perfected （Immortals）；a Tung-Hsüan Ling-Pao Scripture

归于梁，6 世纪前期

传为陶弘景撰

TT/164

《洞玄子》

Book of the Mystery-Penetrating Master

唐以前，可能在 5 世纪

作者不详

收录于《双梅景闇丛书》

译本：van Gulik （3）

《洞真灵书紫文琅玕华丹上经》

Divinely Written Exalted Manual in Purple Script on the Lang-Kan （Gem） Radiant Elixir；a Tung-Chen Scripture

《太微灵书紫文琅玕华丹神真上经》（参见该条）的别名

《洞真太上素灵洞元大有妙经》

见《大有妙经》

《洞真太微灵书紫文上经》

Divinely Written Exalted Canon in Purple Script；a Tung-Chen Thai-Wei Scripture

见《太微灵书紫文琅玕华丹上经》，此原为前书的一部分

《窦先生修真指南》

见《西域窦先生修真指南》

《读史方舆纪要》

Essentials of Historical Geography

清，1667 年初刊，1692 年作者生前大幅扩充，约 1799 年刊行

顾祖禹

《独醒杂志》

Miscellaneous Records of the Lone Watcher

宋，1176 年

曾敏行

《独异志》

Things Uniquely Strange

唐

李冗

《度人经》

见《灵宝无量度人上品妙经》

《顿医抄》

Medical Excerpts Urgently Copied

日本，1304 年

梶原性全

《法言》

Admonitory Sayings［in admiration，and imitation，of the Lun Yü］

西汉，公元 5 年

扬雄

译本：von Zach （5）

《法苑珠林》

Forest of Pearls from the Garden of the ［Buddhist］ Law

唐，公元 668 年，688 年

道世

《范子计然》

见《计倪子》

《方壶外史》

Unofficial History of the Land of the Immortals，Fang-hu. （Contains two *nei tan* commentaries

on the *Tshan Thung Chhi*，+1569 and +
1573）

明，约 1590 年

陆西星

参见 Liu Tshun-Jen（1，2）

《方舆记》

General Geography

晋，或至少在宋以前

徐锴

《斐录汇答》

Questions and Answers on Things Material
　　and Moral

明，1636 年

高一志（Alfonso Vagnoni）

Bernard-Maître（18），no. 272

《粉图》

见《狐刚子粉图》

《风俗通义》

The Meaning of Popular Traditions and Customs

东汉，公元 175 年

应劭

《通检丛刊》之三

《佛说佛医王经》

Buddha haidyarāja Sātra；or *Buddha-prokta
　　Buddha-bhaisajyarāja Sūtra*（Sūtra of the
　　Buddha of Healing, spoken by Buddha）

印度

汉译，三国（吴），公元 230 年

律炎（Vinayātapa）和支谦译

N/1327；TW/793

《佛祖历代通载》

General Record of Buddhist and Secular History
　　through the Ages

元，1341 年

念常（僧人）

《伏汞图》

Illustrated Manual on the Subduing of Mercury

隋，唐，金，或可能为明

昇玄子

现仅存于引文中

《扶桑略记》

Classified Historical Matters concerning the

Land of Fu-Sang（Japan）〔from +898 to +
1197〕

日本（镰仓时代），1198 年

皇圆（僧人）

《服内元气经》

Manual of Absorbing the Internal Chhi of
　　Primary（Vitality）

唐，8 世纪，可能约为公元 755 年

幻真先生

TT/821，并收录于《云笈七籤》卷六十，
　　第十页起

参见 Maspero（7），p. 199

《服气精义论》

Dissertation on the Meaning of 'Absorbing the
　　Chhi and the Ching'（for Longevity and
　　Immortality），〔Taoist hygienic, respiratory,
　　pharmaceutical, medical and（originally）
　　sexual procedures〕

唐，约公元 715 年

司马承贞

收录于《云笈七籤》卷五十七

参见 Maspero（7），pp. 364 ff.

《服石论》

Treatise on the Consumption of Mineral Drugs

唐，或许为隋

作者不详

现仅存于《医心方》（公元 982 年）的摘
　　录中

《福寿丹书》

A Book of Elixir-Enchymoma Techniques for
　　Happiness and Longevity

明，1621 年

郑之侨（至少是部分）

导引术材料的部分译文：Dudgeon（1）

《感气十六转金丹》

The Sixteen-fold Cyclically Transformed Gold
　　Elixir prepared by the 'Responding to the
　　Chhi' Method〔with illustrations of alchemical
　　apparatus〕

宋

作者不详

TT/904

《感应经》

On Stimulus and Response (the Resonance of Phenomena in Nature)

唐，约公元 640 年

李淳风

见 Ho & Needham (2)

《感应类从志》

Record of the Mutual Resonances of Things according to their Categories

晋，约公元 295 年

张华

见 Ho & Needham (2)

《高士传》

Lives of Men of Lofty Attainments

晋，约公元 275 年

皇甫谧

《格古要论》

Handbook of Archaeology, Art and Antiquarianism

明，1387 年，1459 年增补重刊

曹昭

《格物粗谈》

Simple Discourses on the Investigation of Things

宋，约公元 980 年

误传为苏东坡撰

实际作者为（录）赞宁。后来的增益，一些和苏东坡相关

《格致草》

Scientific Sketches [astronomy and cosmology; part of Han Yü Thung, q. v.]

明，1620 年，1648 年刊行

熊明遇

《格致镜原》

Mirror of Scientific and Technological Origins

清，1735 年

陈元龙

《葛洪枕中书》

《枕中记》（参见该条）的别名

《葛仙翁肘后备急方》

The Elder-Immortal Ko (Hung's) Handbook of Medicines for Emergencies

《肘后备急方》（参见该条）的别名

TT/1287

《庚道集》

Collection of Procedures of the Golden Art (Alchemy)

宋或元，年代未知，但在 1144 年之后

作者不详

蒙轩居士汇编

TT/946

《庚辛玉册》

Precious Secrets of the Realm of Kêng and Hsin (i. e. all things connected with metals and minerals, symbolised by these two cyclical characters) [on alchemy and pharmaceutics. Kêng-Hsin is also an alchemical synonym for gold]

明，1421 年

朱权（宁献王）

现仅存于引文中

《公羊传》

Master Kungyang's Tradition (or Commentary) on the Spring and Autumn Annals

周(有秦、汉增益)，公元前 3 世纪后期至前 2 世纪前期

传为公羊高撰，但更可能为公羊寿撰

见 Wu Khang (1)；van der Loon (1)

《古今医统（大全）》

Complete System of Medical Practice, New and Old

明，1556 年

徐春甫

《古微书》

Old Mysterious Books [a collection of the apocryphal Chhan-Wei treatises]

年代未定，部分在西汉

孙毂（明）辑

《古文参同契集解》

见《古文周易参同契注》

《古文参同契笺注集解》

见《古文周易参同契》

《古文参同契三相类集解》

见《古文周易参同契》

《古文龙虎经注疏》和《古文龙虎上经注》

见《龙虎上经注》

《古文周易参同契注》

Commentary on the Ancient Script Version of the Kinship of the Three

清，1732 年

袁仁林编辑与注释

见本书第五卷第三分册

《鼓銅图录》

Illustrated Account of the (Mining), Smelting and Refining of Copper (and other Non-Ferrous Metals)

见增田纲（*1*）

《关尹子》

［＝《文始真经》］

The Book of Master Kuan Yin

唐，742 年（可能为晚唐或五代）。汉代曾有一同名著作，但已佚失

作者可能是田同秀

《管窥编》

An Optick Glass (for the Enchymoma)

见闵一得（*1*）

《广成集》

The Kuang-chhêng Collection［Taoist writings of every kind; a florilegium］

唐，9 世纪后期；或五代前期，公元 933 年之前

杜光庭

TT/611

《广为大法》

见《伊尹汤液仲景广为大法》

《广雅》

Enlargement of the *Erh Ya*; *Literary Expositor*［dictionary］

三国（魏），公元 230 年

张揖

《广韵》

Enlargement of the *Chhieh Yüun*; *Dictionary of the Sounds of Characters*

宋

（由晚唐及宋代学者完成，现名定于 1011 年）

陆法言等

《规中指南》

A Compass for the Internal Compasses; or, Orientations concerning the Rules and Measures of the Inner (World)［i. e. the preparation of the enchymoma in the microcosm of man's body］

宋或元，13 或 14 世纪

陈冲素（虚白子）

TT/240，并收录于《道藏辑要》（昴集第五册）

《国史补》

Emendations to the National Histories

唐，约公元 820 年

李肇

《国语》

Discourses of the (ancient feudal) States

晚周、秦和西汉，包含采自古代记录的早期材料

作者不详

《海药本草》

［＝《南海药谱》］

Materia Medica of the Countries Beyond the Seas

五代（前蜀），约公元 923 年

李珣

仅存于《证类本草》及后来各种汇编的大量引文中

《韩非子》

The Book of Master Han Fei

周，公元前 3 世纪前期

韩非

译本：Liao Wên-Kuei（1）

《汉宫香方》

On the Blending of Perfumes in the Palaces of the Han

东汉，公元 1 或 2 世纪

张邦基保存部分真本，约 1131 年

传为董遐周撰

郑玄注

高濂"辑复"，约 1590 年

《汉官仪》

The Civil Service of the Han Dynasty and its Regulations

东汉，公元 197 年

应劭

张宗源编（1752—1800 年）

参见 Hummel（2），p. 57

《汉天师世家》

Genealogy of the Family of the Han Heavenly Teacher

年代不详

作者不详

有补编《补天师世家》，1918 年，张元旭（第 62 代天师）撰

TT/1442

《汉魏丛书》

Collection of Books of the Han and Wei Dynasties［first only 38, later increased to 96］

明，1592 年

屠隆编

《汉武（帝）故事》

Tales of（the Emperor）Wu of the Han（r. -140 to -87）

刘宋和晋，5 世纪后期

王俭

可能以葛洪的同类前期著作为基础

译本：d'Hormon（1）

《汉武（帝）内传》

The Inside Story of（Emperor）Wu of the Han（r. -140 to -87）

材料出自晋、刘宋、齐、梁和陈，年代在公元 320—580 年，可能定稿于公元 580 年前后

传为班固、葛洪等人撰

真实作者不详

TT/289

译本：Schipper（1）

《汉武（帝）内传附录》

见《汉武帝外传》

《汉武（帝）外传》

　［=《汉武帝内传附录》］

Extraordinary Particulars of（Emperor）Wu of the Han（and his collaborators），［largely biographies of the magician-technicians at Han Wu Ti's court］

部分材料的收集与定稿早至隋或唐，7 世纪前期

作者和编者不详

王游岩附增部分段落（公元 746 年）

TT/290

参见 Maspero（7），p. 234，及 Schipper（1）

《和漢三才圖會》

The Chinese and Japanese Universal Encyclopaedia（based on the San Tshai Thu Hui）

日本，1712 年

寺岛良安

《和剂局方》

Standard Formularies of the（Government）Pharmacies［based on the Thai-Phing Sheng Hui Fang and other collections］

宋，约 1109 年

陈承、裴宗元、陈师文编

参见《宋以前医籍考》，第 947 页

《和名抄》

见《和（倭）名類聚抄》

《和（倭）名類聚抄》

General Encyclopaedic Dictionary

日本（平安时代），公元 934 年

源顺

《河南陈氏香谱》

见陈敬《香谱》

《河南程氏粹言》

Authentic Statements of the Chhêng brothers of Honan［Chhêng I and Chhêng Hao, +11th-century Neo-Confucian philosophers. In fact more altered and abridged than the other sources, which are therefore to be preferred.］

宋，初次搜集约在 1150 年，据信编辑于 1166 年，现今版本出自 1340 年

胡寅搜集

据信为张栻编

1606 年后收录于《二程全书》（参见该条）

参见 Graham（1），p. 145

《河南程氏遗书》

Remaining Records of Discourses of the Chhêng

brothers of Honan〔Chhêng I and Chhêng Hao +11th- century Neo-Confucian philosophers〕

宋，1168 年，约 1250 年刊行

朱熹（编）

收录于《二程全书》（参见该条）

参见 Graham（1），p. 141

《黑铅水虎论》

Discourse on the Black Lead and the Water Tiger

《还丹内象金钥匙》（参见该条）的别名

《红铅火龙论》

Discourse on the Red Lead and the Fire Dragon

《还丹内象金钥匙》（参见该条）的别名

《红铅入黑铅诀》

Oral instructions on the Entry of the Red Lead into the Black Lead

可能是宋，但一些材料或许更早

编者不详

TT/934

《后汉书》

History of the Later Han Dynasty〔 +25 to + 220〕

刘宋，公元 450 年

范晔

书中诸"志"为司马彪（卒于公元 305 年）撰写，并附有刘昭（约公元 510 年）的注释，后者首次将"志"并入该书

部分译文：Chavannes（6，16）；Pfizmaier（52，53）

《引得》第 41 号

《厚德录》

Stories of Eminent Virtue

宋，12 世纪前期

李元纲

《狐刚子粉图》

Illustrated Manual of Powders〔Salts〕, by the Fox-Hard Master

隋或唐

狐刚子

现仅存于引文中；最初收录于《道藏》，但后来佚失。参见本书第四卷第一分册，p. 308

《湖北通志》

Historical Geography of Hupei Province

民国，1921 年，但依据大量较早的记载

见杨承禧（1）

《华佗内照图》

Hua Thos Illustrations of Visceral Anatomy

见《玄门脉决内照图》

参见 Miyashita Saburo（1）

《华严经》

Buddha-avatamsaka Sūtra；The Adornment of Buddha

印度

汉译，6 世纪

TW/278，279

《华阳陶隐居传》

A Biography of Thao Yin-Chü（Thao Hung-Ching）of Huayang〔the great alchemist, naturalist and physician〕

唐

贾嵩

TT/297

《淮南（王）万毕术》

〔或 =《枕中鸿宝苑秘书》和各种异本〕

The Ten Thousand Infallible Arts of（the Prince of）Huai- Nan〔Taoist magical and technical recipes〕

西汉，公元前 2 世纪

已无完本，仅在《太平御览》卷七三六及别处存有佚文

有叶德辉《观古堂所著书》和孙冯翼《问经堂丛书》辑佚本

传为刘安撰

见 Kaltenmark（2），p. 32

"枕中"、"鸿宝"、"万毕"、"苑秘"可能原为《淮南王书》中的篇名，由它们构成了"中篇"（也可能是"外书"），而现存的《淮南子》（参见该条）则是其"内书"

《淮南鸿烈解》

见《淮南子》

《淮南子》

〔=《淮南鸿烈解》〕

The Book of（the Prince of）Huai-Nan

［compendium of natural philosophy］

西汉，公元前 120 年

淮南王刘安聚集学者集体撰写

部分译文：Morgan（1）；Erkes（1）；Hughes

    （1）；Chatley（1）；Wieger（2）

《通检丛刊》之五

TT/1170

《还丹复命篇》

Book on the Restoration of Life by the Cyclically

    Transformed Elixir

宋，12 世纪，约 1175 年

薛道光

TT/1074

《还丹秘诀养赤子神方》

The Wondrous Art of Nourishing the（Divine）

    Embryo（lit. the Naked Babe）by the use of

    the secret Formula of the Regenerative

    Enchymoma［physiological alchemy］

宋，可能在 12 世纪后期

许明道

TT/229

《还丹内象金钥匙》

［=《黑铅水虎论》和《红铅火龙论》］

A Golden Key to the Physiological Aspects of the

    Regenerative Enchymoma

五代，约公元 950 年

彭晓

虽然从前曾被收入《道藏》，但是现在仅有

    半卷存于《云笈七籖》卷七十，第一页起

《还丹众仙论》

Pr onouncements of the Company of the Immortals

    on Cyclically Transformed Elixirs

宋，1052 年

杨在

TT/230

《还丹肘后诀》

Oral Instructions on Handy Formulae for Cyclically

    Transformed Elixirs［with illustrations of

    alchemical apparatus］

归于晋，约公元 320 年

实际为唐，包括仵达灵于公元 875 年所撰的

    附记，其余部分可能为其他人在该年份前

的若干年内所作

传为葛洪撰

TT/908

《还金述》

An Account of the Regenerative Metallous Enchymoma

唐，可能是 9 世纪

陶植

TT/915，也摘录于《云笈七籖》卷七十，

    第十三页起

《还源篇》

Book of the Return to the Origin［poems on the

    regaining of the primary vitalities in

    physiological alchemy］

宋，约 1140 年

石泰

TT/1077。也收录于《修真十书》（*TT*/260）

    卷二

《寰宇始末》

On the Beginning and End of the World［the

    Hebrew-Christian account of creation, the

    Four Aristotelian Causes, Elements, etc.］

明，1637 年

高一志（Alfonso Vagnoni）

Bernard-Maître（18），no. 283

《幻真先生》

见《胎息经》和《服内元气经》

《皇极阖辟仙经》

［=《尹真人东华正脉皇极阖闢辟仙经》］

The Height of Perfection（attained by）Opening

    and Closing（the Orifices of the Body）；a

    Manual of the Immortals［physiological

    alchemy, nei tan techniques］

明或清

传为尹真人（蓬头）撰

闵一得编，约 1830 年

收录于《道藏续编》（初集），第 2 种，所

    据抄本存于青羊宫（成都）

《皇极经世书》

Book of the Sublime Principle which governs All

    Things within the World

宋，约 1060 年

邵雍

TT/1028。节录于《性理大全》和《性理精义》

《皇天上清金阙帝君灵书紫文上经》

Exalted Canon of the Imperial Lord of the Golden Gates, Divinely Written in Purple Script;a Huang-Thien Shang-Chhing Scripture

晋，4 世纪后期，之后有增订

作者不详

TT/634

《黄白镜》

Mirror of (the Art of) the Yellow and the White [physiological alchemy]

明，1598 年

李文烛

王清正注

收录于《外金丹》卷二（《证道秘书十种》第七本）

《黄帝八十一难经纂图句解》

Diagrams and a Running Commentary for the *Manual of (Explanations Concerning) Eighty-one Difficult (Passages) in the Yellow Emperor's (Manual of Corporeal Medicine)*

宋，1270 年（正文，东汉，1 世纪）

李駉

TT/1012

《黄帝宝藏经》

可能是《轩辕宝藏（畅微）论》（参见该条）的别名

《黄帝九鼎神丹经诀》

The Yellow Emperor's Canon of the Nine-Vessel Spiritual Elixir, with Explanations

唐前期或宋前期，但其卷一可能是一篇公元 2 世纪的真经作品

作者不详

TT/878。也节录于《云笈七籤》六十七卷，第一页起

《黄帝内经灵枢》

The Yellow Emperor's Manual of Corporeal (Medicine), the Vital Axis [medical physiology and anatomy]

可能是西汉，约公元前 1 世纪

作者不详

王冰编辑于唐，公元 762 年

相关分析见 Huang Wên (1)

译本：Chamfrault & Ung Kang-Sam (1)

马蒔（明）和张志聪（清）注，收录于《图书集成·艺术典》卷六十七至八十八

《黄帝内经灵枢白话解》

见陈璧琉和郑卓人 (1)

《黄帝内经素问》

The Yellow Emperor's Manual of Corporeal (Medicine); Questions (and Answers) about Living Matter [clinical medicine]

周，秦、汉时整理增益，公元前 2 世纪最终定型

作者不详

编辑与注释：唐（公元 762 年），王冰；宋（约 1050 年），林亿

部分译文：Hübotter (1)，卷四、五、十、十一、二十一；Veith (1)；全译本：Chamfrault & Ung Kang-Sam (1)

见 Wang & Wu (1)，pp. 28 ff.；Huang Wên (1)

《黄帝内经素问白话解》

见周凤梧、王万杰和徐国仟 (1)

《黄帝内经素问遗篇》

The Missing Chapters from the Questions and Answers of the Yellow Emperor's Manual of Corporeal (Medicine)

归于汉以前

序，作于宋，1099 年

刘温舒编（或许撰）

常附于其《素问入式运气奥论》（参见该条）

《黄帝阴符经》

见《阴符经》

《黄帝阴符经注》

Commentary on the *Yellow Emperor's Book on the Harmony of the Seen and the Unseen*

宋

刘处玄

TT/119

《黄庭内景（玉）经注》

Commentary on the *Jade Manual of the Internal*

Radiance of the Yellow Courts

唐，8 或 9 世纪

梁丘子

TT/399，并收录于《修真十书》（*TT*/260）卷五十五至五十七；以及《云笈七籤》卷十一、十二（其中前三章有务成子的注，别处则已佚失）

参见 Maspero（7），pp. 239 ff.

《黄庭内景五脏六府补泻图》

Diagrams of the Strengthening and Weakening of the Five Yin-viscera and the Six Yang-viscera (in accordance with) the (*Jade Manual of the*) *Internal Radiance of the Yellow Courts*

唐，约公元 850 年

胡愔

TT/429

《黄庭内景五脏六府图》

Diagrams of the Five Yin-viscera and the Six Yang-viscera (discussed in the *Jade Manual of the*) *Internal Radiance of the Yellow Courts* [Taoist anatomy and physiology; no illustrations surviving, but much therapy and pharmacy]

唐，848 年

胡愔（原题"太白山见素女胡愔"）

收录于《修真十书》（*TT*/260）卷五十四

图仅存于日本，公元 985 年之前的抄本

《宋以前医籍考》，第 223 页；渡边幸三（*1*），第 112 页起

《黄庭内景玉经》

［＝《太上黄庭内景玉经》］

Jade Manual of the Internal Radiance of the Yellow Courts (central regions of the three parts of the body) [Taoist anatomy and physiology]. In 36 *chang*

刘宋、齐、梁或陈，5 或 6 世纪。最老的部分或可追溯至晋，公元 365 年前后

作者不详。相传由仙人传于魏夫人，即魏华存

TT/328

刘长生（隋）注，*TT*/398

梁丘子（唐）注，*TT*/399；蒋慎修（宋）

解，*TT*/400

参见 Maspero（7），p. 239

《黄庭内景玉经注》

Commentary on (and paraphrased text of) the *Jade Manual of the Internal Radiance of the Yellow Courts*

隋

刘长生

TT/398

《黄庭内外景玉经解》

Explanation of the *Jade Manuals of the Internal and External Radiances of the Yellow Courts*

宋

蒋慎修

TT/400

《黄庭外景玉经》

［＝《太上黄庭外景玉经》］

Jade Manual of the External Radiance of the Yellow Courts (central regions of the three parts of the body) [Taoist anatomy and physiology]

东汉、三国或晋，2 或 3 世纪。不晚于公元 300 年

作者不详

TT/329

务成子（唐前期）注，《云笈七籤》卷十二；梁丘子（唐后期）注，*TT*/260，卷五十八至六十；蒋慎修（宋）解，*TT*/400

参见 Maspero（7），pp. 195 ff., 428 ff.

《黄庭外景玉经注》

Commentary on the *Jade Manual of the External Radiance of the Yellow Courts*

隋或唐前期，7 世纪

务成子

收录于《云笈七籤》卷十二，第三十页起

参见 Maspero（7），p. 239

《黄庭外景玉经注》

Commentary on the *Jade Manual of the External Radiance of the Yellow Courts*

唐，8 或 9 世纪

梁丘子

收录于《修真十书》（*TT*/260）卷五十八至

六十

参见 Maspero（7），pp. 239 ff.

《黄庭中景经》

　　［＝《太上黄庭中景经》］

　　Manual of the Middle Radiance of the Yellow
　　　　Courts（central regions of the three parts of
　　　　the body）［Taoist anatomy and physiology］

　　隋

　　李千乘

　　TT/1382，全本：*TT*/398—400

　　参见 Maspero（7），pp. 195，203

《黄冶赋》

　　Rhapsodic Ode on ' Smelting the Yellow'
　　　　［alchemy］

　　唐，约公元 840 年

　　李德裕

　　收录于《李文饶别集》卷一

《黄冶论》

　　Essay on the ' Smelting of the Yellow'
　　　　［alchemy］

　　唐，约公元 830 年

　　李德裕

　　收录于《文苑英华》卷七三九，第十五页，
　　　　及《李文饶外集》卷四

《慧命经》

　　［＝《最上一层慧命经》，也题作《续命
　　　　方》］

　　Manual of the（Achievement of）Wisdom and
　　　　the（Lengthening of the）Life-Span

　　清，1794 年

　　柳华阳

　　参见 Wilhelm & Jung（1），1957 年后的版本

《火攻挈要》

　　Essentials of Gunnery

　　明，1643 年

　　焦勖

　　与汤若望（J. A. Schall von Bell）合作

　　Bernard-Maître（18），no. 334

《火莲经》

　　Manual of the Lotus of Fire［physiological
　　　　alchemy］

　　明或清

传为刘安（汉）撰

收录于《外金丹》卷一（《证道秘书十种》
　　第六本）

《火龙经》

　　The Fire-Drake（Artillery）Manual

　　明，1412 年

　　焦玉

　　此书本书三卷，伪托于诸葛武侯（即诸葛
　　　　亮），而作为合编者出现的刘基（1311—
　　　　1375 年），实际上可能是合作者

　　二集三卷，传为刘基撰，但由毛希秉汇辑或
　　　　撰于 1632 年

　　三集二卷，茅元仪（鼎盛于 1628 年）撰，
　　　　诸葛光荣（其序作于 1644 年）、方元状和
　　　　钟伏武辑

《火龙诀》

　　Oral Instructions on the Fiery Dragon［proto-
　　　　chemical and physiological alchemy］

　　年代未定，归于元，14 世纪

　　传为上阳祖师撰

　　收录于《外金丹》卷三（《证道秘书十种》
　　　　第八本）

《集仙传》

　　Biographies of the Company of the Immortals

　　宋，约 1140 年

　　曾慥

《集异记》

　　A Collection of Assorted Stories of Strange Events

　　唐

　　薛用弱

《集韵》

　　Complete Dictionary of the Sounds of Characters
　　　　［参见《切韵》和《广韵》］

　　宋，1037 年

　　丁度等人编撰

　　可能于 1067 年由司马光完成

《计倪子》

　　［＝《范子计然》］

　　The Book of Master Chi Ni

　　周（越），公元前 4 世纪

　　传为范蠡撰，记录其师计然的哲学思想

《纪效新书》

A New Treatise on Military and Naval Efficiency

明，约 1575 年

戚继光

《济生方》

Prescriptions for the Preservation of Health

宋，约 1267 年

严用和

《嘉祐本草》

见《嘉祐补注神农本草》

《嘉祐补注神农本草》

Supplementary Commentary on the *Pharmacopoeia of the Heavenly Husbandman*, commissioned in the Chia-Yu reign-period

宋，补注于 1057，完成于 1060 年

掌禹锡、林亿、张洞

《渐悟集》

On the Gradual Understanding (of the Tao)

宋，12 世纪中期

马钰

TT/1128

《江淮异人录》

Records of (Twenty-five) Strange Magician-Technicians between the Yangtze and the Huai River (during the Thang, Wu and Nan Thang Dynasties, c. +850 to +950)

宋，约公元 975 年

吴淑

《江文通集》

Literary Collection of Chiang Wên-Thung (Chiang Yen)

南朝/齐，约公元 500 年

江淹

《蕉窗九录》

Nine Dissertations from the (Desk at the) Banana-Grove Window

明，约 1575 年

项元汴

《今古奇观》

Strange Tales New and Old

明，约 1620 年；1632 至 1644 年之间刊行

冯梦龙

参见 Pelliot (57)

《今昔物语集》

见《今昔物语》

《今昔物語》

Tales of Today and Long Ago (in three collections: Indian, 187 stories and traditions, Chinese, 180, and Japanese, 736)

日本（平安时代），1107 年

编者不详

参见 Anon. (103)，pp. 97 ff.

《金碧五相类参同契》

Gold and Caerulean Jade Treatise on the Similarities and Categories of the Five (Substances) and the *Kinship of the Three* [a poem on physiological alchemy]

归于东汉，约公元 200 年

传为阴长生撰

TT/897

参见 Ho Ping-Yü (12)

不要与《参同契五相类秘要》（参见该条）相混

《金丹大成》

Compendium of the Metallous Enchymoma

宋，1250 年以前

萧廷芝

收录于《道藏辑要》（昴集第四册），和 *TT*/260，《修真十书》（包括卷九至十三）

《金丹大药宝诀》

Precious Instructions on the Great Medicines of the Golden Elixir (Type)

宋，约 1045 年

崔昉

序言存于《庚道集》卷一，第八页，但其他部分仅偶见于引文中

可能与《外丹本草》（参见该条）为同一本书

《金丹大要》

[=《上阳子金丹大要》]

Main Essentials of the Metallous Enchymoma; the true Gold Elixir

元，1331 年（1335 年撰序）

陈致虚（上阳子）

收录于《道藏辑要》（昴集第一、二、三册）

TT/1053

《金丹大要列仙志》

[=《上阳子金丹大要列仙志》]

Records of the Immortals mentioned in the *Main Essentials of the Metallous Enchymoma*; *the true Gold Elixir*

元，约 1333 年

陈致虚（上阳子）

TT/1055

《金丹大要图》

[《上阳子金丹大要图》]

Illustrations for the *Main Essentials of the Metallous Enchymoma*; *the true Gold Elixir*

元，1333 年

陈致虚（上阳子）

根据 10 世纪以来彭晓、张伯端（故名《紫阳丹房宝鉴图》）、林神凤等人的图表

收录于《道藏辑要》（《金丹大要》卷三，第二十六页起）

TT/1054

参见 Ho Ping-Yü & Needham（2）

《金丹大要仙派源流》

[=《上阳子金丹大要仙派》]

A History of the Schools of Immortals mentioned in the *Main Essentials of the Metallous Enchymoma*; *the true Gold Elixir*

元，约 1333 年

陈致虚（上阳子）

收录于《道藏辑要》本《金丹大要》卷三，第四十页起

TT/1056

《金丹赋》

Rhapsodical Ode on the Metallous Enchymoma

宋，13 世纪

作者不详

马莅昭注

TT/258

参见《内丹赋》，两书内容非常相似

《金丹节要》

Important Sections on the Metallous Enchymoma

《三峰丹诀》（参见该条）的一部分

《金丹金碧潜通诀》

Oral Instructions explaining the Abscondite Truths of the Gold and Caerulean Jade (Components of the) Metallous Enchymoma

年代不详，不早于五代

作者不详

节本收录于《云笈七籤》卷七十三，第七页起

《金丹龙虎经》

Gold Elixir Dragon and Tiger Manual

唐或宋初

作者不详

现仅存于引文中，如《诸家神品丹法》（参见该条）所引

《金丹秘要参同录》

Essentials of the Gold Elixir; a Record of the Concordance (or Kinship) of the Three

宋

孟要甫

收录于《诸家神品丹法》（参见该条）

《金丹四百字》

The Four-Hundred Word Epitome of the Metallous Enchymoma

宋，约 1065 年

张伯端

收录于《修真十书》（*TT*/260）卷五，第一页起

TT/1067

彭好古和闵一得注，收录于《道藏续编》（初集），第 21 种

译本：Davis & Chao Yün-Tshun（2）

《金丹真传》

A Record of the Primary (Vitalities, regained by) the Metallous Enchymoma

明，1615 年

孙汝忠

《金丹正理大全》

Comprehensive Collection of Writings on the True Principles of the Metallous Enchymoma [a florilegium]

明，约 1440 年

涵蟾子辑

参见 Davis & Chao Yün-Tshung (6)

《金丹直指》

St raightforward Explanation of the Metallous Enchymoma

宋，可能是 12 世纪

周无所

TT/1058

参见《纸舟先生金丹直指》

见陈国符 (1)，下册，第 447 页起

《金华冲碧丹经秘旨》

Confidential Instructions on the Manual of the Heaven-Piercing Golden Flower Elixir [with illustrations of alchemical apparatus]

宋，1225 年

彭耜和孟煦（孟煦作序并编）

白玉蟾和兰元老传授

TT/907

此重要著作的作者不详。孟煦在他的序言中说，1218 年他在山中遇到彭耜，彭耜将其自白玉蟾处所受的短篇传给了他。此即为本书的上卷。两年后，孟煦遇到一位号为兰元老的真人，此人自称为白玉蟾的化身，传给他一个更长的篇章；这部分包含对复杂炼丹器具的描述，并作为本书的下卷

书名取自于兰元老炼丹室之名"金华冲碧丹室"

《金华玉女说丹经》

Sermon of the Jade Girl of the Golden Flower about Elixirs and Enchymomas

五代或宋

作者不详

收录于《云笈七籤》卷六十四，第一页起

《金华玉液大丹》

The Great Elixir of the Golden Flower (or Metallous Radiance) and the Juice of Jade

年代不详，可能为唐

作者不详

TT/903

《金华宗旨》

[=《太乙金华宗旨》，也题作《长生术》；

更早的书名为《吕祖传授宗旨》]

Principles of the (Inner) Radiance of the Metallous (Enchymoma) [a Taoist *nei tan* treatise on meditation and sexual techniques, with Buddhist influence]

明和清，约 1403 年，成书于 1663 年，但一些内容可能为更早时期的口授。现在的书名是 1668 年确定的

作者不详。传为吕嵒（吕洞宾）及其弟子所撰，8 世纪后期

澹然慧注（1921 年）

张三峰（约 1410 年）等序，部分可能系托名之作

另见《吕祖师先天虚无太乙金华宗旨》

参见 Wilhelm & Jung (1)

《金木万灵论》

Essay on the Tens of Thousands of Efficacious (Substances) among Metals and Plants

归于晋，约公元 320 年。实际可能是宋后期或元

传为葛洪撰

TT/933

《金石簿五九数诀》

Explanation of the Inventory of Metals and Minerals according to the Numbers Five (Earth) and Nine (Metal) [catalogue of substances with provenances, including some from foreign countries]

唐，可能约在公元 670 年（包括有关公元 664 年的一个故事）

作者不详

TT/900

《金石灵砂论》

A Discourse on Metals, Minerals and Cinnabar (by the Adept Chang)

唐，公元 713 至 741 年之间

张隐居

TT/880

《金石五相类》

[=《阴真君金石五相类》]

The Similarities and Categories of the Five (Substances) among Metals and Minerals （sulphur, realgar, orpiment, mercury and lead）（by the Deified Adept Yin）

年代不详（归于 2 或 3 世纪）

传为阴真君（阴长生）撰

TT/899

《金液还丹百问诀》

Questions and Answers on Potable Gold （Metallous Fluid） and Cyclically-Transformed Elixirs and Enchymomas

宋

李光玄

TT/263

《金液还丹印证图》

Illustrations and Evidential Signs of the Regenerative Enchymoma （constituted by, or elaborated from） the Metallous Fluid

宋，可能是 12 世纪，序约撰于 1218 年

龙眉子（托名）

TT/148

《近思录》

Modern Thought

宋，1175 年

朱熹和吕祖谦

译本：Graf （2），Chhen Jung-Chieh （11）

《经典释文》

Textual Criticism of the Classics

隋，约公元 600 年

陆德明

《经史证类备急本草》

The Classified and Consolidated Armament-arium of Pharmaceutical Natural History

宋，1083 年，1090 年重刊

唐慎微

《经验方》

Tried and Tested Prescriptions

宋，1025 年

张声道

现仅存于引文中

《经验良方》

Valuable Tried and Tested Prescriptions

元

作者不详

《荆楚岁时记》

Annual Folk Customs of the States of Ching and Chhu ［i. e. of the districts corresponding to those ancient States Hupei, Hunan and Chiangsi］

可能为梁，约公元 550 年，但或许部分撰于隋，约公元 610 年

宗懔

见 des Rotours （1），p. cii

《警世通言》

Stories to Warn Men

明，约 1640 年

冯梦龙

《九鼎神丹经诀》

见《黄帝九鼎神丹经诀》

《九还金丹二章》

Two Chapters on the Ninefold Cyclically Transformed Gold Elixir

《大洞炼真宝经九还金丹妙诀》（参见该条）的别名

收录于《云笈七籤》卷六十八，第八页起

《九转灵砂大丹》

The Great Ninefold Cyclically Transformed Numinous Cinnabar Elixir

年代不详

作者不详

TT/886

《九转灵砂大丹资圣玄经》

Mysterious （or Esoteric） Sagehood-Enhancing Canon of the Great Ninefold Cyclically Transformed Numinous Cinnabar Elixir （or Enchymoma）

年代不详，可能为唐；文本依照"经文"（sūtra）

作者不详

TT/879

《九转流珠神仙九丹经》

Manual of the Nine Elixirs of the Holy Immortals and of the Ninefold Cyclically Transformed Mercury

不晚于宋，但包含更早些时候的材料

太清真人

TT/945

《九转青金灵砂丹》

The Ninefold Cyclically Transformed Caerulean Golden Numinous Cinnabar Elixir

年代不详

作者不详，但部分与 TT/886 重复

TT/887

《酒谱》

A Treatise on Wine

宋，1020 年

窦苹

《酒史》

A History of Wine

明，16 世纪（但初刊于 1750 年）

冯时化

《旧唐书》

Old History of the Thang Dynasty［+618 to +906］

五代（后晋），公元 945 年

刘昫

参见 des Rotours（2），p. 64

节译索引：Frankel（1）

《就正录》

Drawing near to the Right Way：a Guide［to physiological alchemy］

清，1678 年作序，1697 年

陆世忱

收录于《道藏续编》（初集），第 8 种

《剧谈录》

Records of Entertaining Conversations

唐，约公元 885 年

康骈，或康軿

《菌谱》

A Treatise on Fungi

宋，1245 年

陈仁玉

《郡斋读书附志》

Supplement to Chün-Chai's (Chhao Kung-Wu's) *Memoir on the Authenticities of Ancient Books*

宋，约 1200 年

赵希弁

《郡斋读书后志》

Further Supplement to Chün-Chai's (Chhao Kung-Wu's) *Memoir on the Authenticities of Ancient Books*

宋，1151 年作序，1250 年刊行

晁公武撰，赵希弁根据姚应绩的版本重编

《郡斋读书志》

Memoir on the Authenticities of Ancient Books, by (Chhao) Chün-Chai

宋，1151 年

晁公武

《开宝本草》

见《开宝新详定本草》

《开宝新详定本草》

New and More Detailed Pharmacopoeia of the Khai-Pao reign-period

宋，公元 973 年

刘翰、马志和另七位本草学家编撰，卢多逊定稿

《空际格致》

A Treatise on the Material Composition of the Universe［the Aristotelian Four Elements, etc.］

明，1633 年

高一志（Alfonso Vagnoni）

Bernard-Maitre（18），no. 227

《孔氏杂说》

Mr Khung's Miscellany

宋，约 1082 年

孔平仲

《坤舆格致》

Investigation of the Earth［Western mining methods based on Agricola's *De Re Metallica*］

明，1639—1640 年，可能从未刊行

邓玉函（Johann Schreck）和汤若望（John Adam Schall von Bell）

《老学庵笔记》

Notes from the Hall of Learned Old Age

宋，约 1190 年

陆游

《老子说五厨经》

Canon of the Five Kitchens［the five viscera］

Revealed by Lao Tzu〔respiratory techniqu- es〕

唐或唐以前

作者不详

收录于《云笈七籤》卷六十一，第五页起

《老子中经》

The Median Canon of Lao Tzu〔on physiological micro- cosmography〕

唐以前

作者不详

收录于《云笈七籤》卷十八

《雷公炮制》

(Handbook based on the) Venerable Master Lei's (Treatise on) the Preparation (of Drugs)

刘宋，约公元 470 年

雷敩

张光斗（清）编，1871 年

《雷公炮制药性（赋）解》

(Essays and) Studies on the Venerable Master Lei's (Treatise on) the Natures of Drugs and their Preparation

前四卷，金，约 1220 年

李杲

后六卷，清，约 1650 年

李中梓

（包含很多出自早期《雷公书》的引文，5 世纪以来）

《雷公炮炙论》

The Venerable Master Lei's Treatise on the Decoction and Preparation (of Drugs)

刘宋，约公元 470 年

雷敩

仅存于《证类本草》的引文中，张骥辑复

《现存本草书录》，第 116 页

《雷公药对》

Answers of the Venerable Master Lei (to Questions) concerning Drugs

可能是刘宋，无论如何是在南齐以前

传为雷敩撰，后来传为一位半传说中的黄帝属臣撰

徐之才注，南齐，公元 565 年

现仅存于引文中

《雷震丹经》

《雷震金丹》（参见该条）的别名

《雷震金丹》

Lei Chen's Book of the Metallous Enchymoma

明，1420 年后

雷震（序？）

收录于《外金丹》卷五（《证道秘书十种》第十本）

《类经附翼》

Supplement to the Classics Classified；(the Ins- titutes of Medicine)

明，1624 年

张介宾

《类说》

A Classified Commonplace-Book〔a great flor- ilegium of excerpts from Sung and pre- Sung books，many of which are otherwise lost〕

宋，1136 年

曾慥辑

《类证普济本事方》

Classified Fundamental Prescriptions of Universal Benefit

宋，1253 年

传为许叔微（鼎盛于 1132 年）撰

《离骚》

Elegy on Encountering Sorrow〔ode〕

周(楚)，约公元前 295 年，或即公元前 300 年之前。一些学者将其定在公元前 269 年

屈原

译本：Hawkes（1）

《蠡海集》

The Beetle and the Sea〔title taken from the proverb that the beetle's eye view cannot encompass the wide sea—a biological book〕

明，14 世纪后期

王逵

《礼记》

〔=《小戴礼记》〕

Record of Rites〔compiled by Tai the Younger〕（参见《大戴礼记》）

归于西汉，约公元前 70—前 50 年，实是公元 80—105 年之间的东汉作品，尽管其中

包含一些最早始于《论语》时代（约公
元前 465—前 450 年）的文章片断

传为戴圣编

实为曹褒编

译本：Legge（7）；Couvreur（3）；R. Wilhelm
（6）

《引得》第 27 号

《礼纬斗威仪》

Apocryphal Treatise on the *Record of Rites*;
System of the Majesty of the Ladle［the Great
Bear］

西汉，公元前 1 世纪或稍后

作者不详

《李文饶集》

Collected Literary Works of Li Tê-Yü（Wên-
Jao），（+787 to +849）

唐，约公元 855 年

李德裕

《历代名医蒙求》

Brief Lives of the Famous Physicians in All Ages

宋，1040 年

周守忠

《（历代）神仙（通）鉴》

（参见《神仙通鉴》）

General Survey of the Lives of the Holy
Immortals（in all Ages）

清，1712 年

徐道（李理协助）和程毓奇（王太素协助）

《历世真仙体道通鉴》

Comprehensive Mirror of the Embodiment of the Tao
by Adepts and Immortals throughout History

可能为元

赵道一

TT/293

《梁丘子》

见《黄庭内景玉经注》和《黄庭外景玉经
注》

《梁四公记》

Tales of the Four Lords of Liang

唐，约公元 695 年

张说

《寥阳殿问答编》

［=《尹真人寥阳殿问答编》］

Questions and Answers in the（Eastern Cloister
of the）Liao-yang Hall（of the White Clouds
Temple at Chhing-chhêng Shan in Szechuan）
［on physic logical alchemy, *nei tan*）

明或清

传为尹真人（蓬头）

闵一得编，1830 年

收录于《道藏续编》（初集），第 3 种，所
据抄本存于青羊宫（成都）

《列仙传》

Lives of Famous Immortals（参见《神仙传》）

晋，3 世纪或 4 世纪，尽管书中有某些部分
源自公元前 35 年前后和稍晚于公元
167 年

传为刘向撰

译本：Kaltenmark（2）

《列仙全传》

Complete Collection of the Biographies of
the Immortals

明，约 1580 年

王世贞辑

汪云鹏补正

《临江仙》

The Immortal of Lin-chiang

宋，1151 年

曾慥

收录于《修真十书》（*TT*/260）卷二十三，
第一页起

《灵宝九幽长夜起尸度亡玄章》

Mysterious Cantrap for the Resurrection of the
Body and Salvation from Nothingness during
the Long Night in the Nine Under worlds; a
Ling-Pao Scripture

年代未定

作者不详

TT/605

《灵宝无量度人上品妙经》

Wonderful Immeasurable Highly Exalted Manual
of Salvation; a Ling-Pao Scripture

六朝，或在 5 世纪后期，可能完成于唐，7 世纪

作者不详

TT/1

《灵宝五符（序）》

　见《太上灵宝五符（经）》

《灵宝众真丹诀》

　Supplementary Elixir Instructions of the Company of the Realised Immortals, a Ling-Pao Scripture

　宋，1101 年以后

　作者不详

　TT/416

　有关"灵宝"一词，见 Kaltenmark（4）

《灵秘丹药笺》

　On Numinous and Secret Elixirs and Medicines [《遵生八笺》（参见该条）的第七笺（卷十六至十八）]

　明，1591 年

　高濂

《灵砂大丹秘诀》

　Secret Doctrine of the Numinous Cinnabar and the Great Elixir

　宋，1101 年张侍中受传此篇以后

　作者不详，鬼眼禅师编

　TT/890

《灵枢经》

　见《黄帝内经灵枢》

《岭表录异》

　Strange Things Noted in the South

　唐，约公元 890 年

　刘恂

《岭外代答》

　Information on What is Beyond the Passes（lit. a book in lieu of individual replies to questions from friends）

　宋，1178 年

　周去非

《刘子新论》

　见《新论》

《六书精蕴》

　Collected Essentials of the Six Scripts

　明，约 1530 年

　魏校

《六物新志》

　New Record of Six Things（including the drug mumia］.（In part a translation from Dutch texts）

　日本，约 1786 年

　大槻玄泽

《龙虎大丹诗》

　Song of the Great Dragon-and-Tiger Enchymoma

　见《至真子龙虎大丹诗》

《龙虎还丹诀》

　Explanation of the Dragon-and-Tiger Cyclically Transformed Elixir

　五代，宋或之后

　金陵子

　TT/902

《龙虎还丹诀颂》

　A Eulogy of the Instructions for（preparing）the Regenerative Enchymoma of the Dragon and the Tiger（Yang and Yin），（physiological alchemy）

　宋，约公元 985 年

　林大古（谷神子）

　TT/1068

《龙虎铅汞说》

　A Discourse on the Dragon and Tiger,（Physiological）Lead and Mercury,（addressed to his younger brother Su Tzu-Yu）

　宋，约 1100 年

　苏东坡

　收录于《图书集成·神异典》卷三〇〇，"艺文"第六页起

《龙虎上经注》

　Commentary on the Exalted Dragon-and-Tiger Manual

　宋

　王道

　TT/988，989

　参见 Davis & Chao Yün-Tshung（6）

《龙树菩萨传》

　Biography of the Bodhisattva Nāgārjuna（+

2nd-century Buddhist patriarch)

可能是隋或唐

作者不详

TW/2047

《炉火本草》

Spagyrical Natural History

可能是《外丹本草》（参见该条）的别名

《炉火监戒录》

Warnings against Inadvisable Practices in the
Work of the Stove [alchemical]

宋，约 1285 年

俞琰

《颅囟经》

A Tractate on the Fontanelles of the Skull
[anatomical-medical]

唐后期或宋前期，9 世纪或 10 世纪

作者不详

《吕祖沁园春》

The (Taoist) Patriarch Lü (Yen's) 'Spring in
the Prince's Gardens' [a brief epigrammatic
text on physiological alchemy]

唐，8 世纪（但愿确实）

传为吕嵓撰

TT/133

傅金铨注（约 1822 年）

收录于《道海津梁》，第四十五页，并附于
《试金石》（《悟真四注篇》本）

《吕祖师三尼医世说述》

A Record of the Lecture by the (Taoist)
Patriarch Lü (Yen, Tung-Pin) on the
Healing of Humanity by the Three Ni
Doctrines (Taoism, Confucianism and
Buddhism) [physiological alchemy in
mutationist terms]

清，1664 年

传为吕嵓撰（8 世纪）

陶太定序

闵一得增补

收录于《道藏续编》（初集），第 10、11 种

《吕祖师授宗旨》

Principles (of Macrobiotics) Transmitted and
Handed Down by the (Taoist) Patriarch Lü

(Yen, Tung-Pin)

《金华宗旨》（参见该条）的原名

《吕祖师先天虚无太一金华宗旨》

Principles of the (Inner) Radiance of the
Metallous (Enchymoma) (explained in terms
of the) Undifferentiated Universe, and of all
the All-Embracing Potentiality of the Endo-
wment of Primary Vitality, taught by the
(Taoist) Patriarch Lü (Yen, Tung-Pin)

《金华宗旨》（参见该条）的别名，但是文
本上有相当多的分歧，特别是卷一

明和清

作者不详

传为吕嵓（吕洞宾）及其弟子撰，8 世纪
后期

蒋元庭和闵一得编辑与注释，约 1830 年

收录于《图书集成》，及《道藏续编》（初
集），第 1 种

《论衡》

Discourses Weighed in the Balance

东汉，公元 82 或 83 年

王充

译本：Forke (4)；参见 Leslie (3)

《通检丛刊》之一

《罗浮山志》

History and Topography of the Lo-fou Mountains
(north of Canton)

清，1716 年（依据更早的史书）

陶敬益

《茅山贤者服内气诀》

Oral Instructions of the Adepts of Mao Shan for
Absorbing the Chhi [Taoist breathing
exercises for longevity and immortality]

唐或宋

作者不详

收录于《云笈七籤》卷五十八，第三页起

参见 Maspero (7), p. 205

《茅亭客话》

Discourses with Guests in the Thatched Pavilion

宋，1136 年以前

黄休复

《梅溪诗注》

（Wang）Mei-Chhi's Commentaries on Poetry

《东坡诗集注》的简称

《梦溪笔谈》

Dream Pool Fssavs

宋，1086 年；最后一次续补，1091 年

沈括

校本：胡道静（1）；参见 Holzman（1）

《妙法莲花经》

Sūtra on the Lotus of the Wonderful Law

印度

汉译，晋，公元 397 至 400 年之间，鸠摩罗什译

N/134；TW/262

《妙解录》

见《雁门公妙解录》

《名医别录》

Informal（or Additional）Records of Famous
Physicians（on Materia Medica）

归于梁，约公元 510 年

传为陶弘景撰

现仅存于各种本草著作的引文中，黄钰（1）
有辑复本

这部著作在公元 523 至 568 年或 656 年之间
由别人撰写，以解决李当之（约公元 225
年）和吴普（约公元 235 年）的著作以及
陶弘景（公元 492 年）的注释，与《神农
本草经》其正文所存在的不一致。换言
之，这是《本草经集注》（参见该条）中
的非《本经》部分。书中也许或多或少地
包含了陶弘景的注释

《明史》

History of the Ming Dynasty〔 + 1368 to +
1643〕

清，始于 1646 年，完成于 1736 年，初刊于
1739 年

张廷玉等

《明堂玄真经诀》

〔=《上清明堂玄真经诀》〕

Explanation of the Manual of（Recovering the）
Mysterious Primary（Vitalities of the）Cosmic
Temple（i. e. the Human Body）〔respiration
and heliotherapy〕

南齐或梁，5 世纪后期或 6 世纪前期（但变
更较大）

传为西王母撰

作者不详

TT/421

参见 Maspero（7），p. 376

《明堂元真经诀》

见《明堂玄真经诀》

《冥通记》

Record of Communication with the Hidden Ones
（the Perfected Immortals）

梁，公元 516 年

周子良

陶弘景编

《墨娥小录》

A Secretary's Commonplace-Book〔popular
encyclopaedia〕

元或明，14 世纪，刊行于 1571 年

编者不详

《墨庄漫录》

Recollections from the Estate of Literary Learning

宋，约 1131 年

张邦基

《墨子》

The Book of Master Mo

周，公元前 4 世纪

墨翟（及其弟子）

译本：Mei Yi-Pao（1）；Forke（3）

《引得特刊》第 21 号

TT/1162

《内丹赋》

〔=《陶真人内丹赋》〕

Rhapsodical Ode on the Physiological Enchymoma

宋，13 世纪

陶植

作注者不详

TT/256

参见《金丹赋》，两者文字非常相似

《内丹诀法》

见《还丹内象金钥匙》

《内功图说》

见王祖源（1）

《内金丹》

　　[=《内丹秘旨》或《天仙直论长生度世内
　　　炼金丹法》]

　　The Metallous Enchymoma Within (the Body),
　　　[physiological alchemy]

　　明，1622 年，部分于 1615 年

　　可能为陈泥丸撰，或为伍冲虚撰

　　内含象征隐语

　　《证道秘书十种》第十二本

《内经》

　　见《黄帝内经素问》和《黄帝内经灵枢》

《内经素问》

　　见《黄帝内经素问》

《南村辍耕录》

　　见《辍耕录》

《南蕃香录》

　　Catalogue of the Incense of the Southern Barbarians

　　见《香录》

《南海药谱》

　　A Treatise on the Materia Medica of the South
　　　Seas (Indo-China, Malayo-Indonesia, the
　　　East Indies, etc.)

　　《海药本草》（参见该条）的别名（据李时
　　　珍）

《南岳思大禅师立誓愿文》

　　Text of the Vows (of Aranyaka Austerities)
　　　taken by the Great Chhan Master (Hui-) Ssu
　　　of the Southern Sacred Mountain

　　陈，约公元 565 年

　　慧思

　　TW/1933，N/1576

《内丹秘指》

　　Confidential Directions on the Enchymoma

　　《内金丹》（参见该条）的别名

《内外二景图》

　　Illustrations of Internal and Superficial Anatomy

　　宋，1118 年

　　朱肱

　　原文亡佚，后人重修；图绘取自杨介的《存
　　　真环中图》

《能改斋漫录》

　　Miscellaneous Records of the Ability-to-

Improve-Oneself Studio

　　宋，12 世纪中期

　　吴曾

《泥丸李祖师女宗双修宝筏》

　　见《女宗双修宝筏》

《女功指南》

　　A Direction-Finder for (Inner) Achievement by
　　　Women (Taoists) [Physiological alchemy,
　　　nei tan gymnastic techniques, etc.]

　　见《女宗双修宝筏》

《女宗双修宝筏》

　　[=《泥丸李祖师女宗双修宝筏》和《女功
　　　指南》]

　　A Precious Raft (of Salvation) for Women
　　　(Taoists) Practising the Double Regeneration
　　　(of the primary vitalities, for their nature
　　　and their life-span, *hsing ming*), [physiol-
　　　ogical alchemy]

　　清，约 1795 年

　　泥丸氏，李翁（16 世纪后期），泥丸李祖师
　　　太虚翁沈一炳大师，约 1820 年

　　收录于《道藏续编》（初集），第 20 种

　　参见《道海津梁》第三十四页，《试金石》
　　　第十二页

《盘山语录》

　　Record of Discussions at Phan Mountain
　　　[dialogues of pronouncedly medical character
　　　on physiological alchemy]

　　宋，可能在 13 世纪前期

　　作者不详

　　收录于《修真十书》（*TT*/260）卷五十三

《彭祖经》

　　Manual of Phêng Tsu [Taoist sexual techniques
　　　and their natural philosophy]

　　晚周或西汉，公元前 4 至前 1 世纪

　　传为彭祖撰

　　现仅有残篇存于《全上古三代秦汉三国六朝
　　　文》（全上古三代文）卷十六，第五页起

《蓬莱山西灶还丹歌》

　　Mnemonic Rhymes of the Cyclically Transformed
　　　Elixir from the Western Furnace on Phêng-lai
　　　Island

传为约公元前 98 年。可能为唐

黄玄钟

TT/909

《普济方》

Practical Prescriptions for Everyman

明，约 1418 年

朱橚（周定王）

《医籍考》，第 914 页

《七返丹砂诀》

[=《魏伯阳七返丹砂诀》或《七返灵砂
歌》]

Explanation of the Sevenfold Cyclically Tran-
sformed Cinnabar (Elixir) ,　　(of Wei Po-
Yang)

年代不详（归于东汉）

作者不详（传为魏伯阳撰）

黄童君注，唐或唐以前，公元 806 年以前

TT/881

《七返灵砂歌》

Song of the Sevenfold Cyclically Trans-formed
Numinous Cinnabar (Elixir)

见《七返丹砂诀》

《七返灵砂论》

On Numinous Cinnabar Seven Times Cyclically
Transformed

《大洞炼真宝经九还金丹妙诀》（参见该条）
的别名

收录于《云笈七籤》卷六十九，第一页起

《七国考》

Investigations of the Seven (Warring) States

清，约 1660 年

董说

《七录》

Bibliography of the Seven Classes of Books

梁，公元 523 年

阮孝绪

《楼云山悟元子修真辩难参证》

见《修真辩难（参证）》

《齐民要术》

Important Arts for the People's Welfare [lit. Eq-
uality]

北魏（及东魏或西魏），公元 533 年与 544

年之间

贾思勰

见 des Rotours (1) , p. c ; Shih Shêng-Han (1)

《奇效良方》

Effective Therapeutics

明，约 1436 年，1470 年刊行

方贤

《起居安乐笺》

On (Health-giving) Rest and Recreations in a
Retired Abode

[《遵生八笺》（参见该条）的第三笺（卷
七、八）]

明，1591 年

高濂

《千金方衍义》

Dilations upon the *Thousand Golden Remedies*

清，1698 年

张璐

《千金食治》

A Thousand Golden Rules for Nutrition and the
Preservation of Health [i. e. Diet and Personal
Hygiene saving lives worth a Thousand
Ounces of Gold] , (included as a chapter in
the *Thousand Golden Remedies*)

唐，7 世纪（约公元 625 年，肯定在公元
659 年以前）

孙思邈

《千金要方》

A Thousand Golden Remedies [i. e. Essential
Prescriptions saving lives worth a Thousand
Ounces of Gold]

唐，公元 650 年与 659 年之间

孙思邈

《千金翼方》

Supplement to the *Thousand Golden Remedies*
[i. e. Revised Prescriptions saving lives worth
a Thousand Ounces of Gold]

唐，公元 660 年与 680 年之间

孙思邈

《铅汞甲庚至宝集成》

Complete Compendium on the Perfected
Treasure of Lead, Mercury, Wood and Metal

［with illustrations of alchemical apparatus］

关于该书名的翻译，参考本书第三分册

被认为纂于唐，公元 808 年；但更可能是在
五代或宋

参见本册 p. 276

赵耐庵

TT/912

《前汉书》

History of the Former Han Dynasty［-206 to +
24］

东汉（约公元 65 年开始编写），约公元
100 年

班固，死后（公元 92 年）由其妹班昭续撰

部分译文：Dubs（2），Pfizmaier（32—34，
37—51），Wylie（2，3，10），Swann（1）

《引得》第 36 号

《乾坤秘韫》

The Hidden Casket of Chhien and Khun（kua，
i. e. Yang and Yin）Open'd

明，约 1430 年

朱权（宁献王）

《乾坤生意》

Principles of the Coming into Being of Chhien
and Khun（kua，i. e. Yang and Yin）

明，约 1430 年

朱权（宁献王）

《切韵》

Dictionary of the Sounds of Characters［rhyming
dictionary］

隋，公元 601 年

陆法言

见《广韵》

《擒玄赋》

Rhapsodical Ode on Grappling with the Mystery

宋，13 世纪

作者不详

TT/257

《青箱杂记》

Miscellaneous Records on Green Bamboo Tablets

宋，约 1070 年

吴处厚

《清波杂志》

Green-Waves Memories

宋，1193 年

周煇

《清灵真人裴君内传》

Biography of the Chhing-Ling Adept，
Master Phei

刘宋或南齐，5 世纪，但附有唐代前期的
增益

邓云子（裴玄仁是一位据说生于公元前 178
年的半传说中的仙人）

收录于《云笈七籤》卷一○五

参见 Maspero（7），pp. 386 ff.

《清微丹诀（法）》

Instructions for Making the Enchymoma in
Calmness and Purity［physiological alchemy］

年代不详，可能是唐

作者不详

TT/275

《清修妙论笺》

Subtle Discourses on the Unsullied Restoration
（of the Primary Vitalities）

［《遵生八笺》（参见该条）的第一笺（卷
一、二）］

明，1591 年

高濂

《清异录》

Records of the Unworldly and the Strange

五代，约公元 950 年

陶谷

《邱长春青天歌》

Chhiu Chhang-Chhun's Song of the Blue Heavens

宋，约 1200 年

邱处机

TT/134

《祛疑说纂》

Discussions on the Dispersal of Doubts

宋，约 1230 年

储泳

《臞仙神隐书》

Book of Daily Occupations for Scholars in Rural
Retirement，by the Emaciated Immortal

明，约 1430 年

朱权（宁献王）

《全真集玄秘要》

Esoteric Essentials of the Mysteries（of the Tao），according to the Chhüian-Chen（Perfect Truth）School［the Northern School of Taoism in Sung and Yuan times］

元，约 1320 年

李道纯

TT/248

《全真坐钵捷法》

Ingenious Method of the Chhdan-Chen School for Timing Meditation（and other Exercises）by a（Sinking-）Bowl Clepsydra

宋或元

作者不详

TT/1212

《拳经》

Manual of Boxing

清，18 世纪

张孔昭

《日本国见在書目録》

Bibliography of Extant Books in Japan

日本（平安时代），约公元 895 年

藤原佐世

参见吉田光邦（6），第 196 页

《日本後紀》

Chronicles of Japan, further continued［from + 792 to + 833］

日本（平安时代），公元 840 年

藤原绪嗣

《日本紀》

［= 《日本書紀》］

Chronicles of Japan［from the earliest times to + 696］

日本（奈良时代），公元 720 年

舍人亲王、太安万吕、纪清人等人

译本：Aston（1）

参见 Anon.（103），pp. 1 ff.

《日本記略》

Classified Matters from the *Chronicles of Japan*

日本

《日本靈異記》

Record of Strange and Mysterious Things in Japan

日本（平安时代），公元 823 年

作者不详

《日本山海名物圖會》

Illustrations of Japanese Processes and Manufactures（lit., of the Famous Products of Japan）

日本（德川时代），大阪，1754 年

平濑徹斎

长谷川光信、千种屋新右卫门图解

摹本（附导言），名著刊行会，东京，1969 年

《日本書紀》

见《日本紀》

《日华诸家本草》

The Sun-Rays Master's Pharmaceutical Natural History, collected from Many Authorities

五代和宋，约 972 年

通常被后世作者归于唐代，但陶宗仪已辨认出其正确的成书年代，见《辍耕录》（1366 年）卷二十四，第十七页

大明（日华子）

（或即田大明）

《日月玄枢论》

Discourse on the Mysterious Axis of the Sun and Moon［i. e. Yang and Yin in natural phenomena; the earliest interpretation（or recognition）of the *Chou I Tshan Thung Chhi*（q. v.）as a physiological rather than（or, as well as）a proto-chemical text］

唐，约公元 740 年

刘知古

虽然一度被单独列于《道藏》中，但现仅作为引文存于《道枢》（参见该条）

《日知录》

Daily Additions to Knowledge

清，1673 年

顾炎武

《入唐求法巡礼行记》

Record of a Pilgrimage to China in Search of the

（Buddhist）Law

唐，公元 838—847 年

圆仁

译本：Reischauer（2）

《入药镜》

Mirror of the All-Penetrating Medicine（the en-
chymoma），［rhyming verses］

五代，约公元 940 年

崔希范

TT/132，并收录于《道藏辑要》（虚集第五
册）

附有王道渊（元）、李攀龙（明）和彭好古
（明）的注释

也收录于《修真十书》（TT/260），卷十三，
第一页起，附萧廷芝（明）注释

还收录于《道海津梁》，第三十五页起，附
傅金铨（清）注释

另见《天元入药镜》

参见 van Gulik（8），pp. 224 ff.

《三才图会》

Universal Encyclopaedia

明，1609 年

王圻

《三洞珠囊》

Bag of Pearls from the Three（Collections that）
Penetrate the Mystery［a Taoist florilegium］

唐，7 世纪

王悬河（编）

TT/1125

参见 Maspero（13），p. 77；Schipper（1），p. 11

《三峰丹诀》 （包括《金丹节要》和《采真机
要》，含《无根树》中部分诗歌和题词）

Oral Instructions of（Chang）San-Fêng on the
Enchymoma［physiological alchemy］

明，约从 1410 年起（但愿确实）

传为张三峰撰

傅金铨（济一子）编并附传记，约 1820 年

《三峰真人玄谭全集》

Complete Collection of the Mysterious Discourses
of the Adept（Chang）San-Fêng［physiolog-
ical alchemy］

明，从约 1410 年起（但愿确实）

传为张三峰撰

闵一得编（1834 年）

收录于《道藏续编》（初集），第 17 种

《三品颐神保命神丹方》

Efficacious Elixir Prescriptions of Three Grades
Inducing the Appropriate Mentality for the
Enterprise of Longevity

唐，五代和宋

作者不详

《云笈七籤》卷七十八，第一页起

《三十六水法》

Thirty- six Methods for Bringing Solids into
Aqueous Solution

唐以前

作者不详

TT/923

《三言》

见《醒世恒言》、《喻世明言》和《警世通
言》

《三真旨要玉诀》

Precious Instructions concerning the Message of
the Three Perfected（Immortals），［i. e. Yang
Hsi（fl. +370）杨羲；Hsü Mi（fl. +345）
许谧；and Hsü Hui（d. c. +370）许翙］

道教的日光疗法、呼吸吐纳和冥想

晋，约公元 365 年，可能编辑于唐

TT/419

参见 Maspero（7），p. 376

《山海经》

Classic of the Mountains and Rivers

周和西汉，公元前 8 至前 1 世纪

作者不详

部分译文：de Rosny（1）

《通检丛刊》之九

《上洞心丹经诀》

An Explanation of the Heart Elixir and Enchymoma
Canon：a Shang-Tung Scripture

年代不详，或为宋

作者不详

TT/943

参见陈国符（1），下册，第 389、435 页

《上品丹法节次》

Expositions of the Techniques for Making the Best Quality Enchymoma [physiological alchemy]

清

李德洽

闵一得注，约 1830 年

收录于《道藏续编》（初集），第 6 种

《上清洞真九宫紫房图》

Description of the Purple Chambers of the Nine Palaces; a Tung-Chen Scripture of the Shang-Chhing Heavens [parts of the microcosmic body corresponding to stars in the macrocosm]

宋，可能在 12 世纪

作者不详

TT/153

《上清含象剑鉴图》

The Image and Sword Mirror Diagram; a Shang-Chhing Scripture

唐，约公元 700 年

司马承贞

TT/428

《上清后圣道君列纪》

Annals of the Latter-Day Sage, the Lord of the Tao; a Shang-Chhing Scripture

晋，4 世纪后期

授予杨羲

TT/439

《上清黄书过度仪》

The System of the Yellow Book for Attaining Salvation; a Shang-Chhing Scripture [the rituale of the communal Taoist liturgical sexual ceremonies, +2nd to +7th centuries]

年代不详，但是可能为唐以前

作者不详

TT/1276

《上清集》

A Literary Collection (inspired by) the Shang-Chhing Scriptures [prose and poems on physiological alchemy]

宋，约 1220 年

葛长庚（白玉蟾）

收录于《修真十书》（TT/260）卷三十七至四十四

《上清经》

[《太上三十六部尊经》的一部分]

The Shang-Chhing (Heavenly Purity) Scripture

晋，最早的部分的年代约在 316 年

传为魏华存口授给杨羲

收录于 TT/8

《上清九真中经内诀》

Confidential Explanation of the Interior Manual of the Nine (Adepts); a Shang-Chhing Scripture

归于晋，4 世纪，可能为唐以前

传为赤松子（黄初平）撰

TT/901

《上清灵宝大法》

The Great Liturgies; a Shang-Chhing Ling Pao Scripture

宋，13 世纪

金允中

TT/1204，1205，1206

《上清明堂玄真经诀》

见《明堂玄真经诀》

《上清三真旨要玉诀》

见《三真旨要玉诀》

《上清太上八素真经》

Realisation Canon of the Eight Purifications (or Eightfold Simplicity); a Shang-Chhing Thai-Shang Scripture

年代未定，但在唐以前

作者不详

TT/423

《上清太上帝君九真中经》

Ninefold Realised Median Canon of the Imperial Lord; a Shang-Chhing Thai-Shang Scripture

可能为 4 世纪后期晋代材料汇编

著者和编者不详

TT/1357

《上清握中诀》

Explanation of (the Method of) Grasping the

Central（Luminary）; a Shang-Chhing Scripture［Taoist meditation and heliothera-py］

年代不详，梁，或为唐

作者不详

根据范幼冲（东汉）的法诀

TT/137

参见 Maspero（7），p. 373

《上阳子金丹大要》

见《金丹大要》

《上阳子金丹大要列仙志》

见《金丹大要列仙志》

《上阳子金丹大要图》

见《金丹大要图》

《上阳子金丹大要仙派（源流）》

见《金丹大要仙派（源流）》

《尚书大传》

Great Commentary on the *Shang Shu* chapters of the *Historical Classic*

西汉，约公元前 185 年

伏胜

参见 Wu Khang（1），p. 230

《绍兴校定经史证类备急本草》

The Corrected Classified and Consolidated Armamentarium; Pharmacopoeia of the Shao-Hsing Reign-Period

南宋，1157 年进呈，1159 年刊行，常被抄录和重刊，尤其是在日本

唐慎微，王继先等校订增补

参见 中尾万三（1）; Nakao Manzō（1）; Swingle（11）

插图摹本：和田利彦（1）; Karrow（2）

抄本摹本藏于日本京都龙谷大学图书馆

冈西为人编，附解析和历史导言，包括内容目录和索引（春阳堂，东京，1971年）

《摄大乘论释》

Mahāyāna-samgraha-bhāshya（Explanatory Discourse to assist the Understanding of the Great Vehicle）

印度，公元 300 至 500 年之间

玄奘汉译，约公元 650 年

N/1171（4）; TW/1597

《（摄养）枕中记（方）》

Pillow-Book on Assisting the Nourishment（of the Life-Force）

唐，7 世纪前期

传为孙思邈撰

TT/830，并收录于《云笈七籤》卷三十三

《摄养要诀》

Important Instructions for the Preservation of Health conducive to Longevity

日本（平安时代），约公元 820 年

物部广泉（御医）

《申天师服气要诀》

Important Oral Instructions of the Heavenly Teacher（or Patriarch）Shen on the Absorption of the Chhi［Taoist breathing exercises］

唐，约公元 730 年

申元之

现仅有一小段文字存于《云笈七籤》卷五十九，第十六页起

《神农本草经》

Classical Pharmacopoeia of the Heavenly Husbandman

西汉，依据周和秦的材料，但最后成书不早于公元 2 世纪

作者不详

单行本已亡佚，但作为后世所有本草著作的基础，经常被引用

许多学者做过辑复和注释；见龙伯坚（1），第 2 页起、第 12 页起

见：最好的辑复本为森立之（1845 年）、刘复（1942 年）所辑

《神仙传》

Lives of the Holy Immortals

（参见《列仙传》和《续神仙传》）

晋，4 世纪

传为葛洪撰

《神仙服饵丹石行药法》

The Methods of the Holy Immortals for Ingesting Cinnabar and（Other）Minerals, and Using them Medicinally

年代不详

传为京里先生撰

TT/417

《神仙服食灵芝菖蒲丸方》

Prescriptions for Making Pills from Numinous Mushrooms and Sweet Flag (*Calamus*), as taken by the Holy Immortals

年代不详

作者不详

TT/837

《神仙金汋经》

　　见《抱朴子神仙金汋经》

《神仙炼丹点铸三元宝镜法》

Methods used by the Holy Immortals to Prepare the Elixir, Project it, and Cast the Precious Mirrors of the Three Powers (or the Three Primary Vitalities), [magical]

唐，公元 902 年

作者不详

TT/856

《神仙通鉴》

　　(参见《(李泰)神仙(通)鉴》)

General Survey of the Lives of the Holy Immortals

明，1640 年

薛大训

《神异记》

　　(可能是《神异经》(参见该条)的一个别名)

Records of the Spiritual and the Strange

晋，约公元 290 年

王浮

《神异经》

Book of the Spiritual and the Strange

归于汉，但是可能为 3、4 或 5 世纪

传为东方朔撰

作者可能是王浮

《沈氏良方》

　　《苏沈良方》的原名

《生尸妙经》

　　见《太上洞玄灵宝灭度(三元)五炼生尸妙经》

《渑水燕谈录》

Fleeting Gossip by the River Shêng [in Shantung]

宋，11 世纪后期 (1094 年以前)

王辟之

《圣济总录》

Imperial Medical Encyclopaedia [issued by authority]

宋，约 1111—1118 年

十二名医生编

《十便良方》

Excellent Prescriptions of Perfect Convenience

宋，1196 年

郭坦

参见《宋以前医籍考》，第 1119 页；《医籍考》，第 813 页

《石函记》

　　见《许真君石函记》

《石药尔雅》

The Literary Expositor of Chemical Physic; or, Synonymic Dictionary of Minerals and Drugs

唐，公元 806 年

梅彪

TT/894

《拾遗记》

Memoirs on Neglected Matters

晋，约公元 370 年

王嘉

参见 Eichhorn (5)

《食疗本草》

Nutritional Therapy; a Pharmaceutical Natural History

唐，约公元 670 年

孟诜

《食物本草》

Nutritional Natural History

明，1571 年 (据稍早的版本重印)

传为李杲 (金) 或汪颖 (明) 各编辑有不同版本；实际作者为卢和

本书不同版本的鉴别以及作者和编者的问题是复杂的

见龙伯坚 (*1*)，第 104、105、106 页；王毓瑚 (*1*)，第 2 版，第 194 页；Swingle (1, 10)

《世医得效方》

　　Efficacious Prescriptions of a Family of Physicians

　　元，1337 年

　　危亦林

《事林广记》

　　Guide through the Forest of Affairs ［encyclo-
　　paedia］

　　宋，1100 至 1250 年之间；初刊于 1325 年

　　陈元靓

　　（剑桥大学图书馆藏有一部 1478 年的明版）

《事物纪原》

　　Records of the Origins of Affairs and Things

　　宋，约 1085 年

　　高承

《事原》

　　On the Origins of Things

　　宋

　　朱绘

《试金石》

　　On the Testing of（what is meant by）"Metal"
　　and "Mineral"

　　见傅金铨（5）

《释名》

　　Explanation of Names ［dictionary］

　　东汉，约公元 100 年

　　刘熙

《寿域神方》

　　Magical Prescriptions of the Land of the Old

　　明，约 1430 年

　　朱权（宁献王）

《菽园杂记》

　　The Bean-Garden Miscellany

　　明，1475 年

　　陆容

《数术记遗》

　　Memoir on some Traditions of Mathematical Art

　　东汉，公元 190 年，但一般怀疑由它的注释
　　者甄鸾写成，约公元 570 年。有人，例如
　　胡适，认为书中有些地方的文字晚至五代
　　时期（10 世纪）；还有些人如李叔华
　　（2），宁选唐代

　　徐岳

《双梅景闇丛书》

　　Double Plum-Tree Collection ［of ancient and
　　medieval books and fragments on Taoist
　　sexual techniques］

　　见叶德辉（1）

《水云录》

　　Record of Clouds and Waters ［iatro-chemical］

　　宋，约 1125 年

　　叶梦得

　　现仅存于引文中

《说文》

　　见《说文解字》

《说文解字》

　　Analytical Dictionary of Characters（lit. Explan-
　　ations of Simple Characters and Analyses of
　　Composite Ones）

　　东汉，公元 121 年

　　许慎

《四川通志》

　　Ge neral History and Topography of Szechuan
　　Province

　　清，18 世纪（1816 年刊行）

　　常明、杨芳灿等编纂

《四库提要辨证》

　　见俞嘉锡（1）

《四声本草》

　　Materia Medica Classified according to the Four
　　Tones（and the Standard Rhymes），［the
　　entries arranged in the order of the
　　pronunciation of the first character of their
　　names］

　　唐，约公元 775 年

　　萧炳

《四时调摄笺》

　　Directions for Harmonising and Strengthening
　　（the Vitalities）according to the Four Seasons
　　of the Year

　　［《遵生八笺》（参见该条）的第二笺（卷三
　　至六）］

　　明，1591 年

　　高濂

　　有关导引术的部分译文：Dudgeon（1）

《四时纂要》

Important Rules for the Four Seasons [agriculture and horticulture, family hygiene and pharmacy, etc.]

唐，约 750 年

韩鄂

《嵩山太无先生气经》

Manual of the (Circulation of the) Chhi, by Mr Grand-Nothingness of Sung Mountain

唐，公元 766—779 年

可能是李奉时（太无先生）撰

TT/817，并收录于《云笈七籤》卷五十九（部分），第七页起

参见 Maspero（7），p. 199

《宋朝事实》

Records of Affairs of the Sung Dynasty

元，13 世纪

李攸

《宋史》

History of the Sung Dynasty[+960 to +1279]

元，约 1345 年

脱脱和欧阳玄

《引得》第 34 号

《搜神后记》

Supplementary Reports on Spiritual Manifestations

晋，4 世纪后期或 5 世纪前期

陶潜

《搜神记》

Reports on Spiritual Manifestations

晋，约公元 348 年

干宝

部分译文：Bodde（9）

《苏沈良方》

Beneficial Prescriptions collected by Su (Tung-Pho) and Shen (Kua)

宋，约 1120 年。一些材料早至 1060 年。林灵素序

沈括和苏东坡（遗著）

最早被称为《沈氏良方》，故大多数条目是沈括收集，但其中一些肯定来自苏东坡，后者可能是编者在新的世纪之初加入的

参见《医籍考》，第 737、732 页

《素女经》

Canon of the Immaculate Girl

汉

作者不详

仅有片段存于《双梅景闇丛书》中，现包含《玄女经》（参见该条）

部分译文：van Gulik（3，8）

《素女妙论》

Mysterious Discourses of the Immaculate Girl

明，约 1500 年

作者不详

部分译文：van Gulik（3）

《素问灵枢经》

见《黄帝内经素问》和《黄帝内经灵枢》

《素问内经》

见《黄帝内经素问》

《隋书》

History of the Sui Dynasty [+581 to +617]

唐，公元 636 年（本纪和列传）；公元 656 年（各志和经籍志）

魏徵等

部分译文：Pfizmaier（61—65）；Balazs（7，8）；Ware（1）

节译索引：Frankel（1）

《孙公谈圃》

The Venerable Mr Sung's Conversation Garden

宋，约 1085 年

孙升

《琐碎录》

Sherds, Orts and Unconsidered Fragments [iatro-chemical]

宋，可能是 11 世纪后期

作者不详

现仅存于引文中。参见 *Winter's Tale*, iv, iii, *Timon of Athens*, iv, iii, 以及 *Julius Caesar*, iv, i

《胎息根旨要诀》

Instruction on the Essentials of (Understanding) Embryonic Respiration [Taoist respiratory and sexual techniques]

唐或宋

作者不详

收录于《云笈七籤》卷五十八，第四页起

参见 Maspero (7)，p. 380

《胎息经》

Manual of Embryonic Respiration

唐，8 世纪，约公元 755 年

幻真先生

TT/127，及《云笈七籤》卷六十，第二十
二页起

译本：Balfour (1)

参见 Maspero (7)，p. 211

《胎息精微论》

Discourse on Embryonic Respiration and the
Subtlety of the Seminal Essence

唐或宋

作者不详

收录于《云笈七籤》卷五十八，第一页起

参见 Maspero (7)，p. 210

《胎息口诀》

Oral Explanation of Embryonic Respiration

唐或宋

作者不详

收录于《云笈七籤》卷五十八，第十二页起

参见 Maspero (7)，p. 198

《胎脏论》

Discourse on the Foetalisation of the Viscera
(the Restoration of the Embryonic Condition
of Youth and Health)

《中黄真经》（参见该条）的别名

《太白经》

The Venus Canon

唐，约公元 800 年

施肩吾

TT/927

《太古集》

Collected Works of (Ho) Thai-Ku [Ho Ta-
Thung]

宋，约 1200 年

郝大通

TT/1147

《太古土兑经》

Most Ancient Canon of the Joy of the Earth; or,
of the Element Earth and the Kua Tui

[mainly on the alchemical subduing of metals
and minerals]

年代不详，可能为唐或稍早时期

传为张先生撰

TT/942

《太极葛仙翁传》

Biography of the Supreme-Pole Elder-Immortal
Ko (Hsüan)

可能为明

谭嗣先

TT/447

《太极真人九转还丹经要诀》

Essential Teachings of the Manual of the
Supreme-Pole Adept on the Ninefold Cyclica-
lly Transformed Elixir

年代不详，由托名推测或许为宋，但"经"
的部分可能是隋以前的，因为其经名已见
于《隋书经籍志》。茅山的影响通过对生
长在茅山的五种芝茸的记述，以及茅君对
摄取它们的方法指导而显示出来

作者不详

TT/882

部分译文：Ho Ping-Yü (9)

《太极真人杂丹药方》

Tractate of the Supreme-Pole Adept on Miscellane-
ous Elixir Recipes [with illustrations of alchemical
apparatus]

年代不详，但由托名的哲学意义推测可能
为宋

作者不详

TT/939

《太平广记》

Copious Records collected in the Thai-Phing
reign-period [anecdotes, stories, mirabilia
and memorabilia]

宋，公元 978 年

李昉编纂

《太平寰宇记》

Thai-Phing reign-period General Description of
the World [geographical record]

宋，公元 976—983 年

乐史

《太平惠民和剂局方》

Standard Formularies of the (Government) Great Peace People's Welfare Pharmacies [based on the Ho Chi Chü Fang, etc.]

宋，1151 年

陈师文、裴宗元和陈承编

参见 Li Thao（1，6）；《宋以前医籍考》，第973 页

《太平经》

[=《太平清领书》]

Canon of the Great Peace (and Equality)

归于东汉，约公元 150 年（公元 166 年首次被提到），但有后世增益和篡改

部分传为于吉撰

可能依据甘忠可的《天官历包元太平经》（约公元前 35 年）

TT/1087。王明（2）辑补、合校

参见 Yü Ying-Shih（2），p. 84

据熊得基（1）的意见，由天师与其弟子对话构成的几部分，和《抱朴子》书目所列《太平经》相符，并经襄楷整理

其他部分大体上为《甲乙经》各部分，这在《抱朴子》中也提到过，并归于公元 125至 145 年之间的于吉及其弟子宫崇

《太平清领书》

Received Book of the Great Peace and Purity

见《太平经》

《太平圣惠方》

Prescriptions Collected by Imperial Benevolence during the Thai-Phing reign-period

宋，公元 982 年敕令编修；公元 992 年完稿

王怀隐、郑彦等人编纂

《宋以前医籍考》，第 921 页；《玉海》卷六十三

《太平御览》

Thai-Phing reign-period Imperial Encyclopaedia (lit. the Emperor's Daily Readings)

宋，公元 983 年

李昉编纂

部分卷的译文：Pfizmaier（84—106）

《引得》第 23 号

《太清丹经要诀》

[=《太清真人大丹》]

Essentials of the Elixir Manuals, for Oral Transmission；a Thai-Chhing Scripture

唐，7 世纪中期（约公元 640 年）

可能是孙思邈撰

收录于《云笈七籤》卷七十一

译本：Sivin（1），pp. 145 ff.

《太清导引养生经》

见《导引养生经》

《太清调气经》

Manual of the Harmonising of the Chhi；a Thai-Chhing Scripture [breathing exercises for longevity and immortality]

唐或宋，9 或 10 世纪

作者不详

TT/813

参见 Maspero（7），p. 202

《太清金液神丹经》

Manual of the Potable Gold (or Metallous Fluid), and the Magical Elixir (or Enchymoma)；a Thai-Chhing Scripture

年代不详，但必定在梁以前 [陈国符（1），下册，第 419 页]。包含公元 320 至 330年之间材料，但大多数文章更可能是 5 世纪前期的作品

序言和主要内容属于"内丹"，其余部分叙述"外丹"，包括丹房实验室的指导说明

作者不详；各卷归属不一

卷下，专门记述外国制造丹砂和其他化学物质的情形，可能撰于 7 世纪下半叶 [Maspero（14），pp. 95 ff.]。内容大体上依据万震的《南州异物志》（3 世纪），但无一涉及马伯乐译作"罗马东地"（Roman Orient）的大秦。然而，斯坦因 [Stein（5）] 指出，指称拜占庭的"拂菻"一词早在公元 500—520 年就已出现，所以卷下很可能是 6 世纪前期的作品

TT/873

节录于《云笈七籤》卷六十五，第一页起

参见 Ho Ping-Yü（10）

《太清金液神气经》

　　Manual of the Numinous Chhi of Potable Gold;
　　　　a Thai-Chhing Scripture

　　卷下记录了魏华存夫人与诸仙真降授，内容
　　　　大多与《真诰》相似

　　它们由许谧的曾孙许荣第（卒于公元 435
　　　　年）记录下来，约公元 430 年

　　卷上和卷中为唐宋时期所作，在 1150 年以
　　　　前。如果为唐以前，也不会早于 6 世纪

　　作者大多不详

　　TT/875

《太清经天师口诀》

　　Oral Instructions from the Heavenly Masters［Taoist
　　　　Patriarchs］on the Thai Chhing Scriptures

　　年代不详，但必定在 5 世纪中期之后、元
　　　　之前

　　作者不详

　　TT/876

《太清石壁记》

　　The Records in the Rock Chamber（lit. Wall）;
　　　　a Thai-Chhing Scripture

　　梁，6 世纪前期，但包含较早的不晚于 3 世
　　　　纪后期、传为苏元明撰的晋代作品

　　楚泽先生编

　　原作者为苏元明（青霞子）

　　TT/874

　　译文见 Ho Ping-Yü（8）

　　参见《罗浮山志》卷四，第十三页

《太清王老服气口诀（传法）》

　　The Venerable Wang's Instructions for Absorbing
　　　　the Chhi; a Thai-Chhing Scripture［Taoist
　　　　breathing exercises］

　　唐或五代（书名中的"王"加于 11 世纪）

　　作者不详

　　部分归于女道士李液

　　TT/815，并收录于《云笈七籤》卷六十二，
　　　　第一页起，以及卷五十九，第十页起

　　参见 Maspero（7），p. 209

《太清玉碑子》

　　The Jade Stele（Inscription）; a Thai Chhing
　　　　Scripture［dialogues between Chêng Yin and
　　　　Ko Hung］

年代不详，可能为宋后期或元

作者不详

TT/920

参见《大丹问答》和《金木万灵论》，其中
　　编入了类似的章节

《太清真人大丹》

　　［《太清丹经要诀》后来的用名］

　　The Great Elixirs of the Adepts; a Thai-
　　　　Chhing Scripture

　　唐，公元 7 世纪中期（约公元 640 年）

　　可能为孙思邈撰

　　收录于《云笈七籤》卷七十一

　　译本：Sivin（1），pp. 145 ff.

《太清中黄真经》

　　见《中黄真经》

《太上八帝元（玄）变经》

　　见《洞神八帝元（玄）变经》

《太上八景四蕊紫浆（五珠）降生神丹方》

　　Method for making the Eight-Radiances Four-
　　　　Stamens Purple-Fluid（Five-Pearl）Incarnate
　　　　Numinous Elixir; a Thai-Shang Scripture

　　晋，可能在 4 世纪后期

　　推测为口授给杨羲

　　收录于《云笈七籤》卷六十八；另一种文本
　　　　见 *TT*/1357

《太上传西王母握固法》

　　见《传西王母握固法》

《太上洞房内经注》

　　Esoteric Manual of the Innermost Chamber, a
　　　　Thai-Shang Scripture; with Commentary

　　归于公元前 1 世纪

　　传为周季通撰

　　TT/130

《太上洞玄灵宝灭度（三元）五炼生尸妙经》

　　Marvellous Manual of the Resurrection（or
　　　　Preservation）of the Body, giving Salvation
　　　　from Dispersal, by means of（the Three
　　　　Primary Vitalities and）the Five Transmuta-
　　　　tions; a Ling-Pao Thai-Shang Tung-Hsü-
　　　　an Scripture

　　年代未定

　　作者不详

TT/366

《太上洞玄灵宝授度仪》

Formulae for the Reception of Salvation; a
Thai-Shang Tung-Hsüan Ling-Pao Scripture
[liturgical]

刘宋，约公元 450 年

陆修静

TT/524

《太上黄庭内（外、中）景（玉）经》

见《黄庭……》

《太上老君养生诀》

Oral Instructions of Lao Tzu on Nourishing the
Life-Force; a Thai-Shang Scripture [Taoist
respiratory and gymnastic exercises]

唐

传为华佗和吴普撰

实际作者不详

TT/814

《太上灵宝五符（经）》

(Manual of) the Five Categories of Formulae
(for achieving Material and Celestial
Immortality); a Thai-Shang Ling-Pao Scrip-
ture [liturgical]

三国，3 世纪中期

作者不详

TT/385

关于"灵宝"一词，见 Kaltenmark（4）

《太上灵宝芝草图》

Illustrations of the Numinous Mushrooms; a
Thai-Shang Ling-Pao Scripture

隋或隋以前

作者不详

TT/1387

《太上三十六部尊经》

The Venerable Scripture in 36 Sections

TT/8

见《上清经》

《太上卫灵神化九转丹砂法》

Methods of the Guardian of the Mysteries for the
Marvellous Thaumaturgical Transmutation of
Ninefold Cyclically Transformed Cinnabar; a
Thai-Shang Scripture

宋，不然的话则更早

作者不详

TT/885

译本：Spooner & Wang（1）；Sivin（3）

《太上养生胎息气经》

见《养生胎息气经》

《太上助国救民总真秘要》

Arcane Essentials of the Mainstream of Taoism,
for the Help of the Nation and the Saving of
the People; a Thai-Shang Scripture [apotro-
paics and liturgy]

宋，1016 年

元妙宗

TT/1210

《太微灵书紫文琅玕华丹神真上经》

Divinely Written Exalted Spiritual Realisation
Manual in Purple Script on the Lang-Kan
(Gem) Radiant Elixir; a Thai-Wei Scripture

晋，4 世纪后期，可能更晚

口授给杨羲

TT/252

《太无先生服气法》

见《嵩山太无先生气经》

《太玄宝典》

Precious Records of the Great Mystery [of
attaining longevity and immortality by physiol-
ogical alchemy, *nei tan*]

宋或元，13 或 14 世纪

作者不详

TT/1022，并收录于《道藏辑要》（昴集第
五册）

《太一（乙）金华宗旨》

Principles of the (Inner) Radiance of the
Metallous (Enchymoma), (explained in terms
of the) Undifferentiated Universe

见《金华宗旨》

《泰西水法》

Hydraulic Machinery of the West

明，1612 年

熊三拔（Sabatino de Ursis）和徐光启

《谭先生水云集》

Mr Than's Records of Life among the Mountain

Clouds and Waterfalls

宋，12 世纪中期

谭处端

TT/1146

《唐本草》

Pharmacopoeia of the Thang Dynasty

《新修本草》（参见该条）

《唐会要》

History of the Administrative Statutes of the
Thang Dynasty

宋，公元 961 年

王溥

参见 des Rotours（2），p. 92

《唐六典》

Institutes of the Thang Dynasty（lit. Administr-
ative Regulations of the Six Ministries of the
Thang）

唐，公元 738 或 739 年

李林甫编

参见 des Rotours（2），p. 99

《唐语林》

Miscellanea of the Thang Dynasty

宋，约 1107 年收集

王谠

参见 des Rotours（2），p. 109

《陶真人内丹赋》

见《内丹赋》

《体壳歌》

Song of the Bodily Husk（and the Deliverance
from its Ageing）

五代或宋，总之在 1040 年以前

烟萝子

收录于《修真十书》（*TT*/260）卷十八

《天地阴阳大乐赋》

Poetical Essay on the Supreme Joy

唐，约公元 800 年

白行简

《天工开物》

The Exploitation of the Works of Nature

明，1637 年

宋应星

译本：Sun Jen I-Tu & Sun Hsüeh-Chuan（1）

《天老神光经》

The Celestial Elder's Canon of the Spirit Lights

唐，公元 633 年；后有增益

李靖

TT/859

译本：Sivin（16）

《天台山方外志》

Supplementary Historical Topography of Thienthai
Shan

明

传灯（僧人）

《天下郡国利病书》

Merits and Drawbacks of all the Countries in the
World［geography］

清，1662 年

顾炎武

《天仙正理读法点睛》

The Right Pattern of the Celestial Immortals;
Thoughts on Reading the *Consecration of
the Law*

见傅金铨（2）

《天仙直论长生度世内炼金丹（诀心）法》

（Confidential） Methods for Processing the
Metallous Enchymoma; a Plain Discourse on
Longevity and Immortality（according to the
Principles of the） Celestial Immortals for the
Salvation of the World

《内金丹》（参见该条）的别名

《天元入药镜》

Mirror of the All-Penetrating Medicine（ the
Enchymoma; restoring the Endowment） of
the Primary Vitalities

五代，公元 940 年

崔希范

收录于《修真十书》（*TT*/260）卷二十一，
第六至九页；一篇无注释的文章，与《入
药镜》（参见该条）不同，而且后者结尾
部分缺图

参见 van Gulik（8），pp. 224 ff.

《铁围山丛谈》

Collected Conversations at Iron-Fence Mountain

宋，约 1115 年

蔡絛

《通俗编》

Thesaurus of Popular Terms，Ideas and Customs

清，1751 年

翟灏

《通玄秘术》

The Secret Art of Penetrating the Mystery
［alchemy］

唐，公元 864 年后不久

沈知言

TT/935

《通雅》

Helps to the Understanding of the *Literary
Expositor*［general encyclopaedia with much
of scientific and technological interest］

明和清，完稿于 1636 年，刊行于 1666 年

方以智

《通幽诀》

Lectures on the Understanding of the Obscurity
（of Nature）［alchemy，proto chemical and
physiological］

不早于唐

作者不详

TT/906

参见陈国符（*1*），下册，第 390 页

《投荒杂录》

Miscellaneous jottings far from Home

唐，约公元 835 年

房千里

《图经本草》

Illustrated Treatise（of Pharmaceutical Natural
History）

见《本草图经》

《图经》一名原用于公元 659 年的《新修本
草》（参见该条）中两部分图录之一
（另一部分为《药图》）；参见《新唐书》
卷五十九，第二十一页，或 *TSCCIW*，第
273 页。到 11 世纪中期，这些图录已散
佚，所以苏颂的《本草图经》便准备用
作替代。后来，《图经本草》一名常被
用来指苏颂的著作，但是（根据《宋
史·艺文志》，*SSIW*，第 179、529 页）

这是误用

《图经集注衍义本草》

Illustrations and Collected Commentaries for the
Dilations upon Pharmaceutical Natural History

TT/761（翁独健《道藏子目引得》编号
767）

另见《图经衍义本草》

《道藏》包含了两种单独编目的著作，但实
际上《图经集注衍义本草》是一部完整
著作的 5 卷导言，而《图经衍义本草》
则是这部著作中余下的 42 卷

《图经衍义本草》

Illustrations（and commentary）for the Dilations
upon Pharmaceutical Natural History（An
abridged conflation of the *Chêng-Ho...Chêng
Lei...Pên Tshao* with the *Pên Tshao Yen I*）

宋，约 1223 年

唐慎微、寇宗奭、许洪编

TT/761（翁独健《道藏子目引得》编号
768）

另见《图经集注衍义本草》

参见张赞臣（*2*）；龙伯坚（*1*），第 38、
39 种

《土宿本草》

The Earth's Mansions Pharmacopoeia

见《造化指南》

《土宿真君造化指南》

Gu ide to the Creation，by the Earth's Mansions
Immortal

见《造化指南》

《橐钥子》

Book of the Bellows-and-Tuyère Master［physi-
ological alchemy in mutationist terms］

宋或元

作者不详

TT/1174，及《道藏辑要》（昴集第五册）

《外丹本草》

Iatrochemical Natural History

宋前期，约 1045 年

崔昉

现仅存于引文中

参见《金丹大要宝诀》和《大丹要诀本草》

《外国传》

　　见《吴时外国传》

《外金丹》

　　Disclosures (of the Nature of) the Metallous
　　　Enchymoma [a collection of some thirty
　　　tractates on *nei tan* physiological alchemy,
　　　ranging in date from Sung to Chhing and of
　　　varying authenticity]

　　宋或清

　　傅金铨编，约 1830 年

　　收录于《证道秘书十种》，第六至十本

《外科正宗》

　　An Orthodox Manual of External Medicine

　　明，1617 年

　　陈实功

《外台秘要（方）》

　　Im portant(Medical) Formulae and Prescriptions
　　　now revealed by the Governor of a Distant Pr-
　　　ovince

　　唐，公元 752 年

　　王焘

　　关于书名，见 des Rotours（1），pp. 294,
　　　721。王焘在任职地方高官之前曾以学士
　　　的身份在皇家图书馆博览群书

《万病回春》

　　Th e Restoration of Well-Being from a Myriad
　　　Diseases

　　明，1587 年；1615 年刊行

　　龚廷贤

《万寿仙书》

　　A Book on the Longevity of the Immortals
　　　[longevity techniques, especially gymnastics
　　　and respiratory exercises]

　　清，18 世纪

　　曹无极

　　编入巴子园（1）

《万姓统谱》

　　General Dictionary of Biography

　　明，1579 年

　　凌迪知

《萬安方》

　　A Myriad Healing Prescriptions

　　日本，1315 年

　　梶原性全

《萬葉集》

　　Anthology of a Myriad Leaves

　　日本（奈良时代），公元 759 年

　　橘诸兄或大伴家持编

　　参见 Anon.（103），pp. 14 ff.

《王老服气口诀》

　　见《太清王老服气口诀》

《王屋真人口授阴丹秘诀灵篇》

　　Numinous Record of the Confidential Oral
　　　Instructions on the Yin Enchymoma handed
　　　down by the Adept of Wang-Wu（Shan）

　　唐，或约公元 765 年；肯定在 8 至 10 世纪后
　　　期之间

　　可能为刘守撰

　　收录于《云笈七籤》卷六十四，第十三页起

《王屋真人刘守依真人口诀进上》

　　Confidential Oral Instructions of the Adept of
　　　Wang-Wu（Shan）presented to the Court by
　　　Liu Shou

　　唐，约公元 785 年（780 年之后）；肯定在 8
　　　至 10 世纪后期之间

　　刘守

　　见《云笈七籤》卷六十四，第十四页起

《望仙赋》

　　Contemplating the Immortals; a Hymn of Praise
　　　[ode on Wangtzu Chhiao and Chhih Sung
　　　Tzu]

　　西汉，公元前 14 或前 13 年

　　桓谭

　　收录于《全上古三代秦汉三国六朝文》（全
　　　后汉文）卷十二，第七页，以及几种类
　　　书中

《纬略》

　　Compendium of Non-Classical Matters

　　宋，12 世纪（末），约 1190 年

　　高似孙

《卫生易筋经》

　　见《易筋经》

《魏伯阳七返丹砂诀》

　　见《七返丹砂诀》

《魏书》

History of the (Northern) Wei Dynasty〔+386 to +550, including the Eastern Wei successor State〕

北齐，公元554年；公元572年修订

魏收

见 Ware (3)

其中一卷的译文：Ware (1, 4)

节译索引：Frankel (1)

《文德實錄》

Veritable Records of the Reign of the Emperor Montoku〔from +851 to +858〕

日本（平安时代），公元879年

藤原基经

《文始真经》

True Classic of the Original Word (of Lao Chün, third person of the Taoist Trinity)

《关尹子》（参见该条）的别名

《文苑英华》

The Brightest Flowers in the Garden of Literature〔imperially commissioned collection, intended as a continuation of the *Wên Hsüan* (q. v.) and containing therefore compositions written between +500 and +960〕

宋，公元987年；1567年初刊

李昉、宋白等编

参见 des Rotours (2), p. 93

《无根树》

The Rootless Tree〔poems on physiological alchemy〕

明，约1410年（但愿确实）

传为张三峰撰

收录于《三峰丹诀》（参见该条）

《无上秘要》

Essentials of the Matchless Books (of Taoism),〔a florilegium〕

北周，公元561至578年之间

编者不详

TT/1124

参见 Maspero (13), p. 77；Schipper (1), p. 11

《吴录》

Record of the Kingdom of Wu

三国，3世纪

张勃

《吴时外国传》

Records of the Foreign Countries in the Time of the State of Wu

三国，约公元260年

康泰

仅有片段存于《太平御览》和其他资料中

《吴氏本草》

Mr Wu's Pharmaceutical Natural History

三国（魏），约公元235年

吴普

现仅存于后世文献的引文中

《五厨经》

见《老子说五厨经》

《五代史记》

见《新五代史》

《五相类秘要》

见《参同契五相类秘要》

《五行大义》

Main Principles of the Five Elements

隋，约公元600年

萧吉

《武夷集》

The Wu-I Mountains Literary Collection〔prose and poems on physiological alchemy〕

宋，约1220年

葛长庚（白玉蟾）

收录于《修真十书》（*TT*/260）卷四十五至五十二

《务成子》

见《黄庭外景玉经注》

《物类相感志》

On the Mutual Responses of Things according to their Categories

宋，约公元980年

误传为苏东坡撰

实际作者为录赞宁（僧人）

见苏莹辉（*1, 2*）

《物理小识》

 Small Encyclopaedia of the Principles of Things

 明和清，1643 年完稿，1664 年刊行

 方以智

 参见侯外庐（3，4）

《物原》

 The Origins of Things

 明，15 世纪

 罗颀

《悟玄篇》

 Essay on Understanding the Mystery（of the Enchymoma），[Taoist physiological alchemy]

 宋，1109 或 1169 年

 余洞真

 TT/1034，并收录于《道藏辑要》（昴集第五册）

《悟真篇》

 [=《紫阳真人悟真篇》]

 Poetical Essay on Realising（the Necessity of Regenerating the）Primary（Vitalities）[Taoist physiological alchemy]

 宋，1075 年

 张伯端

 收录于《修真十书》（TT/260）卷二十六至三十

 TT/138。参见 TT/139—143

 译本：Davis & Chao Yün-Tshung（7）

《悟真篇三注》

 Three Commentaries on the Essay on Realising the Necessity of Regenerating the Primary Vitalities [Taoist physiological alchemy]

 宋和元，约 1331 年完稿

 薛道光（或翁葆光）、陆墅和戴起宗（或陈致虚）

 TT/139

 参见 Davis & Chao Yün-Tshung（7）

《悟真篇直指祥说三乘秘要》

 Precise Explanation of the Difficult Essentials of the Essay on Realising the Necessity of Regenerating the Primary Vitalities, in accordance with the Three Classes of（Taoist）Scriptures

 宋，约 1170 年

 翁葆光

 TT/140

《西清古鉴》

 Hsi Chhing Catalogue of Ancient Mirrors（and Bronzes）in the Imperial Collection

 清，1751 年

 梁诗正

《西山群仙会真记》

 A True Account of the Proceedings of the Company of Immortals in the Western Mountains

 唐，约公元 800 年

 施肩吾

 TT/243

《西王母女修正途十则》

 The Ten Rules of the Mother（Goddess）Queen of the West to Guide Women（Taoists）along the Right Road of Restoring（the Primary Vitalities）[physiological alchemy]

 明或清

 传为吕喦撰（8 世纪）

 沈一炳等

 闵一得注（约 1830 年）

 收录于《道藏续编》（初集），第 19 种

《西溪丛话》

 （《四库全书》作《西溪丛语》）

 Western Pool Collected Remarks

 宋，约 1150 年

 姚宽

《西洋火攻图说》

 Illustrated Treatise on European Gunnery

 明，1625 年之前

 张焘和孙学诗

《西游记》

 A Pilgrimage to the West [novel]

 明，约 1570 年

 吴承恩

 译本：Waley（17）

《西域记》

 见《长春真人西域记》

《西域旧闻》

 Old Traditions of the Western Countries [a

conflation, with abbreviations, of the Hsi Yü Wên Chien Lu and the Sheng Wu Chi, q. v.]

清, 1777 和 1842 年

椿园七十一老人和魏源

郑光祖辑 (1843 年)

《西域图记》

Illustrated Record of Western Countries

隋, 公元 610 年

裴矩

《西域闻见录》

Things Seen and Heard in the Western Countries

清, 1777 年

椿园七十一老人

Bretschneider (2), vol. 1, p. 128

《西岳窦先生修真指南》

Teacher Ton's South-Pointer for the Regeneration of the Primary (Vitalities), from the Western Sacred Mountain

宋, 可能在 13 世纪前期

窦先生

收录于《修真十书》(TT/260) 卷二, 第一至六页

《西岳华山志》

Records of Hua-Shan, the Great Western Mountain

宋, 约 1170 年

王处一

TT/304

《席上腐谈》

Old-Fashioned Table Talk

元, 约 1290 年

俞琰

《洗冤录》

The Washing Away of Wrongs (i. e. False Charges) [treatise on forensic medicine]

宋, 1247 年

宋慈

部分译文: H. A. Giles (7)

《徒然草》

Gleanings of Leisure Moments [miscellanea, with much on Confucianism, Buddhism and Taoist philosophy]

日本, 约 1330 年

兼好法师 (吉田兼好)

参见 Anon. (103), pp. 197 ff.

《仙乐集》

(Collected Poems) on the Happiness of the Holy Immortals

宋, 12 世纪后期

刘处玄

TT/1127

《香乘》

Records of Perfumes and Incense [including combustion-clocks]

明, 1618 至 1641 年之间

周嘉胄

《香国》

The Realm of Incense and Perfumes

明

毛晋

《香笺》

Notes on Perfumes and Incense

明, 约 1560 年

屠隆

《香录》

[=《南番香录》]

A Catalogue of Incense

宋, 1151 年

叶廷珪

《香谱》

A Treatise on Aromatics and Incense [-Clocks]

宋, 约 1073 年

沈立

现仅存于后世著述的引文中

《香谱》

A Treatise on Perfumes and Incense

宋, 约 1115 年

洪刍

《香谱》

[=《新纂香谱》或《河南程氏香谱》]

A Treatise on Perfumes and Aromatic Substances [including incense and combustion-clocks]

宋, 12 世纪后期或 13 世纪; 可能晚至 1330 年

陈敬

《香谱》

A Treatise on Incense and Perfumes

元, 1322 年

熊朋来

《香藥抄》

Memoir on Aromatic Plants and Incense

日本, 约 1163 年

观祐。抄本存于滋贺石山寺。摹本收录于
《大正新修大藏经》别卷图像十一

《泄天机》

A Divulgation of the Machinery of Nature（in
the Human Body, permitting the Formation of
the Enchymoma）

清, 约 1795 年

李翁（泥丸氏）

闵小艮于 1833 年重纂

收录于《道藏续编》（初集）, 第 4 种

《新论》

New Discussions

东汉, 约公元 10 至 20 年, 成于公元 25 年

桓谭

参见 Pokora (9)

《新论》

New Discourses

梁, 约公元 530 年

刘勰

《新唐书》

New History of the Thang Dynasty [+ 618 to
+ 906]

宋, 1061 年

欧阳修和宋祁

参见 des Rotours (2), p. 56

部分译文: des Rotours (1, 2)；Pfizmaier
(66—74)。节译索引: Frankel (1)

《引得》第 16 号

《新五代史》

New History of the Five Dynasties [+ 907 to +
959]

宋, 约 1070 年

欧阳修

节译索引: Frankel (1)

《新修本草》

The New (lit. Newly Improved) Pharmacopoeia

唐, 公元 659 年

苏敬（苏恭）与组织的 22 位合作者, 在李
勣、于志宁以及后来的长孙无忌指导下编
修。这部著作后来被普遍误作《唐本草》。
在中国已经亡佚, 仅在敦煌尚存抄本残
篇, 但曾由一位日本人在公元 731 年抄
录, 现存于日本, 也非完本

《新语》

New Discourses

西汉, 约公元前 196 年

陆贾

译本: Gabain (1)

《新纂香谱》

见陈敬《香谱》

《行程记》

Memoirs of my Official Journey (to the Western
Regions)

宋, 公元 984 年

张匡邺

《醒世恒言》

Stories to Awaken Men

明, 约 1640 年

冯梦龙

《性理大全（书）》

Collected Works of (120) Philosophers of the
Hsing-Li (Neo-Confucian) School [Hsing =
human nature；Li = the principle of organi-
sation in all Nature]

明, 1415 年

胡广等编

《性理精义》

Essential Ideas of the Hsing-Li (Neo-Confu-
cian) School of Philosophers [a condensation
of the I-Ising Li Ta Chhüan, q.v.]

清, 1715 年

李光地

《性命圭旨》

A Pointer to the Meaning of (Human) Nature
and the Life-Span [physiological alchemy:
the kuei is a pun on the two kinds of thu,

central earth where the enchymoma is formed]

归于宋，刊行于明和清，1615 年，1670 年重刊

传为尹真人授

尹真人高弟笔述

余永宁等作序

《修丹妙用至理论》

A Discussion of the Marvellous Functions and Perfect Principles of the Practice of the Enchymoma

宋后期或之后

作者不详

TT/231

参考宋代真人海蟾先生（刘操）

《修炼大丹要旨》

Essential Instructions for the Preparation of the Great Elixir [with illustrations of alchemical apparatus] Probably Sung or later

作者不详

TT/905

《修仙辨惑论》

Resolution of Doubts concerning the Restoration to Immortality

宋，约 1220

葛长庚（白玉蟾）

收录于《图书集成·神异典》卷三〇〇，"艺文"第十一页起

《修真辩难参证》

[= 《楼云山悟元子修真辩难参证》]

A Discussion of the Difficulties encountered in the Regeneration of the Primary (Vitalities) [physiological alchemy]; with Supporting Evidence

清，1798 年

刘一明（悟元子）

闵一得注（约 1830 年）

收录于《道藏续编》（初集），第 23 种

《修真历验钞图》

[= 《真元妙道修丹历验抄》]

Transmitted Diagrams illustrating Tried and Tested (Methods of) Regenerating the Primary

Vitalities [physiological alchemy]

唐或宋，1019 年以前

无作者名，但收录于《云笈七籤》卷七十二时，此书作者署为"洞真子"

TT/149

《修真秘诀》

Esoteric Instructions on the Regeneration of the Primary (Vitalities)

宋或宋以前，1136 年之前

作者未确定

收录于《类说》卷四十九，第五页起

《修真内炼秘妙诸诀》

Collected Instructions on the Esoteric Mysteries of Regenerating the Primary (Vitalities) by Internal Transmutation

宋或宋以前

作者不详

可能与《修真秘诀》一样（参见该条）；现仅存于引文中

《修真十书》

A Collection of Ten Tractates and Treatises on the Regeneration of the Primary (Vitalities) [in fact, many more than ten]

宋，约 1250 年

编者不详

TT/260

参见 Maspero (7), pp. 239, 157

《修真太极混元图》

Illustrated Treatise on the (Analogy of the) Regeneration of the Primary (Vitalities) (with the Cosmogony of) the Supreme Pole and Primitive Chaos

宋，约 1100 年

萧道存

TT/146

《修真太极混元指玄图》

Illustrated Treatise Expounding the Mystery of the (Analogy of the) Regeneration of the Primary (Vitalities) (with the Cosmogony of) the Supreme Pole and Primitive Chaos

唐，约公元 830 年

金全子

TT/147

《修真演义》

A Popular Exposition of (the Methods of) Regenerating the Primary (Vitalities) [Taoist sexual techniques]

明, 约 1560 年

邓希贤 (紫金光耀大仙)

见 van Gulik (3, 8)

《修真指南》

South-Pointer for the Regeneration of the Primary (Vitalities)

见《西域窦先生修真指南》

《徐光启手迹》

Manuscript Remains of Hsü Kuang-Chhi [facsimile reproductions]

上海, 1962 年

《许彦周诗话》

Hsü Yen-Chows Talks on Poetry

宋, 12 世纪前期, 可能约在 1111 年

许彦周

《许真君八十五化录》

Record of the Transfiguration of the Adept Hsü (Hsün) at the Age of Eighty-five

晋, 4 世纪

施岑

TT/445

《许真君石函记》

The Adept Hsü (Sun's) Treatise, found in a Stone Coffer

归于晋, 4 世纪, 可能约为公元 370 年

传为许逊撰

TT/944

参见 Davis & Chao Yün-Tshung (6)

《续博物志》

Supplement to the *Record of the Investigation of Things* (参见《博物志》)

宋, 12 世纪中期

李石

《续古摘奇算法》

Choice Mathematical Remains Collected to Preserve the Achievements of Old [magic squares and other computational examples]

宋, 1275 年

杨辉

(收录于《杨辉算法》)

《续命方》

Precepts for Lengthening the Life-span

《慧命经》(参见该条) 的别名

《续神仙传》

Supplementary Lives of the Hsien (参见《神仙传》)

唐

沈汾

《续事始》

Supplement to the *Beginnings of All Affairs* (参见《事始》)

后蜀, 约公元 960 年

马鉴

《续仙传》

Further Biographies of the Immortals

五代 (后周), 公元 923 至 936 年之间

沈汾

收录于《云笈七籤》卷一一三

《續日本後紀》

Chronicles of Japan, still further continued [from +834 to +850]

日本 (平安时代), 公元 869 年

藤原良房

《續日本紀》

Chronicles of Japan, continued [from +697 to +791]

日本 (奈良时代), 公元 797 年

石川、藤原继绳、菅野真道等

《轩辕宝藏畅微论》

The Yellow Emperor's Expansive yet Detailed Discourse on the (Contents of the) Precious Treasury (of the Earth) [mineralogy and metallurgy]

《宝藏论》(参见该条) 的别名

《轩辕宝藏论》

The Yellow Emperor's Discourse on the Contents of the Precious Treasury (of the Earth)

见《宝藏论》

《轩辕黄帝水经药法》

（Thirty-two）Medicinal Methods from the Aqueous（Solutions）Manual of Hsien-Yuan the Yellow Emperor

年代未定

作者不详

TT/922

《宣和博古图录》

［=《博古图录》］

Hsüan-Ho reign-period Illustrated Record of Ancient Objects ［catalogue of the archaeological museum of the emperor Hui Tsung］

宋，1111—1125 年

王黼（王蔽）等

《宣室志》

Records of Hsüan Shih

唐，约公元 860 年

张读

《玄风庆会录》

Record of the Auspicious Meeting of the Mysterious Winds ［answers given by Chhiu Chhu-Chi（Chhang-Chhun Chen Jen）to Chingiz Khan at their interviews at Samarqand in +1222］

宋，1225 年

邱处机

TT/173

《玄怪续录》

The Record of Things Dark and Strange, continued

唐

李复言

《玄解录》

The Mysterious Antidotarium ［warnings against elixir poisoning, and remedies for it］

唐，无名氏公元 855 年作序，可能初刊于公元 847 至 850 年之间

作者不详，可能是纥干臮

所有文明中的第一部有关科学主题的印刷书

TT/921，收录于《云笈七籤》卷六十四，第五页起

《玄门脉诀内照图》

［=《华佗内照图》］

Illustrations of Visceral Anatomy, for the Taoist Sphygmological Instructions

宋，1095 年，孙焕 1273 年重刊本含杨介的绘图

传为华佗撰

沈铢初刊

参见马继兴（2）

《玄明粉传》

On the "Mysterious Bright Powder"（purified sodium sulphate, Glauber's salt）

唐，约公元 730 年

刘玄真

《玄女经》

Canon of the Mysterious Girl ［or, the Dark Girl］

汉

作者不详

仅有片段存于《双梅景闇丛书》，现已与《素女经》（参见该条）合并

部分译文：van Gulik（3, 8）

《玄品录》

Record of the（Different）Grades of Immortals

元

张天雨

TT/773

参见陈国符（1），第 1 版，第 260 页

《玄霜掌上录》

Mysterious Frost on the Palm of the Hand; or, Handy Record of the Mysterious Frost ［preparation of lead acetate］

年代不详

作者不详

TT/938

《悬解录》

见《玄解录》

《延陵先生集新旧服气经》

New and Old Manuals of Absorbing the Chhi, Collected by the Teacher of Yen-Ling

唐，8 世纪前期，约公元 745 年

作者不确定

桑榆子注（9 或 10 世纪）

TT/818，并（部分）收录于《云笈七籤》

卷五十八，第二页，卷五十九，第一页
起、第十八页起，卷六十一，第十九
页起

参见 Maspero（7），pp. 220，222

《延年却病笺》

How to Lengthen one's Years and Ward off
all Diseases

［《遵生八笺》（参见该条）的第四笺（卷
九、十）］

明，1591 年

高濂

导引术材料的部分译文：Dudgeon（1）

《延寿赤书》

Red Book on the Promotion of Longevity

唐，或许隋

裴煜（或裴玄）

现仅存于《医心方》（公元982年）的摘录
中，《宋以前医籍考》，第465 页

《盐铁论》

Discourses on Salt and Iron ［record of the
debate of - 81 on State control of commerce
and industry］

西汉，约公元前80—前60 年

桓宽

部分译文：Gale（1）；Gale，Boodberg & Lin
（1）

《演繁露》

Extension of the *String of Pearls*（*on the Spring
and Autumn Annals*），［on the meaning of
many Thang and Sung expressions］

宋，1180 年

程大昌

见 des Rotours（1），p. cix

《雁门公妙解录》

The Venerable Yen Mên's Record of Marvellous
Antidotes ［alchemy and elixir poisoning］

唐，大约在公元847 年前后，因文本与同时
期的《玄解录》完全相同

雁门撰（雁门，或是一个托名，取自长城的
关口和要塞，参见本书第四卷第三分册，
pp. 11，48，以及图711）

TT/937

《燕闲清赏笺》

The Use of Leisure and Innocent Enjoyments in
a Retired Life

［《遵生八笺》（参见该条）的第六笺（卷十
四、十五）］

明，1591 年

高濂

《燕翼诒谋录》

Handing Down Good Plans for Posterity from the
Wings of Yen

宋，1227 年

王栐

《扬州芍药谱》

A Treatise on the Herbaceous Peonies
of Yangchow

宋，1075 年

王观

《杨辉算法》

Yang Hui's Methods of Computation

宋，1275 年

杨辉

《养生导引法》

Methods of Nourishing the Vitality by
Gymnastics（and Massage），［附于《保生
心鉴》（参见该条）］

明，约1506 年

铁峰居士

胡文焕编（约1596 年）

《养生食忌》

Nutritional Recommendations and Prohibitions
for Health ［附于《保生心鉴》（参见该
条）］

明，约1506 年

铁峰居士

胡文焕编（约1596 年）

《养生胎息气经》

［＝《太上养生胎息气经》］

Manual of Nourishing the Life-Force（or，
Attaining Longevity and Immortality）by
Embryonic Respiration

唐后期或宋代

作者不详

TT /812

参见 Maspero（7），pp. 358，365

《养生延命录》

On Delaying Destiny by Nourishing the Natural Forces

《养性延命录》（参见该条）的别名

《养性延命录》

On Delaying Destiny by Nourishing the Natural Forces （or, Achieving Longevity and Immortality by Regaining the Vitality of Youth），〔Taoist sexual and respiratory techniques〕

宋，1013 至 1161 年之间（按照马伯乐的意见），但因在《云笈七籤》中出现，必须早于 1020 年，很可能在宋以前

传为陶弘景或孙思邈撰

实际作者不详

TT /831，节录于《云笈七籤》卷三十二，第一页起

参见 Maspero（7），p. 232

《養生訓》

Instructions on Hygiene and the Prolongation of Life

日本（德川时代），约 1700 年

贝原益轩（杉靖三郎编）

《药名隐诀》

Secret Instructions on the Names of Drugs and Chemicals

或许是《太清石壁记》（参见该条）的一种别名

《药性本草》

见《本草药性》

《药性论》

Discourse on the Natures and Properties of Drugs

梁（或唐，如果与《本草药性》相同的话）

传为陶弘景撰

现仅存于本草著作的引文中

《医籍考》，第 169 页

《藥種抄》

Memoir on Several Varieties of Drug Plants

日本，约 1163 年

观祐。抄本存于滋贺石山寺。摹本收录于

《大正新修大藏经》别卷图像十一

《邺中记》

Record of Affairs at the Capital of the Later Chao Dynasty

晋

陆翙

参见 Hirth（17）

《伊尹汤液仲景广为大法》

〔=《医家大法》或《广为大法》〕

The Great Tradition （of Internal Medicine） going back to I Yin （legendary minister） and his Pharmacal Potions, and to （Chang） Chung-Ching （famous Han physician）

元，1294 年

王好古

《医籍考》，第 863 页

《医籍考》

Comprehensive Annotated Bibliography of Chinese Medical Literature

见多纪元胤（*1*）

《医家大法》

见《伊尹汤液仲景广为大法》

《医门秘旨》

Confidential Guide to Medicine

明，1578 年

张四维

《医心方》

The Heart of Medicine （partly a collection of ancient Chinese and Japanese books〕

日本，公元 982 年（1854 年后才刊行）

丹波康赖

《医学入门》

Janua Medicinae 〔a general system of medicine〕

明，1575 年

李梴

《医学源流论》

On the Origins and Progress of Medical Science

清，1757 年

徐大椿

（收录于《徐灵胎医书全集》）

《夷坚志》

Strange Stories four I-Chien

宋，约 1185 年

洪迈

《夷俗记》

Records of Barbarian Customs

《北虏风俗》（参见该条）的别名

《颐真堂经验方》

Tried and Tested Prescriptions of the True-Centenarian Hall（a surgery or pharmacy）

明，可能在 15 世纪，约 1450 年

杨氏

《义山杂纂》

Collected Miscellany of（Li）I-Shan［Li Shang-Yin, epigrams］

唐，约公元 850 年

李商隐

译本：Bonmarchand（1）

《易筋经》

Manual of Exercising the Muscles and Tendons［Buddhist］

归于北魏

清，可能是 17 世纪

传为达摩（Bodhidharma）撰

作者不详

整理本见于王祖源（1）

《易经》

The Classic of Changes［Book of Changes］

周，有西汉增益

编者不详

见李镜池（1, 2）；Wu Shih-Chhang（1）

译本：Wilhelm（2）；Legge（9）；de Harlez（1）

《引得特刊》第 10 号

《易图明辨》

Clarification of the Diagrams in the（Book of）Changes［historical analysis］

清，1706 年

胡渭

《易纬河图数》

Apocryphal Treatise on the（Book of）Changes;

the Numbers of the Ho Thu（Diagram）

东汉

作者不详

《易纬乾凿度》

Apocryphal Treatise on the（Book of）Changes; a Penetration of the Regularities of Chhien（the first kua）

西汉，公元前 1 世纪或公元 1 世纪

作者不详

《逸史》

Leisurely Histories

唐

卢氏

《阴丹内篇》

Esoteric Essay on the Yin Enchymoma

《囊钥子》（参见该条）的附录

《阴符经》

The Harmony of the Seen and the Unseen

唐，约公元 735 年（实质上并非遗存于世的战国后期文献）

李荃

TT/30

参见 TT/105—124。也收录于《道藏辑要》（斗集第六集）

译本：Legge（5）

参见 Maspero（7），p. 222

《阴阳九转成紫金点化还丹诀》

Secret of the Cyclically Transformed Elixir, Treated through Nine Yin-Yang Cycles to Form Purple Gold and Projected to Bring about Transformation

年代不详

作者不详，但与茅山道士有关

TT/888

《阴真君金石五相类》

《金石五相类》（参见该条）的别名

《尹真人东华正脉皇极阖辟证道仙经》

见《皇极阖辟仙经》

《尹真人寥阳殿问答编》

见《寥阳殿问答编》

《饮膳正要》

Principles of Correct Diet［on deficiency

diseases, with the aphorism "many diseases can be cured by diet alone"]

元，1330 年；1456 年奉敕重刊

忽思慧

见 Lu & Needham (1)

《饮馔服食笺》

Explanations on Diet, Nutrition and Clothing

[《遵生八笺》（参见该条）的第五笺（卷十一至十三）]

明，1591 年

高濂

《莹蟾子语录》

Collected Discourses of the Luminous Toad Master

元，约 1320 年

李道纯（莹蟾子）

TT/1047

《瀛涯胜览》

Triumphant Visions of the Ocean Shores [relative to the voyages of Chêng Ho]

明，1451 年（1416 始撰，约 1435 年完成）

马欢

译本：Mills (11); Groeneveldt (1); Phillips (1); Duyvendak (10)

《瀛涯胜览集》

Abstract of the Triumphant Visions of the Ocean Shores [a refacimento of Ma Huan's book]

明，1522 年

张昇

《古今图书集成·边裔典》卷五十八、七十三、七十八、八十五、八十六、九十六、九十七、九十八、九十九、一〇一、一〇三、一〇六有引用

译本：Rockhill (1)

《游宦纪闻》

Things Seen and Heard on my official Travels

宋，1233 年

张世南

《酉阳杂俎》

Miscellany of the Yu-yang Mountain (Cave) [in S. E. Szechuan]

唐，公元 863 年

段成式

见 des Rotours (1), p. civ

《玉洞大神丹砂真要诀》

True and Essential Teachings about the Great Magical Cinnabar of the Jade Heaven [paraphrase of +8th-century materials]

唐，不在 8 世纪前

传为张果撰

TT/889

《玉房秘诀》

Secret Instructions concerning the Jade Chamber

隋以前，可能是 4 世纪

作者不详

部分译文：van Gulik (3)

仅有片段存于《双梅景闇丛书》中

《玉房指要》

Important Matters of the Jade Chamber

隋以前，可能在 4 世纪

作者不详

收录于《医心方》和《双梅景闇丛书》

部分译文：van Gulik (3, 8)

《玉篇》

Jade Page Dictionary

梁，543 年

顾野王

唐代（674 年）孙强增字并编辑

《玉清金笥青华秘文金宝内炼丹诀》

The Green-and-Elegant Secret Papers in the Jade-Purity Golden Box on the Essentials of the Internal Refining of the Golden Treasure, the Enchymoma

宋，11 世纪末

张伯端

TT/237

参见 Davis & Chao Yün-Tshung (5)

《玉清内书》

Inner Writings of the Jade-Purity (Heaven)

可能为宋，但现存版本不完整，一些材料可能或也许更早

编者不详

TT/940

《喻世明言》

Stories to Enlighten Men

明，约 1640 年

冯梦龙

《元气论》

Discourse on the Primary Vitality (and the
　　Cosmogonic Chhi)

唐，8 世纪后期或可能在 9 世纪

作者不详

收录于《云笈七籤》卷五十六

参见 Maspero (7), p. 207

《元始上真众仙记》

Record of the Assemblies of the Perfected
　　Immortals; a Yuan-Shih Scripture

归于晋，约公元 320 年，更可能在 5 或 6
世纪

传为葛洪撰

TT/163

《元阳经》

Manual of the Primary Yang (Vitality)

晋，刘宋，齐或梁，公元 550 年以前

作者不详

现仅存于《养性延命录》等书的引文中

参见 Maspero (7), p. 232

《源氏物語》

The Tale of (Prince) Genji

日本，1021 年

紫式部

《远游》

Roaming the Universe; or, The Journey into
　　Remoteness [ode]

西汉，约公元前 110 年

作者姓名不详，但是一位道士

译本：Hawkes (1)

《阅微草堂笔记》

Jottings from the Yüeh-wei Cottage

清，1800 年

纪昀

《云光集》

Collected (Poems) of Light (through
　　the) Clouds

宋，约 1170 年

王处一

TT/1138

《云笈七籤》

The Seven Bamboo Tablets of the Cloudy Satchel
　　[an important collection of Taoist material
　　made by the editor of the first definitive form
　　of the *Tao Tsan* (+ 1019), and including
　　much material which is not in the Patrology as
　　we now have it]

宋，约 1022 年

张君房

TT/1020

《云溪友议》

Discussions with Friends at Cloudy Pool

唐，约公元 870 年

范摅

《云仙散录》

Scattered Remains on the Cloudy Immortals

归于唐或五代，约公元 904 年，实际可能是
　　宋传为冯贽撰，但可能是王铚撰

《云仙杂记》

Miscellaneous Records of the Cloudy Immortals

唐或五代，约公元 904 年

冯贽

《云斋广录》

Extended Records of the Cloudy Studio

宋

李献民

《造化钳锤》

The Hammer and Tongs of Creation (i. e. Na-
　　ture)

明，约 1430 年

朱权（宁献王）

《造化指南》

　　[=《土宿本草》]

Guide to the Creation (i. e. Nature)

唐，宋或可能为明。年代可最合理地推测为
　　1040 年前后，因与《外丹本草》（参见该
　　条）有不少相似

土宿真君

现仅存于引文中，比如《本草纲目》的引
　　文中

《则克录》

Methods of Victory

《火攻挈要》在有些版本中的名称

《增广智囊补》

Ad ditions to the *Enlarged Bag of Wisdom Suppl-emented*

明，约1620年

冯梦龙

《张真人金石灵砂论》

见《金石灵砂论》

《招魂》

The Summons of the Soul［ode］

周（楚），约公元前240年

或为景差撰

译本：Hawkes (1)，p. 103

《赵飞燕别传》

［=《赵后遗事》］

Another Biography of Chao Fei-Yen［historical novelette］

宋

秦醇

《赵飞燕外传》

Unofficial Biography of Chao Fei-Yen (d. - 6, celebrated dancing-girl, consort and empress of Han Chhêng Ti)

归于汉代，公元1世纪

传为伶玄撰

《赵后遗事》

A Record of the Affairs of the Empress Chao (-1st century)

见《赵飞燕别传》

《真诰》

Declarations of Perfected, or Realised, (Imm-ortals)［visitations and revelations of the Taoist pantheon］

晋和东晋，原始材料是从公元364至370年，陶弘景（公元456—536年）从公元484至492年搜集，并于公元493至498年作注释和序言；完稿于公元499年

原作者不详

陶弘景辑

TT/1004

《真气还元铭》

The Inscription on the Regeneration of the Primary Chhi

唐或宋，应在13世纪中期前

作者不详

TT/261

《真系》

The Legitimate Succession of Perfected, or Realised,（Immortals）

唐，公元805年

李渤

收录于《云笈七籤》卷五，第一页起

《真元妙道修丹历验抄》

［=《修真历验钞图》］

A Document concerning the Tried and Tested （Methods for Preparing the）Restorative Enchymoma of the Mysterious Pao of the Primary（Vitalities）［physiological alchemy］

唐或宋，1019年以前

洞真子（托名）

收录于《云笈七籤》卷七十二，第十七页起

《真元妙道要略》

Classified Essentials of the Mysterious Tao of the True Origin（of Things）［alchemy and chemistry］

归于晋，3世纪，但很可能是唐，8世纪和9世纪，因书中引用了李勣，无论如何应晚于7世纪

传为郑思远撰

TT/917

《枕中鸿宝苑秘书》

The Infinite Treasure of the Garden of Secrets；（Confidential）Pillow-Book（of the Prince of Huai-Nan）

见《淮南王万毕书》

参见 Kaltenmark (2)，p. 32

《枕中记》

［=《葛洪枕中书》］

Pillow-Book（of Ko Hung）

归于晋，约公元320年，但实际不会早于7世纪

传为葛洪撰

TT/830

《枕中记》
　　见《摄养枕中记》

《正蒙》
　　Right Teaching for Youth ［or, Intellectual
　　　Discipline for Beginners］
　　宋，约 1060 年
　　张载

《正蒙注》
　　Commentary on the Chêng Mêng Right Teaching
　　　for Youth (of Chang Tsai)
　　清，约 1650 年
　　王船山

《正一法文太上外录仪》
　　The System of the Outer Certificates, a Thai-
　　　Shang Scripture
　　年代不详，但在唐以前
　　作者不详

《证道秘书十种》
　　Ten Types of Secret Books on the Verification of
　　　the Tao
　　见傅金铨 (6)

《证类本草》
　　见《经史证类备急本草》和《重修政和经史
　　　证类备用本草》

《芝草图》
　　见《太上灵宝芝草图》

《直指祥说三乘秘要》
　　见《悟真篇直指祥说三乘秘要》
　　参见 Davis & Chao Yün-Tshung (6)

《旨道篇 (编)》
　　A Demonstration of the Tao
　　隋或隋之前，约公元 580 年
　　苏元明 (或苏元朗) ＝青霞子
　　现仅存于引文中

《纸舟先生金丹直指》
　　Straightforward Indications about the Metallous
　　　Enchymoma by the Paper Boat Teacher
　　宋，可能是 12 世纪
　　金月严
　　TT/239

《指归集》
　　Pointing the Way Home (to Life Eternal);

　　a Collection
　　宋，约 1165 年
　　吴悮
　　TT/914
　　参见陈国符 (1)，下册，第 389、390 页

《指玄篇》
　　A Pointer to the Mysteries ［psycho-physio-
　　　logical alchemy］
　　宋，约 1215 年
　　白玉蟾
　　收录于《修真十书》(TT/260) 卷一至八

《至游子》
　　Book of the Attainment-through-Wandering Master
　　明 (姚汝循 1566 年作序)
　　作者大概为张商英 (15 世纪)
　　参见《四库全书总目提要》卷一四七，第
　　　九页

《至真子龙虎大丹诗》
　　Song of the Great Dragon-and-Tiger Enchymoma
　　　of the Perfected-Truth Master
　　宋，1026 年
　　周方
　　由卢天 ［骥］ 献于皇室，约 1115 年
　　TT/266

《稚川真人校证术》
　　Technical Methods of the Adept (Ko) Chih-
　　　Chhuan (i. e. Ko Hung), with Critical
　　　Annotations ［and illustrations of alchemical
　　　apparatus］
　　归于晋，约公元 320 年，但可能更晚一些
　　传为葛洪撰
　　TT/895

《中华古今注》
　　Commentary on Things Old and New in China
　　五代 (后唐)，公元 923—926 年
　　马缟
　　见 des Rotours (1), p. xcix

《中黄真经》
　　［＝《太清中黄真经》或《胎脏论》］
　　True Manual of the Middle (Radiance) of the
　　　Yellow (Courts), (central regions of the th-
　　　ree parts of the body) ［道教的解剖学和生

理学，带有佛教的影响］

可能为宋，12 或 13 世纪

九仙君（托名）

中黄真人注释（托名）

TT/810

完整本：*TT*/328 和 329（Wieger）

参见 Maspero（7），p. 364

《中山玉柜服气经》

Manual of the Absorption of the Chhi, found in the Jade Casket on Chung-Shan（Mtn）［Taoist breathing exercises］

唐或宋，9 或 10 世纪

传为张道陵（汉）撰，或碧岩张道者、碧岩先生撰

黄元君注

收录于《云笈七籤》卷六十，第一页起

参见 Maspero（7），pp. 204，215，353

《钟离八段锦法》

The Eight Elegant（Gymnastic）Exercises of Chungli（Chhüan）

唐，8 世纪后期

钟离权

收录于《修真十书》（*TT*/260）卷十九

译本：Maspero（7），pp. 418 ff.

参照曾慥在《临江仙》（*TT*/260，卷二十三，第一、二页）中作介绍的年代为1151年。其中说，吕洞宾亲自手书该文于石壁上因而流传下来

《钟吕传道集》

Dialogue between Chungli（Chhüan）and Lü（Tung-Pin）on the Transmission of the Tao（and the Art of Longevity, by Rejuvenation）

唐，8 或 9 世纪

传为钟离权与吕嵒撰

施肩吾辑

收录于《修真十书》（*TT*/260）卷十四至十六

《周易参同契》

另见《参同契》

《周易参同契鼎器歌明镜图》

An Illuminating Chart for the Mnemonic Rhymes about Reaction-Vessels in the *Kinship of the Three and the Book of Changes*

正文，东汉，约公元140年（仅《鼎器歌》部分）

注释，五代，公元947年

彭晓编辑与注释

TT/994

《周易参同契发挥》

Elucidations of the *Kinship of the Three and the Book of Changes*［alchemy］

正文，东汉，约公元140年

注释，元，1284年

俞琰编辑与注释

译本：Wu & Davis（1）

TT/996

《周易参同契分章通真义》

The *Kinship of the Three and the Book of Changes* divided into（short）chapters for the Understanding of its Real Meanings

正文，东汉，约公元140年

注释，五代，公元947年

彭晓编辑与注释

译本：Wu & Davis（1）

TT/993

《周易参同契分章注（解）》

The *Kinship of the Three and the Book of Changes* divided into（short）chapters, with Commentary and Analysis

正文，东汉，约公元140年

注释，元，约1330年

陈致虚（上阳子）注

《道藏辑要》第93本

《周易参同契解》

The *Kinship of the Three and the Book of Changes*, with Explanation

正文，东汉，约公元140年

注释，宋，1234年

陈显微编辑与注释

TT/998

《周易参同契释疑》

Clarification of Doubtful Matters in the *Kinship of the Three and the Book of Changes*

元，1284年

俞琰编辑与注释

TT/997

《周易参同契疏略》

Brief Explanation of the *Kinship of the Three and the Book of Changes*

明，1564 年

王文禄编辑与注释

《周易参同契注》

The *Kinship of the Three and the Book of Changes*, with Commentary

正文，东汉，约公元 140 年

注释，归于东汉，约公元 160 年，但可能为宋

传为阴长生编辑与注释

TT/990

《周易参同契注》

The *Kinship of the Three and the Book of Changes*, with Commentary

正文，东汉，约公元 140 年

注释，可能为宋

编者和注释者不详

TT/991

《周易参同契注》

The *Kinship of the Three and the Book of Changes*, with Commentary

正文，东汉，约公元 140 年

注释，可能为宋

编者和注释者不详

TT/995

《周易参同契注》

The *Kinship of the Three and the Book of Changes*, with Commentary

正文，东汉，约公元 140 年

注释，宋，约 1230 年

储华谷编辑与注释

TT/999

《周易参同契注》（*TT*/992）

（朱熹）《参同契考异》（参见该条）的别名

《肘后百一方》

见《肘后备急方》

《肘后备急方》

[=《肘后卒救方》、《肘后百一方》、《葛仙翁肘后备急方》]

Handbook of Medicines for Emergencies

晋，约公元 340 年

葛洪

《肘后卒救方》

见《肘后备急方》

《诸蕃志》

Records of Foreign Peoples（and their Trade）

宋，约 1225 年 [此为伯希和（Pelliot）断定的年代；夏德和柔克义（Hirth & Rockhill）赞成在 1242 年与 1258 年之间]

赵汝适

译本：Hirth & Rockhill（1）

《诸家神品丹法》

Methods of the Various Schools for Magical Elixir Preparations（an alchemical anthology）

宋

孟要甫（玄真子）等

TT/911

《诸证辨疑》

Resolution of Diagnostic Doubts

明，15 世纪后期

吴球

《竹取物語》

The Tale of the Bamboo-Gatherer

日本（平安时代），约公元 865 年。不会早于约公元 810 年，或晚于约 955 年

作者不详

参见 Matsubara Hisako（1, 2）

《竹泉集》

The Bamboo Springs Collection [poems and personal testimonies on physiological alchemy]

明，1465 年

董重理等

收录于《外金丹》（参见该条）卷三

《竹叶亭杂记》

Miscellaneous Records of the Bamboo Leaf Pavilion

清，约始于 1790 年，但直至 1820 年后才完稿

姚元之

《妆楼记》

Records of the Ornamental Pavilion

五代或宋，约公元 960 年

张泌

《庄子》

[= 《南华真经》]

The Book of Master Chuang

周，约公元前 290 年

庄周

译本：Legge（5）；Fêng Yu-Lan（5）；Lin
Yü-Thang（1）

《引得特刊》第 20 号

《紫金光耀大仙修真演义》

见《修真演义》

《紫阳丹房宝鉴之图》

见《丹房宝鉴之图》

《紫阳真人内传》

Biography of the Adept of the Purple Yang

东汉，三国或晋，公元 399 年以前

作者不详

此"紫阳真人"为周义山（不要与张伯端混
淆）

参见 Maspero（7），p. 201；（13），pp. 78，103

TT/300

《紫阳真人悟真篇》

见《悟真篇》

《自然集》

Collected（Poems）on the Spontaneity of Nature

宋，12 世纪中期

马钰

TT/1130

《最上一乘慧命经》

Exalted Single-Vehicle Manual of the Sagacious
（Lengthening of the）Life Span

见《慧命经》

《遵生八笺》

Eight Disquisitions on Putting Oneself in Accord
with the Life-Force [a collection of works]

明，1591 年

高濂

各笺为：

1. 清修妙论笺（卷一、二）
2. 四时调摄笺（卷三至六）
3. 起居安乐笺（卷七、八）
4. 延年却病笺（卷九、十）
5. 饮馔服食笺（卷一至十三）
6. 燕闲清赏笺（卷十四、十五）
7. 灵秘丹药笺（卷十六至十八）
8. 尘外遐举笺（卷十九）

《左传》

Master Tsochhiu's Tradition（or Enlargement）of
the *Chhun Chhiu*（*Spring and Autumn
Annals*），[dealing with the period -722 to453]

晚周，据公元前 430 至前 250 年间列国的古
代记录和口头传说编成，但有秦汉儒家学
者（特别是刘歆）的增益和窜改。系春秋
三传中最重要者，另二传为《公羊传》和
《穀梁传》，但与之不同的是，《左传》可
能原即为独立的史书

传为左丘明撰

见 Karlgren（8）；Maspero（1）；Chhi Ssu-Ho
（1）；Wu Khang（1）；Wu Shih-Chhang
（1）；van der Loon（1），Eberhard，Müller
& Henseling（1）

译本：Couvreur（1）；Legge（11）；Pfizmaier
（1—12）

索引：Fraser & Lockhart（1）

《坐忘论》

Discourse on（Taoist）Meditation

唐，约公元 715 年

司马承贞

TT/1024，并收录于《道藏辑要》（昴集第
五册）

《道藏》经书子目编号索引

戴遂良编号		翁独健编号	戴遂良编号		翁独健编号
893	《丹房须知》	899	923	《三十六水法》	929
894	《石药尔雅》	900	927	《太白经》	933
895	《（稚川真人）校证术》	901	928	《丹论诀旨心镜》	934
896	《纯阳吕真人药石制》	902	932	《大丹问答》	938
897	《金碧五相类参同契》	903	933	《金木万灵论》	939
898	《参同契五相类秘要》	904	934	《红铅入黑铅诀》	940
899	《（阴真君）金石五相类》	905	935	《通玄秘术》	941
900	《金石簿五九数诀》	906	937	《雁门公妙解录》（＝921）	943
901	《上清九真中经内诀》	907	938	《玄霜掌上录》	944
902	《龙虎还丹诀》	908	939	《太极真人杂丹药方》	945
903	《金华玉液大丹》	909	940	《玉清内书》	946
904	《感气十六转金丹》	910	942	《太古土兑经》	948
905	《修炼大丹要旨［诀］》	911	943	《上洞心丹经诀》	949
906	《通幽诀》	912	944	《（许真君）石函记》	950
907	《金华冲碧丹经秘旨》	913	945	《九转流［灵］珠神仙九丹经》	951
908	《还丹肘后诀》	914	946	《庚道集》	952
909	《蓬莱山西灶还丹歌》	915	988	《（古文）龙虎经注疏》	994
910	《（抱朴子）神仙金汋经》	916	989	《（古文）龙虎上经注》	995
911	《诸家神品丹法》	917	990	《周易参同契（注）》（阴长生注）	996
912	《铅汞甲庚至宝集成》	918	991	《周易参同契注》（无名氏注）	997
913	《丹房奥论》	919	992	《参同契考异》或《周易参同契注》（朱熹注）	998
914	《指归集》	920			
915	《还金述》	921	993	《周易参同契分章通真义》（彭晓注）	999
916	《大丹铅汞论》	922	994	《周易参同契鼎器歌明镜图》（彭晓注）	1000
917	《真元妙道要略》	923			
918	《丹方鉴源》	924	995	《周易参同契注》（无名氏注）	1001
919	《大还丹照鉴》	925	996	《周易参同契发挥》（俞琰注）	1002
920	《太清玉碑子》	926	997	《周易参同契释疑》（俞琰注）	1003
921	《玄解录》	927	998	《周易参同契解》（陈显微注）	1004
922	《（轩辕黄帝）水经药法》	928	999	《周易参同契注》（储华谷注）	1005

戴遂良编号		翁独健编号	戴遂良编号		翁独健编号
1004	《真诰》	1010	1140	《（王）重阳教化集》	1146
1005	《道枢》	1011	1141	《（王）重阳分梨十化集》	1147
1012	《黄帝八十一难经纂图句解》	1018	1142	《（王）重阳（真人）金关玉锁诀》	1148
1020	《云笈七籤》	1026	1145	《长春子磻溪集》	1151
1022	《太玄宝典》	1028	1146	《谭先生水云集》	1152
1024	《坐忘论》	1030	1147	《太古集》	1153
1028	《皇极经世（书）》	1034	1162	《墨子》	1168
1034	《悟玄篇》	1040	1170	《淮南（子）鸿烈解》	1176
1044	《丹阳真人玉录》	1050	1171	《抱朴子内篇》	1177
1047	《莹蟾子语录》	1053	1172	《抱朴子别旨》	1178
1053	《（上阳子）金丹大要》	1059	1173	《抱朴子外篇》	1179
1054	《（上阳子）金丹大要图》	1060	1174	《橐钥子》	1180
1055	《（上阳子）金丹大要列仙志》	1061	1187	《洞神八帝元（玄）变经》	1193
1056	《（上阳子）金丹大要仙派（源流）》	1062	1204	《上清灵宝大法》	1211
1058	《金丹直指》	1064	1205	《上清灵宝大法》	1212
1067	《金丹四百字（注）》	1073	1206	《上清灵宝大法》	1213
1068	《龙虎还丹诀颂》	1074	1210	《太上助国救民总真秘要》	1217
1074	《还丹复命篇》	1080	1212	《全真坐钵捷法》	1219
1076	《翠虚篇》	1082	1216	《（王）重阳立教十五论》	1223
1077	《还源篇》	1083	1225	《正一法文（太上）外箓仪》	1233
1087	《太平经》	1093	1235	《道法心传》	1243
1124	《无上秘要》	1130	1273	《上清经秘诀》	1281
1125	《三洞珠囊》	1131	1276	《上清黄书过度仪》	1284
1127	《仙乐集》	1133	1287	《葛仙翁（葛玄）肘后备急方》	1295
1128	《渐悟集》	1134	1295	《（洞真太上素灵洞元）大有妙经》	1303
1130	《自然集》	1136	1357	《上清太上帝君九真中经》	1365
1135	《洞玄金玉集》	1141	1382	《黄庭中景经》	1390
1136	《丹阳神光灿》	1142	1387	《太上灵宝芝草品》	1395
1138	《云光集》	1144	1405	《太上老君太素经》	1413
1139	《（王）重阳全真集》	1145	1442	《汉天师世家》	1451

B 1800 年以后的中文和日文书籍与论文

Anon. (*10*)

《敦煌壁画集》

Album of Coloured Reproductions of the fresco-
paintings at the Tunhuang cave-temples

北京, 1957 年

Anon. (*100*)

《绍兴酒酿造》

Methods of Fermentation (and Distillation) of
Wine used at Shao-hsing (Chekiang)

轻工业出版社, 北京, 1958 年

Anon. (*101*)

《中国名菜谱》

Famous Dishes of Chinese Cookery

12 卷

轻工业出版社, 北京, 1965 年

Anon. (*103*)

《日本ミイラの研究》

Researches on Mummies (and Self-Mummi-
fication) in Japan

平凡社, 东京, 1970 年

Anon. (*104*)

《长沙马王堆一号汉墓发掘简报》

Preliminary Report on the Excavation of Han
Tomb No. 1 at Ma-wang-tui (Hayagriva Hill)
near Chhangsha [the Lady of Tai, *c.* -180]

文物出版社, 北京, 1972 年

Anon. (*105*)

考古学上の新發見；二千餘年まえの緝絵織
物その他

A New Discovery in Archaeology; Painted
Silks, Textiles and other Things more than
Two Thousand Years old

JC, 1972 (no.9), 68, 附彩色图版

Anon. (*106*)

《文化大革命期间出土文物》

Cultural Relics Unearthed during the period of
the Great Cultural Revolution (1965-1971),
vol. 1 [album]

文物出版社, 北京, 1972 年

Anon. (*109*)

《中国高等植物图鉴》

Iconographia Cormophytorum Sinicorum (Flora
of Chinese Higher Plants)

2 册。科学出版社, 北京, 1972 年 (中国科
学院北京植物研究所主编)

Anon. (*11*)

《长沙发掘报告》

Report on the Excavations (of Tombs of the
Chhu State, of the Warring States period,
and of the Han Dynasties) at Chhangsha

中国科学院考古研究所, 科学出版社出版,
北京, 1957 年

Anon. (*17*)

《寿县蔡侯墓出土遗物》

Objects Excavated from the Tomb of the Duke of
Tshai at Shou-hsien

中国科学院考古研究所, 北京, 1956 年

Anon. (*27*)

《上村岭虢国墓地》

The Cemetery (and Princely Tombs) of the
State of (Northern) Kuo at Shang-tshun-ling
(near Shen-hsien in the Sanmên Gorge Dam
Area of the Yellow River)

中国科学院考古研究所, 北京, 1959 年
(中国田野考古报告集, 第 10 号), (黄河
水库考古报告之三)

Anon. (*28*)

《云南晋宁石寨山古墓群发掘报告》

Report on the Excavation of a Croup of Tombs
(of the Tien Culture) at Shih-chai Shan near
Chin-ning in Yunnan

2 册

云南省博物馆

文物出版社，北京，1959 年

Anon.（*57*）

《中药志》

Repertorium of Chinese Materia Medica（Drug Plants and their Parts, Animals and Minerals）

4 册

人民卫生出版社，北京，1961 年

Anon.（*73*）（安徽医学院附属医院医疗体育科）

《中医按摩学简编》

Introduction to the Massage Techniques in Chinese Medicine

人民卫生出版社，北京，1960 年，1963 年第 2 版

Anon.（*74*）（国家体委运动司）

《太极拳运动》

The Chinese Boxing Movements［instructions for the exercises］

人民体育出版社，北京，1962 年

Anon.（*77*）

《气功疗法讲义》

Lectures on Respiratory Physiotherapy

科技卫生出版社，上海，1958 年

Anon.（*78*）

中国制钱之定量分析

Analyses of Chinese Coins（of different Dynasties）

《科学》，1921，**6**（no. 11），1173

表格转载于王琎（*2*），第 88 页

Anon.（*110*）

《常用中草药图谱》

Illustrated Flora of the Most Commonly Used Drug Plants in Chinese Medicine

人民卫生出版社，北京，1970 年

Anon.（*111*）

满城汉墓发掘纪要

The Essential Findings of the Excavations of the（Two）Han Tombs at Man-chheng（Hopei），［Liu Shêng, Prince Ching of Chung-shan, and his consort Tou Wan］

《考古》，1972（no. 1），8

Anon.（*112*）

满城汉墓"金缕玉衣"的清理和复原

On the Origin and Detailed Structure of the Jade Body-cases Sewn with Gold Thread found in the Han Tombs at Man-chhêng

《考古》，1972（no. 2），39

Anon.（*113*）

试谈济南无影山出土的西汉乐舞杂技宴欢陶俑

A Discourse on the Early Han pottery models of musicians, dancers, acrobats and miscellaneous artists performing at a banquet, discovered in a Tomb at Wu-ying Shan（Shadowless Hill）near Chinan（in Shan-tung province）

《文物》，1972（no. 5），19

Anon.（*115*）

《慈航大师傅》

A Biography of the Great Buddhist Teacher, Tzhu-Hang（d., self-mummified, 1954）

台北，1959 年（《甘露丛书》，第 11 种）

Anon.（*196*）

马王堆帛书四种古医学佚书简介

A Brief study of Four Lost Ancient Medical Texts contained in the Silk Manuscripts recovered from Tomb（no. 3）at Ma-wang-tui（by the History of Medicine Research Group of the Academy of Traditional-Chinese Medicine）. Date of Burial, -168

《文物》，1975（no. 6），16

Anon.（*197*）

马王堆汉墓出土医书释文（一）

A Transcription of Some of the Medical Texts（contained in the Silk Manuscripts）unearthed at the Han Tomb（no. 3），at Ma-wang-tui（-168）

《文物》，1975（no. 6），1

Anon.（*198*）

马王堆三号墓帛画导引图的初步研究

Preliminary Investigations of the Text and Paintings of（Medical）Gymnastics, etc. contained in the Silk Manuscripts recovered from Tomb No. 3 at Ma-wang-tui（-168）－－with drawings

　　《文物》，1975（no.6），6

Anon.（*199*）

　　马王堆汉墓出土医书释文（二）

　　A Transcription of a Medical Text（the 'Book of Fifty- two Diseases'）unearthed（as a Silk Manuscript）at the Han Tomb（no.3）at Ma-wang-tui（-168）

　　《文物》，1975（no.9），35

Anon.（*204*）

　　长沙马王堆二三号汉墓发掘简报

　　Brief Preliminary Report on the Excavation of Han Tombs nos.2 and 3 at Ma-wang-tui near Chhangsha

　　《文物》，1974（no.7），39

Anon.（*205*）（编）

　　《马王堆汉墓帛书古地图论文集》

　　Discussion（with Facsimile Reproductions）of the Ancient Maps discovered in the Han Tomb（no.3）at Ma-wang-tui（-168）

　　文物出版社，北京，1977 年（带封套）

Anon.（*206*）

　　《调气外丹图》

　　Illustrations of the Harmonising of the Chhi and Outer Enchymoma

　　锦华出版社，香港，无日期（1978 年）

Anon.（*207*）

　　《保健按摩》

　　Hygienic and Therapeutic（Self-）Massage

　　人民体育出版社，北京，1964 年；1973 年重印

ドナルド・リチー（Richie, Donald）和伊藤堅吉（*1*）= Richie, D. & Itō Kenkichi（1）

　　《男女像》

　　Images of the Male and Female Sexes［= The Erotic Gods]

　　图谱新社，东京，1967 年

阿知波五郎（Achiwa Gorō）（*1*）

　　蘭学期の自然良能説研究

　　A Study of the Theory of Nature- Healing in the Period of Dutch Learning in Japan

　　《医譚》，1965，No.31，2223

安藤更生（*2*）

　　《日本のミイラ》

　　Mummification in Japan

　　每日新闻社，东京，1961 年

　　摘要：*RBS*，1968，7，no.575

安藤更生（Andō Kōsei）（*1*）

　　《鑑真》

　　Life of Chien- Chen（ + 688 to + 763）

　　[杰出的佛僧，传教于日本，擅长医学与建筑]

　　美术出版社，东京，1958 年；1963 年再版

　　摘要：*RBS*，1964，4，no.889

巴子园（*1*）（编）

　　《丹拟三卷》

　　Three Books of Draft Memoranda on Elixirs and Enchymomas

　　1801 年

毕利干（Billequin, M. A.）、承霖和王锺祥（*1*）

　　《化学阐原》

　　Explanation of the Fundamental Principles of Chemistry

　　同文馆，北京，1882 年

蔡龙云（*1*）

　　《四路华拳》

　　Chinese Boxing Calisthenics on the Four Directions System

　　人民体育出版社，北京，1959 年；1964 年重印

曹元宇（*1*）

　　中国古代金丹家的设备和方法

　　Apparatus and Methods of the Ancient Chinese Alchemists

　　《科学》，1933，17（no.1），31

　　转载于王琎（2），第67页

　　英文节译：Barnes（1）

　　英文摘要：H. D. C［oilier]，*ISIS*，1935，23，570

曹元宇（*2*）

　　中国作酒化学史料

　　Materials for the History of Fermentation（Wine- making）Chemistry in China

　　《学艺杂志》，1922，6（no.6），1

曹元宇（3）

关于唐代没有蒸馏酒的问题

On the Question of whether Distilled Alcoholic
Liquors were known in the Thang Period

《科学史集刊》，1963，no. 6，24

昌彼得（1）

说郛考

A Study of the *Shuo Fu* Florilegium

中国东亚学术研究计划委员会，台北，
1962 年

長谷川卯三郎（Hasegawa Usaburo）（1）

《新医学禅》

New Applications of Zen Buddhist Techniques in
Medicine

创元社，东京，1970 年

常盤大定（2）

道教发达史概说

General Sketch of the Development of Taoism

《东洋学报》，1921，**11**（no. 2），243

常盤大定（Tokiwa Daijō）（1）

道教概说

Outline of Taoism

《东洋学报》，1920，**10**（no. 3），305

朝比奈泰彦（Asahina Yasuhiko）（1）（编）以及
16 名合作者

《正倉院藥物》

Th e Shōsōin Medicinals；a Report on Scientific
Researches

附小畑薰良所撰英文摘要

植物文献刊行会，大阪，1955 年

陈邦贤（1）

《中国医学史》

History of Chinese Medicine

商务印书馆，上海，1937 年，1957 年

陈璧琉和郑卓人（1）

《灵枢经白话解》

The *Yellow Emperor's Manual of Corporeal*
（ *Medicine* ）；*the Vital Axis*；done into
Colloquial Language

人民卫生出版社，北京，1963 年

陈公柔（3）

白沙唐墓简报

Preliminary Report on（the Excavation of）a
Thang Tomb at the Pai-sha（Reservoir），（in
Yü-hsien，Honan）

《考古通讯》，1955（no. 1），22

陈国符（1）

《道藏源流考》

A Study on the Evolution of the Taoist Patrology

第一版，中华书局，上海，1949 年

第二版，二册，中华书局，北京，1963 年

陈经（1）

《求古精舍金石图》

Illustrations of Antiques in Bronze and Stone
from the Spirit- of- Searching- Out- Antiqu-
ity Cottage

陈梦家（4）

《殷虚卜辞综述》

A study of the Characters on the Shang
Oracle- Bones

科学出版社，北京，1956 年

陈槃（7）

战国秦汉间方士考论

Investigations on the Magicians of the Warring
States，Chhin and Han periods

《中央研究院历史语言研究所集刊》，1948，
17，7

陈涛（1）

《气功科学常识》

A General Introduction to the Science of
Respiratory Physiotherapy

科技卫生出版社，上海，1958 年

陈文熙（1）

炉甘石 Tutty 鍮石鏅锑

A Study of the Designations of Zinc Ores，*lu-
kan-shih*，tutty and brass

《学艺杂志》，1933，**12**，839；1934，**13**，401

陈寅恪（3）

天师道与滨海地域之关系

On the Taoist Church and its Relation to the
Coastal Regions of China（*c.* +126 to +536）

《中央研究院历史语言研究所集刊》，1934，
（no. 3/4），439

陈垣（4）

《史讳举例》

On the Tabu Changes of Personal Names in History; Some Examples

中华书局，北京，1962 年，1963 年重印

川端男勇（Kawabata Otakeshi）和米田祐太郎（Yoneda Yūtarō）（1）

《東西媚薬考》

Die Liebestränke in Europa und Orient

文久社，东京

川久保悌郎（Kawakubo Teirō）（1）

《清代満洲における燒鍋の簇について》

On the（Kao-liang）Spirits Distilleries in Manchuria in the Chhing Period and their Economic Role in Rural Colonisation

《和田博士古稀记念东洋史论丛》，讲谈社，东京，1961 年，第 303 页

摘要：RBS, 1968, 7, no. 758

村上嘉实（Murakami Yoshimi）（3）

《中国の仙人；抱朴子の思想》

On the Immortals of Chinese（Taoism）; a Study of the Thought of Pao Phu Tzu（Ko Hung）

平乐寺书店，东京，1956 年；重印：サーラ叢書，京都，1957 年

摘要：RBS, 1959, 2, nos. 566, 567

大矢真一（Ōya Shin'ichi）（1）

《日本の産業技術》

Industrial Arts and Technology in（Old）Japan

三省堂，东京，1970 年

大淵忍爾（Ōbuchi Ninji）（1）

《道教史の研究》

Researches on the History of Taoism and the Taoist Church

冈山，1964 年

島邦男（Shima Kunio）（1）

《殷墟卜辞研究》

Researches on the Shang Oracle-Bones and their Inscriptions

中国学研究会，弘前，1958 年

摘要：RBS, 1964, 4, no. 520

道端良秀（Michihata Ryōshū）（1）

中国仏教の鬼神

The "Gods and Spirits" in Chinese Buddhism

《印度学仏教学研究》，1962, 10, 486

摘要：RBS, 1969, 8, no. 700

道野鶴松（Dōno Tsurumatsu）（1）

《古代の支那に於ける化学思想特に元素思想に就いて》

On Ancient Chemical Ideas in China, with Special Reference to the Idea of Elements（comparison with the Four Aristotelian Elements and the Spagyrical Tria Prima）

《东方学报》（东京），1931, 1, 159

丁韪良（Martin, W. A. P.）（1）

《格物入门》

An Introduction to Natural Philosophy

同文馆，北京，1868 年

丁文江（1）

Biography of Sung Ying-Hsing 宋应星（author of the Exploitation of the Works of Nature）

收录于《喜脉轩丛书》，陶湘编

北平，1929 年

丁绪贤（1）

《化学史通考》

A General Account of the History of Chemistry

2 册，商务印书馆，上海，1936 年；1951 年重印

渡邊幸三（2）

清凉寺释迦胎内五藏の解剖学的研究

An Anatomical Study（of Traditional Chinese Medicine）in relation to the Visceral Models in the Sakyamuni Statue at the Seiryoji Temple（at Saga, near Kyoto）

《日本医史学杂志》，1956, 7（nos. 1—3）, 30

渡邊幸三（Watanabe Kōzō）（1）

現存する中国近世までの五藏六府図の概説

General Remarks on（the History of）Dissection and Anatomical Illustration in China

《日本医史学杂志》，1956, 7（nos. 1—3）, 88

段文杰（1）（编）

《榆林窟》

The Frescoes of Yii-lin-khu［i. e. Wan-fo-hsia, a series of cave-temples in Kansu］

敦煌文物研究所，中国古典艺术出版社，北京，1957 年

多纪元胤（Taki Mototane）（1）

《医籍考》

Comprehensive Annotated Bibliography of Chinese Medical Literature（Lost or Still Existing）

约 1825 年，印行于 1831 年

重印：东京，1933 年；中西医药研究社，上海，1936 年，王吉民撰有题识

范行准（12）

两汉三国南北朝隋唐医方简录

A Brief Bibliography of（Lost）Books on Medicine and Pharmacy written during the Han, Three Kingdoms, Northern and Southern Dynasties and Sui and Thang Periods

《中华文史论丛》，1965，**6**，295

范行准（6）

中华医学史

Chinese Medical History

《医史杂志》，1947，**1**（no.1），37，（no.2），21；1948，**1**（no.3/4），17

冯承钧（1）

《中国南洋交通史》

History of the Contacts of China with the South Sea Regions

商务印书馆，上海，1937 年；重印：太平书局，香港，1963 年

冯家昇（1）

火药的发现及其传布

The Discovery of Gunpowder and its Diffusion

《北平研究院史学集刊》，1947，**5**，29

冯家昇（2）

回教国为火药由中国传入欧洲的桥梁

The Muslims as the Transmitters of Gun-powder from China to Europe

《北平研究院史学集刊》，1949，**1**

冯家昇（3）

读西洋的几种火器史后

Notes on reading some of the Western Histories of Firearms

《北平研究院史学集刊》，1947，**5**，279

冯家昇（4）

火药的由来及其传入欧洲的经过

On the Origin of Gunpowder and its Transmission to Europe

载于李光璧和钱君晔（1），第 33 页

北京，1955 年

冯家昇（5）

炼丹术的成长及其西传

Achievements of（ancient Chinese）Alchemy and its Transmission to the West

载于李光璧和钱君晔（1），第 120 页

北京，1955 年

冯家昇（6）

《火药的发明和西传》

The·Discovery of Gunpowder and its Transmission to the West

华东人民出版社，上海，1954 年

修订本：上海人民出版社，1962 年

福井康顺（Fukui Kōjun）（1）

《東洋思想の研究》

Studies in the History of East Asian Philosophy

理想社，东京，1956 年

摘要：*RBS*，1959，**2**，no.564

福永光司（Fukunaga Mitsuji）（1）

封禪說の形成

The Evolution of the Theory of the Fêng and Shan Sacrifices（in Chhin and Han Times）

《東方宗教》，1954，1（no.6），28，（no.7），45

傅金铨（1）

《赤水吟》

Chants of the Red River［physiological alchemy］

1823 年

收录于《证道秘书十种》第四本

傅金铨（2）

《天仙正理读法点睛》

The Right Pattern of the Celestial Immortals; Thoughts on Reading the *Consecration of the Law*［physiological alchemy. *Tien ching* refers to the ceremony of painting in the pupils of the eyes in an image or other representation］

1820 年

收录于《证道秘书十种》第五本

傅金铨 (3)

《丹经示读》

A Guide to the Reading of the Enchymoma Manuals〔dialogue of pupil and teacher on physiological alchemy〕

约 1825 年

收录于《证道秘书十种》第十一本

傅金铨 (4)

《道海津梁》

A Catena (of Words) to Bridge the Ocean of the Tao 〔mutationism, Taoist-Buddhist-Confucian syncretism, and physiological alchemy〕

1822 年

收录于《证道秘书十种》第十一本

傅金铨 (5)

《试金石》

On the Testing of (what is meant by) 'Metal'and 'Mineral'

约 1820 年

收录于《悟真篇三注》本

傅金铨 (6)(编)

《证道秘书十种》

Ten Types of Secret Books on the Verification of the Tao

19 世纪前期

傅兰雅 (Fryer, John) 和徐寿 (1)(译)

《化学鉴原》〔Wells (1) 的译本〕

Authentic Mirror of Chemical Science (translation of Wells, 1)

江南机器制造总局, 上海, 1871 年

傅勤家 (1)

《中国道教史》

A History of Taoism in China

商务印书馆, 上海, 1937 年

冈西为人 (Okanishi Tameto) (2)

《宋以前医籍考》

Comprehensive Annotated Bibliography of Chinese Medical Literature in and before the Sung Period

人民卫生出版社, 北京, 1958 年

冈西为人 (4)

《丹方之研究》

Index to the 'Tan' Prescriptions in Chinese Medical Works

收录于《皇汉医学丛书》, 1936 年, 第 11 种

冈西为人 (5)

《重辑〈新修本草〉》

Newly Reconstituted Version of the New and Improved Pharmacopoeia (of +659)

中国医药研究所, 台北, 1964 年

高铦等 (1)

《化学药品辞典》

Dictionary of Chemistry and Pharmacy (based on T. C. Gregory (1), with the supplement by A. Rose & E. Rose)

上海科学技术出版社, 上海, 1960 年

高至喜 (1)

牛镫

An "Ox Lamp" (bronze vessel of Chhien Han date, probably for sublimation, with the boiler below formed in the shape of an ox, and the rising tubes a continuation of its horns)

《文物》, 1959 (no. 7), 66

宫川寅雄 (Miyagawa Torao) 等 (1)

長沙漢墓の奇跡 よみがえる軑侯夫人の世界

Marvellous Relics from a Han Tomb; the World of the Resurrected Lady of Tai

《周刊朝日》, 1972 (增刊) no. 9 – 10

其他重要的图片见 AGR, 1972, 25 Aug.

宫下三郎 (Miyashita Saburō) (1)

《漢薬；秋石の薬史学的研究》

A Historical-Pharmaceutical Study of the Chinese Drug 'Autumn Mineral' (chhiu shih)

私人印行, 大阪, 1969 年

宫下三郎 (2)

一〇六一年に沈括が製造した性ホルモン剤について

On the Preparation of "Autumn Mineral" 〔Steroid Sex Hormones from Urine〕 by Shen Kua in +1061

《日本医史学杂志》，1965，**11**（no. 2），1

谷正华（*1*）

《八段锦与六段功》

The Eight Elegant Physical Exercises〔of Chungli Chhuan〕and the Six Meritorious Movements

艺美图书，香港，1974 年

郭宝钧（*1*）

浚县辛村古残墓之清理

Preliminary Report on the Excavations at the Ancient Cemetery of Hsin-tshun village, Hsün-hsien（Honan）

《田野考古报告》，1930，**1**，107

郭宝钧（*2*）

《浚县辛村》

（Archaeological Discoveries at）Hsin-tshun Village in Hsün-hsien（Honan）

中国科学院考古研究所，北京，1964 年

（考古学专刊乙种第十三号）

郭沫若（*8*）

出土文物二三事

One or two Points about Cultural Relics recently Excavated（including Japanese coin inscription）

《文物》，1972（no. 3），2

合信（Hobson, Benjamin）（*1*）

《博物新编》

New Treatise on Natural Philosophy and Natural History〔the first book on modern chemistry in Chinese〕

上海，1855 年

何丙郁和陈铁凡（*1*）

论《纯阳吕真人药石制》的著成时代

On the Dating of the "Manipulations of Drugs and Minerals, by the Adept Lü Shun-Yang", a Taoist Pharmaceutical and Alchemical Manual

《东方文化》，1971，**9**，181—228

何丙郁和苏莹辉（*1*）

《丹房镜源》考

On the *Mirror of the Alchemical Elaboratory*,（a

Thang Manual of Practical Experimentation）

《东方文化》，1970，**8**（no. 1），1，23

何汉南（*1*）

西安市西窑村唐墓清理记

A Summary Account of the Thang Tomb at Hsi-yao Village near Sian〔the tomb which yielded early Arabic coins〕

参见夏鼐（*3*）

《考古》，1965（no. 8），383，388

和田久德（Wada Hisanori）（*1*）

《南蕃香録》と《諸蕃誌》との関係

On the Records of Perfumes and Incense of the Southern Barbarians〔by Yeh Thing-Kuei, *c.* +1150〕and the Records of Foreign Peoples〔by Chao Ju-Kua, *c.* +1250, for whom it was an important source〕

《お茶の水女子大学人文科学紀要》，1962，**15**，133

摘要见 *RBS*，1969，8，no. 183

黑田源次（Kuroda Genji）（*1*）

氣

On the Concept of Chhi（*pneuma*；ancient Chinese thought）

《东方宗教》，1954（no. 4/5），1；1955（no. 7），16

洪焕椿（*1*）

十至十三世纪中国科学的主要成就

The Principal Scientific（and Technological）Achievements in China from the +10th to the +13th centuries（inclusive），〔the Sung period〕，

《历史研究》，1959，**5**（no. 3），27

洪业（*2*）

再说《西京杂记》

Further Notes on the *Miscellaneous Records of the Western Capital*〔with：study of the dates of Ko Hung〕

《中央研究院历史语言研究所集刊》，1963，**34**（no. 2），397

侯宝璋（*1*）

中国解剖史

A History of Anatomy in China

《医学史与保健组织》, 1957, **8**（no. 1）, 64

侯外庐（*3*）

方以智——中国的百科全书派大哲学家

Fang I-Chih-China's Great Encyclopaedist Ph-
ilosopher

《历史研究》, 1957（no. 6）, 1；1957（no.
7）, 1

侯外庐（*4*）

十六世纪中国的进步的哲学思潮概述

Progressive Philosophical Thinking in +16th-
century China

《历史研究》, 1959（no. 10）, 39

侯外庐、赵纪彬、杜国庠和邱汉生（*1*）

《中国思想通史》

General History of Chinese Thought

5 卷

人民出版社, 北京, 1957 年

胡适（*7*）

《论学近著》（第一集）

Recent Studies on Literature（first series）

胡耀贞（*1*）

《气功健身法》

Respiratory Exercises and the Strengthening of
the Body

太平书局, 香港, 1963 年

黄兰孙（*1*）（编）

《中国药物的科学研究》

Scientific Researches on Chinese Materia Medica

千顷堂书局, 上海, 1952 年

黄著勋（*1*）

《中国矿产》

The Mineral Wealth and Productivity of China

第二版, 商务印书馆, 上海, 1930 年

吉冈義豊（*2*）

初唐における仏道論争の一資料《道教義
樞》の成立について

The Tao Chiao I Shu [Basic Principles of
Taoism, by Meng An-Phai（孟安排）,
c. +660] and its Background; a Contr-
ibution to the Study of the Polemics between
Buddhism and Taoism at the Beginning of the
Thang Period

《印度学仏教学研究》, 1956, **4**, 58

参见 *RBS*, 1959, **2**, no. 590

吉冈義豊（*3*）

《永生への願い道教》

Taoism; the Quest for Material Immortality and
its Origins

淡交社, 东京, 1972 年（《世界の宗教》,
第 9 号）

吉冈義豊（Yoshioka Yoshitoyo）（*1*）

《道教経典史論》

Studies on the History of the Canonical
Taoist Literature

道教刊行会, 东京, 1955 年；1966 年重印

摘要：*RBS*, 1957, **1**, no. 415

吉田光邦（Yoshida Mitsukuni）（*2*）

《天工開物》の製鏈鑄造技術

Metallurgy in the *Thien Kung Khai Wu*（Exp-
loitation of the Works of Nature, +1637）

载于薮内清（*11*）, 第 137 页

吉田光邦（*5*）

中世の化学（煉丹術）と仙術

Chemistry and Alchemy in Medieval China

载于薮内清（*25*）, 第 200 页

吉田光邦（*6*）

《錬金術》

（An Introduction to the History of）Alchemy
（and Early Chemistry in China; and Japan）

中央公论社, 东京, 1963 年

吉田光邦（*7*）

《中国科学技術史論集》

Collected Essays on the History of Science and
Technology in China

东京, 1972 年

纪昀（*1*）

《阅微草堂笔记》

Jottings from the Yüeh-wei Cottage

1800 年

嘉约翰（Kerr, J. G.）和何了然（*1*）

《化学初阶》

First Steps in Chemistry

广州, 1870 年

贾祖璋和贾祖珊（*1*）

《中国植物图鉴》

Illustrated Dictionary of Chinese Flora［arranged on the Engler system；2602 entries］

中华书局，北京，1936 年，1955 年、1958 年重印

蒋天枢（*1*）

《〈楚辞新注〉导论》

A Critique of the *New Commentary on the Odes of Chhu*

《中华文史论丛》，1962，**1**，81

摘要：*RBS*，**1969**，**8**，no. 558

蒋维乔（*1*）

《因是子静坐法》

Yin Shih Tzu's Methods of Meditation［Taoist］

实用书局，香港，1914 年，1960 年、1969 年重印

附续编

参见 Lu Khuan-Yü（1），pp. 167，193

蒋维乔（*2*）

《静坐法辑要》

Th e Important Essentials of MeditationPractice

重印，台湾印经处，台北，1962 年

蒋维乔（*3*）

《呼吸习静养生法》

Methods of Nourishing the Life-Force by Respiratory Physiotherapy and Meditation Technique

重印，太平书局，香港，1963 年

蒋维乔（*4*）

《因是子静坐卫生实验谈》

Talks on the Preservation of Health by Experiments in Meditation

与《因是子静坐法续编》一起印行

自由出版社，台湾台中/香港，1957 年

参见 Lu Khuan-Yü（1），pp. 157，160，193

蒋维乔（*5*）

《中国的呼吸习静养生法（气功防治法）》

The Chinese Methods of Prolongevity by Respiratory and Meditational Technique（Hygiene and Health due to the Circulation of the Chhi）

上海卫生出版社，上海，1956 年，1957 年重印

蒋维乔和刘贵珍（*1*）

《中医谈气功疗法》

Respiratory Physiotherapy in Chinese Medicine

太平书局，香港，1964 年

解希恭（*1*）

太原东太堡出土的汉代铜器

Bronze Objects of Han Date Excavated at Tungthai-pao Village near Thaiyuan（Shansi），［including five unicorn-foot horse-hoof gold pieces，about 140 gms. wt.，with almost illegible inscriptions］

《文物》，1962（no. 4/5），66（71），图版 11

摘要：*RBS*，**1969**，**8**，no. 360（p. 196）

今井宇三郎（Imai Usaburō）（*1*）

悟真篇の成書と思想

The Poetical Essay on Realising the. . . Primary Vitalities［by Chang Po-Tuan，+1075］；its System of Thought and how it came to be written

《东方宗教》，1962，**19**，1

摘要：*RBS*，1969，**8**，no. 799

津田左右吉（Tsuda Sōkichi）（*2*）

神仙思想に関する二三の考察

Some Considerations and Researches on the Holy Immortals（and the Immortality Cult in Ancient Taoism）

载于《满鲜地理历史研究报告》，1924，no. 10，235

近重真澄（*1*）= Chikashige Masumi（1）

《東洋錬金術；化学上より見たる東洋上代の文化》

East Asian Alchemy；the Culture of East Asia in Early Times seen from the Chemical Point of View

内田老鹤圃，东京，1929 年，1936 年重印部分依据近重真澄（4），以及若干篇论文，载于《史林》，1918，**3**（no. 2），以及 1919，**4**（no. 2）

近重真澄（*2*）

東洋古銅器の化学的研究

A Chemical Investigation of Ancient Chinese

Bronze［and Brass］Vessels

《史林》，1918，**3**（no. 2），77

近重真澄（*3*）

化学より観たる東洋上代の文化

The Culture of Ancient East Asia seen from the Viewpoint of Chemistry

《史林》，1919，**4**（no. 2），169

近重真澄（*4*）

東洋古代文化の化学観

A Chemical View of Ancient East Asian Culture

印行于东京，1920 年

孔庆莱等（*1*）（13 名合作者）

《植物学大辞典》

General Dictionary of Chinese Flora

商务印书馆，上海和香港，1918 年，1933 年重印，其后多次重印

堀一郎（Hori Ichirō）（*1*）

湯殿山系の即身仏（ミイラ）とその背景

The Preserved Buddhas（Mummies）at the Temples on Yudono Mountain

《东北文化研究室纪要》，1961，no. 35（no. 3）

重印，堀一郎（*2*），第 191 页

堀一郎（*2*）

《宗教習俗の生活規制》

Life and Customs of the Religious Sects（in Buddhism）

未来社，东京，1963 年

赖斗岩（*1*）

医史碎锦

Medico-historical Gleanings

《医史杂志》，1948，**2**（no. 3/4），41

赖家度（*1*）

《天工开物》及其著者宋应星

The *Exploitation of the Works of Nature* and its Author; Sung Ying-Hsing

载于李光璧和钱君晔（*1*），第 338 页

北京，1955 年

劳榦（*6*）

中国丹砂之应用及其推演

The Utilisation of Cinnabar in China and its Historical Implications

《中央研究院历史语言研究所集刊》，1936，**7**（no. 4），519

李光璧和钱君晔（*1*）

《中国科学技术发明和科学技术人物论集》

Essays on Chinese Discoveries and Inventions in Science and Technology, and on the Men who made them

三联书店，北京，1955 年

李乔苹（*1*）

《中国化学史》

History of Chemistry in China

商务印书馆，长沙，1940 年；第二版（增订），台北，1955 年

李书华（*3*）

《李书华游记》

Travel Diaries of Li Shu-Hua［recording visits to temples and other notable places around Huang Shan, Fang Shan, Thien-thai Shan, Yen-tang Shan etc. in 1935 and 1936］

传记文学出版社，台北，1969 年

李叔还（*1*）

《道教要义问答集成》

A Catechism of the Most Important Ideas and Doctrines of the Taoist Religion

印行，高雄和台北，1970 年。香港新界青山的青松观分发

李俨（*4*）

《中算史论丛》

Gesammelte Abhandlungen ü. die Geschichte d. chinesischen Mathematik

1—3 集，1933—1935 年；第 4 集（2 册），1947 年

商务印书馆，上海

李俨（*21*）

《中算史论丛》

Collected Essays on the History of Chinese Mathematics

第 1 集，1954 年；第 2 集，1954 年；第 3 集，1955 年；第 4 集，1955 年；第 5 集，1955 年

科学出版社，北京

栗原圭介（Kurihara Keisuke）（1）

虞祭の"儀禮"的意義

The Meaning and Practice of the Yü Sacrifice, as seen in the *Personal Conduct Ritual*

《日本中国学会报》，1961，**313**，19

摘要：*RBS*，1968，**7**，no. 615

梁津（1）

周代合金成分考

A Study of the Analysis of Alloys of the Chou period

《科学》，1925，**9**（no. 3），1261；转载于王琏（2），第52页

林天蔚（1）

《宋代香药贸易史稿》

A History of the Perfume and Drug Trade during the Sung Dynasty

中国学社，香港，1960年

凌纯声（6）

中国酒之起源

On the Origin of Wine in China

《中央研究院历史语言研究所集刊》，1958，**29**，883（赵元任赠本）

刘波（1）

《蘑菇及其栽培》

Mushrooms, Toadstools, and their Cultivation

科学出版社，北京，1959年；1960年重印；第2版，增订，1964年

刘贵珍（1）

《气功疗法实践》

The Practice of Respiratory Physiotherapy

河北人民出版社，保定，1957年

也以《试验气功疗法》（Experimental Tests of Respiratory Physiotherapy）为名出版

太平书局，香港，1965年

刘仕骥（1）

《中国葬俗搜奇》

A Study of the Curiosities of Chinese Burial Customs

上海书局，香港，1957年

刘寿山等（1）

《1820—1961中药研究文献摘要》

A Selection of the Most Important Findings in the Literature on Chinese Drugs from 1820 to 1961

科学出版社，北京，1963年

刘文典（2）

《淮南鸿烈集解》

Collected Commentaries on the *Huai-Nan Tzu* Book

商务印书馆，上海，1923年，1926年

刘友梁（1）

《矿物药与丹药》

The Compounding of Mineral and Inorganic Drugs in Chinese Medicine

上海科学技术出版社，上海，1962年

龙伯坚（1）

《现存本草书录》

Bibliographical Study of Extant Pharmacopoeias and Treatises on Natural History（from all periods）

人民卫生出版社，北京，1957年

瀧沢馬琴（Takizawa Bakin）（1）

《近世説美少年録》

Modern Stories of Youth and Beauty

日本（江户），约1820年

陆奎生（1）（编）

《中药科学化大辞典》

Dictionary of Scientific Studies of Chinese Drugs

上海印书馆，香港，1957年

罗香林（3）

《唐代广州光孝寺与中印交通之关系》

The Kuang-Hsiao Temple at Canton during the Thang period, with reference to Sino-Indian Relations

中国学社，香港，1960年

罗宗真（1）

江苏宜兴晋墓发掘报告（有夏鼐撰写的跋）

Report of an Excavation of a Chin Tomb at I-hsing in Chiangsu［周处（卒于297年）的墓，其中出土的腰带饰物含有铝，见正文 p. 192］

《考古学报》，1957（no. 4），83

参见沈时英（1）；杨根（1）

罗宗真（2）

我对西晋铝带饰问题的看法

Rejoinder to 沈时英（*1*）
《考古》，1963（no. 3），165
马继兴（*2*）
宋代的人体解剖图
On the Anatomical Illustrations of the Sung Period
《医学史与保健组织》，1957，**8**（no. 2），125
茆泮林（*1*）
《淮南万毕书》（参见该条）辑补
收入《龙溪精舍丛书》
Collection from the Dragon Pool Studio
郑国勋辑（1917 年）
约 1821 年
梅津次郎（Umezu Jiro）（*1*）
《絵巻物叢誌》
A Study of Several（Medieval）Scroll-Paintings
法藏馆，京都，1972 年
梅荣照（*1*）
我国第一本微积分学的译本——《代微积拾级》出版一百周年
The Centenary of the First Translation into Chinese of a book on Analytical Geometry and Calculus；（Li Shan-Lan's translation of Elias Loomis）
《科学史集刊》，1960，**3**，59
摘要：*RBS*，1968，**7**，no. 747
梅原末治（Umehara Sueji）（*3*）
《泉屋清赏；新收编》
New Acquisitions of the Sumitomo Collection of Ancient Bronzes（Kyoto）；a Catalogue
京都，1961 年
附英文目录
孟乃昌（*1*）
关于中国炼丹术中硝酸的应用
On the（Possible）Applications of Nitric Acid in（Mediaeval）Chinese Alchemy
《科学史集刊》，1966，**9**，24
闵一得（*1*）
《管窥编》
An Optick Glass（for the Enchymoma）
约 1830 年
收录于《道藏续编》（初集），第 7 种

木宫泰彦（Kimiya Yasuhiko）（*1*）
《日華文化交流史》
A History of Cultural Relations between Japan and China
冨山房，东京，1955 年
摘要：*RBS*，1959，**2**，no. 37
倪清和（*1*）
《仙家长生术——附真一道人答问》
The Prolongevity Arts of the Schools of the Immortals；with an Appendix, the Questions and Answers of the Taoist Chen-I
真善美出版社，香港，1968 年；1975 年重印
潘霨（*1*）
《卫生要术》
Essential Techniques for the Preservation of Health［based on earlier material on breathing exercises, physical culture and massage etc. collected by Hsu Ming-Fêng］
1848 年，重印于 1857 年
平冈祯吉（Hiraoka Teikichi）（*2*）
《〈淮南子〉に現われた氣の研究》
Studies on the Meaning and the Conception of 'chhi' in the *Huai Nan Tzu* book
汉魏文化学会，东京，1961 年
摘要：*RBS*，1968，**7**，no. 620
平野元亮（Chojiya Heibei）（*1*）
《硝石製煉法》
The Manufacture of Saltpetre
江户，1863 年
妻木直良（Tsumaki Naoyoshi）（*1*）
道教の研究
Studies in Taoism
《东洋学报》，1911，**1**（no. 1），1；（no. 2），20；1912，**2**（no. 1），58
前野直彬（Maeno Naoaki）（*1*）
冥界游行
On the journey into Hell［critique of Duyvendak（20）continued：a study of the growth of Chinese conceptions of hell］
《中国文学报》，1961，**14**，38；**15**，33
摘要：*RBS*，1968，**7**，no. 636

青木正兒（Aoki Masaru）（1）

《中華名物考》

Studies on Things of Renown in（Ancient and Medieval）China,［including aromatics, incense and spices］

春秋社, 东京, 1959 年

摘要: RBS, 1965, **5**, no. 836

秋月観瑛（Akitsuki Kanei）（1）

黄老観念の係譜

On the Genealogy of the Huang-Lao Concept（in Taoism）

《東方学》, 1955, **10**, 69

全相運（Chŏn Sangun）（2）

《韓國科學技術史》

A Brief History of Science and Technology in Korea

科学世界社, 汉城, 1966 年

饶宗颐（3）

想尔九戒与三合义

The Ideas of the ' Nine Precepts of the Hsiang Erh Book' and the 'Triple Harmony'

《清华学报》（台湾）, 1964, 4（no. 2）, 76

摘要: RBS, 1973, 10, no. 764

任应秋（1）

《通俗中国医学史话》

Popular Talks on the History of Medicine

重庆, 1957 年

容庚（3）

《金文编》

Bronze Forms of Characters

北京, 1925 年; 1959 年重印

三木栄（Miki Sakae）（1）

《朝鲜医学史及疾病史》

A History of Korean Medicine and of Diseases in Korea

堺, 大阪, 1962 年

三木栄（2）

《体系世界医学史; 書誌的研究》

A Systematic History of World Medicine; Bibliographical Researches

东京, 1972 年

三上義夫（Mikami Yoshio）（16）

支那の無機酸類に関する知識の始め

Le Premier Savoir des Acides Inorganiques en Chine

《实践医学》, 1931, **1**（no. 1）, 95

森田幸门（Morita Kōmon）（1）

序说

Introduction to the Special Number of *Nihon Ishigaku Zasshi*（*Journ. Jap. Soc. Hist. of Med.*）on the Model Human Viscera in the Cavity of the Statue of Sakyamuni（Buddha）at the Seiriyōji

《日本医史学杂志》, 1956, **7**（nos. 1—3）, 1

山田慶兒（Yamada Keiji）（1）

《物类相感志》の成立

The Organisation of the Book Wu Lei Hsiang Kan Chih（Mutual Responses of Things according to their Categories）

《生活文化研究》, 1965, **13**, 305

山田慶兒（2）

中世の自然観

The Naturalism of the（Chinese）Middle Ages［with special reference to Taoism, alchemy, magic and apotropaics］

载于薮内清（25）, 第 55—110 页

山田憲太郎（Yamada Kentarō）（1）

《东西香薬史》

A History of Perfumes, Incense, Aromatics and Spices in East and West

东京, 1958 年

山田憲太郎（2）

《香料の歴史》

History of Perfumes, Incense and Aromatics

东京, 1964 年（纪伊国屋新书, B-14）

山田憲太郎（3）

《小川香料時報》（日本香料史）

News from the Ogawa Company; A History of the Incense, Spice and Perfume Industry（in Japan）

小川商店編, 大阪, 1948 年

山田憲太郎（4）

《東亞香料史》

A History of Incense, Aromatics and Perfumes
in East Asia

东洋堂, 东京, 1942 年

山田憲太郎 (5)

中国の安息香と西洋のベソゾイソとの源

A Study of the Introduction of *an-hsi* hsiang
(gum guggul, bdellium) into China, and
that of gum benzoin into Europe

《自然と文化》, 1951 (no. 2), 1—36

山田憲太郎 (6)

中世の中国人とアラビア人が知つていた龍
脳の産出地とくに婆律国について

On the knowledge which the Medieval Chinese
and Arabs possessed of Baros camphor
(from *Dryobalanops aromatica*) and its
Place of Production, Borneo

NYGDR, 1966 (no. 5), 1

山田憲太郎 (7)

龍脳考 (その商品史的考察)

A Study of Borneo or Baros camphor (from
Dryobalanops aromatica), and the History of
the Trade in it

NYGDR, 1967 (no. 10), 19

山田憲太郎 (8)

沈すなわ香

On the 'Sinking Aromatic' (garroo wood, Aq-
uilaria agallocha)

NYGDR, 1970, 7 (no. 1), 1

沈时英 (1)

关于江苏宜兴西晋周处墓出土带饰成分问题

Notes on the Chemical Composition of the Belt
Ornaments from the Western Chin Period
(+265 to +316) found in the Tomb of Chou
Chhu at I-hsing in Chiangsu

《考古》, 1962 (no. 9), 503

席文 (N. Sivin) 英译 (未发表)

参见罗宗真 (1); 杨根 (1)

石岛快隆 (Ishijima Yasutaka) (1)

抱朴子引書考

A Study of the Books quoted in the *Pao Phu Tzu*
and its Bibliography

《文化》 (仙台), 1956, 20, 877

摘要: *RBS*, 1959, 2, no. 565

石井昌子 (Ishii Masako) (1)

《稿本〈真誥〉》

Draft of an Edition of the *Declarations of
Perfected Immortals*, (with Notes on Variant
Readings)

多册

丰岛书房, 东京, (道教刊行会), 1966 年

石井昌子 (2)

《真誥》の成立をみぐる資料的檢討;《登
真隱訣》,《真靈位業圖》及び《無上秘
要》との関係を中心に

Documents for the Study of the Formation of the
Declarations of Perfected Immortals. . . .

《道教研究》, 1968, 3, 79—195 (附法文摘
要, 第 iv 页)

石井昌子 (3)

《真誥》の成立に関する一考察

A Study of the Formation of the *Declarations of
Perfected Immortals*

《道教研究》, 1965, 1, 215 (附法文摘要,
第 x 页)

石井昌子 (4)

陶弘景傳記考

A Biography of Thao Hung-Ching

《道教研究》, 1971, 4, 29—113 (附法文摘
要, 第 iv 页)

石原明 (Ishihara Akira) (1)

五臟入胎の意義について

The Buddhist Meaning of the Visceral Models
(in the Sakyamuni Statue at the Seiryōji
Temple)

《日本医史学杂志》, 1956, 7 (nos. 1—
3), 5

石原明 (2)

印度解剖学の成立とその流傳

On the Introduction of Indian Anatomical
Knowledge (to China and Japan)

《日本医史学杂志》, 1956, 7 (nos. 1—
3), 64

史树青 (2)

古代科技事物四考

Four Notes on Ancient Scientific Technology：（a）Ceramic objects for medical heat-treatment；（b）Mercury silvering of bronze mirrors；（c）Cardan Suspension perfume burners；（d）Dyeing stoves

《文物》，1962（no. 3），47

水野清一（Mizuno Seiichi）（3）

《殷代青銅文化の研究》

Researches on the Bronze Culture of the Shang（Yin）Period

京都，1953 年

松田壽男（Matsuda Hisao）（1）

戎塩と人参と貂皮

On Turkestan salt, Ginseng and Sable Furs

《史学杂志》，1957，**66**，49

宋大仁（6）

《中国医药八杰图》

Paintings of Eight Heroes of Chinese Medicine and Pharmacy

上海胃肠病院，上海，1937 年

薮内清（Yabuuchi Kiyoshi）（11）（编）

《天工開物の研究》

A Study of the *Thien Kung Khai Wu*（Exploitation of the Works of Nature, + 1637）

原文的日文译文，以及几位作者的注释性论文

恒星社厚生阁，东京，1953 年

评论：杨联升（Yang Lien-Shêng），*HJAS*，1954，**17**，307

原文的英文译本（注释谨慎）：Sun & Sun（1）

11 篇论文的中文译本：

    （a）《天工开物之研究》，苏芗雨等译，中华丛书委员会，台湾和香港，1956 年

    （b）《天工开物研究论文集》，章熊、吴杰译，商务印书馆，北京，1961 年

薮内清（25）（编）

《中国中世科学技术史の研究》

Studies in the History of Science and Technology in Medieval China［a collective work］

角川书店（京都大学人文科学研究所研究报告），东京，1963 年

苏芬、朱稼轩等（1）

航慈法师菩萨四不朽

The Self-Mummification of the Abbot and Bodhisattva, Tzhu-Hang（d. 1954）

《今日佛教》，1959（no. 27），15，21，等

苏莹辉（1）

论《物类相感志》之作成时代

On the Time of Completion of the *Mutual Responses of Things according to their Categories*

《大陆杂志》，1970，**40**（no. 10）

苏莹辉（2）

《物类相感志》分卷沿革考略

A Study of the Transmission of the *Mutual Responses of Things according to their Categories* and the Vicissitudes in the Numbering of its Chapters

《故宫图书集刊》（台湾），1970，**1**（no. 2），23

孙冯翼（1）

《淮南万毕术》辑补

收入《问经堂丛书》

1797 至 1802 年

孙作云（1）

说羽人

On the Feathered and Winged Immortals（of early Taoism）

《历史与考古》，1948 年

澹然慧（1）（编）

《〈长生术〉〈续命方〉合刊》

A Joint Edition of the Art and Mystery of Longevity and Immortality and the Precepts for Lengthening the Life-Span.［The former work is that previously entitled *Thai-I Chin Hua Tsung Chih*（q. v.）and the latter is that previously entitled *Tsui-Shang I Chhêng Hui Ming Ching*（q. v.）］

北平，1921 年［此版本后被卫礼贤和荣格（Wilhelm & Jung, 1）采用］

汤用彤和汤一介（1）

寇谦之的著作与思想

On the Doctrines and Writings of (the Taoist reformer) Khou Chhien-Chih (in the Northern Wei period)

《历史研究》，1961，**8**（no. 5），64

摘要：*RBS*，1968，7，no. 659

唐兰（*3*）

马王堆帛书《却谷食气》篇考

A Study of the Tractate on 'Abstaining from Cereals and Imbibing the Chhi' in the Silk Manuscripts recovered from Tomb (no. 3) at Ma-wang-tui (-168)

《文物》，1975（no. 6），14

藤吉慈海（Fujiyoshi Jikai）（*1*）

坐禅と坐忘について

On 'Dhyana sitting' and 'Sitting in forgetfulness' (Buddhist and Taoist Meditation)

《东方学报》（京都），1964，36，305

摘要：*RBS*，1973，10，no. 685

藤堂恭俊（Tōdō Kyōshun）（*1*）

シナ浄土教における隋逐擁護説の成立過程について

On the Origin of the Invocation to the 25 Bodhisattvas for Protection against severe judgments; a Practice of the Chinese Pure Land (Amidist) School

载于《塚本博士頌壽記念仏教史学論集》，京都，1961 年，第 502 页

摘要：*RBS*，1968，**7**，no. 664

土肥慶藏（Dohi Keizō）（*1*）

《正倉院藥種の史的考察》

Historical Investigation of the Drugs preserved in the Imperial Treasury at Nara

载于《续正仓院史论》，1932 年，第 15 册，宁乐发行所

第一部分，第 133 页

王辑五（*1*）

《中国日本交通史》

A History of the Relations and Connections between China and Japan

商务印书馆，台北，1965 年（《中国文化史丛书》）

王季梁和纪纫容（*1*）

中国化学界之过去与未来

The Past and Future of Chemistry [and Chemical Industry] in China

《化学通讯》，1942，3

王嘉芙（*1*）

从马王堆三号汉墓帛画导引图看我国古代的医疗保健体操

The Medical and Hygienic Physical Exercises of Chinese Antiquity demonstrated by the (recently discovered) silk scroll paintings (and text) in the Han Tomb no. 3 at Ma-wang-tui (-168)

《新体育》，1976（no. 1），34

王琎（*1*）

中国之科学思想

On (the History of) Scientific Thought in China

载于《科学通论》

中国科学社，上海，1934 年

原载于《科学》，1922，7（no. 10），1022

王琎（*2*）（编）

《中国古代金属化学及金丹术》

Alchemy and the Development of Metallurgical Chemistry in Ancient and Medieval China [collective work]

中国科学图书仪器公司，上海，1955 年

王琎（*3*）

中国古代金属原质之化学

The Chemistry of Metallurgical Operations in Ancient and Medieval China [smelting and alloying]

《科学》，1919，5（no. 6），555；转载于王琎（*2*），第 1 页

王琎（*4*）

中国古代金属化合物之化学

The Chemistry of Compounds containing Metal Elements in Ancient and Medieval China

《科学》，1920，5（no. 7），672；转载于王琎（*2*），第 10 页

王琎（*5*）

五铢钱化学成分及古代应用铅锡锌镭考

An Investigation of the Ancient Technology of

Lead, Tin, Zinc and *la*, together with Chemical Analyses of the Five- Shu Coins [of the Han and subsequent periods]

《科学》, 1923, **8** (no. 9), 839; 转载于王琎 (2), 第 39 页

王琎 (6)

中国铜合金内之镍

On the Chinese Copper Alloys containing Nickel [paktong] etc

《科学》, 1929, **13**, 1418; 摘要载于王琎 (2), 第 91 页

王琎 (7)

中国古代酒精发酵业之一斑

A Brief Study of the Alcoholic Fermentation Industry in Ancient (and Medieval) China

《科学》, 1921, **6** (no. 3), 270

王琎 (8)

中国古代陶业之科学观

Scientific Aspects of the Ceramics Industry in Ancient China

《科学》, 1921, **6** (no. 9), 869

王琎 (9)

中国黄铜业之全盛时期

On the Date of Full Development of the Chinese Brass Industry

《科学》, 1925, **10**, 495

王琎 (10)

宜兴陶业原料之科学观

Scientific Aspects of the Raw Materials of the I-hsing Ceramics Industry

《科学》, 1932, 16 (no. 2), 163

王琎 (11)

中国古代化学的成就

Achievements of Chemical Science in Ancient and Medieval China

《科学通报》, 1951, **2** (no. 11), 1142

王琎 (12)

葛洪以前之金丹史略

A Historical Survey of Alchemy before Ko Hung (*c.* +300)

《学艺杂志》, 1935, **14**, 45, 283

王奎克 (1) (译)

三十六水法——中国古代关于水溶液的一种早期炼丹文献

The *Thirty- six Methods of Bringing Solids into Aqueous Solution*- an Early Chinese Alchemical Contribution to the Problem of Dissolving (Mineral Substances), [a partial translation of Tshao Thien- Chhin, Ho Ping- Yü & Needham, J. (1)]

《科学史集刊》, 1963, **5**, 67

王奎克 (2)

中国炼丹术中的金液和华池

' Potable Gold ' and Solvents (for Mineral Substances) in (Medieval) Chinese Alchemy

《科学史集刊》, 1964, **7**, 53

王明 (2)

《〈太平经〉合校》

A Reconstructed Edition of the *Canon of the Great Peace* (*and Equality*)

中华书局, 北京和上海, 1960 年

王明 (3)

《周易参同契》考证

A Critical Study of the *Kinship of the Three*

《中央研究院历史语言研究所集刊》, 1948, **19**, 325

王明 (4)

《黄庭经》考

A Study on the Manuals of the *Yellow Courts*

《中央研究院历史语言研究所集刊》, 1948, **20**, 上册

王明 (5)

《太平经》目录考

A Study of the Contents Tables of the *Canon of the Great Peace* (*and Equality*)

《文史》, 1965, no. 4, 19

王先谦 (3)

《释名疏证补》

Revised and Annotated Edition of the [Han] *Explanation of Names* [dictionary]

北京, 1895 年

王新华 (1)

我国古代的预防医学

On Ancient Chinese Preventive Medicine

《上海中医药杂志》，1958（no.1），6

王冶秋、王仲殊和夏鼐（*1*）

文化大革命期间出土文物展览

Articles to accompany the Exhibition of Cultural Relics Excavated（in Ten Provinces of China）during the Period of the Great Cultural Revolution

《人民中国》，1971（no.10），31，附彩色图版

王祖源（*1*）

《内功图说》

Illustrations and Explanations of Gymnastic Exercises［based on an earlier presentation by Phan Wei（q.v.）using still older material from Hsü Ming Feng］

1881 年

现代重印：人民卫生出版社，北京，1956 年；太平书局，香港，1962 年

魏源（*1*）

《圣武记》

Records of the Warrior Sages［a history of the military operations of the Chhing emperors］

1842 年

闻一多（*3*）

《神话与诗》

Religion and Poetry（in Ancient Times），［contains a study of the Taoist immortality cult and a theory of its origins］

北京，1956 年（遗作）

翁独健（*1*）

《道藏子目引得》

An Index to the Taoist Patrology

哈佛燕京学社，北平，1935 年

翁文灏（*1*）

《中国矿产志略》

The Mineral Resources of China（Metals and Non-Metals except Coal）

《地质专报》（乙种），1919，no.1，1—270

附英文目录

吴承洛（*2*）

《中国度量衡史》

History of Chinese Metrology［weights and measures］

商务印书馆，上海，1937 年；第 2 版，上海，1957 年

吴德铎（*1*）

唐宋文献中关于蒸馏酒与蒸馏器问题

On the Question of Liquor Distillation and Stills in the Literature of the Thang and Sung Periods

《科学史集刊》，1966，no.9，53

吴世昌（*1*）

密宗塑像说略

A Brief Discussion of Tantric（Buddhist）Images

《北平研究院史学集刊》，1935，**1**

武内義雄（Takeuchi Yoshio）（*1*）

《神仙說》

The Holy Immortals（a study of ancient Taoism）

东京，1935 年

夏鼐（*2*）

《考古学论文集》

Collected Papers on Archaeological Subjects

中国科学院考古研究所编辑，北京，1961 年

夏鼐（*3*）

西安唐墓出土阿拉伯金币

Arab Gold Coins unearthed from a Thang Dynasty Tomb（at Hsi-yao-thou Village）near Sian, Shensi（gold dinars of the Umayyad Caliphs 'Abd al-Malik, +702, 'Umar ibn 'Abd al-'Azīz, +718, and Marwān II, +746）

参见何汉南（*1*）

《考古》，1965，（no.8），420，附图 1—6，载于图版 1

向达（*3*）

《唐代长安与西域文明》

Western Cultures at the Chinese Capital（Chhang-an）during the Thang Dynasty

《燕京学报》专号 2，北平，1933 年

小林勝人（Kobayashi Katsuhito）（*1*）

楊朱学派の人々

On the Disciples and Representatives of the（Hedonist）School of Yang Chu

《东洋学》，1961，**5**，29

　　摘要：*RBS*，1968，**7**，no. 606

小柳司氣太（Koyanagi Shikita）（*1*）

　　《道教概說》

　　A Brief Survey of Taoism

　　陈斌和译

　　商务印书馆，上海，1926 年

　　重印：商务印书馆，台北，1966 年

小片保（Ogata Tamotsu）（*1*）

　　我国即身仏成立に関ずる諸問題

　　The Self-Mummified Buddhas of Japan，and Several (Anatomical) Questions concerning them

　　《新潟大学医学部学士会会报》（专号），1962（no. 15），16，附 8 幅图版

篠田統（Shinoda Osamu）（*1*）

　　暖氣樽小考

　　A Brief Study of the "Daki"，［*Nuan Chhi*］Temperature Stabiliser (used in breweries for the saccharification vats，cooling them in summer and warming them in winter)

　　《大阪学芸大学紀要》，B 刊，1963 （no. 12），217

篠田統（*2*）

　　中世の酒

　　Wine-Makin in Medieval (China and Japan)

　　载于薮内清（*25*），第 321 页

谢诵穆（*1*）

　　中国历代医学伪书考

　　A Study of the Authenticity of (Ancient and Medieval) Chinese Medical Books

　　《医史杂志》，1947，**1**（no. 1），53

熊德基（*1*）

　　《太平经》的作者和思想及其与黄巾和天师道的关系

　　The Authorship and Ideology of the *Canon of the Great Peace*；and its Relation with the Yellow Turbans (Rebellion) and the Taoist Church (Tao of the Heavenly Teacher)

　　《历史研究》，1962（no. 4），8

　　摘要：*RBS*，1969，**8**，no. 737

徐建寅（*1*）

　　《格致丛书》

A General Treatise on the Natural Sciences

　　上海，1901 年

徐致一（*1*）

　　《吴家太极拳》

　　Chinese Boxing Calisthenics according to the Wu Tradition

　　新文书店，香港，1969 年

徐中舒（*7*）

　　金文嘏辞释例

　　Terms and Forms of the Prayers for Blessings in the Bronze Inscriptions

　　《中央研究院历史语言研究所集刊》，1936，（no. 4），15

徐中舒（*8*）

　　陈侯四器考释

　　Researches on Four Bronze Vessels of the Marquis Chhen［i. e. Prince Wei of Chhi State，r. -378 to -342］

　　《中央研究院历史语言研究所集刊》，1934，（no. 3/4），499

许地山（*1*）

　　《道教史》

　　History of Taoism

　　商务印书馆，上海，1934 年

许地山（*2*）

　　道家思想与道教

　　Taoist Philosophy and Taoist Religion

　　《燕京学报》，1927，**2**，249

緒方洪庵（Ogata Kōan）（*1*）

　　《病学通論》

　　Survey of Pathology (after Christopher Hufeland's theories)

　　东京，1849 年

緒方洪庵（*2*）

　　《扶氏経験遺訓》

　　Mr Hu's (Christopher Hufeland's) Well-tested Advice to Posterity［medical macrobiotics］

　　东京，1857 年

薛愚（*1*）

　　道家仙药之化学观

　　A Look at the Chemical Reactions involved in the Elixir-making of the Taoists

《学思》，1942，**1**（no.5），126

严敦杰（*20*）

中国古代自然科学的发展及其成就

The Development and Achievements of the Chinese Natural Sciences（down to 1840）

《科学史集刊》，1969，**1**（no.3），6

严敦杰（*21*）

《徐光启》

A Biography of Hsü Kuang-Chhi

《中国古代科学家》，李俨编（*27*），第 2 版，第 131 页

杨伯峻（*1*）

略谈我国史籍上关于尸体防腐的记载和马王堆一号汉墓墓主问题

A Brief Discussion of Some Historical Text concerning the Preservation of Humar Bodies in an Incorrupt State, especially it connection with the Han Burial in Toml, no. 1 at Ma-wang-tui

《文物》，1972（no.9），36

杨承禧等（*1*）

《湖北通志》

Historical Geography of Hupei Province

1921 年

杨根（*1*）

晋代铝铜合金的鉴定及其冶炼技术的初步探讨

An Aluminium-Copper Alloy of the Chin Dynasty（ +265 to +420）; its Determina-tion and a Preliminary Study of the Metall-urgical Technology（which it Implies）

《考古学报》，1959（no.4），91

班以安（D. Bryan）曾为铝开发协会（Aluminium Development Association）将之译成英文（未发表），1962 年

参见罗宗真（*1*）；沈时英（*1*）

杨联升（*2*）

道教之自搏与佛教之自扑

Penitential Self-Flagellation, Violent Prostration and similar practices in Taoist and Buddhist Religion

载于《塚本博士頌壽記念仏教史学論集》，

京都，1961 年，第 962 页

摘要：*RBS*，1968，**7**，no. 642

另见《中央研究院历史语言研究所集刊》，1962，**34**，275；摘要：*RBS*，1969，**8**，no. 740

杨烈宇（*1*）

中国古代劳动人民在金属及合金应用上的成就

Ancient Chinese Achievements in Practical Metal and Alloy Technology

《科学通报》，1955，**5**（no.10），77

杨明照（*1*）

Critical Notes on the *Pao Phu Tzu* book

《中国文化研究汇刊》，1944，**4**

杨时泰（*1*）

《本草述钩元》

Essentials Extracted from the Explanations of Materia Medica

1833 年撰序，1842 年初刊

《现存本草书录》，第 108 种

叶德辉（*1*）（编）

《双梅景闇丛书》

Double Plum-Tree Collection［of ancient and medieval books and fragments on Taoist sexual techniques

包括：《素女经》（含《玄女经》）、《洞玄子》、《玉房指要》、《玉房秘诀》、《天地阴阳大乐赋》等（参见以上诸条）

长沙，1903 年和 1914 年

叶德辉（*2*）

《淮南万毕书》辑补

收入《观古堂所著书》

长沙，1919 年

伊藤光远（Itō Mitsutōshi）（*1*）

《养生内功秘诀》

Confidential Instructions on Nourishing the Life Force by Gymnastics（and other physiological techniques）

段竹君由日文本译出

台北，1966 年

伊藤堅吉（Itō Kenkichi）（*1*）

《性のみほとけ》

Sexual Buddhas (Japanese Tantric images etc.)

图谱新社，东京，1965 年

益富壽之助（Masutomi Kazunosuke）（1）

《正倉院薬物を中心とする古代石薬の研究》

A study of Ancient Mineral Drugs based on the
chemicals preserved in the Shōsōin (Treas-
ury, at Nara)

日本矿物趣味の会，京都，1957 年

因是子

见蒋维乔

于非闇（1）

《中国画颜色的研究》

A Study of the Pigments Used by Chinese Painters

朝花美术出版社，北京，1955 年，1957 年

余嘉锡（1）

《四库提要辨证》

A Critical Study of the Annotations in the
"Analytical Catalogue of the *Complete Library
of the Four Categories* (of Literature)"

1937 年

余云岫（1）

《古代疾病名候疏义》

Explanations of the Nomenclature of Diseases in
Ancient Times

人民卫生出版社，北京，1953 年

评 论：Nguyen Tran-Huan, *RHS*, 1956,
9, 275

宇田川榕庵（Udagawa Yōan）（1）

舍密開宗

Treatise on Chemistry [largely a translation of
W. Henry (1), but with added material from
other books, and some experiments of his
own]

东京，1837—1846 年

参见 Tanaka Minoru (3)

原田淑人和田澤金吾（Harada Yoshito & Tazawa
Kingo）（1）

《樂浪五官掾王盱の墳墓》

Lo-Lang; a Report on the Excavation of Wang
Hsü's Tomb in the Lo-Lang Province (an
ancient Chinese Colony in Korea)

东京大学，东京，1930 年

袁翰青（1）

《中国化学史论文集》

Collected Papers in the History of Chemistry
in China

三联书店，北京，1956 年

曾熙署（1）

《四体大字典》

Dictionary of the Four Scripts

上海，1929 年

曾远荣（1）

中国用锌之起源

Origins and Development of Zinc Technology in
China [with a dating of the Pao Tsang Lun]

1925 年 10 月致王琎的信件

载于王琎（2），第 92 页

曾昭抡（1）

中国学术的进展

[The Translations of the Chiangnan Arsenal
Bureau]

《东方杂志》，1941，**38**（no. 1），56

曾昭抡（2）

中外化学发展概述

Chinese and Western Chemical Discoveries;
an Outline

《东方杂志》，1944，**40**（no. 8），33

曾昭抡（3）

二十年来中国化学之进展

Advances in Chemistry in China during the past
Twenty Years

《科学》，1936，**19**（no. 10），1514

增田綱（Masuda Tsuna）（1）住友家的技工

《鼓銅図録》

Illustrated Account of the (Mining) Smelting
and Refining of Copper (and other Non
Ferrous Metals)

京都，1801 年

译本：*CRRR*，1840，**9**，86

湛然慧（1）

见澹然慧（1）

张昌绍（1）

《现代的中药研究》

Modern Researches on Chinese Drugs

科学技术出版社，上海，1956 年

张静庐 (1)

《中国近代出版史料初编》

Materials for a History of Modern Book Publishing in China, Pt. 1

张其昀 (2)（编）

《中华民国地图集》

Atlas of the Chinese Republic (5 vols)

第一册：台湾省；第二册：中亚；第三册：中国北部；第四册：中国南部；第五册：中华民国总图

台湾省国防研究院，台北，1962 至 1963 年

张文元 (1)

《太极拳常识问答》

Explanation of the Standard Principles of Chinese Boxing

人民体育出版社，北京，1962 年

张心澂 (1)

《伪书通考》

A Complete Investigation of the (Ancient and Medieval) Books of Doubtful Authenticity

2 册，商务印书馆，1939 年；1957 年重印

张瑄 (1)

《中文常用三千字形义释》

Etymologies of Three Thousand Chinese Characters in Common Use

香港大学出版社，1968 年

张资珙 (1)

略论中国的镍质白铜和它在历史上与欧亚各国的关系

On Chinese Nickel and Paktong, and on their Role in the Historical Relations between Asia and Europe

《科学》，1957，**33**（no. 2），91

张资珙 (2)

《元素发现史》

The Discovery of the Chemical Elements

［Weeks (1) 一书的译本，增补了 40% 左右的原始资料］

上海，1941 年

张子高 (1)

《科学发达略史》

A Classified History of the Natural Sciences

商务印书馆，上海，1923 年；1936 年重印

张子高 (2)

《中国化学史稿（古代之部）》

A Draft History of Chemistry in China (Section on Antiquity)

科学出版社，北京，1964 年

张子高 (3)

炼丹术的发生与发展

On the Origin and Development of Chinese Alchemy

《清华大学学报》，1960，**7**（no. 2），35

张子高 (4)

从镀锡铜器谈到"鋈"字本义

Tin- Plated Bronzes and the Possible Original Meaning of the Character *wu*

《考古学报》，1958（no. 3），73

张子高 (5)

赵学敏《本草纲目拾遗》著述年代兼论我国首次用强水刻铜版事

On the Date of Publication of Chao Hsüeh- Min's Supplement to the Great Pharmacopoeia, and the Earliest Use of Acids for Etching Copper Plates in China

《科学史集刊》，1962，**1**（no. 4），106

张子高 (6)

论我国酿酒起源的时代问题

On the Question of the Origin of Wine in China

《清华大学学报》，1960，**17**（7），no. 2，31

章鸿钊 (1)

《石雅》

Lapidarium Sinicum; a Study of the Rocks, Fossils and Minerals as known in Chinese Literature

农商部地质调查所，北平：第一版，1921 年；第二版，1927 年

《地质专报》（乙种第二号），1—432（附英文摘要）

评论：P. Demiéville, *BEFEO*, 1924, **24**, 276

章鸿钊 (3)

中国用锌的起源

Origins and Development of Zinc Technology in China

《科学》，1923，**8**（no.3），233，转载于王 琎（2），第21页

参见 Chang Hung-Chao（2）

章鸿钊（6）

再述中国用锌的起源

Further Remarks on the Origins and Development of Zinc Technology in China

《科学》，1925，**9**（no.9），1116，转载于王 琎（2），第29页

参见 Chang Hung-Chao（3）

章鸿钊（8）

《洛氏"中国伊兰"卷金石译证》

Metals and Minerals as Treated in Laufer's 'Sino-Iranica', translated with Commentaries

《地质专报》（乙种第三号），1925 年，1—119

附翁文灏所撰英文序言

章杏云（1）

《饮食辩》

A Discussion of Foods and Beverages

1814 年；1824 年重印

参见 Dudgeon（2）

赵避尘（1）

《性命法诀明指》

A Clear Explanation of the Oral Instructions concerning the Techniques of the Nature and the Life-Span

真善美出版社，台北，1963 年

译本：Lu Khuan-Yü（4）

中岛敏（Nakao Satoshi）（1）

支那に於ける湿式収銅法の起源

The Origins and Development of the Wet Method for Copper Production in China

载于《加藤博士還曆記念東洋史集説》

另见《东洋学报》，1945，**27**（no.3）

中瀬古六郎（Nakaseko Rokuro）（1）

《世界化学史》

General History of Chemistry

カニヤ書店，京都，1927 年

评论：M. Muccioli，*A*，1928，**9**，379

中尾万三（Nakao Manzō）（1）

《〈食疗本草〉の考察》

A Study of the〔Tunhuang MS. of the〕*Shih Liao Pen Tshao*（Nutritional Therapy；a Pharmaceutical Natural History），〔by Mêng Shen，*c.* +670〕

《上海自然科学研究所汇报》，1930，**1**（no.3）

钟依研和凌襄（1）

我国现已发现的最古医方——帛书《五十二 病方》

The Oldest Chinese Work on Therapeutics, the "Book of Fifty-two Diseases" now discovered as a Silk Manuscript（in Tomb No.3 at Ma-wang-tui，dating from -168）

《文物》，1975（no.9），49

周凤梧、王万杰和徐国仟（1）

《黄帝内经素问白话解》

The *Yellow Emperor's Manual of Corporeal*（*Medicine*）；*Questions*（*and Answers*）about *Living Matter*；done into Colloquial Language

人民卫生出版社，北京，1963 年

周潜川（1）

《气功药饵疗法全书》

Systematic Treatise on Respiratory Physiotherapy and Therapeutic Pharmacy

太平书局，香港，1962 年

周绍贤（1）

《道家与神仙》

The Holy Immortals of Taoism；the Development of a Religion

中华书局，台北，1970 年

朱季海（1）

《楚辞》解故识遗

Commentary on Parts of the *Odes of Chhu*（especially Li Sao and Chin Pien），〔with special attention to botanical identifications〕

《中华文史论丛》，1962，**2**，77

摘要：*RBS*，1969，**8**，no.557

朱琏（1）

《新针灸学》

New Treatise on Acupuncture and Moxibustion

人民卫生出版社，北京，1954 年

梓溪（*1*）

青铜器名词解说

An Explanation of the Terminology of（Ancient）
　Bronze Vessels

《文物》，1958（no. 1），1；（no. 2），55；（no. 3），
　1；（no. 4），1；（no. 5），1；（no. 6），1；
　（no. 7），68

左和隆研（Sawa Ryūken）（*1*）

《日本密教その展開と美術》

Esoteric（Tantric） Buddhism in Japan；its
Development and（Influence on the）Arts

日本放送出版协会，东京，1966 年；1971
　年重印

佐中壮（Sanaka Sō）（*1*）

陶隱居小傳；その撰述を通じて見た本草学
　と仙藥との関係

A Biography of Thao Hung- Ching；his Knowl-
　edge of Botany and Medicines of Immortality

载于《和田博士古稀記念東洋史論叢》，讲
　谈社，东京，1961 年，第 447 页

摘要：*RBS*，1968，**7**，no. **756**

C 西文书籍与论文

ABBOTT, B. C. & BALLENTINE, D. (1).'The "Red Tide" Alga, a toxin from *Gymnodinium veneficum*. *JMBA*, 1957, **36**, 169.

ABEGG, E., JENNY, J. J. & BING, M. (1). 'Yoga'. *CIBA/M*, 1949, **7** (no. 74), 2578. *CIBA/MZ*, 1948, **10**, (no. 121), 4122.
Includes: 'Die Anfänge des Yoga' and 'Der klassische Yoga' by E. Abegg; 'Der Kundalinī-Yoga' by J. J. Jenny; and 'Über medizinisches und psychologisches in Yoga' by M. Bing & J. J. Jenny.

ABICH, M. (1). 'Note sur la Formation de l'Hydrochlorate d'Ammoniaque à la Suite des Éruptions Volcaniques et surtout de celles du Vésuve.' *BSGF*, 1836, **7**, 98.

ABRAHAMS, H. J. (1). Introduction to the Facsimile Reprint of the 1530 Edition of the English Translation of H. Brunschwyk's *Vertuose Boke of Distillacyon*. Johnson, New York and London, 1971 (Sources of Science Ser., no. 79).

ABRAHAMSOHN, J. A. G. (1). 'Berättelse om *Kien* [*chien*], elt Nativt Alkali Minerale från China...' *KSVA/H*, 1772, **33**, 170. Cf. von Engeström (2).

ABRAMI, M., WALLICH, R. & BERNAL, P. (1). 'Hypertension Artérielle Volontaire.' *PM*, 1936, **44** (no. 17), 1 (26 Feb.).

ACHELIS, J. D. (1). 'Über den Begriff Alchemie in der Paracelsischen Philosophie.' *BDP*, 1929–30, **3**, 99.

ADAMS, F. D. (1). *The Birth and Development of the Geological Sciences*. Baillière, Tindall & Cox, London, 1938; repr. Dover, New York, 1954.

ADNAN ADIVAR (1). 'On the *Tanksuq-nāmah-i Īlkhān dar Funūn-i 'Ulūm-i Khiṭāi*.' *ISIS*, 1940 (appeared 1947), **32**, 44.

ADOLPH, W. H. (1). 'The Beginnings of Chemical Research in China.' *PNHB*, 1950, **18** (no. 3), 145.

ADOLPH, W. H. (2). 'Observations on the Early Development of Chemical Education in China.' *JCE*, 1927, **4**, 1233, 1488.

ADOLPH, W. H. (3). 'The Beginnings of Chemistry in China.' *SM*, 1922, **14**, 441. Abstr. *MCE*, 1922, **26**, 914.

AGASSI, J. (1). 'Towards an Historiography of Science.' Mouton, 's-Gravenhage, 1963. (History and Theory; Studies in the Philosophy of History, Beiheft no. 2.)

AHMAD, M. & DATTA, B. B. (1). 'A Persian Translation of the +11th-Century Arabic Alchemical Treatise '*Ain al-Ṣan'ah wa 'Aun al-Ṣana'ah* (Essence of the Art and Aid to the Workers) [by 'Abd al-Malik al-Ṣāliḥī al-Khwārizmī al-Kathī +1034].' *MAS/B*, 1927, **8**, 417. Cf. Stapleton & Azo (1).

AIGREMONT, Dr [ps. S. Schultze] (1). *Volkserotik und Pflanzenwelt; eine Darstellung alter wie moderner erotischer und sexuelle Gebräuche, Vergleiche, Benennungen, Sprichwörter, Redewendungen, Rätsel, Volkslieder, erotischer Zaubers und Aberglaubens, sexuelle Heilkunde die sich auf Pflanzen beziehen*. 2 vols. Trensinger, Halle, 1908. Re-issued as 2 vols. bound in one, Bläschke, Darmstadt, n.d. (1972).

AIKIN, A. & AIKIN, C. R. (1). *A Dictionary of Chemistry and Mineralogy*. 2 vols. Phillips, London, 1807.

AINSLIE, W. (1). *Materia Indica; or, some Account of those Articles which are employed by the Hindoos and other Eastern Nations in their Medicine, Arts and Agriculture; comprising also Formulae, with Practical Observations, Names of Diseases in various Eastern Languages, and a copious List of Oriental Books immediately connected with General Science, etc. etc.* 2 vols. Longman, Rees, Orme, Brown & Green, London, 1826.

AITCHISON, L. (1). *A History of Metals*. 2 vols. McDonald & Evans, London, 1960.

ALEXANDER, GUSTAV (1). *Herrengrunder Kupfergefässe*. Vienna, 1927.

ALEXANDER, W. & STREET, A. (1). *Metals in the Service of Man*. Pelican Books, London, 1956 (revised edition).

ALI, M. T., STAPLETON, H. E. & HUSAIN, M. H. (1). 'Three Arabic Treatises on Alchemy by Muḥammad ibn Umail [al-Ṣādiq al-Tamīnī] (d. c. +960); the *Kitāb al-Mā' al-Waraqī wa'l Arḍ al-Najmīyah* (Book of the Silvery Water and the Starry Earth), the *Risālat al-Shams Ila'l Hilāli* (Epistle of the Sun to the Crescent Moon), and the *al-Qaṣīdat al-Nūnīyah* (Poem rhyming in Nūn) —edition of the texts by M.T.A.; with an Excursus (with relevant Appendices) on the Date, Writings and Place in Alchemical History of Ibn Umail, an Edition (with glossary) of an early mediaeval Latin rendering of the first half of the *Mā' al-Waraqī*, and a Descriptive Index, chiefly of the alchemical authorities quoted by Ibn Umail [Senior Zadith Filius Hamuel], by H.E.S. & M.H.H.' *MAS/B*, 1933, **12** (no. 1), 1–213.

ALLEN, E. (ed.) (1). *Sex and Internal Secretions; a Survey of Recent Research*. Williams & Wilkins, Baltimore, 1932.

ALLEN, H. WARNER (1). *A History of Wine; Great Vintage Wines from the Homeric Age to the Present Day*. Faber & Faber, London, 1961.

ALLETON, V. & ALLETON, J. C. (1). *Terminologie de la Chimie en Chinois Moderne*. Mouton, Paris and The Hague, 1966. (Centre de Documentation Chinois de la Maison des Sciences de l'Homme, and VIe Section de l'École Pratique des Hautes Études, etc.; Matériaux pour l'Étude de l'Extrême-Orient Moderne et Contemporain; Études Linguistiques, no. 1.)

AMIOT, J. J. M. (7). 'Extrait d'une Lettre...' *MCHSAMUC*, 1791, **15**, v.

AMIOT, J. J. M. (9). 'Extrait d'une Lettre sur la Secte des Tao-sée [Tao shih].' *MCHSAMUC*, 1791, **15**, 208–59.

ANAND, B. K. & CHHINA, G. S. (1). 'Investigations of Yogis claiming to stop their Heart Beats.' *IJMR*, 1961, **49**, 90.

ANAND, B. K., CHHINA, G. S. & BALDEV SINGH (1). 'Studies on Shri Ramanand Yogi during his Stay in an Air-tight Box.' *IJMR*, 1961, **49**, 82.

ANAND, MULK RAJ (1). *Kama-Kala; Some Notes on the Philosophical Basis of Hindu Erotic Sculpture*. Nagel; Geneva, Paris, New York and Karlsruhe, 1958.

ANAND, MULK RAJ & KRAMRISCH, S. (1). *Homage to Khajuraho*. With a brief historical note by A. Cunningham. Marg, Bombay, n.d. (*c*. 1960).

ANDERSON, J. G. (8). 'The Goldsmith in Ancient China.' *BMFEA*, 1935, **7**, 1.

ANDŌ KŌSEI (1). 'Des Momies au Japon et de leur Culte.' *LH*, 1968, **8** (no. 2), 5.

ANIANE, M. (1). 'Notes sur l'Alchimie, "Yoga" Cosmologique de la Chrétienté Mediévale'; art. in *Yoga, Science de l'Homme Intégrale*. Cahiers du Sud, Loga, Paris, 1953.

ANON. (83). 'Préparation de l'Albumine d'Oeuf en Chine.' *TP*, 1897 (1e sér.), **8**, 452.

ANON. (84). *Beytrag zur Geschichte der höhern Chemie*. 1785. Cf. Ferguson (1), vol. 1, p. 111.

ANON. (85). *Aurora Consurgens* (first half of the +14th cent.). In ANON. (86). *Artis Auriferae*. Germ. tr. 'Aufsteigung der Morgenröthe' in Morgenstern (1).

ANON. (86). *Artis Auriferae, quam Chemiam vocant, Volumina Duo, quae continent 'Turbam Philosophorum', aliosą antiquus. auctores, quae versa pagina indicat; Accessit noviter Volumen Tertium...* Waldkirch, Basel, 1610. One of the chief collections of standard alchemical authors' (Ferguson (1), vol. 1, p. 51).

ANON. (87). *Musaeum Hermeticum Reformatum et Amplificatum* (twenty-two chemical tracts). à Sande, Frankfurt, 1678 (the original edition, much smaller, containing only ten tracts, had appeared at Frankfurt, in 1625; see Ferguson (1), vol. 2, p. 119). Tr. Waite (8).

ANON. (88). *Probierbüchlein, auff Golt, Silber, Kupffer und Bley, Auch allerley Metall, wie man die Zunutz arbeyten und Probieren Soll. c.* 1515 or some years earlier; first extant pr. ed., Knappe, Magdeburg, 1524. Cf. Partington (7), vol. 2, p. 66. Tr. Sisco & Smith (2).

ANON. (89). (in Swedish) *METL*, 1960 (no. 3), 95.

ANON. (90). 'Les Chinois de la Dynastie Tsin [Chin] Connaissaient-ils déjà l'Alliage Aluminium–Cuivre?' *RALUM*, 1961, 108. Eng. tr. 'Did the Ancient Chinese discover the First Aluminium–Copper Alloy?' *GBT*, 1961, 41.

ANON. [initialled Y.M.] (91). 'Surprenante Découverte; un Alliage Aluminium–Cuivre réalisé en Chine à l'Époque Tsin [Chin].' *LN*, 1961 (no. 3316), 333.

ANON. (92). *British Encyclopaedia of Medical Practice; Pharmacopoeia Supplement* [proprietary medicines]. 2nd ed. Butterworth, London, 1967.

ANON. (93). *Gehes Codex d. pharmakologische und organotherapeutische Spezial-präparate...* [proprietary medicines]. 7th ed. Schwarzeck, Dresden, 1937.

ANON. (94). *Loan Exhibition of the Arts of the Sung Dynasty* (Catalogue). Arts Council of Great Britain and Oriental Ceramic Society, London, 1960.

ANON. (95). Annual Reports, Messrs Schimmel & Co., Distillers, Miltitz, near Leipzig, 1893 to 1896.

ANON. (96). Annual Report, Messrs Schimmel & Co., Distillers, Miltitz, near Leipzig, 1911.

ANON. (97). *Decennial Reports on Trade etc. in China and Korea* (Statistical Series, no. 6), 1882–1891. Inspectorate-General of Customs, Shanghai, 1893.

ANON. (98). 'Saltpetre Production in China.' *CEM*, 1925, **2** (no. 8), 8.

ANON. (99). 'Alkali Lands in North China [and the sodium carbonate (*chien*) produced there].' *JSCI*, 1894, **13**, 910.

ANON. (100). *A Guide to Peiping [Peking] and its Environs*. Catholic University (Fu-Jen) Press, for Peking Bookshop (Vetch), Peking, 1946.

ANON. (101) (ed.). *De Alchemia: In hoc Volumine de Alchemia continentur haec: Geber Arabis, philosophi solertissimi rerumque naturalium, praecipue metallicarum peritissimi...* (4 books); *Speculum Alchemiae* (Roger Baeon); *Correctorium Alchemiae* (Richard Anglici); *Rosarius Minor; Liber Secretorum Alchemicae* (Calid = Khalid); *Tabula Smaragdina* (with commentary of Hortulanus)...etc. Petreius, Nuremberg, 1541. Cf. Ferguson (1), vol. 1, p. 18.

ANON. (103). *Introduction to Classical Japanese Literature.* Kokusai Bunka Shinkokai (Soc. for Internat. Cultural Relations), Tokyo, 1948.

ANON. (104). *Of a Degradation of Gold made by an Anti-Elixir; a Strange Chymical Narative.* Herringman, London, 1678. 2nd ed. *An Historical Account of a Degradation of Gold made by an Anti-Elixir; a Strange Chymical Narrative. By the Hon. Robert Boyle, Esq.* Montagu, London, 1739.

ANON. (105). 'Some Observations concerning Japan, made by an Ingenious Person that hath many years resided in that Country...' *PTRS,* 1669, **4** (no. 49), 983.

ANON. (113). 'A 2100-year-old Tomb Excavated; the Contents Well Preserved.' *PKR,* 1972, no. 32 (11 Aug.), 10. *EHOR,* 1972, **11** (no. 4), 16 (with colour-plates). [The Lady of Tai (d. *c.* −186), incorrupted body, with rich tomb furnishings.] The article also distributed as an offprint at showings of the relevant colour film, e.g. in Hongkong, Sept. 1972.

ANON. (114). 'A 2100-year-old Tomb Excavated.' *CREC,* 1972, **21** (no. 9), 20 (with colour-plates). [The Lady of Tai, see previous entry.]

ANON. (115). *Antiquities Unearthed during the Great Proletarian Cultural Revolution.* n.d. [Foreign Languages Press, Peking, 1972]. With colour-plates. Arranged according to provinces of origin.

ANON. (116). *Historical Relics Unearthed in New China* (album). Foreign Languages Press, Peking, 1972.

ANTENORID, J. (1). 'Die Kenntnisse der Chinesen in der Chemie.' *CHZ,* 1902, **26** (no. 55), 627.

ANTZE, G. (1). 'Metallarbeiten aus Peru.' *MMVKH,* 1930, **15**, 1.

APOLLONIUS OF TYANA. *See* Conybeare (1); Jones (1).

ARDAILLON, E. (1). *Les Mines de Laurion dans l'Antiquité.* Inaug. Diss. Paris. Fontemoing, Paris, 1897.

ARLINGTON, L. C. & LEWISOHN, W. (1). *In Search of Old Peking.* Vetch, Peiping, 1935.

ARMSTRONG, E. F. (1). 'Alcohol through the Ages.' *CHIND,* 1933, **52** (no. 12), 251, (no. 13), 279. (Jubilee Memorial Lecture of the Society of Chemical Industry.)

ARNOLD, P. (1). *Histoire des Rose-Croix et les Origines de la Franc-Maçonnerie.* Paris, 1955.

AROUX, E. (1). *Dante, Hérétique, Révolutionnaire et Socialiste; Révélations d'un Catholique sur le Moyen Age.* 1854.

AROUX, E. (2). *Les Mystères de la Chevalerie et de l'Amour Platonique au Moyen Age.* 1858.

ARSENDAUX, H. & RIVET, P. (1). 'L'Orfèvrerie du Chiriqui et de Colombie'. *JSA,* 1923, **15**, 1.

ASCHHEIM, S. (1). 'Weitere Untersuchungen über Hormone und Schwangerschaft; das Vorkmmen der Hormone im Harn der Schwangeren.' *AFG,* 1927, **132**, 179.

ASCHHEIM, S. & ZONDEK, B. (1). 'Hypophysenvorderlappen Hormon und Ovarialhormon im Harn von Schwangeren.' *KW,* 1927, **6**, 1322.

ASHBEE, C. R. (1). *The Treatises of Benvenuto Cellini on Goldsmithing and Sculpture; made into English from the Italian of the Marcian Codex...* Essex House Press, London, 1898.

ASHMOLE, ELIAS (1). *Theatrum Chemicum Britannicum; Containing Severall Poeticall Pieces of our Famous English Philosophers, who have written the Hermetique Mysteries in their owne Ancient Language, Faithfully Collected into one Volume, with Annotations thereon by E. A. Esq.* London, 1652. Facsim. repr. ed. A. G. Debus, Johnson, New York and London, 1967 (Sources of Science ser. no. 39).

ASTON, W. G. (tr.) (1). '*Nihongi*', *Chronicles of Japan from the Earliest Times to* +697. Kegan Paul, London, 1896; repr. Allen & Unwin, London, 1956.

ATKINSON, R. W. (2). '[The Chemical Industries of Japan; I,] Notes on the Manufacture of *oshiroi* (White Lead).' *TAS/J,* 1878, **6**, 277.

ATKINSON, R. W. (3). 'The Chemical Industries of Japan; II, *Ame* [dextrin and maltose].' *TAS/J,* 1879, **7**, 313.

[ATWOOD, MARY ANNE] (1) (Mary Anne South, Mrs Atwood). *A Suggestive Enquiry into the Hermetic Mystery; with a Dissertation on the more Celebrated of the Alchemical Philosophers, being an Attempt towards the Recovery of the Ancient Experiment of Nature.* Trelawney Saunders, London, 1850. Repr. with introduction by W. L. Wilmhurst, Tait, Belfast, 1918, repr. 1920. *Hermetic Philosophy and Alchemy; a Suggestive Enquiry.* Repr. New York, 1960.

AVALON, A. (ps.). *See* Woodroffe, Sir J.

AYRES, LEW (1). *Altars of the East.* New York, 1956.

BACON, J. R. (1). *The Voyage of the Argonauts.* London, 1925.

BACON, ROGER

Compendium Studii Philosophiae, +1271. *See* Brewer (1).

De Mirabili Potestatis Artis et Naturae et de Nullitate Magiae, bef. +1250. *See* de Tournus (1); T. M [oufet]? (1); Tenney Davis (16).

De Retardatione Accidentium Senectutis etc., +1236 to +1245. *See* R. Browne (1); Little & Withington (1).

De Secretis operibus Artis et Naturae et de Nullitate Magiae, bef. +1250. *See* Brewer (1).

Opus Majus, +1266. *See* Bridges (1); Burke (1); Jebb (1).

Opus Minus, +1266 or +1267. *See* Brewer (1).

Opus Tertium, +1267. *See* Little (1); Brewer (1).

Sanioris Medicinae etc., pr. +1603. *See* Bacon (1).

Secretum Secretorum (ed.), c. +1255, introd. c. +1275. *See* Steele (1).

BACON, ROGER (1). *Sanioris Medicinae Magistri D. Rogeri Baconis Angli De Arte Chymiae Scripta*. Schönvetter, Frankfurt, 1603. Cf. Ferguson (1), vol. 1, p. 63.

BAGCHI, B. K. & WENGER, M. A. (1). 'Electrophysiological Correlates of some Yogi Exercises.' *EECN*, 1957, **7** (suppl.), 132.

BAIKIE, J. (1). 'The Creed [of Ancient Egypt].' *ERE*, vol. iv, p. 243.

BAILEY, CYRIL (1). *Epicurus; the Extant Remains*. Oxford, 1926.

BAILEY, SIR HAROLD (1). 'A Half-Century of Irano-Indian Studies.' *JRAS*, 1972 (no. 2), 99.

BAILEY, K. C. (1). *The Elder Pliny's Chapters on Chemical Subjects*. 2 vols. Arnold, London, 1929 and 1932.

BAIN, H. FOSTER (1). *Ores and Industry in the Far East; the Influence of Key Mineral Resources on the Development of Oriental Civilisation*. With a chapter on Petroleum by W. B. Heroy. Council on Foreign Relations, New York, 1933.

BAIRD, M. M., DOUGLAS, C. G., HALDANE, J. B. S. & PRIESTLEY, J. G. (1). 'Ammonium Chloride Acidosis.' *JOP*, 1923, **57**, xli.

BALAZS, E. (= S.) (1). 'La Crise Sociale et la Philosophie Politique à la Fin des Han.' *TP*, 1949, **39**, 83.

BANKS, M. S. & MERRICK, J. M. (1). 'Further Analyses of Chinese Blue-and-White [Porcelain and Pottery].' *AMY*, 1967, **10**, 101.

BARNES, W. H. (1). 'The Apparatus, Preparations and Methods of the Ancient Chinese Alchemists.' *JCE*, 1934, **11**, 655. 'Diagrams of Chinese Alchemical Apparatus' (an abridged translation of Tshao Yuan-Yü, 1). *JCE*, 1936, **13**, 453.

BARNES, W. H. (2). 'Possible References to Chinese Alchemy in the −4th or −3rd Century.' *CJ*, 1935, **23**, 75.

BARNES, W. H. (3). 'Chinese Influence on Western Alchemy.' *N*, 1935, **135**, 824.

BARNES, W. H. & YUAN, H. B. (1). 'Thao the Recluse (+452 to +536); Chinese Alchemist.' *AX*, 1946, **2**, 138. Mainly a translation of a short biographical paper by Tshao Yuan-Yü.

LA BARRE, W. (1). 'Twenty Years of Peyote Studies.' *CURRA*, 1960, **1**, 45.

LA BARRE, W. (2). *The Peyote Cult*. Yale Univ. Press, New Haven, Conn., repr. Shoestring Press, Hamden, Conn. 1960. (Yale Univ. Publications in Anthropology, no. 19.)

BARTHOLD, W. (2). *Turkestan down to the Mongol Invasions*. 2nd ed. London, 1958.

BARTHOLINUS, THOMAS (1). *De Nivis Usu Medico Observationes Variae*. Copenhagen, 1661.

BARTON, G. A. (1). '[The "Abode of the Blest" in] Semitic [including Babylonian, Jewish and ancient Egyptian, Belief].' *ERE*, ii, 706.

DE BARY, W. T. (3) (ed.). *Self and Society in Ming Thought*. Columbia Univ. Press, New York and London, 1970.

BASU, B. N. (1) (tr.). *The 'Kāmasūtra' of Vātsyāyana* [prob. +4th century]. Rev. by S. L. Ghosh. Pref. by P. C. Bagchi. Med. Book Co., Calcutta, 1951 (10th ed.).

BAUDIN, L. (1). 'L'Empire Socialiste des Inka [Incas].' *TMIE*, 1928, no. 5.

BAUER, W. (3). 'The Encyclopaedia in China.' *JWH*, 1966, **9**, 665.

BAUER, W. (4). *China und die Hoffnung auf Glück; Paradiese, Utopien, Idealvorstellungen*. Hanser, München, 1971.

BAUMÉ, A. (1). *Éléments de Pharmacie*. 1777.

BAWDEN, F. C. & PIRIE, N. W. (1). 'The Isolation and Some Properties of Liquid Crystalline Substances from Solanaceous Plants infected with Three Strains of Tobacco Mosaic Virus.' *PRSB*, 1937, **123**, 274.

BAWDEN, F. C. & PIRIE, N. W. (2). 'Some Factors affecting the Activation of Virus Preparations made from Tobacco Leaves infected with a Tobacco Necrosis Virus.' *JGMB*, 1950, **4**, 464.

BAYES, W. (1). *The Triple Aspect of Chronic Disease, having especial reference to the Treatment of Intractable Disorders affecting the Nervous and Muscular System*. Churchill, London, 1854.

BAYLISS, W. M. (1). *Principles of General Physiology*. 4th ed. Longmans Green, London, 1924.

BEAL, S. (2) (tr.). *Si Yu Ki* [*Hsi Yü Chi*], *Buddhist Records of the Western World, transl. from the Chinese of Hiuen Tsiang* [*Hsüan-Chuang*]. 2 vols. Trübner, London, 1881, 1884, 2nd ed. 1906. Repr. in 4 vols. with new title; *Chinese Accounts of India, translated from the Chinese of Hiuen Tsiang*. Susil Gupta, Calcutta, 1957.

BEAUVOIS, E. (1). 'La Fontaine de Jouvence et le Jourdain dans les Traditions des Antilles et de la Floride.' *MUSEON*, 1884, **3**, 404.

BEBEY, F. (1). 'The Vibrant Intensity of Traditional African Music.' *UNESC*, 1972, **25** (no. 10), 15. (On p. 19, a photograph of a relief of Ouroboros in Dahomey.)

BEDINI, S. A. (5). 'The Scent of Time; a Study of the Use of Fire and Incense for Time Measurement in Oriental Countries.' *TAPS*, 1963 (N.S.), **53**, pt. 5, 1–51. Rev. G. J. Whitrow, *A/AIHS*, 1964, **17**, 184.

BEDINI, S. A. (6). 'Holy Smoke; Oriental Fire Clocks.' *NS*, 1964, **21** (no. 380), 537.

VAN BEEK, G. W. (1). 'The Rise and Fall of Arabia Felix.' *SAM*, 1969, **221** (no. 6), 36.

BEER, G. (1) (ed. & tr.). 'Das Buch Henoch [Enoch]' in *Die Apokryphen und Pseudepigraphien des alten Testaments*, ed. E. Kautzsch, 2 vols. Mohr (Siebeck), Tübingen, Leipzig ¦and Freiburg i/B, 1900, vol. **2** (Pseudepigraphien), pp. 217 ff.

LE BEGUE, JEAN (1). *Tabula de Vocabulis Synonymis et Equivocis Colorum* and *Experimenta de Coloribus* (MS. BM. 6741 of +1431). Eng. tr. Merrifield (1), vol. 1, pp. 1–321.

BEH, Y. T. *See* Kung, S. C., Chao, S. W., Bei, Y. T. & Chang, C. (1).

BEHANAN, KOVOOR T. (1). *Yoga; a Scientific Evaluation*. Secker & Warburg, London, 1937. Paperback repr. Dover, New York and Constable, London. n.d. (*c.* 1960).

BEHMEN, JACOB. *See* Boehme, Jacob.

BELL, SAM HANNA (1). *Erin's Orange Lily*. Dobson, London, 1956.

BELPAIRE, B. (3). 'Note sur un Traité Taoiste.' *MUSEON*, 1946, **59**, 655.

BENDALL, C. (1) (ed.). *Subhāṣita-saṃgraha*. Istas, Louvain, 1905. (Muséon Ser. nos. 4 and 5.)

BENEDETTI-PICHLER, A. A. (1). 'Micro-chemical Analysis of Pigments used in the Fossae of the Incisions of Chinese Oracle-Bones.' *IEC/AE*, 1937, **9**, 149. Abstr. *CA*, 1938, **31**, 3350.

BENFEY, O. T. (1). 'Dimensional Analysis of Chemical Laws and Theories.' *JCE*, 1957, **34**, 286.

BENFEY, O. T. (2) (ed.). *Classics in the Theory of Chemical Combination*. Dover, New York, 1963. (Classics of Science, no. 1.)

BENFEY, O. T. & FIKES, L. (1). 'The Chemical Prehistory of the Tetrahedron, Octahedron, Icosahedron and Hexagon.' *ADVC*, 1966, **61**, 111. (Kekulé Centennial Volume.)

BENNETT, A. A. (1). *John Fryer; the Introduction of Western Science and Technology into Nineteenth-Century China*. Harvard Univ. Press, Cambridge, Mass. 1967. (Harvard East Asian Monographs, no. 24.)

BENSON, H., WALLACE, R. K., DAHL, E. C. & COOKE, D. F. (1). 'Decreased Drug Abuse with Transcendental Meditation; a Study of 1862 Subjects.' In 'Hearings before the Select Committee on Crime of the House of Representatives (92nd Congress)', U.S. Govt. Washington, D.C. 1971, p. 681 (Serial no. 92-1).

BENTHAM, G. & HOOKER, J. D. (1). *Handbook of the British Flora; a Description of the Flowerin₆ Plants and Ferns indigenous to, or naturalised in, the British Isles*. 6th ed. 2 vols. (1 vol. text, 1 vol. dra wings). Reeve, London, 1892. repr. 1920.

BENVENISTE, E. (1). 'Le Terme *obryza* et la Métallurgie de l'Or.' *RPLHA*, 1953, **27**, 122.

BENVENISTE, E. (2). *Textes Sogdiens* (facsimile reproduction, transliteration, and translation with glossary). Paris, 1940. Rev. W. B. Hemming, *BLSOAS*, **11**.

BERENDES, J. (1). *Die Pharmacie bei den alten Culturvölkern; historisch-kritische Studien*. 2 vols. Tausch & Grosse, Halle, 1891.

BERGMAN, FOLKE (1). *Archaeological Researches in Sinkiang*. Reports of the Sino-Swedish [scientific] Expedition [to Northwest China]. 1939, vol. 7 (pt. 1).

BERGMAN, TORBERN (1). *Opuscula Physica et Chemica, pleraque antea seorsim edita, jam ab Auctore collecta, revisa et aucta*. 3 vols. Edman, Upsala, 1779–83. Eng. tr. by E. Cullen, *Physical and Chemical Essays*, 2 vols. London, 1784, 1788; the 3rd vol. Edinburgh, 1791.

BERGSØE, P. (1). 'The Metallurgy and Technology of Gold and Platinum among the Pre-Columbian Indians.' *IVS*, 1937, no. A44, 1–45. Prelim. pub. *N*, 1936, **137**, 29.

BERGSØE, P. (2). 'The Gilding Process and the Metallurgy of Copper and Lead among the Pre-Columbian Indians.' *IVS*, 1938, no. A46. Prelim. pub. 'Gilding of Copper among the Pre-Columbian Indians.' *N*, 1938, **141**, 829.

BERKELEY, GEORGE, BP. (1). *Siris; Philosophical Reflections and Enquiries concerning the Virtues of Tar-Water*. London, 1744.

BERNAL, J. D. (1). *Science in History*. Watts, London, 1954. (Beard Lectures at Ruskin College, Oxford.) Repr. 4 vols. Penguin, London, 1969.

BERNAL, J. D. (2). *The Extension of Man; a History of Physics before 1900*. Weidenfeld & Nicolson, London, 1972. (Lectures at Birkbeck College, London, posthumously published.)

BERNARD, THEOS (1). *Haṭhayoga; the Report of a Personal Experience*. Columbia Univ. Press, New York, 1944; Rider, London, 1950. Repr. 1968.

BERNARD-MAÎTRE, H. (3). 'Un Correspondant de Bernard de Jussieu en China; le Père le Chéron d'Incarville, missionaire français de Pékin, d'après de nombreux documents inédits.' *A/AIHS*, 1949, **28**, 333, 692.

BERNARD-MAÎTRE, H. (4). 'Notes on the Introduction of the Natural Sciences into the Chinese Empire.' *YJSS*, 1941, **3**, 220.

BERNARD-MAÎTRE, H. (9). 'Deux Chinois du 18ᵉ siècle à l'École des Physiocrates Français.' *BUA*, 1949 (3ᵉ sér.), **10**, 151.

BERNARD-MAÎTRE, H. (17). 'La Première Académie des Lincei et la Chine.' *MP*, 1941, 65.

BERNARD-MAÎTRE, H. (18). 'Les Adaptations Chinoises d'Ouvrages Européens; Bibliographie chronologique depuis la venue des Portugais à Canton jusqu'à la Mission française de Pékin (+1514 à +1688).' *MS*, 1945, **10**, 1–57, 309–88.

BERNAREGGI, E. (1). 'Nummi Pelliculati' (silver-clad copper coins of the Roman Republic). *RIN*, 1965, **67** (5th. ser., **13**), 5.

BERNOULLI, R. (1). 'Seelische Entwicklung im Spiegel der Alchemie u. verwandte Disciplinen.' *ERJB*, 1935, **3**, 231–87. Eng. tr. 'Spiritual Development as reflected in Alchemy and related Disciplines.' *ERYB*, 1960, **4**, 305. Repr. 1970.

BERNTHSEN, A. *See* Sudborough, J. J. (1).

BERRIMAN, A. E. (2). 'A Sumerian Weight-Standard in Chinese Metrology during the Former Han Dynasty (−206 to −23).' *RAAO*, 1958, **52**, 203.

BERRIMAN, A. E. (3). 'A New Approach to the Study of Ancient Metrology.' *RAAO*, 1955, **49**, 193.

BERTHELOT, M. (1). *Les Origines de l'Alchimie*. Steinheil, Paris, 1885. Repr. Libr. Sci. et Arts, Paris, 1938.

BERTHELOT, M. (2). *Introduction à l'Étude de la Chimie des Anciens et du Moyen-Age*. First published at the beginning of vol. 1 of the *Collection des Anciens Alchimistes Grecs* (see Berthelot & Ruelle), 1888. Repr. sep. Libr. Sci. et Arts, Paris, 1938. The 'Avant-propos' is contained only in Berthelot & Ruelle; there being a special Preface in Berthelot (2).

BERTHELOT, M. (3). Review of de Mély (1), *Lapidaires Chinois*. *JS*, 1896, 573.

BERTHELOT, M. (9). Les Compositons Incendiaires dans l'Antiquité et Moyen Ages.' *RDM*, 1891, **106**, 786.

BERTHELOT, M. (10). *La Chimie au Moyen Age;* vol. 1, *Essai sur la Transmission de la Science Antique au Moyen Age* (Latin texts). Impr. Nat. Paris, 1893. Photo. repr. Zeller, Osnabrück; Philo, Amsterdam, 1967. Rev. W. P[agel], *AX*, 1967, **14**, 203.

BERTHELOT, M. (12). 'Archéologie et Histoire des Sciences; avec Publication nouvelle du Papyrus Grec chimique de Leyde, et Impression originale du *Liber de Septuaginta* de Geber.' *MRASP*, 1906, **49**, 1–377. Sep. pub. Philo, Amsterdam, 1968.

BERTHELOT, M. [P. E. M.]. *See* Tenney L. Davis' biography (obituary), with portrait. *JCE*, 1934, **11** (585) and Boutaric (1).

BERTHELOT, M. & DUVAL, R. (1). *La Chimie au Moyen Age*; vol. 2, *l'Alchimie Syriaque*. Impr. Nat. Paris, 1893. Photo. repr. Zeller, Osnabrück; Philo, Amsterdam, 1967. Rev. W. P[agel], *AX*, 1967, **14**, 203.

BERTHELOT, M. & HOUDAS, M. O. (1). *La Chimie au Moyen Age*; vol. 3, *l'Alchimie Arabe*. Impr. Nat. Paris, 1893. Photo repr. Zeller, Osnabrück; Philo, Amsterdam, 1967. Rev. W. P[agel], *AX*, 1967, **14**, 203.

BERTHELOT, M. & RUELLE, C. E. (1). *Collection des Anciens Alchimistes Grecs*. 3 vols. Steinheil, Paris, 1888. Photo. repr. Zeller, Osnabrück, 1967.

BERTHOLD, A. A. (1). 'Transplantation der Hoden.' *AAPWM*, 1849, **16**, 42. Engl. tr. by D. P. Quiring. *BIHM*, 1944, **16**, 399.

BERTRAND, G. (1). Papers on laccase. *CRAS*, 1894, **118**, 1215; 1896, **122**, 1215; *BSCF*, 1894, **11**, 717; 1896, **15**, 793.

BERTUCCIOLI, G. (2). 'A Note on Two Ming Manuscripts of the *Pên Tshao Phin Hui Ching Yao*.' *JOSHK*, 1956, **2**, 63. Abstr. *RBS*, 1959, **2**, 228.

BETTENDORF, G. & INSLER, V. (1) (ed.). *The Clinical Application of Human Gonadotrophins*. Thieme, Stuttgart, 1970.

BEURDELEY, M. (1) (ed.). *The Clouds and the Rain; the Art of Love in China*. With contributions by K. Schipper on Taoism and sexuality, Chang Fu-Jui on literature and poetry, and J. Pimpaneau on perversions. Office du Livre, Fribourg and Hammond & Hammond, London, 1969.

BEVAN, E. R. (1). 'India in Early Greek and Latin Literature.' *CHI*, Cambridge, 1935, vol. 1, ch. 16, p. 391.

BEVAN, E. R. (2). *Stoics and Sceptics*. Oxford, 1913.

BEVAN, E. R. (3). *Later Greek Religion*. Oxford, 1927.

BEZOLD, C. (3). *Die 'Schatzhöhle'; aus dem Syrische Texte dreier unedirten Handschriften in's Deutsche übersetzt und mit Anmerkungen versehen...nebst einer Arabischen Version nach den Handschriften zu Rom, Paris und Oxford*. 2 vols. Hinrichs, Leipzig, 1883, 1888.

BHAGVAT, K. & RICHTER, D. (1). 'Animal Phenolases and Adrenaline.' *BJ*, 1938, **32**, 1397.

BHAGVAT SINGHJI, H. H. (Maharajah of Gondal) (1). *A Short History of Aryan Medical Science*. Gondal, Kathiawar, 1927.

BHATTACHARYA, B. (1) (ed.). *Guhya-samāja Tantra, or Tathāgata-guhyaka*. Orient. Instit., Baroda, 1931. (Gaekwad Orient. Ser. no. 53.)

BHATTACHARYA, B. (2). *Introduction to Buddhist Esoterism*. Oxford, 1932.

BHISHAGRATNA, (KAVIRAJ) KUNJA LAL SHARMA (1) (tr.). *An English Translation of the 'Sushruta Samhita', based on the original Sanskrit Text.* 3 vols. with an index volume, pr. pr. Calcutta, 1907–18. Re-issued, Chowkhamba Sanskrit Series Office, Varanasi, 1963. Rev. M. D. Grmek, *A/AIHS*, 1965, **18**, 130.

BIDEZ, J. (1). '*l'Épître sur la Chrysopée' de Michel Psellus* [with Italian translation]; [also] *Opuscules et Extraits sur l'Alchimie, la Météorologie et la Démonologie*... (Pt. VI of *Catalogue des Manuscrits Alchimiques Grecques*). Lamertin, for Union Académique Internationale, Brussels, 1928.

BIDEZ, J. (2). *Vie de Porphyre le Philosophe Neo-Platonicien avec les Fragments des Traités περὶ ἀγαλμάτων et 'De Regressu Animae'.* 2 pts. Univ. Gand, Leipzig, 1913. (Receuil des Trav. pub. Fac. Philos. Lettres, Univ. Gand.)

BIDEZ, J. & CUMONT, F. (1). *Les Mages Hellenisés; Zoroastre, Ostanès et Hytaspe d'après la Tradition Grecque.* 2 vols. Belles Lettres, Paris, 1938.

BIDEZ, J., CUMONT, F., DELATTE, A. HEIBERG, J. L., LAGERCRANTZ, O., KENYON, F., RUSKA, J. & DE FALCO, V. (1) (ed.). *Catalogue des Manuscrits Alchimiques Grecs.* 8 vols. Lamertin, Brussels, 1924–32 (for the Union Académique Internationale).

BIDEZ, J., CUMONT, F., DELATTE, A., SARTON, G., KENYON, F. & DE FALCO, V. (1) (ed.). *Catalogue des Manuscrits Alchimiques Latins.* 2 vols. Union Acad. Int., Brussels, 1939–51.

BIOT, E. (1) (tr.). *Le Tcheou-Li ou Rites des Tcheou* [Chou]. 3 vols. Imp. Nat., Paris, 1851. (Photo-grapically reproduced, Wêntienko, Peiping, 1930.)

BIOT, E. (17). 'Notice sur Quelques Procédés Industriels connus en Chine au XVIe siècle.' *JA*, 1835 (2ᵉ sér.), **16**, 130.

BIOT, E. (22). 'Mémoires sur Divers Minéraux Chinois appartenant à la Collection du Jardin du Roi.' *JA*, 1839 (3ᵉ sér.), **8**, 206.

BIRKENMAIER, A. (1). 'Simeon von Köln oder Roger Bacon?' *FRS*, 1924, **2**, 307.

AL-BĪRŪNĪ, ABŪ AL-RAIḤĀN MUḤAMMAD IBN-AḤMAD. *Taʾrīkh al-Hind* (History of India). *See* Sachau (1).

BISCHOF, K. G. (1). *Elements of Chemical and Physical Geology,* tr. B. H. Paul & J. Drummond from the 1st German edn. (3 vols., Marcus, Bonn, 1847–54), Harrison, London, 1854 (for the Cavendish Society). 2nd German ed. 3 vols. Marcus, Bonn, 1863, with supplementary volume, 1871.

BLACK, J. DAVIDSON (1). 'The Prehistoric Kansu Race.' *MGSC* (Ser. A.), 1925, no. 5.

BLAKNEY, R. B. (1). *The Way of Life; Lao Tzu—a new Translation of the 'Tao Tê Ching'.* Mentor, New York, 1955.

BLANCO-FREIJEIRO, A. & LUZÓN, J. M. (1). 'Pre-Roman Silver Miners at Rio Tinto.' *AQ*, 1969, **43**, 124.

DE BLANCOURT, HAUDICQUER (1). *L'Art de la Verrerie*... Paris, 1697. Eng. tr. *The Art of Glass*...*with an Appendix containing Exact Instructions for making Glass Eyes of all Colours.* London, 1699.

BLAU, J. L. (1). *The Christian Interpretation of the Cabala in the Renaissance.* Columbia Univ. Press, New York, 1944. (Inaug. Diss. Columbia, 1944.)

BLOCHMANN, H. F. (1) (tr.). *The 'Āʾīn-i Akbarī' (Administration of the Mogul Emperor Akbar) of Abūʾl Faẓl 'Allāmī.* Rouse, Calcutta, 1873. (Bibliotheca Indica, N.S., nos. 149, 158, 163, 194, 227, 247 and 287.)

BLOFELD, J. (3). *The Wheel of Life; the Autobiography of a Western Buddhist.* Rider, London, 1959.

BLOOM, ANDRÉ [METROPOLITAN ANTHONY] (1). 'Contemplation et Ascèse; Contribution Orthodoxe', art. in *Technique et Contemplation*. Études Carmelitaines, Paris, 1948, p. 49.

BLOOM, ANDRÉ [METROPOLITAN ANTHONY] (2). 'l'Hésychasme, Yoga Chrétien?', art. in *Yoga*, ed. J. Masui, Paris, 1953.

BLOOMFIELD, M. (1) (tr.). *Hymns of the Atharva-veda, together with Extracts from the Ritual Books and the Commentaries.* Oxford, 1897 (*SBE*, no. 42). Repr. Motilal Banarsidass, Delhi, 1964.

BLUNDELL, J. W. F. (2). *Medicina Mechanica.* London.

BOAS, G. (1). *Essays on Primitivism and Related Ideas in the Middle Ages.* Johns Hopkins Univ. Press, Baltimore, 1948.

BOAS, MARIE (2). *Robert Boyle and Seventeenth-Century Chemistry.* Cambridge, 1958.

BOAS, MARIE & HALL, A. R. (2). 'Newton's Chemical Experiments.' *A/AIHS*, 1958, **37**, 113.

BOCHARTUS, S. (1). *Opera Omnia, hoc est Phaleg, Canaan, et Hierozoicon.* Boutesteyn & Luchtmans, Leiden and van de Water, Utrecht, 1692. [The first two books are on the geography of the Bible and the third on the animals mentioned in it.]

BOCTHOR, E. (1). *Dictionnaire Français–Arabe,* enl. and ed. A. Caussin de Perceval. Didot, Paris, 1828–9. 3rd ed. Didot, Paris, 1864.

BODDE, D. (5). 'Types of Chinese Categorical Thinking.' *JAOS*, 1939, **59**, 200.

BODDE, D. (9). 'Some Chinese Tales of the Supernatural; Kan Pao and his *Sou Shen Chi*.' *HJAS*, 1942, **6**, 338.

BODDE, D. (10). 'Again Some Chinese Tales of the Supernatural; Further Remarks on Kan Pao and his *Sou Shen Chi*.' *JAOS*, 1942, **62**, 305.

BOECKH, A. (1) (ed.). *Corpus Inscriptionum Graecorum.* 4 vols. Berlin, 1828–77.

BOEHME, JACOB (1). *The Works of Jacob Behmen, the Teutonic Theosopher. . . To which is prefixed, the Life of the Author, with Figures illustrating his Principles, left by the Rev. W. Law.* Richardson, 4 vols. London, 1764–81. See Ferguson (1), vol. I, p. 111. Based partly upon: *Idea Chemiae Böhmianae Adeptae; das ist, ein Kurtzer Abriss der Bereitung deß Steins der Weisen, nach Anleitung deß Jacobi Böhm. . .* Amsterdam, 1680, 1690; and: *Jacob Böhms kurtze und deutliche Beschreibung des Steins der Weisen, nach seiner Materia, aus welcher er gemachet, nach seiner Zeichen und Farbe, welche im Werck erscheinen, nach seiner Kraft und Würckung, und wie lange Zeit darzu erfordert wird, und was insgemein bey dem Werck in acht zu nehmen. . .* Amsterdam, 1747.

BOEHME, JACOB (2). *The Epistles of Jacob Behmen, aliter Teutonicus Philosophus, translated out of the German Language.* London, 1649.

BOERHAAVE, H. (1). *Elementa Chemiae, quae anniversario labore docuit, in publicis, privatisque, Scholis.* 2 vols. Severinus and Imhoff, Leiden, 1732. Eng. tr. by P. Shaw: *A New Method of Chemistry, including the History, Theory and Practice of the Art.* 2 vols. Longman, London, 1741, 1753.

BOERHAAVE, HERMANN. See Lindeboom (1).

BOERSCHMANN, E. (11). 'Peking, eine Weltstadt der Baukunst.' *AT*, 1931 (no. 2), 74.

BOLL, F. (6). 'Studien zu Claudius Ptolemäus.' *JCP*, 1894, **21** (Suppl.), 155.

BOLLE, K. W. (1). *The Persistence of Religion; an Essay on Tantrism and Sri Aurobindo's Philosophy.* Brill, Leiden, 1965. (Supplements to *Numen*, no. 8.)

BONI, B. (3). 'Oro e Formiche Erodotee.' *CHIM*, 1950 (no. 3).

BONMARCHAND, G. (1) (tr.). 'Les Notes de Li Yi-Chan [Li I-shan], (Yi-Chan Tsa Tsouan [*I-Shan Tsa Tsuan*]), traduit du Chinois; Étude de Littérature Comparée.' *BMFJ*, 1955 (N.S.) **4** (no. 3), 1–84.

BONNER, C. (1). 'Studies in Magical Amulets, chiefly Graeco-Egyptian.' Ann Arbor, Michigan, 1950. (Univ. Michigan Studies in Humanities Ser., no. 49.)

BONNIN, A. (1). *Tutenag and Paktong; with Notes on other Alloys in Domestic Use during the Eighteenth Century.* Oxford, 1924.

BONUS, PETRUS, of Ferrara (1). *M. Petri Boni Lombardi Ferrariensis Physici et Chemici Excellentiss. Introductio in Artem Chemiae Integra, ab ipso authore inscripta Margarita Preciosa Novella; composita ante annos plus minus ducentos septuaginta, Nune multis mendis sublatis, comodiore, quam antehâc, forma edita, et indice revum ad calcem adornata.* Foillet, Montbeliard, 1602. 1st ed. Lacinius ed. Aldus, Venice, 1546. Tr. Waite (7). See Leicester (1), p. 86. Cf. Ferguson (1), vol. I, p. 115.

BORNET, P. (2). 'Au Service de la Chine; Schall et Verbiest, maîtres-fondeurs, I. les Canons.' *BCP*, 1946 (no. 389), 160.

BORNET, P. (3) (tr.). 'Relation Historique' [de Johann Adam Schall von Bell, S.J.]; Texte Latin avec Traduction française.' Hautes Études, Tientsin, 1942 (part of *Lettres et Mémoires d'Adam Schall S.J.* ed H. Bernard[-Maître]).

BORRICHIUS, O. (1). *De Ortu et Progressu Chemiae.* Copenhagen, 1668.

BOSE, D. M., SEN, S.-N., SUBBARAYAPPA, B. V. et al. (1). *A Concise History of Science in India.* Baptist Mission Press, Calcutta, for the Indian National Science Academy, New Delhi, 1971.

BOSON, G. (1). 'Alcuni Nomi di Pietri nelle Inscrizioni Assiro-Babilonesi.' *RSO*, 1914, **6**, 969.

BOSON, G. (2). 'I Metalli e le Pietri nelle Inscrizioni Assiro-Babilonesi.' *RSO*, 1917, **7**, 379.

BOSON, G. (3). *Les Métaux et les Pierres dans les Inscriptions Assyro-Babyloniennes.* Munich, 1914.

BOSTOCKE, R. (1). *The Difference between the Ancient Physicke, first taught by the godly Forefathers, insisting in unity, peace and concord, and the Latter Physicke. . .* London, 1585. Cf. Debus (12).

BOUCHÉ-LECLERCQ, A. (1). *L'Astrologie Grecque.* Leroux, Paris, 1899.

BOURKE, J. G. (1). 'Primitive Distillation among the Tarascoes.' *AAN*, 1893, **6**, 65.

BOURKE, J. G. (2). 'Distillation by Early American Indians.' *AAN*, 1894, **7**, 297.

BOURNE, F. S. A. (2). *The Lo-fou Mountains; an Excursion.* Kelly & Walsh, Shanghai, 1895.

BOUTARIC, A. (1). *Marcellin Berthelot (1827 à 1907).* Payot, Paris, 1927.

BOVILL, E. W. (1). 'Musk and Amber[gris].' *NQ*, 1954.

BOWERS, J. Z. & CARUBBA, R. W. (1). 'The Doctoral Thesis of Engelbert Kaempfer: "On Tropical Diseases, Oriental Medicine and Exotic Natural Phenomena".' *JHMAS*, 1970, **25**, 270.

BOYLE, ROBERT (1). *The Sceptical Chymist; or, Chymico-Physical Doubts and Paradoxes, touching the Experiments whereby Vulgar Spagyrists are wont to endeavour to evince their Salt, Sulphur and Mercury to be the True Principles of Things.* Crooke, London, 1661.

BOYLE, ROBERT (4). 'A New Frigoric Experiment.' *PTRS*, 1666, **1**, 255.

BOYLE, ROBERT (5). *New Experiments and Observations touching Cold.* London, 1665. Repr. 1772.

BOYLE, ROBERT. See Anon. (104).

BRADLEY, J. E. S. & BARNES, A. C. (1). *Chinese–English Glossary of Mineral Names.* Consultants' Bureau, New York, 1963.

BRASAVOLA, A. (1). *Examen Omnium Sinplicium Medicamentorum.* Rome, 1536.

BRELICH, H. (1). 'Chinese Methods of Mining Quicksilver.' *TIMM*, 1905, **14**, 483.

BRELICH, H. (2). 'Chinese Methods of Mining Quicksilver.' *MJ*, 1905 (27 May), 578, 595.

BRETSCHNEIDER, E. (1). *Botanicon Sinicum; Notes on Chinese Botany from Native and Western Sources*, 3 vols.
Vol. 1 (Pt. 1, no special sub-title) contains
ch. 1. Contribution towards a History of the Development of Botanical Knowledge among Eastern Asiatic Nations.
ch. 2. On the Scientific Determination of the Plants Mentioned in Chinese Books.
ch. 3. Alphabetical List of Chinese Works, with Index of Chinese Authors.
app. Celebrated Mountains of China (list)
Trübner, London, 1882 (printed in Japan); also pub. *JRAS/NCB*, 1881 (n.s.), **16**, 18–230 (in smaller format).
Vol. 2, Pt. II, *The Botany of the Chinese Classics*, with Annotations, Appendixes and Indexes by E. Faber, contains
Corrigenda and Addenda to Pt. 1
ch. 1. Plants mentioned in the *Erh Ya*.
ch. 2. Plants mentioned in the *Shih Ching*, the *Shu Ching*, the *Li Chi*, the *Chou Li* and other Chinese classical works.
Kelly & Walsh, Shanghai etc. 1892; also pub. *JRAS/NCB*, 1893 (n.s.), **25**, 1–468.
Vol. 3, Pt. III, *Botanical Investigations into the Materia Medica of the Ancient Chinese*, contains
ch. 1. Medicinal Plants of the *Shen Nung Pên Tshao Ching* and the [*Ming I*] *Pieh Lu* with indexes of geographical names, Chinese plant names and Latin generic names.
Kelly & Walsh, Shanghai etc., 1895; also pub. *JRAS/NCB*, 1895 (n.s.), **29**, 1–623.
BRETSCHNEIDER, E. (2). *Mediaeval Researches from Eastern Asiatic Sources; Fragments towards the Knowledge of the Geography and History of Central and Western Asia from the +13th to the +17th century*. 2 vols. Trübner, London, 1888. New ed. Routledge & Kegan Paul, 1937. Photo-reprint, 1967.
BREUER, H. & KASSAU, E. (1). *Eine einfache Methode zur Isolierung von Steroiden aus biologischen Medien durch Mikrosublimation*. Proc. 1st International Congress of Endocrinology, Copenhagen, 1960, Session XI (*d*), no. 561.
BREUER, H. & NOCKE, L. (1). 'Stoffwechsel der Oestrogene in der menschlichen Leber'; art. in VIter Symposium d. Deutschen Gesellschaft f. Endokrinologie, *Moderne Entwicklungen auf dem Gestagengebiet Hormone in der Veterinärmedizin*. Kiel, 1959, p. 410.
BREWER, J. S. (1) (ed.). *Fr. Rogeri Bacon Opera quaedam hactenus inedita*. Longman, Green, Longman & Roberts, London, 1859 (Rolls Series, no. 15). Contains *Opus Tertium* (*c.* +1268), part of *Opus Minus* (*c.* +1267), part of *Compendium Studii Philosophiae* (+1272), and the *Epistola de Secretis Operibus Artis et Naturae et de Nullitate Magiae* (*c.* +1270).
BRIDGES, J. H. (1) (ed.). *The 'Opus Maius'* [*c.* +1266] *of Roger Bacon*. 3 vols. Oxford, 1897–1900.
BRIDGMAN, E. C. (1). *A Chinese Chrestomathy, in the Canton Dialect*. S. Wells Williams, Macao, 1841.
BRIDGMAN, E. C. & WILLIAMS, S. WELLS (1). 'Mineralogy, Botany, Zoology and Medicine' [sections of a Chinese Chrestomathy], in Bridgman (1), pp. 429, 436, 460 and 497.
BRIGHTMAN, F. E. (1). *Liturgies, Eastern and Western*. Oxford, 1896.
BROMEHEAD, C. E. N. (2). 'Aetites, or the Eagle-Stone.' *AQ*, 1947, **21**, 16.
BROOKS, CHANDLER McC., GILBERT, J. L., LEVEY, H. A. & CURTIS, D. R. (1). *Humors, Hormones and Neurosecretions; the Origins and Development of Man's present Knowlege of the Humoral Control of Body Function*. New York State Univ. N.Y. 1962.
BROOKS, E. W. (1). 'A Syriac Fragment [a chronicle extending from +754 to +813].' *ZDMG*, 1900, **54**, 195.
BROOKS, G. (1). *Recherches sur le Latex de l'Arbre à Laque d'Indochine; le Laccol et ses Derivés*. Jouve, Paris, 1932.
BROOKS, G. (2). 'La Laque Végétale d'Indochine.' *LN*, 1937 (no. 3011), 359.
BROOMHALL, M. (1). *Islam in China*. Morgan & Scott, London, 1910.
BROSSE, T. (1). *Études instrumentales des Techniques du Yoga; Expérimentation psychosomatique*... with an Introduction 'La Nature du Yoga dans sa Tradition' by J. Filliozat, École Française d'Extrême-Orient, Paris, 1963 (Monograph series, no. 52).
BROUGH, J. (1). 'Soma and *Amanita muscaria*.' *BLSOAS*, 1971, **34**, 331.
BROWN-SÉQUARD, C. E. (1). 'Du Rôle physiologique d'un thérapeutique d'un Suc extrait de Testicules d'Animaux, d'après nombre de faits observés chez l'Homme.' *APNP*, 1889, **21**, 651.
BROWNE, C. A. (1). 'Rhetorical and Religious Aspects of Greek Alchemy; including a Commentary and Translation of the Poem of the Philosopher Archelaos upon the Sacred Art.' *AX*, 1938, **2**, 129; 1948, **3**, 15.
BROWNE, E. G. (1). *Arabian Medicine*. Cambridge, 1921. Repr. 1962. (French tr. H. J. P. Renaud; Larose, Paris, 1933.)
BROWNE, RICHARD (1) (tr.). *The Cure of Old Age and the Preservation of Youth* (tr. of Roger Bacon's *De Retardatione Accidentium Senectutis*...). London, 1683.
BROWNE, SIR THOMAS (1). *Religio Medici*. 1642.

BRUCK, R. (1) (tr.). 'Der Traktat des Meisters Antonio von Pisa.' *RKW*, 1902, **25**, 240. A + 14th-century treatise on glass-making.

BRUNET, P. & MIELI, A. (1). *L'Histoire des Sciences (Antiquité)*. Payot, Paris, 1935. Rev. G. Sarton, *ISIS*, 1935, **24**, 444.

BRUNSCHWYK, H. (1). '*Liber de arte Distillandi de Compositis': Das Buch der waren Kunst zu distillieren die Composita und Simplicia; und das Buch 'Thesaurus Pauperum', Ein schatz der armen genannt Micarium die brösamlin gefallen von den büchern d'Artzny und durch Experiment von mir Jheronimo Brunschwick uff geclubt und geoffenbart zu trost denen die es begehren*. Grüninger, Strassburg, 1512. (This is the so-called 'Large Book of Distillation'.) Eng. tr. *The Vertuose Boke of the Distillacyon...*, Andrewe, or Treveris, London, 1527, 1528 and 1530. The last reproduced in facsimile, with an introduction by H. J. Abrahams, Johnson, New York and London, 1971 (Sources of Science Ser., no. 79).

BRUNSCHWYK, H. (2). '*Liber de arte distillandi de simplicibus' oder Buch der rechten Kunst zu distillieren die eintzigen Dinge*. Grüninger, Strassburg, 1500. (The so-called 'Small Book of Distillation'.)

BRUNTON, T. LAUDER (1). *A Textbook of Pharmacology, Therapeutics and Materia Medica*. Adpated to the United States Pharmacopoeia by F. H. Williams. Macmillan, London, 1888.

BRYANT, P. L. (1). 'Chinese Camphor and Camphor Oil.' *CJ*, 1925, **3**, 228.

BUCH, M. (1). 'Die Wotjäken, eine ethnologische Studie.' *ASSF*, 1883, **12**, 465.

BUCK, J. LOSSING (1). *Land Utilisation in China; a Study of 16,786 Farms in 168 Localities, and 38,256 Farm Families in Twenty-two Provinces in China, 1929 to 1933*. Univ. of Nanking, Nanking and Commercial Press, Shanghai, 1937. (Report in the International Research Series of the Institute of Pacific Relations.)

BUCKLAND, A. W. (1). 'Ethnological Hints afforded by the Stimulants in Use among Savages and among the Ancients.' *JRAI*, 1879, **8**, 239.

BUDGE, E. A. WALLIS (4) (tr.). *The Book of the Dead; the Papyrus of Ani in the British Museum*. Brit. Mus., London, 1895.

BUDGE, E. A. WALLIS (5). *First Steps in [the Ancient] Egyptian [Language and Literature]; a Book for Beginners*. Kegan Paul, Trench & Trübner, London, 1923.

BUDGE, E. A. WALLIS (6) (tr.). *Syrian Anatomy, Pathology and Therapeutics; or, 'The Book of Medicines' —the Syriac Text, edited from a Rare Manuscript, with an English Translation...* 2 vols. Oxford, 1913.

BUDGE, E. A. WALLIS (7) (tr.). *The 'Book of the Cave of Treasures'; a History of the Patriarchs and the Kings and their Successors from the Creation to the Crucifixion of Christ, translated from the Syriac text of BM Add. MS. 25875*. Religious Tract Soc. London, 1927.

BUHOT, J. (1). *Arts de la Chine*. Editions du Chène, Paris, 1951.

BÜLFFINGER, G. B. (1). *Specimen Doctrinae Veterum Sinarum Moralis et Politicae; tanquam Exemplum Philosophiae Gentium ad Rem Publicam applicatae; Excerptum Libellis Sinicae Genti Classicis, Confucii sive Dicta sive Facta Complexis*. Frankfurt a/M, 1724.

BULLING, A. (14). 'Archaeological Excavations in China, 1949 to 1971.' *EXPED*, 1972, **14** (no. 4), 2; **15** (no. 1), 22.

BURCKHARDT, T. (1). *Alchemie*. Walter, Freiburg i/B, 1960. Eng. tr. by W. Stoddart: *Alchemy; Science of the Cosmos, Science of the Soul*. Stuart & Watkins, London, 1967.

BURKE, R. B. (1) (tr.). *The 'Opus Majus' of Roger Bacon*. 2 vols. Philadelphia and London, 1928.

BURKILL, I. H. (1). *A Dictionary of the Economic Products of the Malay Peninsula* (with contributions by W. Birtwhistle, F. W. Foxworthy, J. B. Scrivener & J. G. Watson). 2 vols. Crown Agents for the Colonies, London, 1935.

BURKITT, F. C. (1). *The Religion of the Manichees*. Cambridge, 1925.

BURKITT, F. C. (2). *Church and Gnosis*. Cambridge, 1932.

BURNAM, J. M. (1). *A Classical Technology edited from Codex Lucensis 490*. Boston, 1920.

BURNES, A. (1). *Travels into Bokhara...* 3 vols. Murray, London, 1834.

BURTON, A. (1). *Rush-bearing; an Account of the Old Customs of Strewing Rushes, Carrying Rushes to Church, the Rush-cart; Garlands in Churches, Morris-Dancers, the Wakes, and the Rush*. Brook & Chrystal, Manchester, 1891.

BUSHELL, S. W. (2). *Chinese Art*. 2 vols. For Victoria and Albert Museum, HMSO, London, 1909; 2nd ed. 1914.

CABANÈS, A. (1). *Remèdes d'Autrefois*. 2nd ed. Maloine, Paris, 1910.

CALEY, E. R. (1). 'The Leyden Papyrus X; an English Translation with Brief Notes.' *JCE*, 1926, **3**, 1149.

CALEY, E. R. (2). 'The Stockholm Papyrus; an English Translation with Brief Notes.' *JCE*, 1927, **4**, 979.

CALEY, E. R. (3). 'On the Prehistoric Use of Arsenical Copper in the Aegean Region.' *HE*, 1949, **8** (Suppl.), 60 (Commemorative Studies in Honour of Theodore Leslie Shear).

CALEY, E. R. (4). 'The Earliest Use of Nickel Alloys in Coinage.' *NR*, 1943, **1**, 17.

CALEY, E. R. (5). 'Ancient Greek Pigments.' *JCE*, 1946, **23**, 314.

CALEY, E. R. (6). 'Investigations on the Origin and Manufacture of Orichalcum', art. in *Archaeological Chemistry*, ed. M. Levey. Pennsylvania University Press, Philadelphia, Pennsylvania, 1967, p. 59.

CALEY, E. R. & RICHARDS, J. C. (1). *Theophrastus on the Stones*. Columbus, Ohio, 1956.

CALLOWAY, D. H. (1). 'Gas in the Alimentary Canal.' Ch. 137 in *Handbook of Physiology*, sect. 6, 'Alimentary Canal', vol. 5, 'Bile; Digestion; Ruminal Physiology'. Ed. C. F. Code & W. Heidel. Williams & Wilkins, for the American Physiological Society, Washington, D.C. 1968.

CALMET, AUGUSTIN (1). *Dissertations upon the Appearances of Angels, Daemons and Ghosts, and concerning the Vampires of Hungary, Bohemia, Moravia and Silesia*. Cooper, London, 1759, tr. from the French ed. of 1745. Repr. with little change, under the title: *The Phantom World, or the Philosophy of Spirits, Apparitions, etc....*, ed. H. Christmas, 2 vols. London, 1850.

CAMMANN, S. VAN R. (4). 'Archaeological Evidence for Chinese Contacts with India during the Han Dynasty.' *S*, 1956, **5**, 1; abstr. *RBS*, 1959, **2**, no. 320.

CAMMANN, S. VAN R. (5). 'The "Bactrian Nickel Theory".' *AJA*, 1958, **62**, 409. (Commentary on Chêng & Schwitter, 1.)

CAMMANN, S. VAN R. (7). 'The Evolution of Magic Squares in China.' *JAOS*, 1960, **80**, 116.

CAMMANN, S. VAN R. (8). 'Old Chinese Magic Squares.' *S*, 1962, **7**, 14. Abstr. L. Lanciotti, *RBS*, 1969, **8**, no. 837.

CAMMANN, S. VAN R. (9). 'The Magic Square of Three in Old Chinese Philosophy and Religion.' *HOR*, 1961, **1** (no. 1), 37. Crit. J. Needham, *RBS*, 1968, **7**, no. 581.

CAMMANN, S. VAN R. (10). 'A Suggested Origin of the Tibetan Maṇḍala Paintings.' *ARQ*, 1950, **13**, 107.

CAMMANN, S. VAN R. (11). 'On the Renewed Attempt to Revive the "Bactrian Nickel Theory".' *AJA*, 1962, **66**, 92 (rejoinder to Chêng & Schwitter, 2).

CAMMANN, S. VAN R. (12). 'Islamic and Indian Magic Squares.' *HOR*, 1968, **8**, 181, 271.

CAMMANN, S. VAN R. (13). Art. 'Magic Squares' in *EB* 1957 ed., vol. XIV, p. 573.

CAMPBELL, D. (1). *Arabian Medicine and its Influence on the Middle Ages*. 2 vols. (the second a bibliography of Latin MSS translations from Arabic). Kegan Paul, London, 1926.

CARATINI, R. (1). 'Quadrature du Cercle et Quadrature des Lunules en Mésopotamie.' *RAAO*, 1957, **51**, 11.

CARBONELLI, G. (1). *Sulle Fonti Storiche della Chimica e dell'Alchimia in Italia*. Rome, 1925.

CARDEW, S. (1). 'Mining in China in 1952.' *MJ*, 1953, **240**, 390.

CARLID, G. & NORDSTRÖM, J. (1). *Torbern Bergman's Foreign Correspondence* (with brief biography by H. Olsson). Almqvist & Wiksell, Stockholm, 1965.

CARLSON, C. S. (1). 'Extractive and Azeotropic Distillation.' Art. in *Distillation*, ed. A. Weissberger (*Technique of Organic Chemistry*, vol. 4), p. 317. Interscience, New York, 1951.

CARR, A. (1). *The Reptiles*. Time-Life International, Holland, 1963.

CARTER, G. F. (1). 'The Preparation of Ancient Coins for Accurate X-Ray Fluorescence Analysis.' *AMY*, 1964, **7**, 106.

CARTER, T. F. (1). *The Invention of Printing in China and its Spread Westward*. Columbia Univ. Press, New York, 1925, revised ed. 1931. 2nd ed. revised by L. Carrington Goodrich. Ronald, New York, 1955.

CARY, G. (1). *The Medieval Alexander*. Ed. D. J. A. Ross. Cambridge, 1956. (A study of the origins and versions of the Alexander-Romance; important for medieval ideas on flying-machine and diving-bell or bathyscaphe.)

CASAL, U. A. (1). 'The Yamabushi.' *MDGNVO*, 1965, **46**, 1.

CASAL, U. A. (2). 'Incense.' *TAS/J*, 1954 (3rd ser.), **3**, 46.

CASARTELLI, L. C. (1). '[The State of the Dead in] Iranian [and Persian Belief].' *ERE*, vol. XI, p. 847.

CASE, R. E. (1). 'Nickel-containing Coins of Bactria, −235 to −170.' *COCJ*, 1934, **102**, 117.

CASSIANUS, JOHANNES. *Conlationes*, ed. Petschenig. Cf. E. C. S. Gibson tr. (1).

CASSIUS, ANDREAS (the younger) (1). *De Extremo illo et Perfectissimo Naturae Opificio ac Principe Terraenorum Sidere Auro de admiranda ejus Natura...Cogitata Nobilioribus Experimentis Illustrata.* Hamburg, 1685. Cf. Partington (7), vol. 2, p. 371; Ferguson (1), vol. 1, p. 148.

CEDRENUS, GEORGIUS (1). *Historiōn Archomenē* (c. +1059), ed. Bekker (in *Corp. Script. Hist. Byz.* series).

CENNINI, CENNINO (1). *Il Libro dell'Arte*. MS on dyeing and painting, 1437. Eng. trs. C. J. Herringham, Allen & Unwin, London, 1897; D. V. Thompson, Yale Univ. Press. New Haven, Conn. 1933.

CERNY, J. (1). *Egyptian Religion*.

CHADWICK, H. (1) (tr.). *Origen 'Contra Celsum'; Translated with an Introduction and Notes*. Cambridge, 1953.

CHAMBERLAIN, B. H. (1). *Things Japanese*. Murray, London, 2nd ed. 1891; 3rd ed. 1898.

CHAMPOLLION, J. F. (1). '*L'Égypte sous les Pharaons; ou Recherches sur la Geographie, la Religion, la Langue, les Écritures, et l'Histoire de l'Égypte avant l'invasion de Cambyse*. De Bure, Paris, 1814.

CHAMPOLLION, J. F. (2). *Grammaire Égyptien en Écriture Hieroglyphique*. Didot, Paris, 1841.

CHAMPOLLION, J. F. (3). *Dictionnaire Égyptien en Écriture Hieroglyphique*. Didot, Paris, 1841.

CHANG, C. *See* Kung, S. C., Chao, S. W., Pei, Y. T. & Chang, C. (1).

CHANG CHUNG-YUAN (1). 'An Introduction to Taoist Yoga.' *RR*, 1956, **20**, 131.

CHANG HUNG-CHAO (1). *Lapidarium Sinicum; a Study of the Rocks, Fossils and Minerals as known in Chinese Literature* (in Chinese with English summary). Chinese Geological Survey, Peiping, 1927. *MGSC* (ser. B), no. 2.

CHANG HUNG-CHAO (2). 'The Beginning of the Use of Zinc in China.' *BCGS*, 1922, **2** (no. 1/2), 17. Cf. Chang Hung-Chao (3).

CHANG HUNG-CHAO (3). 'New Researches on the Beginning of the Use of Zinc in China.' *BCGS*, 1925, **4** (no. 1), 125. Cf. Chang Hung-Chao (6).

CHANG HUNG-CHAO (4). 'The Origins of the Western Lake at Hangchow.' *BCGS*, 1924, **3** (no. 1), 26. Cf. Chang Hung-Chao (5).

CHANG HSIEN-FÊNG (1). 'A Communist Grows in Struggle.' *CREC*, 1969, **18** (no. 4), 17.

CHANG KUANG-YU & CHANG CHÊNG-YU (1). *Peking Opera Make-up; an Album of Cut-outs.* Foreign Languages Press, Peking, 1959.

CHANG TZU-KUNG (1). 'Taoist Thought and the Development of Science; a Missing Chapter in the History of Science and Culture-Relations.' Unpub. MS., 1945. Now in *MBPB*, 1972, **21** (no. 1), **7** (no. 2), 20.

CHARLES, J. A. (1). 'Early Arsenical Bronzes—a Metallurgical View.' *AJA*, 1967, **71**, 21. A discussion arising from the data in Renfrew (1).

CHARLES, J. A. (2). 'The First Sheffield Plate.' *AQ*, 1968, **42**, 278. With an appendix on the dating of the Minoan bronze dagger with silver-capped copper rivet-heads, by F. H. Stubbings.

CHARLES, J. A. (3). 'Heterogeneity in Metals.' *AMY*, 1973, **15**, 105.

CHARLES, R. H. (1) (tr.). *The 'Book of Enoch', or 'I Enoch', translated from the Editor's Ethiopic Text, and edited with the Introduction, Notes and Indexes of the First Edition, wholly recast, enlarged and re-written, together with a Reprint from the Editor's Text of the Greek Fragments.* Oxford, 1912 (first ed., Oxford, 1893).

CHARLES, R. H. (2) (ed.). *The Ethiopic Version of the 'Book of Enoch', edited from 23 MSS, together with the Fragmentary Greek and Latin Versions.* Oxford, 1906.

CHARLES, R. H. (3). *A Critical History of the Doctrine of a Future Life in Israel, in Judaism, and in Christianity; or, Hebrew, Jewish and Christian Eschatology from pre-Prophetic Times till the Close of the New Testament Canon.* Black, London, 1899. Repr. 1913 (Jowett Lectures, 1898–9).

CHARLES, R. H. (4) 'Gehenna', art. in Hastings, *Dictionary of the Bible*, Clark, Edinburgh, 1899, vol. 2, p. 119.

CHARLES, R. H. (5) (ed.). *The Apocrypha and Pseudepigrapha of the Old Testament in English; with Introductions, and Critical and Explanatory Notes, to the Several Books...* 2 vols. Oxford, 1913 (I Enoch is in vol. 2).

CHATLEY, H. (1). MS. translation of the astronomical chapter (ch. 3, Thien Wên) of *Huai Nan Tzu*. Unpublished. (Cf. note in *O*, 1952, **72**, 84.)

CHATLEY, H. (37). 'Alchemy in China.' *JALCHS*, 1913, **2**, 33.

CHATTERJI, S. K. (1). 'India and China; Ancient Contacts—What India received from China.' *JRAS/B*, 1959 (n.s.), **1**, 89.

CHATTOPADHYAYA, D. (1). 'Needham on Tantrism and Taoism.' *NAGE*, 1957, **6** (no. 12), 43; 1958, **7** (no. 1), 32.

CHATTOPADHYAYA, D. (2). 'The Material Basis of Idealism.' *NAGE*, 1958, **7** (no. 8), 30.

CHATTOPADHYAYA, D. (3) 'Brahman and Maya.' *ENQ*, 1959, **1** (no. 1), 25.

CHATTOPADHYAYA, D. (4). *Lokāyata, a Study in Ancient Indian Materialism.* People's Publishing House, New Delhi, 1959.

CHAVANNES, E. (14). *Documents sur les Tou-Kiue [Thu-Chüeh] (Turcs) Occidentaux, receuillis et commentés par E. C....* Imp. Acad. Sci., St Petersburg, 1903. Repr. Paris, with the inclusion of the 'Notes Additionelles', n. d.

CHAVANNES, E. (17). 'Notes Additionelles sur les Tou-Kiue [Thu-Chüeh] (Turcs) Occidentaux.' *TP*, 1904, **5**, 1–110, with index and errata for Chavannes (14).

CHAVANNES, E. (19). 'Inscriptions et Pièces de Chancellerie Chinoises de l'Époque Mongole.' *TP*, 1904, **5**, 357–447; 1905, **6**, 1–42; 1908, **9**, 297–428.

CHAVANNES, E. & PELLIOT, P. (1). 'Un Traité Manichéen retrouvé en Chine, traduit et annoté.' *JA*, 1911 (10e sér), **18**, 499; 1913 (11e sér), **1**, 99, 261.

CH'ÊN, JEROME. *See* Chhen Chih-Jang.

CHÊNG, C. F. & SCHWITTER, C. M. (1). 'Nickel in Ancient Bronzes.' *AJA*, 1957, **61**, 351. With an appendix on chemical analysis by X-ray fluorescence by K. G. Carroll.

CHÊNG, C. F. & SCHWITTER, C. M. (2). 'Bactrian Nickel and [the] Chinese [Square] Bamboos.' *AJA*, 1962, **66**, 87 (reply to Cammann, 5).

CHÊNG MAN-CHHING & SMITH, R. W. (1). *Thai-Chi; the 'Supreme Ultimate' Exercise for Health, Sport and Self-Defence.* Weatherhill, Tokyo, 1966.

CHÊNG TÊ-KHUN (2) (tr.). 'Travels of the Emperor Mu.' *JRAS/NCB*, 1933, **64**, 142; 1934, **65**, 128.

CHÊNG TÊ-KHUN (7). 'Yin Yang, Wu Hsing and Han Art.' *HJAS*, 1957, **20**, 162.

CHÊNG TÊ-KHUN (9). *Archaeology in China.*
　Vol. 1, *Prehistoric China.* Heffer, Cambridge, 1959.
　Vol. 2, *Shang China.* Heffer, Cambridge, 1960.
　Vol. 3, *Chou China*, Heffer, Cambridge, and Univ. Press, Toronto, 1963.
　Vol. 4, *Han China* (in the press).

CHENG WOU-CHAN. See Shêng Wu-Shan.

CHEO, S. W. See Kung, S. C., Chao, S. W., Pei, Y. T. & Chang, C. (1).

CHEYNE, T. K. (1). *The Origin and Religious Content of the Psalter.* Kegan Paul, London, 1891. (Bampton Lectures.)

CHHEN CHIH-JANG (1). *Mao and the Chinese Revolution.* Oxford, 1965. With 37 Poems by Mao Tsê-Tung, translated by Michael Bullock & Chhen Chih-Jang.

CHHEN SHOU-YI (3). *Chinese Literature; a Historical Introduction.* Ronald, New York, 1961.

CHHU TA-KAO (2) (tr.). *Tao Tê Ching, a new translation.* Buddhist Lodge, London, 1937.

CHIKASHIGE, MASUMI (1). *Alchemy and other Chemical Achievements of the Ancient Orient; the Civilisation of Japan and China in Early Times as seen from the Chemical (and Metallurgical) Point of View.* Rokakuho Uchida, Tokyo, 1936. Rev. Tenney L. Davis, *JACS*, 1937, **59**, 952. Cf. Chinese résumé of Chakashige's lectures by Chhen Mêng-Yen, *KHS*, 1920, **5** (no. 3), 262.

CHIU YAN TSZ. See Yang Tzu-Chiu (1).

CHOISY, M. (1). *La Métaphysique des Yogas.* Ed. Mont. Blanc, Geneva, 1948. With an introduction by P. Masson-Oursel.

CHŎN SANGŬN (1). *Science and Technology in Korea; Traditional Instruments and Techniques.* M.I.T. Press, Cambridge, Mass. 1972.

CHOU I-LIANG (1). 'Tantrism in China.' *HJAS*, 1945, **8**, 241.

CHOULANT, L. (1). *History and Bibliography of Anatomic Illustration.* Schuman, New York, 1945, tr. from the German (Weigel, Leipzig, 1852) by M. Frank, with essays by F. H. Garrison, M. Frank, E. C. Streeter & Charles Singer. and a Bibliography of M. Frank by J. C. Bay.

CHOU YI-LIANG. See Chou I-Liang.

CHU HSI-THAO (1). 'The Use of Amalgam as Filling Material in Dentistry in Ancient China.' *CMJ*, 1958, **76**, 553.

CHWOLSON, D. (1). *Die Ssabier und der Ssabismus.* 2 vols. Imp. Acad. Sci., St Petersburg, 1856. (On the culture and religion of the Sabians, Ṣābi, of Harrān, 'pagans' till the +10th century, a people important for the transmission of the Hermetica, and for the history of alchemy, Harrān being a cross-roads of influences from the East and West of the Old World.)

[CIBOT, P. M.] (3). 'Notice du Cong-Fou [*Kung fu*], des Bonzes Tao-sée [Tao Shih].' *MCHSAMUC*, 1779, **4**, 441. Often ascribed, as by Dudgeon (1) and others, to J. J. M. Amiot, but considered Cibot's by Pfister (1), p. 896.

[CIBOT, P. M.] (5). 'Notices sur différens Objets; (1) Vin, Eau-de-Vie et Vinaigre de Chine, (2) Raisins secs de Hami, (3) Notices du Royaume de Hami, (4) Rémèdes [*pao-hsing shih, khu chiu*], (5) Teinture chinoise, (6) Abricotier [selection, care of seedlings, and grafting], (7) Armoise.' *MCHSAMUC*, 1780, **5**, 467–518.

CIBOT, P. M. (11). (posthumous). 'Notice sur le Cinabre, le Vif-Argent et le *Ling sha*.' *MCHSAMUC*, 1786, **11**, 304.

CIBOT, P. M. (12) (posthumous). 'Notice sur le Borax.' *MCHSAMUC*, 1786, **11**, 343.

CIBOT, P. M. (13) (posthumous). 'Diverses Remarques sur les Arts-Pratiques en Chine; Ouvrages de Fer, Art de peindre sur les Glaces et sur les Pierres.' *MCHSAMUC*, 1786, **11**, 361.

CIBOT, P. M. (14). 'Notice sur le Lieou-li [*Liu-li*], ou Tuiles Vernissées.' *MCHSAMUC*, 1787, **13**, 396.

[CIBOT, P. M.] (16). 'Notice du Ché-hiang [*Shê hsiang*, musk and the musk deer].' *MCHSAMUC*, 1779, **4**, 493.

[CIBOT, P. M.] (17). 'Quelques Compositions et Recettes pratiquées chez les Chinois ou consignées dans leurs Livres, et que l'Auteur a crues utiles ou inconnues en Europe [on felt, wax, conservation of oranges, bronzing of copper, etc. etc.].' *MCHSAMUC*, 1779, **4**, 484.

CLAPHAM, A. R., TUTIN, T. G. & WARBURG, E. F. (1). *Flora of the British Isles.* 2nd ed. Cambridge, 1962.

CLARK, A. J. (1). *Applied Pharmacology.* 7th ed. Churchill, London, 1942.

CLARK, E. (1). 'Notes on the Progress of Mining in China.' *TAIME*, 1891, **19**, 571. (Contains an account (pp. 587 ff.) of the recovery of silver from argentiferous lead ore, and cupellation by traditional methods, at the mines of Yen-tang Shan.)

CLARK, R. T. RUNDLE (1). *Myth and Symbol in Ancient Egypt.* Thames & Hudson, London, 1959.

CLARK, W. G. & DEL GIUDICE, J. (1) (ed.). *Principles of Psychopharmacology*. Academic Press, New York and London, 1971.

CLARKE, J. & GEIKIE, A. (1). *Physical Science in the Time of Nero, being a Translation of the 'Quaestiones Naturales' of Seneca, with notes by Sir Archibald Geikie*. Macmillan, London, 1910.

CLAUDER, GABRIEL (1). *Inventum Cinnabarinum, hoc est Dissertatio Cinnabari Nativa Hungarica, longa circulatione in majorem efficaciam fixata et exalta*. Jena, 1684.

CLEAVES, F. W. (1). 'The Sino-Mongolian Inscription of +1240 [edict of the empress Törgene, wife of Ogatai Khan (+1186 to +1241) on the cutting of the blocks for the Yuan edition of the *Tao Tsang*].' *HJAS*, 1960, **23**, 62.

CLINE, W. (1). *Mining and Metallurgy in Negro Africa*. Banta, Menasha, Wisconsin, 1937 (mimeographed). (General Studies in Anthropology, no. 5, Iron.)

CLOW, A. & CLOW, NAN L. (1). *The Chemical Revolution; a Contribution to Social Technology*. Batchworth, London, 1952.

CLOW, A. & CLOW, NAN L. (2). 'Vitriol in the Industrial Revolution.' *EHR*, 1945, **15**, 44.

CLULEE, N. H. (1). 'John Dee's Mathematics and the Grading of Compound Qualities.' *AX*, 1971, **18**, 178.

CLYMER, R. SWINBURNE (1). *Alchemy and the Alchemists; giving the Secret of the Philosopher's Stone, the Elixir of Youth, and the Universal Solvent; Also showing that the* True *Alchemists did not seek to transmute base metals into Gold, but sought the Highest Initiation or the Development of the Spiritual Nature in Man*... 4 vols. Philosophical Publishing Co. Allentown, Pennsylvania, 1907. The first two contain the text of Hitchcock (1), but 'considerably re-written and with much additional information, mis-information and miscellaneous nonsense interpolated' (Cohen, 1).

COGHLAN, H. H. (1). 'Metal Implements and Weapons [in Early Times before the Fall of the Ancient Empires].' Art. in *History of Technology*, ed. C. Singer, E. J. Holmyard & A. R. Hall. Oxford, 1954, vol. 1, p. 600.

COGHLAN, H. H. (3). 'Etruscan and Spanish Swords of Iron.' *SIB*, 1957, **3**, 167.

COGHLAN, H. H. (4). 'A Note upon Iron as a Material for the Celtic Sword.' *SIB*, 1957, **3**, 129.

COGHLAN, H. H. (5). *Notes on Prehistoric and Early Iron in the Old World; including a Metallographic and Metallurgical Examination of specimens selected by the Pitt Rivers Museum, and contributions by I. M. Allen*. Oxford, 1956. (Pitt Rivers Museum Occasional Papers on Technology, no. 8.)

COGHLAN, H. H. (6). 'The Prehistorical Working of Bronze and Arsenical Copper.' *SIB*, 1960, **5**, 145.

COHAUSEN, J. H. (1). *Lebensverlängerung bis auf 115 Jahre durch den Hauch junger Mädchen*. Orig. title: *Der wieder lebende Hermippus, oder curieuse physikalisch-medizinische Abhandlung von der seltener Art, sein Leben durch das Anhauchen Junger- Mägdchen bis auf 115 Jahr zu verlängern, aus einem römischen Denkmal genommen, nun aber mit medicinischen Gründen befestiget, und durch Beweise und Exempel, wie auch mit einer wunderbaren Erfindung aus der philosophischen Scheidekunst erläutert und bestätiget von J. H. C.*...Alten Knaben, (Stuttgart?), 1753. Latin ed. Andreae, Frankfurt, 1742. Reprinted in *Der Schatzgräber in den literarischen und bildlichen Seltenheiten, Sonderbarkeiten, etc., hauptsächlich des deutschen Mittelalters*, ed. J. Scheible, vol. 2. Scheible, Stuttgart and Leipzig, 1847. Eng. tr. by J. Campbell, *Hermippus Redivivus; or, the Sage's Triumph over Old Age and the Grave, wherein a Method is laid down for prolonging the Life and Vigour of Man*. London, 1748, repr. 1749, 3rd ed. London, 1771. Cf. Ferguson (1), vol. 1, pp. 168 ff.; Paal (1).

COHEN, I. BERNARD (1). 'Ethan Allen Hitchcock; Soldier–Humanitarian–Scholar; Discoverer of the "True Subject" of the Hermetic Art.' *PAAQS*, 1952, 29.

COLEBY, L. J. M. (1). *The Chemical Studies of P. J. Macquer*. Allen & Unwin, London, 1938.

COLLAS, J. P. L. (3) (posthumous). 'Sur un Sel appellé par les Chinois *Kièn*.' *MCHSAMUC*, 1786, **11**, 315.

COLLAS, J. P. L. (4) (posthumous). 'Extrait d'une Lettre de Feu M. Collas, Missionnaire à Péking, 1ᵉ Sur la Chaux Noire de Chine, 2ᵉ Sur une Matière appellée Lieou-li [*Liu-li*], qui approche du Verre, 3ᵉ Sur une Espèce de Mottes à Brûler.' *MCHSAMUC*, 1786, **11**, 321.

COLLAS, J. P. L. (5) (posthumous). 'Sur le Hoang-fan [*Huang fan*] ou vitriol, le Nao-cha [*Nao sha*] ou Sel ammoniac, et le Hoang-pé-mou [*Huang po mu*].' *MCHSAMUC*, 1786, **11**, 329.

COLLAS, J. P. L. (6) (posthumous). 'Notice sur le Charbon de Terre.' *MCHSAMUC*, 1786, **11**, 334.

COLLAS, J. P. L. (7) (posthumous). 'Notice sur le Cuivre blanc de Chine, sur le Minium et l'Amadou.' *MCHSAMUC*, 1786, **11**, 347.

COLLAS, J. P. L. (8) (posthumous). 'Notice sur un Papier doré sans Or.' *MCHSAMUC*, 1786, **11**, 351.

COLLAS, J. P. L. (9) (posthumous). 'Sur la Quintessence Minérale de M. le Comte de la Garaye.' *MCHSAMUC*, 1786, **11**, 298.

COLLIER, H. B. (1). 'Alchemy in Ancient China.' *CHEMC*, 1952, 41 (101).

COLLINS, W. F. (1). *Mineral Enterprise in China*. Revised edition. Tientsin Press. Tientsin, 1922. With an appendix chapter on 'Mining Legislation and Development' by Ting Wên-Chiang (V. K. Ting), and a memorandum on 'Mining Taxation' by G. G. S. Lindsey.

CONDAMIN, J. & PICON, M. (1). 'The Influence of Corrosion and Diffusion on the Percentage of Silver in Roman Denarii.' *AMY*, 1964, **7**, 98.

DE CONDORCET, A. N. (1). *Esquisse d'un Tableau Historique des Progrès de l'Esprit Humain*. Paris, 1795. Eng. tr. by J. Barraclough, *Sketch for a Historical Picture of the Human Mind*. London, 1955.

CONNELL, K. H. (1). *Irish Peasant Society; Four Historical Essays*. Oxford, 1968. ('Illicit Distillation', pp. 1–50.)

CONRADY, A. (1). 'Indischer Einfluss in China in 4-jahrh. v. Chr.' *ZDMG*, 1906, **60**, 335.

CONRADY, A. (3). 'Zu *Lao-Tze*, cap. 6' (The valley spirit). *AM*, 1932, **7**, 150.

CONRING, H. (1). *De Hermetica Aegyptiorum Vetere et Paracelsicorum Nova Medicina*. Muller & Richter, Helmstadt, 1648.

CONYBEARE, F. C. (1) (tr.). *Philostratus [of Lemnos]; the ' Life of Apollonius of Tyana'*. 2 vols. Heinemann, London, 1912, repr. 1948. (Loeb Classics series.)

CONZE, E. (8). 'Buddhism and Gnosis.' *NUM/SHR*, 1967, **12**, 651 (in *Le Origini dello Gnosticismo*).

COOPER, W. C. & SIVIN, N. (1). 'Man as a Medicine; Pharmacological and Ritual Aspects of Traditional Therapy using Drugs derived from the Human Body.' Art. in Nakayama & Sivin (1), p. 203.

CORBIN, H. (1). 'De la Gnose antique à la Gnose Ismaelienne.' Art. in *Atti dello Convegno di Scienze Morali, Storiche e Filologiche—'Oriente ed Occidente nel Medio Evo'*. Acc. Naz. dei Lincei, Rome, 1956 (Atti dei Convegni Alessandro Volta, no. 12), p. 105.

CORDIER, H. (1). *Histoire Générale de la Chine*. 4 vols. Geuthner, Paris, 1920.

CORDIER, H. (13). 'La Suppression de la Compagnie de Jésus et de la Mission de Péking' (1774). *TP* 1916, **17**, 271, 561.

CORDIER, L. (1). 'Observations sur la Lettre de Mons. Abel Rémusat...sur l'Existence de deux Volcans brûlans dans la Tartarie Centrale.' *JA*, 1824, **5**, 47.

CORDIER, V. (1). *Die chemischen Zeichensprache Einst und Jetzt*. Leykam, Graz, 1928.

CORNARO, LUIGI (1). *Discorsi della Vita Sobria*. 1558. Milan, 1627. Eng. tr. by J. Burdell, *The Discourses and Letters of Luigi Cornaro on a Sober and Temperate Life*. New York, 1842. Also nine English translations before 1825, incl. Dublin, 1740.

CORNER, G. W. (1). *The Hormones in Human Reproduction*. Univ. Press, Princeton, N.J. 1946.

CORNFORD, F. M. (2). *The Laws of Motion in Ancient Thought*. Inaug. Lect. Cambridge, 1931.

CORNFORD, F. M.(7). *Plato's Cosmology; the 'Timaeus' translated, with a running commentary*. Routledge & Kegan Paul, London, 1937, repr. 1956.

COVARRUBIAS, M. (2). *The Eagle, the Jaguar, and the Serpent; Indian Art of the Americas—North America (Alaska, Canada, the United States)*. Knopf, New York, 1954.

COWDRY, E. V. (1). 'Taoist Ideas of Human Anatomy.' *AMH*, 1925, **3**, 301.

COWIE, A. T. & FOLLEY, S. J. (1). 'Physiology of the Gonadotrophins and the Lactogenic Hormone.' Art. in *The Hormones...*, ed. G. Pincus, K. V. Thimann & E. B. Astwood. Acad. Press, New York, 1948–64, vol. 3, p. 309.

COYAJI, J. C. (2). 'Some Shahnamah Legends and their Chinese Parallels.' *JRAS/B*, 1928 (n.s.), **24**, 177.

COYAJI, J. C. (3). '*Bahram Yasht;* Analogues and Origins.' *JRAS/B*, 1928 (n.s.), **24**, 203.

COYAJI, J. C. (4). 'Astronomy and Astrology in the *Bahram Yasht*.' *JRAS/B*, 1928 (n.s.), **24**, 223.

COYAJI, J. C. (5). 'The *Shahnamah* and the *Fêng Shen Yen I*.' *JRAS/B*, 1930 (n.s.), **26**, 491.

COYAJI, J. C. (6). 'The *Sraosha Yasht* and its Place in the History of Mysticism.' *JRAS/B*, 1932 (n.s.), **28**, 225.

CRAIG, SIR JOHN (1). 'Isaac Newton and the Counterfeiters.' *NRRS*, 1963, **18**, 136.

CRAIG, SIR JOHN (2). 'The Royal Society and the Mint.' *NRRS*, 1964, **19**, 156.

CRAIGIE, W. A. (1). '[The State of the Dead in] Teutonic [Scandinavian, Belief].' *ERE*, vol. xi, p. 851.

CRAVEN, J. B. (1). *Count Michael Maier, Doctor of Philosophy and of Medicine, Alchemist, Rosicrucian, Mystic (+1568 to +1622); his Life and Writings*. Peace, Kirkwall, 1910.

CRAWLEY, A. E. (1). *Dress, Drinks and Drums; Further Studies of Savages and Sex*, ed. T. Besterman. Methuen, London, 1931.

CREEL, H. G. (7). 'What is Taoism?' *JAOS*, 1956, **76**, 139.

CREEL, H. G. (11). *What is Taoism?, and other Studies in Chinese Cultural History*. Univ. Chicago Press, Chicago, 1970.

CRESSEY, G. B. (1). *China's Geographic Foundations; a Survey of the Land and its People*. McGraw-Hill, New York, 1934.

CROCKET, R., SANDISON, R. A. & WALK, A. (1) (ed.). *Hallucinogenic Drugs and their Psychotherapeutic Use*. Lewis, London, 1961. (Proceedings of a Quarterly Meeting of the Royal Medico-Psychological Association.) Contributions by A. Cerletti and others.

CROFFUT, W. A. (1). *Fifty Years in Camp and Field; the Diary of Major-General Ethan Allen Hitchcock, U.S. Army*. Putnam, New York and London, 1909. 'A biography including copious extracts from the diaries but relatively little from the correspondence' (Cohen, 1).

CROLL, OSWALD (1). *Basilica Chymica*. Frankfurt, 1609.

CRONSTEDT, A. F. (1). *An Essay towards a System of Mineralogy*. London, 1770, 2nd ed. 1788 (greatly enlarged and improved by J. H. de Magellan). Tr. by G. von Engeström fom the Swedish *Försök till Mineralogie eller Mineral-Rikets Upställning*. Stockholm, 1758.

CROSLAND, M. P. (1). *Historical Studies in the Language of Chemistry*. Heinemann, London, 1962.

CUMONT, F. (4). *L'Égypte des Astrologues*. Fondation Égyptologique de la Reine Elisabeth, Brussels, 1937.

CUMONT, F. (5) (ed.). *Catalogus Codic. Astrolog. Graecorum*. 12 vols. Lamertin, Brussels, 1929–.

CUMONT, F. (6) (ed.). *Textes et Monuments Figurés relatifs aux Mystères de Mithra*. 2 vols. Lamertin, Brussels, 1899.

CUMONT, F. (7). 'Masque de Jupiter sur un Aigle Éployé [et perché sur le Corps d'un Ouroboros]; Bronze du Musée de Bruxelles.' Art. in *Festschrift f. Otto Benndorf*. Hölder, Vienna, 1898, p. 291.

CUMONT, F. (8). '*La Cosmogonie Manichéenne d'après Théodore bar Khōni* [Bp. of Khalkar in Mesopotamia, c. +600]. Lamertin, Brussels, 1908 (Recherches sur le Manichéisme, no. 1). Cf. Kugener & Cumont, (1, 2).

CUMONT, F. (9). 'La Roue à Puiser les Âmes du Manichéisme.' *RHR/AMG*, 1915, **72**, 384.

CUNNINGHAM, A. (1). 'Coins of Alexander's Successors in the East.' *NC*, 1873 (n.s.), **13**, 186.

CURWEN, M. D. (1) (ed.). *Chemistry and Commerce*. 4 vols. Newnes, London, 1935.

CURZON, G. N. (1). *Persia and the Persian Question*. London, 1892.

CYRIAX, E. F. (1). 'Concerning the Early Literature on Ling's Medical Gymnastics.' *JAN*, 1926, **30**, 225.

DALLY, N. (1). *Cinésiologie, ou Science du Mouvement dans ses Rapports avec l'Éducation, l'Hygiène et la Thérapie; Études Historiques, Théoriques et Pratiques*. Librairie Centrale des Sciences, Paris, 1857.

DALMAN, G. (1). *Arbeit und Sitte in Palästina*.

　Vol. 1 *Jahreslauf und Tageslauf* (in two parts).

　Vol. 2 *Der Ackerbau*.

　Vol. 3 *Von der Ernte zum Mehl (Ernten, Dreschen, Worfeln, Sieben, Verwahren, Mahlen)*.

　Vol. 4 *Brot, Öl und Wein*.

　Vol. 5. *Webstoff, Spinnen, Weben, Kleidung*.

　Bertelsmann, Gütensloh, 1928– . (Schriften d. deutschen Palästina-Institut, nos. 3, 5, 6, 7, 8; Beiträge z. Forderung christlicher Theologie, ser. 2, Sammlung Wissenschaftlichen Monographien, nos. 14, 17, 27, 29, 33, 36.)

　Vol. 6 *Zeltleben, Vieh- und Milch-wirtschaft, Jagd, Fischfang*.

　Vol 7. *Das Haus, Hühnerzucht, Taubenzucht, Bienenzucht*.

　Olms, Hildesheim, 1964. (Schriften d. deutschen Palästina-Institut, nos. 9, 10; Beiträge z. Forderung Christlicher Theologie. ser. 2, Sammlung Wissenschaftlichen Monographien, nos. 41, 48.)

DANA, E. S. (1). *A Textbook of Mineralogy, with an Extended Treatise on Crystallography and Physical Mineralogy*. 4th ed. rev. & enlarged by W. E. Ford. Wiley, New York, 1949.

DARMSTÄDTER, E. (1) (tr.). *Die Alchemie des Geber* [containing *Summa Perfectionis, Liber de Investigatione Perfectionis, Liber de Inventione Veritatis, Liber Fornacum*, and *Testamentum Geberis*, in German translation]. Springer, Berlin, 1922. Rev. J. Ruska, *ISIS*, 1923, **5**, 451.

DAS, M. N. & GASTAUT, H. (1). 'Variations de l'Activité électrique du Cerveau, du Coeur et des Muscles Squelettiques au cours de la Méditation et de l'Extase Yogique. Art. in *Conditionnement et Reactivité en Électro-encéphalographie*, ed. Fischgold & Gastaut (1). Masson, Paris, 1957, pp. 211 ff.

DASGUPTA, S. N. (3). *A Study of Patañjali*. University Press, Calcutta, 1920.

DASGUPTA, S. N. (4). *Yoga as Philosophy and Religion*. London, 1924.

DAUBRÉE, A. (1). 'La Génération des Minéraux dans la Pratique des Mineurs du Moyen Age d'après le "Bergbüchlein".' *JS*, 1890, 379, 441.

DAUMAS, M. (5). 'La Naissance et le Developpement de la Chimie en Chine.' *SET*, 1949, **6**, 11.

DAVENPORT, JOHN (1), ed. A. H. Walton. *Aphrodisiacs and Love Stimulants, with other chapters on the Secrets of Venus; being the two books by John Davenport entitled 'Aphrodisiacs and Anti-Aphrodisiacs'* [London, pr. pr. 1869, but not issued till 1873] *and 'Curiositates Eroticae Physiologiae; or, Tabooed Subjects Freely Treated'* [London, pr. pr. 1875]; *now for the first time edited, with Introduction and Notes* [and the omission of the essays 'On Generation' and 'On Death' from the second work] *by A.H.W....* Lyle Stuart, New York, 1966.

DAVID, SIR PERCIVAL (3). *Chinese Connoisseurship; the 'Ko Ku Yao Lun' [+1388], (Essential Criteria of Antiquities)—a Translation made and edited by Sir P. D....with a Facsimile of the Chinese Text*. Faber & Faber, London, 1971.

DAVIDSON, J. W. (1). *The Island of Formosa, past and present*. Macmillan, London, 1903.

DAVIES, D. (1). 'A Shangri-La in Ecuador.' *NS*, 1973, **57**, 236. On super-centenarians, especially in the Vilcabamba Valley in the Andes.

DAVIES, H. W., HALDANE, J. B. S. & KENNAWAY, E. L. (1). 'Experiments on the Regulation of the Blood's Alkalinity.' *JOP*, 1920, **54**, 32.

DAVIS, TENNEY L. (1). 'Count Michael Maier's Use of the Symbolism of Alchemy.' *JCE*, 1938, **15**, 403.

DAVIS, TENNEY L. (2). 'The Dualistic Cosmogony of Huai Nan Tzu and its Relations to the Background of Chinese and of European Alchemy.' *ISIS*, 1936, **25**, 327.

DAVIS, TENNEY L. (3). 'The Problem of the Origins of Alchemy.' *SM*, 1936, **43**, 551.

DAVIS, TENNEY L. (4). 'The Chinese Beginnings of Alchemy.' *END*, 1943, **2**, 154.

DAVIS, TENNEY L. (5). 'Pictorial Representations of Alchemical Theory.' *ISIS*, 1938, **28**, 73.

DAVIS, TENNEY L. (6). 'The Identity of Chinese and European Alchemical Theory.' *JUS*, 1929, **9**, 7. This paper has not been traceable by us. The reference is given in precise form by Davis & Chhen Kuo-Fu (2), but the journal in question seems to have ceased publication after the end of vol. 8.

DAVIS, TENNEY L. (7). 'Ko Hung (Pao Phu Tzu), Chinese Alchemist of the +4th Century.' *JCE*, 1934, **11**, 517.

DAVIS, TENNEY L. (8). 'The "Mirror of Alchemy" [*Speculum Alchemiae*] of Roger Bacon, translated into English.' *JCE*, 1931, **8**, 1945.

DAVIS, TENNEY L. (9). 'The Emerald Table of Hermes Trismegistus; Three Latin Versions Current among Later Alchemists.' *JCE*, 1926, **3**, 863.

DAVIS, TENNEY L. (10). 'Early Chinese Rockets.' *TR*, 1948, **51**, 101, 120, 122.

DAVIS, TENNEY L. (11). 'Early Pyrotechnics; I, Fire for the Wars of China, II, Evolution of the Gun, III, Early Warfare in Ancient China.' *ORD*, 1948, **33**, 52, 180, 396.

DAVIS, TENNEY L. (12). 'Huang Ti, Legendary Founder of Alchemy.' *JCE*, 1934, **11**, (635).

DAVIS, TENNEY L. (13). 'Liu An, Prince of Huai-Nan.' *JCE*, 1935, **12**, (1).

DAVIS, TENNEY L. (14). 'Wei Po-Yang, Father of Alchemy.' *JCE*, 1935, **12**, (51).

DAVIS, TENNEY L. (15). 'The Cultural Relationships of Explosives.' *NFR*, 1944, **1**, 11.

DAVIS, TENNEY L. (16) (tr.). *Roger Bacon's Letter concerning the Marvellous Power of Art and Nature, and concerning the Nullity of Magic...with Notes and an Account of Bacon's Life and Work.* Chem. Pub. Co., Easton, Pa. 1923. Cf. T. M[oufet] (1659).

DAVIS, TENNEY L. See Wu Lu-Chhiang & Davis.

DAVIS, TENNEY L. & CHAO YÜN-TSHUNG (1). 'An Alchemical Poem by Kao Hsiang-Hsien [+14th cent.].' *ISIS*, 1939, **30**, 236.

DAVIS, TENNEY L. & CHAO YÜN-TSHUNG (2). 'The Four-hundred Word *Chin Tan* of Chang Po-Tuan [+11th cent.].' *PAAAS*, 1940, **73**, 371.

DAVIS, TENNEY L. & CHAO YÜN-TSHUNG (3). 'Three Alchemical Poems by Chang Po-Tuan.' *PAAAS*, 1940, **73**, 377.

DAVIS, TENNEY L. & CHAO YÜN-TSHUNG (4). 'Shih Hsing-Lin, disciple of Chang Po-Tuan [+11th cent.] and Hsieh Tao-Kuang, disciple of Shih Hsing-Lin.' *PAAAS*, 1940, **73**, 381.

DAVIS, TENNEY L. & CHAO YÜN-TSHUNG (5). 'The Secret Papers in the Jade Box of Chhing-Hua.' *PAAAS*, 1940, **73**, 385.

DAVIS, TENNEY L. & CHAO YÜN-TSHUNG (6). 'A Fifteenth-century Chinese Encyclopaedia of Alchemy.' *PAAAS*, 1940, **73**, 391.

DAVIS, TENNEY L. & CHAO YÜN-TSHUNG (7). 'Chang Po-Tuan of Thien-Thai; his *Wu Chen Phien* (Essay on the Understanding of the Truth); a Contribution to the Study of Chinese Alchemy.' *PAAAS*, 1939, **73**, 97.

DAVIS, TENNEY L. & CHAO YÜN-TSHUNG (8). 'Chang Po-Tuan, Chinese Alchemist of the +11th Century.' *JCE*, 1939 **16**, 53.

DAVIS, TENNEY L. & CHAO YÜN-TSHUNG (9). 'Chao Hsüeh-Min's Outline of Pyrotechnics [*Huo Hsi Lüeh*]; a Contribution to the History of Fireworks.' *PAAAS*, 1943, **75**, 95.

DAVIS, TENNEY, L. & CHHEN KUO-FU (1) (tr.). 'The Inner Chapters of *Pao Phu Tzu*.' *PAAAS*, 1941, **74**, 297. [Transl. of chs. 8 and 11; précis of the remainder.]

DAVIS, TENNEY L. & CHHEN KUO-FU (2). 'Shang Yang Tzu, Taoist writer and commentator on Alchemy.' *HJAS*, 1942, **7**, 126.

DAVIS, TENNEY L. & NAKASEKO ROKURO (1). 'The Tomb of Jofuku [Hsü Fu] or Joshi [Hsü Shih]; the Earliest Alchemist of Historical Record.' *AX*, 1937, **1**, 109, ill. *JCE*, 1947, **24**, (415).

DAVIS, TENNEY L. & NAKASEKO ROKURO (2). 'The Jofuku [Hsü Fu] Shrine at Shingu; a Monument of Earliest Alchemy.' *NU*, 1937, **15** (no. 3), 60. 67.

DAVIS, TENNEY L. & WARE, J. R. (1). 'Early Chinese Military Pyrotechnics.' *JCE*, 1947, **24**, 522.

DAVIS, TENNEY L. & WU LU-CHHIANG (1). 'Ko Hung on the Yellow and the White.' *JCE*, 1936, **13**, 215.

DAVIS, TENNEY L. & WU LU-CHHIANG (2). 'Ko Hung on the Gold Medicine.' *JCE*, 1936, **13**, 103.

DAVIS, TENNEY L. & WU LU-CHHIANG (3). 'Thao Hung-Chhing.' *JCE*, 1932, **9**, 859.

DAVIS, TENNEY L. & WU LU-CHHIANG (4). 'Chinese Alchemy.' *SM*, 1930, **31**, 225. Chinese tr. by Chhen Kuo-Fu in *HHS*, 1936, **3**, 771.

DAVIS, TENNEY L. & WU LU-CHHIANG (5). 'The Advice of Wei Po-Yang to the Worker in Alchemy.' *NU*, 1931, **8**, 115, 117. Repr. *DB*, 1935, **8**, 13.

DAVIS, TENNEY L. & WU LU-CHHIANG (6). 'The Pill of Immortality.' *TR*, 1931, **33**, 383.

DAWKINS, J. M. (1). *Zinc and Spelter; Notes on the Early History of Zinc from Babylon to the +18th Century, compiled for the Curious.* Zinc Development Association, London, 1950. Repr. 1956.

DEANE, D. V. (1). 'The Selection of Metals for Modern Coinages.' *CUNOB*, 1969, no. 15. 29.

DEBUS, A. G. (1). *The Chemical Dream of the Renaissance.* Heffer, Cambridge,1968. (Churchill College Overseas Fellowship Lectures, no. 3.)

DEBUS, A. G. (2). Introduction to the facsimile edition of Elias Ashmole's *Theatrum Chemicum Britannicum* (1652). Johnson, New York and London, 1967. (Sources of Science ser., no. 39.)

DEBUS, A. G. (3). 'Alchemy and the Historian of Science.' (An essay-review of C. H. Josten's *Elias Ashmole*.) *HOSC*, 1967, **6**, 128.

DEBUS, A. G. (4). 'The Significance of the History of Early Chemistry.' *JWH*, 1965, **9**, 39.

DEBUS, A. G. (5). 'Robert Fludd and the Circulation of the Blood.' *JHMAS*, 1961, **16**, 374.

DEBUS, A. G. (6). 'Robert Fludd and the Use of Gilbert's *De Magnete* in the Weapon-Salve Controversy.' *JHMAS*, 1964, **19**, 389.

DEBUS, A. G. (7). 'Renaissance Chemistry and the Work of Robert Fludd.' *AX*, 1967, **14**, 42.

DEBUS, A. G. (8). 'The Sun in the Universe of Robert Fludd.' Art. in *Le Soleil à la Renaissance; Sciences et Mythes*, Colloque International, April 1963. Brussels, 1965, p. 261.

DEBUS, A. G. (9). 'The Aerial Nitre in the +16th and early +17th Centuries.' Communication to the Xth International Congress of the History of Science, Ithaca, N.Y. 1962. In *Communications*, p. 835.

DEBUS, A. G. (10). 'The Paracelsian Aerial Nitre.' *ISIS*, 1964, **55**, 43.

DEBUS, A. G. 11). 'Mathematics and Nature in the Chemical Texts of the Renaissance.' *AX*, 1968, **15**, 1.

DEBUS, A. G. (12). 'An Elizabethan History of Medical Chemistry' [R. Bostocke's *Difference between the Auncient Phisicke...and the Latter Phisicke*, +1585]. *ANS*, 1962, **18**, 1.

DEBUS, A. G. (13). 'Solution Analyses Prior to Robert Boyle.' *CHYM*, 1962, **8**, 41.

DEBUS, A. G. (14). 'Fire Analysis and the Elements in the Sixteenth and Seventeenth Centuries.' *ANS*, 1967, **23**, 127.

DEBUS, A. G. (15). 'Sir Thomas Browne and the Study of Colour Indicators.' *AX*, 1962, **10**, 29.

DEBUS, A. G. (16). 'Palissy, Plat, and English Agricultural Chemistry in the Sixteenth and Seventeenth Centuries.' *A/AIHS*, 1968, **21** (nos. 82–3), 67.

DEBUS, A. G. (17). 'Gabriel Plattes and his Chemical Theory of the Formation of the Earth's Crust.' *AX*, 1961, **9**, 162.

DEBUS, A. G. (18). *The English Paracelsians.* Oldbourne, London, 1965; Watts, New York, 1966. Rev. W. Pagel, *HOSC*, 1966, **5**, 100.

DEBUS, A. G. (19). 'The Paracelsian Compromise in Elizabethan England.' *AX*, 1960, **8**, 71.

DEBUS, A. G. (20) (ed.). *Science, Medicine and Society in the Renaissance; Essays to honour Walter Pagel.* 2 vols. Science History Pubs (Neale Watson), New York, 1972.

DEBUS, A. G. (21). 'The Medico-Chemical World of the Paracelsians.' Art. in *Changing Perspectives in the History of Science*, ed. M. Teich & R. Young (1), p. 85.

DEDEKIND, A. (1). *Ein Beitrag zur Purpurkunde.* 1898.

DEGERING, H. (1). 'Ein Alkoholrezept aus dem 8. Jahrhundert.' [The earliest version of the *Mappae Clavicula*, now considered *c.* +820.] *SPAW/PH*, 1917, **36**, 503.

DELZA, S. (1). *Body and Mind in Harmony; Thai Chi Chhüan (Wu Style), an Ancient Chinese Way of Exercise.* McKay, New York, 1961.

DEMIÉVILLE, P. (2). Review of Chang Hung-Chao (1), *Lapidarium Sinicum*. *BEFEO*, 1924, **24**, 276.

DEMIÉVILLE, P. (8). 'Momies d'Extrême-Orient.' *JS*, 1965, 144.

DENIEL, P. L. (1). *Les Boissons Alcooliques Sino-Vietnamiennes.* Inaug. Diss. Bordeaux, 1954. (Printed Dong-nam-a, Saigon).

DENNELL, R. (1). 'The Hardening of Insect Cuticles.' *BR*, 1958, **33**, 178.

DEONNA, W. (2). 'Le Trésor des Fins d'Annecy.' *RA*, 1920 (5e sér), **11**, 112.

DEONNA, W. (3). 'Ouroboros.' *AA*, 1952, **15**, 163.

DEVASTHALI, G. V. (1). *The Religion and Mythology of the Brāhmaṇas with particular reference to the 'Satapatha-brāhmaṇa'.* Univ. of Poona, Poona, 1965. (Bhau Vishnu Ashtekar Vedic Research series, no. 1.)

DEVÉRIA, G. (1). 'Origine de l'Islamisme en Chine; deux Légendes Mussulmanes Chinoises; Pelérinages de Ma Fou-Tch'ou.' In *Volume Centenaire de l'Ecole des Langues Orientales Vivantes, 1795–1895.* Leroux, Paris, 1895, p. 305.

DEY, K. L. (1). *Indigenous Drugs of India.* 2nd ed. Thacker & Spink, Calcutta, 1896.

DEYSSON, G. (1). 'Hallucinogenic Mushrooms and Psilocybine.' *PRPH*, 1960, **15**, 27.

DIELS, H. (1). *Antike Technik*. Teubner, Leipzig and Berlin, 1914; enlarged 2nd ed. 1920 (rev. B. Laufer, *AAN*, 1917, **19**, 71). Photolitho reproducton, Zeller, Osnabrück, 1965.

DIELS, H. (3). 'Die Entdeckung des Alkohols.' *APAW/PH*, 1913, no. 3, 1–35.

DIELS, H. (4). 'Etymologica' (incl. 2. χυμεία). *ZVSF*, 1916 (NF), **47**, 193.

DIELS, H. (5). *Fragmente der Vorsokratiker*. 7th ed., ed. W. Kranz. 3 vols.

DIERGART, P. (1) (ed.). *Beiträge aus der Chemie dem Gedächtnis v. Georg W. A. Kahlbaum...* Deuticke, Leipzig and Vienna, 1909.

DIHLE, A. (2). 'Neues zur Thomas-Tradition.' *JAC*, 1963, **6**, 54.

DILLENBERGER, J. (1). *Protestant Thought and Natural Science; a Historical Interpretation*. Collins, London, 1961.

DIMIER, L. (1). *L'Art d'Enluminure*. Paris, 1927.

DINDORF, W. *See* John Malala and Syncellos, Georgius.

DIVERS, E. (1). 'The Manufacture of Calomel in Japan.' *JSCI*, 1894, **13**, 108. Errata, p. 473.

DIXON, H. B. F. (1). 'The Chemistry of the Pituitary Hormones.' Art. in *The Hormones...* ed. G. Pincus, K. V. Thimann & E. B. Astwood. Academic Press, New York, 1948–64, vol. 5, p. 1.

DOBBS, B. J. (1). 'Studies in the Natural Philosophy of Sir Kenelm Digby.' *AX*, 1971, **18**, 1.

DODWELL, C. R. (1) (ed. & tr.). *Theophilus [Presbyter]; De Diversis Artibus (The Various Arts)* [probably by Roger of Helmarshausen, *c.* +1130]. Nelson, London, 1961.

DOHI KEIZO (1). 'Medicine in Ancient Japan; A Study of Some Drugs preserved in the Imperial Treasure House at Nara.' In *Zoku Shōsōin Shiron*, 1932, no. 15, Neiyaku. 1st pagination, p. 113.

DONDAINE, A. (1). 'La Hierarchie Cathare en Italie.' *AFP*, 1950, **20**, 234.

DOOLITTLE, J. (1). *A Vocabulary and Handbook of the Chinese Language*. 2 vols. Rozario & Marcal, Fuchow, 1872.

DORESSE, J. (1). *Les Livres Secrets des Gnostiques d'Égypte*. Plon, Paris, 1958–.
    Vol. 1. *Introduction aux Écrits Gnostiques Coptes découverts à Khénoboskion*.
    Vol. 2. *'L'Évangile selon Thomas', ou 'Les Paroles Secrètes de Jésus'*.
    Vol. 3. *'Le Livre Secret de Jean'; 'l'Hypostase des Archontes' ou 'Livre de Nōréa'*.
    Vol. 4. *'Le Livre Sacré du Grand Esprit Invisible' ou 'Évangile des Égyptiens'; 'l'Épître d'Eugnoste le Bienheureux'; 'La Sagesse de Jésus'*.
    Vol. 5 *'L'Évangile selon Philippe.'*

DORFMAN, R. I. & SHIPLEY, R. A. (1). *Androgens; their Biochemistry, Physiology and Clinical Significance*. Wiley, New York and Chapman & Hall, London, 1956.

DOUGLAS, R. K. (2). *Chinese Stories*. Blackwood, Edinburgh and London, 1883. (Collection of translations previously published in *Blackwood's Magazine*.)

DOUTHWAITE, A. W. (1). 'Analyses of Chinese Inorganic Drugs.' *CMJ*, 1890, **3**, 53.

DOZY, R. P. A. & ENGELMANN, W. H. (1). *Glossaire des Mots Espagnols et Portugais dérivés de l'Arabe*. 2nd ed. Brill, Leiden, 1869.

DOZY, R. P. A. & DE GOEJE, M. J. (2). *Nouveaux Documents pour l'Étude de la Religion des Ḥarrāniens*. Actes du 6e Congr. Internat. des Orientalistes, Leiden, 1883. 1885, vol. 2, pp. 281ff., 341 ff.

DRAKE, N. F. (1). 'The Coal Fields of North-East China.' *TAIME*, 1901, **31**, 492, 1008.

DRAKE, N. F. (2). 'The Coal Fields around Tsê-Chou, Shansi.' *TAIME*, 1900, **30**, 261.

DRONKE, P. (1). 'L'Amor che Move il Sole e l'Altre Stelle.' *STM*, 1965 (3ª ser.), **6**, 389.

DRONKE, P. (2). 'New Approaches to the School of Chartres.' *AEM*, 1969, **6**, 117.

DRUCE, G. C. (1). 'The Ant-Lion.' *ANTJ*, 1923, **3**, 347.

DU, Y., JIANG, R. & TSOU, C. (1). See Tu Yü-Tshang, Chiang Jung-Chhing & Tsou Chhêng-Lu (1).

DUBLER, C. E. (1). *La 'Materia Medica' de Dioscorides; Transmission Medieval y Renacentista*. 5 vols. Barcelona, 1955.

DUBS, H. H. (4). 'An Ancient Chinese Stock of Gold [Wang Mang's Treasury].' *JEH*, 1942, **2**, 36.

DUBS, H. H. (5). 'The Beginnings of Alchemy.' *ISIS*, 1947, **38**, 62.

DUBS, H. H. (34). 'The Origin of Alchemy.' *AX*, 1961, **9**, 23. Crit. abstr. J. Needham, *RBS*, 1968, **7**, no. 755.

DUCKWORTH, C. W. (1). 'The Discovery of Oxygen.' *CN*, 1886, **53**, 250.

DUDGEON, J. (1). 'Kung-Fu, or Medical Gymnastics.' *JPOS*, 1895, **3** (no. 4), 341–565.

DUDGEON, J. (2). 'The Beverages of the Chinese' (on tea and wine). *JPOS*, 1895, **3**, 275.

DUDGEON, J. (4). '[Glossary of Chinese] Photographic Terms', in Doolittle (1), vol. 2, p. 518.

DUHR, J. (1). *Un Jésuite en Chine, Adam Schall*. Desclée de Brouwer, Paris, 1936. Engl. adaptation by R. Attwater, *Adam Schall, a Jesuit at the Court of China, 1592 to 1666*. Geoffrey Chapman, London, 1963. Not very reliable sinologically.

DUNCAN, A. M. (1). 'The Functions of Affinity Tables and Lavoisier's List of Elements.' *AX*, 1970, **17**, 28.

DUNCAN, A. M. (2). 'Some Theoretical Aspects of Eighteenth-Century Tables of Affinity.' *ANS*, 1962, **18**, 177, 217.

DUNCAN, E. H. (1). 'Jonson's "Alchemist" and the Literature of Alchemy.' *PMLA*, 1946, **61**, 699.

DUNLOP, D. M. (5). 'Sources of Silver and Gold in Islam according to al-Hamdānī (+10th century).' *SI*, 1957, **8**, 29.

DUNLOP, D. M. (6). *Arab Civilisation to A.D. 1500*. Longman, London and Librairie du Liban, Beirut, 1971.

DUNLOP, D. M. (7). *Arabic Science in the West*. Pakistan Historical Soc., Karachi, 1966. (Pakistan Historical Society Pubs. no. 35.)

DUNLOP, D. M. (8). 'Theodoretus-Adhrīṭūs.' Communication to the 26th International Congress of Orientalists, New Delhi, 1964. Summaries of papers, p. 328.

DÜNTZER, H. (1). *Life of Goethe*. 2 vols. Macmillan, London, 1883.

DÜRING, H. I. (1). 'Aristotle's Chemical Treatise, *Meteorologica* Bk. IV, with Introduction and Commentary.' *GHA*, 1944 (no. 2), 1–112. Sep. pub., Elander, Goteborg, 1944.

DURRANT, P. J. (1). *General and Inorganic Chemistry*. 2nd ed. repr. Longmans Green, London, 1956.

DUVEEN, D. I. & WILLEMART, A. (1). 'Some +17th-Century Chemists and Alchemists of Lorraine.' *CHYM*, 1949, **2**, 111.

DUYVENDAK, J. J. L. (18) (tr.). '*Tao Tê Ching*', the Book of the Way and its Virtue. Murray, London, 1954 (Wisdom of the East Series). Crit. revs. P. Demiéville, *TP*, 1954, **43**, 95; D. Bodde, *JAOS*, 1954, **74**, 211.

DUYVENDAK, J. J. L. (20). 'A Chinese *Divina Commedia*.' *TP*, 1952, **41**, 255. (Also sep. pub. Brill, Leiden, 1952.)

DYSON, G. M. (1). 'Antimony in Pharmacy and Chemistry; I, History and Occurrence of the Element; II, The Metal and its Inorganic Compounds; III, The Organic Antimony Compounds in Therapy. *PJ*, 1928, **121** (4th ser. **67**), 397, 520.

EBELING, E. (1). 'Mittelassyrische Rezepte zur Bereitung (Herstellung) von wohlriechenden Salben.' *ORR*, 1948 (n.s.) **17**, 129, 299; 1949, **18**, 404; 1950, **19**, 265.

ECKERMANN, J. P. (1). *Gespräche mit Goethe*. 3 vols. Vols. 1 and 2, Leipzig, 1836. Vol. 3, Magdeburg, 1848. Eng. tr. 2 vols. by J. Oxenford, London, 1850. Abridged ed. *Conversations of Goethe with Eckermann*, Dent, London, 1930. Ed. J. K. Moorhead, with introduction by Havelock Ellis.

EDKINS, J. (17). 'Phases in the Development of Taoism.' *JRAS/NCB*, 1855 (1st ser.), **5**, 83.

EDKINS, J. (18). 'Distillation in China.' *CR*, 1877, **6**, 211.

EFRON, D. H., HOLMSTEDT, Bo & KLINE, N. S. (1) (ed.). *The Ethno-pharmacological Search for Psychoactive Drugs*. Washington, D.C. 1967. (Public Health Service Pub. no. 1645.) Proceedings of a Symposium, San Francisco, 1967.

EGERTON, F. N. (1). 'The Longevity of the Patriarchs; a Topic in the History of Demography.' *JHI*, 1966, **27**, 575.

EGGELING, J. (1) (tr.). The '*Satapatha-brāhmaṇa*' according to the Text of the *Mādhyandina School*. 5 vols. Oxford, 1882–1900 (*SBE*, nos. 12, 26, 41, 43, 44). Vol. 1 repr. Motilal Banarsidass, Delhi, 1963.

EGLOFF, G. & LOWRY, C. D. (1). 'Distillation as an Alchemical Art.' *JCE*, 1930, **7**, 2063.

EICHHOLZ, D. E. (1). 'Aristotle's Theory of the Formation of Metals and Minerals.' *CQ*, 1949, **43**, 141.

EICHHOLZ, D. E. (2). *Theophrastus* '*De Lapidibus*'. Oxford, 1964.

EICHHORN, W. (6). 'Bemerkung z. Einführung des Zölibats für Taoisten.' *RSO*, 1955, **30**, 297.

EICHHORN, W. (11) (tr.). The *Fei-Yen Wai Chuan*, with some notes on the *Fei-Yen Pieh Chuan*. Art. in *Eduard Erkes in Memoriam 1891–1958*, ed. J. Schubert. Leipzig, 1962. Abstr. *TP*, 1963, **50**, 285.

EISLER, R. (4). 'l'Origine Babylonienne de l'Alchimie; à propos de la Découverte Récente de Récettes Chimiques sur Tablettes Cunéiformes.' *RSH*, 1926, **41**, 5. Also *CHZ*, 1926 (nos. 83 and 86); *ZASS*, 1926, 1.

ELIADE, MIRCEA (1). *Le Mythe de l'Eternel Retour; Archétypes et Répétition*. Gallimard, Paris, 1949. Eng. tr. by W. R. Trask, *The Myth of the Eternal Return*. Routledge & Kegan Paul, London, 1955.

ELIADE, MIRCEA (4). 'Metallurgy, Magic and Alchemy.' *Z*, 1938, **1**, 85.

ELIADE, MIRCEA (5). *Forgerons et Alchimistes*. Flammarion, Paris, 1956. Eng. tr. S. Corrin, *The Forge and the Crucible*. Harper, New York, 1962. Rev. G. H[eym], *AX*, 1957, **6**, 109.

ELIADE, MIRCEA (6). *Le Yoga, Immortalité et Liberté*. Payot, Paris, 1954. Eng. tr. by W. R. Trask. Pantheon, New York, 1958.

ELIADE, MIRCEA (7). *Imgaes and Symbols; Studies in Religious Symbolism*. Tr. from the French (Gallimard, Paris, 1952) by P. Mairet. Harvill, London, 1961.

ELIADE, M. (8). 'The Forge and the Crucible: a Postscript.' *HOR*, 1968, **8**, 74–88.

ELLINGER, T. U. H. (1). *Hippocrates on Intercourse and Pregnancy; an English Translation of '' On Semen ' and ' On the Development of the Child*'. With introd. and notes by A. F. Guttmacher. Schuman, New York, 1952.

ELLIS, G. W. (1). 'A Vacuum Distillation Apparatus.' *CHIND*, 1934, **12**, 77 (*JSCI*, **53**).

ELLIS, W. (1). *History of Madagascar.* 2 vols. Fisher, London and Paris, 1838.

VON ENGESTRÖM, G. (1). 'Pak-fong, a White Chinese Metal' (in Swedish). *KSVA/H*, 1776, **37**, 35.

VON ENGESTRÖM, G. (2). 'Försök på Fôrnt omtalle Salt eller *Kien [chien].*' *KSVA/H*, 1772, **33**, 172. Cf. Abrahamsohn (1).

D'ENTRECOLLES, F. X. (1). *Lettre au Père Duhalde* (on alchemy and various Chinese discoveries in the arts and sciences, porcelain, artificial pearls and magnetic phenomena) dated 4 Nov. 1734. *LEC*, 1781, vol. 22, pp. 91 ff.

D'ENTRECOLLES, F. X. (2). *Lettre au Père Duhalde* (on botanical subjects, fruits and trees, including the persimmon and the lichi; on medicinal preparations isolated from human urine; on the use of the magnet in medicine; on the feathery substance of willow seeds; on camphor and its sublimation; and on remedies for night-blindness) dated 8 Oct. 1736. *LEC*, 1781, vol. 22, pp. 193 ff.

ST EPHRAIM OF SYRIA [d. +373]. *Discourses to Hypatius* [against the Theology of Mani, Marcion and Bardaisan]. See Mitchell, C. W. (1).

EPHRAIM, F. (1). *A Textbook of Inorganic Chemistry.* Eng. tr. P. C. L. Thorne. Gurney & Jackson, London, 1926.

ERCKER, L. (1). *Beschreibung Allefürnemsten Mineralischem Ertzt und Berckwercks Arten...* Prague, 1574. 2nd ed. Frankfurt, 1580. Eng. tr. by Sir John Pettus, as *Fleta Minor, or, the Laws of Art and Nature, in Knowing, Judging, Assaying, Fining, Refining and Inlarging the Bodies of confin'd Metals...* Dawks, London, 1683. See Sisco & Smith (1); Partington (7), vol. 2, pp. 104 ff.

ERKES, E. (1) (tr.). 'Das Weltbild d. *Huai Nan Tzu.*' (Transl. of ch. 4.) *OAZ*, 1918, **5**, 27.

ERMAN, A. & GRAPOW, H. (1). *Wörterbuch d. Aegyptische Sprache.* 7 vols. (With *Belegstellen*, 5 vols. as supplement.) Hinrichs, Leipzig, 1926–.

ERMAN, A. & GRAPOW, H. (2). *Aegyptisches Handwörterbuch.* Reuther & Reichard, Berlin, 1921.

ERMAN, A. & RANKE, H. (1). *Aegypten und aegyptisches Leben in Altertum.* Tübingen, 1923.

ESSIG, E. O. (1). *A College Entomology.* Macmillan, New York, 1942.

ESTIENNE, H. (1) (Henricus Stephanus). *Thesaurus Graecae Linguae.* Geneva, 1572; re-ed. Hase, de Sinner & Fix, 8 vols. Didot, Paris, 1831–65.

ETHÉ, H. (1) (tr.). *Zakarīya ibn Muḥ. ibn Maḥmūd al-Qazwīnī's Kosmographie; Die Wunder der Schöpfung* [c. +1275]. Fues (Reisland), Leipzig, 1868. With notes by H. L. Fleischer. Part I only; no more published.

EUGSTER, C. H. (1). 'Brève Revue d'Ensemble sur la Chimie de la Muscarine.' *RMY*, 1959, **24**, 1.

EUONYMUS PHILIATER. See Gesner, Conrad.

EVOLA, J. (G. C. E.) (1). *La Tradizione Ermetica.* Bari, 1931. 2nd ed. 1948.

EVOLA, J. (G. C. E.) (2). *Lo Yoga della Potenza, saggio sui Tantra.* Bocca, Milan, 1949. Orig. pub. as *l'Uomo come Potenza.*

EVOLA, J. (G. C. E.) (3). *Metafisica del Sesso.* Atanòr, Rome, 1958.

EWING, A. H. (1). *The Hindu Conception of the Functions of Breath; a Study in early Indian Psychophysics.* Inaug. Diss. Johns Hopkins University. Baltimore, 1901; and in *JAOS*, 1901, **22** (no. 2).

FABRE, M. (1). *Pékin, ses Palais, ses Temples, et ses Environs.* Librairie Française, Tientsin, 1937.

FABRICIUS, J. A. (1). *Bibliotheca Graeca...* Edition of G. C. Harles, 12 vols. Bohn, Hamburg, 1808.

FABRICIUS, J. A. (2). *Codex Pseudepigraphicus Veteris Testamenti, Collectus, Castigatus, Testimoniisque Censuris et Animadversionibus Illustratus.* 3 vols. Felginer & Bohn, Hamburg, 1722–41.

FABRICIUS, J. A. (3). *Codex Apocryphus Novi Testamenti, Collectus, Castigatus, Testimoniisque Censuris et Animadversionibus Illustratus.* 3 vols. in 4. Schiller & Kisner, Hamburg, 1703–19.

FARABEE, W. C. (1). 'A Golden Hoard from Ecuador.' *MUJ*, 1912.

FARABEE, W. C. (2). 'The Use of Metals in Prehistoric America.' *MUJ*, 1921.

FARNWORTH, M., SMITH, C. S. & RODDA, J. L. (1). 'Metallographic Examination of a Sample of Metallic Zinc from Ancient Athens.' *HE*, 1949, **8** (Suppl.) 126. (Commemorative Studies in Honour of Theodore Leslie Shear.)

FEDCHINA, V. N. (1). 'The +13th-century Chinese Traveller, [Chhiu] Chhang-Chhun' (in Russian), in *Iz Istorii Nauki i Tekhniki Kitaya* (Essays in the History of Science and Technology in China), p. 172. Acad. Sci. Moscow, 1955.

FEHL, N. E. (1). 'Notes on the Lü Hsing [chapter of the *Shu Ching*]; proposing a Documentary Theory.' *CCJ*, 1969, **9** (no. 1), 10.

FEIFEL, E. (1) (tr.). '*Pao Phu Tzu (Nei Phien),* chs. 1–3.' *MS*, 1941, **6**, 113.

FEIFEL, E. (2) (tr.). '*Pao Phu Tzu (Nei Phien),* ch. 4.' *MS*, 1944, **9**, 1.

FEIFEL, E. (3) (tr.). '*Pao Phu Tzu (Nei Phien),* ch. 11, Translated and Annotated.' *MS*, 1946, **11** (no. 1), 1.

FEISENBERGER, H. A. (1). 'The [Personal] Libraries of Newton, Hooke and Boyle.' *NRRS*, 1966, **21**, 42.

FÊNG CHIA-LO & COLLIER, H. B. (1). 'A Sung-Dynasty Alchemical Treatise; the "Outline of Alchemical Preparations" [*Tan Fang Chien Yuan*], by Tuku Thao [+10th cent.].' *JWCBRS*, 1937, **9**, 199.

FÊNG HAN-CHI (H. Y. Fêng) & SHRYOCK, J. K. (2). 'The Black Magic in China known as *Ku*.' *JAOS*, 1935, **65**, 1. Sep. pub. Amer. Oriental Soc. Offprint Ser. no. 5.

FERCHL, F. & SÜSSENGUTH, A. (1). *A Pictorial History of Chemistry*. Heinemann, London, 1939.

FERDY, H. (1). *Zur Verhütung der Conception*. 1900.

FERGUSON, JOHN (1). *Bibliotheca Chemica; a Catalogue of the Alchemical, Chemical and Pharmaceutical Books in the Collection of the late James Young of Kelly and Durris...* 2 vols. Maclehose, Glasgow, 1906.

FERGUSON, JOHN (2). *Bibliographical Notes on Histories of Inventions and Books of Secrets*. 2 vols. Glasgow, 1898; repr. Holland Press, London, 1959. (Papers collected from *TGAS*.)

FERGUSON, JOHN (3). 'The "Marrow of Alchemy" [1654–5].' *JALCHS*, 1915, **3**, 106.

FERRAND, G. (1). *Relations de Voyages et Textes Géographiques Arabes, Persans et Turcs relatifs à l'Extrême Orient, du 8e au 18e siècles, traduits, revus et annotés etc.* 2 vols. Leroux, Paris, 1913.

FERRAND, G. (2) (tr.). *Voyage du marchand Sulaymān en Inde et en Chine redigé en +851; suivi de remarques par Abū Zayd Ḥasan (vers +916)*. Bossard, Paris, 1922.

FESTER, G. (1). *Die Entwicklung der chemischen Technik, bis zu den Anfängen der Grossindustrie*. Berlin, 1923. Repr. Sändig, Wiesbaden, 1969.

FESTUGIÈRE, A. J. (1). *La Révélation d'Hermès Trismégiste, I. L'Astrologie et les Sciences Occultes*. Gabalda, Paris, 1944. Rev. J. Filliozat, *JA*, 1944, **234**, 349.

FESTUGIÈRE, A. J. (2). 'L'Hermétisme.' *KHVL*, 1948, no. 1, 1–58.

FIERZ-DAVID, H. E. (1). *Die Entwicklungsgeschichte der Chemie*. Birkhauser, Basel, 1945. (Wissenschaft und Kultur ser., no. 2.) Crit. E. J. Holmyard, *N*, 1946, **158**, 643.

FIESER, L. F. & FIESER, M. (1). *Organic Chemistry*. Reinhold, New York; Chapman & Hall, London, 1956.

FIGUIER, L. (1). *l'Alchimie et les Alchimistes; ou, Essai Historique et Critique sur la Philosophie Hermétique*. Lecou, Paris, 1854. 2nd ed. Hachette, Paris, 1856. 3rd ed. 1860.

FIGUROVSKY, N. A. (1). 'Chemistry in Ancient China, and its Influence on the Progress of Chemical Knowledge in other Countries' (in Russian). Art. in *Iz Istorii Nauki i Tekhniki Kitaya*. Moscow, 1955, p. 110.

FILLIOZAT, J. (1). *La Doctrine Classique de la Médécine Indienne*. Imp. Nat., CNRS and Geuthner, Paris, 1949.

FILLIOZAT, J. (2). 'Les Origines d'une Technique Mystique Indienne.' *RP*, 1946, **136**, 208.

FILLIOZAT, J. (3). 'Taoisme et Yoga.' *DVN*, 1949, **3**, 1.

FILLIOZAT, J. (5). Review of Festugière (1). *JA*, 1944, **234**, 349.

FILLIOZAT, J. (6). 'La Doctrine des Brahmanes d'après St Hippolyte.' *JA*, 1945, **234**, 451; *RHR/AMG*, 1945, **128**, 59.

FILLIOZAT, J. (7). 'L'Inde et les Échanges Scientifiques dans l'Antiquité.' *JWH*, 1953, **1**, 353.

FILLIOZAT, J. (10). 'Al-Bīrūnī et l'Alchimie Indienne.' Art. in *Al-Bīrūnī Commemoration Volume*. Iran Society, Calcutta, 1958, p. 101.

FILLIOZAT, J. (11). Review of P. C. Ray (1) revised edition. *ISIS*, 1958, **49**, 362.

FILLIOZAT, J. (13). 'Les Limites des Pouvoirs Humains dans l'Inde.' Art. in *Les Limites de l'Humain*. Études Carmelitaines, Paris, 1953, p. 23.

FISCHER, OTTO (1). *Die Kunst Indiens, Chinas und Japans*. Propylaea, Berlin, 1928.

FISCHGOLD, H. & GASTAUT, H. (1) (ed.). *Conditionnement et Reactivité en Électro-encephalographie*. Masson, Paris, 1957. For the Féderation Internationale d'Électro-encéphalographie et de Neuro-physiologie Clinique, Report of 5th Colloquium, Marseilles, 1955 (*Electro-encephalography and Clinical Neurophysiology*, Supplement no. 6).

FLIGHT, W. (1). 'On the Chemical Compositon of a Bactrian Coin.' *NC*, 1868 (n.s.), **8**, 305.

FLIGHT, W. (2). 'Contributions to our Knowledge of the Composition of Alloys and Metal-Work, for the most part Ancient.' *JCS*, 1882, **41**, 134.

FLORKIN, M. (1). *A History of Biochemistry. Pt. I, Proto-Biochemistry; Pt. II, From Proto-Biochemistry to Biochemistry*. Vol. 30 of *Comprehensive Biochemistry*, ed. M. Florkin & E. H. Stotz. Elsevier, Amsterdam, London and New York, 1972.

FLUDD, ROBERT (3). *Tractatus Theologo-Philosophicus, in Libros Tres distributus; quorum I, De Vita, II, De Morte, III, De Resurrectione; Cui inseruntur nonnulla Sapientiae Veteris...Fragmenta;...collecta Fratribusq a Cruce Rosea dictis dedicata à Rudolfo Otreb Brittano*. Oppenheim, 1617.

FLÜGEL, G. (1) (ed. & tr.). *The 'Fihrist al-'Ulūm' (Index of the Sciences)* [by Abū'l-Faraj ibn abū-Ya'qūb al-Nadīm]. 2 vols. Leipzig, 1871–2.

FLÜGEL, G. (2) (tr.). *Lexicon Bibliographicum et Encyclopaedicum, a Mustafa ben Abdallah Katib Jelebi dicto et nomine Haji Khalfa celebrato compositum...*(the *Kashf al-Ẓunūn* (Discovery of the Thoughts of Muṣṭafā ibn 'Abdallāh Haji Khalfa, or Ḥajji Khalīfa, +17th-century Turkish (bibliographer). 7 vols. Bentley (for the Or. Tr. Fund Gt. Br. & Ireland), London and Leipzig, 1835–58.

FOHNAHN, A. (1). 'Chats on Medicine, Myths and Magic from Chinese Classics and Historical Texts.' *JAN*, 1927, **31**, 395.

FOLEY, M. G. (1) (tr.). *Luigi Galvani: 'Commentary on the Effects of Electricity on Muscular Motion'*, *translated into English...*[from *De Viribus Electricitatis in Motu Musculari Commentarius*, Bologna, +1791]; *with Notes and a Critical Introduction by I. B. Cohen, together with a Facsimile...and a Bibliography of the Editions and Translations of Galvani's Book prepared by J. F. Fulton & M. E. Stanton*. Burndy Library, Norwalk, Conn. U.S.A. 1954. (Burndy Library Publications, no.10.)

FORBES, R. J. (3). *Metallurgy in Antiquity; a Notebook for Archaeologists and Technologists*. Brill, Leiden, 1950 (in press since 1942). Rev. V. G. Childe, *A/AIHS*, 1951, **4**, 829.

[FORBES, R. J.] (4a). *Histoire des Bitumes, des Époques les plus Reculées jusqu'à l'an 1800*. Shell, Leiden, n.d.

FORBES, R. J. (4b). *Bitumen and Petroleum in Antiquity*. Brill, Leiden, 1936.

FORBES, R. J. (7). 'Extracting, Smelting and Alloying [in Early Times before the Fall of the Ancient Empires].' Art. in A *History of Technology*, ed. C. Singer, E. J. Holmyard & A. R. Hall. vol. 1, p.572. Oxford, 1954.

FORBES, R. J. (8). 'Metallurgy [in the Mediterranean Civilisations and the Middle Ages].' In *A History of Technology*, ed. C. Singer *et al.* vol. 2, p. 41. Oxford, 1956.

FORBES, R. J. (9). *A Short History of the Art of Distillation*. Brill, Leiden, 1948.

FORBES, R. J. (10). *Studies in Ancient Technology*. Vol. 1, *Bitumen and Petroleum in Antiquity; The Origin of Alchemy; Water Supply*. Brill, Leiden, 1955. (Crit. Lynn White, *ISIS*, 1957, **48**, 77.)

FORBES, R. J. (16). 'Chemical, Culinary and Cosmetic Arts' [in early times to the Fall of the Ancient Empires]. Art. in *A History of Technology*, ed. C. Singer *et al.* Vol. 1, p. 238. Oxford, 1954.

FORBES, R. J. (20). *Studies in Early Petroleum History*. Brill, Leiden, 1958.

FORBES, R. J. (21). *More Studies in Early Petroleum History*. Brill, Leiden, 1959.

FORBES, R. J. (26). 'Was Newton an Alchemist?' *CHYM*, 1949, **2**, 27.

FORBES, R. J. (27). *Studies in Ancient Technology*. Vol. 7, *Ancient Geology; Ancient Mining and Quarrying; Ancient Mining Techniques*. Brill, Leiden, 1963.

FORBES, R. J. (28). *Studies in Ancient Technology*. Vol. 8, *Synopsis of Early Metallurgy; Physico-Chemical Archaeological Techniques; Tools and Methods; Evolution of the Smith (Social and Sacred Status); Gold; Silver and Lead; Zinc and Brass*. Brill, Leiden, 1964. A revised version of Forbes (3).

FORBES, R. J. (29). *Studies in Ancient Technology*. Vol. 9, *Copper; Tin; Bronze; Antimony; Arsenic; Early Story of Iron*. Brill, Leiden, 1964. A revised version of Forbes (3).

FORBES, R. J. (30). *La Destillation à travers les Ages*. Soc. Belge pour l'Étude du Pétrole, Brussels, 1947.

FORBES, R. J. (31). 'On the Origin of Alchemy.' *CHYM*, 1953, **4**, 1.

FORBES, R. J. (32). Art. 'Chemie' in *Real-Lexikon f. Antike und Christentum*, ed. T. Klauser, 1950–3, vol. 2, p. 1061.

FORBES, T. R. (1). 'A[rnold] A[dolf] Berthold [1803–61] and the First Endocrine Experiment; some Speculations as to its Origin.' *BIHM*, 1949, **23**, 263.

FORKE, A. (3) (tr.). *Me Ti [Mo Ti] des Sozialethikers und seiner Schüler philosophische Werke*. Berlin, 1922. (*MSOS*, Beibände, **23–25**).

FORKE, A. (4) (tr.). '*Lun-Hêng*', *Philosophical Essays of Wang Chhung*. Vol. 1, 1907. Kelly & Walsh, Shanghai; Luzac, London; Harrassowitz, Leipzig. Vol. 2, 1911 (with the addition of Reimer, Berlin). (*MSOS*, Beibände, **10** and **14**.) Photolitho Re-issue, Paragon, New York, 1962. Crit. P. Pelliot, *JA*, 1912 (10e sér.), **20**, 156.

FORKE, A. (9). *Geschichte d. neueren chinesischen Philosophie* (i.e. from the beginning of the Sung to modern times). De Gruyter, Hamburg, 1938. (Hansische Univ. Abhdl. a. d. Geb. d. Auslandskunde, no. 46 (ser. B, no. 25).)

FORKE, A. (12). *Geschichte d. mittelälterlichen chinesischen Philosophie* (i.e. from the beginning of the Former Han to the end of the Wu Tai). De Gruyter, Hamburg, 1934. (Hamburg. Univ. Abhdl. a. d. Geb. d. Auslandskunde, no. 41 (ser. B, no. 21).)

FORKE, A. (13). *Geschichte d. alten chinesischen Philosophie* (i.e. from antiquity to the beginning of the Former Han). De Gruyter, Hamburg, 1927. (Hamburg. Univ. Abhdl. a. d. Geb. d. Auslandskunde, no. 25 (ser. B, no. 14).)

FORKE, A. (15). 'On Some Implements mentioned by Wang Chhung' (1. Fans, 2. Chopsticks, 3. Burning Glasses and Moon Mirrors). Appendix III to Forke (4).

FORKE, A. (20). 'Ko Hung der Philosoph und Alchymist.' *AGP*, 1932, **41**, 115. Largely incorporated in (12), pp. 204 ff.

FÖRSTER, E. (1). *Roger Bacon's 'De Retardandis Senectutis Accidentibus et de Sensibus Conservandis' und Arnald von Villanova's 'De Conservanda Juventutis et Retardanda Senectute'*. Inaug. Diss. Leipzig, 1924.

FOWLER, A. M. (1). 'A Note on ἄμβροτος.' *CP*, 1942, **37**, 77.

FRÄNGER, W. (1). *The Millennium of Hieronymus Bosch*. Faber, London, 1952.

FRANCKE, A. H. (1). 'Two Ant Stories from the Territory of the Ancient Kingdom of Western Tibet; a Contribution to the Question of Gold-Digging Ants.' *AM*, 1924, **1**, 67.

FRANK, B. (1). '*Kato-imi et Kata-tagae; Étude sur les Interdits de Direction à l'Époque Heian.*' *BMFJ*, 1958 (n.s.), **5** (no. 2–4), 1–246.

FRANKE, H. (17). 'Das chinesische Wort für "Mumie" [mummy].' *OR*, 1957, **10**, 253.

FRANKE, H. (18). 'Some Sinological Remarks on Rashīd al-Dīn's "History of China".' *OR*, 1951, **4**, 21.

FRANKE, W. (4). *An Introduction to the Sources of Ming History.* Univ. Malaya Press, Kuala Lumpur and Singapore, 1968.

FRANKFORT, H. (4). *Ancient Egyptian Religion; an Interpretation.* Harper & Row, New York, 1948. Paperback ed. 1961.

FRANTZ, A. (1). 'Zink und Messing im Alterthum.' *BHMZ*, 1881, **40**, 231, 251, 337, 377, 387.

FRASER, SIR J. G. (1). *The Golden Bough.* 3-vol. ed. Macmillan, London, 1900; superseded by 12-vol. ed. (here used), Macmillan, London, 1913–20. Abridged 1-vol. ed. Macmillan, London, 1923.

FRENCH, J. (1). *Art of Distillation.* 4th ed. London, 1667.

FRENCH, P. J. (1). *John Dee; the World of an Elizabethan Magus.* Routledge & Kegan Paul, London, 1971.

FREUDENBERG, K., FRIEDRICH, K. & BUMANN, I. (1). 'Über Cellulose und Stärke [incl. description of a molecular still].' *LA*, 1932, **494**, 41 (57).

FREUND, IDA (1). *The Study of Chemical Composition; an Account of its Method and Historical Development, with illustrative quotations.* Cambridge, 1904. Repr. Dover, New York, 1968, with a foreword by L. E. Strong and a brief biography by O. T. Benfey.

FRIEDERICHSEN, M. (1). 'Morphologie des Tien-schan [Thien Shan].' *ZGEB*, 1899, **34**, 1–62, 193–271. Sep. pub. Pormetter, Berlin, 1900.

FRIEDLÄNDER, P. (1). 'Über den Farbstoff des antiken Purpurs aus *Murex brandaris*.' *BDCG*, 1909, **42**, pt. 1, 765.

FRIEND, J. NEWTON (1). *Iron in Antiquity.* Griffin, London, 1926.

FRIEND, J. NEWTON (2). *Man and the Chemical Elements.* London, 1927.

FRIEND, J. NEWTON & THORNEYCROFT, W. E. (1). 'The Silver Content of Specimens of Ancient and Mediaeval Lead.' *JIM*, 1929, **41**, 105.

FRITZE, M. (1) (tr.). *Pancatantra.* Leipzig, 1884.

FRODSHAM, J. D. (1) (tr.). *The Poems of Li Ho (+791 to +817).* Oxford, 1970.

FROST, D. V. (1). 'Arsenicals in Biology; Retrospect and Prospect.' *FP*, 1967, **26** (no. 1), 194.

FRYER, J. (1). *An Account of the Department for the Translation of Foreign Books of the Kiangnan Arsenal.* *NCH*, 28 Jan. 1880, and offprinted.

FRYER, J. (2). 'Scientific Terminology; Present Discrepancies and Means of Securing Uniformity.' *CRR*, 1872, **4**, 26, and sep. pub.

FRYER, J. (3). *The Translator's Vade-Mecum.* Shanghai, 1888.

FRYER, J. (4). 'Western Knowledge and the Chinese.' *JRAS/NCB*, 1886, **21**, 9.

FRYER, J. (5). 'Our Relations with the Reform Movement.' Unpublished essay, 1909. See Bennett (1), p. 151.

FUCHS, K. W. C. (1). *Die vulkanische Erscheinungen der Erde.* Winter, Leipzig and Heidelberg, 1865.

FUCHS, W. (7). 'Ein Gesandschaftsbericht ü. Fu-Lin in chinesischer Wiedergabe aus den Jahren +1314 bis +1320.' *OE*, 1959, **6**, 123.

FÜCK, J. W. (1). 'The Arabic Literature on Alchemy according to al-Nadīm (+987); a Translation of the Tenth Discourse of the Book of the Catalogue (*al-Fihrist*), with Introduction and Commentary.' *AX*, 1951, **4**, 81.

DE LA FUENTE, J. (1). *Yalalag; una Villa Zapoteca Serrana.* Museo Nac. de Antropol. Mexico City, 1949. (Ser. Científica, no. 1.)

FYFE, A. (1). 'An Analysis of Tutenag or the White Copper of China.' *EPJ*, 1822, **7**, 69.

GADD, C. J. (1). 'The Ḥarrān Inscriptions of Nabonidus [of Babylon, –555 to –539].' *ANATS*, 1958, **8**, 35.

GADOLIN, J. (1). *Observationes de Cupro Albo Chinensium Pe-Tong vel Pack-Tong.* *NARSU*, 1827, **9** 137.

GALLAGHER, L. J. (1) (tr.). *China in the 16th Century; the Journals of Matthew Ricci, 1583–1610.* Random House, New York, 1953. (A complete translation, preceded by inadequate bibliographical details, of Nicholas Trigault's *De Christiana Expeditione apud Sinas* (1615). Based on an earlier publication: *The China that Was; China as discovered by the Jesuits at the close of the 16th Century: from the Latin of Nicholas Trigault. Milwaukee, 1942.*) Identifications of Chinese names in Yang Lien-Shêng (4). Crit. J. R. Ware, *ISIS*, 1954, **45**, 395.

GANZENMÜLLER, W. (1). *Beiträge zur Geschichte der Technologie und der Alchemie.* Verlag Chemie, Weinheim, 1956. Rev. W. Pagel, *ISIS*, 1958, **49**, 84.

GANZENMÜLLER, W. (2). *Die Alchemie im Mittelalter.* Bonifacius, Paderborn, 1938. Repr. Olms, Hildesheim, 1967. French, tr. by Petit-Dutailles, Paris, n.d. (c. 1940).

GANZENMÜLLER, W. (3). '*Liber Florum Geberti;* alchemistischen Öfen und Geräte in einer Handschrift des 15. Jahrhunderts.' *QSGNM*, 1942, **8**, 273. Repr. in (1), p. 272.

GANZENMÜLLER, W. (4). 'Zukunftsaufgaben der Geschichte der Alchemie.' *CHYM*, 1953, **4**, 31.

GANZENMÜLLER, W. (5). 'Paracelsus und die Alchemie des Mittelalters.' *ZAC/AC*, 1941, **54**, 427.

VON GARBE, R. K. (3) (tr.). *Die Indischen Mineralien, ihre Namen und die ihnen zugeschriebenen Kräfte; Narahari's 'Rāja-nighaṇṭu' [King of Dictionaries], varga XIII, Sanskrit und Deutsch, mit kritischen und erläuternden Anmerkungen herausgegeben...* Hirzel, Leipzig, 1882.

GARBERS, K. (1) (tr.). '*Kitāb Kimiya al-Itr wa'l-Tas'idat*'; *Buch über die Chemie des Parfüms und die Destillationen von Ya'qub ibn Ishaq al-Kindī; ein Beitrag zur Geschichte der arabischen Parfümchemie und Drogenkunde aus dem 9tr Jahrh. A.D., übersetzt...* Brockhaus, Leipzig, 1948. (Abhdl. f.d. Kunde des Morgenlandes, no. 30.) Rev. A. Mazaheri, *A/AIHS*, 1951, **4** (no. 15), 521.

GARNER, SIR HARRY (1). 'The Composition of Chinese Bronzes.' *ORA*, 1960, **6** (no. 4), 3.

GARNER, SIR HARRY (2). *Chinese and Japanese Cloisonné Enamels.* Faber & Faber, London, 1962.

GARNER, SIR HARRY (3). 'The Origins of "Famille Rose" [polychrome decoration of Chinese Porcelain].' *TOCS*, 1969.

GEBER (ps. of a Latin alchemist *c.* +1290). *The Works of Geber, the most famous Arabian Prince and Philosopher, faithfully Englished by R. R., a Lover of Chymistry [Richard Russell].* James, London, 1678. Repr. and ed. E. J. Holmyard. Dent, London, 1928.

GEERTS, A. J. C. (1). *Les Produits de la Nature Japonaise et Chinoise, Comprenant la Dénomination, l'Histoire et les Applications aux Arts, à l'Industrie, à l'Economie, à la Médécine, etc. des Substances qui dérivent des Trois Régnes de la Nature et qui sont employées par les Japonais et les Chinois: Partie Inorganique et Minéralogique...[only part published].* 2 vols. Levy, Yokohama; Nijhoff, 's Gravenhage, 1878, 1883. (A paraphrase and commentary on the mineralogical chapters of the *Pên Tshao Kang Mu*, based on Ono Ranzan's commentary in Japanese.)

GEERTS, A. J. C. (2). 'Useful Minerals and Metallurgy of the Japanese; [Introduction and] A, Iron.' *TAS/J*, 1875, **3**, 1, 6.

GEERTS, A. J. C. (3). 'Useful Minerals and Metallurgy of the Japanese; [B], Copper.' *TAS/J*, 1875, **3**, 26.

GEERTS, A. J. C. (4). 'Useful Minerals and Metallurgy of the Japanese; C, Lead and Silver.' *TAS/J*, 1875, **3**, 85.

GEERTS, A. J. C. (5). 'Useful Minerals and Metallurgy of the Japanese; D, Quicksilver.' *TAS/J*, 1876, **4**, 34.

GEERTS, A. J. C. (6). 'Useful Minerals and Metallurgy of the Japanese; E, Gold' (with twelve excellent pictures on thin paper of gold mining, smelting and cupellation from a traditional Japanese mining book). *TAS/J*, 1876, **4**, 89.

GEERTS, A. J. C. (7). 'Useful Minerals and Metallurgy of the Japanese; F, Arsenic' (reproducing the picture from *Thien Kung Khai Wu*). *TAS/J*, 1877, **5**, 25.

GEHES CODEX. See Anon. (93).

GEISLER, K. W. (1). 'Zur Geschichte d. Spirituserzeugung.' *BGTI*, 1926, **16**, 94.

GELBART, N. R. (1). 'The Intellectual Development of Walter Charleton.' *AX*, 1971, **18**, 149.

GELLHORN, E. & KIELY, W. F. (1). 'Mystical States of Consciousness; Neurophysiological and Clinical Aspects.' *JNMD*, 1972, **154**, 399.

GENZMER, F. (1). 'Ein germanisches Gedicht aus der Hallstattzeit.' *GRM*, 1936, **24**, 14.

GEOGHEGAN, D. (1). 'Some Indications of Newton's Attitude towards Alchemy.' *AX*, 1957, **6**, 102.

GEORGII, A. (1). *Kinésithérapie, ou Traitement des Maladies par le Mouvement selon la Méthode de Ling... suivi d'un Abrégé des Applications de Ling à l'Éducation Physique.* Baillière, Paris, 1847.

GERNET, J. (3). *Le Monde Chinois.* Colin, Paris, 1972. (Coll. Destins du Monde.)

GESNER, CONRAD (1). *De Remediis secretis, Liber Physicus, Medicus et partiam Chymicus et Oeconomicus in vinorum diversi apparatu, Medicis & Pharmacopoiis omnibus praecipi necessarius nunc primum in lucem editus.* Zürich, 1552, 1557; second book edited by C. Wolff, Zürich, 1569; Frankfurt, 1578.

GESNER, CONRAD (2). *Thesaurus Euonymus Philiatri, Ein köstlicher Schatz....* Zürich, 1555. Eng. tr. Daye, London, 1559, 1565. French tr. Lyon, 1557.

GESSMANN, G. W. (1). *Die Geheimsymbole der Chemie und Medizin des Mittelalters; eine Zusammenstellung der von den Mystikern und Alchymisten gebrauchten geheimen Zeichenschrift, nebst einen Kurzgefassten geheimwissenschaftlichen Lexikon.* Pr. pr. Graz, 1899, then Mickl, München, 1900.

GETTENS, R. J., FITZHUGH, E. W., BENE, I. V. & CHASE, W. T. (1). *The Freer Chinese Bronzes. Vol. 2. Technical Studies.* Smithsonian Institution, Washington, D.C. 1969 (Freer Gallery of Art Oriental Studies, no. 7). See also Pope, Gettens, Cahill & Barnard (1).

GHOSH, HARINATH (1). 'Observations on the Solubility *in vitro* and *in vivo* of Sulphide of Mercury, and also on its Assimilation, probable Pharmacological Action and Therapeutic Utility.' *IMW*, 1 Apr. 1931.

GIBB, H. A. R. (1). 'The Embassy of Hārūn al-Rashīd to Chhang-An.' *BLSOAS*, 1922, **2**, 619.

GIBB, H. A. R. (4). *The Arab Conquests in Central Asia.* Roy. Asiat. Soc., London, 1923. (Royal Asiatic Society, James G. Forlong Fund Pubs. no. 2.)

GIBB, H. A. R. (5). 'Chinese Records of the Arabs in Central Asia.' *BLSOAS*, 1922, **2**, 613.

GIBBS, F. W. (1). 'Invention in Chemical Industries [+1500 to +1700].' Art. in *A History of Technology*, ed. C. Singer *et al.* Vol. 3, p. 676. Oxford, 1957.

GIBSON, E. C. S. (1) (tr.). *Johannes Cassianus' 'Conlationes'* in 'Select Library of Nicene and Post-Nicene Fathers of the Christian Church'. Parker, Oxford, 1894, vol. 11, pp. 382 ff.

GICHNER, L. E. (1). *Erotic Aspects of Hindu Sculpture*. Pr. pr., U.S.A. (no place of publication stated), 1949.

GICHNER, L. E. (2). *Erotic Aspects of Chinese Culture*. Pr. pr., U.S.A. (no place of publication stated), *c.* 1957.

GIDE, C. (1). *Les Colonies Communistes et Coopératives*. Paris, 1928. Eng. tr. by E. F. Row. *Communist and Cooperative Colonies*. Harrap, London, 1930.

GILDEMEISTER, E. & HOFFMANN, F. (1). *The Volatile Oils*. Tr. E. Kremers. 2nd ed., 3 vols. Longmans Green, London, 1916. (Written under the auspices of Schimmel & Co., Distillers, Miltitz near Leipzig.)

GILDEMEISTER, J. (1). 'Alchymie.' *ZDMG*, 1876, **30**, 534.

GILES, H. A. (2). *Chinese–English Dictionary*. Quaritch, London, 1892, 2nd ed. 1912.

GILES, H. A. (7) (tr.). 'The *Hsi Yüan Lu* or "Instructions to Coroners"; (Translated from the Chinese).' *PRSM*, 1924, **17**, 59.

GILES, H. A. (14). *A Glossary of Reference on Subjects connected with the Far East*. 3rd ed. Kelly & Walsh, Shanghai, 1900.

GILES, L. (6). *A Gallery of Chinese Immortals ('hsien'), selected biographies translated from Chinese sources* (*Lieh Hsien Chuan, Shen Hsien Chuan*, etc.). Murray, London, 1948.

GILES, L. (7). 'Wizardry in Ancient China.' *AP*, 1942, **13**, 484.

GILES, L. (14). 'A Thang Manuscript of the *Sou Shen Chi*.' *NCR*, 1921, **3**, 378, 460.

GILLAN, H. (1). *Observations on the State of Medicine, Surgery and Chemistry in China* (+1794), ed. J. L. Cranmer-Byng (2). Longmans, London, 1962.

GLAISTER, JOHN (1). *A Textbook of Medical Jurisprudence, Toxicology and Public Health*. Livingstone, Edinburgh, 1902. 5th ed. by J. Glaister the elder and J. Glaister the younger, Edinburgh, 1931. 6th ed. title changed to *Medical Jurisprudence and Toxicology*, J. Glaister the younger, Edinburgh, 1938. 7th ed. Edinburgh, 1942, 9th ed. Edinburgh, 1950. 10th to 12th eds. (same title), Edinburgh, 1957 to 1966 by J. Glaister the younger & E. Rentoul.

GLISSON, FRANCIS (1). *Tractatus de Natura Substantiae Energetica, seu de Vita Naturae ejusque Tribus Primus Facultatibus; I, Perceptiva; II, Appetitiva; III, Motiva, Naturalibus*. Flesher, Brome & Hooke, London, 1672. Cf. Pagel (16, 17); Temkin (4).

GLOB, P. V. (1). *Iron-Age Man Preserved*. Faber & Faber, London; Cornell Univ. Press, Ithaca, N.Y. 1969. Tr. R. Bruce-Mitford from the Danish *Mosefolket; Jernalderens Mennesker bevaret i 2000 År*.

GLOVER, A. S. B. (1) (tr.). 'The Visions of Zosimus', in Jung (3).

GMELIN, J. G. (1). *Reise durch Russland*. 3 vols. Berlin, 1830.

GOAR, P. J. See Syncellos, Georgius.

GODWIN, WM. (1). *An Enquiry concerning Political Justice, and its Influence on General Virtue and Happiness*. London, 1793.

GOH THEAN-CHYE. See Ho Ping-Yü, Ko Thien-Chi *et al.*

GOLDBRUNNER, J. (1). *Individuation; a study of the Depth Psychology of Carl Gustav Jung*. Tr. from Germ. by S. Godman. Hollis & Carter, London, 1955.

GOLTZ, D. (1). *Studien zur Geschichte der Mineralnamen in Pharmazie, Chemie und Medizin von den Anfängen bis Paracelsus*. Steiner, Wiesbaden, 1972. (Sudhoffs Archiv. Beiheft, no. 14.)

GONDAL, MAHARAJAH OF. See Bhagvat Singhji.

GOODFIELD, J. & TOULMIN, S. (1). 'The Qaṭṭāra; a Primitive Distillation and Extraction Apparatus still in Use.' *ISIS*, 1964, **55**, 339.

GOODMAN, L. S. & GILMAN, A. (ed.) (1). *The Pharmacological Basis of Therapeutics*. Macmillan, New York, 1965.

GOODRICH, L. CARRINGTON (1). *Short History of the Chinese People*. Harper, New York, 1943.

GOODWIN, B. (1). 'Science and Alchemy', art. in *The Rules of the Game...* ed. T. Shanin (1), p. 360.

GOOSENS, R. (1). Un Texte Grec relatif à l'aśvamedha' [in the Life of Apollonius of Tyana by Philostratos]. *JA*, 1930, **217**, 280.

GÖTZE, A. (1). 'Die "Schatzhöhle"; Überlieferung und Quelle.' *SHAW/PH*, 1922, no. 4.

GOULD, S. J. (1). 'History *versus* Prophecy; Discussion with J. W. Harrington.' *AJSC*, 1970, **268**, 187. With reply by J. W. Harrington, p. 189.

GOWLAND, W. (1). 'Copper and its Alloys in Prehistoric Times.' *JRAI*, 1906, **36**, 11.

GOWLAND, W. (2). 'The Metals in Antiquity.' *JRAI*, 1912, **42**, 235. (Huxley Memorial Lecture 1912.)

GOWLAND, W. (3). 'The Early Metallurgy of Silver and Lead.' Pt. I, 'Lead' (no more published). *AAA* 1901, **57**, 359.

GOWLAND, W. (4). 'The Art of Casting Bronze in Japan.' *JRSA*, 1895, **43**. Repr. *ARSI*, 1895, 609.

GOWLAND, W. (5). 'The Early Metallurgy of Copper, Tin and Iron in Europe as illustrated by ancient Remains, and primitive Processes surviving in Japan.' *AAA*, 1899, **56**, 267.

GOWLAND, W. (6). 'Metals and Metal-Working in Old Japan.' *TJSL*, 1915, **13**, 20.

GOWLAND, W. (7). 'Silver in Roman and earlier Times.' Pt. I, 'Prehistoric and Protohistoric Times' (no more published). *AAA*, 1920, **69**, 121.

GOWLAND, W. (8). 'Remains of a Roman Silver Refinery at Silchester' (comparisons with Japanese technique). *AAA*, 1903, **57**, 113.

GOWLAND, W. (9). *The Metallurgy of the Non-Ferrous Metals*. Griffin, London, 1914. (Copper, Lead, Gold, Silver, Platinum, Mercury, Zinc, Cadmium, Tin, Nickel, Cobalt, Antimony, Arsenic, Bismuth, Aluminium.)

GOWLAND, W. (10). 'Copper and its Alloys in Early Times.' *JIM*, 1912, **7**, 42.

GOWLAND, W. (11). 'A Japanese Pseudo-Speiss (*Shirome*), and its Relation to the Purity of Japanese Copper and the Presence of Arsenic in Japanese Bronze.' *JSCI*, 1894, **13**, 463.

GOWLAND, W. (12). 'Japanese Metallurgy; I, Gold and Silver and their Alloys.' *JCSI*, 1896, **15**, 404. No more published.

GRACE, V. R. (1). *Amphoras and the Ancient Wine Trade*. Amer. School of Classical Studies, Athens and Princeton, N.J., 1961.

GRADY, M. C. (1). 'Préparation Electrolytique du Rouge au Japan.' *TP*, 1897 (1e sér.), **8**, 456.

GRAHAM, A. C. (5). '"Being" in Western Philosophy compared with *shih/fei* and *yu/wu* in Chinese Philosophy.' With an appendix on 'The Supposed Vagueness of Chinese'. *AM*, 1959, **7**, 79.

GRAHAM, A. C. (6) (tr.). *The Book of Lieh Tzu*. Murray, London, 1960.

GRAHAM, A. C. (7). 'Chuang Tzu's "Essay on Making Things Equal".' Communication to the First International Conference of Taoist Studies, Villa Serbelloni, Bellagio, 1968.

GRAHAM, D. C. (4). 'Notes on the Han Dynasty Grave Collection in the West China Union University Museum of Archaeology [at Chhêngtu].' *JWCBRS*, 1937, **9**, 213.

GRANET, M. (5). *La Pensée Chinoise*. Albin Michel, Paris, 1934. (Evol. de l'Hum. series, no. 25 bis.)

GRANT, R. McQ. (1). *Gnosticism; an Anthology*. Collins, London, 1961.

GRASSMANN, H. (1). 'Der Campherbaum.' *MDGNVO*, 1895, **6**, 277.

GRAY, B. (1). 'Arts of the Sung Dynasty.' *TOCS*, 1960, **13**.

GRAY, J. H. (1). '[The "Abode of the Blest" in] Persian [Iranian, Thought].' *ERE*, vol. ii, p. 702.

GRAY, J. H. (1). *China: a History of the Laws, Manners and Customs of the People*. Ed. W. G. Gregor. 2 vols. Macmillan, London, 1878.

GRAY, W. D. (1). *The Relation of Fungi to Human Affairs*. Holt, New York, 1959.

GREEN, F. H. K. (1). 'The Clinical Evaluation of Remedies.' *LT*, 1954, 1085.

GREEN, R. M. (1) (tr.). *Galen's Hygiene; 'De Sanitate Tuenda'*. Springfield, Ill. 1951.

GREENAWAY, F. (1). 'Studies in the Early History of Analytical Chemistry.' Inaug. Diss. London, 1957.

GREENAWAY, F. (2). *The Historical Continuity of the Tradition of Assaying*. Proc. Xth Int. Congr. Hist. of Sci., Ithaca, N.Y., 1962, vol. 2, p. 819.

GREENAWAY, F. (3). 'The Early Development of Analytical Chemistry.' *END*, 1962, **21**, 91.

GREENAWAY, F. (4). *John Dalton and the Atom*. Heinemann, London, 1966.

GREENAWAY, F. (5). 'Johann Rudolph Glauber and the Beginnings of Industrial Chemistry.' *END*, 1970, **29**, 67.

GREGORY, E. (1). *Metallurgy*. Blackie, London and Glasgow, 1943.

GREGORY, J. C. (1). *A Short History of Atomism*. Black, London, 1931.

GREGORY, J. C. (2). 'The Animate and Mechanical Models of Reality.' *JPHST*, 1927, **2**, 301. Abridged in 'The Animate Model of Physical Process'. *SPR*, 1925.

GREGORY, J. C. (3). 'Chemistry and Alchemy in the Natural Philosophy of Sir Francis Bacon (+1561 to +1626).' *AX*, 1938, **2**, 93.

GREGORY, J. C. (4). 'An Aspect of the History of Atomism.' *SPR*, 1927, **22**, 293.

GREGORY, T. C. (1). *Condensed Chemical Dictionary*. 1950. Continuation by A. Rose & E. Rose. Chinese tr. by Kao Hsien (1).

GRIERSON, SIR G. A. (1). *Bihar Peasant Life*. Patna, 1888; reprinted Bihar Govt., Patna, 1926.

GRIERSON, P. (2). 'The Roman Law of Counterfeiting.' Art. in *Essays in Roman Coinage*, Mattingley Presentation Volume, Oxford, 1965, p. 240.

GRIFFITH, E. F. (1). *Modern Marriage*. Methuen, London, 1946.

GRIFFITH, F. LL. & THOMPSON, H. (1). '*The Demotic Magical Papyrus of London and Leiden* [+3rd Cent.]. 3 vols. Grevel, London, 1904-9.

GRIFFITH, R. T. H. (1) (tr.). *The Hymns of the 'Atharva-veda'*. 2 vols. Lazarus, Benares, 1896. Repr. Chowkhamba Sanskrit Series Office, Varanasi, 1968.

GRIFFITHS, J. GWYN (1) (tr.). *Plutarch's 'De Iside et Osiride'*. University of Wales Press, Cardiff, 1970.

GRINSPOON, L. (1). 'Marihuana.' *SAM*, 1969, **221** (no. 6), 17.

GRMEK, M. D. (2). 'On Ageing and Old Age; Basic Problems and Historical Aspects of Gerontology and Geriatrics.' *MB*, 1958, **5** (no. 2).

DE GROOT, J. J. M. (2). *The Religious System of China.* Brill, Leiden, 1892.
    Vol. 1, Funeral rites and ideas of resurrection.
        2 and 3, Graves, tombs, and *fêng-shui.*
        4, The soul, and nature-spirits.
        5, Demonology and sorcery.
        6, The animistic priesthood (*wu*).

GRÖSCHEL-STEWART, U. (1). 'Plazentahormone.' *MMN*, 1970, **22**, 469.

GROSIER, J. B. G. A. (1). *De la Chine; ou, Description Générale de cet Empire*, etc. 7 vols. Pillet & Bertrand, Paris, 1818–20.

GRUMAN, G. J. (1). 'A History of Ideas about the Prolongation of Life; the Evolution of Prolongevity Hypotheses to 1800.' Inaug. Diss., Harvard University, 1965. *TAPS*, 1966 (n.s.), **56** (no. 9), 1–102.

GRUMAN, G. J. (2). 'An Introduction to the Literature on the History of Gerontology.' *BIHM*, 1957, **31**, 78.

GUARESCHI, S. (1). Tr. of Klaproth (5). *SAEC*, 1904, **20**, 449.

GUERLAC, H. (1). 'The Poets' Nitre.' *ISIS*, 1954, **45**, 243.

GUICHARD, F. (1). 'Properties of saponins of *Gleditschia*.' *BSPB*, 1936, **74**, 168.

VAN GULIK, R. H. (3). '*Pi Hsi Thu Khao*'; *Erotic Colour-Prints of the Ming Period, with an Essay on Chinese Sex Life from the Han to the Chhing Dynasty (−206 to +1644).* 3 vols. in case. Privately printed. Tokyo, 1951 (50 copies only, distributed to the most important Libraries of the world). Crit. W. L. Hsü, *MN*, 1952, **8**, 455; H. Franke, *ZDMG*, 1955 (NF) **30**, 380.

VAN GULIK, R. H. (4). 'The Mango "Trick" in China; an essay on Taoist Magic.' *TAS/J*, 1952 (3rd ser.), **3**, 1.

VAN GULIK, R. H. (8). *Sexual Life in Ancient China; a Preliminary Survey of Chinese Sex and Society from c. −1500 to +1644.* Brill, Leiden, 1961. Rev. R. A. Stein, *JA*, 1962, **250**, 640.

GUNAWARDANA, R. A. LESLIE H. (1). 'Ceylon and Malaysia; a Study of Professor S. Paranavitana's Research on the Relations between the Two Regions.' *UCR*, 1967, **25**, 1–64.

GUNDEL, W. (4). Art. 'Alchemie' in *Real-Lexikon f. Antike und Christentum*, ed. T. Klauser, 1950–3, vol. 1, p. 239.

GUNDEL, W. & GUNDEL, H. G. (1). *Astrologumena; das astrologische Literatur in der Antike und ihre Geschichte.* Steiner, Wiesbaden, 1966. (*AGMW* Beiheft, no. 6, pp. 1–382.)

GUNTHER, R. T. (3) (ed.). *The Greek Herbal of Dioscorides, illustrated by a Byzantine in +512, englished by John Goodyer in +1655, edited and first printed, 1933.* Pr. pr. Oxford, 1934, photolitho repr. Hafner, New York, 1959.

GUNTHER, R. T. (4). *Early Science in Cambridge.* Pr. pr. Oxford, 1937.

GUPPY, H. B. (1). 'Samshu-brewing in North China.' *JRAS/NCB*, 1884, **18**, 63.

GURE, D. (1). 'Jades of the Sung Group.' *TOCS*, 1960, 39.

GUTZLAFF, C. (1). 'On the Mines of the Chinese Empire.' *JRAS/NCB*, 1847, 43.

GYLLENSVÅRD, BO (1). *Chinese Gold and Silver [-Work] in the Carl Kempe Collection.* Stockholm, 1953; Smithsonian Institution, Washington, D.C., 1954.

GYLLENSVÅRD, BO (2). 'Thang Gold and Silver.' *BMFEA*, 1957, **29**, 1–230.

HACKIN, J. & HACKIN, J. R. (1). *Recherches archéologiques à Begram, 1937.* Mémoires de la Délégation Archéologique Française en Afghanistan, vol. 9. Paris, 1939.

HACKIN, J., HACKIN, J. R., CARL, J. & HAMELIN, P. (with the collaboration of J. Auboyer, V. Elisséeff, O. Kurz & P. Stern) (1). *Nouvelles Recherches archéologiques à Begram (ancienne Kāpiśī), 1939–1940.* Mémoires de la Délégation Archéologique Française en Afghanistan, vol. 11. Paris, 1954. (Rev. P. S. Rawson, *JRAS*, 1957, 139.)

HADD, H. E. & BLICKENSTAFF, R. T. (1). *Conjugates of Steroid Hormones.* Academic Press, New York and London, 1969.

HADI HASAN (1). *A History of Persian Navigation.* Methuen, London, 1928.

HAJI KHALFA (or Ḥajji Khalīfa). See Flügel (2).

HALBAN, J. (1). 'Über den Einfluss der Ovarien auf die Entwicklung der Genitales.' *MGG*, 1900, **12**, 496.

HALDANE, J. B. S. (2). 'Experiments on the Regulation of the Blood's Alkalinity.' *JOP*, 1921, **55**, 265.

HALDANE, J. B. S. (3). 'Über Halluzinationen infolge von Änderungen des Kohlensäuredrucks.' *PF*, 1924, **5**, 356.

HALDANE, J. B. S. See also Baird, Douglas, Haldane & Priestley (1); Davies, Haldane & Kennaway (1).

HALDANE, J. B. S., LINDER, G. C., HILTON, R. & FRASER, F. R. (1). 'The Arterial Blood in Ammonium Chloride Acidosis.' *JOP*, 1928, **65**, 412.

HALDANE, J. B. S., WIGGLESWORTH, V. B. & WOODROW, C. E. (1). 'Effect of Reaction Changes on Human Inorganic Metabolism.' *PRSB*, 1924, **96**, 1.

HALDANE, J. B. S., WIGGLESWORTH, V. B. & WOODROW, C. E. (2). 'Effect of Reaction Changes on Human Carbohydrate and Oxygen Metabolism.' *PRSB*, 1924, **96**, 15.

HALEN, G. E. (1). *De Chemo Scientiarum Auctore.* Upsala, 1694.

HALES, STEPHEN (2). *Philosophical Experiments; containing Useful and Necessary Instructions for such as undertake Long Voyages at Sea, shewing how Sea Water may be made Fresh and Wholsome.* London, 1739.

HALL, E. T. (1). 'Surface Enrichment of Buried [Noble] Metal [Alloys].' *AMY*, 1961, **4**, 62.

HALL, E. T. & ROBERTS, G. (1). 'Analysis of the Moulsford Torc.' *AMY*, 1962, **5**, 28.

HALL, F. W. (1). '[The "Abode of the Blest" in] Greek and Roman [Culture].' *ERE*, vol. ii, p. 696.

HALL, H. R. (1). 'Death and the Disposal of the Dead [in Ancient Egypt].' Art. in *ERE*, vol. iv, p. 458.

HALL, MANLY P. (1). *The Secret Teachings of All Ages.* San Francisco, 1928.

HALLEUX, R. (1). 'Fécondité des Mines et Sexualité des Pierres dans l'Antiquité Gréco-Romaine.' *RBPH*, 1970, **48**, 16.

HALOUN, G. (2). Translations of *Kuan Tzu* and other ancient texts made with the present writer, unpub. MSS.

HAMARNEH, SAMI, K. & SONNEDECKER, G. (1). *A Pharmaceutical View of Albucasis (al-Zahrāwī) in Moorish Spain.* Brill, Leiden, 1963.

HAMMER-JENSEN, I. (1). 'Deux Papyrus à Contenu d'Ordre Chimique.' *ODVS*, 1916 (no. 4), 279.

HAMMER-JENSEN, I. (2). 'Die ältesten Alchemie.' *MKDVS/HF*, 1921, **4** (no. 2), 1–159.

HANBURY, DANIEL (1). *Science Papers, chiefly Pharmacological and Botanical.* Macmillan, London, 1876.

HANBURY, DANIEL (2). 'Notes on Chinese Materia Medica.' *PJ*, 1861, **2**, 15, 109, 553; 1862, **3**, 6, 204, 260, 315, 420. German tr. by W. C. Martius (without Chinese characters), *Beiträge z. Materia Medica Chinas.* Kranzbühler, Speyer, 1863. Revised version, with additional notes, references and map, in Hanbury (1), pp. 211 ff.

HANBURY, DANIEL (6). 'Note on Chinese Sal Ammoniac.' *PJ*, 1865, **6**, 514. Repr. in Hanbury (1), p. 276.

HANBURY, DANIEL (7). 'A Peculiar Camphor from China [Ngai Camphor from *Blumea balsamifera*]. *PJ*, 1874, **4**, 709. Repr. in Hanbury (1), pp. 393 ff.

HANBURY, DANIEL (8). 'Some Notes on the Manufactures of Grasse and Cannes [and Enfleurage].' *PJ*, 1857, **17**, 161. Repr. in Hanbury (1), pp. 150 ff.

HANBURY, DANIEL (9). 'On Otto of Rose.' *PJ*, 1859, **18**, 504. Repr. in Hanbury (1), pp. 164 ff.

HANSFORD, S. H. (1). *Chinese Jade Carving.* Lund Humphries, London, 1950.

HANSFORD, S. H. (2) (ed.). *The Seligman Collection of Oriental Art; Vol. 1, Chinese, Central Asian and Luristan Bronzes and Chinese Jades and Sculptures.* Arts Council G. B., London, 1955.

HANSON, D. (1). *The Constitution of Binary Alloys.* McGraw-Hill, New York, 1958.

HARADA, YOSHITO & TAZAWA, KINGO (1). *Lo-Lang; a Report on the Excavation of Wang Hsü's Tomb in the Lo-Lang Province, an ancient Chinese Colony in Korea.* Tokyo University, Tokyo, 1930.

HARBORD, F. W. & HALL, J. W. (1). *The Metallurgy of Steel.* 2 vols. 7th ed. Griffin, London, 1923.

HARDING, M. ESTHER (1). *Psychic Energy; its Source and Goal.* With a foreword by C. G. Jung. Pantheon, New York, 1947. (Bollingen series, no. 10.)

VON HARLESS, G. C. A. (1). *Jakob Böhme und die Alchymisten; ein Beitrag zum Verständnis J. B.'s . . .* Berlin, 1870. 2nd ed. Hinrichs, Leipzig, 1882.

HARRINGTON, J. W. (1). 'The First "First Principles of Geology".' *AJSC*, 1967, **265**, 449.

HARRINGTON, J. W. (2). 'The Prenatal Roots of Geology; a Study in the History of Ideas.' *AJSC*, 1969, **267**, 592.

HARRINGTON, J. W. (3). 'The Ontology of Geological Reasoning; with a Rationale for evaluating Historical Contributions.' *AJSC*, 1970, **269**, 295.

HARRIS, C. (1). '[The State of the Dead in] Christian [Thought].' *ERE*, vol. xi, p. 833.

HARRISON, F. C. (1). 'The Miraculous Micro-Organism' (*B. prodigiosus* as the causative agent of 'bleeding hosts'). *TRSC*, 1924, **18**, 1.

HARRISSON, T. (8). 'The *palang*; its History and Proto-history in West Borneo and the Philippines.' *JRAS/M*, 1964, **37**, 162.

HARTLEY, SIR HAROLD (1). 'John Dalton, F.R.S. (1766 to 1844) and the Atomic Theory; a Lecture to commemorate his Bicentenary.' *PRSA*, 1967, **300**, 291.

HARTNER, W. (12). *Oriens-Occidens; ausgewählte Schriften zur Wissenschafts- und Kultur-geschichte (Festschrift zum 60. Geburtstag).* Olms, Hildesheim, 1968. (Collectanea, no. 3.)

HARTNER, W. (13). 'Notes on *Picatrix.*' *ISIS*, 1965, **56**, 438. Repr. in (12), p. 415.

HASCHMI, M. Y. (1). 'The Beginnings of Arab Alchemy.' *AX*, 1961, **9**, 155.

HASCHMI, M. Y. (2). '*The Propagation of Rays'; the Oldest Arabic Manuscript about Optics (the Burning-Mirror),* [a text written by] Ya'kub ibn Ishaq al-Kindī, Arab Philosopher and Scholar of the +9th Century. Photocopy, *Arabic text and Commentary.* Aleppo, 1967.

HASCHMI, M. Y. (3). 'Sur l'Histoire de l'Alcool.' Résumés des Communications, XIIth International Congress of the History of Science, Paris, 1968, p. 91.

HASCHMI, M. Y. (4). 'Die Anfänge der arabischen Alchemie.' Actes du XIe Congrès International d'Histoire des Sciences, Warsaw, 1965, p. 290.

HASCHMI, M. Y. (5). 'Ion Exchange in Arabic Alchemy.' Proc. Xth Internat. Congr. Hist. of Sci., Ithaca, N.Y. 1962, p. 541. Summaries of Communications, p. 56.

HASCHMI. M. Y. (6). 'Die Geschichte der arabischen Alchemie.' DMAB, 1967, 35, 60.

HATCHETT, C. (1). 'Experiments and Observations on the Various Alloys, on the Specific Gravity, and on the Comparative Wear of Gold...' PTRS, 1803, 93, 43.

HAUSHERR, I. (1). 'La Méthode d'Oraison Hésychaste.' ORCH, 1927, 9, (no. 2), 102.

HÄUSSLER, E. P. (1). 'Über das Vorkommen von a-Follikelhormon (3-oxy-17 Keto-1, 3, 5-oestratriën) im Hengsturin.' HCA, 1934, 17, 531.

HAWKES, D. (1) (tr.). 'Chhu Tzhu'; the Songs of the South—an Ancient Chinese Anthology. Oxford, 1959. Rev. J. Needham, NSN (18 Jul. 1959).

HAWKES, D. (2). 'The Quest of the Goddess.' AM, 1967, 13, 71.

HAWTHORNE, J. G. & SMITH, C. S. (1) (tr.). 'On Divers Arts'; the Treatise of Theophilus [Presbyter], translated from the Mediaeval Latin with Introduction and Notes... [probably by Roger of Helmarshausen, c. +1130]. Univ. of Chicago Press, Chicago, 1963.

HAY, M. (1). Failure in the Far East; Why and How the Breach between the Western World and China First Began (on the dismantling of the Jesuit Mission in China in the late +18th century). Spearman, London; Scaldis, Wetteren (Belgium), 1956.

HAYS, E. E. & STEELMAN, S. L. (1). 'The Chemistry of the Anterior Pituitary Hormones.' Art. in The Hormones..., ed. G. Pincus, K. V. Thimann & E. B. Astwood. Academic Press, New York, 1948–64. vol. 3, p. 201.

HEDBLOM, C. A. (1). 'Disease Incidence in China [16,000 cases].' CMJ, 1917, 31, 271.

HEDFORS, H. (1) (ed. & tr.). The 'Compositiones ad Tingenda Musiva'... Uppsala, 1932.

HEDIN, SVEN A., BERGMAN, F. et al. (1). History of the Expedition in Asia, 1927/1935. 4 vols. Reports of the Sino-Swedish [Scientific] Expedition [to NW China]. 1936. Nos. 23, 24, 25, 26.

HEIM, R. (1). 'Old and New Investigations on Hallucinogenic Mushrooms from Mexico.' APH, 1959, 12, 171.

HEIM, R. (2). Champignons Toxiques et Hallucinogènes. Boubée, Paris, 1963.

HEIM, R. & HOFMANN, A. (1). 'Psilocybine.' CRAS, 1958, 247, 557.

HEIM, R., WASSON, R. G. et al. (1). Les Champignons Hallucinogènes du Mexique; Études Ethnologiques, Taxonomiques, Biologiques, Physiologiques et Chimiques. Mus. Nat. d'Hist. Nat. Paris, 1958.

VON HEINE-GELDERN, R. (4). 'Die asiatische Herkunft d. südamerikanische Metalltechnik.' PAI, 1954, 5, 347.

HEMNETER, E. (1). 'The Influence of the Caste-System on Indian Trades and Crafts.' CIBA/T, 1937, 1 (no. 2), 46.

H[EMSLEY], W. B. (1). 'Camphor.' N, 1896, 54, 116.

HENDERSON, G. & HURVITZ, L. (1). 'The Buddha of Seiryō-ji [Temple at Saga, Kyoto]; New Finds and New Theory.' AA, 1956, 19, 5.

HENDY, M. F. & CHARLES, J. A. (1). 'The Production Techniques, Silver Content and Circulation History of the +12th-Century Byzantine Trachy.' AMY, 1970, 12, 13.

HENROTTE, J. G. (1). 'Yoga et Biologie.' ATOM, 1969, 24 (no. 265), 283.

HENRY, W. (1). Elements of Experimental Chemistry. London, 1810. German. tr. by F. Wolff, Berlin, 1812. Another by J. B. Trommsdorf.

HERMANN, A. (1). 'Das Buch Kmj.t und die Chemie.' ZAES, 1954, 79, 99.

HERMANN, P. (1). Een constelijk Distileerboec inhoudende de rechte ende waerachtige conste der distilatiën om alderhande wateren der cruyden, bloemen ende wortelen ende voorts alle andere dinge te leeren distileren opt alder constelijcste, alsoo dat dies gelyke noyt en is gheprint geweest in geen derley sprake... Antwerp, 1552.

HERMANNS, M. (1). Die Nomaden von Tibet. Vienna, 1949. Rev. W. Eberhard, AN, 1950, 45, 942.

HERRINGHAM, C. J. (1). The 'Libro dell'Arte' of Cennino Cennini [+1437]. Allen & Unwin, London, 1897.

HERRMANN, A. (2). Die Alten Seidenstrassen zw. China u. Syrien; Beitr. z. alten Geographie Asiens, I (with excellent maps). Berlin, 1910. (Quellen u. Forschungen z. alten Gesch. u. Geographie, no. 21; photographically reproduced, Tientsin, 1941).

HERRMANN, A. (3). 'Die Alten Verkehrswege zw. Indien u. Süd-China nach Ptolemäus.' ZGEB, 1913, 771.

HERRMANN, A. (5). 'Die Seidenstrassen vom alten China nach dem Romischen Reich.' MGGW, 1915, 58, 472.

HERRMANN, A. (6). *Die Verkehrswege zw. China, Indien und Rom um etwa 100 nach Chr.* Leipzig, 1922 (Veröffentlichungen d. Forschungs-instituts f. vergleich. Religionsgeschichte a.d. Univ. Leipzig, no. 7.)

HERTZ, W. (1). 'Die Sage vom Giftmädchen.' *ABAW/PH*, 1893, **20**, no. 1. Repr. in *Gesammelte Abhandlungen,* ed. v. F. von der Leyen, 1905, pp. 156–277.

D'HERVEY ST DENYS, M. J. L. (3). *Trois Nouvelles Chinoises, traduites pour la première fois.* Leroux, Paris, 1885. 2nd ed. Dentu, Paris, 1889.

HEYM, G. (1). 'The *Aurea Catena Homeri* [by Anton Joseph Kirchweger, +1723].' *AX*, 1937, **1**, 78. Cf. Ferguson (1), vol. 1, p. 470.

HEYM, G. (2). 'Al-Rāzī and Alchemy.' *AX*, 1938, **1**, 184.

HICKMAN, K. C. D. (1). 'A Vacuum Technique for the Chemist' (molecular distillation). *JFI*, 1932, **213**, 119.

HICKMAN, K. C. D. (2). 'Apparatus and Methods [for Molecular Distillation].' *IEC/I*, 1937, **29**, 968.

HICKMAN, K. C. D. (3). 'Surface Behaviour in the Pot Still.' *IEC/I*, 1952, **44**, 1892.

HICKMAN, K. C. D. & SANFORD, C. R. (1). 'The Purification, Properties and Uses of Certain High-Boiling Organic Liquids.' *JPCH*, 1930, **34**, 637.

HICKMAN, K. C. D. & SANFORD, C. R. (2). 'Molecular stills.' *RSI*, 1930, **1**, 140.

HICKMAN, K. C. D. & TREVOY, D. J. (1). 'A Comparison of High Vacuum Stills and Tensimeters.' *IEC/I*, 1952, **44**, 1903.

HICKMAN, K. C. D. & WEYERTS, W. (1). 'The Vacuum Fractionation of Phlegmatic Liquids.' *JACS*, 1930, **52**, 4714.

HIGHMORE, NATHANIEL (1). *The History of Generation, examining the several Opinions of divers Authors, especially that of Sir Kenelm Digby, in his Discourse of Bodies.* Martin, London, 1651.

HILGENFELD, A. (1). *Die Ketzergeschichte des Urchristenthums.* Fues (Reisland), Leipzig, 1884.

HILLEBRANDT, A. (1). *Vedische Mythologie.* Breslau, 1891–1902.

HILTON-SIMPSON, M. W. (1). *Arab Medicine and Surgery; a Study of the Healing Art in Algeria.* Oxford, 1922.

HIORDTHAL, T. See Hjortdahl, T.

HIORNS, A. H. (1). *Metal-Colouring and Bronzing.* Macmillan, London and New York, 1892. 2nd ed. 1902.

HIORNS, A. H. (2). *Mixed Metals or Metallic Alloys.* 3rd ed. Macmillan, London and New York, 1912.

HIORNS, A. H. (3). *Principles of Metallurgy.* 2nd ed. Macmillan, London, 1914.

HIRTH, F. (2) (tr.). 'The Story of Chang Chhien, China's Pioneer in West Asia.' *JAOS*, 1917, **37**, 89. (Translation of ch. 123 of the *Shih Chi,* containing Chang Chhien's Report; from §18–52 inclusive and 101 to 103. §98 runs on to §104, 99 and 100 being a separate interpolation. Also tr. of ch. 111 containing the biogr. of Chang Chhien.)

HIRTH, F. (7). *Chinesische Studien.* Hirth, München and Leipzig, 1890.

HIRTH, F. (9). *Über fremde Einflüsse in der chinesischen Kunst.* G. Hirth, München and Leipzig. 1896.

HIRTH, F. (11). 'Die Länder des Islam nach Chinesischen Quellen.' *TP*, 1894, **5** (Suppl.). (Translation of, and notes on, the relevant parts of the *Chu Fan Chih* of Chao Ju-Kua; subsequently incorporated in Hirth & Rockhill.)

HIRTH, F. (25). 'Ancient Porcelain; a study in Chinese Mediaeval Industry and Trade.' G. Hirth, Leipzig and Munich; Kelly & Walsh, Shanghai, Hongkong, Yokohama and Singapore, 1888.

HIRTH, F. & ROCKHILL, W. W. (1) (tr.). *Chau Ju-Kua; His work on the Chinese and Arab Trade in the 12th and 13th centuries, entitled 'Chu-Fan-Chi'.* Imp. Acad. Sci, St Petersburg, 1911. (Crit. G. Vacca *RSO*, 1913, **6**, 209; P. Pelliot, *TP*, 1912, **13**, 446; E. Schaer, *AGNT*, 1913, **6**, 329; O. Franke, *OAZ*, 1913, **2**, 98; A. Vissière, *JA*, 1914 (11ᵉ sér.), **3**, 196.)

HISCOX, G. D. (1) (ed.). *The Twentieth Century Book of Recipes, Formulas and Processes; containing nearly 10,000 selected scientific, chemical, technical and household recipes, formulas and processes for use in the laboratory, the office, the workshop and in the home.* Lockwood, London; Henley, New York, 1907. Lexicographically arranged. 4th ed., Lockwood, London; Henley, New York, 1914. Retitled *Henley's Twentieth Century Formulas, Recipes and Processes; containing 10,000 selected household and workshop formulas, recipes, processes and money-saving methods for the practical use of manufacturers, mechanics, housekeepers and home workers.* Spine title unchanged; index of contents added and 2 entries omitted.

HITCHCOCK, E. A. (1). *Remarks upon Alchemy and the Alchemists, indicating a Method of discovering the True Nature of Hermetic Philosophy; and showing that the Search after the Philosopher's Stone had not for its Object the Discovery of an Agent for the Transmutation of Metals—Being also an attempt to rescue from undeserved opprobrium the reputation of a class of extraordinary thinkers in past ages.* Crosby & Nichols, Boston, 1857. 2nd ed. 1865 or 1866. See also Clymer (1); Croffut (1).

HITCHCOCK, E. A. (2). *Remarks upon Alchymists, and the supposed Object of their Pursuit; showing that the Philosopher's Stone is a mere Symbol, signifying Something which could not be expressed openly without incurring the Danger of an Auto-da-Fé. By an Officer of the United States Army*. Pr. pr. Herald, Carlisle, Pennsylvania, 1855. This pamphlet was the first form of publication of the material enlarged in Hitchcock (1).

HJORTDAHL, T. (1). 'Chinesische Alchemie', art. in Kahlbaum Festschrift (1909), ed. Diergart (1): *Beiträge aus der Geschichte der Chemie*, pp. 215–24. Comm. by E. Chavannes, *TP*, 1909 (2e sér.), **10**, 389.

HJORTDAHL, T. (2). 'Fremstilling af Kemiens Historie' (in Norwegian). *CVS*, 1905, **1** (no. 7).

HO JU (1). *Poèmes de Mao Tsê-Tung* (French translation). Foreign Languages Press, Peking, 1960. 2nd ed., enlarged, 1961.

HO PENG YOKE. See Ho Ping-Yü.

HO PING-YÜ (5). 'The Alchemical Work of Sun Ssu-Mo.' Communication to the American Chemical Society's Symposium on Ancient and Archaeological Chemistry, at the 142nd Meeting, Atlantic City, 1962.

HO PING-YÜ (7). 'Astronomical Data in the Annamese *Đai Việt Sú-Ký Toân-thû*; an early Annamese Historical Text.' *JAOS*, 1964, **84**, 127.

HO PING-YÜ (8). 'Draft translation of the *Thai-Chhing Shih Pi Chi* (Records in the Rock Chamber); an alchemical book (*TT*/874) of the Liang period (early +6th Century, but including earlier work as old as the late +3rd).' Unpublished.

HO PING-YÜ (9). Précis and part draft translation of the *Thai Chi Chen-Jen Chiu Chuan Huan Tan Ching Yao Chüeh* (Essential Teachings of the Manual of the Supreme-Pole Adept on the Ninefold Cyclically Transformed Elixir); an alchemical book (*TT*/882) of uncertain date, perhaps Sung but containing much earlier metarial.' Unpublished.

HO PING-YÜ (10). 'Précis and part draft translation of the *Thai-Chhing Chin I Shen Tan Ching* (Manual of the Potable Gold and Magical Elixir; a Thai-Chhing Scripture); an alchemical book (*TT*/873) of unknown date and authorship but prior to +1022 when it was incorporated in the *Yün Chi Chhi Chhien*.' Unpublished.

HO PING-YÜ (11). 'Notes on the *Pao Phu Tzu Shen Hsien Chin Shuo Ching* (The Preservation-of-Solidarity Master's Manual of the Bubbling Gold (Potion) of the Holy Immortals); an alchemical book (*TT*/910) attributed to Ko Hung (c. +320).' Unpublished.

HO PING-YÜ (12). 'Notes on the *Chin Pi Wu Hsiang Lei Tshan Thung Chhi* (Gold and Caerulean Jade Treatise on the Similarities and Categories of the Five (Substances) and the *Kinship of the Three*); an alchemical book (*TT*/897) attributed to Yin Chhang-Shêng (H/Han, c. +200), but probably of somewhat later date.' Unpublished.

HO PING-YÜ (13). 'Alchemy in Ming China (+1368 to +1644).' Communication to the XIIth International Congress of the History of Science, Paris, 1968. Abstract Vol. p. 174. Communications, Vol. 3A, p. 119.

HO PING-YÜ (14). 'Taoism in Sung and Yuan China.' Communication to the First International Conference of Taoist Studies, Villa Serbelloni, Bellagio, 1968.

HO PING-YÜ (15). 'The Alchemy of Stones and Minerals in the Chinese Pharmacopoeias.' *CCJ*, 1968, **7**, 155.

HO PING-YÜ (16). 'The System of the *Book of Changes* and Chinese Science.' *JSHS*, 1972, No. 11, 23.

HO PING-YÜ & CHHEN THIEH-FAN (1) = (1). 'On the Dating of the *Shun-Yang Lü Chen-Jen Yao Shih Chih*, a Taoist Pharmaceutical and Alchemical Manual.' *JOSHK*, 1971, **9**, 181 (229).

HO PING-YÜ, KO THIEN-CHI & LIM, BEDA (1). 'Lu Yu (+1125 to 1209), Poet-Alchemist.' *AM*, 1972, 163.

HO PING-YÜ, KO THIEN-CHI & PARKER, D. (1). 'Pai Chü-I's Poems on Immortality.' *HJAS*, 1974, **34**, 163.

HO PING-YÜ & LIM, BEDA (1). 'Tshui Fang, a Forgotten +11th-Century Alchemist [with assembly of citations, mostly from *Pên Tshao Kang Mu*, probably transmitted by *Kêng Hsin Yü Tshê*].' *JSHS*, 1972, No. 11, 103.

HO PING-YÜ, LIM, BEDA & MORSINGH, FRANCIS (1) (tr.). 'Elixir Plants: the *Shun-Yang Lü Chen-Jen Yao Shih Chih* (Pharmaceutical Manual of the Adept Lü Shun-Yang)' [in verses]. Art. in Nakayama & Sivin (1), p. 153.

HO PING-YÜ & NEEDHAM, JOSEPH (1). 'Ancient Chinese Observations of Solar Haloes and Parhelia.' *W*, 1959, **14**, 124.

HO PING-YÜ & NEEDHAM, JOSEPH (2). 'Theories of Categories in Early Mediaeval Chinese Alchemy' (with transl. of the *Tshan Thung Chhi Wu Hsiang Lei Pi Yao*, c. +6th to +8th cent.). *JWCI*, 1959, **22**, 173.

HO PING-YÜ & NEEDHAM, JOSEPH (3). 'The Laboratory Equipment of the Early Mediaeval Chinese Alchemists.' *AX*, 1959, **7**, 57.

HO PING-YÜ & NEEDHAM, JOSEPH (4). 'Elixir Poisoning in Mediaeval China.' *JAN*, 1959, **48**, 221.

HO PING-YÜ & NEEDHAM, JOSEPH. See Tshao Thien-Chhin, Ho Ping-Yü & Needham. J.

HOEFER, F. (1). *Histoire de la Chimie*. 2 vols. Paris, 1842–3. 2nd ed. 2 vols. Paris, 1866–9.

HOENIG, J. (1). 'Medical Research on Yoga.' *COPS*, 1968, **11**, 69.

HOERNES, M. (1). *Natur- und Ur-geschichte der Menschen*. Vienna and Leipzig, 1909.

HOERNLE, A. F. R. (1) (ed. & tr.). *The Bower Manuscript; Facsimile Leaves, Nagari Transcript, Romanised Transliteration and English Translation with Notes*. 2 vols. Govt. Printing office, Calcutta, 1893–1912. (Archaeol. Survey of India, New Imperial Series, no. 22.) Mainly pharmacological text of late +4th cent. but with some chemistry also.

HOFF, H. H., GUILLEMIN, L. & GUILLEMIN, R. (1) (tr. and ed.). *The 'Cahier Rouge' of Claude Bernard*. Schenkman, Cambridge, Mass. 1967.

HOFFER, A. & OSMOND, H. (1). *The Hallucinogens*. Academic Press, New York and London, 1968. With a chapter by T. Weckowicz.

HOFFMANN, G. (1). Art. 'Chemie' in A. Ladenburg (ed.), *Handwörterbuch der Chemie*, Trewendt, Breslau, 1884, vol. 2, p. 516. This work forms Division 2, Part 3 of W. Förster (ed.), *Encyklopaedie der Naturwissenschaften* (same publisher).

HOFMANN, K. B. (1). 'Zur Geschichte des Zinkes bei den Alten.' *BHMZ*, 1882, **41**, 492, 503.

HOLGEN, H. J. (1). 'Iets over de Chineesche Alchemie.' *CW*, 1917, **24**, 400.

HOLGEN, H. J. (2). 'Iets uit de Geschiedenis van de Chineesche Mineralogie en Chemische Technologie.' *CW*, 1917, **24**, 468.

HOLLOWAY, M. (1). *Heavens on Earth; Utopian Communities in America, +1680 to 1880*. Turnstile, London, 1951. 2nd ed. Dover, New York, 1966.

HOLMYARD, E. J. (1). *Alchemy*. Penguin, London, 1957.

HOLMYARD, E. J. (2). 'Jābir ibn Ḥayyān [including a bibliography of the Jābirian corpus].' *PRSM*, 1923, **16** (Hist. Med. Sect.), 46.

HOLMYARD, E. J. (3). 'Some Chemists of Islam.' *SPR*, 1923, **18**, 66.

HOLMYARD, E. J. (4). 'Arabic Chemistry [and Cupellation].' *N*, 1922, **109**, 778.

HOLMYARD, E. J. (5). '*Kitāb al-'Ilm al-Muktasab fī Zirā'at al-Dhahab*' (*Book of Knowledge acquired concerning the Cultivation of Gold*), by Abū'l Qāsim Muḥammad ibn Aḥmad al-Irāqī [d. c. +1300]; the Arabic text edited with a translation and introduction. Geuthner, Paris, 1923.

HOLMYARD, E. J. (7). 'A Critical Examination of Berthelot's Work on Arabic Chemistry.' *ISIS*, 1924, **6**, 479.

HOLMYARD, E. J. (8). 'The Identity of Geber.' *N*, 1923, **111**, 191.

HOLMYARD, E. J. (9). 'Chemistry in Mediaeval Islam.' *CHIND*, 1923, **42**, 387. *SCI*, 1926, 287.

H[OLMYARD], E. J. (10). 'The Accuracy of Weighing in the +8th Century.' *N*, 1925, **115**, 963.

HOLMYARD, E. J. (11). 'Maslama al-Majrīṭī and the *Rutbat al-Ḥakīm* [(The Sage's Step)].' *ISIS*, 1924, **6**, 293.

HOLMYARD, E. J. (12) (ed.). *The 'Ordinall of Alchimy' by Thomas Norton of Bristoll* (c. +1440; facsimile reproduction from the *Theatrum Chemicum Brittannicum* (+1652) with annotations by Elias Ashmole). Arnold, London, 1928.

HOLMYARD, E. J. (13). 'The Emerald Table.' *N*, 1923, **112**, 525.

HOLMYARD, E. J. (14). 'Alchemy in China.' *AP*, 1932, **3**, 745.

HOLMYARD, E. J. (15). 'Aidamir al-Jildakī [+14th-century alchemist].' *IRAQ*, 1937, **4**, 47.

HOLMYARD, E. J. (16). 'The Present Position of the Geber Problem.' *SPR*, 1925, **19**, 415.

HOLMYARD, E. J. (17). 'An Essay on Jābir ibn Ḥayyān.' Art. in *Studien z. Gesch. d. Chemie; Festgabe f. E. O. von Lippmann zum 70. Geburtstage*, ed. J. Ruska (37). Springer, Berlin, 1927, p. 28.

HOLMYARD, E. J. & MANDEVILLE, D. C. (1). '*Avicennae De Congelatione et Conglutinatione Lapidum*', being Sections of the '*Kitāb al-Shifā*'; the Latin and Arabic texts edited with an English translation of the latter and with critical notes. Geuthner, Paris, 1927. Rev. G. Sarton, *ISIS*, 1928, **11**, 134.

HOLTORF, G. W. (1). *Hongkong—World of Contrasts*. Books for Asia, Hongkong, 1970.

HOMANN, R. (1). *Die wichtigsten Körpergottheiten im 'Huang Thing Ching'* (Inaug. Diss. Tübingen). Kümmerle, Göppingen, 1971. (Göppinger Akademische Beiträge, no. 27.)

HOMBERG, W. (1). Chemical identification of a carved realgar cup brought from China by the ambassador of Siam. *HRASP*, 1703, 51.

HOMMEL, R. P. (1). *China at Work; an illustrated Record of the Primitive Industries of China's Masses, whose Life is Toil, and thus an Account of Chinese Civilisation*. Bucks County Historical Society, Doylestown, Pa.; John Day, New York, 1937.

HOMMEL, W. (1). 'The Origin of Zinc Smelting.' *EMJ*, 1912, **93**, 1185.

HOMMEL, W. (2). 'Über indisches und chinesisches Zink.' *ZAC*, 1912, **25**, 97.

HOMMEL, W. (3). 'Chinesisches Zink.' *CHZ*, 1912, **36**, 905, 918.

HOOVER, H. C. & HOOVER, L. H. (1) (tr.). *Georgius Agricola 'De Re Metallica' translated from the 1st Latin edition of 1556, with biographical introduction, annotations and appendices upon the development of mining methods, metallurgical processes, geology, mineralogy and mining law from the earliest times to the 16th century*. 1st ed. Mining Magazine, London, 1912; 2nd ed. Dover, New York, 1950.

Hooykaas, R. (1). 'The Experimental Origin of Chemical Atomic and Molecular Theory before Boyle. *CHYM*, 1949, **2**, 65.

Hooykaas, R. (2). 'The Discrimination between "*Natural*" and "*Artificial*" Substances and the Development of Corpuscular Theory.' *A/AIHS*, 1947, **1**, 640.

Hopfner, T (1). *Griechisch-Aegyptischer Offenbarungszauber*. 2 vols. photolitho script. (Studien z. Palaeogr. u. Papyruskunde, ed. C. Wessely, nos. 21, 23.)

Hopkins, A. J. (1). *Alchemy, Child of Greek Philosophy*. Columbia Univ. Press, New York, 1934. Rev. D. W. Singer, *A*, 1936, **18**, 94; W. J. Wilson, *ISIS*, 1935, **24**, 174.

Hopkins, A. J. (2). 'A Defence of Egyptian Alchemy.' *ISIS*, 1938, **28**, 424.

Hopkins, A. J. (3). 'Bronzing Methods in the Alchemical Leiden Papyri.' *CN*, 1902, **85**, 49.

Hopkins, A. J. (4). 'Transmutation by Colour; a Study of the Earliest Alchemy.' Art. in *Studien z. Gesch. d. Chemie* (von Lippmann Festschrift), ed. J. Ruska. Springer, Berlin, 1927, p. 9.

Hopkins, E. W. (3). 'Soma.' Art. in *ERE*, vol. xi, p. 685.

Hopkins, E. W. (4). 'The Fountain of Youth.' *JAOS*, 1905, **26**, 1–67.

Hopkins, L. C. (17). 'The Dragon Terrestrial and the Dragon Celestial; I, A Study of the *Lung* (terrestrial).' *JRAS*, 1931, 791.

Hopkins, L. C. (18). 'The Dragon Terrestial and the Dragon Celestial; II, A Study of the *Chhen* (celestial).' *JRAS*, 1932, 91.

Hopkins, L. C. (25). 'Metamorphic Stylisation and the Sabotage of Significance; a Study in Ancient and Modern Chinese Writing.' *JRAS*, 1925, 451.

Hopkins, L. C. (26). 'Where the Rainbow Ends.' *JRAS*, 1931, 603.

Hori Ichiro (1). 'Self-Mummified Buddhas in Japan; an Aspect of the Shugen-dō ('Mountain Asceticism') Cult.' *HOR*, 1961, **1** (no. 2), 222.

Hori Ichiro (2). *Folk Religion in Japan; Continuity and Change*, ed. J. M. Kitagawa & A. L. Miller. Univ. of Tokyo Press, Tokyo and Univ. of Chicago Press, Chicago, 1968. (Haskell Lectures on the History of Religions, new series, no. 1.)

d'Horme, E. & Dussaud, R. (1). *Les Religions de Babylonie et d'Assyrie, des Hittites et des Hourrites, des Phéniciens et des Syriens*. Presses Univ. de France, Paris, 1945. (Mana, Introd. à l'Histoire des Religions, no. 1, pt. 2.)

d'Hormon, A. *et al.* (1) (ed. & tr.). '*Han Wu Ti Ku Shih;* Histoire Anecdotique et Fabuleuse de l'Empereur Wou [Wu] des Han' in *Lectures Chinoises*. École Franco-Chinoise, Peiping, 1945 (no. 1), p. 28.

d'Hormon, A. (2) (ed.). *Lectures Chinoises*. École Franco-Chinoise, Peiping, 1945–. No. 1 contains text and tr. of the *Han Wu Ti Ku Shih*, p. 28.

Hourani, G. F. (1). *Arab Seafaring in the Indian Ocean in Ancient and Early Mediaeval Times*. Princeton Univ. Press, Princeton, N.J. 1951. (Princeton Oriental Studies, no. 13.)

Howard-White, F. B. (1). *Nickel, an Historical Review*. Methuen, London, 1963.

Howell, E. B. (1) (tr.). '*Chin Ku Chhi Kuan;* story no. XIII, the Persecution of Shen Lien.' *CJ*, 1925, **3**, 10.

Howell, E. B. (2) (tr.). *The Inconstancy of Madam Chuang, and other Stories from the Chinese*...(from the *Chin Ku Chhi Kuan, c.* +1635). Laurie, London, n.d. (1925).

Hristov, H., Stojkov, G. & Mijater, K. (1). *The Rila Monastery [in Bulgaria]; History, Architecture, Frescoes, Wood-Carvings*. Bulgarian Acad. of Sci., Sofia, 1959. (Studies in Bulgaria's Architectural Heritage, no. 6.)

Hsia Nai (6). 'Archaeological Work during the Cultural Revolution.' *CREC*, 1971, **20** (no. 10), 31.

Hsia Nai, Ku Yen-Wen, Lan Hsin-Wên *et al.* (1). *New Archaeological Finds in China*. Foreign Languages Press, Peking, 1972. With colour-plates, and Chinese characters in footnotes.

Hsiao Wên (1). 'China's New Discoveries of Ancient Treasures.' *UNESC*, 1972, **25** (no. 12), 12.

Htin Aung, Maung (1). *Folk Elements in Burmese Buddhism*. Oxford, 1962. Rev. P. M. R[attansi], *AX*, 1962, **10**, 142.

Huang Tzu-Chhing (1). 'Über die alte chinesische Alchemie und Chemie.' *WA*, 1957, **6**, 721.

Huang Tzu-Chhing (2). 'The Origin and Development of Chinese Alchemy.' Unpub. MS. of a lecture in the Physiological Institute of Chhinghua University, *c.* 1942 (dated 1944). A preliminary form of Huang Tzu-Chhing (1) but with some material which was omitted from the German version, though that was considerably enlarged.

Huang Tzu-Chhing & Chao Yün-Tshung (1) (tr.). 'The Preparation of Ferments and Wines [as described in the *Chhi Min Yao Shu* of] Chia Ssu-Hsieh of the Later Wei Dynasty [*c.* +540]; with an introduction by T. L. Davis.' *HJAS*, 1945, **9**, 24. Corrigenda by Yang Lien-Shêng, 1946, **10**, 186.

Huang Wên (1). '*Nei Ching*, the Chinese Canon of Medicine.' *CMJ*, 1950, **68**, 17 (originally M.D. Thesis, Cambridge, 1947).

Huang Wên (2). *Poems of Mao Tsê-Tung, translated and annotated*. Eastern Horizon Press, Hongkong, 1966.

HUARD, P. & HUANG KUANG-MING (M. WONG) (1). 'La Notion de Cercle et la Science Chinoise.' *A/AIHS*, 1956, **9**, 111. (Mainly physiological and medical.)

HUARD, P. & HUANG KUANG-MING (M. WONG) (2). *La Médecine Chinoise au Cours des Siècles.* Dacosta, Paris, 1959.

HUARD, P. & HUANG KUANG-MING (M. WONG) (3). 'Évolution de la Matière Médicale Chinoise.' *JAN*, 1958, **47**. Sep. pub. Brill, Leiden, 1958.

HUARD, P. & HUANG KUANG-MING (M. WONG) (5). 'Les Enquêtes Françaises sur la Science et la Technologie Chinoises au 18e Siècle.' *BEFEO*, 1966, **53**, 137–226.

HUARD, P. & HUANG KUANG-MING (M. WONG) (7). *Soins et Techniques du Corps en Chine, au Japon et en Inde; Ouvrage précédé d'une Étude des Conceptions et des Techniques de l'Éducation Physique, des Sports et de la Kinésithérapie en Occident dépuis l'Antiquité jusquà l'Époque contemporaine.* Berg International, Paris, 1971.

HUARD, P., SONOLET, J. & HUANG KUANG-MING (M. WONG) (1). 'Mesmer en Chine; Trois Lettres Médicales [MSS] du R. P. Amiot; rédigées à Pékin, de +1783 à +1790. *RSH*, 1960, **81**, 61.

HUBER, E. (1). 'Die mongolischen Destillierapparate.' *CHA*, 1928, **15**, 145.

HUBER, E. (2). *Der Kampf um den Alkohol im Wandel der Kulteren.* Trowitsch, Berlin, 1930.

HUBER, E. (3). *Bier und Bierbereitung bei den Völkern der Urzeit,*
Vol. 1. *Babylonien und Ägypten.*
Vol. 2. *Die Völker unter babylonischen Kultureinfluss; Auftreten des gehopften Bieres.*
Vol. 3. *Der ferne Osten und Äthiopien.*
Gesellschaft f. d. Geschichte und Bibliographie des Brauwesens, Institut f. Gärungsgewerbe, Berlin, 1926–8.

HUBICKI, W. (1). 'The Religious Background of the Development of Alchemy and Chemistry at the Turn of the +16th and +17th Centuries.' Communication to the XIIth Internat. Congr. Hist. of Sci. Paris, 1968. Résumés, p. 102. Actes, vol. 3A, p. 81.

HUFELAND, C. (1). *Makrobiotik; oder die Kunst das menschliche Leben zu verlängern.* Berlin, 1823. *The Art of Prolonging Life.* 2 vols. Tr. from the first German ed. London, 1797. Hebrew tr. Lemberg (Lwów), 1831.

HUGHES, A. W. McKENNY (1). 'Insect Infestation of Churches.' *JRIBA*, 1954.

HUGHES, E. R. (1). *Chinese Philosophy in Classical Times.* Dent, London, 1942. (Everyman Library, no. 973.)

HUGHES, M. J. & ODDY, W. A. (1). 'A Reappraisal of the Specific Gravity Method for the Analysis of Gold Alloys.' *AMY*, 1970, **12**, 1.

HUMBERT, J. P. L. (1). *Guide de la Conversation Arabe.* Paris, Bonn and Geneva, 1838.

VON HUMBOLDT, ALEXANDER (1). *Cosmos; a Sketch of a Physical Description of the Universe.* 5 vols. Tr. E. Cotté, B. H. Paul & W. S. Dallas. Bohn, London, 1849–58.

VON HUMBOLDT, ALEXANDER (3). *Examen Critique de l'Histoire de la Géographie du Nouveau Continent, et des Progrès de l'Astronomie Nautique au 15ᵉ et 16ᵉ Siècles.* 2 vols. Paris, 1837.

VON HUMBOLDT, ALEXANDER (4). *Fragmens de Géologie et de Climatologie Asiatique.* 2 vols. Gide, de la Forest & Delaunay, Paris, 1831.

HUMMEL, A. W. (6). 'Astronomy and Geography in the Seventeenth Century [in China].' (On Hsiung Ming-Yü's work.) *ARLC/DO*, 1938, 226.

HUNGER, H., STEGMÜLLER, O., ERBSE, H. et al. (1). *Geschichte der Textüberlieferung der antiken und mittelälterlichen Literatur.* 2 vols. Vol. 1, *Antiken Literatur.* Atlantis, Zürich, 1964. See Ineichen, Schindler, Bodmer et al. (1).

HUSAIN, YUSUF (1) (ed. & tr.). 'Ḥauḍ al-Ḥayāt [=Baḥr al-Ḥayāt (The Ocean, or Water, of Life)], la Version Arabe de l'Amritkunḍa [text and French précis transl.].' *JA*, 1928, **213**, 291.

HUTTEN, E. H. (1). 'Culture, One and Indivisible.' *HUM*, 1971, **86** (no. 5), 137.

HUZZAYIN, S. A. (1). *Arabia and the Far East; their commercial and cultural relations in Graeco-Roman and Irano-Arabian times.* Soc. Royale de Géogr. Cairo, 1942.

ICHIDA, MIKINOSUKE (1). 'The Hu Chi, mainly Iranian Girls, found in China during the Thang Period.' *MRDTB*, 1961, **20**, 35.

IDELER, J. L. (1) (ed.). *Physici et Medici Graeci Minores.* 2 vols. Reimer, Berlin, 1841.

IHDE, A. J. (1). 'Alchemy in Reverse; Robert Boyle on the Degradation of Gold.' *CHYM*, 1964, **9**, 47. Abstr. in Proc. Xth Internat. Congr. Hist. of Sci., Ithaca, N.Y., 1962, p. 907.

ILG, A. (1). 'Theophilus Presbyter *Schedula Diversarum Artium*; I, Revidierter Text, Übersetzung und Appendix.' *QSKMR*, 1874, **7**, 1–374.

IMBAULT-HUART, C. (1). 'La Légende du premier Pape des Taoistes, et l'Histoire de la Famille Pontificale des Tchang [Chang], d'après des Documents Chinois, traduits pour la première fois.' *JA*, 1884 (8ᵉ sér.), **4**, 389. Sep. pub. Impr. Nat. Paris, 1885.

IMBAULT-HUART, C. (2). 'Miscellanées Chinois.' *JA*, 1881 (7ᵉ sér.), **18**, 255, 534.

INEICHEN, G., SCHINDLER, A., BODMER, D. *et al.* (1). *Geschichte der Textüberlieferung der antiken und mittelälterlichen Literatur.* 2 vols. Vol. 2, *Mittelälterlichen Literatur.* Atlantis, Zürich, 1964. See Hunger, Stegmüller, Erbse *et al.* (1).

INTORCETTA, P., HERDTRICH, C., [DE] ROUGEMONT, F. & COUPLET, P. (1) (tr.). '*Confucius Sinarum Philosophus, sive Scientia Sinensis, latine exposita*'...; *Adjecta est: Tabula Chronologica Monarchiae Sinicae juxta cyclos annorum LX, ab anno post Christum primo, usque ad annum praesentis Saeculi 1683* [by P. Couplet, pr. 1686]. Horthemels, Paris, 1687. Rev. in *PTRS*, 1687, **16** (no. 189), 376.

IYENGAR, B. K. S. (1). *Light on Yoga* ('*Yoga Bīpika*'). Allen & Unwin, London, 2nd ed. 1968, 2nd imp. 1970.

IYER, K. C. VIRARAGHAVA (1). 'The Study of Alchemy [in Tamilnad, South India].' Art. in *Acarya* [*P.C.*] *Ray Commemoration Volume*, ed. H. N. Datta, Meghned Saha, J. C. Ghosh *et al.* Calcutta, 1932, p. 460.

JACKSON, R. D. & VAN BAVEL, C. H. M. (1). 'Solar distillation of water from Soil and Plant materials; a simple Desert Survival technique.' *S*, 1965, **149**, 1377.

JACOB, E. F. (1). 'John of Roquetaillade.' *BJRL*, 1956, **39**, 75.

JACOBI, HERMANN (3). '[The "Abode of the Blest" in] Hinduism.' *ERE*, vol. ii, p. 698.

JACOBI, JOLANDE (1). *The Psychology of C. G. Jung; an Introduction with Illustrations.* Tr. from Germ. by R. Manheim. Routledge & Kegan Paul, London, 1942. 6th ed. (revised), 1962.

JACQUES, D. H. (1). *Physical Perfection.* New York, 1859.

JAGNAUX, R. (1). *Histoire de la Chimie.* 2 vols. Baudry, Paris, 1891.

JAHN, K. & FRANKE, H. (1). *Die China-Geschichte des Rašīd ad-Dīn [Rashīd al-Dīn]; Übersetzung, Kommentar, Facsimiletafeln.* Böhlaus, Vienna, 1971. (Österreiche Akademie der Wissenschaften, Phil.-Hist. Kl., Denkschriften, no. 105; Veröffentl. d. Kommission für Gesch. Mittelasiens, no. 1.) This is the Chinese section of the *Jāmi' al-Tawārīkh*, finished in +1304, the whole by +1316. See Meredith-Owens (1).

JAMES, MONTAGUE R. (1) (ed. & tr.). *The Apocryphal New Testament; being the Apocryphal Gospels, Acts, Epistles and Apocalypses, with other Narratives and Fragments, newly translated by....* Oxford, 1924, repr. 1926 and subsequently.

JAMES, WILLIAM (1). *Varieties of Religious Experience; a Study in Human Nature.* Longmans Green, London, 1904. (Gifford Lectures, 1901–2.)

JAMSHED BAKHT, HAKIM, S. & MAHDIHASSAN, S. (1). 'Calcined Metals or *kushtas*; a Class of Alchemical Preparations used in Unani-Ayurvedic Medicine.' *MED*, 1962, **24**, 117.

JAMSHED BAKHT, HAKIM, S. & MAHDIHASSAN, S. (2). 'Essences [(*araqiath*)]; a Class of Alchemical Preparations [used in Unani-Ayurvedic Medicine].' *MED*, 1962, **24**, 257.

JANSE, O. R. T. (6). 'Rapport Préliminaire d'une Mission archéologique en Indochine.' *RAA/AMG*, 1935, **9**, 144, 209; 1936, **10**, 42.

JEBB, S. (1). *Fratris Rogeri Bacon Ordinis Minorum 'Opus Majus' ad Clementum Quartum Pontificem Romanum* [r. +1265 to +1268] *ex MS. Codice Dublinensi, cum aliis quibusdam collato, nunc primum edidit...* Bowyer, London, 1733.

JEFFERYS, W. H. & MAXWELL, J. L. (1). *The Diseases of China, including Formosa and Korea.* Bale & Danielsson, London, 1910. 2nd ed., re-written by Maxwell alone. ABC Press, Shanghai, 1929.

JENYNS, R. SOAME (3). *Archaic [Chinese] Jades in the British Museum.* Brit. Mus. Trustees, London, 1951.

JOACHIM, H. H. (1). 'Aristotle's Conception of Chemical Combination.' *JP*, 1904, **29**, 72.

JOHN OF ANTIOCH (fl. +610) (1). *Historias Chronikēs apo Adam.* See Valesius, Henricus (1).

JOHN MALALA (prob. = Joh. Scholasticus, Patriarch of Byzantium, d. +577). *Chronographia*, ed. W. Dindorf. Weber, Bonn, 1831 (in *Corp. Script. Hist. Byz.* series).

JOHNSON, A. CHANDRAHASAN & JOHNSON, SATYABAMA (1). 'A Demonstration of Oesophageal Reflux using Live Snakes.' *CLINR*, 1969, **20**, 107.

JOHNSON, C. (1) (ed.) (tr.). '*De Necessariis Observantiis Scaccarii Dialogus (Dialogus de Scaccario)*', '*Discourse on the Exchequer*', by Richard Fitznigel, Bishop of London and Treasurer of England [c. +1180], text and translation, with introduction. London, 1950.

JOHNSON, OBED S. (1). *A Study of Chinese Alchemy.* Commercial Press, Shanghai, 1928. Ch. tr. by Huang Su-Fêng: *Chung-Kuo Ku-Tai Lien-Tan Shu.* Com. Press, Shanghai, 1936. Rev. B. Laufer, *ISIS*, 1929, **12**, 330; H. Chatley, *JRAS/NCB*, 1928, *NCDN*, 9 May 1928. Cf. Waley (14).

JOHNSON, R. P. (1). 'Note on some Manuscripts of the *Mappae Clavicula*.' *SP*, 1935, **10**, 72.

JOHNSON, R. P. (2). '*Compositiones Variae*'...*an Introductory Study.* Urbana, Ill. 1939. (Illinois Studies in Language and Literature, vol. 23, no. 3.)

JONAS, H. (1). *The Gnostic Religion.* Beacon, Boston, 1958.

JONES, B. E. (1). *The Freemason's Guide and Compendium.* London, 1950.

JONES, C. P. (1) (tr.). *Philostratus' 'Life of Apollonius'*, with an introduction by G. W. Bowersock, Penguin, London, 1970.

DE JONG, H. M. E. (1). *Michael Maier's 'Atalanta Fugiens'; Sources of an Alchemical Book of Emblems.* Brill, Leiden, 1969. (Janus Supplements, no. 8.)

JOPE, E. M. (3). 'The Tinning of Iron Spurs; a Continuous Practice from the +10th to the +17th Century.' *OX*, 1956, **21**, 35.

JOSEPH, L. (1). 'Gymnastics from the Middle Ages to the Eighteenth Century.' *CIBA/S*, 1949, **10**, 1030.

JOSTEN, C. H. (1). 'The Text of John Dastin's "Letter to Pope John XXII".' *AX*, 1951, **4**, 34.

JOURDAIN, M. & JENYNS, R. SOAME (1). *Chinese Export Art.* London, 1950.

JOYCE, C. R. B. & CURRY, S. H. (1) (ed.). *The Botany and Chemistry of Cannabis.* Williams & Wilkins, Baltimore, 1970. Rev. *SAM*, 1971, **224** (no. 3), 238.

JUAN WEI-CHOU. See Wei Chou-Yuan.

JULIEN, STANISLAS (1) (tr.). *Voyages des Pélerins Bouddhistes.* Impr. Imp., Paris, 1853–8. 3 vols. (Vol. 1 contains Hui Li's Life of Hsüan-Chuang; Vols. 2 and 3 contain Hsüan-Chuang's *Hsi Yu Chi*.)

JULIEN, STANISLAS (11). 'Substance anaesthésique employée en Chine dans le Commencement du 3e Siècle de notre ére pour paralyser momentanément la Sensibilité.' *CRAS*, 1849, **28**, 195.

JULIEN, STANISLAS & CHAMPION, P. (1). *Industries Anciennes et Modernes de l'Empire Chinois, d'après des Notices traduites du Chinois....* (paraphrased précis accounts based largely on *Thien Kung Khai Wu*; and eye-witness descriptions from a visit in 1867). Lacroix, Paris, 1869.

JULIUS AFRICANUS. *Kestoi.* See Thevenot, D. (1).

JUNG, C. G. (1). *Psychologie und Alchemie.* Rascher, Zürich, 1944. 2nd ed. revised, 1952. Eng. tr. R. F. C. Hull [& B. Hannah], *Psychology and Alchemy.* Routledge & Kegan Paul, London, 1953 (Collected Works, vol. 12). Rev. W. Pagel, *ISIS*, 1948, **39**, 44; G. H[eym], *AX*, 1948, **3**, 64.

JUNG, C. G. (2). 'Synchronicity; an Acausal Connecting Principle' [on extra-sensory perception]; essay in the collection *The Structure and Dynamics of the Psyche.* Routledge & Kegan Paul, London, 1960 (Collected Works, vol. 8). Rev. C. Allen, *N*, 1961, **191**, 1235.

JUNG, C. G. (3). *Alchemical Studies.* Eng. tr. from the Germ., R. F. C. Hull. Routledge & Kegan Paul, London, 1968 (Collected Works, vol. 13). Contains the 'European commentary' on the *Thai-I Chin Hua Tsung Chih*, pp. 1–55, and the 'Interpretation of the Visions of Zosimos', pp. 57–108.

JUNG, C. G. (4). *Aion; Researches into the Phenomenology of the Self.* Eng. tr. from the Germ., R. F. C. Hull. Routledge & Kegan Paul, London, 1959 (Collected Works, vol. 9, pt. 2).

JUNG, C. G. (5). *Paracelsica.* Rascher, Zürich and Leipzig, 1942. Eng. tr. from the Germ., R. F. C. Hull.

JUNG, C. G. (6). *Psychology and Religion; West and East.* Eng. tr. from the Germ., R. F. C. Hull. Routledge & Kegan Paul, London, 1958 (63 corr.) (Collected Works, vol. 11). Contains the essay 'Transformation Symbolism in the Mass'.

JUNG, C. G. (7). *Memories, Dreams and Reflections.* Recorded by A. Jaffé, tr. R. & C. Winston. New York and London, 1963.

JUNG, C. G. (8). *Mysterium Conjunctionis; an Enquiry into the Separation and Synthesis of Psychic Opposites in Alchemy.* Eng. tr. from the Germ., R. F. C. Hull. Routledge & Kegan Paul, London, 1963 (Collected Works, vol. 14). Orig. ed. *Mysterium Conjunctionis; Untersuchung ü. die Trennung u. Zusammensetzung der seelische Gegensätze in der Alchemie,* 2 vols. Rascher, Zürich, 1955, 1956 (Psychol. Abhandlungen, ed. C. G. J., nos. 10, 11).

JUNG, C. G. (9). 'Die Erlösungsvorstellungen in der Alchemie.' *ERJB*, 1936, 13–111.

JUNG, C. G. (10). *The Integration of the Personality.* Eng. tr. S. Dell. Farrar & Rinehart, New York and Toronto, 1939, Kegan Paul, Trench & Trübner, London, 1940, repr. 1941. Ch. 5, 'The Idea of Redemption in Alchemy' is the translation of Jung (9).

JUNG, C. G. (11). 'Über Synchronizität.' *ERJB*, 1952, **20**, 271.

JUNG, C. G. (12). *Analytical Psychology; its Theory and Practice.* Routledge, London, 1968.

JUNG, C. G. (13). *The Archetypes and the Collective Unconscious.* Eng. tr. by R. F. C. Hull. Routledge & Kegan Paul, London, 1959 (Collected Works, vol. 9, pt. 1).

JUNG, C. G. (14). 'Einige Bemerkungen zu den Visionen des Zosimos.' *ERJB*, 1938. Revised and expanded as 'Die Visionen des Zosimos' in *Von der Wurzeln des Bewusstseins; Studien ü. d. Archetypus.* In *Psychologische Abhandlungen.* Zürich, 1954, vol. 9.

JUNG, C. G. & PAULI, W. (1). *The Interpretation of Nature and the Psyche.*
(a) 'Synchronicity; an Acausal Connecting Principle', by C. G. Jung.
(b) 'The Influence of Archetypal Ideas on the Scientific Theories of Kepler', by W. Pauli.
Tr. R. F. C. Hull. Routledge & Kegan Paul, London, 1955.
Orig. pub. in German as *Naturerklärung und Psyche,* Rascher, Zürich, 1952 (Studien aus dem C. G. Jung Institut, no. 4).

KAHLBAUM, G. W. A. See Diergart, P. (Kahlbaum Festschrift).

KAHLE, P. (7). 'Chinese Porcelain in the Lands of Islam.' *TOCS*, 1942, 27. Reprinted in Kahle (3), p. 326, with Supplement, p. 351 (originally published in *WA*, 1953, **2**, 179 and *JPHS*, 1953, **1**, 1).

KAHLE, P. (8). 'Islamische Quellen über chinesischen Porzellan.' *ZDMG*, 1934, **88**, 1, *OAZ*, 1934, **19** (N.F.), 69.

KALTENMARK, M. (2) (tr.). Le '*Lie Sien Tchouan*' [*Lieh Hsien Chuan*]; *Biographies Légendaires des Immortels Taoistes de l'Antiquité*. Centre d'Etudes Sinologiques Franco-Chinois (Univ. Paris), Peking, 1953. Crit. P. Demiéville, *TP*, 1954, **43**, 104.

KALTENMARK, M. (4). 'Ling Pao; Note sur un Terme du Taoisme Religieux', in *Mélanges publiés par l'Inst. des Htes. Etudes Chin*. Paris, 1960, vol. 2, p. 559 (Bib. de l'Inst. des Htes. Et. Chin. vol. 14).

KANGRO, H. (1). *Joachim Jungius*' [+*1587 to* +*1657*] *Experimente und Gedanken zur Begründung der Chemie als Wissenschaft; ein Beitrag zur Geistesgeschichte des 17. Jahrhunderts*. Steiner, Wiesbaden, 1968 (Boethius; *Texte und Abhandlungen z. Gesch. d. exakten Naturwissenschaften*, no. 7). Rev. R. Hooykaas, *AJAIHS*, 1970, **23**, 299.

KAO LEI-SSU (1) (Aloysius Ko, S.J.). 'Remarques sur un Écrit de M. P[auw] intitulé "Recherches sur les Égyptiens et les Chinois" (1775).' *MCHSAMUC*, 1777, **2**, 365–574 (in some editions, 2nd pagination, 1–174).

KAO, Y. L. (1). 'Chemical Analysis of some old Chinese Coins.' *JWCBRS*, 1935, **7**, 124.

KAPFERER, R. (1). 'Der Blutkreislauf im altchinesischen Lehrbuch *Huang Ti Nei Ching*.' *MMW*, 1939 (no. 18), 718.

KARIMOV, U. I. (1) (tr.). *Neizvestnoe Sovrineniye al-Rāzī 'Kniga Taishnvi Taishi'* (*A Hitherto Unknown Work of al-Rāzī, 'Book of the Secret of Scerets'*). Acad. Sci. Uzbek SSR, Tashkent, 1957. Rev. N. A. Figurovsky, tr. P. L. Wyvill, *AX*, 1962, **10**, 146.

KARLGREN, B. (18). 'Early Chinese Mirror Inscriptions.' *BMFEA*, 1934, **6**, 1.

KAROW, O. (2) (ed.). *Die Illustrationen des Arzneibuches der Periode Shao-Hsing* (Shao-Hsing Pên Tshao Hua Thu) *vom Jahre* +*1159, ausgewählt und eingeleitet*. Farbenfabriken Bayer Aktiengesellschaft (Pharmazeutisch-Wissenschaftliche Abteilung), Leverkusen, 1956. Album selected from the *Shao-Hsing Chiao-Ting Pên Tshao Chieh-Thi* published by Wada Toshihiko, Tokyo, 1933.

KASAMATSU, A. & HIRAI, T. (1). 'An Electro-encephalographic Study of Zen Meditation (*zazen*).' *FPNJ*, 1966, **20** (no. 4), 315.

KASSAU, E. (1). 'Charakterisierung einiger Steroidhormone durch Mikrosublimation.' *DAZ*, 1960, **100**, 1102.

KAZANCHIAN, T. (1). *Laboratornaja Technika i Apparatura v Srednevekovoj Armenii po drevnim Armjanskim Alchimicheskim Rukopisjam* (in Armenian with Russian summary). *SNM*, 1949, **2**, 1–28.

KEFERSTEIN, C. (1). *Mineralogia Polyglotta*. Anton, Halle, 1849.

KEILIN, D. & MANN, T. (1). 'Laccase, a blue Copper-Protein Oxidase from the Latex of *Rhus succedanea*.' *N*, 1939, **143**, 23.

KEILIN, D. & MANN, T. (2). 'Some Properties of Laccase from the Latex of Lacquer-Trees.' *N*, 1940, **145**, 304.

KEITH, A. BERRIEDALE (5). *The Religion and Philosophy of the Vedas and Upanishads*. 2 vols. Harvard Univ. Press, Cambridge (Mass.), 1925. (Harvard Oriental Series, nos. 31, 32.)

KEITH, A. BERRIEDALE (7). '[The State of the Dead in] Hindu [Belief].' *ERE*, vol. xi, p. 843.

KELLING, R. (1). *Das chinesische Wohnhaus; mit einem II Teil über das frühchinesische Haus unter Verwendung von Ergebnissen aus Übungen von Conrady im Ostasiatischen Seminar der Universität Leipzig, von Rudolf Keller und Bruno Schindler*. Deutsche Gesellsch. für Nat. u. Völkerkunde Ostasiens, Tokyo, 1935 (*MDGNVO*, Supplementband no. 13). Crit. P. Pelliot, *TP*, 1936, **32**, 372.

KENNEDY, J. (1). 'Buddhist Gnosticism, the System of Basilides.' *JRAS*, 1902, 377.

KENNEDY, J. (2). 'The Gospels of the Infancy, the *Lalita Vistara*, and the *Vishnu Purana*; or, the Transmission of Religious Ideas between India and the West.' *JRAS*, 1917, 209, 469.

KENT, A. (1). 'Sugar of Lead.' *MBLB*, 1961, **4** (no. 6), 85.

KERNEIZ, C. (1). *Les 'Asanas', Gymnastique immobile du Hathayoga*. Tallandier, Paris, 1946.

KERNEIZ, C. (2). *Le Yoga*. Tallandier, Paris, 1956. 2nd ed. 1960.

KERR, J. G. (1). '[Glossary of Chinese] Chemical Terms', in Doolittle (1), vol. 2, p. 542.

KEUP, W. (1) (ed.). *The Origin and Mechanisms of Hallucinations*. Plenum, New York and London, 1970.

KEYNES, J. M. (Lord Keynes) (1) (posthumous). 'Newton the Man.' Essay in *Newton Tercentenary Celebrations* (July 1946). Royal Society, London, 1947, p. 27. Reprinted in *Essays in Biography*.

KHORY, RUSTOMJEE NASERWANJEE & KATRAK, NANABHAI NAVROSJI (1). *Materia Medica of India and their Therapeutics*. Times of India, Bombay, 1903.

KHUNRATH, HEINRICH (1). *Amphitheatrum Sapientiae Aeternae Solius Verae, Christiano-Kabalisticum, Divino-Magicum, necnon Physico-Chymicum, Tetriunum, Catholicon*...Prague, 1598; Magdeburg, 1602; Frankfurt, 1608, and many other editions.

KIDDER, J. E. (1). *Japan before Buddhism*. Praeger, New York; Thames & Hudson, London, 1959.

KINCH, E. (1). 'Contributions to the Agricultural Chemistry of Japan.' *TASJ*, 1880, **8**, 369.

KING, C. W. (1). *The Natural History of Precious Stones and of the Precious Metals*. Bell & Daldy, London, 1867.

KING, C. W. (2). *The Natural History of Gems or Decorative Stones*. Bell & Daldy, London, 1867.

KING, C. W. (3). *The Gnostics and their Remains*. 2nd ed. Nutt, London, 1887.

KING, C. W. (4). *Handbook of Engraved Gems*. 2nd ed. Bell, London, 1885.

KLAPROTH, J. (5). 'Sur les Connaissances Chimiques des Chinois dans le 8ème Siècle.' *MAIS/SP*, 1810, **2**, 476. Ital. tr., S. Guareschi, *SAEC*, 1904, **20**, 449.

KLAPROTH, J. (6). *Mémoires relatifs à l'Asie*... 3 vols. Dondey Dupré, Paris, 1826.

KLAPROTH, M. H. (1). *Analytical Essays towards Promoting the Chemical Knowledge of Mineral Substances*. 2 vols. Cadell & Davies, London, 1801.

KNAUER, E. (1). 'Die Ovarientransplantation.' *AFG*, 1900, **60**, 322.

KNOX, R. A. (1). *Enthusiasm; a Chapter in the History of Religion, with special reference to the +17th and +18th Centuries*. Oxford, 1950.

KO, ALOYSIUS. See Kao Lei-Ssu.

KOBERT, R. (1). 'Chronische Bleivergiftung in klassischen Altertume.' Art. in Kahlbaum Festschrift (1909), ed. Diergart (1), pp. 103–19.

KOPP, H. (1). *Geschichte d. Chemie*. 4 vols. 1843–7.

KOPP, H. (2). *Beiträge zur Geschichte der Chemie*. Vieweg, Braunschweig, 1869.

KRAMRISCH, S. (1). *The Art of India; Traditions of Indian Sculpture, Painting and Architecture*. Phaidon, London, 1954.

KRAUS, P. (1). 'Der Zusammenbruch der Dschābir-Legende; II, Dschābir ibn Ḥajjān und die Ismaʿilijja.' *JBFIGN*, 1930, **3**, 23. Cf. Ruska (1).

KRAUS, P. (2). 'Jābir ibn Ḥayyān; Contributions à l'Histoire des Idées Scientifiques dans l'Islam; I, Le Corpus des Écrits Jābiriens.' *MIE*, 1943, **44**, 1–214. Rev. M. Meyerhof, *ISIS*, 1944, **35**, 213.

KRAUS, P. (3). 'Jābir ibn Ḥayyān; Contributions à l'Histoire des Idées Scientifiques dans l'Islam; II, Jābir et la Science Grecque.' *MIE*, 1942, **45**, 1–406. Rev. M. Meyerhof, *ISIS*, 1944, **35**, 213.

KRAUS, P. (4) (ed.). *Jābir ibn Ḥayyān; Essai sur l'Histoire des Idées Scientifiques dans l'Islam*. Vol. 1. *Textes Choisis*. Maisonneuve, Paris and El-Kandgi, Cairo, 1935. No more appeared.

KRAUS, P. (5). *L'Épître de Beruni sur al-Rāzī (Risālat al-Bīrūnī fī Fihrist Kutub Muḥammad ibn Zakarīyā al-Rāzī)* [c. +1036]. Paris, 1936.

KRAUS, P. & PINES, S. (1). 'Al-Rāzī.' Art. in *EI*, vol. iii, pp. 1134 ff.

KREBS, M. (1). *Der menschlichen Harn als Heilmittel; Geschichte, Grundlagen, Entwicklung, Praxis*. Marquardt, Stuttgart, 1942.

KRENKOW, F. (2). 'The Oldest Western Accounts of Chinese Porcelain.' *IC*, 1933, **7**, 464.

KROLL, J. (1). *Die Lehren des Hermes Trismegistos*. Aschendorff, Münster i.W., 1914. (Beiträge z. Gesch. d. Philosophie des Mittelalters, vol. 12, no. 2.)

KROLL, W. (1). 'Bolos und Demokritos.' *HERM*, 1934, **69**, 228.

KRÜNITZ, J. G. (1). *Ökonomisch-Technologische Enzyklopädie*. Berlin, 1773–81.

KUBO NORITADA (1). 'The Introduction of Taoism to Japan.' In *Religious Studies in Japan*, no. 11 (no. 105), 457. See Soymié (5), p. 281 (10).

KUBO NORITADA (2). 'The Transmission of Taoism to Japan, with particular reference to the *san shih* (three corpses theory).' *Proc. IXth Internat. Congress of the History of Religions*, Tokyo, 1958, p. 335.

KUGENER, M. A. & CUMONT, F. (1). *Extrait de la CXXIII ème 'Homélie' de Sévère d'Antioch*. Lamertin, Brussels, 1912. (Recherches sur le Manichéisme, no. 2.)

KUGENER, M. A. & CUMONT, F. (2). *L'Inscription Manichéenne de Salone [Dalmatia]*. (A tombstone or consecration memorial of the Manichaean Virgin Bassa.) Lamertin, Brussels, 1912. (Recherches sur le Manichéisme, no. 3.)

KÜHN, F. (3). *Die Dreizehnstöckige Pagode* (Stories translated from the Chinese). Steiniger, Berlin, 1940.

KÜHNEL, P. (1). *Chinesische Novellen*. Müller, München, 1914.

KUNCKEL, J. (1). '*Ars Vitraria Experimentalis*', oder *Vollkommene Glasmacher-Kunst*... Frankfurt and Leipzig; Amsterdam and Danzig, 1679. 2nd ed. Frankfurt and Leipzig, 1689. 3rd ed. Nuremberg, 1743, 1756. French tr. by the Baron d'Holbach, Paris, 1752.

KUNCKEL, J. (2). '*Collegium Physico-Chemicum Experimentale*', oder *Laboratorium Chymicum; in welchem deutlich und gründlich von den wahren Principiis in der Natur und denen gewürckten Dingen so wohl über als in der Erden, als Vegetabilien, Animalien, Mineralien, Metallen...*, *nebst der Transmutation und Verbesserung der Metallen gehandelt wird*... Heyl, Hamburg and Leipzig, 1716.

KUNG, S. C., CHAO, S. W., PEI, Y. T. & CHANG, C. (1). 'Some Mummies Found in West China.' *JWCBRS*, 1939, **11**, 105.

KUNG YO-THING, TU YÜ-TSHANG, HUANG WEI-TÊ, CHHEN CHHANG-CHHING & seventeen other collaborators (1). 'Total Synthesis of Crystalline Insulin.' *SCISA*, 1966, **15**, 544.

LACAZE-DUTHIERS, H. (1). 'Tyrian purple.' *ASN/Z*, 1859 (4e sér.), **12**, 5.

LACH, D. F. (5). *Asia in the Making of Europe.* 2 vols. in 5 parts. Univ. Chicago Press, Chicago and London, 1965-.

LAGERCRANTZ, O. (1). *Papyrus Graecus Holmiensis.* Almquist & Wiksells, Upsala, 1913. (The first publication of the +3rd-cent. technical and chemical Stockholm papyrus.) Cf. Caley (2).

LAGERCRANTZ, O. (2). 'Über das Wort Chemie.' *KVSUA*, 1937–8, 25.

LAMOTTE, E. (1) (tr.). *Le Traité de la Grande Vertu de Sagesse de Nāgārjuna (Mahāprajñāpāramitā-śāstra).* 3 vols. Muséon, Louvain, 1944 (Bibl. Muséon, no. 18). Rev. P. Demiéville, *JA*, 1950, **238**, 375.

LANDUR, N. (1). 'Compte Rendu de la Séance de l'Académie des Sciences [de France] du 24 Août 1868.' *LIN* (1e section), 1868, **36** (no. 1808), 273. Contains an account of a communication by M. Chevreul on the history of alchemy, tracing it to the *Timaeus;* with a critical paragraph by Landur himself maintaining that in his view much (though not all) of ancient and mediaeval alchemy was disguised moral and mystical philosophy.

LANE, E. W. (1). *An Account of the Manners and Customs of the Modern Egyptians (1833 to 1835).* Ward Lock, London, 3rd ed. 1842; repr. 1890.

LANGE, E. F. (1). 'Alchemy and the Sixteenth-Century Metallurgists.' *AX*, 1966, **13**, 92.

LATTIMORE, O. & LATTIMORE, E. (1) (ed.). *Silks, Spices and Empire; Asia seen through the Eyes of its Discoverers.* Delacorte, New York, 1968. (Great Explorers Series, no. 3.)

LAUBRY, C. & BROSSE, T. (1). 'Documents recueillis aux Indes sur les "Yoguis" par l'enregistrement simultané du pouls, de la respiration et de l'electrocardiogramme.' *PM*, 1936, **44** (no. 83), 1601 (14 Oct.). Rev. J. Filliozat, *JA*, 1937, 521.

LAUBRY, C. & BROSSE, T. (2). 'Interférence de l'Activité Corticale sur le Système Végétatif Neuro-vasculaire.' *PM*, 1935, **43** (no. 84). (19 Oct.)

LAUFER, B. (1). *Sino-Iranica; Chinese Contributions to the History of Civilisation in Ancient Iran.* *FMNHP/AS*, 1919, **15**, no. 3 (Pub. no. 201). Rev. and crit. Chang Hung-Chao, *MGSC*, 1925 (ser. B), no. 5.

LAUFER, B. (8). *Jade; a Study in Chinese Archaeology and Religion.* *FMNHP/AS*, 1912, **10**, 1–370. Repub. in book form, Perkins, Westwood & Hawley, South Pasadena, 1946. Rev. P. Pelliot, *TP*, 1912, **13**, 434.

LAUFER, B. (10). 'The Beginnings of Porcelain in China.' *FMNHP/AS*, 1917, **15**, no. 2 (Pub. no. 192), (includes description of +2nd-century cast-iron funerary cooking-stove).

LAUFER, B. (12). 'The Diamond; a study in Chinese and Hellenistic Folk-Lore.' *FMNHP/AS*, 1915, **15**, no. 1 (Pub. no. 184).

LAUFER, B. (13). 'Notes on Turquois in the East.' *FMNHP/AS*, 1913, **13**, no. 1 (Pub. no. 169).

LAUFER, B. (15). 'Chinese Clay Figures, Pt. I; Prolegomena on the History of Defensive Armor.' *FMNHP/AS*, 1914, **13**, no. 2 (Pub. no. 177).

LAUFER, B. (17). 'Historical Jottings on Amber in Asia.' *MAAA*, 1906, **1**, 211.

LAUFER, B. (24). 'The Early History of Felt.' *AAN*, 1930, **32**, 1.

LAUFER, B. (28). 'Christian Art in China.' *MSOS*, 1910, **13**, 100.

LAUFER, B. (40). 'Sex Transformation and Hermaphrodites in Ancient China.' *AJPA*, 1920, **3**, 259.

LAUFER, B. (41). 'Die Sage von der goldgrabenden Ameisen.' *TP*, 1908, **9**, 429.

LAUFER, B. (42). *Tobacco and its Use in Asia.* Field Mus. Nat. Hist., Chicago, 1924. (Anthropology Leaflet, no. 18.)

LEADBEATER, C. W. (1). *The Chakras, a Monograph.* London, n.d.

LECLERC, L. (1) (tr.). 'Le Traité des Simples par Ibn al-Beithar.' *MAI/NEM*, 1877, **23**, **25**; 1883, **26**.

LECOMTE, LOUIS (1). *Nouveaux Mémoires sur l'État présent de la Chine.* Anisson, Paris, 1696. (Eng. tr. *Memoirs and Observations Topographical, Physical, Mathematical, Mechanical, Natural, Civil and Ecclesiastical, made in a late journey through the Empire of China, and published in several letters, particularly upon the Chinese Pottery and Varnishing, the Silk and other Manufactures, the Pearl Fishing, the History of Plants and Animals, etc. translated from the Paris edition, etc.,* 2nd ed. London, 1698. Germ. tr. Frankfurt, 1699–1700. Dutch tr. 's Graavenhage, 1698.)

VON LECOQ, A. (1). *Buried Treasures of Chinese Turkestan; an Account of the Activities and Adventures of the 2nd and 3rd German Turfan Expeditions.* Allen & Unwin, London, 1928. Eng. tr. by A. Barwell of *Auf Hellas Spuren in Ost-turkestan.* Berlin, 1926.

VON LECOQ, A. (2). *Von Land und Leuten in Ost-Turkestan...* Hinrichs, Leipzig, 1928.

LEDERER, E. (1). 'Odeurs et Parfums des Animaux.' *FCON*, 1950, **6**, 87.

LEDERER, E. & LEDERER, M. (1). *Chromatography; a Review of Principles and Applications.* Elsevier, Amsterdam and London, 1957.

LEEDS, E. T. (1). 'Zinc Coins in Mediaeval China.' *NC*, 1955 (6th ser.), **14**, 177.

LEEMANS, C. (1) (ed. & tr.). *Papyri Graeci Musei Antiquarii Publici Lugduni Batavi...* Leiden, 1885. (Contains the first publication of the +3rd-cent. chemical papyrus Leiden X.) Cf. Caley (1).

VAN LEERSUM, E. C. (1). *Préparation du Calomel chez les anciens Hindous.* Art. in Kahlbaum Festschrift (1909), ed. Diergart (1), pp. 120–6.

LEFÉVRE, NICOLAS (1). *Traicté de la Chymie.* Paris, 1660, 2nd ed. 1674. Eng. tr. *A Compleat Body of Chymistry.* Pulleyn & Wright, London, 1664. repr. 1670.

LEICESTER, H. M. (1). *The Historical Background of Chemistry.* Wiley, New York, 1965.

LEICESTER, H. M. & KLICKSTEIN, H. S. (1). 'Tenney Lombard Davis and the History of Chemistry.' *CHYM,* 1950, **3,** 1.

LEICESTER, H. M. & KLICKSTEIN, H. S. (2) (ed.). *A Source-Book in Chemistry, +1400 to 1900.* McGraw-Hill, New York, 1952.

LEISEGANG, H. (1). *Der Heilige Geist; das Wesen und Werden der mystisch-intuitiven Erkenntnis in der Philosophie und Religion der Griechen.* Teubner, Leipzig and Berlin, 1919; photolitho reprint, Wissenschaftliche Buchgesellschaft, Darmstadt, 1967. This constitutes vol. 1 of Leisegang (2).

LEISEGANG, H. (2). *'Pneuma Hagion'; der Ursprung des Geistbegriffs der synoptischen Evangelien aus d. griechischen Mystik.* Hinrichs, Leipzig, 1922. (Veröffentlichungen des Forschungsinstituts f. vergl. Religionsgeschichte an d. Univ. Leipzig, no. 4.) This constitutes vol. 2 of Leisegang (1).

LEISEGANG, H. (3). *Die Gnosis.* 3rd ed. Kröner, Stuttgart, 1941. (Kröners Taschenausgabe, no. 32.) French tr.: *'La Gnose'.* Paris, 1951.

LEISEGANG, H. (4). 'The Mystery of the Serpent.' *ERYB,* 1955, 218.

LENZ, H. O. (1). *Mineralogie der alten Griechen und Römer deutsch in Auszügen aus deren Schriften.* Thienemann, Gotha, 1861. Photo reprint, Sändig, Wiesbaden, 1966.

LEPESME, P. (1). 'Les Coléoptères des Denrées alimentaires et des Produits industriels entreposés.' Art. in *Encyclopédie Entomologique,* vol. xxii, pp. 1–335. Lechevalier, Paris, 1944.

LESSIUS, L. (1). *Hygiasticon; seu Vera Ratio Valetudinis Bonae et Vitae...ad extremam Senectute Conservandae.* Antwerp, 1614. Eng. tr. Cambridge, 1634; and two subsequent translations.

LEVEY, M. (1). 'Evidences of Ancient Distillation, Sublimation and Extraction in Mesopotamia.' *CEN,* 1955, **4,** 23.

LEVEY, M. (2). *Chemistry and Chemical Technology in Ancient Mesopotamia.* Elsevier, Amsterdam and London, 1959.

LEVEY, M. (3). 'The Earliest Stages in the Evolution of the Still.' *ISIS,* 1960, **51,** 31.

LEVEY, M. (4). 'Babylonian Chemistry; a Study of Arabic and −2nd Millennium Perfumery.' *OSIS,* 1956, **12,** 376.

LEVEY, M. (5). 'Some Chemical Apparatus of Ancient Mesopotamia.' *JCE,* 1955, **32,** 180.

LEVEY, M. (6). 'Mediaeval Arabic Toxicology; the "Book of Poisons" of Ibn Waḥshīya [+10th cent.] and its Relation to Early Indian and Greek Texts.' *TAPS,* 1966, **56** (no. 7), 1–130.

LEVEY, M. (7). 'Some Objective Factors in Babylonian Medicine in the Light of New Evidence.' *BIHM,* 1961, **35,** 61.

LEVEY, M. (8). 'Chemistry in the *Kitāb al-Sumum* (Book of Poisons) by Ibn al-Waḥshīya [al-Nabaṭī, fl. +912].' *CHYM,* 1964, **9,** 33.

LEVEY, M. (9). 'Chemical Aspects of Medieval Arabic Minting in a Treatise by Manṣūr ibn Ba'ra [c. +1230].' *JSHS,* 1971, Suppl. no. 1.

LEVEY, M. & AL-KHALEDY, NOURY (1). *The Medical Formulary [Aqrābādhīn] of [Muḥ. ibn 'Alī ibn 'Umar] al-Samarqandī [c. +1210], and the Relation of Early Arabic Simples to those found in the indigenous Medicine of the Near East and India.* Univ. Pennsylvania Press, Philadelphia, 1967.

LÉVI, S. (2). 'Ceylan et la Chine.' *JA,* 1900 (9ᵉ sér.), **15,** 411. Part of Lévi (1).

LÉVI, S. (4). 'On a Tantric Fragment from Kucha.' *IHQ,* 1936, **12,** 207.

LÉVI, S. (6). *Le Népal; Étude Historique d'un Royaume Hindou.* 3 vols. Paris, 1905–8. (Annales du Musée Guimet, Bib. d'Études, nos. 17–19.)

LÉVI, S. (8). 'Un Nouveau Document sur le Bouddhisme de Basse Époque dans l'Inde.' *BLSOAS,* 1931, **6,** 417. (Nāgārjuna and gold refining.)

LÉVI, S. (9). 'Notes Chinoises sur l'Inde; V, Quelques Documents sur le Bouddhisme Indien dans l'Asie Centrale, pt. 1.' *BEFEO,* 1905, **5,** 253.

LÉVI, S. (10). 'Vajrabodhi à Ceylan.' *JA,* 1900, (9ᵉ sér.) **15,** 418. Part of Lévi (1).

LEVOL, A. (1). 'Analyse d'un Échantillon de Cuivre Blanc de la Chine.' *RCA,* 1862, **4,** 24.

LEVY, ISIDORE (1). 'Sarapis; V, la Statue Mystérieuse.' *RHR/AMG,* 1911, **63,** 124.

LEWIS, BERNARD (1). *The Arabs in History.* London.

LEWIS, M. D. S. (1). *Antique Paste Jewellery.* Faber, London, 1970. Rev. G. B. Hughes, *JRSA,* 1972, **120,** 263.

LEWIS, NORMAN (1). *A Dragon Apparent; Travels in Indo-China.* Cape, London, 1951.

LI CHHIAO-PHING (1) = (1). *The Chemical Arts of Old China* (tr. from the 1st, unrevised, edition, Chhangsha, 1940, but with additional material). J. Chem. Ed., Easton, Pa. 1948. Revs. W. Willetts, *ORA,* 1949, **2,** 126; J. R. Partington, *ISIS,* 1949, **40,** 280; Li Cho-Hao, *JCE,* 1949, **26,** 574. The Thaipei ed. of 1955 (Chinese text) was again revised and enlarged.

LI CHO-HAO (1). 'Les Hormones de l'Adénohypophyse.' *SCIS*, 1971, nos. 74–5, 69.

LI CHO-HAO & EVANS, H. M. (1). 'Chemistry of the Anterior Pituitary Hormones.' Art. in *The Hormones*. . . . Ed. G. Pincus, K. V. Thimann & E. B. Astwood. Academic Press, New York, 1948–64, vol. 1, p. 633.

LI HUI-LIN (1). *The Garden Flowers of China*. Ronald, New York, 1959. (Chronica Botanica series, no. 19.)

LI KUO-CHHIN & WANG CHHUNG-YU (1). *Tungsten, its History, Geology, Ore-Dressing, Metallurgy, Chemistry, Analysis, Applications and Economics*. Amer. Chem. Soc., New York, 1943 (Amer. Chem. Soc. Monographs, no. 94). 3rd ed. 1955 (A. C. S. Monographs, no. 130).

LIANG, H. Y. (1). 'The Wah Chang [Hua-Chhang, Antimony] Mines.' *MSP*, 1915, **111**, 53. (The initials are given in the original as H. T. Liang, but this is believed to be a misprint.)

LIANG, H. Y. (2). 'The Shui-khou Shan [Lead and Zinc] Mine in Hunan.' *MSP*, 1915, **110**, 914.

LIANG PO-CHHIANG (1). 'Überblick ü. d. seltenste chinesische Lehrbuch d. Medizin *Huang Ti Nei Ching*.' *AGMN*, 1933, **26**, 121.

LIBAVIUS, ANDREAS (1). *Alchemia. Andr. Libavii, Med. D[oct.], Poet. Physici Rotemburg. Operâ e Dispersis passim Optimorum Autorum, Veterum et Recentium exemplis potissimum, tum etian praeceptis quibusdam operosè collecta, adhibitâ; ratione et experientia, quanta potuit esse, methodo accuratâ explicata, et In Integrum Corpus Redacta*. . . Saur & Kopff, Frankfurt, 1597. Germ. tr. by F. Rex *et al*. Verlag Chemie, Weinheim, 1964.

LIBAVIUS, ANDREAS (2). *Singularium Pars Prima: in qua de abstrusioribus difficilioribusque nonnullis in Philosophia, Medicina, Chymia etc. Quaestionibus; utpote de Metallorum, Succinique Natura, de Carne fossili, ut credita est, de gestatione cacodaemonum, Veneno, aliisque rarioribus, quae versa indicat pagina, plurimis accuratè disseritur*. Frankfurt, 1599. Part II also 1599. Parts III and IV, 1601.

LICHT, S. (1). 'The History [of Therapeutic Exercise].' Art. in *Therapeutic Exercise*, ed. S. Licht, Licht, New Haven, Conn. 1958, p. 380. (Physical Medicine Library, no. 3.)

LIEBEN, F. (1). *Geschichte d. physiologische Chemie*. Deuticke, Leipzig and Vienna, 1935.

LIN YÜ-THANG (1) (tr.). *The Wisdom of Laotse [and Chuang Tzu] translated, edited and with an introduction and notes*. Random House, New York, 1948.

LIN YÜ-THANG (7). *Imperial Peking; Seven Centuries of China* (with an essay on the Art of Peking, by P. C. Swann). Elek, London, 1961.

LIN YÜ-THANG (8). *The Wisdom of China*. Joseph, London (limited edition) 1944; (general circulation edition) 1949.

LINDBERG, D. C. & STENECK, N. H. (1). 'The Sense of Vision and the Origins of Modern Science', art. in *Science, Medicine and Society in the Renaissance* (Pagel Presentation Volume), ed. Debus (20), vol. 1, p. 29.

LINDEBOOM, G. A. (1). *Hermann Boerhaave; the Man and his Work*. Methuen, London, 1968.

LING, P. H. (1). *Gymnastikens Allmänna Grunder*. . .(in Swedish). Leffler & Sebell, Upsala and Stockholm, 1st part, 1834, 2nd part, 1840 (based on observations and practice from 1813 onwards). Germ. tr.: *P. H. Ling's Schriften über Leibesübungen* (with posthumous additions), by H. F. Massmann, Heinrichshofen, Magdeburg, 1847. Cf. Cyriax (1).

LINK, ARTHUR E. (1). 'The Taoist Antecedents in Tao-An's [+312 to +385] Prajñā Ontology.' Communication to the First International Conference of Taoist Studies, Villa Serbelloni, Bellagio, 1968.

VON LIPPMANN, E. O. (1). *Entstehung und Ausbreitung der Alchemie, mit einem Anhange, Zur älteren Geschichte der Metalle; ein Beitrag zur Kulturgeschichte*. 3 vols. Vol. 1, Springer, Berlin, 1919. Vol. 2, Springer, Berlin, 1931. Vol. 3, Verlag Chemie, Weinheim, 1954 (posthumous, finished in 1940, ed. R. von Lippmann).

VON LIPPMANN, E. O. (3). *Abhandlungen und Vorträge zur Geschichte d. Naturwissenschaften*. 2 vols. Vol. 1, Veit, Leipzig, 1906. Vol. 2, Veit, Leipzig, 1913.

VON LIPPMANN, E. O. (4). *Geschichte des Zuckers, seiner Darstellung und Verwendung, seit den ältesten Zeiten bis zum Beginne der Rübenzuckerfabrikation; ein Beitrag zur Kulturgeschichte*. Hesse, Leipzig, 1890.

VON LIPPMANN, E. O. (5). 'Chemisches bei Marco Polo.' *ZAC*, **21**, 1778. Repr. in (3), vol. 2, p. 258.

VON LIPPMANN, E. O. (6). 'Die spezifische Gewichtsbestimmung bei Archimedes.' Repr. in (3), vol. 2, p. 168.

VON LIPPMANN, E. O. (7). 'Zur Geschichte d. Saccharometers u. d. Senkspindel.' Repr. in (3), vol. 2, pp. 171, 177, 183.

VON LIPPMANN, E. O. (8). 'Zur Geschichte der Kältemischungen.' Address to the General Meeting of the Verein Deutscher Chemiker, 1898. Repr. in (3). vol. 1, p. 110.

VON LIPPMANN, E. O. (9). *Beiträge z. Geschichte d. Naturwissenschaften u. d. Technik*. 2 vols. Vol. 1, Springer, Berlin, 1925. Vol. 2, Verlag Chemie, Weinheim, 1953 (posthumous, ed. R. von Lippmann). Both vols. photographically reproduced, Sändig, Niederwalluf, 1971.

VON LIPPMANN, E. O. (10). 'J. Ruska's Neue Untersuchungen ü. die Anfänge der Arabischen Alchemie.' *CHZ*, 1925, 2, 27.

VON LIPPMANN, E. O. (11). 'Some Remarks on Hermes and Hermetica.' *AX*, 1938, 2, 21.

VON LIPPMANN, E. O. (12). 'Chemisches u. Alchemisches aus Aristoteles.' *AGNT*, 1910, 2, 233–300.

VON LIPPMANN, E. O. (13). 'Beiträge zur Geschichte des Alkohols.' *CHZ*, 1913, 37, 1313, 1348, 1358, 1419, 1428. Repr. in (9), vol. 1, p. 60.

VON LIPPMANN, E. O. (14). 'Neue Beiträge zur Geschichte dez Alkohols.' *CHZ*, 1917, 41, 865, 883, 911. Repr. in (9), vol. 1, p. 107.

VON LIPPMANN, E. O. (15). 'Zur Geschichte des Alkohols.' *CHZ*, 1920, 44, 625. Repr. in (9), vol. 1, p. 123.

VON LIPPMANN, E. O. (16). 'Kleine Beiträge zur Geschichte d. Chemie.' *CHZ*, 1933, 57, 433. 1. Zur Geschichte des Alkohols. 2. Der Essig des Hannibal. 3. Künstliche Perlen und Edelsteine. 4. Chinesische Ursprung der Alchemie.

VON LIPPMANN, E. O. (17). 'Zur Geschichte des Alkohols und seines Namens.' *ZAC*, 1912, 25, 1179, 2061.

VON LIPPMANN, E. O. (18). 'Einige Bemerkungen zur Geschichte der Destillation und des Alkohols.' *ZAC*, 1912, 25, 1680.

VON LIPPMANN, E. O. (19). 'Zur Geschichte des Wasserbades vom Altertum bis ins 13. Jahrhundert.' Art. in Kahlbaum Festschrift (1909), ed. Diergart (1), pp. 143–57.

VON LIPPMANN, E. O. (20). *Urzeugung und Lebenskraft; Zur Geschichte dieser Problem von den ältesten Zeiten an bis zu den Anfängen des 20. Jahrhunderts.* Springer, Berlin, 1933.

VON LIPPMANN, E. O. Biography, see Partington (19).

VON LIPPMANN, E. O. & SUDHOFF, K. (1). 'Thaddäus Florentinus (Taddeo Alderotti) über den Weingeist.' *AGMW*, 1914, 7, 379. (Latin text, and comm. only.)

LIPSIUS, A. & BONNET, M. (1). *Acta Apostolorum Apocrypha.* 2 vols. in 3 parts. Mendelssohn, Leipzig, 1891–1903.

LITTLE, A. G. (1) (ed.). *Part of the 'Opus Tertium' [c. +1268] of Roger Bacon.* Aberdeen, 1912.

LITTLE, A. G. & WITHINGTON, E. (1) (ed.). *Roger Bacon's 'De Retardatione Accidentium Senectutis', cum aliis Opusculis de Rebus Medicinalibus.* Oxford, 1928. (Pubs. Brit. Soc. Franciscan Studies, no. 14.) Also printed as Fasc. 9 of Steele (1). Cf. the Engl. tr. of the *De Retardatione* by R. Browne, London, 1683.

LIU MAO-TSAI (1). *Kutscha und seine Beziehungen zu China vom 2 Jahrhundert v. bis zum 6 Jh. n. Chr.* 2 vols. Harrassowitz, Wiesbaden, 1969. (Asiatische Forschungen [Bonn], no. 27.)

LIU MAU-TSAI. See Liu Mao-Tsai.

LIU PÊN-LI, HSING SHU-CHIEH, LI CHHÊNG-CHHIU & CHANG TAO-CHUNG (1). 'True Hermaphroditism; a Case Report.' *CMJ*, 1959, 78, 449.

LIU TSHUN-JEN (1). 'Lu Hsi-Hsing and his Commentaries on the *Tshan Thung Chhi*.' *CHJ/T*, 1968, (n.s.) 7, (no. 1), 71.

LIU TSHUN-JEN (2). 'Lu Hsi-Hsing [+1520 to c. +1601]; a Confucian Scholar, Taoist Priest and Buddhist Devotee of the +16th Century.' *ASEA*, 1965, 18–19, 115.

LIU TSHUN-JEN (3). 'Taoist Self-Cultivation in Ming Thought.' Art. in *Self and Society in Ming Thought*, ed. W. T. de Bary. Columbia Univ. Press, New York, 1970, p. 291.

LIU TS'UN-YAN. See Liu Tshun-Jen.

LLOYD, G. E. R. (1). *Polarity and Analogy; Two Types of Argumentation in Greek Thought.* Cambridge, 1971.

LLOYD, SETON (2). 'Sultantepe, II.' *ANATS*, 1954, 4, 101.

LLOYD, SETON & BRICE, W. (1), with a note by C. J. Gadd. 'Ḥarrān.' *ANATS*, 1951, 1, 77–111.

LLOYD, SETON & GÖKÇE, NURI (1), with notes by R. D. Barnett. 'Sultantepe, I.' *ANATS*, 1953, 3, 27.

LO, L. C. (1) (tr.). 'Liu Hua-Yang; *Hui Ming Ching*, Das Buch von Bewusstsein und Leben.' In *Chinesische Blätter*, vol. 3, no. 1, ed. R. Wilhelm.

LOEHR, G. (1). 'Missionary Artists at the Manchu Court.' *TOCS*, 1962, 34, 51.

LOEWE, M. (5). 'The Case of Witchcraft in −91; its Historical Setting and Effect on Han Dynastic History' (*ku* poisoning). *AM*, 1970, 15, 159.

LOEWE, M. (6). 'Khuang Hêng and the Reform of Religious Practices (−31).' *AM*, 1971, 17, 1.

LOEWE, M. (7). 'Spices and Silk; Aspects of World Trade in the First Seven Centuries of the Christian Era.' *JRAS*, 1971, 166.

LOEWENSTEIN, P. J. (1). *Swastika and Yin-Yang.* China Society Occasional Papers (n. s.), China Society, London, 1942.

VON LÖHNEYSS, G. E. (1). *Bericht vom Bergwerck, wie man diselben bawen und in güten Wolstande bringen sol, sampt allen dazu gehörigen Arbeiten, Ordnung und Rechtlichen Processen beschrieben durch G.E.L.* Zellerfeld, 1617. 2nd ed. Leipzig, 1690.

LONICERUS, ADAM (1). *Kräuterbuch.* Frankfort, 1578.

LORGNA, A. M. (1). 'Nuove Sperienze intorno alla Dolcificazione dell'Acqua del Mare.' *MSIV/MF*, 1786, **3**, 375. 'Appendice alla Memoria intorno alla Dolcificazione dell'Acqua del Mare.' *MSIV/MF*, 1790, **5**, 8.

LOTHROP, S. (1). 'Coclé; an Archaeological Study of Central Panama.' *MPMH*, 1937, **7**.

LOUIS, H. (1). 'A Chinese System of Gold Milling.' *EMJ*, 1891, 640.

LOUIS, H. (2). 'A Chinese System of Gold Mining.' *EMJ*, 1892, 629.

LOVEJOY, A. O. & BOAS, G. (1). *A Documentary History of Primitivism and Related Ideas*. Vol. 1. *Primitivism and Related Ideas in Antiquity*. Johns Hopkins Univ. Press, Baltimore, 1935.

LOWRY, T. M. (1). *Historical Introduction to Chemistry*. Macmillan, London, 1936.

LU GWEI-DJEN (1). 'China's Greatest Naturalist; a Brief Biography of Li Shih-Chen.' *PHY*, 1966, **8**, 383. Abridgment in Proc. XIth Internat. Congress of the History of Science, Warsaw, 1965, Summaries, vol. 2, p. 364; Actes, vol. 5, p. 50.

LU GWEI-DJEN (2). 'The Inner Elixir (*Nei Tan*); Chinese Physiological Alchemy.' Art. in *Changing Perspectives in the History of Science*, ed. M. Teich & R. Young. Heinemann, London, 1973, p. 68.

LU GWEI-DJEN & NEEDHAM, JOSEPH (1). 'A Contribution to the History of Chinese Dietetics.' *ISIS*, 1951, **42**, 13 (submitted 1939, lost by enemy action; again submitted 1942 and 1948).

LU GWEI-DJEN & NEEDHAM, JOSEPH (3). 'Mediaeval Preparations of Urinary Steroid Hormones.' *MH*, 1964, **8**, 101. Prelim. pub. *N*, 1963, **200**, 1047. Abridged account, *END*, 1968, **27** (no. 102), 130.

LU GWEI-DJEN & NEEDHAM, JOSEPH (4). 'Records of Diseases in Ancient China', art. in *Diseases in Antiquity*, ed. D. R. Brothwell & A. T. Sandison. Thomas, Springfield, Ill. 1967, p. 222.

LU GWEI-DJEN, NEEDHAM, JOSEPH & NEEDHAM, D. M. (1). 'The Coming of Ardent Water.' *AX*, 1972, **19**, 69.

LU KHUAN-YÜ (1). *The Secrets of Chinese Meditation; Self-Cultivation by Mind Control as taught in the Chhan, Mahāyāna and Taoist Schools in China*. Rider, London, 1964.

LU KHUAN-YÜ (2). *Chhan and Zen Teaching* (Series Two). Rider, London, 1961.

LU KHUAN-YÜ (3). *Chhan and Zen Teaching* (Series Three). Rider, London, 1962.

LU KHUAN-YÜ (4) (tr.). *Taoist Yoga; Alchemy and Immortality—a Translation, with Introduction and Notes, of 'The Secrets of Cultivating Essential Nature and Eternal Life' (Hsing Ming Fa Chüeh Ming Chih) by the Taoist Master Chao Pi-Chhen, b. 1860*. Rider, London, 1970.

LUCAS, A. (1). *Ancient Egyptian Materials and Industries*. Arnold, London (3rd ed.), 1948.

LUCAS, A. (2). 'Silver in Ancient Times.' *JEA*, 1928, **14**, 315.

LUCAS, A. (3). 'The Occurrence of Natron in Ancient Egypt.' *JEA*, 1932, **18**, 62.

LUCAS, A. (4). 'The Use of Natron in Mummification.' *JEA*, 1932, **18**, 125.

LÜDY-TENGER, F. (1). *Alchemistische und chemische Zeichen*. Berlin, 1928. Repr. Lisbing, Würzburg, 1972.

LUK, CHARLES. See LU KHUAN-YÜ.

LUMHOLTZ, C. S. (1). *Unknown Mexico; a Record of Five Years' Exploration among the Tribes of the Western Sierra Madre; in the Tierra Caliente of Tepic and Jalisco; and among the Tarascos of Michoacan*, 2 vols. Macmillan, London, 1903.

LUTHER, MARTIN (1). *Werke*. Weimarer Ausgabe.

MACALISTER, R. A. S. (2). *The Excavation of [Tel] Gezer, 1902–05 and 1907–09*. 3 vols. Murray, London, 1912.

MCAULIFFE, L. (1). *La Thérapeutique Physique d'Autrefois*. Paris, 1904.

MCCLURE, C. M. (1). 'Cardiac Arrest through Volition.' *CALM*, 1959, **90**, 440.

MCCONNELL, R. G. (1). *Report on Gold Values in the Klondike High-Level Gravels*. Canadian Geol. Survey Reports, 1907, 34.

MCCULLOCH, J. A. (2). '[The State of the Dead in] Primitive and Savage [Cultures].' *ERE*, vol. xi, p. 817.

MCCULLOCH, J. A. (3). '[The "Abode of the Blest" in] Primitive and Savage [Cultures].' *ERE*, vol. ii, p. 680.

MCCULLOCH, J. A. (4). '[The "Abode of the Blest" in] Celtic [Legend].' *ERE*, vol. ii, p. 688.

MCCULLOCH, J. A. (5). '[The "Abode of the Blest" in] Japanese [Thought].' *ERE*, vol. ii, p. 700.

MCCULLOCH, J. A. (6). '[The "Abode of the Blest" in] Slavonic [Lore and Legend].' *ERE*, vol. ii, p. 706.

MCCULLOCH, J. A. (7). '[The "Abode of the Blest" in] Teutonic [Scandinavian, Belief].' *ERE*, vol. ii, p. 707.

MCCULLOCH, J. A. (8). 'Incense.' Art. in *ERE*, vol. vii, p. 201.

MCCULLOCH, J. A. (9). 'Eschatology.' Art. in *ERE*, vol. v, p. 373.

MCCULLOCH, J. A. (10). 'Vampires.' *ERE*, vol. xii, p. 589.

MCDONALD, D. (1). *A History of Platinum*. London, 1960.

MACDONELL, A. A. (1). 'Vedic Religion.' *ERE*, vol. xii, p. 601.

McGovern, W. M. (1). *Early Empires of Central Asia.* Univ. of North Carolina Press, Chapel Hill, 1939.

McGowan, D. J. (2). 'The Movement Cure in China' (Taoist medical gymnastics). *CIMC/MR*, 1885 (no. 29), 42.

McGuire, J. E. (1). 'Transmutation and Immutability; Newton's Doctrine of Physical Qualities.' *AX*, 1967, **14**, 69.

McGuire, J. E. (2). 'Force, Active Principles, and Newton's Invisible Realm.' *AX*, 1968, **15**, 154.

McGuire, J. E. & Rattansi, P. M. (1). 'Newton and the "Pipes of Pan".' *NRRS*, 1966, **21**, 108.

McKenzie, R. Tait (1). *Exercise in Education and Medicine.* Saunders, Philadelphia and London, 1923.

McKie, D. (1). 'Some Notes on Newton's Chemical Philosophy, written upon the Occasion of the Tercentenary of his Birth.' *PMG*, 1942 (7th ser.), **33**, 847.

McKie, D. (2). 'Some Early Chemical Symbols.' *AX*, 1937, **1**, 75.

McLachlan, H. (1). *Newton; the Theological Manuscripts.* Liverpool, 1950.

Macquer, P. J. (1). *Élémens de la Théorie et de la Pratique de la Chimie.* 2 vols, Paris, 1775. (The first editions, uncombined, had been in 1749 and 1751 respectively, but this contained accounts of the new discoveries.) Eng. trs. London, 1775, Edinburgh, 1777. Cf. Coleby (1).

Madan, M. (1) (tr.). *A New and Literal Translation of Juvenal and Persius, with Copious Explanatory Notes by which these difficult Satirists are rendered easy and familiar to the Reader.* 2 vols. Becket, London, 1789.

Maenchen-Helfen, O. (4). *Reise ins asiatische Tuwa.* Berlin, 1931.

de Magalhaens, Gabriel (1). *Nouvelle Relation de la Chine.* Barbin, Paris, 1688 (a work written in 1668). Eng. tr. *A New History of China, containing a Description of the Most Considerable Particulars of that Vast Empire.* Newborough, London, 1688.

Magendie, F. (1). *Mémoire sur la Déglutition de l'Air atmosphérique.* Paris, 1813.

Mahdihassan, S. (2). 'Cultural Words of Chinese Origin' [*firoza* (Pers) = turquoise, *yashb* (Ar) = jade, *chamcha* (Pers) = spoon, *top* (Pers, Tk, Hind) = cannon, *silafchi* (Tk) = metal basin]. *BV*, 1950, **11**, 31.

Mahdihassan, S. (3). 'Ten Cultural Words of Chinese Origin' [*huqqa* (Tk), *qaliyan* (Tk) = tobacco-pipe, *sunduq* (Ar) = box, *piali* (Pers), *findjan* (Ar) = cup, *jaushan* (Ar) = armlet, *safa* (Ar) = turban, *qasai, qasab* (Hind) = butcher, *kah-kashan* (Pers) = Milky Way, *tugra* (Tk) = seal]. *JUB*, 1949, **18**, 110.

Mahdihassan, S. (5). 'The Chinese Origin of the Words Porcelain and Polish.' *JUB*, 1948, **17**, 89.

Mahdihassan, S. (6). 'Carboy as a Chinese Word.' *CS*, 1948, **17**, 301.

Mahdihassan, S. (7). 'The First Illustrations of Stick-Lac and their probable origin.' *PKAWA*, 1947, **50**, 793.

Mahdihassan, S. (8). 'The Earliest Reference to Lac in Chinese Literature.' *CS*, 1950, **19**, 289.

Mahdihassan, S. (9). 'The Chinese Origin of Three Cognate Words: Chemistry, Elixir, and Genii.' *JUB*, 1951, **20**, 107.

Mahdihassan, S. (11). 'Alchemy in its Proper Setting, with Jinn, Sufi, and Suffa as Loan-Words from the Chinese.' *IQB*, 1959, **7** (no. 3), 1.

Mahdihassan, S. (12). 'Alchemy and its Connection with Astrology, Pharmacy, Magic and Metallurgy.' *JAN*, 1957, **46**, 81.

Mahdihassan, S. (13). 'The Chinese Origin of Alchemy.' *UNASIA*, 1953, **5** (no. 4), 241.

Mahdihassan, S. (14). 'The Chinese Origin of the Word Chemistry.' *CS*, 1946, **15**, 136. 'Another Probable Origin of the Word Chemistry from the Chinese.' *CS*, 1946, **15**, 234.

Mahdihassan, S. (15). 'Alchemy in the Light of its Names in Arabic, Sanskrit and Greek.' *JAN*, 1961, **49**, 79.

Mahdihassan, S. (16). 'Alchemy a Child of Chinese Dualism as illustrated by its Symbolism.' *IQB*, 1959, **8**, 15.

Mahdihassan, S. (17). 'On Alchemy, Kimiya and Iksir.' *PAKPJ*, 1959, **3**, 67.

Mahdihassan, S. (18). 'The Genesis of Alchemy.' *IJHM*, 1960, **5** (no. 2), 41.

Mahdihassan, S. (19). 'Landmarks in the History of Alchemy.' *SCI*, 1963, **57**, 1.

Mahdihassan, S. (20). 'Kimiya and Iksir; Notes on the Two Fundamental Concepts of Alchemy.' *MBLB*, 1962, **5** (no. 3), 38. *MBPB*, 1963, **12** (no. 5), 56.

Mahdihassan, S. (21). 'The Early History of Alchemy.' *JUB*, 1960, **29**, 173.

Mahdihassan, S. (22). 'Alchemy; its Three Important Terms and their Significance.' *MJA*, 1961, 227.

Mahdihassan, S. (23). 'Der Chino-Arabische Ursprung des Wortes Chemikalie.' *PHI*, 1961, **23**, 515.

Mahdihassan, S. (24). 'Das Hermetische Siegel in China.' *PHI*, 1960, **22**, 92.

Mahdihassan, S. (25). 'Elixir; its Significance and Origin.' *JRAS/P*, 1961, **6**, 39.

Mahdihassan, S. (26). 'Ouroboros as the Earliest Symbol of Greek Alchemy.' *IQB*, 1961, **9**, 1.

Mahdihassan, S. (27). 'The Probable Origin of Kekulé's Symbol of the Benzene Ring.' *SCI*, 1960, **54**, 1.

MAHDIHASSAN, S., (28). 'Alchemy in the Light of Jung's Psychology and of Dualism.' *PAKPJ*, 1962, **5**, 95.

MAHDIHASSAN, S. (29). 'Dualistic Symbolism; Alchemical and Masonic.' *IQB*, 1963, 55.

MAHDIHASSAN, S. (30). 'The Significance of Ouroboros in Alchemy and Primitive Symbolism.' *IQB*, 1963, 18.

MAHDIHASSAN, S. (31). 'Alchemy and its Chinese Origin as revealed by its Etymology, Doctrines and Symbols.' *IQB*, 1966, 22.

MAHDIHASSAN, S. (32). 'Stages in the Development of Practical Alchemy.' *JRAS/P*, 1968, **13**, 329.

MAHDIHASSAN, S. (33). 'Creation, its Nature and Imitation in Alchemy.' *IQB*, 1968, 80.

MAHDIHASSAN, S. (34). 'A Positive Conception of the Divinity emanating from a Study of Alchemy.' *IQB*, 1969, **10**, 77.

MAHDIHASSAN, S. (35). '*Kursi* or throne; a Chinese word in the *Koran*.' *JRAS/BOM*, 1953, **28**, 19.

MAHDIHASSAN, S. (36). '*Khazana*, a Chinese word in the *Koran*, and the associated word "Godown".' *JRAS/BOM*, 1953, **28**, 22.

MAHDIHASSAN, S. (37). 'A Cultural Word of Chinese Origin; *ta'un* meaning Plague in Arabic.' *JUB*, 1953, **22**, 97. *CRESC*, 1950, 31.

MAHDIHASSAN, S. (38). 'Cultural Words of Chinese Origin; *qaba, aba, diba, kimkhwab* (kincob).' *JKHRS*, 1950, **5**, 203.

MAHDIHASSAN, S. (39). 'The Chinese Origin of the Words Kimiya, Sufi, Dervish and Qalander, in the Light of Mysticism.' *JUB*, 1956, **25**, 124.

MAHDIHASSAN, S. (40). 'Chemistry a Product of Chinese Culture.' *PAKJS*, 1957, **9**, 26.

MAHDIHASSAN, S. (41). 'Lemnian Tablets of Chinese Origin.' *IQB*, 1960, **9**, 49.

MAHDIHASSAN, S. (42). 'Über einige Symbole der Alchemie.' *PHI*, 1962, **24**, 41.

MAHDIHASSAN, S. (43). 'Symbolism in Alchemy; Islamic and other.' *IC*, 1962, **36** (no. 1), 20.

MAHDIHASSAN, S. (44). 'The Philosopher's Stone in its Original Conception.' *JRAS/P*, 1962, **7** (no. 2), 263.

MAHDIHASSAN, S. (45). 'Alchemie im Spiegel hellenistisch-buddhistische Kunst d. 2. Jahrhunderts.' *PHI*, 1965, **27**, 726.

MAHDIHASSAN, S. (46). 'The Nature and Role of Two Souls in Alchemy.' *JRAS/P*, 1965, **10**, 67.

MAHDIHASSAN, S. (47). 'Kekulé's Dream of the Ouroboros, and the Significance of this Symbol.' *SCI*, 1961, **55**, 187.

MAHDIHASSAN, S. (48). 'The Natural History of Lac as known to the Chinese; Li Shih-Chen's Contribution to our Knowledge of Lac.' *IJE*, 1954, **16**, 309.

MAHDIHASSAN, S. (49). 'Chinese Words in the Holy Koran; *qirtas* (paper) and its Synonym *kagaz*.' *JUB*, 1955, **24**, 148.

MAHDIHASSAN, S. (50). 'Cultural Words of Chinese Origin; *kutcherry* (government office), *tusser* (silk).' Art. in Karmarker Commemoration Volume, Poona, 1947–8, p. 97.

MAHDIHASSAN, S. (51). 'Union of Opposites; a Basic Theory in Alchemy and its Interpretation.' Art. in *Beiträge z. alten Geschichte und deren Nachleben*, Festschrift f. Franz Altheim, ed. R. Stiehl & H. E. Stier, vol. 2, p. 251. De Gruyter, Berlin, 1970.

MAHDIHASSAN, S. (52). 'The Genesis of the Four Elements, Air, Water, Earth and Fire.' Art. in Gulam Yazdani Commemoration Volume, Hyderabad, Andhra, 1966, p. 251.

MAHDIHASSAN, S. (53). 'Die frühen Bezeichnungen des Alchemisten, seiner Kunst und seiner Wunderdroge.' *PHI*, 1967, .

MAHDIHASSAN, S. (54). 'The *Soma* of the Aryans and the *Chih* of the Chinese.' *MBPB*, 1972, **21** (no. 3), 30.

MAHDIHASSAN, S. (55). 'Colloidal Gold as an Alchemical Preparation.' *JAN*, 1972, **58**, 112.

MAHLER, J. G. (1). *The Westerners among the Figurines of the Thang Dynasty of China*. Ist. Ital. per il Med. ed Estremo Or., Rome, 1959. (Ser. Orientale Rom, no. 20.)

MAHN, C. A. F. (1). *Etymologische Untersuchung auf dem Gebiete der Romanischen Sprachen*. Dümmler, Berlin, 1858, repr. 1863.

MAIER, MICHAEL (1). *Atalanta Fugiens*, 1618. Cf. Tenney Davis (1); J. Read (1); de Jong (1).

MALHOTRA, J. C. (1). 'Yoga and Psychiatry; a Review.' *JNPS*, 1963, **4**, 375.

MANUEL, F. E. (1). *Isaac Newton, Historian*. Cambridge, 1963.

MANUEL, F. E. (2). *The Eighteenth Century Confronts the Gods*. Harvard Univ. Press, Cambridge, Mass. 1959.

MAQSOOD ALI, S. ASAD & MAHDIHASSAN, S. (4). 'Bazaar Medicines of Karachi; [IV], Inorganic Drugs.' *MED*, 1961, **23**, 125.

DE LA MARCHE, LECOY (1). 'L'Art d'Enluminer; Traité Italien du XVe Siecle' (*De Arte Illuminandi*, Latin text with introduction). *MSAF*, 1888, **47** (5e sér.), **7**, 248.

MARÉCHAL, J. R. (3). *Reflections upon Prehistoric Metallurgy; a Research based upon Scientific Methods*. Brimberg, Aachen (for Junker, Lammersdorf), 1963. French and German editions appeared in 1962.

MARSHALL, SIR JOHN (1). *Taxila; An Illustrated Account of Archaeological Excavations carried out at Taxila under the orders of the Government of India between the years 1913 and 1934.* 3 vols. Cambridge, 1951.

MARTIN, W. A. P. (2). *The Lore of Cathay.* Revell, New York and Chicago, 1901.

MARTIN, W. A. P. (3). *Hanlin Papers.* 2 vols. Vol. 1. Trübner, London; Harper, New York, 1880; Vol. 2. Kelly & Walsh, Shanghai, 1894.

MARTIN, W. A. P. (8). 'Alchemy in China.' A paper read before the Amer. Or. Soc. 1868; abstract in *JAOS*, 1871, **9**, xlvi. *CR*, 1879, **7**, 242. Repr. in (3), vol. 1, p. 221; (2), pp. 44 ff.

MARTIN, W. A. P. (9). *A Cycle of Cathay.* Oliphant, Anderson & Ferrier, Edinburgh and London; Revell New York, 1900.

MARTINDALE, W. (1). *The Extra Pharmacopoeia; incorporating Squire's 'Companion to the Pharmacopoeia'.* 1st edn. 1883. 25th edn., ed. R. G. Todd, Pharmaceutical Press, London, 1967.

MARX, E. (2). Japanese peppermint oil still. *MDGNVO*, 1896, **6**, 355.

MARYON, H. (3). 'Soldering and Welding in the Bronze and Early Iron Ages.' *TSFFA*, 1936, **5** (no. 2).

MARYON, H. (4). 'Prehistoric Soldering and Welding' (a précis of Maryon, 3). *AQ*, 1937, **11**, 208.

MARYON, H. (5). 'Technical Methods of the Irish Smiths.' *PRIA*, 1938, **44**c, no. 7.

MARYON, H. (6). *Metalworking and Enamelling; a Practical Treatise.* 3rd ed. London, 1954.

MASON, G. H. (1). *The Costume of China.* Miller, London, 1800.

MASON, H. S. (1). 'Comparative Biochemistry of the Phenolase Complex.' *AIENZ*, 1955, **16**, 105.

MASON, S. F. (2). 'The Scientific Revolution and the Protestant Reformation; I, Calvin and Servetus in relation to the New Astronomy and the Theory of the Circulation of the Blood.' *ANS*, 1953, **9** (no. 1).

MASON, S. F. (3). 'The Scientific Revolution and the Protestant Reformation; II, Lutheranism in relation to Iatro-chemistry and the German Nature-philosophy.' *ANS*, 1953, **9** (no. 2).

MASPERO, G. (2). *Histoire ancienne des Peuples d'Orient.* Paris, 1875.

MASPERO, H. (7). 'Procédés de 'nourrir le principe vital' dans la Religion Taoiste Ancienne.' *JA*, 1937, **229**, 177 and 353.

MASPERO, H. (9). 'Notes sur la Logique de Mo-Tseu [Mo Tzu] et de son École.' *TP*, 1928, **25**, 1.

MASPERO, H. (13). *Le Taoisme.* In *Mélanges Posthumes sur les Religions et l'Histoire de la Chine*, vol. 2, ed. P. Demiéville, SAEP, Paris, 1950. (Publ. du Mus. Guimet, Biblioth. de Diffusion, no 58.) Rev. J. J. L. Duyvendak, *TP*, 1951, **40**, 372.

MASPERO, H. (14). *Études Historiques.* In *Mélanges Posthumes sur les Religions et l'Histoire de la Chine*, vol. 3, ed. P. Demiéville. Civilisations du Sud, Paris, 1950. [Publ. du Mus. Guimet, Biblioth. de Diffusion, no. 59.) Rev. J. J. L. Duyvendak, *TP*, 1951, **40**, 366.

MASPERO, H. (19). 'Communautés et Moines Bouddhistes Chinois au 2ᵉ et 3ᵉ Siècles.' *BEFEO*, 1910, **10**, 222.

MASPERO, H. (20)., 'Les Origines de la Communauté Bouddhiste de Loyang.' *JA*, 1934, **225**, 87.

MASPERO, H. (22). 'Un Texte Taoiste sur l'Orient Romain.' *MIFC*, 1937, **17**, 377 (*Mélanges G. Maspero*, vol. 2). Reprinted in Maspero (14), pp. 95 ff.

MASPERO, H. (31). Review of R. F. Johnston's *Buddhist China* (London, 1913). *BEFEO*, 1914, **14** (no. 9), 74.

MASPERO, H. (32). *Le Taoïsme et les Religions Chinoises.* (Collected posthumous papers, partly from (12) and (13) reprinted, partly from elsewhere, with a preface by M. Kaltenmark.) Gallimard, Paris, 1971. (Bibliothèque des Histoires, no. 3.)

MASSÉ, H. (1). *Le Livre des Merveilles du Monde.* Chêne, Paris, 1944. (Album of colour-plates from al-Qazwīnī's Cosmography, *c*. +1275, with introduction, taken from Bib. Nat. Suppl. Pers. MS. 332.)

MASSIGNON, L. (3). 'The Qarmatians.' *EI*, vol. ii, pt. 2, p. 767.

MASSIGNON, L. (4). 'Inventaire de la Littérature Hermétique Arabe.' App. iii in Festugière (1), 1944. (On the role of the Sabians of Ḥarrān, who adopted the Hermetica as their Scriptures.)

MASSIGNON, L. (5). 'The Idea of the Spirit in Islam.' *ERYB*, 1969, **6**, 319 (*The Mystic Vision*, ed. J. Campbell). Tr. from the German in *ERJB*, 1945, **13**, 1.

MASSON, L. (1). 'La Fontaine de Jouvence.' *AESC*, 1937, **27**, 244; 1938, **28**, 16.

MASSON-OURSEL, P. (4). *Le Yoga.* Presses Univ. de France, Paris, 1954. (Que Sais-je? ser. no. 643.)

AL-MAS'ŪDĪ. See de Meynard & de Courteille.

MATCHETT, J. R. & LEVINE, J. (1). 'A Molecular Still designed for Small Charges.' *IEC/AE*, 1943, **15**, 296.

MATHIEU, F. F. (1). *La Géologie et les Richesses Miniéres de la Chine.* Impr. Comm. et Industr., la Louvière, n.d. (1924), paginated 283–529, with 4 maps (from Pub. de l'Assoc. des Ingénieurs de l'École des Mines de Mons).

MATSUBARA, HISAKO (1) (tr.). *Die Geschichte von Bambus-sammler und dem Mädchen Kaguya* [the *Taketori Monogatari, c.* +866], with illustrations by Mastubara Naoko. Langewiesche-Brandt, Ebenhausen bei München, 1968.

MATSUBARA, HISAKO (2). 'Dies-seitigkeit und Transzendenz im *Taketori Monogatari*.' Inaug. Diss. Ruhr Universität, Bochum, 1970.

MATTHAEI, C. F. (1) (tr.). *Nemesius Emesenus ' De Natura Hominis' Graece et Latine* (c. +400). Halae Magdeburgicae, 1802.

MATTIOLI, PIERANDREA (2). *Commentarii in libros sex Pedacii Dioscoridis Anazarbei de materia medica....* Valgrisi, Venice, 1554, repr. 1565.

MAUL, J. P. (1). 'Experiments in Chinese Alchemy.' Inaug. Diss., Massachusetts Institute of Technology, 1967.

MAURIZIO, A. (1). *Geschichte der gegorenen Getränke*. Berlin and Leipzig, 1933.

MAXWELL, J. PRESTON (1). 'Osteomalacia and Diet.' *NAR*, 1934, **4** (no. 1), 1.

MAXWELL, J. PRESTON, HU, C. H. & TURNBULL, H. M. (1). 'Foetal Rickets [in China].' *JPB*, 1932, **35**, 419.

MAYERS, W. F. (1). *Chinese Reader's Manual*. Presbyterian Press, Shanghai, 1874; reprinted 1924.

MAZZEO, J. A. (1). 'Notes on John Donne's Alchemical Imagery.' *ISIS*, 1957, **48**, 103.

MEAD, G. R. S. (1). *Thrice-Greatest Hermes; Studies in Hellenistic Theosophy and Gnosis—Being a Translation of the Extant Sermons and Fragments of the Trismegistic Literature, with Prolegomena, Commentaries and Notes*. 3 vols. Theosophical Pub. Soc., London and Benares, 1906.

MEAD, G. R. S. (2) (tr.). ' *Pistis Sophia' ; a [Christian] Gnostic Miscellany; being for the most part Extracts from the 'Books of the Saviour', to which are added Excerpts from a Cognate Literature*. 2nd ed. Watkins, London, 1921.

MECHOULAM, R. & GAONI, Y. (1). 'Recent Advances in the Chemistry of Hashish.' *FCON*, 1967, **25**, 175.

MEHREN, A. F. M. (1) (ed. & tr.). *Manuel de la Cosmographie du Moyen-Âge, traduit de l'Arabe; 'Nokhbet ed-Dahr fi Adjaib-il-birr wal-Bahr [Nukhbat al-Dahr fi 'Ajāib al-Birr wa'l Bahr]' de Shems ed-Din Abou-Abdallah Mohammed de Damas* [Shams al-Dīn Abū 'Abd-Allāh al-Anṣarī al-Ṣūfī al-Dimashqī; *The Choice of the Times and the Marvels of Land and Sea, c. +1310*]... St Petersburg, 1866 (text), Copenhagen, 1874 (translation).

MEILE, P. (1). 'Apollonius de Tyane et les Rites Védiques.' *JA*, 1945, **234**, 451.

MEISSNER, B. (1). *Babylonien und Assyrien*. Winter, Heidelberg, 1920, Leipzig, 1925.

MELLANBY, J. (1). 'Diphtheria Antitoxin.' *PRSB*, 1908, **80**, 399.

MELLOR, J. W. (1). *Modern Inorganic Chemistry*. Longmans Green, London, 1916; often reprinted.

MELLOR, J. W. (2). *Comprehensive Treatise on Inorganic and Theoretical Chemistry*. 15 vols. Longmans Green, London, 1923.

MELLOR, J. W. (3). 'The Chemistry of the Chinese Copper-red Glazes.' *TCS*, 1936, **35**.

DE MÉLY, F. (1) (with the collaboration of M. H. Courel). *Les Lapidaires Chinois*. Vol. 1 of *Les Lapidaires de l'Antiquité et du Moyen Age*. Leroux, Paris, 1896. (Contains facsimile reproduction of the mineralogical section of *Wakan Sanzai Zue*, chs. 59, 60, and 61.) Crit. rev. M. Berthelot, *JS*, 1896, 573).

DE MÉLY, F. (6). 'L'Alchimie chez les Chinois et l'Alchimie Grecque.' *JA*, 1895 (9ᵉ sér.), **6**, 314.

DE MENASCE, P. J. (2). 'The Cosmic Noria (Zodiac) in Parsi Thought.' *AN*, 1940, **35–6**, 451.

MEREDITH-OWENS, G. M. (1). 'Some Remarks on the Miniatures in the [Royal Asiatic] Society's *Jāmi' al-Tawārīkh* (MS. A27 of +1314) [by Rashīd al-Dīn, finished +1316]. *JRAS*, 1970 (no. 2, Wheeler Presentation Volume), 195. Includes a brief account of the section on the History of China; cf. Jahn & Franke (1).

MERRIFIELD, M. P. (1). *Original Treatises dating from the +12th to the +18th Centuries on the Arts of Painting in Oil, Miniature, and the Preparation of Colour and Artificial Gems*. 2 vols. London, 1847, London, 1849.

MERRIFIELD, M. P. (2). *A Treatise on Painting* [Cennino Cennini's], *translated from Tambroni's Italian text of 1821*. London, 1844.

MERSENNE, MARIN (3). *La Verité des Sciences, contre les Sceptiques on Pyrrhoniens*. Paris, 1625. Facsimile repr. Frommann, Stuttgart and Bad Cannstatt, 1969. Rev. W. Pagel, *AX*, 1970, **17**, 64.

MERZ, J. T. (1). *A History of European Thought in the Nineteenth Century*. 2 vols. Blackwood, Edinburgh and London, 1896.

METCHNIKOV, E. (= I. I.) (1). *The Nature of Man; Studies in Optimistic Philosophy*. Tr. P. C. Mitchell, New York, 1903, London, 1908; rev. ed. by C. M. Beadnell, London, 1938.

METTLER, CECILIA C. (1). *A History of Medicine*. Blakiston, Toronto, 1947.

METZGER, H. (1). *Newton, Stahl, Boerhaave et la Doctrine Chimique*. Alcan, Paris, 1930.

DE MEURON, M. (1). 'Yoga et Médecine; propos du Dr J. G. Henrotte recueillis par...' *MEDA*, 1968 (no. 69), 2.

MEYER, A. W. (1). *The Rise of Embryology*. Stanford Univ. Press, Palo Alto, Calif. 1939.

VON MEYER, ERNST (1). *A History of Chemistry, from earliest Times to the Present Day; being also an Introduction to the Study of the Science*. 2nd ed., tr. from the 2nd Germ. ed. by G. McGowan. Macmillan, London, 1898.

MEYER, H. H. & GOTTLIEB, R. (1). *Die experimentelle Pharmakologie als Grundlage der Arzneibehandlung.* 9th ed. Urban & Schwarzenberg, Berlin and Vienna, 1936.

MEYER, P. (1). *Alexandre le Grand dans la Litterature Française du Moyen Age.* 2 vols. Paris, 1886.

MEYER, R. M. (1). *Goethe.* 3 vols. Hofmann, Berlin, 1905.

MEYER-STEINEG, T. & SUDHOFF, K. (1). *Illustrierte Geschichte der Medizin.* 5th ed. revised and enlarged, ed. R. Herrlinger & F. Kudlien. Fischer, Stuttgart, 1965.

MEYERHOF, M. (3). 'On the Transmission of Greek and Indian Science to the Arabs.' *IC,* 1937, **11,** 17.

MEYERHOF, M. & SOBKHY, G. P. (1) (ed. & tr.). *The Abridged Version of the 'Book of Simple Drugs' of Aḥmad ibn Muḥammad al-Ghāfiqī of Andalusia by Gregorius Abu'l-Faraj (Bar Hebraeus).* Govt. Press, Cairo, 1938. (Egyptian University Faculty of Med. Pubs. no. 4.)

DE MEYNARD, C. BARBIER (3). '"L'Alchimiste", Comédie en Dialecte Turc Azeri [Azerbaidjani].' *JA,* 1886 (8ᵉ sér.), **7,** 1.

DE MEYNARD, C. BARBIER & DE COURTEILLE, P. (1) (tr.). *Les Prairies d'Or* (the *Murūj al-Dhahab* of al-Masʿūdī, +947). 9 vols. Paris, 1861–77.

MIALL, L. C. (1). *The Early Naturalists, their Lives and Work* (+1530 to +1789). Macmillan, London, 1912.

MICHELL, H. (1). *The Economics of Ancient Greece.* Cambridge, 1940. 2nd ed. 1957.

MICHELL, H. (2). 'Oreichalcos.' *CLR,* 1955, **69** (n.s. **5**), 21.

MIELI, A. (1). *La Science Arabe, et son Rôle dans l'Evolution Scientifique Mondiale.* Brill, Leiden, 1938. Repr. 1966, with additional bibliography and analytic index by A. Mazaheri.

MIELI, A. (3). *Pagine di Storia della Chimica.* Rome, 1922.

MIGNE, J. P. (1) (ed.). *Dictionnaire des Apocryphes; ou, Collection de tous les Livres Apocryphes relatifs à l'Ancien et au Nouveau Testament, pour la plupart, traduits en Français pour la première fois sur les textes originaux; et enrichie de préfaces, dissertations critiques, notes historiques, bibliographiques, géographiques et theologiques...* 2 vols. Migne, Paris, 1856. Vols. 23 and 24 of his *Troisième et Dernière Encyclopédie Théologique,* 60 vols.

MILES, L. M. & FÊNG, C. T. (1). 'Osteomalacia in Shansi.' *JEM,* 1925, **41,** 137.

MILES, W. (1). 'Oxygen-consumption during Three Yoga-type Breathing Patterns.' *JAP,* 1964, **19,** 75.

MILLER, J. INNES (1). *The Spice Trade of the Roman Empire,* −29 to +641. Oxford, 1969.

MILLS, J. V. (11). *Ma Huan['s] 'Ying Yai Shêng Lan', 'The Overall Survey of the Ocean's Shores'* [1433]; translated from the Chinese text edited by Fêng Chhêng-Chün, with Introduction, Notes and Appendices... Cambridge, 1970. (Hakluyt Society Extra Series, no. 42.)

MINGANA, A. (1) (tr.). *An Encyclopaedia of the Philosophical and Natural Sciences, as taught in Baghdad about +817; or, the 'Book of Treasures' by Job of Edessa: the Syriac Text Edited and Translated...* Cambridge, 1935.

MITCHELL, C. W. (1). *St Ephraim's Prose Refutations of Mani, Marcion and Bardaisan;...from the Palimpsest MS. Brit. Mus. Add. 14623...*Vol. 1. *The Discourses addressed to Hypatius.* Vol. 2. *The Discourse called 'Of Domnus', and Six other Writings.* Williams & Norgate, London, 1912–21. (Text and Translation Society Series.)

MITRA, RAJENDRALALA (1). 'Spirituous Drinks in Ancient India.' *JRAS/B,* 1873, **42,** 1–23.

MIYASHITA SABURŌ(1). 'A Link in the Westward Transmission of Chinese Anatomy in the Later Middle Ages.' *ISIS,* 1968, **58,** 486.

MIYUKI MOKUSEN (1). 'Taoist Zen Presented in the *Hui Ming Ching*.' Communication to the First International Conference of Taoist Studies, Villa Serbelloni, Bellagio, 1968.

MIYUKI MOKUSEN (2). 'The "Secret of the Golden Flower", Studies and [a New] Translation.' Inaug. Diss., Jung Institute, Zürich, 1967.

MODEL, J. G. (1). *Versuche und Gedanken über ein natürliches oder gewachsenes Salmiak.* Leipzig, 1758.

MODI, J. J. (1). 'Haoma.' Art. in *ERE,* vol. vi, p. 506.

MOISSAN, H. (1). *Traité de Chimie Minérale.* 5 vols. Masson, Paris, 1904.

MONTAGU, B. (1) (ed.). *The Works of Lord Bacon.* 16 vols. in 17 parts. Pickering, London, 1825–34.

MONTELL, G. (2). 'Distilling in Mongolia.' *ETH,* 1937 (no. 5), **2,** 321.

DE MONTFAUCON, B. (1). *L'Antiquité Expliquée et Representée en Figures.* 5 vols. with 5-vol. supplement. Paris, 1719. Eng. tr. by D. Humphreys, *Antiquity Explained, and Represented in Sculptures, by the Learned Father Montfaucon.* 5 vols. Tonson & Watts, London, 1721–2.

MONTGOMERY, J. W. (1). 'Cross, Constellation and Crucible; Lutheran Astrology and Alchemy in the Age of the Reformation.' *AX,* 1964, **11,** 65.

MOODY, E. A. & CLAGETT, MARSHALL (1) (ed. and tr.). *The Mediaeval Science of Weights ('Scientia de Ponderibus'); Treatises ascribed to Euclid, Archimedes, Thabit ibn Qurra, Jordanus de Nemore, and Blasius of Parma.* Univ. of Wisconsin Press, Madison, Wis., 1952. Revs. E. J. Dijksterhuis, *A/AIHS,* 1953, **6,** 504; O. Neugebauer, *SP,* 1953, **28,** 596.

MOORE-BENNETT, A. J. (1). 'The Mineral Areas of Western China.' *FER,* 1915, 225.

MORAN, S. F. (1). 'The Gilding of Ancient Bronze Statues in Japan.' *AA,* 1969, **30,** 55.

DE MORANT, G. SOULIÉ (2). *L'Acuponcture Chinoise*. 4 vols.
I. *l'Énergie (Points, Méridiens, Circulation)*.
II. *Le Maniement de l'Energie*.
III. *Les Points et leurs Symptômes*.
IV. *Les Maladies et leurs Traitements*.
Mercure de France, Paris, 1939–. Re-issued as 5 vols. in one, with 1 vol. of plates, Maloine, Paris, 1972.

MORERY, L. (1). *Grand Dictionnaire Historique; ou le Mélange Curieux de l'Histoire Sacrée et Profane...* 1688, Supplement 1689. Later editions revised by J. Leclerc. 9th ed. Amsterdam and The Hague, 1702. Eng. tr. revised by Jeremy Collier, London, 1701.

MORET, A. (1). 'Mysteries, Egyptian.' *ERE*, vol. ix, pp. 74–5.

MORET, A. (2). *Kings and Gods in Egypt*. London, 1912.

MORET, A. (3). 'Du Caractère Religieux de la Royauté Pharaonique.' *BE/AMG*, 1902, **15**, 1–344.

MORFILL, W. R. & CHARLES, R. H. (1) (tr.). The '*Book of the Secrets of Enoch*' [2 Enoch], *translated from the Slavonic...* Oxford, 1896.

MORGENSTERN, P. (1) (ed.). '*Turba Philosophorum*'; *Das ist, Das Buch von der güldenen Kunst, neben andern Authoribus, welche mit einander 36 Bücher in sich haben. Darinn die besten vrältesten Philosophi zusammen getragen, welche tractiren alle einhellig von der Universal Medicin, in zwey Bücher abgetheilt, unnd mit Schönen Figuren gezieret. Jetzundt newlich zu Nutz und Dienst allen waren Kunstliebenden der Natur (so der Lateinischen Sprach unerfahren) mit besondern Fleiß, mühe unnd Arbeit trewlich an tag geben...* König, Basel, 1613. 2nd ed. Krauss, Vienna, 1750. Cf. Ferguson (1), vol. 2, pp. 106 ff.

MORRIS, IVAN I. (1). *The World of the Shining Prince; Court Life in Ancient Japan* [in the Heian Period, +782 to +1167, here particularly referring to Late Heian, +967 to +1068]. Oxford, 1964.

MORRISON, P. & MORRISON, E. (1). 'High Vacuum.' *SAM*, 1950, **182** (no. 5), 20.

MORTIER, F. (1). 'Les Procédés Taoïstes en Chine pour la Prolongation de la Vie Humaine.' *BSAB*, 1930, **45**, 118.

MORTON, A. A. (1). *Laboratory Technique in Organic Chemistry*. McGraw-Hill, New York and London, 1938.

MOSS, A. A. (1). 'Niello.' *SCON*, 1955, **1**, 49.

M[OUFET], T[HOMAS] (of Caius, d. +1605)? (1). '*Letter* [of Roger Bacon] *concerning the Marvellous Power of Art and Nature*. London, 1659. (Tr. of *De Mirabili Potestate Artis et Naturae, et de Nullitate Magiae*.) French. tr. of the same work by J. Girard de Tournus, Lyons, 1557, Billaine, Paris, 1628. Cf. Ferguson (1), vol. 1, pp. 52, 63-4, 318, vol. 2, pp. 114, 438.

MOULE, A. C. & PELLIOT, P. (1) (tr. & annot.). *Marco Polo (+1254 to +1325); The Description of the World*. 2 vols. Routledge, London, 1938. Further notes by P. Pelliot (posthumously pub.). 2 vols. Impr. Nat. Paris, 1960.

MUCCIOLI, M. (1). 'Intorno ad una Memoria di Giulio Klaproth sulle "Conoscenze Chimiche dei Cinesi nell 8 Secolo".' *A*, 1926, **7**, 382.

MUELLER, K. (1). 'Die Golemsage und die sprechenden Statuen.' *MSGVK*, 1918, **20**, 1–40.

MUIR, J. (1). *Original Sanskrit Texts*. 5 vols. London, 1858–72.

MUIR, M. M. PATTISON (1). *The Story of Alchemy and the Beginnings of Chemistry*. Hodder & Stoughton, London, 1902. 2nd ed. 1913.

MUIRHEAD, W. (1). '[Glossary of Chinese] Mineralogical and Geological Terms. In Doolittle (1), vol. 2, p. 256.

MUKAND SINGH, THAKUR (1). *Ilajul Awham (On the Treatment of Superstitions)*. Jagat, Aligarh, 1893 (in Urdu).

MUKERJI, KAVIRAJ B. (1). *Rasa-jala-nidhi; or, Ocean of Indian Alchemy*. 2 vols. Calcutta, 1927.

MULTHAUF, R. P. (1). 'John of Rupescissa and the Origin of Medical Chemistry.' *ISIS*, 1954, **45**, 359.

MULTHAUF, R. P. (2). 'The Significance of Distillation in Renaissance Medical Chemistry.' *BIHM*, 1956, **30**, 329.

MULTHAUF, R. P. (3). 'Medical Chemistry and "the Paracelsians".' *BIHM*, 1954, **28**, 101.

MULTHAUF, R. P. (5). *The Origins of Chemistry*. Oldbourne, London, 1967.

MULTHAUF, R. P. (6). 'The Relationship between Technology and Natural Philosophy, c. +1250 to +1650, as illustrated by the Technology of the Mineral Acids.' Inaug. Diss., Univ. California, 1953.

MULTHAUF, R. P. (7). 'The Beginnings of Mineralogical Chemistry.' *ISIS*, 1958, **49**, 50.

MULTHAUF, R. P. (8). 'Sal Ammoniac; a Case History in Industrialisation.' *TCULT*, 1965, **6**, 569.

MUS, P. (1). 'La Notion de Temps Réversible dans la Mythologie Bouddhique.' *AEPHE/SSR*, 1939, 1.

AL-NADĪM, ABŪ'L-FARAJ IBN ABŪ YA'QŪB. See Flügel, G. (1).

NADKARNI, A. D. (1). *Indian Materia Medica*. 2 vols. Popular, Bombay, 1954.

NAGEL, A. (1). 'Die Chinesischen Küchengott.' *AR*, 1908, **11**, 23.

NAKAYAMA SHIGERU & SIVIN, N. (1) (ed.). *Chinese Science; Explorations of an Ancient Tradition*. M.I.T. Press, Cambridge, Mass., 1973. (M.I.T. East Asian Science Ser. no. 2.)

NANJIO, B. (1). *A Catalogue of the Chinese Translations of the Buddhist Tripiṭaka*. Oxford, 1883. (See Ross, E. D, 3.)

NARDI, S. (1) (ed.). *Taddeo Alderotti's Consilia Medicinalia'*, *c. +1280*. Turin, 1937.

NASR, SEYYED HOSSEIN. See Said Husain Nasr.

NAU, F. (2). 'The translation of the *Tabula Smaragdina* by Hugo of Santalla (mid +12th century).' *ROC*, 1907 (2e sér.), **2**, 105.

NEAL, J. B. (1). 'Analyses of Chinese Inorganic Drugs.' *CMJ*, 1889, **2**, 116; 1891, **5**, 193,

NEBBIA, G. & NEBBIA-MENOZZI, G. (1). 'A Short History of Water Desalination.' Art. from *Acqua Dolce dal Mare*. IIª Inchiesta Internazionale, Milan, Fed. delle Associazioni Sci. e Tecniche, 1966, pp. 129-172.

NEBBIA, G. & NEBBIA-MENOZZI, G. (2). 'Early Experiments on Water Desalination by Freezing.' *DS*, 1968, **5**, 49.

NEEDHAM, DOROTHY M. (1). *Machina Carnis; the Biochemistry of Muscle Contraction in its Historical Development*. Cambridge, 1971.

NEEDHAM, JOSEPH (2). *A History of Embryology*. Cambridge, 1934. 2nd ed., revised with the assistance of A. Hughes. Cambridge, 1959; Abelard-Schuman, New York, 1959.

NEEDHAM, JOSEPH (25). 'Science and Technology in China's Far South-East.' *N*, 1946, **157**, 175. Reprinted in Needham & Needham (1).

NEEDHAM, JOSEPH (27). 'Limiting Factors in the Advancement of Science as observed in the History of Embryology.' *YJBM*, 1935, **8**, 1. (Carmalt Memorial Lecture of the Beaumont Medical Club of Yale University.)

NEEDHAM, JOSEPH (30). 'Prospection Géobotanique en Chine Médiévale.' *JATBA*, 1954, **1**, 143.

NEEDHAM, JOSEPH (31). 'Remarks on the History of Iron and Steel Technology in China (with French translation; 'Remarques relatives à l'Histoire de la Sidérurgie Chinoise'). In *Actes du Colloque International 'Le Fer à travers les Ages'*, pp. 93, 103. Nancy, Oct. 1955. (*AEST*, 1956, Mémoire no. 16.)

NEEDHAM, JOSEPH (32). *The Development of Iron and Steel Technology in China*. Newcomen Soc. London, 1958. (Second Biennial Dickinson Memorial Lecture, Newcomen Society.) Précis in *TNS*, 1960, **30**, 141; rev. L. C. Goodrich, *ISIS*, 1960, **51**, 108. Repr. Heffer, Cambridge, 1964. French tr. (unrevised, with some illustrations omitted and others added by the editors), *RHSID*, 1961, **2**, 187, 235; 1962, **3**, 1, 62.

NEEDHAM, JOSEPH (34). 'The Translation of Old Chinese Scientific and Technical Texts.' Art. in *Aspects of Translation*, ed. A. H. Smith, Secker & Warburg, London, 1958. p. 65. (Studies in Communication, no. 22.) Also in *BABEL*, 1958, **4** (no. 1), 8.

NEEDHAM, JOSEPH (36). *Human Law and the Laws of Nature in China and the West*. Oxford Univ. Press, London, 1951. (Hobhouse Memorial Lectures at Bedford College, London, no. 20.) Abridgement of (37).

NEEDHAM, JOSEPH (37). 'Natural Law in China and Europe.' *JHI*, 1951, **12**, 3 & 194 (corrigenda, 628).

NEEDHAM, JOSEPH (45). 'Poverties and Triumphs of the Chinese Scientific Tradition.' Art. in *Scientific Change; Historical Studies in the Intellectual, Social and Technical Conditions for Scientific Discovery and Technical Invention from Antiquity to the Present*, ed. A. C. Crombie, p. 117. Heinemann, London, 1963. With discussion by W. Hartner, P. Huard, Huang Kuang-Ming, B. L. van der Waerden and S. E. Toulmin (Symposium on the History of Science, Oxford, 1961). Also, in modified form: 'Glories and Defects...' in *Neue Beiträge z. Geschichte d. alten Welt*, vol. 1, *Alter Orient und Griechenland*, ed. E. C. Welskopf, Akad. Verl. Berlin, 1964. French tr. (of paper only) by M. Charlot, 'Grandeurs et Faiblesses de la Tradition Scientifique Chinoise', *LP*, 1963, no. 111. Abridged version; 'Science and Society in China and the West', *SPR*, 1964, **52**, 50.

NEEDHAM, JOSEPH (47). 'Science and China's Influence on the West.' Art. in *The Legacy of China*, e R. N. Dawson. Oxford, 1964, p. 234.

NEEDHAM, JOSEPH (48). 'The Prenatal History of the Steam-Engine.' (Newcomen Centenary Lecture.) *TNS*, 1963, **35**, 3-58.

NEEDHAM, JOSEPH (50). 'Human Law and the Laws of Nature.' Art. in *Technology, Science and Art; Common Ground*. Hatfield Coll. of Technol., Hatfield, 1961, p. 3. A lecture based upon (36) and (37), revised from Vol. 2, pp. 518 ff. Repr. in *Social and Economic Change* (Essays in Honour of Prof. D. P. Mukerji), ed. B. Singh & V. B. Singh. Allied Pubs. Bombay, Delhi etc., 1967, p. 1.

NEEDHAM, JOSEPH (55). 'Time and Knowledge in China and the West.' Art. in *The Voices of Time; a Cooperative Survey of Man's Views of Time as expressed by the Sciences and the Humanities*, ed. J. T. Fraser. Braziller, New York, 1966, p. 92.

NEEDHAM, JOSEPH (56). *Time and Eastern Man*. (Henry Myers Lecture, Royal Anthropological Institute, 1964.) Royal Anthropological Institute, London, 1965.

NEEDHAM, JOSEPH (58). 'The Chinese Contribution to Science and Technology.' Art. in *Reflections on our Age* (Lectures delivered at the Opening Session of UNESCO at the Sorbonne, Paris, 1946), ed. D. Hardman & S. Spender. Wingate, London, 1948, p. 211. Tr. from the French *Conférences de l'Unesco*. Fontaine, Paris, 1947, p. 203.

NEEDHAM, JOSEPH (59). 'The Roles of Europe and China in the Evolution of Oecumenical Science *JAHIST*, 1966, **1**, 1. As Presidential Address to Section X, British Association, Leeds, 1967, in *ADVS*, 1967, **24**, 83.

NEEDHAM, JOSEPH (60). 'Chinese Priorities in Cast Iron Metallurgy.' *TCULT*, 1964, **5**, 398.

NEEDHAM, JOSEPH (64). *Clerks and Craftsmen in China and the West* (Collected Lectures and Addresses) Cambridge, 1970.

NEEDHAM, JOSEPH (65). *The Grand Titration; Science and Society in China and the West*. (Collected Addresses.) Allen & Unwin, London, 1969.

NEEDHAM, JOSEPH (67). *Order and Life* (Terry Lectures). Yale Univ. Press, New Haven, Conn.; Cambridge, 1936. Paperback edition (with new foreword), M.I.T. Press, Cambridge, Mass. 1968. Italian tr. by M. Aloisi, *Ordine e Vita*, Einaudi, Turin, 1946 (Biblioteca di Cultura Scientifica, no. 14).

NEEDHAM, JOSEPH (68). 'Do the Rivers Pay Court to the Sea? The Unity of Science in East and West.' *TTT*, 1971, **5** (no. 2), 68.

NEEDHAM, JOSEPH (70). 'The Refiner's Fire; the Enigma of Alchemy in East and West.' Ruddock, for Birkbeck College, London, 1971 (Bernal Lecture). French tr. (with some additions and differences), 'Artisans et Alchimistes en Chine et dans le Monde Hellénistique.' *LP*, 1970, no. 152, 3 (Rapkine Lecture, Institut Pasteur, Paris).

NEEDHAM, JOSEPH (71). 'A Chinese Puzzle—Eighth or Eighteenth?', art. in *Science, Medicine and Society in the Renaissance* (Pagel Presentation Volume), ed. Debus (20), vol. 2, p. 251.

NEEDHAM, JOSEPH & LU GWEI-DJEN (1). 'Hygiene and Preventive Medicine in Ancient China.' *JHMAS*, 1962, **17**, 429; abridged in *HEJ*, 1959, **17**, 170.

NEEDHAM, JOSEPH & LU GWEI-DJEN (3). 'Proto-Endocrinology in Mediaeval China.' *JSHS*, 1966, **5**, 150.

NEEDHAM, JOSEPH & NEEDHAM, DOROTHY M. (1) (ed.). *Science Outpost*. Pilot Press, London, 1948.

NEEDHAM, JOSEPH & ROBINSON, K. (1). 'Ondes et Particules dans la Pensée Scientifique Chinoise.' *SCIS*, 1960, **1** (no. 4), 65.

NEEDHAM, JOSEPH, WANG LING & PRICE, D. J. DE S. (1). *Heavenly Clockwork; the Great Astronomical Clocks of Mediaeval China*. Cambridge, 1960. (Antiquarian Horological Society Monographs, no. 1.) Prelim. pub. *AHOR*, 1956, **1**, 153.

NEEF, H. (1). *Die im 'Tao Tsang' enthaltenen Kommentare zu 'Tao-Tê-Ching' Kap. VI*. Inaug. Diss. Bonn, 1938.

NEOGI, P. (1). *Copper in Ancient India*. Sarat Chandra Roy (Anglo-Sanskrit Press), Calcutta, 1918. (Indian Assoc. for the Cultivation of Science, Special Pubs. no. 1.)

NEOGI, P. & ADHIKARI, B. B. (1). 'Chemical Examination of Ayurvedic Metallic Preparations; I, *Shata-puta lauha* and *Shahashra-puta lauha* (Iron roasted a hundred or a thousand times).' *JRAS/B*, 1910 (n.s.), **6**, 385.

NERI, ANTONIO (1). *L'Arte Vetraria distinta in libri sette*... Giunti, Florence, 1612. 2nd ed. Rabbuiati, Florence, 1661, Batti, Venice, 1663. Latin tr. *De Arte Vitraria Libri Septem, et in eosdem Christoph. Merretti...Observationes et Notae*. Amsterdam, 1668. German tr. by F. Geissler, Frankfurt and Leipzig, 1678. English tr. by C. Merrett, London, 1662. Cf. Ferguson (1), vol. 2, pp. 134 ff.

NEUBAUER, C. & VOGEL, H. (1). *Handbuch d. Analyse d. Harns*. 1860, and later editions, including a revision by A. Huppert, 1910.

NEUBURGER, A. (1). *The Technical Arts and Sciences of the Ancients*. Methuen, London, 1930. Tr. by H. L. Brose from *Die Technik d. Altertums*. Voigtländer, Leipzig, 1919. (With a drastically abbreviated index and the total omission of the bibliographies appended to each chapter, the general bibliography, and the table of sources of the illustrations.)

NEUBURGER, M. (1). 'Théophile de Bordeu (1722 bis 1776) als Vorläufer d. Lehre von der inneren Sekretion.' *WKW*, 1911 (pt. 2), 1367.

NEUMANN, B. (1). 'Messing.' *ZAC*, 1902, **15**, 511.

NEUMANN, B. & KOTYGA, G. (1) (with the assistance of M. Rupprecht & H. Hoffmann). 'Antike Gläser.' *ZAC*, 1925, **38**, 776, 857; 1927, **40**, 963; 1928, **41**, 203; 1929, **42**, 835.

NEWALL, L. C. (1). 'Newton's Work in Alchemy and Chemistry.' Art. in *Sir Isaac Newton, 1727 to 1927*, Hist. Sci. Soc. London, 1928, pp. 203-55.

NGUYEN DANG TÂM (1). 'Sur les Bokétonosides, Saponosides du Boket ou *Gleditschia fera* Merr. (*australis* Hemsl.; *sinensis* Lam.).' *CRAS*, 1967, **264**, 121.

NIU CHING-I, KUNG YO-THING, HUANG WEI-TÊ, KO LIU-CHÜN & eight other collaborators (1). 'Synthesis of Crystalline Insulin from its Natural A-Chain and the Synthetic B-Chain.' *SCISA*, 1966, **15**, 231.

NOBLE, S. B. (1). 'The Magical Appearance of Double-Entry Book-keeping' (derivation from the mathematics of magic squares). Unpublished MS., priv. comm.

NOCK, A. D. & FESTUGIÈRE, A. J. (1). *Corpus Hermeticum* [Texts and French translation]. Belles lettres, Paris, 1945–54.
Vol. 1, Texts I to XII; text established by Nock, tr. Festugière.
Vol. 2, Texts XIII to XVIII, Asclepius; text established by Nock, tr. Festugière.
Vol. 3, Fragments from Stobaeus I to XXII; text estab. and tr. Festugière.
Vol. 4, Fragments from Stobaeus XXIII to XXIX (text estab. and tr. Festugière) and Miscellaneous Fragments (text estab. Nock, tr. Festugière).
(Coll. Universités de France, Assoc. G. Budé.)

NOEL, FRANCIS (2). *Philosophia Sinica; Tribus Tractatibus primo Cognitionem primi Entis, secundo Ceremonias erga Defunctos, tertio Ethicam juxta Sinarum mentem complectens.* Univ. Press, Prague, 1711. Cf. Pinot (2), p. 116.

NOEL, FRANCIS (3) (tr.). *Sinensis Imperii Libri Classici Sex; nimirum: Adultorum Schola [Ta Hsüeh], Immutabile Medium [Chung Yung], Liber Sententiarum [Lun Yü], Mencius [Mêng Tzu], Filialis Observantia [Hsiao Ching], Parvulorum Schola [San Tzu Ching], e Sinico Idiomate in Latinum traducti....* Univ. Press, Prague, 1711. French tr. by Pluquet, *Les Livres Classiques de l'Empire de la Chine, précédés d'observations sur l'Origine, la Nature et les Effets de la Philosophie Morale et Politique dans cet Empire.* 7 vols. De Bure & Barrois, Didot, Paris, 1783–86. The first three books had been contained in Intorcetta *et al.* (1) *Confucius Sinarum Philosophus...*, the last three were now for the first time translated.

NOEL, FRANCIS (5) (tr.). MS. translation of the *Tao Tê Ching*, sent to Europe between + 1690 and + 1702. Present location unknown. See Pfister (1), p. 418.

NORDHOFF, C. (1). *The Communistic Societies of the United States, from Personal Visit and Observation.* Harper, New York, 1875. 2nd ed. Dover, New York, 1966, with an introduction by M. Holloway.

NORIN, E. (1). 'Tzu Chin Shan, an Alkali-Syenite Area in Western Shansi; Preliminary Notes.' *BGSC*, 1921, no. 3, 45–70.

NORPOTH, L. (1). 'Paracelsus—a Mannerist?', art. in *Science, Medicine and Society in the Renaissance* (Pagel Presentation Volume), ed. Debus (20), vol. 1, p. 127.

NORTON, T. (1). *The Ordinall of Alchimy (c. 1 + 440).* See Holmyard (12).

NOYES, J. H. [of Oneida] (1). *A History of American Socialisms.* Lippincott, Philadelphia, 1870. 2nd ed. Dover, New York, 1966, with an introduction by M. Holloway.

O'FLAHERTY, W. D. (1). 'The Submarine Mare in the Mythology of Siva.' *JRAS*, 1971, 9.

O'LEARY, DE LACY (1). *How Greek Science passed to the Arabs.* Routledge & Kegan Paul, London, 1948.

OAKLEY, K. P. (2). 'The Date of the "Red Lady" of Paviland.' *AQ*, 1968, **42**, 306.

ŌBUCHI, NINJI (1). 'How the *Tao Tsang* Took Shape.' Contribution to the First International Conference of Taoist Studies, Villa Serbelloni, Bellagio, 1958.

OESTERLEY, W. O. E. & ROBINSON, T. H. (1). *Hebrew Religion; its Origin and Development.* SPCK, London, 2nd ed. 1937, repr. 1966.

OGDEN, W. S. (1). 'The Roman Mint and Early Britain.' *BNJ*, 1908, **5**, 1–50.

OHSAWA, G. See Sakurazawa, Nyoiti (1).

D'OLLONE, H., VISSIÈRE, A., BLOCHET, E. *et al.* (1). *Recherches sur les Mussulmans Chinois.* Leroux, Paris, 1911. (Mission d'Ollone, 1906–1909: cf. d'Ollone, H.: *In Forbidden China*, tr. B. Miall, London, 1912.)

OLSCHKI, L. (4). *Guillaume Boucher; a French Artist at the Court of the Khans.* Johns Hopkins Univ. Press, Baltimore, 1946 (rev. H. Franke, *OR*, 1950, **3**, 135).

OLSCHKI, L. (7). *The Myth of Felt.* Univ. of California Press, Los Angeles, Calif., 1949.

ONG WÊN-HAO (1). 'Les Provinces Métallogéniques de la Chine.' *BGSC*, 1920, no. 2, 37–59.

ONG WÊN-HAO (2). 'On Historical Records of Earthquakes in Kansu.' *BGSC*, 1921, no. 3, 27–44.

OPPERT, G. (2). 'Mitteilungen zur chemisch-technischen Terminologie im alten Indien; (1) Über die Metalle, besonders das Messing, (2) der Indische Ursprung der Kadmia (Calaminaris) und der Tutia.' Art. in Kahlbaum Festschrift (1909), ed. Diergart (1), pp. 127–42.

ORSCHALL, J. C. (1). '*Sol sine Veste*; *Oder dreyssig Experimenta dem Gold seinen Purpur auszuziehen...* Augsburg, 1684. Cf. Partington (7), vol. 2, p. 371; Ferguson (1), vol. 2, pp. 156 ff.

DA ORTA, GARCIA (1). *Coloquios dos Simples e Drogas he cousas medicinais da India compostos pello Doutor Garcia da Orta.* de Endem, Goa, 1563. Latin epitome by Charles de l'Escluze, Plantin, Antwerp, 1567. Eng. tr. *Colloquies on the Simples and Drugs of India* with the annotations of the Conde de Ficalho, 1895, by Sir Clements Markham. Sotheran, London, 1913.

OSMOND, H. (1) 'Ololiuqui; the Ancient Aztec Narcotic.' *JMS*, 1955, **101**, 526.

OSMOND, H. (2). 'Hallucinogenic Drugs in Psychiatric Research.' *MBLB*, 1964, **6** (no. 1), **2**.

OST, H. (1). *Lehrbuch der chemischen Technologie.* 11th ed. Jänecke, Leipzig, 1920.

OTA, K. (1). 'The Manufacture of Sugar in Japan.' *TAS/J*, 1880, **8**, 462.

OU YUN-JOEI. See Wu Yün-Jui in Roi & Wu (1).

OUSELEY, SIR WILLIAM (1) (tr.). *The 'Oriental Geography 'of Ebn Haukal, an Arabian Traveller of the Tenth Century* [Abū al-Qāsim Muḥammad Ibn Ḥawqal, *fl.* +943 to +977]. London, 1800. (This translation, done from a Persian MS., is in fact an abridgement of the *Kitāb al-Masālik wa'l-Mamālik*, 'Book of the Roads and the Countries', of Ibn Ḥawqal's contemporary, Abū Isḥāq Ibrāhīm ibn Muḥammad al-Fārisī al-Isṭakhrī.)

PAAL, H. (1). *Johann Heinrich Cohausen, +1665 bis +1750; Leben und Schriften eines bedeutenden Arztes aus der Blütezeit des Hochstiftes Münster, mit kulturhistorischen Betrachtungen.* Fischer, Jena, 1931. (Arbeiten z. Kenntnis d. Gesch. d. Medizin im Rheinland und Westfalen, no. 6.)

PAGEL, W. (1). 'Religious Motives in the Medical Biology of the Seventeenth Century.' *BIHM*, 1935, **3**, 97.

PAGEL, W. (2). 'The Religious and Philosophical Aspects of van Helmont's Science and Medicine.' *BIHM*, Suppl. no. 2, 1944.

PAGEL, W. (10). *Paracelsus; an Introduction to Philosophical Medicine in the Era of the Renaissance.* Karger, Basel and New York, 1958. Rev. D. G[eoghegan], *AX*, 1959, **7**, 169.

PAGEL, W. (11). 'Jung's Views on Alchemy.' *ISIS*, 1948, **39**, 44.

PAGEL, W. (12). 'Paracelsus; Traditionalism and Mediaeval Sources.' Art. in *Medicine, Science and Culture*, O. Temkin Presentation Volume, ed. L. G. Stevenson & R. P. Multhauf. Johns Hopkins Press. Baltimore, Md. 1968, p. 51.

PAGEL, W. (13). 'The Prime Matter of Paracelsus.' *AX*, 1961, **9**, 117.

PAGEL, W. (14). 'The "Wild Spirit" (Gas) of John-Baptist van Helmont (+1579 to +1644), and Paracelsus.' *AX*, 1962, **10**, 2.

PAGEL, W. (15). 'Chemistry at the Cross-Roads; the Ideas of Joachim Jungius.' *AX*, 1969, **16**, 100. (Essay-review of Kangro, 1.)

PAGEL, W. (16). 'Harvey and Glisson on Irritability, with a Note on van Helmont.' *BIHM*, 1967, **41**, 497.

PAGEL, W. (17). 'The Reaction to Aristotle in Seventeenth-Century Biological Thought.' Art. in Singer Commemoration Volume, *Science, Medicine and History*, ed. E. A. Underwood. Oxford, 1953, vol. 1, p. 489.

PAGEL, W. (18). 'Paracelsus and the Neo-Platonic and Gnostic Tradition.' *AX*, 1960, **8**, 125.

PALÉOLOGUE, M. G. (1). *L'Art Chinois.* Quantin, Paris, 1887.

PALLAS, P. S. (1). *Sammlungen historischen Nachrichten ü. d. mongolischen Völkerschaften.* St Petersburg, 1776. Fleischer, Frankfurt and Leipzig, 1779.

PALMER, A. H. (1). 'The Preparation of a Crystalline Globulin from the Albumin fraction of Cow's Milk.' *JBC*, 1934, **104**, 359.

[PALMGREN, N.] (1). 'Exhibition of Early Chinese Bronzes arranged on the Occasion of the 13th International Congress of the History of Art.' *BMFEA*, 1934, **6**, 81.

PÁLOS, S. (2). *Atem und Meditation; Moderne chinesische Atemtherapie als Vorschule der Meditation—Theorie, Praxis, Originaltexte.* Barth, Weilheim, 1968.

PARANAVITANA, S. (4). *Ceylon and Malaysia.* Lake House, Colombo, 1966.

DE PAREDES, J. (1). *Recopilacion de Leyes de los Reynos de las Indias.* Madrid, 1681.

PARENNIN, D. (1). 'Lettre à Mons. [J. J.] Dortous de Mairan, de l'Académie Royale des Sciences (on demonstrations to Chinese scholars of freezing-point depression, fulminate explosions and chemical precipitation, without explanations but as a guarantee of theological veracity; on causes of the alleged backwardness of Chinese astronomy, including imperial displeasure at ominous celestial phenomena; on the pretended origin of the Chinese from the ancient Egyptians; on famines and scarcities in China; and on the aurora borealis)'. *LEC*, 1781, vol. 22, pp. 132 ff., dated 28 Sep. 1735.

PARKES, S. (1). *Chemical Essays, principally relating to the Arts and Manufactures of the British Dominions.* 5 vols. Baldwin, Cradock & Joy, London, 1815.

PARTINGTON, J. R. (1). *Origins and Development of Applied Chemistry.* Longmans Green, London, 1935.

PARTINGTON, J. R. (2). 'The Origins of the Atomic Theory.' *ANS*, 1939, **4**, 245.

PARTINGTON, J. R. (3). 'Albertus Magnus on Alchemy.' *AX*, 1937, **1**, 3.

PARTINGTON, J. R. (4). *A Short History of Chemistry.* Macmillan, London, 1937, 3rd ed. 1957.

PARTINGTON, J. R. (5). *A History of Greek Fire and Gunpowder.* Heffer, Cambridge, 1960.

PARTINGTON, J. R. (6). 'The Origins of the Planetary Symbols for Metals.' *AX*, 1937, **1**, 61.

PARTINGTON, J. R. (7). *A History of Chemistry.*
　　Vol. 1, pt. 1. *Theoretical Background* [Greek, Persian and Jewish].

Vol. 2. +*1500* to +*1700*.

Vol. 3. +*1700* to *1800*.

Vol. 4. *1800 to the Present Time*.

Macmillan, London, 1961– . Rev. W. Pagel, *MH*, 1971, **15**, 406.

PARTINGTON, J. R. (8). 'Chinese Alchemy.'

    (*a*) *N*, 1927, **119**, 11.

    (*b*) *N*, 1927, **120**, 878; comment on B. E. Read (11).

    (*c*) *N*, 1931, **128**, 1074; dissent from von Lippmann (1).

PARTINGTON, J. R. (9). 'The Relationship between Chinese and Arabic Alchemy.' *N*, 1928, **120**, 158.

PARTINGTON, J. R. (10). *General and Inorganic Chemistry*... 2nd ed. Macmillan, London, 1951.

PARTINGTON, J. R. (11). 'Trithemius and Alchemy.' *AX*, 1938, **2**, 53.

PARTINGTON, J. R. (12). 'The Discovery of Mosaic Gold.' *ISIS*, 1934, **21**, 203.

PARTINGTON, J. R. (13). 'Bygone Chemical Technology.' *CHIND*, 1923 (n.s.), **42** (no. 26), 636.

PARTINGTON, J. R. (14). 'The Kerotakis Apparatus.' *N*, 1947, **159**, 784.

PARTINGTON, J. R. (15). 'Chemistry in the Ancient World.' Art. in *Science, Medicine and History*, Singer Presentation Volume, ed. E. A. Underwood. Oxford, 1953, vol. 1, p. 35. Repr. with slight changes, 1959, 241.

PARTINGTON, J. R. (16). 'An Ancient Chinese Treatise on Alchemy [the *Tshan Thung Chhi* of Wei Po-Yang].' *N*, 1935, **136**, 287.

PARTINGTON, J. R. (17). 'The Chemistry of al-Rāzī.' *AX*, 1938, **1**, 192.

PARTINGTON, J. R. (18). 'Chemical Arts in the Mount Athos Manual of Christian Iconography [prob. +13th cent., MSS of +16th to +18th centuries].' *ISIS*, 1934, **22**, 136.

PARTINGTON, J. R. (19). 'E. O. von Lippmann [biography].' *OSIS*, 1937, **3**, 5.

PASSOW, H., ROTHSTEIN, A. & CLARKSON, T. W. (1). 'The General Pharmacology of the Heavy Metals.' *PHREV*, 1961, **13**, 185

PASTAN, I. (1). 'Biochemistry of the Nitrogen-containing Hormones.' *ARB*, 1966, **35** (pt. 1), 367,

DE PAUW, C. (1). *Recherches Philosophiques sur les Égyptiens et les Chinois*... (vols. IV and V of *Oeuvres Philosophiques*), Cailler, Geneva, 1774. 2nd ed. Bastien, Paris, Rep. An. III (1795). Crit. Kao Lei-Ssu [Aloysius Ko, S.J.], *MCHSAMUC*, 1777, **2**, 365, (2nd pagination) 1–174.

PECK, E. S. (1). 'John Francis Vigani, first Professor of Chemistry in the University of Cambridge, +1703 to +1712, and his Cabinet of Materia Medica in the Library of Queens' College.' *PCASC*, 1934, **34**, 34.

PELLIOT, P. (1). Critical Notes on the Earliest Reference to Tea. *TP*, 1922, **21**, 436.

PELLIOT, P. (3). 'Notes sur Quelques Artistes des Six Dynasties et des Thang.' *TP*, 1923, **22**, 214. (On the Bodhidharma legend and the founding of Shao-lin Ssu on Sung Shan, pp. 248 ff., 252 ff.)

PELLIOT, P. (8). 'Autour d'une Traduction Sanskrite du *Tao-tö-king* [*Tao Tê Ching*].' *TP*, 1912, **13**, 350.

PELLIOT, P. (10). 'Les Mongols et la Papauté.'

    Pt. 1 'La Lettre du Grand Khan Güyük à Innocent IV [+1246].'

    Pt. 2*a* 'Le Nestorien Siméon Rabban-Ata.'

    Pt. 2*b* 'Ascelin [Azelino of Lombardy, a Dominican, leader of the first diplomatic mission to the Mongols, +1245 to +1248].'

    Pt. 2*c* 'André de Longjumeau [Dominican envoy, +1245 to +1247].'

    ROC, 1922, **23** (sér. 3, 3), 3–30; 1924, **24** (sér. 3, 4), 225–335; 1931, **28** (sér. 3, 8), 3–84.

PELLIOT, P. (47). *Notes on Marco Polo; Ouvrage Posthume*. 2 vols. Impr. Nat. and Maisonneuve, Paris, 1959.

PELLIOT, P. (54). 'Le Nom Persan du Cinabre dans les Langues "Altaiques".' *TP*, 1925, **24**, 253.

PELLIOT, P. (55). 'Henri Bosmans, S.J.' *TP*, 1928, **26**, 190.

PELLIOT, P. (56). Review of Cordier (12), *l'Imprimerie Sino-Européenne en Chine*. *BEFEO*, 1903, **3**, 108.

PELLIOT, P. (57). 'Le *Kin Kou K'i Kouan* [*Chin Ku Chhi Kuan*, Strange Tales New and Old, *c.* +1635]' (review of E. B. Howell, 2). *TP*, 1925, **24**, 54.

PELLIOT, P. (58). Critique of L. Wieger's *Taoisme*. *JA*, 1912 (10ᵉ sér.), **20**, 141.

PELSENEER, J. (3). 'La Réforme et l'Origine de la Science Moderne.' *RUB*, 1954, **5**, 406.

PELSENEER, J. (4). 'L'Origine Protestante de la Science Moderne.' *LYCH*, 1947, 246. Repr. *GEW*, **47**.

PELSENEER, J. (5). 'La Réforme et le Progrès des Sciences en Belgique au 16ᵉ Siècle.' Art. in *Science, Medicine and Hisory*, Charles Singer Presentation Volume, ed. E. A. Underwood, Oxford, 1953, vol. 1, p. 280.

PENZER, N. M. (2). *Poison-Damsels; and other Essays in Folklore and Anthropology*. Pr. pr. Sawyer, London, 1952.

PERCY, J. (1). *Metallurgy; Fuel, Fire-Clays, Copper, Zinc and Brass*. Murray, London, 1861.

PERCY, J. (2). *Metallurgy; Iron and Steel*. Murray, London, 1864.

PERCY, J. (3). *Metallurgy; Introduction, Refractories, Fuel*. Murray, London, 1875.

PERCY, J. (4). *Metallurgy; Silver and Gold*. Murray, London, 1880.

PEREIRA, J. (1). *Elements of Materia Medica and Therapeutics.* 2 vols. Longman, Brown, Green & Longman, London, 1842.

PERKIN, W. H. & KIPPING, F. S. (1). *Organic Chemistry*, rev. ed. Chambers, London and Edinburgh, 1917.

PERRY, E. S. & HECKER, J. C. (1). 'Distillation under High Vacuum.' Art. in *Distillation*, ed. A. Weissberger (*Technique of Organic Chemistry*, vol. 4), p. 495. Interscience, New York, 1951.

PERTOLD, O. (1). 'The Liturgical Use of *mahuḍa* liquor among the Bhīls.' *ARO*, 1931, **3**, 406.

PETERSON, E. (1). 'La Libération d'Adam de l'Ἀνάγκη.' *RB*, 1948, **55**, 199.

PETRIE, W. M. FLINDERS (5). 'Egyptian Religion.' Art. in *ERE*, vol. v, p. 236.

PETTUS, SIR JOHN (1). *Fleta Minor; the Laws of Art and Nature, in Knowing, Judging, Assaying, Fining, Refining and Inlarging the Bodies of confin'd Metals...* The first part is a translation of Ercker (1), the second contains: *Essays on Metallic Words, as a Dictionary to many Pleasing Discourses.* Dawkes, London, 1683; reissued 1686. See Sisco & Smith (1); Partington (7), vol. 2, pp. 104 ff.

PETTUS, SIR JOHN (2). *Fodinae Regales; or, the History, Laws and Places of the Chief Mines and Mineral Works in England, Wales and the English Pale in Ireland; as also of the Mint and Mony; with a Clavis explaining some difficult Words relating to Mines, Etc.* London, 1670. See Partington (7), vol. 2, p. 106.

PFISTER, R. (1). 'Teinture et Alchimie dans l'Orient Hellénistique.' *SK*, 1935, **7**, 1–59.

PFIZMAIER, A. (95) (tr.). 'Beiträge z. Geschichte d. Edelsteine u. des Goldes.' *SWAW/PH*, 1867, **58**, 181, 194, 211, 217, 218, 223, 237. (Tr. chs. 807 (coral), 808 (amber), 809 (gems), 810, 811 (gold), 813 (in part), *Thai-Phing Yü Lan*.)

PHARRIS, B. B., WYNGARDEN, L. J. & GUTKNECHT, G. D. (1). Art. in *Gonadotrophins, 1968*, ed. E. Rosenberg, p. 121.

PHILALETHA, EIRENAEUS (or IRENAEUS PHILOPONUS). Probably pseudonym of George Starkey (c. +1622 to +1665, *q.v.*). See Ferguson (1), vol. 2, pp. 194, 403.

PHILALETHES, EUGENIUS. See Vaughan, Thomas (+1621 to +1665), and Ferguson (1), vol. 2, p. 197.

PHILIPPE, M. (1). 'Die Braukunst der alten Babylonier im Vergleich zu den heutigen Braumethoden.' In Huber, E. (3), *Bier und Bierbereitung bei den Völkern d. Urzeit*, vol. 1, p. 29.

PHILIPPE, M. (2). 'Die Braukunst der alten Ägypter im Lichte heutiger Brautechnik.' In Huber, E. (3), *Bier und Bierbereitung bei den Völkern d. Urzeit*, vol. 1, p. 55.

PHILLIPPS, T. (SIR THOMAS) (1). 'Letter...communicating a Transcript of a MS. Treatise on the Preparation of Pigments, and on Various Processes of the Decorative Arts practised in the Middle Ages, written in the +12th Century and entitled *Mappae Clavicula*.' *AAA*, 1847, **32**, 183.

PHILOSTRATUS OF LEMNOS. See Conybeare (1); Jones (1).

PIANKOFF, A. & RAMBOVA, N. (1). *Egyptian Mythological Papyri.* 2 vols. Pantheon, New York, 1957 (Bollingen Series, no. 40).

PINCHES, T. G. (1). 'Tammuz.' *ERE*, vol. xii, p. 187. 'Heroes and Hero-Gods (Babylonian).' *ERE*, vol. vi, p. 642.

PINCUS, G., THIMANN, K. V. & ASTWOOD, E. B. (1) (ed.). *The Hormones; Physiology, Chemistry and Applications.* 5 vols. Academic Press, New York, 1948–64.

PINOT, V. (2). *Documents Inédits relatifs à la Connaissance de la Chine en France de 1685 à 1740.* Geuthner, Paris, 1932.

PITTS, F. N. (1). 'The Biochemistry of Anxiety.' *SAM*, 1969, **220** (no. 2), 69.

PIZZIMENTI, D. (1) (ed. & tr.). Democritus ' De Arte Magna' sive ' De Rebus Naturalibus', necnon Synesii et Pelagii et Stephani Alexandrini et Michaelis Pselli in eundem Commentaria. Padua, 1572, 1573, Cologne, 1572, 1574 (cf. Ferguson (1), vol. 1, p. 205). Repr. J. D. Tauber: *Democritus Abderyta Graecus ' De Rebus Sacris Naturalibus et Mysticis', cum Notis Synesii et Pelagii...* Nuremberg, 1717.

PLESSNER, M. (1). 'Picatrix' Book on Magic and its Place in the History of Spanish Civilisation.' Communication to the IXth International Congress of the History of Science, Barcelona and Madrid, 1959. Abstract in *Guiones de las Communicaciones*, p. 78. A longer German version appears in the subsequent *Actes* of the Congress, p. 312.

PLESSNER, M. (2). 'Hermes Trismegistus and Arab Science.' *SI*, 1954, **2**, 45.

PLESSNER, M. (3). 'Neue Materialen z. Geschichte d. *Tabula Smaragdina*.' *DI*, 1927, **16**, 77. (A critique of Ruska, 8.)

PLESSNER, M. (4). 'Jābir ibn Ḥayyān und die Zeit der Entstehung der arabischen Jābir-schriften.' *ZDMG*, 1965, **115**, 23.

PLESSNER, M. (5). 'The Place of the *Turba Philosophorum* in the Development of Alchemy.' *ISIS*, 1954, **45**, 331.

PLESSNER, M. (7). 'The *Turba Philosophorum*; a Preliminary Report on Three Cambridge Manuscripts.' *AX*, 1959, **7**, 159. (These MSS are longer than that used by Ruska (6) in his translation, but the authenticity of the additional parts has not yet been established.)

PLESSNER, M. (8). 'Geber and Jābir ibn Ḥayyān; an Authentic +16th-Century Quotation from Jābir.' *AX*, 1969, **16**, 113.

PLOSS, E. E., ROOSEN-RUNGE, H., SCHIPPERGES, H. & BUNTZ, H. (1). *Alchimia; Ideologie und Technologie*. Moos, München, 1970.

POISSON, A. (1). *Théories et Symboles des Alchimistes, le Grand Oeuvre; suivi d'un Essai sur la Bibliographie Alchimique du XIXe Siècle*. Paris, 1891. Repr. 1972.

POISSONNIER, P. J. (1). *Appareil Distillatoire présenté au Ministre de la Marine*. Paris, 1779.

POKORA, T. (4). 'An Important Crossroad of Chinese Thought' (Huan Than, the first coming of Buddhism; and Yogistic trends in ancient Taoism). *ARO*, 1961, **29**, 64.

POLLARD, A. W. (2) (ed.). *The Travels of Sir John Mandeville; with Three Narratives in illustration of it— The Voyage of Johannes de Plano Carpini, the Journal of Friar William de Rubruquis, the Journal of Friar Odoric*. Macmillan, London, 1900. Repr. Dover, New York; Constable, London, 1964.

POMET, P. (1). *Histoire Générale des Drogues*. Paris, 1694. Eng. tr. *A Compleat History of Druggs*. 2 vols. London, 1735.

DE PONCINS, GONTRAN (1). *From a Chinese City*. New York, 1957.

POPE, J. A., GETTENS, R. J., CAHILL, J. & BARNARD, N. (1). *The Freer Chinese Bronzes*. Vol. 1, Catalogue. Smithsonian Institution, Washington, D.C. 1967. (Freer Gallery of Art Oriental Studies, no. 7; Smithsonian Publication, no. 4706.) See also Gettens, Fitzhugh, Bene & Chase (1).

POPE-HENNESSY, U. (1). *Early Chinese Jades*. Benn, London, 1923.

PORKERT, MANFRED (1). *The Theoretical Foundations of Chinese Medicine*. M.I.T. Press, Cambridge, Mass. 1973. (M.I.T. East Asian Science and Technology Series, no. 3.)

PORKERT, MANFRED (2). 'Untersuchungen einiger philosophisch-wissenschaftlicher Grundbegriffe und Beziehungen in Chinesischen.' *ZDMG*, 1961, **110**, 422.

PORKERT, MANFRED (3). 'Wissenschaftliches Denken im alten China—das System der energetischen Beziehungen.' *ANT*, 1961, **2**, 532.

DELLA PORTA, G. B. (3). *De distillatione libri IX; Quibus certa methodo, multiplici artificii: penitioribus naturae arcanis detectis cuius libet mixti, in propria elementa resolutio perfectur et docetur*. Rome and Strassburg, 1609.

POSTLETHWAYT, MALACHY (1). *The Universal Dictionary of Trade and Commerce; translated from the French of Mons. [Jacques] Savary [des Bruslons], with large additions*. 2 vols. London, 1751–5. 4th ed. London, 1774.

POTT, A. F. (1). 'Chemie oder Chymie?' *ZDMG*, 1876, **30**, 6.

POTTIER, E. (1). 'Observations sur les Couches profondes de l'Acropole [& Nécropole] à Suse.' *MDP*, 1912, **13**, 1, and pl. xxxvii, 8.

POUGH, F. H. (1). 'The Birth and Death of a Volcano [Parícutin in Mexico].' *END*, 1951, **10**, 50.

[VON PRANTL, K.] (1). 'Die Keime d. Alchemie bei den Alten.' *DV*, 1856 (no. 1), no. 73, 135.

PREISENDANZ, K. (1). 'Ostanes.' Art. in Pauly–Wissowa, *Real-Encyklop. d. class. Altertumswiss*. Vol. xviii, pt. 2, cols. 1609 ff.

PREISENDANZ, K. (2). 'Ein altes Ewigkeitsymbol als Signet und Druckermarke.' *GUJ*, 1935, 143.

PREISENDANZ, K. (3). 'Aus der Geschichte des Uroboros; Brauch und Sinnbild.' Art. in E. Fehrle Festschrift, Karlsruhe, 1940, p. 194.

PREUSCHEN, E. (1). 'Die Apocryphen Gnostichen Adamschriften aus dem Armenischen übersetzt und untersucht.' Art. in Festschrift f. Bernhard Stade, sep. pub. Ricker (Töpelmann), Giessen, 1900.

PRYOR, M. G. M. (1). 'On the Hardening of the Ootheca of *Blatta orientalis* (and the cuticle of insects in general).' *PRSB*, 1940, **128**, 378, 393.

PRZYŁUSKI, J. (1). 'Les Unipédes.' *MCB*, 1933, **2**, 307.

PRZYŁUSKI, J. (2). (*a*) 'Une Cosmogonie Commune à l'Iran et à l'Inde.' *JA*, 1937, **229**, 481. (*b*) 'La Théorie des Eléments.' *SCI*, 1933.

PUECH, H. C. (1). *Le Manichéisme; son Fondateur, sa Doctrine*. Civilisations du Sud, SAEP, Paris, 1949. (Musée Guimet, Bibliothèque de Diffusion, no. 56.)

PUECH, H. C. (2). 'Catharisme Médiéval et Bogomilisme.' Art. in *Atti dello Convegno di Scienze Morali, Storiche e Filologiche*—'Oriente ed Occidente nel Medio Evo'. Accad. Naz. di Lincei, Rome, 1956 (Atti dei Convegni Alessandro Volta, no. 12), p. 56.

PUECH, H. C. (3). 'The Concept of Redemption in Manichaeism.' *ERYB*, 1969, **6**, 247 (*The Mystic Vision*, ed. J. Campbell). Tr. from the German in *ERJB*, 1936, **4**, 1.

PUFF VON SCHRICK, MICHAEL. See von Schrick.

PULLEYBLANK, E. G. (11). 'The Consonantal System of Old Chinese.' *AM*, 1964, **9**, 206.

PULSIFER, W. H. (1). *Notes for a History of Lead; and an Enquiry into the Development of the Manufacture of White Lead and Lead Oxides*. New York, 1888.

PUMPELLY, R. (1). 'Geological Researches in China, Mongolia and Japan, during the years 1862 to 1865.' *SCK*, 1866, **202**, 77.

PUMPELLY, R. (2). 'An Account of Geological Researches in China, Mongolia and Japan during the Years 1862 to 1865.' *ARSI*, 1866, **15**, 36.

PURKINJE, J. E. (PURKYNĚ). See Teich (1).

DU PUY-SANIÈRES, G. (1). 'La Modification Volontaire du Rhythme Respiratoire et les Phenomènes qui s'y rattachent.' *RPCHG*, 1937 (no. 486).

QUIRING, H. (1). *Geschichte des Goldes; die goldenen Zeitalter in ihrer kulturellen und wirtschaftlichen Bedeutung.* Enke, Stuttgart, 1948.

QUISPEL, G. (1). 'Gnostic Man; the Doctrine of Basilides.' *ERYB*, 1969, **6**, 210 (*The Mystic Vision*, ed. J. Campbell). Tr. from the German in *ERJB*, 1948, **16**, 1.

RAMAMURTHI, B. (1). 'Yoga; an Explanation and Probable Neurophysiology.' *JIMA*, 1967, **48**, 167.

RANKING, G. S. A. (1). 'The Life and Works of Rhazes.' (Biography and Bibliography of al-Rāzī.) Proc. XVIIth Internat. Congress of Medicine, London, 1913. Sect. 23, pp. 237–68.

RAO, GUNDU H. V., KRISHNASWAMY, M., NARASIMHAIYA, R. L., HOENIG, J. & GOVINDASWAMY, M. V. (1). 'Some Experiments on a Yogi in Controlled States.' *JAIMH*, 1958, **1**, 99.

RAO, SHANKAR (1). 'The Metabolic Cost of the (Yogi) Head-stand Posture.' *J4P*, 1962, **17**, 117.

RAO, SHANKAR (2). 'Oxygen-consumption during Yoga-type Breathing at Altitudes of 520 m. and 3800 m.' *IJMR*, 1968, **56**, 701.

RATLEDGE, C. (1). 'Cooling Cells for Smashing.' *NS*, 1964, **22**, 693.

RATTANSI, P. M. (1). 'The Literary Attack on Science in the Late Seventeenth and Eighteenth Centuries.' Inaug. Diss. London, 1961.

RATTANSI, P. M. (2). 'The Intellectual Origins of the Royal Society.' *NRRS*, 1968, **23**, 129.

RATTANSI, P. M. (3). 'Newton's Alchemical Studies', art. in *Science, Medicine and Society in the Renaissance* (Pagel Presentation Volume), ed. Debus (20), vol. 2, p. 167.

RATTANSI, P. M. (4). 'Some Evaluations of Reason in + 16th- and + 17th-Century Natural Philosophy', art. in *Changing Perspectives in the History of Science*, ed. M. Teich & R. Young. Heinemann, London, 1973, p. 148.

RATZEL, F. (1). *History of Mankind.* Tr. A. J. Butler, with introduction by E. B. Tylor. 3 vols. London, 1896–8.

RAWSON, P. S. (1). *Tantra.* (Catalogue of an Exhibition of Indian Religious Art, Hayward Gallery, London, 1971.) Arts Council of Great Britain, London, 1971.

RAY, P. (1). 'The Theory of Chemical Combination in Ancient Indian Philosophies.' *IJHS*, 1966, **1**, 1.

RAY, P. C. (1). *A History of Hindu Chemistry, from the Earliest Times to the middle of the 16th cent. A.D., with Sanskrit Texts, Variants, Translation and Illustrations.* 2 vols. Chuckerverty & Chatterjee, Calcutta, 1902, 1904, repr. 1925. New enlarged and revised edition in one volume, ed. P. Ray, retitled *History of Chemistry in Ancient and Medieval India*, Indian Chemical Society, Calcutta, 1956. Revs. J. Filliozat, *ISIS*, 1958, **49**, 362; A. Rahman, *VK*, 1957, 18.

RAY, P. C. See Tenney L. Davis' biography (obituary), with portrait. *JCE*, 1934, **11** (535).

RAY, T. (1) (tr.). *The 'Ananga Ranga'* [written by Kalyana Malla, for Lad Khan, a son of Ahmed Khan Lodi, c. + 1500], pref. by G. Bose. Med. Book Co. Calcutta, 1951 (3rd ed.).

RAZDAN, R. K. (1). 'The Hallucinogens.' *ARMC*, 1970 (1971), **6**.

RAZOOK. See Razuq.

RAZUQ, FARAJ RAZUQ (1). 'Studies on the Works of al-Ṭughrā'ī.' Inaug. Diss., London, 1963.

READ, BERNARD E. (with LIU JU-CHHIANG) (1). *Chinese Medicinal Plants from the 'Pên Tshao Kang Mu'*, *A.D. 1596...a Botanical, Chemical and Pharmacological Reference List.* (Publication of the Peking Nat. Hist. Bull.) French Bookstore, Peiping, 1936 (chs. 12–37 of *PTKM*). Rev. W. T. Swingle, *ARLC/DO*, 1937, 191. Originally published as *Flora Sinensis*, Ser. A, vol. 1, *Plantae Medicinalis Sinensis*, 2nd ed., *Bibliography of Chinese Medicinal Plants from the Pên Tshao Kang Mu, A.D. 1596*, by B. E. Read & Liu Ju-Chhiang. Dept. of Pharmacol. Peking Union Med. Coll. & Peking Lab. of Nat. Hist. Peking, 1927. First ed. Peking Union Med. Coll. 1923.

READ, BERNARD E. (2) (with LI YÜ-THIEN). *Chinese Materia Medica; Animal Drugs.*

	Serial nos.	Corresp. with chaps. of *Pên Tshao Kang Mu*
Pt. I Domestic Animals	322–349	50
II Wild Animals	350–387	51*A* & *B*
III Rodentia	388–399	51*B*
IV Monkeys and Supernatural Beings	400–407	51*B*
V Man as a Medicine	408–444	52

PNHB, **5** (no. 4), 37–80; **6** (no. 1), 1–102. (Sep. issued, French Bookstore, Peiping, 1931.)

	Serial nos.	Corresp. with chaps. of *Pên Tshao Kang Mu*
READ, BERNARD E. (3) (with LI YÜ-THIEN). *Chinese Materia Medica; Avian Drugs.*		
Pt. VI Birds	245–321	47, 48, 49
PNHB, 1932, **6** (no. 4), 1–101. (Sep. issued, French Bookstore, Peiping, 1932.)		
READ, BERNARD E. (4) (with LI YÜ-THIEN). *Chinese Materia Medica; Dragon and Snake Drugs.*		
Pt. VII Reptiles	102–127	43
PNHB, 1934, **8** (no. 4), 297–357. (Sep. issued, French Bookstore, Peiping, 1934.)		
READ, BERNARD E. (5) (with YU CHING-MEI). *Chinese Materia Medica; Turtle and Shellfish Drugs.*		
Pt. VIII Reptiles and Invertebrates	199–244	45, 46
PNHB, (Suppl.) 1939, 1–136. (Sep. issued, French Bookstore, Peiping, 1937.)		
READ, BERNARD E. (6) (with YU CHING-MEI). *Chinese Materia Medica; Fish Drugs.*		
Pt. IX Fishes (incl. some amphibia, octopoda and crustacea)	128–199	44
PNHB (Suppl.), 1939. (Sep. issued, French Bookstore, Peiping, n.d. prob. 1939.)		
READ, BERNARD E. (7) (with YU CHING-MEI). *Chinese Materia Medica; Insect Drugs.*		
Pt. X Insects (incl. arachnidae etc.)	1–101	39, 40, 41, 42
PNHB (Suppl.), 1941. (Sep. issued, Lynn, Peiping, 1941.)		

READ, BERNARD E. (10). 'Contributions to Natural History from the Cultural Contacts of East and West.' *PNHB*, 1929, **4** (no. 1), 57.

READ, BERNARD E. (11). 'Chinese Alchemy.' *N*, 1927, **120**, 877.

READ, BERNARD E. (12). 'Inner Mongolia; China's Northern Flowery Kingdom.' (This title is a reference to the abundance of wild flowers on the northern steppes, but the article also contains an account of the saltpetre industry and other things noteworthy at Hochien in S.W. Hopei.) *PJ*, 1926, **61**, 570.

READ, BERNARD E. & LI, C. O. (1). 'Chinese Inorganic Materia Medica.' *CMJ*, 1925, **39**, 23.

READ, BERNARD E. & PAK, C. (PAK KYEBYŎNG) (1). *A Compendium of Minerals and Stones used in Chinese Medicine, from the 'Pên Tshao Kang Mu'. PNHB*, 1928, **3** (no. 2), i–vii, 1–120. Revised and enlarged, issued separately, French Bookstore, Peiping, 1936 (2nd ed.). Serial nos. 1–135, corresp. with chaps. of *Pên Tshao Kang Mu*, 8, 9, 10, 11.

READ, J. (1). *Prelude to Chemistry; an Outline of Alchemy, its Literature and Relationships*. Bell, London, 1936.

READ, J. (2). 'A Musical Alchemist [Count Michael Maier].' Abstract of Lecture, Royal Institution, London, 22 Nov. 1935.

READ, J. (3). *Through Alchemy to Chemistry*. London, 1957.

READ, T .T. (1). 'The Mineral Production and Resources of China' (metallurgical notes on tours in China, with analyses by C. F. Wang, C. H. Wang & F. N. Lu). *TAIMME*, 1912, **43**, 1–53.

READ, T. T. (2). 'Chinese Iron castings.' *CWR*, 1931 (16 May).

READ, T. T. (3). 'Metallurgical Fallacies in Archaeological Literature.' *AJA*, 1934, **38**, 382.

READ, T. T. (4). 'The Early Casting of Iron; a Stage in Iron Age Civilisation.' *GR*, 1934, **24**, 544.

READ, T. T. (5). 'Iron, Men and Governments.' *CUQ*, 1935, **27**, 141.

READ, T. T. (6). 'Early Chinese Metallurgy.' *MI*, 1936 (6 March), p. 308.

READ, T. T. (7). 'The Largest and the Oldest Iron Castings.' *IA*, 1936, **136** (no. 18, 30 Apr.), 18 (the lion of Tshang-chou, +954, the largest).

READ, T. T. (8). 'China's Civilisation Simultaneous, not Osmotic' (letter). *AMS*, 1937, **6**, 249.

READ, T. T. (9). 'Ancient Chinese Castings.' *TAFA*, 1937 (Preprint no. 37–29 of June), 30.

READ, T. T. (10). 'Chinese Iron—A Puzzle.' *HJAS*, 1937, **2**, 398.

READ, T. T. (11). Letter on 'Pure Iron—Ancient and Modern'. *MM*, 1940 (June), p. 294.

READ, T. T. (12). 'The Earliest Industrial Use of Coal.' *TNS*, 1939, **20**, 119.

READ, T. T. (13). 'Primitive Iron-Smelting in China.' *IA*, 1921, **108**, 451.

REDGROVE, H. STANLEY (1). 'The Phallic Element in Alchemical Tradition.' *JALCHS*, 1915, **3**, 65. Discussion, pp. 88 ff.

REGEL, A. (1). 'Reisen in Central-Asien, 1876–9.' *MJPGA*, 1879, **25**, 376, 408. 'Turfan.' *MJPGA*, 1880, **26**, 205. 'Meine Expedition nach Turfan.' *MJPGA*, 1881, **27**, 380. Eng. tr. *PRGS*, 1881, 340.

REID, J. S. (1). '[The State of the Dead in] Greek [Thought].' *ERE*, vol. xi, p. 838.

REID, J. S. (2). '[The State of the Dead in] Roman [Culture].' *ERE*, vol. xi, p. 839.

REINAUD, J. T. & FAVÉ, I. (1). *Du Feu Grégeois, des Feux de Guerre, et des Origines de la Poudre à Canon, d'après des Textes Nouveaux.* Dumaine, Paris, 1845. Crit. rev. by D[efrémer]y, *JA*, 1846 (4ᵉ sér.), **7**, 572; E. Chevreul, *JS*, 1847, 87, 140, 209.

REINAUD, J. T. & FAVÉ, I. (2). 'Du Feu Grégeois, des Feux de Guerre, et des Origines de la Poudre à Canon chez les Arabes, les Persans et les Chinois.' *JA*, 1849 (4ᵉ sér.), **14**, 257.

REINAUD, J. T. & FAVÉ, I. (3). Controverse à propos du Feu Grégeois; Réponse aux Objections de M. Ludovic Lalanne.' *BEC*, 1847 (2ᵉ sér.), **3**, 427.

REITZENSTEIN, R. (1). *Die Hellenistischen Mysterienreligionen, nach ihren Grundgedanken und Wirkungen.* Leipzig, 1910. 3rd, enlarged and revised ed. Teubner, Berlin and Leipzig, 1927.

REITZENSTEIN, R. (2). *Das iranische Erlösungsmysterium; religionsgeschichtliche Untersuchungen.* Marcus & Weber, Bonn, 1921.

REITZENSTEIN, R. (3). '*Poimandres'; Studien zur griechisch-ägyptischen und frühchristlichen Literatur.* Teubner, Leipzig, 1904.

REITZENSTEIN, R. (4). *Hellenistische Wundererzählungen.*
　Pt. I　*Die Aretalogie* [Thaumaturgical Fabulists]; *Ursprung, Begriff, Umbildung ins Weltliche.*
　Pt. II　*Die sogenannte Hymnus der Seele in den Thomas-Akten.*
　Teubner, Leipzig, 1906.

RÉMUSAT, J. P. A. (7) (tr.). *Histoire de la Ville de Khotan, tirée des Annales de la Chine et traduite du Chinois; suivie de Recherches sur la Substance Minérale appelée par les Chinois Pierre de Iu [Jade] et sur le Jaspe des Anciens.* [Tr. of *TSCC*, *Pien i tien*, ch. 55.] Doublet, Paris, 1820. Crit. rev. J. Klaproth (6), vol. 2, p. 281.

RÉMUSAT, J. P. A. (9). 'Notice sur l'Encyclopédie Japonoise et sur Quelques Ouvrages du Même Genre' (mostly on the *Wakan Sanzai Zue*). *MAI/NEM*, 1827, **11**, 123. Botanical lists, with Linnaean Latin identifications, pp. 269–305; list of metals, p. 231, precious stones, p. 232; ores, minerals and chemical substances, pp. 233–5.

RÉMUSAT, J. P. A. (10). 'Lettre de Mons. A. R....à Mons. L. Cordier...sur l'Existence de deux Volcans brûlans dans la Tartarie Centrale [a translation of passages from *Wakan Sanzai Zue*].' *JA*, 1824, **5**, 44. Repr. in (11), vol. 1, p. 209.

RÉMUSAT, J. P. A. (11). *Mélanges Asiatiques; ou, Choix de Morceaux de Critique et de Mémoires relatifs aux Religions, aux Sciences, aux Coutumes, à l'Histoire et à la Géographie des Nations Orientales.* 2 vols. Dondey-Dupré, Paris, 1825–6.

RÉMUSAT, J. P. A. (12). *Nouveaux Mélanges Asiatiques; ou, Recueil de Morceaux de Critique et de Mémoires relatifs aux Religions, aux Sciences, aux Coutumes, à l'Histoire et à la Géographie des Nations Orientales.* 2 vols. Schubart & Heideloff and Dondey-Dupré, Paris, 1829.

RÉMUSAT, J. P. A. (13). *Mélanges Posthumes d'Histoire et de Littérature Orientales.* Imp. Roy., Paris, 1843.

RENAULD, E. (1) (tr.). *Michel Psellus' 'Chronographie', ou Histoire d'un Siècle de Byzance, +976 à +1077; Texte établi et traduit...* 2 vols. Paris, 1938. (Collection Byzantine Budé, nos. 1, 2.)

RENFREW, C. (1). 'Cycladic Metallurgy and the Aegean Early Bronze Age.' *AJA*, 1967, **71**, 1. See Charles (1).

RENOU, L. (1). *Anthologie Sanskrite.* Payot, Paris, 1947.

RENOU, L. & FILLIOZAT, J. (1). *L'Inde Classique; Manuel des Études Indiennes.* Vol. 1, with the collaboration of P. Meile, A. M. Esnoul & L. Silburn. Payot, Paris, 1947. Vol. 2, with the collaboration of P. Demiéville, O. Lacombe & P. Meile. École Française d'Extrême Orient, Hanoi; Impr. Nationale, Paris, 1953.

RETI, LADISLAO (6). *Van Helmont, Boyle, and the Alkahest.* Clark Memorial Library, Univ. of California, Los Angeles, 1969. (In *Some Aspects of Seventeenth-Century Medicine and Science*, Clark Library Seminar, no. 27, 1968.)

RETI, LADISLAO (7). 'Le Arte Chimiche di Leonardo da Vinci.' *LCHIND*, 1952, **34**, 655, 721.

RETI, LADISLAO (8). 'Taddeo Alderotti and the Early History of Fractional Distillation' (in Spanish). MS. of a Lecture in Buenos Aires, 1960.

RETI, LADISLAO (10). 'Historia del Atanor desde Leonardo da Vinci hasta "l'Encyclopédie" de Diderot.' *INDQ*, 1952, **14** (no. 10), 1.

RETI, LADISLAO (11). 'How Old is Hydrochloric Acid?' *CHYM*, 1965, **10**, 11.

REUVENS, C. J. C. (1). *Lettres à Mons. Letronne...sur les Papyrus Bilingues et Grecs et sur Quelques Autres Monumens Gréco-Égyptiens du Musée d'Antiquités de l'Université de Leide.* Luchtmans, Leiden, 1830. Pagination separate for each of the three letters.

REX, FRIEDEMANN, ATTERER, M., DEICHGRÄBER, K. & RUMPF, K. (1). *Die 'Alchemie' des Andreas Liba-vius, ein Lehrbuch der Chemie aus dem Jahre 1597, zum ersten mal in deutscher Übersetzung...herausgegeben...* Verlag Chemie, Weinheim, 1964.

REY, ABEL (1). *La Science dans l'Antiquité.* Vol. 1 *La Science Orientale avant les Grecs,* 1930, 2nd ed.1942; *Vol. 2 La Jeunesse de la Science Grecque, 1933; Vol. 3 La Maturité de la Pensée Scientifique en Grèce,* 1939; Vol. 4 *L'Apogée de la Science Technique Grecque (Les Sciences de la Nature et de l'Homme, les Mathematiques, d'Hippocrate à Platon),* 1946. Albin Michel, Paris. (Evol. de l'Hum. Ser. Complementaire.)

RHENANUS, JOH. (1). *Harmoniae Imperscrutabilis Chymico-Philosophicae Decades duae.* Frankfurt, 1625. See Ferguson (1), vol. 2, p. 264.

RIAD, H. (1). 'Quatre Tombeaux de la Nécropole ouest d'Alexandrie.' (Report of the −2nd-century sāqīya fresco at Wardian.) *BSAA,* 1967, **42,** 89. Prelim. pub., with cover colour photograph, *AAAA,* 1964, **17** (no. 3).

RIBÉREAU-GAYON, J. & PEYNARD, E. (1). *Analyse et Contrôle des Vins...* 2nd ed. Paris, 1958.

RICE, D. S. (1). 'Mediaeval Ḥarrān; Studies on its Topography and Monuments.' *ANATS,* 1952, **2,** 36–83.

RICE, TAMARA T. (1). *The Scythians.* 3rd ed. London, 1961.

RICE, TAMARA T. (2). *Ancient Arts of Central Asia.* Thames & Hudson, London, 1965.

RICHET, C. (1) (ed.). *Dictionnaire de Physiologie.* 6 vols. Alcan, Paris, 1895–1904.

RICHIE, D. & ITO KENKICHI (1) = (1). *The Erotic Gods; Phallicism in Japan* (English and Japanese text and captions). Zufushinsha, Tokyo, 1967.

VON RICHTHOFEN, F. (2). *China; Ergebnisse eigener Reisen und darauf gegründeter Studien.* 5 vols. and Atlas. Reimer, Berlin, 1877–1911.
Vol. 1   Einleitender Teil
Vol. 2   Das nördliche China
Vol. 3   Das südliche China (ed. E. Tiessen)
Vol. 4   Palaeontologischer Teil (with contributions by W. Dames *et al.*)
Vol. 5   Abschliessende palaeontologischer Bearbeitung der Sammlung... (by F. French).
(Teggart Bibliography says 5 vols. +2 Atlas Vols.)

VON RICHTHOFEN, F. (6). *Letters on Different Provinces of China.* 6 parts, Shanghai, 1871–2.

RICKARD, T. A. (2). *Man and Metals.* Fr. tr. by F. V. Laparra, *L'Homme et les Métaux.* Gallimard, Paris, 1938. Rev. L. Febvre, *AHES/AHS,* 1940, **2,** 243.

RICKARD, T. A. (3). *The Story of the Gold-Digging Ants.* UCC, 1930.

RICKETT, W. A. (1) (tr.). *The 'Kuan Tzu' Book.* Hongkong Univ. Press, Hong Kong, 1965. Rev. T. Pokora, *ARO,* 1967, **35,** 169.

RIDDELL, W. H. (2). Earliest representations of dragon and tiger. *AQ,* 1945, **19,** 27.

RIECKERT, H. (1). 'Plethysmographische Untersuchungen bei Konzentrations- und Meditations-Übungen.' *AF,* 1967, **21,** 61.

RIEGEL, BEISWANGER & LANZL (1). Molecular stills. *IEC/A,* 1943, **15,** 417.

RIETHE, P. (1). 'Amalgamfüllung Anno Domini 1528' [A MS. of therapy and pharmacy drawn from the practice of Johannes Stocker, d. +1513]. *DZZ,* 1966, **21,** 301.

RITTER, H. (1) (ed.). *Pseudo-al-Majrīṭī 'Das Ziel des Weisen' [Ghāyat al-Ḥakīm].* Teubner, Leipzig, 1933. (Studien d. Bibliothek Warburg, no. 12.)

RITTER, H. (2) '*Picatrix,* ein arabisches Handbuch hellenistischer Magie.' *VBW,* 1923, **1,** 94. A much enlarged and revised form of this lecture appears as the introduction to vol. 2 of Ritter & Plessner (1), pp. xx ff.

RITTER, H. (3) (tr.). *Al-Ghazzālī's* (al-Ṭusī, +1058 to +1112] '*Das Elixir der Glückseligkeit* [*Kīmiyā al-Sa'āda*]. Diederichs, Jena, 1923. (Religiöse Stimmen der Völkers; die Religion der Islam, no. 3.)

RITTER, H. & PLESSNER, M. (1). '*Picatrix'; das 'Ziel des Weisen' [Ghāyat al Ḥakīm] von Pseudo-Majrīṭī* 2 vols. Vol. 1, Arabic text, ed. H. Ritter. Teubner, Leipzig and Berlin, 1933 (Studien der Biblio-thek Warburg, no. 12). Vol. 2, German translation, with English summary (pp. lix–lxxv), by H. Ritter & M. Plessner. Warburg Inst. London, 1962 (Studies of the Warburg Institute, no. 27). Crit. rev. W. Hartner, *DI,* 1966, **41,** 175, repr. Hartner (12), p. 429.

RITTER, K. (1). *Die Erdkunde im Verhaltnis z. Natur und z. Gesch. d. Menschen; oder, Allgemeine Vergleichende Geographie.* Reimer, Berlin, 1822–59. 19 vols., the first on Africa, all the rest on Asia. Indexes after vols. 5, 13, 16 and 17.

RITTER, K. (2). *Die Erdkunde von Asien.* 5 vols. Reimer, Berlin, 1837 (part of Ritter, 1).

RIVET, P. (2). 'Le Travail de l'Or en Colombie.' *IPEK,* 1926, **2,** 128.

RIVET, P. (3). 'L'Orfèvrerie Colombienne; Technique, Aire du Dispersion, Origines.' Communication to the XXIst International Congress of Americanists, The Hague, 1924.

RIVET, P. & ARSENDAUX, H. (1). 'La Métallurgie en Amérique pre-Colombienne.' *TMIE,* 1946, no. 39.

ROBERTS [-AUSTEN], W. C. (1). 'Alloys used for Coinage' (Cantor Lectures). *JRSA*, 1884, **32**, 804, 835, 881.

ROBERTS-AUSTEN, W. C. (2). 'Alloys' (Cantor Lectures). *JRSA*, 1888, **36**, 1111, 1125, 1137.

ROBERTSON, T. BRAILSFORD & RAY, L. A. (1).'An Apparatus for the Continuous Extraction of Solids at the Boiling Temperature of the Solvent.' *RAAAS*, 1924, **17**, 264.

ROBINSON, B. W. (1). 'Royal Asiatic Society MS. no. 178; an unrecorded Persian Painter.' *JRAS*, 1970 (no. 2, Wheeler Presentation Volume), 203. ('Abd al Karīm, active *c.* +1475, who illustrated some East Asian subjects.)

ROBINSON, G. R. & DEAKERS, T. W. (1). 'Apparatus for sublimation of anthracene.' *JCE*, 1932, **9**, 1717.

DE ROCHAS D'AIGLUN, A. (1). *La Science des Philosophes et l'Art des Thaumaturges dans l'Antiquité.* Dorbon, Paris. 1st ed. n.d. (1882), 2nd ed. 1912.

DE ROCHEMONTEIX, C. (1). *Joseph Amiot et les Derneirs Survivants de la Mission Française à Pékin (1750 à 1795); Nombreux Documents inédits, avec Carte.* Picard, Paris, 1915.

ROCKHILL, W. W. (1). 'Notes on the Relations and Trade of China with the Eastern Archipelago and the Coast of the Indian Ocean during the +15th Century.' *TP*, 1914, **15**, 419; 1915, **16**, 61, 236, 374, 435, 604.

ROCKHILL, W. W. (5) (tr. & ed.). *The Journey of William of Rubruck to the Eastern Parts of the World* (+1253 to +1255) *as narrated by himself; with Two Accounts of the earlier Journey of John of Pian de Carpine.* Hakluyt Soc., London, 1900 (second series, no. 4).

RODWELL, G. F. (1). *The Birth of Chemistry.* London, 1874.

RODWELL, J. M. (1). *Aethiopic and Coptic Liturgics and Prayers.* Pr. pr. betw. 1870 and 1886.

ROGERS, R. W. (1). '[The State of the Dead in] Babylonian [and Assyrian Culture].' *ERE*, vol. xi, p. 828.

ROI, J. (1). *Traité des Plantes Médicinales Chinoises.* Lechevalier, Paris, 1955. (Encyclopédie Biologique ser. no. 47.) No Chinese characters, but a photocopy of those required is obtainable from Dr Claude Michon, 8 bis, Rue Desilles, Nancy, Meurthe & Moselle, France.

ROI, J. & WU YÜN-JUI (OU YUN-JOEI) (1). 'Le Taoisme et les Plantes d'Immortalité.' *BUA*, 1941 (3ᵉ sér.), **2**, 535.

ROLANDI, G. & SCACCIATI, G. (1). 'Ottone e Zinco presso gli Antichi' (Brass and Zinc in the Ancient World). *IMIN*, 1956, **7** (no. 11), 759.

ROLFINCK, WERNER (1). *Chimia in Artis Formam Redacta.* Geneva, 1661, 1671, Jena, 1662, and later editions.

ROLLESTON, SIR HUMPHREY (1). *The Endocrine Organs in Health and Disease, with an Historical Review.* London, 1936.

RÖLLIG, W. (1). 'Das Bier im alten Mesopotamien.' *JGGBB*, 1970 (for 1971), 9–104.

RONCHI, V. (5). 'Scritti di Ottica; Tito Lucrezio Caro, Leonardo da Vinci, G. Rucellai, G. Fracastoro, G. Cardano, D. Barbaro, F. Maurolico, G. B. della Porta, G. Galilei, F. Sizi, E. Torricelli, F. M. Grimaldi, G. B. Amici [a review].' *AFGR/CINO*, 1969, **24** (no. 3), 1.

RONCHI, V. (6). 'Philosophy, Science and Technology.' *AFGR/CINO*, 1969, **24** (no. 2), 168.

RONCHI, V. (7). 'A New History of the Optical Microscope.' *IJHS*, 1966, **1**, 46.

RONCHI, V. (8). 'The New History of Optical Microscopy.' *ORG*, 1968, **5**, 191.

RORET, N. E. (1) (ed.). *Manuel de l'Orfévre*, part of *Encyclopédie Roret* (or *Manuels Roret*). Roret, Paris, 1825– . Berthelot (1, 2) used the ed. of 1832.

ROSCOE, H. E. & SCHORLEMMER, C. (1). *A Treatise on Chemistry.* Macmillan, London, 1923.

ROSENBERG, E. (1) (ed.). *Gonadotrophins, 1968.* 1969.

ROSENBERG, M. (1). *Geschichte der Goldschmiedekunst auf technische Grundlage.* Frankfurt-am-Main.
Vol. 1 *Einführung*, 1910.
Vol. 2 *Niello*, 1908.
Vol. 3 (in 3 parts) *Zellenschmelz*, 1921, 1922, 1925.
Re-issued in one vol., 1972.

VON ROSENROTH, K. & VAN HELMONT, F. M. (1) (actually anon.). *Kabbala Denudata, seu Doctrina Hebraeorum Transcendentalis et Metaphysica*, etc. Lichtenthaler, Sulzbach, 1677.

ROSENTHAL, F. (1) (tr.). *The 'Muqaddimah' [of Ibn Khaldun]; an Introduction to History.* Bollingen, New York, 1958. Abridgement by N. J. Dawood, London, 1967.

ROSS, E. D. (3). *Alphabetical List of the Titles of Works in the Chinese Buddhist Tripitaka.* Indian Govt. Calcutta, 1910. (See Nanjio, B.)

ROSSETTI, GABRIELE (1). *Disquisitions on the Anti-Papal spirit which produced the Reformation; its Secret Influence on the Literature of Europe in General and of Italy in Particular.* Tr. C. Ward from the Italian. 2 vols. Smith & Elder, London, 1834.

ROSSI, P. (1). *Francesco Bacone; dalla Magia alla Scienza.* Laterza, Bari, 1957. Eng. tr. by Sacha Rabinovitch, *Francis Bacon; from Magic to Science.* Routledge & Kegan Paul, London, 1968.

ROTH, H. LING (1). *Oriental Silverwork, Malay and Chinese; a Handbook for Connoisseurs, Collectors, Students and Silversmiths*. Truslove & Hanson, London, 1910, repr. Univ. Malaya Press, Kuala Lumpur, 1966.

ROTH, MATHIAS (1). *The Prevention and Cure of Many Chronic Diseases by Movements*. London, 1851.

ROTHSCHUH, K. E. (1). *Physiologie; der Wandel ihrer Konzepte, Probleme und Methoden vom 16. bis 19. Jahrhundert*. Alber, Freiburg and München, 1968. (Orbis Academicus, Bd. 2, no. 15.)

DES ROTOURS, R. (3). 'Quelques Notes sur l'Anthropophagie en Chine.' *TP*, 1963, **50**, 386. 'Encore Quelques Notes...' *TP*, 1968, **54**, 1.

ROUSSELLE, E. (1). 'Der lebendige Taoismus im heutigen China.' *SA*, 1933, **8**, 122.

ROUSSELLE, E. (2). 'Yin und Yang vor ihrem Auftreten in der Philosophie.' *SA*, 1933, **8**, 41.

ROUSSELLE, E. (3). 'Das Primat des Weibes im alten China.' *SA*, 1941, **16**, 130.

ROUSSELLE, E. (4a). 'Seelische Führung im lebenden Taoismus.' *ERJB*, 1933, **1** (a reprint of (6), with (5) intercalated). Eng. tr., 'Spiritual Guidance in Contemporary Taoism.' *ERYB*, 1961, **4**, 59 ('Spiritual Disciplines', ed. J. Campbell). Includes footnotes but no Chinese characters.

ROUSSELLE, E. (4b). *Zur Seelischen Führung im Taoismus; Ausgewählte Aufsätze*. Wissenschaftl. Buchgesellsch., Darmstadt, 1962. (A collection of three reprinted articles (7), (5) and (6), including footnotes, and superscript references to Chinese characters, but omitting the characters themselves.)

ROUSSELLE, E. (5). '*Ne Ging Tu* [*Nei Ching Thu*], "Die Tafel des inneren Gewebes"; ein Taoistisches Meditationsbild mit Beschriftung.' *SA*, 1933, **8**, 207.

ROUSSELLE, E. (6). 'Seelische Führung im lebenden Taoismus.' *CDA*, 1934, 21.

ROUSSELLE, E. (7). 'Die Achse des Lebens.' *CDA*, 1933, 25.

ROUSSELLE, E. (8). 'Dragon and Mare; Figures of Primordial Chinese Mythology' (personifications and symbols of Yang and Yin, and the *kua* Chhien and Khun), *ERYB*, 1969, **6**, 103 (*The Mystic Vision*, ed. J. Campbell). Tr. from the German in *ERJB*, 1934, **2**, 1.

RUDDY, J. (1). 'The Big Bang at Sudbury.' *INM*, 1971 (no. 4), 22.

RUDELSBERGER, H. (1). *Chinesische Novellen aus dem Urtext übertragen*. Insel Verlag, Leipzig, 1914. 2nd ed., with two tales omitted, Schroll, Vienna, 1924.

RUFUS, W. C. (2). 'Astronomy in Korea.' *JRAS/KB*, 1936, **26**, 1. Sep. pub. as *Korean Astronomy*. Literary Department, Chosen Christian College, Seoul (Eng. Pub. no. 3), 1936.

RUHLAND, MARTIN (RULAND) (1). *Lexicon Alchemiae, sive Dictionarium Alchemisticum, cum obscuriorum Verborum et rerum Hermeticarum, tum Theophrast-Paracelsicarum Phrasium, Planam Explicationem Continens*. Palthenius, Frankfurt, 1612; 2nd ed. Frankfurt, 1661. Photolitho repr., Olms, Hildesheim, 1964. Cf. Ferguson (1), vol. 2, p. 303.

RULAND, M. See Ruhland, Martin.

RUSH, H. P. (1) Biography of A. A. Berthold. *AMH*, 1929, **1**, 208.

RUSKA, J. For bibliography see Winderlich (1).

RUSKA, J. (1). 'Die Mineralogie in d. arabischen Litteratur.' *ISIS*, 1913, **1**, 341.

RUSKA, J. (2). 'Der Zusammenbruch der Dschābir-Legende; I, die bisherigen Versuche das Dschābirproblem zu lösen.' *JBFIGN*, 1930, **3**, 9. Cf. Kraus (1).

RUSKA, J. (3). 'Die Siebzig Bücher des Ǧābir ibn Ḥajjān.' Art. in *Studien z. Gesch. d. Chemie; Festgabe f. E. O. von Lippmann zum 70. Geburtstage*, ed. J. Ruska. Springer, Berlin, 1927, p. 38.

RUSKA, J. (4). *Arabische Alchemisten*. Vol. 1, *Chālid* [Khālid] *ibn Jazīd ibn Muʿāwija* [Muʿawiya]. Winter, Heidelberg, 1924 (Heidelberger Akten d. von Portheim Stiftung, no. 6). Rev. von Lippmann (10); *ISIS*, 1925, **7**, 183. Repr. with Ruska (5), Sändig, Wiesbaden, 1967.

RUSKA, J. (5). *Arabische Alchemisten*. Vol. 2, *Ǧaʿfar* [Jaʿfar] *al-Ṣādiq, der sechste Imām*. Winter, Heidelberg, 1924 (Heidelberger Akten d. von Portheim Stiftung, no. 10). Rev. von Lippmann (10). Repr. with Ruska (4), Sändig, Wiesbaden, 1967.

RUSKA, J. (6). '*Turba Philosophorum*; ein Beitrag z. Gesch. d. Alchemie.' *QSGNM*, 1931, **1**, 1–368.

RUSKA, J. (7). 'Chinesisch-arabische technische Rezepte aus der Zeit der Karolinger.' *CHZ*, 1931, **55**, 297.

RUSKA, J. (8). '*Tabula Smaragdina*'; ein Beitrag z. Gesch. d. Hermetischen Literatur*. Winter, Heidelberg, 1926 (Heidelberger Akten d. von Portheim Stiftung, no. 16).

RUSKA, J. (9). 'Studien zu Muḥammad ibn ʿUmail al-Tamīnī's *Kitāb al-Māʿal al-Waraqī waʾl-Arḍ al-Najmīyah*.' *ISIS*, 1936, **24**, 310.

RUSKA, J. (10). 'Der Urtext der *Tabula Chemica*.' *A*, 1934, **16**, 273.

RUSKA, J. (11). 'Neue Beiträge z. Gesch. d. Chemie (1. Die Namen der Goldmacherkunst, 2. Die Zeichen der griechischen Alchemie, 3. Griechischen Zeichen in Syrischer Überlieferung, 4. Ü. d. Ursprung der neueren chemischen Zeichen, 5. Kataloge der Decknamen, 6. Die metallurgischen Künste). *QSGNM*, 1942, **8**, 305.

RUSKA, J. (12). 'Über das Schriftenverzeichniss des Ǧābir ibn Ḥajjān [Jābir ibn Ḥayyān] und die Unechtheit einiger ihm zugeschriebenen Abhandlungen.' *AGMN*, 1923, **15**, 53.

RUSKA, J. (13). 'Sal Ammoniacus, Nušādir und Salmiak.' *SHAW/PH*, 1923 (no. 5), 1–23.

RUSKA, J. (14). 'Übersetzung und Bearbeitungen von al-Rāzī's Buch "Geheimnis der Geheimnisse" [Kitāb Sirr al-Asrār].' QSGNM, 1935, **4**, 153–238; 1937, **6**, 1–246.

RUSKA, J. (15). 'Die Alchemie al-Rāzī's.' DI, 1935, **22**, 281.

RUSKA, J. (16). 'Al-Bīrūnī als Quelle für das Leben und die Schriften al-Rāzī's.' ISIS, 1923, **5**, 26.

RUSKA, J. (17). 'Ein neuer Beitrag zur Geschichte des Alkohols.' DI, 1913, **4**, 320.

RUSKA, J. (18). 'Über die von Abulqāsim al-Zuhrāwī beschriebene Apparatur zur Destillation des Rosenwassers.' CHA, 1937, **24**, 313.

RUSKA, J. (19) (tr.). Das Steinbuch des Aristoteles; mit literargeschichtlichen Untersuchungen nach der arabischen Handschrift der Bibliothèque Nationale herausgegeben und ubersetzt. Winter, Heidelberg, 1912. (This early +9th-century text, the earliest of the Arabic lapidaries and widely known later as (Lat.) Lapidarium Aristotelis, must be termed Pseudo-Aristotle; it was written by some Syrian who knew both Greek and Eastern traditions, and was translated from Syriac into Arabic by Luka bar Serapion, or Lūqā ibn Sarāfyūn.)

RUSKA, J. (20). 'Über Nachahmung von Edelsteinen.' QSGNM, 1933, **3**, 316.

RUSKA, J. (21). Das 'Buch der Alaune und Salze'; ein Grundwerk der spät-lateinischen Alchemie [Spanish origin, +11th cent.]. Verlag Chemie, Berlin, 1935.

RUSKA, J. (22). 'Wem verdankt Man die erste Darstellung des Weingeists?' DI, 1913, **4**, 162.

RUSKA, J. (23). 'Weinbau und Wein in den arabischen Bearbeitungen der Geoponika.' AGNT, 1913, **6**, 305.

RUSKA, J. (24). Das Steinbuch aus der 'Kosmographie' des Zakariya ibn Maḥmūd al-Qazwīnī [c. +1250] übersetzt und mit Anmerkungen versehen... Schmersow (Zahn & Baendel), Kirchhain N-L, 1897. (Beilage zum Jahresbericht 1895–6 der prov. Oberrealschule Heidelberg.)

RUSKA, J. (25). 'Der Urtext d. Tabula Smaragdina.' OLZ, 1925, **28**, 349.

RUSKA, J. (26). 'Die Alchemie des Avicenna.' ISIS, 1934, **21**, 14.

RUSKA, J. (27). 'Über die dem Avicenna zugeschriebenen alchemistischen Abhandlungen.' FF, 1934, **10**, 293.

RUSKA, J. (28). 'Alchemie in Spanien.' ZAC/AC, 1933, **46**, 337; CHZ, 1933, **57**, 523.

RUSKA, J. (29). 'Al-Rāzī (Rhazes) als Chemiker.' ZAC, 1922, **35**, 719.

RUSKA, J. (30). 'Über die Anfänge der wissenschaftlichen Chemie.' FF, 1937, **13**.

RUSKA, J. (31). 'Die Aufklärung des Jābir-Problems.' FF, 1930, **6**, 265.

RUSKA, J. (32). 'Über die Quellen von Jābir's Chemische Wissen.' A, 1926, **7**, 267.

RUSKA, J. (33). 'Über die Quellen des [Geber's] Liber Claritatis.' A, 1934, **16**, 145.

RUSKA, J. (34). 'Studien zu den chemisch-technischen Rezeptsammlungen des Liber Sacerdotum [one of the texts related to Mappae Clavicula, etc.].' QSGNM, 1936, **5**, 275 (83–125).

RUSKA, J. (35). 'The History and Present Status of the Jābir Problem.' JCE, 1929, **6**, 1266 (tr. R. E. Oesper); IC, 1937, **11**, 303.

RUSKA, J. (36). 'Alchemy in Islam.' IC, 1937, **11**, 30.

RUSKA, J. (37) (ed.). Studien z. Geschichte d. Chemie; Festgabe E. O. von Lippmann zum 70. Geburtstage... Springer, Berlin, 1927.

RUSKA, J. (38). 'Das Giftbuch des Ǵābir ibn Ḥajjān.' OLZ, 1928, **31**, 453.

RUSKA, J. (39). 'Der Salmiak in der Geschichte der Alchemie.' ZAC, 1928, **41**, 1321; FF, 1928, **4**, 232.

RUSKA, J. (40). 'Studien zu Severus [or Jacob] bar Shakko's "Buch der Dialoge".' ZASS, 1897, **12**, 8, 145.

RUSKA, J. & GARBERS, K. (1). 'Vorschriften z. Herstellung von scharfen Wässern bei Jābir und Rāzī.' DI, 1939, **25**, 1.

RUSKA, J. & WIEDEMANN, E. (1). 'Beiträge z. Geschichte d. Naturwissenschaften, LXVII; Alchemistische Decknamen. SPMSE, 1924, **56**, 17. Repr. in Wiedemann (23), vol. 2, p. 596.

RUSSELL, E. S. (1). Form and Function; a Contribution to the History of Animal Morphology. Murray, London, 1916.

RUSSELL, E. S. (2). The Interpretation of Development and Heredity; a Study in Biological Method. Clarendon Press, Oxford, 1930.

RUSSELL, RICHARD (1) (tr.). The Works of Geber, the Most Famous Arabian Prince and Philosopher... [containing De Investigatione, Summa Perfectionis, De Inventione and Liber Fornacum]. James, London, 1678. Repr., with an introduction by E. J. Holmyard, Dent, London, 1928.

RYCAUT, SIR PAUL (1). The Present State of the Greek Church. Starkey, London, 1679.

SACHAU, E. (1) (tr.). Alberuni's India. 2 vols. London, 1888; repr. 1910.

DE SACY, A. I. SILVESTRE (1). 'Le "Livre du Secret de la Création", par le Sage Bélinous [Balīnās; Apollonius of Tyana, attrib.].' MAI/NEM, 1799, **4**, 107–58.

DE SACY, A. I. SILVESTRE (2). Chrestomathie Arabe; ou, Extraits de Divers Écrivains Arabes, tant en Prose qu'en Vers... 3 vols. Impr. Imp. Paris, 1806. 2nd ed. Impr. Roy. Paris, 1826–7.

SAEKI, P. Y. (1). *The Nestorian Monument in China*. With an introductory note by Lord William Gas-coyne-Cecil and a pref. by Rev. Prof. A. H. Sayce. SPCK, London, 1916.

SAEKI, P. Y. (2). *The Nestorian Documents and Relics in China*. Maruzen, for the Toho Bunkwa Gakuin, Tokyo, 1937, second (enlarged) edn. Tokyo, 1951.

SAGE, B. M. (1). 'De l'Emploi du Zinc en Chine pour la Monnaie.' *JPH*, 1804, **59**, 216. Eng. tr. in Leeds (1) from *PMG*, 1805, **21**, 242.

SAHLIN, C. (1). 'Cementkopper, en historiske Översikt.' *HF*, 1938, **9**, 100. Résumé in Lindroth (1) and *SILL*, 1954.

SAID HUSAIN NASR (1). *Science and Civilisation in Islam* (with a preface by Giorgio di Santillana). Harvard University Press, Cambridge, Mass. 1968.

SAID HUSAIN NASR (2). *The Encounter of Man and Nature; the Spiritual Crisis of Modern Man*. Allen & Unwin, London, 1968.

SAID HUSAIN NASR (3). *An Introduction to Islamic Cosmological Doctrines*. Cambridge, Mass. 1964.

SAKURAZAWA, NYOITI [OHSAWA, G.] (1). *La Philosophie de la Médecine d'Extrême-Orient; le Livre du Jugement Suprême*. Vrin, Paris, 1967.

SALAZARO, D. (1). *L'Arte della Miniatura nel Secolo XIV, Codice della Biblioteca Nazionale di Napoli...* Naples, 1877. The MS. Anonymus, *De Arte Illuminandi* (so entitled in the Neapolitan Library Catalogue, for it has no title itself). Cf. Partington (12).

SALMONY, A. (1). *Carved Jade of Ancient China*. Gillick, Berkeley, Calif., 1938.

SALMONY, A. (2). 'The Human Pair in China and South Russia.' *GBA*, 1943 (6ᵉ sér.), **24**, 321.

SALMONY, A. (4). *Chinese Jade through* [i.e. until the end of] *the* [Northern] *Wei Dynasty*. Ronald, New York, 1963.

SALMONY, A. (5). *Archaic Chinese Jades from the Edward and Louise B. Sonnenschein Collection*. Chicago Art Institute, Chicago, 1952.

SAMBURSKY, S. (1). *The Physical World of the Greeks*. Tr. from the Hebrew edition by M. Dagut. Routledge & Kegan Paul, London, 1956.

SAMBURSKY, S. (2). *The Physics of the Stoics*. Routledge & Kegan Paul, London, 1959.

SAMBURSKY, S. (3). *The Physical World of Late Antiquity*. Routledge & Kegan Paul, London, 1962. Rev. G. J. Whitrow, *A/AIHS*, 1964, **17**, 178.

SANDYS, J. E. (1). *A History of Classical Scholarship*. 3 vols. Cambridge, 1908. Repr. New York, 1964.

DI SANTILLANA, G. (2). *The Origins of Scientific Thought*. University of Chicago Press, Chicago, 1961.

DI SANTILLANA, G. & VON DECHEND, H. (1). *Hamlet's Mill; an Essay on Myth and the Frame of Time*. Gambit, Boston, 1969.

SARLET, H., FAIDHERBE, J. & FRENCK, G. 'Mise en evidence chez différents Arthropodes d'un Inhibiteur de la D-acidaminoxydase.' *AIP*, 1950, **58**, 356.

SARTON, GEORGE (1). *Introduction to the History of Science*. Vol. 1, 1927; Vol. 2, 1931 (2 parts); Vol. 3, 1947 (2 parts). Williams & Wilkins, Baltimore, (Carnegie Institution Pub. no. 376.)

SARTON, GEORGE (13). Review of W. Scott's 'Hermetica' (1). *ISIS*, 1926, **8**, 342.

SARWAR, G. & MAHDIHASSAN, S. (1). 'The Word *Kimiya* as used by Firdousi.' *IQB*, 1961, **9**, 21.

SASO, M. R. (1). 'The Taoists who did not Die.' *AFRA*, 1970, no. 3, 13.

SASO, M. R. (2). *Taoism and the Rite of Cosmic Renewal*. Washington State University Press, Seattle, 1972.

SASO, M. R. (3). 'The Classification of Taoist Sects and Ranks observed in Hsinchu and other parts of Northern Thaiwan.' *AS/BIE* 1971, **30** (vol. 2 of the Presentation Volume for Ling Shun-Shêng).

SASO, M. R. (4). 'Lu Shan, Ling Shan (Lung-hu Shan) and Mao Shan; Taoist Fraternities and Rivalries in Northern Thaiwan.' Unpubl. MS. 1973.

SASTRI, S. S. SURYANARAYANA (1). *The 'Sāṃkhya Kārikā' of Iśvarakrsna*. University Press, Madras, 1930.

SATYANARAYANAMURTHI, G. G. & SHASTRY, B. P. (1). 'A Preliminary Scientific Investigation into some of the unusual physiological manifestations acquired as a result of Yogic Practices in India.' *WZNHK*, 1958, **15**, 239.

SAURBIER, B. (1). *Geschichte der Leibesübungen*. Frankfurt, 1961.

SAUVAGET, J. (2) (tr.). *Relation de la Chine et de l'Inde, redigée en +857 (Akhbār al-Ṣīn wa'l-Hind)*. Belles Lettres, Paris, 1948. (Budé Association, Arab Series.)

SAVILLE, M. H. (1). *The Antiquities of Manabi, Ecuador*. 2 vols. New York, 1907, 1910.

SAVILLE, M. H. (2). *Indian Notes*. New York, 1920.

SCHAEFER, H. (1). *Die Mysterien des Osiris in Abydos*. Leipzig, 1901.

SCHAEFER, H. W. (1). *Die Alchemie; ihr ägyptisch-griechischer Ursprung und ihre weitere historische Entwicklung*. Programm-Nummer 260, Flensburg, 1887; phot. reprod. Sändig, Wiesbaden, 1967.

SCHAFER, E. H. (1). 'Ritual Exposure [Nudity, etc.] in Ancient China.' *HJAS*, 1951, **14**, 130.

SCHAFER, E. H. (2). 'Iranian Merchants in Thang Dynasty Tales.' *SOS*, 1951, **11**, 403.

SCHAFER, E. H. (5). 'Notes on Mica in Medieval China.' *TP*, 1955, **43**, 265.

SCHAFER, E. H. (6). 'Orpiment and Realgar in Chinese Technology and Tradition.' *JAOS*, 1955, **75,** 73.

SCHAFER, E. H. (8). 'Rosewood, Dragon's-Blood, and Lac.' *JAOS*, 1957, **77**, 129.

SCHAFER, E. H. (9). 'The Early History of Lead Pigments and Cosmetics in China.' *TP*, 1956, **44,** 413.

SCHAFER, E. H. (13). *The Golden Peaches of Samarkand; a Study of Thang Exotics*. Univ. of Calif. Press, Berkeley and Los Angeles, 1963. Rev. J. Chmielewski, *OLZ*, 1966, **61,** 497.

SCHAFER, E. H. (16). *The Vermilion Bird; Thang Images of the South*. Univ. of Calif. Press, Berkeley and Los Angeles, 1967. Rev. D. Holzman, *TP*, 1969, **55,** 157.

SCHAFER, E. H. (17). 'The Idea of Created Nature in Thang Literature' (on the phrases *tsao wu chê* and *tsao hua chê*). *PEW*, 1965, **15,** 153.

SCHAFER, E. H. & WALLACKER, B. E. (1). 'Local Tribute Products of the Thang Dynasty.' *JOSHK*, 1957, **4,** 213.

SCHEFER, C. (2). 'Notice sur les Relations des Peuples Mussulmans avec les Chinois dépuis l'Extension de l'Islamisme jusqu'à la fin du 15e Siècle.' In *Volume Centenaire de l'École des Langues Orientales Vivantes, 1795–1895*. Leroux, Paris, 1895, pp. 1–43.

SCHELENZ, H. (1). *Geschichte der Pharmazie*. Berlin, 1904; photographic reprint, Olms, Hildesheim, 1962.

SCHELENZ, H. (2). *Zur Geschichte der pharmazeutisch-chemischen Destilliergeräte*. Miltitz, 1911. Reproduced photographically, Olms, Hildesheim, 1964. (Publication supported by Schimmel & Co., essential oil distillers, Miltitz.)

SCHIERN, F. (1). *Über den Ursprung der Sage von den goldgrabenden Ameisen*. Copenhagen and Leipzig, 1873.

SCHIPPER, K. M. (1) (tr.). *L'Empereur Wou des Han dans la Légende Taoiste; le 'Han Wou-Ti Nei-Tchouan [Han Wu Ti Nei Chuan]'*. Maisonneuve, Paris, 1965. (Pub. de l'École Française d'Extrême Orient, no. 58.)

SCHIPPER, K. M. (2). 'Priest and Liturgy; the Live Tradition of Chinese Religion.' MS. of a Lecture at Cambridge University, 1967.

SCHIPPER, K. M. (3). 'Taoism; the Liturgical Tradition.' Communication to the First International Conference of Taoist Studies, Villa Serbelloni, Bellagio, 1968.

SCHIPPER, K. M. (4). 'Remarks on the Functions of "Inspector of Merits" [in Taoist ecclesiastical organisation; with a description of the Ordination ceremony in Thaiwan Chêng-I Taoism].' Communication to the Second International Conference of Taoist Studies, Chino (Tateshina), Japan, 1972.

SCHLEGEL, G. (10). 'Scientific Confectionery' (a criticism of modern chemical terminology in Chinese). *TP*, 1894 (1e sér.), **5,** 147.

SCHLEGEL, G. (11). 'Le Tchien [*Chien*] en Chine.' *TP*, 1897 (1e sér.), **8,** 455.

SCHLEIFER, J. (1). 'Zum Syrischen Medizinbuch; II, Der therapeutische Teil.' *RSO*, 1939, **18,** 341. (For Pt I see *ZS*, 1938 (n.s.), **4,** 70.)

SCHMAUDERER, E. (1). 'Kenntnisse ü. das Ultramarin bis zur ersten künstlichen Darstellung um 1827.' *BGTI/TG*, 1969, **36,** 147.

SCHMAUDERER, E. (2). 'Künstliches Ultramarin im Spiegel von Preisaufgaben und der Entwicklung der Mineralanalyse im 19. Jahrhundert.' *BGTI/TG*, 1969, **36,** 314.

SCHMAUDERER, E. (3). 'Die Entwicklung der Ultramarin-fabrikation im 19. Jahrhundert.' *TRAD*, 1969, **3–4,** 127.

SCHMAUDERER, E. (4). 'J. R. Glaubers Einfluss auf die Frühformen der chemischen Technik.' *CIT*, 1970, **42,** 687.

SCHMAUDERER, E. (5). 'Glaubers Alkahest; ein Beispiel für die Fruchtbarkeit alchemischer Denkansätze im 17. Jahrhundert.'; in the press.

SCHMIDT, C. (1) (ed.). *Koptisch-Gnostische Schriften* [including *Pistis Sophia*]. Hinrichs, Leipzig, 1905 (Griech. Christliche Schriftsteller, vol. 13). 2nd ed. Akad. Verlag, Berlin, 1954.

SCHMIDT, R. (1) (tr.). *Das 'Kāmasūtram' des Vātsyāyana; die indische Ars Amatoria nebst dem vollständigen Kommentare (Jayamangalā) des Yasodhara—aus dem Sanskrit übersetzt und herausgegeben...* Berlin, 1912. 7th ed. Barsdorf, Berlin, 1922.

SCHMIDT, R. (2). *Beitäage z. Indischen Erotik; das Liebesleben des Sanskritvolkes, nach den Quellen dargestellt von R. S ...* 2nd ed. Barsdorf, Berlin, 1911. Reissued under the imprint of Linser, in the same year.

SCHMIDT, R. (3) (tr.). *The 'Rati Rahasyam' of Kokkoka* [said to be + 11th cent. under Rājā Bhōja]. Med. Book Co. Calcutta, 1949. (Bound with Tatojaya (1), *q.v.*)

SCHMIDT, W. A. (1). *Die Griechischen Papyruskunden der K. Bibliothek Berlin; III, Die Purpurfärberei und der Purpurhandel in Altertum*. Berlin, 1842.

SCHMIEDER, K. C. (1). *Geschichte der Alchemie*. Halle, 1832.

SCHRIMPF, R. (1). 'Bibliographie Sommaire des Ouvrages publiés en Chine durant la Période 1950–60 sur l'Histoire du Développement des Sciences et des Techniques Chinoises.' *BEFEO*, 1963, **51**, 615. Includes chemistry and chemical industry.

SCHNEIDER, W. (1). 'Über den Ursprung des Wortes "Chemie".' *PHI*, 1959, **21**, 79.

SCHNEIDER, W. (2). 'Kekule und die organische Strukturchemie.' *PHI*, 1958, **20**, 379.

SCHOLEM, G. (3). *Jewish Gnosticism, Merkabah* [apocalyptic or Messianic] *Mysticism, and the Talmudic Tradition.* New York, 1960.

SCHOLEM, G. (4). 'Zur Geschichte der Anfänge der Christlichen Kabbala.' Art. in L. Baeck Presentation Volume, London, 1954.

SCHOTT, W. (2). 'Ueber ein chinesisches Mengwerk, nebst einem Anhang linguistischer Verbesserungen zu zwei Bänden der Erdkunde Ritters' [the *Yeh Huo Pien* of Shen Tê-Fu (Ming)]. *APAW/PH*, 1880, no. 3.

SCHRAMM, M. (1). 'Aristotelianism; Basis of, and Obstacle to, Scientific Progress in the Middle Ages— Some Remarks on A. C. Crombie's "From Augustine to Galileo".' *HOSC*, 1963, **2**, 91; 1965, **4**, 70.

VON SCHRICK, MICHAEL PUFF (1). *Hienach volget ein nüczliche Materi von manigerley ausgeprânten Wasser, wie Man die nüczen und pruchen sol zu Gesuntheyt der Menschen; Ûn das Puchlein hat Meiyster Michel Schrick, Doctor der Erczney durch lijebe und gepet willen erberen Personen ausz den Pûchern zu sammen colligiert un beschrieben.* Augsburg, 1478, 1479, 1483, etc.

SCHUBARTH, DR (1). 'Ueber das chinesisches Weisskupfer und die vom Vereine angestellten Versuche dasselbe darzustellen.' *VVBGP*, 1824, **3**, 134. (The Verein in question was the Verein z. Beförderung des Gewerbefleisses in Preussen.)

SCHULTES, R. E. (1). *A Contribution to our Knowledge of* Rivea corymbosa, *the narcotic Ololiuqui of the Aztecs.* Botanical Museum, Harvard Univ. Cambridge, Mass. 1941.

SCHULTZE, S. See Aigremont, Dr.

SCHURHAMMER, G. (2). 'Die Yamabushis nach gedrückten und ungedrückten Berichten d. 16. und 17. Jahrhunderts.' *MDGNVO*, 1965, **46**, 47.

SCOTT, HUGH (1). *The Golden Age of Chinese Art; the Lively Thang Dynasty.* Tuttle, Rutland, Vt. and Tokyo, 1966.

SCOTT, W. (1) (ed.). *Hermetica.* 4 vols. Oxford, 1924–36.
　Vol 1, Introduction, Texts and Translation, 1924.
　Vol 2, Notes on the Corpus Hermeticum, 1925.
　Vol 3, Commentary; Latin Asclepius and the Hermetic Excerpts of Stobaeus, 1926 (posthumous ed. A. S. Ferguson).
　Vol 4, Testimonia, Addenda, and Indexes (posthumous, with A. S. Ferguson).
　Repr. Dawson, London, 1968. Rev. G. Sarton, *ISIS*, 1926, **8**, 342.

SÉBILLOT, P. (1). *Les Travaux Publics et les Mines dans les Traditions et les Superstitions de tous les Peuples.* Paris, 1894.

SEGAL, J. B. (1). 'Pagan Syrian Monuments in the Vilayet of Urfa [Edessa].' *ANATS*, 1953, **3**, 97.

SEGAL, J. B. (2). 'The Ṣabian Mysteries; the Planet Cult of Ancient Ḥarrān.' Art. in *Vanished Civilisations*, ed. E. Bacon. 1963.

SEIDEL, A. (1). 'A Taoist Immortal of the Ming Dynasty; Chang San-Fêng.' Art. in *Self and Society in Ming Thought*, ed. W. T. de Bary. Columbia Univ. Press, New York, 1970, p. 483.

SEIDEL, A. (2). *La Divinisation de Lao Tseu [Lao Tzu] dans le Taoisme des Han.* École Française de l'Extrême Orient, Paris, 1969. (Pub. de l'Éc. Fr. de l'Extr. Or., no. 71.) A Japanese version is in *DK*, 1968, **3**, 5–77, with French summary, p. ii.

SELIMKHANOV, I. R. (1). 'Spectral Analysis of Metal Articles from Archaeological Monuments of the Caucasus.' *PPHS*, 1962, **38**, 68.

SELYE, H. (1). *Textbook of Endocrinology.* Univ. Press and *Acta Endocrinologica*, Montreal, 1947.

SEN, SATIRANJAN (1). 'Two Medical Texts in Chinese Translation.' *VBA*, 1945, **1**, 70.

SENCOURT, ROBERT (1). *Outflying Philosophy; a Literary Study of the Religious Element in the Poems and Letters of John Donne and in the Works of Sir Thomas Browne and Henry Vaughan the Silurist, together with an Account of the Interest of these Writers in Scholastic Philosophy, in Platonism and in Hermetic Physic; with also some Notes on Witchcraft.* Simpkin, Marshall, Hamilton & Kent, London, n.d. (1923).

SENGUPTA, KAVIRAJ N. N. (1). *The Ayurvedic System of Medicine.* 2 vols. Calcutta, 1925.

SERRUYS, H. (1) (tr.). '*Pei Lu Fêng Su*; Les Coutumes des Esclaves Septentrionaux [Hsiao Ta-Hêng's book on the Mongols, +1594].' *MS*, 1945, **10**, 117–208.

SEVERINUS, PETRUS (1). *Idea Medicinae Philosophicae*, 1571. 3rd ed. The Hague, 1660.

SEWTER, E. R. A. (1) (tr.). *Fourteen Byzantine Rulers; the 'Chronographia' of Michael Psellus* [+1063, the last part by +1078]. Routledge & Kegan Paul, London; Yale Univ. Press, New Haven, Conn., 1953. 2nd revised ed. Penguin, Baltimore, and London, 1966.

SEYBOLD, C. F. (1). Review of J. Lippert's ' Ibn al-Qifṭī's *Ta'rīkh al-Ḥukamā*', auf Grund der Vorarbeiten Aug. Müller (Dieter, Leipzig, 1903).' *ZDMG*, 1903, **57**, 805.

SEYYED HOSSEIN NASR. See Said Husain Nasr.

SEZGIN, F. (1). 'Das Problem des Jābir ibn Ḥayyān im Lichte neu gefundener Handschriften.' *ZDMG*, 1964, **114**, 255.

SHANIN, T. (1) (ed.). *The Rules of the Game; Cross-Disciplinary Essays on Models in Scholarly Thought*. Tavistock, London, 1972.

SHAPIRO, J. (1). 'Freezing-out, a Safe Technique for Concentration of Dilute Solutions.' *S*, 1961, **133**, 2063.

SHASTRI, KAVIRAJ KALIDAS (1). *Catalogue of the Rasashala Aushadhashram Gondal* (Ayurvedic Pharmaceutical Works of Gondal), [founded by the Maharajah of Gondal, H. H. Bhagvat Singhji]. 22nd ed. Gondal, Kathiawar, 1936. 40th ed. 1952.

SHAW, THOMAS (1). *Travels or Observations relating to several parts of Barbary and the Levant*. Oxford, 1738; London, 1757; Edinburgh, 1808. *Voyages dans la Régence d'Alger*. Paris, 1830.

SHEA, D. & FRAZER, A. (1) (tr.). *The 'Dabistan', or School of Manners* [by Mobed Shah, +17th Cent.], *translated from the original Persian, with notes and illustrations...* 2 vols. Paris, 1843.

SHEAR, T. L. (1). 'The Campaign of 1939 [excavating the ancient Athenian agora].' *HE*, 1940, **9**, 261.

SHEN TSUNG-HAN (1). *Agricultural Resources of China*. Cornell Univ. Press, Ithaca, N.Y., 1951.

SHÊNG WU-SHAN (1). *Érotologie de la Chine; Tradition Chinoise de l'Érotisme*. Pauvert, Paris, 1963. (Bibliothèque Internationale d'Érotologie, no. 11.) Germ. tr. *Die Erotik in China*, ed. Lo Duca. Desch, Basel, 1966. (Welt des Eros, no. 5.)

SHEPPARD, H. J. (1). 'Gnosticism and Alchemy.' *AX*, 1957, **6**, 86. 'The Origin of the Gnostic-Alchemical Relationship.' *SCI*, 1962, **56**, 1.

SHEPPARD, H. J. (2). 'Egg Symbolism in Alchemy.' *AX*, 1958, **6**, 140.

SHEPPARD, H. J. (3). 'A Survey of Alchemical and Hermetic Symbolism.' *AX*, 1960, **8**, 35.

SHEPPARD, H. J. (4). 'Ouroboros and the Unity of Matter in Alchemy; a Study in Origins.' *AX*, 1962, **10**, 83. 'Serpent Symbolism in Alchemy.' *SCI*, 1966, **60**, 1.

SHEPPARD, H. J. (5). 'The Redemption Theme and Hellenistic Alchemy.' *AX*, 1959, **7**, 42.

SHEPPARD, H. J. (6). 'Alchemy; Origin or Origins?' *AX*, 1970, **17**, 69.

SHEPPARD, H. J. (7). 'Egg Symbolism in the History of the Sciences.' *SCI*, 1960, **54**, 1.

SHEPPARD, H. J. (8). 'Colour Symbolism in the Alchemical *Opus*.' *SCI*, 1964, **58**, 1.

SHERLOCK, T. P. (1). 'The Chemical Work of Paracelsus.' *AX*, 1948, **3**, 33.

SHIH YU-CHUNG (1). 'Some Chinese Rebel Ideologies.' *TP*, 1956, **44**, 150.

SHIMAO EIKOH (1). 'The Reception of Lavoisier's Chemistry in Japan.' *ISIS*, 1972, **63**, 311.

SHIRAI, MITSUTARŌ (1). 'A Brief History of Botany in Old Japan.' Art. in *Scientific Japan, Past and Present*, ed. Shinjo Shinzo. Kyoto, 1926. (Commemoration Volume of the 3rd Pan-Pacific Science Congress.)

SIGERIST, HENRY E. (1). *A History of Medicine*. 2 vols. Oxford, 1951. Vol. 1, *Primitive and Archaic Medicine*. Vol. 2, *Early Greek, Hindu and Persian Medicine*. Rev. (vol. 2), J. Filliozat, *JAOS*, 1926, **82**, 575.

SIGERIST, HENRY E. (2). *Landmarks in the History of Hygiene*. London, 1956.

SIGGEL, A. (1). *Die Indischen Bücher aus dem 'Paradies d. Weisheit über d. Medizin' des 'Alī Ibn Sahl Rabban al-Ṭabarī*. Steiner, Wiesbaden, 1950. (Akad. d. Wiss. u. d. Lit. in Mainz; Abhdl. d. geistes- und sozial-wissenschaftlichen Klasse, no. 14.) Crit. O. Temkin, *BIHM*, 1953, **27**, 489.

SIGGEL, A. (2). *Arabisch-Deutsches Wörterbuch der Stoffe aus den drei Natur-reichen die in arabischen alchemistischen Handschriften vorkommen; nebst Anhang, Verzeichnis chemischer Geräte*. Akad. Verlag. Berlin, 1950. (Deutsche Akad. der Wissenchaften zu Berlin; Institut f. Orientforschung, Veröffentl. no. 1.)

SIGGEL, A. (3). *Decknamen in der arabischen Alchemistischen Literatur*. Akad. Verlag. Berlin, 1951. (Deutsche Akad. der Wissenschaften zu Berlin; Institut f. Orientforschung, Veröffentl. no. 5.) Rev. M. Plessner, *OR*, **7**, 368.

SIGGEL, A. (4). 'Das Sendschreiben "Das Licht über das Verfahren des Hermes der Hermesse dem, der es begehrt".' (*Qabas al-Qabīs fī Tadbīr Harmas al-Harāmis*, early +13th cent.) *DI*, 1937, **24**, 287.

SIGGEL, A. (5) (tr.). *'Das Buch der Gifte'* [*Kitāb al-Sumūm wa daf 'maḍārrihā*] *des Jābir ibn Ḥayyān* [Kr/2145]; *Arabische Text in Faksimile...übers. u. erläutert...* Steiner, Wiesbaden, 1958. (Veröffentl. d. Orientalischen Komm. d. Akad. d. Wiss. u. d. Lit. no. 12.) Cf Kraus (2), pp. 156 ff.

SIGGEL, A. (6). 'Gynäkologie, Embryologie und Frauenhygiene aus dem "Paradies der Weisheit [*Firdaws al-Ḥikma*] über die Medizin" des Abū Ḥasan 'Alī ibn Sahl Rabban al-Ṭabarī [d. c. +860], nach der Ausgabe von Dr. M. Zubair al-Ṣiddīqī (Sonne, Berlin-Charlottenberg, 1928).' *QSGNM*, 1942, **8**, 217.

SILBERER, H. (1). *Probleme der Mystik und ihrer Symbolik*. Vienna, 1914. Eng. tr. S. E. Jelliffe, *Problems of Mysticism, and its Symbolism*. Moffat & Yard, New York, 1917.

SINGER, C. (1). *A Short History of Biology*. Oxford, 1931.

SINGER, C. (3). 'The Scientific Views and Visions of St. Hildegard.' Art. in Singer (13), vol. 1, p. 1. Cf. Singer (16), a parallel account.

SINGER, C. (4). *From Magic to Science; Essays on the Scientific Twilight*. Benn, London, 1928.

SINGER, C. (8). *The Earliest Chemical Industry; an Essay in the Historical Relations of Economics and Technology, illustrated from the Alum Trade*. Folio Society, London, 1948.

SINGER, C. (13) (ed.). *Studies in the History and Method of Science*. Oxford, vol. 1, 1917; vol. 2, 1921. Photolitho reproduction, Dawson, London, 1955.

SINGER, C. (16). 'The Visions of Hildegard of Bingen.' Art. in Singer (4), p. 199.

SINGER, C. (23). 'Alchemy' (art. in *Oxford Classical Dictionary*). Oxford.

SINGER, CHARLES (25). *A Short History of Anatomy and Physiology from the Greeks to Harvey*. Dover, New York, 1957. Revised from *The Evolution of Anatomy*. Kegan Paul, Trench, & Trubner, London, 1925.

SINGER, D. W. (1). *Giordano Bruno; His Life and Thought, with an annotated Translation of his Work 'On the Infinite Universe and Worlds'*. Schuman, New York, 1950.

SINGER, D. W. (2). 'The Alchemical Writings attributed to Roger Bacon.' *SP*, 1932, **7**, 80.

SINGER, D. W. (3). 'The Alchemical Testament attributed to Raymund Lull.' *A*, 1928, **9**, 43. (On the pseudepigraphic nature of the Lullian corpus.)

SINGER, D. W. (4). 'l'Alchimie.' Communiction to the IVth International Congress of the History of Medicine, Brussels, 1923. Sep. pub. de Vlijt, Antwerp, 1927.

SINGER, D. W., ANDERSON, A. & ADDIS, R. (1). *Catalogue of Latin and Vernacular Alchemical Manuscripts in Great Britain and Ireland before the 16th Century*. 3 vols. Lamertin, Brussels, 1928–31 (for the Union Académique Internationale).

SINGLETON, C. S. (1) (ed.). *Art, Science and History in the Renaissance*. Johns Hopkins, Baltimore, 1968.

SISCO, A. G. & SMITH, C. S. (1) (tr.). *Lazarus Ercker's Treatise on Ores and Assaying, translated from the German edition of +1580*. Univ. Chicago Press, Chicago, 1951.

SISCO, A. G. & SMITH, C. S. (2). '*Bergwerk- und Probier-büchlein'; a Translation from the German of the 'Berg-büchlein'*, a Sixteenth-Century Book on Mining Geology, by A. G. Sisco, and of the '*Probier-büchlein*', a Sixteenth-Century Work on Assaying, by A. G. Sisco & C. S. Smith; with technical annotations and historical notes. Amer. Institute of Mining and Metallurgical Engineers, New York, 1949.

SIVIN, N. (1). 'Preliminary Studies in Chinese Alchemy; the *Tan Ching Yao Chüeh* attributed to Sun Ssu-Mo (+581? to after +674).' Inaug. Diss., Harvard University, 1965. Published as: *Chinese Alchemy; Preliminary Studies*. Harvard Univ. Press, Cambridge, Mass. 1968. (Harvard Monographs in the History of Science, no. 1.) Ch. 1 sep. pub. *JSHS*, 1967, **6**, 60. Revs. J. Needham, *JAS*, 1969, 850; Ho Ping-Yü, *HJAS*, 1969, **29**, 297; M. Eliade, *HOR*, 1970, **10**, 178.

SIVIN, N. (1a). 'On the Reconstruction of Chinese Alchemy.' *JSHS*, 1967, **6**, 60 (essentially ch. 1 of Sivin, 1).

SIVIN, N. (2). 'Quality and Quantity in Chinese Alchemy.' Priv. circ. 1966; expanded as: 'Reflections on Theory and Practice in Chinese Alchemy.' Contribution to the First International Conference of Taoist Studies, Villa Serbelloni, Bellagio, 1968.

SIVIN, N. (3). Draft Translation of *Thai-Shang Wei Ling Shen Hua Chiu Chuan Tan Sha Fa* (*TT*/885). Unpublished MS., copy deposited in Harvard-Yenching Library for circulation.

SIVIN, N. (4). Critical Editions and Draft Translations of the Writings of Chhen Shao-Wei (*TT*/883 and 884, and YCCC, chs. 68–9). Unpublished MS.

SIVIN, N. (5). Critical Edition and Draft Translation of *Tan Lun Chüeh Chih Hsin Ching* (*TT*/928 and YCCC, ch. 66). Unpublished MS.

SIVIN, N. (6). 'William Lewis as a Chemist.' *CHYM*, 1962, **8**, 63.

SIVIN, N. (7). 'On the *Pao Phu Tzu* (*Nei Phien*) and the Life of Ko Hung (+283 to +343).' *ISIS*, 1969. **60**, 388.

SIVIN, N. (8). 'Chinese Concepts of Time.' *EARLH*, 1966, **1**, 82.

SIVIN, N. (9). *Cosmos and Computation in Chinese Mathematical Astronomy*. Brill, Leiden, 1969. Reprinted from *TP*, 1969, **55**.

SIVIN, N. (10). 'Chinese Alchemy as a Science.' Contrib. to '*Nothing Concealed*' (*Wu Yin Lu*); *Essays in Honour of Liu (Aisin-Gioro) Yü-Yün*, ed. F. Wakeman, Chinese Materials and Research Aids Service Centre, Thaipei, Thaiwan, 1970, p. 35.

SKRINE, C. P. (1). 'The Highlands of Persian Baluchistan.' *GJ*, 1931, **78**, 321.

DE SLANE, BARON McGUCKIN (2) (tr.). *Ibn Khallikan's Dictionary* (translation of Ibn Khallikān's *Kitāb Wafayāt al-A'yān*, a collection of 865 biographies, +1278). 4 vols. Paris, 1842–71.

SMEATON, W. A. (1). 'Guyton de Morveau and Chemical Affinity.' *AX*, 1963, **11**, 55.

SMITH, ALEXANDER (1). *Introduction to Inorganic Chemistry*. Bell, London, 1912.

SMITH, C. S. (4). 'Matter versus Materials; a Historical View.' *SC*, 1968, **162**, 637.

SMITH, C. S. (5). 'A Historical View of One Area of Applied Science—Metallurgy.' Art. in *Applied Science and Technological Progress*. A Report to the Committee on Science and Astronautics of the United States House of Representatives by the National Academy of Sciences, Washington, D.C. 1967.

SMITH, C. S. (6). 'Art, Technology and Science; Notes on their Historical Interaction.' *TCULT*, 1970, **11**, 493.

SMITH, C. S. (7). 'Metallurgical Footnotes to the History of Art.' *PAPS*, 1972, **116**, 97. (Penrose Memorial Lecture, Amer. Philos. Soc.)

SMITH, C. S. & GNUDI, M. T. (1) (tr. & ed.). *Biringuccio's 'De La Pirotechnia' of +1540, translated with an introduction and notes*. Amer. Inst. of Mining and Metallurgical Engineers, New York, 1942, repr. 1943. Reissued, with new introductory material. Basic Books, New York, 1959.

SMITH, F. PORTER (1). *Contributions towards the Materia Medica and Natural History of China, for the use of Medical Missionaries and Native Medical Students*. Amer. Presbyt. Miss. Press, Shanghai; Trübner, London, 1871.

SMITH, F. PORTER (2). 'Chinese Chemical Manufactures.' *JRAS/NCB*, 1870 (n.s.), **6**, 139.

SMITH, R. W. (1). 'Secrets of Shao-Lin Temple Boxing.' Tuttle, Rutland, Vt. and Tokyo, 1964.

SMITH, T. (1) (tr.). *The 'Recognitiones' of Pseudo-Clement of Rome* [c. +220]. In Ante-Nicene Christian Library, ed. A. Roberts & J. Donaldson, Clark, Edinburgh, 1867. vol. 3, p. 297.

SMITH, T., PETERSON, P. & DONALDSON, J. (1) (tr.). *The Pseudo-Clementine Homilies* [c. +190, attrib. Clement of Rome, *fl.* +96]. In Ante-Nicene Christian Library, ed. A. Roberts & J. Donaldson, Clark, Edinburgh, 1867. vol. 17.

SMITHELLS, C. J. (1). 'A New Alloy of High Density.' *N*, 1937, **139**, 490.

SMYTHE, J. A. (1). *Lead; its Occurrence in Nature, the Modes of its Extraction, its Properties and Uses, with Some Account of its Principal Compounds*. London and New York, 1923.

SNAPPER, I. (1). *Chinese Lessons to Western Medicine; a Contribution to Geographical Medicine from the Clinics of Peiping Union Medical College*. Interscience, New York, 1941.

SNELLGROVE, D. (1). *Buddhist Himalaya; Travels and Studies in Quest of the Origins and Nature of Tibetan Religion*. Oxford, 1957.

SNELLGROVE, D. (2). *The 'Hevajra Tantra', a Critical Study*. Oxford, 1959.

SODANO, A. R. (1) (ed. & tr.). *Porfirio* [Porphyry of Tyre]; *Lettera ad Anebo* (Greek text and Italian tr.). Arte Tip., Naples, 1958.

SOLLERS, P. (1). 'Traduction et Presentation de quelques Poèmes de Mao Tsê-Tung.' *TQ*, 1970, no. 40, 38.

SOLLMANN, T. (1). *A Textbook of Pharmacology and some Allied Sciences*. Saunders, 1st ed. Philadelphia and London, 1901. 8th ed., extensively revised and enlarged, Saunders, Philadelphia and London, 1957.

SOLOMON, D. (1) (ed.). *LSD, the Consciousness-Expanding Drug*. Putnam, New York, 1964. Rev. W. H. McGlothlin, *NN*, 1964, **199** (no. 15), 360.

SOYMIÉ, M. (4). 'Le Lo-feou Chan [Lo-fou Shan]; Étude de Géographie Religieuse.' *BEFEO*, 1956, **48**, 1–139.

SOYMIÉ, M. (5). 'Bibliographie du Taoisme; Études dans les Langues Occidentales' (pt. 2). *DK*, 1971, **4**, 290–225 (1–66); with Japanese introduction, p. 288 (3).

SOYMIÉ, M. (6). 'Histoire et Philologie de la Chine Médiévale et Moderne; Rapport sur les Conférences' (on the date of *Pao Phu Tzu*). *AEPHE/SHP*, 1971, 759.

SOYMIÉ, M. & LITSCH, F. (1). 'Bibliographie du Taoisme; Études dans les Langues Occidentales' (pt. 1). *DK*, 1968, **3**, 318–247 (1–72); with Japanese introduction, p. 316 (3).

SPEISER, E. A. (1). *Excavations at Tepe Gawra*. 2 vols. Philadelphia, 1935.

SPENCER, J. E. (3). 'Salt in China.' *GR*, 1935, **25**, 353.

SPENGLER, O. (1). *The Decline of the West*, tr. from the German, *Die Untergang des Abendlandes*, by C. F. Atkinson. 2 vols. Vol. 1, *Form and Actuality;* vol. 2, *Perspectives of World History*. Allen & Unwin, London, 1926, 1928.

SPERBER, D. (1). 'New Light on the Problem of Demonetisation in the Roman Empire.' *NC*, 1970 (7th ser.), **10**, 112.

SPETER, M. (1). 'Zur Geschichte der Wasserbad-destillation; das "Berchile" Abul Kasims.' *APHL*, 1930, **5** (no. 8), 116.

SPIZEL, THEOPHILUS (1). *De Re Literaria Sinensium Commentarius...* Leiden, 1660 (frontispiece, 1661).

SPOONER, R. C. (1). 'Chang Tao-Ling, the first Taoist Pope.' *JCE*, 1938, **15**, 503.

SPOONER, R. C. (2). 'Chinese Alchemy.' *JWCBRS*, 1940 (A), **12**, 82.

SPOONER, R. C. & WANG, C. H. (1). 'The Divine Nine-Turn Tan-Sha Method, a Chinese Alchemical Recipe.' *ISIS*, 1948, **28**, 235.

VAN DER SPRENKEL, O. (1). 'Chronology, Dynastic Legitimacy, and Chinese Historiography' (mimeographed). Paper contributed to the Study Conference at the London School of Oriental Studies

1956, but not included with the rest in *Historians of China and Japan*, ed. W. G. Beasley & E. G. Pulleybank, 1961.

SQUIRE, S. (1) (tr.). *Plutarch 'De Iside et Osiride', translated into English* (sep. pagination, text and tr.). Cambridge, 1744.

STADLER, H. (1) (ed.). *Albertus Magnus 'De Animalibus, libri* XXVI.' 2 vols. Münster i./W., 1916–21.

STANLEY, R. C. (1). *Nickel, Past and Present.* Proc. IInd Empire Mining and Metallurgical Congress, 1928, pt. 5, Non-Ferrous Metallurgy, 1–34.

STANNUS, H. S. (1). 'Notes on Some Tribes of British Central Africa [esp. the Anyanja of Nyasaland]. *JRAI*, 1912, **40**, 285.

STAPLETON, H. E. (1). 'Sal-Ammoniac; a Study in Primitive Chemistry.' *MAS/B*, 1905, **1**, 25.

STAPLETON, H. E. (2). 'The Probable Sources of the Numbers on which Jābirian Alchemy was based.' *A/AIHS*, 1953, **6**, 44.

STAPLETON, H. E. (3). 'The Gnomon as a possible link between one type of Mesopotamian *Ziggurat* and the Magic Square Numbers on which Jābirian Alchemy was based.' *AX*, 1957, **6**, 1.

STAPLETON, H. E. (4). 'The Antiquity of Alchemy.' *AX*, 1953, **5**, 1. The Summary also printed in *A/AIHS*, 1951, **4** (no. 14), 35.

STAPLETON, H. E. (5). 'Ancient and Modern Aspects of Pythagoreanism; I, The Babylonian Sources of Pythagoras' Mathematical Knowledge; II, The Part Played by the Human Hand with its Five Fingers in the Development of Mathematics; III, Sumerian Music as a possible intermediate Source of the Emphasis on Harmony that characterises the −6th-century Teaching of both Pythagoras and Confucius; IV, The Belief of Pythagoras in the Immaterial, and its Co-existence with Natural Phenomena.' *OSIS*, 1958, **13**, 12.

STAPLETON, H. E. & AZO, R. F. (1). 'Alchemical Equipment in the +11th Century.' *MAS/B*, 1905, **1**, 47. (Account of the '*Ainu al-San'ah wa-l 'Aunu al-Sana'ah* (Essence of the Art and Aid to the Workers) by Abū-l Ḥakīm al-Sālihī al-Kāthī, +1034.) Cf. Ahmad & Datta (1).

STAPLETON, H. E. & AZO, R. F. (2). 'An Alchemical Compilation of the +13th Century.' *MAS/B*, 1910, **3**, 57. (A florilegium of extracts gathered by an alchemical copyist travelling in Asia Minor and Mesopotamia about +1283.)

STAPLETON, H. E., AZO, R. F. & HUSAIN, M. H. (1). 'Chemistry in Iraq and Persia in the +10th Century.' *MAS/B*, 1927, **8**, 315–417. (Study of the *Madkhal al-Ta'limī* and the *Kitāb al-Asrār* of al-Rāzī (d. +925), the relation of Arabic alchemy with the Sabians of Ḥarrān, and the role of influences from Hellenistic culture, China and India upon it.) Revs. G. Sarton, *ISIS*, 1928, **11**, 129; J. R. Partington, *N*, 1927, **120**, 243.

STAPLETON, H. E., AZO, R. F., HUSAIN, M. H. & LEWIS, G. L. (1). 'Two Alchemical Treatises attributed to Avicenna.' *AX*, 1962, **10**, 41.

STAPLETON, H. E. & HUSAIN, H. (1) (tr.). 'Summary of the Cairo Arabic MS. of the "Treatise of Warning (*Risālat al-Ḥaḍar*)" of Agathodaimon, his Discourse to his Disciples when he was about to die.' Published as Appendix B in Stapleton (4), pp. 40 ff.

STAPLETON, H. E., LEWIS, G. L. & TAYLOR, F. SHERWOOD (1). 'The Sayings of Hermes as quoted in the *Mā al-Waraqī* of Ibn Umail' (c. +950). *AX*, 1949, **3**, 69.

STARKEY, G. [Eirenaeus Philaletha] (1). *Secrets Reveal'd; or, an Open Entrance to the Shut-Palace of the King; Containing the Greatest Treasure in Chymistry, Never yet so plainly Discovered. Composed by a most famous English-man styling himself Anonymus, or Eyrenaeus Philaletha Cosmopolita, who by Inspiration and Reading attained to the Philosophers Stone at his Age of Twenty-three Years, A.D. 1645...* Godbid for Cooper, London, 1669. Eng. tr. of first Latin ed. *Introitus Apertus...* Jansson & Weyerstraet, Amsterdam, 1667. See Ferguson (1), vol. 2, p. 192.

STARKEY, G. [Eirenaeus Philaletha] (2). *Arcanum Liquoris Immortalis, Ignis-Aquae Seu Alkehest.* London, 1683, Hamburg, 1688. Eng. tr. 1684.

STAUDENMEIER, LUDWIG (1). *Die Magie als experimentelle Wissenschaft.* Leipzig, 1912.

STEELE, J. (1) (tr.). *The 'I Li', or Book of Etiquette and Ceremonial.* 2 vols. London, 1917.

STEELE, R. (1) (ed.). *Opera Hactenus Inedita Rogeri Baconi.* 9 fascicles in 3 vols. Oxford, 1914–.

STEELE, R. (2). 'Practical Chemistry in the +12th Century; Rasis *De Aluminibus et Salibus*, the [text of the] Latin translation by Gerard of Cremona, [with an English précis].' *ISIS*, 1929, **12**, 10.

STEELE, R. (3) (tr.). *The Discovery of Secrets* [a Jābirian Corpus text]. Luzac (for the Geber Society), London, 1892.

STEELE, R. & SINGER, D. W. (1). 'The Emerald Table [*Tabula Smaragdina*].' *PRSM*, 1928, **21**, 41.

STEIN, O. (1). 'References to Alchemy in Buddhist Scriptures.' *BLSOAS*, 1933, **7**, 263.

STEIN, R. A. (5). 'Remarques sur les Mouvements du Taoisme Politico-Religieux au 2e Siècle ap. J. C.' *TP*, 1963, **50**, 1–78. Japanese version revised by the author, with French summary of the alterations. *DK*, 1967, **2**.

STEIN, R. A. (6). 'Spéculations Mystiques et Thèmes relatifs aux "Cuisines" [*chhu*] du Taoisme.' *ACF*, 1972, **72**, 489.

STEINGASS, F. J. (1). *A Comprehensive Persian–English Dictionary*. Routledge & Kegan Paul, London, 1892, repr. 1957.

STEININGER, H. (1). *Hauch- und Körper-seele, und der Dämon, bei 'Kuan Yin Tzu'*. Harrassowitz, Leipzig, 1953. (Sammlung orientalistischer Arbeiten, no. 20.)

STEINSCHNEIDER, M. (1). 'Die Europäischen Übersetzungen aus dem Arabischen bis mitte d. 17. Jahrhunderts. A. Schriften bekannter Übersetzer; B, Übersetzungen von Werken bekannter Autoren deren Übersetzer unbekannt oder unsicher sind.' *SWAW/PH*, 1904, **149** (no. 4), 1–84; 1905, **151** (no. 1), 1–108. Also sep. issued. Repr. Graz, 1956.

STEINSCHNEIDER, M. (2). 'Über die Mondstationen (Naxatra) und das Buch Arcandam.' *ZDMG*, 1864, **18**, 118. 'Zur Geschichte d. Übersetzungen ans dem Indischen in Arabische und ihres Einflusses auf die Arabische Literatur, insbesondere über die Mondstationen (Naxatra) und daraufbezüglicher Loosbücher.' *ZDMG*, 1870, **24**, 325; 1871, **25**, 378. (The last of the three papers has an index for all three.)

STEINSCHNEIDER, M. (3). 'Euklid bei den Arabern.' *ZMP*, 1886, **31** (Hist. Lit. Abt.), 82.

STEINSCHNEIDER, M. (4) *Gesammelte Schriften*, ed. H. Malter & A. Marx. Poppelauer, Berlin, 1925.

STENRING, K. (1) (tr.). *The Book of Formation, 'Sefer Yetzirah', by R. Akiba ben Joseph*...With introd. by A. E. Waite, Rider, London, 1923.

STEPHANIDES, M. K. (1). *Symbolai eis tēn Historikē tōn Physikōn Epistēmōn kai Idiōs tēs Chymeias* (in Greek). Athens, 1914. See Zacharias (1).

STEPHANIDES, M. K. (2). Study of Aristotle's views on chemical affinity and reaction. *RSCI*, 1924, **62**, 626.

STEPHANIDES, M. K. (3). *Psammourgikē kai Chymeia* (Ψαμμουργική καὶ Χυμεία) [in Greek]. Mytilene, 1909.

STEPHANIDES, M. K. (4). 'Chymeutische Miszellen.' *AGNWT*, 1912, **3**, 180.

STEPHANUS OF ALEXANDRIA. *Megalēs kai Hieras Technēs* [*Chymeia*]. Not in the *Corpus Alchem. Gr.* (Berthelot & Ruelle) but in Ideler (1), vol. 2.

STEPHANUS, HENRICUS. See Estienne, H. (1).

STILLMAN, J. M. (1). *The Story of Alchemy and Early Chemistry*. Constable, London and New York, 1924. Repr. Dover, New York, 1960.

STRASSMEIER, J. N. (1). *Inschriften von Nabuchodonosor* [−6th cent.]. Leipzig, 1889.

STRASSMEIER, J. N. (2). *Inschriften von Nabonidus* [r. −555 to −538]. Leipzig. 1889.

STRAUSS, BETTINA (1). 'Das Giftbuch des Shānāq; eine literaturgeschichtliche Untersuchung.' *QSGNM*, 1934, **4**, 89–152.

VON STRAUSS-&-TORNEY, V. (1). 'Bezeichnung der Farben Blau und Grün in Chinesischen Alterthum.' *ZDMG*, 1879, **33**, 502.

STRICKMANN, M. (1). 'Notes on Mushroom Cults in Ancient China.' Rijksuniversiteit Gent (Gand), 1966. (Paper to the 4e Journée des Orientalistes Belges, Brussels, 1966.)

STRICKMANN, M. (2). 'On the Alchemy of Thao Hung-Ching.' Unpub. MS. Revised version contributed to the 2nd International Conference of Taoist Studies, Tateshina, Japan, 1972.

STRICKMANN, M. (3). 'Taoism in the Lettered Society of the Six Dynasties.' Contribution to the 2nd International Conference of Taoist Studies, Chino (Tateshina), Japan, 1972.

STROTHMANN, R. (1). 'Gnosis Texte der Ismailiten; Arabische Handschrift Ambrosiana H 75.' *AGWG/PH*, 1943 (3rd ser.), no. 28.

STRZODA, W. (1). *Die gelben Orangen der Prinzessin Dschau, aus dem chinesischen Urtext*. Hyperion Verlag, München, 1922.

STUART, G. A. (1). *Chinese Materia Medica; Vegetable Kingdom, extensively revised from Dr F. Porter Smith's work*. Amer. Presbyt. Mission Press, Shanghai, 1911. An expansion of Smith, F.P. (1).

STUART, G. A. (2). 'Chemical Nomenclature.' *CRR*, 1891; 1894, **25**, 88; 1901, **32**, 305.

STUHLMANN, C. C. (1). 'Chinese Soda.' *JPOS*, 1895, **3**, 566.

SUBBARAYAPPA, B. V. (1). 'The Indian Doctrine of Five Elements.' *IJHS*, 1966, **1**, 60.

SUDBOROUGH, J. J. (1). *A Textbook of Organic Chemistry; translated from the German of A. Bernthsen, edited and revised*. Blackie, London, 1906.

SUDHOFF, K. (1). 'Eine alchemistische Schrift des 13. Jahrhunderts betitelt *Speculum Alkimie Minus*, eines bisher unbekannten Mönches Simeon von Köln.' *AGNT*, 1922, **9**, 53.

SUDHOFF, K. (2). 'Alkoholrezept aus dem 8. Jahrhundert?' [The earliest version of the *Mappae Clavicula*, now considered c. +820.] *NW*, 1917, **16**, 681.

SUDHOFF, K. (3). 'Weiteres zur Geschichte der Destillationstechnik.' *AGNT*, 1915, **5**, 282.

SUDHOFF, K. (4). 'Eine Herstellungsanweisung für "Aurum Potabile" und "Quinta Essentia" von dem herzogliche Leibarzt Albini di Moncalieri (14ter Jahrh.).' *AGNT*, 1915, **5**, 198.

SÜHEYL ÜNVER, A. (1). *Tanksuknamei Ilhan der Fününu Ulumu Hatai Mukaddinesi* (Turkish tr.) T. C. Istanbul Universitesi Tib Tarihi Enstitusu Adet 14. Istanbul, 1939.

SÜHEYL ÜNVER, A. (2). *Wang Shu-ho eseri hakkinda* (Turkish with Eng. summary). Tib. Fak. Mecmuasi. Yil 7, Sayr 2, Umumi no. 28. Istanbul, 1944.

AL-SUHRAWARDY, ALLAMA SIR ABDULLAH AL-MAMUN (1) (ed.). *The Sayings of Muḥammad* [ḥadith]. With foreword by M. K. (Mahatma) Gandhi. Murray, London, 1941. (Wisdom of the East series.)

SUIDAS (1). *Lexicon Graece et Latine...(c. +1000)*, ed. Aemilius Portus & Ludolph Kuster, 3 vols. Cambridge, 1705.

SULLIVAN, M. (8). 'Kendi' (drinking vessels, Skr. *kundika*, with neck and side-spout). *ACASA*, 1957, **11**, 40.

SUN JEN I-TU & SUN HSÜEH-CHUAN (1) (tr.). '*Thien Kung Khai Wu*', *Chinese Technology in the Seventeenth Century, by Sung Ying-Hsing*. Pennsylvania State Univ. Press; University Park & London, Penn. 1966.

SUTER, H. (1). *Die Mathematiker und Astronomen der Araber und ihre Werke*. Teubner, Leipzig, 1900. (Abhdl. z. Gesch. d. Math. Wiss. mit Einschluss ihrer Anwendungen, no. 10; supplement to *ZMP*, **45**.) Additions and corrections in *AGMW*, 1902, no. 14.

SUZUKI SHIGEAKI (1). 'Milk and Milk Products in the Ancient World.' *JSHS*, 1965, **4**, 135.

SWEETSER, WM. (1). *Human Life*. New York, 1867.

SWINGLE, W. T. (12). 'Notes on Chinese Accessions; chiefly Medicine, Materia Medica and Horticulture.' *ARLC/DO*, 1928/1929, 311. (On the *Pên Tshao Yen I Pu I*, the *Yeh Tshai Phu*, etc.; including translations by M. J. Hagerty.)

SYNCELLOS, GEORGIOS (1). *Chronographia (c. +800)*, ed. W. Dindorf. Weber, Bonn, 1829 (in *Corp. Script. Hist. Byz.* series). Ed. P. J. Goar, Paris, 1652.

TANAKA, M. (1). *The Development of Chemistry in Modern Japan*. Proc. XIIth Internat. Congr. Hist. of Sci., Paris, 1968. Abstracts & Summaries, p. 232; Actes, vol. 6, p. 107.

TANAKA, M. (2). 'A Note to the History of Chemistry in Modern Japan, [with a Select List of the most important Contributions of Japanese Scientists to Modern Chemistry].' *SHST/T*, Special Issue for the XIIth Internat. Congress of the Hist. of Sci., Paris, 1968.

TANAKA, M. (3). 'Einige Probleme der Vorgeschichte der Chemie in Japan; Einführung und Aufnahme der modernen Materienbegriffe.' *JSHS*, 1967, **6**, 96.

TANAKA, M. (4). 'Ein Hundert Jahre der Chemie in Japan.' *JSHS*, 1964, **3**, 89.

TARANZANO, C. (1). *Vocabulaire des Sciences Mathématiques, Physiques et Naturelles*. 2 vols. Hsien-hsien, 1936.

TARN, W. W. (1). *The Greeks in Bactria and India*. Cambridge, 1951.

TASLIMI, MANUCHECHR (1). 'An Examination of the *Nihāyat al-Ṭalab* (The End of the Search) [by 'Izz al-Dīn Aidamur ibn 'Ali ibn Aidamar al-Jildakī, c. +1342] and the Determination of its Place and Value in the History of Islamic Chemistry.' Inaug. Diss. London, 1954.

TATARINOV, A. (2). 'Bemerkungen ü. d. Anwendung schmerzstillender Mittel bei den Operationen, und die Hydropathie, in China.' Art. in *Arbeiten d. k. Russischen Gesandschaft in Peking über China, sein Volk, seine Religion, seine Institutionen, socialen Verhältnisse, etc.*, ed. C. Abel & F. A. Mecklenburg. Heinicke, Berlin, 1858. Vol. 2, p. 467.

TATOJAYA, YATODHARMA (1) (tr.). *The 'Kokkokam' of Ativira Rama Pandian* [a Tamil prince at Madura, late +16th cent.]. Med. Book Co., Calcutta, 1949. Bound with R. Schmidt (3).

TAYLOR, F. SHERWOOD (2). 'A Survey of Greek Alchemy.' *JHS*, 1930, **50**, 109.

TAYLOR, F. SHERWOOD (3). *The Alchemists*. Heinemann, London, 1951.

TAYLOR, F. SHERWOOD (4). *A History of Industrial Chemistry*. Heinemann, London, 1957.

TAYLOR, F. SHERWOOD (5). 'The Evolution of the Still.' *ANS*, 1945, **5**, 185.

TAYLOR, F. SHERWOOD (6). 'The Idea of the Quintessence.' Art. in *Science, Medicine and History* (Charles Singer Presentation Volume), ed. E. A. Underwood, Oxford, 1953. Vol. 1, p. 247.

TAYLOR, F. SHERWOOD (7). 'The Origins of Greek Alchemy.' *AX*, 1937, **1**, 30.

TAYLOR, F. SHERWOOD (8) (tr. and comm.). 'The Visions of Zosimos [of Panopolis].' *AX*, 1937, **1**, 88.

TAYLOR, F. SHERWOOD (9) (tr. and comm.). 'The Alchemical Works of Stephanos of Alexandria.' *AX*, 1937, **1**, 116; 1938, **2**, 38.

TAYLOR, F. SHERWOOD (10). 'An Alchemical Work of Sir Isaac Newton.' *AX*, 1956, **5**, 59.

TAYLOR, F. SHERWOOD (11). 'Symbols in Greek Alchemical Writings.' *AX*, 1937, **1**, 64.

TAYLOR, F. SHERWOOD & SINGER, CHARLES (1). 'Pre-scientific Industrial Chemistry [in the Mediterranean Civilisations and the Middle Ages].' Art. in *A History of Technology*, ed. C. Singer et al. Oxford, 1956. Vol. 2, p. 347.

TAYLOR, J. V. (1). *The Primal Vision; Christian Presence amid African Religion*. SCM Press, London, 1963.

TEGENGREN, F. R. (1). 'The Iron Ores and Iron Industry of China; including a summary of the Iron situation of the Circum-Pacific Region.' *MGSC*, 1921 (Ser. A), no. 2, pt. I, pp. 1–180, with Chinese abridgement of 120 pp. 1923 (Ser. A), no. 2, pt. II, pp. 181–457, with Chinese abridgement of 190 pp. The section on the Iron Industry starts from p. 297: 'General Survey; Historical Sketch' [based mainly on Chang Hung-Chao (*1*)], pp. 297–314; 'Account of the Industry [traditional] in different Provinces', pp. 315–64; 'The Modern Industry', pp. 365–404; 'Circum-Pacific Region', pp. 405-end.

TEGENGREN, F. R. (2). 'The Hsi-khuang Shan Antimony Mining Fields in Hsin-hua District, Hunan.' *BGSC*, 1921, no. 3, 1–25.

TEGENGREN, F. R. (3). 'The Quicksilver Deposits of China.' *BGSC*, 1920, no. 2, 1–36.

TEGGART, F. J. (1). *Rome and China; a Study of Correlations in Historical Events*. Univ. of California Press, Berkeley, Calif. 1939.

TEICH, MIKULÁŠ (1) (ed.). *J. E. Purkyně, 'Opera Selecta'*. Prague, 1948.

TEICH, MIKULÁŠ (2). 'From "Enchyme" to "Cyto-Skeleton"; the Development of Ideas on the Chemical Organisation of Living Matter.' Art. in *Changing Perspectives in the History of Science...*, ed. M. Teich & R. Young, Heinemann, London, 1973, p. 439.

TEICH, MIKULÁŠ & YOUNG, R. (1) (ed.). *Changing Perspectives in the History of Science...* Heinemann, London, 1973.

TEMKIN, O. (3). 'Medicine and Graeco-Arabic Alchemy.' *BIHM*, 1955, **29**, 134.

TEMKIN, O. (4). 'The Classical Roots of Glisson's Doctrine of Irritation.' *BIHM*, 1964, **38**, 297.

TEMPLE, SIR WM. (3). 'On Health and Long Life.' In *Works*, 1770 ed. vol. 3, p. 266.

TESTE, A. (1). *Homoeopathic Materia Medica, arranged Systematically and Practically*. Eng. tr. from the French, by C. J. Hempel. Rademacher & Shelk, Philadelphia, 1854.

TESTI, G. (1). *Dizionario di Alchimia e di Chimica Antiquaria*. Mediterranea, Rome, 1950. Rev. F. S[herwood] T[aylor], *AX*, 1953, **5**, 55.

THACKRAY, A. (1). '"Matter in a Nut-shell"; Newton's "Opticks" and Eighteenth-Century Chemistry.' *AX*, 1968, **15**, 29.

THELWALL, S. & HOLMES, P. (1) (tr.). *The Writings of Tertullian* [c. +200]. In Ante-Nicene Christian Library, ed. A. Roberts & J. Donaldson. Clark, Edinburgh, 1867, vols. 11, 15 and 18.

THEOBALD, W. (1). 'Der Herstelling der Bronzefarbe in Vergangenheit und Gegenwart.' *POLYJ*, 1913, **328**, 163.

THEOPHANES (+758 to +818) (1). *Chronographia*, ed. Classen (in *Corp. Script. Hist. Byz.* series).

[THEVENOT, D.] (1) (ed.). *Scriptores Graeci Mathematici, Veterum Mathematicorum Athenaei, Bitonis, Apollodori, Heronis et aliorum Opera Gr. et Lat. pleraque nunc primum edita* [including the *Kestoi* of Julius Africanus]. Paris, 1693.

THOMAS, E. J. (2). '[The State of the Dead in] Buddhist [Belief].' *ERE*, vol. xi, p. 829.

THOMAS, SIR HENRY (1). 'The Society of Chymical Physitians; an Echo of the Great Plague of London, +1665.' Art. in Singer Presentation Volume, *Science, Medicine and History*, ed. E. A. Underwood. 2 vols. Oxford, 1953. Vol. 2, p. 56.

THOMPSON, D. V. (1). *The Materials of Mediaeval Painting*. London, 1936.

THOMPSON, D. V. (2) (tr.). *The 'Libro dell Arte' of Cennino Cennini* [+1437]. Yale Univ. Press, New Haven, Conn. 1933.

THOMPSON, NANCY (1). 'The Evolution of the Thang Lion-and-Grapevine Mirror.' *AA*, 1967, **29**. Sep. pub. Ascona, 1968; with an addendum on the Jen Shou Mirrors by A. C. Soper.

THOMPSON, R. CAMPBELL (5). *On the Chemistry of the Ancient Assyrians* (mimeographed, with plates of Assyrian cuneiform tablets, romanised transcriptions and translations). Luzac, London, 1925.

THOMS, W. J. (1). *Human Longevity; its Facts and Fictions*. London, 1873.

THOMSEN, V. (1). 'Ein Blatt in türkische "Runen"-schrift aus Turfan.' *SPAW/PH*, 1910, 296. Followed by F. C. Andreas: 'Zwei Soghdische Exkurse zu V. Thomsen's "Ein Blatt...".' 307.

THOMSON, JOHN (2). '[Glossary of Chinese Terms for] Photographic Chemicals and Apparatus.' In Doolittle (1), vol. 2, p. 319.

THOMSON, T. (1). *A History of Chemistry*. 2 vols. Colburn & Bentley, London, 1830.

THORNDIKE, LYNN (1). *A History of Magic and Experimental Science*. 8 vols. Columbia Univ. Press, New York:
    Vols. 1 & 2 (The First Thirteen Centuries), 1923, repr. 1947;
    Vols. 3 and 4 (Fourteenth and Fifteenth Centuries), 1934;
    Vols. 5 and 6, (Sixteenth Century), 1941;
    Vols. 7 and 8 (Seventeenth Century), 1958.
    Rev. W. Pagel, *BIHM*, 1959, **33**, 84.

THORNDIKE, LYNN (6). 'The *cursus philosophicus* before Descartes.' *A/AIHS*, 1951, **4 (30)**, 16.

THORPE, SIR EDWARD (1). *History of Chemistry*. 2 vols. in one. Watts, London, 1921.

THURSTON, H. (1). *The Physical Phenomena of Mysticism*, ed. J. H. Crehan. Burns & Oates, London, 1952. French tr. by M. Weill, *Les Phenomènes Physiques du Mysticisme aux Frontières de la Science*. Gallimard, Paris, 1961.

TIEFENSEE, F. (1). *Wegweiser durch die chinesischen Höflichkeits-Formen*. Deutschen Gesellsch. f. Natur- u. Völkerkunde Ostasiens, Tokyo, 1924 (*MDGNVO*, **18**), and Behrend, Berlin, 1924.

TIMKOVSKY, G. (1). *Travels of the Russian Mission through Mongolia to China, and Residence in Peking in the Years 1820–1*, with corrections and notes by J. von Klaproth. Longmans, Rees, Orme, Brown & Green, London, 1827.

TIMMINS, S. (1). 'Nickel German Silver Manufacture', art. in *The Resources, Products and Industrial History of Birmingham and the Midland Hardware District*, ed. S. Timmins. London, 1866, p. 671.

TOBLER, A. J. (1). *Excavations at Tepe Gawra*. 2 vols. Philadelphia, 1950.

TOLL, C. (1). *Al-Hamdānī, 'Kitāb al-Jauharatain' etc., 'Die beiden Edelmetalle Gold und Silber'*, herausgegeben u. übersetzt...University Press, Uppsala, 1968 (*UUA*, Studia Semitica, no. 1).

TOLL, C. (2). 'Minting Technique according to Arabic Literary Sources.' *ORS*, 1970, **19–20**, 125.

TORGASHEV, B. P. (1). *The Mineral Industry of the Far East*. Chali, Shanghai, 1930.

DE TOURNUS, J. GIRARD (1) (tr.). *Roger Bachon de l'Admirable Pouvoir et Puissance de l'Art et de Nature, ou est traicté de la pierre Philosophale*. Lyons, 1557, Billaine, Paris, 1628. Tr. of *De Mirabili Potestate Artis et Naturae, et de Nullitate Magiae.*

TRIGAULT, NICHOLAS (1). *De Christiana Expeditione apud Sinas*. Vienna, 1615; Augsburg, 1615. Fr. tr.: *Histoire de l'Expédition Chrétienne au Royaume de la Chine, entrepris par les PP. de la Compagnie de Jésus, comprise en cinq livres...tirée des Commentaires du P. Matthieu Riccius, etc.* Lyon, 1616; Lille, 1617; Paris, 1618. Eng. tr. (partial): *A Discourse of the Kingdome of China, taken out of Ricius and Trigautius*, In *Purchas his Pilgrimes*. London, 1625, vol. 3, p. 380. Eng. tr. (full): see Gallagher (1). Trigault's book was based on Ricci's *I Commentarj della Cina* which it follows very closely, even verbally, by chapter and paragraph, introducing some changes and amplifications, however. Ricci's book remained unprinted until 1911, when it was edited by Venturi (1) with Ricci's letters; it has since been more elaborately and sumptuously edited alone by d'Elia (2).

TSHAO THIEN-CHHIN, HO PING-YÜ & NEEDHAM, JOSEPH (1). 'An Early Mediaeval Chinese Alchemical Text on Aqueous Solutions' (the *San-shih-liu Shui Fa*, early +6th century). *AX*, 1959, **7**, 122. Chinese tr. by Wang Khuei-Kho (1), *KHSC*, 1963, no. 5, 67.

TSO, E. (1). 'Incidence of Rickets in Peking; Efficacy of Treatment with Cod-liver Oil.' *CMJ*, 1924, **38**, 112.

TSUKAHARA, T. & TANAKA, M. (1). 'Edward Divers; his Work and Contribution to the Foundation of [Modern] Chemistry in Japan.' *SHST/T*, 1965, 4.

TU YÜ-TSHANG, CHIANG JUNG-CHHING & TSOU CHHÊNG-LU (1). 'Conditions for the Successful Resynthesis of Insulin from its Glycyl and Phenylalanyl Chains.' *SCISA*, 1965, **14**, 229.

TUCCI, G. (4). 'Animadversiones Indicae; VI, A Sanskrit Biography of the Siddhas, and some Questions connected with Nāgārjuna.' *JRAS/B*, 1930, **26**, 138.

TUCCI, G. (5). *Teoria e Practica del Maṇḍala*. Rome, 1949. Eng. tr. London, 1961.

ULSTADT, PHILIP (1). *Coelum Philosophorum seu de Secretis Naturae Liber*. Strassburg, 1526 and many subsequent eds.

UNDERWOOD, A. J. V. (1). 'The Historical Development of Distilling Plant.' *TICE*, 1935, **13**, 34.

URDANG, G. (1). 'How Chemicals entered the Official Pharmacopoeias.' *A/AIHS*, 1954, **7**, 303.

URE, A. (1). *A Dictionary of Arts, Manufactures and Mines*. 1st ed., 2 vols, London, 1839. 5th ed. 3 vols. ed. R. Hunt, Longman, Green, Longman & Roberts, London, 1860.

VACCA, G. (2). 'Nota Cinesi.' *RSO*, 1915, **6**, 131. (1) A silkworm legend from the *Sou Shen Chi*. (2) The fall of a meteorite described in *Mêng Chhi Pi Than*. (3) Invention of movable type printing (*Mêng Chhi Pi Than*). (4) A problem of the mathematician I-Hsing (chess permutations and combinations) in *Mêng Chhi Pi Than*. (5) An alchemist of the +11th century (*Mêng Chhi Pi Than*).

VAILLANT, A. (1) (tr.). *Le Livre des Secrets d'Hénoch; Texte Slave et Traduction Française*. Inst. d'Études Slaves, Paris, 1952. (Textes Publiés par l'Inst. d'Ét. Slaves, no. 4.)

VALESIUS, HENRICUS (1). *Polybii, Diodori Siculi, Nicolai Damasceni, Dionysii Halicar[nassi], Appiani, Alexand[ri] Dionis[ii] et Joannis Antiocheni, Excerpta et Collectaneis Constantini Augusti [VII] Porphyrogenetae...nunc primum Graece edidit, Latine vertit, Notisque illustravit*. Du Puis, Paris, 1634.

DE LA VALLÉE-POUSSIN, L. (9). '[The "Abode of the Blest" in] Buddhist [Belief].' *ERE*, vol. ii, p. 686.

VANDERMONDE, J. F. (1). 'Eaux, Feu (et Cautères), Terres etc., Métaux, Minéraux et Sels, du *Pên Ts'ao Kang Mou*.' MS., accompanied by 80 (now 72) specimens of inorganic substances collected and studied at Macao or on Poulo Condor Island in +1732, then presented to Bernard de Jussieu, who deposited them in the Musée d'Histoire Naturelle at Paris. The samples were analysed for E. Biot (22) by Alexandre Brongniart (in 1835 to 1840), and the MS. text (which had been acquired from the de Jussieu family by the Museum in 1857) printed in excerpt form by de Mély (1), pp. 156–248. Between 1840 and 1895 the collection was lost, but found again by Lacroix, and the MS. text, not catalogued at the time of acquisition, was also lost, but found again by Deniker; both in time for the work of de Mély.

VARENIUS, BERNARD (1). *Descriptio Regni Japoniae et Siam; item de Japoniorum Religione et Siamensium; de Diversis Omnium Gentium Religionibus...* Hayes, Cambridge, 1673.

VARENIUS, BERNARD (2). *Geographiae Generalis, in qua Affectiones Generales Telluris explicantur summa cura quam plurimus in locis Emendata, et XXXIII Schematibus Novis, aere incisis, una cum Tabb. aliquot quae desiderabantur Aucta et Illustrata, ab Isaaco Newton, Math. Prof. Lucasiano apud Cantabrigiensis.* Hayes, Cambridge, 1672. 2nd ed. (*Auctior et Emendatior*), 1681.

VÄTH, A. (1) (with the collaboration of L. van Hée). *Johann Adam Schall von Bell, S. J., Missionar in China, Kaiserlicher Astronom und Ratgeber am Hofe von Peking; ein Lebens- und Zeit-bild.* Bachem, Köln, 1933. (Veröffentlichungen des Rheinischen Museums in Köln, no. 2.) Crit. P. Pelliot, *TP*, 1934, **31**, 178.

VAUGHAN, T. [Eugenius Philalethes] (1), (attrib.), *A Brief Natural History, intermixed with a Variety of Philosophical Discourses, and Observations upon the Burning of Mount Aetna; with Refutations of such vulgar Errours as our Modern Authors have omitted.* Smelt, London, 1669. See Ferguson (1), vol. 2, p. 197; Waite (4), p. 492.

VAUGHAN, T. (Eugenius Philalethes] (2). *Magia Adamica; or, the Antiquitie of Magic, and the Descent thereof from Adam downwards proved; Whereunto is added, A Perfect and True Discoverie of the True Coelum Terrae, or the Magician's Heavenly Chaos, and First Matter of All Things.* London, 1650. Repr. in Waite (5). Germ. ed. Amsterdam, 1704. See Ferguson (1), vol. 2, p. 196.

DE VAUX, B. CARRA (5). '*L'Abrégé des Merveilles*' (*Mukhtaṣaru'l-'Ajā'ib*) traduit de l'Arabe...(A work attributed to al-Mas'ūdī.) Klincksieck, Paris, 1898.

VAVILOV, S. I. (1). 'Newton and the Atomic Theory.' Essay in *Newton Tercentenary Celebrations Volume* (July 1946). Royal Society, London, 1947, p. 43.

DE VEER, GERARD (1). 'The Third Voyage Northward to the Kingdoms of Cathaia, and China, Anno 1596.' In *Purchas his Pilgrimes*, 1625 ed., vol. 3, pt. 2, bk. iii. p. 482; ed. of McLehose, Glasgow, 1906, vol. 13, p. 91.

VEI CHOW JUAN. See Wei Chou-Yuan.

VELER, C. D. & DOISY, E. A. (1). 'Extraction of Ovarian Hormone from Urine.' *PSEBM*, 1928, **25**, 806.

VON VELTHEIM, COUNT (1). *Von den goldgrabenden Ameisen und Greiffen der Alten; eine Vermuthung.* Helmstadt, 1799.

VERHAEREN, H. (1). *L'Ancienne Bibliothèque du Pé-T'ang.* Lazaristes Press, Peking, 1940.

DI VILLA, E. M. (1). *The Examination of Mines in China.* North China Daily Mail, Tientsin, 1919.

DE VILLARD, UGO MONNERET (2). *Le Leggende Orientali sui Magi Evangelici.* Vatican City, 1952. (Studie Testi, no. 163.)

DE VISSER, M. W. (2). *The Dragon in China and Japan.* Müller, Amsterdam, 1913. Orig. in *VKAWA/L*, 1912 (n. r.), **13** (no. 2.).

V[OGT], E. (1). 'The Red Colour Used in [Palaeolithic and Neolithic] Graves.' *CIBA/T*, 1947, **5** (no. 54), 1968.

VOSSIUS, G. J. (1). *Etymologicon Linguae Latinae.* Martin & Allestry, London, 1662; also Amsterdam, 1695, etc.

WADDELL, L. A. (4). '[The State of the Dead in] Tibetan [Religion].' *ERE*, vol. xi, p. 853.

WAITE, A. E. (1). *Lives of Alchemystical Philosophers, based on Materials collected in 1815 and supplemented by recent Researches; with a Philosophical Demonstration of the True Principles of the Magnum Opus or Great Work of Alchemical Re-construction, and some Account of the Spiritual Chemistry...; to Which is added, a Bibliography of Alchemy and Hermetic Philosophy.* Redway, London, 1888. Based on: [Barrett, Francis], (attrib.). *The Lives of Alchemystical Philosophers; with a Critical Catalogue of Books in Occult Chemistry, and a Selection of the most Celebrated Treatises on the Theory and Practice of the Hermetic Art.* Lackington & Allen, London, 1814, with title-page slightly changed, 1815. See Ferguson (1), vol. 2, p. 41. The historical material in both these works is now totally unreliable and outdated; two-thirds of it concerns the 17th century and later periods, even as enlarged and re-written by Waite. The catalogue is 'about the least critical compilation of the kind extant'.

WAITE, A. E. (2). *The Secret Tradition in Alchemy; its Development and Records.* Kegan Paul, Trench & Trübner, London; Knopf, New York, 1926.

WAITE, A. E. (3). *The Hidden Church of the Holy Graal* [Grail]; *its Legends and Symbolism considered in their Affinity with certain Mysteries of Initiation and Other Traces of a Secret Tradition in Christian Times.* Rebman, London, 1909.

WAITE, A. E. (4) (ed.). *The Works of Thomas Vaughan; Eugenius Philalethes...* Theosophical Society, London, 1919.

WAITE, A. E. (5) (ed.). *The Magical Writings of Thomas Vaughan (Eugenius Philalethes); a verbatim reprint of his first four treatises;* '*Anthroposophia Theomagica*', '*Anima Magica Abscondita*', '*Magia Adamica*' and the '*Coelum Terrae*'. Redway, London, 1888.

WAITE, A. E. (6) (tr.). *The Hermetic and Alchemical Writings of Aureolus Philippus Theophrastus Bombast of Hohenheim, called Paracelsus the Great*...2 vols. Elliott, London, 1894. A translation of the Latin Works, Geneva, 1658.

WAITE, A. E. (7) (tr.). *The 'New Pearl of Great Price', a Treatise concerning the Treasure and most precious Stone of the Philosophers* [by P. Bonus of Ferrara, c. +1330]. Elliott, London, 1894. Tr. from the Aldine edition (1546).

WAITE, A. E. (8) (tr.). *The Hermetic Museum Restored and Enlarged; most faithfully instructing all Disciples of the Sopho-Spagyric Art how that Greatest and Truest Medicine of the Philosophers' Stone may be found and held; containing Twenty-two most celebrated Chemical Tracts.* 2 vols. Elliott, London, 1893, later repr. A translation of Anon. (87).

WAITE, A. E. (9). *The Brotherhood of the Rosy Cross; being Records of the House of the Holy Spirit in its Inward and Outward History.* Rider, London, 1924.

WAITE, A. E. (10). *The Real History of the Rosicrucians.* London, 1887.

WAITE, A. E. (11) (tr.). *The 'Triumphal Chariot of Antimony', by Basilius Valentinus, with the Commentary of Theodore Kerckringius.* London, 1893. A translation of the Latin *Currus Triumphalis Antimonii*, Amsterdam, 1685.

WAITE, A. E. (12). *The Holy Kabbalah; a Study of the Secret Tradition in Israel as unfolded by Sons of the Doctrine for the Benefit and Consolation of the Elect dispersed through the Lands and Ages of the Greater Exile.* Williams & Norgate, London, 1929.

WAITE, A. E. (13) (tr.). *The 'Turba Philosophorum', or, 'Assembly of the Sages'; called also the 'Book of Truth in the Art' and the Third Pythagorical Synod; an Ancient Alchemical Treatise translated from the Latin, [together with] the Chief Readings of the Shorter Codex, Parallels from the Greek Alchemists, and Explanations of Obscure Terms.* Redway, London, 1896.

WAITE, A. E. (14). 'The Canon of Criticism in respect of Alchemical Literature.' *JALCHS*, 1913, **1**, 17. His reply to the discussion, p. 32.

WAITE, A. E. (15). 'The Beginnings of Alchemy.' *JALCHS*, 1915, **3**, 90. Discussion, pp. 101 ff.

WAITE, A. E. See also Stenring (1).

WAKEMAN, F. (1) (ed.). *Wu Yin Lu, 'Nothing Concealed'; Essays in Honour of Liu (Aisin-Gioro) Yü-Yün.* Chinese Materials and Research Aids Service Centre, Thaipei, Thaiwan, 1970.

WALAAS, O. (1) (ed.). *The Molecular Basis of Some Aspects of Mental Activity.* 2 vols. Academic Press, London and New York, 1966–7.

WALDEN, P. (1). *Mass, Zahl und Gewicht in der Chemie der Vergangenheit; ein Kapitel aus der Vorgeschichte des Sogenannten quantitative Zeitalters der Chemie.* Enke, Stuttgart, 1931. Repr. Liebing, Würzburg, 1970. (Samml. chem. u. chem. techn. Vorträge, N.F. no. 8.)

WALDEN, P. (2). 'Zur Entwicklungsgeschichte d. chemischen Zeichen.' Art. in *Studien z. Gesch. d. Chemie* (von Lippmann Festschrift), ed. J. Ruska. Springer, Berlin, 1927, p. 80.

WALDEN, P. (3). *Geschichte der Chemie.* Universitätsdruckerei, Bonn, 1947. 2nd ed. Athenäum, Bonn, 1950.

WALDEN, P. (4). 'Paracelsus und seine Bedeutung für die Chemie.' *ZAC/AC*, 1941, **54**, 421.

WALEY, A. (1) (tr.). *The Book of Songs.* Allen & Unwin, London, 1937.

WALEY, A. (4) (tr.). *The Way and its Power; a Study of the 'Tao Tê Ching' and its Place in Chinese Thought.* Allen & Unwin, London, 1934. Crit. Wu Ching-Hsiang, *TH*, 1935, **1**, 225.

WALEY, A. (10) (tr.). *The Travels of an Alchemist; the Journey of the Taoist [Chhiu] Chhang-Chhun from China to the Hindu-Kush at the summons of Chingiz Khan, recorded by his disciple Li Chih-Chhang.* Routledge, London, 1931. (Broadway Travellers Series.) Crit. P. Pelliot, *TP*, 1931, **28**, 413.

WALEY, A. (14). 'Notes on Chinese Alchemy, supplementary to Johnson's "Study of Chinese Alchemy".' *BLSOAS*, 1930, **6**, 1. Revs. P. Pelliot, *TP*, 1931, **28**, 233; Tenney L. Davis, *ISIS*, 1932, **17**, 440.

WALEY, A. (17). *Monkey, by Wu Chhêng-Ên.* Allen & Unwin, London, 1942.

WALEY, A. (23). *The Nine Songs; a study of Shamanism in Ancient China* [the Chiu Ko attributed traditionally to Chhü Yuan]. Allen & Unwin, London, 1955.

WALEY, A. (24). 'References to Alchemy in Buddhist Scriptures.' *BLSOAS*, 1932, **6**, 1102.

WALEY, A. (27) (tr.). *The Tale of Genji.* 6 vols. Allen & Unwin, London; Houghton Mifflin, New York, 1925–33.
　　Vol. 1　*The Tale of Genji.*
　　Vol. 2　*The Sacred Tree.*
　　Vol. 3　*A Wreath of Cloud.*
　　Vol. 4　*Blue Trousers.*
　　Vol. 5　*The Lady of the Boat.*
　　Vol. 6　*The Bridge of Dreams.*

WALKER, D. P. (1). 'The Survival of the "Ancient Theology" in France, and the French Jesuit Missionaries in China in the late Seventeenth Century.' MS. of Lecture at the Cambridge History of Science Symposium, Oct. 1969. Pr. in Walker (2) pp. 194 ff.

WALKER, D. P. (2). *The Ancient Theology; Studies in Christian Platonism from the +15th to the +18th Century*. Duckworth, London, 1972.

WALKER, D. P. (3). 'Francis Bacon and *Spiritus*', art. in *Science, Medicine and Society in the Renaissance* (Pagel Presentation Volume), ed. Debus (20), vol. 2, p. 121.

WALKER, W. B. (1). 'Luigi Cornaro; a Renaissance Writer on Personal Hygiene.' *BIHM*, 1954, **28**, 525.

WALLACE, R. K. (1). 'Physiological Effects of Transcendental Meditation.' *SC*, 1970, **167**, 1751.

WALLACE, R. K. & BENSON, H. (1). 'The Physiology of Meditation.' *SAM*, 1972, **226** (no. 2), 84.

WALLACE, R. K., BENSON, H. & WILSON, A. F. (1). 'A Wakeful Hypometabolic Physiological State.' *AJOP*, 1971, **221**, 795.

WALLACKER, B. E. (1) (tr.). *The 'Huai Nan Tzu' Book, [Ch.] 11; Behaviour, Culture and the Cosmos.* Amer. Oriental Soc., New Haven, Conn. 1962. (Amer. Oriental Series, no. 48.)

VAN DE WALLE, B. (1). 'Le Thème de la Satire des Métiers dans la Littérature Egyptienne.' *CEG*, 1947, **43**, 50.

WALLESER, M. (3). 'The Life of Nāgārjuna from Tibetan and Chinese Sources.' *AM* (Hirth Anniversary Volume), **1**, 1.

WALSHE, W. G. (1). '[Communion with the Dead in] Chinese [Thought and Liturgy].' *ERE*, vol. iii, p. 728.

WALTON, A. HULL. See Davenport, John.

WANG, CHHUNG-YU (1). *Bibliography of the Mineral Wealth and Geology of China*. Griffin, London, 1912.

WANG, CHHUNG-YU (2). *Antimony: its History, Chemistry, Mineralogy, Geology, Metallurgy, Uses, Preparations, Analysis, Production and Valuation; with Complete Bibliographies*. Griffin, London, 1909.

WANG CHHUNG-YU (3). *Antimony; its Geology, Metallurgy, Industrial Uses and Economics*. Griffin, London, 1952. ('3rd edition' of Wang Chhung-Yu (2), but it omits the chapters on the history, chemistry, mineralogy and analysis of antimony, while improving those that are retained.)

WANG CHI-MIN & WU LIEN-TÊ (1). *History of Chinese Medicine*. Nat. Quarantine Service, Shanghai, 1932, 2nd ed. 1936.

WANG CHIUNG-MING (1). 'The Bronze Culture of Ancient Yunnan.' *PKR*, 1960 (no. 2), 18. Reprinted in mimeographed form, Collet's Chinese Bookshop, London, 1960.

WANG LING (1). 'On the Invention and Use of Gunpowder and Firearms in China.' *ISIS*, 1947, **37**, 160.

WARE, J. R. (1). 'The *Wei Shu* and the *Sui Shu* on Taoism.' *JAOS*, 1933, **53**, 215. Corrections and emendations in *JAOS*, 1934, **54**, 290. Emendations by H. Maspero, *JA*, 1935, **226**, 313.

WARE, J. R. (5) (tr.). *Alchemy, Medicine and Religion in the China of +320; the 'Nei Phien' of Ko Hung ('Pao Phu Tzu')*. M.I.T. Press, Cambridge, Mass. and London, 1966. Revs. Ho Ping-Yü, *JAS*, 1967, **27**, 144; J. Needham, *TCULT*, 1969, **10**, 90.

WARREN, W. F. (1). *The Earliest Cosmologies; the Universe as pictured in Thought by the Ancient Hebrews, Babylonians, Egyptians, Greeks, Iranians and Indo-Aryans—a Guidebook for Beginners in the Study of Ancient Literatures and Religions*. Eaton & Mains, New York; Jennings & Graham, Cincinnati, 1909.

WASHBURN, E. W. (1). 'Molecular Stills.' *BSJR*, 1929, **2** (no. 3), 476. Part of a collective work by E. W. Washburn, J. H. Bruun & M. M. Hicks: *Apparatus and Methods for the Separation, Identification and Determination of the Chemical Constituents of Petroleum*, p. 467.

WASITZKY, A. (1). 'Ein einfacher Mikro-extraktionsapparat nach dem Soxhlet-Prinzip.' *MIK*, 1932, **11**, 1.

WASSON, R. G. (1). 'The Hallucinogenic Fungi of Mexico; an Enquiry into the Origins of the Religious Idea among Primitive Peoples.' *HU/BML*, 1961, **19**, no. 7. (Ann. Lecture, Mycol. Soc. of America.)

WASSON, R. G. (2). '*Ling Chih* [the Numinous Mushroom]; Some Observations on the Origins of a Chinese Conception.' Unpub. MS. Memorandum, 1962.

WASSON, R. G. (3). *Soma; Divine Mushroom of Immortality*. Harcourt, Brace & World, New York; Mouton, The Hague, 1968. (Ethno-Mycological Studies, no. 1.) With extensive contributions by W. D. O'Flaherty. Rev. F. B. J. Kuiper, *IIJ*, 1970, **12** (no. 4), 279; followed by comments by R. G. Wasson, 286.

WASSON, R. G. (4). 'Soma and the Fly-Agaric; Mr Wasson's Rejoinder to Prof. Brough.' Bot. Mus. Harvard Univ. Cambridge, Mass. 1972. (Ethno-Mycological Studies, no. 2.)

WASSON, R. G. & INGALLS, D. H. H. (1). 'The Soma of the *Rig Veda*; what was it?' (Summary of his argument by Wasson, followed by critical remarks by Ingalls.) *JAOS*, 1971, **91** (no. 2). Separately issued as: *R. Gordon Wasson on Soma and Daniel H. H. Ingalls' Response*. Amer. Oriental Soc. New Haven, Conn. 1971. (Essays of the Amer. Orient. Soc. no. 7.)

WASSON, R. G. & WASSON, V. P. (1). *Mushrooms, Russia and History*. 2 vols. Pantheon, New York, 1957.

WATERMANN, H. I. & ELSBACH, E. B. (1). 'Molecular stills.' *CW*, 1929, **26**, 469.

WATSON, BURTON (1) (tr.). *'Records of the Grand Historian of China'*, translated from the '*Shih Chi*' of *Ssuma Chhien*. 2 vols. Columbia University Press, New York, 1961.

WATSON, R., Bp of Llandaff (1). *Chemical Essays*. 2 vols. Cambridge, 1781; vol. 3, 1782; vol. 4, 1786; vol. 5, 1787. 2nd ed. 3 vols. Dublin, 1783. 5th ed. 5 vols., Evans, London, 1789. 3rd ed. Evans, London, 1788. 6th ed. London, 1793-6.

WATSON, WM. (4). *Ancient Chinese Bronzes*. Faber & Faber, London, 1962.

WATTS, A. W. (2). *Nature, Man and Woman; a New Approach to Sexual Experience*. Thames & Hudson, London; Pantheon, New York, 1958.

WAYMAN, A. (1). 'Female Energy and Symbolism in the Buddhist Tantras.' *HOR*, 1962, **2**, 73.

WESBTER, C. (1). 'English Medical Reformers of the Puritan Revolution; a Background to the "Society of Chymical Physitians".' *AX*, 1967, **14**, 16.

WEEKS, M. E. (1). *The Discovery of the Elements; Collected Reprints of a series of articles published in the* Journal of Chemical Education; *with Illustrations collected by F. B. Dains*. Mack, Easton, Pa. 1933. Chinese tr. *Yuan Su Fa-Hsien Shih* by Chang Tzu-Kung, with additional material. Shanghai, 1941.

WEI CHOU-YUAN (VEI CHOU JUAN) (1). 'The Mineral Resources of China.' *EG*, 1946, **41**, 399-474

VON WEIGEL, C. E. (1). *Observationes Chemicae et Mineralogicae*. Pt. 1, Göttingen, 1771; pt. 2, Gryphiae, 1773.

WEISS, H. B. & CARRUTHERS, R. H. (1). *Insect Enemies of Books* (63 pp. with extensive bibliography). New York Public Library, New York, 1937.

WELCH, HOLMES, H. (1). *The Parting of the Way; Lao Tzu and the Taoist Movement*. Beacon Press, Boston, Mass. 1957.

WELCH, HOLMES H. (2). 'The Chang Thien Shih ["Taoist Pope"] and Taoism in China.' *JOSHK*, 1958, **4**, 188.

WELCH, HOLMES H. (3). 'The Bellagio Conference on Taoist Studies.' *HOR*, 1970, **9**, 107.

WELLMANN, M. (1). 'Die Stein- u. Gemmen-Bücher d. Antike.' *QSGNM*, 1935, **4**, 86.

WELLMANN, M. (2).' Die Φυσικὰ des Bolos Democritos und der Magier Anaxilaos aus Larissa.' *APAW/PH*, 1928 (no. 7).

WELLMANN, M. (3). 'Die "Georgika" des [Bolus] Demokritos.' *APAW/PH*, 1921 (no. 4), 1-.

WELLS, D. A. (1). *Principles and Applications of Chemistry*. Ivison, Blakeman & Taylor, New York and Chicago, 1858. Chinese tr. by J. Fryer & Hsü Shou, Shanghai, 1871.

WELTON, J. (1). *A Manual of Logic*. London, 1896.

WENDTNER, K. (1). 'Assaying in the Metallurgical Books of the +16th Century.' Inaug. Diss. London, 1952.

WENGER, M. A. & BAGCHI, B. K. (1). 'Studies of Autonomic Functions in Practitioners of Yoga in India.' *BS*, 1961, **6**, 312.

WENGER, M. A., BAGCHI, B. K. & ANAND, B. K. (1). 'Experiments in India on the "Voluntary" Control of the Heart and Pulse.' *CIRC*, 1961, **24**, 1319.

WENSINCK, A. J. (2). *A Handbook of Early Muhammadan Tradition, Alphabetically Arranged*. Brill, Leiden, 1927.

WENSINCK, A. J. (3). 'The Etymology of the Arabic Word *djinn*.' *VMAWA*, 1920, 506.

WERTHEIMER, E. (1). Art. 'Arsenic' in *Dictionnaire de Physiologie*, ed. C. Richet, vol. i. Paris.

WERTIME, T. A. (1). 'Man's First Encounters with Metallurgy.' *SC*, 1964, **146**, 1257.

WEST, M. (1). 'Notes on the Importance of Alchemy to Modern Science in the Writings of Francis Bacon and Robert Boyle.' *AX*, 1961, **9**, 102.

WEST, M. L. (1). *Early Greek Philosophy and the Orient*. Oxford, 1971.

WESTBERG, F. (1). *Die Fragmente des* Toparcha Goticus (*Anonymus Tauricus, 'Zapisk gotskogo toparcha'); Nachdruck der Ausgabe St. Petersburg, 1901, mit einem wissenchafts-geschichtlichen Vorwort in englischer Sprache von Ihor Ševčenko* (*Washington*). Zentralantiquariat der D. D. R., Leipzig, 1971. (Subsidia Byzantina, no. 18.)

WESTBROOK, J. H. (1). 'Historical Sketch [of Intermetallic Compounds].' Xerocopy of art. without indication of place or date of pub., comm. by the author, General Electric Co., Schenectady, N.Y.

WESTERBLAD, C. A. (1). *Pehr Henrik Ling; en Lefnadsteckning och några Sympunkter* [in Swedish]. Norstedt, Stockholm, 1904. *Ling, the Founder of the Swedish Gymnastics*. London, 1909.

WESTERBLAD, C. A. (2). *Ling; Tidshistoriska Undersökningar* [in Swedish]. Norstedt, Stockholm. Vol. 1, *Den Lingska Gymnastiken i dess Upphofsmans Dagar*, 1913. Vol. 2, *Personlig och allmän Karakteristik samt Litterär Analys*, 1916.

WESTFALL, R. S. (1). 'Newton and the Hermetic Tradition', art. in *Science, Medicine and Society in the Renaissance* (Pagel Presentation Volume), ed. Debus (20), vol. 2. p. 183.

WEULE, K. (1). *Chemische Technologie der Naturvölker*. Stuttgart, 1922.

WEYNANTS-RONDAY, M. (1). *Les Statues Vivantes; Introduction à l'Étude des Statues Égyptiennes* . . . Fond. Egyptol. Reine Elis:, Brussels, 1926.

WHELER, A. S. (1). 'Antimony Production in Hunan Province.' *TIMM*, 1916, **25**, 366.

WHELER, A. S. & LI, S. Y. (1). 'The Shui-ko-shan [Shui-khou Shan] Zinc and Lead Mine in Hunan [Province].' *MIMG*, 1917, **16**, 91.

WHITE, J. H. (1). *The History of the Phlogiston Theory*. Arnold, London, 1932.

WHITE, LYNN (14). *Machina ex Deo; Essays in the Dynamism of Western Culture*. M.I.T. Press, Cambridge, Mass. 1968.

WHITE, LYNN (15). 'Mediaeval Borrowings from Further Asia.' *MRS*, 1971, **5**, 1.

WHITE, W. C., Bp. of Honan (3). *Bronze Culture of Ancient China; an archaeological Study of Bronze Objects from Northern Honan dating from about −1400 to −771*. Univ. of Toronto Press, Toronto, 1956 (Royal Ontario Museum Studies, no. 5).

WHITFORD, J. (1). 'Preservation of bodies after arsenic poisoning.' *BMJ*, 1884, pt. 1, 504.

WHITLA, W. (1). *Elements of Pharmacy, Materia Medica and Therapeutics*. Renshaw, London, 1903.

WHITNEY, W. D. & LANMAN, C. R. (1) (tr.). *Atharva-veda Saṃhitā*. 2 vols. Harvard Univ. Press, Cambridge, Mass. 1905. (Harvard Oriental Series, nos. 7, 8.)

WIBERG, A. (1). 'Till Frågan om Destilleringsförfarandets Genesis; en Etnologisk-Historisk Studie' [in Swedish]. *SBM*, 1937 (nos. 2–3), 67, 105.

WIDENGREN, GEO. (1). 'The King and the Tree of Life in Ancient Near Eastern Religion.' *UUA*, 1951, **4**, 21.

WIEDEMANN, E. (7). 'Beiträge z. Gesch. d. Naturwiss.; VI, Zur Mechanik und Technik bei d. Arabern.' *SPMSE*, 1906, **38**, 1. Repr. in (23), vol. 1, p. 173.

WIEDEMANN, E. (11). 'Beiträge z. Gesch. d. Naturwiss.; XV, Über die Bestimmung der Zusammensetzung von Legierungen.' *SPMSE*, 1908, **40**, 105. Repr. in (23), vol. 1, p. 464.

WIEDEMANN, E. (14). 'Beiträge z. Gesch. d. Naturwiss.; XXV, Über Stahl und Eisen bei d. muslimischen Völkern.' *SPMSE*, 1911, **43**, 114. Repr. in (23), vol. 1, p. 731.

WIEDEMANN, E. (15). 'Beiträge z. Gesch. d. Naturwiss.; XXIV, Zur Chemie bei den Arabern' (including a translation of the chemical section of the *Mafātīḥ al-'Ulūm* by Abū 'Abdallah al-Khwārizmī al-Kātib, c. +976). *SPMSE*, 1911, **43**, 72. Repr. in (23), vol. 1, p. 689.

WIEDEMANN, E. (21). 'Zur Alchemie bei den Arabern.' *JPC*, 1907, **184** (N.F. 76), 105.

WIEDEMANN, E. (22). 'Über chemische Apparate bei den Arabern.' Art. in the Kahlbaum Gedächtnisschrift: *Beiträge aus d. Gesch. d. Chemie* . . . ed. P. Diergart (1), 1909, p. 234.

WIEDEMANN, E. (23). *Aufsätze zur arabischen Wissenschaftsgeschichte* (a reprint of his 79 contributions in the series 'Beiträge z. Geschichte d. Naturwissenschaften' in *SPMSE*), ed. W. Fischer, with full indexes. 2 vols. Olm, Hildesheim and New York, 1970.

WIEDEMANN, E. (24). 'Beiträge z. Gesch. d. Naturwiss.; I, Beiträge z. Geschichte der Chemie bei den Arabern.' *SPMSE*, 1902, **34**, 45. Repr. in (23), vol. 1, p. 1.

WIEDEMANN, E. (25). 'Beiträge z. Gesch. d. Naturwiss.; LXIII, Zur Geschichte der Alchemie.' *SPMSE*, 1921, **53**, 97. Repr. in (23), vol. 2, p. 545.

WIEDEMANN, E. (26). 'Beiträge z. Mineralogie u.s.w. bei den Arabern.' Art. in *Studien z. Gesch. d. Chemie* (von Lippmann Festschrift), ed. J. Ruska. Springer, Berlin, 1927, p. 48.

WIEDEMANN, E. (27). 'Beitrage z. Gesch. d. Naturwiss.; II, 1. Einleitung, 2. Ü. elektrische Erscheinungen, 3. Ü. Magnetismus, 4. Optische Beobachtungen, 5. Ü. einige physikalische usf. Eigenschaften des Goldes, 6. Zur Geschichte d. Chemie (a) Die Darstellung der Schwefelsäure durch Erhitzen von Vitriolen, die Wärme-entwicklung beim Mischen derselben mit Wasser, und ü. arabische chemische Bezeichnungen, (b) Astrologie and Alchemie, (c) Anschauungen der Araber ü. die Metallverwandlung und die Bedeutung des Wortes al-Kimiya.' *SPMSE*, 1904, **36**, 309. Repr. in (23), vol. 1, p. 15.

WIEDEMANN, E. (28). 'Beiträge z. Gesch. d. Naturwiss.; XL, Über Verfälschungen von Drogen usw. nach Ibn Bassām und Nabarāwī.' *SPMSE*, 1914, **46**, 172. Repr. in (23), vol. 2, p. 102.

WIEDEMANN, E. (29). 'Zur Chemie d. Araber.' *ZDMG*, 1878, **32**, 575.

WIEDEMANN, E. (30). 'Al-Kīmīyā.' Art. in *Encyclopaedia of Islam*, vol. ii, p. 1010.

WIEDEMANN, E. (31). 'Beiträge zur Gesch. der Naturwiss.; LVII, Definition verschiedener Wissenschaften und über diese verfasste Werke.' *SPMSE*, 1919, **50–51**, 1. Repr. in (23), vol. 2, p. 431.

WIEDEMANN, E. (32). *Zur Alchemie bei den Arabern*. Mencke, Erlangen, 1922. (Abhandlungen zur Gesch. d. Naturwiss. u. d. Med., no. 5.) Translation of the entry on alchemy in Haji Khalfa's Bibliography and of excerpts from al-Jildakī, with a biographical glossary of Arabic alchemists.

WIEDEMANN, E. (33). 'Beiträge zur Gesch. der Naturwiss.; V, Auszüge aus arabischen Enzyklopädien und anderes.' *SPMSE*, 1905, **37**, 392. Repr. in (23), vol. 1, p. 109.

WIEGER, L. (2). *Textes Philosophiques*. (Ch and Fr.) Mission Press, Hsien-hsien, 1930.

WIEGER, L. (3). *La Chine à travers les Ages; Précis, Index Biographique et Index Bibliographique*. Mission Press, Hsien-hsien, 1924. Eng. tr. E. T. C. Werner.

WIEGER, L. (6) *Taoisme*. Vol. 1. *Bibliographie Générale*: (1) Le Canon (Patrologie); (2) Les Index Officiels et Privés. Mission Press. Hsien-hsien, 1911. Crit. P. Pelliot, *JA*, 1912 (10ᵉ Sér.) 20, 141.

WIEGER, L. (7). *Taoisme*. Vol. 2. *Les Pères du Système Taoiste* (tr. selections of Lao Tzu, Chuang Tzu, Lieh Tzu). Mission Press, Hsien-hsien, 1913.

WIEGLEB, J. C. (1). *Historisch-kritische Untersuchung der Alchemie, oder den eingebildeten Goldmacher-kunst; von ihrem Ursprunge sowohl als Fortgange, und was nun von ihr zu halten sey*. Hoffmanns Wittwe und Erben, Weimar, 1777. 2nd ed. 1793. Photolitho repr. of the original ed., Zentral-Antiquariat D.D.R. Leipzig, 1965. Cf. Ferguson (1), vol. 2, p. 546.

WIGGLESWORTH, V. B. (1). 'The Insect Cuticle.' *BR*, 1948, 23, 408.

WILHELM, HELLMUT (6). 'Eine Chou-Inschrift über Atemtechnik.' *MS*, 1948, 13, 385.

WILHELM, RICHARD & JUNG, C. G. (1). *The Secret of the Golden Flower; a Chinese Book of Life* (including a partial translation of the *Thai-I Chin Hua Tsung Chih* by R. W. with notes, and a 'European commentary' by C. G. J.).

　Eng. ed. tr. C. F. Baynes, (with C. G. J.'s memorial address for R. W.). Kegan Paul, London and New York, 1931. From the Germ. ed. *Das Geheimnis d. goldenen Blute; ein chinesisches Lebensbuch*. Munich, 1929.

　Abbreviated preliminary version: '*Tschang Scheng Shu* [*Chhang Shêng Shu*]; die Kunst das mensch-lichen Leben zu verlängern.' *EURR*, 1929, 5, 530.

　Revised Germ. ed. with new foreword by C. G. J., Rascher, Zürich, 1938. Repr. twice, 1944.

　New Germ. ed. entirely reset, with new foreword by Salome Wilhelm, and the partial translation of a Buddhist but related text, the *Hui Ming Ching*, from R. W.'s posthumous papers, Zürich, 1957.

　New Eng. ed. including all the new material, tr. C. F. Baynes. Harcourt, New York and Routledge, London, 1962, repr. 1965, 1967, 1969. Her revised tr. of the 'European commentary' alone had appeared in an anthology: *Psyche und Symbol*, ed. V. S. de Laszlo. Anchor, New York, 1958. Also tr. R. F. C. Hull for C. G. J.'s *Collected Works*, vol. 13, pp. 1–55, i.e. Jung (3).

WILLETTS, W. Y. (1). *Chinese Art*. 2 vols. Penguin, London, 1958.

WILLETTS, W. Y. (3). *Foundations of Chinese Art; from Neolithic Pottery to Modern Architecture*. Thames & Hudson, London, 1965. Revised, abridged and re-written version of (1), with many illustrations in colour.

WILLIAMSON, G. C. (1). *The Book of 'Famille Rose'* [polychrome decoration of Chinese Porcelain]. London, 1927.

WILSON, R. McLACHLAN (1). *The Gnostic Problem; a Study of the Relations between Hellenistic Judaism and the Gnostic Heresy*. Mowbray, London, 1958.

WILSON, R. McLACHLAN (2). *Gnosis and the New Testament*. Blackwell, Oxford, 1968.

WILSON, R. McLACHLAN (3) (ed. & tr.). *New Testament Apocrypha* (ed. E. Hennecke & W. Schnee-melcher). 2 vols. Lutterworth, London, 1965.

WILSON, W. (1) (tr.). *The Writings of Clement of Alexandria* (b. c. +150) (including *Stromata*, c. +200). In Ante-Nicene Christian Library, ed. A. Roberts & J. Donaldson. Clark, Edinburgh, 1867, vols 4 and 12.

WILSON, W. J. (1). 'The Origin and Development of Graeco-Egyptian Alchemy.' *CIBA/S*, 1941, 3, 926.

WILSON, W. J. (2) (ed.). 'Alchemy in China.' *CIBA/S*, 1940, 2 (no. 7), 594.

WILSON, W. J. (2a). 'The Background of Chinese Alchemy.' *CIBA/S*, 1940, 2 (no. 7), 595.

WILSON, W. J. (2b). 'Leading Ideas of Early Chinese Alchemy.' *CIBA/S*, 1940, 2 (no. 7), 600.

WILSON, W. J. (2c). 'Biographies of Early Chinese Alchemists.' *CIBA/S*, 1940, 2 (no. 7), 605.

WILSON, W. J. (2d). 'Later Developments of Chinese Alchemy.' *CIBA/S*, 1940, 2 (no. 7), 610.

WILSON, W. J. (2e). 'The Relation of Chinese Alchemy to that of other Countries.' *CIBA/S*, 1940, 2 (no. 7), 618.

WILSON, W. J. (3). 'An Alchemical Manuscript by Arnaldus [de Lishout] de Bruxella [written from +1473 to +1490].' *OSIS*, 1936, 2, 220.

WINDAUS, A. (1). 'Über d. Entgiftung der Saponine durch Cholesterin.' *BDCG*, 1909, 42, 238.

WINDAUS, A. (2). 'Über d. quantitative Bestimmung des Cholesterins und der Cholesterinester in einigen normalen und pathologischen Nieren.' *ZPC*, 1910, 65, 110.

WINDERLICH, R. (1) (ed.). *Julius Ruska und die Geschichte d. Alchemie, mit einem Vollstandigen Verzeichnis seiner Schriften; Festgabe zu seinem 70. Geburtstage...* Ebering, Berlin, 1937. (Abhdl. z. Gesch. d. Med. u. d. Naturwiss., no. 19).

WINDERLICH, R. (2). 'Verschüttete und wieder aufgegrabene Quellen der Alchemie des Abendlandes' (a biography of J. Ruska and an account of his work). Art. in Winderlich (1), the Ruska Presentation Volume.

WINKLER, H. A. (1). *Siegel und Charaktere in der Mohammedanische Zauberei*. De Gruyter, Berlin and Leipzig, 1930. (*DI* Beiheft, no. 7.)

WISE, T. A. (1). *Commentary on the Hindu System of Medicine*. Thacker, Ostell & Lepage, Calcutta; Smith Elder, London, 1845.

WISE, T. A. (2). *Review of the History of Medicine [among the Asiatic Nations]*. 2 vols. Churchill, London, 1867.

WOLF, A. (1) (with the co-operation of F. Dannemann & A. Armitage). *A History of Science, Technology, and Philosophy in the 16th and 17th Centuries*. Allen & Unwin, London, 1935; 2nd ed., revised by D. McKie, London, 1950. Rev. G. Sarton, *ISIS*, 1935, **24**, 164.

WOLF, A. (2). *A History of Science, Technology and Philosophy in the 18th Century*. Allen & Unwin, London, 1938; 2nd ed. revised by D. McKie, London, 1952.

WOLF, JOH. CHRISTOPH (1). *Manichaeismus ante Manichaeos, et in Christianismo Redivivus; Tractatus Historico-Philosophicus...* Liebezeit & Stromer, Hamburg, 1707. Repr. Zentralantiquariat D. D. R., Leipzig, 1970.

WOLF, T. (1). *Viajes Cientificos*. 3 vols. Guayaquil, Ecuador, 1879.

WOLFF, CHRISTIAN (1). 'Rede über die Sittenlehre der Sineser', pub. as *Oratio de Sinarum Philosophia Practica* [that morality is independent of revelation]. Frankfurt a/M, 1726. The lecture given in July 1721 on handing over the office of Pro-Rector, for which Christian Wolff was expelled from Halle and from his professorship there. See Lach (6). The German version did not appear until 1740 in vol. 6 of Wolff's *Kleine Philosophische Schriften*, Halle.

WOLTERS, O. W. (1). 'The "Po-Ssu" Pine-Trees.' *BLSOAS*, 1960, **23**, 323.

WONG K. CHIMIN. See Wang Chi-Min.

WONG, M. or MING. See Huang Kuang-Ming, Huard & Huang Kuang-Ming.

WONG MAN. See Huang Wên.

WONG WÊN-HAO. See Ong Wên-Hao.

WOOD, I. F. (1). '[The State of the Dead in] Hebrew [Thought].' *ERE*, vol. xi, p. 841.

WOOD, I. F. (2). '[The State of the Dead in] Muhammadan [Muslim, Thought].' *ERE*, vol. xi, p. 849.

WOOD, R. W. (1). 'The Purple Gold of Tut'ankhamēn.' *JEA*, 1934, **20**, 62.

WOODCROFT, B. (1) (tr.). *The 'Pneumatics' of Heron of Alexandria*. Whittingham, London, 1851.

WOODROFFE, SIR J. G. (ps. A. Avalon) (1). *Śakti and Śakta; Essays and Addresses on the Śakta Tantra-śāstra*. 3rd ed. Ganesh, Madras; Luzac, London, 1929.

WOODROFFE, SIR J. G. (ps. A. Avalon) (2). *The Serpent Power* [Kuṇḍalinī Yoga], *being the Ṣat-cakra-nirūpana* [i.e. ch. 6 of Pūrnānanda's *Tattva-chintāmaṇi*] *and 'Pādukā-panchaka', two works on Laya Yoga...* Ganesh, Madras; Luzac, London, 1931.

WOODROFFE, SIR J. G. (ps. A. Avalon) (3) (tr.). *The Tantra of the Great Liberation, 'Mahā-nirvāna Tantra'*, a translation from the Sanskrit. London, 1913. Ganesh, Madras, 1929 (text only).

WOODS, J. H. (1). *The Yoga System of Patañjali; or, the Ancient Hindu Doctrine of Concentration of Mind...* Harvard Univ. Press, Cambridge, Mass. 1914. (Harvard Oriental Series, no. 17.)

WOODWARD, J. & BURNETT, G. (1). *A Treatise on Heraldry, British and Foreign...* 2 vols. Johnston, Edinburgh and London, 1892.

WOOLLEY, C. L. (4). 'Excavations at Ur, 1926–7, Part II.' *ANTJ*, 1928, **8**, 1 (24), pl. viii, 2.

WOULFE, P. (1). 'Experiments to show the Nature of *Aurum Mosaicum*.' *PTRS*, 1771, **61**, 114.

WRIGHT, SAMSON, (1). *Applied Physiology*. 7th ed. Oxford, 1942.

WU KHANG (1). *Les Trois Politiques du Tchounn Tsieou [Chhun Chhiu] interpretées par Tong Tchong-Chou [Tung Chung-Shu] d'après les principes de l'école de Kong-Yang [Kungyang]*. Leroux, Paris, 1932. (Includes tr. of ch. 121 of *Shih Chi*, the biography of Tung Chung-Shu.)

WU LU-CHHIANG. See Tenney L. Davis' biography (obituary). *JCE*, 1936, **13**, 218.

WU LU-CHHIANG & DAVIS, T. L. (1) (tr.). 'An Ancient Chinese Treatise on Alchemy entitled *Tshan Thung Chhi*, written by Wei Po-Yang about +142...' *ISIS*, 1932, **18**, 210. Critique by J. R. Partington, *N*, 1935, **136**, 287.

WU LU-CHHIANG & DAVIS, T. L. (2) (tr.). 'An Ancient Chinese Alchemical Classic; Ko Hung on the Gold Medicine, and on the Yellow and the White; being the 4th and 16th chapters of *Pao Phu Tzu*...' *PAAAS*, 1935, **70**, 221.

WU YANG-TSANG (1). 'Silver Mining and Smelting in Mongolia.' *TAIME*, 1903, **33**, 755. With a discussion by B. S. Lyman, pp. 1038 ff. (Contains an account of the recovery of silver from argentiferous lead ore, and cupellation by traditional methods, at the mines of Ku-shan-tzu and Yen-tung Shan in Jehol province. The discussion adds a comparison with traditional Japanese methods observed at Hosokura). Abridged version in *EMJ*, 1903, **75**, 147.

WULFF, H. E. (1). *The Traditional [Arts and] Crafts of Persia; their Development, Technology and Influence on Eastern and Western Civilisations*. M.I.T. Press, Cambridge, Mass. 1966. Inaug. Diss. Univ. of New South Wales, 1964.

WUNDERLICH, E. (1). 'Die Bedeutung der roten Farbe im Kultus der Griechern und Römer.' *RGVV* 1925, **20**, 1.

YABUUCHI KIYOSHI (9). 'Astronomical Tables in China, from the Han to the Thang Dynasties.' Eng. art. in Yabuuchi Kiyoshi (25) (ed.), *Chūgoku Chūsei Kagaku Gijutsushi no Kenkyū* (Studies in the History of Science and Technology in Mediaeval China). Jimbun Kagaku Kenkyusō, Tokyo, 1963.

YAMADA KENTARO (1). *A Short History of Ambergris [and its Trading] by the Arabs and the Chinese in the Indian Ocean*. Kinki University, 1955, 1956. (Reports of the Institute of World Economics, *KKD*, nos. 8 and 11.)

YAMADA KENTARO (2). *A Study of the Introduction of 'An-hsi-hsiang' into China and of Gum Benzoin into Europe*. Kinki University, 1954, 1955. (Reports of the Institute of World Economics, *KKD*, nos. 5 and 7.)

YAMASHITA, A. (1). 'Wilhelm Nagayoshi Nagai [Nakai Nakayoshi], Discoverer of Ephredrin; his Contributions to the Foundation of Organic Chemistry in Japan.' *SHST/T*, 1965, 11.

YAMAZAKI, T. (1). 'The Characteristic Development of Chemical Technology in Modern Japan, chiefly in the Years between the two World Wars.' *SHST/T*, 1965, 7.

YAN TSZ CHIU. See Yang Tzu-Chiu (1).

YANG LIEN-SHÊNG (8). 'Notes on Maspero's "Les Documents Chinois de la Troisième Expédition de Sir Aurel Stein en Asie Centrale".' *HJAS*, 1955, **18**, 142.

YANG TZU-CHIU (1). 'Chemical Industry in Kuangtung Province.' *JRAS/NCB*, 1919, **50**, 133.

YATES, FRANCES A. (1). *Giordano Bruno and the Hermetic Tradition*. Routledge & Kegan Paul, London, 1964. Rev. W. P[agel], *AX*, 1964, **12**, 72.

YATES, FRANCES A. (2). 'The Hermetic Tradition in Renaissance Science.' Art. in *Art, Science and History in the Renaissance*, ed. C. S. Singleton. Johns Hopkins Univ. Press, Baltimore, 1968, p. 255.

YATES, FRANCES A. (3). *The Rosicrucian Enlightenment*. Routledge & Kegan Paul, London, 1972.

YEN CHI (1). 'Ancient Arab Coins in North-West China.' *AQ*, 1966, **40**, 223.

YETTS, W. P. (4). 'Taoist Tales; III, Chhin Shih Huang's Ti's Expeditions to Japan.' *NCR*, 1920, **2**, 290.

YOUNG, S. & GARNER, SIR HARRY M. (1). 'An Analysis of Chinese Blue-and-White [Porcelain]', with 'The Use of Imported and Native Cobalt in Chinese Blue-and-White [Porcelain].' *ORA*, 1956 (n. s.), **2** (no. 2).

YOUNG, W. C. (1) (ed.). *Sex and Internal Secretions*. 2 vols. Williams & Wilkins, Baltimore, 1961.

YÜ YING-SHIH (2). 'Life and Immortality in the Mind of Han China.' *HJAS*, 1965, **25**, 80.

YUAN WEI-CHOU. See Wei Chou-Yuan.

YULE, SIR HENRY (1) (ed.). *The Book of Ser Marco Polo the Venetian, concerning the Kingdoms and Marvels of the East, translated and edited, with Notes, by H. Y...*, 1st ed. 1871, repr. 1875. 2 vols. ed. H. Cordier. Murray, London, 1903 (reprinted 1921). 3rd ed. also issued Scribners, New York, 1929. With a third volume, *Notes and Addenda to Sir Henry Yule's Edition of Ser Marco Polo*, by H. Cordier. Murray, London, 1920.

YULE, SIR HENRY (2). *Cathay and the Way Thither; being a Collection of Mediaeval Notices of China*. 2 vols. Hakluyt Society Pubs. (2nd ser.) London, 1913–15. (1st ed. 1866.) Revised by H. Cordier, 4 vols. Vol. 1 (no. 38), *Introduction; Preliminary Essay on the Intercourse between China and the Western Nations previous to the Discovery of the Cape Route*. Vol. 2 (no. 33), *Odoric of Pordenone*. Vol. 3 (no. 37), *John of Monte Corvino and others*. Vol. 4 (no. 41), *Ibn Baṭṭuṭa and Benedict of Goes*. (Photolitho reprint, Peiping, 1942.)

YULE, H. & BURNELL, A. C. (1). *Hobson-Jobson; being a Glossary of Anglo-Indian Colloquial Words and Phrases....* Murray, London, 1886.

YULE & CORDIER. See Yule (1).

ZACHARIAS, P. D. (1). 'Chymeutike, the real Hellenic Chemistry.' *AX*, 1956, **5**, 116. Based on Stephanides (1), which it expounds.

ZIMMER, H. (1). *Myths and Symbols in Indian Art and Civilisation*, ed. J. Campbell. Pantheon (Bollingen), Washington, D.C., 1947.

ZIMMER, H. (3). 'On the Significance of the Indian Tantric Yoga.' *ERYB*, 1961, **4**, 3, tr. from German in *ERJB*, 1933, 1.

ZIMMER, H. (4). 'The Indian World Mother.' *ERYB*, 1969, 6, 70 (*The Mystic Vision*, ed. J. Campbell). Tr. from the German in *ERJB*, 1938, 6, 1.

ZIMMERN, H. (1). 'Assyrische Chemische-Technische Rezepte; insbesondere f. Herstellung farbiger glasierter Ziegel, im Umschrift und Übersetzung.' *ZASS*, 1925, **36** (N.F. **2**), 177.

ZIMMERN, H. (2). 'Babylonian and Assyrian [Religion].' *ERE*, vol. ii, p. 309.

ZONDEK, B. & ASCHHEIM, S. (1). 'Hypophysenvorderlappen und Ovarium; Beziehungen der endokrinen Drüsen zur Ovarialfunktion.' *AFG*, 1927, **130**, 1.

ZURETTI, C. O. (1). *Alchemistica Signa; Glossary of Greek Alchemical Symbols*. Vol. 8 of Bidez, Cumont, Delatte, Heiberg et al. (1).

ZURETTI, C. O. (2). *Anonymus 'De Arte Metallica seu de Metallorum Conversione in Aurum et Argentum'* [early + 14th cent. Byzantine]. Vol. 7 of Bidez, Cumont, Delatte, Heiberg et al. (1), 1926.

西文书籍与论文补遗

ABRAMS, S. I. (1). 'Synchronicity and Alchemical Psychology.' Unpub. book.

ADLER, JEREMY (1). 'A Study in the Chemistry of Goethe's *Die Wahlverwandtschaften*.' Inaug. Diss. London (Westfield College), 1974.

ALLEAU, RENÉ (1) (ed.). *L'Alchimie des Philosophes* [a florilegium]. (Passages from Arabic translated by Y. Marquet & V. Monteil, from Indian languages by G. Mazars, and from Chinese by M. Kaltenmark & K. Schipper.). pr. pr., Art et Valeur, Paris, 1978.

ANON. (135). *An Outline of Chinese Acupuncture* (Compiled by the Chinese academy of Traditional Medicine). Foreign Languages Press, Peking, 1975.

ANON. (148). 'Chhi-Kung [respiratory physiotherapy] and Mental Stress.' *EHOR*, 1961, **1** (no. 11), 29.

ANON. (155). 'Aspects of Sexual Medicine' (Collected papers from *BMJ*). Brit. Med. Assoc., London, 1976.

ANON. (156). *Rosarium Philosophorum* (author and date unknown, probably c. + 1500) in *De Alchimia Opuscula* . . . Cyriaci Jacobi, Frankfurt, 1550, vol. 2, *Artis Auriferae* . . . Waldscirch, Basel, 1610, vol. 2, and *Bibliotheca Chemica Curiosa* . . . (ed. J. J. Manget), Chouet et al., Geneva, 1702 (without the illustrations). Cf. Ferguson (1), vol. 1, pp. 19, 51, vol. 2, pp. 68, 287.

ARMSTRONG, J. W. (1). *The Water of Life; a Treatise on Urine Therapy*. Homoeopathic Pub. Co., London, 1944 repr. Heath Pub. Co., London, 1949.

AUSTIN, C. R. & SHORT, R. V. (1) (ed.). *Hormones in [Mammalian] Reproduction*. Cambridge, 1972 (Reproduction in Mammals, no. 3).

BAGCHI, P. C. (1). *India and China: a Thousand Years of Sino-Indian Cultural Relations*, Hind Kitabs, Bombay, 2nd ed., 1950.

BATRA, SATISH & BENGTSSON, L. P. (1). 'A Mechanism for the Increased Production of Prostaglandins in Labour.' *LT*, 1976, pt. 1, 1164.

BERGSTRÖM, S., CARLSON, L. A. & WEEKS, J. R. (1). 'The Prostaglandins; a Family of Biologically Active Lipids.' *PHREV*, 1968, **20**, 1.

BIANCHI, UGO (1). *Selected Essays on Gnosticism, Dualism and Mysteriosophy*. Brill, Leiden, 1978.

BEYER, S. (1). *The Cult of Tārā; Magic and Ritual in Tibet*. Univ. California Press, Berkeley and Los Angeles, 1973. (Includes material on alchemy in Tibet.)

BHARATI, AGHEHENANDA (1). *Tantrika Tradition*. London, 1965.

BHATTACHARYA, B. (3) (ed.). *The Sādhana-mālā, edited with introduction*. 2 vols., Baroda Oriental Institute, Baroda, 1925.

BOEHMER, T. (1). 'Taoist Alchemy; a Sympathetic Approach through Symbols' art. in *Buddhist and Taoist Studies*, I. ed. Michael Saso & David W. Chappell. Univ. Press, Hawaii, 1977, p. 55.

BORNKAMM, G. (1) (tr.). 'The "Acts of Thomas," ' in Hennecke & Schneemelcher (1), Eng. ed., vol. 2, p. 425.

BOSE, M. M. (1). *The Post-Caitanya Sahajiya Cult of Bengal*. Univ. Press, Calcutta, 1930.

BOWERS, K. S. & BOWERS, P. G. (1). 'Hypnosis and Creativity; a Theoretical and Empirical Rapprochement'. Art. in *Hypnosis; Research Developments and Perspectives*, ed. E. Fromm & R. E. Shor (q.v.), p. 255.

BULLING, A. (16). 'Ancient Chinese Maps; two Maps discovered in a Han Dynasty Tomb from the -2nd Century.' *EXPED*, 1978, **20** (no. 2), 16.

DI CARA, LEO V. (1). 'Learning in the Autonomic Nervous System.' *SAM*, 1970, **222** (no. 1), 30.

CHAKRAVARTY, CHINTAHARAN (1). *The Tantras; Studies on their Religion and Literature*. Punthi Pustak, Calcutta, 1963, repr. 1972.

CHANG CHUNG-LAN (1). *The Tao of Love and Sex; the Ancient Chinese Way to Ecstasy*. Wildwood, London, 1977. French tr. by M. F. di Paloméra: *Le Tao de l'Art d'Aimer*. Calmann-Levy, Paris, 1977. German tr. by L. Tannenbaum, *Das Tao der Liebe; Unterweisungen in altchinesische Liebeskunst*. Rowohlt, Hamburg, 1978.

CHANG CHUNG-YUAN (2). *Creativity and Taoism; a Study of Chinese Philosophy, Art and Poetry*. Wildwood, London, 1975.

CHANG, JOLAN. see Chang Chung-Lan.

CHANSON, PAUL (1). *L'Accord Charnel*. Levain, Paris, 1961.

CHATTOPADHYAYA, S. (1). *Reflections on the Tantras*. Motilal Banarsidass, Delhi, Varanasi and Patna, 1978.

CHAVANNES, E. (9). *Mission Archéologique dans la Chine Septentrionale*. 2 vols. & portfolios of plates. Leroux, Paris 1909–15. (Publ. de l'École France, d'Extr. Orient, no. 13).

CHHEN JUNG-CHIEH (3). 'An Outline and a Bibliography of Chinese Philosophy.' (Mimeographed notes), Dartmouth College, Hanover, New Hampshire, 1953; also *PEW*, 1954, **3**, 241, 337; rev. W. E. Hocking & R. Hocking, *PEW*, 1954, **4**, 175.

CHHEN JUNG-CHIEH (7). 'The Neo-Confucian Solution of the Problem of Evil' *AS/BIHP* (Thaiwan) 1957, **28**, 773.

CHHEN JUNG-CHIEH (8). 'The Concept of Man in Chinese Thought.' Art. in *The Concept of Man; a Study in Comparative Philosophy*. ed. S. Radhakrishnan & P. T. Raju. Allen & Unwin, London, 1960, p. 158.

CHHEN JUNG-CHIEH (9). *An Outline and an Annotated Bibliography of Chinese Philosophy*. Far Eastern Publications, Yale Univ., New Haven, Conn. 1961. Revision and expansion of Chhen Jung-Chieh (3).

CHHEN JUNG-CHIEH (10). *A Source-Book of Chinese Philosophy*. University Press, Princeton, 1963. Rev. T. Pokora, *ARO*, 1966, **34**, 285.

CHHEN JUNG-CHIEH (11) (tr.). '*Reflections on Things at Hand*' [*Chin Ssu Lu*]; *The Neo-Confucian Anthology compiled by Chu Hsi and Lü Tsu-Chhien, translated with notes*. . . . Columbia Univ. Press, New York and London, 1967.

CHOU, ERIC (1). *The Dragon and the Phoenix; Love, Sex and the Chinese*. Arbor House, New York; Joseph, London, 1971. (No exact reference, no index.)

CRISCIANI, C. (1). 'The Conception of Alchemy as expressed in the *Pretiosa Margarita* of Petrus Bonus of Ferrara.' *AX* 1973, **20**, 165.

CRISCIANI, C. (2) (ed.). *The Preziosa Margarita Novella* (*New Pearl of Great Price*) by Pietro Bono da Ferrara [Italian translation of the + 15th century of Petrus Bonus' book of + 1330]. Nuova Italia, Firenze, 1976. (Centro di Studi del Pensiero Filosofico del Cinquecento e del Seicento in Relazione al Problemi della Scienza, Pubs.) Rev. A. G. Keller, *AX* 1978, **25**, 148.

CRISTOFALO, V. J. & HOLEČKOVÁ, E. (1) (ed.). *Cell Impairment in Ageing and Development*. Plenum, New York, 1975. (Symposium at Hrubá Skála Castle, Czechoslovakia; Advances in Exp. Med. and Biol. no. 53).

CRISTOFALO, V. J., ROBERTS, J. & ADELMAN, R. C. (1) (ed.). *Explorations in Ageing*. Plenum, New York, 1975. Advances in Exp. Med. and Biol. no. 61).

CURTIS, H. J. (1). *The Biological Mechanism of Ageing*, Thomas, Springfield, Ill., 1966.

DASGUPTA, SHASHI BHUSHAN (1). *An Introduction to Tantric Buddhism*. Univ. of Calcutta Press, Calcutta, 1950. (Inaug-Diss., Calcutta, 1937). Offset repr., Shambhala, Berkeley and London, 1974. Routledge & Kegan Paul, London, 1974.

DASGUPTA, S. N. (1). *History of Indian Philosophy*. 5 vols. Cambridge, 1932–55.

DASGUPTA, S. N. (2). *Philosophical Essays*. Univ. Calcutta Press, Calcutta, 1950.

DASGUPTA, S. N. (4). *Yoga as Philosophy and Religion*. London, 1924. Reprint, 1978.

DIMOCK, E. C. (1). *The Place of the Hidden Moon*. Univ. Chicago Press, Chicago, 1966.

DIMOCK, E. C. (2). "Doctrine and Practice among the Vaisnavas of Bengal." Art. in *Krishna; Myths, Rites and Attitudes*. ed. M. Singer.

DOBBS, B. J. T. (4). The *Foundations of Newton's Alchemy; or, 'The Hunting of the Greene Lyon'*. Cambridge, 1975. Cf. Figala (1). Rev. D. T. Whiteside, *ISIS*, 1977, **68**, 116.

DORESSE, J. (1). *Les Livres Secrets des Gnostiques d'Égypte*. Plon, Paris, 1958–.
> Vol. 1 'Introduction aux Écrits Gnostiques Coptes découverts a Khénoboskion.'
> Vol. 2 'L'Évangile selon Thomas,' ou 'les Paroles Secrètes de Jésus.'
> Vol. 3 '"Le Livre Secret de Jean"; "l'Hypostase des Archontes" ou "Lirre de Nōréa."'
> Vol. 4 '"Le Livre Sacré du Grand Esprit Inrisible" ou "Evangile des Égyptiens"; "l'Épitre d'Eugnoste le Bienheureux"; "La Sagesse de Jésus."'
> Vol. 5 '"L'Évangile selon Philippe."'
> Eng. tr. of the first two volumes, by P. Mairet: "The Secret Books of the Egyptian Gnostics; an Introduction to the Gnostic Coptic Manuscripts discovered at Chenoboskion; with an English Translation and Critical Evaluation of the 'Gospel according to Thomas.'" Hollis & Carter, London, 1960.

DUNCAN, A. M. (3). 'William Keir's *De Attractione Chemica* (1778), and the Concepts of Chemical Saturation, Attraction and Repulsion' *ANS*, 1967, **23**, 149.

DUNCKER, H. G. L. & SCHUDEWIN, F. G. (1). *Sancti Hippolyti Episcopi et Martyris 'Refutationis Omnium Haeresium' Librorum Decem quae Supersunt . . .* (Greek and Latin texts). Dieterich, Göttingen, 1859.

EDWARDS, JOHN (1). *A Compleat Survey of all the Dispensations and Methods of Religion*. 2 vols. London, 1699.

EISSFELDT, O. (1). The *Old Testament; an Introduction—including the Apocrypha and Pseudepigrapha, and also Works of similar type from Qumran. The History of the Formation of the Old Testament*. Tr. from the German by P. R. Ackroyd. Blackwell, Oxford, 1965.

ELIADE, MIRCEA (9). 'The Myth of Alchemy'. *PAR*, 1978, **3** (no. 3), 6.

ELLIS, H. HAVELOCK (1). *Affirmations*, London, 1898.

ELLIS, H. HAVELOCK (2). *Man and Woman; a Study of Human Secondary Sexual Characters*. London, 1926. 8th. ed. London, 1934.

ELLIS, H. HAVELOCK (3). *Studies in the Psychology of Sex*. 7 volumes. London, Davis, Philadelphia, 1901–28.

ELORDUY, CARMELO (1) (tr.). *Chuang Tzu, Literato, Filosofo y Mistico Taoista*. 2nd. ed. Monte Avila, Caracas, Venezuela, 1972. 1st ed. Manila, 1967.

ENGLE, E. T. & PINCUS, GREGORY (1). *Hormones and the Ageing Process*. Acad. Press, New York, 1956.

ERACLE, J. (1). *L'Art des Thanka et le Bouddhisme Tantrique; d'après les Peintures du Musée d'Ethnographie de Génève et quelques autres Pièces*. With photographs by P. de Chastonay. Musée d'Ethnographie, Geneva, 1970.

VON EULER, U. S. (1). 'Über die spezifische Blutdrucksenkende Substanz des menschlichen Protata- und Samenblasen-sekretes'. *KW*, 1935, **14**, 1182.

EVOLA, J. (G. C. E.) (2). *Lo Yoga della Potenza, saggio sui tantra*. Bocia, Milan, 1949. Orig. pub. as *l'Uomo come Potenza*. French tr. by G. Robinet *Le Yoga Tantrique; sa Métaphysique, ses Pratiques*. Fayard, Paris, 1971.

EVOLA, J. (G. C. E.) (4). *La Tradition Hermétique; les Symboles et la Doctrine de 'l'Art Royal' Hermétique*. Tr. from Italian by Y. J. Tortat. Villain & Belhomme, Paris, 1974.

FABRICIUS, JOHANNES (1). *Alchemy; the Mediaeval Alchemists and their Royal Art*. Rosenkilde & Bagger, Copenhagen, 1976.

FÊNG LU-CHUAN (1). 'Theoretical Foundations of the Medieval Preparations of Urinary Derivatives'. *AJCM*, 1976, **4** (no. 4), 347.

FÊNG LU-JEAN. See Fêng Lu-Chuan.

FÊNG YU-LAN (5) (Tr.). *Chuang Tzu; a new selected translation with an exposition of the philosophy of Kuo Hsiang.*" Commercial Press, Shanghai, 1933.

FENWICK, P. B. C. & HEBDEN, A. (1). 'Meditation Study; a Computer Analysis of the Electro-encephalogram during Mantra Meditation' Address at the *Symposium on Meditation, Concentration and Attention*, Marseilles, 1968.

FIGALA, K. (2). 'Newtons rationales System der Alchemie'. *CUZ*, 1978, **12** (no. 4), 101.

FIGUIER, (1). *L'Alchimie et les Alchimistes*. Paris, 1854.

FILLIOZAT, J. (8). 'La Pensée Scientifique en Asie Ancienne.' *BSEIC*, 1953, **28**, 5.
(On transmissions from Mesopotamia to China and India, on pneumatic medicine, the lunar mansions and the mathematical zero.)

FINCKH, E. (1). 'L'Acupuncture dans la Perspective des *chakras*'. *RIAC*, 1957, **10**, no. 39, 8.

FITZGERALD, EDWARD (1). *The Rubáiyát of Omar Khayyám rendered into English verse by E. F., followed by Euphranor, a Dialogue on Youth, and Salámán and Absál, an Allegory translated from the Persian of Jami.* Edited by G. F. Maine, with an Introduction by L. Housman. Collins, London and Glasgow, 1953.

FOERSTER, W. (1), assisted by E. HAENCHEN, M. KRAUSE & K. RUDOLPH. *Die Gnosis*. 2 vols. Artemis, Zürich, 1969–71. (Bibl. d. alten Welt, Reihe Antike und Christentum. Eng. tr. by P. W. Coxon & K. H. Kuhn, ed. R. McLachlan Wilson, *Gnosis; a Selection of Gnostic Texts*. 2 vols. Oxford, 1972–4.

FROMM, E. & SHOR, R. E. (1) (ed.). *Hypnosis; Research Developments and Perspectives*. Aldine-Atherton, New York; Elek, London, 1973. Rev. P. Morrison, *SAM*, 1973, **229** (no. 2), 112.

GAERTNER, BERTIL E. (1). 'The Pauline and Johannine Idea of "to know God" against the Hellenistic Background; the Greek philosophical Principle 'Like by Like' in Paul and John.' *NTS*, 1968, **14**, 209.

GILES, H. A. (15) (tr.). *Chuang Tzu, Taoist Philosopher and Chinese Mystic*. London, 1889; 2nd. ed. London, 1926; repr. Allen & Unwin, London, 1961, in paperback, 1980.

GIRARDOT, N. J. (1). '"Returning to the Beginning" and the Arts of Mr Hun-Tun in the *Chuang Tzu* book'. *JCPH*, 1978, **5**, 21.

GOLDBLATT, M. W. (1). 'Properties of Human Seminal Plasma'. *JOP*, 1935, **84**, 208.

GOLDMAN, R., ROCKSTEIN, M. & SUSSMAN, M. L. (1) (ed.). *The Physiology and Pathology of Human Ageing*. Acad. Press, New York, 1975.

GOODMAN, L. S. (1) (ed.). *The Pharmacological Basis of Therapeutics*. Macmillan, New York, 1975.

GRAF, O. (2). *Dschu Hsi* [Chu Hsi]'s *Djin-Si Lu* [Chin Ssu Lu]; *die Sungkonfuzianische Summa mit dem Kommentar des Yä Tsai* [Yeh Tshai] *Ubersetzt und erlaütert* . . . 3 vols. Sophia Univ. Press, Tokyo, 1953. (Monumenta Nipponica Monographs, no. 12)
Vol. 1 'Einleitung'; 2 (pts 1 and 2) 'Text'; 3 'Anmerkungen'.

GRANET, M. (1). *Danses et Légendes de la Chine Ancienne*. 2 vols. Alcan, Paris, 1926.

GUENTHER, H. V. (1). *The Tantric View of Life*. Shambala, Berkeley and London, 1972. First published as *Yugānadha; the Tantric View of Life*. Chowkhamba Sanskrit Series, Banaras, 1952.

VAN GULIK, R. H. (7). *Siddham: an Essay on the History of Sanskrit Studies in China and Japan*. International Academy of Indian Culture, Nagpur, 1956. (Sarasvati-Vihara Series, no. 36.)

HARLAND, W. A. (1). "The Manufacture of Magnetic Needles and Vermilion [in China]." *JRAS* (Trans.)/*NCB*, 1850, **1** (no. 2), 163. (Extracts from the *Thung Thien Hsiao*.)

HARLEY, G. W. (1). *Native African Medicine, with special reference to its practice in the Mano Tribe of Liberia*. Harvard Univ. Press, Cambridge, Mass., 1941.

HARPER, D. J. (1). 'Ma-wang-tui Tomb Three; Documents, the Medical Texts.' *EARLC*, 1976, no. 2, 68.

HARTMANN, FRANZ (1). *Paracelsus' Life and Prophecies*. Steiner, New York, 1973.

HEDQVIST, P. (1). 'Basic Mechanisms of Prostaglandin Action on Autonomic Neuro-transmission.' *ARPH*, 1977, **17**, 259.

HENNECKE, E. & SCHNEEMELCHER (1) (ed.). *Neutestamentliche Apokryphen in deutscher Übersetzung*. 3rd revised edition, 2 vols. Mohr (Siebeck), Tübingen, 1959–64. Eng. tr., ed. R. McLachlan Wilson (3), 2 vols. Lutterworth, London, 1963–5.

HERBERT, GEORGE (1). *The Temple*. Edited, with the 'Life of Mr G. H. [+1593 to +1632]' by Izaak Walton, by E. C. S. Gibson Methuen, London, 1905.

HESLINGA, K., SCHELLEN, A. M. C. M. & VERKUYL, A. (1). *Not Made of Stone; the Sexual Problems of Handicapped People*. Stafleu, Leiden, 1973. Thomas, Springfield, Ill., 1974.

HIRAI, T. (1). *Zen Meditation Therapy*. Japan Pubs., Tokyo, 1975.

HITCHCOCK, E. A. (3). *Swedenborg, a Hermetic Philosopher; being a sequel to 'Remarks upon Alchemy and the Alchemists,' showing that . . . his Writings may be interpreted from the Point of View of Hermetic Philosophy, with a chapter comparing Swedenborg and Spinoza*. Boston, 1858.

HOMANN, R. (2) (tr.). *Pai Wên Phien; or, the Hundred Questions; a Dialogue between two Taoists* [Chungli Chhüan and Lü Tung-Pin] *on the Macrocosmic and Microcosmic System of Correspondences*. Brill, Leiden, 1976 (Nisaba Religious Texts Translation Series, no. 4). Rev. J. Major, *JAOS*, 1978, **98**, 341.

HOU CHIN-LANG (1). *Monnaies d'Offrande et la Notion de Trésorerie dans la Religion Chinoise*. Collège de France (Inst. des Hautes Études Chinoises), Presses Universitaires de France and Moisonneuve, Paris, n.d. (1975) (Mémoires de l'Inst des Htes Ét. Chinoises, no. 1).

HSIAS, P. S. Y. & STIEFVATER, E. W. (1). *Übungsheft zur chinesischen Gynmastik* Haug, Ulm (Donau), 1962.

HSÜ MEI-LING (1). 'The Han maps and Early Chinese Cartography' *AAAG*, 1978, **68** (no. 1), 45.

HUMMEL, A. W. (2) (ed.). *Eminent Chinese of the Chhing Period*. 2 vols. Library of Congress, Washington, 1944.

HUXLEY, ALDOUS (1). *The Doors of Perception; and, Heaven and Hell*. Penguin, London, 1959. Many times reprinted. The first orig. pub. Chatto & Windus, London, 1954, the second, Chatto & Windus, London, 1956. Cf. pt. 2, p. 116.

HYDE, MARGARET O. (1). *Mind Drugs*. McGraw Hill, New York, 1972; 2nd ed., revised and enlarged, Simon & Schuster (Pocket Books), New York, 1973. Cf. pt. 2, pp. 116, 150.

INGLIS, BRIAN (1). *Fringe Medicine*. Faber & Faber, London, 1964.

ISHIHARA, AKIRA & LEVY, H. S. (1). '*The Tao of Sex; a Chinese Introduction to the Bedroom Arts—an Annotated Translation of the Twenty-eighth Section of the 'Essence of Medical Prescriptions'* (Ishimpō [I Hsin Fang]).' Harper & Row, New York, 1968. Orig. pub. Shibundo, Tokyo, 1968.

JABŁOŃSKI, W., CHMIELEWSKI, JANUSZ, WOJTASIEWICZ, O. & ŻBIKOWSKI, T. (1) (tr.). *Czuang-Tsy, Nan-Hua-Czên-King* [Chuang Tzu; *Nan Hua Chen Ching*], Prawaziwa Ksiega Potudniewego Kwiatu. Państwowe Wydawnictiwo Naukowe, Warsaw, 1953.

JAGGI, O. P. (1). *History of Science and Technology in India*. 5 vols. Atma Ram, Delhi, Jaipur, Chandigash and Lucknow, 1969–1973.
    Vol. 1 'Dawn of Indian Technology (Pre- and Proto-Historic Period).'
    Vol. 2 'Dawn of Indian Science (Vedic and Upanishadic Period).'
    Vol. 3 'Folk Medicine.'
    Vol. 4 'Indian System of Medicine.'
    Vol. 5 'Yogic and Tantric Medicine.'

JUNG, C. G. (16). *The Practice of Psycho-therapy*. Routledge & Kegan Paul, London, 1954. (Collected Works, no. 16).

KADOWITZ, P. (1). 'The Physiological and Pharmacological Role of the Prostaglandins' *ARPH*, 1975, **15**, 285.

KALTENMARK, M. (5). 'Hygiène et Mystique en Chine'. *BSAC*, 1959, (no. 33), 21.

KALTENMARK, M. (6). 'L'Alchimie en Chine'. *BSAC*, 1960, (no. 37), 21.

KANESAR, T. (1). 'Tantrism; the Proto-scientific Thought of India'. Unpub. MS (Paper read at the South Asian Studies Seminar, Jaffna, 1975).

KARLGREN B. (1). *Grammata Serica; Script and Phonetics in Chinese and Sino-Japanese. BMFEA*, 1940, **12**, 1. (Photographically reproduced as separate volume, Peiping 1941.) Revised edition, *Grammata Serica Recensa*, Stockholm, 1957.

KNOX, W. L. (1). *Meditation and Mental Prayer*. Allan, London, 1927.

KOTTEGODA, S. R. (1). 'Prostaglandins; a Review'. Unpub. Ms (Address to the Ceylon Academy of Post-Graduate Medicine, Colombo, July, 1976).

KUNST, R. A. (1). 'More on *hsiu* and *wu hsing*, with an Addendum on the Use of Archaic Reconstructions.' *EARLC*, 1977, no. 3, 67. With a reply by John S. Major, p. 69.

LACH, D. F. (6). 'The Sinophilism of Christian Wolff (+1679 to +1754).' *JHI*, 1953, **14**, 561.

LEE HU'O'NG & BARUCH, J. (1) (tr.). *Lien Tao Chhang Shêng Fa; Guide de la Méthode de Longue Vie par la Pratique du Tao*. Than-Long, Brussels, 1972. A combination of the eight exercises of Chungli Chhüan's *Pa Tuan Chin* with the twenty-four *hsiu* of Chhen Thuan.

LEGGE, F. (1) (tr.). '*Philosophumena; or, the Refutation of all Heresies*,' formerly attributed to Origen but now to *Hippolytus, Bishop and Martyr, who flourished about +220*. 2 vols. SPCK, London, 1921 (Translations of Christian Literature; I, Greek Texts, no. 14). For text see Duncker & Scheidewin (1).

LEGGE, J. (7) (tr.). *The Texts of Confucianism*: Pt. III. *The 'Li Chi.'* 2 vols. Oxford, 1885; reprint, 1926. (SBE, nos. 27 and 28.)

LESLIE, D. (2). 'The Problem of Action at a Distance in Early Chinese Thought' (discussion on lecture by J. Needham). *Actes du VIIe Congrès International d'Historie des Sciences, Jerusalem*, 1953 (1954), p. 186.

LESLIE, D. (7). 'Les Théories de Wang Tch'ong [Wang Chhung] sur la Causalité.' Art. in *Mélanges offertes à Monsieur Paul Demiéville*. Paris, 1974, p. 79.

LIU TSÊ-HUA (1) (tr.). *'Le Secret de la Fleur d'Or,' suivi du 'Livre de la Conscience et de la Vie'*. Introduction by P. Couronne. Librairie de Médicis, Paris, 1969.

LOEWE, M. (10). 'Manuscripts found recently in China; a Preliminary Survey'. *TP*, 1978, **63**, 99.

LONDON, J. K. (1) (ed. & tr.). *The Splendor Solis of Salomon Trismorin*. Yogi Pub. Soc, Des Plaines, Ill., 1976. First published, 1920.

LONGO, V. G. (1). *Neuropharmacology and Behaviour*. Freeman, New York, 1973. Rev. *SAM*, 1973, **229** (no. 4), 129. Cf. pt. 2, p. 116.

LU GWEI-DJEN & NEEDHAM, JOSEPH (5). *Celestial Lancets: a History and Rationale of Acupuncture and Moxa*. Cambridge, CUP, 1980.

[LUPTON, THOMAS], (1). *A Thousand Notable Things of Sundrie Sorts* . . . first pub. Charlwood & Spooner, London, 1579; reprinted, enlarged and altered numerous times subsequently, e.g. Roberts & White, London, 1601. Bruges & Wright, London, 1675. Conyers, London, 1700. Wilkie, London, 1793 and 1815.

MCKERUS, K. S. (1) (ed.). *The Structure and Function of the Gonadotrophins*. Plenum, New York, 1978.

MCMAHON, J. H. & SALMOND, S. D. F. (1) (tr.). *The 'Refutation of All Heresies' by Hippolytus; with Fragments from his Commentaries on Various Books of Scripture*. 2 vols. Clark, Edinburgh, 1868. (Ante-Nicene Christian Library, nos. 6 and 9). For text see Duncker & Scheidewin (1).

MAJOR, JOHN S. (2). 'A Note on the Translation of Two Technical Terms in Chinese Science; *wu hsing* and *hsiu.*' *EARLC*, 1976, no. 2, 1.

MAJUMDAR, R. C. (1). '*The Classical* [Greek and Latin] *Accounts of India*'. Mukhopadhyay, Calcutta, 1960.

MAJUMDAR, R. C. (2). '[Indian] Medicine'. Art. in *Concise History of Science in India*. ed. Bose, Sen & Subbarayappa (1). p. 213.

MAJUMDAR, R. C. (3). *History and Culture of the Indian People*. 5 vols. Bharatiya Vidya Bhavan, Bombay, 1947–61.

    Vol. 1 'The Vedic Age'

    Vol. 2 'The Age of Imperial Unity'

    Vol. 3 'The Classical Age'

    Vol. 4 'The Age of Imperial Kanauj'

    Vol. 5 'The British Paramountcy and Indian Renaissance'

MALONEY, G. A. (1). "The 'Jesus Prayer' and Early Christian Spirituality". *SOB*, 1967, **5** (no. 5), 310.

MARTIN, L. H. (1). "A History of the Psychological Interpretation of Alchemy". *AX*, 1975, **22**, 10.

MÉNARD, J. É. (1) (ed. & tr.). *L'Évangile selon Thomas*. Brill, Leiden, 1975. (Nag Hammadi Studies, no. 5).

MENDELSON, J. H., ROSSI, A. M. & MEYER, R. E. (1) (ed.). *The Use of Marihuana; a Psychological and Physiological Inquiry*. Plenum, New York, 1974.

MITTER, PARTHA (1). *Much-Maligned Monsters; a History of European Reactions to Indian Art*. Oxford, 1977.

MOOKERJI, AJIT & KHANNA, MADHU (1). *The Tantric Way — Art, Science, Ritual*. Thames & Hudson, London, 1977.

MOUDGAL, N. R. (1) (ed.). *Gonadotrophins and Gonadal Function*. Acad. Press, New York, 1974.

MUKHERJI, P. N. (1) (tr.). *The Yoga Philosophy of Patañjali*.

MURAKAMI YOSHIMI (1). 'The Affirmation of Desire in Taoism.' *ACTAS*, 1974, no. 27, 57.

NEEDHAM, JOSEPH (76). 'The Institute's Symbol'. (A note on the origins of the traditional *liang i* symbol of Yin and Yang, incorporated in the device of the Institute of Biology, London.) *BIOL*, 1977.

NEYT, F. (1). 'The 'Jesus Prayer' and the Gaza Tradition.' *SOB*, 1974, **6** (no. 9), 641.

ORDY, J. M. & BRIZZEE, K. R. (1) (ed.). *The Neuro-biology of Ageing*. Plenum, New York, 1975. (Advances in Behavioral Biology, no. 16).

OTIS, L. S. (1). 'Changes in Drug Usage Patterns and other Benefits derived by Practitioners of Transcendental Meditation'. Unpub, MS. 1973. (Stanford Research Institute Report).

PAGELS, ELAINE H. (1). 'The Gnostic Vision; Varieties of Androgyny illustrated by Texts from the Nag Hammadi Library'. *PAR*, 1978, **3** (no. 4), 6.

PEARSON, BIRGER A. (1). "The Figure of Norea in Gnostic Literature". Art. in *Proc. Internat, Colloquium on Gnosticism*, Stockholm, 1973, ed. G. Widengren & D. Hellholm, p. 143. (Kungl. Vitterhets Historie och Antikvitets Akademiens Handlingar, Filol.-Filos. Ser., no. 17).

PEEL, J. & POTTS, M. (1). *Textbook of Contraceptive Practice*. Cambridge, 1969.

PICKLES, V. R. (1). 'Prostaglandins and Contraception'. *RREP*, 1973.

PINOT, V. (1). *La Chine et la Formation de l'Esprit Philosophique en France (1640–1740)*. Geuthner, Paris, 1932.

POIX, D. (1). 'Hygiène Sexuelle Traditionelle'. (Chinese and Indian physiological alchemy, Tantric yoga etc.) *BSAC*, 1962, (no. 44), 33.

POKORA, T. (3). 'Huan Than's *Fu* on Looking for the Immortals' [*Wang Hsien Fu, – 14*]. *ARO*, 1960, **28**, 353.

PUECH, H. C. (4) (tr.). *Gnostic Gospels and Related Documents*. In Hennecke & Schneemelcher (1), Eng. ed. vol. I, p. 231.

PUECH, H. C. (5). 'La Gnose et le Temps.' *ERJB*, 1952, **20**, 57.

RAMWELL, P. W. & PHARRISS, B. B. (1) (ed.). *Prostaglandins in Cellular Biology*. Plenum, New York, 1972 (ALZA Corporation Conference Series, no. 1).

RATHER, L. J. (1). 'Alchemistry, the Kabbala, the Analogy of the 'Creative Word' and the Origins of Molecular Biology'. *EPI*, 1972, **6**, 83.

RAWSON, P. (2). *Tantra, the Indian Cult of Ecstasy*. Thames & Hudson, London, 1973.

RIEGEL, J. K. (1). 'A Summary of some Recent *Wên Wu* and *Khao Ku*. Articles on Ma-wang-tui Tombs nos. 2 and 3'. *EARLC*, 1975, no. 1, 10.

RIEGEL, J. K. (2). 'Ma-wang-tui Tomb Three; Documents, the Maps'. *EARLC*, 1976, no. 2, 69.

ROBINSON, J. M. (1) (ed.). *The Nag Hammadi Library in English; translated by members of the Coptic Gnostic Library Project of the Institute for Antiquity and Christianity* [Claremont, California], Brill, Leiden, Harper & Row, San Francisco, 1977.

ROCKSTEIN, M. & BAKER, G. T. (1) (ed.). *Molecular Genetic Mechanisms in Development and Ageing*. Acad. Press, New York, 1972.

ROCKSTEIN, M. & SUSSMAN, M. L. (1) (ed.). *Nutrition, Longevity and Ageing*. Acad. Press, New York, 1976. (Symposium at the University of Miami, Florida).

ROCKSTEIN, M. & SUSSMAN, M. L. (2) (ed.). *Development and Ageing in the Nervous System*. Acad. Press, New York, 1973.

ROCKSTEIN, M., SUSSMAN, M. L. & CHESKY, J. (1) (ed.). *Theoretical Aspects of Ageing*. Academic Press, New York, 1974.

ROSENCREUTZ, CHRISTIAN (1). *Chymische Hochzeit*. Zetzner, Strasburg, 1616. Eng. tr.: *The Hermetic Romance; Or, The Chymical Wedding; written in high Dutch by Christian Rosencreutz. Translated by E. Foxcroft, late Fellow of King's College in Cambridge*. Sowle, London, 1690.

ROSENFELD, ALBERT (1). *Prolongevity; a Report on the Scientific Discoveries now being made about Ageing and Dying, and their Promise of an Extended Human Life Span—without Old Age*. Knopf, New York, 1976.

RUDOLPH, K. (1) et al. *Gnosis und Gnostizismus*. Wissenschaftliche Buchgesellschaft, Darmstadt, 1975. (Wege der Forschung, no. 262).

SALMON, WILLIAM (1). *Seplasium: The Compleat English Physician; or, the Druggist's Shop Opened*. London, 1693.

SASO, M. R. (4). 'Lu Shan, Ling Shan (Lung-hu Shan) and Mao Shan; Taoist Fraternities and Rivalries in Northern Thaiwan'. *AS/BIE*, 1974, **33**, 119.

SASO, M. R. (5). The Goma Rite; a Comparative Study of the Esoteric Tradition [in Taoism and Shingon Buddhism]. Unpub. MS. 1976.

SASO, M. R. (6). 'Buddhist and Taoist Notions of Transcendence; a Study in Philosophical Contrast.' Art. in 'Buddhist and Taoist Studies, I' ed. Michael Saso & David W. Chappell. Univ. Press, Hawaii, 1977, p. 3. Paper delivered at the Asian Studies Pacific Area Conference, Honolulu, Hawaii, 1975.

SASO, M. R. (7). 'On the Meditative Use of the "Yellow Court Canon"'. *JCST*, 1974, **9**, 1.

SASO, M. R. (8). 'On Ritual Meditation in Orthodox Taoism'. *JCST*, 1971, **8**, 1.

SASO, M. R. (9). *Chinese Religion in Modern Garb; the Cultural Heritage of Thaiwan*. Communication to the Conference on Asian Religions. Univ. of Alberta, 1975.

SASO, M. R. (10). 'Orthodoxy and Heterodoxy in Taoist Ritual.' Art. in *Religion and Ritual in Chinese Society*. ed. A. P. Wolf, Stanford Univ. Press, Calif. 1974, p. 325.

SASO, M. R. (11) (ed.). *Chuang-Lin Hsü Tao Tsang; an Encyclopaedia of Taoist Ritual, or, Collection of Taoist Manuals*. Chhêng-Wên Press, Thaipei, 1975.

SASO, M. R. & CHAPPELL, D. W. (1). *Buddhist and Taoist Studies*, I. Univ. Press, Hawaii, 1977 (Asian Studies at Hawaii, no. 18).

SCHIPPER, K. M. (5). "The Taoist Body". *HOR*, 1978, **17**, 355.

SCHIPPER, K. M. (6). *Concordance du Houang-T'ing King* [*Huang Thing Ching*] *Nei-King* [*Nei Ching*] *et Wai-King* [*Wai Ching*], [*Internal and External Radiances of the Yellow Courts*]. École Française d'Extrême Orient, Paris, 1975. (Publications, no. 104).

SCHIPPER, K. M. (7). *Le Fên Têng* [*Lighting of the Lamps, or New Fire*]; *Rituel Taoiste*. École Française d'Extrême Orient, Paris, 1975. (Publications, no. 103).

SCHIPPER, K. M. (8). 'The Written Memorial in Taoist Ceremonies,' Art. in *Religion and Ritual in Chinese Society*. Ed. A. P. Wolf, Stanford Univ. Press, Calif. 1974, p. 309.

SCHMIDT, C. & TILL, W. K. (1). *'Pistis Sophia,' ein gnostisches Originalwerk des 3 Jahrhunderts aus dem Koptischen übersetzt*. Leipzig, 1925.

SCHOLER, D. M. (1) (ed.). *Nag Hammadi Bibliography, 1948–1969*. Brill, Leiden, 1971. (Nag Hammadi Studies, no. 1). Supplemented annually. Subsequently in *NT*, 1971, **13**, 322; 1972, **14**, 312; 1973, **15**, 327; 1974, **16**, 316; 1975, **17**, 305; 1977, **19**, 293.

SCHULTES, R. E. & HOFMANN, A. (1). *The Botany and Chemistry of Hallucinogens*. Thomas, Springfield, Ill., 1973; repr, 1978.

SEIDEL, A. & WELCH, HOLMES H. (1) (ed.). *Facets of Taoism*. Yale Univ. Press, New Haven, Conn., 1978.

SELYE, H. (1). *The Physiology and Pathology of Exposure to Systemic Stress*. Acta Inc. Med. Pub., Montreal, 1950.

SELYE, H. (2). 'The Adaptation Syndrome in Clinical Medicine.' *PRACT*, 1954, **172**, 5.

SELYE, H. (3). 'The General Adaptation Syndrome and Gastro-enterology.' *RGE*, 1953, **20** (no. 3), 185.

SELYE, H. (4). *Stress without Distress*. Lippincott, Philadelphia and New York, 1974.

SENGUPTA, ANIMA (1). *Classical Samkhya; a Critical Study*. Monoranjan Sen Gour Askram, Lucknow, 1969.

SENGER, M. (1) (ed.). *Krishna; Myths, Rites and Attitudes*. East-west Centre, Honolulu, Hawaii, 1966.

SIVIN, N. (13) (ed.). *Science and Technology in East Asia* (nineteen articles by sixteen writers reprinted from *ISIS*, 1914 to 1976). Science History Publications, New York, 1977.

SIVIN, N. (15). 'On the Word 'Taoist' as a Source of Perplexity; with special reference to the Relations of Science and Religion in Traditional China.' *HDR*, 1978, **17**, 303.

SIVIN, N. (16) (tr.). '*Thien Lao Shen Kuang Ching*, the 'Celestial Elder's Canon of the Spirit Lights,' an ancient Chinese book of Interior Astrology.' *IO*, 1973, **4**, 232.

SMITH, I. D. & SHEARMAN, R. P. (1). 'Circadian Aspects of Prostaglandin F_2-induced Termination of Pregnancy'; Intra-amnistic effectiveness for abortion greatest at 6 pm in a diurnal rhythm? *JOGBC*, 1974, **81**, 841. Cf. editorial in *BMJ*, 1975 pt. 2 (5 Apr.), 3.

SOLOMON, D. (2) (ed.). *The Marijuana Papers*. New York, 1966, 2nd, ed., revised, Granada (Panther Books), 1969; repr. 1970, 1972.

SORENSON, S. (1). *The Quest for Wholeness*. Prentsmidja Jons Helgasonar, Reykyavik, 1971.

STAAL, F. (1). *Exploring Mysticism*. Penguin, London, 1975.

STAUDE, J. R. (1). 'Psyche and Society; Freud, Jung and Lévi-Strauss; a Comparative Historical Study.' Communication to the Int. Congr. Sociology, Toronto, 1974.

STIEFVATER, E. W. & STIEFVATER, ILSE (1). *Chinesische Atemlehre und Gymnastik*. Haug, Ulm (Donau), 1962.

STRICKMANN, M. (2). On the Alchemy of Thao Hung-Ching. Unpub. MS. Revised version contributed to the 2nd. International Conference of Taoist Studies, Tateshina, Japan, 1972. Art. in *Facets of Taoism*, ed. A. K. Seidel & H. H. Welch (1).

STRICKMANN, M. (4). 'Taoist Literature,' Art. in *EB*, 15th ed. 1974, p. 1051.

STRICKMANN, M. (5). 'A Taoist Confirmation of Liang Wu Ti's Proscription of Taoism' (MS of 1975). *JAOS*, 1978, **98** (no. 4), 467.

STRICKMANN, M. (6). 'The Longest Taoist Scripture [*Tu Jan Ching*].' *HOR*, 1978, **17**, 331.

SUBBARAYAPPA, B. V. (2). *Some Trends in Indian Alchemy*. Proc. 15th Internat. Congr. History of Science. Edinburgh, 1977. Abstracts, p. 48.

SUBBARAYAPPA, B. V. (3). 'Chemical Practices and Alchemy [in India].' Art. in *Concise History of Science in India*, ed. Bose, Sen & Subbarayappa (1), p. 274.

SUGIMOTO MASAYOSHI & SWAIN, D. L. (1). *Science and Culture in Traditional Japan, A.D. 600–1854*. M.I.T. Press, Cambridge, Mass, 1978. (M.I.T. East Asian Science Series, no. 6).

TÊNG SSU-YÜ & BIGGERSTAFF, K. (1). *An Annotated Bibliography of Selected Chinese Reference Works*. Harvard-Yenching Inst. Peiping, 1936. (Yenching Journ. Chin. Studies, monograph no. 12).

TERIGI, A. T. (1). *Longevità e Vitalità*. Patron, Bologna, 1967.

THORBECKE, G. J. (1) (ed.). *The Biology of Ageing and Development*. Plenum, New York, 1975. (FASEB Monographs, no. 3).

TIMIRAS, P. S. (1). *Development Physiology and Ageing*. Macmillan, New York, 1972.

TIMMONS, B. & KAMIYA, J. (1). "The Psychology and Physiology of Meditation and Related Phenomena; a Bibliography." *JTPP*, 1970, **2**, 41.

TURNER, V. W. (1). *The Ritual Process; Structure and Anti-Structure*. Routledge & Kegan Paul, London, 1969; Penguin (Pelican), London, 1974.

VANSINA, J. (1). *Oral Tradition*, tr. H. M. Wright. Routledge & Kegan Paul, London, 1965; Penguin, London, 1973.

WALEY, A. (6). *Three Ways of Thought in Ancient China*. Allen & Unwim, London, 1939.

WATSON, BURTON (4) (tr.). *Chuang Tzu; Basic Writings*. Columbia Univ. Press, New York and London, 1964.

WEIL, GOTTHOLD (1) (tr. & ed.). *Moses ben Maimon: Responsum on the Duration of Life (Über die Lebensdauer)—ein unediertes Responsum herausgegeben, übersetzt und erklärt von G. W.* Basel and New York, 1958.

WOLF, A. P. (1) (ed.). *Religion and Ritual in Chinese Society*. Stanford Univ. Press, Palo Alto, Calif. 1974.

VON ZACH, E. (5) (tr.). *Yang Hsiung's 'Fa Yen'* (Sinologische Beiträge, IV). Drukkerij Lux, Batavia, 1939.

索　引

说明

1. 本册原著索引系穆里尔·莫伊尔（Muriel Moyle）女士编制。本索引据原著索引译出，个别条目有所改动。
2. 本索引按汉语拼音字母顺序排列。第一字同音时，按四声顺序排列；同音同调时，按笔画多少和笔顺排列。
3. 各条目所列页码，均指原著页码。数字加 * 号者，表示这一条目见于该页脚注；数字后加 ff. 者，表示这一条目出现的起始页码。
4. 在一些条目后面所列的加有括号的阿拉伯数码，系指参考文献；斜体阿拉伯数码，表示该文献属于参考文献 B；正体阿拉伯数码，表示该文献属于参考文献 C。
5. 除外国人名和有西文论著的中国人名外，一般未附原名或相应的英译名。

拉丁拼音对照表

罗宾·布里连特（ROBIN BRILLIANT）编

汉语拼音/修订的威妥玛－翟理斯式

拼音	修订的威－翟式	拼音	修订的威－翟式
a	a	chou	chhou
ai	ai	chu	chhu
an	an	chuai	chhuai
ang	ang	chuan	chhuan
ao	aɔ	chuang	chhuang
ba	pa	chui	chhui
bai	pai	chun	chhun
ban	pan	chuo	chho
bang	pang	ci	tzhu
bao	pao	cong	tshung
bei	pei	cou	tshou
ben	pên	cu	tshu
beng	pêng	cuan	tshuan
bi	pi	cui	tshui
bian	pien	cun	tshun
biao	piao	cuo	tsho
bie	pieh	da	ta
bin	pin	dai	tai
bing	ping	dan	tan
bo	po	dang	tang
bu	pu	dao	tao
ca	tsha	de	tê
cai	tshai	dei	tei
can	tshan	den	tên
cang	tshang	deng	têng
cao	tshao	di	ti
ce	tshê	dian	tien
cen	tshên	diao	tiao
ceng	tshêng	die	dieh
cha	chha	ding	ting
chai	chhai	diu	tiu
chan	chhan	dong	tung
chang	chhang	dou	tou
chao	chhao	du	tu
che	chhê	duan	tuan
chen	chhên	dui	tui
cheng	chhêng	dun	tun
chi	chhih	duo	to
chong	chhung	e	ê, o

拼音	修订的威—翟式	拼音	修订的威—翟式
en	ên	jia	chia
eng	êng	jian	chien
er	êrh	jiang	chiang
fa	fa	jiao	chiao
fan	fan	jie	chieh
fang	fang	jin	chin
fei	fei	jing	ching
fen	fên	jiong	chiung
feng	fêng	jiu	chiu
fo	fo	ju	chü
fou	fou	juan	chüan
fu	fu	jue	chüeh, chio
ga	ka	jun	chün
gai	kai	ka	kha
gan	kan	kai	khai
gang	kang	kan	khan
gao	kao	kang	khang
ge	ko	kao	khao
gei	kei	ke	kho
gen	kên	kei	khei
geng	kêng	ken	khên
gong	kung	keng	khêng
gou	kou	kong	khung
gu	ku	kou	khou
gua	kua	ku	khu
guai	kuai	kua	khua
guan	kuan	kuai	khuai
guang	kuang	kuan	khuan
gui	kuei	kuang	khuang
gun	kun	kui	khuei
guo	kuo	kun	khun
ha	ha	kuo	khuo
hai	hai	la	la
han	han	lai	lai
hang	hang	lan	lan
hao	hao	lang	lang
he	ho	lao	lao
hei	hei	le	lê
hen	hên	lei	lei
heng	hêng	leng	lêng
hong	hung	li	li
hou	hou	lia	lia
hu	hu	lian	lien
hua	hua	liang	liang
huai	huai	liao	liao
huan	huan	lie	lieh
huang	huang	lin	lin
hui	hui	ling	ling
hun	hun	liu	liu
huo	huo	lo	lo
ji	chi	long	lung

拼音	修订的威－翟式	拼音	修订的威－翟式
lou	lou	pa	pha
lu	lu	pai	phai
lü	lü	pan	phan
luan	luan	pang	phang
lüe	lüeh	pao	phao
lun	lun	pei	phei
luo	lo	pen	phên
ma	ma	peng	phêng
mai	mai	pi	phi
man	man	pian	phien
mang	mang	piao	phiao
mao	mao	pie	phieh
mei	mei	pin	phin
men	mên	ping	phing
meng	mêng	po	pho
mi	mi	pou	phou
mian	mien	pu	phu
miao	miao	qi	chhi
mie	mieh	qia	chhia
min	min	qian	chhien
ming	ming	qiang	chhiang
miu	miu	qiao	chhiao
mo	mo	qie	chhieh
mou	mou	qin	chhin
mu	mu	qing	chhing
na	na	qiong	chhiung
nai	nai	qiu	chhiu
nan	nan	qu	chhü
nang	nang	quan	chhüan
nao	nao	que	chhüeh, chhio
nei	nei	qun	chhün
nen	nên	ran	jan
neng	nêng	rang	jang
ng	ng	rao	jao
ni	ni	re	jê
nian	nien	ren	jên
niang	niang	reng	jêng
niao	niao	ri	jih
nie	nieh	rong	jung
nin	nin	rou	jou
ning	ning	ru	ju
niu	niu	rua	jua
nong	nung	ruan	juan
nou	nou	rui	jui
nu	nu	run	jun
nü	nü	ruo	jo
nuan	nuan	sa	sa
nüe	nio	sai	sai
nuo	no	san	san
o	o, ê	sang	sang
ou	ou	sao	sao

拼音	修订的威-翟式	拼音	修订的威-翟式
se	sê	wan	wan
sen	sên	wang	wang
seng	sêng	wei	wei
sha	sha	wen	wên
shai	shai	weng	ong
shan	shan	wo	wo
shang	shang	wu	wu
shao	shao	xi	hsi
she	shê	xia	hsia
shei	shei	xian	hsien
shen	shen	xiang	hsiang
sheng	shêng, sêng	xiao	hsiao
shi	shih	xie	hsieh
shou	shou	xin	hsin
shu	shu	xing	hsing
shua	shua	xiong	hsiung
shuai	shuai	xiu	hsiu
shuan	shuan	xu	hsü
shuang	shuang	xuan	hsüan
shui	shui	xue	hsüeh, hsio
shun	shun	xun	hsün
shuo	shuo	ya	ya
si	ssu	yan	yen
song	sung	yang	yang
sou	sou	yao	yao
su	su	ye	yeh
suan	suan	yi	i
sui	sui	yin	yin
sun	sun	ying	ying
suo	so	yo	yo
ta	tha	yong	yung
tai	thai	you	yu
tan	than	yu	yü
tang	thang	yuan	yüan
tao	thao	yue	yüeh, yo
te	thê	yun	yün
teng	thêng	za	tsa
ti	thi	zai	tsai
tian	thien	zan	tsan
tiao	thiao	zang	tsang
tie	thieh	zao	tsao
ting	thing	ze	tsê
tong	thung	zei	tsei
tou	thou	zen	tsên
tu	thu	zeng	tsêng
tuan	thuan	zha	cha
tui	thui	zhai	chai
tun	thun	zhan	chan
tuo	tho	zhang	chang
wa	wa	zhao	chao
wai	wai	zhe	chê

拼音	修订的威–翟式	拼音	修订的威–翟式
zhei	chei	zhui	chui
zhen	chên	zhun	chun
zheng	chêng	zhuo	cho
zhi	chih	zi	tzu
zhong	chung	zong	tsung
zhou	chou	zou	tsou
zhu	chu	zu	tsu
zhua	chua	zuan	tsuan
zhuai	chuai	zui	tsui
zhuan	chuan	zun	tsun
zhuang	chuang	zuo	tso

修订的威妥玛 – 翟理斯式/汉语拼音

修订的威–翟式	拼音	修订的威–翟式	拼音
a	a	chhio	que
ai	ai	chhiu	qiu
an	an	chhiung	qiong
ang	ang	chho	chuo
ao	ao	chhou	chou
cha	zha	chhu	chu
chai	chai	chhuai	chuai
chan	zhan	chhuan	chuan
chang	zhang	chhuang	chuang
chao	zhao	chhui	chui
chê	zhe	chhun	chun
chei	zhei	chhung	chong
chên	zhen	chhü	qu
chêng	zheng	chhüan	quan
chha	cha	chhüeh	que
chhai	chai	chhün	qun
chhan	chan	chi	ji
chhang	chang	chia	jia
chhao	chao	chiang	jiang
chhê	che	chiao	jiao
chhên	chen	chieh	jie
chhêng	cheng	chien	jian
chhi	qi	chih	zhi
chhia	qia	chin	jin
chhiang	qiang	ching	jing
chhiao	qiao	chio	jue
chhieh	qie	chiu	jiu
chhien	qian	chiung	jiong
chhih	chi	cho	zhuo
chhin	qin	chou	zhou
chhing	qing	chu	zhu

修订的威-翟式	拼音	修订的威-翟式	拼音
chua	zhua	huan	huan
chuai	zhuai	huang	huang
chuan	zhuan	hui	hui
chuang	zhuang	hun	hun
chui	zhui	hung	hong
chun	zhun	huo	huo
chung	zhong	i	yi
chü	ju	jan	ran
chüan	juan	jang	rang
chüeh	jue	jao	rao
chün	jun	jê	re
ê	e, o	jên	ren
ên	en	jêng	reng
êng	eng	jih	ri
êrh	er	jo	ruo
fa	fa	jou	rou
fan	fan	ju	ru
fang	fang	jua	rua
fei	fei	juan	ruan
fên	fen	jui	rui
fêng	feng	jun	run
fo	fo	jung	rong
fou	fou	ka	ga
fu	fu	kai	gai
ha	ha	kan	gan
hai	hai	kang	gang
han	han	kao	gao
hang	hang	kei	gei
hao	hao	kên	gen
hên	hen	kêng	geng
hêng	heng	kha	ka
ho	he	khai	kai
hou	hou	khan	kan
hsi	xi	khang	kang
hsia	xia	khao	kao
hsiang	xiang	khei	kei
hsiao	xiao	khên	ken
hsieh	xie	khêng	keng
hsien	xian	kho	ke
hsin	xin	khou	kou
hsing	xing	khu	ku
hsio	xue	khua	kua
hsiu	xiu	khuai	kuai
hsiung	xiong	khuan	kuan
hsü	xu	khuang	kuang
hsüan	xuan	khuei	kui
hsüeh	xue	khun	kun
hsün	xun	khung	kong
hu	hu	khuo	kuo
hua	hua	ko	ge
huai	huai	kou	gou

修订的威-翟式	拼音	修订的威-翟式	拼音
ku	gu	mu	mu
kua	gua	na	na
kuai	guai	nai	nai
kuan	guan	nan	nan
kuang	guang	nang	nang
kuei	gui	nao	nao
kun	gun	nei	nei
kung	gong	nên	nen
kuo	guo	nêng	neng
la	la	ni	ni
lai	lai	niang	niang
lan	lan	niao	niao
lang	lang	nieh	nie
lao	lao	nien	nian
lê	le	nin	nin
lei	lei	ning	ning
lêng	leng	niu	nüe
li	li	niu	niu
lia	lia	no	nuo
liang	liang	nou	nou
liao	liao	nu	nu
lieh	lie	nuan	nuan
lien	lian	nung	nong
lin	lin	nü	nü
ling	ling	o	e, o
liu	liu	ong	weng
lo	luo, lo	ou	ou
lou	lou	pa	ba
lu	lu	pai	bai
luan	luan	pan	ban
lun	lun	pang	bang
lung	long	pao	bao
lü	lü	pei	bei
lüeh	lüe	pên	ben
ma	ma	pêng	beng
mai	mai	pha	pa
man	man	phai	pai
mang	mang	phan	pan
mao	mao	phang	pang
mei	mei	phao	pao
mên	men	phei	pei
mêng	meng	phên	pen
mi	mi	phêng	peng
miao	miao	phi	pi
mieh	mie	phiao	piao
mien	mian	phieh	pie
min	min	phien	pian
ming	ming	phin	pin
miu	miu	phing	ping
mo	mo	pho	po
mou	mou	phou	pou

修订的威-翟式	拼音	修订的威-翟式	拼音
phu	pu	tên	den
pi	bi	têng	deng
piao	biao	tha	ta
pieh	bie	thai	tai
pien	bian	than	tan
pin	bin	thang	tang
ping	bing	thao	tao
po	bo	thê	te
pu	bu	thêng	teng
sa	sa	thi	ti
sai	sai	thiao	tiao
san	san	thieh	tie
sang	sang	thien	tian
sao	sao	thing	ting
sê	se	tho	tuo
sên	sen	thou	tou
sêng	seng, sheng	thu	tu
sha	sha	thuan	tuan
shai	shai	thui	tui
shan	shan	thun	tun
shang	shang	thung	tong
shao	shao	ti	di
shê	she	tiao	diao
shei	shei	tieh	die
shên	shen	tien	dian
shêng	sheng	ting	ding
shih	shi	tiu	diu
shou	shou	to	duo
shu	shu	tou	dou
shua	shua	tsa	za
shuai	shuai	tsai	zai
shuan	shuan	tsan	zan
shuang	shuang	tsang	zang
shui	shui	tsao	zao
shun	shun	tsê	ze
shuo	shuo	tsei	zei
so	suo	tsên	zen
sou	sou	tsêng	zeng
ssu	si	tsha	ca
su	su	tshai	cai
suan	suan	tshan	can
sui	sui	tshang	cang
sun	sun	tshao	cao
sung	song	tshê	ce
ta	da	tshên	cen
tai	dai	tshêng	ceng
tan	dan	tsho	cuo
tang	dang	tshou	cou
tao	dao	tshu	cu
tê	de	tshuan	cuan
tei	dei	tshui	cui

修订的威—翟式	拼音	修订的威—翟式	拼音
tshun	cun	wang	wang
tshung	cong	wei	wei
tso	zuo	wên	wen
tsou	zou	wo	wo
tsu	zu	wu	wu
tsuan	zuan	ya	ya
tsui	zui	yang	yang
tsun	zun	yao	yao
tsung	zong	yeh	ye
tu	du	yen	yan
tuan	duan	yin	yin
tui	dui	ying	ying
tun	dun	yo	yue, yo
tung	dong	yu	you
tzhu	ci	yung	yong
tzu	zi	yü	yu
wa	wa	yüan	yuan
wai	wai	yüeh	yue
wan	wan	yün	yun